国家出版基金项目
NATIONAL PUBLICATION FOUNDATION
"十二五"国家重点图书
出版规划项目

中国电力百科全书

（第三版）

新能源发电卷

《中国电力百科全书》编辑委员会
《中国电力百科全书》编　辑　部　编

CHINA
ELECTRIC POWER
ENCYCLOPEDIA

中国电力出版社

图书在版编目（CIP）数据

中国电力百科全书．新能源发电卷/《中国电力百科全书》编辑委员会，《中国电力百科全书》编辑部编．—3版．—北京：中国电力出版社，2014.6

ISBN 978-7-5123-5216-2

Ⅰ．①中… Ⅱ．①中… ②中… Ⅲ．①电力工业-中国-百科全书 ②新能源-发电-概况-中国 Ⅳ．①TM-12

中国版本图书馆CIP数据核字（2013）第272660号

地图审图号：GS（2014）672号

中国电力出版社出版、发行（北京市东城区北京站西街19号 100005 http://www.cepp.sgcc.com.cn）

北京盛通印刷股份有限公司印刷 各地新华书店经售

2014年6月第一版 2014年6月北京第一次印刷

889毫米×1194毫米 16开本 20.75印张 906千字

印数0001—5000册 定价 **190.00** 元

中国电力百科全书

（第三版）

编辑委员会

编辑委员会顾问委员会

编辑委员会办公室

编　辑　部

中国电力百科全书

（第一版）

编辑委员会

中国电力百科全书

（第二版）

编辑委员会

编辑委员会顾问委员会

编辑委员会办公室

编　辑　部

• 新能源发电卷 •

编审委员会

主　　编	施鹏飞
副 主 编	杨校生　许洪华
编审领导小组	施鹏飞　杨校生　许洪华　王仲颖　王斯永 易跃春　王伟胜　何　郁
编　　委	（按姓氏笔画排列） 马伟斌　王伟胜　王仲颖　王志峰　王斯永 王　辉　毛宗强　申彦波　田　德　史宏达 朱　蓉　任东明　庄会永　刘志璋　许洪华 杨校生　杨振斌　吴创之　吴金城　何　郁 沈德昌　迟永宁　张文忠　张世惠　张　亮 张晓东　易跃春　周肇秋　郑克棪　施鹏飞 姜　楠　秦海岩　原郭丰　游亚戈　谢宏文 谢晓峰　蔡丰波

各分支主编、副主编

概论分支

主　　编　杨校生

副 主 编　毛宗强　杨振斌

风力发电机组分支

主　　编　田　德

副 主 编　秦海岩　蔡丰波

风力发电场分支

主　　编　吴金城

副 主 编　张文忠　谢宏文

太阳能光伏发电分支

主　　编　许洪华

副 主 编　姜　楠

太阳能热发电分支

主　　编　王志峰

副 主 编　原郭丰

生物质发电分支

主　　编　吴创之

副 主 编　庄会永　周肇秋

海洋能发电分支

主　　编　游亚戈

副 主 编　张　亮　史宏达

地热发电分支

主　　编　郑克棪

副 主 编　马伟斌

新能源发电接入电网分支

主　　编　王伟胜

副 主 编　迟永宁

新能源互补发电和分布式利用方式分支

主　　编　沈德昌

副 主 编　刘志璋　王　辉

第三版前言

《中国电力百科全书》（简称《电百》）第三版在中国电机工程学会成立80周年之际与广大读者见面了。《电百》是全面介绍电力科学技术和管理知识的大型专业性百科全书。《电百》的首次编纂始于1986年，先后于1994年和2001年出版发行了第一版和第二版。《电百》问世以来，受到了广大电力工作者和电机工程界人士的欢迎并得到认可，成为查阅电力基本知识的权威工具书。

《电百》第一版是由原水利电力部、中国电机工程学会、中国水力发电工程学会等共同倡议，从1986年开始，历时8年编纂完成的。全书分为《综合卷》《电工技术基础卷》《电力系统卷》《火力发电卷》《水力发电卷》《核能及新能源发电卷》《输电与配电卷》《用电卷》共8卷，5000多个条目、1000余万字。全书总结了当时电力工业科学技术成就以及生产和建设的经验，适应了电力科技人员和职工学习新技术、新知识的迫切需要。《电百》第二版的修编工作是在原国家电力公司组织下，从1998年开始到2000年完成。全书仍为8卷，共5400余条目，约1000万字，反映了20世纪最后十多年电力工业的快速发展和电力科技的进步，适应了中国电力工业发展的需要。《电百》第二版于2002年荣获第十三届中国图书奖。

《电百》第二版发行至今的十多年间，中国电力工业持续快速发展，电力科技水平不断提高。中国电力装机容量和发电量分别从2000年的3.19亿kW、1.37万亿kW·h提高到2013年的12.47亿kW和5.3万亿kW·h，均居世界第一位。电网发展也实现了历史性跨越，规模居世界第一，已经形成以区域同步电网为基础的全国互联电网（未计台湾省）。这十多年，电力系统结构逐步优化，技术装备水平快速提升，节能减排成效显著。电力系统的安全性、可靠性、经济性取得全面提高，适应了经济和社会发展对用电量增长和安全可靠供电的需要，有力支撑了国民经济的持续快速发展。

进入21世纪，中国经济社会发展的重要特征是工业化、信息化、城镇化、市场化、国际化，能源结构清洁低碳化趋势显著。这些重大社会需求决定电能高效清洁的生产、输送、分配和使用技术，已成为电力技术发展的主导方向，并且日益显现出新技术与传统技术交叉与融合的趋势。因此，有必要对《电百》第二版进行修编，更新和充实《电百》的内容，以充分反映21世纪头十年电力工业发展的新成就和电力科技发展的新特征。

2009年5月，在中国电机工程学会第九届会员代表大会上提出了《电百》第三版修编工作建议，得到会员单位广泛支持。2011年1月25日，《电百》第三版编辑委员会第一次会议在北京召开，修编工作正式启动，确定修编原则是“增补为主，简当为要”。

增补为主，就是要增补体现电力工业和电力科技发展的新内容。如全球气候变化、全寿命周期管理、信息安全等问题；在水力发电技术方面，包括高坝筑坝新技术、大型水轮机组集成技术、梯级水库群优化调度技术等；在火力发电技术方面，包括超超临界燃煤发电、大型火电机组直接空冷、整体煤气化联合循环发电（IGCC）及多联产、污染物控制和减排等技术；在现代核电技术方面，包括对投运核电机组通用技术的系统性介绍，第三代先进压水堆技术 AP1000、EPR，以及模块式高温气冷堆技术和第四代核能系统概况等；在可再生能源发电技术方面，包括风能资源评估、新型风电机组总体设计和关键部件制造、风电并网等技术，太阳能热发电及分布式光伏发电技术，以及深层地热和海洋能、潮汐能发电等新技术；在电网技术方面，包括特高压交直流输电技术、750kV 超高压输电技术、智能电网技术、大型互联电网的分析和控制技术、电压源型直流输电技术等；还有现代信息通信技术、电力电子技术的新发展和新材料在电力系统中的应用等等。

根据电力科技发展的新趋势，《电百》第三版共设 9 卷，在第二版 8 卷的基础上，将《输电与配电卷》更名为《输电与变电卷》、《用电卷》更名为《配电与用电卷》，将《核能及新能源发电卷》拆分为《核能发电卷》和《新能源发电卷》。第三版的条目总数约为 6300 条，字数约 1300 万字。条目释文中，中国电力工业的数据一般截至 2012 年 12 月，国外电力工业的数据一般截至 2011 年 12 月，能源资源等数据以最新公布的为准。

简当为要，是百科全书的特征之一。百科全书是概要记述人类知识的大型工具书。《电百》第三版的释文编纂按照百科体例的编纂要求和“全、精、新、信、达、雅”的撰写质量要求，依据科学性、客观性、概述性、整体性、稳定性、可读性、规范性的百科特点进行修编。全书统一编纂指导思想、框架设计和体例要求，解决内容重复、交叉、矛盾和遗漏等问题。对修编条题，注重其概要性、知识性和逻辑性；对新增条题，博览精收、慎重选材，做到既简且当。同时，各卷都编写了概述性文章（专文）和大事年表。概述性文章是对本卷内容概括性介绍，体现本专业的特点、发展、现状和水平；大事年表是以编年体形式记录具有全局性、标志性、方向性的事情。读者通过概述性文章和大事年表可以对电力技术的发展有全面系统的了解，更加体现了简当为要的要求。

《电百》第三版修编实行主编责任制，编辑委员会组织了既有理论底蕴又有实践经验的 1500 多位专家、学者参与条目的撰写和审稿，其中卷正副主编和分支正副主编 220 余位。

《电百》第三版贯彻以科学发展观为指导，谋篇、谋卷、谋书，努力用全面协调可持续发展的观点，分析判断近十年来电力科技领域出现的新事物和新观点，集中反映 21 世纪初中国电力科技事业蓬勃发展的概貌，展示出其对中国乃至世界电力工业技术发展基本走向的影响。

在《电百》第三版即将付印的时候，我们十分感念那些为“电力百科”开启山林的拓荒者，他们为我们做出了榜样。《电百》第三版继承了第一、二版在知识分类、编辑体例、图表配置、全书条题检索等方面的工作经验和成果，并将前一、二版的双色印刷调整为全彩印刷，将原正 16 开本调整为大 16 开本，从而使第三版从内容到版式都有了更大的改进。令我们感到鼓舞的是，《电百》第三版获得了 2014 年度国家出版基金的资助，入选《2013—2025 年国家辞书编纂出版规划》。

我们还要再一次向所有关心、支持和参与本书编纂出版的领导、专家、学者、编辑出版人员表示衷心的感谢！1500 多位专家、学者的志愿工作、三年多的智慧和心血，凝结成为今天的鸿篇巨制。电力科学技术在飞速发展，希望《电百》第三版对电力科技工作者和管理人员能够有所裨益，更好地发挥其“没有围墙的大学”的功能。

《中国电力百科全书》编辑委员会

《中国电力百科全书》编　辑　部

2014 年 5 月

第一版前言

经过8年的反复锤炼，《中国电力百科全书》终于脱稿付印，陆续出版了！这是1700多位专家，以高度的政治责任感和历史责任感辛勤耕耘、反复切磋的成果。参加这部百科全书编纂工作的同志大部分是电业部门的专家和著名大学的教授，也有很多电机制造部门的专家，用电电器研究方面的专家，核工业专家，能源专家，环境保护专家等等；他们是各个专业方面的权威人士，大都年事已高，仍不遗余力地以自己毕生的经验，参照大量的国际资料，字斟句酌地推敲每一个条目的释文；他们以满腔热情，努力争取时间，完成了5000多个条目、1000多万字的撰写、审阅、修改工作；在编写过程中有的老专家废寝忘食、带病工作，有的已经谢世。我们以十分崇敬和感激的心情向为本书工作过的专家们致以崇高的敬礼！

《中国电力百科全书》是于1986年8月由原水利电力部科技司、中国电机工程学会、中国水力发电工程学会、原水利电力出版社共同倡议，经原水利电力部部长批准，着手组织编纂的。1987年8月，在北京召开了编辑委员会成立大会，初步确定了分卷方案和条题框架，聘请各卷主编和各分支主编。之后，几经修改，拟定了各卷的条题总表，聘请了撰写和审阅的专家，于1989年着手撰写，先后经过分支的一审、修改，分卷的二审、修改，编委会常务领导小组组织的终审，再由分卷修改正式定稿。

编纂《中国电力百科全书》的目的，在倡议报告中已经指明，是“为了总结我国电力工业生产、建设的经验，介绍当代电力工业最新科学技术成就，迎接电力工业更大规模的发展，满足电力系统广大职工的需要。”当前，我们正在建设规模宏伟的现代化的电力工业，我们正在深入改革开放，经历从高度集中的计划经济到社会主义市场经济的变革，成百万的电业职工迫切需要学习新的技术和新的管理知识。同时，随着我国工农业现代化程度的提高，人民生活电气化程度的普及和提高，社会上对电力知识的需要也日益广泛。为此，本书的编纂，从格式到内容，均以满足电力科学技术人员、各级领导和管理人员、广大电业职工和大专院校电力类专业师生的需要为主，同时照顾到社会上广大读者的需要，力求深入浅出，使具有高中以上文化程度的人均可阅读。

《中国电力百科全书》是中国第一部全面介绍电力科学技术和管理知识的大型专业性百科全书。在编纂过程中，我们学习和借鉴了《中国大百科全书》的编纂经验，同时，也汲取了此前编纂的《中国水利百科全书》的经验。百科全书要求表达人类成熟的知识，要求所表达的知识具有科学性、客观性和稳定性，亦即具有一定的权威性。为此，本书在条题名称的选定和条目释文的概念叙述方面，均力求符合当代国际电业界一般共有的认识，对于某些国内惯用的概念与国外流行的概念不一致的，均分别加以说明。考虑到篇幅浩大，读者所需要的专业内容不一，特将全书按专业分为既有联系又相对独立的8卷，即：综合、电工技术基础、电力系统、火力发电、水力发电、核能及新能源发电、输电与配电、用电。读者可购置全套8卷，也可购置其中任何一卷。每卷条目排印均按条目首字的汉语拼音顺序排列。为了便于读者按专业查找相关条目，在书首设有按专业知识分类的条目分类目录，在书尾设有3种检索系统，即条目汉字笔画索引、条目外文索引、内容索引。综合卷后还附有外国（国际）电力（能源）组织机构和学术团体译名对照表，以及中国电力工业大事年表。

为了记录近百年来，特别是中华人民共和国成立以来，为中国电业发展做出过重要贡献的人物，为中国电业发展培养了大量科技人才的优秀教师和学者，以及为中国电业的发展提供电力设备的电机、电器、动力设备制造部门的著名专家，共收录了3000多位人物的业绩，编纂了《中国电力人物志》，作为《中国电力百科全书》的附卷单独出版。

以上8卷和附卷中，条目释文中所载的史实和数据大都截止到1990年12月；对1990年12月之后国际时局的变化所引起国家的改变，均未作相应的修改。

本书的编纂和出版，是广大专家集体智慧的结晶和集体工作的成果，一个条目的释文往往经过多位专家多次修改才得以定稿，前后变动很大，甚至重新改写。但是，应该说明，没有第一稿的写出，也改不出最后一稿。所以，一个条目的写定，既是最后执笔者的成果，也是第一稿执笔者的成果。在反复修改过程中，专家们都不固执己见地热烈参与磋商讨论，务求循名责实，考虑全面，得出一个正确的概念，在这方面充分体现了他们对事业的政治责任感和对后代的历史责任感。电力方面的百科全书，在中国这是第一部，在国外，我们也未见先例。因此，尽管我们尽其可能地作了努力，但疏漏与错误之处还不可避免，我们诚恳地希望广大读者和专家给予批评和指正，以期本书再版时订正提高。

再一次向所有关心、支持和参与本书编纂出版的领导、专家、学者、编辑出版人员表示衷心的感谢！

《中国电力百科全书》编辑委员会

《中国电力百科全书》编　辑　部

1994年6月

第二版前言

《中国电力百科全书》（简称《电百》）的编纂工作始于1986年，在国家电力领导部门的重视和社会各界的关注下，全国1700多位专家、学者历时8年终成腋裘，付梓刊行。

《电百》（第一版）条目释文引用的数据和资料基本上截至1990年底。十年来，世界电力工业的状况发生了重大变化。作为目前最清洁和使用最方便的二次能源，电力在推动社会经济进步、提高人民生活质量方面发挥着越来越重要的作用。十年来，电力工业围绕进一步提高能源利用效率和供电可靠性，加强对生态环境的保护从而实现可持续发展，在许多技术领域取得了重大进步。例如，在洁净煤发电技术研究开发与应用方面，已相继建成示范电厂并开始商业运营；大容量、超临界和超超临界压力机组迅速发展，正在成为发达国家火力发电厂的主力机组；广泛采用新技术加强对有害排放物、电磁波、放射性污染的治理；高电压、大容量、远距离交直流输电技术和电力系统理论与技术的继续进展与提高；高效率燃气轮机技术的发展与应用；分散型电、热、冷三联供装置和大幅度提高电力用户终端效率的各种新技术、新装置的相继出现，以及计算机技术和信息网络技术在电力工业中的应用等等，正在明显地改变电力工业的技术状况。与此同时，世界范围内经济的市场化、信息化、全球化正在给电力行业传统的垄断地位和经营方式带来巨大的冲击。随着竞争机制的引入，许多国家的电力管理体制已经或正在经历空前的变革，向着放松管制的商业化、民营化方向发展。

在世界各国电力科学技术发展和管理体制变革的同时，中国电力工业在90年代取得了突飞猛进的发展。从1996年下半年起，全国电力供需基本平衡，结束了持续20多年全国性缺电的局面，基本上适应了国民经济发展和人民生活水平提高对电力的需求。1995年全国电力装机总容量达到2亿kW，年发电量超过10000亿kW·h；1999年全国电力装机总容量达到2.98亿kW，年发电量达到12331亿kW·h；2000年4月，我国的装机容量超过了3亿kW。无论在电力装机容量上还是在发电量上，中国电力都已居世界第二位。到1999年底，已建成和正在建设的100万kW及以上的火电厂、核电厂和水电站已超过100座，其中邹县发电厂240万kW，二滩水电站330万kW。世界最大的水电站、装机容量达1820万kW的三峡水电站已于1994年12月开工建设、1997年11月实现了大江的截流，即将于2003年开始并网发电。继秦山核电厂和广东大亚湾核电厂投产后，广东岭澳核电厂（180万kW）和秦山第二核电厂（120万kW）、秦山第三核电厂（140万kW）及田湾核电厂（200万kW）均已开工建设。风力、地热、太阳能、潮汐等可再生能源发电也得到进一步的发展。全国风力发电装机总容量已达26.7万kW，在中国的西部地区建成了一批小容量试验性的太阳能光伏电站。到90年代末，中国已建成的500kV输电线路约2.29万km，变电容量8012万kV·A；330kV输电线路7949km，变电容量1248万kV·A；220kV输电线路12.18万km，变电容量2.80亿kV·A；同时还进行了大规模的城乡电网建设与改造。目前在全国已形成了7个跨省的大型区域电网和5个独立省网，其中最大的区域电网华东电网装机容量已达5198.64万kW，最大的省网广东电网装机容量也达到3033.37万kW，全国电网的覆盖率已达到96.4%。中国的电网已进入了跨大区、跨独立省（区）电网互联的阶段，并正在走向全国联网的超高压、高度自动化的现代化电力系统的新阶段。

在过去的10多年里，中国电力工业的管理体制经历了巨大的变化。1988年4月撤销了水利电力部，成立了能源部；1993年3月又撤销能源部，组建电力工业部；1997年成立国家电力公司，1998年电力工业部撤销。按照国务院的改革方案，国家电力公司经营管理授权范围内的国有电力企业，国家经贸委行使管理中国电力工业的政府职能，中国电力企业联合会行使电力行业管理与服务职能。这是中国电力管理体制的重大改革，是中国电力工业由计划经济向市场经济转变的重要标志。

根据电力科学技术在90年代所取得的重大进展、管理体制的变革情况，以及中国国民经济在2000～2010年期间再翻一番和2010年中国电力装机总容量将发展到5亿kW的总目标，为了使《电百》的内容能够反映当前国际和国内电力工业的最新技术和管理水平，适应21世纪前十年我国电力工业发展的需要，进一步满足各级领导干部、电力系统内外的科学技术和管理人员以及广大读者查询、浏览、了解现代电力科学技术和管理知识的需求，中国国家电力公司决定，对《电百》（第一版）进行修订，并于2000年9月起陆续出版《电百》（第二版）。

编纂出版《电百》（第二版）的总原则是：在第一版的基础上对各卷内容删繁就简，增补更新，力求达到精益求精；努力增加最新电力科学技术成就和管理经验的内容，注意解决第一版中存在的问题和不足；使《电百》（第二版）具有时代特征，符合规范要求，开卷有益，查阅方便。

《电百》（第二版）的编纂工作于1998年8月起动。为了使《电百》能以条目的形式汇集和总结电力科学技术和管理知识，真正发挥大型专业性百科全书的作用，我们组织了电力工业各门类的约1100位专家、学者参加了修订、编纂和审稿工作。这些专家怀着满腔热忱、高度责任感和使命感，废寝忘食、夜以继日地工作，以广博的知识和丰富的经验，使《电百》条目的释文尽可能完美地体现其思想和智慧。

《电百》（第二版）仍沿袭第一版的做法，采用按专业分类分卷、各卷条目按汉语拼音字顺编排的出书方式。全书仍分为综合、电工技术基础、电力系统、火力发电、水力发电、核能及新能源发电、输电与配电、用电等8卷，释文共有5400余条目，总字数约1000万字，其中新增条目和经过修改的条目约占全书的70%以上。

尽管我们期待《电百》不仅具有电力科学技术知识的魅力，同时具有文字的魅力和鲜明的时代色彩，尽管我们希望广大读者在阅读与浏览，查询与解惑中能达到充实自己的目的，但书中难免有疏漏和错误之处，恳请读者批评指正，以期再版时订正。

谨向所有关心、支持和参与本书编纂出版的领导、专家、学者、编辑出版人员表示衷心的感谢，是他们卓有成效的努力使本书为广大读者营造了一个开卷有益的氛围，使本书以气势恢宏的构架、翔实丰富的内容、精辟练达的文字、生动具体的彩色插图导引读者漫游电力科技知识的海洋。

《中国电力百科全书》编辑委员会

《中国电力百科全书》编　辑　部

2000年9月

凡　　例

一、编　　排

1. 全书按专业知识领域分为综合、电工技术基础、电力系统、火力发电、水力发电、核能发电、新能源发电、输电与变电、配电与用电等 9 卷出版。

2. 各卷按前言（包括全书第三版前言、第一版前言、第二版前言），凡例，概述性文章，条目分类目录、正文、大事年表、条目标题汉字笔画索引、条目标题外文索引、内容索引、插图索引、附录等编排。

3. 全书的主体是条目。条目既是基本知识单元，也是基本寻检单元。条目由条目标题（条题）、释文和相应的图片、表格、参考书目等组成。

4. 全书条目按条目标题的汉语拼音字母顺序并辅以汉字笔画、起笔笔形顺序排列。同音时按汉字笔画由少到多的顺序排列，笔画数相同的按起笔笔形一（横）、丨（竖）、丿（撇）、丶（点）、乛（折，包括㇆乚𡿨等）的顺序排列。第一字相同时，按第二字，余类推。条目标题以罗马数字、阿拉伯数字、拉丁字母、斯拉夫字母和希腊字母开头的，按习惯发音依次排在汉语拼音相应字母部的前部。

5. 各卷在条目分类目录之前均有一篇介绍本卷内容的概述性文章。概述性文章从宏观上展现本卷的形象，且把本卷组成一个有机的整体，对本卷的条目起到统领作用，成为本卷的纲要。概述性文章介绍了本卷的专业特点、内容范围、历史发展和现状等内容，以帮助读者对本卷有概略而全面的了解。

6. 各卷均列条目分类目录，供读者按学科知识体系查检所需要的条目。为了保证各分支体系的完整性，有少数条目在不同分支目录里重复出现。条目分类目录还反映出条目间的系统性、层次性，例如：

生物质气化发电

　生物质气化炉

　生物质燃气净化

　生物质整体气化联合循环发电

沼气发电

　沼气池

　沼气净化

7. 为保持知识体系的完整性和便于读者查阅，内容完全相同的条目，可以重复出现在不同卷。对卷间交叉的知识主题，条目列在以学科知识内容为主的卷中，在其他卷中则通过条目标题加以区别。

二、条　目　标　题

8. 条目标题由词或词组组成，例如“储氢”“定日镜”“热储层”；“分布式风力发电”“海洋能资源”。

9. 条目标题一般由汉语标题和与汉语标题相对应的汉语拼音、外文三部分组成。例如：

fengneng

风能 (wind energy)

个别无通用译名的纯属中国内容的条目标题则不附外文。条目标题有多个对应外文的，中间用分号（;）隔开。

三、释　　文

10. 条目释文使用规范化的现代汉语书面语言。条目释文开始一般不重复条目标题。

11. 条目释文较长时，设置层次标题。

12. 条目内容涉及其他条目并需由其他条目的释文补充的，采用“参见”的方式。所参见的条目标题在释文中出现的，用楷体字排印，例如“经过大气层到达地球表面的*太阳辐射*”。所参见的条目标题未在释文中出现的，则另用括号加“见”标出，例如“用于加热有机工质驱动汽轮机发电（见*地热双工质发电*）”。全条与其他条目密切相关时，参见放在释文末尾，另行起写“见×××。”，不加括号。

13. 条目释文中出现的外国人名，第一次出现时在姓（汉译）前均加有外文名的缩写（即名的第一个字母），并在括号内附对应外文，例如 I. 牛顿（Isaac Newton 或 I. Newton）。外国地名一般不附原文，个别生僻无标准译名的则在第一次出现时用括号附原文。

四、插　　图

14. 条目释文中配有必要插图，均随文编排。

15. 插图一般与释文相呼应。只有一个插图时，不编号。

16. 插图附有图题、图注等说明性文字。

五、参　考　书　目

17. 部分条目释文后附有参考书目，供读者选读。

六、索　　引

18. 各卷正文后均附有全部条目标题的汉字笔画索引、条目标题的外文索引，以及按音序编排的内容索引和插图索引。

七、其　　他

19. 全书所用科技名词术语以全国科学技术名词审定委员会审定的为准，未经审定和尚未统一的，从习惯。地名以中国地名委员会审定的为准。

20. 全书所用汉字除必须用繁体字的以外，一律使用国务院 2013 年 6 月公布的由教育部、国家语言文字工作委员会制定的《通用规范汉字表》所列的汉字。

21. 全书数字的使用，均执行 GB/T 15835—2011《出版物上数字用法》。

22. 全书所用计量单位，除引用经验公式或涉及实验数据的精度难以改变，以及历史上所用的某些单位外，一律采用中华人民共和国法定计量单位。在表达量值时采用单位的国际符号。

23. 全书所列中国统计数据，一般未包含台湾省和香港、澳门特别行政区数据。

目　录

第三版前言 …… 9

第一版前言 …… 11

第二版前言 …… 13

凡例 …… 15

新能源发电（专文） …… 18

条目分类目录 …… 31

正文 …… 1

大事年表 …… 258

条目标题汉字笔画索引 …… 265

条目标题外文索引（INDEX OF ARTICLES） …… 269

内容索引 …… 274

插图索引 …… 288

新能源发电

施鹏飞

新能源发电是将新能源转换为电能的过程。新能源一般是指在新技术基础上加以开发利用的可再生能源，包括**风能**、**太阳能**、**生物质能**、**地热能**、**海洋能**等，以及二次能源的**氢能**。已经广泛利用的煤炭、石油、天然气、水能、核能等能源，称为常规能源。

新能源有三个初始来源，即阳光、地热和潮汐。太阳能是地球上最主要的能量来源。水能、风能和**波浪能**也都来自太阳能，生物质能是太阳能通过光合作用转变而成的，以化学能的形式储存在有机物中。地热能有传导到地表面的来自地球内部的热量，还有来自地壳板块碰撞以及放射性元素衰变所释放的能量。海水涨落产生的潮汐能来自地球、月球和太阳的引力作用。新能源的资源总量极其巨大，可以开发的资源量正在进行评估，随着观测方法和各种新能源利用技术的进步，不同种类资源量的评估结果将趋于准确。尽管现有资源评估得到的可再生能源技术开发量差异很大，但是所有研究都表明，全球可再生能源技术开发量都高于全球对能源的需求，资源储量不会限制可再生能源的开发利用。

风能、太阳能、生物质能、地热能、海洋能5种可再生能源的共同特点是，能量密度较低并且高度分散，风能、太阳能、海洋能中的**潮汐能**和波浪能还有波动性、间歇性问题。大规模制氢尚依赖于化石能源工业的副产品加工。因此，它们的开发利用受到一定的限制，技术上也存在相当的难度。新能源开发利用技术涉及气象学、流体力学、结构力学、热力学、微生物学、地质学、海洋学、电工学、电力电子学和材料学等多学科，是综合性的高新技术。新能源发电的产业化依靠科技进步，社会经济发展对新能源的需求推动能源科技能力和水平的提高。

一、新能源发电与可持续发展

新能源可以再生，能保证人类社会可持续发展，它们又是清洁能源，开发利用不会污染环境或较少污染环境。

20世纪70年代以来，世界能源结构开始经历第三次大转变，即从石油、天然气为主的能源系统，开始转向以可再生能源为基础的持续发展的能源系统。1973年中东战争触发的第一次石油危机，说明原有能源系统不可能长久维持下去，化石燃料的资源总量是有限的，而且以化石燃料为主的能源系统造成了严重的全球环境问题，这成为促进第三次能源结构大转变的重要因素。

未来的可持续发展的能源系统主要包括风能、太阳能、生物质能、地热能、海洋能和氢能等新能源的利用。由于地域、气候等因素的影响，风能、太阳能、生物质能、地热能乃至于海洋能等的利用受到一定限制，需要新的技术来解决。世界能源结构转变到以新能源为主，将是一个漫长的过程。规模化利用新能源既是世界新的技术革命的重要内容，也是推动世界新的产业革命的力量，而新兴工业也有助于加速其开发利用。科学家们设想，未来的大规模太阳能和其他可再生能源发电站，主要将建在世界上阳光充足和其他可再生能源丰富的地区，除了通过跨国甚至跨洲远距离输电，还可以利用所发电能从水中制氢，通过管道或轮船把氢气或液态氢输送到世界各地，将电能储存和利用。另外，新能源发电技术与互联网技术的结合，也可能形成一种新的能源体系。每一处建筑会成为微型新能源发电站，未用完的电能可以制氢储存，也可以送入类似互联网的可供能源共享的全球电力网。

进入 20 世纪 80 年代，各国经济发展中面临的更紧迫的问题是大气污染及其防治，还有温室效应及控制。据 1995 年 11 月联合国政府间气候变化专门委员会科学小组会议证实，人类活动造成了全球变暖，这可能对人类生存和社会发展带来不利的、甚至是灾难性的后果。这里所说的人类活动主要指温室气体的排放。为控制温室气体的排放、保护环境，1992 年 6 月在巴西里约热内卢召开了联合国环境与发展大会，170 多个联合国成员国代表团、102 个国家的元首和政府首脑以及联合国机构和国际组织的代表出席了会议。会议签署了《联合国气候变化框架公约》，其核心是节约能源、提高能源利用效率，以达到和控制减少 CO_2 排放的目的。每个缔约国都必须按公约的规定承担相应的义务，中国国务院总理代表中国政府签署了这个公约。1997 年国际社会对气候变化问题有了更深入的认识，明确提出限制温室气体排放的最好措施是“提高能源效率”和“增加使用可再生能源”。为此，多数国家签订了《京都议定书》，具体规定了发达国家的温室气体减排目标和时间表，承担义务的发达国家通过立法和其他政策手段促进可再生能源的开发利用。《京都议定书》还规定发达国家可以通过清洁发展机制与发展中国家合作实现减排目标，这使包括中国在内的发展中国家的可再生能源利用进入一个新的历史时期。

温室气体减排对中国这种能源结构以煤炭为主，并且在相当时期内不可能根本改变的国家是一种严峻的挑战。为此，除大力提高能源转换和利用效率、严格控制化石能源消费总量以外，还要大力开发水电、核电，以及风能、太阳能和生物质能等可再生能源发电，扩大氢燃料的应用等，逐步缩小煤炭在能源结构中的比重。

中国经济正处于快速发展时期，对能源的需求将持续增长，大力开发和利用可再生能源具有重大意义。首先是调整能源结构，增加本地能源供应；其次是减轻环境污染，作为应对气候变化，减少温室气体排放的重要措施。此外，规模化利用新能源是建设资源节约型、环境友好型社会的需要，也是开拓经济增长领域的需要，对调整产业结构，促进经济增长方式转变，扩大就业，推进经济和社会的可持续发展意义重大。

2006 年 1 月，《中华人民共和国可再生能源法》正式实施，为制订可再生能源开发利用的发展规划和各项具体政策，克服可再生能源发展利用中的技术、市场、制度等方面的障碍，推动可再生能源大规模应用提供了法律保障。2009 年对《中华人民共和国可再生能源法》进行了修订，进一步确定了国家实施可再生能源开发利用规划，发电全额保障性收购，以及国家设立可再生能源发展基金等政策。

2009 年在丹麦哥本哈根召开联合国气候变化会议后，中国政府承诺争取到 2020 年非化石能源占一次能源消费比重达到 15%左右，这成为国家制定经济和社会发展规划的约束性指标。加快新能源发电产业的发展，将为实现这个指标做出重要贡献。

二、丰富多样的新能源发电方式

新能源具有多样性，新能源发电的种类也很多，主要有**风力发电**、太阳能发电、**生物质发电**、**地热发电**、**海洋能发电**和**氢能发电**等几类，每一类又可分为多种方式，见图 1。多种类型的新能源还可以组成互补发电系统。作为高效利用能源的方式之一，燃料电池也进入新能源利用领域。

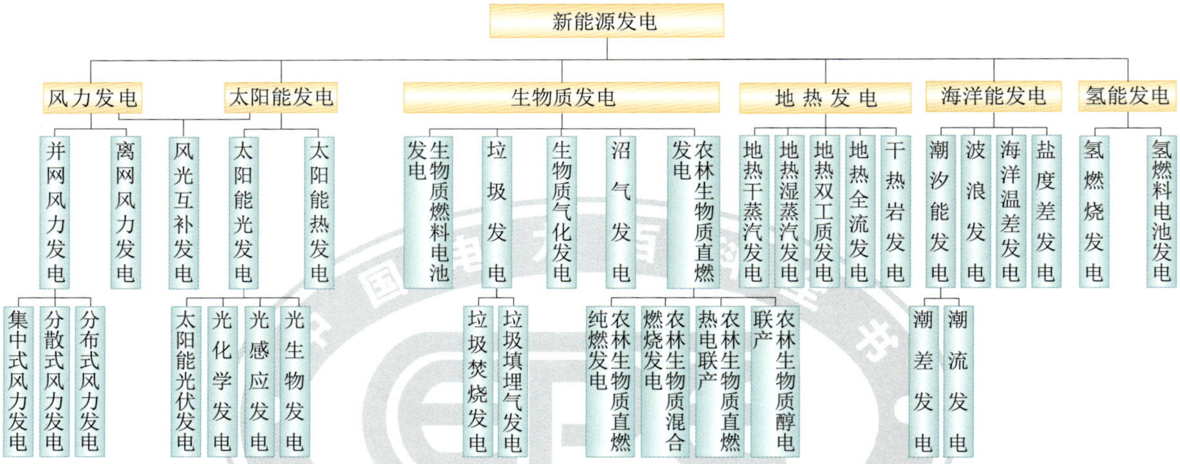

图 1　新能源发电的主要方式

1. 风力发电

风能是流动的空气所具有的能量。**风能资源**开发潜力常用风能资源技术开发量来表示。2012 年，联合国政府间气候变化专门委员会（IPCC）《可再生能源与减缓气候变化特别报告》指出，全球风能资源技术开发量大致范围在年发电量 19.4 万亿 kW·h（陆上）到 125 万亿 kW·h（包括沿海及近海区域）之间，约相当于 2008 年全球发电量的 16 倍。根据中国气象局 2012 年**中国风能资源**详查和评价结果，中国陆地（不包括青藏高原海拔超过 3500m 的区域）距地面 70m 高度的风能资源技术开发量为 26 亿 kW，风能资源丰富的区域主要在中国北部和西部；近海水深 50m 以内海域 100m 高度的风能资源技术开发量为 5 亿 kW。

风力发电是将风所蕴含的动能转换为电能的技术，简称风电。将风能转换为电能的设备是**风力发电机组**，简称风电机组，它由**风轮**、**传动系统**、发电机、**控制系统**、**偏航系统**、**机舱**、**塔架**和机组基础等设备和系统构成。风力发电已有一个多世纪的发展历程。1888 年，美国人 C. 布鲁什（Charles Brush）在俄亥俄州克利夫兰建造了世界第一台用于发电的风车。在 20 世纪 70 年代之前，**离网风力发电系统**已经在远离城市、电网不通达的农村得到应用，小型风电机组与蓄电池组合的系统，既满足了无电地区的用电需求，又解决了风电的波动性问题。

1973 年后，风力发电受到重视，成为应对能源短缺和减少环境污染的重要措施。

美国和丹麦等发达国家投入大量人力和资金研究风力发电技术，并出台激励政策，培育风电市场，促进了并网机组技术产业化。从 20 世纪 80 年代起，运行的主流风电机组采用定转速恒频并网技术，风轮和发电机的结构比较简单，平均单机容量从 50kW 逐渐增加到 750kW。进入 21 世纪，随着电力电子和控制技术的进步，运行的主流风电机组采用变转速恒频并网技术，虽然风轮和发电机结构比较复杂，但是转换效率更高，平均单机容量从 850kW 逐渐增加到 3MW。2013 年已安装的最大样机单机容量达 8MW。

并网风力发电按电能传输和消纳方式，主要有集中式、分散式和分布式三种。20 世纪 80 年代初，美国开始建设风力发电场，即在风能资源丰富的区域，通常为辽阔的草原或荒漠并远离电力用户的地区，主要由风电开发商集中大量安装风电机组，通过场内升压变电站接入高电压等级电网将风电输送到电力负荷中心的集中式风力发电模式；而丹麦等欧洲北部一些国家主要发展分散式风力发电，即在具有电力负荷且风能资源较好的区域将分散安装的风电机组接入当地配电网，实现风电上网电量就地消纳的应用方式。**分布式风力发电**是并网风电中以自发自用为主、多余电量可上网销售的一种方式，在英国、美国等国家受到政策鼓励，采用的风电机组单机容量范围从几千瓦到数百千瓦。

中国在 20 世纪 50 年代后期开始风力发电研究工作，主要是离网风力发电设备的研制和推广应用，解决了数十万农牧民家庭的用电问题。1986 年，中国最早的风电场——马兰风电场的 3 台进口机组并网运行。至 20 世纪末期，风力发电尚未摆脱依赖价格昂贵的进口设备的状况，主流设备是百千瓦级定桨定速型风电机组。2005 年以后安装的主流设备提升为性价比更高的兆瓦级变桨变速型风电机组。

中国风电设备制造商依托庞大的国内市场，通过引进国外制造技术、联合设计或自主研发等方式，研制出适合中国低温、湿热、高海拔或低风速等区域和各种环境、风况的多种机型，并增强了在国际市场上的竞争力。

陆上风电装机的土地资源有限，海上风能资源比较丰富而且稳定，许多国家陆续发展大规模海上风电场，成为风电的发展趋势。瑞典和丹麦在 20 世纪 90 年代初开始建设海上风电示范项目。1991 年丹麦建成世界上第一个海上风电场，安装了 11 台 450kW 风电机组，装机容量约 5MW。之后，英国、荷兰、德国和中国也陆续研制海上风电机组及其基础、专用运输吊装船和运行维护装备等，积极发展海上风电项目。截至 2012 年底，已在海上安装的风电机组最大单机容量达 6.15MW。今后，风电新的研究领域将是开发制造适合海洋环境的风电机组及其支撑结构、风电施工专用运输吊装船舶和总结海上风电场运行维护技术。

风力发电的迅速发展，推动了统一的国际标准的制订工作。1987 年，国际电工委员会（IEC）TC88——风电机组技术委员会正式成立，旨在提出风电机组及其所有子系统相关的国际标准。为了保证风电机组测试质量、保证测试结果可信性及试验室间测试结果一致性，1996 年 11 月欧洲 7 个风电机组性能测试机构共同发起成立风电检测组织（Measuring Network of Wind Energy Institutes，MEASNET）。2013 年 11 月，中国电力科学研究院正式加入 MEASNET，成为其中唯一的非欧美国家的风电检测成员机构。

进入 21 世纪，风力发电在许多国家已经成为重要的电源。为了解决大规模可再生能源发电接入电网运行所发生的新问题，2013 年 7 月，国际电工委员会（IEC）SC 8A——大容量可再生能源接入电网分技术委员会正式成立，负责大容量可再生能源发电并网技术领域的国际标准化工作，秘书处设在中国。这是中国在新能源发电方面参与国际标准化活动取得的重要突破。

2. 太阳能发电

太阳能是太阳向宇宙空间发射的电磁辐射能。全球**太阳能资源**的总量很大，到达地球表面的**太阳辐射**总功率约为 8.17×10^{10}MW，其空间分布主要与纬度有关，赤道以北、以南纬度 30°之间的陆地上平均辐照度约 $250\mathrm{W/m^2}$，北纬、南纬 30°～45°中纬度温带地区平均辐照度一般约 $200\mathrm{W/m^2}$，北纬、南纬 45°以上高纬度平均辐照度通常在 $150\mathrm{W/m^2}$ 以下。到达中国陆地表面的太阳辐射总功率约为 1.68×10^9MW，占全球的 2%左右，平均辐照度约为 $175\mathrm{W/m^2}$，高于全球平均水平。太阳能资源空间分布不仅与纬度有关，还受气候和地形影响，总体上最丰富的区域在西北和西南地区。

将太阳能转换为电能的方式主要有**太阳能光发电**和**太阳能热发电**两类。

太阳能光发电可划分为**太阳能光伏发电**、光化学发电、光感应发电和光生物发电等，太阳能光伏发电是利用**太阳能电池**（也称光伏电池）有效吸收太阳辐射，并使之转换成电能的直接发电方式。当前只有光伏发电技术已经产业化，实现大规模利用，其他几种太阳能光发电技术还在进行研究和原理性实验。

（1）太阳能光伏发电系统由光伏阵列和平衡部件组成。光伏阵列是按照应用领域的电压及电流需求，由若干个太阳能电池组件经串联和并联排列而成的。平衡部件包括控制器、蓄电池组、逆变器、交流配电系统、数据采集与监控系统等。1839 年，法国物理学家 A.E. 贝克勒尔首次发现了光生伏打效应。至 1954 年，美国贝尔实验室的科学家首次制成光电转换效率为 6%的实用单晶硅太阳能电池。早期的太阳能电池主要应用于人造卫星上。1957 年 10 月美国首次将太阳能电池应用于“先锋 1 号”卫星。中国从 1958 年开始对太阳能光伏发电技术进行研究，1971 年太阳能电池成功应用于“东方红二号”人造卫星。1973 年世界石油危机后，光伏发电技术逐渐从空间向地面应用转移，主要用于边远无电地区。中国也于 1973 年开始将太阳能电池应用转为地面，在天津港为航标灯供电，在广大的牧区推广户用光伏发电系统。从 20 世纪 90 年代起，随着技术进步，太阳能电池转换效率逐渐提高，2012 年，商业化单晶硅太阳能电池效率达到 18.5%～19%，商业化多晶硅太阳能电池效率达到 17.5%，商业化**硅基薄膜太阳能电池**最高效率达到 8%。太阳能电池投入大批量生产以后造价降低，发电成本下降较快，光伏发电技术逐渐向并网型光伏系统方向发展，主要应用领域是建筑屋顶的分布式光伏发电装置和荒漠地面上的**集中型光伏电站**。随着光伏发电站装机容量不断增加，其对电力系统安全稳定运行的影响越来越明显。为此，2013 年 6 月 1 日，中国实施了

《光伏发电站接入电力系统技术规定》，在有功功率控制、功率预测、无功容量、电压控制、低电压穿越、运行适应性和电能质量等方面制定并网规则，从技术上保证电网对光伏发电的接纳。

（2）太阳能热发电是通过收集太阳辐射能将其转化为热能，再用动力机械转换为机械能驱动发电机发电的技术。太阳能热发电系统（或太阳能热发电站）根据收集太阳辐射能方式的不同，主要分为**塔式太阳能热发电系统**、**抛物面槽式太阳能热发电系统**、**碟式太阳能热发电系统**和**线性菲涅耳式太阳能热发电系统**等。系统包括将太阳辐射汇聚至吸热器的集热场，存储或释放热量的蓄热系统，以及热力机械和发电机构成的发电系统。太阳能热发电站配置大容量蓄热装置，实现发电功率平稳和可控输出。太阳能热发电站既可以并网发电，也可独立于电网运行，还可与常规能源联合发电，建成分布式电源为边远地区供电。

1950年苏联设计并建设了全球首座塔式太阳能热发电实验装置，进行基础性研究和探索。1976年欧洲共同体委员会启动了太阳能热发电可行性研究，并于1980年在意大利西西里岛建成全球第一座兆瓦级太阳能热发电实验示范电站，称为Eurelios。自1984年全球第一座商业化太阳能热发电站SEGS Ⅰ（Solar Electric Generating Station Ⅰ）在美国加利福尼亚州莫哈维（Mojave）沙漠投入运行后，至1991年，美国共有9座太阳能热发电站相继投入商业化运行，总容量35.4万kW。2007～2012年期间，西班牙陆续建成有储热装置的商业化塔式和槽式太阳能热发电站，以及线性菲涅耳式太阳能热发电站。

中国从20世纪80年代开始对太阳能热发电技术进行研究，天津大学制造了最早的塔式太阳能装置。2006年在南京建立了70kW塔式太阳能热发电试验系统。2012年8月，中国首座1MW塔式太阳能热发电站——**八达岭太阳能热发电实验电站**——成功发电。2013年7月，青海中控德令哈50MW塔式太阳能热发电站一期10MW项目并网发电。

3. 生物质发电

生物质能是绿色植物通过叶绿素将太阳能转化并存储在有机质内部的化学能。关于**生物质能资源**开发潜力的分析还不完善，根据2004年荷兰乌德勒支大学对2050年全球生物质能资源所做的比较全面和系统的预测研究，得出2050年全球生物质能资源潜力为2 731 471EJ/a。根据2005年的技术和生产力水平，基于对有机废弃物、边际性土地及相应的能源植物产出的估算，中国生物质能资源的年总产出潜力为7.96亿t标准煤，其中有机废弃物3.71亿t标准煤，边际性土地能源植物4.25亿t标准煤。

生物质发电将生物质的化学能变换成电能，包括**农林生物质直燃发电**、**垃圾焚烧发电**、**垃圾填埋气发电**、**生物质气化发电**、**沼气发电**和**生物质燃料电池发电**。其中生物质燃料电池发电尚处于应用研究阶段，其他生物质发电都是将生物质中的化学能依次转化为热能、机械能，最后转化为电能的利用方式。

农林生物质直燃发电是以农林生物质为燃料通过生物质锅炉直接燃烧，将生物质所蕴含的化学能转化为热能、机械能和电能的技术。根据燃料组成和燃烧技术的不同，可分为**农林生物质直燃纯燃发电**和**农林生物质混合燃烧发电**。直燃发电是农林剩余物消耗量最大、最直接、最容易规模化和工业化应用的一种生物质能源利用方式。此外，还有**农林生物质直燃热电联产**和**农林生物质醇电联产**的利用技术，以进一步提高生物质利用效率。生物质气化发电和沼气发电是利用不同工艺将生物质原料在高温缺氧条件下热解产生可燃气或通过厌氧发酵产生沼气后再燃烧发电的技术。垃圾发电则是垃圾资源化利用的主要方式，有**垃圾焚烧发电**和垃圾填埋气发电两种方式。在环境影响方面，生物质燃料燃烧所释放出的 CO_2 大体上相当于其生长时通过光合作用所吸收的 CO_2，且生物质含硫率一般低于 0.5%，与化石燃料相比，燃烧时 SO_2 的排放量很低。垃圾发电过程中有严格的环境保护措施，防止二噁英及其他有害物质对空气和水体的污染。

20 世纪 60 年代起，一些发达国家开始利用垃圾焚烧产生的热量进行发电。最早利用垃圾发电的是德国。20 世纪 70 年代，丹麦为解决能源危机问题和综合利用农作物秸秆，率先研发秸秆生物质燃烧发电技术，于 1988 年建成世界上第一座秸秆燃烧发电厂。随后秸秆发电技术和产业得到了快速发展，新建热电联产项目都以生物质为燃料，还将许多燃煤热电厂改建为生物质热电联产项目。沼气发电始于 20 世纪 70 年代初期，普遍使用往复式沼气发电机组。沼气发电的原料来源不同，主要源自农林剩余物、**禽畜粪便**和**生活垃圾**填埋。大型沼气发电工程多依托大型养殖场或垃圾填埋场建设。垃圾填埋也是沼气的主要产生来源，美国 1999 年垃圾填埋气总装机容量达到 34 万 kW。英国同时期以垃圾为原料实现沼气发电的装机容量达 1.8 万 kW。生物质气化发电的单机规模小，从几千瓦到 10MW 均可，可根据终端用户需要灵活配置，非常适用于分布式发电系统。瑞典于 1993 年率先建成世界首座生物质整体气化联合循环发电厂，装机容量 6MW。

中国早期的生物质发电项目主要是自主研制的蔗渣锅炉燃烧发电，以及利用木屑、稻壳的气化发电和一些小型的沼气发电。垃圾发电引进国外先进技术和设备在经济发达城市首先推广应用。自 1988 年中国第一个垃圾焚烧发电厂在深圳投入运行后，中国已基本具备制造垃圾焚烧发电设备的能力。沼气发电研究始于 20 世纪 80 年代初，中国的垃圾填埋场蕴藏丰富的沼气资源，1998 年建成首个垃圾填埋气发电厂杭州天子岭填埋气体发电厂，之后陆续建成无锡桃花山填埋气体发电厂、**民和牧业沼气发电厂**、德清源沼气电厂等一批电厂。2006 年以后，中国生物质发电产业迅速发展，主要依靠引进、消化和吸收欧洲秸秆直接燃烧发电技术，同时自主研发生物质气化发电、沼气发电技术。2006 年 12 月，中国第一个国家级生物质发电示范项目**单县生物发电厂**成功并网发电，之后，在黑龙江望奎、江苏宿迁和淮安等地陆续建成生物质发电项目。

4. 地热发电

地热能是地球内部所包含的热能。人类利用的**地热资源**都属于水热型地热资源，其中大于等于 150℃的高温地热资源最适宜发电利用。国际地热协会（IGA）2001 年给出世界地热有用资源数据：总计能用于地热发电的高温地热资源量，如只用常规汽轮机技术开发，则是每年 11.2 万亿 kW·h；如兼用双工质技术发电，则能达到每年 22.4 万亿 kW·h，相当于 2008 年世界总发电量的 1.11 倍。世界能源理事会（WEC）估算中国地热资源潜力占世界有用资源总量的7.9%。世界高温资源的分布局限在环太平洋地热带（含中国台湾）、地中海-喜马拉雅地热带（含中国西藏至云南西部）、大西洋中脊地热带和东非大裂谷地热带等4个全球性地热带。

地热发电是利用地下蒸汽或热水等地热资源发电的技术，有**地热干蒸汽发电**、**地热湿蒸汽发电**、**地热双工质发电**、**地热全流发电**和**干热岩发电**五种类型。世界上大功率的地热发电主要是前两类。用高温地热干蒸汽发电，系统最简单，经济性也高，来自地热井的干蒸汽可直接通入汽轮机发电。全球的高温地热带主要产出地热湿蒸汽，湿蒸汽须通过汽水分离器将饱和干蒸汽分离出来后再进入汽轮发电机组发电。地热湿蒸汽发电是世界地热发电的主流。正在研究试验从干热的岩石中依靠一对井的对流循环产出湿蒸汽用于发电的技术。

1904年，意大利在拉德瑞罗地热田利用地热干蒸汽发电试验成功。1913年，装机容量250kW**拉德瑞罗地热电站**正式运行，开创了地热发电的历史。1958年，新西兰建成了世界首座利用湿蒸汽发电的**怀拉基地热电站**。1960年，美国建成装机容量12.5MW盖瑟尔斯地热电站。此后，日本、苏联、土耳其等一些国家相继投资开发地热资源，各种类型的地热电站也不断出现，但发展缓慢。20世纪70年代初，在菲律宾、印度尼西亚、新西兰等地热资源丰富的国家，地热电站的装机容量有了较大的增长。

中国地热发电的研究工作始于20世纪70年代初，1970年12月，中国第一台地热发电机组在广东省丰顺县邓屋建成发电。1977年，西藏羊八井地热电站第一台1MW试验机组投入运行，**羊八井地热电站**是中国建造的第一座商业性地热电站，也是中国最大的地热电站，总装机容量达2.62万kW。

地热发电的优势是年利用小时数高，可达6000h，弱势是地热电站选址受地质条件制约、**地热资源勘查**时间长。高温地热流体中含有二氧化碳和硫化氢等非凝结性气体，地热水中常含有较高的氟、溴和硼等有害元素，地热电站运行过程中需要防止对自然环境的污染，包括空气污染、化学污染、热污染、噪声污染和地面沉降等。防治的主要方法是**地热回灌**，即将地热湿蒸汽在水汽分离后的热水、经过热交换利用后温度已降低的废热水和其他补充水，回灌到地下**热储层**。地热回灌也是保障**地热田**可持续开发的最有效措施。

5. 海洋能发电

海洋是个庞大的蓄能库，将太阳能以及派生的风能等以热能、机械能等形式蓄藏在海水里。海洋能主要包括**潮汐能**（含潮差能和潮流能）、**波浪能**、**温差能**、**盐差能**和**海流能**。实际可利用的海洋能资源储量是考虑了海洋能利用装置各个环节的效率、自然环境许可、社会许可以及经济效益、财务指标后可以利用的资源量，汇总不同机构的评估值见表1。

表1　各类海洋能实际可利用资源储量估计值（亿kW·h/a）

类　型	世　界	中　国	类　型	世　界	中　国
潮汐能	789	29（潮差能）	温差能	16 000	800
波浪能	3900	22	盐差能	2000	13.2

海洋能发电包括潮汐能发电（含潮差发电和潮流发电）、波浪发电、海洋温差发电、盐度差发电和海流发电。

潮差发电技术比较成熟。在中国，利用潮差发电的枢纽工程通常称为潮汐电站。1912年德国在石勒苏益格-荷尔斯太因州的布苏姆建成首座小型潮汐电站。之后，1967年12月法国建成**朗斯潮汐电站**；1968年，苏联基斯洛湾潮汐电站投入运行；1984年加拿大芬迪湾安纳波利斯潮汐电站投入运行。2011年完工的韩国**始华湖潮汐电站**，装机容量25.4万kW，年发电量5.53亿kW·h，是截至2013年底世界上建成的最大潮汐电站。潮流发电是将潮流的动能转变成电能的技术。进入21世纪以来，潮流发电开始走向商业化技术示范阶段。潮流发电具有周期波动性和间歇性，在一个固定海域潮流流速和方向可以准确预测，不受当地气候变化影响。潮流能转换技术起始于20世纪70年代初，有小部分技术已经进入商业应用阶段。2004年，意大利Kobold潮流电站二期工程首次接入电网运行。2008年英国于北爱尔兰斯特兰福德（Strangford Lough）安装了世界上第一台兆瓦级潮流发电装置，开展持续并网运行和测试。

波浪发电是将波浪的动能和势能转变成电能的技术，波浪发电受风力等因素影响也具有波动性。早在1799年，法国吉拉德父子提出振荡水柱装置，获得波浪能利用的首项专利。1910年，法国人波契克斯·普莱西克建造的1kW振荡水柱式波浪发电装置成为世界上最早的波浪发电装置。1965年，日本人益田善雄发明了导航灯浮标用波浪发电装置，标志着波浪发电开始向商业化技术示范发展。1978～1986年期间，日本、美国、英国、加拿大、爱尔兰五国合作在日本海由良海域对“海明号”船进行了波浪发电史上最大规模的原型实海况试验。

海洋温差发电利用热机组成的热力循环将海水温差所蕴藏热能转变成电能。1881年，法国人达松伐耳（d′Arsonval）提出了海洋温差发电的设想。20世纪70年代，温差能利用有了系统研究，1979年美国研制的50kW海洋温差发电试验装置在夏威夷海域运行，第一次利用海洋温差能得到具有实用价值的电能。受热能利用效率、系统用材及经济性的制约，海洋温差发电尚处于试验示范运行阶段。

盐度差发电是将河流入海口海水与淡水的化学电位差转变成电能的技术。1973年，以色列科学家洛布（Loeb）首次提出盐度差发电，之后美国、瑞典、日本开始研制实验装置，该技术总体上仍处于实验和理论研究阶段。海流发电是将海流（洋流）的动能转换成电能的技术。海流能利用主要集中于海流能资源研究，发电技术还在概念模型研究阶段。

中国海洋能开发利用起步较迟，20世纪50年代末期开始兴建小型潮汐电站，潮汐电站装机容量在2000年前约为1万kW，但大部分潮汐电站由于淤塞而关闭，截至2012年底仅有**江厦潮汐电站**和海山潮汐电站仍在运行。中国于20世纪70年代开始波浪能和潮流能利用的研究，80年代开始温差能和盐差能的实验室机理研究。1995年建成20kW岸式振荡水柱波浪发电装置，标志着中国开始波浪发电站的实用化。2011年9月，“海明Ⅰ”水平轴潮流电站投放于岱山县小门头水道为岸上灯塔供电，是中国第一座长期运行的潮流能发电装置。2012年在山东青岛建成中国首个15kW海洋温差能试验电站。

6. 氢能发电

氢能是氢气和氧气反应所产生的能量。氢能发电是用氢作燃料产生电力的技术，分为氢燃料电池发电、氢直接作为燃料发电、氢直接产生蒸汽发电等方式。以纯氢为燃料的燃料电池发电效率最高，技术已经成熟，开始小规模商业化应用，可作为便携式电源、备用电源、流动电站和分布式热电联供电站等。氢直接作为燃料发电是在普通内燃机中以氢为燃料驱动发电机发电，功率一般不超过几十千瓦。氢直接产生蒸汽发电以按化学比例配合的氢与氧的直接燃烧并生成蒸汽，驱动汽轮发电机组转换成电能，这种技术尚处于研究试验阶段。

7. 燃料电池

燃料电池是连续地将燃料的化学能直接转变为电能的化学电源，具有转换效率高、运动部件少、可靠性高、维修量小和噪声低等特点，是一种很有发展前途的动力装置。1839 年英国人 W. R. 格罗夫（William Robert Grove）发表了在电池中氢的氧化反应产生能量的报告，3 年后开发了由氢-氧电池组成的电池组，成为最初的燃料电池。1911 年，英国植物学家 M. C. 波特（M. C. Potter）利用酵母和大肠杆菌进行试验，发现利用微生物可以产生电流，微生物燃料电池的研究由此开始。从 1968 年的阿波罗 7 号到 1972 年的阿波罗 17 号，搭载的都是**碱性燃料电池**电源。中国在 20 世纪 70 年代也组装了以 NH_3 分解气为燃料的 10kW、20kW 碱性氢氧燃料电池组，80 年代研制成功千瓦级水下用燃料电池。进入 21 世纪，美国、日本、韩国等国家开发了用燃料电池作便携式电源、备用电源，并组装燃料电池流动电站和分布式热电联供电站。截至 2012 年底，全世界燃料电池销售数量已达 8 万台，发电容量达 17 万 kW。进一步降低燃料电池的成本，是科学界和产业界的共同目标。

8. 新能源互补发电系统

各种新能源发电方式按照当地资源状况，可以采用由风力发电与太阳能光伏发电组成的风光互补发电系统，还可与太阳能热发电、氢能发电、水力发电、生物质能利用等组合成综合利用系统，以降低造价、提高能源利用率，发挥新能源综合经济效益。新能源发电也可与柴油发电机等构成互补发电系统，提高供电的可靠性。

三、新能源发电产业发展现状和前景

新能源发电在发展初期成本比较高，没有市场竞争能力，各国政府除了加大对科学研究和技术开发的财政支持外，还制定了发展新能源的法律和各种激励政策，包括配额制、税收抵免、绿色证书、投资补贴和优惠上网电价等，引导向新能源领域投资，加快新能源技术产业化，培育稳定的市场，规模化发展。进入 21 世纪以来，风力发电和太阳能光伏发电发展迅速，产业化程度比较高，生物质发电、地热发电和潮汐发电的技术虽然已经成熟，但是受生物质燃料收购与储运、地热电站和潮汐电站选址的制约，发展缓慢。太阳能热发电技术开始产业化，出现少量商业化运行的电站。潮流发电与波浪发电尚处于装置试验阶段。

1. 世界新能源发电产业发展现状和前景

21 世纪初，风力发电装机容量和发电量增长最快，2000 年全世界风电装机容量为

450 万 kW，2012 年达到 2.86 亿 kW，发电量 5870 亿 kW·h，约占全球总发电量的 2.6%，其中海上风电装机容量达到 510 万 kW。美国和中国风力发电的装机容量最多，见图 2。太阳能光伏发电的成本在 21 世纪最初十年下降较大，是新能源发电另一个快速发展的领域。1999 年全世界光伏发电装机容量约 100 万 kW，2012 年达到 1.01 亿 kW。**并网光伏发电系统**成为主要应用形式，安装最多的是欧洲、日本和美国。太阳能热发电在 20 世纪 80 年代开始有示范项目，1992 年以后停滞了一段时间，直到 2007 年，太阳能热发电市场开始进入复苏时期，西班牙、美国、澳大利亚等国家相继建成一些太阳能热发电站。2012 年，全世界太阳能热发电总装机容量约 255 万 kW。

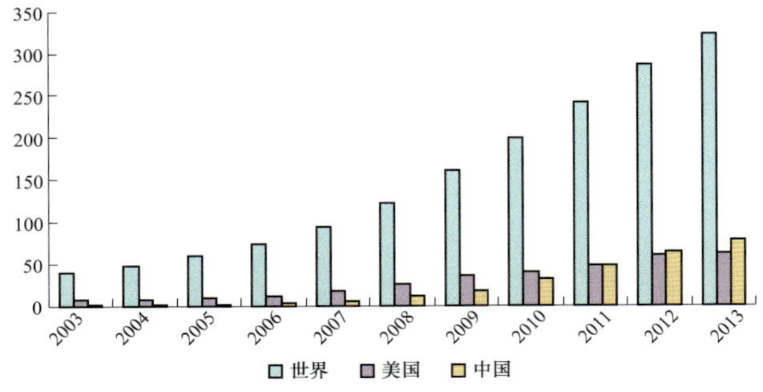

图 2　2003～2013 年世界、美国和中国风力发电的装机容量（单位：百万 kW）

2012 年全球生物质发电装机容量约 6500 万 kW，只比 2005 年增加 1500 万 kW，主要集中在北欧和美国。

地热发电受资源分布的制约，2012 年只有 24 个国家建设和运行了地热发电项目，总装机容量约 1100 万 kW，发电量约 670 亿 kW·h。

海洋能发电只有少数潮汐电站投入商业运行，2012 年世界海洋能发电装机容量约 70 万 kW。

2012 年新能源发电装机容量最多的经济体是欧盟，装机容量 2.1 亿 kW，前六位的国家是中国、美国、德国、西班牙、意大利和印度。

随着风力发电和太阳能光伏发电的大规模发展，其在电网中的比例增加而波动性对电网运行的影响日益显著；资源丰富的地区电力负荷小，难以消纳风力发电场和光伏电站发出的全部电量。这些都是新能源利用中出现的新课题，也是未来电源结构中必将面临的重大问题，政府和企业正在积极开展科学研究并通过试验示范项目探索解决方案。

对于新能源发电的发展前景，国际可再生能源署（International Renewable Energy Agency，IRENA）于 2014 年 1 月发布《可再生能源路线图 2030》，提出的总体目标是到 2030 年全世界可再生能源占全部能源消费的比例可以达到 30%，发展潜力巨大，其中 2020 年和 2030 年世界各类新能源发电的目标见表 2。

表 2　2020 年和 2030 年世界各类新能源发电的目标

新能源发电	单位	2020 年	2030 年	新能源发电	单位	2020 年	2030 年
海上风力发电	亿 kW	0.5	2.31	生物质发电	亿 kW	1.39	3.90
陆上风力发电	亿 kW	6.00	14.04	地热发电	万 kW	2500	6700
太阳能光伏发电	亿 kW	4.00	12.50	海洋能发电	万 kW	300	900
太阳能热发电	万 kW	1500	8300				

2. 中国新能源发电产业发展现状和前景

中国风电装机容量在 2000 年底约 30 多万 kW。为了以规模化发展促进风电设备国产化，降低风电成本，2003～2007 年，国家发展和改革委员会实施了五期风电特许权项目招标，培育出300多万kW规模的国内风电市场。2006年《中华人民共和国可再生能源法》正式实施，2009年开始实行按风能资源分区域的风电标杆上网电价，投资效益明确，风电进入大规模高速发展阶段。2012年超过6000万kW，成为世界上风电装机容量最多的国家，发电量超过1000亿kW·h，约占全国总发电量的2%（见图3），成为火电和水电之后第三大电源。中国风电设备制造业是随着国内市场成长起来的，2003年80%以上的风电机组依赖进口，经过近10年发展，已经能够自主研发和批量生产兆瓦级风电机组，且正在开拓国际市场。从2009年起风电设备出口逐渐增加，2013年累计发运到国外的风电机组容量近140万kW。

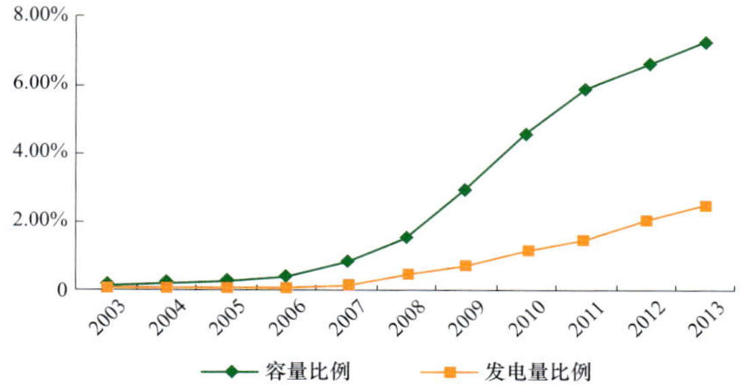

图3　2003～2013年中国累计风电并网装机容量和发电量占电力总容量和总发电量比例

2011年10月国家发展改革委员会能源研究所发布了《中国风电发展路线图2050》，提出风电已经开始并将继续成为实现低碳能源战略的主力能源技术之一。设定的中国风电发展远期目标是到2030年和2050年，风电装机容量将分别达到4亿kW和10亿kW，到2050年满足17%的电力需求。研究表明，要实现上述目标，在资源、产业、电力系统支撑等方面不存在不可逾越的障碍。随着风电技术进步和开发规模扩大，以及煤电成本增加，未来风电的竞争力将进一步加强，预计在2020年前后中国陆地风电成本将与燃煤发电持平。2050年风电贡献的二氧化碳减排量将达到15亿t，将取得巨大的环境和社会效益。

从21世纪初开始，中国的太阳能电池制造业依托国外市场迅速成长，已经形成一个包括多晶硅原材料、硅锭/硅片、太阳能电池/组件和光伏系统应用、专用设备制造等比较完善的光伏产业链，2007年中国太阳能电池产量位居世界第一。2008年的产量达到260万kW，但是国内应用不到其中的2%。2009～2012年，中国政府实施“金太阳示范工程”，推行太阳能光伏发电标杆上网电价和鼓励分布式太阳能光伏发电等激励政策，国内太阳能光伏发电市场开始启动，2012年生产太阳能电池的容量达2300万kW，其中，国内应用比例增加到约35%。2012年中国太阳能光伏发电累计装机容量约800万kW，其中分布式380万kW，大型并网光伏电站420万kW。太阳能热发电刚开始建设试验示范电站，2013年累计装机容量只有1.1万kW。

2005年底，中国生物质发电累计装机容量为200万kW。虽然中国政府制定了较高的生物质发电标杆上网电价等政策，但生物质发电进展比较缓慢，主要原因是劳动力成本上升增加了农林生物质的收集成本，效率高、运行稳定的生物质锅炉及上料系统等关键设备，以及生物质原料工业化收集储运成套机械设备还不够完善，原料供应尚未形成市场化，造成生物质发电成本较高。2012年中国生物质发电累计装机容量约590万kW，发电量约140亿kW·h。其中生物质直燃发电并网装机容量达320万kW，约占生物质发电累计并网容量的55%；垃圾焚烧发电并网容量累计达240万kW；沼气发电累计并网容量达20.6万kW。

2012年底，中国地热发电总装机容量达2.78万kW。中国将于2015年前查明全国地热资源分布和储藏特征，评价开采潜力和可开采资源量，建立综合开发和梯级开发示范工程。

2012年中国潮汐电站的装机容量约6100kW。2013年12月27日，中国国家海洋局发布《海洋可再生能源发展纲要（2013—2016）》，对潮汐能、波浪能、潮流能技术、装备和示范项目建设制定发展目标。

到21世纪中期，受资源的限制，化石能源的供应将不再增加甚至逐步减少，新能源总量不断增加，在能源构成中的比例不断提高，逐步实现能源消费结构的根本性改变。

条目分类目录

说　　明

一、本目录供分类查检条目之用。

二、有的条目有多种属性，可能在几个分支学科和分类中出现。例如，“生物质发电”条目既列入概论分支，又列入生物质发电分支。

三、参见条（虚条）的页码采取虚实条兼注的方式，即参见条页码在括号外，被参见条页码在括号内。

四、凡加有［　］者，不是条目标题，而是分类集合的提示词。例如［概论］［新能源发电接入电网］。

［概论］
新能源发电（见正文前专文） 235
风力发电 …… 93
风电发展史 …… 69
太阳能光发电 …… 218
太阳能热发电 …… 219
生物质发电 …… 194
地热发电 …… 22
海洋能发电 …… 129
氢能发电 …… 182
［非水可再生能源］
风能 …… 99
风能资源 …… 101
中国风能资源 …… 252
风特性 …… 104
测风系统 …… 13
风能资源评估 …… 102
风能数值天气预报 …… 100
风电场高影响天气 …… 50
太阳能 …… 212
太阳能资源 …… 222
太阳辐射 …… 212
地外太阳辐射 …… 30
地表太阳辐射 …… 21
太阳能资源测量 …… 223
太阳能资源评估 …… 223
太阳能短期预报 …… 217
生物质能 …… 197
生物质能资源 …… 197
农业废弃物 …… 176
林业废弃物 …… 166
畜禽粪便 …… 17
能源植物 …… 172
生活垃圾 …… 193
地热能 …… 26
地热资源 …… 29
地热资源类型 …… 30
地热资源勘查 …… 29
海洋能 …… 128
海洋能资源 …… 129
潮汐能 …… 15
波浪能 …… 11
温差能 …… 232
盐差能 …… 237
海流能 …… 117
氢能 …… 182
可再生能源制氢 …… 146
储氢 …… 17
欧美氢能利用路线图 …… 177
燃料电池 …… 184
固体氧化物燃料电池 …… 108
熔融碳酸盐燃料电池 …… 186
磷酸燃料电池 …… 164
质子交换膜燃料电池 …… 252
碱性燃料电池 …… 139

风力发电机组 …… 95
[风电机组理论基础]
风切变 …… 103
湍流模型 …… 226
贝茨极限 …… 4
叶素-动量理论 …… 240
尾流模型 …… 229
风电机组控制策略 …… 83
[风电机组部件]
风轮 …… 98
叶片 …… 239
变桨系统 …… 6
调速机构 …… 224
传动系统 …… 19
齿轮箱 …… 16
制动系统 …… 251
电气系统 …… 31
双馈异步发电机 …… 207
永磁同步发电机 …… 242
变流器 …… 7
控制系统 …… 148
偏航系统 …… 181
安全链 …… 2
塔架 …… 210
机舱 …… 136
海上风力发电机组基础 …… 126
防雷系统 …… 39

风力发电场 …… 94
风电场流场数值计算 …… 61
风电特许权项目 …… 91
风力发电工程咨询 …… 95
风电基地规划 …… 73
新疆哈密风电基地规划 …… 234
甘肃酒泉风电基地规划 …… 107
内蒙古西部风电基地规划 …… 171
内蒙古东部风电基地规划 …… 170
吉林风电基地规划 …… 136
河北风电基地规划 …… 131
江苏风电基地规划 …… 141
山东海上风电基地规划 …… 191
黑龙江风电基地规划 …… 133
风电场工程规划 …… 51
风电场工程预可行性研究 …… 56
风电场风能资源测量 …… 49
风电场风能资源评估 …… 49
[勘察设计咨询]
风电场工程可行性研究 …… 52
风电机组选型 …… 87
风电场微观选址 …… 65
风电场电气设计 …… 46
风电机组基础设计 …… 78
风电场施工组织设计 …… 63
风电场工程招标设计 …… 56
风电场工程施工图设计 …… 55
风电场工程建设 …… 51
[工程管理]
风电场工程施工组织 …… 53
风电场工程施工准备 …… 53
风电场工程施工管理 …… 52
风电场土建工程 …… 64
风电机组基础施工 …… 79
[风电机组运输与安装]
风电机组运输 …… 88
风电机组安装 …… 74
风电场设备调试 …… 63
风电机组调试 …… 85
风电场工程验收 …… 55
风电项目后评价 …… 92
海上风电场建设 …… 120
海上风电场施工 …… 121
海上风电场工程验收 …… 119
[风电场电气系统]
风电场电气主系统 …… 47
风电场电气二次系统 …… 45
风电场厂用电系统 …… 43
海上风电场输变电系统 …… 125
风电场运行维护 …… 68
[风电场运行]
风电场风电功率预测 …… 49
风电机组运行 …… 89
风电场监控 …… 57
[风电场维护检修]
风电机组维护 …… 87
风电机组试验 …… 84
风电机组检修 …… 81
风电场变电设备维护 …… 42
风电场集电线路维护 …… 57
风电场监控系统维护 …… 58
测风塔维护 …… 12
[风电场管理]
风电场运行指标 …… 68
风电场可靠性 …… 61
风电场安全管理 …… 41

[典型风电场]
库伦风电场 …… 149
南澳东半岛风电场 …… 169
东海大桥风电场 …… 36
荷斯礁海上风电场 …… 132
如东潮间带风电场 …… 188

太阳能光伏发电 …… 218
太阳能电池 …… 214
晶体硅太阳能电池 …… 142
硅基薄膜太阳能电池 …… 115
化合物半导体薄膜太阳能电池 …… 133
砷化镓太阳能电池 …… 193
染料敏化太阳能电池 …… 184
有机太阳能电池 …… 243
多叠层太阳能电池 …… 37
非晶硅薄膜/单晶硅异质结太阳能电池 …… 39
光伏组件 …… 113
[平衡部件]
光伏逆变器 …… 112
并网光伏逆变器 …… 8
最大功率点跟踪 …… 256
离网光伏逆变器 …… 163
光伏跟踪装置 …… 111
并网光伏发电系统 …… 8
集中型光伏电站 …… 138
羊八井光伏电站 …… 238
格尔木光伏电站 …… 107
离网光伏发电系统 …… 162

太阳能热发电 …… 219
[基本概念]
法向直接辐射辐照度（见地表太阳辐射） …… 39
集热场效率 …… 137
光学聚光比 …… 114
几何聚光比 …… 136
太阳能热发电站设计点 …… 221
太阳能热发电站选址 …… 221
塔式太阳能热发电系统 …… 211
定日镜 …… 33
定日镜场 …… 34
吸热器 …… 233
八达岭太阳能热发电实验电站 …… 4
抛物面槽式太阳能热发电系统 …… 180
抛物面槽式聚光器 …… 179
抛物面槽式吸热管 …… 180
安达索1号太阳能热发电站 …… 2
碟式太阳能热发电系统 …… 32
碟式聚光器 …… 31
热头 …… 185
斯特林机 …… 208
SES碟式斯特林太阳能热发电系统 …… 191
线性菲涅耳式太阳能热发电系统 …… 234
太阳能热发电蓄热系统 …… 220

生物质发电 …… 194
[生物质原料及其特性]
生物质发电燃料分析 …… 195
生物质热解燃烧特性 …… 202
生物质生化转化特性 …… 203
生物质燃料收集与储运 …… 200
[生物质发电方式]
农林生物质直燃发电 …… 174
农林生物质直燃純燃发电 …… 174
农林生物质混合燃烧发电 …… 173
农林生物质直燃热电联产 …… 175
农林生物质醇电联产 …… 172
生物质气化发电 …… 198
生物质气化炉 …… 199
生物质燃气净化 …… 201
生物质整体气化联合循环发电 …… 205
沼气发电 …… 248
沼气池 …… 247
沼气净化 …… 249
垃圾焚烧发电 …… 152
垃圾焚烧物质分析 …… 155
垃圾焚烧发电工程设计 …… 153
垃圾填埋气发电 …… 156
生物质燃料电池发电 …… 200
生物质气化燃料电池发电 …… 200
生物质甲醇燃料电池发电 …… 196
微生物燃料电池发电 …… 231
[生物质发电可行性研究及评价]
生物质发电工程可行性研究 …… 195
生物质燃烧发电环境影响评价 …… 201
垃圾焚烧发电污染物控制 …… 155
垃圾焚烧发电二次污染控制 …… 152
垃圾焚烧发电环境影响评价 …… 154
[生物质发电关键设备]
生物质水冷振动炉排锅炉 …… 204
生物质循环流化床锅炉 …… 205
垃圾发电供热锅炉 …… 151

[生物质发电厂]
单县生物发电厂 …… 191
淮安生物质发电厂 …… 134
纳瓦拉秸秆直燃发电厂 …… 169
策尔特韦格木屑-煤混合燃烧发电厂 …… 12
李坑垃圾发电厂 …… 157
上海老港垃圾填埋气发电项目 …… 192
韦纳穆生物质整体气化联合循环发电厂 …… 230
民和牧业沼气发电厂 …… 168

地热发电 …… 22
[基本概念]
地温 …… 30
地热流体 …… 25
热储层 …… 185
地热田 …… 28
地热能利用方式 …… 26
地热能利用率 …… 26
[地热发电类型]
地热干蒸汽发电 …… 24
地热湿蒸汽发电 …… 27
闪蒸地热发电系统 …… 192
地热双工质发电 …… 28
联合循环地热发电 …… 164
地热全流发电 …… 26
干热岩发电 …… 106
[地热发电配套技术]
地热井 …… 25
地热回灌 …… 24
地热防腐 …… 23
地热防垢 …… 23
地热发电环境影响 …… 23
[地热电站]
羊八井地热电站 …… 238
盖瑟尔斯地热电站 …… 106
拉德瑞罗地热电站 …… 151
怀拉基地热电站 …… 134

海洋能发电 …… 129
潮汐能发电 …… 16
潮差发电 …… 13
潮汐坝法 …… 15
单库单向潮汐电站 …… 20
单库双向潮汐电站 …… 20
双库连续发电潮汐电站 …… 206
贯流式水轮机 …… 114
潮差发电环境影响 …… 13
[典型电站]
江厦潮汐电站 …… 142
朗斯潮汐电站 …… 157
始华湖潮汐电站 …… 206
动态潮汐能发电 …… 36
潮流发电 …… 14
SeaGenS 潮流发电装置 …… 190
Kobold 潮流发电装置 …… 145
Open Centre 潮流发电装置 …… 177
HS1000 型潮流发电装置 …… 117
Uldolmok 潮流发电装置 …… 228
“海能”潮流发电装置 …… 118
波浪发电 …… 9
振荡水柱式波浪发电装置 …… 251
越浪式波浪发电装置 …… 243
振荡浮子式波浪发电装置 …… 250
柔性波浪发电装置 …… 187
“海蛇”波浪发电装置 …… 127
海洋温差发电 …… 130
闭式循环海洋热能转换系统 …… 5
mini-OTEC 海洋温差能转换试验电站 …… 167
德之岛海洋温差能试验电站 …… 21
开式循环海洋热能转换系统 …… 145
夏威夷开式循环海洋温差能试验电站 …… 233
盐度差发电 …… 237
[各国海洋能发电技术]
美国海洋能发电技术 …… 167
英国海洋能发电技术 …… 241
加拿大海洋能发电技术 …… 139
中国海洋能发电技术 …… 254
澳大利亚海洋能发电技术 …… 3
法国海洋能发电技术 …… 39
日本海洋能发电技术 …… 185

[新能源发电接入电网]
风力发电接入电网 …… 97

风电机组并网起动 …… 76
变速风电机组惯量响应控制 …… 7
《风电场接入电力系统技术规定》 …… 58
风电场低电压穿越 …… 43
风电场无功电源 …… 66
风电场无功电压控制系统 …… 65
风电场有功功率控制系统 …… 66
[风力发电接入电网分析]
风电场接入电网计算分析 …… 60
风电容量可信度 …… 90
基于时序生产模拟的风电运行分析 …… 137
风电出力同时率 …… 69
[风力发电接入电网检测]
风电机组接入电网检测 …… 82
风电机组低电压穿越测试系统 …… 76
风电机组电气仿真模型验证 …… 77
[风力发电预测]
风电功率预测技术 …… 71
风电功率预测系统 …… 72
风电场群集控系统 …… 62
[光伏发电接入电网]
《光伏发电站接入电力系统技术规定》 …… 110
光伏发电系统防孤岛技术 …… 110
光伏逆变器接入电网检测 …… 112
光伏逆变器防孤岛效应测试系统 …… 112
[新能源互补发电及分布式利用方式]
新能源互补发电系统 …… 235
离网风光互补发电系统 …… 158
离网风光油互补发电系统 …… 159
张北风光储输示范工程 …… 245
阿里光水油储互补发电系统 …… 1
东福山岛风光油储微电网示范工程 …… 34
[分布式新能源发电系统]
分布式风力发电 …… 40
[分布式光伏发电系统]
建筑集成光伏发电系统 …… 140
威海市民文化中心光伏发电系统 …… 229
建筑附加光伏发电系统 …… 140
上海世博园光伏发电系统 …… 193
[离网新能源发电系统]
离网风力发电系统 …… 160
离网型风力发电机组安装 …… 163
离网光伏发电系统 …… 162
离网光伏逆变器 …… 163
阿里雄巴乡独立光伏电站 …… 1

Ali Guangshuiyouchu Hubu Fadian Xitong

阿里光水油储互补发电系统 (Photovoltaic/hydro/diesel/storage Hybrid Power Generation System in Ali)

建于中国西藏阿里地区的集光伏发电、水力发电、储能和柴油机组发电为一体的新能源互补发电系统。规划装机容量10MW。阿里地处青藏高原，平均海拔4500m，年平均日照时数为3550h，位于雅鲁藏布江、印度河发源地，水力资源丰富，建有狮泉河水电站，装机容量4×1600kW，年发电量1300万kW·h。阿里光水油储互补发电系统自2008年开始研究规划。

系统组成　主要由水电站、光伏电站、柴油机组、微网自动化调度系统、无功补偿装置和电能质量调节装置组成。水电站晚上或阴天为组网单元，稳定电网电压、频率，提供无功，维持电网稳定。配储能系统的光伏电站晴天与自同步电压源型光伏逆变器组成组网单元，稳定电网电压、频率，维持电网稳定，储能系统进行能量管理与控制。常规并网光伏电站，配有电流源型并网光伏逆变器以单位功率因数并网。电站备用柴油机组在水电与光伏发电故障时作为冷备用单独支撑电网。用户自备柴油机组以备电力供应不足之需。微网调度自动化系统负责监控光伏电站、水电站、储能系统、负载容量、气象参数以及其他微网运行状态，通过决策和判断给出运行策略，执行微网控制，如电力调度、继电保护、无功补偿、低频减载、黑启动、光伏电站与水电站输出功率调节控制、光电/水电过渡控制等。无功补偿装置提供电网的无功补偿。电能质量调节装置，补偿微网系统中电源与负载波动所产生的电压波动、谐波及电压闪变，控制微网系统中光伏发电系统的输出与负载的瞬间波动。

阿里光水油储互补发电系统采用基于交流母线（AC-BUS）与直流母线（DC-BUS）的混合结构，如图所示。

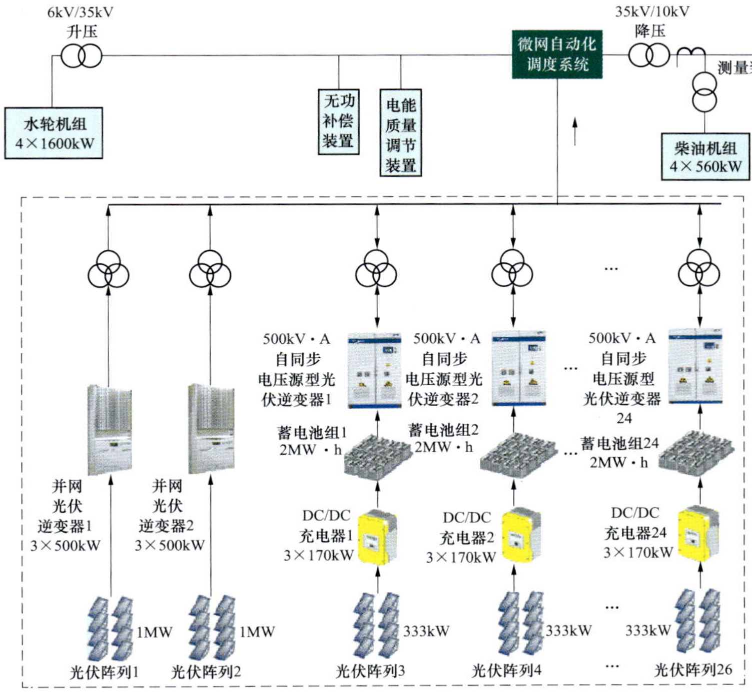

阿里光水油储互补发电系统方案架构

主要设备参数　水轮机组，4×1600kW；光伏阵列，总计10MW；并网光伏逆变器，2×3×500kW；自同步电压源型光伏逆变器，24×500kV·A；直流（DC）/直流（DC）充电器，72×170kW；储能系统，即蓄电池组，24×2MW·h；备用柴油机组，4×560kW。

西藏阿里地区10MW光伏电站建成将极大地缓解西藏阿里地区的用电问题，对西藏阿里地区的发展起着巨大的推动作用，该电站建成后年发电量将达到3100万kW·h。

Ali Xiongbaxiang Duli Guangfu Dianzhan

阿里雄巴乡独立光伏电站 (Stand-alone Photovoltaic Power Station of Xiongba Town in Ali)　电站位于西藏阿里地区革吉县城西北雄巴乡政府所在地扎日村，所在地区年太阳总辐射量达8000MJ/m^{2}以上，年日照时数为3370h。该电站原有容量5kW，新扩容77.76kW，新建部分于2010年10月开工，2010年12月底投运。投运后总容量为82.76kW，为集中式独立光伏电站，主要为驻地的机关、学校、卫生院和当地居民供电。电站共有75W光伏组件70块，180W光伏组件432块，共配置离网光伏逆变器5台（其中1台备用）、充放电控制器2台、交流配电柜1台、蓄电池770块。离网光伏逆变器规格为220V/25kV·A，充放电控制器规格为82.03kW。设计蓄电池标称电压为220V，充电开路电压为330～370V，峰值电压在275V左右。电站配置结构见图。交流控制部分每台逆变器设一个计量表和开关，同时显示输出电压、电流，控制开关控制交流电的输出。直流控制部分在蓄电池未充满前，控制器的作用是最大限度地对蓄电池充电，当即将充满时控制器实现分段控制，保证蓄电池满充；当蓄电池放电至接近过放电电压时，控制器将发出警告并切断蓄电池的放电回路，以延长蓄电池使用寿命。

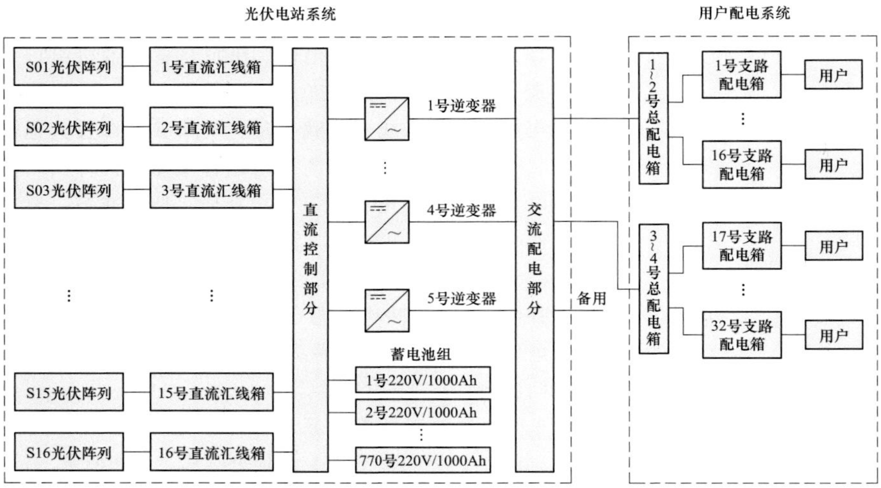

阿里雄巴乡独立光伏电站配置结构图

Andasuo Yihao Taiyangneng Refadianzhan

安达索1号太阳能热发电站 （Andasol 1 Parabolic Trough Power Plant） 位于西班牙南部格拉纳达省瓜迪克斯市（Guadix，Granada）瓜迪亚纳梅纳（Guadiana Menor）支流的左岸上，是欧洲第一座槽式太阳能热发电站，也是全球第一座采用熔融盐作为储热工质的商业化电站，处于北纬37°13′50.83″，西经3°4′14.08″。所在地区海拔1100m，属于半干旱气候，年均直射辐照量7920MJ/m^2。

电站发电装机容量为50MW，总占地面积约200hm^2，总投资约3亿欧元，年发电量约1.8亿kW·h。电站由聚光集热系统、储热系统和发电系统组成。聚光场采光口面积约51万m^2，抛物面槽式吸热管数量为22464支。采用联苯-联苯醚合成油为传热工质，集热场传热工质进口温度293℃，出口温度393℃。电站采用双罐间接储热技术，储热工质为硝酸钠和硝酸钾的混合物，总用量28500t，总储热容量1010MW·h，可以满足汽轮机满负荷运行7.5h。两个储热罐分别高14m，直径为38.5m。汽轮机功率为50MW，满负荷下汽轮机效率为38.1%。电站采用天然气作为辅助能源，天然气发电量在电站总发电量中所占比例为12%。电站年用水量约87万m^3，年均发电效率约15%。

安达索1号太阳能热发电站于2006年7月3日开工建设，2008年11月26日投入并网运行。电站享受西班牙政府规定的固定上网电价为每千瓦时0.27欧元，电价补贴期限为25年。

anquanlian

安全链 （safety chains） 风电机组中独立于控制系统的安全保护系统，其动作信号被设计成串联结构，见图。其功能是在风电机组发生严重故障或出现潜在严重故障隐患时，采取紧急停机措施，以保护机组安全。风电机组的安全链和控制系统都有安全防护功能。控制系统是在可预见、可控制的情况下发挥作用，如抵御狂风、脱网保护或遇到系统可检测到的一些故障，可通过控制系统使机组安全起动、维持运行或快速停机。安全链的安全防护作为控制系统的补充，在功能上相对于控制系统完全独立。

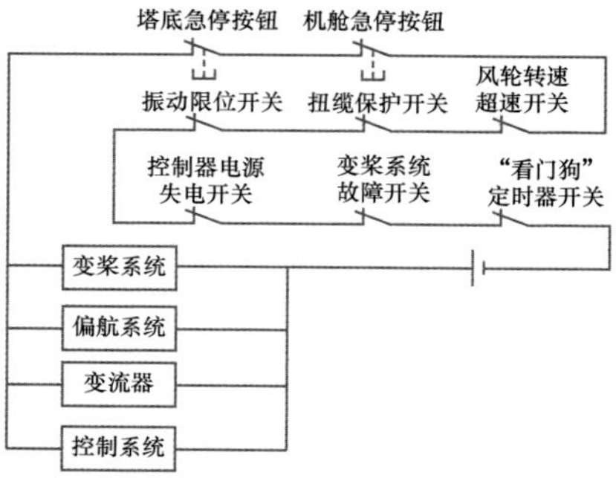

风电机组安全链系统

设计原则 安全链的设计以失效-保护为原则，在设计中采用反逻辑设计，在设计逻辑上优先于控制系统。当风电机组发生故障，或运行参数超过极限值而出现危险情况，或控制系统失效，风电机组不能保持在它的正常运行范围内时，触发安全链保护，使机组紧急停机。

机组紧急制动时，对机组的制动系统、齿轮箱、主轴、叶片及塔架等都有很大的冲击。紧急停机后，必须排除所有与安全链相关的故障，并通过手动复位，才能闭合安全链，重新起动机组。

安全链触发条件 安全链通常由一系列失效保护继电器触点开关串联组成，正常情况下为闭合状态，形成闭环通路。这些继电器触点通常都对应着一些紧急按钮或是可能对风电机组造成致命伤害的超常故障，主要包括风轮转速超速、振动限位开关触发、看门狗定时器中断、急停按钮触发、扭缆保护开关触发、控制系统电源失电和变桨系统故障。当其中任意一个触点断开，都将引起整个回路断电，机组进入紧急停机状态，并引起控制系统、变流器、偏航系统和变桨系统失电闭锁。紧急停机时，机组变桨系统快速顺桨执行气动制动，并在发电机脱网的同时投入机械制动，机组将在极短的时间内完成制动过程，从而最大限度地保证机组的安全。

风轮转速超速 达到风轮的过速限制。此速度限制值高于控制软件设置的限定值，一般在低速轴处设置转速传感器用于实时测量风轮转速，检测值一旦超出设定值上限，就触发安全链动作，执行紧急停机。

振动限位开关触发 当风轮转动时，会引起塔架的受迫振动。塔架振幅的大小与激振频率和塔架的固有频率有关。当机组出现主结构性故障时或是振幅超过设定的最大允许值时，振动开关发生动作，触发安全链执行紧急停机。

“看门狗”定时器中断 在机组控制器中通常会有“看门狗”定时器，它可以重新设定每个控制器的时间步长。如果“看门狗”定时器在规定时间内没有收到控制器给出的复位信号，就表明控制器出现了故障，安全链将强制风电机组停机。

急停按钮触发 当发生紧急情况导致风电机组或人身安全面临威胁的时候，操作人员可以通过迅速按下设置在机舱和塔底等处的急停按钮来触发安全链，强制机组紧急停机。

扭缆保护开关触发 当偏航系统自动解缆（见偏航系统）功能出现故障，且电缆扭缆达到威胁机组安全运行的程度时，触发扭缆保护开关，机组将紧急停机。

控制系统电源失电　控制系统的计算机由于失电会立即终止运行，并失去对风电机组的控制，控制叶片顺桨和叶尖扰流器气动制动和机械制动的电磁阀就会立即打开，液压系统会失去压力，制动系统动作，执行紧急停机。

变桨系统故障　在风电机组正常运行过程中，若变桨时发生叶片卡住、叶片变桨失控、叶片桨距角变化不一致等故障时，会引发安全链系统动作，机组执行紧急停机操作。

Aodaliya haiyangneng fadian jishu

澳大利亚海洋能发电技术　（marine power generation technology in Australia）　澳大利亚地处波浪能资源最优越的区域，其海洋能发电技术较为突出的为波浪发电。

澳大利亚 Oceanlinx 公司研发出的 Energetech 振荡水柱式波浪发电装置，设计装机容量 500kW（见图 1）。该装置于 2005 年在澳大利亚 Kelma 港建成，实现并网发电。该装置离岸固定，前开口聚波，采用可变桨距空气透平机带动发电机发电，能量转换效率较高。技术上该装置可与海岸建筑及港口防波堤配套建设。

Energetech 振荡水柱式波浪能发电装置是世界上唯一一个采用可变桨距透平的装置，使之成为转换效率最高的振荡水柱式波浪能装置。可变桨距透平在提高转换效率的同时也带来造价高和可靠性较差的问题，影响了该技术的发展。

(a)　(b)　(c)

图 1　Energetech 波浪发电装置图

(a) 效果图；(b) 实物图；(c) 透平机

澳大利亚卡耐基（Carnegie）波浪能源公司自 1999 年开始开发振荡浮子式（CETO）波浪能转换技术。CETO 波浪发电装置依希腊海神刻托（Ceto）而命名，它是一个完全沉没于水中的波浪能转换装置，见图 2。近水面的水下浮子受波浪的作用振荡运动，通过锚链或缆绳连接并驱动安装在海底的高压水泵，水泵将高压海水经海底管线输送至岸上，高压海水驱动岸上发电系统发电。输出的低压水通过组成闭环系统的第二管线在近岸流入大海返回到 CETO 发电单元。该技术主要特点包括：① 简易。仅需要一个泵送系统，水下系统结构相对简单，尺寸大小可控。② 无视觉影响，发电系统在岸上，而浮子和水泵系统在水下。③ 抗风浪能力强、可扩展布置，一个发电系统可配置多个浮子装置。2011 年，卡耐基公司在西澳大利亚花园岛附近海域完成了单个 CETO 发电单元的海上试验。

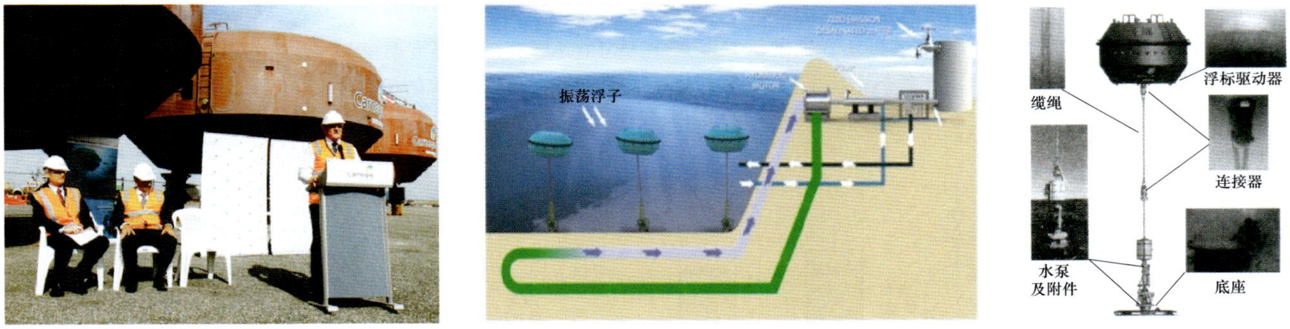

(a)　(b)　(c)

图 2　CETO 波浪发电装置图

(a) 振荡浮子；(b) 发电系统效果图；(c) 浮子及水泵结构

Badaling Taiyangneng Refadian Shiyan Dianzhan

八达岭太阳能热发电实验电站 (Badaling Solar Thermal Pilot Plant) 位于中国北京市延庆县八达岭镇大埒坨村，是中国自主设计与建造的第一座兆瓦级规模的塔式太阳能热发电站，见图1，系统额定发电功率1MW。电站站址距离北京市中心65km。当地全年太阳总辐射量约5706MJ/m^2，年日照时数2813h。

图1 八达岭太阳能热发电实验电站
（中国科学院电工研究所 提供）

电站总建设成本3200万元，占地面积约5.3hm^2，由定日镜场、吸热器、蓄热系统、汽轮发电机组、辅助锅炉等组成。实验电站系统流程如图2所示。集热系统采用水/蒸汽作为吸热传热工质，设计压力2.5MPa、过热蒸汽温度为400℃。过热蒸汽分为两路，一路进入蓄热系统，一路直接进入汽轮机组做功发电。蓄热系统为两级蓄热，吸热器产生的过热蒸汽经过热交换器1，加热冷油罐中的导热油，将大部分热量存储于高温蓄热装置的热油罐中；经过降温的过热蒸汽随后进入低温蒸汽蓄热器，将剩余热量存储于低温蓄热装置中。当太阳辐射不足时，存储于蓄热系统中的热能经热交换器2释放出来，产生蒸汽供汽轮机使用。汽轮机排放的乏汽进入凝汽器，冷凝为液态水后进入除氧器，最后再经过给水泵重新进入吸热器中循环。系统也配有辅助锅炉，可与化石燃料互补运行。

电站定日镜场由100台定日镜组成，共占地4.7hm^2。每台定日镜的有效反射面积为100m^2，定日镜以支撑塔上的腔式吸热器（见吸热器）采光口为中心自南向北呈扇形分布。支撑塔采用混凝土结构，高118m。吸热器采光面积为25m^2。蓄热系统容量可满足汽轮机以1MW功率发电1h。蒸汽轮机额定功率为1.5MW，电站采用湿冷技术。

2009年7月31日电站定日镜场开工建设，2011年7月19日电站聚光集热系统首次产生过热蒸汽。2012年5月26日，电站所有设备安装完毕；2012年6月10日，电站汽轮发电机冲转成功；2012年8月9日，全系统贯通，首次发电实验成功。

Beici jixian

贝茨极限 (Betz's limit) 风力发电机组的风轮在理想条件下，将风的动能转化为机械能的最大转换效率是59.3%。贝茨极限于1926年由德国物理学家A. 贝茨（Albert Betz，1885—1968）公开发表。其核心内容为风轮的机械能转换效率（即风能利用系数）是有极限的，风轮不可能将风能100%转化为机械能，并证明了风轮机械转化效率的极限。

假定条件 包括：①风轮可以简化成一个平面桨盘，没有轮毂，而叶片数无穷多，这个平面桨盘被称为制动盘；②风轮叶片旋转时无摩擦阻力，是一个不产生损耗的能量转换器；③风轮前远方、风轮扫掠面、风轮后远方气流都是均匀的定常流，气流流动模型可简化成如图所示的流管；④风轮前远方未受扰动的气流静压和风轮后远方的气流静压相等；⑤作用在风轮上的推力是均匀的；⑥不考虑风轮后的尾流影响（见尾流模型）。

理论推导 由假定条件可知，气流沿流管方向的质量流量处处相等，因此

$$\rho S_1 v_1=\rho S_2 v_2=\rho S v \quad (1)$$

式中 ρ 为空气密度，kg/m^3；S 为风轮前远方风流过的面积，m^2。

风轮导致气流速度发生变化，产生诱导气流，该诱导气流将叠加到风轮前的气流速度上。设 a 为轴向诱导因子，它反映了气流速度在轴向的变化程度。诱导气流在气流方向的分量为 $-av_1$，在风轮处气流的速度为

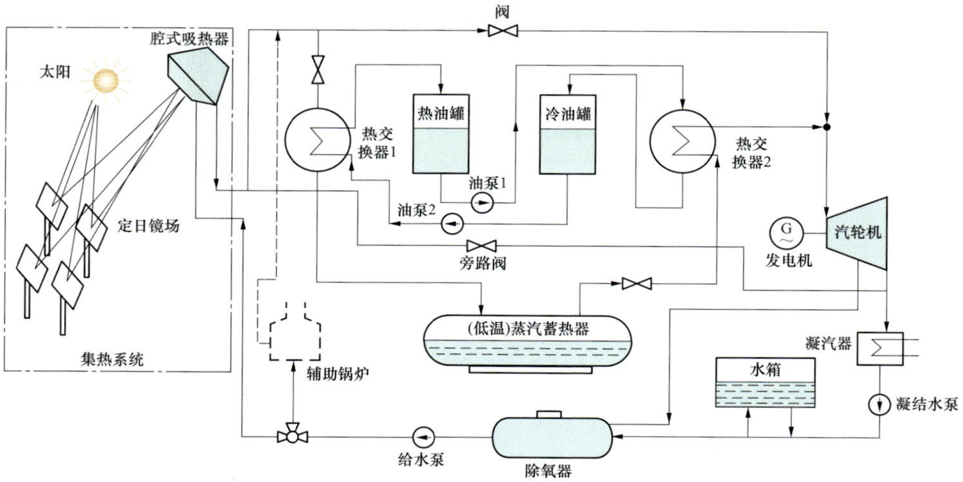

图2 八达岭太阳能热发电实验电站系统流程图
（中国科学院电工研究所 提供）

$$v=v_1(1-a) \tag{2}$$

在风轮后远方气流的速度为

$$v_2=(1-2a)v_1 \tag{3}$$

气流动量的变化量等于气流速度的变化乘以气流单位时间的质量流量，引起动量变化的力 F 完全来自于风轮前后静压力的变化量，因此

$$F=\rho Sv(v_2-v_1)=(p^+-p^-)S=2\rho Sv_1^2a(1-a) \tag{4}$$

式中 F 为风轮作用在气流上的力，N。F 在数值上表示为气流对风轮的反作用力，因此气流输出功率 P 为

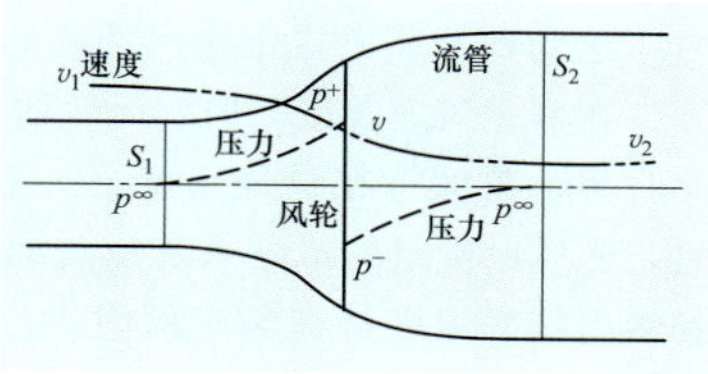

贝茨极限计算简图

v_1—风轮前远方的风速，m/s；v—通过风轮处的气流速度，m/s；v_2—风轮后远方的气流速度，m/s；S_1—风轮前远方风流过的面积，m²；S_2—风轮后远方气流流过的面积，m²；p^+—风轮前的气流静压，Pa；p^-—风轮后的气流静压，Pa；p^∞—风轮前后远方未受扰动的气流静压，Pa

$$P=Fv=2\rho Sv_1^3a(1-a)^2=2\rho v_1^3Sa(1-a)^2 \tag{5}$$

风能利用系数，即风能转换为机械能的效率 C_P 为

$$C_P=\frac{P}{\frac{1}{2}\rho v_1^3S}=4a(1-a)^2 \tag{6}$$

式中 $\frac{1}{2}\rho v_1^3S$ 表示横截面积为 S 的自然风所具有的风功率，W。

结论 通过式（6）中对 C_P 表达式求导数，可知 C_P 存在最大值。解方程 $\frac{\mathrm{d}C_P}{\mathrm{d}a}=0$，即方程 $4(1-a)(1-3a)=0$，解得 $a=\frac{1}{3}$，$a=1$（后者 $a=1$ 为增根，可以舍去），则 $C_{P,\max}=\frac{16}{27}=0.593$，$C_{P,\max}$ 的值称为贝茨极限。一般情况下，风力发电机组风轮的机械转换效率即风能利用系数 C_P 为 45%～50%。

参考书目

Burton T 等．风能技术．武鑫，等译．北京：科学出版社，2007.

bishi xunhuan haiyang reneng zhuanhuan xitong

闭式循环海洋热能转换系统 (closed-cycle ocean thermal energy conversion system) 利用低沸点流体作为工作介质在闭合回路中反复蒸发、膨胀、冷凝等热力过程来实现海洋热能转换的系统。闭式循环海洋热能转换系统依靠工质吸收表层温海水的热量成为蒸气推动透平发电，做功后的工质由深层冷海水冷凝，通过工质泵重新打入蒸发器实现系统循环工作。

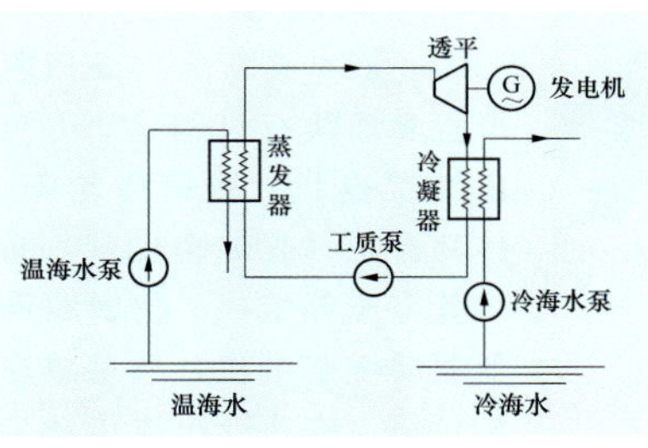

图 1 闭式循环热能转换系统原理

系统组成 简单的热能转换系统由蒸发器、透平、冷凝器、工质泵、温海水泵和冷海水泵等组成。闭式循环热能转换系统原理如图 1 所示。

工作原理 温海水泵将表层温海水即系统热源送往蒸发器，蒸发器内的低沸点工作介质（氨、丙烷、异丁烷、氟利昂等）通过换热吸收温海水热量变为蒸气，蒸气通过透平膨胀做功，进而带动发电机发电。透平排出的低温蒸气（乏汽）进入冷凝器，由冷海水泵抽出的深层冷海水即系统冷源进行冷却重新变为液态；然后工质泵把液态工作介质压进蒸发器重新蒸发，使其循环使用。

闭式循环的优点包括：①系统处于正压，透平压降较大。采用低沸点工质可以提高焓差和压力，因此可以缩小透平的尺寸，减小温海水流量，实现装置的小型化。②由于工质在闭路中循环，海水内不凝性气体对系统的影响较小，海水不需要脱气。

闭式循环的缺点包括：①海水与工质之间通过热交换器换热，工质在透平前的温度相对较低；②蒸发器和冷凝器体积较大，金属耗量大，维护困难；③由于温差较小，必须有性能优良的热交换器才能大大降低建设费用；④只可以发电不能生产淡水；⑤工质的泄漏可能对环境造成影响。

发展 采用单工质的基本朗肯循环系统效率不高的原因在于纯工质的蒸发过程是等温过程，即使把换热端差控制到最小，仍难以使热源放热过程与工质加热蒸发过程的温度变化满足匹配要求，从而产生较大的不可逆熵损失。朗肯循环蒸发温度越高，循环的热效率就越高，但受换热设备端差的限制，热源排放温度不能降得很低，这就造成循环系统热量损失较大；为使热源排放温度降低，就要降低蒸发温度，这将导致循环的热效率降低。两者之间的互相矛盾使得整个循环热效率的提高受到了不小的限制。

1979 年，美国在夏威夷沿海投运了 mini-OTEC 50kW 海洋温差能转换试验电站，采用单工质闭式循环，净输出功率 15kW，是历史上第一次通过海洋温差能得到具有实用价值的电能。（见 mini-OTEC 海洋温差能转换试验电站）

1981 年 A. 卡林那（Alexander Kalina）提出利用氨水混合物替代单一工质作为工作介质的新循环——卡林那循环（Kalina cycle），该循环与基本朗肯循环区别在于系统中多了一个分馏子系统。卡林那循环热能转换系统原理见图 2。工作介质在蒸发器中蒸发变为气体推动透平做功，从透平中排出的乏汽在再热器中被冷却后同蒸馏器中分离出的贫氨溶液混合成为基本溶液；因为减小了吸收器前工作介质中氨气的质量分数，所以降低了透平背压。一部分基本溶液被透平出口乏汽加热进入蒸馏器内，从蒸馏器中分离出的富氨溶液同另一部分基本溶液混合后成工作溶液进入冷凝器中被冷海水冷凝；被冷凝后的工作溶液被工质泵打入蒸发器中形成循环。

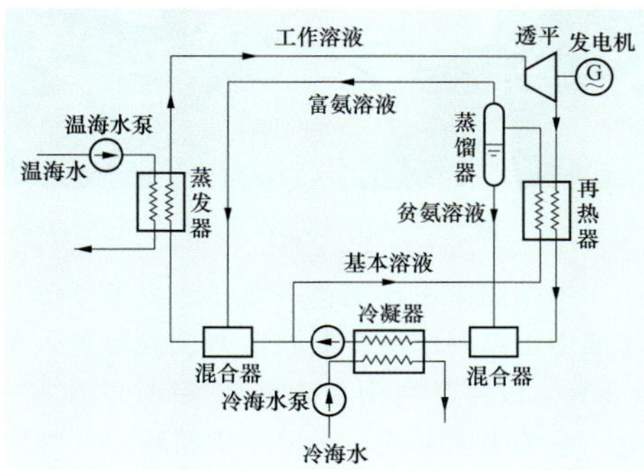

图 2 卡林那循环热能转换系统原理

该循环的特点是利用改变混合工质成分浓度的方法使氨水混合工质变温蒸发，蒸发过程与热源的放热过程得到更好

的匹配，从而减小系统内部的传热温差，减少热量损失，降低换热过程的不可逆损失，提高整个循环系统的循环效率。在海洋温差范围内卡林那循环比一般朗肯循环净功率输出多30%左右。为了推动这一循环系统的发展，1982 年日本在鹿儿岛县的德之岛建成了 50kW 的温差试验电站，试验运行到 1994 年 8 月为止。（见德之岛海洋温差能试验电站）

1994 年，日本佐贺大学海洋能源中心的上原春男教授发明了一种用于海洋温差发电的新循环系统——上原循环（Uehara Cycle）。同年日本佐贺大学建成新型闭式循环上原循环的 9kW 试验设施并进行了海水淡化方面的研究。上原循环包括做功循环和分离/吸收循环，原理见图 3，上原循环采用非共沸溶液氨水混合物作为工作介质。工质变温蒸发，减少了工质吸热过程的不可逆损失；基本溶液中含氨较低，冷凝温度变化较小，也减少了冷凝过程中的不可逆损失，同时实现了比较低压力下工质的冷凝。上原循环还添加了回热器（贫氨回热和中间回热），提高了循环过程中的热量利用，该循环理论热效率比朗肯循环提高了 1%～2%。

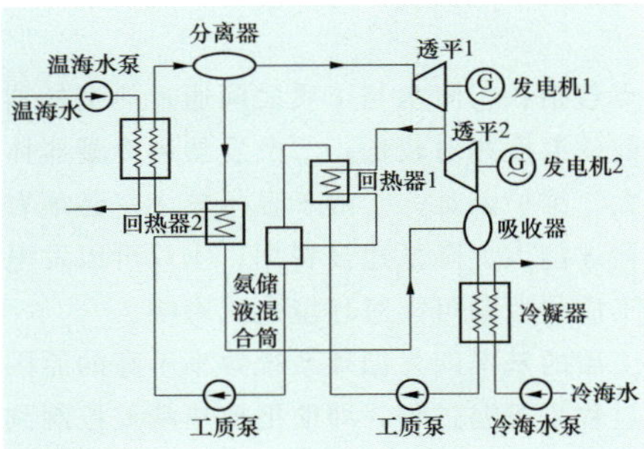

图 3　上原循环热能转换系统原理

图 4　中国 15kW 海洋温差发电试验装置

中国国家海洋局第一海洋研究所于 2012 年在山东青岛建成中国第一座海洋温差发电试验装置，见图 4，装机容量 15kW。该装置利用发电场循环水与海水之间 20℃温差发电。系统为岸基式，采用闭式循环，工质为氨，实现电能输出。该电站建成后运行期间进行了透平、换热器、系统效率的测试。另外，考虑到温差能利用的特殊性，还搭建了多能互补独立电站系统和温差能海水淡化测试台，并开展了适合海水温差能装置的低成本高效换热器的研发。

bianjiang xitong

变桨系统　（pitch system）　变桨变速型风力发电机组中，使风轮上的叶片绕自身轴线以一定的角速度相对轮毂转动，从而改变叶片桨距角的控制和执行系统。其工作目的是桨距调节，即通过改变叶片桨距角，进而改变叶片升阻力，达到调节风电机组输出功率的目的。

在额定风速及以下时，风轮的主要功能是捕获最大风能，此时桨距角保持在最佳角度（一般为 0°）。在额定风速以上时，受风电机组的机电系统承受能力的制约，发电机的转速和输出功率须维持在额定值附近。此时，通过变桨系统增加桨距角，降低风轮对风能的捕获，使发电机的输出功率维持在额定功率。在风电机组需要停机时，通过变桨系统增大桨距角，使叶片向着迎风面积减小的方向转动直到停在顺桨位置（桨距角一般为 90°），此时气流对叶片产生了与叶轮旋转方向相反的扰流制动力矩，达到制动停机的目的。

主要构成　主要由变桨控制器、伺服驱动器、动力源、接近开关、限位开关、变桨轴承等构成，用通信线路将各部分连接为整体。变桨控制器安装在机舱控制柜内，负责变桨系统与风电机组主控制器之间的通信，并负责对变桨系统 I/O 信号的采集处理和对执行机构的控制。伺服驱动器根据变桨控制器的命令和变桨执行情况，对变桨执行机构进行控制。动力源为变桨动作提供动力。接近开关是一种非接触式的位置传感器，用于判断叶片桨距角的状态是否正确。限位开关保证最大变桨角度不能超过极限位置。当限位开关被触发后，叶片收回并停在顺桨位置，保护机组安全。变桨轴承是一种大型回转支承，连接叶片和轮毂，在动力源驱动下实现旋转变桨。

分类　按照变桨驱动动力源的不同，变桨系统分为液压变桨和电动变桨两种。根据驱动形式的差异，可分为叶片独立变桨和叶片同步变桨两种类型。叶片独立变桨即变桨过程中每片叶片的桨距角可以不同，叶片同步变桨即变桨过程中每片叶片的桨距角保持一致。

液压变桨系统　以液体压力驱动执行机构。动力源由液压站、液压缸及曲柄连杆机构组成。液压缸是液压变桨系统的执行元件，通过比例阀实现桨距调节。变桨控制器根据叶片的实际桨距角和相应风速设定的桨距角进行比较，将其误差转换为电信号，控制液压缸比例阀阀芯的位置，输出相应方向和流量的液压油到油缸，驱动曲柄连杆运动，带动叶片变桨，使叶片桨距角与设定值一致。兆瓦级以上风电机组的轮毂空间较大，液压装置一般置于轮毂中，这种液压缸直接连驱动曲柄连杆运动，分别给每个叶片提供变桨驱动力（见图 1）。

轮毂内不能安装变桨装置的风电机组，液压缸设置在机舱内部。液压缸驱动滑杆沿主轴方向前后滑动，滑杆前端沿主轴中心孔进入轮毂与三个叶片的驱动连杆铰接。当滑杆在油缸的驱动下前后滑动时，通过连杆结构推动叶片曲柄使叶片实现变桨。

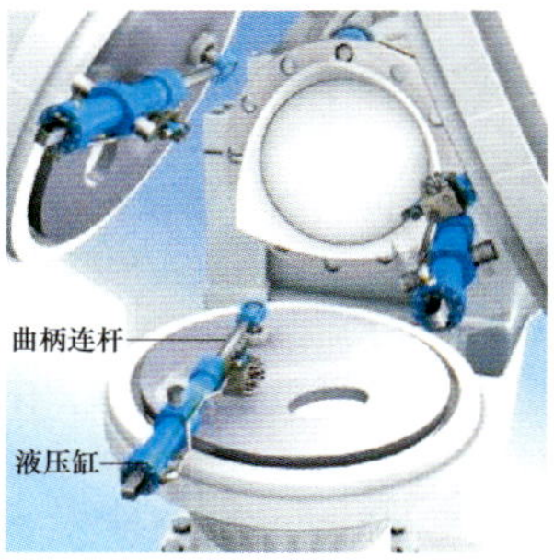

图 1　风电机组液压变桨执行机构

电动变桨系统　以伺服电机驱动执行机构。动力源由变桨电机、减速齿轮箱、传动齿轮（或传动皮带）和后备电源等组成。伺服驱动器驱动变桨电机，通过减速齿轮箱、传动齿轮或传动带与其控制的叶片相连（见图

2)，直接对叶片桨距角进行控制。变桨电机多采用直流电动机或异步电动机。接近开关为电机编码器或叶片编码器，电机编码器测量电机的转速，叶片编码器测量当前的桨距角，与电机编码器实现冗余控制。后备电源是出于系统安全考虑的备用电源，一般使用铅酸蓄电池、锂离子电池或超级电容。

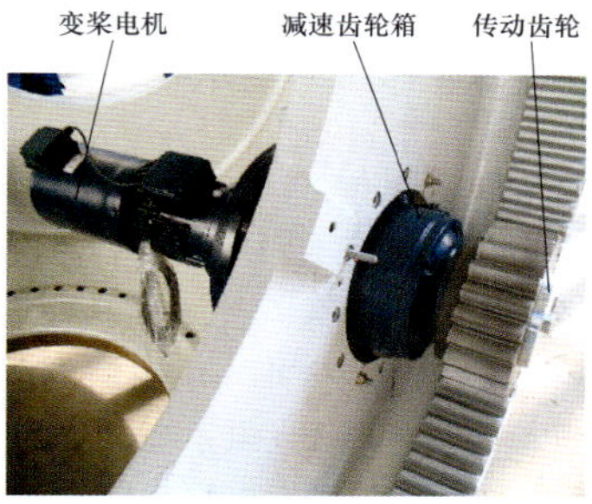

图 2 风电机组电动变桨执行机构

bianliuqi

变流器 (converter) 风电机组中用于调频调压的电气部件。其功能是通过控制发电机转速，确保发电机输出功率恒频恒压，实现安全并网。其应具有良好的控制、保护功能，较强的电网适应能力，高可靠性，并适应高温或低温、高海拔等恶劣环境。其设计和制作采用模块化设计，组合式结构，便于安装维护。

风电机组中的变流器主要有双向脉冲宽度调制（pulse-width modulation，PWM）交-直-交变流器和单向脉冲宽度调制交-直-交变流器两种类型。

双向脉冲宽度调制交-直-交变流器 有电流型和电压型两种类型，风电机组中的变流器主要为电压型。

电路结构 双向脉冲宽度调制变流器采用交-直-交电路拓扑结构，由整流单元、直流母线单元、逆变单元组成。整流单元可实现交流变直流（AC/DC），逆变单元可实现直流变交流（DC/AC），直流母线采用大电容储能滤波，直流电压幅值稳定，可以近似看作电压源。

硬件构成 双向脉冲宽度调制交-直-交变流器硬件由控制柜、并网柜、功率柜和电抗器柜构成。控制柜主要完成对整个变流器的功能控制和电源管理，硬件包括主控箱、可编程控制器、滤波器、电源模块等；并网柜主要实现变流器电网进线和发电机侧进线电缆的连接，实现并网，硬件包括断路器、接触器、信号采集元件、不间断电源、加热器、信号接口等；功率柜主要由整流单元、逆变单元构成，实现对发电机转子能量输出的控制，主要硬件包括功率模块、IGBT、可编程控制器、电流传感器、有源撬棒（crowbar）电路等；电抗器柜主要用于放置变流器的输入及输出阻抗。

原理及特点 双向脉冲宽度调制交-直-交变流器通常与双馈异步发电机配合应用。整流单元通过集电环与发电机转子电路连接，将转子电路中的电流整流成直流电，经平波电抗器滤波后，再由逆变单元逆变成交流电馈入电网。整流单元和逆变单元主电路结构相同，根据发电机转子的不同能量流向，可交替实现整流和逆变功能，如图 1 所示。

双馈异步发电机转子由双向脉冲宽度调制变流器励磁。当发电机亚同步速运行时，机侧变流器往转子中馈入能量，作逆变器运行；当发电机超同步速运行时，从转子中吸收能量，作整流器运行，并通过网侧变流器将能量馈入电网；当发电机同步速运行时，向转子馈入直流励磁电流，实际作斩波器运行。网侧变流器配合机侧变流器的运行实现能量双向流动。

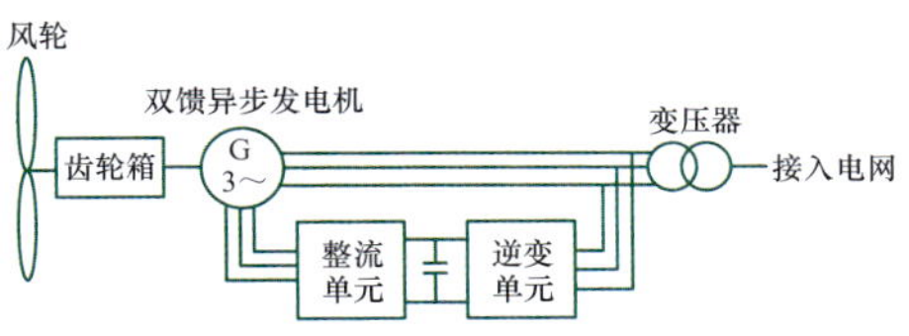

图 1 双向脉冲宽度调制变流器与双馈异步发电机配合应用

双向脉冲宽度调制变流器采用矢量控制技术，可实现发电机有功功率、无功功率独立调节。调节发电机转速可以调节有功功率，使双馈异步发电机工作在次同步速、同步速、超同步速的发电运行工况，实现最大风能捕获的追踪控制；调节无功功率可调节电网功率因数，提高风电机组及电网运行稳定性。

应用 当风电机组具备并网发电条件时，控制系统给变流器发出指令，变流器首先以预充电回路对直流母线进行限流充电，提升电容电压达到一定程度，网侧变流器开始调制，建立稳定的直流母线电压，而后转子侧变流器进行调制。在基本稳定的发电机转速下，通过网侧变流器对励磁电流幅值、相位和频率进行控制，使发电机定子空载电压的幅值、相位和频率与电网保持严格一致，在此条件下闭合并网开关，实现准同步并网。

单向脉冲宽度调制交-直-交变流器 也称为全功率变流器，与同步发电机配合应用在直流环节，分为电压变化型和电压稳定型两种。风电机组中的变流器常采用电压稳定型。

电路结构 单向脉冲宽度调制变流器采用交-直-直-交电路拓扑结构。同双向脉冲宽度调制变流器一样，也由整流单元、直流母线单元、逆变单元组成。

硬件构成 单向脉冲宽度调制交-直-交变流器硬件由控制柜、并网柜和功率柜构成，各柜体的作用与双向脉冲宽度调制风电变流器基本相同。

原理及特点 整流单元与同步发电机电枢绕组连接，称为机侧变流器，一般工作在整流模式，它的主要功能是为逆变单元网侧变流器提供直流电压输入，并根据不同的风速控制同步发电机转速，保持风能利用最大化。直流母线单元采取升压控制策略，将整流电路输出的波动电压变换成稳定的直流电压，具有升压和稳压的作用。网侧变流器一般工作在逆变模式，主要功能是将直流转换为交流，实现网侧功率因数控制、抑制电流谐波并保持电压的稳定，向电网提供稳定的电力。此外，通过矢量控制技术实现有功功率和无功功率解耦控制，使风电机组运行在最佳状态。

应用 同步发电机通过单向脉冲宽度调制交-直-交变流器发电并网，见图 2，发电机发出的是变频交流电，通过变流器的恒频恒压控制，可获得恒频恒压的交流电能输出，然后并入电网。采用此类技术的风电机组，由于发电机转速和电网频率解除了相互之间的耦合关系，即发电机转速和频率与电网频率不再有关联，因此风电机组可以在不同的转速下运行，不但能使风力发电机组在最佳状态运行，而且并网过程平稳，不会产生明显的电流和转矩冲击。

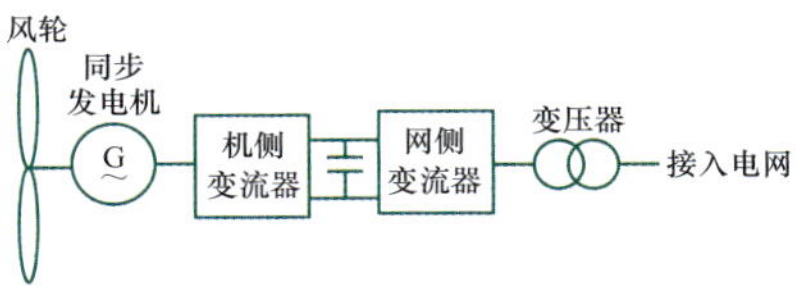

图 2 单向脉冲宽度调制变流器与永磁同步发电机配合应用

biansu fengdianjizu guanliang xiangying kongzhi

变速风电机组惯量响应控制 (inertia response control of variable speed wind turbine) 在系统发生故障出现功率缺额时，控制风电机组发出更多的有功功率支持电网频率，使风电机组表现出类似于同步发电机组惯量特性的一种控制策略。

电力系统发生故障时，风电机组惯量控制环节能够对电网的频率波动做出响应。当电网频率降低时，增加风电机组输出的有功功率参考值，降低转速，将一部分储存在风电机组旋转风轮、转子轴系中的动能转化为电能释放出来，支持电网频率恢复。风电机组以风作为原动力，出力不像火电机组或水电机组可调，当其惯量表现出来后，无法继续维持高的输出功率，其功率经过一段时间振荡后趋于稳定，恢复到初始功率值。因此，引入惯量控制的变速风电机组可在1～2s时间内对电网频率进行支持，降低频率变化率，改善系统的动态频率响应特性。

风电机组惯量特性　采用不同发电机技术的风电机组的频率响应特性不同。对于恒速风电机组，由于转子转速与系统频率的耦合作用较强，当电力系统的频率降低时，恒速风电机组转速相应降低，通过释放出部分转动动能提供惯量响应，其响应的幅度取决于风电机组叶片、风轮转轴与发电机转子中储存的旋转动能以及电网频率变化率。变速风电机组通过电力电子变换器的控制作用实现了机组最大功率跟踪的功能，但也使得风电机组发出的电气功率和电网频率之间不再存在耦合关系，致使当电网频率发生改变时风电机组无法对电网提供频率响应，其固有的惯量对电网表现为一个“隐含惯量”，无法帮助电网降低频率变化的速率。在风电大量替代同步电源的情况下，整个电网的惯量降低，故障后的频率变化率将会增大，因此，有必要依靠变速风电机组的控制系统模拟出风电机组的惯量，增加风电并网后的系统惯量，保证电力系统频率稳定。

控制策略　为了在频率变化的暂态过程中使变速风电机组表现出类似于同步发电机或定速风电机组惯量的频率响应特性，需要增加附加频率控制环节，在系统出现负荷突增/骤减时，通过适当的惯量控制增加/降低变速风电机组输出的有功功率参考值，降低/增加变速风电机组的转子转速，改变风电机组风轮、转子轴系中储存的动能，以增加/减小风电机组发出的有功功率，支持电网频率，降低电网频率变化的速率。变速风电机组惯量响应控制根据电网频率偏差信号，快速调节风电机组有功功率输出，响应电网有功功率的变化，通过自身转速及动能的变化缓解电网频率的突变量，使变速风电机组表现出其具有的惯量。变速风电机组惯量控制过程如图所示，ω_m为风电机组转速测量值，f_{grid}为系统实时频率，f_{ref}为系统参考频率（50Hz），$K_{df/dt}$、$K_{\Delta f}$为比例系数。

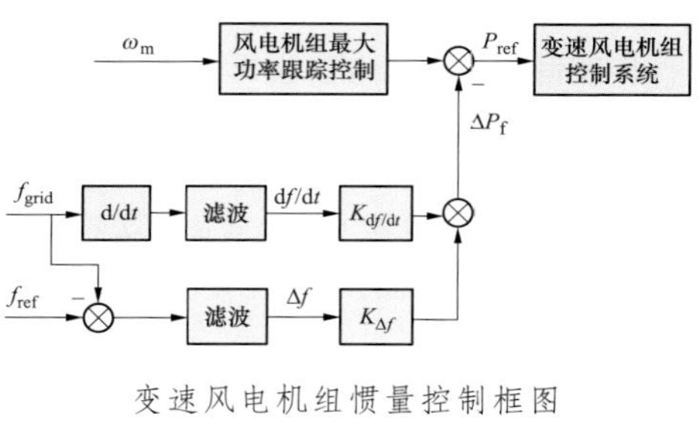

变速风电机组惯量控制框图

机组惯量控制环节能够根据频率变化情况动态调整风电机组的输出电气功率，使发电机减速/增速，能够在电力系统出现功率缺额/盈余的故障暂态过程中降低频率变化幅度及变化率。

电网正常情况下，频率的偏差Δf与电网频率变化率df/dt为0，惯量控制不起任何作用；当电网发生故障导致频率大幅变动时，惯量控制修正有功功率参考设定点，使其等于电网频率偏差Δf与电网频率变化率df/dt的函数，虚拟的惯量正比于控制常数$K_{df/dt}$，对一次频率控制的贡献正比于$K_{\Delta f}$。

bingwang guangfu fadian xitong

并网光伏发电系统　（grid-connected photovoltaic power system）　光伏组件发出的直流电通过光伏逆变器变换为交流电直接并入电网的发电系统，又称并网光伏电站。典型的并网光伏发电系统由光伏阵列、直流-直流变换器、并网光伏逆变器和继电保护装置组成。并网逆变器将光伏阵列发出的直流电能转化为与电网同频率、同相位、同电压的交流电能，馈入电网，或部分给当地负载供电部分电能馈入电网。2004年8月，深圳国际园林花卉博览园内1MW太阳能光伏电站建成发电。这是中国首座兆瓦级并网光伏电站，年发电能力约为100万kW·h。2008年10月，中国在浙江义乌国际商贸城屋顶建成了当时国内最大的并网光伏电站，总容量1.295MW，总体达到国际先进水平。2009年4月30日，中国国家级实验示范基地、亚洲最大的太阳能光伏试验示范电站——华能石林并网光伏电站一期10MW工程并网发电。电站建设规模为100MW，分四期建设，总投资约50亿元。

按照安装形式，并网光伏发电系统是世界上太阳能光伏发电主流应用方式，可分为分布式并网光伏发电系统、集中型光伏电站以及与建筑结合的并网光伏发电系统。

分布式并网光伏发电系统发出的电能一部分馈入公共电网，一部分供本地负载使用，一般与配电网相连，如图1所示。

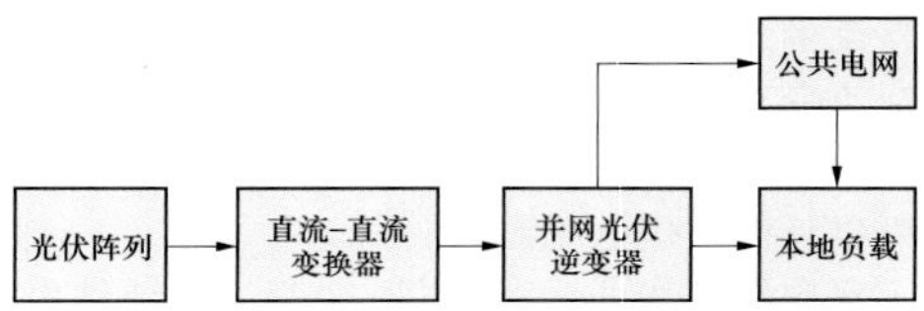

图1　分布式并网光伏发电系统

接入公共电网的集中型光伏电站发出的电能经变压器升压后全部馈入公共电网，不直接向负载供电，如图2所示。

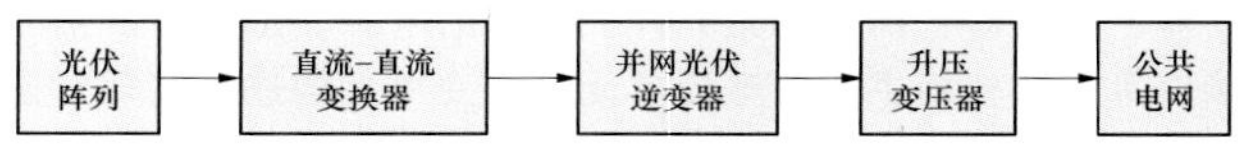

图2　集中型光伏电站系统

与建筑结合的并网光伏发电系统又可分为建筑集成光伏发电系统和建筑附加光伏发电系统。

bingwang guangfu nibianqi

并网光伏逆变器　（grid-connected photovoltaic inverter）　将太阳能电池发出的直流电能转换成交流电能并馈入电网或直接为交流负载供电的电力电子设备，工作原理如图1所示。并网光伏逆变器除将直流电逆变为交流电外，还需对交流电的频率、电压、电流、电能质量等进行控制。其输出为正弦波，一般应用于并网光伏发电系统。

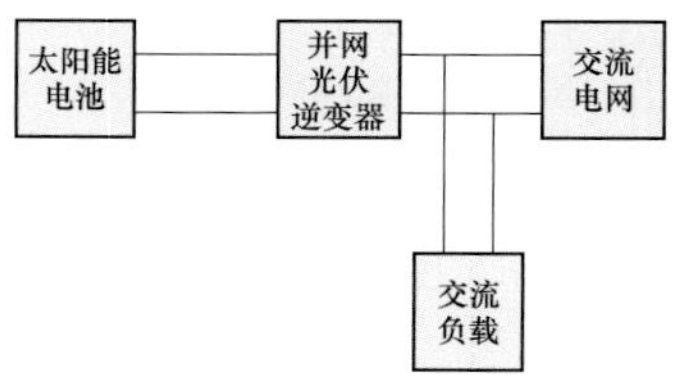

图1　并网光伏逆变器工作原理

分类　根据应用场所的不同，并网光伏逆变器一般分为集中型逆变器、支路型逆变器和组件型逆变器。

集中型逆变器　多个并行的光伏支路被连到同一台逆变器的直流输入端，统一进行逆变和并网，一般用于大型集中安装的光伏发电系统（容量大于10kW）中。集中型逆变器最大的特点是系统的功率等级高、成本低，但受光伏支路匹配和阴影遮挡的影响，整个光伏系统的效率和发电量相对较低，同时发电可靠性易受某一光伏支路不良工作状态的影响。

支路型逆变器　基于模块化概念，每一组太阳能电池组件（1～5kW）经串联后对应一个逆变器，该逆变器具有多个DC-DC电路，可以为不同的最大功率点跟踪输入回路在直流端独立提供输入，适合多个不同倾斜面光伏阵列或不同光伏组件接入，在交流端并联并网。支路型逆变器已在许多分散安装的光伏电站中得到使用，其优点是不受支路间模块差异和阴影遮挡的影响，同时减少了光伏组件最大功率点与逆变器不匹配的情况，增加了发电量，降低了系统成本，也增加了系统的可靠性。

组件型逆变器　每个光伏组件与一个逆变器相连并提供直流输入，在交流处并联并网。通常用于50～400W的光伏发电系统，其特点是总效率低于支路型逆变器，同时增加了交流侧的连线复杂性，不易维护。

技术指标　衡量并网光伏逆变器的技术指标有光电转换效率、最大功率点效率、工作电压/频率、并网电流谐波、功率因数、电压不平衡度。

主要功能　并网光伏逆变器应具有最大功率点跟踪、低电压穿越（见风电场运行维护）、有功功率控制、无功/电压调节等功能。并网逆变器可以实现孤岛效应保护（见光伏发电系统防孤岛技术）、过/欠压保护、过/欠频保护、短路保护、过载保护、过热保护。

拓扑结构　市场上常见的并网光伏逆变器大致可分为：①先升压再逆变；②直接逆变输出；③先逆变升压整流再逆变输出；④先逆变再升压隔离输出；⑤先直接逆变输出再升压并网；⑥主从逆变六种拓扑结构。

先升压再逆变　图2所示前级为升压电路，后级为全桥逆变结构。由于升压部分受升压倍数和功率限制，此拓扑结构特别适合小型、单相并网逆变器，适合直流电压较低的系统。优点：效率可高达98%，成本低，结构简单，体积小，质量轻；缺点：由于输入/输出不隔离，对系统的绝缘、系统接地及人员安全造成不利影响，需增加对输出直流分量的检测，以防止其注入电网。

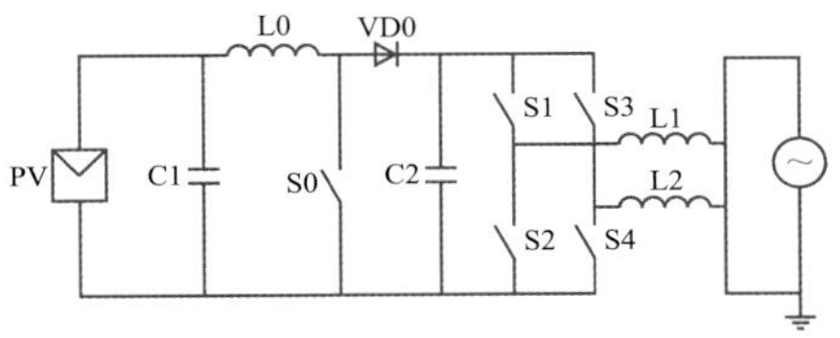

图2　先升压再逆变拓扑结构

直接逆变输出　与先升压再逆变拓扑结构相比，该拓扑结构前级去除了boost升压电路。这种并网逆变器输入直流电压较高，通态损耗较低，效率可高达99%，而且无变压器，结构更加简单，成本更低，体积更小，质量更轻。缺点是必须有较高的串联电压，要求逆变器功率相对较大，而且容易引入直流分量。

先逆变升压整流再逆变输出　图3拓扑结构先逆变升压整流，在较高直流电压下再逆变输出。其优点是具有较高的效率，可达96%，体积小，质量轻，成本较低，不影响系统接地。缺点是由于受高频变压器磁心等影响只能用于小型逆变器（几十千瓦）的使用，此外须控制直流分量以避免注入电网。

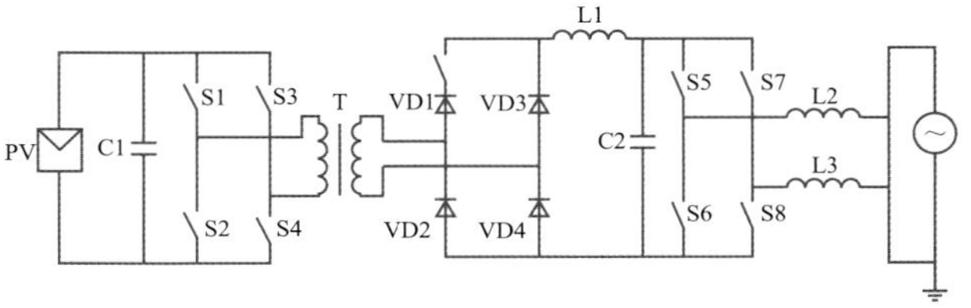

图3　先逆变升压整流再逆变输出拓扑结构

先逆变再升压隔离输出　拓扑结构如图4所示在并网逆变器中使用较广。优点：不影响系统接地、系统绝缘，不需要交流输出侧的直流分量检测与控制；缺点：由于在相对较低直流电压下逆变，开关损耗以及通态损耗较高，加之工频变压器的损耗使得逆变器整体效率（含变压器）较低，最高约为96%。

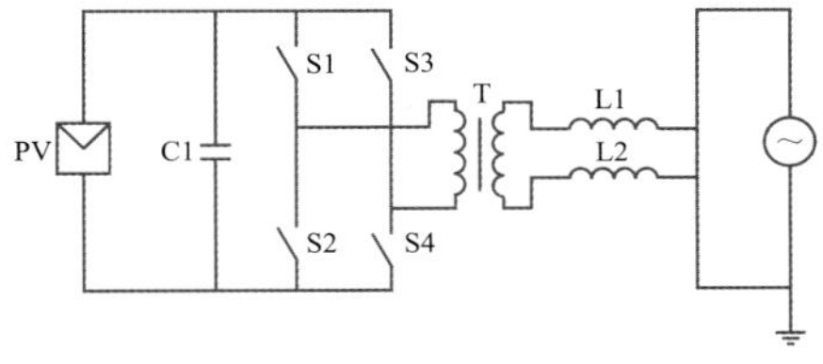

图4　先逆变再升压隔离输出拓扑结构

先直接逆变输出再升压并网　图5所示拓扑结构在大型并网系统中应用较多，直接逆变后经电力变压器升压将电能馈入高压电网。其优点在于可大大提高并网效率和节约成本，同时便于当地选择适合电网要求的变压器。

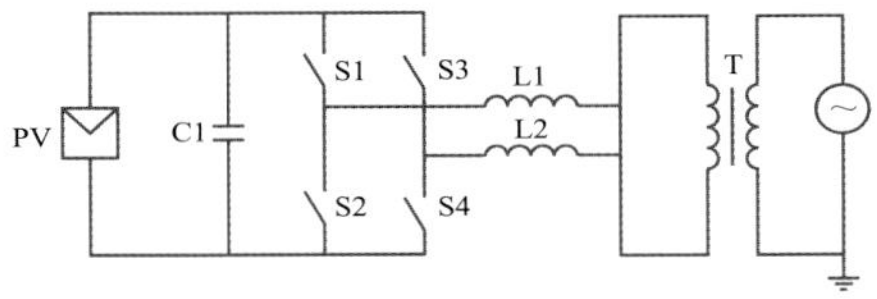

图5　先直接逆变输出再升压并网拓扑结构

主从逆变　该结构中多台逆变器并联，同时设置一台主控制器。根据太阳光照强弱，主控制器自动控制并网逆变器投入运行的数量，使每台逆变器在较高的负载率下运行，有效提高了系统效率和寿命，空载损耗较小。该结构通过直流母线将整个光伏阵列并在一起，但光伏组件参数的离散性或太阳辐射条件的差异会造成阵列在并联情况下的能量损失。

bolang fadian

波浪发电

波浪发电　(wave power generation)　利用波浪的动能和势能生产电能的技术。波浪发电系统的能量俘获系统从波浪流动中获得动能，再由能量转换系统转换为气动的、液动的、液压的和机械的能量，然后通过汽轮机、水轮机、液压马达或传动机构驱动发电机发电。

发电系统　主要由波浪发电装置、系留系统和输电系统组成。

波浪发电装置　由波浪能俘获系统和能量转换系统组成。波浪能俘获系统将波浪能转换成往复机械能，能量转换系统将往复机械能转换成电能。

(1) 波浪能俘获系统分为振荡水柱式、振荡浮子式、越浪式、软囊式四类。

振荡水柱式波浪能俘获系统由气室实现能量收集。气室为上下两端开口的封闭结构，下端开口通海水，上端开口通大气，气动式能量转换系统安装在气室上开口处。波浪通过气室下开口驱动气室内的水柱往复振荡，迫使气室内空气形成往复气流，驱动气动式能量转换系统发电。（见振荡水柱式波浪发电装置）

振荡浮子式波浪能俘获系统由浮子实现能量收集，液压式或机械式能量转换系统安装在两个相对运动的浮子或浮子与海底之间。波浪作用使得浮子运动，向液压式或机械式能量转换系统施加往复力（矩）产生电能。（见振荡浮子式波浪发电装置）

越浪式波浪能俘获系统由斜坡波道、高位水库实现能量收集，再通过液动式能量转换系统发电。波浪在逐渐升高的波道上爬升，越过水库门槛，汇聚于高于平均水位的集水池中，使波浪的动能转化为水的势能；再利用水的势能推动液动式能量转换系统发电。（见越浪式波浪发电装置）

软囊式波浪能俘获系统由柔性软囊实现能量收集，波浪的作用使得柔性软囊发生体积变化，形成囊内的气体或水流动，驱动气动式或液动式能量转换系统发电。（见柔性波浪发电装置）

（2）能量转换系统分为气动式、液动式、液压式和机械式四种。

气动式能量转换系统由空气叶轮和发电机组成。在往复气流作用下，空气叶轮单向旋转带动发电机旋转发电。

液动式能量转换系统由水轮机和发电机组成。在水流作用下，水轮机单向旋转带动发电机旋转发电。

液压式能量转换系统由液压缸（泵）、蓄能器、液压马达和发电机组成。在往复力（矩）作用下，液压缸（泵）往复运（转）动，吸入低压油、输出脉动的高压油，脉动的高压油经过蓄能器平滑变成较稳定的高压油，再通过液压马达驱动发电机旋转发电。

机械式能量转换系统由机械传动机构和发电机组成。机械传动机构可分为转动型和平动型两种，分别用于驱动普通的旋转发电机和直线发电机。转动型机械传动机构由原动轴、逆止器、增速器、惯性轮等组成，在往复力矩作用下，原动轴往复双向转动，通过逆止器将其中之一的单向转动传递给增速器，增速器将该低速单向转动增大到高速单向转动，经惯性轮获得高速单向稳定旋转，驱动发电机发电。为避免惯性导致的俘获效率下降，也有在上述转动型机械传动机构逆止器后加卷簧而去掉惯性轮的设计。平动型机械传动机构含驱动杆、滑（轨）道及滑块（滚轮）等，将直线发电机动子安装在驱动杆端，将定子安装于轨道侧，滑块（滚轮）保持动子与定子的间隙。在往复力作用下，通过驱动杆驱动直线发电机动子往复运动，实现往复机械能到电能的转换。

系留系统 为波浪发电装置的整体位移提供约束力的系统。依据系留方式的不同，可将波浪发电装置分为漂浮式和固定式两类。最简单的漂浮式波浪发电装置的系留系统由锚、锚链组成，为发电装置提供水平方向的约束力；为改善约束力特性，也可在系留系统中加重块和浮子。固定式波浪发电装置系留系统通过打桩或抛石等方法，为发电装置提供水平和铅垂方向的约束力。

输电系统 通过海底电缆、逆变器、稳压系统等将波浪发电装置产生的电能输送电网或用户。

发展概况 1799年，法国吉拉德父子提出了振荡水柱装置，获得了利用波浪能的首项专利。1910年，法国人波契克斯·普莱西克建造了一套1kW的振荡水柱式波浪发电装置。1965年，日本人益田善雄发明了导航灯浮标用振荡水柱式波浪发电装置，成为首次商品化的波浪发电装置。

20世纪70年代中期起，英国、日本、挪威等波浪能资源丰富的国家开始大力研究开发波浪发电。在英国，索尔特发明了点头鸭式（属振荡浮子式）波浪发电装置，科克里尔发明了波面筏式（属振荡浮子式）波浪发电装置，考文垂理工学院发明了蚌式（属软囊式）波浪发电装置。1978年，日本建造了“海明号”振荡水柱式波浪发电船，在1978～1986年期间，日本、美国、英国、加拿大、爱尔兰五国合作，在日本海由良海域对“海明号”进行了波浪发电史上最大规模的原型实海况试验（见日本海洋能发电技术）。但因发电成本高，未获商业应用。20世纪70年代末，英国发明了用于振荡水柱装置的威尔斯（Wells）空气叶轮。1985年，中国采用对称翼空气叶轮并在此基础上研发了新一代导航灯浮标用的振荡水柱式波浪发电装置。挪威在卑尔根附近的奥依加登岛建成了一座装机容量为250kW的收缩波道的越浪式波浪发电站以及世界首座装机容量为500kW的振荡水柱式波浪发电站。1989年中国建成第一台千瓦级波浪发电装置，装机容量3kW，位于珠海市大万山岛。1995年建成20kW岸式振荡水柱波浪发电装置，标志着中国波浪发电站实用化的开始。

自20世纪90年代末，波浪发电装置的研究进入示范阶段。英国建成了并网发电的500kW岸式振荡水柱波浪能电站。苏格兰的海蛇（Pelamis）海洋动力公司改进了早期的筏式技术，研制了“海蛇”（Pelamis）波浪发电装置，并进行了实海况运行，于2004年8月成功实现了并网发电，2013年已经研制出“海蛇”二代波浪发电装置 Pelamis Ⅱ（见“海蛇”波浪发电装置）。丹麦波龙（Wave Dragon）公司研制的波龙波浪发电装置（见越浪式波浪发电装置），于2003年在丹麦内海进行了20kW的样机试验，实现了并网发电。英国苏格兰绿色能源有限公司研制了二代振荡浮子式Oyster波浪发电装置（见英国海洋能发电技术）。爱尔兰Wavebob公司研制出波浪浮子（Wavebob，振荡浮子式）波浪发电装置，于2006年在爱尔兰戈尔韦湾试验了一个1∶4比例的样机，之后进行了多次实海况试验，单台设计平均发电功率为500kW。美国海洋动力技术（Ocean Power Technologies，OPT）公司研发的动力浮子（Power Buoy，PB）波浪发电装置（见美国海洋能发电技术），是点吸收的振荡浮子式波浪发电装置PB40和PB150。

中国于2002年在广东省汕尾市遮浪镇建立了岸式100kW振荡水柱波浪发电装置，研究人员对该装置开展了1年并网运行和2年离网独立运行试验，找出振荡水柱波浪发电装置转换效率低和发电不稳定的原因。2006年建成岸式机械振荡式浮子波浪发电装置，在波浪能总转换效率以及输出稳定性方面有显著提高。2006年底开始研发漂浮式波浪发电装置，在2009～2013年期间陆续建成3台10kW、1台100kW鸭式（振荡浮子）装置（见图1），1台10kW、1台20kW点吸收（振荡浮子）直线电机装置，1台120kW浮子式液压装置，1台10kW鹰式液压装置。其中，中国科学院广州能源研究所研发的10kW“鹰式一号”液压式波浪发电装置（见图2）2012年12月投放，截至2013年12月，累计海上运行时间已超过4000h，为中国持续运行时间最长的漂浮式波浪发电装置。（见中国海洋能发电技术）

图 1　中国 100kW 鸭式波浪发电装置

图 2　中国“鹰式一号”波浪发电装置

bolangneng

波浪能　(wave energy)　在风和地球引力的作用下产生的，在海洋表面以势能和动能的形式周期转换的机械能，是海洋能的一种表现形式。波浪发电是波浪能利用的主要方式。此外，波浪能还可以用于抽水、供热、海水淡化以及制氢等。

全球波浪能总量达 29 500TW · h/a，其中欧洲沿岸年均波功率总量达 1.1×10^{8} kW，尤其以大西洋沿岸的英国、爱尔兰、法国等附近海域的波功率密度最为集中，苏格兰西部沿岸年均波功率密度高达 70kW/m。北美洲西部沿岸（40°～60°）也是全球海洋波功率密度的高值区、具有十分重大的开发价值，除 7 月、8 月和少数时间外，该地区月平均波功率密度均在 40kW/m 以上。

中国沿岸波浪能资源理论年平均功率 1285.22 万 kW，资源储量较为丰富，然而在地理分布上极不均衡。中国以台湾省为最高，年均 429 万 kW，占全国总量的 1/3；其次为浙江省、广东省、福建省和山东省沿岸，四个省份合计年均 706 万 kW，占全国总量的 55%；广西壮族自治区沿岸最少，仅年均 8.1 万 kW。

世界各国自 1990 年起，建造的波浪能利用示范与实用装置在 30 个以上，波浪能转换形式与装置日趋多样化，关于波浪能转换的各种专利已经超过 1500 项，但真正投入应用的不足 1%，这是因为绝大多数波浪能转换技术尚停留在实验阶段。虽然技术不够成熟，但波浪发电站仍然在向大型化、商业化发展。大型化趋势主要表现在欧洲波浪能利用技术的研发上。欧洲通过建造不断加大的波能转换装置，可以达到提高波浪能量转换量、降低电站运行与发电费用的目的。英国 LIMPET 波浪电站是世界上第一座商业化电站，已并入英国国家电网。在葡萄牙、丹麦都有商业运行的发电装置。在大洋洲，澳大利亚也兴建了商业化的波浪能发电装置。

中国波浪能利用的研究始于 20 世纪 70 年代末，80 年代以后获得了较大的发展，微型波浪能转换技术已经成熟，小型波浪能转换技术已经进入世界先进行列。在政府的持续支持下，已建造了多座波浪示范电站。其中，广东汕尾 100kW 岸式振荡水柱波浪电站并入电网，30kW 摆式装置与风能装置并联发电，为岛上居民供电；中国发明的 10kW 鹰式装置在转换效率和可维护性上具有优势，截至 2014 年 1 月，已在海中安全运行 1 年。中国波浪能研究与世界先进水平仍然存在一定差距，主要表现在以下几个方面：①波浪能资源分布状况调查有待完善；②波能转换技术大多模仿国外技术，自主创新技术少；③大部分波浪能转换机理与理论研究水平不高；④大部分波浪能装置效率不高；⑤波浪能开发研究力量较为薄弱。

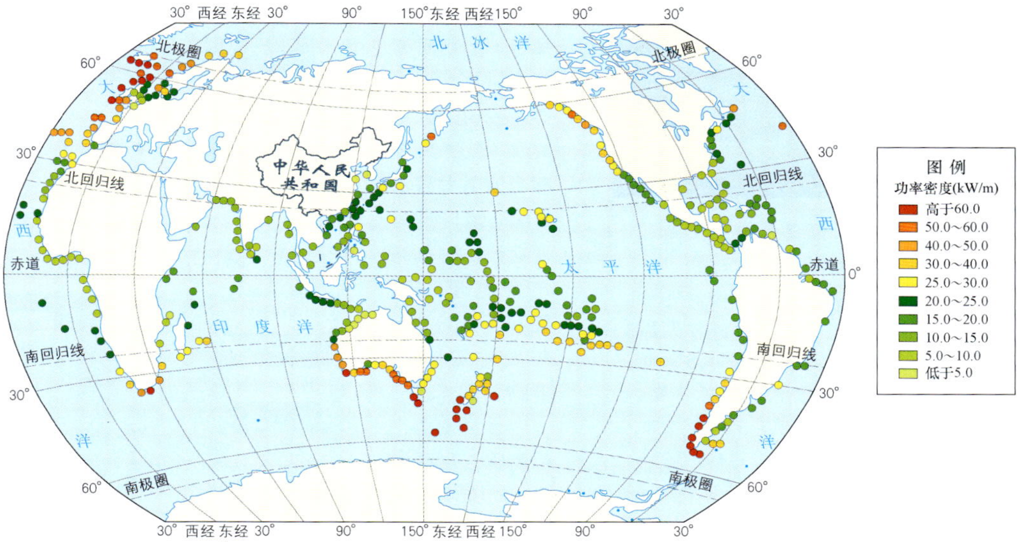

全球平均波功率密度分布图

Ce'erteweige Muxie-mei Hunhe Ranshao Fadianchang

策尔特韦格木屑-煤混合燃烧发电厂 (Biomass-coal Co-fired Power Station, Zeltweg) 采用木屑-煤间接混合燃烧的发电厂，位于奥地利施蒂里亚（Styria）市郊的策尔特韦格（Zeltweg），发电装机容量 137MW。电厂前身为始建于 1962 年的燃煤电厂，1982 年附近的褐煤矿关闭之后，采用了燃烧硬质煤的四角切圆燃烧系统，蒸汽参数为 535℃/18.5MPa。1997 年 12 月改造为生物质间接混合燃烧发电，混燃比例按燃料热功率计为 3%。电厂增加了一套生物质循环流化床气化炉系统（见图），总投资 510 万欧元，包括生物质原料存储、传输、预处理、气化炉和管路连接等，生物质燃料为树皮、木屑等，发电效率 37.4%。受天气和当地电力需求影响，该厂负荷变动大，如 1996 年发电量 2.51 亿 kW·h，1998 年发电量 8900 万kW·h。

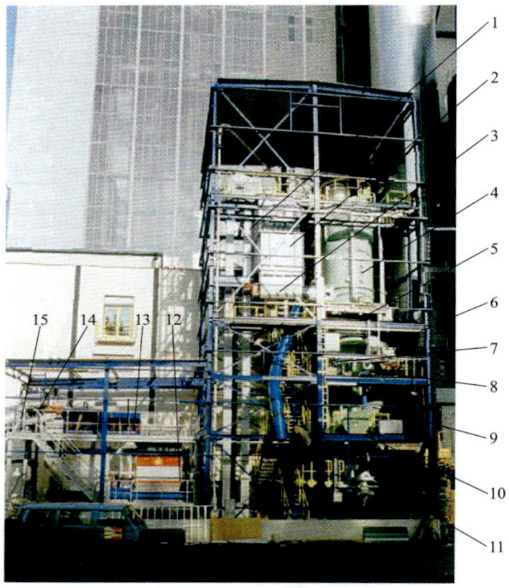

策尔特韦格木屑-煤混合燃烧发电厂循环流化床气化炉系统图

1—带传输机；2—料仓；3—螺旋进料器；4—气化炉；5—秤；6—回转式给料器；7—启动燃油燃烧器；8—燃油燃烧器空冷风扇；9—气化炉进料导管；10—燃油燃烧器一次风机；11—螺旋排渣机；12—粉碎机；13—分离机；14—磁选机；15—皮带传输机

主要设备 生物质气化系统采用 10MW 规模的循环流化床气化炉，以细砂为床料，微正压运行，气化温度 850℃，燃气低位热值为 2.5～5MJ/m³。气化炉产生的高温燃气夹带粒径约 200μm 的炭粒，通过一个特制的喷嘴从煤粉燃烧器上部喷入炉内与煤粉混合燃烧。气化所需空气来自电厂空气预热器，预热温度 270℃。气化系统配有一个燃油炉用于气化炉起动预热和紧急情况处理（如进料出现问题时）。气化炉底部是水冷螺旋排渣，排渣碳损失低于 0.40%。

技术特点 ①气化炉设计以树皮为主要燃料，但对木片、枕木和塑料等燃料也能适应；②由于生物质混燃比例不高，不需进行干燥；③因采用生物质燃气燃烧，氮氧化物排放低，所以脱硝反应的氨消耗降低了 10%～15%；④对原有燃煤系统的改动很小，发电效率基本不变。

cefengta weihu

测风塔维护 (meteorological station tower maintenance) 为维持测风塔及其气象测量设备的正常使用而进行的日常管理工作。测风塔通常包括塔基础、塔架、支撑横杆、风速风向传感器支架、避雷针、拉线。其结构形式有自立式和拉线式两种。自立式测风塔（见图 1）塔体下部较宽，塔架材料用量相对较大，对基础要求高，施工难度大、费用高，通常用于海上风电场测风；拉线式测风塔（见图 2）受力较为合理，塔体截面小，塔架材料用量小，塔架对气流的影响较小，是陆上风电场普遍采用的测风塔型式。测风塔塔架可采用单根钢管、三角形桁架及四边形桁架等结构形式。单根钢管结构形式所需钢管直径大，迎风面积也大，材料量

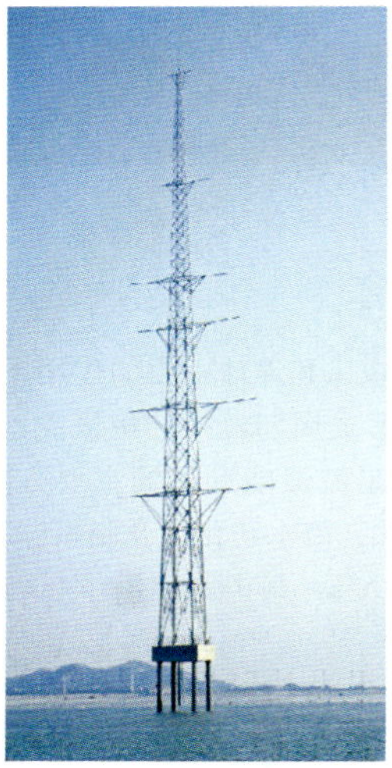

图 1 自立式测风塔

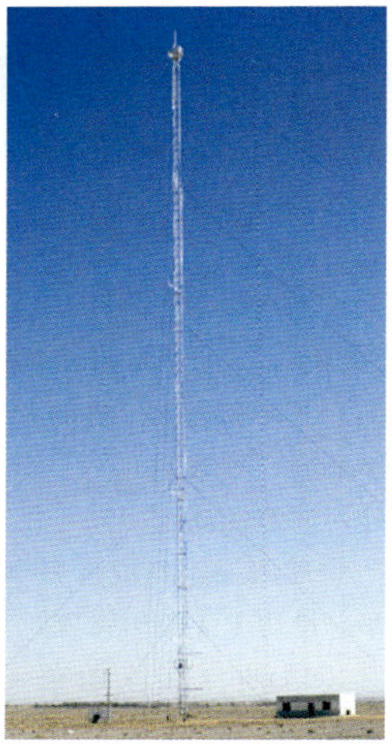

图 2 拉线式测风塔

大；三角形桁架结构形式较为稳定，塔架受风荷载作用较小；四边形桁架结构形式较为稳定。当三角形桁架不能满足受力及变形要求或投资不经济时，塔架可选用四边形桁架结构形式。测风塔上设备布置见图 3。

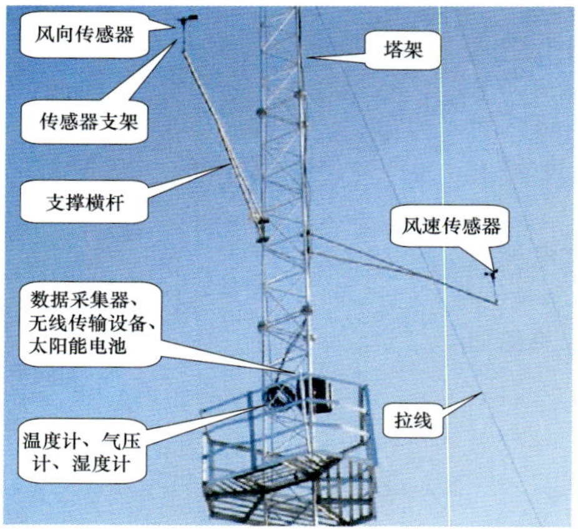

图 3 测风塔上设备布置示意图

计划与准备 测风期间制订测风塔日常管理与维护计划，明确现场检查维护的时间安排。当出现突发大风或严重的冰载荷等恶劣天气后，或在数据检查过程中怀疑传感器有故障时，在 72h

内到现场检查维护并测量申报，将数据缺失的可能性降至最小。现场检查维护的频率取决于数据采集方式。当采用远程收集数据时，平均每月安排一次现场检查维护；当采用手工采集数据时，每2周一次现场检查维护，以满足数据完整率要求和数据分析的需要。

现场检查维护前准备好检查记录表格、明确检查内容、检查程序及安全注意事项，携带必要的工具盒及足够的备品备件。

现场检查与维护　所有传感器在安装与使用之前均检查并测试，根据计划安排的现场检查包括目视检查及可行的现场测试。检查开始前人工取回数据采集器中的数据。测风塔高处设备采用望远镜进行检查，数据采集器、传感器、无线传输设备、太阳能电池、塔架的检查和测试内容包括：①数据采集器完整无损，供电正常，数据显示记录正常。②目视检查确认传感器完整无损，信号线连接正确并无破损，传感器输入数据采集器的数据合理。③无线传输设备远程传输数据正常。④太阳能电池板表面清洁。⑤从成90°的两个方向检查塔身的垂直度，检查接地连接是否牢靠，支撑横杆水平、无松动，地锚牢固无松动。对桁架式拉线塔，调整拉线张力平衡。

cefeng xitong

测风系统　(wind measurement system)　针对风电场的风速、风向、温度、气压等气象要素进行测量的系统。通过测风塔所装设的仪器测量气象要素，测量数据传输至测量系统（见测风塔维护），经检验完整性后，计算风速、温度、湿度、气压等数据，作为风能资源评估的依据。

风电场测风系统从功能上分为数据采集、数据传输和数据处理三部分。通信传输通道负责观测数据的远程传输。一般采用太阳能供电方式，电池效能和容量能够在连续15天无日照的情况下，保证所有观测仪器设备系统正常运作。

数据采集　传感器和数据采集器负责气象要素的采集、处理、存储和管理。按照所选取地形特征以及观测风的代表性，设置测风塔的高度，一般为50、70、100m和120m。测风塔上装设风速传感器、风向传感器、温度传感器、湿度传感器、气压传感器或超声风速仪等。风速传感器一般安装在距地10m到测风塔顶之间，以20m间隔设置，以及预装风电机组轮毂高度。风向传感器至少设置两层，一层在10m高度，便于与气象观测站风向（气象观测站风的常规观测设置在10m高度处）进行比较，另一层多在风力发电机组的轮毂（见风轮）高度处，中间层可以根据实际地形选取测量高度。温度传感器一般设置在最低层和轮毂高度处。气压和湿度传感器设置在8.5m高度。有时也会在轮毂高度处安装超声风速仪。一般风速、风向的采样频率为1次/s；温度、湿度和气压的采样频率为6次/min，记录10min平均值、平均偏差、最大值和最小值等。超声风速仪采样频率为10次/s，所采集数据属于高频资料，为三维风速。

数据传输　采集的数据可以通过有线或无线通信方式自动传输到指定数据收集中心，并进行实时监控。在发生通信系统故障或极端天气情况下，需要通过人工定期或不定期现场读取。

数据处理　对所采集数据进行整理、计算。首先做数据完整性检验，即对观测时间段内观测记录进行完整性审查，计算观测时间段数据完整率。

$$数据完整率=\frac{应测数据量-缺测数据量-无效数据量}{应测数据量}\times100\%$$

式中应测数据量表示观测时段内应该观测到的每小时数据数目（观测时段日数×24h），缺测数据量为观测时段内由于各种原因缺测的观测数目，无效数据量为观测时段内出现的不合理的观测数目。在风电场风能资源测量和太阳能资源测量中，要求观测风速的有效数据完整率必须大于90%。

经数据完整性检验后，需对观测数据分别进行插补订正，形成一套完整的用于风电场风能资源评估的观测序列。

chaocha fadian

潮差发电　(tidal range generation)　利用海水潮涨和潮落所形成的水的势能产生电能的技术。在中国利用潮差发电的枢纽工程常称为潮汐电站。潮差发电主要有潮汐坝法和潮汐潟湖法两种方式。

潮汐坝法　通过在横跨潮差大的河口或海湾构建拦河坝，利用库水位与外海潮位之间的水位差驱动水轮机发电。它是潮差发电的主要形式。（见潮汐坝法）

潮汐潟湖法　利用潮汐潟湖所形成的水位差驱动水轮机发电，是一种近岸潮汐能转换方法。潮汐潟湖是使用松散的岩石、沙子和砾石建造堤坝，围成与外海隔开的浅海水域，示意图见图1。潮汐潟湖法可以同时利用涨潮和落潮进行发电，发电周期见图2。

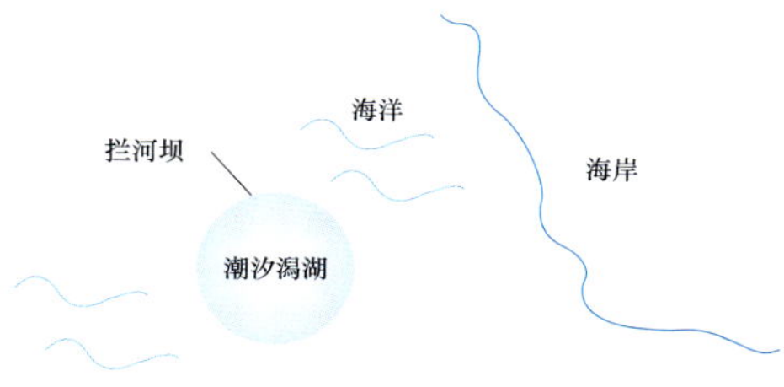

图1　潮汐潟湖示意图

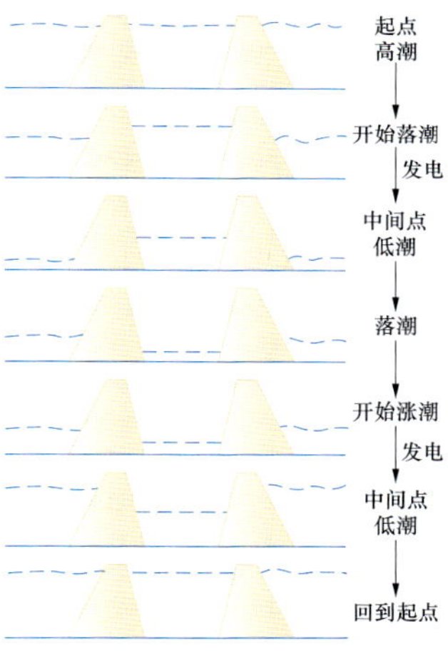

图2　潮汐潟湖发电运行周期

潮汐潟湖可以减轻潮汐坝发电方式带来的环境和经济问题。潮汐潟湖概念由潮汐电气有限公司（Tidal Electric Ltd.）提出。英国正在斯旺西海湾建造世界上第一个人工建造的潮汐能潟湖。该项目总投资额6.5亿英镑，占地面积11.5km^2，堤坝长度9.5km，堤坝高度5～20m，涨潮时坝高3.5m，额定容量24万kW，年净发电量4亿kW·h。设计寿命120年，预计2015年动工建造，2017年完工并网发电。

chaocha fadian huanjing yingxiang

潮差发电环境影响　(environmental impact of tidal power)　利用潮差发电的潮汐电站对环境的作用和导致的环境变化以及由此对经济社会的影响。

潮汐电站发电过程不排放各种有害废物，也不排放包括二氧化碳在内的各种有害废物。潮汐电站影响范围只局限于潮汐电站水库范围内及紧靠坝外侧不大的水域，对在水域的水温、水流、盐度分层、海滨产生影响。

潮汐电站可防护河口和海湾免受风暴潮、涌潮、退潮对水库两岸的破坏；水流的紊动掺混使自然条件得到改善。水的含沙量减小，有利于浮游生物的生长，也为娱乐、休养、旅游等创造了良好的有利环境；通航条件也得到改善，潮汐电站大坝也常作为缩短海湾绕行的捷径，改善了交通条件。

潮汐电站发电会使潮差有所减少，在单向运行的情况下，潮汐变化节奏可由半日潮变为全日潮，这将影响泥沙淤积、泥沙输移、生物产量、生物群落、渔业及毗连水库的沿岸垸田及沼泽地的生存条件。

水库与海洋部分隔离以后，水库的动态调节性能降低，增加了对生态系统及已建立的平衡对人类活动的影响，同时影响泥沙淤积和运输。

潮汐电站对潮汐产生出影响，电站需面对泥沙淤积问题，这既与海水含沙量有关，也与地形、波流等有关。

chaoliu fadian

潮流发电 (tidal current power generation) 利用潮汐的动能发电的技术。一般无需筑坝，用水轮机组发电。潮流发电需要在海上安装潮流能转换装置，潮流能利用的海洋工程结构和机电设备的总和，称为潮流能发电站。

发电原理 海水水平流动的动能转换为机械能驱动发电机发电。根据能量转换方式不同，主要有水轮机式和摆动式两种方式。

水轮机式潮流发电是将海水水平流动冲击水轮机叶轮的动能转换为水轮机的旋转机械能，经机械传动系统驱动发电机发电。实际应用中常用水轮机式潮流发电。

摆动式潮流发电是将海水水平流动冲击机翼形或圆柱形摆体往复运动形成的机械能转换为电能。摆体受水流作用沿垂直于水流的方向作直线往复摆动，或经连杆铰支沿圆弧线做往复摆动，所产生的机械能推动直线发电机直接转换为电能，或者推动液压缸将机械能转换为液压能，然后通过液压马达转换为旋转机械能，再驱动发电机发电。

潮流发电装置 包括海上支撑结构和发电机组。与常规发电装置明显的不同是潮流发电装置安装于海上，结构庞大，运行环境复杂，施工困难。

潮流发电装置按海上支撑结构安装方式分主要有桩基式、座底式和漂浮式三种形式。①桩基式潮流发电装置即打桩至海底中形成牢固的桩基础，在与基础连接的桩柱上安装潮流发电机组。在水深较浅（小于 25m）的海域，打桩成本相对不十分昂贵，常采用桩基式潮流发电装置。②座底式潮流发电装置即发电机组安装在与基础底座相连的支撑结构上，装置整体下沉并坐在海底上，依靠装置自身结构和附加压载的重力及其海底摩擦力抵抗潮流的水平力矩与倾覆力矩，稳定在海床上。在海底底质为基岩的海床上打桩很困难时，常采用座底式潮流发电装置。座底式装置的优点是受风浪影响较小，机组运行较稳定，对船舶通航的影响小；缺点是海底流速较低，对装置出力有一定影响，故该方法仅适合于水深较浅的海域，安装时需进行海底整平施工，维护时需整体吊装出水费用高。③漂浮式潮流发电装置是发电机组安装在漂浮式载体平台上，平台由锚链和锚固定于海床。在水深较深的海域，桩基式和座底式结构庞大、造价和施工成本昂贵，常采用漂浮式潮流发电装置。漂浮式装置的优点是适应水深范围大，无需海底施工，安装维护方便；缺点是受风浪流的作用载体平台会发生位移和运动，对发电机组的平稳运行不利。

潮流发电装置按获能方式分主要有水轮机式和摆动式两种形式。水轮机式潮流发电装置的水轮机主要有水平轴叶轮和垂直轴叶轮两种结构形式。水平轴式水轮机，也称轴流式水轮机，其叶轮的旋转轴与水流的方向平行，水平轴式叶轮能量转换效率较高，但是叶片外形、结构和受力复杂，为了适应双向潮流发电，还需要叶片变桨或叶轮与发电机整体对流换向；代表性水平轴潮流发电装置有 SenGenS 潮流发电装置、Open Centre 潮流发电装置和 HS1000 型潮流发电装置。垂直轴式水轮机，也称横流式水轮机，其叶轮的旋转轴与水流的方向垂直。垂直轴式叶轮能量转换效率略低，但适应任意潮流流向，无需换向结构，叶片外形和结构简单；代表性垂直轴潮流发电装置有 Kobold 潮流发电装置、Uldolmok 潮流发电装置和“海能”潮流发电装置。摆动式潮流发电装置获能摆体有机翼形、圆柱形等，摆体结构简单，摆体可以有一个或多个翼形体（圆柱体）构成。与水轮机式发电装置相比，摆体将水流的动能转换为周期性往复摆动的机械能，能量转换具周期波动性和间隙性，摆体在摆动换向过程中有能量损失。

运行方式 有并网和离网两种运行方式。在电网通达的近岸区域，潮流发电可以通过海底电缆将电能输送上岸，经升压变电站并入电网。在远离大陆且电网未能覆盖的独立海岛，潮流发电机组配置储能系统，组成独立的离网型电力系统，或与风能、太阳能、其他海洋能、柴油机发电等组成多能互补的联合发电系统，直接为海岛用户供电。

特点 包括：①发电具周期波动性和间歇性。在固定海域潮流流速的大小和方向可准确预测，不受气候变化影响，稳定性好。潮流流动是双向周期性的，因此潮流发电机组转换的电能也呈周期性变化；从涨潮到落潮或落潮到涨潮期间，存在流速为零或极小的平潮憩流期（约持续 1h），发电机组无法运行。②对发电装置要求较高。潮流发电装置在海水中长期受风浪、腐蚀、磨蚀和海生物污染等影响，还可能遭遇台风、海啸、地震等恶劣自然条件，装置的可靠性要求更高，装置的设计技术、海上安装和维护作业的难度加大。

图 1 英国 1.2MW SeaGenS 潮流发电装置

发展状况 潮流能转换技术起于 20 世纪 70 年代初，较广泛的研究开始于20世纪90年代，21世纪进入快速发展阶段，小部分技术已经进入商业应用规模，安装于海上进行技术和工程示范运行发电。英国在潮流能利用技术上走在了世界前列，2008年英国海流涡轮机公司（Marine Current Turbine Ltd.，简称MCT公司）的SeaGenS桩基式潮流能发电站安装于北爱尔兰斯特兰福德湖（Strangford Lough）并网发电，装机容量1.2MW（2×600kW），双转子水平轴叶轮直径16m，这是世界上第一台兆瓦级潮流发电装置（见SeaGenS潮流发电装置）。中国在潮流能技术与工程示范方面规模较小，2002年在浙江省岱山县龟山水道研建了首座漂浮式潮流电站——“万向Ⅰ”潮流能试验电站进行海上试验，2012年在该水道安装了漂浮式潮流能电站“海能I”（见“海能”潮流发电装置）进行技术示范和独立运行发电，装机容量300kW（2×150kW），双转子垂直轴叶轮直径4m。“海明Ⅰ”潮流发电装置是中国第一个长期运行的水平轴潮流发电装置，加导流罩的“海明Ⅰ”潮流发电装置见图2，至2013年底已运行27个月。（见中国海洋能发电技术）潮流发电主要有两方面的发展和应用趋势，一是发展小型潮流发电装置，为远离大陆的独立海岛或海上作业平台或装置提供电力；二是发展中大型潮流发电装置，形成潮流能发电场，与近岸陆地或海岛电网并网提供电力。相对于风力发电、水力发电等低成本可再生能源，潮流发电技术还处于初级阶段，尚不具有商业竞争力。

图2 加导流罩的“海明Ⅰ”潮流发电装置

chaoxi ba fa

潮汐坝法 （tidal barrage） 在海湾入口或有潮汐的河口建堤坝、厂房和水闸，与海隔开形成水库，利用涨落潮时库水位与外海潮位之间形成的水位差进行发电的方式。潮汐电站一般采用潮汐坝法发电，电站主要由堤坝、泄水闸和发电厂房建筑物等。有通航需要时还应设置船闸，同时可进行围垦种植、水产养殖、旅游和交通等综合开发。

堤坝 将水库与外海隔开的建筑物，形成水位落差，多采用黏土心墙坝、堆石坝和土坝。因筑于海上，施工条件恶劣，近年国际上多使用预制混凝土浮运沉箱法或钢板桩筑坝建站。

泄水闸 用来对水库泄水和蓄水的设施。中国发展了预制浮运闸，先在预制场预制各种闸门构件，然后由船浮运到建闸地点，定点沉放安装。施工时不用围堰或在岸上开挖，施工方法简单，工程量小，投资小，在中国沿海大量使用。

发电厂房 内有水轮发电机组、输配电设备、起重设备、中央控制室、下层水流通道和闸门等。潮汐电站一般采用贯流式水轮机组（见贯流式水轮机），对机组的要求包括：①应满足潮汐低水头、大流量的水力特性；②对机组的防腐、防污、密封和发电机的防潮、绝缘、通风冷却、维护等要求高；③要选用适应频繁起动和停止的电气开关设备；④对双向发电机组，需考虑安装倒向开关，使电源接入系统或负荷时，保证相序固定不变。

发电方式 有单库单向式、单库双向式、双库式、发电结合抽水蓄能式等。

单库单向式 筑一水库，安装单向水轮发电机组，一般采用落潮发电方式。在一个潮汐周期内，电站依次做停机、蓄水、发电和停机四个工况运行。（见单库单向潮汐电站）

单库双向式 筑一水库，安装涨潮、落潮均可发电的机组，或在水工上布置满足双向发电的机组。一般以落潮发电为主，在一个潮汐周期内，电站依次做停机、涨潮发电、蓄水、抽水、落潮发电和泄水六个工况运行。（见单库双向潮汐电站）

双库式 又称高低库式，建两个互相毗连的水库，单向水轮发电机组安装在两水库之间，可连续发电。国内外研究认为，双库式造价昂贵，单库落潮方式发电较好。（见双库连续发电潮汐电站）

发电结合抽水蓄能式 在电站水库水位与潮位接近且水头小时用电网的电力抽水蓄能。涨潮时将海水抽入水库，以增加发电时的有效水头，增加发电量。

环境影响 潮汐能发电是清洁的能源利用方式，发电过程不排放有害废气、废物，不产生二氧化碳。潮汐电站对电站所在区域的自然环境将产生一定影响。海洋环境对电站也有影响，海水所含泥沙受地形、波形影响可能导致泥沙淤积，影响水位变化，进而影响电站有效运行小时。（见潮差发电环境影响）

chaoxineng

潮汐能 （tidal energy） 海水因潮汐现象而拥有的动能和势能的总和。潮汐指在月球和太阳的引潮力作用下，海水发生周期性相对运动的现象。海水潮位有涨有落，因白天为朝，夜晚为夕，故白天出现的海水涨落称为潮，夜晚出现的海水涨落称为汐。潮位的变化以平均时间是24h 50min的太阴日为周期，每周期发生一次或两次由高潮位降到低潮位再涨到高潮位的循环过程。高潮位与低潮位之间的高程差称为潮差；潮差的变化以太阴月为周期出现两次大潮（潮差最大）和两次小潮（潮差最小）的循环过程。太阴月是指相对于太阳，月亮绕行地球的周期。各地潮差和潮位循环周期因所处纬度和地形条件不同而不一致。加拿大的芬迪湾、法国的塞纳河口、中国的钱塘江口、英国的泰晤士河口、巴西的亚马孙河口、印度和孟加拉国的恒河口等，都是世界上潮差较大的地区。中国沿海各地潮差和潮位循环周期因所处纬度和地形条件不同而不一致。中国沿海潮差分布的趋势是东海沿岸的潮差最大，平均潮差为5m；渤海、黄海次之，平均潮差为2～3m；南海最小，平均潮差小于2m。中国最大潮差出现在钱塘江河口，近9m。世界最大潮差出现在加拿大芬迪湾（Bay of Fundy），达19.6m。

分类 潮汐能包括潮差能和潮流能。潮差能指太阳、月亮与地球之间的万有引力与地球自转的运动使得海洋水位形成高低变化所产生的势能。潮流能指潮汐导致的有规律的海水流动所产生的动能。潮差、潮流作恒定的周期性变化，人类已可以准确预测大潮、小潮、涨潮、落潮、潮位、潮速和潮流方向。

利用情况　随着科学技术的发展，人们已不满足于利用潮汐能来推动水车和水磨了，而是利用潮汐能发电。其中潮流发电尚处于实验阶段，而潮差发电技术业已成熟。自1912年德国在石勒苏益格—荷尔斯太因州建成世界第一座实验性小型潮汐电站——布苏姆潮汐电站起，潮差发电已有百年历史。世界上已建成的较著名的潮汐电站有：1967年投入运行、装机容量240MW的法国朗斯潮汐电站；1984年投入运行、装机容量20MW的加拿大芬迪湾安纳波利斯潮汐电站；2011年建成的总装机容量254MW的韩国始华湖潮汐电站。在中国，最大的潮汐试验电站是1985年在浙江温岭县建成的乐清湾江厦潮汐电站，装机容量3900kW。

3640～12 000MW。

潮流能转换技术起始于20世纪70年代初，至今有小部分技术已经进入商业应用阶段。2008年，英国海流涡轮机公司（Marine Current Turbines Ltd.，MCT公司）于北爱尔兰斯特兰福德湖（Strangford Lough）安装了世界上第一台兆瓦级潮流发电装置，总装机容量1.2MW（见英国海洋能发电技术）。2002年，中国哈尔滨工程大学在浙江省岱山县龟山水道研建了中国首座漂浮式潮流电站——“万向Ⅰ”潮流能实验电站进行海上试验，装机容量70kW，2012年在该水道安装了漂浮式潮流能电站“海能Ⅰ”进行技术示范和独立运行发电，装机容量300kW。（见中国海洋能发电技术）

荷兰海岸工程师K.胡斯伯根（Kees Hulsbergen）和R.斯特恩（Rob Steijn）提出动态潮汐能发电的概念，并于1997年获得专利。2012年，中国与荷兰签署联合开发和示范动态潮汐能发电合作协议，在中国开展试验工作。

chaoxineng fadian

潮汐能发电　（tidal power generation）　利用海水面昼夜间涨落中的势能和动能发电的技术。包括潮差发电和潮流发电两种。在中国，潮汐电站通常采用潮差发电方式。在潮差大的海湾入口或河口筑堤构成水库，在坝内或坝侧安装水轮发电机组，利用堤坝两侧的水位差驱动水轮发电机组发电。

潮汐是在月球和太阳的引力作用下，海水发生周期性相对运动，潮位有涨有落的现象。高潮位与低潮位之间的高程差称为潮差，潮汐导致的海水流动称为潮流。潮汐从一次高潮或低潮到下一次高潮或低潮的循环为潮汐周期；在潮汐周期里，各点的潮位、流速和流向发生一次周期变化。

1912年德国在石勒苏益格—荷尔斯太因州的布苏姆建成世界第一座潮汐电站。之后，法国、苏联、英国、美国、韩国和加拿大等国都进行了潮汐发电的开发。世界上已建成的较著名的潮汐电站有：法国1967年建成的朗斯潮汐电站，总装机容量240MW，是20世纪世界装机规模最大的潮汐电站；苏联1968年建成的基斯洛潮汐试验电站，装机容量400kW，年发电量230kW·h；加拿大1984年在芬迪湾建成的安纳波利斯潮汐电站，装机容量20MW，主要目的是试验全贯流式机组（见加拿大海洋能发电技术）。中国于20世纪70年代先后建成了一批小型潮汐电站，到20世纪末，中国潮汐发电总装机容量为10.65MW。中国1985年在浙江温岭县乐清湾建成的江厦潮汐电站，装机容量3900kW，是中国建成的最大潮汐试验电站。此外，还有山东白沙口、浙江岳浦、江苏浏河、广东甘竹滩、浙江海山、浙江沙山、广西钦州果子山和福建幸福洋等7座潮汐电站和1座潮洪电站。韩国于2011年在仁川湾附近建成的始华湖潮汐电站，总装机容量为254MW，是截至2013年底世界上建成的、单机和总装机规模最大的潮汐电站。

潮汐能已成为世界新能源开发的重要能源之一，正在规划装机规模较大的潮汐电站有：加拿大芬迪湾的科比阔特电站，装机容量4000MW；英国在英格兰与威尔士之间的塞文（Severn）河口电站，装机容量8640MW；韩国的加露林（Garorim）电站，装机容量520MW。俄罗斯在鄂霍次克海（Okhotsk Sea）、梅津湾（Mezenskaja Golfe）和品仁纳湾（Penzhina Golfe）规划了3座大型潮汐电站，装机规模

chilun xiang

齿轮箱　（gearbox）　连接风轮主轴与发电机输入轴，用来增加转速的风电机组动力传输部件。其主要作用是将风轮旋转产生的动力传递给发电机并使齿轮箱输出轴的转速得到相应的增加，也称为增速箱。半直驱型风电机组齿轮副常采用一级增速传动，齿轮箱传动型风电机组为满足增速比的要求，需要多级齿轮传动，常采用行星轮系与定轴轮系组成的混合齿轮传动机构（见传动系统）。

齿轮箱传动型结构中，有的将风轮主轴与齿轮箱输入轴合为一体，也有的将主轴与齿轮箱输入轴分别布置，其间利用胀紧套或联轴器连接。为了增加机组的制动能力，在齿轮箱的输入轴或输出轴设置制动装置，配合气动制动对机组传动系统进行联合制动（见制动系统）。

风力发电机组用齿轮箱的机械效率应不小于97%，额定功率1MW以下的机组齿轮箱噪声不大于90dB（A），额定功率大于或等于1MW和机组齿轮箱噪声不大于100dB（A）。风电机组运行环境复杂，齿轮箱安装在塔顶的狭小机舱内，维护维修困难，要求齿轮箱构件材料除满足常规状态下的机械性能外，低温型风电机组齿轮箱还应具有低温状态下抗冷脆性的性能。在风电机组运行过程中，为保证齿轮箱平稳工作，需防止振动和冲击，并保证充分的润滑条件；在冬夏温差大的地区，需配置合适的加热和冷却装置。在齿轮箱的不同位置设置有温度、振动或噪声传感器，便于对齿轮箱运行状态进行远程监测。

分类方式　风电机组齿轮箱的结构类型繁多。按齿轮传动结构特点，齿轮箱可分为定轴齿轮传动、行星齿轮传动及组合齿轮传动；按传动级数，可分为单级传动和多级传动；按齿轮传动机构布置形式，分为展开式、分流式、同轴式以及混合式。

结构　主要由齿轮箱箱体、齿轮传动机构和支撑构件组成，附有润滑液压系统。

齿轮箱箱体　齿轮箱的重要基础部件，承受风轮的作用力和齿轮传动过程中产生的反作用力。它常采用球墨铸铁或其他高强度铸铁铸造，具有足够的刚度来承受力和力矩的作用，防止箱体变形过大，保证传动质量。箱体上设有用于检查齿面啮合情况的观察窗，在机座旁设有连体吊钩，供齿轮箱起吊使用；箱盖上还设有透气罩、油标或油位指示器。在

箱体的合适部位设置进出油口和安装润滑装置。

风电机组的齿轮箱通常采用强制润滑，润滑液压系统由电动润滑油泵和液压装置构成。润滑系统同时具有升温和冷却功能。风电机组每次起动前，须先起动润滑系统，使齿轮箱的各润滑点得到充分润滑。齿轮箱内的润滑油工作温度不低于－15℃。当温度过低导致润滑油黏度增大、润滑液压系统的压力升高至一定值时，安全阀打开，润滑油通过加热回路进行加热。当润滑液压系统的油温超过设定的正常值时，润滑油经热交换器进行冷却，保证润滑油温度控制在正常工作范围内。

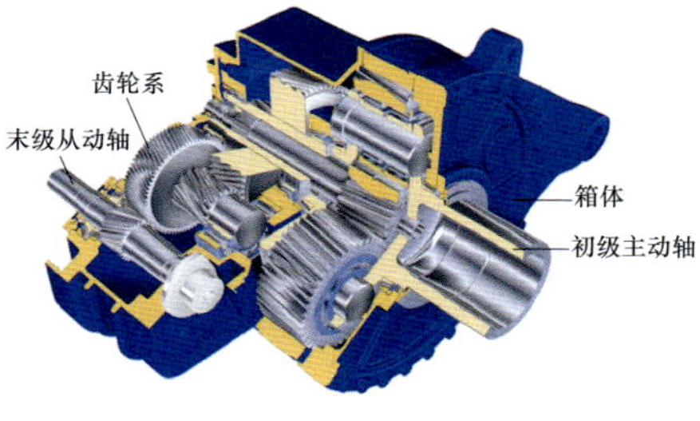

风电机组齿轮箱结构

齿轮传动机构　主要包括传动轴、齿轮和轴承。传动轴分为主动轴、从动轴和中间轴。初级主动轴（输入轴/低速轴）和末级从动轴（输出轴/高速轴）分别与风轮主轴和发电机传动轴相连接。为了提高可靠性和减小外形尺寸，有时将半联轴器（法兰）与传动轴制成一体。齿轮箱轴承常采用圆柱滚子轴承、圆锥滚子轴承和调心滚子轴承。齿轮箱噪声主要来自传动部件，故需采取降低噪声的措施。

支撑构件　齿轮箱箱体上设置有支撑结构，通过支撑构件与主机架连接。支撑构件一般为弹性减振装置，最简单的弹性减振装置是用高强度橡胶和弹簧钢板结构制成的弹性支撑。

chuqin fenbian

畜禽粪便　（livestock manure）　畜牧养殖产业的动物排泄物的总称。主要来源是牲畜、家禽养殖场的动物粪便、尿液及其与杂草和冲洗废污水的混合物。畜禽粪便作为可再生能源资源，可作为沼气发电的原料、生活燃料或制成有机肥料。畜禽粪便用粪便产生量作为资源评估指标，估算见下式：

粪便产生量＝Σ畜禽饲养量×饲养期×畜禽粪便排泄系数

式中饲养期指畜禽从开始养殖到出栏的时间；畜禽饲养量需根据具体种类畜禽的饲养期确定采用出栏数还是存栏数，饲养期长于一年的取存栏数，短于一年的取出栏数；畜禽粪便排泄系数指单个动物每天排出粪便的数量，即单头日产粪便量。

畜禽粪便作为生物质能资源，其来源仅限于大中型养殖场，农户散养和小型养殖场的粪便资源无法支撑发电的原料需求。根据《中国畜牧业年鉴（2010年）》的禽畜养殖总量数据计算，2009年中国规模化养殖畜禽粪便排放总量约8.37亿t，年沼气生产潜力约为472.1亿m^3。其中，生猪、奶牛和肉牛养殖业是畜禽粪便的主要来源，分别占总量的24.9%、22.2%和23.7%。

畜禽粪便能源化利用主要有两种方式：一是经干燥直接燃烧供应热能，适用于草原上的牛、马等动物粪便；二是通过厌氧消化工艺产生沼气（见沼气池），用作燃料或发电，沼液富含大量的氮、磷、钾元素和微量元素，可用作农田灌溉和肥料，沼渣也可做肥料。沼气利用受到几方面的制约：厌氧发酵过程需要添加大量的水来稀释畜禽粪便，造成发酵装置体积庞大，一次性投资大；集约化畜禽养殖远离居民区，使沼气的利用遇到困难；沼液作为液体肥料，肥效比较低，制作商品肥的技术不成熟，如果沼液、沼渣无法消纳或转运，将成为二次污染源。

chuqing

储氢　（hydrogen storage）　储存氢气的方法。氢气是最轻的气体，常温常压下氢气的密度仅为空气的1/14。同时，氢气也是一种易燃、易爆的气体。高效、安全、经济的储氢方法是氢能利用过程中的一个关键环节。对于燃料电池汽车车载氢气储存系统，国际能源署提出的目标是储氢质量分数大于5%和储氢密度大于50kg/m^3。

工业用氢气储存方法主要有高压气态储氢、低温液态储氢和使用储氢材料三种。

高压气态储氢　采用增加氢气压力方式储存氢气。高压气态储氢具有技术成熟、简便易行等优点，是应用最广泛的储氢方式。

工作原理　在较低压力下，气体用理想气体状态方程来描述，见式（1）。

$$p=\frac{nRT}{V}=\frac{\rho RT}{M} \tag{1}$$

式中 p 为气体压力，Pa；V 为气体体积，m^3；n 为气体物质的量，mol；T 为气体温度，K；ρ 是气体密度，g/m^3；M 是气体的摩尔质量，mol/m^3；R 为气体常量 8.314 41J/（mol·K）。在一定温度下，提高气体压力，气体体积会缩小，相同体积下所含的气体的质量会随之上升。实际上，随压力 p 的增高，真实气体的状态方程会偏离上述理想气体方程。压力越高，气体密度 ρ 增加的速度越慢。美国国家标准技术研究所的研究表明，在173～393K温度范围和100MPa以下氢压时，氢气气体的状态方程可近似用式（2）表示。

$$Z=\frac{pV_m}{RT}=\left(1+\frac{\alpha p}{T}\right) \tag{2}$$

式中 Z 为压缩因子；V_m 为氢气摩尔体积，m^3/mol；α 为拟合系数，等于 1.9155×10^{-6} K/Pa。在273K和氢压70MPa时，氢气的密度约为41.7kg/m^3。

储氢容器　主要有普通高压钢瓶、改进型扁平钢带错绕式金属内胆压力容器和轻质高压储氢容器。

（1）普通高压钢瓶。一般可以存储12～15MPa压力的氢气，具有设计制造成熟、成本低、能耗低等优点，但储氢能力较低，储氢质量分数和储氢密度分别约为1%和12kg/m^3。

（2）改进型扁平钢带错绕式金属内胆压力容器。被应用于加氢站等固定式高压储氢场合，储存压力可达45MPa，储氢密度达到30kg/m^3左右，并能实现远程在线安全监测，具有可靠性高、失效抑爆等特点。设计内压达35～45MPa的钢带错绕式高压储氢罐已经在国内外得到应用。

（3）轻质高压储氢容器。用于车载氢燃料电池等移动式储氢系统，其储氢压力可达35～70MPa，储氢质量分数为3%～5%。它采用复合纤维缠绕结构，即容器主要由内衬、缓冲层、缠绕在内衬外的增强复合材料层、包覆在增强复合材料层外表面的保护层等构成。35MPa规格的轻质高压储氢容器已进入产业化阶段，70MPa规格的轻质高压储氢容器也已通过中试认可。

低温液态储氢 将氢气冷却到20K以下的超低温度，以液态储存。氢气先经过压缩机进行压缩，再经过换热器进行冷却，低温、高压的氢气最后经过节流阀进行膨胀和进一步冷却，生成液态氢。此过程能耗较大，液化每千克氢耗能11.8MJ，约3.28kW·h的电能，因此氢气的液化成本较高。

这种储氢方式具有很高的储氢质量分数（约6%）和储氢密度（约62kg H_2/m^3），但在常温下液态氢很容易气化，液氢储罐内的温度与环境温度温差很大，对储罐容器的绝热要求高，对液化罐的材质和结构都有苛刻的要求。

除航天、军工等特殊场合外，只有美国、德国等少数跨国汽车公司在燃料电池汽车样车上采用了低温液态储氢技术。

储氢材料 在适当的温度和氢压下，能够可逆地吸收和释放大量氢气的材料。常见的储氢材料包括金属氢化物、配位氢化物、液态有机氢化物，化学氢化物以及物理吸附储氢材料。储氢材料储氢具有储氢密度高、安全可靠等优点。

金属氢化物 在一定温度和氢压下，具有可逆吸收、释放氢的能力的金属、合金或金属间化合物。氢是以原子形式存储在储氢金属材料的晶格点阵内，吸放氢受到热效应和反应速度的限制。储氢金属材料的吸放氢反应用式（3）表示。

$$\frac{2}{y-x}MH_x + H_2 \rightleftharpoons \frac{2}{y-x}MH_y \tag{3}$$

式中M代表储氢金属材料，x和y分别为α固溶体和β氢化物中的氢含量。储氢金属材料首先与氢气反应生成α固溶体MH_x，之后再与氢气进一步反应生成β氢化物MH_y。整个反应是可逆反应，吸氢时放热，放氢时吸热。

金属氢化物储氢是储氢材料领域研究最为成熟、应用最广泛的储氢方法。已研究开发的金属氢化物储氢材料主要包括稀土系、钛系、锆系、钙系、钒系和镁系等系列。稀土系和钛系金属氢化物储氢材料已在固定式储氢装置和便携式小型储氢器中得到应用。除极少数单质金属外，大多数实用的金属氢化物储氢材料都是合金或金属间化合物，一般由A和B两种元素以不同的比例构成A_xB_y。其中A指容易与氢气形成稳定化合物的放热型金属，如La、Ce、Ti、Zr、V、Mg等；B指难与氢形成氢化物相，但具有氢化活性的吸热型金属，如Ni、Co、Fe、Mn、Cr、Cu等。金属氢化物储氢材料具有很高的储氢密度，是常温、常压气态氢的1000倍以上，但其储氢质量分数大多偏低。表中列出了几种金属氢化物储氢材料的储氢特性。

几种金属氢化物储氢材料的储氢特性

典型储氢材料	氢化物	储氢质量分数（%）	储氢密度（g/mL）	分解氢压/温度（MPa/K）
$LaNi_5$	$LaNi_5H_6$	1.37	0.089	0.2/298
TiFe	$TiFeH_{1.95}$	1.86	0.096	0.22/353
Mg_2Ni	Mg_2NiH_4	3.60	0.083	0.1/526
V	VH_2	3.81	0.156	0.15/298
Mg	MgH_2	7.60	0.101	0.1/560

配位氢化物 由碱金属或碱土金属M（如Li、Na、Mg、Ca等）和第三、四主族元素M′（如B、Al、N等）与氢构成的金属铝氢化物、金属硼氢化物、金属氮氢化物等，其通式可表示为$M(M'H_4)_n$。配位氢化物储氢材料的最大特点是理论储氢质量分数高，如$NaAlH_4$的含氢量为7.41%，$LiBH_4$的含氢量为18.5%。配位氢化物的放氢动力学和热力学性能比较差，通常需要120～500℃的高温才能有效吸放氢气。通过掺杂催化剂可以改善配位氢化物的动力学和热力学性质，它的性能还达不到实际应用的要求，但仍被认为是很有潜力的储氢材料。

液态有机氢化物 利用不饱和有机液体（如苯、甲苯、乙基咔唑等）与氢的可逆反应（即催化加氢和脱氢反应）实现对氢的储存和释放。有机液体储氢具有储氢量大、能量密度高、安全性好、储存和运输方便等特点，但是存在吸放氢工艺复杂、循环利用率低、吸放氢能耗高等问题。研究开发低温、高效、长寿命的脱氢催化剂是有机液体储氢实用化的关键技术之一。

化学氢化物 以氨气和硼氢化钠等为代表的特殊储氢材料，其定义为“制氢材料”更为恰当。其中，氨气重整后可释放出氢气和氮气，氢含量高达17.6%，氮气则直接排放，但氨气重整放氢过程中容易带有少量NH_3杂质，需要去除，否则会使燃料电池中的催化剂中毒。利用硼氢化钠水解、释放氢气是研究较为成熟的一种制氢方式，其水解反应见式（4）

$$NaBH_4 + 2H_2O \xrightarrow{\text{催化剂}} 4H_2 + NaBO_2 \tag{4}$$
$$(\Delta H = -300kJ/mol)$$

硼氢化钠水溶液的稳定性可以由溶液温度和pH值来调节。当加入特定的催化剂时，硼氢化钠可迅速发生水解反应，释放出大量氢气。硼氢化钠水解制氢系统已在燃料电池汽车上得到试用。不过硼氢化钠的生产成本较高，其水解产物$NaBO_2$很难加氢转化为$NaBH_4$，水解产物易毒化催化剂，从而限制了它的大规模应用。

物理吸附储氢材料 通过范德瓦耳斯力将氢分子吸附到储氢介质表面。范德瓦耳斯力（van der Waals force）指由相邻中性原子或分子相互感应而产生的瞬时间的极性所造成的粒子间的一种弱作用力，因荷兰物理学家J.范德瓦耳斯（Johannes van der Waals，1837—1923）在气体和液体的状态方程的突出贡献而命名。物理吸附储氢材料的储氢性能取决于其比表面积，通常比表面积越大，储氢量越大。物理吸附储氢的研究主要集中在包括活性炭、碳纳米管等碳基材料和金属有机框架物（MOFs）上。金属有机框架物是一种由金属离子和有机配体连接而成的具有非常高比表面积的材料。此种材料一般在液氮温度以下才能吸附较多的氢气，而在常温下的氢吸附量通常不超过1%。

发展方向 为突破储氢技术发展的制约因素，提出了将储氢材料与高压气态储氢相结合的金属氢化物高压复合储氢方式，以及将低温液氢与高压气态储氢相结合的低温高压液氢复合储氢方式。

（1）金属氢化物高压复合储氢方式由日本学者首先提出，最初的设计仅是将平台压较高的金属储氢合金放入高压氢气瓶中，没有考虑金属氢化物的充放氢速度与热交换等要求。后来研发的金属氢化物高压复合储氢系统中已经增设了换热部件，并正在针对性地研制高储氢密度、高吸放氢平台的储氢材料。由于高压气态储氢方式的储氢质量分数高但储氢密度低，金属氢化物的储氢密度高但储氢质量分数低，因此该系统储氢方式实现了既有较高的储氢密度又有较高的储氢质量分数的目的。

（2）高压液氢储氢容器尚处在试验阶段。传统的低温液氢装置会缓慢吸收环境中的热量，使部分液氢气化，一旦达到容器的耐压极限，就需要排放一定量的氢气，对容器及时泄压。液氢容器吸热气化达到容器极限压力前的时间称为休眠期。一个储氢量为 5kg 的液氢储罐，即使通过良好的隔热措施将容器与外界的换热速率控制在 1W，其休眠期也仅 3～5 天。为了克服液态储氢方式的不足，显著提高液氢容器的休眠期，国外开发了低温高压液氢储罐。此种储罐的内胆采用外层及真空夹层的设计与车载轻质高压储氢容器相类似的设计方法。用高压液氢储氢容器来储氢，一方面容器的休眠期可得到显著提高，如 20MPa 工作压力的低温高压液氢储罐的休眠期超过 15 天。另一方面，高压还可以提高液氢的储存密度，如压力为 24MPa 时，液氢标准沸点下的密度可达 86.5kg/m^3。

参考书目

丁福臣，等．制氢储氢技术．北京：化学工业出版社，2006.

chuandong xitong

传动系统 （drive train） 风电机组中将风轮的旋转力矩传递给发电机发电的动力传输装置的组合。它汇集了风电机组中的主要旋转机械部件，分为齿轮箱传动型结构、直驱型（无齿轮箱）传动结构和半直驱型传动结构。传动系统中安装机械制动装置，借助摩擦力使旋转中的传动轴减速直至静止（见制动系统）。

齿轮箱传动型结构 风轮主轴通过主轴承和轴承座与主机架固定，主轴前端连接风轮，另一端与齿轮箱输入轴连接，齿轮箱输出轴通过联轴器与发电机转子连接，其结构如图 1 所示。此类传动结构中除齿轮箱外，主要连接部件有风轮主轴、主轴承、联轴器。

（1）风轮主轴。风的转轴，也简称为主轴。前端通过螺栓与轮毂刚性连接，后端与齿轮箱低速轴通过胀紧套连接，或直接与发电机内转子或外转子连接。其作用是将推力、弯矩通过主轴承及轴承座传递给主机架，将风轮的扭矩传递给齿轮箱或发电机。

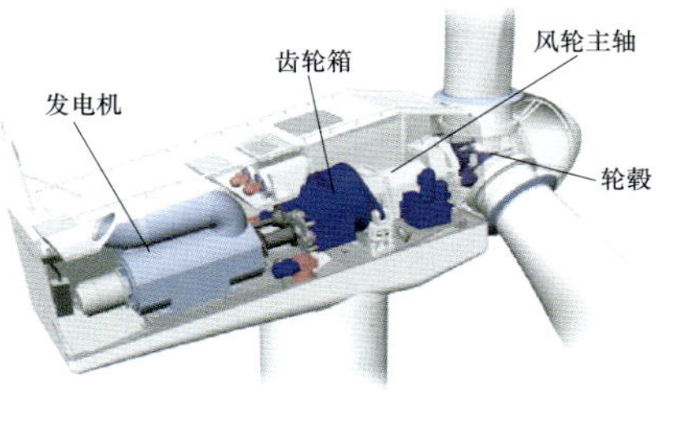

图 1 齿轮箱传动型结构

主轴前端截面直径较大，后端截面直径较小，外形为变截面圆柱体结构，中心有通孔，作为控制机构通道或电缆、液压管道的传输通道。主轴材料通常选用 42CrMnTi 及 40CrNi2MoA 等。

（2）主轴承。支撑主轴的轴承，通常采用调心滚子轴承，外圈与机座连接，内圈与主轴连接。其作用是支撑风轮及主轴，承受风轮产生的弯矩和推力并通过轴承座传递给主机架。轴承外圈上通常有环形槽，其上有几个径向孔，用作润滑通道。轴承套圈及滚子主要用铬钢制造并经淬火处理，具备足够的强度、硬度和良好的韧性和耐磨性。

（3）联轴器。用于风电机组传动轴之间的连接和动力传输。联轴器有刚性联轴器和柔性联轴器两种。刚性联轴器用在对中性好的两轴连接，主要用于主轴与齿轮箱低速轴的连接处，有收缩套（胀紧套）式联轴器、柱销式联轴器等。柔性联轴器对被连接的两轴中心偏移有一定的补偿作用，并且具有减小振动的作用，主要用于发电机与齿轮箱高速轴的连接处，有膜片式联轴器、连杆式联轴器等。

齿轮箱传动型结构中根据主轴与齿轮箱的支撑点及相对位置，又分为单点支撑、两点支撑、三点支撑和内置主轴四种类型。

单点支撑 风轮与齿轮箱通过主轴连接，通过它们之间的主轴承外圈与主机架固定作为支撑点。这种结构主轴较短，可缩短机组的轴向尺寸。

两点支撑 在风电机组主轴前后各有一个轴承，轴承外圈与主机架连接形成两个支撑点，主轴前端连接风轮，后端连接齿轮箱。这种结构优点是传递给齿轮箱的异常载荷较小，缺点是传动系统轴向尺寸较长。

三点支撑 在风电机组主轴前端有一个轴承支撑点，齿轮箱箱体上有两个支撑点。主轴与齿轮箱一般采用刚性连接。这种结构的优点是可以缩短机组的轴向尺寸，齿轮箱两个支点可以加装减震器，减小齿轮箱振动和降低噪声水平；缺点是齿轮箱需要平衡风轮重力，输入轴受力复杂，须加大承载能力。

内置主轴 主轴、主轴承和齿轮箱集成在一起，主轴内置于齿轮箱，风轮载荷通过轴承传递到齿轮箱体，再传到机舱底座上。这种结构的优点是结构紧凑，缺点是齿轮箱尺寸和重量较大。

直驱型传动结构 如图 2 所示，传动系统中没有齿轮箱，风轮主轴直接与发电机外转子或内转子的法兰盘相连接，或与发电机内转子的输入轴相连接，风轮旋转不通过齿轮箱增速，直接驱动发电机发电。直驱型传动结构简单，风轮及机舱整体质心相对于塔架偏心较小，缺点是发电机尺寸较大。

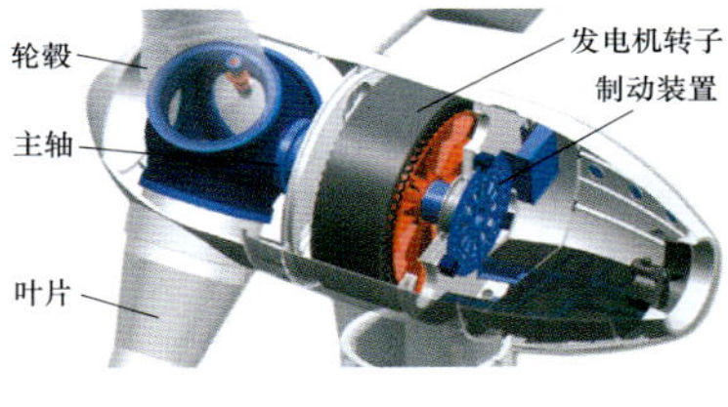

图 2 直驱型传动结构

半直驱型传动结构 如图 3 所示，传动系统中设计了增速齿轮副，风轮主轴直接与齿轮副输入轴的法兰盘连接，经过增速后，齿轮副输出轴再连接到发电机的内转子发电。这种传动结构有齿轮箱的增速功能，但增速比一般较低。与直驱型相比，发电机尺寸可以稍小一些。

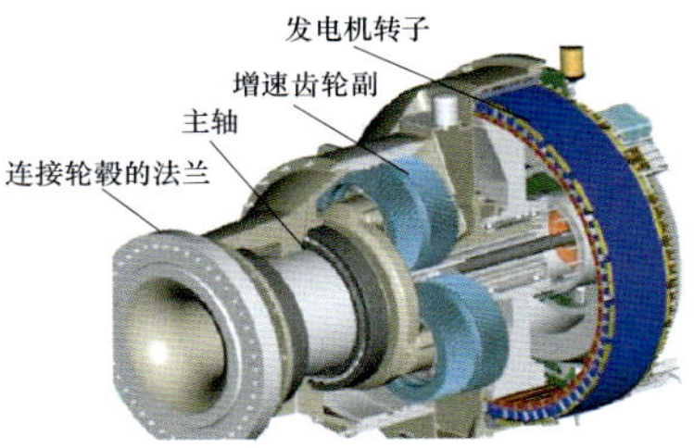

图 3 半直驱型传动结构

danku danxiang chaoxi dianzhan

单库单向潮汐电站 (one-way tidal power station with single basin)

筑一水库只能在涨潮或落潮时单向发电的潮汐电站。在涨潮时发电称为单向涨潮发电，在落潮时发电称为单向落潮发电。这种电站建在海湾出口或河口处，建造堤坝、发电厂房和水闸，将海湾与外海分隔，形成水库，是利用潮汐坝法的一种发电方式。

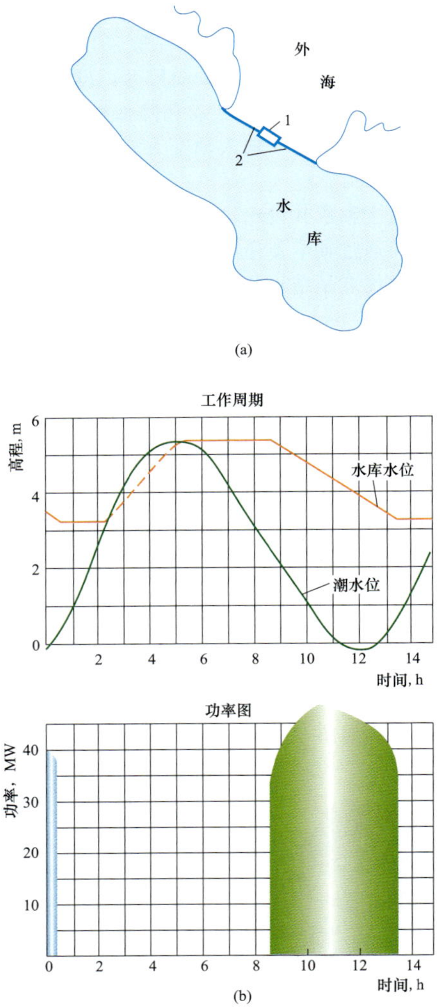

单库单向潮汐电站枢纽布置和工作周期

(a) 枢纽布置；(b) 工作周期

1—潮汐电站；2—拦海坝及水闸

单库单向潮汐电站枢纽布置及工作周期见图。单库单向潮汐电站设备结构简单，但只能在涨潮或落潮时发电，不能连续运行。每昼夜发电2次，平均日发电9～11h。

单向涨潮发电 潮汐来潮时使海水驱动水轮机发电。潮汐来潮时，水闸和水轮机通道关闭，至堤坝靠近海水侧水位上升至产生足够水头时，水轮机打开，发电机开始工作。该发电方式下潮汐能的利用率较低，单向涨潮发电获得的电能只是单向落潮发电的2/3。单向涨潮发电时，水库总在低水位工作，因此在岸坡平缓或有滩地的情况下，水库的水面积较小，水头下降快；而水库在高水位时，水库的水面积较大，水头下降慢。受水库潜在生态环境及通航能力下降等问题影响，单向涨潮发电并不常用。韩国始华湖潮汐电站利用涨潮单向发电，最大潮差9.16m，设计额定水头5.82m。

单向落潮发电 开通水闸海水填充水库，再将水闸关闭，水轮机保持关闭状态。在落潮海平面下降到足以在潮汐坝处形成足够的水头时水轮机发电，直到库水位再次降低时止，见图（b）。

单向落潮发电方式的库水位变化较小，库水位一般维持在较高水位。这对库内有码头或者海湾深度较小、水位不能太低的情况是有利的。建在河口的潮汐电站，如河口上游有抽水站，同时又不可能或不希望过多开挖，也需要保持一定的水位，可采用单向落潮发电方式。与单库双向发电工作方式相比，单库单向潮汐电站的水轮机工作水头较高，水头变化相对较小。单库单向潮汐电站的厂房与机组也较单库双向电站简单，因而投资较低；但其潮汐能利用率小于单库双向潮汐电站。

主要技术指标 潮汐电站的装机容量和发电量，一般用经验公式计算。单向潮汐电站装机容量和年发电量计算式分别为

$$P=200h^2A$$

$$E=0.40\times10^6h^2A$$

式中 P 为装机容量，kW；E 为年发电量，kW·h；h 为平均潮差，m；A 为水库面积，km^2。

danku shuangxiang chaoxi dianzhan

单库双向潮汐电站 (two-way tidal power station with single basin)

筑一水库，涨潮、落潮时均可发电的潮汐电站。它是利用潮汐坝法的一种发电方式。单库双向潮汐电站的潮汐能利用率较高。为进一步加大过水量，可以在开放水闸的同时抽水蓄水。这样，虽然增加了运行工况的复杂性，提高了对机组的要求，但可以使水库多蓄水和多放空，从而增加水库的利用率，提高潮汐电站的效益。单库双向潮汐发电方式应用最为广泛，中国江厦潮汐电站、法国朗斯潮汐电站均为单库双向潮汐电站。

枢纽布置 由堤坝、发电厂房和水闸组成，见图。图中（a）是枢纽布置简图，潮汐电站、拦海坝及水闸将海湾分成两部分，坝内海域称为水库，坝外称为外海。

单库双向潮汐电站所安装发电机组为双向水轮发电机组，双向水轮发电机组的水轮机既可顺转也可逆转，并配有可正反转的发电机，涨潮时反向发电、落潮时正向发电。

工作周期 图（b）所示为单库双向潮汐电站的工作周期，实线Ⅰ表示水库水位变化过程，实线Ⅱ表示外海潮水位变化过程，柱形表示电站出力变化过程。在涨潮开始后，外海潮水位与库水位接近相等时（图中 A 点）关闭水闸。随着潮水位上升，形成外高内低的落差，当水头超过水轮机允许最低工作水头时（图中 B 点），水轮机组投入运行，开始发电，此时水流由外海流向水库，使库水位上升。由于潮水

位上升较快，故工作水头也不断增加，直至高潮时刻。高潮后，潮水位下降，而库水位上升，很快水头落至水轮机允许最低的工作水头，水轮机停止发电（图中 C 点），此时，开启水闸，水流继续从外海进入水库，使库水位继续上升。至某一时刻，外海潮水位与库水位接近相等，关闭水闸（图中 D 点）。此后潮水位继续下落，当水头超过水轮机允许最低工作水头时（图中 E 点），水轮机又开始工作，不过这时水位是内高外低，水流由水库流向外海，库水位下降。在落潮后不久，因水头低于水轮机最低工作水头，水轮机停止工作，水闸打开，继续放空水库，很快潮水位与库水位接近，水闸关闭。此为一个工作周期。水轮机在涨、落潮间不断重复工作。

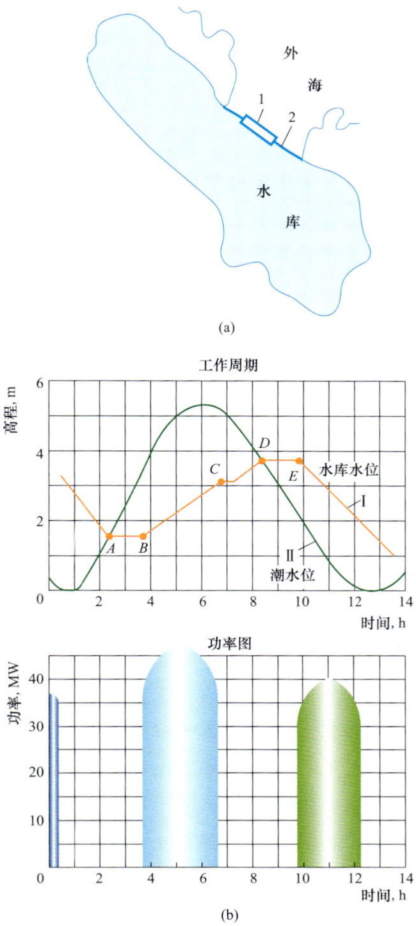

单库双向潮汐电站枢纽布置及工作周期

（a）枢纽布置；（b）工作周期

1—潮汐电站；2—拦海坝及水闸

主要技术指标　潮汐电站装机容量和年发电量，一般可用经验公式计算。对于正规半日潮，双向潮汐电站装机容量和年发电量计算式分别为

$$P=200h^2A$$

$$E=0.55\times10^6h^2A$$

式中 P 为装机容量，kW；E 为年发电量，kW·h；h 为平均潮差，m；A 为水库面积，km^2。

主要特点　包括：①最适应天然潮汐过程，调节程度最小。电站厂房位于将外海与水库隔开的坝轴线上，也是挡水坝的一部分。②每个潮汐周期发电两次，平均日发电 14～16h，发电时间和发电量均比单库单向式（见单库单向潮汐电站）多，潮汐能的利用率最高。③发电过程间断、发电量不均匀。④由于要兼顾正反双向发电，发电平均效率比单库单向式低，而且机组结构较复杂。

Dezhidao Haiyang Wenchaneng Shiyan Dianzhan

德之岛海洋温差能试验电站　（Ocean Thermal Energy Conversion Experimental Plant in Tokunoshima Island）　1982 年日本建于鹿儿岛县德之岛的 50kW 温差试验电站。该电站是为验证卡林那（Kalina）循环应用于海洋温差发电而设计的。

电站采用闭式卡林那（Kalina）循环，使用氨水混合物作为工作介质。系统由蒸发器、透平、发电机、再热器、冷凝器、工质泵、温海水泵和冷海水泵等组成（见闭式循环海洋热能转换系统）。系统采用柴油发电机组废热模拟海洋温差能电站热源，温度为 40.5℃。系统设计输出功率为 50kW，试验电站运行中净输出功率达 32kW。

德之岛海洋温差能试验电站运行到 1994 年 8 月为止，该类型电站同样可以用于回收余热资源。

dibiao taiyang fushe

地表太阳辐射　（surface solar radiation）　经过大气层到达地球表面的太阳辐射。大气对太阳辐射有一定的吸收、散射和反射作用。当太阳辐射穿过大气层时，大气中的水汽、氧、臭氧、二氧化碳及固体杂质等能选择吸收一定波长的辐射能，使太阳辐射减弱。太阳辐射通过大气，遇到空气中的分子、气溶胶颗粒、云滴等质点时都要发生散射，使太阳辐射以质点为中心向四面八方传播。经过散射，一部分太阳辐射就到不了地面。大气中云层和较大颗粒的尘埃能将太阳辐射中一部分能量反射到宇宙空间去，其中云的反射作用最为显著，平均反射率为 50%～55%。

按照传输路径的不同，地表太阳辐射可分为散射辐射和直接辐射两部分。从水平面上方 2π 立体角范围内接收到的太阳直接辐射和散射辐射之和称为总辐射。

直接辐射　从日面及其周围一小立体角内发出的太阳辐射，见图 1。直接辐射由太阳直接发出而没有被大气散射改变投射方向、以平行光线的形式直接投射到地球表面，分为法向直接辐射和水平面直接辐射。法向直接辐射是与太阳光线垂直的平面上接收到的直接辐射，其辐照度可以通过带跟踪设备的直接辐射表测量被称为法向直接辐射辐照度，是指在单位时间内与太阳光线垂直的平面在单位面积上接收到的辐射能。水平面直接辐射是水平面上接收到的直接辐射，其辐照度是在法向直接辐射辐照度实测值的基础上，经过计算得到的。两者之间的关系如图 1 所示，计算式为

$$DHI=DNI\cdot\sin h \text{ 或 } DHI=DNI\cdot\cos\theta_z \quad (1)$$

式中 DHI 为水平面直接辐射辐照度；DNI 为法向直接辐射辐照度，是确定太阳能热发电系统设计点的重要参数；h 是太阳高度角；θ_z 是太阳天顶角。

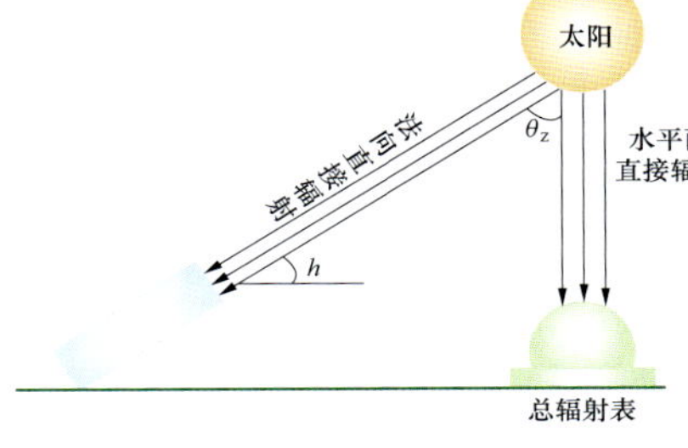

图 1　法向直接辐射、水平面直接辐射示意图

太阳高度角指太阳光线与地平面间的夹角。它随地理纬度、太阳赤纬和一天中的时间而变化，可以精确地计

算出来。太阳高度角与太阳天顶角互为余角（见图 2）。太阳高度角 h 常用计算公式为

$$\cos h=\sin\lambda\sin\delta+\cos\lambda\cos\delta\cos\tau \tag{2}$$

式中 λ 为地理纬度；δ 为太阳赤纬，即太阳相对于赤道平面的仰角；τ 为太阳时角，即单位时间地球自转的角度。

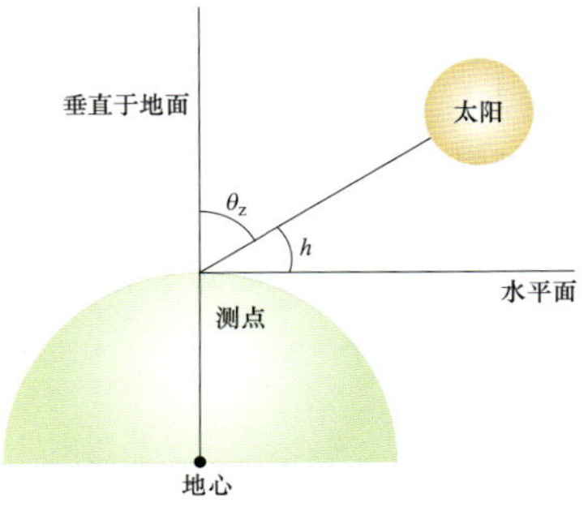

图 2　太阳高度角与太阳天顶角的关系

直接辐射的强弱与太阳高度角、海拔、纬度、大气透明度状况和云量等许多因素有关，其中最主要的是太阳高度角和大气透明度。太阳高度角越小，太阳辐射穿过的大气层就越厚，等量的太阳辐射分布的面积也越大，因而地球表面单位面积上所获得的太阳直接辐射就越小。大气透明度反映的是大气中所含水汽和气溶胶颗粒物的量。大气透明度越差，太阳辐射受到的削弱越强，到达地表的直接辐射也就越少。

直接辐射有显著的年变化、日变化和随纬度变化的特点。这种变化主要由太阳高度角决定。在一天当中，日出、日没时太阳高度角最小，直接辐射最弱；中午太阳高度角最大，直接辐射最强。通常情况下，在一年当中，直接辐射在夏季最强，冬季最弱。在低纬度地区地球表面得到的直接辐射，较中、高纬度地区大得多。

法向直接辐射辐照度主要用于计算太阳能热发电的发电量；水平面直接辐射辐照度用于计算总辐射中直接辐射和散射辐射所占比例，进而与天气气候条件联系起来，分析太阳能光伏发电的资源条件。

散射辐射　被空气中的分子、云和空气中的各种微粒分散成经不同方向投射到地球表面的太阳辐射。散射辐射经过大气散射后自天空不同方向投射到地球表面。散射辐射辐照度可以通过带跟踪遮光环（或遮光片）的总辐射表测量，如图 3 所示。

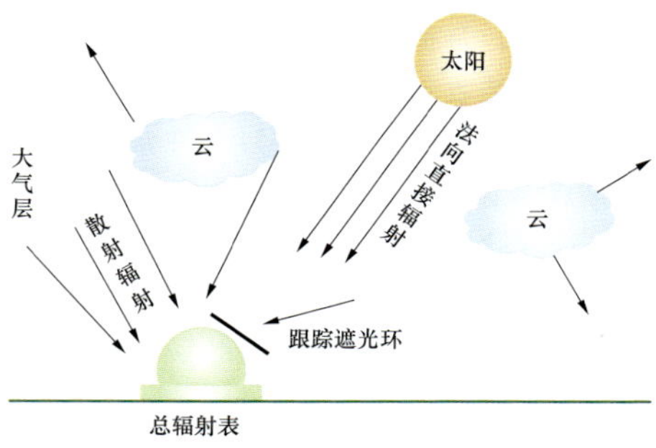

图 3　散射辐射示意图

散射辐射的强弱与太阳高度角、大气透明度及云量有关。太阳高度角增大时，散射辐射增强；反之则减弱。大气透明度降低或云量增加时，参与散射作用的质点增多，散射辐射增强；反之则减弱。在三种因素的共同作用下，散射辐射的年变化和日变化比较复杂，要视不同地区的天气气候条件而定。

散射辐射对于太阳能光伏发电具有重要意义。由于大气层的存在，在每天的日出日落之间，散射辐射理论上始终不为零（由此，总辐射亦不为零），这确保了即使在有云层覆盖或空气质量较差的情况下，光伏电站仍然可以发电，只是发电量会有不同程度的减少。

总辐射　总辐射可以通过水平放置的总辐射表进行测量。总辐射的变化取决于直接辐射和散射辐射的综合作用。一般来说，一年之中夏季总辐射最大而冬季最小，一日之中中午总辐射最大而早晚最小。就地域分布而言，一般低纬度地区总辐射较大，而高纬度地区较小，受地形和季风气候影响也有例外。

总辐射反映一个地点太阳能资源的总体水平，总辐射年总辐照量是太阳能资源等级划分的基本依据。将总辐射表按照一定角度倾斜放置，可以测量斜面总辐射，用于计算按照同样角度安装的固定式光伏发电装置的发电量。

dire fadian

地热发电　(geothermal power generation)　将地热能转换为电能的利用方式。地热发电利用系数为 0.72，地热发电利用系数指地热发电系统年度在运时间比率。从热力学原理来看，地热资源的温度愈高，发电效率就愈高，经济性就愈好。地热发电的投资成本包括电站设备、地热井建设成本和地热流体输送成本。地热资源分布不均，造成钻井风险大、地热发电的初投资较高。地热发电不受天气、昼夜、季节的影响，能够连续稳定输出高品质的电能。随着能源短缺、气候变暖、环境日益恶化及地热发电技术进步，地热发电的优势将进一步彰显。

分类　分为地热干蒸汽发电、地热湿蒸汽发电、地热双工质发电、地热全流发电和干热岩发电。世界上大功率地热发电主要是前两种。采用地热干蒸汽发电，系统简单，经济性高，高温地热干蒸汽分布在少数地热田，如美国盖瑟尔斯、意大利拉德瑞罗、日本松川等。全球性高温地热带主要产出地热湿蒸汽。地热湿蒸汽发电也是世界地热发电的主流。地热双工质发电的装机容量近年来增长较快。地热全流发电尚未进入成熟的商业应用。除此之外，干热岩发电尚未完全商业化，截至 2013 年底，只有美国、英国、法国、德国、瑞士、瑞典、日本和澳大利亚一些少数国家建有干热岩试验电站。

世界地热电站　1904 年意大利在拉德瑞罗（Larderello）地热田利用干蒸汽地热发电试验成功。1913 年，装机容量 250kW 拉德瑞罗地热电站正式运行，开创了地热发电的历史。1958 年，新西兰建成了世界首座利用湿蒸汽发电的怀拉基地热电站。1960 年，美国建成装机容量 12.5MW 盖瑟尔斯地热电站。此后，又有一些国家相继投资开发地热资源，各种类型的地热电站也不断出现，但总的看发展速度不快。20 世纪 70 年代初，第一次世界石油危机促使一些国家重视新能源开发，在地热资源丰富的国家，地热电站的装机容量有了较大的增长。全球 1960 年前建成投运的地热电站总装机容量为 386MW，1970 年总装机容量为 720MW，1980 年为 2110MW，1990 年为 5834MW，2000 年为 7972MW，2012 年为 11189.7MW。据 2013 年国际地热协会统计，截至 2012 年底，全球有 24 个国家建有地热电站，其中地热发电装机容量位居世界前十位的国家如表所示。

2012 年世界地热发电装机容量

排名	国　家	装机容量（MW）	占世界地热发电总装机容量的比例（%）
1	美　国	3129.4	27.97
2	菲律宾	1904.2	17.02
3	印度尼西亚	1197.2	10.70
4	墨西哥	983	8.84
5	意大利	882.5	7.89
6	新西兰	761.6	6.81
7	冰　岛	674.6	5.37
8	日　本	535.2	4.78
9	肯尼亚	204.5	1.83
10	萨尔瓦多	204.4	1.83

中国地热电站　中国地热发电的研究工作始于 20 世纪 70 年代初。1970 年 12 月，在广东省丰顺县邓屋建造了中国第一台采用闪蒸地热发电系统的试验机组，利用 91℃的地热水发电，功率为 86kW，汽轮机进汽压力 0.028MPa，进汽温度 68℃，进汽量 3000kg/h，排汽压力 5.1kPa，这使中国成为世界上第 7 个开展地热发电的国家。1971 年，江西省宜春县温汤建造了中国第一个采用地热双工质发电的试验系统（工质为氯乙烷），利用 67℃地热水发电，功率 50kW。此后，河北省怀来县后郝窖、湖南省宁乡县灰汤、辽宁省盖县熊岳、山东省招远县汤东泉、广西壮族自治区象州市热水村相继建造了一批地热发电试验机组，利用地热水的水温在 79～98℃，发电功率 100～300kW。这些小型地热发电试验机组多数在 70 年代中后期停运或者拆除，仅湖南灰汤的 300kW 机组运行至 2008 年初老化退役，广东丰顺邓屋的 3 号机组（闪蒸地热发电系统，91℃，300kW）至 2013 年底还在运行。

西藏羊八井地热电站是中国自己建造的第一座商业性地热电站。1976 年，0.3MW 地热发电试验机组发电成功，1977 年，第一台 1MW 机组投入运行，1991～2008 年，羊八井地热电站总装机容量为 24.18MW。据 2010 年世界地热大会统计，截至 2009 年底，中国地热发电总装机容量为 24.18MW，居世界第 18 位。

dire fadian huanjing yingxiang

地热发电环境影响　(environmental impact of geothermal power generation)　地热电站建设过程中和建成后可能对自然环境和社会环境造成的影响。地热发电环境影响主要有空气污染、化学污染、热污染、噪声污染和地面沉降。通过地热回灌可以消除空气污染、化学污染、热污染和地面沉降问题。

空气污染　高温地热流体中通常含有二氧化碳、硫化氢等非凝结气体，随意排放会造成空气污染。硫化氢能麻痹人的嗅觉神经，严重者能致死；对电厂设备的铜基材料有严重腐蚀作用。少量的硫化氢排放通过吸收塔用化学试剂吸收处置，大量的硫化氢用地热回灌的方式防止逸散。

化学污染　高温地热水中常含较高的氟、溴、硼、砷、汞等组分，废水随意排放会使有害元素污染当地的地表水、地下水和土壤。正确的处置应该进行回灌，或者除去超标组分后再排放。

热污染　人类活动造成排放至自然水体的水温不正常上升，影响水中生态环境的行为。地热电站排放的热水温度通常在 80℃或更高，这既是资源的浪费，随意排放还造成热污染。正确的处置应该进行回灌，或者扩大热水的综合利用，可给房屋供暖、建农业温室种植和养殖，以及医疗和洗浴等。

噪声污染　噪声发生在高温高压地热井的井口和汽水分离（闪蒸扩容）器的排水口，以及汽轮机房。消除噪声的办法是井口和汽水分离器的排水口设置消音器。电站操作工人要戴防噪耳机或耳塞。

地面沉降　高温高压地热流体的长期开采造成热储层的质量亏空和压力降低，影响到不坚固地层随压力下降而体积缩小，导致地面下沉。新西兰怀拉基地热电站的热储层是千余米深度的浮石角砾岩，虽胶结成岩强度较大，但在发电生产二十余年后还是产生了 7.6m 的最大地面沉降量。为防止地面沉降的影响，地热电站的厂房建在生产井区 2km 以外，对热田坚持进行精确的水准网监测，并对废热水实施地热回灌。

dire fangfu

地热防腐　(geothermal anti-corrosion)　防止地热流体中的化学组分对地热发电系统金属设备和管线等产生腐蚀的技术措施。地热流体，尤其是高温地热水与周围岩石长期处在地下高温高压的地球化学环境中，两者发生化学反应。地热水含有氯根（Cl^-）、硫酸根（SO_4^{2-}）、游离二氧化碳（CO_2）、硫化氢（H_2S）等组分，对金属管线、设备和器件具有一定的腐蚀性。

腐蚀主要是化学腐蚀和电化学腐蚀。高温地热水含有阴离子氯化物、硫酸根等金属腐蚀性离子，且水中硫化氢和总溶解固体含量较高，当这些物质在暴露于空气的氧化环境中接触金属时，会产生远高于普通冷水和低温地热水的化学腐蚀作用。由于地热水电导率高，是良好电解质溶液，因此不同金属同时接触热水时会产生电化学反应，发生电化学腐蚀。地热流体产生的腐蚀有片蚀、点蚀、缝隙腐蚀、应力腐蚀和氢脆等，主要是碳钢材料氧化生成铁锈，在湿热、接触空气的部位腐蚀严重。

腐蚀研究常用挂片试验，将不同材质的试片浸泡在热水中，定期称重，并用电子显微镜观察金相变化，最后可得到不同材料的腐蚀率，最终选定耐蚀金属。地热流体储存在地下时处于还原环境，没有氧气介入，因此地热井管的下部基本不腐蚀。避免地热流体的输送管线不严密而漏入氧气，就能大大减小腐蚀率。安置潜水泵抽地热水的地热井，静止水位到抽水动水位之间的井管段最易腐蚀，可以设置密封井口盖，在水位以上空间充入氮气，并可随动水位的下降自动增注氮气，隔绝空气，这样的简单装置就能保护井管基本不发生腐蚀。

地热发电工程的地热防腐方法包括：①选用耐腐蚀金属不锈钢或钛，也可用非金属材料玻璃钢；②在金属表面或管线内壁涂环氧树脂等防腐涂料；③保持系统密封性，隔绝外界空气的混入；④在热水中添加化学缓蚀剂。

dire fanggou

地热防垢　(geothermal anti-scaling)　防止地热水中溶解的二氧化硅或碳酸钙沉积结垢堵塞井管、管道和设备的技术措施。通常高温地热流体中含有较高浓度的偏硅酸或重碳酸钙成分。随着地热流体被开采时温度的降低，偏硅酸会分解成二氧化硅，从热水中析出，成为硅垢。碳酸钙在水中的溶解度虽然随温度的降低而增高，但它随压力的降低而从热水中析出，并主要沉积在高温井的井口附近和汽水分离器中，成为钙垢。硅垢和钙垢生成速度快，有可能几个月就将管线堵死。另外，还会生成一些生长较慢的垢——硫酸钙垢及由铁细菌或硫细菌形成的硬垢。结垢造成管线不畅，送流量减小，严重者让结垢将井管和设备堵死，不能发电。1981 年投运的中国台湾 3MW 清水地热电站，因结垢严重，于 1995 年停运；1993 年投运的中国西藏自治区 1MW 那曲地热电站，也因结垢严重，于 1999 年停运。

地热防垢实际是针对不同地热水质的合理防垢、除垢过程。技术措施主要有机械除垢和化学防垢。此外，也有在地热水输送管线外加设强磁铁，对地热水磁化处理，减少结垢并使垢较疏松，便于清除的措施。

机械除垢　最省力成本最低的是及时机械除垢。中国西藏羊八井地热田主要是碳酸钙垢，湿蒸汽从井口送往汽水分离器的途中，因压力降低碳酸钙垢易沉积在井口管段内壁，机械除垢是用细钢丝绳在井口管内预吊着几米长一段比地热井直径稍小的钢管，平时沉入数十米井下，除垢时在井口段上下拉动，可把在井管壁上结的垢刮下来，然后打开三通水平放喷阀，让混有垢渣的汽水混合物都从三通喷出井外，待垢渣喷尽了，再关闭放喷阀，仍将两相流导入汽水分离器供电厂发电。此处，也有用泵或管线延伸地热井口流体排出段，并保持高压，在阀门之后设三通，交替开关出口阀门，以清除不同出口阀门处的碳酸钙垢的做法。

化学防垢　添加化学物质，降低热水的 pH 值，使热水呈弱酸性可阻止硅垢产生，也能使 Ca^{2+}、Mg^{2+} 等成分变成软泥状渣而不成垢。添加的化学物质需通过实验确定，且添加工艺总成本较高。

dire ganzhengqi fadian

地热干蒸汽发电　(geothermal power generation using dry steam)　直接利用地热干蒸汽驱动汽轮机做功，进而驱动发电机的能量转换方式，是地热发电的方式之一。这种地热发电方式主要用于高温蒸汽热田。从生产井取出的高温蒸汽，首先经过净化分离器，脱除井下带来的各种杂质，清洁后的蒸汽推动汽轮机做功。

分类　包括背压式发电和凝汽式发电两种。

背压式发电　从地热电站生产井出来的干蒸汽压力超过 0.1MPa，且没有冷却水资源时采用的发电方式，见图 (a)。它的特点是投资费用较低。因为汽轮机的排汽直接回灌或排放，大气压力以下还有部分焓降未能充分利用，所以这种发电方式存在较大的浪费，如果地热蒸汽中不凝气体的含量多到不能在真空条件下经济运行时，必须采用这种方式。截至 2012 年底，这种发电方式在世界地热发电机组的数量中仅占 1%左右。

凝汽式发电　从地热电站生产井出来的干蒸汽压力低于 0.1MPa 时，采用的发电方式，见图 (b)。在此种方式中，汽轮机的排汽进入凝汽器冷凝为水后回灌或排放。这种方式的特点是汽轮机排汽在真空下进行，充分利用蒸汽焓降，可提高电站出力 40%。

发展状况　世界地热干蒸汽资源很少，只有意大利、美国、日本和印度尼西亚等国家发现这类资源。1913 年，意大利拉德瑞罗地热电站的第一台机组采用背压式地热干蒸汽发电方式。1966 年，日本第一座地热干蒸汽凝汽式电站松川地热电站开始运行干蒸汽温度 260℃，当年装机容量 24MW。1967 年，日本又建成大岳地热电站，利用 260℃干蒸汽发电，当年装机容量 13MW。据 2010 年世界地热大会统计，截至 2009 年底，地热干蒸汽发电装机容量位居世界前五位的国家分别是美国 (1585MW)、意大利 (755MW)、印度尼西亚 (460MW)、新西兰 (55MW) 和日本 (24MW)，地热干蒸汽电站装机容量为 2878MW，占地热发电总装机容量的 27%。

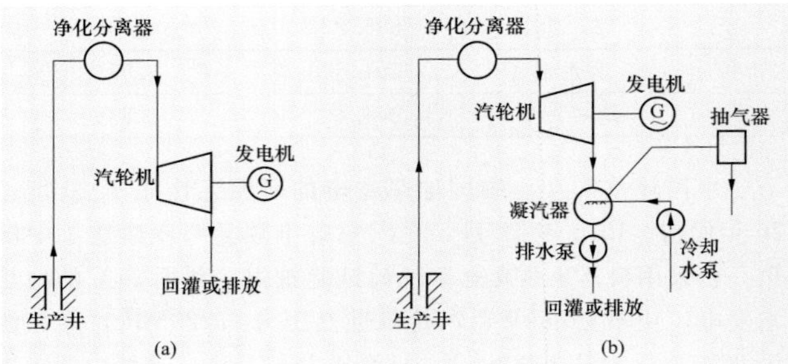

地热干蒸汽发电流程图
(a) 背压式；(b) 凝汽式

dire huiguan

地热回灌　(geothermal reinjection)　为保持生产热储（见热储层）的压力，防止地面沉降和避免废热水污染环境而采取的将废热流体回灌到热储的操作。它是保障地热田可持续开发的最有效措施。

地热资源的人工开采强度远大于其天然补给强度，尤其是高温高压地热资源的长期开采必然造成热储内地热流体的亏空和压力下降，其后果是导致地热生产井的产能降低及地热田开采区的地面沉降，而且废热水的随意排放还会造成地表水和地下水的污染。地热回灌的流体包括：①湿蒸汽在水汽分离后的热水（包括盐卤水）；②经过热交换利用后温度已降低了的废热水；③其他的补充水源。由于热储地热地质条件的巨大差异，地热回灌要先进行回灌试验，然后逐渐扩大规模，形成生产性回灌。

回灌井的深度一般大于生产井，避免回灌的低温水短路窜入生产井。回灌井与生产井混杂布置或边缘两头布置，井间距离有数百米至数千米不等，需通过试验决定取舍。从回灌试验开始就要全程监测回灌和开采的温度及流量变化，做示踪试验探索研究回灌机理，建立数值模型拟合回灌进程，预测发展变化，指导和调整地热田的生产管理。

美国盖瑟尔斯 (Geysers) 地热田有世界最大的地热电站（见盖瑟尔斯地热电站），为了增加地热蒸汽产量多发电，又为了处理城镇废水，于 1995～1997 年建成了总耗资 4900 万美元、提供地热田回灌的世界最大的地热回灌项目——东南盖瑟尔斯输水管线项目，输水主管线长 46.7km，管线直径 50.8cm，将年平均温度约 15℃的清湖、低湖和中镇三地的废水，经水处理厂的处理，加上清湖的湖水，总流量 2.95 万 m^3/d，提升 673.8m 高度，送至盖瑟尔斯地热田东南部，分配到 11 眼回灌井加压回灌，回灌区周围是优尼科 (Unocal) 石油公司、卡尔派 (Calpine) 公司和北加州电力公司 (NCPA) 三家地热蒸汽生产商的地热生产井群，回灌井距生产井的最近距离约1km，回灌水注入1500～3000m深部热储层，由此增产的300℃地热蒸汽提供给NCPA及太平洋天然气与电力公司（PG&E）两家地热电力生产商，这样增加了70MW装机容量，年增产发电量近6亿kW·h。2003年底另一条输水管线建成，将圣路萨城处理过的废水也送往该地热田回灌输水主管线长54.7km，最大提升高度994m，总流量4.14万m^3/d，为盖瑟尔斯地热电站增加了85MW发电出力。两条管线及其他回灌的总回灌流体质量达85%的生产量，保持了热田蒸汽的可持续生产，减少了非凝结性气体，提高了发电效率。两条回灌管线还使盖瑟尔斯地热电站总增产了155MW发电装机容量。

新西兰布罗德兰兹（Broadlands）地热田湿蒸汽中含大量硫化氢，若逸出或排放，则对环境产生不利影响，那里的回灌试验持续了十余年，直到解决了将硫化氢随废热水全部回灌地下时，莫凯（Mokai）地热电站才开始发电。

direjing

地热井 （geothermal well） 钻探地热资源，并从热储层汲取地热流体，向地热电站传输蒸汽或热水的设施，在地热电站中，又称作生产井。

地热井具备的功能包括：①采取自喷或安装潜水泵的方式，保障热储层中的地热流体顺利产出；②如果地热流体有结垢问题，井口安装除垢装置（开阀生产，闭阀除垢）；③当需要测井检查或井下采样时，可以下入测井或采样探头；④高温井口要安装防喷器，当电站检修或事故停产时，或地热井井下故障时，能够闭井。

地热井需要有专门功能的井口装置，还要设置合理的井身结构。

井口装置 高温干蒸汽地热井的井口只需要管线、阀门和旁通阀。高温湿蒸汽地热井的井口装置（见图）较复杂，主要包括主阀门、膨胀补偿器、安全盘、浮球阀、水控制孔板、集水罐等。其主要功能包括：①主阀门（截流阀）在地热井成井时已经装好，是井口最重要的设备。如果损坏需要检修，只有采用注入冷水降温防喷的方法，待压力表指零时才能进行。②膨胀补偿器是为井管热胀冷缩时补偿硬性连接之用。③安全盘是两片法兰中间夹一层薄金属板，当井口工作压力超过额定值时，安全盘破坏，水经截止阀和消声器放掉，同时安全阀开启，汽相地热流体经安全阀放空。④浮球阀的作用是保证水不能进入蒸汽主管。⑤水控制孔板是用来控制蒸汽不致进入消声器。如果蒸汽通过孔板，由于汽的比容比水大很多倍，通过孔板的质量流量就减少很多倍，但地热井的流量基本恒定，集水罐中的液位必然上升，液体的重力压力又使液体以正常情况经水控制孔板和截止阀进入消声器。

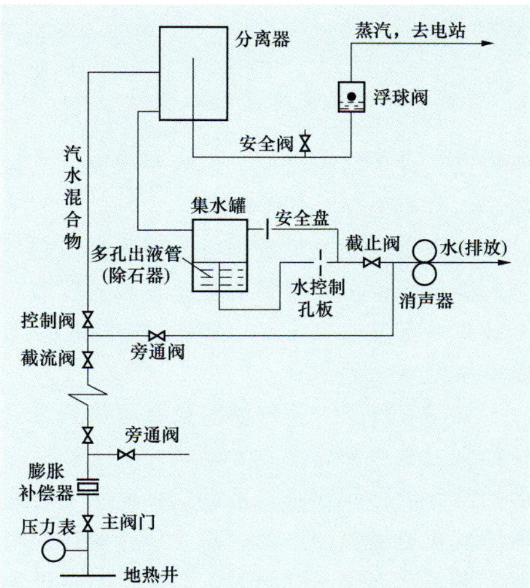

高温湿蒸汽地热井井口装置示意图

检修井口装置时，可关闭控制阀，打开旁通阀进行检修。

井身结构 有三组或四组优质无缝钢套管，每组套管外用水泥浆充填环形空间“固井”，封闭盖层地层中的低温地下水和空隙。地热井井身结构是保障顺利完成钻井，又能顺利产出地热流体的特定结构。井口至浅部是生产套管；往下是技术套管，一套或两套，穿透盖层，抵达热储层。套管的口径为339.7mm、244.5mm、177.8mm。设置合理的井身结构，钻井才能顺利钻达目标热储层，地热流体才可能从井中产出。钻井要点包括：①利用钻井机钻透盖层、钻入热储，下入井套管，并将井壁与套管之间的环状空间注入水泥浆实施固井封隔，使热储中的地热流体涌入井套管，方可实施放喷或用泵抽开采；②井位的选定需要地热地质专家掌握尽可能详细的地热地质资料，依据地球物理勘查成果选准井位，提高钻井的成功率，降低投资风险；③在热储层井段当地质条件复杂时要下入滤管。

低温地热井的热水水位常在地面以下，要在井口安装潜水泵，下入生产套管内，将热水抽出地表加以利用。

回灌井的井口装置是连接有阀门控制的输水管，其经除砂器后伸入回灌井的生产套管内。加压回灌井需将输水管与井口间密封。

dire liuti

地热流体 （geothermal fluid） 地热水、地热蒸汽及其中挟带的二氧化碳和硫化氢等非凝结性气体的总称。地热能依靠地热流体承载热能以供利用。能用于发电的地热流体是蒸汽和热水，非凝结性气体作副产品利用或回灌地下。

地热蒸汽和地热水所携带的热能用热焓衡量，总热焓（h）等于液体的热焓（h_f）加上汽液混合物的热焓（h_{fg}）与蒸汽干度（x）的乘积，即$h=h_f+xh_{fg}$。干度为高温地热两相流体中蒸汽占水汽总量的百分比。蒸汽和热水所携带热能的品位用熵衡量，干度越高，该热流体携带的热能品位就越高，即熵越高。意大利拉德瑞罗地热田干蒸汽（干度100%）温度270℃，其热焓高达2790kJ/kg，熵为10.3kJ/（kg·℃）。中国西藏羊八井地热电站地热田ZK4001高产井工作温度200℃，湿蒸汽的汽、水两相总流量302t/h，其中蒸汽流量37t/h，即干度12%，总热焓为1090kJ/kg，熵为5.5kJ/（kg·℃）。

高温高压的蒸汽是驱动汽轮机发电的直接动力。地热干蒸汽在地下高压环境中是过热、过饱和的，至井口压力降低时就变为100%的蒸汽。湿蒸汽通过汽水分离器分离出来的蒸汽（干饱和蒸汽）驱动汽轮机发电，分离出来的热水有五种用途：①经闪蒸方式产生低压蒸汽发电（见闪蒸地热发电系统）；②用于加热有机工质驱动汽轮机发电（见地热双工质发电）；③直接利用热水供暖；④热水中所溶解的矿物质成分碘、溴、铯、锂、铷、锗等浓度达到一定品位时，可提取有用组分；⑤将热水回灌到地下的热储层。

二氧化碳和硫化氢等非凝结性气体是地热流体中所含的杂质，不能用于发电，还影响汽轮机的正常运行，需要在地热发电工艺流程中驱除，或进行地热回灌，以防污染环境。

direneng

地热能 (geothermal energy) 地球内部所包含的热能。又称为地热。它是地球内部的热量传导到地表面，包括地壳板块碰撞以及放射性元素衰变所释放的能量。地球表层受太阳辐射的影响，温度随昼夜、四季气温的变化而交替发生明显的变化，这部分热能的来源称为外热。外热在地热能的总量中微乎其微。从地表向内到一定深度，外热的影响消失，温度终年不变，即达到所谓“常温层”。从常温层再向下，地温受地球内部热量的影响而逐渐升高，这种来自地球内部的热能称为内热。地球不受大气温度影响的地层温度随深度增加的增长率称为地热增温率，或称地温梯度，通常用常温层以下每深入地下 100m 或 1km 地温增高值表示。

岩石中长寿命放射性元素 U^{238}、U^{235}、Th^{232} 和 K^{40} 蜕变产生的热量是地球内热的主要来源。地球内热通过大地热流方式从地表逸散到大气层的热量约为每年 1.09×10^{21}J。

地球是一个巨大的椭球体，构造很像鸡蛋，主要分为三层：外表相当于蛋壳的一个薄层称为地壳，它是由岩石构成的地球外壳，厚度 10～70km 不等；地壳下面相当蛋白的那一部分称为地幔，总厚度约 2900km；地球内部相当于蛋黄的那一部分称为地核，半径约 3450km。地表至 15km 深处，地热增温率平均为 2.5℃/100m。地热增温率超过正常值的地区称为地热异常区，又称地热区，即地表放热量或大地热流值显著高于大陆地壳热流平均值的地区。大地热流是指单位时间内热量由地壳和地幔深部垂直向上通过单位面积地球表面向大气层散发的热量，单位为 mW/m^2，也称大地热流密度，简称热流。全球大陆地壳的平均大地热流值为 $63mW/m^2\pm6mW/m^2$。在地热田和地热异常区的大地热流值可高于平均值 10 倍。实际工作中，地热异常区通常指具有某种地表热显示或一定深度内赋存有开发利用前景的热储分布区。根据地球物理方法推算，地壳底部温度为 900～1000℃，至 100km 深处的地幔上部，温度可达 1300℃左右。至于地幔下部和地核的温度，根据地球物理学有关资料推断，在 2000～5000℃之间。因此，地球是一个巨大的热库，内部蕴藏着几乎是取之不尽的热量。地球内部的总热能量约为地球上全部煤炭释放出来热量的 1.7 亿倍。截至 2013 年底，超深井的钻井深度也不超过 1.2 万 m，还不及地壳平均厚度的 1/3，而一般钻井深度都在 3000m 左右，因而现在人们利用的地热能仅仅是“沧海一粟”，潜力还很大。

direneng liyong fangshi

地热能利用方式 (utilization of the geothermal energy) 开发利用地热能的技术。地热能与矿物燃料的区别在于不用燃烧。开发潜力较大的地热田一般出现在偏远的山区，它的可输送性比较低。输送高温热水的极限距离约 100km，天然蒸汽的输送距离大约只有 2km，故一般是使地热能就地转变成电能，即地热发电。其次是直接向生产工艺流程供热，如蒸煮纸浆、蒸发海水制盐、海水淡化、各类原材料和产品烘干、食品和食糖精制、石油精炼、生产重水、制冷和空调等。第三是向生活设施供热，如地热采暖以及地热温室栽培等。第四是农业用热，如水产养殖、土壤加温以及利用某些热水的肥效等。第五是提取某些地热流体或热卤水中的矿物原料。最后是医疗保健，这是人类最古老也是一直沿用到现在的医疗方法。地热浴对治疗风湿病和皮肤病有特效。

地热能的利用可分为地热发电和直接利用两大类，而对于不同温度的地热流体可能利用的范围如下：①200～400℃，直接发电及综合利用；②150～200℃，地热双工质发电，制冷，工业干燥，工业热加工；③100～150℃，双循环发电，供暖，制冷，工业干燥，脱水加工，回收盐类，罐头食品；④50～100℃，供暖，温室，家庭用热水，理疗；⑤20～50℃，洗浴、水产养殖、饲养牲畜、土壤加温、脱水加工。

许多国家为了提高地热能利用率，采用梯级开发和综合利用的办法，如热电联产联供，热、电、冷三联产，先供暖后养殖等。

direneng liyonglü

地热能利用率 (geothermal energy utilization rate) 有效利用地热资源量占可开采地热资源量的比率。被开采出来的地热能（即从井口得到的热量）只有一部分被利用，将被利用的部分称为有效利用资源量。地热能利用率表示为

$$H=\frac{Q_z}{Q_{wh}}$$

式中 H 为地热能利用率；Q_z 为有效利用资源量，kJ；Q_{wh} 为可采地热资源量（从井口得到的资源量），kJ。

地热能利用率与利用目的及技术水平有关。

dire quanliu fadian

地热全流发电 (geothermal power generation using total flow cycle) 将来自生产井的地热流体全部进入膨胀机做功的发电方式，是地热发电的一种方式。当生产井出来的地热流体压力大于大气压时，才能采用这种发电方式。图 1 为这种发电方式的流程图。生产井井底的饱和水流至井口时降压变为湿蒸汽，直接进入膨胀机做功，膨胀机的排汽进入混合式凝汽器后回灌或排放。

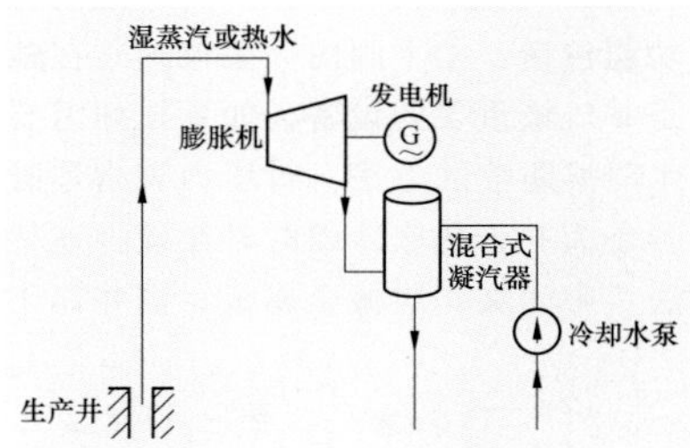

图 1 地热全流发电流程图

地热全流发电的特点：设备结构简单，占地面积少，工程施工量少，维修简单，自用电少，易于保养。

地热全流发电关键设备是膨胀机，它不仅要完成两相流体的能量转换，而且要避免地热水的腐蚀和结垢，及具有较高效率（不低于 70%），否则全流发电的优点，将被膨胀机效率太低所抵消。

如图 2 所示，螺杆膨胀机是可供选择的膨胀机之一。螺杆膨胀机是一种容积式发动机，其工作原理是通过螺杆槽道中热流体的体积膨胀，推动螺杆向相反方向旋转，实现将热能转换成机械能的做功过程。地热流体由喷嘴调节阀进入高压汽室 A，当转子旋转时，高压汽室逐渐加长，体积不断增大，地热流体就依次通过由一对啮合转子所构成的通道不断

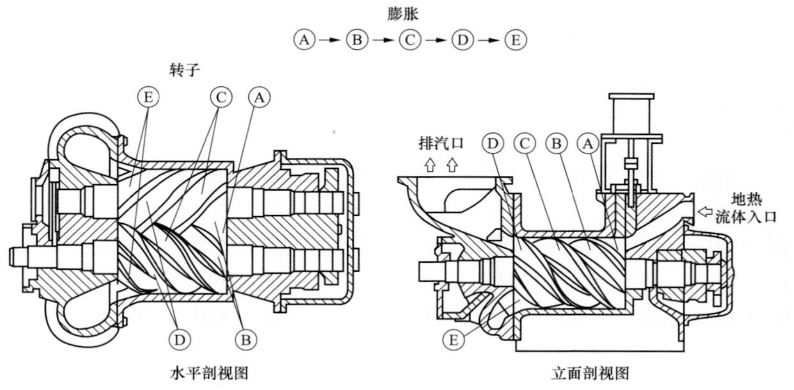

图 2　螺杆膨胀机

膨胀，由B一直到E，并由E排出。流体在这对转子间的有效体积膨胀产生了有用功。这种装置结构简单，易于操作，可作为移动机组，两个转子之间，以及转子与壳体之间进行相对运动还兼有自清洗作用。但它的膨胀比小、单机功率不大，地热流体泄漏较严重。

地热全流发电尚未进入成熟的商业应用阶段。2009～2010年，中国西藏羊八井地热电站安装了两台1MW螺杆膨胀机，进行地热全流发电。

dire shizhengqi fadian

地热湿蒸汽发电　(geothermal power generation using wet steam)　利用地热水或湿蒸汽经闪蒸器或汽水分离器分离出的饱和蒸汽，驱动汽轮机做功，进而驱动发电机的能量转换方式。其发电系统也称为闪蒸地热发电系统。

地热湿蒸汽发电的特点是系统比较简单，运行和维护较方便，金属消耗量少，造价低。其缺点是：低压蒸汽比体积大，蒸汽管道、汽轮机的尺寸相应也大；设备直接受水质影响，易结垢、腐蚀；当蒸汽中夹带的非凝结性气体较多时，需要容量大的抽气器维持高真空，因此自身能耗大。

分类　具有单级闪蒸和多级闪蒸两种发电方式。

单级闪蒸　来自生产井的热水首先进入闪蒸器［见图1(a)］，闪蒸器内维持着比地热水饱和压力还要低的压力，使得地热水降压闪蒸并将产生的低压蒸汽送往汽轮机膨胀做功，闪蒸后的水排入回灌井。如果生产井口是湿蒸汽［见图1(b)］，则先进入汽水分离器，分离出的蒸汽送往汽轮机做功，分离后的水排入回灌井。

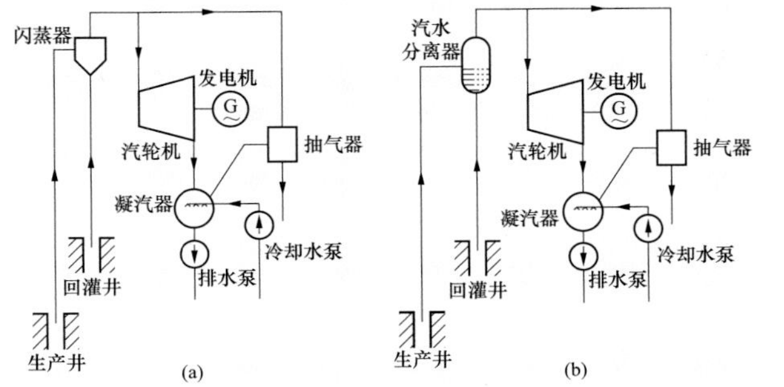

图 1　单级闪蒸地热湿蒸汽发电流程图

(a) 地热水；(b) 湿蒸汽

多级闪蒸　当井口地热流体为热水时［见图2(a)］，热水先进入第一级闪蒸器，产生的蒸汽进入汽轮机高压缸，从第一级闪蒸器底部出来的热水再进入第二级闪蒸器，产生二次闪蒸蒸汽，进入汽轮机中压缸做功。若井口地热流体是湿蒸汽［见图2(b)］，则直接进入汽水分离器，分离后的蒸汽进入汽轮机做功，热水再进入第二级闪蒸器，即用一个汽水分离器代替了第一级闪蒸器。第二级闪蒸器分离出来的热水压力若高于大气压力，则热水可以自行排出；否则要用排水泵抽出。

在设计闪蒸系统时，需确定闪蒸级数和各级最佳闪蒸压力。增加闪蒸器级数，单位质量地热流体输出功也增加，即充分利用湿蒸汽和地热水中的能量，同时，设备投资增加，系统变得复杂。实际采用的闪蒸级数一般不超过三级。

确定各级最佳闪蒸压力的计算步骤见闪蒸地热发电系统。

发展状况　1958年，新西兰在北岛建成了世界首座利用湿蒸汽发电的怀拉基地热电站，湿蒸汽温度260℃，当年装机容量57.8MW。1970年，广东省丰顺县建成邓屋地热试验电站，利用91℃地热水闪蒸系统发电，当年装机容量86kW，是世界最低温度的地热湿蒸汽发电；1978年电站改为地热双工质发电，容量200kW；1982年又改为地热湿蒸汽发电，容量300kW。据2010年世界地热大会统计，截至2009年底，单级闪蒸地热发电装机容量位居世界前五位的国家分别是菲律宾(1330MW)、印度尼西亚(735MW)、冰岛(474MW)、墨西哥(410MW)和日本(349MW)，单级闪蒸地热电站总装机容量为4421MW，占地热发电总装机容量41%。

多级闪蒸地热发电装机容量位居世界前五位的国家分别是美国(795MW)、墨西哥(470MW)、菲律宾(365MW)、日本(160MW)和新西兰(100MW)，多级闪蒸地热电站装机容量为2092MW，占地热发电总装机容量20%。

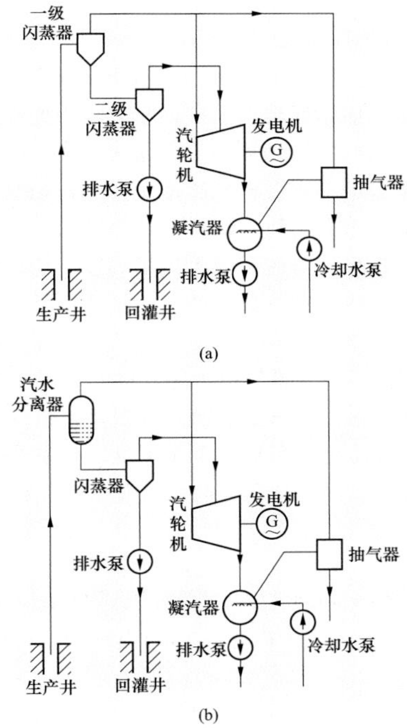

图 2　多级闪蒸地热湿蒸汽发电流程图

(a) 地热水系统；(b) 湿蒸汽系统

dire shuanggongzhi fadian

地热双工质发电 （geothermal power generation using binary cycle） 利用地热水加热某种低沸点工质，产生工质蒸汽，驱动汽轮机做功，进而驱动发电机的能量转换方式。这种地热发电方式又称双循环法或中间介质法。地热双工质发电关键设备是低沸点工质汽轮机。与工质为水蒸气的汽轮机相比，低沸点工质汽轮机不能泄漏。地热双工质发电机组的发展趋势是核心动力设备汽轮机和发电机一体化。

分类 按照循环方式不同，有朗肯循环和卡林那循环两种发电方式。朗肯循环系苏格兰人 W. J. M. 朗肯于 1854 年提出的，是蒸汽动力装置的一种基本热力循环；卡林那循环系 A. 卡林那于 1989 年提出的一种以水与氨的共沸混合液为工质的热力循环。

朗肯循环地热发电 如图 1 所示，以低沸点工质来发电，这种工质具有较好的化学稳定性和热力学特性，还有价廉、来源广、无毒、不易燃烧等特点。在现有的一些地热双工质电站中，采用较多的低沸点工质有异丁烷、正丁烷、R245fa、R134a 等。为了充分利用不同工质的优点，也可以采用混合工质，如沸点不同的硅氧烷。地热水经深井泵进入电站内的蒸发器，加热低沸点工质，使之变为低沸点工质蒸汽，驱动汽轮发电机组做功发电，汽轮机排出的乏汽经凝汽器冷凝成液体，用工质泵再打回蒸发器重新加热形成循环。为充分利用地热水的余热，让从蒸发器排出的地热水经过预热器先预热来自凝汽器的低沸点工质液体，使低沸点工质液体的温度上升至接近蒸发器内的工质饱和温度，再进入蒸发器。

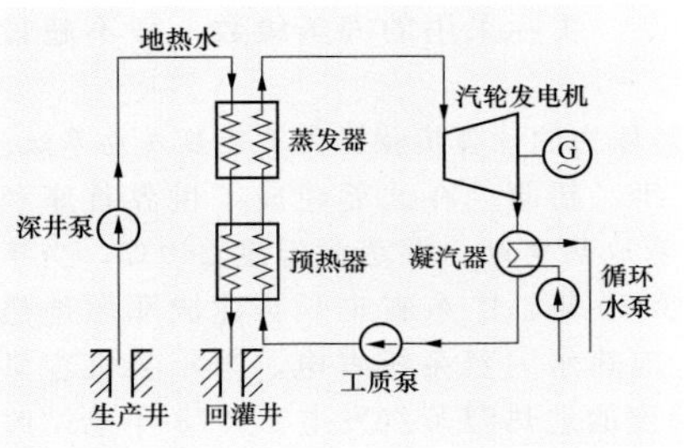

图 1 朗肯循环地热发电流程图

卡林那循环地热发电 如图 2 所示，以氨水溶液作为工质来发电。地下热水用深井泵抽到蒸发器，氨水储罐中的浓氨水溶液用供给泵抽到蒸发器，蒸发器中产生的氨水混合蒸气经过分离器后进入汽轮机，稀氨水溶液经过高温回热器后进入低温回热器吸收从汽轮机排出的氨水混合蒸汽，排出的浓氨水溶液经过排放罐进入吸收器，吸收后的浓氨水进入氨水储罐，浓氨水溶液经供给泵升压后经低温回热器和高温回热器后重新进入蒸发器，形成连续循环发电方式。

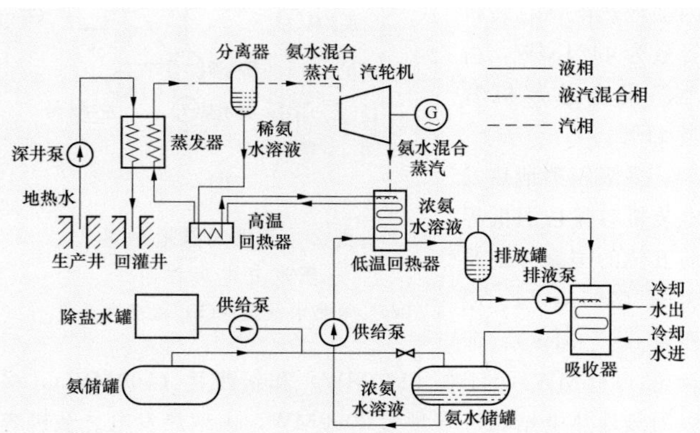

图 2 卡林那循环地热发电流程图

特点 优势：①汽轮机的几何尺寸主要取决于末级叶轮和排汽管的尺寸，低沸点工质的蒸汽比体积比水蒸气小得多，因此双工质发电方式的管道和汽轮机尺寸都十分紧凑；②机组易于安装，现场施工简单；③地下热水与低沸点工质在蒸发器内是间接换热，地热水并不直接参加热力过程，避免出现汽轮机内由于地热水中气、固杂质所导致的腐蚀问题；④可以适应各种不同化学类型的地下热水；⑤能利用温度较低的地热水；⑥实现地热水原水回灌避免地热水对地表的污染。劣势：①低沸点工质价高，有的易燃易爆或有毒性，因而要求发电设备和管道各处的密封性好，技术要求高；②蒸发器、凝汽器和预热器都必须采用表面式换热器，增加了传热温差引起的不可逆热损失；③低沸点工质一般传热性能较差，换热面积要求较大，因而增加了初投资。

发展状况 1971 年，中国江西省宜春县建成温汤地热试验电站，利用 67℃ 地热水、氯乙烷、双工质发电，装机容量 50kW，是世界最低温度地热双工质发电方式，运行数年，提交试验报告后停运。据 2010 年世界地热大会统计，截至 2009 年底，地热双工质发电装机容量位居世界前五位的国家分别是美国（653MW）、菲律宾（209MW）、新西兰（137MW）、危地马拉（52MW）和葡萄牙（29MW），地热双工质发电机组共有 149 台，总装机容量为 1178MW，占地热发电总装机容量的 11%。

diretian

地热田 （geothermal field） 经地质勘查或研究证实，赋存有一定数量和质量并可供经济开发利用的地热资源的地区。在一定范围内，它是具有盖层、热储（见热储层）、地热流体通道和热源的地质体。热源指供给热储中岩石和地热流体的来源，它可以是现代岩浆活动形成的岩浆房，也可以是来自地壳深部的热传导或来自沟通深部热源的现代活动性断裂带的热对流。在一定地质条件下的“地热系统”和具有勘探开发价值的“地热田”都有它的发生、发展和衰亡过程，其热能可供开发并具有社会经济效益。了解地热田的规模和分布可以有效开发利用地热田资源。

根据中国国家标准 GB/T 11615《地热资源地质勘查规范》，地热田的规模分为大型、中型、小型三个级别，见下表。

地热田规模分级

规模分级	高温地热田		中、低温地热田	
	电能（MW）	保证开采年限（年）	热能（MW）	保证开采年限（年）
大型	>50	30	>50	100
中型	10～50	30	10～50	100
小型	<10	30	<10	100

截至 2013 年底，中国已经勘探评价的地热田有 103 处，经详查初步评价的地热田 214 处，西藏羊八井高温地热田属大型地热田。

dire ziyuan

地热资源 (geothermal resources) 能够为人类经济开发和利用的地球内部的地热能、地热流体及其有用组分。人类利用的地热资源都属于水热型地热资源，其分为高温地热资源（≥150℃）、中温地热资源（90～150℃）及低温地热资源（<90℃）。高温地热资源最适宜发电利用，中温地热资源适用于发电和工业利用，低温地热资源通常作为热水直接利用其热量。

地热能的直接补给源，高焓地热流体（干蒸汽、湿蒸汽）的热能主要来源于近代至现代火山活动和地壳浅部尚未完全凝固的岩浆热源；低焓地热流体（热水）的热源一般与火山或岩浆活动无直接关系，其热能多数来源于地壳深部花岗岩壳中所含的长寿命放射性元素（半衰期在7亿～140亿年）铀、钍和钾的蜕变产热积累，这也是构成地壳由深部往地表产生热传导的热动力，主要由此构成的大地热流密度全球平均值为 $63mW/m^2 \pm 6mW/m^2$。

类型 依其在地下的储存形式，分为水热型地热资源、地压型地热资源、干热岩型地热资源和岩浆型地热资源等4种类型，见地热资源类型。

地热资源发电利用 世界上开发利用的地热资源都是水热型地热资源，地热资源最能发挥优势的利用方式是地热发电。虽然低温地热资源也能发电，但国际上认为，140℃以上的地热资源发电才能有较高效率和商业竞争力。2010年世界地热发电在24个国家总装机容量10 715MW，年发电利用67 246GWh，平均利用系数（capacity factor）为0.72。世界能源理事会（WEC）统计了世界各种发电的装机容量和年发电量，算得地热发电的利用系数在所有可再生能源发电利用系数中最高（生物质发电0.52，水力发电0.42，潮汐能发电0.23，风力发电0.21，太阳能光伏发电0.14）。地热能利用的弱势是资源分布受地质条件制约，地热资源勘查历时较长，钻井有风险，增加初投资的成本。

资源分布 地热是存在于地球内部的热，地球是一个巨大的热库，估计地球表面每年通过热传导扩散到空间的热量就有 8.4×10^{20}J，但这种分散的热量很难利用。可利用的地热资源集中在地热异常区，构成地热田。世界高温地热资源的分布区不足全球陆地面积的10%，局限在几个全球性地热带：①环太平洋地热带（火山、地震带），含美国西海岸、墨西哥、中美洲诸国、厄瓜多尔、新西兰、印度尼西亚、菲律宾、中国台湾、日本、俄罗斯堪察加；②地中海-喜马拉雅地热带，含意大利、土耳其、中国西藏至云南西部；③大西洋中脊地热带，含冰岛和亚速尔群岛；④东非大裂谷地热带，含吉布堤、埃塞俄比亚、肯尼亚。它们均位于地壳板块的活动边界；在地壳板块的内部，一般只有中、低温地热资源。

资源储量 地热资源中已经过勘查探明了的那部分资源量。它是指地热田范围内在当前经济技术可行的深度内（一般指3000m），实施了不同程度的勘查工作，在一定程度上查明了的储存于热储岩石及其空隙中地热流体所赋存的地热资源量（可开采量），对应于勘查程度的详细和简略，分为验证储量、探明储量和控制储量，相当于国际上所称的验证储量、可信储量和可能储量。三种不同级别的储量分别是地热田开发设计、初步设计和开发规划的依据。

地热资源量的估算按三级进行：第一级称为“可及资源基数”（accessible resources base），指地表以下5km之内积存的总热量；第二级称为“有用资源”（useful resources），指可及资源基数中有望在四五十年内开采利用者，它包括了深度3000m以内的经济资源和深度超过3000m的亚经济资源；第三级称为“储量”（reserves），是指已经过地热资源勘查的深度在3000m以内的经济型资源，即可开采量。

全球地热资源 Palmerini于1993年给出了全球地热可及资源基数为 140×10^6 EJ/a（$E=10^{18}$）。国际地热协会（IGA）2001年给出世界地热有用资源：①总计能用于地热发电的高温地热资源量，如果只用常规汽轮机技术开发是每年11 200TW·h/a，如果兼用双工质技术发电则可扩大一倍能力，能达到22 400TW·h/a（等于80.6EJ/a），这等于2008年世界电力生产总量20 200TW·h/a的1.11倍；②中低温地热资源可供直接利用的地下热水资源量是1400EJ/a。将上述两项相加的世界地热有用资源总量为1480EJ/a。已勘查地热田的地热储量数据小于此值，有估算为500EJ/a。

中国地热资源储量 世界能源理事会（WEC）估算中国的地热资源潜力占世界有用资源总量的7.9%。国土资源部在2011年4月22日国际地球日的“国土资源系统应对全球气候变化和节能减排工作成果新闻发布会”上介绍：①地下200m深度内是“浅层地热能”，全国287个地级以上城市每年浅层地热能资源储量相当于95亿t标准煤；②200～3000m的常规地热资源（水热型地热资源），全国12个主要盆地地热资源储量折合8530亿t标准煤；③3000m以下深度可以开采的干热岩型地热资源，数量巨大，尚在调查评价中。

dire ziyuan kancha

地热资源勘查 (geothermal resources exploration) 为查明某一地区的地热资源而进行的地质、地球物理、地球化学综合调查以及钻探与试验、取样测试、动态监测等地质工作的总称。按工作阶段由浅入深可分为调查、预可行性勘查、可行性勘查和开采等阶段；按工作内容包括地质调查、地球物理勘查和地球化学研究，目的是查明地热资源的分布范围和储存形式，评价地热资源的储量，为热利用和地热发电提供依据。

地质调查 从地面地质测绘推断工作区地下地质构造是否具备构成地热田的基本条件。调查的对象是热储和盖层。热储指地热流体的储存空间；盖层指上覆的保温覆盖地层。孔隙性砂岩和裂隙岩溶碳酸盐岩可以构成层状热储，它是指以传导热为主，分布面积大并具有有效空隙和渗透性的地层构成的热储。断裂和裂隙系统可以在非渗透性岩石中形成带状热储，它是指以对流传热为主，平面上呈条带状延伸，具有有效空隙和渗透性的断裂带构成的热储。其余不透水地层的覆盖均构成盖层。卫星遥感影像和航空照片的解译能够更清楚、直观地解读区域性断裂带在工作区的通过形态，并通过补充地面验证，可以更完整地认识工作区的地质条件。现代活火山和岩浆活动可以构成高温地热田的热源，非火山成因的地热田主要依靠大地热流加热的地热系统。地热系统是指构成相对独立的热能储存、运移、转换的系统。

地球物理勘查 使用专用仪器设备在地面探测地下电场、磁场、重力场或地震波分布来解译地下地质构造，解释地层分布和断裂展布，解读有可能的储热储水部位（即热储）。探测地下电场的依据是不同岩性地层具有不同的电阻率，含水及温度高的地层的电阻率较低。探测地下磁场，可划分花岗岩等岩体的高磁性与普通沉积地层的低磁性。磁性地层中的低磁异常带可解释为断裂带的高温水热对流形成的退磁。重力测量根据古老、致密的地层和花岗岩等岩体密度大、松散沉积和断裂带密度小的特征，用重力正、负异常的分布可拟合解释地层划分和断裂形态（延伸方向和倾角）。用地面埋设的检波器接收人工撞击或炸药爆破产生的人工地震波在地层界面和断裂带的折射和反射，可以清晰地解释测区不同地层界面的埋藏深度和断裂形态。收集区域内历史上发生过的地震灾害记录，也是对最新地壳运动的鉴证，有时可联系到影响工作区的活动性断裂分布。

电磁法是对传统电法和磁法的结合，可以更有效地解释地下地质构造格局，最新的电磁类方法如可控源音频大地电磁测深（CSAMT）装置能够探测至3000m深度，提供经济钻探深度内对断裂和热异常的较精确解释，是地热资源勘查最常用和有效的方法。还有最简单、常用的地球物理方法是浅孔测温，利用1～2m深的手摇钻孔或数米深的民井或数十至上百米深的机井测定温度剖面，可以圈定平面上的地温（热）异常区分布，也可以推算出各地的地热增温率。

地球化学研究　探求地球各组成部分的化学成分及其变化规律、化学过程及其制约因素，化学演化及其成因与机理的工作。在野外测定温泉、冷泉、地下水井、河湖塘库等各类水点的电导率、pH值、温度等参数，初步判断工作区内的地热地球化学异常的分布，同时主要是采集井水、泉水等水样（包括气体样）或地面水热蚀变岩土样品做化学检测，用其结果来解释推断地下深部的地球化学环境，即可能的温度潜力和渗透性等条件，从地热流体特征组分如偏硅酸、氟、硫化氢、汞、氡等的地球化学泄漏（扩散晕）异常，可以循地质构造条件追根溯源，找到代表热源的地球化学异常中心。

地热勘探钻井　根据地质调查、地球物理、地球化学资料的综合分析，对潜在地热田地热资源勘查的验证，又称钻探。其包括钻井与试验、取样测试、动态监测等内容，目的是为地热电站设计和今后长期可持续运行提供设计依据。钻探是动用钻机具体实施钻井，要求钻透盖层，钻入热储层，获取可用的地热流体供开采利用。钻井完钻后要进行产能试验，即高温地热井的放喷试验和低温地热井的抽水试验，测得地热流体的稳定温度和流量等参数。对于高温流体，包括蒸汽和热水各自的流量和压力，从而可求得其总产量和总热焓，换算得出发电潜力。产能试验结束前采集流体样品，做化学、放射性、同位素成分的检测，用作地热流体的质量评价，供地热发电设计时考虑地热防腐、地热防垢等需要及环境影响。地热井完成钻探后要持续进行压力（水位）、开采流量、温度的动态监测，确定其在不同开采（生产）条件下的衰减。经过控制性的地热钻探和测试、监测后，可以圈定地热田的范围，提交地热田的地热资源评价报告，成为地热电站设计建厂的依据。地热资源评价是指在综合分析地热资源勘查成果的基础上，运用合理方法对地热资源储量、可采量及质量进行计算与评估。

dire ziyuan leixing

地热资源类型　(geothermal resources type)

地热资源依其在地下的储存形式分为水热型地热资源、地压型地热资源、干热岩型地热资源和岩浆型地热资源等4种类型。

水热型地热资源　根据地热流体的产出形式分为干蒸汽、湿蒸汽和热水资源。干蒸汽在地下储藏时是过饱和热水，但从地热生产井喷出的是100%的蒸汽，其温度在240～350℃，可通过管线直接引入汽轮机发电；湿蒸汽在地下储藏时也是过饱和热水，其温度在150～300℃，从地热生产井喷出的是高温水、汽混合物；热水资源是地下热水，不含蒸汽，温度在90℃以上者可用于地热双工质发电。

地压型地热资源　封存于地下沉积地层中的高压热水，并溶有碳氢化合物可燃气体，其从井口产出机械能（压力动能）、热能（蒸汽和热水）及化学能（天然气），美国在墨西哥湾海底发现了地压型地热资源。

干热岩型地热资源　埋藏在地下3～10km以内的高温岩体。其开发利用需要钻一对深井，用人工方法造成其地下的裂隙连通，从而由回灌井灌入冷水（或CO_2气体），从生产井产出湿蒸汽，世界上已有8个国家开展了干热岩开发试验（见干热岩发电）。

岩浆型地热资源　尚未冷凝的熔融状和半熔融状岩浆中的热能。2009年在冰岛克拉芙拉进行了世界首例岩浆钻井，在井口出口获得450℃、热焓约3200kJ/kg的过热蒸汽。

diwai taiyang fushe

地外太阳辐射　(extraterrestrial solar radiation)

地球大气层外即大气上界的太阳辐射。为了说明大气圈的垂直范围而确定的地球大气最大上限高度，就是大气上界。根据天体物理研究成果，星际气体密度约为每立方厘米中一个微观粒子。按人造卫星探测资料推算，地球大气密度在2000～3000km高空达到这一标准，故一般以此作为大气上界。地外太阳辐射辐照度用太阳常数描述。

太阳常数指日地平均距离处，地球大气上界垂直于太阳光线的单位面积在单位时间内所接收的太阳辐射总能量。该数值通常被用来描述地球大气层外的太阳辐射强度。地球是以椭圆形轨道绕太阳运行的，太阳与地球之间的距离（日地距离）随时间变化，而在其平均距离处的太阳辐射强度近似是一个常数，因观测方法和技术的差异，不同机构得到的太阳常数并不完全一致。世界气象组织（World Meteorological Organization，WMO）1981年公布的太阳常数是$1367W/m^2 \pm 7W/m^2$。一年中由于日地距离的变化所引起太阳常数的变化不超过3.4%。

地外太阳辐射的变化是由地球的天文位置决定的。地外太阳辐射能量主要取决于太阳活动、日地距离、太阳高度角（见地表太阳辐射）和昼长。太阳活动剧烈，地外太阳辐射变强。北半球夏至时，日地距离最短，昼最长，日辐射总量最大；冬至时，日地距离最长，昼最短，北半球日辐射总量最小，北极圈内为零，南北差异最大。南半球情况正好相反。春分和秋分时，日辐射总量的分布与纬度的余弦成正比。南、北回归线之间的地区，一年内日辐射总量有两次最大，年变化小。纬度越高地区，日辐射总量变化越大。

diwen

地温　(ground temperature)

地面表层土壤和以下不同深度处土壤温度的统称。地温是气象观测项目之一，是十分有用的气候资源。地面温度是大气与地表结合部的温度状况，地面表层土壤的温度称为地面温度，又称作地表温度。

地面以下土壤中的温度称为地中温度。地中温度是受太阳辐射和来自地壳深部热传导两者平衡的结果。此外，地温的高低对近地面气温和植物的种子发芽及其生长发育，微生物的繁殖及其活动，有很大影响。地温资料也是农业、林业、牧业区域规划的依据。在高原冻土带修建公路、铁路、输电线路等也要研究地温资料。

地温的测量 地温用特制的地温表来测量。地面温度测量是将地温表平放在地面，使表身和感应球部一半埋没于土中，一半裸露于空气中；地中温度测量是将温度表埋入某一深度土壤中，以其球部中间部位距地面深度为准。为了便于读数和准确测量某一深度土壤温度，距地面 20cm 及以内的地中温度采用曲管地温表来测量。曲管地温表感应球部与表身成 135°角连接，安装时，感应球部平埋于地下 5～20cm 深度，从与地面成 45°倾斜角的表身上读取温度。20cm 以下的地中温度用直管地温表悬吊在一定深度的钻孔中测量。气象站一般观测地面以及地面以下 5、10、15、20、40、80、160、320cm 深度的地温，以及地面每天的最高、最低温度。

浅层地温能指在地球表层数百米内的土壤、地层和地下水中所蕴藏的低温热能。其受四季气候的影响较小，温度相对恒定。与深层地热相比，浅层地温能分布广泛，储量巨大，再生迅速，开发利用投资少且价值大，符合循环经济发展需求。

在中国，地表近百米内的土壤每年可采集的低温能量达 15 亿 MW，而百米内地下水每年可采集的低温能量也有 2 亿 kW。就北京市而言，按平原区 6900km² 计算，每年可开采浅层地温能的资源量相当于 0.66 亿 t 标准煤。

地温的开发 主要是采用水源热泵技术和地源热泵技术将水或土壤中的低温热能提取出来加以利用。它们都是利用浅层地表温度与气温之间存在的温差，通过提取和释放地层中的能量，实现冬季供暖和夏季制冷。若地质条件较好，浅层地下水丰富且易回灌时通常采用水源热泵技术；若地质条件不好时，可采用地源热泵技术。

水源热泵技术 通过抽取与地层相同温度的地下水，并通过机组与抽取的地下水进行换热后，夏季将建筑物中的热量转移到水源中，实现制冷；而在冬季，从水源中提取能量，并通过热泵技术把提取出的热量送到建筑物中，实现供暖，根据系统负荷量及需水量的大小、地层的出水能力和回灌能力来设计抽水井和回灌井的数量。实际上，水源水经过热泵机组后，只是交换了热量，水质几乎没有发生变化，经回灌至地层或重新排入地表水体后，不会造成对于原有水源的污染。因此，采用水源热泵技术利用地下水以及地表水源的过程中，不会引起区域性的地下水以及地表水污染。

地源热泵技术 以土壤作为热源和热汇，通过埋于地下的注满循环液的换热器与土壤进行冷热交换，并根据系统负荷量的大小、地层的导热能力来设计换热孔形式、数量和深度。与水源热泵技术不同，地源热泵系统不再需要提取和回灌地下水，它利用少量的电能，通过埋设在土壤中密闭的聚乙烯换热管中的循环液与地层土壤之间进行热量交换，冬季吸热、夏季散热，这就使得水文地质条件较差的地区也能对浅层地温能资源加以利用。

利用地源热泵技术开采浅层地温能的节能效果十分明显，仅供暖就可节约能源 30%～50%，运行费用也较低，没有废渣，不向环境排放废渣、废气，应用前景广阔。截至 2010 年底，北京市浅层地温能利用面积约 2600 万 m²。

dianqi xitong

电气系统 (electrical system) 风电机组中涉及电能生产、输出、分配和使用的设备及电气回路的总称，包括发电系统和自用电系统。

发电系统 把机械能转变为电能并输送给电网，其核心部件包括发电机和变流器。发电机输出电压等级一般为 AC，690V，风电场集电线路电压等级一般为 AC，10kV 或 AC，35kV，发电机输出的电能首先通过机组变压器升压后才能并入风电场输电线路。不同类型的风电机组的发电系统各不相同。基于同步发电机的风电机组，电能由发电机定子输出，经过变流器调频调压再经过变压器升压后并入电网。基于双馈异步发电机的风电机组，输出电能包括两部分，一部分由发电机定子输出接入变压器，另一部分由发电机转子输出经变流器调频调压，最后经变压器升压后并入电网。

自用电系统 包括供电系统和各种用电设备。供电系统包括电源系统和配电系统。供电系统为风电机组自用电系统提供可靠的、符合要求的电能，电源系统用于产生和调节电能，配电系统用来分配和管理电能。用电设备包括照明、通信、控制、加热、冷却用电气设备。

电源系统 包括电网电源系统和备用电源系统。风力发电机组自用电系统使用的电能电压有 690V/400V/230V 三个等级，690V 电压从并网点的汇流排引入，直接供给变流器等用电设备；400V 和 230V 电压通过变压器降压后获得，供给机组的低压配电设备和用电设备。为了确保风电机组在电网断电情况下能够及时安全停机，配备了备用电源。备用电源包括两种，一种是为控制系统及通信系统提供电源的备用不间断电源（uninterrupted power supply，UPS），另一种是为变桨系统提供电源的铅酸蓄电池、锂电池或超级电容。

配电系统 用来分配和管理电能，由低压配电设备及电线电缆连接构成回路。低压配电设备主要集成在开关柜内。开关柜一般与控制柜整合在一起，是连接及控制风电机组各个电气回路的枢纽。开关柜内部由电流汇流排、磁控断路开关、主线路防雷模块、各电气回路控制单元、电流传感器以及过压、过流、过热保护模块等构成。

dieshi juguangqi

碟式聚光器 (dish concentrator) 反射面整体呈碟状的点聚焦聚光装置。碟式聚光器根据太阳的运动轨迹跟踪太阳，接收太阳辐射并将其反射到位于反射面焦点处的热头上。它是碟式太阳能热发电系统的集热器。

工作原理 碟式聚光器的反射面可以是整体球面和抛物面。根据二次曲面反射成像的原理，入射到聚光器反射面上的太阳光，反射汇聚到热头上，产生较高的能流密度。碟式聚光器的工作原理见图 1。

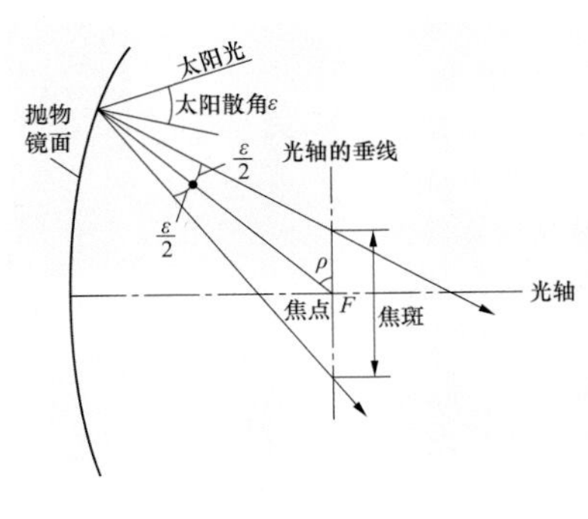

图 1 碟式聚光器工作原理

碟式聚光器在传动机构的推动以及控制系统的控制下，沿太阳高度角和方位角运动跟踪太阳使其反射面焦点和太阳光都位于聚光器的光轴线上，没有光学的余弦损失，具有很高的光学效率。余弦损失是由于太阳光入射方向与聚光器采光口法线方向不平行而引起的接收能量减少。理论上太阳作为点光源入射过来的平行光经过抛物面汇聚后会汇聚到焦点上，但是由于太阳入射光线有散角（图1中ε），而且实际碟式聚光器也不是理想抛物面，因此，太阳光经过抛物面聚焦之后在焦点处形成的平面，即焦平面，又称焦斑。焦斑大小反映了碟式聚光器的精度，直接影响到几何聚光比的大小。焦斑面积越小，碟式聚光器的几何聚光比越高。通常热头放在焦斑处，以保证最高的聚光器效率。

分类 根据结构形式的不同，可以分为整体式和多碟式等。

整体式碟式聚光器 聚光器反射面为一个整体旋转抛物面，旋转抛物面由小型镜面单元拼接而成，见图2。整体碟式聚光器采用小块的平面反射镜或者预成型的抛物面反射镜组成，每个单元反射镜具有同样的焦距，制造工艺复杂，成本较高。

图2 整体式碟式聚光器

多碟式聚光器 聚光器反射面由多个球面或者平面的反射镜组成，见图3。多碟式聚光器采用多个球面反射镜组成，单个反射镜的焦距可以各不相同。为了减小吸热器的热损失，碟式聚光器的焦斑应该做得尽量小，以提高光学聚光比。

图3 多碟式聚光器
（中国科学院电工研究所 提供）

主要参数 理想情况下，利用抛物线绕主轴旋转形成的旋转抛物面可以达到的光学聚光比为11 550。通常碟式聚光器的光学聚光比可以达到600～3000，热头工作温度可以达到800℃以上。

发展状况 美国和德国从20世纪90年代开始开发碟式聚光器。美国的碟式聚光器多采用整体式，如美国斯特林能源系统公司的SES碟式聚光器，峰值光学聚光比达到7500；WGA联合公司的WGA碟式聚光器，峰值光学聚光比达到11 000。美国科学应用国际公司（SAIC）使用的是型号为SAIC的多碟式聚光器，峰值光学聚光比达到2500。德国宇航局开发的Eurodish聚光器采用整体式的结构。Eurodish的反射面先使用高反射率的张膜材料，后来采用了镀银玻璃镜，峰值光学聚光比达到12 730。中国开发了多套多碟式聚光器以及一套张膜式聚光器，峰值光学聚光比达到2500。韩国和澳大利亚开发的整体式碟式聚光器，峰值光学聚光比达到2300。

dieshi taiyangneng refadian xitong

碟式太阳能热发电系统 (solar dish thermal power system)

利用碟式聚光器和热头汇聚并吸收太阳辐射能的发电系统。碟式聚光器将太阳光聚集到处于其焦点处的热头上，热头将太阳辐射能转换为热能，通过热头内的传热工质传递热量至热电转换系统，由热能转换为机械能再驱动发电机发电。碟式太阳能热发电系统可以分为碟式斯特林太阳能热发电系统和碟式布雷顿太阳能热发电系统。

系统组成 由集热系统、跟踪控制系统、发电机组组成。碟式太阳能集热系统包括碟式聚光器、热头及传热工质。热头位于碟式聚光器焦点处，热头内存有存储和传递热量的传热工质。跟踪控制系统包括动力设备和传动设备，根据太阳运行轨迹驱动碟式聚光器自动跟踪太阳，碟式聚光器的焦点随着碟式聚光器一起运动，没有余弦损失（见抛物面槽式聚光器）。发电机组由斯特林机-发电机或布雷顿机-发电机组成。

工作原理 根据发电系统热力循环方式的不同，分为碟式斯特林太阳能热发电系统和碟式布雷顿太阳能热发电系统。

碟式斯特林太阳能热发电系统 热力循环采用斯特林循环的太阳能热发电系统。该系统利用高温高压的氢气或氦气作为传热工质，由斯特林机做功驱动发电机发电。理想的斯特林循环由等温吸热、等容放热、等温放热和等容吸热四个可逆过程组成。

碟式布雷顿太阳能热发电系统 热力循环采用布雷顿循环的太阳能热发电系统。该系统利用高温高压的氢气或氦气作为传热工质，由布雷顿机做功驱动发电机发电。理想的布雷顿循环由绝热压缩、等压加热、绝热膨胀和等压放热四个过程组成，又称等压加热燃气轮机循环，系美国人G. B. 布雷顿（George B. Brayton）于1972年提出的。

碟式太阳能热发电系统聚光效率可以达到约90%。斯特林热力循环效率高，太阳能转化为电能的峰值效率可以达到29.4%。每一套碟式太阳能热发电系统都可以单独发电，所以这种技术既可以用做分布式发电又可以用做集中式发电。

发展状况 20世纪80年代，美国、日本、俄罗斯、欧洲和澳大利亚等先后建立了多套原型太阳能热发电单元系统，单套系统发电容量在2～50kW之间。1993年美国科学应用国际公司（SAIC）和STM电力公司联合研发了额定功率22kW的碟式太阳能热发电系统。20世纪90年代德国

SBP与德国DLR合作研发了Eurodish碟式太阳能热发电系统，额定功率为10kW。1996年美国斯特林能源系统公司（Stirling Energy Systems Inc.，SES）研发了额定功率25kW的SES碟式斯特林太阳能热发电系统。1999年美国WGA联合公司研发的额定功率为10kW的碟式太阳能热发电系统并网发电。中国2006年完成了1kW多碟式太阳能热发电系统，并研制了10kW多碟式聚光器。

dingrijing

定日镜　（heliostat）　使太阳法向直射辐射恒定地朝一个方向汇聚的反射器。它是塔式太阳能热发电系统中收集太阳能的装置，多台定日镜组成定日镜场，反射太阳辐射并将其汇聚到位于支撑塔顶部的吸热器内，加热传热工质。定日镜还可以与固定的反光镜组合使用，定日镜将太阳光反射到固定反光镜上，光线再经固定反光镜反射到一个很小的区域内，产生极高的能流密度。

结构组成　主要由反射镜、支架、基座、传动系统、动力机、控制系统等组成，见图1。

图1　定日镜实物
（中国科学院电工研究所　提供）

反射镜　定日镜的主要组成部分，结构上可以用一整块反射镜或由多块反射镜组合形成。

由于太阳光是具有32′夹角的锥形光，为使反射光能够朝着一个方向汇聚，反射镜需要形成一个空间曲面，该曲面称为反射面。反射面面形可以采用平面、旋转抛物面、微凹曲面、球面、轮胎面或者复杂高次曲面等。反射镜可以是玻璃镀银镜，也可以采用高反射率的金属薄膜或者复合材料薄膜。

支架　主要用来支撑反射镜，通常为焊接或者螺栓连接而成的钢结构。

基座　用来支撑整个定日镜的结构，可以分为单个立柱和圆盘形基座两种形式。要求钢结构支架和基座高强度、高刚度、轻量化，满足电站当地的抗风要求，能够快速生产、运输、安装、调试和现场施工，易于维护，工作寿命应达到至少25年。

传动系统　实现定日镜转动的系统。通常为机械传动，也可以采用液压传动。一套传动系统带动一台定日镜，也有一套传动系统带动多台定日镜的联动方案。

动力机　为传动系统提供动力的设备，可以采用交流电动机、直流电动机、步进电机、伺服电机或液压马达等。

控制系统　控制动力机和传动系统驱动定日镜转动，实现对太阳跟踪的系统。单台定日镜可以采用可编程逻辑控制器（programmable logic controller，PLC）、单片机或者数字信号处理器（digital signal processor，DSP），与动力机、角度传感器、太阳传感器组成闭环控制系统。多台定日镜组成的定日镜场还需要有上位工控机和通信网络组成的分散式控制系统（distributed control systems，DCS）。另外也有通过一台可编程逻辑控制器控制多台定日镜，再通过现场总线和上位机控制多台可编程逻辑控制器的控制方案。

工作原理　为使太阳法向直接辐射恒定地汇聚至吸热器，应实现定日镜跟踪太阳。定日镜跟踪太阳就是定日镜的反射面持续跟踪太阳，将运动中的太阳光线反射到固定的位置。根据当地的经纬度和时间计算太阳位置，再根据定日镜和目标点位置计算以定日镜为顶点的太阳—定日镜—目标点之间连线的夹角，然后通过控制系统给电动机发送指令驱动反射镜，保持反射面的法线方向移动到规定的角平分线上，使反射光随时准确到达目标点。目标点是定日镜使太阳法向直接辐射汇聚方向与吸热器接收表面的焦点或焦面中心点。图2是定日镜跟踪太阳原理示意图。对于平面的反射面，要求其法线始终位于运动的入射太阳光线方向与固定反射方向的角平分线上；对于轴对称曲面的反射面，要求对称轴的方向线始终位于运动的入射太阳光线方向与固定反射方向的角平分线上。

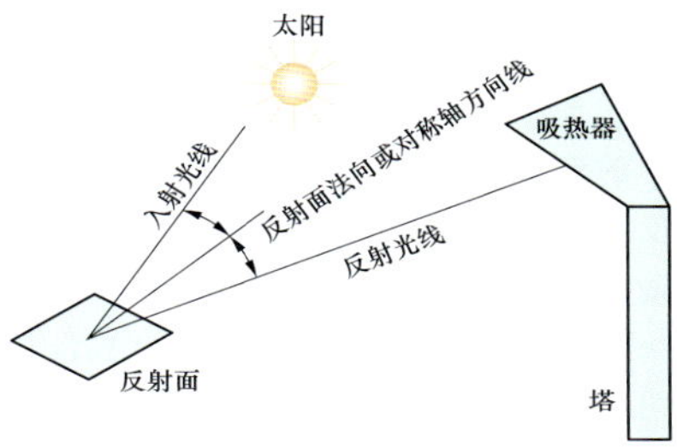

图2　定日镜跟踪太阳原理示意图

跟踪方式　可以分为方位-俯仰跟踪、自旋-俯仰跟踪、极轴式跟踪和俯仰-倾斜式跟踪。方位-俯仰跟踪是通过方位和垂直方向俯仰变化实现对太阳的跟踪，是最为常见的跟踪方式。定日镜具有两个旋转轴，一个转轴垂直于地平面，通过垂直轴的旋转可以使定日镜跟踪太阳自东向西的运行轨迹；另一个旋转轴平行于地平面，旋转时使定日镜跟踪太阳从地平面到天顶的运行轨迹。

分类　依据基座方式的不同可以分为单立柱式和圆盘形基座式定日镜；依据定日镜主要结构材料的不同，可以分为玻璃/钢架结构定日镜、金属张力薄膜定日镜和复合材料定日镜；依据运动方式的不同可以分为独自运动定日镜和联动定日镜。

主要技术指标　包括定日镜反射面积、镜面反射比、定日镜跟踪精度、反射镜面形精度和反射面面形精度、整体结构刚度。提高结构刚度、镜面反射比、跟踪精度、反射镜面形精度和反射面面形精度都有利于将更多的太阳光反射到吸热器采光口。

定日镜反射面积　定日镜的采光口面积。采光口即定日镜可反射太阳光的区域。

镜面反射比　镜面反射的太阳辐射通量与入射的太阳辐

射通量之比。

跟踪精度　反映定日镜汇聚太阳光到靶面所形成光斑的几何中心点与靶面上理论汇聚的目标点的一致程度。其计算方法如下：以定日镜旋转中心点作为顶点，以定日镜汇聚太阳光到靶面所形成光斑的几何中心点、靶面上理论汇聚的目标点为另外两点所形成的张角，用多次测量值的均方根（RMS）表达，单位为 mrad。

反射镜面形精度　反映反射镜实际表面轮廓与理论表面轮廓的一致程度，镜面理论表面轮廓指设计的镜面面形。

反射面面形精度　反映定日镜反射面实际表面轮廓与理论表面轮廓的一致程度，通常由安装误差、支架变形和反射镜面形误差引起。

整体结构刚度　定日镜整体结构在外力作用下，抵抗变形的能力。

发展状况　20 世纪 80 年代美国太阳能Ⅰ号（Solar One）塔式太阳能热发电站的单台定日镜反射面积为 $39m^2$。此后的发展有两种趋势：一种是逐渐增大单台定日镜反射面积以分摊传动和控制成本。20 世纪 90 年代续建的美国太阳能Ⅱ号（Solar Two）示范电站使用了单台反射面积为 $95m^2$ 的定日镜，美国桑迪亚（Sandia）国家实验室还研制了反射面积为 $148m^2$ 的定日镜。西班牙 2006 年建成的 PS10 电站中的定日镜单台反射面积为 $120m^2$。2009 年，中国研制了反射面积为 $100m^2$ 的定日镜。另一种趋势是减小单台定日镜的反射面积以降低钢结构、安装和维护成本。美国 E-solar 公司、太阳能热电公司（Brightsource energy Inc.）公司分别开发了反射面积为 $1.1m^2$ 和 $7m^2$ 的定日镜。澳大利亚联邦科学与工业研究组织（CSIRO）研制的定日镜反射面积为 $4.46m^2$。韩国 2011 年建立的 200kW 电站采用了 450 台单台反射面积为 $4m^2$ 的定日镜。中国 2010 年研制了反射面积为 $3m^2$ 的定日镜，2011 年开发了反射面积为 $2m^2$ 的定日镜。

dingrijingchang

定日镜场　（heliostat field）

由多台定日镜组成，用于聚集太阳辐射的聚光系统。在塔式太阳能热发电站中，定日镜场将太阳光反射并汇聚到位于支撑塔上的吸热器上。

定日镜场主要包括定日镜和定日镜场控制系统。定日镜场控制系统实现全场定日镜的管理，通常由上位机和通信系统组成。上位机通过通信系统监测定日镜的运行状况，根据气候条件和电站运行情况发出指令，由定日镜控制系统实现定日镜跟踪太阳。

定日镜场的设计包括确定定日镜的外形尺寸、定日镜数量、排布方式，吸热器的采光口尺寸和位置。定日镜场设计与吸热器的设计同步进行，以使吸热器尽量多地接收由定日镜场反射并汇聚来的太阳辐射。定日镜场效率和定日镜场土地利用率是定日镜场设计的主要参数。

定日镜场效率是进入吸热器采光口的太阳辐射功率与入射至定日镜场采光面积上总法向直接辐射太阳辐射功率之比，计算式为

$$\eta = \frac{P_r}{P_h} = \frac{\iint_{A_r} I_r \cdot dA_r}{DNI \cdot A_h}$$

式中 η 是定日镜场效率；P_r 是吸热器采光口的太阳辐射功率；P_h 是定日镜场采光口的太阳辐射功率；DNI 是太阳法向直接辐射辐照度（见地表太阳辐射）；A_h 是定日镜场采光口面积，即所有定日镜采光口面积的总和；I_r 是吸热器采光口的能流密度；A_r 是吸热器采光口面积。定日镜场效率与几何聚光比相乘得到光学聚光比，光学聚光比是太阳能热发电工程的基本设计参数之一。

定日镜场土地利用率指定日镜场中所有定日镜采光口面积的总和与定日镜场总占地面积百分比。定日镜排布方式影响定日镜场土地利用率，可以分为单向布置和周向布置。定日镜单向布置是指定日镜场位于吸热器的一面，通常位于吸热器的北面；定日镜周向布置是指定日镜场中的定日镜位于吸热器四周。定日镜在定日镜场中的排列方式可以分为线形排列和环形排列。单向线形排列的定日镜场通常为梯形镜场，单向环形排列的为扇形镜场；周向线形排列的是矩形镜场，周向环形排列的是环形镜场。典型定日镜场分布示意见图，其中梯形、矩形和扇形定日镜场与腔式吸热器（见吸热器）配合、环形定日镜场与外置式吸热器配合组成塔式太阳能热发电站的集热场。

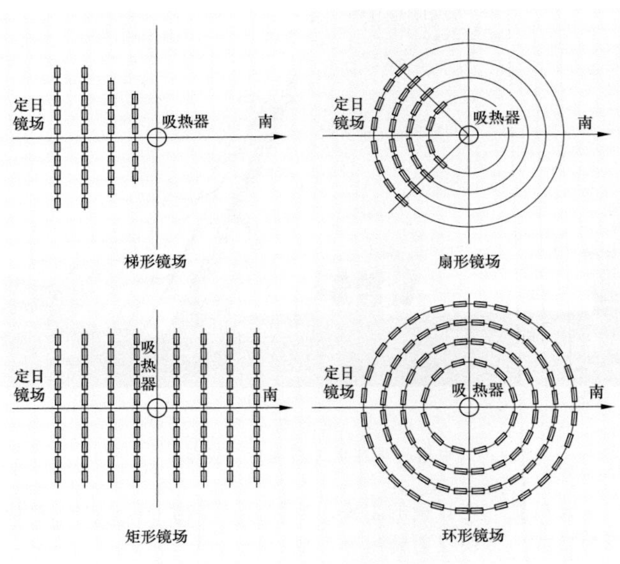

典型定日镜场分布示意图

Dongfushan Dao Fengguangyouchu Weidianwang Shifan Gongcheng

东福山岛风光油储微电网示范工程　（Dongfushan Island Wind-Photovoltaic-diesel-storage micro power grid Project）

位于浙江省舟山市东福山岛的风光油储微电网工程。该工程于 2010 年 10 月破土动工，至 2011 年 5 月开始试运行，当年 7 月移交业主，项目总投资 1500 多万元。工程总装机容量 510kW，其中风电和光伏发电装机容量 310kW，柴油发电机组 200kW；配备了 2000A・h 的储能蓄电池组以及日处理能力 50t 的海水淡化系统，是截至 2012 年底亚洲最大的孤岛微电网系统。

东福山岛位于浙江省舟山市普陀区东北方向约 50km，面积 $2.95km^2$。东福山岛处于亚热带季风气候区，温暖湿润，四季分明，夏季光照充足，太阳能资源

丰富；冬季有冷空气形成大风，风能资源丰富。春季常有海雾和连阴雨天气，春夏秋三季会出现雷暴天气，台风发生在夏秋季。东福山岛年平均气温 16.1℃，极端最高气温 36.4℃，极端最低气温 －5.7℃。年平均气压 100.92kPa，年平均水汽压 1.65kPa。年平均降雨量 1092.1mm，年平均蒸发量 1327.2mm。

根据针对东福山岛收集的测风资料，初步估算东福山岛 18m 高度年平均风速 6.05m/s，风功率密度 366W/m²，风速和风功率分布见图 1，岛内主导风能方向为北和南（见图 2），风功率密度等级为 3 级（见风能资源评估），具有较好开发价值。

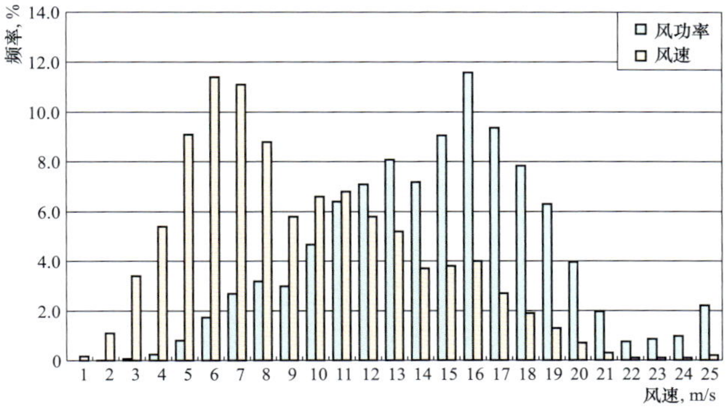

图 1　东福山岛 18m 高度年平均风速和风功率分布

工程组成和布置　工程发电部分包括 7 台单机容量 30kW 的变桨距风力发电机组、100kW 的光伏阵列（见图 3）和 1 台 200kW 柴油发电机组。风力发电机组有 4 台安装在东福山岛的西北侧，其余 3 台在西南侧。储能部分配置了 2000A·h 的蓄电池组，负荷部分提供了日处理能力 50t 的海水淡化系统。工程建成初期岛上最大负荷约 120kW，预计未来最大负荷可达 200kW。微电网设置 1 台 315kV·A 升压变压器，通过 10kV 线路送电东福村和驻岛部队，见图 4 海水淡化系统与军民用电负荷错峰运行。

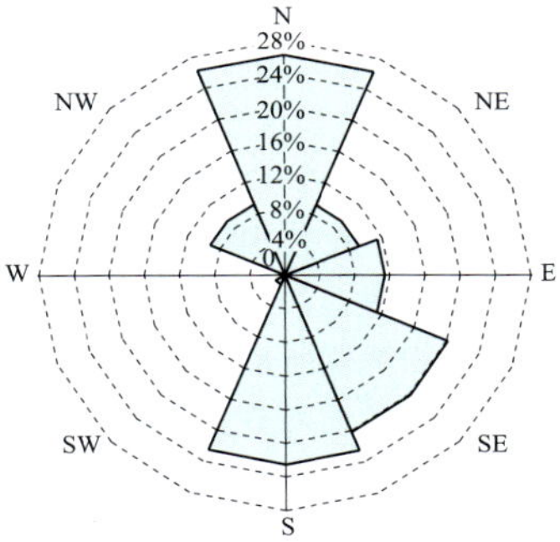

图 2　东福山岛 18m 高度风能玫瑰图

图 3　东福山岛风力发电机组与光伏阵列

图 4　东福山电站

主要技术经济指标　东福山岛风光油储微电网示范工程截至 2012 年底，风力发电量累计达到 103 万 kW·h，减少了柴油发电机组的运行时间，满足全岛居民的用电需求。全年可再生能源电量占总电量的比例达到 50% 的设计目标。通过运行实测数据分析，随着风能资源的变化，该工程在每年不同运行期间节约柴油的效果见表。

东福山岛风光油储微电网示范工程每年不同运行期间节约柴油的效果

系统运行期间	柴油消耗量减少比例（%）	柴油发电机组运行时间减少比例（%）
4～6 月	40	50
7～9 月	35	40
10 月～次年 3 月	60	70

风力发电机组在 2011 年 8 月和 2012 年 8 月分别遭受了强台风“梅花”和“海葵”袭击，台风过境后机组恢复正常运转。海水淡化设施不但保证淡水供应，而且作为可调负荷消纳可再生能源满足生活用电后多余的电力。

工程特点　东福山岛风光油储微电网示范工程的特点是综合考虑最大化利用可再生能源，尽量减少柴油发电，同时兼顾蓄电池使用特性并延长寿命。系统中的光储一体化双向变流器（PCS）可实现对储能和光伏发电的联合调节，提高功率可控性，满足运行控制策略的需要。东福山岛风光油储微电网示范工程的结构见图 5。

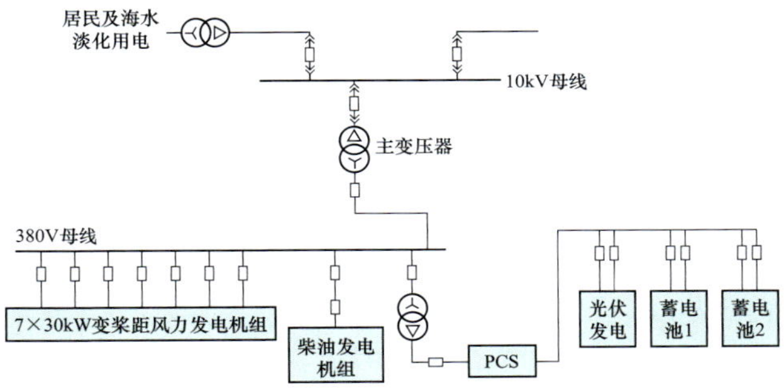

图 5　东福山岛风光油储微电网结构示意图

运行策略是独立型微电网稳定运行的关键，而且是决定储能系统优化配置和运行参数设置的重要因素。系统采用主从控制方式，在同一时刻系统仅用柴油发电机组或 PCS 两者之一作为主电源，为微电网提供稳定的电压和频率支撑。柴油发电机组作为主电源运行时，PCS根据蓄电池的荷电状态，用默认充电策略和充电参数对蓄电池进行充电。在柴油发电机组停机情况下，PCS采用电压/频率控制策略，把蓄电池和太阳能电池等直流电源逆变为恒压/恒频的交流电源，给380V低压母线供电，同时风电机组以交流侧并网形式向微电网供电。风电和光电小于负载需求时蓄电池处于放电状态，风电和光电大于负载需求时可对蓄电池充电，考虑到蓄电池使用寿命，PCS通过上游策略控制可再生能源的充电电量，防止蓄电池处于过充电或过放电状态。

Donghai Daqiao Fengdianchang

东海大桥风电场 （Donghai Bridge Offshore Wind Farm） 位于中国上海洋山海域，总装机容量102MW，平均年发电量约2.45亿kW·h。它是中国，也是亚洲第一个大型海上风电场，见图1。

图1 东海大桥风电场

风电场海域平均水深11m，平均潮差2.96m。场址区域90m高度年平均风速为7.7m/s，年平均风功率密度为443.6W/m²；90m高度主风向为东南方向。项目核准批复总投资23.65亿元，工程决算总投资22.80亿元，核准上网电价0.9745元/（kW·h）。

风电场最北端距离岸线8km，最南端距岸线13km，在上海东海大桥东侧海域平行于岸线方向布置5排共34台单机容量3MW级风电机组，风电机组南北向间距1000m；东西向间距500m。风电场总体布置见图2。

风电机组采用SL3000型三叶片海上风电机组，叶轮直径91.3m。塔架高78m，轮毂中心距平均海平面90m。风电机组安全等级IEC-Ⅰa（见风电机组选型），切入风速3.5m/s，切出风速25.0m/s，额定风速13.0m/s，发电机额定电压0.69kV。

风电机组基础采用高桩混凝土承台群桩基础，混凝土承台直径14m，厚度3.0～4.5m。承台顶部设置一个直径4.5m的过渡段与风电机组塔筒相连。每个承台下设置8根直径1.70m的钢管桩，桩基础平均入土深度65m。

风电场设置一座110kV陆地升压站，通过4回35kV海底电缆线路送至升压站的35kV母线。110kV升压变电站布置在东海大桥引桥东侧的海堤内，安装2台容量为120MV·A油浸式变压器。风电机组自带35kV升压变压器，组成一机一变的单元接线方式，34台风电机组共分为4组，所发电能通过场内35kV海底光电复合缆线路接入风电场升压站后送出。

风电机组采用整体安装方式。陆上组装场地选在洋山港沈家湾油码头，每两台风电机组和塔筒陆上组装完成后，采用半潜驳运至已建好的风电机组基础处，采用2400t浮吊将风电机组和塔筒与基础对接。

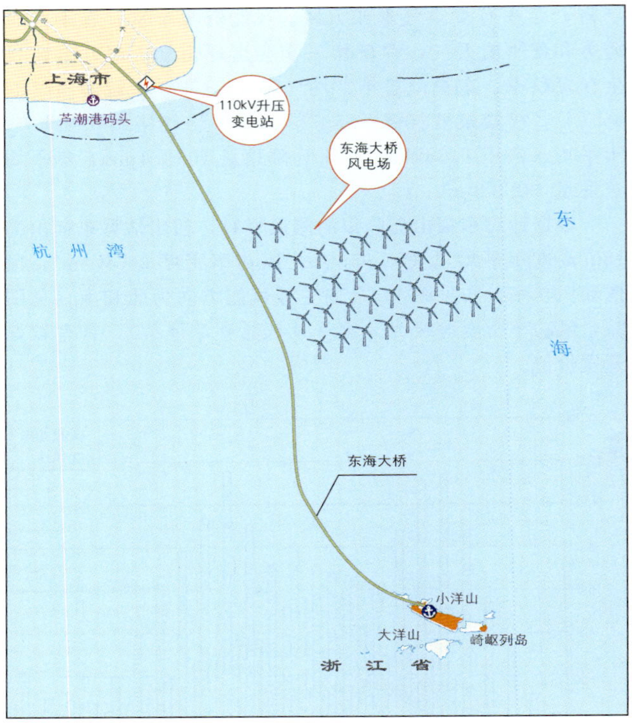

图2 东海大桥风电场总体布置

风电场于2008年9月开工，2009年3月首台机组吊装，2010年8月底所有风电机组通过240h试运行。2011年3月通过竣工验收。

dongtai chaoxineng fadian

动态潮汐能发电 （dynamic tidal power，DTP） 在海岸边建造的长堤坝对潮汐运动加速度产生影响，进而利用长堤坝两侧所形成水位差发电。从海岸边建造一个与海岸线垂直的伸向海洋的很长堤坝（50～100km），在远端设置垂直于长堤坝的横坝对沿海岸平行方向运动的潮汐水平流动加速度产生干扰，利用长堤坝的两侧形成水位差（水头）驱动安装在坝体内的水轮发电机组发电。动态潮汐能发电是一种新的未经过试验的潮汐能发电方式。

原理 世界上有许多沿海地区主要的潮汐运动方向与海岸平行，所有海水朝一个方向加速，并在当天晚些时候向相反的方向加速。动态潮汐能发电堤坝是垂直于海岸线向海洋延伸50～100km的堤坝，不对附近海域封闭，但堤坝须足够长，故对水平潮汐运动的加速度产生影响，从而在长堤坝两侧产生水位差。示意图见图1，图中浅色与深色分别表示潮汐水位差低和高。堤坝体内并列安装的一长串常规低水头水轮发电机组可以将水位差的势能转换成电能。

图1 动态潮汐能发电堤坝示意图

从现场实际测量的水流

跨越天然障碍后水位差信息确认动态潮汐能发电堤坝能够产生一定的水头。利用数值和分析模型估算最大水头可达到数米，这可以归因于具有加速度的潮汐流是非恒定的特点，最大水头比一般江河的稳定流动状态要大。

优点 动态潮汐能发电具有装机容量大、发电功率可准确预测、开发潜力大、可综合利用等优点。

(1) 装机容量大。据估计最大的动态潮汐能发电堤坝可容纳超过1500万kW的装机容量。装机容量为800万kW的动态潮汐能发电堤坝年发电量约210亿kW·h，年等效满负荷小时数达到2600h。动态潮汐能发电堤坝沉箱和双向水轮发电机组示意图见图2。

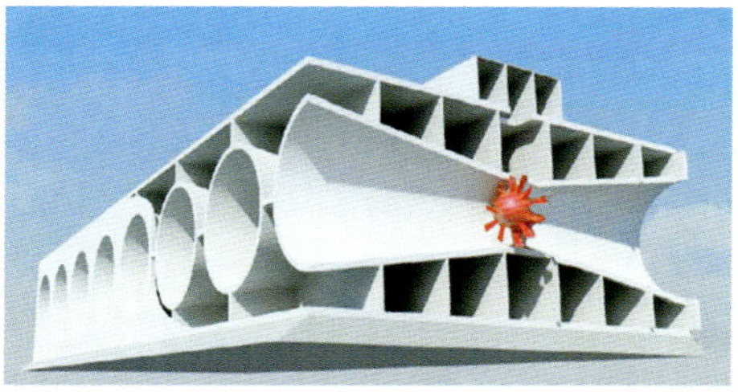

图2 动态潮汐能发电堤坝沉箱和双向水轮发电机组示意图

(2) 发电功率可准确预测。动态潮汐能发电与天气条件无关，电力输出只随潮水的涨落变化，机组发电功率是可以准确预测的。

(3) 开发潜力很大。动态潮汐能发电不要求非常高的自然潮差，而是要有一个开放的沿海区域，潮汐沿着海岸涌动。这种潮汐情况可以在世界许多地方出现，意味着理论上动态潮汐能发电潜力是非常高的。

(4) 可综合利用。很长的堤坝可以结合其他多种功能综合利用，包括海岸保护、深水港口、水产养殖设施以及将岛屿和大陆之间连接等。这些功能的综合利用可以分摊投资成本，有助于降低发电成本。

关键技术 动态潮汐能发电开发应用的关键技术包括选择低水头、大容量双向水轮发电机组，大坝施工方法和合适的选址。

(1) 低水头、大容量双向水轮发电机组可在海水环境运行，效率达到75%以上。

(2) 大坝施工方法。应用模块化浮式沉箱（混凝土块）技术，沉箱在岸上制造，然后漂浮运到堤坝施工现场。

(3) 合适的选址。动态潮汐能发电示范项目可以与沿海开发项目统筹规划，如跨海大桥、海岛连接、深水港口和海上风力发电场等。

存在问题 只有通过实践才能证明动态潮汐能发电的功能，而小规模的示范工程难以见到效果，即使建造1km长的动态潮汐能发电堤坝也发不出电。因为动态潮汐能发电原理是发电功率随堤坝长度的平方增加（由于水头和水量均与堤坝的长度大致呈线性关系增大，导致发电功率按平方关系增加）。估计堤坝的长度要达到约30km才具有经济性。

动态潮汐能发电工程的建设与海运航线、海洋生态、海洋沉积物和风暴潮等的影响还需要研究。

技术发展状况 动态潮汐能发电的概念是由荷兰工程师K.胡斯伯根（Kees Hulsbergen）和R.斯特恩（Rob Steijn）提出的，并于1997年获得专利。

已有多种数学和物理模型对动态潮汐能发电的堤坝水头预测进行了模拟。在大型工程项目中，潮汐和长的堤坝间交互作用已有观测记录，如荷兰的三角洲工程（Delta Works）和阿夫鲁戴克（Afsluitdijk）工程。潮汐和天然的半岛之间相互作用也有观测资料，这些数据被用于修正潮汐的数值模型。计算附加质量的公式被应用于开发动态潮汐能发电的分析模型，所观测到的水位差与当前的分析数值模型模拟结果比较符合。动态潮汐能发电堤坝产生的水位差预测值可以达到实际应用的精确度。

2011年荷兰几家公司建立了称为POWER的联合体，制定与中国的大学和研究机构共同进行动态潮汐能发电项目可行性研究计划，该项目获得荷兰经济部等政府机构的补助资金。2012年，中国与荷兰两国政府有关部门签署了联合开发和示范动态潮汐能发电的合作研究协议，在中国开展试验工作。

duodieceng taiyangneng dianchi

多叠层太阳能电池 (multi-junction tandem solar cell)

由多个pn结叠合构成，从而可吸收多个波段太阳光谱的高效太阳能电池。将太阳光光谱分成若干连续的波段，用禁带宽度与这些波段有最好匹配的材料做成电池，并按禁带宽度从大到小的顺序从迎光面向里叠合起来，让波长最短的光被最外边的宽禁带材料电池利用，波长较长的光能够透射进去让较窄禁带材料电池利用，最大限度地将光能变成电能，这样的电池就是多叠层太阳能电池。多叠层太阳能电池结构可以有效拓宽吸收光谱，相比于单一太阳能电池，可有效地吸收太阳辐射能，提高太阳能电池的开路电压和光电转换效率。

制备方法 多叠层太阳能电池的制备可以通过机械堆叠法和一体化制备法得到。机械堆叠法是先制备出宽禁带和窄禁带两个独立的太阳能电池，把宽禁带的堆叠在窄禁带的电池上面。一体化制备法是先制备出一个完整的太阳能电池，再在第一层电池上生长或直接沉积另一层电池上面，该方法更为常用。

分类 多叠层太阳能电池主要有硅基薄膜叠层太阳能电池、多元化合物叠层太阳能电池以及混合型叠层薄膜太阳能电池。硅基薄膜叠层太阳能电池主要有双结非晶硅/非晶硅（a-Si:H/a-Si:H）叠层太阳能电池、双结非晶硅/微晶硅（a-Si:H/μc-Si:H）叠层太阳能电池、双结非晶硅/非晶硅锗（a-Si:H/a-SiGe:H）叠层太阳能电池、双结非晶硅/多晶硅（a-Si/poly-Si）叠层太阳能电池、三结非晶硅/非晶硅锗/非晶硅锗（a-Si:H/a-SiGe:H/a-SiGe:H）叠层太阳能电池、三结非晶硅/非晶硅/纳米晶硅（a-Si:H/a-Si:H/nc-Si:H）叠层太阳能电池以及三结非晶硅/非晶硅锗/纳米晶硅（a-Si:H/a-SiGe:H/nc-Si:H）叠层太阳能电池。多元化合物叠层太阳能电池，主要有AlGaAs/GaAs、$GaInP_2$/GaAs、GaInAs/InP、GaInP/GaInAs等双结叠层太阳能电池，InGap/GaAs/InCaAs、CaInP/GaAs/Ge等三结叠层太阳能电池。混合型叠层薄膜太阳能电池主要有非晶硅/铜铟硒（a-Si:H/CIS）叠层太阳能电池。

技术性能 多叠层太阳能电池具有光电转换效率高、性能稳定等特点。高效率的多叠层太阳能电池可应用于聚光太阳能电池发电系统。典型多叠层太阳能电池性能见表。

典型多叠层太阳能电池性能

太阳能电池结构	光电转换效率（%）	电池面积（cm^2）	光强（太阳数）	测试机构	太阳能电池结构	光电转换效率（%）	电池面积（cm^2）	光强（太阳数）	测试机构
a-Si∶H/a-SiGe∶H/nc-Si∶H	16.3	0.25	1		a-Si∶H/μc-Si∶H	11.9	1.23	1	NREL
InGaP/GaAs/InGaAs	42.3	0.97	406	NREL	GaInP/GaAs/Ge	32.0	3.98	1	NREL

注：NREL 指美国国家可再生能源实验室，全称 National Renewable Energy Laboratory。

Faguo haiyangneng fadian jishu

法国海洋能发电技术 （marine power generation technology in France）　法国对海洋能应用技术的研发可追溯到20世纪20年代，具代表性的领域为潮汐能发电和海洋温差发电。

潮汐能发电　20世纪20年代，法国一批潮汐电站的设计方案陆续提出，其中包括了1924年阿倍尔·富拉克潮汐电站、1925年弗列涅潮汐电站。真正付诸实施的当属1967年投入商业运行的世界上第一座大型潮汐电站——朗斯潮汐电站，该电站装机容量240MW。

海洋温差发电　海洋温差发电的概念为法国人雅克-阿尔塞纳·达松瓦尔（Jacques-Arsène d'Arsonval）于1881年提出的。1926年法国科学家G.克劳德（Georges Claude）在分别装有28℃的温水和冰块的两个烧瓶之间实现温差能转换成电能，从而证明利用海洋温差发电是完全可以实现的。G.克劳德1930年在古巴坦萨斯海湾沿海建造了一座陆基开式循环海洋温差发电装置，额定输出功率22kW。由于当时技术条件的限制，抽取大量的深海冷水的水泵消耗的功率过大，导致电站发出的全部电力满足不了冷水泵的需要，加之海水温差较小，系统效率低，海洋温差发电研究停滞了几十年。（见海洋温差发电）

faxiang zhijie fushe fuzhaodu

法向直接辐射辐照度 （direct normal radiation）

见地表太阳辐射。

fanglei xitong

防雷系统 （lighting protection system，LPS）　保护风电机组结构、部件和电气线路免受雷击或雷电感应及雷电波侵入损害的防护装置的组合。防雷系统采取外部防雷和内部防雷两种措施。外部防雷主要防止直击雷对风电机组的直接损害，内部防雷主要防止雷电感应和雷电波侵入对风电机组造成的损害。风电机组防雷系统综合应用了外部和内部防雷措施，包括接闪分流、接地、屏蔽、等电位连接和安装限压器等五种，防雷系统构成如图所示。

- 防雷系统
  - 外部防雷措施
    - 接闪器（避雷针）
    - 引下线
    - 共用接地极
  - 内部防雷措施
    - 屏蔽
    - 等电位连接
    - 限压器

风电机组防雷系统构成

风电机组中采取防雷措施的主要设备有叶片、机舱和电气设备。

叶片防雷　主要目标是避免雷电直击叶片主体，防止叶片复合材料层之间或在叶片内部因形成电弧导致叶片发热膨胀、迸裂损坏。风轮叶片设计和制作过程中，在叶尖和叶片外表面安装有1个或多个接闪器，在叶片内腔敷设有足够截面的引下线，通过引下线将接闪器与轮毂连接。当遭遇雷电时，雷电电流由接闪器、引下线通过轮毂进入机舱，最终引入大地。

机舱防雷　直击雷、雷电感应和雷电波都有可能对机舱内的设备或人员造成侵害。叶片防雷措施对机舱有一定防护作用，但机舱外壳顶部仍需安装避雷针，并与机舱底座导电线路连接，防止机舱遭受直击雷损害。机舱罩由复合材料制成，一般要增加金属框架或金属网格用于屏蔽雷电感应和雷电波，为机舱内设备及工作人员提供安全防护。机舱内主要部件如齿轮箱、发电机外壳以及控制柜、变流器柜体等需通过导电线路与机舱底座连接构成等电位体。主轴轴承、偏航轴承位于雷电电流导入地下的通路上，为避免雷电电流对轴承滚动表面造成灼蚀，通常在轴与轴承座或轴承内外圈之间采用低阻抗的软导线、滑动触点或碳刷等增加雷电电流旁路通道。这样，风轮轮毂或主轴上的电流可以通过旁路通道引到机舱底座上，机舱底座上的雷电电流也可通过旁路通道引到金属塔架上。风电机组金属塔架具有导电性能，可兼做引下线。金属塔架与接地极连接，将雷电电流引入大地。

电气设备防雷　发电机、电动机、变压器、开关柜等电气设备，在设计时应考虑能耐受一定的冲击过电压。电气系统中的低压传输线路通过屏蔽和限压器提供线与线和线对地之间的防雷保护。塔底、机舱和轮毂内控制系统部件及功率变换器相互之间的信号传输线路、传感器等对浪涌耦合和损害尤其敏感的设备和回路，应根据电路及被保护设备的特点和性能，提供等电位连接和屏蔽以限制可能的耦合，并在保护区的边界加装适当的限压器将剩余的浪涌耦合引入接地系统。

限压器的防护等级与被保护的设备有关，如控制器中不同电压等级的电源变压器、通信线路，可采用金属氧化物限压器；控制器中的直流电源、输入/输出（I/O）模块等，可采用瞬变电压抑制元件防止过电压。

feijinggui baomo/danjinggui yizhijie taiyangneng dianchi

非晶硅薄膜/单晶硅异质结太阳能电池 （hetero-jun-ction with intrinsic thin-layer solar cell）　利用晶体硅基片和非晶硅薄膜制成的混合型异质结太阳能电池，简称HIT太阳能电池。异质结是指由两种不同的半导体材料相接触而形成的结。由两种不同半导体光伏材料构成异质结并具有光生伏打效应的光电转化器件称为异质结太阳能电池。HIT太阳能电池就是在p型氢化非晶硅和n型氢化非晶硅与n型硅衬底之间增加一层非掺杂（本征）氢化非晶硅薄膜。1990年，日本三洋（Sanyo）公司最早开始研究异质结太阳能电池。1992年，Tanaka等研究的p-a-Si∶H/i-a-Si∶H/n-c-Si结构太阳能电池光电转换效率达18.1%，并将这种带有本征薄层的结构称为HIT结构。至2011年，HIT太阳能电池光电转换效率达23.7%，其硅片厚度仅为98μm。

工作原理　具有一定导电类型的晶体硅片和掺杂型硅基薄膜形成的异质pn结在一定的光照条件下产生光生电压和电流，实现太阳辐射能转化为电能。在晶体硅片和掺杂型硅基薄膜之间插入一薄层，即本征层，钝化晶体硅表面，并减少界面态密度，改善太阳能电池特性。

基本结构　HIT太阳能电池典型结构如图所示。其主要结构组成为带有绒面结构的太阳能级晶体硅基片、受光面、背表面电场、透明导电氧化物（TCO）薄膜和金属导电极（Al电极）等。晶体硅（n型直拉c-Si）基片和受光面形成异质pn结，是电池芯片的核心，晶体硅基片是电池的主要有源区。

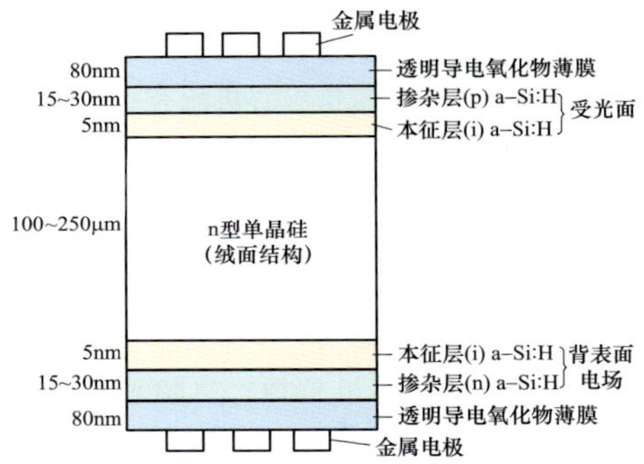

HIT太阳能电池典型结构图

晶体硅基片通过湿法刻蚀技术形成“金字塔”状绒面结构，可增加光程、提高界面的光散射特性。受光面包括本征层和掺杂层，为a-Si∶H薄膜。本征层通常厚度为几纳米，主要作用是作为缓冲层钝化晶体硅表面，减少异质结界面态密度。背表面电场是指在电池基区加一个与原内建电场指向相同的电场，形成高低结电场，主要是提高开路电压。HIT太阳能电池中背表面电场层采用本征层/掺杂层a-Si∶H薄膜，主要是改善背面复合速率和背面反射，提高电池长波响应，提高电池的短路电流和开路电压。透明导电氧化物（TCO）薄膜主要有掺杂型In_2O_3薄膜和Ag电极等金属电极相结合传输并导出电流。双面对称结构的HIT太阳能电池有利于减小器件的热应力和机械应力。

类型　按照结构划分，HIT太阳能电池有单面HIT太阳能电池和双面HIT太阳能电池。双面HIT太阳能电池结构具有背表面场，此种类型电池具有两面发电的特性。按照晶体硅片导电类型分为n型和p型晶硅衬底HIT太阳能电池。通常获得高效率和量产的HIT太阳能电池采用n型直拉c-Si基片。

制备方法　晶体硅基片通常由直拉（CZ）法或区熔（FZ）法制造，晶体硅片经湿法刻蚀工艺形成绒面结构；本征层a-Si∶H薄膜以及掺杂型a-Si∶H薄膜主要由等离子体增强化学气相沉积技术生长获得。

技术特点　HIT太阳能电池具有如下主要特点：①结合单晶硅太阳能电池和硅基薄膜太阳能电池的两者优点，具有光电转换效率高、稳定性好和节省材料的优点。HIT太阳能电池独有的带本征a-Si∶H薄层的异质结结构，在pn结形成的同时，本征a-Si∶H薄层可完成单晶硅的表面钝化，大大降低了表面和界面漏电流，提高了电池效率，尤其可以获得高的开路电压。市售HIT太阳能电池组件的电池效率超过20%。②HIT太阳能电池具有硅基薄膜太阳能电池低温（小于250℃）制造的优点，避免采用传统的高温（接近900℃）扩散工艺获得pn结，节约了能源、降低了生产成本，而且低温环境使得a-Si∶H薄膜掺杂、禁带宽度和厚度等可以较精确控制，从工艺上易于优化器件特性。③背面入射光也可以发电，具有两面发电的特性。④相比于晶体硅太阳能电池，HIT太阳能电池随着环境温度上升而下降得相对较少，实际发电量较多。HIT太阳能电池的温度稳定性好，与单晶硅太阳能电池的温度系数（−0.5%/℃）相比，HIT太阳能电池的温度系数可达到−0.25%/℃，使得电池即使在光照升温的情况下仍具有较好的电量输出。⑤n型衬底的HIT太阳能电池由于异质结能带结构方面的优势，其转换效率略高于p型衬底的太阳能电池，但p型衬底太阳能电池对界面的要求较低，相对来说易于制备。此外，非晶硅/单晶硅HIT异质结太阳能电池中廉价非晶硅的用量很少，而价格相对昂贵的单晶硅仍占多数，降低单晶硅片厚度同时实现较高的光电转换效率是降低成本的有效途径。

fenbushi fengli fadian

分布式风力发电　(distributed wind power generation)

在与公用电网连接的电力用户附近安装风电机组，其所发电力首先供用户自己的负载消纳，多余电力馈入电网，不足电力由电网提供的风电利用方式。分布式风力发电的特点：①使用中小型风电机组；②由用户自行管理、运行操作比较简单；③直接在电网末端用户侧并网，避免远距离输电；④不需要蓄电池储能。

基本条件　包括：①当地有良好的风能资源；②由于风力发电系统的初期投资还比较高，需要政府有鼓励分布式风力发电的激励政策；③当地电力公司允许中小型风力发电机组上网，制定相关技术规范及电量的计量方法；④当地电力公司同意收购用户风力发电机组发出的多余电力。

系统组成　包括风电机组、控制器、逆变器、电能表等，风电机组发出的交流电经过控制器整流成直流电、再通过并网逆变器变成符合电网要求的交流电，经过电能表后送入用户负载和电网，如图1所示。

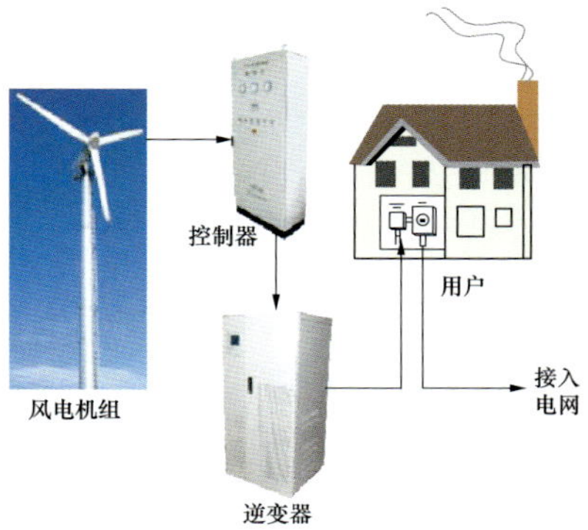

图1　分布式风力发电系统

欧美分布式风力发电的用户主要为家庭（见图2）和农场（见图3）。

用户电能计量方式　分布式风力发电用户侧电量的计量采用净值计算，有两种方式可以选择：①用户处安装两只电能表，一只计量并网风电电量，一只计量用户消费电量，用户按两个电能表的读数差与电力公司结算。这种方式能较好地反映分布式风力发电和用户消纳电量的全部情况，但是管理的工作量较大。②采用净值电能表，用户安装一台可以反转的电能表，当风力发电机组发电功率大于负载需求时，电能表朝用户在单独由电网供电时的反方向旋转，电能表读数反映的是用户消纳的网电和风电的净值。在一个结算周期，用户按净值与电力公司结算；如果读数为正（假设“正”为消纳网电电量），用户按当地电价向电力公司支付电费；如果读数为负，表明结算周期内用户有多余电量送入电网，电力公司按收购风电的价格向用户支付电费。

图 2　法国家用 10kW 并网风电机组

图 3　美国农场用 30kW 并网风电机组

发展概况　在 20 世纪 70 年代，丹麦和荷兰有许多农民自己制造小型风电机组，单机容量约 20kW，安装在住宅附近。家中安装两只电能表，分别与风电机组和公用电网连接，优先使用风力发电，减少支付给电力公司的电费，成为分布式风力发电的雏形。由于没有明确的激励政策，这种风力发电的利用方式未得到推广。

进入 21 世纪初期，欧美一些国家开始重视分布式能源利用，出台鼓励分布式风力发电的激励政策和措施。对小型风电设备初始投资的补贴是主要激励方式，2008 年美国国会通过投资税收抵扣的法案，其中有针对 100kW 及以下小型风电项目 30% 投资税收抵免（investment tax credit，ITC），相当于初始投资的 30% 由联邦政府补贴。美国有些州也各自实施鼓励分布式风电的优惠政策，但只有经过指定机构检测认证的小型风电机组才能获得补贴。在政府的激励政策鼓励下，家庭是分布式风电项目的实施主体，也有一些企业或学校等公共机构积极参与分布式风电应用。美国风能协会 2010 年小型风电机组市场报告指出，截至 2010 年，美国小型风电机组累计装机容量约 179MW，当年新增装机容量 25.6MW，其中超过 90% 的机组是并网型，市场单机容量超过 10kW 的并网系统越来越多。英国风能协会 2010 年小型风电机组市场报告指出，2005～2010 年间，累计装机容量约 43MW，其中 2010 年新增装机容量约 14MW。

中国从 2013 年起允许中小型风电机组并网运行。电网公司进行并网服务，为分布式电源项目接入电网提供便利条件，免费提供关口计量装置和发电量计量用电能表，不收取系统备用容量费。建于用户内部场所的分布式风力发电项目，其发电量可以全部上网、全部自用或自发自用余电上网，由用户自行选择，用户不足电量由电网提供。上、下网电量分开结算，电价执行国家相关政策。

典型实例　以美国加利福尼亚州 Palmdale 10kW 居民户用分布式风力发电系统为例，用户安装的系统包括 1 台 10kW 风力发电机组、30m 高的桁架塔、地基、电缆和并网控制器等。当地年平均风速 6.75m/s，年发电量为 2.4 万 kW·h。当地电力公司销售给用户的电价为 0.24 美元/(kW·h)，并逐年提价约 4%。系统的全部投资约 7.4 万美元，包括风力发电机组、电气设备和安装费用，以及 5800 美元的申请许可等管理费用。用户享受的激励政策有投资额 30% 的投资税收抵免，40.65% 的销售返还和美国农业部的补贴，实际用户投资约 2.2 万美元，没有贷款。系统运行后，用户每年可减少向电力公司购电的费用约 5700 多美元，计入设备每年维护费用 120 美元，4 年可收回投资。

参考书目

朱永强．新能源与分布式发电技术．北京：北京大学出版社，2010.

fengdianchang anquan guanli

风电场安全管理　(wind power plant safety management)　对风电场生产的安全状况，实施有效制约的活动。风电场占地面积大、维护和检修高空作业多，风电机组运行易受气候、地理等环境因素的影响，除包括与火力发电厂、水电站等相同或相近设备、人员安全管理工作外，风电场主要对高空作业、消防、风轮作业的安全管理，以及在特殊气候条件下的安全管理提出了要求。

高空作业安全管理要求　为保护风电机组高空作业人员的安全而提出的要求。主要包括：

(1) 登塔作业必须系安全带、穿工作鞋、戴防滑手套、使用防坠落保护装置，登塔人员体重及负重之和不得超过 100kg。身体不适、情绪不稳定的人员，不得登塔作业。

(2) 风速超过 25m/s 及以上时，禁止人员户外作业；风速超过 18m/s 时及以上时，禁止任何人员攀爬风电机组。攀爬风电机组时，风速不得高于该机型允许登塔风速。

(3) 攀爬风电机组时，将机组置于停机状态。禁止两人在同一段塔架内同时攀爬风电机组；上下攀爬风电机组时，通过塔架平台盖板后，立即随手关闭盖板；在塔架爬梯上作业，系好安全绳和定位绳，安全绳严禁低挂高用。随身携带工具人员后上塔、先下塔；到达塔架顶部平台或工作位置，先挂好安全绳，后解开防坠落保护装置。

(4) 出舱工作必须使用安全带，系两根安全绳；在机舱顶部作业时，站在防滑表面；安全绳挂在安全绳定位点或牢固构件上，使用机舱顶部栏杆作为安全绳挂钩定位点时，每个栏杆最多悬挂两个。

消防安全管理要求　保证风电场防火安全的措施。主要包括：

（1）在风电机组机舱及塔架底部，放置两台二氧化碳灭火器，以防在有人作业时出现火险。

（2）机舱发生火灾时，作业人员禁止通过升降装置撤离，首先考虑从塔架内爬梯撤离。当爬梯无法使用时，方可利用缓降装置从机舱外部撤离。使用缓降装置，要正确选择定位点，同时防止绳索打结。

（3）在风电机组内部作业时，保持内部卫生，禁止遗留杂物，特别是油污棉丝等易燃物；及时清理机舱内部泄漏的齿轮油、液压油，以减少火险隐患。

（4）定期检查电气设备、电缆、电源主回路电缆端子的连接质量，以防电源回路虚接而引发电气火灾。

（5）编制风电机组火灾应急预案，并主动与当地消防部门建立联系，一旦风电机组起火，运行人员需迅速切断集电线路的电源，防止发生场内短路事故，并派人控制现场，由消防部门控制起火范围并进行灭火。

风轮作业安全管理要求　保证风电机组轮毂或叶片上作业人员安全而采取的管理措施。

（1）风电机组测试工作结束后，核对机组各项保护参数，恢复正常设置；超速试验时，试验人员在塔架底部控制柜（塔下柜）进行操作，不得滞留在机舱和塔架爬梯上，并设专人监护。

（2）风电机组高速轴和制动系统防护罩未就位时，禁止起动机组。

（3）进入轮毂或在风轮上工作，首先将风轮可靠锁定。锁定风轮时风速不得高于机组规定的最高允许风速；进入变桨距机组轮毂内工作，还须将变桨机构可靠锁定。

（4）严禁在风轮转动的情况下插入锁定销，禁止锁定销未完全退出插孔前松开制动器。

特殊气候条件下的安全管理要求　保证在雷电、冰冻、台风等风电场高影响天气条件下作业人员的安全而采取的管理措施。

（1）雷雨天气不得安装、检修、维护和巡检风电机组；雷雨天气后1h内禁止靠近风电机组。

（2）风电机组叶片有结冰现象且有掉落危险时，禁止人员靠近，并在风电场各入口处设置安全警示牌；塔架爬梯有冰雪覆盖时，严禁攀登风电机组。

（3）遇雷雨天气，及时撤离风电机组；来不及撤离风电机组的，可双脚并拢站在塔架平台上，不得触碰任何金属物体。

（4）风电机组手动起动前，风轮上应无结冰、积雪现象；机组内发生冰冻情况时，禁止使用自动升降机等辅助爬升设备；停运叶片结冰的机组，采用远程停机方式。

（5）在寒冷、潮湿和盐雾腐蚀严重地区，对停止运行一个星期以上的风电机组，在投运前检查绝缘情况，合格后才允许起动。

（6）受台风影响停运的机组，投入运行前检查机组绝缘，合格后方可恢复运行。

（7）风速超过12m/s时，不得打开机舱盖（含天窗），不得在轮毂内工作。在安装、检修、维护作业过程中，当风速超过14m/s时，关闭机舱盖；当风速超过18m/s时，不得在机舱内工作。

fengdianchang biandian shebei weihu

风电场变电设备维护　（substation equipment maintenance in wind power plant）　通过检查、试验和监测来发现变电设备缺陷，及时处理并恢复设备原有性能的工作过程。风电场生产的电能通过变电设备汇集送至电网，一旦变电设备发生故障将影响一批风电机组的运行，造成很大的发电损失。

在中国，风电项目分布广阔，从东南沿海到青藏高原，从西北戈壁到东北雪原，严酷的气候条件和环境污染影响设备的安全和运行可靠性。沿海地区，海风吹来的含盐水汽会在变电设备外绝缘上沉积盐污，易引发闪络；西北地区降雨稀少，变电设备外绝缘上的污秽缺少雨水冲洗，需要周期性清扫；东北山区冬季寒冷，需关注绝缘子融冰导致的闪络；西南地区雾日多发，易发生绝缘子污秽闪络。针对这些地理、气候状况，在变电设备的维护方式和时间上作相应安排。在夜间和特殊气象条件下安排巡视检查、运用状态监测技术跟踪设备监控状况，及早发现并处理隐患。风电场变电设备维护工作包括巡视检查、预防性试验和变电设备状态检修。风电场日常运行中以巡视检查为主，年度维护以预防性试验为主，全面监测变电设备内部状态，根据监视的设备状态制定检修计划。

巡视检查　以运行人员的眼看、耳听、鼻嗅为主要检查手段，借助便携工具和仪表，定期对变电设备的关键部位进行检查，并对设备进行简单维护和调整的工作过程。有人值班的升压站，每天在日间和夜间各巡视一次升压站内的电气设备，每月一次巡视检查风电机组内外的电气设备。出现雷雨、暴风雨、雨夹雪及浓雾等恶劣天气时，对室外变电设备进行白天和夜间特殊巡视。变电设备出现异常或发生事故后，也要及时进行特殊巡视检查。常用的巡视检查方法有目测法、耳听法和鼻嗅法。

目测法　运行人员通过肉眼观察运行中的变电设备可见部位的外观变化，来发现设备是否出现变色、变形、位移、破裂、松动、火光冒烟、渗油漏油、断股断线、闪络痕迹、异物搭挂、腐蚀污秽等异常现象的方法。

耳听法　运行人员通过监听正常和异常时变电设备的音律、音量变化来判断设备是否发生故障的方法。变压器、互感器、继电器、接触器等变电设备通电运行时，铁心会发出均匀节律和一定响度地嗡嗡声，当设备出现故障时，会夹带杂音，甚至有噼啪的放电声。

鼻嗅法　变电设备的绝缘材料一旦过热会使周围的空气产生异味，在巡查中嗅到这种异味时，通过观察，发现过热的设备与过热的部位的方法。

预防性试验　为了发现运行中电力设备的隐患，预防事故发生或设备损坏而进行的试验。它是判断设备运行状况的重要准则和运行维护工作中的一个重要环节。通过预防性试验来测定电气设备的劣化程度、功能参数，查明设备异常的原因，记录下次检修时应消除的缺陷，为设备精度调试和安排检修计划提供依据，使设备保持规定的性能。常见的试验项目有电气设备的交直流耐压试验、介质损耗因数试验、绝缘油色谱分析，避雷器的绝缘电阻及漏泄电流的测定，电气系统的接地电阻测量等。

变电设备状态检修 在对变电设备状态监测的基础上，根据监测结果和对比历史数据，分析设备状态信息，判断设备的异常，预知设备的故障，在故障发生前进行检修的方式。状态检修具有及时处理设备隐患、克服定期检修的盲目性、减少人力投入等优点。与计划检修相比，能有效地降低维护成本和检修风险，也减少变电设备停运时间，提高设备的可靠性和可用系数，延长设备的使用寿命。

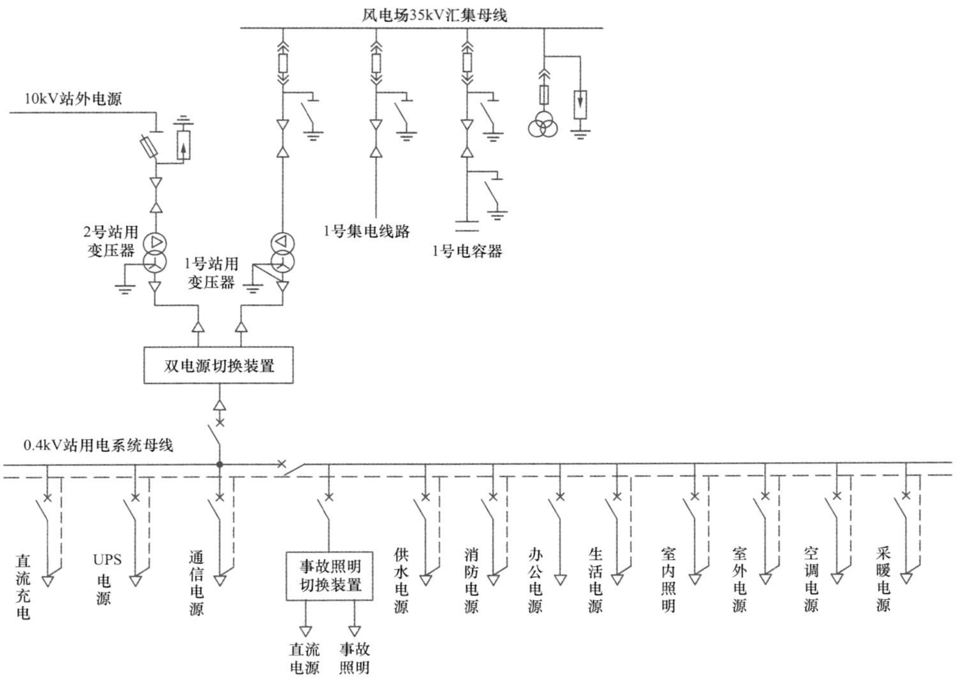

风电场升压变电站站用电系统示意图

变电设备的状态检修在技术方面可分为设备的状态监测、设备的故障诊断以及设备的状态预测。状态监测有在线监测、离线监测和定期解体检查三种。故障诊断通常通过测量设备的振动频率、噪声、发出的射线等一些诊断技术，监测设备的运行状态，对监测数据进行分析处理后，与该设备历年数据进行比较，或与同类设备相近条件下的数据进行比较分析，最终进行故障判别和诊断。

fengdianchang changyongdian xitong

风电场厂用电系统 (auxiliary power system of wind power plant) 由风电场升压变电站站用电系统和风电机组自用电系统组成。针对风电场区域面积广，风电机组分散布置的特点，风电场内不同的用电系统选用不同的供电方式，具有厂用电电源不统一，供电方式多，不同区域负载电源相对独立的特点。在风电场生产运行过程中，一次能源由风能提供，生活用电、监控用电功率很小，厂用电率通常低于1%。

升压变电站站用电系统 风电场办公和生活场所一般与升压变电站建在同一区域，风电场升压变电站站用电源除为升压变电站生产供电外，还为风电场办公和生活场所供电。站用电系统的主要负荷包括二次保护及监控系统、通信系统、事故照明、检修电源、消防系统、供水系统、空调、采暖、室内及室外照明。

站用电系统一般采用主、备用两路电源，主电源取自升压变电站低压侧母线，即风电机组汇集母线，从附近配电网再引一路电源作为备用电源。安装两台站用变压器互为备用，主站用变压器一般选用接地变压器兼厂用变压器。安装备用电源自投装置，当一路电源由于检修或故障原因失电时备用电源自动投入，站用电系统如图所示。按全站失电时可保障事故照明、微机保护监控系统和通信系统连续供电8h的要求，配置足够容量的蓄电池，以保障厂用一类负荷的不间断供电。站用电系统需装设关口电能表用于站用电的计量和结算，还可装设站用电微机监控系统，实时监测站用电系统的运行情况。

风电机组自用电系统 为风电机组自用电负荷供电的设备总和。其自备一台高压侧与机端母线连接的干式变压器。自用电负荷包括风电机组控制系统、变桨系统、偏航系统、液压系统、润滑系统、冷却装置、加热装置、照明等。风电机组控制系统、变桨系统和偏航系统配置不间断电源(uninterruptible power supply，UPS)或超级电容，以保障风电机组失去外部电源时能够可靠停机。风电机组控制系统实时监测各系统的电源状态。当电源出现异常时，控制系统根据故障等级发出报警信号或控制风电机组停机。

fengdianchang didianya chuanyue

风电场低电压穿越 (low voltage ride through of wind power plant，LVRT) 当电力系统发生事故或扰动引起风电场并网点电压跌落时，在一定的电压跌落范围和时间间隔内，风电场能够保证不脱网连续运行的技术。风电场在低电压穿越期间需向电网提供一定的无功功率，支持电网电压恢复，电网恢复正常后还应按照一定速率恢复有功功率。

电网发生故障导致电压跌落时，不具备低电压穿越能力的风电场极易退出运行。当系统中风力发电装机比例较高时，大量风电机组退出运行会导致系统潮流发生大幅变化，造成电网电压和频率波动加剧，使故障恶化，严重时甚至可能引起大面积的停电事故。因此，需要对风电场低电压穿越提出要求，以确保接入电网的风电场具备低电压穿越能力。风电场实现低电压穿越能力的现有最佳方法是风电机组具备低电压穿越能力，在此基础上如果还不能满足要求，再采取安装动态无功补偿装置或串联制动电阻等辅助措施，提高风电场低电压穿越能力。

风电场低电压穿越要求　2003年德国输电网运营商E. ON颁布了全世界第一个包含风电场低电压穿越要求的并网导则，丹麦、英国和加拿大等国家的相关部门及输电网运营商也相继提出了风电场低电压穿越要求。中国在GB/T 19963—2011《风电场接入电力系统技术规定》中也提出了低电压穿越的要求。截止到2012年底，世界主要风电发达国家均制定了风电并网导则，对风电场低电压穿越做出了明确要求。

风电机组低电压穿越实现方案　按照市场上主流的风电机组类型，有恒速型风电机组、双馈感应型风电机组和全功率变流型风电机组三类低电压穿越实现方案。

恒速感应型风电机组低电压穿越实现方案　在机端电压跌落时，机组定子和转子电流大幅增加，风力发电机转速上升，并从电网吸收大量无功功率，恶化电网电压。

在电网故障能够及时清除的情况下，恒速型风电机组无电力电子设备，其定子和转子本身具有一定的过流能力，能够承受短时的过电流而不会受损烧毁。为控制其转速，以避免风电机组因超速保护动作而退出运行，可以采用快速变桨减小输入的机械转矩，限制转速上升，但桨叶具有很大的惯性，因此要求此类风电机组具有很好的变桨性能。一般在电网结构较强，且低电压故障及时清除的情况下，恒速型风电机组可以做到不退出运行，但应采取措施避免低电压期间恒速型风电机组大量吸收无功导致电网电压恶化的问题发生。可采取的措施一般包括安装静止无功补偿器、静止同步补偿器等并联型动态无功补偿装置，或者安装快速投切的串联阻抗等串联型低电压穿越辅助装置。

双馈感应型风电机组低电压穿越实现方案　定子侧直接连接至电网，在电网电压跌落时，转子电压和电流大幅增加，发电机转速上升。另外，其转子侧还接有背靠背变流器，此类电力电子器件的过压、过流能力有限，如果不采取控制措施限制故障电流，较高的暂态转子电流会损坏电力电子器件。控制转子电流会使变流器电压升高，过高的电压也会损坏变流器。

研究表明，当电网故障较为严重，电压跌落幅度较大时，单纯依靠改进控制策略，难以实现双馈感应型风电机组低电压穿越，必须增加硬件辅助电路。常用技术主要是在机组转子与变流器之间增加一个转子撬棒（crowbar）电路，故障时投入撬棒电路将转子侧变流器旁路，保证变流器避开过电流的冲击，从而起到保护作用。有的双馈感应型风电机组同时安装撬棒电路和斩波（chopper）电路，斩波电路是通过脉冲宽度调制或频率调制的方式，将固定电压的直流电变为另一固定电压或可调电压直流电的装置。根据机端电压跌落程度分别自动选择投切卸荷电路。图1为保护转子侧变流器设置的转子撬棒电路，其各相均串联一个可关断晶闸管和一个电阻器，并与转子侧变流器并联。

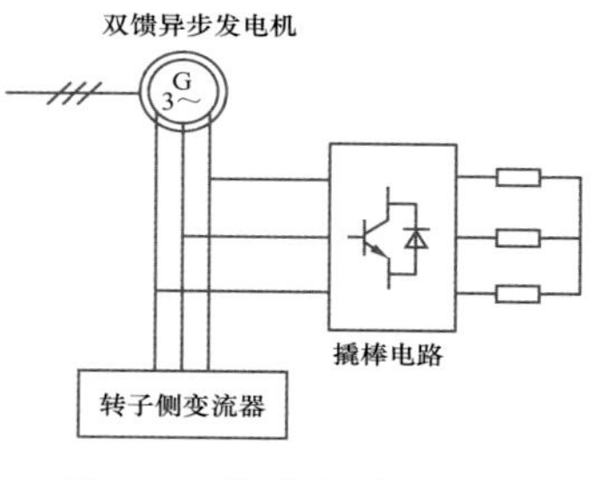

图1　双馈感应型风电机组转子撬棒电路示意图

在定子电压跌落的同时，双馈异步发电机的输出功率和电磁转矩下降，如果此时风轮机械功率保持不变，电磁转矩的减小就会导致转子加速。当低电压持续存在时，风电机组转子撬棒电路投入的同时需要调节叶片桨距角，减小叶片捕获的风能，进而减小风轮转矩，以稳定风电机组转速，实现风电机组低电压穿越功能。

全功率变流型风电机组低电压穿越实现方案　全功率变流型风电机组通过全功率变流器与电网隔离，在电压跌落时，可以只在网侧变流器和直流环节采取应对措施，而不必影响到机侧变流器以及发电机系统的正常运行，从而在故障消除后，迅速恢复正常工作，这是全功率变流型风电机组低电压穿越能力优于双馈感应型风电机组之处。

当电网电压跌落时，网侧变流器输出的功率受到限制，造成直流侧电压的上升，直流侧采取措施保持功率平衡，限制其电压升高。为提高全功率变流型风电机组的低电压穿越能力，通常在直流侧增加斩波电路，故障期间由斩波电路吸收多余的能量，并通过与网侧变流器的配合，保持直流电压恒定，使风电机组可以继续安全地并网运行。

图2以永磁直驱风电机组为例，给出了全功率变流型风电机组低电压穿越保护硬件电路结构，即在电网出现电压跌落故障时触发绝缘栅双极型晶体管（IGBT）投入卸荷负载，消耗直流环节的功率，避免发生过电压而损坏变流器。

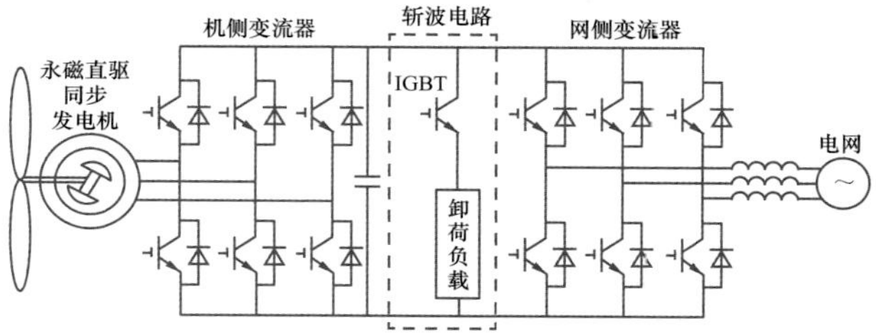

图2　全功率变流型风电机组直流环节斩波电路

风电场低电压穿越能力提升方案　提高风电场低电压穿越能力主要采取安装动态无功补偿装置和串联制动电阻两种技术措施。

动态无功补偿装置　一般包括同步补偿器（调相机）、静止无功补偿器（SVC）和静止同步补偿器（STATCOM）三类。使用动态无功补偿装置可以改善电网电压稳定性，同时可在一定程度上提高风电场低电压穿越能力。

动态无功补偿装置一般安装于风电场升压站低压侧，实时监测风电场无功功率和并网点电压，在并网点电压跌落时，迅速向电网注入无功功率，提高并网点和风电机组机端电压，有利于实现风电场低电压穿越。

串联制动电阻　能够在电网故障时提升风电机组机端电压并吸收过剩有功功率，进而提高风电场低电压穿越能力的一种技术措施。串联制动电阻通常安装在风电机组和电网之间，具体风电场的实际安装位置取决于安装空间和投资。串联制动电阻能够提高风电场的低电压穿越能力，其投切策略简单，能减轻低电压穿越对桨距控制等其他措施的依赖，可用于改造不具备低电压穿越能力的已建风电场。

参考书目

Akhmatov V. 风力发电用感应发电机．刘长浥，王伟胜，等，译．北京：中国电力出版社，2009.

fengdianchang dianqi erci xitong

风电场电气二次系统 （electrical secondary system of wind power plant） 风力发电场中量测、保护、控制、通信及调度自动化等系统的总称。主要用于对风力发电机组、变压器、线路等风电场电气主系统设备进行保护、控制、监测和调节，以及为运行维护人员提供运行工况或生产指挥信号。主要包括风电场继电保护及安全自动装置、调度自动化系统、通信系统和风电机组控制系统。

风电场继电保护及安全自动装置 主要包括线路保护、母线保护、故障录波器、保护及故障信息管理子站、变压器保护、动态无功补偿保护、广域相量测量装置等设备。

（1）线路保护。包括送出线路保护和集电线路保护，实现对风电场线路的保护控制，一般具备完整的后备保护功能和三相一次重合闸功能，不满足要求时，也可配置光纤纵差保护。风电场送出线路保护一般在系统侧配置，风电场侧只配置操作箱，由对侧切除故障线路。

（2）母线保护。实现对风电场内母线的保护，具备母线差动保护功能，并配置复合电压闭锁回路，动作后跳开母线上所有出线断路器。

（3）故障录波器。在系统故障、系统振荡、频率变化、电压变化等情况下，自动监视记录系统电压、电流，以及开关状态的设备，根据记录数据形成表征系统运行状态的模拟量和状态量波形文件，具备单独组网功能，能实现完善的数据分析和通信管理，录波信息可远传至各级调度部门进行事故分析处理。

（4）保护及故障信息管理子站。继电保护故障信息处理系统中的信息收集及处理单元，能够及时收集子站继电保护及故障的完整信息。子站集成到计算机监控系统中，或独立配置一台工作站。子站采集信息并分析处理后，远传至调度主站。子站通过以太网口接入调度数据网交换机，同时采用其他方式作为备用通道。

（5）安全自动装置。根据风电场的送出方案，预先考虑可能的故障形式和运行方式，风电场安全自动装置按预定的控制策略，根据系统运行工况实施风电场切机、切负荷、局部解列等控制措施，防止电力系统崩溃，保证电力系统的可靠供电。

风电场调度自动化系统 综合利用计算机技术、远动和远程通信技术，实现风电场系统的调度自动化，包括远动系统、风电功率预测系统、风电场有功功率控制系统、电能量计费系统、调度数据网接入设备、二次安全防护设备和同步相量测量装置等。调度管理关系根据电力系统概况、调度管理范围划分原则和调度自动化系统现状确定。

远动系统 应用远程通信技术，监视和控制远方运行设备，以实现远程测量、远程控制和远程调节等功能。远动信息的传输原则根据调度运行管理关系确定。风电场升压站远动装置与风电场监控系统统一考虑，具备与调度通信中心计算机系统交换信息的能力。

风电场远动信息采集范围在正常运行情况下，向电网调度部门提供的信号包括但不限于：①单个风电机组运行状态；②风电场实际运行机组数量和型号；③风电场并网点电压；④风电场高压侧出线的有功功率、无功功率、电流；⑤高压断路器和隔离开关的位置；⑥风电场的实时风速和风向。

风电功率预测系统 设置在风电场和电力系统调度中心，采用特定的风电功率预测方法，实现单个风电场或区域风电场群未来一段时间输出功率预测的硬件、软件的组合。（见风电功率预测系统）

风电场有功功率控制系统 安装在风电场内，实现风电场有功功率输出控制的系统。该系统接收并执行电网调度机构的有功功率控制指令，在风能资源允许的条件下，调节、控制风电场内风电机组的有功功率输出和控制风电机组的启停。（见风电场有功功率控制系统）

电能量计费系统 由电能量计量表计、电能量远方终端（或传送终端）、信息通道组成的系统。实现对风电场电能量的自动采集、数据处理和统计分析。电能量计量表计和电能量远方终端实现电能量信息、瞬时量信息的采集、存储、上传。

调度数据网接入设备 一种通信服务装置。实现风电场升压变电站与调度、生产等主站系统之间数据的纵向贯通，为主站系统实现风电场升压变电站监视控制、信息查询和远程浏览等功能提供服务。

二次安全防护设备 实现电力系统二次安全防护的设备。包括电力专用横向单向安全隔离装置、电力专用纵向加密认证装置或者加密认证网关及相应设施。电力专用横向单向安全隔离装置设置在生产控制大区与管理信息大区之间。电力专用纵向加密认证装置或者加密认证网关设置在生产控制大区与广域网的纵向交接处。按照安全分区、网络专用、横向隔离、纵向认证的原则，保障电力监控系统和电力调度数据网络的安全。

同步相量测量装置 用于进行同步相量的测量和输出，以及进行动态记录的装置。同步相量测量装置的核心特征包括基于标准时钟信号的同步相量测量、失去标准时钟信号的守时能力，与主站之间遵循有关通信协议进行实时通信。

风电场通信系统 包括系统通信和场内通信。

系统通信 包括光纤通信系统、综合数据网通信设备、通信电源。

（1）光纤通信系统采用同步数字体系（synchronous digital hierarchy，SDH），SDH设备采用2Mbit/s接口与通信系统接入点设备相连接，接口模块采用冗余配置。220kV及以上升压站分别接入省、地通信传输网；220kV以下升压站按各地的传输网络模式接入。

（2）综合数据网主要用来传输电力系统数据业务、话音业务、视频及多媒体业务。风电场数据业务入网采用网际协议（IP协议），采用路由器或局域网端口方式计入。话音业务采用透明的传输方式或信令解读模式。视频采用V.35方式接入。

（3）通信电源包括交流配电单元、直流配电单元、整流模块、监控单元和蓄电池组，为光纤和交换设备供电。高频开关电源设备一般采用模块化、热插拔式结构，具有完整的防雷措施、智能监控接口、主告警输出空节点。蓄电池作为通信备用电源，一般采用阀控式密封铅酸蓄电池。

场内通信　包括风电机组通信、生产调度和生产管理通信，以及系统时钟。

风电场机组通信网络一般采用逻辑环网，通过同一光纤内的光纤跳接实现风电机组的通信，在风电机组或光缆出现线路故障的情况下，数据可反方向传输，实现链路自愈功能。场内通信光纤采用单模光纤。根据风电场地理环境，光缆敷设方式可分为地埋和架空两种。

生产调度和生产管理通信主要指风电场与电网的调度通信，其设备主要为传输信道设备，即光传输设备、载波通信设备。光传输设备以环的形式接入主干光纤网，具有自愈保护功能。载波通信作为一种辅助调度通信方式存在于生产调度系统中。生产调度系统设备主要包括调度交换机和行政交换机。调度交换机在生产调度通信系统中将传输设备中继地接入系统，同时也担负生产调度通信功能。行政交换机在管理通信的同时担负生产调度通信功能。

风电场通信系统具有同步时钟对时的功能，要求对升压变电站和风电场的站控层和间隔层智能电子设备进行对时，并具有时钟同步网络传输矫正措施。风电场自动化设备的主要对时方式，主要有脉冲对时、串行对时、B码时钟格式对时。风电场对时方案满足多个设备（多个保护小室和风电机组）对时要求（包括秒脉冲、分脉冲和B码对时），能够传输串口对时信号。

风电机组控制系统　以可编程控制器为核心，完成风电机组运行控制、状态检测、安全保护功能的装置的总和，它配有多种通信接口，能够实现就地及远程通信。

风电机组控制系统的主要功能有：①根据风速信号自动进行起动、同期并网或从电网切除；②根据风向信号自动对风；③根据功率因数及输出电功率大小自动进行电容器切换补偿；④脱网时保证机组安全停机；⑤运行中对电网、风况和机组状态进行监测、分析与记录，异常情况判读及处理。

风电机组设有过流、过载、超速、三相不平衡、缺相、过电压、低电压、逆功率等保护，保护装置动作后由风电机组控制系统控制相应部件动作，控制机组安全停机。根据风电机组的类型、容量、安装位置等条件不同，控制系统还具有切出风速、电缆扭转、主要零部件温度、机舱振动等保护功能。

参考书目

朱永强，王伟胜．风电场电气工程．北京：机械工业出版社，2012.

fengdianchang dianqi sheji

风电场电气设计　(electrical design of wind power projects)　对风力发电场工程项目发电、变电工程的建设提供有技术依据的设计文件和图纸的活动。它是风电场设计的重要组成部分，也是保证风电场所发电力可靠、安全送出，控制工程造价的关键因素。

风电场电气设计主要分为场内集电线路设计、电气主接线设计、电气设备选型、监控系统设计及继电保护设计等。

集电线路设计　根据风电机组排布、线路长度、运行环境及维护检修便利性，确定集电线路电压等级、回路数及敷设方式。集电线路电压等级及回路数由风电场装机容量及线路长度综合确定。在中国，风电场集电线路电压等级一般采用10kV或35kV，单回集电线路输送容量一般不超过25MW。

电气主接线设计　对风电场工程项目高压电气设备之间相互连接关系、传送电能的电路进行设计的过程。风电场电气主接线是在综合考虑风电场出力特性、建设规模、接入系统要求、分期建设、设备特点等因素下择优确定。一般情况风电场电气主接线采用单母线接线。

电气设备选型　在满足风电场安全运行的前提下，通过技术经济比较综合确定风电场电气设备的过程。选型设备包括机组升压变压器、主变压器、开关设备、无功补偿装置等（见*风电场电气主系统*、*风电场无功电源*）。根据风电场运行特点，风电机组升压变压器优先选用箱式变电站。主变压器一般采用有载调压式，冷却方式根据环境条件及布置方式，优先选用自冷方式。对于沿海地区、工业污染严重地区、高烈度的地震区、高海拔高寒地区以及场地受限地区，一般选用SF_6气体绝缘金属封闭开关设备。10、35kV配电装置一般采用户内开关柜，66kV以上配电装置一般采用屋外敞开式布置方式。无功补偿装置采用动态无功补偿方式。

监控系统设计　利用计算机、计量保护装置和总线技术，对风电机组和升压站配电系统的实时数据、开关状态及远程控制进行集中管理的设计过程。

风电场监控系统设计分为风电场监控系统设计与风电机组监控系统设计。风电场监控系统一般由场站层和现场层两部分构成，网络结构采用开放式、分层分布式结构，实现与*风电机组控制系统*、*风电功率预测系统*、*风电场有功功率控制系统*、*风电场无功功率控制系统*、电能质量监测系统、安全自动装置等设备实现数据通信，将系统调度所需要的信息上传给电网调度中心，同时接受电网调度的指令。风电机组监控系统一般采用开放式、分层分布式环网结构，也分为现场控制和远方控制。现场监控设备可在机组现场进行单元控制、监视保护信号及有关测量参数，远方监控可在中央控制室对各台风电机组进行监控。

继电保护设计　主要内容包括风电机组保护设计、集电线路保护设计、主变压器保护设计及高低压配电装置保护设计等。当风电场发生故障或异常工况时，风电场继电保护设备（装置）在可能实现的最短时间和最小区域内，自动将故障设备从系统中切除，或发出信号由值班人员消除异常工况，以减轻或避免设备的损坏对风电场安全运行的影响。继电保护设计一般按配电网保护进行设计。

fengdianchang dianqi zhuxitong

风电场电气主系统 (electric primary system of wind power plant) 由风电机组、集电系统、升压变电站三部分组成。风电机组、机组变压器、载流导体（电缆、导线）、断路器和隔离开关、无功补偿设备、互感器、升压站主变压器等电气一次设备相互连接构成了风电场电气一次系统。

电气主系统中设备直接参与电能生产、变换、输送、分配等过程，风电机组将风能转换为电能；机组变压器和升压站主变压器提高电能输送电压等级，减小传输损耗；电缆、导线实现各电气设备之间相互连接，组建成电路；断路器和隔离开关等开关设备实现电路的连通和开断；无功补偿设备用于改善电能质量，减小无功损耗；互感器服务于二次系统；防雷和接地设备用于保障电气设备安全。

风电机组　利用风能作为原动力的发电设备，见风力发电机组。

风电场风电机组接线采用单元接线，多采用“一机一变”，即一台风电机组配备一台变压器（见图1），也可采用两台或多台风电机组配备一台变压器，变压器容量按单台机组容量之和确定。风电机组机端电压一般为690V，经风电机组变压器将电压升至10kV或35kV，通过风电场集电线路将风电机组所发电能汇集输送到升压变电站。

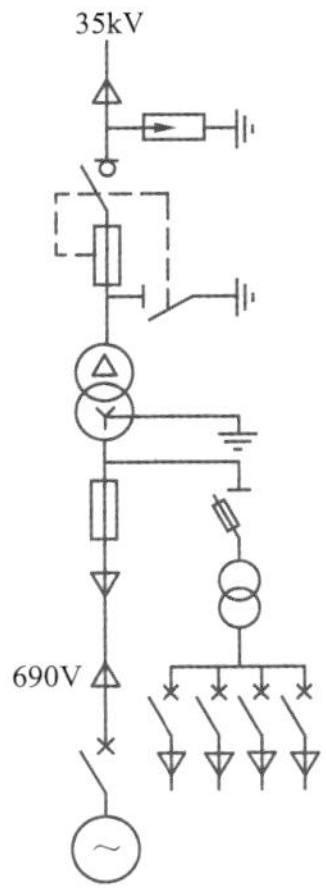

图1　风电机组电气接线

集电系统　将风电机组分散生产的电能分组汇集起来，输送至风电场升压变电站，再经站内变电器升压后送入电力系统的电气系统。风力发电场具有占地面积大，电能生产方式比较分散，发电机组数目多、单机容量小、输出电压等级低等特点。机组分组时采用位置就近原则，根据风电机组选址位置、线路路径，以及每组中接入的风电机组容量确定，50MW容量一般分为2～3组，每组包含的风电机组数目大体相同，每一组的多台风电机组在风电机组升压变压器高压侧直接并联连接到该组的集电线路，如图2所示。

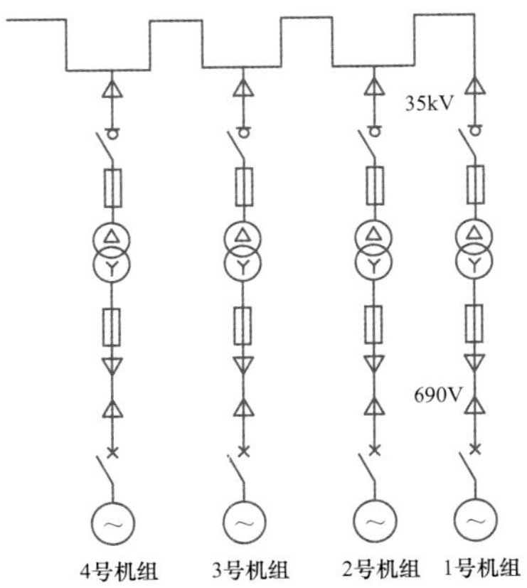

图2　风电场集电系统接线

集电线路采用直埋电力电缆或架空输电线路。架空输电线路投资低，但在风电场内需要条形或格型布置，不利于设备运输和检修，也不美观；直埋电力电缆敷设场内景观好，但投资较高。中国大型风电场一般会优先选用架空输电线路。

升压变电站　风电场电能输送的枢纽。升压变电站的主变压器将集电系统汇集的电能电压等级再次升高。在中国，风电场一般可将电压升高到110kV或220kV接入电力系统；对于百万千瓦级的特大型风电场，还可能需要进一步将电压升高到500kV或更高。风电场升压变电站主接线多采用单母线或单母线分段接线方式。一般情况下，升压站高压侧有1回出线时采用单母线接线，有2回出线时采用单母线分段接线；低压侧接线方式取决于风电机组的分组数目，当风电场规模不大，集电线路数目较少时采用单母线接线，大型风电场集电线路数目较多，一般采用单母线分段接线，图3为风电场升压变电站主接线示意图。

风电场升压变电站主要一次设备一般包括主变压器、开关设备、站用电设备、互感器、无功补偿设备等。

(1) 升压变电站一般安装两台主变压器，选用双绕组带有载调压功能的变压器。

(2) 高压侧断路器选用六氟化硫断路器，低压侧35kV选用手车式开关柜以减少建筑物面积，配置真空断路器。

(3) 选用接地变压器兼作厂用变压器，电源取自35kV汇集母线，另选用一台干式变压器作为厂用电备用变压器，电源取自当地电网（一般为10kV）。

(4) 根据二次设备选型配置电磁式互感器或光电式互感器。

(5) 配置动态无功补偿设备作为风电场集中无功补偿装置，与主变压器分接头及场内其他无功电源一起受控于风电场无功电压控制系统，自动实现对风电场并网点电压的综合控制，改善风电场电能质量。

功能要求　风电机组应具备低电压穿越能力；风电场应具备自动有功功率/无功功率调节及电压控制功能。

(1) 风电机组低电压穿越能力。当电力系统事故或扰动引起并网点电压跌落时，在一定的电压跌落范围和时间间隔内，风电机组能够保证不脱网连续运行的能力。风电场并网点电压跌至0.2倍额定电压时，风电机组应能不脱网运行625ms；并网点电压跌落后2s内恢复到0.9倍额定电压过程中，风电机组应能不脱网连续运行。风电场并网点电压在0.9～1.1倍额定电压范围（含边界值）内时，风电机组应能正常运行。

(2) 风电场的自动有功功率/无功功率调节及电压控制功能。配置风电场监控系统，接受电网调度部门远程自动控制指令，在线动态调节全场运行机组的有功功率、无功功率和场内无功补偿装置的投入容量，控制风电场并网点电压在标称电压的97%～107%范围内。当电力系统发生故障引起电压跌落时，动态调整风电机组和场内无功补偿装置发出的无功功率，为风电场在低电压穿越过程中提供动态无功支撑，配合系统将并网点电压和机端电压快速恢复到正常范围内。（见风电场无功电压控制系统和风电场有功功率控制系统）

(3) 风电场电气主系统的集电系统故障快速切除功能。风电场集电系统采用经电阻或消弧线圈接地方式，配置故障快速切除保护功能，当集电系统发生含单相接地在内的故障时，升压变电站快速切除故障区域，避免故障扩大而导致的非故障区域风电机组脱网。

参考书目

朱永强，王伟胜．风电场电气工程．北京：机械工业出版社，2012.

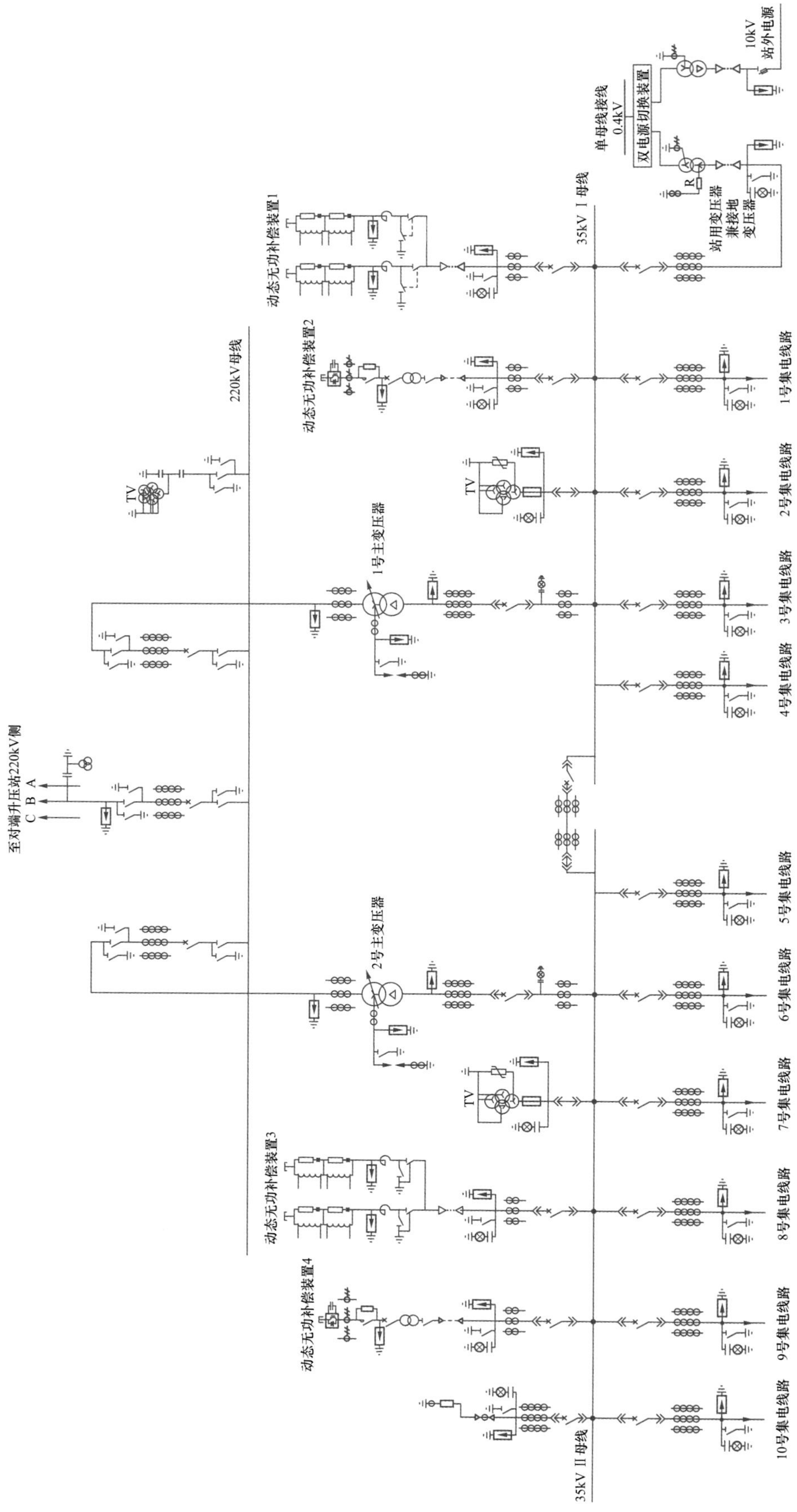

图3 风电场升压变电站主接线示意图

fengdianchang fengdian gonglü yuce

风电场风电功率预测 (wind power forecasting of wind power plant) 通过分析气象资料，结合风电场内风电设备的输出特性，推算风电场未来某个时段内的有功功率输出。风电是一种波动性电源，风电场的输出功率随风速大小随机变化，风电场未来几小时到几天时间范围的功率波动对风电并网和电网调度会有一定影响。根据风电功率预测结果，风电场可制订发电计划并上报电网，由电网调度部门根据风电场预测出力情况制订调度计划，增强电力系统的安全性和稳定性。风电功率预测还可以指导风电场合理安排检修计划。如在需要停机维护、检修时，可以选择在风速较低、风电功率输出较小时进行，以减少风电场电量损失；在出现可能对风电场产生破坏作用的大风时，可以提前做好防护准备，及时调整风电场运行状态，减少风电场内部线路和变压器损耗，提高风电场上网电量。

工作内容 以风电场的历史功率、历史风速、地形地貌、风电机组运行状态等数据为基础，建立风电场输出功率的预测模型，结合卫星气象资料为基础的数值天气预报，以数值天气预报风速等数据作为预测模型的输入，结合风电场机组的设备状态及运行工况，预测风电场未来的有功功率。

对于安装了风电功率预测系统的风电场，系统会按时自动进行功率预测并向电网调度部门上报结果。除输入风电场停机或检修计划外，运行人员不需要再对风电功率预测系统进行其他人工干预。风电场风电功率预测系统一般具备短期和超短期预测功能。短期风电功率预测应能预测次日零时起3天的风电输出功率，时间分辨率为15min；超短期风电功率预测应能预测未来0～4h的风电输出功率，时间分辨率不小于15min。(见风电功率预测技术和风电功率预测系统)

发展状况 美国、丹麦、西班牙等风电大国电力交易市场发达，均已建立了完善的风电功率预测管理机制。以美国为例，所有并网发电厂及电力需求方都参与电力交易市场竞价，并根据电力需求与供给确定每小时电价，因此风电企业在前一日根据风电场短期预测结果参与市场竞价，预测精度高低直接影响当天24h的电量与电价。为保证电力系统稳定，电力系统运营商根据风电场的发电情况与计划申报的差异，在市场中完成差额电量的购买与售出，所有涉及的费用将由风电场承担。为降低这部分成本，风电企业根据风电场超短期预测结果，不断修正短期预测结果，并调整当天的每小时计划电量。预测精度越高，当天需要买进或卖出的差额电量越少，所支付的费用也越少。

在中国，自2012年始，风电场已经基本建立了风电场侧功率预测体系。所有已并网运行的风电场建立了发电计划申报工作机制，未按要求报送风电预测预报结果的风电厂不得并网运行。

fengdianchang fengneng ziyuan celiang

风电场风能资源测量 (wind resource measurement of wind power plant) 以开发风电场工程为目的，在风电场工程场址范围内或附近开展风能资源现场测量，并对实测数据进行质量控制的工作。它是风电场工程开发的最初环节，也是风电场风能资源评估的基础性工作，对估算风电场发电量以及评估风电场潜在的经济效益非常重要。其工作是收集风电场拟建场区内或附近测风塔一个完整年以上的实测数据。在测风年内定期对测风系统进行维护，确保数据观测质量，包括制订测量方案和现场测风。

制订测量方案 通过参考风电场所在区域的风能资源宏观评价成果及必要的现场踏勘，按照风电场开发建设需要，提出风能资源测量的计划和要求。风能资源测量方案包括测量设备型式、质量与成本要求，测风系统的数量和位置，测量传感器高度、测量参数及精度、数据采样和记录间隔、数据存储格式，质量控制措施等。其中测风系统的测量参数包括风速、风向、气温和气压；测量高度一般不低于70m；测量传感器的采样间隔不高于2s，记录间隔不高于10min。

现场测风 主要工作包括传感器检定，测风系统现场选点、安装、调试和验收，测风数据收集、备份和保存，测风系统现场质量检查、故障处理和记录等。其工作质量直接影响工程可行性评价的准确性。

在测风塔塔架的不同高度安装测量传感器，实测数据记录在与测量传感器相连接的数据记录仪内（见测风塔维护）；也可采用以声雷达和激光雷达为主的遥感式测风系统，通过声波或激光在不同高层的反射，测算风速、风向，其最高测量高度可超过100m。海上风电场测风系统需安装在测风平台上。

现场测风数据验证包括完整性检验、合理性检验和相关性检验等，并对不合理和缺测数据进行处理，收集的有效数据完整率应大于90%，具体技术内容见测风系统。

fengdianchang fengneng ziyuan pinggu

风电场风能资源评估 (wind resource assessment of wind farm) 利用风电场风能资源测量的结果，并结合参证数据对测量成果进行分析评价，提出风电场工程建设必需的各项风能资源参数及分布特征等的活动。在收集基础资料的基础上，进行代表年订正，计算风能资源参数，通过分析风电场所在区域的风能资源分布状况，最终获得风电场风能资源评估成果。风能资源评估成果应为风电场工程开发提供系统、明确的意见，确认风电场是否适合工程开发以及开发的边界条件。

基础资料 主要包括：①风电场附近气象站等长期测站连续30年的逐年平均风速和各月平均风速、与风电场测站同期的逐小时风速和风向数据、累年平均气温和气压数据，以及建站以来记录到的最大风速、极大风速及其发生的时间和风向、极端气温、每年出现雷暴日数、积冰日数、冻土深度、积雪深度和侵蚀条件（沙尘、盐雾）等；②风电场风能资源测量的结果，即风电场拟建场区内或附近至少连续一年的现场实测数据；③已有的风能资源评估资料。

代表年订正 结合风场长期气象观测资料，对拟建风电场一年的实际测风数据进行修正的工作。风能资源评估代表年指分析过去多年测风资料得到的一个典型年，其风能资源参数是未来风电场经营期内的预测平均值。代表年订正的目的在于得到一套反映风电场风能资源长期平均水平的有代表性的数据，以便估算风电场的发电量。

风电场现场测风数据受到实测年气候特征影响，一般不能够代表风电场工程正常运行期内的平均水平，因此这些数据不能直接作为风电场工程可行性研究和财务评价的基础，需要对测风年实测数据进行代表年分析，确认其偏离多年平均值的程度，并对其进行代表年订正，获得至少一个完整年的时序代表年风速数据序列。

代表年分析一般采用实测数据和参证数据相关分析法，并根据相关系数确定采用全扇区相关法或分扇区相关法。全扇区相关法不分风向，将所有风速数据进行相关性分析后直接进行订正；分扇区相关法按照16个风向扇区，对每个风向扇区内的风速进行相关性分析，根据分析成果，对不同扇区的风速按照本扇区的相关性进行订正。国际上也有部分咨询公司直接采用测风年数据计算风电场年上网发电量，并对结论进行代表年订正，其基本思路仍为确定测风年平均风速与多年平均风速的差异。

计算风能资源参数　计算订正后各测风塔不同高度的平均风速、平均风功率密度值，获得风切变幂指数（见风切变）、湍流强度（见湍流模型）、威布尔分布（见风特性）、50年一遇最大风速和空气密度等若干参数，并分析冰冻、台风等风电场高影响天气对该地风能资源的影响。

分析风能资源分布状况　通过数量有限的测风系统，只能获取风电场场址所在地局部观测点的测风数据，为获得风电场工程覆盖范围内的风能资源分布状况，为微观选址和风电场发电量计算提供基础数据，需通过模型计算的方式，以孤立观测点的数据为基础推演风电场内所有地点的风速、风向，计算风电场区风能资源在时域和频域的分布特征，提出风电场工程开发所需要的风能资源参数。

评估成果　主要包括风电场风能资源等级、风能资源分布特征等。其中风能资源等级按照离地10m或50m高度的年平均风功率密度确定，一般认为风功率密度等级3级即具有较好的开发价值，也有部分风电场工程风功率密度等级只有2级甚至1级，也可具备一定的投资经济性；风能资源分布特征包括风速和风功率的年内逐月分布和日内逐时分布，它用于分析风电场出力的变化水平和概率，为风力发电在电力系统中的出力特性与负荷匹配研究提供依据。

见风能资源评估。

fengdianchang gaoyingxiang tianqi

风电场高影响天气　(high-impact weather system to wind farm)　对风电场安全运行造成影响的灾害性天气，主要有台风、低温、积冰、雷暴和沙尘暴。这些灾害性天气会对风电场的安全造成威胁，风电场发电效益受损，严重时可以导致风电机组损毁。气象部门在高影响天气来临之前将发出不同级别的气象灾害预警信号。气象灾害预警信号由名称、图标、标准和防御指南组成。按照灾害的严重性和紧急程度，中国的气象灾害预警信号由小到大分为Ⅳ、Ⅲ、Ⅱ、Ⅰ级，分别代表一般、较重、严重和特别严重，颜色依次为蓝色、黄色、橙色和红色。台风预警信号见图。

台风　热带气旋的一个类别，热带气旋中心持续风速达到12级（32.7m/s或以上）称为台风（typhoon），其发生在北太平洋西部；发生在东太平洋上的称为飓风（hurricane）。台风具有暖性高湿和强烈辐合的特点，它能量很大，来势凶猛，常常伴随狂风、暴雨、风暴潮和龙卷风等强烈天气，是影响中国东部沿海地区的主要灾害性天气之一。台风的水平尺度约几百千米到上千千米，最大风速出现在热带气旋中心附近，8级大风区半径一般可达上百千米。登陆台风带来的狂风暴雨常使建筑物、架空输电线路等遭到严重破坏，对裸露在大气中的风电机组构成很大的威胁，轻者引起机组部件损伤，重者造成叶片损坏甚至塔架倾覆。中国每年平均有7个台风登陆，其中大约1/3在东部沿海，特别是在广东、福建、台湾、香港、澳门登陆。台风登陆后，由于受到陆地摩擦力的影响，风力显著减弱，对内陆地区风电场造成较大危害的可能性相对很小。

台风预警信号

低温　低于－20℃的极端最低温度。日最低气温小于等于－30℃的低温天气主要出现在高纬度和高海拔地区，而低温的日数则随纬度和海拔的下降而减少。中国只有东北、内蒙古、新疆北部、青藏高原大部及甘肃、宁夏等地出现这样严寒的天气。东北大兴安岭北纬50°以北的大部分地区日最低气温小于等于－30℃的日数平均每年在50天以上，部分地区甚至在80天以上。低温下风电机组的运行状况，零部件的性能、机组的可维护性等方面都将发生变化，当气温低于－30℃时，即使是低温型风电机组也要停止运行。

积冰　降水或雾滴与地面树木、设施等物体碰撞后冻结在其表面的现象，也称覆冰。积冰的形成与大气环流和地形密切相关，表现为雨凇或雾凇。雨凇是当过冷却雨滴降落到地面低于或等于0℃的任何物体上发生冻结，形成的冰覆盖层；雾凇则是过冷水滴碰撞到低于冻结温度的物体时形成白色不透明的粒状结构物。雨凇和雾凇的共同特点是在空气中水汽含量比较丰富的地区比在干燥的地区严重；随着海拔高度的增加而增多，但超过凝结高度又会随高度减少；在相近的温湿条件下，冻结厚度随风速增大而增加。中国北方地区以雾凇居多，南方大部分地区以雨凇居多。雾凇主要出现在新疆北部和东北大部，以及甘肃、河北、山东、陕西等地势较高的地区，南方局部地势较高的地区也会出现雾凇。雨凇主要分布在长江以南地区，如贵州、云南、湖南、湖北、安徽、江西、四川盆地南部山区一带。

中国积冰最为频繁和严重的地方是在一些高山上，四川峨眉山、湖南衡山、重庆金佛山、湖北绿葱坡雨凇和雾凇日数都在60天以上，北方的甘肃华家岭、陕西华山、山西五台山、吉林天池、山东泰山年平均雾凇日数达55～135天。积冰会使风力发电机组叶片表面结冰，造成叶片负载增加，积冰严重时，会导致架空输电线路导线跳头、扭转甚至拉断或杆塔倒塌等事故。

雷暴　积雨云在强烈发展阶段产生的伴随雷击和闪电的局地对流天气。雷暴过境时，常伴有大风、暴雨以至冰雹和龙卷风，是一种局地性的但却很猛烈的灾害性天气。中国雷暴总的分布特征是南方多、北方少，山地多、平原少，内陆多、沿海少。海南、广东、广西和云南南部以及四川西部是中国雷暴最多的地区，平均年雷暴日数达70天以上，其中云南西部、广西东南、广东西南的部分地区及海南省西北部达100～120天。雷电释放的巨大能量会造成风电机组的叶片损坏，发电机绝缘击穿，控制元件烧毁等，致使设备和输电线路遭受严重破坏。

沙尘暴　强风将地面大量沙尘卷入空中，使空气浑浊，水平能见度小于1km的天气现象。而强沙尘暴则是使空气非常浑浊，水平能见度小于500m的天气现象。沙尘暴都伴随有大风，强沙尘暴风力常达8级以上，有的甚至可达12级，相当于台风登陆的风力。大风夹带的沙粒及黄豆大小乃至核桃大的石块，对风力发电机组叶片和风电场露天仪器、设备构成较大的危害。中国沙尘暴的地理分布特点为北方多、南方少，平原多、山地少，西部戈壁沙漠和青藏高原多、东部湿润地区少。西北、青藏高原、华北北部和东北平原是沙尘暴的主要影响区，其中有两个多发区，一个以塔里木盆地为主体，塔里木盆地和阿拉善高原部分地区为高频区，达20天以上；另一个以内蒙古西部、河套地区及河西走廊为主体，平均年沙尘暴日数在10天以上。

fengdianchang gongcheng guihua

风电场工程规划

(planning study of wind power projects)　对区域风电工程建设开展的设计研究工作。为合理利用风能资源，在中国风能资源普查成果、现场风能资源测量评估成果的基础上，针对某一区域风能资源状况，结合该区域社会经济发展、能源利用、环境影响状况，尤其是电力需求和电网接入条件等情况，经综合技术经济分析，制定风力发电开发利用方案的设计研究工作。规划的近期水平年可考虑从编制规划时起的5年左右，远期水平年可考虑从编制规划时起的10年左右，远景水平年可考虑从编制规划时起的20年左右。规划水平年的划分应与国家中、长期发展规划相适应。工程规划报告是指导该地区风电项目有序开发和近期开发项目开展下阶段工作的重要依据。

资料收集　收集的资料包括：①规划区域内的风况、气象、地形、地质、交通、环境等条件；②规划区域的国民经济现状与发展规划、电力发展现状与需求、土地利用规划等；③涉及规划风力发电场场区的测风资料、工程地质、交通运输及施工安装等建设条件等；④限制性条件，如压覆矿产、自然环境保护、军事或文物区域等。海上风电场工程还包括场址附近海洋观测台站的潮位、海浪、海流、台风、海冰、冲刷和海生物等海洋环境观测资料，场址附近海洋功能区划、滩涂围垦规划，海域岸线、海床资料等。

基本任务　包括：①根据基础资料，分析可供开发的风电项目总体规模，遴选具备优越开发条件的潜在风电开发区域；②根据有关电力系统的基础资料，进行电力市场消纳分析，提出全额或部分消纳总体规模范围内风电项目电力的初步结论；③根据基础资料，结合电力市场消纳分析的初步结论，选择风力发电场场区，论述各场区风能资源、工程地质、交通运输及施工安装等工程建设条件；④提出各风力发电场项目接入电力系统的初步方案；⑤进行风电项目的环境影响初步评价；⑥进行风电项目的投资匡算；⑦根据建设条件、接入电力系统条件等，以技术经济综合比较的方法，提出各项目的开发时序；⑧根据需要开展电网风电接纳能力分析、风力发电开发政策分析等。

fengdianchang gongcheng jianshe

风电场工程建设

(construction of wind power project)

有组织地开发风能资源、投资兴建风力发电场的活动。工程建设采用设计单位、施工单位单独招标方式或设计、施工总承包方式。建设周期自风电场项目获得国家或地方主管部门的核准文件起至项目竣工投产止。风电场工程建设包括风电场工程地质勘察、风电场工程设计、风电场工程招标、风电场工程施工准备、风电场土建工程、风电场设备安装、风电场设备调试、风电场工程验收以及与这些活动相关的工程建设管理工作。风电场工程施工组织和风电场工程施工管理是风电场工程建设管理的重要内容。

风电场工程地质勘察　为满足风电场工程设计和建设的需要，对风电场场址区域地质条件开展的工程地质调查研究工作。工程地质勘察结束后，提出《风电场工程地质勘察报告》。

工程地质勘察方法和程序见《水力发电卷》工程地质勘察。

风电场工程设计　风电场工程建设阶段的设计工作，包括风电场工程招标设计和风电场工程施工图设计。风电场工程招标设计是指在审查批准的风电场工程可行性研究报告基础上，根据核准的风电场场址、工程规模和审定的接入系统方案，结合工程实施与管理的要求，进行的风电场工程项目技术方案设计。风电场工程施工图设计是指为风电场土建工程施工、设备安装提供技术文件和图纸的活动。

风电场工程招标　建设单位根据国家法律、法规和项目核准文件的要求，依据招标合同条款以及风电场工程招标设计提供的技术要求和工程图纸等技术文件，按照规定程序对风电场工程建设所需的设备、材料、施工和监理等货物或服务选择交易对象的过程。完成风电场工程主要设备和施工标段招标工作，是风电场工程建设全面展开的重要保证。

风电场工程施工准备　风电场工程建设单位和施工单位在风电场工程项目核准后，为创造风电场工程施工条件所进行的各项筹划、安排等工作。见风电场工程施工准备。

风电场土建工程　风电场土木工程和建筑工程的总称。包括道路场地工程、风电机组基础工程、箱式变电站基础工程、风电场主控楼工程、办公宿舍综合楼及附属建（构）筑物工程、变电站土建工程、风电场内架空输电线路施工、输电杆塔及杆塔基础施工、建筑装饰工程、采暖通风与空调工程、给排水及消防工程、地质灾害治理工程和风电机组防雷接地工程等。见风电场土建工程。

风电场设备安装　在风电场设备基础浇筑完毕并达到规定的养护期之后，将风电场机电设备就位、固定和连接的过程。

按风电场设备所处的位置，可分为风电场区内设备安装和变电站内设备安装。风电场区内设备安装主要有风电机组安装、箱式变电站和场内集电线路安装等；变电站内设备安装包括变电站一次设备、二次设备安装，风电机组中央控制系统安装和风电功率预测系统安装等。

风电场设备调试　在设备安装过程中及安装结束后投入生产前，对风电场设备进行调整、整定和一系列试验工作的总称。调试内容主要包括风电机组调试、风电场电气设备调试以及风电场附属设备调试。见风电场设备调试。

风电场工程验收　对风电场工程进行检验和交接的建设程序，通常采取分阶段验收的方式进行，分为单位工程验收、工程启动试运行验收、工程移交生产验收和工程竣工验收四个阶段，见风电场工程验收。

fengdianchang gongcheng kexingxing yanjiu

风电场工程可行性研究

(feasibility study of wind power projects)　在风电场工程预可行性研究完成后，根据现场风能资源观测资料、地质勘探资料、自然或海洋环境条件等对风电场工程技术设计方案、环境影响、财务效益和社会效果进行综合技术经济分析，提出项目是否可行的评价意见而开展的勘测设计工作。可行性研究报告是国家和各级能源投资主管部门核准风电场项目的重要依据。

资料收集　主要包括：①场址范围内一年以上风能资源实测数据和场址附近长期观测站风向、风速梯度、气温、气压、湿度等气象、风能资源观测资料。②场址工程地质初步勘探资料。③场址自然环境条件。④接入电网概况及发展规划。⑤土地利用规划，自然保护区等环境制约条件。

海上风电场工程还需收集的资料包括场址附近海洋观测台站长期观测资料和场址内现场一年以上潮位、海浪、海流、台风、海冰、冲刷和海生物等海洋环境观测资料，以及场址附近海洋功能区划、滩涂围垦规划，海域岸线、海床资料等。

基本任务　包括：①确定项目规模，并论证项目开发必要性及可行性。②按照GB/T 18710《风电场风能资源评估方法》要求，对风电场风能资源进行评估。③海上风电场工程应通过调查、水文测验或专题研究，分析风电场场址区海洋水文、气象条件，提出相应的海洋水文参数。④查明风电场场址区工程地质和水文地质条件，提出相应的评价意见和结论。⑤比选风电机组机型及轮毂高度，提出风电机组优化布置方案，并计算风电场年上网电量、年等效满负荷利用小时数。⑥分析提出风电场接入系统要求的实施方案。⑦工程消防设计，提出消防要求。⑧初步选定风电机组基础型式和陆上、海上升压变电站结构型式等，提出工程总体设计方案和各建筑物的工程量。⑨初定各建筑物及机电设备安装施工方案，确定施工总布置和施工总进度。⑩确定工程用地及用海的范围、补偿方案。⑪环境保护与水土保持设计。⑫劳动安全与工业卫生设计。⑬节能分析及节能措施设计。⑭编制工程设计概算。⑮项目财务评价与社会效果分析。⑯工程招标方案。⑰主要结论和意见或建议。

fengdianchang gongcheng shigong guanli

风电场工程施工管理

(construction management of wind power project)　在风电场工程施工准备、正式施工、移交生产和竣工验收全过程中，利用组织、计划、技术、经济等措施，对人力、物资、技术、资金、质量、安全、环境、进度等各项要素进行筹划、安排和控制的工作。在风电场工程施工过程中，建设单位负责工程的全面管理工作；监理单位受建设单位委托，控制工程建设的投资、工期、工程质量，进行安全管理、合同管理，协调工程建设各有关单位之间的工作关系。

风电场施工管理包括工程施工准备，工程施工组织，施工进度控制，职业健康、安全与环境管理，工程质量管理和造价管理等。

工程施工准备　为创造风电场工程施工条件所进行的各项筹划、安排等工作，是风电场工程建设能够按计划，安全、优质完成的重要基础工作。按组织单位，分为建设单位的施工准备和施工单位的施工准备。（见风电场工程施工准备）

工程施工组织　编制指导风电场工程建设全过程的技术、经济和组织等活动的综合性施工组织设计文件并实施，是建设单位和施工单位根据风电场工程的特点和现场可以调动的资源，科学、合理地安排人力、资金、材料、施工机械、施工方法、设备供应与运输，以及现场供水、供电条件等要素，以保证对工程项目安全、质量、成本和进度进行有效控制。（见风电场工程施工组织）

施工进度控制　在风电场工程建设中执行经审核的施工进度计划，定期检查施工实际进度，与原进度计划比较，并找出进度偏差，通过对偏差产生的原因及对工期目标影响进行分析，监督施工单位及时采取措施，调整进度计划的执行，以满足进度目标。

风电场施工进度计划包括总进度计划、单位工程进度计划和作业进度计划。

总进度计划　对风电场工程从开始实施到竣工为止各个主要阶段的进度安排，通常称为一级进度计划或里程碑节点计划。

单位工程进度计划　根据总进度计划的要求和各施工要素编制的单位工程进度安排，也称为二级进度计划，是总进度计划的组成部分。风电场单位工程主要包括：①交通工程（包括进场道路、场内的施工及检修道路）；②风电机组安装平台、风电机组基础工程和箱式变电站基础工程；③风电场变电站建筑工程；④风电场变电站设备安装与调试；⑤风电机组安装与调试；⑥集电线路施工和箱式变电站安装等。

在风电场工程中，变电站的施工和设备安装调试工期对项目的总工期具有非常重要的影响，属关键施工路径，需详细策划、及早开工。

作业进度计划　对分部、分项工程所做的具体施工进度安排，是施工进度计划的具体化，直接指导基层施工队进行施工活动。

职业健康、安全与环境管理　贯穿于整个风电场工程施工过程。在风电场建设过程中，所有参建单位都要遵守法律法规，采取措施保证人员安全、健康及设备安全，尽可能消除或减少对环境的影响。

在风电机组及塔筒的起吊、安装、调试作业中注意：①吊车司机、起重机械安装拆卸工、起重信号工、司索工、电工、高处作业人员等特种作业人员须持有有效的特种作业操作证；②登塔的作业人员需经过高空作业安全和逃生培训；③作业场地能够满足吊装作业要求；④作业机具和安全防护装备经过必要的检查；⑤落实高空防护及防坠落措施。

在风电场工程施工前期就要做好环境保护策划。风电场工程的环境保护与水土保持工作遵循“三同时”原则，即与风电场同时设计、同时施工、同时投用，以最大限度地消除对施工现场生态和环境的影响，如严格控制施工噪声；施工和生活垃圾集中处理；施工车辆按规定线路行驶，减少对植被的破坏；施工开挖和弃渣场地选择要注意减少水土流失等。

工程质量管理 对风电场单位工程、分部工程、分项工程进行的质量预控制、质量检验检测、质量验收及质量事故处理等工作。工程质量管理贯穿于施工准备阶段、施工阶段和工程竣工验收阶段全过程。

在工程施工准备阶段就要确定建设标准、进行质量策划、确定质量目标（合格率达到100%，建筑工程优良率不低于85%，安装工程优良率不低于95%）、建立质量保证体系，检查施工单位和人员的资质和能力。

施工阶段需按照设计的标准及图纸进行施工，按照质量保证体系确定的责任将质量目标落实到位，并检验到场的设备和材料是否合格；检查风电机组基础等半成品的保护措施，以及建筑物基础工程、有关风电机组基础工程各施工工序、电缆管线通道和接地工程等隐蔽工程的验收记录。每个分部工程、分项工程、单位工程施工完毕后，质量验收为合格工程的，才能进入下一道工序。风电场工程一般以风电机组为单位对资料进行归档。

工程竣工阶段按照质量验收标准组织验收，确定完工工程的质量等级，按要求对最终验收资料妥善保管。（见风电场工程验收）

造价管理 在风电场工程前期、建设期、竣工后的各阶段有效控制造价的活动。控制风电场工程造价的措施包括密切跟踪风电机组、塔架等对风电场工程造价影响特别重大的项目的价格趋势，以及对风电机组基础（见风电机组基础设计）、变电站、集电线路及道路等项目进行设计优化。

fengdianchang gongcheng shigong zhunbei

风电场工程施工准备

(preparation for wind power project construction) 风电场工程建设单位和施工单位为创造风电场工程施工条件所进行的各项筹划、安排等工作。此项工作在风电场工程项目核准后进行，是风电场工程建设能够按计划，安全、优质完成的重要基础工作。

建设单位风电场施工准备的主要工作内容为组织准备、技术与施工管理准备、物资准备、现场准备和办理行政许可五个部分。

施工单位的施工准备工作见《综合卷》施工准备。

组织准备 主要工作包括：①根据风电场工程规模组建项目管理机构，负责风电场工程建设的组织、管理、协调。管理机构应至少配备项目经理、土建工程师、电气工程师、技经工程师、安全工程师和对外协调人员。②招标确定工程设计单位。风电场工程各子系统相对独立，设计工作可由一家或几家设计单位分别完成。对于采取总承包建设方式的，由总承包方确定工程设计单位。③招标确定施工监理单位。④招标确定工程建设总承包单位或者按照风电场各单位工程和分部工程分别招标确定施工单位。⑤向电力工程质量监督部门提出工程质量监督申请。

技术与施工管理准备 主要工作包括：①编制和审查风电场工程初步设计。②编制设备招标和工程招标技术文件。③编制施工预算。④编制施工现场管理制度。⑤工程建设单位组织设计单位、施工单位、监理单位等进行工程项目图纸审查和技术交底。⑥建立风电场工程测量控制网；确定工程现场测绘基点、基线，设立标高基准点和测量导线基准点的永久性标桩，并在风电场地形图上标明；确定与复核风电机组基础坐标点。⑦编制风电场施工组织设计。

物资准备 主要工作包括：①项目资金的准备。②建设单位招标采购风电场工程的主要设备，包括风电机组、塔架、箱式变电站、风电场变电站电气设备等。③根据合同约定，由建设单位或施工单位采购工程建设材料，主要包括建材、钢材、电缆电线等。

现场准备 主要工作包括：①“四通一平”，即接通道路、电源、水源、通信和平整场地。道路包括进场道路和场内道路；平整场地包括风电场变电站场地平整和各风电机组机位的场地平整。②拆迁、征林、征地等工作。在风电场变电站、风电机组、道路、线路的位置和占地面积确定之后，办理土地征用、补偿手续。

办理行政许可 风电场开发企业在取得项目核准后，需向行政主管机关办理土地权利证书、建设用地规划许可证、建设工程规划许可证和建设工程施工许可证后方可开工建设。

fengdianchang gongcheng shigong zuzhi

风电场工程施工组织

(construction organization of wind power project) 对风电场工程建设从开工到竣工交付使用所进行的计划、组织、控制等活动的统称。风电场工程多数处于远离村镇和人口稀少的地区，施工区域面积大、施工点分散、施工工期集中，现场可利用的建设条件有限。工程施工组织是建设单位和施工单位根据风电场工程的特点和现场可以调动的资源，将人力、资金、材料、施工机械、施工方法、设备供应与运输以及现场水、电条件等要素进行科学、合理的安排，以保证对工程项目的安全、质量、成本和进度进行有效控制。其核心内容是根据批准的风电场工程建设任务、设计文件（施工图与设计说明书）、工程承包合同和现场工程条件，编制指导工程建设的综合性施工组织设计文件并实施。

风电场施工组织设计是用来指导风电场工程建设全过程各项活动的技术、经济和组织的综合性文件，分为两个阶段编制。在勘察设计阶段，施工组织设计由设计单位编制（见风电场施工组织设计）。在施工阶段，分别编制施工组织总设计和单位工程施工组织设计。

施工组织总设计由风电场建设单位组织设计单位和施工单位联合编制。风电场工程建设过程中，参与建设的各单位根据施工阶段施工组织总设计开展施工组织工作，并根据施工进度和现场条件变化随时进行必要的调整。风电场施工单位针对承包的单位工程编制单位工程施工组织设计。单位工程施工组织设计以单位工程为主要对象编制，对单位工程的施工过程起指导和控制作用，如编制风电场变电站施工组织设计、风电场道路施工组织设计、风电机组基础施工组织设计、风电机组安装施工组织设计和风电场集电线路施工组织设计等。

单位工程施工组织设计见《综合卷》施工组织设计。

风电场施工组织总设计以整个风电场工程为主要对象编制，对工程的施工过程起统筹规划和重点控制作用。其内容结合工程对象的实际特点、施工条件和技术水平进行综合考虑，一般包括工程概况、主要施工条件、施工部署、施工进度计划、主要施工方案、施工现场平面布置和施工管理计划等。施工管理计划主要包括安全管理计划、环境管理计划、质量管理计划、成本管理计划等内容。

工程概况 对风电场工程的整体情况进行综合论述。包括工程名称、性质、地理位置和建设规模，工程的建设、勘察、设计和监理等单位的情况，工程设计概况，工程承包范围及主要分包工程范围，施工合同或招标文件对工程施工的重点要求等主要情况。

主要施工条件 包括风电场工程建设地点气象条件和气候特点；工程施工区域地形和工程水文地质状况；工程施工区域地上、地下管线，以及相邻的地上、地下建（构）筑物情况；与工程施工有关的风电场场外道路、桥梁、隧道等状况；风电场建设区域内已有和准备建设的道路、桥涵情况；当地建筑材料、设备供应和交通运输等服务能力状况；风电场建设区域内水源供应能力与水质；施工电源来源和建设区域内通信保障方式，等等。在确定风电机组基础施工混凝土供应能力时，应充分考虑混凝土拌和能力的冗余和运输能力，以保证混凝土浇筑的连续性。

施工部署 对工程实施过程做出的统筹规划和全面安排，含工程施工主要目标、各单位工程施工顺序及空间组织、施工组织安排等。主要包括：①确定安全、环境、质量、成本和进度等工程施工总目标；②确定项目各单位工程交付计划和施工顺序；③简要分析工程施工的重点和难点；④明确项目管理组织机构形式；⑤部署工程施工中开发和使用的新技术、新工艺；⑥对主要分包施工单位的资质和能力提出要求。

施工进度计划 为实现工程设定的工期目标，对各单位工程施工的顺序、起止时间和相互衔接关系所作的统筹策划和安排。根据施工进度计划编制施工准备计划，风电场设备运输计划，风电机组安装和调试计划，电气设备安装、调试和验收计划。

施工准备计划 重点关注施工电源、水源和运输条件的准备工作。它们是风电场工程施工的先决性条件，易受到外部环境与条件的约束。

风电场设备运输计划 包括风电机组塔架、叶片、机舱和轮毂，以及风电场变电站主变压器等设备的运输计划。塔架、叶片、机舱及主变压器等设备属于超重、超宽、超长物资，运输中有特殊要求（见风电机组运输）。计划编制时需要注意尽量避免在雨季、道路覆冰季节和大雾天气时集中运输。设备运输的时间、进度受到主变压器基础和风电机组基础施工进度、现场储存与转运条件的制约。计划编制尽量与主变压器基础和风电机组基础施工进度相配合，争取风电设备一次运输到位，避免现场二次转运。风电设备运输进度直接影响变电站设备和风电机组的安装调试进度，合理安排运输计划可以提高大型吊装设备利用率和调试技术人员工作效率。

风电机组安装和调试计划 包括风电机组塔架、机组设备安装计划和机组调试计划。风电机组安装需要使用大型吊装设备。编制时，要求吊装时间和进度与风电机组基础施工进度和风电设备运输计划相协调，以提高大型吊装设备利用率。在安排风电机组安装机位顺序时，避免吊装设备与机组基础施工车辆在使用风电场场内道路上发生冲突。

电气设备安装、调试和验收计划 包括变电站设备安装和调试计划、箱式变电站安装和调试计划、变电站和风电场内集电线路起动验收进度计划以及风电场中央控制系统安装和调试计划。电气设备安装、调试和验收进度会影响到风电机组动态调试进度和风电场试运行。根据风电机组调试技术力量和机组技术成熟程度，安排电气设备验收的时间节点，为机组调试和试运行预留足够的时间。

主要施工方案 以单位工程或分部、分项工程为主要对象编制的施工技术与组织方案，用来具体指导施工过程。风电场工程的主要施工方案包括风电机组基础施工方案、风电机组安装方案、风电场道路施工方案和场内集电线路施工方案等。

风电机组基础施工方案 根据风电机组基础施工图要求，确定风电机组的桩基础施工（如有）、基础开挖、钢筋绑扎、基础环的安装和混凝土的浇筑、振捣和养护方案，确定冬季和雨季施工措施。（见风电机组基础施工）

风电机组安装方案 根据风电机组供应商提供的技术文件，确定风电机组塔筒、机舱、叶片的吊装方案。主要内容包括：确定机组安装需要的主吊设备和辅助吊装设备，以及吊装设备在风电场内移动时对架空电力线路、通信线路等空间障碍物的处置与恢复方案；绘制风电机组安装作业场地平面布置图（见图1），明确机舱、叶片和塔架等主要部件的存放位置、吊车的工作位置。（见风电机组安装）

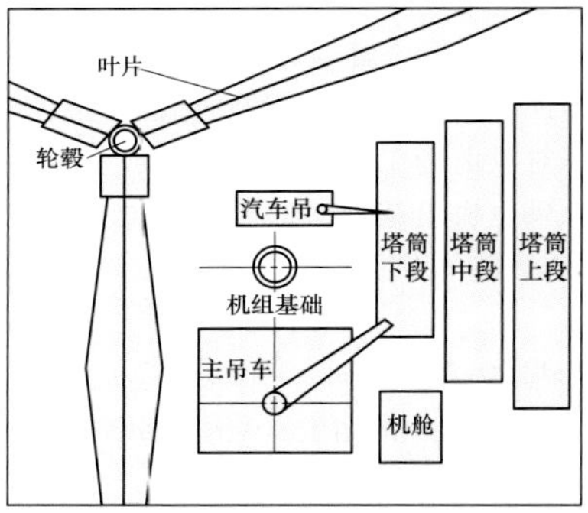

图1 风电机组安装作业场地平面布置示意图

风电场道路施工方案 根据风电场区域的地形地貌、风电机组机位所处自然地面高差范围以及土地现状等条件，结合吊装设备和设备运输的技术要求，确定风电场内施工道路的走向、宽度、转弯半径和纵向坡度。编制时，统筹考虑风电场内施工道路与风电场的巡检道路。根据道路技术要求、施工工艺和施工设备条件，确定道路的施工顺序和材料供应方案，边坡防护、排水边沟、路基和路面施工方案，冬季和雨季的施工措施，以及风电场施工期间道路养护方案。

场内集电线路施工方案 根据集电线路设计要求、工程地质条件、场内道路施工进度和吊装设备移动计划，确定杆塔基础施工、杆塔组立、金具安装、线路架设、电缆施工、光缆施工方案和相关电气设备的安装方案。

施工现场平面布置 布置的原则：①科学合理，施工场地占用面积少；②合理组织运输，减少二次搬运；③区域划分和临时占用符合总体施工部署和施工流程，减少相互干扰；④充分利用既有建（构）筑物和既有设施，降低临时设施的建造费用；⑤临时设施方便生产和生活，办公区、生活区和生产区分离设置；⑥符合节能、环保、安全和消防等要求。

用风电场施工总平面图来表示各建（构）筑物和施工用设施的布置情况，其包括土建施工场地平面布置图（见图2）和风电机组安装作业场地平面布置图。

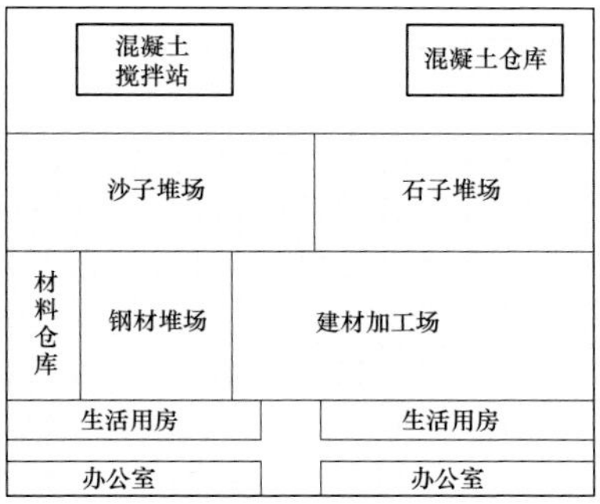

图2　土建施工场地平面布置示意图

fengdianchang gongcheng shigongtu sheji

风电场工程施工图设计　(detailed design of wind power plant)　为风电场土建工程施工、设备安装提供技术文件和图纸的活动，是在已批准的风电场工程可行性研究和风电场工程招标设计基础上的深化，也是风电场工程建设中设计阶段的最后一个步骤。在施工图设计阶段，设计人员根据可行性研究和招标设计（见风电场工程招标设计）的成果，分析有关法规、标准以及各种接口条件，通过计算分析和经济比较，经优化后确定详细设计方案，在此基础上形成计算报告、施工详图、技术规格书、技术手册、设备材料清单等，以供采购和施工安装使用。此外，还要编写工程预算书，作为投资控制和竣工结算的依据。

设计目标　主要包括：①为风电场工程施工、安装及其监理的实施提供依据；②为材料、设备的采购提供依据；③为非标设备的制造提供依据；④为编制施工图预算提供依据；⑤为最终安全分析报告的编写提供依据；⑥为编写设备调试（见风电场设备调试）、起动、运行检修文件提供依据；⑦为工程竣工验收（见风电场工程验收）提供依据。

设计成果　主要包括：①依据风能资源计算结果，综合考虑风电机组尾流影响（见尾流模型）、风电机组的安全、集电线路（见风电场电气主系统）、道路、占地、环境保护等，绘制总平面图，一般比例为1∶2000，要求表达内容齐全，完整清楚，便于施工，并包括设计总说明、风电机组坐标、图例等；②各专业的详细计算分析报告，包括风电机组基础土建结构的整体和局部分析等；③土建施工详图，包括模板、配筋、预埋件、钢结构和装修等详图及其材料明细表；④集电线路制造图、布置图、安装详图；⑤道路图；⑥电气安装图，包括布置图、电缆敷设清册、电气设备安装图纸文件；⑦系统设计文件、支持调试起动、运行检修活动的指导性工作文件等；⑧土建、安装技术规格书；⑨风电机组及电气设备采购技术规格书、设备材料清单。

fengdianchang gongcheng yanshou

风电场工程验收　(acceptance of wind power plant project)　对风电场的各单位工程和整体工程进行全面检查、试验、测试，并以书面形式确认工程质量合格的工作，是风电场工程建设的关键程序。依据国家有关安全生产、环境保护、水土保持和节约能源的法规，国家和行业技术标准、规程、规范，批准的投资计划和批准的工程设计以及设备、施工、调试、监理等技术文件开展验收工作。工程验收通常采取分阶段验收的方式进行，分为单位工程验收、工程起动试运行验收、工程移交生产验收和工程竣工验收四个阶段。

单位工程验收　单位工程可按风力发电机组、风电场变电站、场内电力线路、建筑工程、交通工程五类进行划分。每个单位工程由若干个分部工程组成。单位工程验收在各分部工程阶段验收的基础上进行。

单位工程验收由项目建设单位主持，组建单位工程验收领导小组负责组织验收工作。质监部门出具签证意见。工程验收合格后签发单位工程完工验收鉴定书。

风电机组安装工程验收　主要验收内容包括风电机组基础，风电机组现场安装质量，风电机组监控系统安装质量，塔架、电缆、箱式变电站和防雷接地网工程质量。

风电场变电站和控制中心建筑工程验收　主要验收内容包括：①建筑工程是否符合施工设计图纸及施工技术要求；②各分部工程施工记录及有关材料合格证、试验报告等；③各主要工艺、隐蔽工程监理检查记录与报告；④施工缺陷处理情况；⑤建筑工程形象面貌和整体质量。

风电场变电站设备安装调试工程验收　主要验收内容包括：变电站电气系统一次设备、变电站电气系统二次设备的安装调试质量和电缆铺设、防雷接地装置等的工程质量。

场内电力线路工程验收　主要验收内容包括：①电力线路工程是否符合设计要求；②施工记录、中间验收记录、隐蔽工程验收记录、各分部工程自检验收记录及工程缺陷整改情况报告等资料；③电力线路工程质量；④在冰冻、雷电严重的地区，重点检查防冰冻、防雷击的安全保护设施。

交通工程验收　主要包括：①涵洞、桥梁、路基、路面、转弯半径是否符合风力发电设备运输要求；②施工记录、分部工程自检验收记录等。

工程起动试运行验收　包括风电场电气系统起动验收、风电机组起动试运行验收和工程整套起动验收。风电场工程中风电机组的验收分为起动试运行验收和质保期结束验收两个阶段。起动试运行验收在风电场工程建设阶段进行，主要检验风电机组的安装、调试质量以及风电机组安全保护功能；质保期结束验收在风电场工程运行阶段进行，主要检查质保期间风电机组的技术性能和可靠性。

工程起动试运行验收由项目法人单位主持，组建工程整套起动验收委员会负责组织验收工作。质监部门出具工程质量监督检查报告。在单台风电机组或数台风电机组起动试运行合格后，根据合同向风电机组供应商签发预验收证书。工程整套起动验收合格后，签发工程整套起动试运行验收鉴定书。

风电场电气系统起动验收　风电场变电站设备安装调试工程和场内电力线路工程验收完成后，对风电场电气系统进行逐级带电试验并进行绝缘和继电保护功能检查。试验和检查按照电压等级从高到低逐级进行。风电场电气系统起动验收工作由建设单位组织，委托有资质的单位进行风电场电气系统带电试验工作。

风电机组起动试运行验收　在风电机组完成调试运行后进行的检查工作。单台机组起动试运行的内容包括：安全链测试，偏航系统、变桨系统试验和机组起动、停机等功能性试验，功能试验、测试机组功率曲线，不少于 240h 安全无故障连续并网运行。验收检查内容包括风电机组调试记录、安全保护试验记录、240h 连续并网运行记录，以及核查风电机组性能技术指标。

工程整套起动验收　在最后一台风电机组起动试运行验收结束后进行。主要检查内容包括：工程资料是否齐全完整，并按电力行业档案管理规定归档；历次验收记录与报告，施工、安装调试记录；工程投运的安全保护设施与措施；各台风力发电机组远程控制功能测试是否正常；中央监控系统工作情况；风电场各种设备质量；每台风力发电机组 240h 试运行记录。

工程移交生产验收　在风电场工程通过规定的试运行期，消除了工程的缺陷、完成了生产准备工作后，由项目建设向生产运行移交时对风电场项目进行的检查。验收的目的是检验风电场项目及人员、制度、文件档案是否具备生产条件。验收前完成风电场劳动安全与工业卫生措施、消防设施、环境保护工程、水土保持工程和节约能源措施的专项验收工作。

验收的主要内容包括：①清查设备、备品配件、工器具及图纸、资料、文件；②检查设备质量情况和设备消缺情况以及遗留的问题；③检查风力发电机组实际功率特性等性能指标；④生产准备情况。

验收由项目法人单位或主要投资方主持，组建工程移交生产验收组负责组织验收工作。工程移交生产验收合格后履行签字手续。

工程竣工验收　风电场项目按照批准的设计和投资计划建成并稳定生产运行后进行的验收。通常在工程整套起动试运行验收后 6 个月内进行。主要内容包括：①检查竣工资料是否齐全完整并按规定整理归档；②检查工程建设情况及设备试运行情况，审查建设单位“工程竣工报告”；③检查历次验收结果，必要时进行现场复核；④检查工程缺陷整改情况，必要时进行现场核对；⑤检查水土保持、环境保护、节约能源和劳动安全与工业卫生方案执行情况；⑥审查工程概预算执行情况；⑦审查竣工决算报告及其审计报告；⑧对竣工验收遗留问题提出处理意见；⑨对工程做出总体评价。

竣工验收由项目主要投资方会同其他投资方或主要投资方的上级主管单位主持，组建工程竣工验收委员会负责组织验收工作。竣工验收完成后工程竣工验收委员会成员和参建单位代表在工程竣工验收鉴定书上签字。

fengdianchang gongcheng yukexingxing yanjiu

风电场工程预可行性研究　(prefeasibility study of wind power projects)　在风电场工程规划完成后，根据风能资源现场观测资料、地质资料、自然环境条件等，对风电场工程的初拟技术方案、环境影响、财务效益和社会效果做初步分析判断，提出项目是否可行的初步评价意见而开展的设计工作。预可行性研究报告，为拟开发项目企业编制风电项目开发申请报告，为能源主管部门授予企业项目前期工作许可、审核项目是否列入国家风电项目核准计划等提供依据。

资料收集　包括：①场址范围内的风能资源实测数据，场址附近长期观测站风向、风速梯度、气温、气压、湿度等气象观测资料；②场址工程地质资料；场址自然环境条件，电网接入概况及发展规划，土地利用规划，自然保护区等环境制约条件。

对于海上风电场工程，还包括场址附近海洋观测站长期观测资料和场址内潮位、海浪、海流、台风、海冰、冲刷和海生物等现场海洋环境观测资料，场址附近海洋功能区划、滩涂围垦规划，海域岸线、海床资料等。

基本任务　包括：①工程建设的必要性论证。分析项目与国家可持续发展战略、地区经济和能源发展规划的符合性，论证项目在国家和地区的经济及能源发展中的重要作用和意义。②项目任务与规模初拟。分析项目在地区经济、能源发展及环境保护方面的作用和意义，提出项目任务；根据项目的开发建设条件，结合项目拟供电电网的接入和电力消纳条件，初拟项目建设规模。③项目场址初步选择。根据项目开发建设条件，拟定多个场址范围，在技术经济比较基础上，提出项目合理的场址范围。④风能资源初步评估。按照 GB/T 18710《风电场风能资源评估方法》要求，计算分析风电场空气密度、风切变、湍流、风速、风向和风能分布、50 年一遇最大风速，提出风电场风能资源初步评估结论。⑤工程地质初步评价。初步查明并评价场址的工程地质条件，提出岩土体物理力学性质参数建议值和地基处理的初步建议。⑥机组机型初拟及发电效益估算。在技术经济比较基础上初步推荐风电场的机组机型，提出机组布置方案，估算风电场年上网电量。⑦电气初步设计。初拟风电场升压变电站与电网连接点的位置、输电电压等级、出线回路数、升压变电站电气主接线，初选主要设备型号、规格和数量，列出主要电气设备清单。⑧土建初步设计。初拟升压变电站及辅助建筑物的总体布置方案及各建筑物的结构型式、风电机组基础型式和基础设计方案等。⑨编制施工组织方案。初拟场内外交通运输及施工用水用电方式、施工总体布置、施工总进度。⑩环境影响初步评价。分析项目影响地区的自然环境和社会环境状况，预测和评价项目对自然环境和社会环境的影响，计算项目节能减排效益。⑪工程投资估算。确定投资估算采用主要编制原则、依据和方法、价格水平和费用标准，提出投资估算成果。⑫财务初步评价。初步估算项目总成本费用，分析项目清偿能力和盈利能力，计算项目财务指标，提出项目财务初步评价结论。

fengdianchang gongcheng zhaobiao sheji

风电场工程招标设计　(tender design of wind power projects)　在审查批准的风电场工程可行性研究报告基础上，根据核准的风电场场址、工程规模和审定的接入系统方案，结合工程实施与管理的要求，进行的风电场工程项目技术方案设计。按照风电场工程建设项目招标采购和工程实施与管理的需要，完成风电场微观选址、工程勘测，以及风电机组基础设计，机组变压器、集电线路设计，风电机组安装方案，升压变电站方案，交通工程设计，风电场施工组织设计等，编制招标文件技术规范书，并计划与安排工程招标采购，为风电场工程招标提供依据。当风电场工程规模、场址范围、接入系统方案，以及其他涉及工程安全等方面的设计原则、标准和方案发生重大变更时，还须履行设计变更审批程序。

招标设计的基本要求包括：①在工程招标采购规划中，合理规划分标方案。工程分标主要依据工程特性、施工工期、施工特性、社会资源条件、项目法人对分标的意见进行标段划分，并经项目开发企业确认。分标时考虑工程建设管理的要求，有利于工程质量控制、进度控制、投资控制（见风电场施工管理），并考虑施工方的技术水平和装备条件，增强投标的竞争性。风电场工程分标采用单元工程与专业相结合的划分方式，各单元工程可按专业或工程量进一步进行标段划分。单元工程分为风电机组、风电机组基础、风电机组安装、机组变电站、集电线路、交通工程、升压变电站工程等。②在经济技术比较的基础上进行风电场微观选址，并经风电机组生产企业完成安全性确认。③工程勘测按满足风电场工程施工图设计要求的基础上进行详细勘察，并提出专题报告。④风电场项目招标设计阶段对风电机组基础、机组变压器、集电线路、风电机组安装方案、交通工程、升压变电站方案、施工组织设计等均提出工程量清单，以满足项目建设招标要求。其中，升压变电站方案设计一般需提出专题设计报告；对于海上风力发电机组基础设计和海上风电场工程施工组织设计，提出专题设计报告。

fengdianchang jidian xianlu weihu

风电场集电线路维护

（collection power lines maintenance of wind power plant） 对风电场集电线路所做的日常检查和保养工作。风电场集电线路受环境影响较大，在冬季，集电线路易结冰；夏季东南沿海的风电场易遭受台风和雷击破坏；在山区，林木的生长也会影响集电线路的安全运行。风电场集电线路的维护一般包括正常巡视、特殊巡视和常规维护。

正常巡视 35kV线路的巡视周期一般为2个月一次，10kV线路巡视周期为一个月一次。巡视内容包括：①防止线路附近的树木被风刮倒，触及线路安全运行；②杆塔倾斜、横担歪斜不能超过规定的允许范围；③拉线无松弛、破股、锈蚀等现象，拉线金具齐全；④导线及避雷线无断股、弧光放电痕迹等；⑤线路上指示标志明显、正确；⑥绝缘子无裂纹、掉碴及放电的痕迹，各部引线之间，对地距离合乎要求；⑦防雷及接地装置完整无损，避雷器瓷套完好；⑧接地装置埋设良好，无外露。

特殊巡视 主要在气候骤变以及自然灾害前后进行。引发输电线路故障的有雷电、台风、雨、雾、冰雪、气温骤降等天气因素（见风电场高影响天气），洪水冲刷、地震等自然灾害，以及鸟类活动等环境污秽的影响。输电线路的导线、架空地线、绝缘子、金具、杆塔、基础、接地装置等在这些因素影响下，原有的电气性能或机械性能受到损坏，或导线与接地体之间的距离小于要求数值，从而出现不正常运行状态甚至退出运行。为保持输电线路连续正常运行，须在天气骤变前后进行特殊巡视。

常规维护 分为架空线路维护和电缆线路维护。

架空线路维护 主要包括：①每年定期清扫一次绝缘子，并根据线路的污秽情况适当延长或缩短周期；②更换不良绝缘子，并采用在绝缘表面上涂一层涂料或半导体釉的防污绝缘子；③紧固镀锌铁塔、混凝土杆各部位的螺栓，新线路投运一年后紧固一次，以后每隔5年紧固一次；④调整导线的弧垂，对电杆进行补强；⑤对线路两侧安全距离不符合要求的树木进行修剪和砍伐；⑥对于倾斜电杆进行扶正，扶正后夯实基坑填土。

电缆线路维护 包括：①电缆金属套腐蚀监视。用专用仪表测量邻近电缆线路周围的土壤，如果属于阳极区，则采取防止电缆金属套电解腐蚀的措施，即根据测得阳极区的电压值，选择合适的阴极保护方案或排流装置。②绝缘监督。对每条电缆线路按其重要性，编制预防性试验计划。通过预防性试验及时发现电缆线路中的薄弱环节，消除可能发生的电缆事故缺陷。

fengdianchang jiankong

风电场监控

（supervisory control of wind power plant） 对风电场内风力发电机组及升压变电站的设备运行情况进行监测和控制，对生产运行数据进行实时监测和统计的活动。它通过风电场监控系统得以实现，目的是提高风电场运行安全性、电能质量和发电能力。

风电场内风力发电机组安装数量多且布置分散，风电场监控通常由运行人员在监控室进行远程集中监控（见图1），主要通过风电机组监控系统、升压变电站设备监控系统和风电场安防视频监控系统等三套系统实现。通过前两套监控系统，可对风电场设备的运行状态进行监视，并可对设备的运行状态进行控制和调整。风电场安防视频监控系统则可对风电场各位置的现场场景进行全天候、全方位实时图像监控。

图1 甘肃低窝铺风电场监控室

风电机组监控系统 如图2所示，通过数据通信网络与风电机组控制系统相连，集中监视所有机组的状态、气象条件和电网情况，对设备故障进行复位，对机组有功功率和无功功率进行调节。风电机组监控系统除了具有遥测（远程测量）、遥控（远程控制）、遥信（远程信号）和遥调（远程调节）外，还有数据统计和报表生成功能。

（1）遥测。实时采集各风电机组轮毂高度处的风速、风轮转速、叶片桨距角、发电机转速、偏航角度，齿轮箱、发电机、机舱和环境的温度，电网频率、三相电流和电压、有功功率和无功功率、功率因数、发电量等运行参数。此外，风电机组监控系统还可以通过多种接口，从测风塔采集风能资源数据，或接入升压变电站运行监控系统采集电气设备运行数据。

（2）遥控。远程控制单台机组的启停、复位、偏航等动作。

（3）遥信。监视风电机组发电、故障、停机及通信中断等运行状态，并对机组故障和运行参数异常等进行报警。

（4）遥调。对风电机组的输出功率进行远程调节。

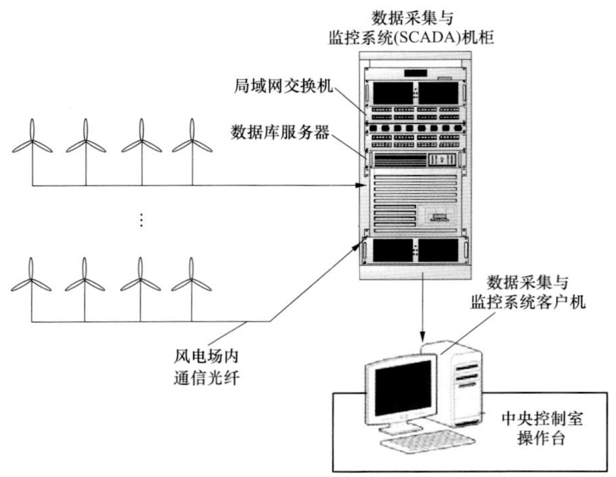

图 2　风电机组监控系统结构图

（5）数据统计和报表生成。将历史运行数据存入数据库中，使用图形、表格等方式进行数据分析，形成风电机组和风电场的运行日报、月报和年报。

升压变电站运行监控系统　又称升压变电站综合自动化系统，通过通信网络对风电场电力送出线路和升压变电站电气设备进行集中监视和控制。升压变电站运行监控系统具有测量、控制，以及状态监视和报警功能。

（1）测量。实施测量全场及各汇流线路电流、电压、有功功率和无功功率、电网功率因数、主变压器油温等参数，对全场发电量、厂用电量进行计量。

（2）控制。远程分（合）升压变电站各断路器、隔离开关，远程投入或切出风电场集中式无功功率补偿装置。

（3）状态监视和报警。对开关分合状态、主变分接头位置、电气设备运行方式、故障和异常报警信号等进行监视。

风电场安防视频监控系统　对风电场各位置的现场场景进行实时图像监视，扩大了运行人员的观察视野，便于随时掌握风电场设备运行、安全防范情况。

发展状况　国内外有多家公司开发风电场监控系统，各风电机组生产厂家也针对自己的品牌开发了集中监控系统，但是，大多数风电场监控系统只能对单个或几个风电场，甚至只能对单一品牌的风电机组进行监控管理。随着风电开发的规模化，风电场越来越多，风电运营的发展方向是建立统一的、区域级或集团级的生产运营监控系统，实现对某个区域内或者整个发电集团全部风电场的监控管理（见风电场群集控系统）。例如，西班牙 Iberdrola Renovables 公司建立的 CORE 运营中心，可集中化实时监控该公司在全球分布的可再生能源发电设备。

此外，随着风电场运行技术的不断发展，风电场监控系统也在不断扩展新的功能，以满足风电场综合化、精细化的管理要求。例如，风电场监控系统与振动监测技术、油液检测技术相结合，可以对风电机组的振动、润滑油质量变化情况等进行监测，及时发现故障隐患，为合理安排检修维护提供依据。

fengdianchang jiankong xitong weihu

风电场监控系统维护　（wind power plant control system maintenance）　为保证风电场稳定运行，对场内数据采集与监控系统进行的管理和检查保养工作。主要包括系统软件与硬件维护、通信线路维护和信号监测装置维护。

系统软件与硬件维护　为清除风电场监控系统软件与硬件运行中发生的故障和错误而进行的定期检测、修理与优化。在系统维护时，拔插卡件时需采取防静电措施，即戴上接地良好防静电手腕或进行人体放电。换下的或备用的卡件装在防静电套内，避免人为触摸焊点。卡件更换后，确认卡件的配电、跳线地址、冗余设置等属性与原来保持一致。

（1）软件维护。定期利用系统自带的磁盘碎片整理程序进行磁盘整理，消除碎片，确保系统有足够的运行容量；制定措施控制计算机系统与外界的数据交换过程，防范病毒入侵，并使用正版防病毒软件每季度进行一次病毒查杀，防止病毒进入控制系统；必要时，扩充新的功能。

（2）硬件维护。主要包括：①6 个月清理检查一次控制柜，保持控制柜内部干燥和整洁，控制柜内部不能存放金属制品、磁性物质或易燃物等杂物。②确保控制柜内部气流通畅和散热良好，使用压缩空气吹除控制柜内元器件上的灰尘，保持元器件干净整洁。③控制柜内部走线整齐，不得随意搭线或在控制柜内部存放较长的裸露导线。④维护完毕，及时盖好线槽盖板，锁好控制柜门。⑤定期监测不间断电源（UPS）工作状态，保证系统停电后能保持几个小时的电力供应。

通信线路维护　通信线路涵盖从主控制柜至机组操纵面板，线路中的控制线、电源线均穿金属软管保护或置于机架槽钢内，软管用扎带固定。维护注意事项包括：①避免较长的悬挂线路；②避免摩擦、碰伤、拉断线路；③走线规范，线号与主控制柜引出线号一致，不得随意更改或丢失。

信号检测装置维护　信号检测装置主要部件包括各种限位开关、按钮、旋钮、感应开关、传感器和编码器。维护工作包括：①每季度检查一次转速传感器的检测头和接线端子是否松动，安装位置是否符合要求。②每季度检查一次各种传感器，擦除其表面的灰尘、油迹，磁性物质等，调整传感器至正确位置，并确保安装牢固。③每半年检修一次操纵面板，检查各按钮是否松动，接线端子是否松脱，用万用表检测各按钮的通断是否安全可靠。

Fengdianchang Jieru Dianli Xitong Jishu Guiding

《风电场接入电力系统技术规定》　（*Technical Rule for Connecting Wind Farm to Power System*）　中国用于规定风力发电场接入电力系统的技术要求，规范风电场的接入及运行特性，保证并网风电场安全稳定、可靠运行的技术标准。标准号 GB/T 19963—2011，于 2012 年 6 月 1 日起实施，是中国第一部关于风电场并网的国家标准。标准中包含的技术要求针对风电场的并网点提出，主要解决两类技术问题：①局部的运行和控制问题，例如无功容量及电压控制、电能质量等要求；②全局的运行和控制问题，例如有功功率控制、运行频率、低电压穿越等要求。技术规定主要包括风电场有功功率、功率预测、无功容量、电压控制、低电压穿越、运行适应性、电能质量、仿真模型和参数、二次系统、接入系统测试等方面的内容。

适用范围　适用于通过 110（66）kV 及以上电压等级线路与电力系统连接的新建或扩建风电场。对于通过其他电压等级与电力系统连接的风电场，也可以参照执行。

标准主要内容　包括对风电场有功功率、功率预测、无功容量、电压控制、电能质量、仿真模型和参数，以及接入系统测试等方面提出了具体要求。

风电场有功功率　风电场输入到并网点的有功功率。基于维持系统频率稳定，防止输电线路过载，确保故障情况下系统稳定的考虑，需要对风电场有功功率控制提出要求。要求包括：①控制有功功率变化；②在电网特殊情况下限制风电场的输出功率。控制风电场有功输出的方式包括调节风电机组的有功功率输出水平，切除风电机组甚至切除整个风电场。（见风电场有功功率控制系统）

风电场功率预测　对风电场未来某一确定时段内发出的有功功率的预先推测。风电场应配置风电功率预测系统，系统具有 0～72h 短期风电功率预测以及 15min～4h 超短期风电功率预测功能。风电场每 15min 自动向电力系统调度机构滚动上报未来 15min～4h 的风电场发电功率预测曲线，预测值的时间分辨率为 15min。风电场每天按照电力系统调度机构规定的时间上报次日 0～24 时风电场发电功率预测曲线，预测值的时间分辨率为 15min。（见风电功率预测技术和风电功率预测系统）

风电场无功容量　风电场内无功电源吸收或者发出无功功率的能力。风电场的无功容量应按照分（电压）层和分（电）区基本平衡的原则进行配置，并满足检修备用要求。风电场的无功容量配置需求与风电场容量规模及所接入电网的强度有密切关系，对不同规模及不同接入电压等级的风电场分别提出要求。风电场要充分利用风电机组的无功容量及其调节能力。当风电机组的无功容量不能满足系统电压调节需要时，在风电场集中加装适当容量的无功补偿装置，必要时加装动态无功补偿装置。（见风电场无功电源和风电场无功电压控制系统）

风电场电压控制　风电场根据自身运行状态和电力系统调度指令，通过改变风电场无功电源输出、变压器分接头等手段，调节风电场内各节点电压水平。风电场应配置无功电压控制系统，具备无功功率调节及电压控制能力。根据电力系统调度机构指令，风电场自动调节其发出（或吸收）的无功功率，实现对风电场并网点电压的控制，其调节速度和控制精度应能满足电力系统电压调节的要求；当公共电网电压处于正常范围内时，风电场应当能够控制风电场并网点电压在标称电压的 97%～107%范围内。

风电场低电压穿越（low voltage ride through，LVRT），指当电力系统事故或扰动引起并网点电压跌落时，在一定的电压跌落范围和时间间隔内，风电场能够保证不脱网连续运行的能力。（见风电场低电压穿越）《风电场接入电力系统技术规定》中关于风电场低电压穿越的具体要求如图所示。

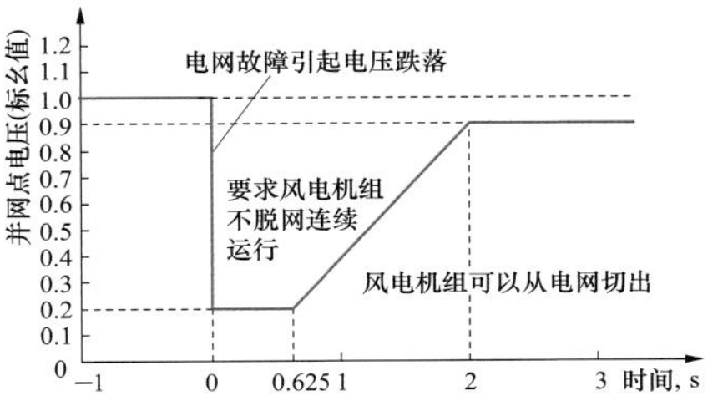

风电场低电压穿越要求

风电场并网点电压跌至 20% 标称电压时，风电场内的风电机组应保证不脱网连续运行 625ms；风电场并网点电压在发生跌落后 2s 内能够恢复到标称电压的 90%时，风电场内的风电机组应保证不脱网连续运行。对电力系统故障期间没有切出的风电场，其有功功率在故障清除后应快速恢复，自故障清除时刻开始，以至少每秒 10%额定功率的功率变化率恢复至故障前的值。

对总装机容量在百万千瓦级规模及以上的风电场群，当电力系统发生三相短路故障引起电压跌落时，每个风电场在低电压穿越过程中应具有以下动态无功支撑能力：

（1）当风电场并网点电压处于标称电压的 20%～90%区间内时，风电场应能够通过注入无功电流支撑电压恢复；自并网点电压跌落出现的时刻起，动态无功电流 I_T 控制的响应时间不大于 75ms，持续时间应不少于 550ms。

（2）风电场注入电力系统的动态无功电流：

$$I_T \geqslant 1.5 \times (0.9 - U_T) I_N,\quad 0.2 \leqslant U_T \leqslant 0.9$$

式中 U_T 为风电场并网点电压标幺值；I_N 为风电场额定电流。

风电场电能质量　对于风电场并网点电压偏差、闪变、谐波的技术要求。风电场并网点电压正、负偏差绝对值之和不超过标称电压的 10%，正常运行方式下，其电压偏差应在标称电压的 −3%～+7%范围内。风电场所接入公共连接点的闪变干扰值应满足 GB/T 12326《电能质量　电压波动和闪变》的要求，其中风电场引起的长时间闪变值的限值按照风电场装机容量与公共连接点上的干扰源总容量之比进行分配。风电场所接入公共连接点的谐波注入电流应满足GB/T 14549《电能质量　公用电网谐波》的要求，其中风电场向电力系统注入的谐波电流允许值应按照风电场装机容量与公共连接点上具有谐波源的发/供电设备总容量之比进行分配。规划阶段的电能质量分析都是基于风电机组的单机测试数据和电网典型参数，与实际运行情况会存在一定的偏差，因此风电场实际投运后，风电场应配置电能质量监测设备，以实时监测电能质量指标是否满足要求。

风电场仿真模型和参数　模型是仿真分析研究的基础，电力系统规划、设计及调度运行部门在研究风电场接入电力系统及运行过程中，需要风电场和风电机组相关模型（包括参数），包括风电机组、风电场集电线路，以及风电机组控制系统/风电场监控系统模型及参数，用于风电场接入电力系统的规划设计及调度运行。风电场跟踪其各个元件模型和参数的变化情况，并随时将最新情况反馈给电力系统调度机构。

风电场接入系统测试　当接入同一并网点的风电场装机容量超过 40MW 时，需要向电力系统调度机构提供风电场接入电力系统测试报告；累计新增装机容量超过 40MW 的，需要重新提交测试报告。测试内容包括风电场有功/无功控制能力、风电场电能质量、风电机组低电压穿越能力及其验证、风电机组电压和频率适应性测试等。风电场接入电力系统测试由具备相应资质的机构进行，并在测试前 30 日将测试方案报所接入地区的电力系统调度机构备案。风电场在全部机组并网调试运行后 6 个月内向电力系统调度机构提供有关风电场运行特性的测试报告。

国内外并网标准实施情况　考虑到风电并网对电力系统的影响，世界上发展风电较早的国家都先后制定了符合各自国情的风电并网标准。2000 年，丹麦 ELTRA 输电公司颁布了并网规定，用于规范接入输电网络的风电场技术要求。2002 年，爱尔兰国家电网公司制定了风电场接入电网的技术规定；同年苏格兰输配电公司和苏格兰水电公司联合提出了风电场接入电网的技术规定。2003 年，德国风电装机比例最高的 E. ON 输电网公司颁布了接入高压电网的并网标准，规定了对接入其高压网络的、包含风电在内的电源的通用技术要求。2005年，美国联邦能源监管委员会（FERC）颁布第661号法令《风电并网规程》。

中国于2005年颁布了风电并网国家标准GB/Z 19963—2005《风电场接入电力系统技术规定》，为风电场接入电力系统提出技术上的指导原则，在制订该标准时考虑到当时风电尚处于发展初期，风电机组制造产业处于起步阶段，风电在电力系统中所占比例较小的实际情况，适当降低了对风电场的技术要求。随着风电场建设规模和装机进度不断加快，风电在电网中的比重不断提高，为保证大规模风电并网后电网的安全稳定运行，需要对技术标准内容进行修改和完善。从2009年开始，启动了对GB/Z 19963的修订工作，于2011年12月30日由国家标准化管理委员会发布GB/T 19963—2011。

fengdianchang jieru dianwang jisuan fenxi

风电场接入电网计算分析 （calculation and analysis of wind power plant grid integration） 在给定的电力系统结构和运行条件下，分析风电场并网运行对电力系统潮流分布、电压、稳定性及电能质量等方面带来的影响。

作用和意义　风电功率波动会引起电网的电压、频率和输电线路传输功率的波动等问题，较大的风电穿透率还可能引起电网故障时同步发电机组之间的功率振荡，严重时会破坏电网的稳定运行；风电机组的输出功率波动会引起电网电压波动和闪变等电能质量问题，而变速风电机组大量使用的电力电子变频设备则会带来谐波和间谐波问题，对电网电能质量造成影响。风电场接入电网计算分析将分析以上几个方面的风电并网问题，并提出技术解决方案，保证风电场接入后整个电力系统的安全稳定运行。

分析步骤和依据　首先确定研究水平年，然后根据风电场规划容量和接入方案、电网和电源规划方案以及负荷水平，针对多种电力系统典型运行方式，按照风电场和电网运行规程的要求进行计算分析。

风电场和电网运行要求主要包括电网和风电场电压要求、系统频率要求、继电保护和安全自动装置要求，这些要求来自于电力系统运行和风电场并网的标准，包括SD 131—1984《电力系统技术导则（试行）》、GB/T 19963《风电场接入电力系统技术规定》等。

计算分析所需要的风电场数据包括：

（1）风电场所在位置测风塔至少一年的测风数据，用于分析该地区风能资源情况；

（2）风电场内风电机组的功率曲线，用于计算风电场出力波动情况；

（3）风电场内风电机组的电能质量实际测试数据，用于分析风电场接入后对电网电能质量的影响。

分析内容　包括风电场出力特性分析、并网运行后的潮流计算和无功/电压分析、短路计算和稳定性分析，以及电能质量问题分析。建立风电机组/风电场数学模型，并确定计算方法。提出合理的风电场无功补偿配置方案和控制策略；计算风电场提供的短路电流，校核相关母线容量和开关设备的遮断容量；评估风电场并网运行后系统暂态稳定性，提出系统暂态稳定控制措施；确定风电场接入后电能质量是否满足标准要求，并在电能质量超出标准规定时研究提出可行的治理方案。

（1）风电场出力特性分析。基于风电场测风数据和风电机组功率曲线（见风电机组运行），计算风电场出力变化情况，分析风电场输出功率季节性变化和日变化特点以及风电场出力的短时变化规律，研究风电场出力与负荷叠加后的等效负荷变化情况。

（2）并网运行后的系统潮流计算和无功/电压分析。根据风电场运行特性，通过潮流计算得到风电场接入电网后电力系统不同运行方式下各节点电压和各线路功率分布，分析风电场并网运行对各节点电压水平和线路传输功率的影响，分析风电场并网运行对系统无功电压调节方式和无功补偿配置的影响，研究提出风电场合理的无功补偿方案和控制策略。

（3）并网运行后的短路计算和稳定性分析。通过短路电流计算，得到风电场接入前后电网主要节点的短路容量，确定其对主要节点短路容量的影响，校核开关设备的热稳定性；通过风电场接入电网前后的暂态计算，在电网发生线路短路故障、发电机故障、风电场送出线路故障等不同扰动下，分析风电场并网运行是否会引起电网电压及频率等稳定问题，研究防止稳定破坏的措施。

（4）并网运行后的电能质量问题分析。主要基于风电机组电能质量实测数据，计算风电场并网运行引起的电压偏差、闪变及可能产生的谐波注入，并依据相关电能质量标准，评价风电场接入对电网电能质量的影响，在电能质量超出标准规定时研究提出可行的治理方案。

风电机组/风电场数学模型　风电机组数学模型主要包括风轮、传动系统和发电机模型。风电机组主要分为恒速型风电机组、双馈感应型风电机组和全功率变流型风电机组三大类。每类风电机组模型都包含稳态和暂态两种，分别用于稳态和暂态仿真计算。

风电场数学模型的建立需要考虑特定风电场的风特性、场内集电系统和实际（或规划）安装的风电机组类型等信息。风电场可以用详细模型或聚合模型表示。风电场详细模型包括风电场中的所有风电机组、场内集电线路、变压器的模型及场内各元件的拓扑连接方式等信息。用于研究各风电机组之间是否存在相互作用、风电场内部故障及保护等问题。风电场聚合模型将整个风电场用一台单机等值模型来表示，或者用较少数量的多台单机等值模型表示。用于研究风电场与电力系统的相互影响，关注风电场整体响应特性。采用风电场聚合模型能够在保证一定仿真精度前提下减少计算时间。

计算方法　风电场接入电网分析计算主要包括含风电场的电力系统潮流计算、短路计算与稳定性计算。

（1）常规的潮流计算将系统母线分为 P-Q 节点、P-V 节点和平衡节点三大类。基于电力电子变频技术的双馈和直驱风电机组一般可看作 P-Q 节点或 P-V 节点；普通异步风电机组发出有功功率的同时吸收无功功率，且吸收无功功率的大小与机端电压、发出的有功功率以及转差率密切相关，通常采用改进的 P-Q 节点和 R-X 节点模型表示。

（2）电网中的短路电流主要由同步发电机提供，当风电场接入电网时，短路电流计算要考虑异步发电机或电力电子换流器的短路电流贡献。并网运行的异步发电机没有独立的励磁装置，在电网发生短路故障时由于机端电压显著降低，发电机失去励磁，会向电网提供一个衰减的短路电流。双馈式和直驱式风电机组提供的短路电流与控制方式有关。采用包含有风电机组短路电流模型的电力系统短路计算程序，可以计算出短路电流的各个分量及其变化。一般采用 IEC 60909 三相交流系统短路电流计算标准、德国电气工程师协会（Verband Deutscher Elektrotechnikere，VDE）参与制定的德国三相交流系统短路电流计算标准或者 IEEE 标准用于交流高压断路器选型的故障电流计算导则或 VDE、IEEE 标准。

（3）含风电场的电力系统暂态稳定计算可以通过包含有风电机组/风电场暂态模型的电力系统暂态稳定分析程序实现。对于给定的扰动，程序采用表示网络的代数潮流方程和表示发电机的差分方程联合交替迭代求解，实现扰动前、扰动中和扰动后的连续计算。程序输出包括发电机功角、频率、节点电压和线路及变压器潮流等随时间的变化。为了简化暂态稳定性研究，通常假定：①只考虑平衡的三相系统和平衡的扰动，因此，只用到正序网络；②发电机频率偏离同步频率很小，忽略直流偏移量和谐波。因此，输电线路、变压器和阻抗负荷构成的网络基本上是处于稳态的，电压、电流和功率可以通过代数潮流方程计算得出。

发展状况　自 20 世纪末开始，国际上的研究机构开展了大量的风电场接入电网计算分析工作，在主流的大型电力系统分析软件（PSLF、PSS/E、DIgSILENT/PowerFactory 等）中建立了较为详细的风电机组模型；针对风电场接入对电网电压水平、线路传输功率、系统短路容量，以及系统暂态稳定性的影响等一系列问题，进行了深入研究。

中国广泛应用的电力系统分析工具（PSD-BPA）和电力系统分析综合程序（PSASP）中已开发了风电机组仿真模型，可以用于分析风电场接入电网后的系统稳定性；中国的科研机构与高等院校也针对风电场并网问题开展了大量系统性研究工作，紧密结合东北、西北、华北等地区大规模风电接入电网的工程实践，进一步了解了大规模风电接入对电网安全稳定运行的影响，有针对性地提出了技术解决方案。

fengdianchang kekaoxing

风电场可靠性　（wind power plant reliability）

反映并网风电场满足电力系统电力和电量需求的能力度量。风电场可靠性影响因素包括：①风速。风速未达到切入风速或超过切出风速，都会造成风电机组停机，使风电场可靠性降低。②停机频率。电网的计划和非计划停运，风电机组或场内集电线路、升压变压器的故障和检修，都会造成风电机组的停机，停机频率越高，时间越长，引起的输出功率损失就越大。③尾流效应（见尾流模型）。④风电场与电网之间输配电系统的可靠性等。

风电场可靠性评价范围包括风电场内的所有发电设备，除了风电机组外，还包括机组变压器、集电线路、主变压器等，及其相应的附属、辅助设备，公用系统和设施。评价指标包括风电场年利用小时数、风电机组平均可利用率和风电机组平均故障间隔时间。

（1）风电场年利用小时数。风电场发电量折算到该场机组以发电设备平均容量下运行的发电小时数。按下式计算：

$$\text{风电场年利用小时数}=\frac{\text{统计期发电量}-\text{统计期试运行电量}}{\text{发电设备平均容量}}$$

见风电场运行指标。

（2）风电机组平均可利用率。描述统计期内风电场整体处于可用状态的时间占总时间比例的指标。见风电场运行指标。

（3）风电机组平均故障间隔时间。又称平均无故障时间。风电机组可修复的相邻两次故障之间的平均时间，单位为小时（h）。它反映了风电机组在统计期间保持运行功能的一种能力。

fengdianchang liuchang shuzhi jisuan

风电场流场数值计算　（wind farm flow field numerical simulation）

采用计算流体力学方法，对风电场区域内的大气边界层流动进行模拟计算。计算流体力学（computational fluid dynamics，CFD）是用电子计算机和离散化的数值方法对流体力学问题进行模拟和分析。风电场流场数值计算的目的是给出不同风向条件下，风电场内的风速与湍流的空间分布，从而可以将某一空间点一年的测风数据外推，获得风电场范围内的风能资源分布。流场数值计算的结果包含较为详细的流动参数空间分布信息，计算的内容除了风速分布、风电机组年出力、容量系数分布之外，还可以推算湍流强度（见湍流模型）、风切变幂指数（见风切变）等。容量系数指在统计周期内风电场发电量与同期全部风电机组满负荷运行条件下发电量的比值。

在风电场设计阶段，风能资源计算结果是风电机组微观选址优化的基础，同时也为风电机组选型提供参考风况数据。在风电场风能资源计算领域，早期主要采用线性化模型，即将描述流体运动的非线性微分方程简化为线性方程进行求解，如丹麦 Risø 国家实验室开发的风能资源计算软件 WAsP 采用的方法。线性模型的优点是计算速度快，缺点是不适合于复杂地形的流场计算。风电场流场数值计算方法在 21 世纪得到快速发展，在复杂地形风电场风能资源计算中具有明显的优势，在提高计算精度方面具有很大的潜力，但计算方法较为复杂，需要较长的计算时间。

如图 1 所示，风电场流场数值计算通常包括前处理、定向数值计算、风能资源计算三部分内容。

前处理　包括地形数据处理和空间网格生成两个步序。地形数据处理的重点是对不同来源与格式的地形数据进行拼接、奇异数据识别和格式转换；空间网格生成的重点在于网格划分。

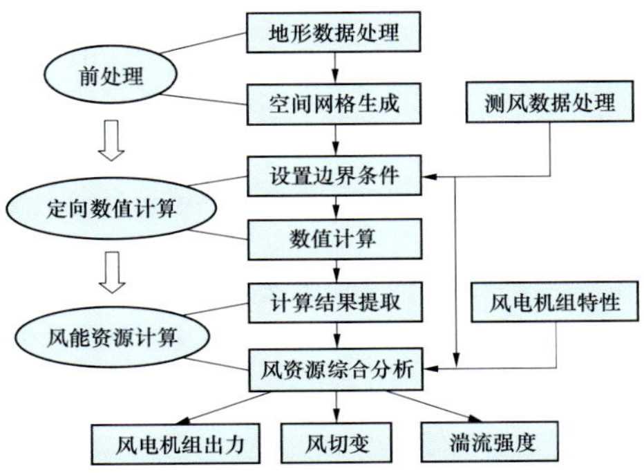

图 1　风电场流场数值计算流程

地形数据　描述风电场所在区域地表形状的数据文件，是风电场流场数值计算所需的原始资料。地形数据由测绘部门给出，在没有实地测绘地形数据时，也可以采用卫星地形数据，如先进星载热发射与反射辐射仪全球数字高程模型（advanced spaceborne thermal emission and reflection radiometer global digital elevation model，ASTER GDEM）提供的 30m 分辨率的全球地形数据，可以通过网络免费下载使用。地形数据也包括地表状况的描述，由实地观测得出，用地表粗糙度长度 z_0 表示。

网格划分　建立坐标系，将包含风电场所在区域的连续空间离散化为有限数量的网格。通常采用直角坐标系和结构化网格，即体积元均为平行六面体。数值计算的空间区域称为计算域，其底面为风电场的地表面，侧面和顶面一般为平面。对于计算域之外的区域，较常采用平坦地形的假设，将地形边界平滑为水平面，从而可使用单一风廓线作为来流边界条件（见图 2）。此时，为了获得正确的计算结果，计算域的范围应适当大于风电场的范围。

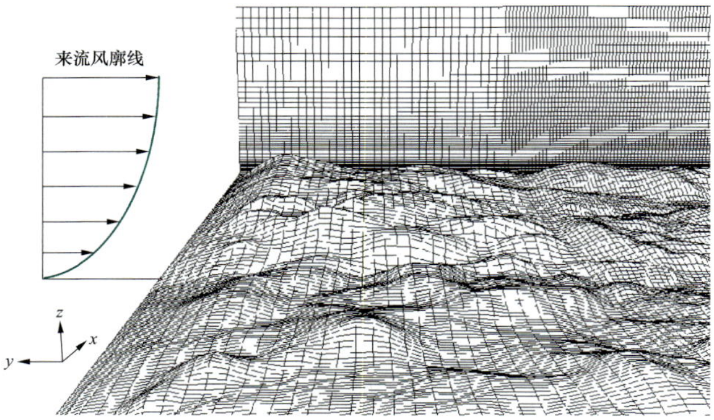

图 2　辽宁朝阳丘陵地区风电场计算域的网格示意图

定向数值计算　将风向离散化为多个扇区，用扇区中心风向代表该扇区的风向，进行多个风向的流场数值计算。这里的风向是计算域之外来流的方向，而不是风电场测风塔测量的风向。通常采用 16 个扇区来代表所有的风向（见风特性）。

流场数值计算通常需要采用计算流体力学软件工具完成，主要工作包括：①设置计算域流动边界（包括侧面和顶面）的流动状态，即速度、压力和湍流强度等流动参数的分布。②设置与底面相邻的网格内流动参数的计算方法，也称为壁面函数。③设置湍流输运效果的计算方法，也称为湍流输运模型。湍流输运是指由于湍流脉动引起的物理量的空间传输，其效果用湍流黏性系数来描述。湍流输运模型也就是计算湍流黏性系数的方法。风电场流场计算中，较常采用的湍流输运模型是单方程模型和 $k-\varepsilon$ 双方程模型。其中，单方程模型通过补充湍流黏性方程来计算湍流黏性系数，而 $k-\varepsilon$ 双方程模型需要补充湍流脉动动能 k 及其耗散率 ε 两个方程来计算湍流黏性系数，它一般优于单方程模型，但花费的计算时间更多。

风能资源计算　依据流场数值计算结果和测风数据、风电机组功率曲线，对风电场内指定空间位置进行风能资源评估计算，内容一般包括平均风速分布、风功率密度分布、湍流强度分布、基于指定风电机组的风电场容量系数分布（示意见图 3）以及指定点的风向玫瑰图等。

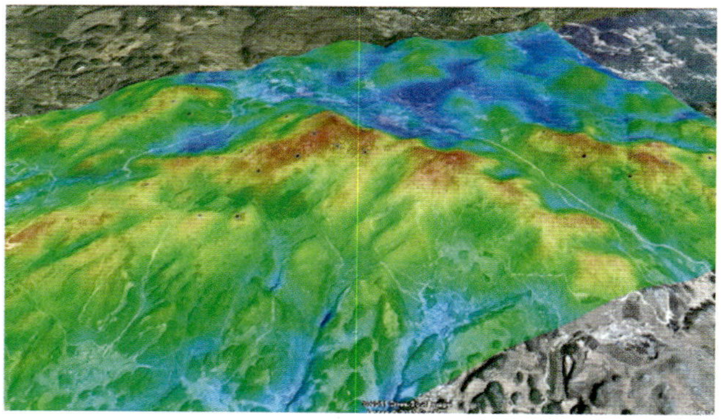

图 3　贵州韭菜坪风电场容量系数分布图

图中颜色红、黄、绿、蓝依次表示风能资源由好到差的变化

fengdianchangqun jikong xitong

风电场群集控系统

(central control system of wind farm cluster)　对地理上分散运行的多座风力发电场实施统一集中控制的系统。它接收上级电网调度机构控制指令，依据控制区域内每座风电场的有功无功控制能力，协调优化制定并下发各风电场的有功无功控制指令，发挥风电场群整体参与电网有功功率控制、无功电压控制的能力，使风电场在规模和外部调控特性上接近水电、火电等电源，具备灵活响应电网调度与控制指令的能力，提高大规模风电的利用率。

风电场群集控系统适用于地理上毗邻、特性上相关的多个风电场，通过标准化接口和高速通信协议采集各风电场的有功功率输出、无功电源设备控制能力信息、风电场功率预测信息（见风电功率预测系统）、风电场测风和环境气象数据等，依据风电场群协调控制策略，对风电场运行数据信息进行融合分析计算，优化制定各座风电场的有功无功控制目标，控制风电场群的有功功率及其变化率、无功功率及电压，确保风电场群与电网的安全稳定运行。

系统构架　如图所示，风电场群集控系统与电网调控中心主站和控制区域内每一座风电场的监控系统相连，其工作过程为响应上级调度指令，控制各风电场站及其相关设备，完成场群级、场站级与设备级控制，实现风电场与电网调控中心的双向信息互动，完成上下级间的统筹分配与执行反馈。

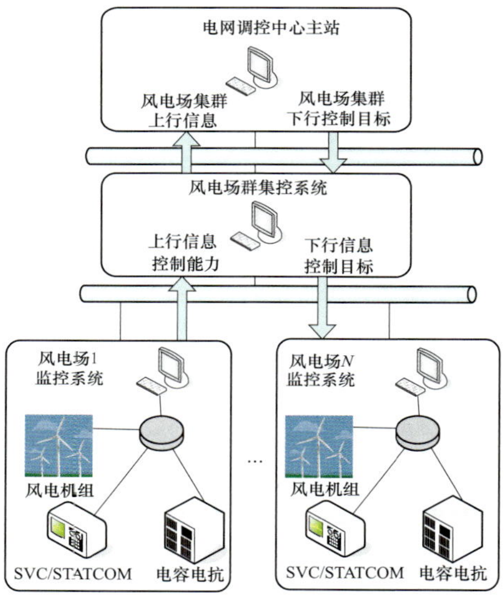

风电场群集控系统结构示意图

控制过程　包括风电场群有功功率集中控制过程和无功功率集中控制过程。

风电场群有功功率集中控制过程　通过各风电场功率预测结果、风电机组状态等信息，以风电出力最大化和风电场间风能资源优化利用为目标，协调优化制定下发各风电场发电计划，风电场通过调节有功功率输出或起停控制风电机组来跟踪发电计划。

风电场群无功功率集中控制过程　接收电网调控中心给出的无功优化设定值，依据各风电场的无功电压控制能力，协调给出各场站无功控制指令，风电场控制其无功电源设备来实现反馈控制。

主要技术性能　风电场群集控系统应具备和实现风电场群有功控制与频率调节、风电场群无功电压控制的功能。

风电场群有功控制与频率调节　风电场群集控系统所具备的跟踪出力计划、调峰、调频、紧急有功功率支撑的能力。

（1）跟踪出力计划。对上级电网调度机构下发的风电场群出力计划进行内部优化协调分解，并控制各场站跟踪出力计划，也可自行制定出力计划，具备实施独立控制的能力。

(2) 调峰能力。在电力系统备用容量充足时，风电场群可运行在最大出力跟踪状态；当电力系统备用容量不足时，风电场群可运行在压出力状态，短时为电网提供备用容量，具备主动参与系统调峰的功能。

(3) 调频能力。风电场群在电网调频容量不足时，短时参与二次调频，实现风电场群自动发电控制功能。为此，风电场群集控系统需具备协调分配和控制其调频容量的能力。另外，风电场群集控系统应具备控制有功功率变化率的能力，以减小其引起的电网频率偏差。

(4) 紧急有功功率支撑能力。对于风电场群内或风电场群外输电断面安全约束越限情况，风电场群可实施紧急降出力控制，风电场群集控系统需具备在线安全稳定评估功能。短路情况下风电场群可提供短路电流，以利于及时清除故障；故障清除后，风电场群需快速恢复有功出力，提供功率支撑。

风电场群无功电压控制　风电场群所具备的分层分区控制无功功率及调节电压的能力。

(1) 定无功、定功率因数或定电压控制能力。风电场群集控系统可响应电网三级自动电压控制指令，运行在定无功、定功率因数或定电压控制模式，并控制内部各场站无功电源设备，实现上级自动电压控制功能；风电场群集控系统亦可自行优化电压控制目标并实施场群内部的分级自动电压控制功能。

(2) 动态无功支撑能力。在故障穿越过程中，风电场群集控系统应具备控制机组单元及动态无功补偿装置提供动态无功电流支撑电压恢复的能力；如果部分机组未能完成故障穿越而脱网，风电场群集控系统可协调控制机组单元与补偿装置，防止高低压振荡导致大面积脱网事故。

发展状况　对于即将出现的海上风电大规模集中并网的局面，德国弗劳恩霍夫（Fraunhofer）风能和能源系统技术研究所于2005年提出了风电场群集中控制的概念；西班牙电网公司成立了可再生能源电力控制中心，对全国装机容量在10MW以上的风电场进行集中控制，目标是在保持系统可靠性的前提下实现可再生能源发电上网电量的最大化。2010年，中国研发的大型集群风电有功智能控制系统在甘肃酒泉风电基地得到实际应用，开启了集群控制工程应用的初步尝试。

风电场群集控系统的发展趋势，除了与协调控制策略、平台功能架构有关外，还依赖于与风电场群特性相关的其他支撑技术，如场群出力特性分析、场群功率预测、底层单元控制等常规技术，以及储能、用户互动等新技术或新理念的引入。

fengdianchang shebei tiaoshi

风电场设备调试

(commissioning of wind power plant equipment)　风电场设备安装完成后，对风电机组、风电场成套电气设备及电气系统进行技术测试、调整和整定，以达到运行条件的工作。风电场设备调试内容主要包括风电机组调试、风电场电气设备调试和风电场附属设备调试。风电场附属设备调试是指消防、水处理、采暖通风和安全保卫系统等附属设备的调试。

风电机组调试　对风电机组进行技术检测、试验、调整和参数整定，以达到正常运行条件的工作过程。主要包括机组离网、带电、并网调试，中央监控系统调试，风电场自动发电系统、风电机组无功和电压控制系统调试等。（见风电机组调试）

风电场电气设备调试　对风电场变电站成套电气设备、各电气回路以及场内集电系统进行技术检测、试验、调整和整定，以达到运行条件的工作过程。通常分为调试前准备、单体设备测试与试验、电气分系统调试、电气系统联调、风电场电气系统启动试运行调试及调试报告整理六个阶段。电气设备调试范围可以分为常规电气设备调试和风力发电工程特有的电气设备调试。

常规电气设备调试　调试范围包括变电站电气一次系统的主变压器、断路器、隔离开关、电压互感器、电流互感器、母线、避雷器、接地装置、电力电缆、高压开关柜、无功补偿装置等；变电站电气二次系统的计算机监控系统、站内继电保护、直流系统、交流不间断电源、系统继电保护及安全自动装置、调度自动化系统、系统通信和站内通信等；风电场内集电系统的箱式变电站、架空线路、电力电缆等。调试方法和步骤可根据电气装置安装、质量检验和技术监督的有关规程规范进行。

风力发电工程特有的电气设备调试　包括风力发电系统光纤通信网络、风电机组中央监控系统、风电场自动发电控制系统、风电机组无功与电压控制系统，以及风电场风电功率预测系统等调试。其中风电机组中央监控系统调试，风电场自动发电控制系统和风电机组无功与电压控制系统调试，见风电机组调试。

(1) 风力发电系统光纤通信网络调试。测试内容主要包括光纤的单向衰减、双向平均衰减和全程总衰减测试；各通信接口测试。对于安装光放大器的系统，进行增益测试。

(2) 风电场风电功率预测系统调试。包括数值天气预报数据接收与规范化，测风塔测风数据的接收、整理判断与规范化，风电机组发电功率数据采集与规范化，数据库调试，预测软件调试和通信调试等内容。风电场功率预测系统的初始调试的目的是消除数据采集与传输、数据库和预测软件中的错误，保证系统能够正常运行。经过3个月至一年的运行，在系统自学习的基础上，调整预测模型中的有关参数，提高预测的准确度和置信度，从而达到设计要求。

fengdianchang shigong zuzhi sheji

风电场施工组织设计

(construction organization planning design of wind power plant)　编制指导风电场工程建设全过程的技术、经济和组织等活动的综合性施工组织设计文件。它是编制工程投资的重要依据，是工程建设和施工管理（见风电场工程施工管理）的指导性文件。在风电场勘察设计阶段，设计单位根据工程地形、地质，所在地气候和交通条件，风电场工程布置和建筑物结构特点等基础资料，编制风电场施工总布置方案，施工场内外交通运输方案，主体工程施工方法，施工总工期和总进度等设计文件。

基础资料　主要包括：

(1) 工程所在地的地理位置及地形、地质条件，以及气温、风速、地温、降水、台风、雾、湿度、蒸发、日照、沙尘暴、雷暴、冻土层等自然条件。对于海上风电场，还需提供工程区海域地形和地质条件，以及考虑水温，工程区潮位、潮流、波高、波周期、泥沙、海冰特性及结冰期、海水盐度、场址区域平均海平面高程、平均海平面以下水深、流速等海洋水文条件。

（2）工程所在地对外交通运输条件，当地交通发展规划及近期拟建的交通设施、计划运营时间、工程区可利用的条件。海上风电场还需考虑风电场场区所在的位置，工程区的场外交通运输条件及运输能力，附近港口分布及航运条件，包括工程区域周边港口码头利用条件、规模、仓储能力及中转能力、重大件吊运能力、设计水深、港口码头至工程区线路状况、运输能力和水陆联运条件等。

（3）工程场区施工条件，工程所在地水泥、钢筋、钢材、砂石料、成品混凝土等主要建筑材料的来源和供应能力，施工用水和用电条件、工程区所在地可能提供的施工设备租赁、预制件、修配、加工等条件，劳动力及生活物资供应等条件。

（4）工程的防洪、环境保护、水土保持、劳动安全等。对于海上风电场，还需说明施工期间航运、防台风、防潮、防汛等特殊要求。

（5）主要工程量及本工程的施工特点、主要工程技术问题，以及项目法人对工程施工工期的要求。

施工总布置　根据当地商品骨料和混凝土供应条件，比较选定料源和混凝土供应方案；确定风电场工程高峰用水量和用电负荷，选定施工期供水和供电方案；提出综合加工、机械修配厂及仓储等辅助设施主要技术指标及工程量；确定施工总布置方案，提出施工总平面布置图、临建设施建筑面积和用地面积工程量表、土石方平衡工程量表。

对于海上风电场，需经分析比较确定风电机组部件临时堆存场地与风电机组拼装场地的规模、布置方案；根据陆上码头生产基地布置、风电场海域施工船舶布置、施工工厂、生活设施、场内交通等，提出施工总布置图和临时设施建筑分区布置一览表。对于修建施工围堰的海上风电场，需确定围堰级别，选定围堰潮水设计标准及设防海浪浪高，选定施工平台潮水设计标准及设防海浪浪高；经技术经济比较，选定围堰结构型式和结构布置方案，拟定围堰施工方法及主要施工设备，提出基坑排水量、排水方案，提出围堰拆除范围及拆除方案，提出工程量。

场内外交通运输方案　根据工程所在地及场址附近的对外交通状况，主要设备的重量、尺寸、设备特性与运输要求，选定主要设备的场外交通运输方式，提出对外交通运输线路及重大件、建筑材料运输方案，新建、改建或加固的交通设施设计标准、方案及主要工程量，以及进场道路和场内道路的布置方案、设计标准及工程量。

对于海上风电场场内交通运输，需根据风电机组布置及工程区运输条件，经技术经济比较，选定场内交通运输方式，提出场内主要交通干线与重要交通设施的设计标准、布置方案和设备配置。潮间带风电场场内交通采用临时道路时，选定道路设计标准、线路，根据运输要求进行道路初步设计，提出主要工程量；近海风电场场内交通采用船舶运输时，转场运输尽量利用工程附近的港口码头，并查明运输航线上海洋状况，包括海底埋设物、空域限制、渔网与养殖分布区等，选定海上航运标准、航线，进行交通设施新建、改造或加固初步设计，提出主要工程量。

主体工程施工方法　提出风电机组基础开挖、混凝土浇筑的施工方法（见风电机组基础施工）；提出风电机组安装施工技术要求和施工方法（见风电机组安装）；提出风电场升压变电站内主要建筑物的施工方法和主要电气设备的施工技术要求；提出风电场集电线路的施工方法。

海上风电场需经过技术经济比较，提出风电机组基础的施工方法及施工设备选择；对风电机组整体和分体吊装方案进行比选，选定风电机组设备吊装方案及主要运输设备、安装设备的型号；提出海底电缆的施工方法及施工设备。（见海上风电场建设、海上风电场施工）

施工总工期和总进度　根据工程的施工条件和施工特点、建设期限的要求、工程建设管理和施工组织要求及项目施工的关键控制因素，提出准备期和主体工程施工期工程项目、进度安排、强度分析及有效施工时间分析，提出首批风电机组发电工期、总工期，提出施工总进度图、表。说明主体工程及主要临建工程量、逐年计划完成主要工程量，逐年最高月强度，逐年劳动力需用量、最高人数、平均高峰人数及总工日数。

fengdianchang tujian gongcheng

风电场土建工程　(civil engineering projects of wind power plant)　风电场工程建设中与水、土相关的建设项目，包括道路场地工程、风电机组基础、箱式变电站基础、风电场主控楼、办公宿舍综合楼及附属建（构）筑物、变电站土建工程、风电场内架空输电线路、杆塔基础、给排水及消防工程、地质灾害治理工程和风电机组防雷接地工程等。

道路场地工程　包括风电场进场道路、场内道路以及风电机组吊装与检修平台。建设内容主要包括道路的路基、路面、桥梁、涵洞；道路沿线的绿化、环境保护、水土保持工程、其他辅助工程及沿线设施；风电机组安装与检修平台的施工、绿化、环境保护、水土保持工程等。

风电机组基础　与塔架连接、支撑风电机组的构筑物。多数基础是大体积钢筋混凝土结构（见风电机组基础设计和风电机组基础施工）。随着技术发展和工程经验积累，一些新型基础也被采用，如梁板式基础可大幅度减少混凝土用量。

箱式变电站基础　支撑风电机组配置的箱式变电站的构筑物。箱式变电站体积较小，对地基变形无严格要求。箱式变电站基础顶面设计标高要根据工程所在地降水条件适当提高，便于防潮。采用天然地基时，一般采用砖砌筑或钢筋混凝土基础。

风电场主控楼　风电场中安装对全场风电机组运行进行远程监测与控制的设备，以及通信设备的建筑物，内设监控室和工程师站。监控室是风电场操作员监控风电设备运行的场所；工程师站是风电场工程师对风电机组远程监控系统进行维护和检修的场所。主控楼较多采用混凝土框架结构。通常情况下，风电场主控楼不单独进行建设，或与风电场办公宿舍综合楼分层分区共用，或与变电站主控楼共用。

办公宿舍综合楼　风电场员工工作和生活区域的主要建筑。根据功能分区，分为行政办公区和生活区。行政办公区包括办公室、会议室等行政办公用房。生活区由宿舍、厨房、餐厅等组成。办公宿舍综合楼结构多采用混凝土框架结构。

附属建（构）筑物　备品备件库、车库、水泵房、危险品库等辅助功能建筑。在满足使用功能要求的前提下，多采用砖混结构。

变电站土建工程　风电场变电站主控制楼、主变压器和各类电气设备基础、母线构架、电缆沟、消防设施等。主控制楼中设置控制室、继电保护室、计算机室、自用电室、蓄电池室，以及检修、试验和办公场所。变电站主控楼通常为混凝土框架结构；基础工程为钢筋混凝土结构。

见《输电与变电卷》变电站建（构）筑物。

架空输电线路杆塔基础　风电场输送电力一般采用投资成本较低的架空输电线路。架空输电线路由导线、架空地线、绝缘子、金具、杆塔及其基础，还有接地装置等部分组成。杆塔基础是用于支撑杆塔直接与地基接触，埋置于地下的结构物，一般采用由现场浇制或工厂预制混凝土构件在现场装配的施工方式。

见《输电与变电卷》架空输电线路和杆塔基础。

给排水及消防工程　为风电场供应生活、生产和消防用水的工程，根据风电场所在地实际情况设计施工。通常采用市政自来水或地下水作为给水水源；滩涂和海岛地区多采用海水淡化作为给水水源。风电场给水系统与消防水系统要统筹考虑。雨水排水系统也要根据地域特点进行综合设计施工，干旱地区雨水排水系统可与储水水窖相连。

地质灾害治理工程　针对山体崩塌、滑坡、泥石流、地面塌陷、地裂缝、地面沉降等地质灾害，采取的专项地质工程措施，以控制或者减轻地质灾害，如采取毛石挡墙、边坡治理、危岩加固等措施。

风电机组防雷接地工程　风电机组防雷系统的主要组成部分之一，其作用是将机组接受或感应的雷电电流导入大地。风电机组防雷接地由风电机组基础的基础环、基础钢筋网及外延的接地网构成。接地网由镀锌扁钢制作的水平接地引线、环形闭合接地线、外延接地线，以及与接地线连接的低电阻垂直接地电极组成。工程包括土方开挖、接地网敷设、土方回填和接地电阻测量四个施工工序。其施工与风电机组基础施工同时进行。（见风电机组基础施工）

fengdianchang weiguan xuanzhi

风电场微观选址　（micro-siting of wind farm）

确定风电机组安装具体位置的工作过程。在风电场工程可行性研究完成后，根据现场实测地形图、土地利用现状图、通过招标确定的风电机组资料和风能资源测量与评估成果（见风电场风能资源测量、风电场风能资源评估），对风电机组位置进行优化，并通过现场查勘，结合地形、交通等条件，对各机位进行验证和调整，确定机位最终布局，以保证风电场工程项目的经济效益。

基础资料　主要包括：①风电场风能资源评估成果、风电场所在地区的地质条件、风电机组选型及发电量估算成果、风电机组初步布置方案、风电场接入系统设计方案、土建工程设计方案、风电场施工组织设计等；②风电场范围内1∶5000及以上精度的实测地形图；③中标风电机组技术手册，重点包括风电机组总体参数（见风力发电机组）、适用工况，在风电场区空气密度下的功率曲线、推力系数等；④风电场交通运输条件，以及土地性质、周围设施情况、动植物保护区，或军事及航道用地、用海环境敏感性因素等。

工作内容　根据基础资料分析处理成果，综合考虑各项影响因素，经过风电机组位置优化和现场查勘机位验证调整后，利用计算机软件对各风电机组位置的理论发电量、尾流影响百分比、上网发电量、满负荷等效利用小时数等进行复核计算，提出机位最终布置方案。

风电机组位置优化　主要包括：①根据现场实测地形图，结合可行性研究阶段风能资源测量数据、代表年分析和各评估参数计算成果，通过风能资源评估模型复核风电场区域风能资源评估成果。②根据通过招标确定的风电机组的功率曲线和推力系数等具体参数，结合风电场区域地形情况，确定风电机组间距离，并综合考虑各机位障碍物阻挡、交通运输条件、湍流和尾流影响（见湍流模型和尾流模型）等因素，优化布置风电机组。对于位于地形平坦地区的较大规模的陆上风电场，重点考虑场中间部分机位尾流影响及周边风电场影响；对于位于丘陵和山地等地区的风电场，重点考虑较大范围地形整体条件及场内局部地形对各机位的影响；对于海上风电场，还需考虑海底地质条件对风电机组基础型式及施工安装方式的要求。

现场查勘验证调整　主要包括：①根据现场实地地形、土地利用等条件，对风电机组位置优化布置方案中各风电机组位置的地理位置与实测地形图差距、与敏感因素点距离、地质条件和交通运输条件等进行现场验证；②综合考虑风电机组运输、安装和运行的安全性以及风电场的经济性，对风电机组位置做进一步调整。对于陆上复杂地形风电场，重点对各机位处实际位置与地形图差异进行验证，对机位进行调整；对于海上风电场，在重点对各机位处地质条件进行验证的基础上进行机位调整。

fengdianchang wugong dianya kongzhi xitong

风电场无功电压控制系统　（wind farm automatic voltage control system）

安装在风电场内，实现对风电场并网点及场内其他节点无功电压综合控制的系统，又称风电场AVC系统。风电场无功电压控制系统可根据上一级调度机构指令或本地指令，以场内的无功电源和风电场主变压器分接头为控制对象，以并网点电压跟随调度指令以及场内各节点无功电压分布最优为控制目标，自动调节场内所有无功电源输出的无功功率，实现对风电场并网点及场内其他节点无功电压的控制，维持风电场并网点及场内其他节点的电压稳定。

风电场无功电压控制系统与场内的无功电压设备、其他系统以及上一级调度的关系如图所示。

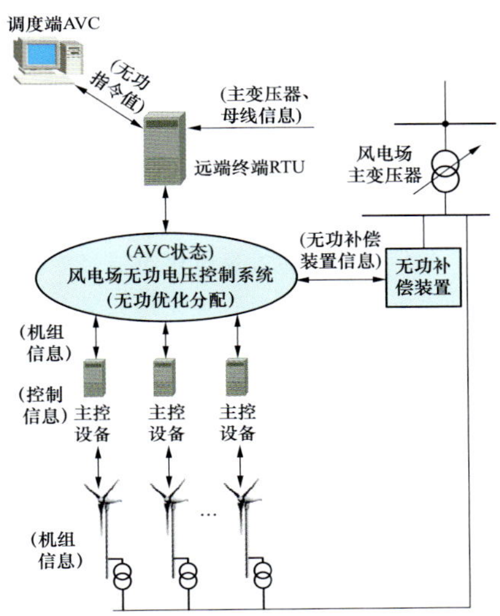

风电场无功电压控制系统功能拓扑图

风电场无功电压控制系统根据应用风电场实际情况的不同存在一定差异，但均包括调度端接口、控制目标计算、数据采集及控制接口、用户操作与显示等4个功能模块。

（1）调度端接口模块。与调度端实现直接通信，自动接收调度端下达的风电场无功或者电压控制指令。

（2）控制目标计算模块。根据接收到的风电场并网点无功电压控制指令，以及风电场当前的运行状态，采用无功综合优化的线性规划等算法，计算出场内各无功电源的控制目标。

（3）数据采集及控制接口模块。实时采集风电场内各机组的运行状态、有功功率、无功功率、电压、电流，无功补偿装置的无功功率、电压、电流，升压变压器高压侧及低压侧母线的电压，升压变压器分接头状态，并网点的有功功率、无功功率、电流，并将控制目标计算模块得到的场内各无功电源的控制目标下发。

（4）用户操作与显示模块。实现人机界面功能，方便风电场运行人员对风电场无功电压控制系统进行操作和管理。

截至2012年，中国风电场无功电压控制大多通过集中无功补偿装置来实现，绝大多数具备变流控制的风电机组以恒功率因数方式运行，不参与无功电压的控制。随着大型风电场内无功电压稳定控制，以及动态和暂态过程中无功协调控制需求的增加，未来的风电场无功电压控制系统将充分利用风电机组的无功调节能力，发挥风电机组快速无功调节能力的优势，根据风电机组有功功率的变化快速调节无功输出，稳定场内电压，并为并网点的电压提供支撑。

fengdianchang wugong dianyuan

风电场无功电源 （reactive power source of wind farm）

包括风电机组和风电场中安装的无功补偿设备（见图），其作用是根据风电场无功电压控制系统的指令，发出或吸收无功功率，控制并网点电压（或功率因数）在电网正常运行范围内。不同类型风电机组发出或吸收无功功率的方式不同。

内蒙古哈日塘风电场无功补偿设备

（1）基于鼠笼型异步发电机的恒速风电机组在运行时需要从电网吸收无功功率来建立磁场，不能向系统发出无功功率。

（2）双馈感应式风电机组通过变流器向转子绕组提供交流励磁电流，变流器一般采用背靠背的整流器和逆变器组合结构和双脉冲控制方式。两个变流器均可作为整流器或逆变器，功率可以根据需要在转子绕组和电网之间双向流动。双馈感应式风电机组运行时可以通过控制转子电流的相位来改变机组功率因数，即改变机组发出或吸收无功功率的大小。

（3）全功率变流风电机组的定子绕组通过全功率变流器与电网连接，全功率变流器可实现机端输出电能的交流（AC）-直流（DC）-交流（AC）变换，控制风电机组输出电压的幅值和频率，实现对有功功率和无功功率的控制。

风电场无功补偿设备　常见的风电场无功补偿设备主要有并联电容器/电抗器、静止无功补偿器（SVC）和静止同步补偿器（STATCOM）。

见《输电与变电卷》无功补偿设备。

（1）并联电容器/电抗器是早期投运风电场最基本的无功和电压调节设备。电容器/电抗器连接成若干组，根据风电场出力变化和并网点电压变化，分组投切，实现对风电场无功功率的调节，以保证风电场并网点电压维持在合理范围内。并联电容器/电抗器投资费用较少，维护方便。不足之处主要有机械投切速度慢，调节不平滑，输出无功功率与设备电压二次方成正比，系统低电压时无功功率输出降低。

（2）静止无功补偿器（SVC）是风电场中应用最多、技术最为成熟的动态无功补偿设备，主要用于实现风电场并网点的电压控制。风电场应用较多的SVC类型有晶闸管控制电抗器（TCR）、晶闸管投切电容器（TSC）和磁控电抗器（MCR）等。静止无功补偿器可以实现对无功的快速、精确、平滑的无级调节，维持电网扰动后风电场的暂态电压稳定性。不足之处是其发出或吸收的无功功率与电压二次方成正比，系统电压降低时，其无功控制能力也降低。

（3）静止同步补偿器（STATCOM）是一种更为先进的静止无功补偿设备，具有比静止无功补偿器更快的响应速度，更宽的运行范围，且发出/吸收的无功电流不受端电压的影响。其主体是一个电压源型逆变器，其交流侧通过变压器或电抗器接入电网，适当控制逆变器输入电压即可灵活地改变运行工况，使其处于容性、感性或零负荷状态。

风电场无功补偿容量确定原则　按照分（电压）层和分（电）区基本平衡的原则配置风电场的无功容量，并满足检修备用要求。当风电机组的无功容量不能满足系统电压调节需要时，在风电场集中加装适当容量的无功补偿装置，必要时加装动态无功补偿装置。

在工程实践中，受风电场/风电场群接入公共电网方式不同的影响，对风电场内汇集线路、主变压器无功损耗及送出线路无功损耗的补偿度要求也不同。风电场配置的无功补偿装置类型及其容量范围应结合风电场实际接入情况，通过风电场接入电力系统无功电压专题研究来确定。对于总装机容量在百万千瓦以上的风电场群，当电力系统发生三相短路故障引起电压跌落时，每个风电场的无功电源在低电压穿越过程中应具有一定的动态无功支撑能力。（见《风电场接入电力系统技术规定》）

fengdianchang yougong gonglü kongzhi xitong

风电场有功功率控制系统 （wind farm active power control system）

安装在风电场内，实现对风电场有功功率输出控制的系统，又称为风电场自动发电控制系统。风电场有功功率控制系统接收并执行电网调度机构的有功功率控制指令，在风资源允许的条件下，对风电场内发电设备的有功功率输出进行调节控制和设备起停控制。

最基本的控制要求是控制最大功率变化率和在电网特殊情况下限制风电场的输出功率。丹麦、德国等国家的风电并网导则规定了风电场应具有降低有功功率和参与系统一次调频的功能，并规定了功率调节的范围和响应时间，以及参加一次调频的调节系统的技术参数（死区、调差系数和响应时间等)。控制风电场有功输出的方式包括调节风电机组的有功功率输出(对于变桨距风电机组而言),切除风电机组,或者切除馈线。风电场控制模式包括绝对功率限制、偏差量控制、平衡控制、功率抑制控制、功率变化率限制、系统保护控制和频率控制等7种模式。

绝对功率限制　可以实现将风电场的输出功率控制在一个可调节的绝对输出功率限值上,如图1所示。风电场的输出功率可以限制在某一定值上,例如从额定功率的20%到100%。

偏差量控制　可以将风电场的输出功率限制在低于可能输出功率设定偏差量的功率输出值上,如图2所示,偏差量的单位可设为兆瓦(MW)。

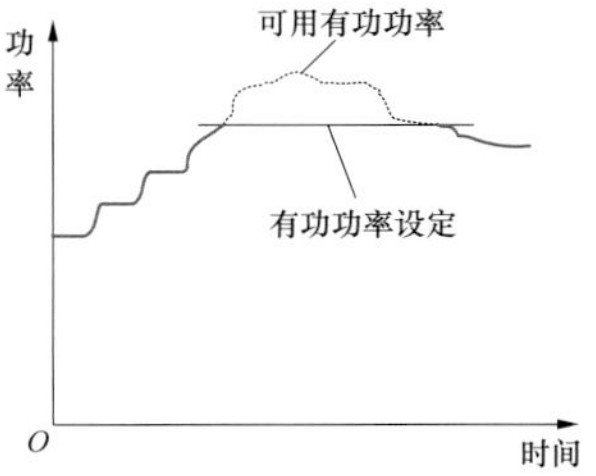

图1　绝对功率限制

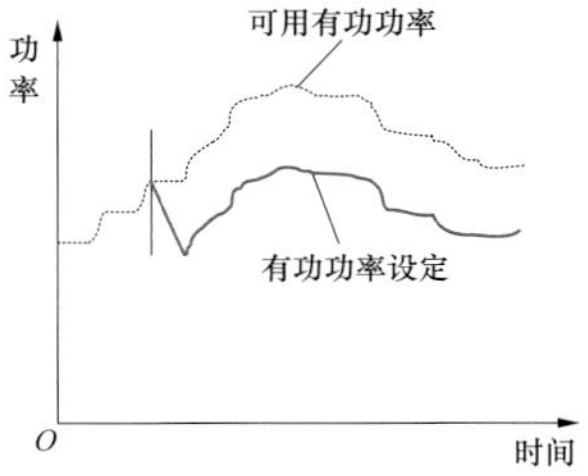

图2　偏差量控制

平衡控制　作为快速有功功率调节手段,可在需要时控制风电场输出功率的上升和下降速度。根据平衡控制指令有选择地设定功率变化量,一部分是相对于当前输出功率要求的功率变化(单位为MW),一部分是要求的功率变化率(单位为MW/min)。可以独立启用或禁用平衡控制功能。

有功功率平衡控制应可以在设定的时间后自动复位,根据可调节的功率变化率回到适当的功率设定值上,见图3。与平衡控制相关的是,允许风电场输出功率超过绝对功率限制的定值范围,超出部分的限值允许独立设置。

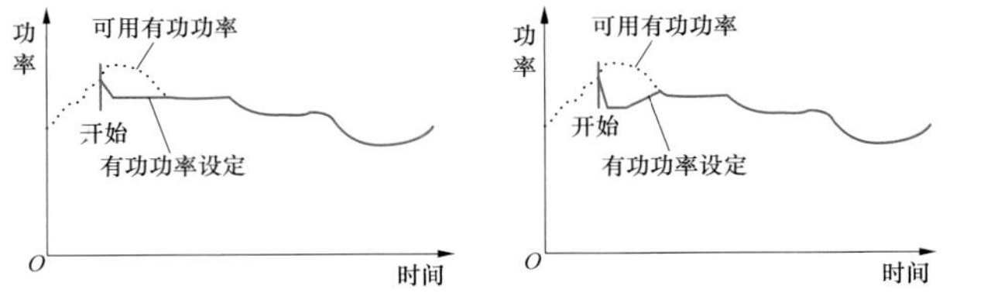

图3　平衡控制

功率抑制控制　保证风电场输出功率尽可能地维持在某时刻当前的输出功率值上(风速下降时无法实现),如图4所示。当该项功能撤销时,风电场的输出功率根据可调节的功率变化率回到适当的功率设定值上。

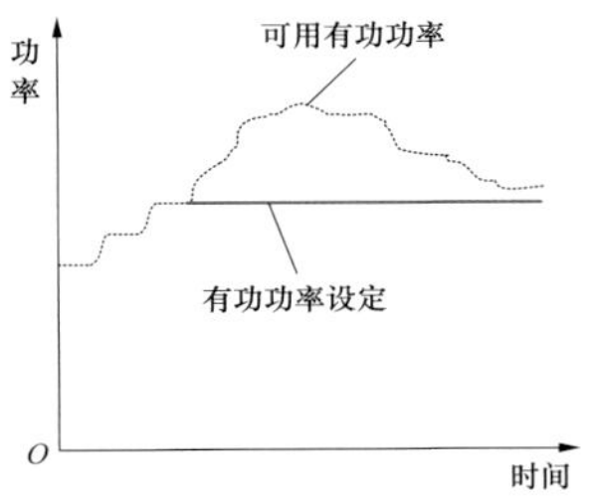

图4　功率抑制控制

功率变化率限制　在风速增大或高风速条件下风电机组起动时,可以防止风电场的输出功率增长过快,如图5所示。如果风速减小,只要不启用偏差量控制,功率变化率限制就没有任何作用,可分别设定输出功率增长和减小时的最大功率变化率,也可以启用或禁用该项功能。

系统保护控制　可以由电力系统向风电场控制器传递外部信号,以系统保护控制的形式对风电场输出功率进行快速下行调节,如图6所示。

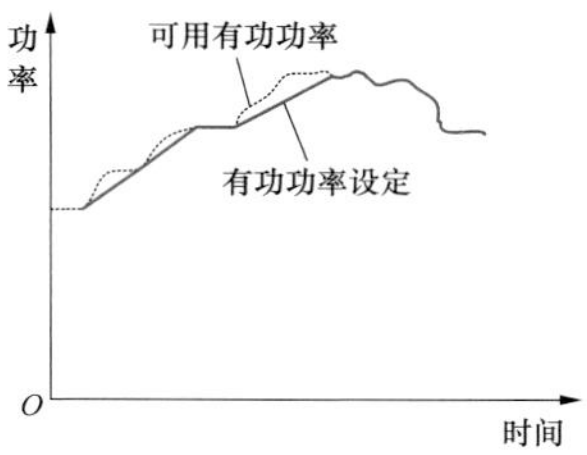

图5　功率变化率限制

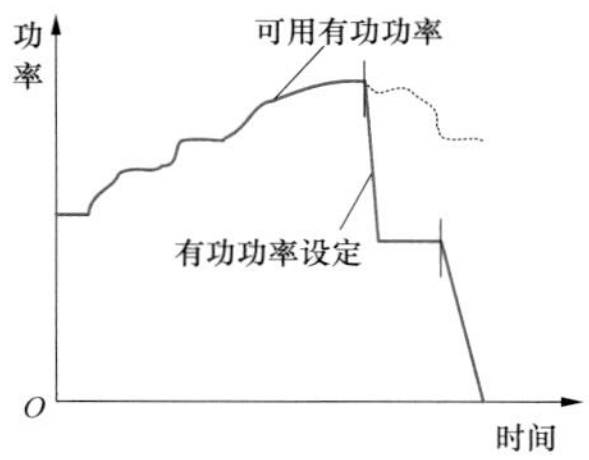

图6　系统保护控制

(1)下行调节以预定的速度进行。应当能够设定至系统保护调节所能下行调节功率量的最大值。只要外部系统保护信号一直存在且功率变化量还未达到最大值,下行调节就继续进行。当外部信号停止时,系统保护控制结束,风电场保持当前的输出功率。

(2)系统保护功能可以人工复位。当复位发生时,调节状态应返回到当前控制条件下的调节状态,返回速度可以单独设置。当该项功能复位后,如外部系统保护信号仍然存在,基于当前输出功率计算新的功率变化限定值,风电场的输出功率可能会进一步下行调节。

(3)在系统保护调节功能启动情况下,应能在限定时间内将输出功率从满负荷下行调节到完全停止状态。系统保护功能是否接入应当可以独立设置。

频率控制　通过自动频率调节功能,每台风电机组的控制装置根据电网频率调整输出功率。通过风电场监控系统可以设置风电场整体的频率调节特性。对风电场频率控制特性的设置应当针对全体风电场全面考虑。

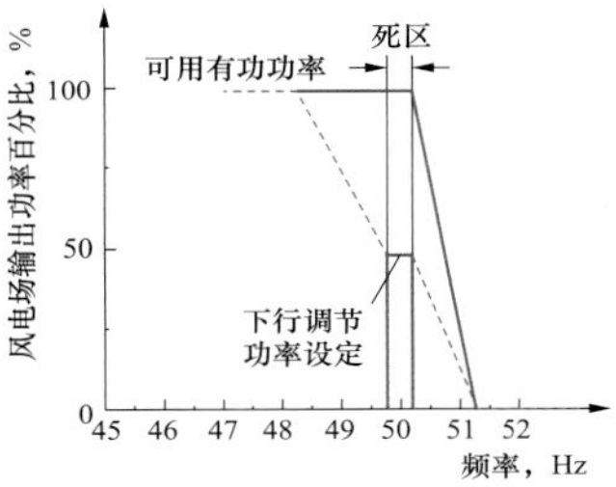

图7　频率控制

图7给出了两种频率控制实例。实线表示频率控制只能对输出功率进行下行调节,虚线表示由于前面的下行调节,风电机组有功功率还留有部分备用,因此还可以进行上行调节。

当功率输出低于风电机组额定功率的20%时,如风电机组不能在持续高频情况下进行下行调节,风电机组就应当切除。

风电场有功功率控制系统功能模块　风电场有功功率控制系统在风电场实际应用情况存在一定的差异,但均包括调度端接口模块、控制目标计算模块、数据采集及控制接口模块和用户操作与显示模块。

调度端接口模块　用于与调度端实现直接通信,自动接收调度端下达的风电场有功功率控制指令。

控制目标计算模块　根据接收到的风电场有功功率控制指令,以及风电场当前的运行状态,采用恒定频率控制等算法,计算出风电机组和馈线开关的控制目标。

数据采集及控制接口模块　实时采集风电场内机组的运行状态、有功功率、无功功率、电压、电流,并网点的有功功率、无功功率、电压、电流,并将控制目标计算模块得到的控制目标下发给风电机组和馈线开关。

用户操作与显示模块　实现人机界面功能,方便风电场运行人员对风电场有功功率控制系统进行操作和管理。

发展状况 早期风电场有功功率控制受限于机组控制能力，多采用切除风电机组或切除馈线的方式。随着风电机组技术水平和风电场自动化水平的提高，风电场有功功率控制系统采用满足控制速度和精度要求的有功优化控制算法，考虑频繁起停风电机组及长时间进行变桨控制操作对设备寿命的影响，统一协调控制风电场内所有发电设备的有功功率输出。此外，为风电场增加储能设备，通过控制部分电能的存储和释放也可以实现风电场有功功率控制，但储能设备成本较高，将大大增加风电场投资和运行成本。

fengdianchang yunxing weihu

风电场运行维护

(operation and maintenance of wind power plant) 为完成从风能到电能这一转换过程，对风电场生产设备的运行监控和日常保养行为。其目的在于全面掌握风电场内风电机组及其他附属电气设备的健康状况，提高设备的可利用率（见风电场运行指标）与供电可靠性，并保证风电场向电网输出符合电能质量要求的电力。

工作特点 主要包括：①正常运行时，风电机组根据气象条件和电网情况自动控制设备的状态，不需人工干预。风电场的功率输出随风速大小变化，或根据电网调度指令，通过风电场有功功率控制系统进行控制。②风电场内风电机组安装数量多且布置分散，运行时由运行人员在中控楼进行远程集中监控。在陆上风电场，维护人员常开车前往各机位进行维护；在海上风电场，需要乘船或乘坐直升机进行维护。③风电机组机舱内空间较小，可容纳人数少，因此对维护人员的综合技术水平和独立工作能力要求较高。④风电机组的风轮、传动系统、液压系统、发电机等主要设备安装在高空，维护工作多为高空作业。⑤风电机组运行于野外，有时会受到低温、高温、盐雾等环境影响，以及沙尘暴、雷暴、台风等灾害性气候（见风电场高影响天气）的影响，需根据环境和气候特点加强针对性维护工作。

工作内容 风电场运行维护工作涉及风力发电机组、测风塔、场内升压变电站及相关输变电设施（见风电场电气主系统）等部分，内容包括运行监控与分析、巡回检查、维护、试验和故障处理等。

（1）运行监控与分析。通过风电场监控系统对场内风电机组、电气设备和测风塔进行集中监控，记录风速、风向等风特性参数，风电机组机械和电气参数、电气设备数据、电网数据等运行数据（见风电场监控），并对风电场未来几小时到几天时间范围的功率输出进行预测（见风电场风功率预测），为电网制订调度计划和风电场制订维护、检修计划提供参考。

风电场在运行过程中会积累大量的运行数据，如发电量、功率、风速、温度、振动量、报警信息等。通过分析和汇总这些数据，形成日报、月报、年报、检修报表、电能及损耗报表、可靠性报表、风电场运行分析报告等，为提高风电场运行水平、设备可靠性和经济性提供依据（见风电场运行指标）。如通过发电量数据分析，可以找到风电场大风月、小风月规律，合理安排检修和维护工作；通过厂用电率分析，可以评估风电场的线损率水平和风电机组控制策略，以便合理调节变压器分接头，优化运行；通过分析各设备故障率，得出风电场内常见的故障分布，有针对性地加强技术管理。

（2）巡回检查。风电场设立定期巡回检查制度，运行人员定期到现场对全部风电机组和电气设备的运行状况进行巡视，通过看、听、嗅和便携式仪器检测等方法检查机舱、风轮、塔架、机组基础、塔底电气柜等部件的外观、声音、动作、温度、压力等是否正常。通常，每天两次巡视风电场升压站内电气设备，每月一次巡视风电机组基础（见风电机组基础设计、海上风力发电机组基础）和塔架，每季度对风电机组登机巡视。在发生沙尘暴、台风等异常天气，或设备非正常运行，以及设备进行过事故抢修（或大修），安装了新设备，设备进行了技术改造后，需要增加巡视检查。

（3）维护。为保持设备持续稳定的运行状态、消除设备缺陷与部件隐患，定期开展设备检查和维护工作，包括事先计划的定期维护，根据设备状态安排的预防性维护和临时安排的特殊维护。

维护内容包括：对风轮、机舱、塔架、基础等部件的外观、声音、温度等进行检查；对电气设备的电压、电流、电阻，发电机绝缘性能，液压系统蓄能器预压力，发电机与齿轮箱的同轴度等进行测量；对塔架、偏航系统、传动系统、叶片及轴承固定螺栓进行紧固；对轴承、齿圈等注油设备进行润滑；对碳刷、刹车片、密封圈等磨损、老化的部件，以及油过滤器、空气过滤器、电池组等易耗件进行更换；对各部件表面油污等污染物进行清洁；对场内架空输电线路上的绝缘子污损状况进行检查、清理，更换损坏的绝缘子；对输电线路上的铁塔、混凝土杆各部位的螺栓进行紧固；对埋设的电缆线路的防腐和绝缘性能进行检测。（见风电机组维护、风电场集电线路维护）

（4）试验。为验证风电机组及附属电气设备的保护、控制、检测等功能是否正常运行而定期开展的试验工作，包括控制功能测试、液压测试和安全链测试等。测试时，通过直接操作设备、触发或模拟故障信号，验证各部件能否正确动作、是否按照设计参数正确报警、试验数据与标准值之间是否存在偏差，判断机组是否存在安全隐患。该项工作通常与设备维护一同进行，或在设备修理后进行。（见风电机组试验）

（5）故障处理。当风电场设备出现故障或发生事故时，按照预先制定的故障处理指导书和已有经验分析原因，更换部件，消除缺陷的过程。

fengdianchang yunxing zhibiao

风电场运行指标

(wind power plant performance indicator) 用于分析风电场运行状态和管理水平，及时发现风电场运行过程中存在问题的关键参数体系。风电场运行指标是风电场运行管理的重要组成部分。具体内容包括电量指标、设备运行指标、维护成本指标和能耗指标等。

电量指标 反映风电场在统计周期内发电情况的一系列指标，通常包括风电场发电量、风电场上网电量、风电场用网电量、风电场年利用小时数和容量系数五个指标。

风电场发电量 在统计周期内，风电场内所有风电机组发出电量的总和，从风电场监控系统计取；发电量越大越好。

风电场上网电量 在统计周期内，风电场向电网输送的全部电能，从风电场与电网的关口表计计取。上网电量越大越好。

风电场用网电量 在统计周期内，电网向风电场输送的全部电能，应从风电场与电网的关口表计计取。用网电量越小越好。

风电场年利用小时数 统计周期为一年的风电场发电量与风电场总装机容量之比，一般在 2000～3000 之间。年利用小时数越大越好。

容量系数 在统计周期内，风电场发电量与该场同期满负荷运行条件下发电量的比值，或为在统计周期内风电场利用小时数与同期内的日历小时数的比值。

设备运行指标 反映风电场设备运行可靠性的一系列指标。具体包括单台风电机组可利用率、风电机组平均可利用率和风电场电气设备可利用率三个指标。

单台风电机组可利用率 用来衡量单台风电机组在统计期内的运行能力，一般在95%以上，用式（1）计算：

$$A_i=\left(1-\frac{B_i-D_i}{T-D_i}\right)\times 100\% \tag{1}$$

式中 A_i 为第 i 台风电机组的可利用率；B_i 为第 i 台风电机组的总停机小时数；D_i 为非第 i 台风电机组自身原因引起的该机停机小时数；T 为统计周期内的日历小时数。

风电机组平均可利用率 用来衡量风电场全场机组的运行可靠性。若风电场的全部风电机组单机容量都相同，则其为风电场全部风电机组可利用率的平均值；若风电场有不同单机容量的风电机组，则分别统计出各种容量风电机组的平均可利用率，再根据每种容量机组所占容量加权取平均值。按式（2）计算：

$$A=\frac{\sum_{i=1}^{N}P_iA_i}{P_w} \tag{2}$$

式中 A 为风电场机组的平均可利用率；P_i 为第 i 台风电机组的功率；A_i 为风电场 i 型号风电机组的平均可利用率；P_w 为风电场全部机组的总功率。

风电场电气设备可利用率 用来衡量风电场电气设备的运行可靠性。按式（3）计算：

$$A_e=\left(1-\frac{\sum_{i=1}^{N}P_iT_i}{P_wT}\right)\times 100\% \tag{3}$$

式中 A_e 为风电场电气设备可利用率；T_i 为第 i 台风电机组因风电场电气设备故障或维修引起的停机小时数。

维护成本指标 反映风电场运行维护成本合理程度的指标。包括单位容量运行维护成本和度电运行维护成本两个指标。

单位容量运行维护成本 在统计周期内，风电场总运行维护成本与风电场装机容量之比。

度电运行维护成本 在统计周期内，风电场总运行维护成本与风电场发电量之比。

能耗指标 反映风电场电能消耗和损耗程度的指标。其越小越好，包括综合场用电率、升压站用电率、场损率和送出线损率四个指标。

综合场用电率 在统计周期内，风电场在运行过程中所消耗的全部电量占发电量的比例，按式（4）进行计算：

$$R=\frac{E_p+E_{in}-E_{out}}{E_p}\times 100\% \tag{4}$$

式中 R 为综合场用电率；E_{in} 为统计周期内风电场的用网电量；E_{out} 为统计周期内风电场的上网电量；E_p 为统计周期内风电场的发电量。

升压站用电率 在统计周期内，升压站用电量占风电场发电量的百分比。

场损率 在统计周期内，消耗在风电场内输变电系统的电量和风电机组自用发电过程中损失的电量之和占风电场发电量的百分比。

送出线损率 在统计周期内，消耗在风电场送出线路的电量占风电场发电量的百分比。

fengdian chuli tongshilü

风电出力同时率 (wind power output simultaneity factor)

某一地区特定时段内所有风力发电实际出力的最大值与总装机容量的比值。实际应用中，特定时段通常取为一年。风电出力同时率反映了某一地区在确定的风电装机容量下风电实际出力可能达到的最大值，对确定电力系统为风电留出的调峰容量具有重要的参考价值。一般而言，风力发电场分布区域越广，平滑效应越明显，其出力同时率越低。平滑效应指随着区域规模的扩大，或是区域个体之间距离和区域个体数目的增加，区域内不同位置风电资源的波动性相互抵消，使得区域总体风电出力波动性减弱的一种空间互补效应。风电出力同时率可以通过对已有运行数据的统计分析得出。

风电发展早期，风电装机容量普遍较小，风电并网对电力系统运行的影响也较小，电力系统在进行运行规划时通常不考虑风电。随着风电规模的不断扩大，风电并网对电力系统运行的影响逐渐增大，在进行运行规划时，需要考虑系统为风电留出一定的调峰容量，因此与负荷同时率类似，出现了风电出力同时率的概念。负荷同时率指在一段规定的时间内，一个电力系统综合最高负荷与所属各地区（或各用户、各变电站）各自最高负荷之和的比值。

对于区域电力调度来说，该区域并网风电最大总出力等于风电总装机容量乘以风电同时率，电力系统调峰、调频和调压等调节控制问题均与并网风电总出力相关联。

在风电场规划布局时，通常以风电场生产的风电电量最多为目标，从而区域内所有风电场生产的风电电量总和最多。然而从风电并网运行对电力系统影响的角度，则希望在满足以上条件之外，在风电场规划布局阶段适当考虑不同风电布局方案对风电出力同时率的影响，以降低风电并网运行后的调节和控制难度。

fengdian fazhanshi

风电发展史 (history of wind power development)

19世纪80年代末和90年代初，在美国和丹麦出现了用于发电的试验风车，100多年来，风力发电经历了技术探索和离网应用、并网机组技术产业化和快速发展，以及向海上拓展等阶段。丹麦、美国和中国的风电发展具有代表性。

技术探索和离网应用阶段 在20世纪70年代之前，是探索从试验装置向实用机组转化的阶段。在远离城市、电网不通达的牧区和山区，小型风电机组与蓄电池组合成离网风力发电系统，既满足了用电需求，又解决了风电的波动性问题。从20世纪40～60年代，美国和丹麦等国家建造过多种并网型试验风电机组，为以后发展积累了经验。

并网机组技术产业化和快速发展阶段 1973年石油危机出现后，考虑到能源需要可持续发展，以及化石燃料发电引起的环境问题，风力发电开始受到重视，成为应对气候变化的重要措施。美国和丹麦等发达国家投入大量人力及资金研究风力发电技术，并出台了对安装风电机组的用户进行补贴等激励政策，培育风电市场，促进了并网机组技术产业化。20世纪80年代，风力发电在美国和欧洲一些国家成为电网中新的电源，运行的主流风力发电机组平均单机容量从50kW增加到2MW。1985年，全世界风电装机容量1.06GW。1987年，国际电工委员会TC88——“风电机组”技术委员会正式成立，旨在提出风电机组及其所有子系统相关的国际标准。印度和中国等发展中国家陆续从20世纪90年代起大力发展风电。到2010年，全世界安装并网风电机组的国家和地区有80多个。全世界风电装机容量从1990年的约1.98GW上升到1995年的约4.78GW。截至2010年，达到约200GW，占电力总装机容量的比例增长到3.9%，风力发电量占总发电量的1.9%（见表1）。丹麦和德国的风电装机比例较高，2010年分别为29%和18%，随着风力发电在电力系统中的比例增大，风电输出功率的波动性对电网运行的影响日益明显，同时也促进了风电功率预测、电网调峰和风力发电消纳等技术的发展。另外，美国和英国等国家鼓励以自发自用为主的分布式风力发电，采用的并网风电机组单机容量从几千瓦到数百千瓦。

表1 2000～2010年全世界风电装机容量和发电量

年 份	2000	2001	2002	2003	2004	2005
新增（GW）	4.50	6.82	7.23	8.34	8.2	11.5
累计（GW）	18.45	24.93	32.04	40.30	47.9	59.4
年发电量（亿kW·h）	373.0	502.7	648.1	822.4	965	1207
占电力总发电量比例(%)	0.25	0.32	0.40	0.49	0.57	0.67
年 份	2006	2007	2008	2009	2010	
新增（GW）	15.0	19.8	28.2	38.1	39.4	
累计（GW）	74.3	94.0	122.2	160.1	199.5	
年发电量（亿kW·h）	1524	1942	2541	3319	4099	
占电力总发电量比例(%)	0.82	1.01	1.30	1.60	1.92	

资料来源：BTM Consult. Ten Year Review of the International Wind Power Industry 1995-2004. September 2005.
BTM Consult. International Wind Energy Development World Market Update 2010. March 2011.

向海上拓展阶段　由于陆上风电装机的土地面积有限，海上风能资源比较丰富而且稳定，瑞典和丹麦在20世纪90年代初开始建设海上风电示范项目，以后英国、荷兰、德国和中国也陆续研制海上风电机组及其基础、专用运输吊装船和运行维护装备等，积极发展海上风电项目。2010年全世界建成的海上风电装机容量达到3.6GW（见表2），已安装最大的海上风电机组单机容量为6MW。

表2 1990～2010年全世界海上风电装机容量

年 份	1990	1991	1994	1995	1996	1997	2000	2001	2002
新增容量(MW)	0.22	4.95	2	5	16.8	2.5	54.5	10	183
累计容量(MW)	0.22	5.2	7.2	12.2	29	31.5	86	96	279
年 份	2003	2004	2005	2006	2007	2008	2009	2010	
新增容量(MW)	250	60	90	198	200.4	344.4	689	1444	
累计容量(MW)	529	589	679.8	877	1077	1421	2110	3554	

资料来源：BTM Consult. International Wind Energy Development World Market Update 2010. March 2011.

丹麦风电发展状况　1891年丹麦发明家保罗·拉库尔（Poul la Cour，1846—1908）在日德兰半岛（Jutland Peninsula）阿斯库夫（Askov）建造了用于发电制氢的试验风车，风车安装在屋顶上，风车塔高18m，有4个木架帆布式叶片。1920年以前，曾有上百台发电风车为电网不通达的农村供电，后来电网覆盖全国，虽然采用了廉价的化石燃料发电，使风力发电难以得到商业化发展，但是从未间断过对并网风电技术的探索。1957年，丹麦人J.居尔（Johannes Juul）设计的200kW风电机组，安装在丹麦南部盖瑟（Gedser），风轮直径24m，采用三个端部装有制动片的定桨距失速叶片、齿轮箱和异步发电机，并网运行了10年，成为20世纪80～90年代主流风电机组的雏形。

1973年石油危机出现以后，丹麦政府高度重视风能等可再生能源的开发利用，出台了向农场主等用户补贴50%购买风电机组费用的政策，同时建立国家级风电机组试验站，使丹麦风电机组制造商依托原有技术积累和政府科研机构的支撑，将现代风电技术产业化，利用政策的激励迅速开拓市场，并在运行实践基础上逐步提高技术水平和单机容量，其风电机组产品稳定可靠的运行业绩得到国际市场的认可。1978年3月，丹麦Tvind学校研发团队研制的单机容量2MW风电机组在丹麦投入运行，它采用27m长玻璃钢叶片和液压变桨距技术，以及齿轮箱增速驱动同步发电机并网运行方式，是20世纪70年代单机容量最大的风电机组。在20世纪80～90年代，丹麦产风电机组约占世界市场份额的一半。风电设备制造企业成长以后，1989年，丹麦政府取消对购买风电机组的补贴，更改为补贴电价的激励政策。丹麦风能资源丰富，农民购买风电机组，分散安装在自己的农场里，接入当地配电网向电力公司售电获得收益。2010年丹麦风电装机占电力总装机的29%，依托与德国和北欧电网相连接，以及瑞典和挪威水电容量调峰，解决了风电电量消纳问题。丹麦国土面积小，可供新装风电机组的土地有限，因此向海上风电发展。1991年在丹麦洛兰（Lowlland）岛的西北海域建设了世界上第一个海上风电场，安装11台450kW的机组，开始探索海上风电技术。到2010年，陆续建成9个海上风电场，总装机容量830MW，成为海上风电的先驱。

美国风电发展状况　1888年，美国发明家C.F.布鲁什（Charles Francis Brush，1849—1929）曾经在俄亥俄州克利夫兰建造过用于发电的风车。20世纪70年代以前，美国有许多农场和牧场使用小型风电机组作为独立运行的自备电源。20世纪40年代，研制过当时额定容量最大的1250kW并网风电机组，安装在美国佛蒙特州，但未能持续运行。从1975年起，美国政府依托航空和航天工业的技术力量，陆续资助研制了MOD-0型（100kW）、MOD-0A型（200kW）、MOD-1型（2MW）、MOD-2型（2.5MW）和MOD-5B型等大型风电机组。其中最大的是1986年试验运行的MOD-5B型3.2MW样机，它安装在夏威夷瓦胡岛。但由于未深入了解实际风能状况的复杂性，采用这种两叶片、变桨距、下风向式和自由偏航技术的机组投入运行后故障多，未能发展成商业化机型。1978年6月，美国国会通过了《公共电力管理政策法（PURPA）》，要求电力公司必须收购独立发电商（IPP）发出的电力，为风电上网提供了法律基础。在此基础上，联邦政府和加利福尼亚州政府在1981～1985年期间对风电投资实行抵税等优惠政策，吸引了大批投资者，在加利福尼亚州建设了阿尔塔蒙特山口（Altamont pass）、圣戈尔戈尼奥山（San Gorgonio Mountains）、特哈查比山（Tehachapi Mountains）等三个风电场，形成风电发展史上首个装机热潮。当时美国的风电机组制造商生产能力不足，大量从丹麦进口机组，1986年美国累计装机1200MW中，丹麦产机组占550MW，而且运行可靠性高，发电量较大。投资优惠政策刺激了装机容量增长，但是很多风电机组发电量少，后来美国的激励政策改为生产税收抵免，相当于在竞争性电力市场的上网电价基础上补贴1.5美分，效果较好。但是这个政策的有效期只有2～3年，造成美国风电呈现时快时慢的不稳定增长局面。

美国风能资源丰富的区域多是辽阔的草原或荒漠，离电力用户较远，主要由风电开发商集中大量安装风电机组，形成所谓“风力农场（wind farm）”，即风力发电场，接入当地电网再输送到电力负荷中心。美国风电装机容量从1985年的约0.8GW上升到2010年的40.3GW，占电力总装机容量的比例增长到3.9%，风力发电电量占总发电量的2%。

中国风电发展状况　20世纪50年代后期，中国开始进行风力发电的研究和应用试点工作，曾研制过10kW以下的风电机组样机。20世纪70年代中期后，在牧区和山区等电网未通达的地方迫切需要解决用电问题，内蒙古等省（区，市）的政府将风力发电作为农村电气化的重要组成部分。1978年，内蒙古锡林郭勒盟风能利用研究所开始立项研究小型风电机组。1980年，作为中国第一个生产小型风电机组的厂家内蒙古自治区商都牧机厂开始研制、生产小型风电机组。1984年，该厂开始批量生产100W小型风电机组。自1986年开始，直至1998年，内蒙古自治区政府实施鼓励小型风电机组在本地区应用的补贴政策，补贴资金约为小型风电机组设备费的1/4，为解决无电地区数十万农牧民家庭用电发挥了重要作用。1982年5月，中国自主设计制造的、当时最大单机容量的55kW试验性风电机组，在福建平潭岛并网运行。1991年12月，能源部科技项目200kW试验机组在福建平潭岛并网发电，其风轮直径32m，为变桨距、下风向机组。进入21世纪，离网风电的应用从家用电源扩展到为移动通信基站等工业设施供电，单机容量范围在50W～10kW。2010年中国制造商当年销售的离网型风电机组约13万多台，合计容量约120MW，其中出口国际市场约占1/3。

中国最早的风电场是1986年建成的山东荣成马兰风电场，安装了3台从丹麦进口的55kW机组。1989年10月，新疆达坂城风电场通过国际合作项目安装了13台丹麦生产的150kW机组，成为当时亚洲最大的风电场。1993年电力工业部决定将风力发电作为新的清洁电源，改善电力工业结构，制定风电电量收购和上网电价等政策鼓励发展。1995年5月，电力工业部在北京举办1995年北京国际风能会议，电力工业部部长对外宣布中国大规模发展风电的目标。同年8月，新疆达坂城风电场总装机容量超过1万kW，电力工业部在新疆达坂城召开风电建设管理工作座谈会，推广中国首座万千万级风电场建设经验，但是当时仍然依赖价格昂贵的进口设备，风电成本过高，进展缓慢。2003年起，国家发展计划委员会采用风电特许权项目招标方式，规定项目规模至少100MW，采用的设备国产化率要达到70%，通过上网电价投标竞争选择投资商，以规模化发展促进了风电设备国产化，达到降低风电成本的目的。2006年1月1日，《中华人民共和国可再生能源法》开始实施，法律规定电网企业全额收购其电网覆盖范围内可再生能源所发电量，可再生能源上网电价高于常规能源发电平均上网电价的差额部分，附加在销售电价中分摊，风电就此进入大规模高速发展阶段。2009年8月，国家发展和改革委员会发布《关于完善风力发电上网电价政策的通知》，开始实行按风能资源分区域的风电标杆上网电价，鼓励投资风电项目。风电设备制造商依托庞大的国内市场，通过引进国外制造技术、联合设计或自主研发等方式，迅速建立大批量生产的能力，生产的机组以单机容量1.5MW为主，单机容量2.5MW和3MW机组在市场中的比例逐年增长。整机技术仍以齿轮箱增速驱动双馈发电机的机型，在市场上份额最大，风轮直接驱动同步发电机的直驱型机组的市场份额也在快速增长。

新疆达坂城风力发电场

2006～2010年期间，中国风电装机容量从1.87GW增长到31.07GW，发电量从27亿kW·h增长到501亿kW·h，占全国发电量的比例从0.5%增长到1.2%。由中国电力企业联合会统计的2006～2010年中国风电装机容量和发电量见表3。

表3　2006～2010年中国风电装机容量和发电量

年　份	2006	2007	2008	2009	2010
装机容量（GW）	1.87	4.03	8.94	16.13	31.07
占总装机容量比例（%）	0.30	0.57	1.13	1.85	3.23
年发电量（亿kW·h）	27	56	128	269	501
占总发电量比例（%）	0.10	0.17	0.37	0.73	1.18

为了取得海上风电场建设的经验，2007年11月，中国在辽宁渤海绥中36-1油田安装了第一台海上风电机组，单机容量1.5MW。2010年6月建成的上海东海大桥风电场是中国第一个近海风电场，安装了34台国产3MW机组，总容量102MW。2010年9月，世界上第一个潮间带风电场——江苏如东潮间带风电场在江苏如东建成，截至2012年底，装机容量182MW。

fengdian gonglü yuce jishu

风电功率预测技术　（wind power forecasting technique）　根据风电场基础信息、运行数据、气象参数以及风能数值天气预报等数据，建立数学模型，对风电场未来某一确定时段内发出的有功功率进行预测。不同时间尺度的预测方法有本质区别。对于0～4h的超短期功率预测，风电功率主要由大气运动的持续性决定，因此采用历史数据外推的方式可以得到较好的预测效果；对于0～72h的短期功率预测，需使用可反映大气运动过程的数值天气预报数据作为最主要的输入数据，否则难以得到较好的预测结果。

超短期风电功率预测 根据风电场历史及实时运行数据（包括功率、风速、风向等），建立历史数据与风电场未来功率的映射关系，从而实现对风电场未来较短时间的功率预测。常用的方法包括持续预测、自回归滑动平均、卡尔曼滤波、人工神经网络、小波分析等。超短期功率预测的输入数据中包含了风速、风向、功率等实时数据，在0～4h内的预测精度优于短期功率预测。如果将短期功率预测认为是对风电场输出功率变化趋势的预测，则超短期功率预测可看作是趋势预测基础上的精细化预测，是短期功率预测的重要补充。

短期风电功率预测 通过建立数值天气预报数据与风电场输出功率的预测模型，以数值天气预报数据作为预测模型的主要输入量，实现风电场输出功率的短期预测。常用的预测方法包括物理方法和统计方法。

物理方法 应用大气边界层动力学与边界层气象理论，首先将数值天气预报系统输出的较粗略预报数据精细化为风电场实际地形、地表条件下的预报值，再将预报风速、风向转换为风电机组轮毂高度的风速、风向，并应用尾流模型计算出各台风电机组轮毂处的风速，然后根据风电机组的功率曲线，计算出各风电机组的输出功率，最后通过对所有风电机组输出功率进行累加，得到风电场的输出功率。

物理方法需要准确描述风电场局地效应对风速、风向的影响，因此，涉及大量详细的气象与流体模型，并需要将所有模型整合在一起，从而实现从气象要素预报到风电场输出功率预测的转换，其优点在于不需要风电场历史功率数据的支持。应用物理方法，根据数值天气预报数据可直接进行风电场功率预测，适用于新建风电场的输出功率预测。此外，物理方法可以对每一个大气过程进行分析，并根据分析结果优化预测模型，从而使预测结果更准确。物理方法的缺点是对由初始信息引起的系统误差非常敏感，如风电场地形及地表条件的描述偏差等。

统计方法 统计方法基于学习算法，首先建立数值天气预报历史数据与风电场历史输出功率数据之间的对应关系，再根据数值天气预报数据对风电场输出功率进行预测。风电功率预测的统计方法主要有递归最小二乘法、人工神经网络、支持向量机等。人工神经网络方法具有分布并行处理、非线性映射、自适应学习、鲁棒容错和泛化能力等特性，是风电功率预测中应用最广泛的统计方法。

统计方法不考虑风电场尾流（见尾流模型）与局地效应对数值天气预报数据的影响，无需对数值天气预报数据进行精细化处理。其优点在于：①在数据完备的情况下，理论上可以使预测误差达到最小值，预测精度较高；②可进行自我调整，且随着数据的积累，预测精度可持续提高。统计方法需要大量历史数据支持，且对历史数据变化规律的一致性具有很高要求。此外，统计方法的建模过程带有“黑箱”性，不利于模型的进一步优化。

技术发展情况 早在1990年，丹麦Risø国家实验室Lars Landberg等人采用类似欧洲风图集的推理方法开始研究风电功率预测技术。近年来，随着风电行业的高速发展，风电功率预测技术一直是风力发电领域的重要研究课题，并已得到广泛的应用。

世界各国不断探索新的风电功率预测技术，如统计方法与物理方法相结合、小气候模型与中尺度气象模型相结合、基于多个中尺度模式的集合预报等，这些新的方法有效地提高了风电功率预测方法的适用性和准确度。

中国风电功率预测技术研究开始于21世纪初。截至2012年底，中国一大批科研机构和高等院校从事风电功率预测技术研究，研究的方法包括基于人工神经网络、支持向量机等模型的统计预测方法，以及基于线性化微尺度模型和计算流体力学的物理预测方法等。针对统计方法需要历史数据、物理方法受基础资料影响等不利因素，还开发出了结合物理方法和统计方法的混合预测方法。

fengdian gonglü yuce xitong

风电功率预测系统 (wind power forecasting system)

采用特定的风电功率预测方法，实现单个风电场或区域风电场群未来一段时间输出功率预测的硬、软件综合系统。它安装在风电场和电力系统调度中心，实现0～72h的短期功率预测、0～4h的超短期功率预测，具有预测结果显示、误差区间预测以及统计分析等基本功能。风电场的功率预测系统可实现对本风电场的功率预测，电力系统调度中心的功率预测系统以单个风电场为基本预测单元，可实现对调度辖区内所有风电场的功率预测。

预测结果的作用和意义在于：

（1）电力系统调度运行人员可根据风电功率预测结果，调整和优化常规电源发电计划曲线，降低旋转备用容量。

（2）风电场运行人员可以根据风电功率预测结果提前安排检修计划，尽量减少因检修而损失的发电量。

（3）在电力市场环境下，风电功率预测是风电运营商参加市场竞价的必备条件。

系统组成 包括功率预测系统的软件和硬件。

风电功率预测系统软件 包括数据采集单元、功率预测单元、数据存储单元、人机交互单元等，其中数据采集单元负责数值天气预报数据、实时气象数据和风电运行数据的采集和处理；功率预测单元完成短期和超短期功率预测功能；数据存储单元负责所有数据的筛选、整理和存储；人机交互单元完成数据的查询、展示、统计分析、输入/输出等功能。系统软件结构如图1所示。

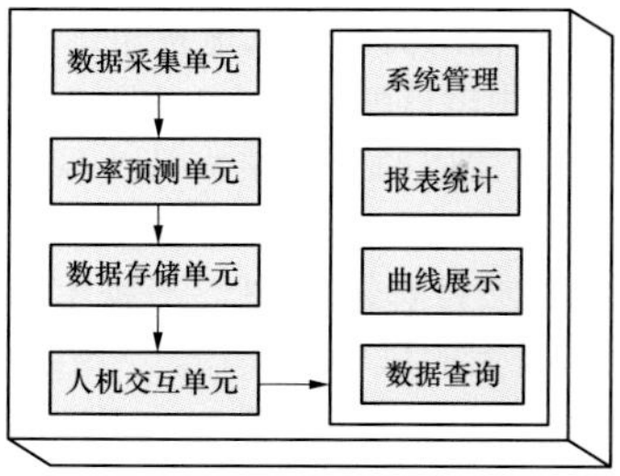

图1 风电功率预测系统软件结构

风电功率预测系统硬件 系统软件的运行载体，一般包括气象数据处理服务器、系统应用服务器、网络安全隔离装置和人机工作站等，如图2所示。为了保证场站侧和调度侧功率预测系统的协调运行，电力系统调度中心的风电功率预测系统还应包括与风电场的数据交互服务器。气象数据处理服务器一般部署于互联网，用于接收数值天气预报数据和实时气象数据（见风能数值天气预报），系统应用服务器运行于省电力调度端Ⅱ区数据网内，用于部署预测系统软件主程序，反向安全隔离装置部署于气象数据处理服务器和系统应用服务器之间，从而保证数据跨安全区传输的安全性。

主要技术性能 风电功率预测系统具备短期和超短期功率预测功能，其中短期风电功率预测每日执行一次，预测时长为72h，时间分辨率为15min；超短期风电功率预测为每15min执行一次，预测时长为4h，时间分辨率为15min。受

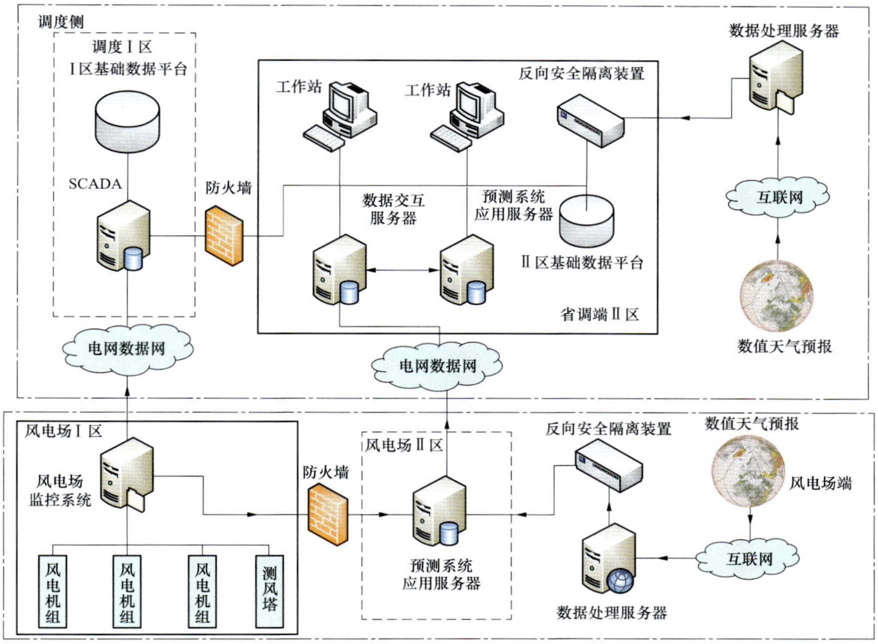

图 2　风电功率预测系统硬件结构示意

数值天气预报、风电场基础信息和运行数据等因素的影响，在中国，短期风电功率预测月均方根误差一般在 8%～25% 之间，超短期风电功率预测月均方根误差一般在 5%～15% 之间，系统可用率一般在 99%以上。

发展情况　1990 年，丹麦 Risø 国家实验室开发出了世界上第一套风电功率预测系统，其基本原理是把数值天气预报提供的风速、风向通过一定的方法转换到风电机组轮毂高度的风速、风向，然后根据功率曲线得到风电场的出力，再采用模式输出统计（model output statistic，MOS）进行修正。

世界各国风电功率预测系统

预测系统名称	开发者	采用的方法	运行区域
Prediktor	丹麦 Risø 实验室	物理方法	西班牙、丹麦、爱尔兰、德国
WPPT	丹麦技术大学	统计方法	丹麦
Zephry	丹麦技术大学	物理方法 统计方法	丹麦
Previento	德国 Oldenburg 大学	物理方法	德国
WPMS	德国太阳能研究所	统计方法	德国
MSEPS	德国 WEPROG 公司	统计方法	爱尔兰、德国、丹麦
LocalPred-RegionPred	西班牙可再生能源中心	物理方法	西班牙
GH Forecaster	英国 Garrad Hassan 公司	物理方法 统计方法	英国等 5 个国家
eWind	美国 AWS Truewind 公司	物理方法 统计方法	西班牙、美国
PowerSight	美国 3Tier 公司	物理方法 统计方法	美国
AWPPS	法国 ARMINES 公司	统计方法	法国
WPFS	中国电力科学研究院	物理方法 统计方法	中国

该系统在丹麦的多个电网得到应用。德国、西班牙和美国等风电发达国家也陆续开发了具有自身特点的风电功率预测系统，并得到了广泛的应用，如表所示。风电功率预测系统已成为电力调度机构不可或缺的调度技术支持系统之一。

2008 年中国首套具有完全自主知识产权的风电功率预测系统 WPFS 由中国电力科学研究院研发完成，并在吉林省电力公司调度通信中心正式投入运行。截至 2012 年底，该系统已经推广到 16 个电力调度中心和 150 个风电场。国内多家高校及科研单位也在开展风电功率预测技术的研究和系统开发，中国气象局、清华大学、华北电力大学、国网电力科学研究院等机构相继开发了风电功率预测系统，并在电力调度中心和风电场投入运行。

fengdian jidi guihua

风电基地规划

（planning of large scale wind power base）　在风能资源较好且相对集中、具备规模成片开发条件的区域，结合该区域工程建设条件和电网接纳风力发电的条件，对总装机容量达到百万千瓦级、甚至千万千瓦级的风电场项目进行设计研究工作。规划建设大型风电基地，可以有效利用风能资源，推动风电装备制造等产业的升级和技术创新，逐步降低风电开发成本，统筹协调风电开发与电网建设，降低区域温室气体排放。

工作内容　包括对规划区域内风能资源进行全面分析，并根据建设条件初步拟定各风电场项目场址、范围及装机规模，复核风电场与土地利用、环境保护等的协调性；估算整个规划区域潜在的装机容量；根据风电基地输电规划方案，初步拟定各规划水平年建设规模及风电基地接入电力系统方案；综合比较各风电场建设条件和前期工作进展，推荐开发时序；根据需要开展电网接纳风力发电能力研究等工作（见风力发电接入电网），并对风电基地的开发、下一步工作的初步安排等提出建议和意见。

成果　根据中国风能资源普查和详查成果（见风能资源和中国风能资源），2008～2011 年，陆续完成了甘肃酒泉、新疆哈密、内蒙古西部、内蒙古东部、河北、吉林、山东、江苏、黑龙江等 9 个千万千瓦级大型风电基地规划报告，其中 7 个为陆地风电基地，1 个为海上风电基地，1 个为包含陆上和海上的风电基地，规划开发规模见下表。

中国 9 大风电基地规划开发规模汇总表（万 kW）

序号	规划名称	各水平年开发规模	
		2015 年	2020 年
1	河北风电基地规划	1078	1643
2	内蒙古西部风电基地规划	1321	2081

续表

序号	规划名称	各水平年开发规模	
		2015 年	2020 年
3	内蒙古东部风电基地规划	1450	3000
4	吉林风电基地规划	800	1500
5	江苏风电基地规划（含海上风电）	580	1000
6	山东海上风电基地规划	100	600
7	甘肃酒泉风电基地规划	1271	2000
8	新疆哈密风电基地规划	480	1080
9	黑龙江风电基地规划	1068	2078
合　计		8148	14 982

截至 2010 年底，各大型风电基地已累计核准项目 2884 万 kW，其中已建项目容量 2034 万 kW，占当时全国风电项目已建容量的 65%。

fengdian jizu anzhuang

风电机组安装　(wind turbine installation)　在风力发电场风电机组机位上组装成完整的风电机组的过程。其作业在野外进行，作业点分散。动用多台大型起重设备，有大量的吊装和高空作业。大型起重设备移动频繁，作业内容重复，确保安装作业过程中人员、设备的安全是首要任务。不同型号风电机组安装的内容和顺序有所不同。风电机组安装作业包括安装前准备工作、塔架安装、机舱安装、风轮安装和安装后续工作。

安装前准备工作　准备工作包括技术资料准备、人员准备、安装设备和工具准备、风电机组部件检查、机组安装条件准备、高强度螺栓准备等，并在安全风速下，才能进行吊装作业。

技术资料准备　收集风电机组安装技术资料，包括风电机组基础型式、基础与塔架连接方式、机组和大型部件图纸、各分部件重量和尺寸、机组电气接线图、机组安装手册、风电场工程施工组织总设计（见风电场施工组织设计）等。安装单位根据收集的技术资料和安装现场作业条件编制风电机组安装施工组织设计、风电机组安装作业指导书和机位安装作业平面图。作业指导书应明确参加安装人员的分工和资质、安装使用的设备、安装作业程序、作业内容、质量要求和安全规程。

人员准备　参加吊装作业和高空作业的人员必须经过相应的培训并取得作业资格证书。

安装设备和工具准备　用于风电机组安装作业的起重设备通过定期检验且安全技术文件齐全；吊装用吊具、索具、牵引绳等经检验合格。对于校准高强度螺栓初拧和复拧使用的电动扳手或液力扳手，扭矩相对误差为±5%；对于校准高强度螺栓终拧和检验使用的力矩扳手，扭矩相对误差为±3%。

风电机组部件检查　检查风电机组塔架表面涂装的破损程度，并对破损处进行修补。检查塔架法兰的平行度。检查叶片破损或开裂情况，并对损伤处进行修补。

机组安装条件准备　主要内容包括：①安装作业场地排水顺畅，承载能力和坡度满足起重设备要求；②准备安装用动力电源；③复核风电机组基础环上法兰的水平度和防雷接地电阻；④敷设箱式变电站连接电缆和通信光缆；⑤确认风电机组基础已达到 28 天养护期。

高强度螺栓准备　风电机组塔架、机舱、叶片和风轮安装中大量采用高强度螺栓。高强度螺栓的产品质量和施工质量是风电机组安装工程中的重要控制环节，也是直接影响风电机组安全运行的因素之一。在风电机组安装前，检查高强度螺栓的批次、批号牌和扭矩系数保证期。高强度螺栓的扭矩系数保证期为 6 个月，超过 6 个月的，重新进行扭矩系数或紧固轴力试验，检验合格后才可以使用。检查每个批次高强度螺栓的质量合格证明文件和检验报告，每个批次的高强度螺栓中随机抽取 8 套进行扭矩系数复检，并出具复检报告。在高强度螺栓使用前，凡未经过润滑处理的螺栓，在螺纹的啮合部位、施拧旋转面的螺栓头部或螺母与垫圈接触面涂抹润滑剂，以控制扭矩系数的离散度。

安全风速要求　风电机组吊装作业严格控制在安全风速下进行。起重吊车桅顶风速超过 8～10m/s 时，不得进行叶片和叶轮吊装作业；桅顶风速超过 10～15m/s 时不得进行机舱和塔架吊装作业。具体限制风速根据风电机组机舱和塔架的重量以及起重吊车技术性能确定。风速超过 6 级时，人员不得进行机舱外和轮毂中的作业；风速超过 7 级（18m/s）时，不得攀登风电机组。

塔架安装　风电机组塔架及塔内附件、电缆、照明、爬梯、安全装置、接地系统等的安装作业。包括塔架起吊前准备工作，塔架安装（见图 1），安装高强度螺栓组。

图 1　塔架吊装

(1) 安装前准备工作。塔架起吊前将塔内的各种支架、电缆或封闭母线、照明灯具、爬梯和临时安全索安装在塔架内，安装塔底电气柜、控制柜等底部电气设备，在底段塔架下端法兰安装定位导销，清除基础环法兰和塔架法兰表面的锈迹、污渍和毛刺，在基础环上法兰和除顶段塔架的顶法兰之外的各法兰结合面涂抹连续的环形接缝密封胶层。

(2) 塔架吊装。使用两台吊车，分为主吊车和辅助吊车。使用塔架吊装专用吊具分别与塔架上端法兰和下端法兰连接，主吊车承吊塔架上端，辅助吊车承吊塔架下端。两台吊车同时将底段塔架吊离地面 1～1.5m。辅助吊车稳住不动，主吊车继续吊升，直至塔架竖直。辅助吊车卸载后，摘除塔架下端法兰上的吊具。主吊车将底段塔架移动到风电机组基础环上方后下降。确定塔筒门背离主风向后，主吊车继续将塔架缓缓下降，利用定位导销对准基础环法兰与塔架法兰的螺栓孔。主吊车将底段塔架缓缓降落在距离基础环上法兰 3～5cm 位置，塔架法兰与基础环法兰不接触，以便安装高强度螺栓。各段塔架的吊装过程与底段塔架吊装过程基本相同。

（3）安装塔架高强度螺栓组。紧固螺栓时采用对角交叉紧固的方式。高强度螺栓紧固分初拧、复拧、终拧和检验四个阶段。初拧和复拧分别完成，复拧是弥补初拧预拉力的损失。初拧和复拧的力矩达到规定力矩 50%，不超过规定力矩的 75%。终拧要达到规定力矩的 100%。初拧、复拧和终拧要在 24h 之内完成。终拧完成后螺栓丝扣外露 2～3 扣。终拧 1h 后，在 48h 之内进行轴力检验。检验顺序是从塔架顶端向底部进行。每个连接点抽查 10% 的螺栓，且不能少于 2 个。扭矩值在规定扭矩值±10%之内。高强度螺栓的轴力采用测力扳手或超声螺栓轴力测量仪进行检验。

（4）注意事项。吊车保持一定吊钩载荷使塔架稳定，同时初拧紧固螺栓。拧紧螺栓后拆除塔架起重吊具。从塔架内部检查法兰间的空隙，如果存在空隙，使用填隙片填充。高强度螺栓终拧完成后，利用另一个螺母将螺栓批次牌固定在同一批次中的一个螺栓上，以标明螺栓批次。

为防止安装过程中风致塔架振荡，采取减少塔架安装段的办法提高塔架临界风速，或者在顶段塔架吊装完成后马上完成机舱的安装。塔架安装后，及时连接塔架间的接地线，防止雷击导致意外损害。

机舱安装 包括机舱组装和机舱吊装两项作业。风电机组机舱各个零部件在出厂前经过检查、清理、检测、试验，已经具备现场安装、调试、并网发电的条件。

机舱组装 主要包括机舱外罩组装、风速风向仪安装、航空标志灯安装、避雷针安装、发电机联轴器防护罩拆卸等工作。机舱各种附件的安装尽可能在地面完成。通常机舱采用整体运输方式，对于拆除机舱罩运输的风电机组，在安装现场组装机舱罩。拆分运输的机舱在安装现场组装时注意各机舱罩板连接面的密封性。风速风向仪安装于机舱顶的尾部。对风向风速仪、避雷针、航空标志灯的支架与机舱结合面，以及各导线管进行密封处理。为方便风轮安装时盘车，将发电机联轴器防护罩拆除，机组整体安装完后恢复原状。

机舱吊装 将机舱利用起重设备吊至预定高度并与塔架连接的工作。使用机舱专用吊具吊装。专用吊具的功能包括起吊机舱和调整机舱水平度。吊装前清理塔架顶法兰，并涂密封胶，拆掉机舱运输支架上的螺栓。在机舱外侧两边拴好牵引绳。吊车试吊完成后正式进行吊装。机舱起吊至距地面 1～1.5m 时，暂停提升，调整机舱至水平状态并锁紧吊具调整装置；清理机舱与塔架连接的法兰和螺栓孔；在机舱的连接法兰上安装定位导销。吊车继续将机舱提升到塔架上方，提升过程中辅助工作人员利用牵引绳稳住机舱，防止机舱因风的影响在空中摆动。当机舱位于上塔架的上法兰的上空后，暂停吊车，明确机舱安装方向便于随后的风轮安装后，缓降吊车，利用定位导销为机舱安装定位。在机舱连接法兰和塔架顶法兰有 3～5cm 间隙时，吊车暂停，穿入高强度螺栓并带螺母。继续降低吊钩至两个法兰面结合，但吊车仍保持 20%～30%载荷。拧紧全部螺栓后，降低吊钩并卸下吊具和牵引绳。完成机舱高强度螺栓的紧固。

风轮安装 包括风轮组装和风轮吊装。为避免对叶片造成损伤，叶片在吊装或进行支撑时，靠叶尖侧的吊具吊点或支撑点通常选在距叶尖 1/3 叶片长度附近。

风轮组装 将叶片与轮毂进行组装的过程。风轮组装可以采用一台主吊车方式，也可采用两台吊车方式。单台主吊方式使用专用可调节水平度的吊装横梁。风轮组装前准备工作包括：①准备辅助电源和叶片安装支架；②检查叶片吊具，清理吊带表面并涂抹润滑剂；③将轮毂平稳放置在起吊位置，清洁轮毂表面；④测试轮毂内电气控制系统和变桨系统，检查变桨轴承密封；⑤清洁叶片表面，检查叶片连接螺栓或预埋螺栓套状况、叶片有无破损，叶片接闪器和排水孔状况；⑥清理叶根法兰，检查叶根法兰与变桨轴承的 0°标记，并将变桨轴承 0°标记调整至近地面方向；⑦预埋螺栓套的叶片安装双头高强度螺栓，高强度螺栓的叶根段涂封固剂，双头高强度螺栓的安装时间距风轮组装时间不少于 24h。

吊车起吊叶片时在近叶尖侧吊具处的叶片后缘使用 V 形保护罩进行保护，防止吊具损坏叶片后缘。叶片移动至轮毂变桨轴承处，利用变桨系统调整变桨轴承转动，使叶根法兰的 0°标记与变桨轴承 0°标记对正；叶片螺栓穿入变桨轴承螺栓孔，完成螺栓紧固。利用叶片支撑架支撑在已经组装好的叶片的支撑点，然后卸除吊具。三只叶片按照同样步骤进行安装完成后，利用变桨系统将叶片转至桨距角－90°，锁住叶片，防止吊装过程中叶片转动；连接叶片与轮毂的防雷接线；安装叶根防雨罩和轮毂导流罩，并用密封胶进行密封；最后安装叶片号牌。

风轮吊装 将风轮与风电机组齿轮箱低速端主轴或直驱发电机主轴连接的工作。起吊前松开机组的机械制动系统，并在高速联轴器上装上盘车器。风轮吊装采用主、辅两台起重吊车进行。吊装时采用专用吊具。如图 2 所示，主吊车的吊具由吊链和吊带组成，辅助吊车吊具只用一根吊带。主起重吊车的吊带固定在两只叶片的叶根处，同时在这两只叶片的叶尖规定位置各固定一条牵引绳；辅助起重吊车的吊带固定在另一只叶片的叶尖规定位置；叶片的牵引绳及辅吊吊带固定处要进行叶片后缘保护。牵引绳和辅吊吊带的固定采用可自解方式，保证在风轮安装完成后叶尖向地面时吊带和牵引绳能够被拽下。

起吊前拆除轮毂运输底座。主、辅吊车同时起吊，保持风轮水平提升（见图 2）。在距地面 1～1.5m 时，暂停提升，清理轮毂连接法兰，并安装定位导销。风轮继续提升至一定高度后，辅吊停止提升，主吊继续提升至风轮垂直位置。此时辅吊所吊的叶片叶尖距地面不能少于 0.5m。卸除辅吊吊带

图 2 风轮起吊

后，继续提升风轮至轮毂高度。起吊过程中地面工作人员利用牵引绳稳住风轮，防止风轮摆动与塔架或起重吊车发生碰撞。

风轮的中心和主轴平行后，缓慢对接风轮与主轴法兰，缓慢转动盘车器并利用定位导销对准轮毂和主轴法兰螺栓孔，穿入固定螺栓。此时主轴法兰的风轮锁定孔位于能够进行锁定的位置，一只叶片位于 6 点钟位置。卸除主吊车吊具和牵引绳，完成连接螺栓的紧固。

安装后续工作 包括动力电缆或封闭母线安装与绝缘试验、安全索安装、机舱起重设备安装、照明系统安装、各部传感器安装与调整、偏航和变桨系统润滑、控制系统电气接线、防雷系统连接以及风电机组内部清洁等工作。全部工作完成后，将叶片桨距角调整至 90°左右，并释放机械制动，等待风电机组调试。

fengdian jizu bingwang qidong

风电机组并网起动 (wind turbine starting) 当风速高于切入风速时，风电机组按照预先设定的程序并入电网。大量风电机组同时起动并入电网，会对电网的频率和电压造成冲击。风电并网标准规定了风电场有功功率变化限值的要求，通常包括 10min 有功功率变化限值和 1min 有功功率变化限值，同时也对风电场并网点的电压控制提出了要求（见《风电场接入电力系统技术规定》）。因此风电场内的风电机组起动时，针对场内风电机组的类型，采用辅助设备和控制措施，按照一定的顺序分批次先后并入电网，最大限度地减小风电机组起动并网对电网的影响。风电机组并网起动按不同机组类型，主要有恒速感应型风电机组起动、双馈感应型风电机组起动和全功率变流型风电机组起动。

恒速感应型风电机组起动 当风速达到 3～4m/s 的切入风速，并连续维持 5～10min 时，控制系统发出起动信号，风电机组开始起动，即由静止状态起动到某一预先设定转速值，通常在额定转速附近。

起动方式 主要有电动机起动和风电机组自起动两种方式。

(1) 电动机起动。风电机组在静止状态时，先把发电机用作电动机，将机组起动到额定转速。定桨距风电机组大都采用这种方式。

(2) 风电机组自起动。在风速超过切入风速时，由风轮带动将风电机组起动到额定转速附近。

并网控制 当风速大于切入风速时，风轮开始逐渐起动，但不足以将风电机组拖动到切入转速；或者风电机组从小功率状态切出，没有重新并入电网，这时的风轮处于自由转动状态，称为待机状态。待机状态除了发电机没有并入电网，机组实际上已处于工作状态。此时控制系统已做好并入电网的一切准备，如机械制动已松开，风轮叶片的叶尖扰流器已收回，风轮处于迎风状态，风况、电网和机组的所有状态参数均在控制系统检测之中，一旦风速继续增大，转速升高，机组即可并入电网。恒速感应风电机组并网方法主要有直接并网、降压并网和软并网。容量在 200kW 以下的机组通常采用直接并网和降压并网。容量在 250kW 以上的机组通常通过晶闸管软并网，这种并网方法是在异步发电机定子与电网之间，通过基于双向晶闸管的软启动器并网，如图所示，双向晶闸管的两端与并网自动开关 S2 并联。这种软并网方法的特点是通过控制晶闸管的导通角，将发电机并网瞬间的冲击电流一般限制在 1.5 倍额定电流以下的范围内，从而得到一个平滑的并网暂态过程。并网结束后，自动开关 S2 闭合，将软启动器退出运行。晶闸管软并网是国内外大、中型风电机组中普遍采用的并网方法。

双馈感应型风电机组起动 当风速超过切入风速，并持续一段时间之后，控制系统发出机组起动命令。机组开始起动时，风电机组的桨距角不调节，风轮叶片处于最有利于风能捕获的位置。并网过程分为网侧变流器并网和转子侧变流器并网。

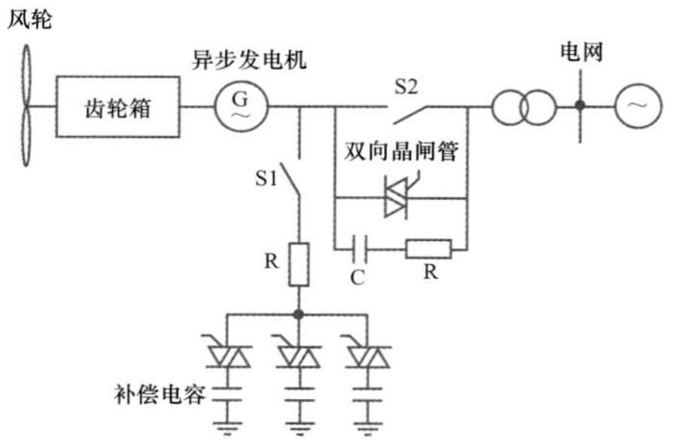

恒速感应型风电机组经晶闸管软并网原理图

网侧变流器并网 此时发电机定子侧开关与电网断开，背靠背四象限变流器的控制脉冲全部闭锁，网侧变流器以不控整流方式进行充电，当变流器直流侧电容两端电压达到某一恒定值时，不控整流充电过程结束。之后，通过自动检测电网侧电压的幅值、频率和相位，以此作为网侧变流器的输出电压控制指令，使网侧变流器处于全控整流运行，整流控制目标为使直流侧电容电压维持在额定值附近，为转子侧变流器向双馈异步发电机提供交流励磁做好准备。

转子侧变流器并网 网侧变流器完成并网之后，背靠背四象限变流器控制子系统再根据发电机转速和定子侧电网电压，确定出转子侧变流器输出电压参考值，对发电机进行交流励磁，通过控制转子侧变流器来调节发电机转子励磁电流，从而精确地控制发电机定子电压，使其满足并网条件，然后并入电网。

全功率变流型风电机组起动 当风速达到切入风速并持续一段时间后，风电机组开始起动并网，包括网侧变流器充电及软并网、发电机侧变流器软并机控制。

网侧变流器充电及软并网控制 网侧变流器控制信号封锁，变流器运行于整流状态，对变流器直流电容进行充电。当直流侧电容电压达到额定值时，解开网侧变流器控制脉冲的封锁信号，控制网侧变流器运行于逆变状态，与电网进行零功率交换，此时发电机侧变流器尚未与永磁同步发电机连接，维持直流侧电容电压恒定。

发电机侧变流器软并机控制 发电机在风轮的驱动下已经开始旋转，处于空载运行状态，通过检测发电机端电压（等于空载电动势），控制发电机侧变流器运行于逆变状态，使之产生的交流电压的基波分量与机端电压同频率、同幅值、同相位。在此基础上，再闭合发电机侧的断路器，实现变流器与发电机的无冲击连接。

fengdian jizu didianya chuanyue ceshi xitong

风电机组低电压穿越测试系统 (low voltage ride through test system for wind turbine) 连接在风电机组和电网之间，试验过程中能在风电机组侧模拟产生类似电网故障导致的电压跌落，同时限制电压跌落对电网的影响程度，测试和检验风电机组是否具备低电压穿越能力的测试装置。

从实现原理上，测试系统可分为基于阻抗分压原理、变压器原理、变流器原理三种；按照测试时接入电网的位置分，接入风电机组变压器高压侧的测试系统称为中压侧测试系统，接入风电机组出口侧的测试系统称为低压侧测试系统；从安装方式上，分为固定式和移动式。不同测试原理、不同接入位置的测试系统构成和实现方式上存在较大差别，基于阻抗分压原理的中压侧测试系统应用较广。中压侧测试系统由一次设备及二次设备构成。

（1）一次设备是系统的主体，包括限流电抗器及旁路开关、短路电抗器及短路开关、电网侧开关、风电机组侧开关、隔离开关及试验辅助设备等。一次设备单相构成框图如图 1 所示，旁路开关与限流电抗器并联，串联接入风电机组升压变压器高压侧，短路开关和短路电抗器组成的支路串联接地，电网侧开关、风电机组侧开关、隔离开关串联在试验主回路中的电网与风电机组之间，试验辅助设备包括试验过程的各种保护控制装置、安全设施等。电网侧开关、风电机组侧开关、隔离开关控制风电机组的运行状态、保证试验过程中人身及设备的安全；紧急状况下，保护控制装置将测试系统从电网切出。

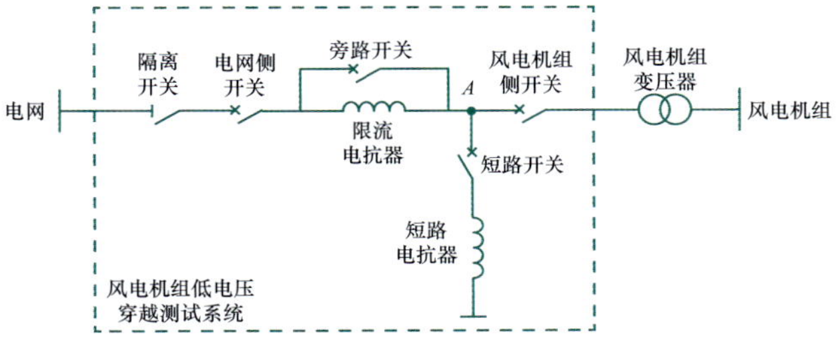

图 1　风电机组低电压穿越测试系统一次设备单相构成框图

（2）二次设备是系统实现试验过程自动控制、数据采集、分析与处理的平台，包括控制系统、测量与数据处理系统等。控制系统由人机接口单元及各开关、刀闸的控制终端组成。测量与数据处理系统由传感器、高速数据采集处理装置等组成。控制系统精确控制各开关、刀闸的动作时序，实现系统的程控操作。

工作原理　系统利用旁路开关及短路开关的配合实现风电机组侧电压的跌落。旁路开关闭合、短路开关断开时，限流电抗器被旁路，风电机组正常运行。旁路开关断开、短路开关闭合时，产生短路，短路电流流过限流电抗器、短路开关、短路电抗器支路。与正常运行时相比，短路时的风电机组侧故障相电压有一个下降。在对称短路情况下，图 1 中 A 点的电压是电网电压在短路电抗器上的分压，通过调整限流电抗器及短路电抗器的阻抗值可改变 A 点电压跌落的幅值，限流电抗器同时用来限制电网电压跌落时的短路电流大小。

开展电压跌落测试前，通常需要进行空载测试，即在风电机组停机条件下，调整测试系统参数，使试验过程中电压达到要求的跌落幅值，并维持一定的跌落时间。保持该测试系统参数，风电机组并网发电，开展“带载”电压跌落测试，验证风电机组低电压穿越性能。

技术指标　电压跌落容许误差是测试系统关键技术指标，用于确定测试系统能否按照标准的要求产生电压跌落，包括电压跌落幅值的误差及跌落时间的误差。电压跌落容许误差应在空载测试情况下获得，测试过程各阶段电压跌落容许误差范围应符合图 2 的要求。

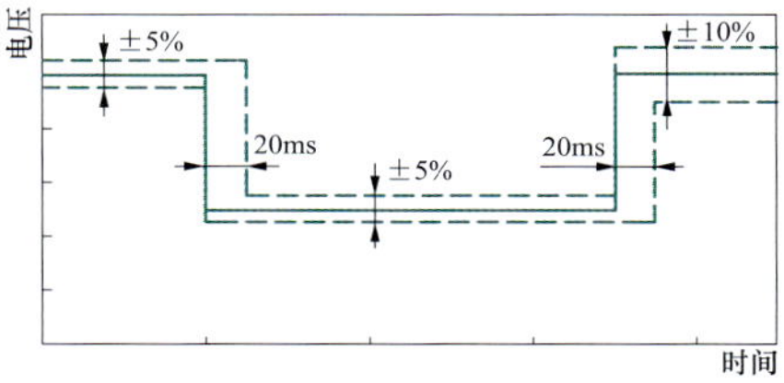

图 2　空载测试时电压跌落容许误差

应用现状　截至 2012 年底，全球范围内基于阻抗分压原理的中压侧测试系统有数十套，绝大多数为移动式测试系统。德国电力系统与电力经济研究联合会（FGH）是世界上最早研制风电机组移动式低电压穿越测试系统并开展现场测试的组织。中国已拥有世界上首套固定式及多套移动式测试系统，自 2010 年以来，已完成了一百多个型号风电机组低电压穿越能力测试，其固定式低电压穿越测试系统基于晶闸管控制阻抗分压原理，能够满足额定容量 6MW 及以下各类型风电机组的低电压穿越试验要求。

fengdian jizu dianqi fangzhen moxing yanzheng

风电机组电气仿真模型验证

（electrical simulation model validation of wind turbine）　在风电机组电气仿真模型建立以后，通过模型仿真数据与实际测试数据的对比，计算偏差指标，量化评估风电机组电气仿真模型的准确性。风电机组电气仿真模型是对将风能转换为机械能再转换为电能的风力发电系统的数学描述，也是进行风电接入电力系统动态稳定分析的基础。适用于大规模风电接入电力系统稳定研究的风电机组电气仿真模型，要求能够准确地反映风电机组在机电暂态时间尺度下的动态特性行为。风电机组电气仿真模型验证的最基本内容是验证风电机组对电网电压跌落的响应特性。

模型结构　如图所示，电气仿真模型的输入信号为风速和功率控制指令设定值，输出信号为风电机组的电压和电流，包含的子模块主要有空气动力学模型、传动系统、发电机系统、控制系统、保护模块以及电气接口设备。

电气仿真模型的中间层通道反映了风电机组内部能量的传递，上、下层通道反映了控制和保护信号的传递。主流风电机组根据拓扑结构可分为四类：1 型主要指恒速感应型风电机组；2 型主要指带有可变转子电阻的滑差控制风电机组；3 型主要指双馈感应型风电机组；4 型主要指全功率变流型风电机组。对于不同类型风电机组，可根据实际拓扑结构选择相应的子模块，电气仿真模型的子模块内容会有所不同。

风电机组电气仿真模型子模块　由数学表达式和传递函数构成的风电机组电气仿真模型各子模块数学模型。包括空气动力学模型、传动系统模型、发电机系统模型、控制系统模型、保护模型和电气接口设备模型。

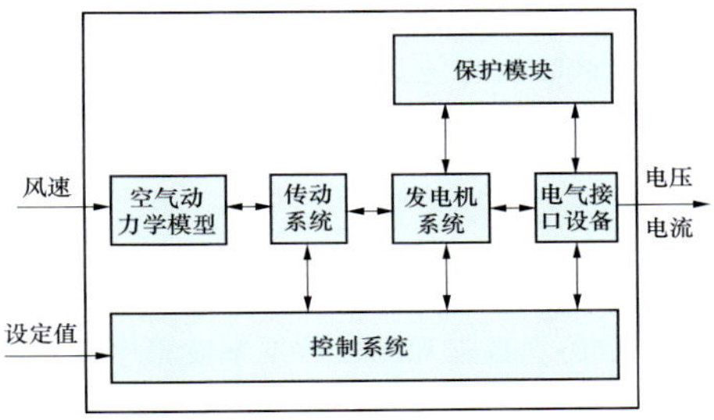

风电机组电气仿真模型结构

（1）空气动力学模型。用于模拟风电机组从风中获取的风功率。电力系统稳定计算分析时一般假设风速恒定，但在特别情况下当风速变化对系统输出功率有显著影响时，需考虑风速的变化。

（2）传动系统模型。应用于带有齿轮箱的风电机组类型中，模拟风力机（见风能）机械功率从低速轴传递到高速轴的动态特性。

（3）发电机系统模型。表达电机电磁量与机械量之间相互关系的数学描述。发电机系统数学模型由电机电路方程及转子运动方程两部分组成。

（4）控制系统模型。主要包括变桨距角控制和变流器控制。变流器控制数学模型应用于3型和4型风电机组中，主要包括最大功率追踪和转速控制、有功功率和无功功率控制。控制系统模型应准确描述出与低电压穿越过程相关的控制过程。

（5）保护模块模型。主要包括风电机组过电压和欠电压保护、过频和欠频保护、低速和超速保护，对于3型和4型风电机组还包括变流器过电压和过电流保护。

（6）电气接口设备模型。描述与风电机组机端连接的电气设备，一般包括断路器和箱式变压器。对于1型和2型风电机组，还包括在风电机组机端采用的无功补偿设备。

模型验证 主要步骤包括选定验证工况、计算验证数据、故障过程分区和计算偏差指标。

选定验证工况 主要包括功率输出状态、电压跌落程度以及故障类型。依照实际的风电机组低电压穿越测试内容，功率输出状态一般选择两种：①大功率输出状态，$P>0.9P_n$；②小功率输出状态，$0.1P_n \leqslant P \leqslant 0.3P_n$。式中，$P$为风电机组输出功率，$P_n$为额定功率。电压跌落程度一般选择风电机组机端电压跌落标幺值为0.75±0.05、0.50±0.05、0.35±0.05、0.20±0.05。故障类型一般包括三相对称故障和两相不对称故障。

计算验证数据 包括低电压穿越测试数据与模型仿真数据。一般计算测试与模型仿真数据的线电压、有功功率、无功功率、有功电流和无功电流的基波正序分量。为保证测试数据与仿真数据对比的有效性，仿真数据与测试数据的时间序列应同步，采用相同的量纲、时标和分辨率格式。

故障过程分区 以实际低电压穿越测试数据为依据，将整个故障过程分为故障前、故障期间和故障后三个时段，并将故障期间和故障后的时段分为暂态区间和稳态区间，其中暂态区间为故障发生和清除后功率和电流的波动区间。

计算偏差指标 偏差指标反映了风电机组模型的准确度。计算测试数据与仿真数据的偏差一般包括平均偏差、平均绝对偏差、最大偏差，以及加权平均绝对偏差。其中，各时段暂态区间分别计算平均偏差和平均绝对偏差，稳态区间分别计算平均偏差、平均绝对偏差和最大偏差。以计算平均偏差F_1为例，计算测试数据与仿真数据基波正序分量差值的算术平均并取其绝对值，计算公式为

$$F_1 = \left| \frac{\sum_{i=K_b}^{K_e}[X_m(i) - X_s(i)]}{K_e - K_b + 1} \right|$$

式中X_s和X_m分别表示仿真数据和测试数据基波正序分量的标幺值；K_b和K_e分别表示计算区间内仿真数据和测试数据的第一个和最后一个数据序号。

fengdian jizu jichu sheji

风电机组基础设计（foundation design for wind turbine） 对承受风力发电机组荷载的构筑物或支撑机构提供有技术依据的设计文件和图纸的活动。在已知风电机组荷载、地质条件及基础所处环境等条件下，通过计算选择合适的风电机组基础类型，确定基础的最佳尺寸、埋置深度、桩基布置及基础配筋。设计工作包括风电机组基础型式的选择、结构受力和变形计算、疲劳分析、结构监测设计，以及提出防腐措施和地基处理方案等。对于海上风电机组基础，还应进行结构动力模态分析、海床防冲处理等。

风电机组基础 与塔架连接、支撑风电机组的构筑物。它将上部风电机组设备及塔架结构的各种荷载传递到地基上的结构物。通常陆上风电机组基础型式与海上风电机组基础型式有所不同。陆上风电机组基础型式主要有扩展基础、桩基础等。海上风电机组基础型式有单桩基础、导管架基础、高桩承台基础、重力式基础，以及尚处于试验中的浮式基础等（见海上风力发电机组基础）。

扩展基础 由台柱和底板组成，使压力扩散的基础。扩展基础将上部风电机组的水平荷载转化为竖向的对地压力，并用基础及基础上部覆土的自重来平衡上部的倾覆弯矩。陆上风电机组扩展基础有板式（见图1）和筏板式，两者均通过埋入式基础环与上部塔筒连接。板式基础混凝土及钢筋用量较大，但体形简单、施工方便。筏板式基础是将扩展基础的承台或底板由大体积结构改为梁板式结构，也称为梁板式基础。筏板式基础开挖回填量较大，体型复杂、施工难度大，但与板式相比，可节约混凝土和钢筋用量。

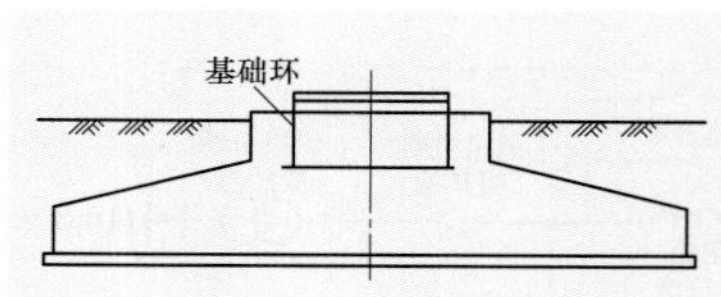

图1 板式扩展基础

桩基础 由设置于岩土中的桩和联结于桩顶端的承台组成的基础，如图2所示。桩基础将上部风电机组的水平荷载转化为竖向的对桩压力和拉力，并用桩的压力和拉力来平衡上部的倾覆弯矩。常用的桩基础的桩有预应力高强混凝土管桩、钢筋混凝土灌注桩基础等。

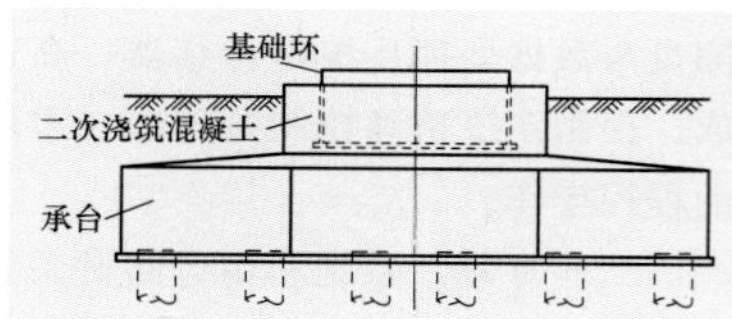

图2 桩基础

岩石锚杆基础 由岩石锚杆、混凝土底板和岩石地基共同作用的基础。

基础型式选择 根据场地地质条件、风电机组上部结构对地基的要求，必要时进行试算和技术经济比较后，综合确定基础型式的过程。

扩展基础一般用于承载力较高、压缩性较小的地基上，如岩石、碎石土、砂土、黏土等地质条件较好的地基。当扩展基础下面的地基土的承载力或变形不能满足要求时，可以做成桩基础，也可以进行地基处理。

桩基础一般用于较软弱的地基上，如淤泥质土、淤泥等承载力低或变形大的地基。有时基础下面的地基土的承载力虽满足要求，但存在液化或湿陷等不良地质作用时，也可采

用桩基础。

当风电机基础坐落于较完整的岩体上时，也可采用岩石锚杆基础。

基础结构受力和变形计算 根据基础所受荷载、地基土物理力学参数，按照 FD003—2007《风电机组地基基础设计规定（试行）》的规定进行陆上风电机组基础的结构受力和变形计算。对于海上风电机组的结构受力和变形计算，在中国尚没有统一的规定，一般参照挪威船级社（DNV）、美国石油协会（API）的规定或中国海洋石油、海港工程的规定进行计算。

风电机组基础结构和变形计算的主要技术内容包括地基（或桩）承载力、变形、稳定性、结构强度和耐久性的计算。

基础所受荷载 包括永久荷载、可变荷载和偶然荷载三类。永久荷载包括上部结构传来的竖向力、基础自重和回填土自重等。可变荷载包括上部结构传来的水平力、弯矩、扭矩、作用在基础上的风荷载、水压力、多遇工况下的地震力等。偶然荷载一般指罕遇地震工况下的地震力。对海上风电机组基础，可变荷载还包括水流力、水生物荷载等，偶然荷载还包括冰荷载、撞击荷载等。基础上部风电机组传来的荷载一般由风电机组制造厂计算并提供给基础设计方，风电机组的荷载包括机组竖向力、水平力和弯矩，风电机组的荷载通常还应包括正常运行工况、极端工况和地震工况三个工况。在基础结构受力和变形计算时，基础所受的荷载还需计入荷载安全系数和荷载分项系数。

地基土物理力学参数 包括地基土的承载力、压缩性能、桩的侧阻系数和端阻系数等。一般通过地质勘察和土工试验取得。

地基（或桩）承载力计算 对扩展基础，根据基础所受荷载和基础的埋置深度、宽度，计算得出基础底面的平均对地压力和最大对地压力。当对地压力小于地基土的承载力时，地基承载力满足要求。

对于桩基础，根据基础所受荷载和桩的分布，采用考虑承台、桩和土联合作用的模型，计算桩的压力、拉力和水平力，当计算值小于桩的抗压、抗拉和抗水平承载力时，桩的承载力满足要求。

基础变形计算 根据基础所受荷载及地基土的压缩性能参数，计算基础的总沉降、不同部位的沉降差（倾斜）。当计算值小于规定值时，基础变形计算满足要求。

基础稳定性计算 根据基础所受荷载、地基土地质条件和水文条件，对基础进行抗滑、抗倾覆和抗浮稳定计算的过程。当计算的稳定系数小于规定值时，基础稳定性满足要求。

基础结构强度计算 根据基础所受荷载和地基反力，计算基础各部位的内力，再根据基础断面尺寸、配筋，计算基础的抗弯、抗剪承载力的过程。当基础的计算内力小于抗弯、抗剪承载力时，基础结构强度满足要求。对海上风电机组基础，是指结构抗拉、抗压应力的计算，当结构的抗拉、抗压应力小于允许的应力时，基础结构强度满足要求。

基础耐久性计算 陆上风电机组基础主要是基础的最大裂缝宽度计算。根据基础各部位的内力和对应的基础断面尺寸、配筋，计算基础最大裂缝宽度。当计算的裂缝宽度值小于规定值时，基础耐久性满足要求。对海上风电机组基础，主要是指基础的防腐年限的计算。

疲劳分析 根据风电机组基础所受荷载，分析其在循环荷载作用下的疲劳强度是否达到允许限值。对于陆上风电机组，在圆形扩展基础和圆形承台桩基础设计中，进行疲劳强度验算时，疲劳荷载上限为荷载均值加一半的带宽，疲劳荷载下限为荷载均值减一半的带宽。

结构监测设计 根据风电机组基础型式及受力特点，在施工期和运行期有针对性地布置监测设施，监测基础沉降、位移和混凝土、钢筋应力应变等。

防腐措施 根据风电机组基础所处环境的地下水、地表水、基础周围土壤对其的腐蚀性，采取特定的混凝土强度等级和配合比要求、特定的施工要求、预留结构厚度、涂刷防腐材料、包裹防腐层或外接金属块（电化学防腐）等的措施。

地基处理 根据工程地质条件，采取压实填土、机械夯实、换填垫层、复合地基或局部桩基等人工措施，此措施可以改善或改变地基土的性质，使之能够满足风电机组基础承载力、变形和稳定的要求。

结构动力模态分析 通过研究风电机组基础结构动力特性，计算其在某一易受影响的频率范围内各阶段主要模态的特性，从而分析出在机组上部风轮转动或波浪等环境荷载作用下，基础结构在此频段内是否产生实际振动响应的结果。

海底防冲处理 根据海床面地质情况、海流大小与方向、风电机组基础型式等，分析估算海底冲刷情况，采取预留冲坑或抛石防冲等的处理措施。

fengdianjizu jichu shigong

风电机组基础施工

(construction of wind turbine foundation) 根据风电机组基础设计图纸、工艺和质量要求进行的建造活动，是风电场工程建设中进行进度控制和质量控制的重点分项工程。风电机组基础是重要的结构部件，它的工程质量直接影响风电机组的安全。实际工程中，扩展基础和桩承台基础使用比较普遍（见风电机组基础设计）。风电机组基础施工包括机组基础施工准备、基础主体施工和基础土方回填三个主要阶段。在基础施工过程中同时进行风电机组防雷接地工程。在风电机组基础工程施工结束后，还需清洁基础表面，并对基础环与混凝土之间的结合缝进行防水密封处理，防止雨水通过结合缝渗入。

机组基础施工准备 工作内容包括：设置风电机组基础的标高基准点，将此标高引测到基础施工场地附近的基础控制点桩上，作为施工的统一标高；标高基准点和基础控制点要采用永久性标桩，并在风电场地形图上标明位置；施工前对风电机组机位进行现场放样，根据风电场微观选址图纸和卫星定位结果确定风电机组机位位置；规划场内材料、车辆、设备的摆放位置；车辆、设备停放和工作区域遇到软黏土等情况时，进行地基处理。

基础主体施工 分为扩展基础主体施工和桩基及承台施工。

扩展基础主体施工 施工过程包括定位放线、土方工程及地基处理、基础垫层施工、基础环安装、钢筋工程和混凝土工程。

(1) 定位放线。使用卫星全球定位系统、经纬仪、全站仪等测量仪器，复测设计单位交付的风电机组中心定位桩。在基础的东、南、西、北四个方向放出基础控制桩，作为基础放线的控制点。根据控制桩，放出基槽开挖边线。

（2）土方工程及地基处理。对风电机组基础基坑进行开挖的土石方工程。在选定的基槽开挖边线内使用反向铲挖掘机进行开挖，并监控开挖深度。基底预留 200mm 厚土层，采用人工清槽。基底周边留出施工作业面，根据土质情况和基坑坡高确定基槽边坡坡度。当开挖至设计深度后，参建各单位共同进行基底验槽。检验基底地基土的特性、基坑尺寸、基底标高和水平度等指标，以确认地基满足设计、规范要求，以及与地质勘查报告中土质情况的符合程度。对于软地基或不均匀地基，进行超挖换填处理。

（3）基础垫层施工。对基坑底部铺设混凝土垫层的作业。在地基验槽合格，基坑土方工程及地基处理完成后立即进行，对基坑进行封闭，防止水浸和暴露。工作步骤：①根据定位及标高控制桩，放出垫层边线，并在基坑底面设置标高控制点；②在垫层定型模板支模后，施放垫层预埋件控制线，确定预埋件位置；③埋设预埋件混凝土支墩及预埋件，调整预埋件垫板表面标高，使其与垫层标高一致，并控制预埋件垫板表面之间高程误差；④浇注垫层混凝土，并用振捣棒人工振捣密实；⑤垫层表面找平，保持垫层顶面标高与预埋件垫板表面标高一致；⑥进行覆盖养护。

（4）基础环安装。在基坑内安放风电机组塔架基础环的作业，如图 1 所示。基础环运到施工现场后先粘贴橡胶保护层，垫层养护完毕进行基础环安装。安装前复测预埋件垫板标高，在垫层预埋件上放出基础环支腿安装位置线，将基础环支腿焊接固定在预埋件上。采用吊车将基础环吊装就位。利用调节螺栓调整基础环水平度，控制基础环水平度误差在允许范围内，然后紧固调节螺母。混凝土浇筑前，基础环法兰水平误差控制在 0.5mm 以内，以保证混凝土凝固后基础环法兰水平误差不超过 2mm。基础环法兰水平误差直接影响风电机组塔架和风电机组机舱的安装误差，影响风电机组的载荷与安全，是风电机组基础施工质量控制的关键指标之一。

图 1　安放基础环

（5）钢筋工程。在基础基坑内绑扎基础钢筋和设置预埋电缆管件的作业，如图 2 所示。施工前清理垫层，保证垫层表面清洁干净。按照设计要求，采用绑扎搭接、机械连接或焊接的方式处理钢筋接头。接头设置于受力较小的部位，并且相互错开。绑扎的钢筋横平、竖直，规格、数量、位置、间距符合设计和规范要求。同时设置预埋电缆管件，焊接安装接地扁钢。施工完成后，参建各单位共同进行验收。

（6）混凝土工程。浇筑风电机组基础混凝土的作业，如图 3 所示。完成钢筋绑扎和支模作业，经验收合格后进行混凝土浇筑作业。混凝土采取搅拌站集中拌制，使用混凝土泵车进行混凝土浇筑。浇筑前环境气温应高于 5℃，否则采取冬季施工措施。混凝土采用分层浇筑，分层厚度在 350～500mm。浇筑时从基础环四周均匀下料，避免直接冲击基础钢筋和基础环，并一次性连续浇筑完成。浇筑后人工振捣密实，覆盖保湿养护。随浇筑过程在东西南北四象限埋设基础沉降观测桩。混凝土养护期间定时测温，根据测温结果，调节保温层厚度，保证混凝土内外温差不超过 25℃。环境温度与混凝土表面温度温差不大于 20℃，混凝土降温速率不大于 2℃/d，保湿养护时间不少于 14 天。在混凝土强度能够保证基础表面及棱角不因拆除模板而受损时，拆除模板，并对基础外观进行验收。

图 2　风电机组基础钢筋工程

图 3　混凝土浇筑

桩基及承台施工　包括桩基施工和承台施工。在地下水位较高或在潮间带施工时，还应采取降水措施。桩基与承台通过桩顶钢筋进行有效连接，将各自独立的桩基连接成整体，使两者共同分担风电机组所受荷载。

（1）桩基施工。分为预应力高强度混凝土管桩（PHC 管桩）施工和灌注桩施工。桩基属于隐蔽工程，需做施工现场作业记录。施工准备作业包括：①根据风电场微观选址设计图和全球卫星定位系统确定风电机组基础位置并平整施工场地；②设置标高基准点和桩位轴线控制点；③根据桩基平面布置设计图纸进行轴线放样，确定轴线的位置；④根据桩位布置图使用测量仪器准确放出桩位，并做好标志；⑤对于预应力高强度混凝土管桩，试验桩不少于 2 根，确定贯入度并校验打桩设备、施工工艺，以及技术措施是否适宜，对试验桩应进行单桩静载试验检测；⑥打桩机或钻孔机就位后，使用测量仪器对轴线和桩位进行复核。

预应力高强度混凝土管桩施工的技术作业包括：①打桩

的顺序是从桩群的中部向周围施打，必要时进行间隔跳打。②吊运管桩，对准桩位下放（见图4），利用桩的自重沉降至不再下沉，打桩机缓慢施打。吊点位置满足起吊弯矩最小原则；当桩管入土约50cm时，用经纬仪不断校正桩身垂直度和桩机平台的水平度，保证桩的纵横双向垂直偏差不超过0.5%。③先进行缓慢的间断试打，直到进入地层2～3m时为止。试打过程中控制桩的角度和垂直度不超过偏差要求。④连续正常施打直至桩顶设计标高。⑤当单根混凝土预制桩长度不足时，需要接桩。接桩一般在下节桩顶距离地面0.5m以上进行，上、下节桩的中心线偏差不得大于2mm，节点弯曲矢高不大于桩长的0.1%。

图4　吊桩

灌注桩施工包括成孔施工、钢筋笼制作与吊放、混凝土灌注等作业。通常采用机械成孔，成孔时保证桩端进入持力层的深度达到设计深度。在现场制作钢筋笼，清孔后立即安放钢筋笼并浇筑混凝土。

(2) 承台施工。在桩基施工完成后进行，包括测量定位、土方工程、桩基检测、桩头处理、垫层施工、基础环安装、钢筋工程和混凝土工程。先利用测量仪器准确定位基础的圆心，按基础直径做好标志。然后采用挖掘机开挖至基底标高上部的300mm处时，进行人工开挖和修边。在桩头全部开挖出来后，检测桩身完整性。检测满足设计要求时，按照要求的桩顶标高将多余的桩头截去。截桩头时，保证桩身的主筋伸入承台。最后连接绑扎桩基的主筋与承台钢筋。垫层施工、基础环安装、钢筋工程和混凝土工程见本条扩展基础主体施工的技术内容。

(3) 降水施工。对于地下水位高的地区，在基坑开挖前进行的降水作业。通常在基础外边线不影响施工的地方布设4眼井深10～12m的降水井。降水井为水泥管井，外填滤料。沉放井管后，洗井直至水清沙净后，再放入水泵抽水。当水位控制在基坑底深度以下2～3m时，进行基坑的开挖。

基础土方回填　在混凝土工程和隐蔽工程验收合格后进行。回填前清理干净基坑内杂物。采用非腐蚀性素土分层回填，每层厚度不大于300mm，每层回填经多次夯打或碾压，并按每100m² 不少于1点进行取样试验。要求压实系数达到0.94以上。

防雷接地工程　为防止风电机组受到雷击损害而进行的接地网敷设工程。风电机组接地网采用以风电机组为中心设置环形水平接地带的接地方式。根据雷电冲击有效范围，内圈圆环半径为5～9m，外圈以内圈半径的整数倍数间距递增。从风电机组中心向外辐射状敷设与风电机组基础钢筋网焊接连接的数根水平接地扁钢，敷设深度在1m以上。对于冬季冻土地区，水平接地扁钢的埋设深度在冻土层以下。水平接地扁钢与环形水平接地扁钢相交。在水平接地扁钢与环形水平接地扁钢交点处设置垂直接地电极。垂直接地电极相互的间距大于自身长度的2倍。一般要求风电机组防雷接地系统的冲击接地电阻在4Ω以下，实际工作中在2～10Ω范围内。在高土壤电阻率地区，采用向外延伸接地体、加长垂直接地电极长度、采用降阻剂等措施降低接地电阻。接地体敷设完成后进行土方回填，回填土分层夯实。

接地工程完成后，测试接地电阻并记录测试结果，组织接地网工程验收。

fengdian jizu jianxiu

风电机组检修

(wind turbine repairing)　为恢复风电机组正常发电能力所开展的工作。风电机组投入运行后，由于设计、制造、安装、调试、运行维护不当，设备老化和磨损，以及环境影响等因素可能引发机组设备故障和异常，造成机组性能下降或故障停机，需要及时开展检修工作，恢复设备的正常运行。风电机组检修工作是风电场的一项日常工作，及时和有效的检修可提高风电机组的发电量和可利用率。

检修类型　分为消缺检修、故障检修和大型检修。

消缺检修　为避免缺陷发展引发设备故障或事故所安排的检查、维修工作。通过定期或不定期地开展设备巡视检查和隐患排查，在发现机组存在锈蚀、裂纹、位移、渗漏、磨损、油位不正常，紧固、润滑不良等情况。

故障检修　在风电机组正常运行中，机组控制系统发出告警，指示设备存在异常而停机时需进行的维修处理工作。

大型检修　除消缺检修和故障检修外，机组塔架、叶片、机舱、齿轮箱、发电机、主轴等大型部件的更换和维修工作。工作人员需经过专业培训，大型检修通常要使用大型吊装设备，工作量大、维修时间长、技术含量高。

特点　主要包括：①高空作业多。风电场绝大部分机组为水平轴风电机组，主要发电设备均安装在高空，大部分检修工作为高空作业，作业人员须经过高空作业和高空救援培训，穿戴安全防护设备。②受天气影响较大。大风、雷电、雨天不宜开展机组检修工作。③专业性较强。风电机组检修涉及空气动力、机械、电气、控制等多个专业，作业人员须熟悉系统和设备的构造、性能和原理，以及设备的检修工艺、工序、调试方法和质量标准，作业安全工作规程。④大型部件更换需动用大型吊装设备，海上风电场还需专用的浮吊设备。⑤风电机组种类多，零部件繁多，备品备件有专用的库房进行分类保管。

工作内容　主要包括叶片、主轴、齿轮箱、发电机和测风设备等主要部件、设备的检修，以及偏航系统、控制系统、液压系统、变桨系统、制动系统的检修。

叶片检修　风沙或盐雾的侵蚀会造成风电机组叶片表面受损，受雷击后容易引起叶片开裂，由于质量问题也会导致叶片产生裂纹或结构性损伤，需要进行维修。叶片检修的一般工序是对受损范围进行污垢清除和打磨，打磨范围略大于叶片损坏部位，对打磨好后的损坏部位进行清洁后重新铺设玻璃纤维并注胶，待固化后打磨成型，最后涂上防护漆，防护漆干燥后进行抛光处理。叶片主梁或抗剪腹板损坏的叶片不宜进行修复，需整体更换。

检修要点包括：①对于损坏不严重的叶片，一般使用专用的回廊式检修平台在空中进行修复，也可通过吊车挂上吊笼或用绳索拴住工作人员从机舱下挂到作业点进行维修作业，损坏严重的叶片或损坏范围过大的叶片，则需要吊装至地面进行修复。②叶片检修时，工作人员穿防护服、戴橡胶手套和护目眼睛、护耳耳罩、专用呼吸面具，防止粉尘和化学物质对人体的伤害，并使用专用打磨、抛光、喷涂、加热工具和卡钳等，保证检修工作的质量。③雷电天气、雨天、大雾天和温度过低都不宜进行检修作业，正常情况下环境温度不宜低于5℃，低于该温度需使用专用的加热毯等辅助设备进行修复。④叶片检修所用的材料须与原使用材料一致。⑤修复后的叶片质量应与其他叶片质量基本保持一致，质量差别一般不得超过5kg。

主轴检修　主轴运行中容易出现位移、螺栓断裂或卡涩、轴承温度高等故障。检修要点包括：①全面检查固定螺栓有无断裂和松动，轴承座有无裂纹和位移、有无渗漏油脂，轴承温度有无异常和转动时声音是否正常等。②更换主轴本体、轴承及轴承座等部件一般需要动用大型吊车辅助进行维修，拆装轴承需使用轴承加热器、千斤顶等专用设备。③发现主轴本体表面受损，打磨处理后可继续使用；发现主轴表面损坏严重或出现弯轴状况，需更换主轴本体。

齿轮箱检修　齿轮箱容易出现轴承卡涩、齿轮油温高、齿轮损坏等故障。齿轮箱检修分为本体和辅助系统两大部分。

（1）本体检修。需先检查齿轮箱各结合面有无渗漏油，内部齿面是否完整，轴承温度是否正常，油位是否正常，固定和支撑部件有无位移和裂纹。本体缺陷和故障一般需吊装至地面进行修复。

（2）辅助系统检修。齿轮箱辅助系统包括冷却系统、润滑油循环系统和过滤系统等。检修时检查各部件的连接管路是否正常，有无渗漏油，过滤器有无堵塞，各电气和控制回路部件及接线是否正常，检测电气和液压参数是否在正常范围。

发电机检修　发电机故障主要分机械和电气两类。机械故障主要是轴承故障失效或整体出现位移，电气故障主要是定、转子回路绝缘破坏或过流。检修轴承可在风电机组机舱内进行更换，需要使用专用的拆装设备；出现绝缘损坏的发电机，须使用大型吊装设备进行整体更换。对于绕线式发电机检修，还应检查发电机集电环、碳刷装置，出现异常应进行更换或调整。发电机检修完成前进行绝缘试验和直流电阻等测试，并进行并网试验。

测风设备检修　测风设备因安装在机舱外部，受外部环境影响较大，是风电机组故障率较高的部件。测风设备部件故障后会引起对风不准确或功率偏差等问题。检修测风设备需出舱进行作业，并做好安全保护措施（见风电场安全管理）。检修时主要检查风速仪、风向仪的传感器转动是否灵活、有无卡涩，接线有无松动和老化，并检查测量数据是否准确。

偏航系统维修　偏航系统缺陷和故障后将出现对风不准确或无法执行偏航指令等问题。如偏航法兰盘发生崩齿或开裂等情况，则需要将整个机舱吊装至地面进行维修，更换其他部件可以在机舱内完成。检修时的检查工作包括：①偏航电动及控制回路各部件是否良好；②传感器部件及回路是否正常，偏航减速箱有无渗漏油和卡涩，偏航液压回路有无渗漏油及压力是否正常；③偏航减速器与偏航齿圈啮合、润滑情况，以及偏航法兰盘润滑、固定和平整情况等。

控制系统检修　控制系统出现缺陷和故障将导致风电机组无法正常执行控制指令和并网。在采取电气安全措施的前提下，主要检查控制系统各部件有无过热和烧毁，检测回路的电气参数是否正常，有无接线问题，严格核对控制系统的各参数设置。

液压系统检修　液压系统的缺陷和故障将造成压力不足、制动失效等情况。检修时主要检查液压系统泄漏情况，液压回路中各阀体是否正常，各液压回路压力是否正常，控制回路传感器、控制模块及接线状态是否良好，电动机及电气回路各部件是否正常。拆卸液压系统系统部件时，必须将液压系统压力完全释放。更换液压系统部件后须进行压力试验，试验前所有部件必须归位并可靠安装。

变桨系统检修　变桨系统缺陷和故障将造成变桨指令执行失效，严重的可能引发机组飞车，即风轮转速失控。对于液压变桨系统，检查各阀体、变桨液压缸、叶根轴承、变桨传动部件等有无渗漏油或裂纹，变桨控制回路及执行元件是否良好。对于电动变桨系统，检查变桨电池状态、电气及控制回路部件状态，变桨伺服电机及减速器是否良好。检修完毕需做变桨测试，检测变桨速度是否正常，是否存在变桨越限情况以及三叶片变桨是否同步。

制动系统检修　检修时风电机组机舱风速不得高于安全规程规定的风速，然后锁定风轮，防止风轮转动。主要检查制动片和制动盘的磨损情况、有无裂纹，温度和位置传感器是否正常；检查制动片与制动盘间隙，提供刹车动力的装置是否正常，有无卡涩情况。

fengdian jizu jieru dianwang jiance

风电机组接入电网检测　(grid code compliance test of wind turbine)　测试风电机组在不同运行工况下表现出的并网特性，其内容包括对风电机组电能质量、有功功率/无功功率调节能力、低电压穿越能力和电网适应性的检测。主要目的是获得风电机组的闪变系数、产生的谐波电流、对自身发出功率的控制能力、电网故障情况下的运行特性，以及抵抗电网干扰的能力。通过检测来提升风电机组的并网性能，保障风电场和电网的安全运行，促进风力发电产业的技术升级。

检测内容　主要包括电能质量检测、有功功率/无功功率调节能力检测、低电压穿越能力检测和电网适应性检测。

电能质量检测　现场检测时，需要在风电机组输出端采集三相电压、三相电流及风速信号。检测内容包括：①电压波动和闪变；②电流谐波、间谐波及高频分量；③最大测量有功功率；④无功功率容量；⑤风电机组电网保护系统功能（包括低压保护动作阈值、过压保护动作阈值、低频保护动作阈值和高频保护动作阈值）；⑥重并网时间。

有功功率/无功功率调节能力检测　现场测试时，在风电机组输出端采集三相电压、三相电流信号和风速信号、同步触发信号。检测内容主要包括：①有功功率升速率限制；

②有功功率设定值控制；③无功功率设定值控制。

低电压穿越能力检测　在不影响电网正常运行的条件下，采用电压跌落发生装置，在风电机组机端模拟出电网故障产生的电压跌落，同时对风电机组故障前后的运行状态进行监测，判断风电机组是否满足低电压穿越要求。电压跌落发生装置利用阻抗分压原理。（见风电机组低电压穿越测试系统）

一般要求在不同输出功率下测试风电机组的低电压穿越能力，例如大于额定功率的90%、（10%～30%）额定功率，并在风电机组机端采集三相电压、三相电流，以及风速、桨距角和发电机转速信号。

风电机组低电压穿越检测的电压跌落幅值、持续时间和波形示例如表所示，分别在三相短路和两相短路情况下测试如表中列出的各种电压跌落工况，电压跌落波形为方形波。

各种电压跌落工况

序号	电压跌落幅值（U_{TP}，标幺值）	电压跌落持续时间（ms）
1	0.90±0.05	2000±20
2	0.75±0.05	1705±20
3	0.50±0.05	1214±20
4	0.35±0.05	920±20
5	0.20±0.05	625±20

电网适应性检测　测试风电机组在电网电压偏差、频率偏差、三相电压不平衡、电压波动和闪变、谐波情况下的响应特性。检测内容主要包括：①电压偏差适应性；②频率偏差适应性；③三相电压不平衡适应性；④电压波动和闪变适应性；⑤谐波适应性。利用电网扰动发生装置产生各种电网扰动，检验风电机组对电网扰动的适应能力。

发展状况　欧美风电发达国家成立了国家级的研究和检测机构，在风电机组接入电网检测方面开展了大量研究工作，促进了风力发电检测技术的发展，如丹麦国家可再生能源实验室（DTU/Risø）、美国能源部下属的国家可再生能源实验室（NREL）、德国风能研究所（DEWI）、荷兰能源研究中心（ECN）、希腊可再生能源研究中心（CRES）等国际知名的风电检测和研究机构在风电机组接入电网检测方面均开展了大量的研究工作。

欧美国家根据自身情况形成了相对完善的风电接入电网检测体系，并在此基础上制定了并网导则符合性测试的技术规范，例如德国的《发电机组技术指南　第3部分》（*Technical Guidelines for Power Generating Units-Part 3*）、西班牙的《风电场/光伏电站电压跌落响应特性要求检测与认证规程》（*Procedure for Verification Validation and Certification of the Requirements of the PO 12.3 on the Response of Wind Farms and Photovoltaic Plants in the Event of Voltage Dips*）等。技术规范内容包括并网导则符合性的测试环境要求、测试方法和测试程序等。

中国国家能源局规定：自2011年1月1日起，新核准风电项目安装并网的风电机组必须通过并网检测。2010年1月，中国国家能源大型风电并网系统研发（实验）中心成立；2010年12月，张北风电试验基地建成并投入运行，标志着中国风电机组接入电网检测的管理规范、技术手段和标准体系逐步建立并在不断完善。

fengdian jizu kongzhi celüe

风电机组控制策略

（control strategy in wind turbine generator system）　保证风电机组运行时，在一定风速范围内安全、高效地提供电能的控制方案及方法的集合。主要包括对风轮和发电机的控制。具体控制策略的选择取决于被控对象的特性、风况和运行要求。风电机组运行的基本要求：当风速大于切入风速而小于额定风速时，保证风轮吸收最多的风能；当风速大于额定风速后，限制风轮对风能的吸收，机组维持在额定功率输出。

风轮控制策略　对风轮的控制主要通过控制叶片桨距角和利用叶片的气动特性来实现。分为定桨距风电机组控制策略和变桨距风电机组控制策略。

定桨距风电机组控制策略　叶片的桨距角固定的风电机组，称为定桨距风电机组。其依靠叶片的初始安装角度及气动特性来保证在低于额定风速范围内具有较高的风能利用系数；在高于额定风速时，靠叶片失速特性降低风能利用系数，达到限制输出功率的目的。叶片失速指当攻角增大到一定程度时，叶片绕流流场发生变化，叶片升力急骤下降，能量提取效率也大幅降低的状态。以失速功率控制调节为特征的水平轴风电机组，也称为失速型风电机组。

变桨距风电机组控制策略　叶片的桨距角可以自动调节的风电机组，称为变桨距风电机组。如图所示，并网前其通过控制桨距角升速率达到快速并网的目的，此时，风电机组不输出电功率（0—A段）；并网时，控制机组输出较少的功率，保证机组进入发电状态（A—B段）；并网后低于额定风速时，由于机组达不到额定功率，桨距角控制在最大风能捕获位置，通过调节发电机来控制风轮转速，实现最佳叶尖速比，使风轮具有最佳风能利用系数，提高风轮的效率（B—C段）；当风轮达到最高转速时，稳定发电机转速，进入恒转速控制阶段（C—D段）；高于额定风速时，通过调节桨距角减少风能捕获，稳定输出功率在额定功率。

桨距角控制器采用比例积分调节（PI）控制方式，当电网要求机组在额定功率以下状态工作时，调节桨距角以达到给定的功率输出。由于风轮气动特性呈强非线性，变桨控制器参数设定一般采用分段线性化方法来满足控制的要求。

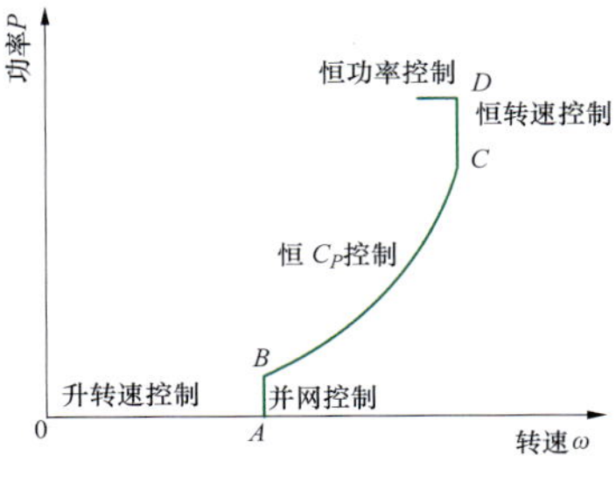

变桨距风电机组功率-转速控制

由于风向是随时变化的，为了保证风轮始终跟踪风向的变化，机组设有偏航系统。当测风仪给出的风向与风轮轴线偏离一定角度时，控制系统经过一段时间的确认后，会控制偏航电动机将风轮调整到准确迎风的方位。

发电机控制策略　对发电机控制的目标是使风电机组转速和发电功率（包括有功功率和无功功率）满足运行要求。为使机组在低于额定风速范围内保持较高的效率，需要机组能够变速运行。对于某一风速，通过控制机组的转速可以使机组的效率达到最大。

普通异步发电机控制策略　对并网运行的普通异步发电机不进行控制，发电机转速由电网决定。在低于额定风速时，采用鼠笼型双速异步发电机或转子滑差可调异步发电机的机组能够实现变速运行。前者通过改变电机的极对数，使得在低于额定风速下有两个转速选择，以解决发电机在低风速下效率偏低的问题。后者通过改变转子回路阻抗，改变转子电流使机组在一定范围内变速运行。尤其在额定功率附近，通过调节滑差率可以达到稳定功率输出的目的。低于额定风速时，通过调节转速可以在一定转速范围内追求最佳叶尖速比，但此时的滑差功率将消耗在转子回路中，因此这种发电机的效率不如双馈异步发电机。

普通异步发电机从电网吸收滞后无功功率，改善方式是在发电机输出端接入无功补偿电容，也有在普通异步发电机与电网之间增加交-直-交全功率变流器（见变流器），以实现变速运行与无功功率调节的目的。

双馈异步发电机控制策略　双馈异步发电机通过变流器控制发电机转子交流励磁，实现对电机的控制。转子交流电流的频率、幅值与相位可调，以实现对风电机组的转速、有功功率、无功功率进行调节。

双馈异步发电机相对于普通异步发电机的最大特点，是其在亚同步、同步、超同步转速三种工况下都可以向电网高效输出电能，其根本原因在于采用了可控的转子交流励磁技术。通过矢量控制技术，即测量异步电动机定子电流矢量，将异步电动机的定子电流矢量分解为产生磁场的电流分量（励磁电流）和产生转矩的电流分量（转矩电流），分别加以控制，并同时控制两分量间的幅值和相位，达到控制异步电动机转矩的目的，从而实现定子输出有功功率与无功功率的解耦控制。

同步发电机控制策略　同步发电机通常采用多级永磁同步发电机，发电机发出的频率变化的交流电首先通过三相桥式整流器转换成直流电，然后通过逆变器转换为恒定频率的交流电送入工频电网。对同步发电机的控制是通过连接发电机定子和电网的全功率背靠背变流器实现的。与发电机相连的变流器可根据风速的变化调节发电机的转速，实现最大功率跟踪、最大效率利用风能的功能；与电网相连的变流器可控制直流母线电压和流向电网的无功功率，实现有功功率和无功功率的独立解耦控制功能。

fengdian jizu shiyan

风电机组试验　(wind turbine test)　风电机组投入运行后，为验证机组保护、控制、检测功能是否正常而进行的一项定期开展的工作。通过试验可以及时发现设备在控制和安全保护方面存在的隐患和不足，有效防止机组失控、保护拒动、误动等问题发生。当故障检修完成后，有时也需要对机组进行复核性试验，以验证检修工作是否到位，机组是否满足起动条件。（见风电机组检修）

风电机组控制系统不同，其保护、控制和检测功能的试验方法也不同。常用的试验方法有：①对机组的控制系统或相关部件直接进行操作或人为触发故障信号，验证机组是否正确反应；②针对各类传感器模拟故障信号，验证机组是否按照设计的参数正确报警；③通过机组控制系统自带的试验程序，起动试验程序，检验试验结果与标准值间是否一致。

试验项目主要包括机组远程操作试验、失电保护试验、超速保护试验、振动试验、紧急停机按钮试验、扭缆开关试验、“看门狗”试验、液压系统试验、变桨系统测试、测风装置试验、操作面板试验、自动偏航试验、加热器试验、机械制动试验和机组并网及运行试验。

机组远程操作试验　通过风电机组的远程监控系统对机组进行操作，包括起停机操作、解缆操作、偏航操作、数据下载，远程程序上传等，检查通信是否正常。

失电保护试验　风电机组正常运行状态下，突然发生系统停电或控制系统失电时，检查机组各项保护是否正确动作，机组能否安全停运。一般通过手动切断主开关或切断控制系统电源开关进行试验，并观察机组的响应是否正确。

超速保护试验　验证机组在超过额定转速范围一定比例后，机组超速保护是否工作而停机。可以使用模拟超速和机组实际超速两种试验方法进行，模拟超速方法主要是通过手动触发超速保护信号，观察机组是否动作停机；机组实际超速试验是将机组目标转速设置在超过发电机额定转速，观察在超过超速保护设定值时超速保护是否动作。

振动试验　通过触发振动传感器的触点，检验风电机组是否紧急停机。振动传感器一般是摆锤或小球，通过手动试验使摆锤偏离幅度超过一定角度或使小球掉落，触发振动传感器发出紧急停机信号。

紧急停机按钮试验　风电机组在底部控制柜、顶部控制柜、偏航法兰盘和机舱主轴等几个部位，设置若干紧急停机按钮。试验时按下紧急停机按钮，观察机组是否立即响应并紧急停机。

扭缆开关试验　风电机组上的扭缆开关为行程开关。当风电机组偏航传感器故障或异常，风电机组扭缆圈数超过规定值，达到扭缆开关动作值时，将发出信号。试验时扳动扭缆开关，观察机组是否立即停运。

“看门狗”试验　正常运行时，“看门狗”与控制器持续通信。通信一旦失去，“看门狗”将立即触发，将机组停运。试验时可拔出“看门狗”插件，观察机组是否立即停机，验证其工作是否正常。

液压系统试验　检验液压系统各部件是否正常工作，是否能够提供足够的压力驱动操作机构正确动作，尤其是试验液压泵、电动机，以及各类电磁控制阀、压力传感器等是否工作正常。液压系统由电动机驱动液压泵，通过管路、电磁控制阀和各种液压阀、压力传感器等部件，提供或卸放压力油，为风电机组内的动作机构提供液压动力。试验内容主要包括：①试验压力开关是否正常。通过外接机械或数字式压力表，对照核对压力传感器的反馈值至控制系统的测量值是否一致，偏差是否在误差范围内。②试验液压系统建压时间是否正常。首先将液压系统泄压，然后起动电动机建压，在规定时间内液压系统应达到额定的工作压力；发现不能正常建压，则检查储能罐预压力、各管路、压力开关、阀岛等部件，查找原因。③试验各安全阀是否正常。通过设定高于安全阀的液压值，起动建压，在液压回路超过正常阀值时，安全阀能够正确动作卸压。

变桨系统测试　主要是检验变桨系统执行指令是否正确，信号反馈是否正常。可通过在控制系统中设置目标桨距角，检验变桨系统是否按照指令正确动作，观察反馈与实际变桨角度的吻合度。同时，做变桨速度试验，检验变桨系统动力机构和执行机构是否足以在规定时间内驱动桨叶完成调整动作。

对于电动变桨系统，还要做失电试验，即检验机组的后备电源是否正常，是否足以驱动机组在紧急状态下完成顺桨动作。

测风装置试验　检验风速仪、风向仪测量数据是否准确。风速仪和风向仪的种类很多，早期的风电机组一般使用风杯式风速仪和带尾翼风向标，超声波测风装置已在风电机组上大量使用。试验方式为通过用手拨动或停止风速仪、风向仪，观察控制系统测量值是否与实际一致，另外还可以采用手持式风速仪、风向仪进行对比测量，验证机组上风速仪、风向仪是否正常。

操作面板试验　风电机组控制系统有专用的操作面板，用于对风电机组进行操作、数据查询和控制。一般有机组复位、停机、起动、偏航、菜单键及上下左右的操作键。试验时逐个操作，验证面板功能试验可以检验机组控制系统及执行机构是否正常工作。

自动偏航试验　主要检验偏航系统动作是否准确，能否完成自动对风。试验时可人工将风电机组手动偏航，使风电机组偏离风向，将机组切换到自动对风状态。在工作风速范围内，机组应自动对准风向。

加热器试验　起动加热器，检测元件温度传感器工作是否正常。在风电机组控制柜、测风装置、机舱（低温型风电机组）中安装有加热器，用于除湿和加热。

机械制动试验　验证在故障情况下需要停机时，风电机组能否在规定时间内将转速降低。用于验证制动盘间距调整是否正常，制动系统能否正常工作。

机组并网及运行试验　检验机组并网性能是否良好，并网后机组运行是否稳定。一般在完成机组各项试验后进行，即将机组并网运行后，观察机组噪声、振动、各电压值和电流值是否处于正常范围。

fengdian jizu tiaoshi

风电机组调试　(commissioning of wind turbine)

对风电机组进行技术检测、试验、调整和参数整定，以达到正常运行条件的工作过程。在完成调试准备的前提下，才能开始机组离网调试、机组带电、机组并网调试，风电场监控系统、风电场自动发电控制系统、风电机组无功与电压控制系统调试工作，最后形成调试报告。风电机组调试报告是机组调试的总结性技术文件，是竣工资料的重要组成部分。

调试准备　包括调试工作计划与申请、调试机构和人员准备、技术资料准备、仪器设备准备和调试前检查。

调试工作计划与申请　调试前调试单位编制调试计划和调试方案，报风电场业主和监理机构审查批准后向电网企业调度部门提出申请，以获得电网企业的配合。

调试机构和人员准备　现场建立调试指挥机构。参加调试的人员应身体健康，符合高空调试作业要求，通过机组调试工作系统培训和安全培训，能够正确使用调试工具和安全防护设备，并掌握风电机组调试工作程序。

技术资料准备　准备风电机组调试必需的规程、规定、机组技术规范和调试手册等技术资料；风电机组基础施工、机组厂内调试与检验、风电机组安装、风电场电气系统安装与调试的记录和报告。

仪器设备准备　根据调试文件要求，准备机组调试所需工具、仪器、仪表和调试电源设备；对仪器、仪表进行校验。

调试前检查　保证人员和机组设备安全的重要步骤。包括技术文件的检查和机组现场检查。

（1）技术文件检查。检查建设单位、风电机组制造企业、施工单位和监理单位提供的机组基础施工、机组厂内调试与检验、现场安装、风电场电气系统安装与调试的记录和报告中的各项数据是否符合标准、规程、规范和技术要求。

（2）机组现场检查。包括：①检查机组周围及内部环境卫生、机组安全设施、机组逃生装备、机组消防设备等；②复测风电机组接地电阻；③确认机组所有的断路器、熔断器、开关均处于分断位置；④确认现场环境能够保证调试人员安全作业；⑤现场温度、风速等气象条件处于风电机组调试条件范围内。

风电机组离网调试　机组与电网断开，利用调试电源对风电机组各分系统进行的检查、测试、调整、整定。离网调试前要锁定风轮。调试内容主要包括风电机组接地系统及发电机、控制柜接地系统检查测量、制动系统调整、机组电气接线和供电接线相序检查与测试、机组电气系统绝缘测试、各温度传感器测试、发电机绝缘测试及集电环碳刷系统检查、机组加热和冷却系统检查、润滑检查、液压系统检查、变桨系统检查、偏航系统检查。

风电机组带电　在风电场变电站和场内集电系统完成启动验收，并且机组通过离网调试后才可以进行。在确认箱式变电站低压侧输出合格后，闭合箱式变电站低压侧断路器给机组带电，并检查确认变流器开关输入端相序和电压。逐次闭合各分系统开关，观察带电后是否有异常现象。开关全部闭合后，根据定值表检查所有开关和熔断器的定值。对不间断电源（UPS）系统进行不少于24h充电。

风电机组并网调试　在风电机组与电网连接条件下通过对风电机组各分系统进行的检查、测试、调整、整定，使机组达到正常工作状态。并网调试包括风电机组本地控制系统测试、通信系统测试、安全链调试、加热和冷却系统检查、齿轮箱系统调试、发电机系统检查与测试、变桨系统调试、液压制动系统调试、偏航系统调试、变流器调试、塔架振动固有频率与阻尼测量，风电机组空转调试、并网试验、限功率调试等。在风电场变电站和场内集电系统不具备并网调试条件时，可以利用足够容量的调试电源完成前九项机组部分并网调试任务。

机组本地控制系统测试　起动机组本地控制系统，核对参数设定。检查不间断电源（UPS）能否可靠投入运行。

通信系统测试　检查机组本地控制系统和机组各子系统之间通信是否正常。确认与各子系统通信中断后，本地控制系统能够发出有效的保护指令。

安全链调试　安全链试验在机组维护模式下进行。试验内容包括急停按钮触发、机舱过振动、扭缆保护、风轮超速保护和变桨保护（见安全链和风电机组试验）。

加热和冷却系统检查　分别起动机舱冷却系统、机舱加热系统和各分系统的加热系统，观察是否工作正常。

齿轮箱系统调试　主要内容包括：①检查齿轮箱所有温

度测点的温度显示是否正常；②起动齿轮箱润滑油泵，检查齿轮箱润滑系统是否工作正常，检查齿轮箱油位传感器和压差传感器的故障信号触发时的机组报警状态；③起动齿轮箱冷却水泵，检查冷却系统是否工作正常；④观察加热器能否正常运行。

发电机系统检查与测试　主要内容包括：①检查发电机集电环与碳刷安装接触状态，触发碳刷磨损传感器，观察故障报警状态；②检查并测试发电机防雷系统；③检查发电机各温度测点温度；④检查接地碳刷接触状态及接地连接；⑤检查发电机冷却系统和润滑脂加注系统的工作状态。

变桨系统调试　包括变桨系统检查、手动变桨测试和自动变桨测试。

(1) 变桨系统检查。在机组控制系统维护模式下进行。利用锁定装置将风轮锁定，叶片处于顺桨状态。对装有润滑系统的检查润滑系统是否正常工作。对液压变桨系统，检查液压缸和管路是否有渗漏。对电动变桨系统，接通变桨系统电源后，测量输入电压，观察电动机温度和电流是否正常。分别校准单只叶片的桨距角 0°，并设置编码器的 0°和控制系统的 0°；设置变桨速率；调整叶片限位开关，确保叶片顺桨角度符合机组的技术规定；检查控制系统顺桨信号。检查变桨系统在电源中断、控制通信中断情况下的顺桨保护功能。

(2) 手动变桨测试。在安全链调试完成后，将机组控制系统设置在维护模式下进行。内容包括：①检查开桨和顺桨方向是否正确；②利用手动方式将叶片打开到几个不同的角度，然后顺桨，检查编码器显示是否与相应角度一致；③检查变桨速率和顺桨速率。

(3) 自动变桨测试。在机组各分系统完成测试的情况下，解除机组控制系统维护模式，机组进入待机状态下进行。内容包括：①在自动变桨开桨至半开（桨距角约 50°）和全开（桨距角 0°）后，分别采用正常停机、快速停机和紧急停机方式顺桨，测试检查编码器显示是否与相应角度一致；②检查变桨速率和顺桨速率。

液压制动系统调试　内容包括：①检查液压管路元件连接情况，调节各阀门至工作预定位置；检查液压油位，确认液压油清洁度满足工作要求。②起动液压泵，观察液压泵旋转方向是否正确，检查液压制动系统压力及其稳定情况，测量噪声，检查系统元件和管路有无渗漏。③手动操作风轮刹车，观察液压制动系统工作过程。④触发液压油位传感器和压力传感器，观察机组停机过程和故障报警状态。

偏航系统调试　进行偏航编码器校零、偏航旋转方向测试、手动解缆和自动解缆测试、手动偏航以及自动偏航对风测试。

变流器调试　变流器控制系统安装预设参数文件后，设置到调试模式，开始调试：①进行变流器母线电压充电和放电试验；②检测变流器的网侧断路器吸合与分断功能，并检查控制器收到的断路器的吸合与分断的反馈信号；③检查变频柜内散热风扇和冷却系统工作状态；④检查变流控制器读取的风力发电机转速、转向信号。

塔架振动固有频率与阻尼测量　满足运行条件的情况下，对每种型式的机组基础，随机选择一台风电机组，在机舱内和塔架平台上安装加速度传感器，起动风电机组运行到一定得转速，按下紧急停机按钮，测得风电机组塔架振动数据，通过数据处理获得塔架的振动固有频率与阻尼，并与设计值比较。对直驱型风电机组，可采用环境脉动测量获得数据进行分析。

风电机组空转调试　起动机组空转，在不同转速下观察机组的运行情况，包括转速跟踪、校验三叶片间的桨距角之差、偏航自动对风能力、是否有噪声及变桨系统中变桨速率、桨距角精度、响应时间、工作电流等各参数情况。在空转模式额定转速下，分别测试正常停机、快速停机和紧急停机；通过降低超速保护限值，即低于额定转速的方式，测试机组超速报警故障和快速停机功能。

风电机组并网试验　分手动并网试验和自动并网试验两步进行。

(1) 手动并网试验。内容包括：①设置软、硬件并网限制，在风电机组空转状态下，起动网侧变流器和发电机侧变流器（见变流器），使变流器空载运行，观察变流器各项监测指标是否在正常范围内；②检查变流器撬棒电路(crowbar)；③检测直流母线电压是否正常；④取消软、硬件并网限制，起动机组空转，当风力发电机转速保持在同步速附近时，手动起动变流器测试风力发电机同步、并网，持续一段时间，观察机组运行状态是否工作正常。逐步关闭变流器，使叶片顺桨停机。

(2) 自动并网试验。内容包括：①起动风电机组，当发电机转速达到并网转速时，观察主控制器是否向变流器发出并网信号，变流器在收到并网信号后是否闭合并网开关，并网后变流器是否向主控制器反馈并网成功信号；②观察变桨系统，确认叶片的运行状态正常。自动并网过程中发电机和风轮应运转平稳，无异常振动。观察一段时间内的风电机组运行数据及状态是否正常。模拟电网断电故障，测试风电机组能否安全停机。停机过程应无异常声响和强烈振动。

限功率调试　风电机组在额定功率下运行，通过本地控制系统面板，将功率分别限定为额定功率的一定比例，观察风电机组功率是否下降，并稳定在对应的限定值。维持限功率试运行一定时间后，检查风力发电机集电环表面氧化膜形成情况、碳刷磨损状况及变桨系统齿面润滑情况。

风电场监控系统调试　调试范围包括风电场监控系统与风电机组本地控制系统通信测试、远程控制指令测试、监控信息显示、统计与报表功能测试、风电场自动发电系统测试、风电机组无功与电压控制系统测试、数据库测试等。工作内容包括测试检查各系统的功能、保护和故障报警信息，设置控制权限并进行测试，检查数据的准确性和完整性。

风电场自动发电控制系统调试　全场风电机组调试完成后，在风速条件满足机组额定功率运行时，通过中央监控系统的风电场自动发电控制系统模块，分别对风电机组单机、同一条集电线路上的风电机组和全场风电机组给出发电有功功率控制指令，观察指令执行情况以及风电机组对指令的响应时间。

风电机组无功与电压控制系统调试　对于具备风电机组无功与电压控制系统的风电机组，在全场风电机组调试完成后，通过中央监控系统的无功与电压控制模块分别对风电机组单机给出调整功率因数指令，观察指令执行情况；分别对同一条集电线路上的风电机组和全场风电机组给出电压自动控制指令，观察各条集电线路上各风电机组接入点的电压值。

fengdian jizu weihu

风电机组维护 (wind turbine maintenance) 为保持风电机组持续稳定运行而定期开展的维修和保养工作。维护工作是风电场的一项日常工作，也是保证风电机组在设计寿命期内安全稳定运行的重要措施。

基本要求 包括：①确定维护项目和时间安排。通常在风小的时候停机维护，以保证大风季节时机组的正常发电，减少发电损失。维护一般在风电机组试运行三个月后，对所有部件进行一次全面维护，以后每半年进行一次。每次的维护项目有所不同，根据设备投运时间，一般可分为3个月、6个月、12个月、24个月、36个月维护项目。②维护工作安排。根据机组容量和维护项目进行安排，每次维护时间在6～12h。维护工作应一次完成，需要分两次完成的，离开机组前必须采取安全措施，将机组恢复到正常状态。③对维护人员的要求。风电机组维护人员均需经过专业的培训。维护工作至少由2人进行，大型机组一般需要2～4人。

工作内容 主要是对设备和设施的外观进行检查，更换磨损、老化部件，对注油设备进行润滑，对设备性能指标进行测量，对各部件功能进行测试，最后，对设备进行清洁。维护的部件、设备和设施包括螺栓、叶片、主轴、高速联轴器、发电机、液压系统、变桨系统、塔架、控制系统和安全链、电气系统、风向标和风速仪等。

螺栓维护 风电机组的各主要部件和其他辅助设备一般都采用螺栓紧固，每次维护时要进行检查或力矩校验。检查可采用目视或敲击方式，发现松动则应进行重新紧固。对于重要的螺栓，如叶片固定螺栓、叶片轴承固定螺栓、主轴固定螺栓、轮毂固定螺栓、偏航系统固定螺栓、齿轮箱固定螺栓、发电机固定螺栓、偏航系统固定螺栓、塔架螺栓等，需使用力矩扳手对螺栓的力矩进行校验，检查力矩是否达到规定要求，力矩扳手应定期送到有关检测机构试验。对重要螺栓的力矩检查，螺栓数量不多的一般全部进行检查，螺栓数量大的如塔架螺栓、叶片固定螺栓、偏航系统固定螺栓等，在首次维护时必须全部进行力矩校验，之后的维护可采用抽检方式，抽检量一般为螺栓数量的5%～10%。

齿轮箱维护 主要包括：①检查风电机组齿轮箱本体、油循环冷却系统、精滤系统等部件运行状况，有无油渗漏；②检查油循环系统的过滤器是否需要更换；③检查齿轮箱油位是否正常；④检查齿轮箱内齿面有无崩齿情况，如发现有崩齿，则进行维修和处理，齿面崩齿小于10%齿面长度的，进行表面打磨后可以继续运行，但需要加强观察；⑤观察油质情况，发现齿轮油颜色发黑，或有杂质，或油样化验结果不达标的，则需更换油品或滤油处理。润滑油的更换周期，矿物油为18个月，合成油为48～60个月。

叶片维护 主要包括：①对叶片表面进行目测检查，发现叶片裂纹或损伤的，乘坐吊车或吊篮进行维修；②检查叶片内接闪器的引线是否连接正常；③对于变桨距机组的叶片，将桨叶轴承内的废油排出，加注新油脂。

主轴维护 包括：①检查主轴与齿轮箱连接是否正常；②检查主轴轴承密封是否良好，有无渗漏油脂；③定期加注新油脂。

高速联轴器维护 主要检查高速联轴器表面有无裂纹，固定螺栓有无松动。

发电机维护 主要包括：①检查风电机组的发电机轴承有无异常声音；②按要求加注新油脂；③检查发电机冷却系统是否运行正常；④使用绝缘电阻表检查发电机绝缘是否良好，使用电桥检查发电机各绕组直流电阻是否正常；⑤使用千分表或激光对中仪对发电机和齿轮箱高速输出轴同轴度进行检查，如同轴度超过规定值，则进行调整；⑥对带集电环的发电机，检查集电环室内积碳情况，必要时进行清理；⑦检查碳刷架固定是否良好，碳刷磨损情况是否达到更换要求。

液压系统维护 主要包括：①检查风电机组液压系统各管路是否存在渗漏油情况，对各液压部件的连接部件逐个进行紧固；②液压马达起动建压后，检查液压系统测试点的压力值是否满足要求；③对液压系统自起动功能进行测试，手动泄压后，检查液压系统重新建压时间是否满足要求，压力值是否达到标准值。

变桨系统维护 对于液压变桨系统，应检查各部位有无渗漏油情况，变桨执行机构有无卡涩，执行单元压力是否正常，并补充润滑油脂。对于电动变桨系统，检查变桨电机、控制元件有无过热和放电，变桨执行机构有无卡涩，后备电源系统的电压和容量是否正常。

无论液压变桨系统还是电动变桨系统，维护后都要通过控制系统对其进行测试，主要检测完成变桨速度响应是否满足机组运行要求，检查机组是否按照设定的变桨角度进行桨叶调整。

塔架维护 主要包括：①检查风电机组塔架表面油漆有无脱落，塔架本体有无锈蚀，必要时进行补漆或防锈处理；②检查塔架间的接地连接线有无松动和断裂；③检查塔架的爬梯固定螺栓有无松动，必要时应进行紧固；④对塔架的各平台进行检查，发现有油渍进行清理，对固定平台的螺栓进行紧固。

控制系统和安全链维护 主要检查控制系统各部件有无过热或损坏，有无接线松动等情况。另外，通过控制系统的控制程序，对机组进行起动、停机测试，偏航系统测试，检查控制系统是否正确响应，系统显示的各参数是否与机组现有状态一致，以及机组顶部和底部控制设备通信是否良好。同时，还要进行安全链测试。

电气系统维护 主要检查各部件表面有无放电痕迹，各连接线固定是否牢固，电缆接头有无过热情况，采用绝缘检测仪器检查绝缘情况是否良好，检查回路电压是否正常。

风速标和风向仪维护 主要是检查风向标、风速仪转动是否灵活，模拟风速仪和风向标工作状态，同时检查与控制系统显示的数值是否一致，并测试风速仪和风向标的加热系统能否正确动作。

fengdian jizu xuanxing

风电机组选型 (wind turbine generator recommendation) 根据风电场工程的开发建设规模、场址的风能资源条件和建设条件，确定适合风电场工程的风电机组单机容量范围和风电机组总体参数（见风力发电机组）的工作。工作最终成果是在初步进行风电机组位置优化和轮毂高度比选的基础上，对不同风电机组型号进行技术经济比较，确定风电机组推荐型号。主要包括机型范围选择和技术经济比较两方面。

机型范围选择 主要综合考虑风电场风能资源评估结论中有关风电机组安全性等级，风电场现场建设施工条件，并符合国家对风电机组选型的管理要求。

安全性等级 根据预装风电机组位置和预装轮毂高度的湍流强度水平、50年一遇极大风速水平和年平均风速水平，提出场址区应选用的风电机组等级。一般参照国际电工委员会（IEC）标准选取，即将风电机组划分为Ⅰa、Ⅰb、Ⅰc、Ⅱa、Ⅱb、Ⅱc、Ⅲa、Ⅲb、Ⅲc和S类。其中罗马数字Ⅰ、Ⅱ、Ⅲ表示风电机组抗50年一遇极大风速的水平，分别对应上限风速70m/s、59.5m/s和52.5m/s；英文字符a、b、c表示风电机组正常运行工况对应15m/s风速段时的平均湍流强度水平，分别对应上限湍流强度0.16、0.14和0.12；S类表示风电场场址环境参数特殊，需进行非标准设计。

施工现场条件 包括风电场风电机组的进场道路、运输路径、地质条件和场址的地形复杂程度，避免出现备选风电机组机舱、叶片、塔筒等特殊尺寸和重量部件不具备通过限高、限重、限宽的桥涵，或拐弯半径过大不能通过弯道，以及现场不具备大型安装机械操作的场地空间等情况。

对机组选型的管理要求 主要包括对风电机组并网性能、检测情况和通信系统的要求。

（1）对风电机组并网性能的要求包括：①需具备就地和远端有功功率控制能力；②电压跌落至20%额定电压时维持并网运行625ms的低电压穿越能力；③规定频率变动范围内的并网运行时间要求和功率因数在超前0.95和滞后0.95范围内动态可调。

（2）风电机组须经国家认可的检测机构对其并网性能进行检测，并出具检测证书。

（3）通信系统需满足风电机组数据采集与监视控制（SCADA）系统实时数据提交国家风电信息管理部门的要求。

技术经济比较 较多采用以风电机组可利用率与年运行维护费率进行比较，偶见采用差别化可利用率与维护费率进行比较。当风电机组安装数量逐渐增多，各不同制造厂商的质量水平在市场上有明显差异时，风电机组选型推荐将逐步将备选机型的运行历史和既往记录作为重要参考依据。

步骤包括：①根据列入备选风电机组范围的风电机组额定容量和风轮直径长度，在风电场工程场址范围内，根据风能资源分布状况，使用自动布机优化软件对各机型提出优化的布机方案；②通过计算软件或程序，对各种机型在其布机方案下的年发电量进行测算，在测算过程中应使用具备采信依据的同一空气密度下的风电机组功率曲线和推力曲线，现场风能资源条件随高度变化较大的，还应进行同一机型、不同轮毂高度发电量测算；③对各发电量测算方案的配套投资进行估算，主要包括风电机组等机电设备和安装投资、建筑工程投资、施工辅助工程投资和其他费用投资等；④对各测算方案进行财务评价，根据其年发电量、工程总投资和年运行管理成本，按照行业标准收益率水平测算不同方案的上网电价水平，或直接采用简化方法估算不同测算方案的发电成本；⑤将测算指标数量由低到高的排序，作为技术经济比较后的推荐顺序。

风电机组技术经济比较的推荐顺序是风电场工程最终机组选型推荐的主要依据，原则上按综合经济指标最优的方案推荐风电场工程适用的风电机组，但也可根据风电场投资方使用风电机组的多元化、区域风电机组类型的归一化作为风电机组选型推荐的考量因素。风电场工程推荐机型可超过一种，即不同类型的风电机组各占部分容量，其合计为核准的风电场工程装机规模。

fengdian jizu yunshu

风电机组运输 （wind turbine transportation）

风电机组部件从制造厂装运到风电场施工现场的过程。风电机组运输运距长，运输数量大，运输车辆种类多，路况复杂，是影响风电场工程建设安全、质量和进度的环节之一。风电机组运输所经道路须达到基本运输条件，运输作业包括运输前准备、设备运输和现场存放三个环节。

道路基本运输条件 至少应满足下列条件：路面平整，路面轴载不小于100kN，路面宽度不小于5m；道路限高不低于4.5m；最小转弯半径不小于50m；道路的S形弯道处的两个反向弯道间应有不少于60m的直线段车道；转弯处道路的外侧8m内不应有不可移动的障碍物；道路最大纵坡坡度不超过12%，对于坡度超过10%的道路，最大纵坡坡长不应超过150m。

运输前准备 主要包括：①运输前规划运输路线，必要时组织运输人员现场踏勘途经的道路、桥梁、涵洞、隧道、收费站等可能导致运输障碍的设施；②确定运输路线后，承运单位根据建设方的现场施工进度、设备安装计划和制造厂家的运输手册编制运输计划、安全措施，办理超限运输车辆通行证和设备运输保险；③加固不满足运输承载要求的桥涵；④移除和清理影响运输的路边障碍物；⑤针对特殊路段，如转弯半径不满足运输要求或道路坡度大于运输要求的情况，制订车辆和设备的通过方案。

风电机组设备运输 包括机舱运输、轮毂运输、叶片运输、塔筒运输，以及控制柜和电缆、螺栓等零部件运输。除了控制柜及电缆、螺栓等零部件的运输外，其余均属于超限运输。根据机舱、轮毂、叶片和塔架的特点，进行超限运输作业。

机舱和轮毂运输 机舱和轮毂采用半挂拖车运输。装车前核实装车后的机舱或轮毂高度。当高度超出道路运输的界限时，采用拆除机舱侧面和轮毂上部导流罩的方法降低整体高度。运输采用防尘、防雨包装措施。利用专用螺栓将机舱或轮毂固定在专用运输支架上。运输过程中将专用运输支架用运输链条或钢丝绳固定在半挂拖车上。一般采用链条葫芦紧固封车，紧固预紧力一般不小于9.8kN。封车索具与被固定的机舱或轮毂之间加有衬垫，不与机舱或轮毂直接接触。运输支架用运输链条固定后，使用专用固定尼龙带对机舱或轮毂进行辅助固定。

叶片运输 风电机组风轮的叶片在制造厂内经过配重处理并编号后，用专用拖车、加长半挂拖板车（见图1）或液压自举式拖车进行运输（见图2）。将同一组叶片同时启运；到达施工现场时一组叶片应卸在同一个风电机组机位。使用专用拖车或加长半挂拖车运输时，每只叶片由2个专用支架支撑。其中一个支架距叶根约100mm，用螺栓固定；另一个支架可用鞍式支架或“三明治”支架，支撑在从叶根起叶片长度的2/3处，用专用尼龙带索具固定。支架与叶片间放置与支撑部位翼型相一致的支撑垫板。使用鞍式支架时，不允许水平放置叶片；使用“三明治”支架时，可以水平放置叶片。单只叶片两支点运输时，通常叶片最大弦长部位的弦线与拖车承载平面夹角不超过60°，以尽量减少叶片侧面迎风面积，保证行车安全。叶尖处安装警示标志和警示灯。

图1 叶片运输

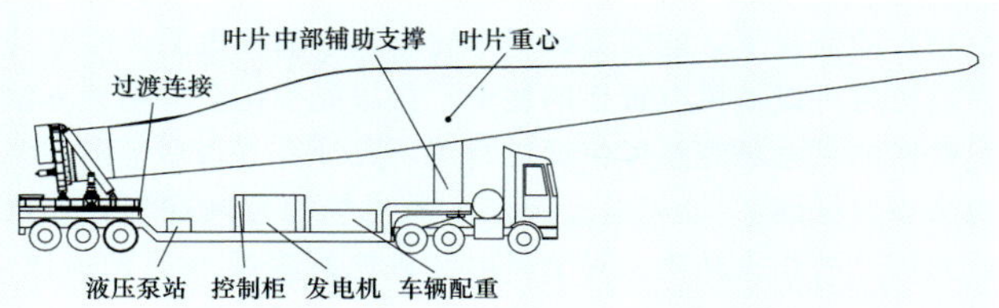

图2 液压自举式拖车运输叶片示意图

在使用为运输叶片通过转弯半径较小的道路专门设计制造的液压自举式拖车时，叶片根部固定在拖车一端的可回转和举升的液压支架上，叶片中部支撑在拖车另一端的辅助支架上，见图2。在通过弯道前，液压支架将叶片前部向空中举升，同时根据道路转弯情况，液压支架回转调整叶片轴线与运输车辆轴线的角度，以顺利通过弯道。

塔筒运输 采用低底盘半挂拖车运输组成风电机组塔架的塔筒（见图3）。塔筒运输使用鞍式支架或专用框式支架支撑。每节塔筒至少有两个支架。框式专用支架支撑在塔筒两端。使用鞍式支架时支撑位置根据塔筒重心确定，塔筒两端法兰加装型钢制作的米字型支撑架，防止塔筒在运输过程中变形。支架用铰链固定在拖车上，装车时圆锥形塔架大直径端朝向车头方向。塔筒中心线与拖车中心线在同一垂直平面上。塔筒用带护套的钢丝绳索具或尼龙带索具固定。运输时塔筒尾部安装警示标志和警示灯，对塔筒做遮苫，防止表面涂装被损坏。运输时，对经过配装的同一组塔架及塔内配件进行编号，同时启运并卸在同一风电机组机位。

图3 塔筒运输

现场存放 设备运至风电机组机位后，根据风电机组安装作业平面图，分别将机舱、轮毂、叶片和塔筒卸至指定位置。控制柜、电缆、螺栓等零部件在室内存放，采取防潮、防鼠措施。对机舱、轮毂、叶片、塔筒等大型部件的存放地点，要求地面坚实、平整、排水顺畅，坡度不大于1%。

机舱和轮毂保留原有的防雨、防尘包装，带支架放置。塔筒两侧放置三角木，防止塔筒滚动，塔筒与地面均匀接触，避免中间受力、两头悬空或是两头受力、中间悬空，以防止塔筒变形。对塔筒两端进行封堵，防止雨水、沙土进入。叶片带支架放置，叶根朝向运输安装季节现场的主风向。三片叶片根部用角钢连接为一体，增加放置的稳定性。叶片后缘加装保护套后，在叶片长度3/5处利用尼龙带索具和地锚加以固定。

fengdian jizu yunxing

风电机组运行

(operation of wind turbine) 风电机组投入使用的整个过程。风电机组通电自检后进入待机状态，在一定的风速驱动下起动，发电功率随着风速的升高而增加，在额定风速下达到满负荷，并在超过额定风速后保持额定功率输出。

自然界中的风速、风向随机变化，风电机组的工作条件也总是处于变动之中，风电机组控制系统会自动监控环境、设备和电网情况，并对机组进行控制，以确保机组安全可靠运行。风电机组一般情况下处于自动运行状态，可以自动切换待机、发电、暂停、停机等状态。在人工干预或电网状态异常情况下，机组处于受控运行状态。当发生紧急情况或者对风电机组进行试验、维护时，工作人员可以对机组采取手动操作。

自动运行状态 由风电机组控制系统根据风况和电网状况，对机组发出通电自检、待机、起动、并网发电，以及暂停或停机指令。

通电自检 当风电机组通电或完成复位操作后，机组控制系统起动，开始自检程序，对各部件状态位、传感器、开关、继电器等进行检查，此时液压系统、变桨系统、偏航系统开始工作。叶片桨距角保持在90°。

待机 风电机组通电自检后未发现故障，显示系统状态正常。此时若风速低于起动风速，机组处于待机状态，桨距角度保持0°或叶尖制动在正常运行位置。

起动 外界风速达到切入风速（2～4m/s）后，系统开始起动。变桨系统将叶片角度调节到45°左右，风轮旋转。当加速到并网要求的转速时，机组并入电网运行。

并网发电 在正常情况下，风电机组并网输出功率。风电机组控制系统根据风速和风向变化情况自动改变机组的转速、偏航角度和叶片角度，并根据风速变化随时进行调整机组功率输出。当风速超出机组设定的切出风速时，风电机组按程序自动与电网解列，停止运行并进入待机状态。当风速回到切入风速时，机组将自动恢复运行。

风电机组运行特性是由机组功率曲线来反映的。风电机组的功率曲线是机组输出功率与外界风速之间的关系曲线，见图。功率曲线主

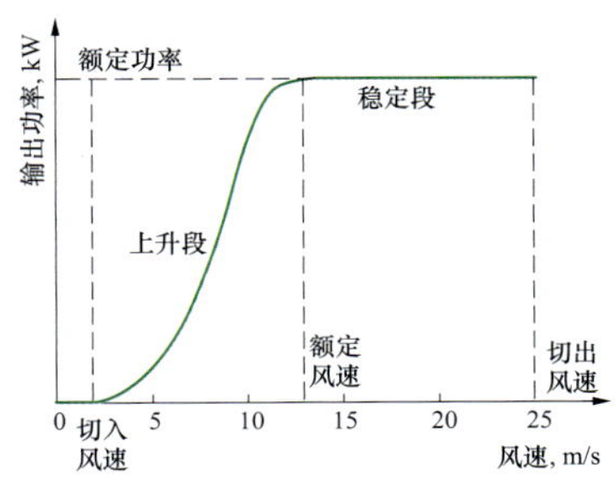

风电机组典型功率曲线

要分为上升段和稳定段两部分。从切入风速开始，风电随着风速的增大，机组输出功率上升，输出功率大约与风速的立方成正比，达到额定风速（约12m/s）时机组的输出功率也达到额定值。此后风速再增加，机组通过变换叶片桨距角保持额定功率输出。当外界风速超出切出风速（通常为25m/s）时，机组输出功率立即降为0，功率曲线到此终止。

暂停　当控制系统检测出电网、气候等外部环境因素出现异常，不满足运行要求时，将风电机组置于暂停状态。在暂停状态下，风电机组液压系统自动保持压力，偏航系统保持自动偏航，变桨系统将叶片顺桨（变为90°位置），机组甩掉负荷。在暂停状态下可以对风电机组进行调试、维护和检修。

停机　包括正常停机和紧急停机。

（1）正常停机。风电机组正常停机时，发电机与电网解列，偏航系统不再动作，变桨系统使叶片顺桨，机械制动系统开始时保持松开状态，待风电机组转速低于某个设定值后，机械制动系统再开始制动。

（2）紧急停机。当出现电网掉电、发电机转子超速、机舱过振动等安全链触发动作或人工按动紧急停机按钮时，所有操作都不再起作用，此时空气动力制动和机械制动系统一起动作，直至将安全链触电复归或紧急停机按钮复位。

受控运行状态　在人工干预或电网状态异常情况下的风电机组运行状态，包括有功功率控制、无功功率控制、低电压穿越和限扇区控制运行。

有功功率控制　风电机组通过改变桨距角或转速，对有功功率进行调节。（见*风电场有功功率控制系统*）当电网调度向风电场发出有功功率调节指令时，风电场可以通过关停部分机组或调节单台机组的有功功率来减小有功功率。

无功功率控制　当电网调度向风电场发出无功功率调节指令，或者风电场的无功控制系统根据并网点电压波动发出控制指令时，风电场通过调节集中无功补偿装置，或者调节风电机组的无功功率输出，满足电网对无功的需求。（见*风电场无功电压控制系统*）

低电压穿越　当电网故障或扰动引起的风电场并网点的电压跌落时，在一定的电压跌落范围内，风电机组具备不间断并网运行的能力。（见*风电场低电压穿越*）

限扇区控制运行　又称为扇区控制运行，指在控制系统中对风电机组的运行扇区进行限制。当出现这些扇区的风向时，风电机组将限功率运行，甚至完全退出运行，以确保设备的安全。在山区等复杂地形地区，某些方向吹来的气流由于邻近机组尾流（见*尾流模型*）、地形、障碍物等因素影响，湍流强度过大。当风电机组处于这些方向（扇区）运行时，机组的出力和安全性会受到影响，可能产生机组振动等异常现象。限扇区运行方式可有效解决这一问题。

机组的手动操作　用于发生紧急情况或者对风电机组进行试验、维护时，手动操作完成机组起动、停机、偏航、复位等动作。

手动起停操作　在风电机组处于手动状态下，当风速达到起动风速范围时，手动操作起动键，风电机起动、并网。当风速超出正常运行范围时，手动操作停机键，风电机组与电网解列，停机。风电机组的手动起停操作可以在升压变电站的主控室、风电机组塔筒底部控制柜、机舱上控制柜进行。

手动偏航　当机组需要维护或塔筒中的电缆发生缠绕且控制系统自动解缆功能失效，引起紧急停机时，可在机组手动状态下进行手动偏航解缆。

复位操作　包括就地复位和远方复位两种方式。

（1）就地复位。故障停机和紧急停机状态下的风电机组手动起动操作。风电机组在故障停机和紧急停机后，如故障已排除且具备起动的条件，重新起动前必须按“重置”或“复位”就地控制按钮，方能按自动起动操作方式进行起动。

（2）远方复位。风电机组运行中出现的某些故障可通过升压变电站的风电机组监控系统进行远方复位而消除。

fengdian rongliang kexindu

风电容量可信度　(wind power capacity credit)

风力发电场可以被信用的容量，通常用风电场可替代的常规发电机组容量与风电场装机容量的比值表示。通过它可以直观地了解风电场的容量效益，并有助于对风电场并网运行所产生的经济效益和环境效益做出客观评价。

研究方法　计算并网风电场容量可信度的方法主要有概率方法和时序方法。

概率方法　以可靠性评估结果为基础，考察在满足可靠性指标的前提下，能够提供同等安全水平的供电服务时常规发电机组可以被风电置换的比率。德国能源协会采用该方法对德国的风电场容量可信度进行了研究计算。根据德国能源协会在《德国2020年海上及陆上风电场的并网规划》电网研究部分的相关结论，对于风电装机比例超过10%的德国，在2003～2015年期间，全网的风电容量可信度为5.0%～8.6%。由于风速随季节变化较大，各个季节的风电场容量可信度均不同，针对德国的计算结果表明：夏季风电场的容量可信度最低，为5%～6%。

时序方法　某特定时间段内风电场的平均出力与其额定出力之间的比值，实际上就是以容量系数来近似替代容量可信度。

北欧国家按照此方法，对一年高峰负荷期间的风电出力、总的风电装机容量进行了统计，结果显示：对于土地面积较小、风电装机容量和比例都较大的丹麦，其10h、100h峰荷时间段，风电出力的平均值与总装机容量的比值分别为11%～37%、17%～31%；而对于整个北欧地区，这个值分别为16%～48%、24%～30%。由此可见，按照该方法确定的风电容量可信度较为可观。

评估指标　约有10余种容量可信度定量评估指标，大致分为基于等效容量的评估指标、基于特定时段容量系数的评估指标和基于有效载荷能力的评估指标三类。

（1）基于等效容量的评估指标。等效容量（equivalent capacity，EC）指一定容量的风电可以替代的参考机组（或理想机组）的容量。发电系统中增加新的电源一般会提高可靠性水平，如果保持可靠性水平不变，则新增电源后的系统可以多承担一部分负荷，称为新增电源的有效载荷能力（effective load carrying capability，ELCC）。基于等效容量的评估指标通常有两种表述形式：一种是可靠性水平提高相同幅度情况下，风电可替代的参考机组（或理想机组）的容量；另一种是维持系统可靠性水平不变达到相同ELCC情况下，风电可替代的参考机组（或理想机组）的容量。

风电的可信容量 CC_W 为

$$CC_W = \Delta G \tag{1}$$

容量可信度 CC_W/G_W 为

$$CC_W/G_W=\frac{\Delta G}{G_W}\times 100\% \tag{2}$$

式中 G_W、ΔG 分别为风电装机容量、需新增的参考机组容量，单位是 MW。

该指标将风电等效为电力系统规划人员十分熟悉的常规电源，应用方便，但计算量较大，参考机组的选取差异可能导致评估结果出现较大的差异。

(2) 基于特定时段容量系数（capacity factor，CF）的评估指标。采用风电全年或特定时段的容量系数作为风电容量可信度的近似评估指标，容量系数 k 的表达式如下：

$$k=\frac{E_\Sigma}{G_W T} \tag{3}$$

式中 E_Σ 表示风电在统计时段内的总发电量；G_W 表示风电的装机容量，T 表示统计时段的时长。

通常按一定的比例选取负荷较高或失负荷概率较高的时段作为特定时段。该评估指标概念清晰、算法简单，但全年的容量系数无法反映风电出力与系统负荷的相关性。特定时段的容量系数虽然可以反映出一定的相关性，但特定时段的选取尚无明确的理论依据，主要取决于决策者的经验判断，具有很大的随意性。

(3) 基于有效载荷能力的评估指标。基于有效载荷能力的评估指标，如图所示，风电的可信容量为

$$CC_W=\Delta L \tag{4}$$

式中 ΔL 为新增负荷，单位是 MW。

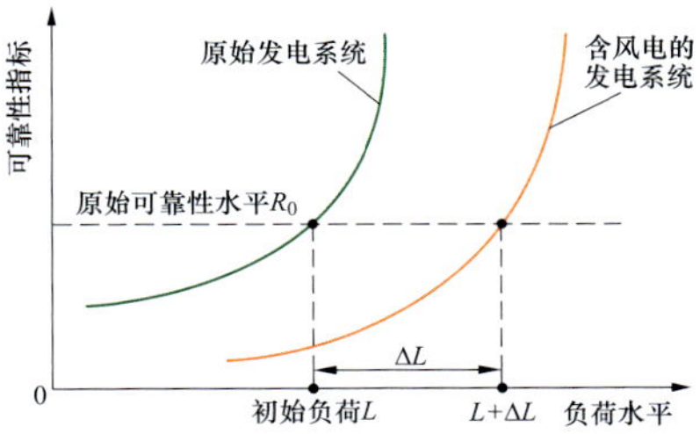

风电场容量可信度示意图

容量可信度 CC_W/G_W 为

$$CC_W/G_W=\frac{\Delta L}{G_W}\times 100\% \tag{5}$$

有效载荷能力是描述常规电源容量贡献的常用指标，它直接体现了电源发电的效用，即一定可靠性水平下电源承载负荷的能力，避免了基于等效容量评估和基于特定时段容量系数评估的缺点，计算量适中。

应用状况 中国风能资源丰富区（见中国风能资源）一般处于电网末端，电网网架结构不够坚强、电源结构较为单一，风电大规模接入对这些地区的电网调峰和稳定运行带来极大压力。为充分利用风能和确保电网的稳定性，必须统筹风电与电网的发展。这个过程中涉及电网规划建设与系统运行的安全性与经济性问题，即对一定安装容量的风电，应视为相应容量的常规电源进行电网规划。

在输电规划方面，在为一定容量的风电送出做配套的输变电规划时，如果将其视为等效容量的常规电源，则该规划方案安全性较高而经济性较差。这种经济性较差项目的开发是难以长期维持的。因此需要对风电的容量可信度进行分析，确定研究区域的风电容量可信度，为风电送出电网的规划建设提供技术支撑，譬如根据不同的容量可信度，考虑多种能源的互补联合规划，提高输变电设备的利用率，从而提升项目的经济性。

在调度运行方面，进行调度计划安排时，若将风电视为等容量的常规电源，则风电出力的不确定性，会对系统的供电安全带来不利影响，为了避免上述情况出现，要求系统保留较大的旋转备用容量，这对系统运行而言是不经济的，因此需要对风电的容量可信度进行分析，确定该区域的风电容量可信度，在保证系统安全、经济运行的同时，最大限度地消纳并网风电。

fengdian texuquan xiangmu

风电特许权项目 (wind power concession projects)

由中国政府部门主导，通过公开招标选择投资者建设的风力发电项目。为了促进中国风电的规模化发展和商业化经营，通过竞争机制提高风电的经济性，中国国家投资主管部门参考其他行业项目和国外风电场招标的实践经验，自 2002 年起组织开展了风电场特许权招标的研究和实施，由省（自治区、直辖市）发展和改革委员会经特许权招标，授予中标项目公司独占的权利，在特许经营期（一般为 20～25 年）内按规定使用土地，设计、投资、建设、运营和维护特定范围的风电场，并按购售电合同向电力公司销售风电场上网电量。

风电特许权项目与同时期一般风电项目的主要区别见表。

风电特许权项目与同时期一般风电项目的主要区别

项目	特许权项目	一般项目
风电上网电价	中标开发商与省级能源主管部门签署特许权协议，与省级电力公司签署购售电合同。 项目 25 年特许经营期内执行两段制电价政策。第一段电价执行期为风电场累计等效满负荷小时数达到 30 000h 之前，执行中标人在投标书中要求的电价；第二段电价执行期为风电场累计等效满负荷小时数达到 30 000h 到特许期结束，电价执行当时电力市场中的平均上网电价	政府不承诺执行固定上网电价；风电项目的上网电价在运行期间由省级电力公司和物价局核定
前期工作	由政府组织实施和协调，中标开发商支付项目前期工作经费	由开发商自己操作
风电场到电网的输电线路	由电网公司投资建设	由开发商自己投资建设
风电设备国产化率	至少达到 50%，实行中国国内总装；第二期至第五期招标中提高到 70%	没有要求

对于风电特许权项目，须做好项目前期工作和招投标工作。

前期工作　中国风电特许权项目前期工作实行国家统一管理，各省（自治区、直辖市）具体负责的管理体制。主要包括招标所在地的风能资源评估、风电场选址和风电场工程预可行性研究。风能资源评估指对某一区域内某时间段的风能资源特性和开发潜力进行评价。风电场选址指在风能资源评估的基础上，结合地形、地质及有关社会经济等条件进行综合比选，确定符合建设条件的风电场场址的工作过程。风电场工程预可行性研究指在风电场工程规划完成后，根据风能资源现场规划资料、地质资料、自然环境条件等，对风电场工程的初拟技术方案、环境影响、财务效益和社会效果做初步分析判断，提出项目是否可行的初步评价意见而开展的设计工作。

特许权招投标　国家或省级能源主管部门作为招标人，负责招投标的组织工作，主要工作是组织对候选项目前期工

作质量和深度进行审核，确定招标项目。招标由有资质的中介机构担任招标代理并组织实施。招标代理机构负责编制标书，进行公开招标，并组织评标委员会，对投标人方案进行评审，最后提出推荐中标人，报招标人批准。

中标人在项目所在地注册成立项目公司，项目公司与省级人民政府指定的部门签订特许权协议，并同时与当地所在省级电力公司签订购售电合同，收购风电场建成后的全部可供电量。风电场的特许权协议签订后，项目公司须开展风电场工程建设，并保证风电场在两年内投入使用。

发展概况　2002 年，国家发展计划委员会决定按照特许权招标的方式建设风电场工程，选择当时缺电的江苏和广东两省进行试点，2003 年正式实施。2003～2007 年，国家能源主管部门组织了五期陆上风电场项目特许权招标，总装机容量达到 335 万 kW。由于招标项目均为风能资源较好的大规模风电场，并且通过长期购售电合同保证了电量销售和上网电价，中标电价一般低于其他非特许权项目，项目带动了中国国产大中型风电机组的研发和制造产业的发展。

在风电特许权项目的推动下，特别是在《中华人民共和国可再生能源法》(中华人民共和国主席令第三十三号)，以及《可再生能源中长期发展规划》(发改能源〔2007〕2174 号)的指引下，中国逐渐建立起了并网、费用分摊、补贴等政策框架。中国风电装机容量从 2006 年开始连续四年翻番，全国建立了数百个风电场，风电开发成本逐步清晰。在此基础之上，根据风能资源禀赋确定风电区域固定上网电价成为可能，国家发展和改革委员会于 2009 年 8 月发布了《关于完善风力发电上网电价政策的通知》(发改价格〔2009〕1906 号)，制定了中国首个关于风电区域固定电价的政策。这一固定电价政策为风电发展确立了统一的电价制定标准，使投资者可以估算投资回报率，间接影响和规范了各地开发风电场的节奏，使得中国风力发电正式步入成熟的、规模化的发展轨道。

fengdian xiangmu houpingjia

风电项目后评价　(post construction evaluation of wind farm projects)　对风电项目投资完成之后的经济价值和社会价值进行评定的过程。通过对风电项目实施过程、结果及其影响进行调查研究和全面系统回顾，与项目决策时确定的目标，以及技术、经济、环境、社会指标进行对比，找出差距和原因，总结经验教训，提出相应对策建议。通过信息反馈，改善投资管理和决策，达到提高投资效益的目的。后评价一般在风电项目完成竣工验收且投产一年后开展。

项目后评价由投资、运行管理和参建单位(含勘察设计单位)以外的、具备技术能力的第三方机构开展。第三方机构遵循独立、公正、客观、科学的原则，承担对国家秘密、商业秘密等的保密责任，在搜集基础资料的基础上，开展项目后评价工作。

基础资料　主要包括：①项目所在的国家或省级风电场工程规划报告；②项目能源主管部门同意项目开展前期工作的文件；③项目核准阶段的支持性文件，包括项目申请报告，可行性研究报告(见风电场工程可行性研究)及其审查意见，有关专题设计文件及其批复意见，职能主管部门出具的环保、水保、土地预审、接入电力系统等支持性文件，金融机构出具的融资承诺文件，项目核准文件等；④项目竣工报告，竣工验收报告、验收鉴定书等；⑤项目运行管理资料，包括运行期测风资料，风电机组运行和维护情况，风电场上网电量资料，项目经营管理资料等；⑥与项目有关的审计资料及统计资料，以及其他必要的资料。

后评价内容　一般包括项目实施过程的总结与评价，项目效果和效益评价，项目环境和社会效益评价，项目目标和可持续性评价，项目总体评价结论、存在问题及建议等。

项目实施过程的总结与评价　主要内容包括项目的前期决策总结与评价、项目实施准备工作与评价、项目建设实施总结与评价，以及项目运营情况与评价。

(1) 项目前期决策总结与评价。对项目立项的依据、项目决策过程和程序进行总结和评价，如项目是否列入全国/省级风电规划，风能资源是否合理有效利用，项目前期工作是否符合风电前期工作管理规定，项目前期工作许可及核准是否符合要求，核查项目可行性研究报告(见风电场工程可行性研究)和核准申请报告批复的主要意见的执行情况。

(2) 项目实施准备工作与评价。包括评价项目执行国家关于风电建设管理有关要求的情况，项目勘察、设计、开工准备、采购招标、接入电网、用地、用海和资金筹措等情况和程序。

(3) 项目建设实施总结与评价。根据项目合同执行与管理情况、风电工程建设与进度情况、设计变更情况、投资控制情况、工程质量控制情况、工程监理和竣工验收(见风电场工程验收和海上风电场工程验收)情况进行评价。

(4) 项目运营情况与评价。对风电场年上网电量、运营成本和财务状况等进行评价。

项目效果和效益评价　主要内容包括项目技术水平评价、项目财务经济效益评价和项目经营管理评价。

(1) 项目技术水平评价。针对风电机组运行情况、可利用率及功率曲线(见风电机组运行)，电气设计方案(见风电场电气设计)，风电机组基础设计及施工安装方案(见风电机组安装)进行评价，对实际发电量、工程量、投资等与可行性研究阶段设计成果(见风电场工程可行性研究)的差异进行分析。

(2) 项目财务经济效益评价。评价项目资产及债务状况、项目财务效益情况，分析项目财务效益指标和项目经济效益变化的主要原因。

(3) 项目经营管理评价。总结、评价项目管理机构设置情况、项目管理体制及规章制度情况、项目经营管理策略情况和项目技术人员培训情况。

项目环境和社会效益评价　主要内容包括项目的环境影响评价和社会影响评价。

(1) 项目环境影响评价。对风电项目投入运行后可能造成的环境影响进行分析、预测和评估，主要根据项目的环保达标情况、环保设施投入，以及环保制度建设和执行情况，评价环境影响和生态保护效果。

(2) 项目的社会影响评价。内容包括项目主要利益群体，项目的建设实施对当地宏观经济、区域经济、行业经济发展的影响，对当地就业和人民生活水平提高的影响，对当地政府的财政收入和税收的影响。

项目目标和项目可持续性评价　项目目标评价的对象是

项目的工程目标、技术目标，财务和社会效益目标。项目可持续性评价指根据项目现状，结合国家的政策、风能资源条件和电网条件等对项目的可持续性进行分析，从项目内部因素和外部条件等方面评价整个项目的持续发展能力。

项目总体评价结论和存在问题及建议　内容包括项目后评价结论，项目在前期工作、建设、管理等方面存在的主要问题，针对评价结论和存在问题，提出相应的措施和建议。

fengli fadian

风力发电　（wind power generation）　将风能蕴含的动能转换为电能的利用方式，简称风电。它是通过风力发电机组实现这种能量转换的，即风电机组的风轮将风的动能转换成机械能，再驱动发电机输出电能。

风力发电有多种运行模式。在电网通达区域，风力发电可以有三种方式并入电网运行。第一种是由多台风电机组组成风力发电场，所发电力通过场内升压变电站并入电网，远距离输送到电力负荷中心（见风力发电接入电网）；第二种是分散式风力发电，即风电场或分散安装的风电机组所发全部电力送入配电网，就地消纳；第三种是分布式风力发电，即用电户安装风电机组，所发电力首先自用，多余电力送入电网。在电网未通达的地区，风电机组配置蓄电池，组成离网风力发电系统，或与太阳能电池、柴油发电机组等多种能源利用设备，组成新能源互补发电系统，直接为用户供电。

基本原理　空气流动现象称为风，风轮的功率与其旋转平面的面积、风速的三次方和空气密度成正比，用式（1）表示：

$$P=0.5C_P\rho Av^3 \quad (1)$$

式中 P 为风轮的输出功率，kW；C_P 为风能利用系数（见贝茨极限），也称功率系数；ρ 为空气密度，kg/m^3；A 为风轮旋转平面的面积，m^2；v 为风速，m/s。

风电机组在达到额定功率之前，其输出功率和风速的立方成正比，因此风速是风能资源的关键因素，直接影响风力发电的成本。

特点　风力发电具有环境效益好、易于分散建设的优势，但机组长期在野外比较恶劣的气候条件下运行，而且风能是不稳定的一次能源，风力发电具有波动性和间歇性。

（1）环境效益好。生产电能的过程不排放任何有害气体和废弃物，也不消耗水资源。多风的地方往往是山地、荒滩、草原或近海，风电机组基础和风电场内道路实际使用的面积很小，节约土地资源。

（2）易于分散建设。与火力发电厂和水电站相比较，风力发电由于单机容量小，可以分散建设，基建周期短。有些地方资源比较丰富且拥有电力负荷，分散安装风电机组可以实现电力就地消纳，减少长距离输电的损失。

（3）风电机组运行条件恶劣。现代并网风电机组设备的机体庞大，常年在野外运行，除了承受风向、风速频繁变化引起的复杂剧烈的交变载荷外，还要耐受台风、沙尘暴、雷暴、湿热、低温、覆冰和盐雾等各种恶劣气候环境。风电机组的设计寿命是 20 年，对风电机组可靠性和运行维护的要求很高。

（4）风电是一种波动和间歇性电源。由于风速随时在变化，风电机组输出的电能也在改变，因此离网风力发电系统需要蓄电池储存电能，在无风或小风期间用电时由蓄电池向用户供电。并网风电输出的电力由电网输送和消纳，当风电的比例相当大的情况下，需要对风电的输出功率进行预报，供电网调度部门参考。电力系统内需要设置抽水蓄能电站等调峰电源，减少风电波动和间歇性的影响。

世界风电发展状况　截至 2012 年，全世界风电装机容量达到约 286GW，年增长率为 19%，其中海上风电装机容量达到 5.1GW。2012 年世界风电装机前十位的国家见表 1，中国风电装机容量居世界第一位。

表 1　2012 年世界风电累计装机容量前十位的国家

排序	国　家	容量（MW）	排序	国　家	容量（MW）
1	中　国	61 420	6	英　国	9113
2	美　国	60 208	7	意大利	7998
3	德　国	31 467	8	法　国	7593
4	西班牙	22 462	9	加拿大	6214
5	印　度	18 602	10	葡萄牙	4363

资料来源：《中国电力年鉴》编辑委员会．中国电力年鉴（2013）．北京：中国电力出版社，2013。

BTM consult. A BTM Wind Report World Market Update 2012. Navigant Research，2013.

2012 年，世界风电装机容量约占全部发电装机容量的 5.1%，风电发电量约占世界电力消费量的 2.6%。世界风能资源分布广泛，开发利用风电的国家和地区已有 83 个，其中欧洲、亚洲、北美洲是开发规模最大的三个地区。到 2012 年底，欧洲累计风电装机容量约 110GW，亚洲累计风电装机容量约 83GW，北美洲累计风电装机容量约 66GW。风电开发也开始从陆地逐步扩展到海上。

世界风能协会（World Wind Energy Association，WWEA）发布了 2010 年离网和分布式应用的中小型风电统计数据，全世界 2010 年底累计装机容量为 443MW，累计装机数量为 65.6 万台，美国、中国和英国居前三位，主要国家的中小型风电累计装机容量和台数见表 2。

表 2　2010 年主要国家的中小型风电累计装机容量和台数

排序	国　家	容量（MW）	台数	排序	国　家	容量（MW）	台数
1	美　国	179	144 000	6	西班牙	7	7020
2	中　国	166	450 000	7	波　兰	7	7000
3	英　国	43	21 610	8	日　本	6	2054
4	德　国	15	10 000	9	瑞　典	2	1700
5	加拿大	13	11 000	10	韩　国	1	1700

资料来源：World Wind Energy Association（WWEA）. 2010 Small Wind World Report.

中国风电发展状况　为了风电场开发、电网建设和风电消纳的协调发展，国家能源局从 2007 年开始组织编制陆上风电基地和沿海各省的海上风电发展规划。在 2006～2010 年期间，风电经历了高速发展阶段，从 2011 年起进入稳定发展时期。2012 年，中国风电新增装机容量为 15 190MW，累计装机容量为 61 420MW，发电量 1030 亿 kW·h。风电累计装机容量占到全国电力总装机容量的 5.4%，发电量占到全国总发电量的 2.1%。

2012 年中国风电装机容量前十位的省（自治区）见表 3，内蒙古自治区风电装机容量居第一位。

表 3　2012 年中国风电装机容量前十位的省（自治区）

排序	省（自治区）	装机容量（MW）	排序	省（自治区）	装机容量（MW）
1	内蒙古	16 703	6	吉　林	3299
2	河　北	7065	7	黑龙江	3205
3	甘　肃	6340	8	宁　夏	2793
4	辽　宁	4711	9	新　疆	2619
5	山　东	3934	10	山　西	2272

资料来源：水电水利规划设计总院，国家风电信息管理中心．《2012 年度中国风电建设统计评价报告（B 版）》．2013。

受中国风能资源分布的影响，随着风电规模的扩大，风电发展面临着许多新的挑战。主要是风电并网和市场消纳问题急需解决。北方风能资源丰富地区，风电出力受系统运行条件限制造成的弃风问题日益突出，2012 年中国因弃风损失的电量达到 200 亿 kW·h，约占当年风电发电量的 20%。需要从电力系统规划的协调、配置调峰电源、增加风电供热等当地电力负荷，以及加快电力跨区外送通道建设等多种方式减少弃风。

中小型风电机组的用户特别分散，而且机组安装和拆除频繁，难以统计实际装机容量。根据中国农机工业协会风能设备分会对中小型风电机组制造商的统计，2012 年中国离网和分布式应用的中小型风电机组年销售 10.7 万台（机组总容量 85MW），其中出口 3 万台（机组总容量 36MW）。

发展前景　许多国家把大规模开发风电，减少二氧化碳等温室气体排放作为应对气候变化、改善能源结构的重要选择。国际能源署（IEA）预测 2020 年世界风电装机将达到 592GW，欧洲风能协会（EWEA）预测 2020 年欧洲风电装机将达到 230GW，美国能源部规划 2030 年美国要有 20%的电力来自风能。美国和英国等许多国家还鼓励推广分布式风力发电。

依据中国政府制定的 2020 年非化石能源占一次能源消费 15%的约束性指标，规划到 2020 年，中国风电装机容量超过 200GW，其中海上风电装机容量达到 30GW，风电年发电量达到 3900 亿 kW·h，风电发电量在全国发电量中的比重将超过 5%。

fengli fadianchang

风力发电场　（wind farm；wind power plant）　在风能资源丰富的地区，按一定的排列方式成群安装的风电机组集群，简称风电场。风电场将风能转化为电能，并经升压变电站送往电网，是规模化开发利用风能的有效形式。风电场主要由风电机组、机组升压变压器、集电线路、升压变电站（外景示意见图 1）、交通工程和生产辅助设施等组成。风电机组所发电能，经机组升压变压器升压，再通过集电线路接入风电场升压变电站（见风电场电气主系统），最后送至电网，如图 2 所示。

图 1　内蒙古赛马素风电场升压变电站

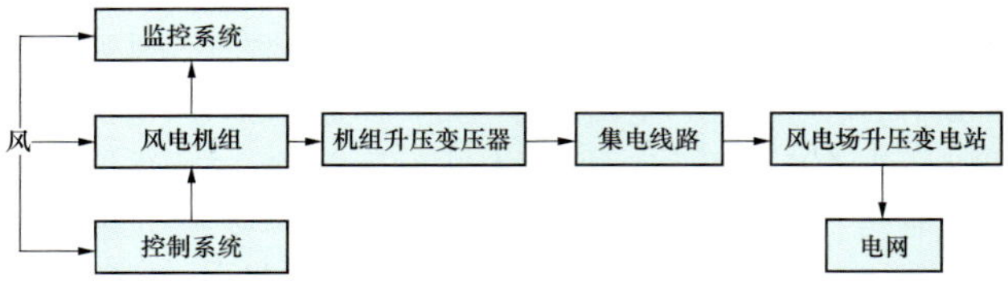

图 2　风电场电力生产示意图

选址要求　在中国，风电场建设已纳入国家及地方风电发展规划。在初步确定的风场中进行场址选择，风场指拟进行风能资源开发利用的场地区域或范围。风电场场址选择应综合考虑风能资源、环境保护、接入电网、工程地质、交通运输、施工安装等条件，同时还要考虑场址用地与土地利用、城乡建设等规划的协调性。场址选择基本原则包括：

（1）场址区代表性风能资源等级原则上不低于 3 级（见风能资源评估）。3 级风能资源等级表示 50m 高度年平均风功率密度范围为 300～400W/m^2，与风功率密度上限值对应的年平均风速参考值为 7.0m/s。

（2）场址应避开基本农田，重要的供水水源卫生保护区，风景区及自然保护区，历史文物古迹保护区，航空、军事、矿产等其他制约风电场建设的区域。

（3）场址应位于不受洪水、潮水或内涝威胁的地带。当不可避免时，配套可靠的防洪、排涝措施。

（4）场址应避开发震断层和抗震设防烈度高于Ⅸ度的地震区，以及工程地质恶劣地区。抗震设防烈度指按国家规定的权限批准作为一个地区抗震设防依据的地震烈度。

（5）优先选择地形简单、交通便利、接入电网方便的场址。

（6）海上风电场选址还应考虑海洋水文条件，与所在海域的海洋功能区划、岸线规划、海洋环境保护规划等的协调。

机组布置原则　以在场内尽可能获得最大的发电量来考虑，并综合考虑场址地形地质条件、交通运输条件、集电线路方案等，获得最优的经济效益。一般在可行性研究阶段进行初步优化布置（见风电场工程可行性研究），确定风电机组型号后，结合现场情况进行风电场微观选址，确定最终的风电机组布置方案。

主要技术参数　包括年等效满负荷利用小时数、单位千瓦投资和财务内部收益率。

（1）年等效满负荷利用小时数。风电场年发电量与装机容量的比值。一般正常运行的风电场年等效满负荷利用小时数应在 1800h 以上，风能资源丰富地区的风电场可达到 3000h 以上。

（2）单位千瓦投资。风电场总投资与装机容量的比值。早期建设的风电场投资经常超过 10 000 元/kW，近年来，随着风电设备及风电场建设技术的进步，陆上风电场投资明显下降，一般为 7000～9000 元/kW。海上风电场由于建设条件复杂，设备技术要求高等原因，建设投资一般为 16 000～20 000 元/kW。

（3）财务内部收益率。项目在整个计算期内各年财务净现金流量的现值之和等于零时的折现率，也就是使项目的财务净现值等于零时的折现率，是反映项目实际收益率的一个动态指标，包括项目投资财务内部收益率和资本金财务内部收益率。风电项目投资财务内部收益率应不低于 5%，资本金财务内部收益率应不低于 8%。

环境效益 在设计、建设和运行各环节采取有效措施，风电场建设和运行对环境的不利影响可以有效减小或消除，其可作为节约化石燃料、减少多种污染物排放的一种有效措施。火力发电每发 1kW·h 电一般约需耗用 0.30kg 的标准煤，同时会产生 0.65～0.70kg CO_2 以及相当数量的 SO_x 及 NO_x。空气中 CO_2 大量增加将出现温室效应，SO_x 及 NO_x 则会导致产生酸雨，危害生态。在世界各国普遍关注改善地球生态环境、减少空气污染、强调可持续发展的形势下，风电场的环境效益非常显著。

发展趋势 风电场的概念于 20 世纪 70 年代末首先在美国提出。美国风能资源丰富的区域多是辽阔的草原或荒漠，风电开发商集中安装风电机组，形成所谓“风力农场”（wind farm），称为风电场。从 80 年代初开始，风电场的建设在美国取得了巨大的进展，至 1987 年，世界上 90%的风力发电场建在美国。90 年代起，随着风力发电技术的不断发展，人类对环境保护及可持续发展的关注，风力发电作为一种清洁的发电方式受到各国的重视，风力发电场的建设不仅在工业发达国家，而且在发展中国家都呈现蓬勃发展的局面。

早期的风电机组单机容量较小，风电场规模一般为几百千瓦至几兆瓦。进入 21 世纪，大型、超大型的风电场不断出现。到 2011 年底，全球风电总装机容量接近 239GW，其中，中国达到约 56.49GW，居世界第一位；美国为 46.92GW，居第二位；德国为 29.08GW，居第三位。中国第一个风电场是 1986 年建设的山东荣成马兰风电场（见*风电发展史*）。1995 年以后，风电场建设快速发展。到 2011 年底，全国 30 个省（自治区、直辖市）建设了风力发电场，累计并网容量 47.84GW。12 个省（自治区）风电累计并网容量超过百万千瓦，其中，内蒙古自治区并网容量 1439 万 kW，居全国之首，甘肃省和河北省分别以并网 555 万 kW 和 499 万 kW 位居第二、三位。中国已建成的单个风电场最大规模达到 400MW，并在一些地区出现了由多个风电场组成的百万千瓦级风电基地。图 3 为河北承德地区风电基地的围场聚风风电场。

图 3 河北围场聚风风电场

未来风电场的发展趋势主要集中在：①风电机组和风电场规模的大型化；②进一步降低工程投资及发电成本；③提高运行的可靠性、稳定性；④投资建设海上风电场成为热点。

fengli fadian gongcheng zixun

风力发电工程咨询 （consultant of wind power projects） 运用工程技术、经济管理、法律法规等方面的知识，为风力发电工程建设项目决策和管理提供的技术服务。风力发电工程咨询是风电项目开发过程中的重要工作环节，是国家、行业主管部门、项目建设单位进行项目决策的重要支持，对保障工程质量、提高投资效益、促进风力发电行业发展发挥了重要的作用。

按照风力发电工程的建设阶段，风力发电工程咨询包括前期立项阶段咨询、勘察设计阶段咨询、施工阶段咨询、投产或交付使用后的评价等工作。

（1）前期立项阶段咨询内容主要包括国家、地区或企业的风电工程规划，风电场项目的测风方案设计（见*风电场风能资源测量*）、预可行性研究设计（见*风电场工程预可行性研究*）及编制项目建议书等。

（2）勘察设计阶段咨询内容主要包括可行性研究阶段的地质勘察和报告编制（见*风电场工程可行性研究*），协助建设单位编制项目申请报告，按照行业主管部门要求进行各项专题设计等。

（3）施工阶段咨询内容主要包括*风电场工程招标设计及代理*、*风电场工程施工图设计*、工程监理等。

（4）项目投产后的咨询内容主要包括协助建设单位编制竣工报告、受委托开展项目竣工验收及编制竣工验收报告（见*风电场工程验收*和*海上风电场工程验收*）、进行*风电项目后评价*、编制工程管理方案等。

fengli fadian jizu

风力发电机组 （wind turbine generator system，WTGS; wind turbine） 利用风能作为原动力的发电设备，简称风电机组。风电机组依靠风轮将风能转换为机械能，再利用机械能驱动风力发电机发电。

基本分类 按照风轮旋转轴与水平面的夹角关系，分为水平轴风电机组和垂直轴风电机组；按照风电机组运行方式，分为并网型风电机组和离网型风电机组（见*离网风力发电系统*）；国际电工委员会 IEC 61400-2：2006《风力发电机组 第 2 部分 小型风力发电机组设计要求》中把风轮扫风面积小于 $200m^2$ 的列为小型风电机组（small wind turbine，SWT）。

水平轴风电机组 风轮旋转轴与水平地面基本平行的风电机组。其发电机和传动系统等一般置于机舱内，风轮和机舱通过塔架置于高空。在*偏航系统*作用下，维持风轮面与风向的最佳角度。按风轮与塔架的相对位置，水平轴风电机组可分为上风向式和下风向式两种。上风向式风电机组的风轮安置在塔架前方，工作时来风首先吹向风轮，气流基本不受机舱和塔架的扰动影响；下风向式风电机组的风轮安置在塔架后方，来风首先吹过机舱和塔架，对风的扰动较大。图 1 为水平轴上风向风电机组基本外形。

图 1 水平轴上风向风电机组

水平轴风电机组常根据某些技术特点进行命名和分类。常见的分类方式见下表。

水平轴风电机组常见分类方式

分类依据	风电机组类型
风轮和发电机的输出功率控制方式	变桨变速型风电机组，定桨恒速型风电机组
传动系统	齿轮箱传动型风电机组，直驱型风电机组（无齿轮箱型），半直驱型风电机组（齿轮箱与发电机集成设计）
叶片数量	典型的是三叶片型风电机组和双叶片型风电机组
风轮与塔架的相对位置	上风向式风电机组，下风向式风电机组
发电机类型	常见的有双馈异步发电机型风电机组，永磁同步发电机型风电机组和电励磁同步发电机型风电机组

垂直轴风电机组　风轮旋转轴与地面垂直，风轮可以接受各方向来风，不需要偏航系统或调向装置，风力发电机和传动系统等可布置在地面。按风轮形成转矩的机理分为阻力型和升力型两类。阻力型以S型风轮为代表，升力型以H型和达里厄型（Φ型）风轮为代表，见图2。

(a)　(b)　(c)

图2　垂直轴风电机组外形图

(a) 萨沃纽斯型（S型）风轮；(b) 达里厄型（Φ型）风轮；(c) H型风轮

基本结构　水平轴风电机组的基本结构包含风轮、机舱、塔架三部分。机舱内部安装有发电机（有的直驱型风电机组的发电机外置）、传动系统、偏航系统、制动系统、变流器、液压装置、冷却装置、控制系统等机械和电气部件。变桨变速型风电机组在轮毂内有变桨装置。小型水平轴风电机组一般由风轮、发电机、调速机构、制动机构和塔架等组成。垂直轴风电机组基本结构包括风轮和发电机，容量较大的需加装增速齿轮箱和起动电机。

总体参数　主要有额定功率、叶片数量、风轮直径、轮毂中心高度、切入风速、切出风速、额定风速和生存风速等技术参数。

额定功率　风力发电机组在规定的运行工况下的最大输出功率，也称额定容量。额定功率在产品研发之初由设计人员根据设计目标确定，它反映了风电机组在某种条件下的发电能力。计量单位一般为千瓦（kW）或兆瓦（MW）。

叶片数量　组成风轮的叶片数量。选择叶片数时应考虑风电机组的性能、载荷、成本、噪声影响及景观效果等因素。水平轴风电机组的叶片数量一般为3片或2片。

风轮直径　风轮叶尖旋转圆的直径。风轮直径决定了风轮扫风面积和叶片长度，是影响风电机组容量的主要因素之一。

轮毂中心高度　风轮轮毂中心到风电机组基础平面的垂直距离，俗称轮毂高度。一般塔架越高，轮毂处的风速也越高，有利于风电机组获取更多的风能。轮毂高度与风轮直径相匹配，并且受风电机组结构动力特性限制。

切入风速　风电机组进入发电运行状态时轮毂处的最低风速。达到切入风速时，风轮产生的转矩除了克服主传动链的阻尼力矩以外，还有剩余转矩可以发电。切入风速反映了风电机组在低风速条件下的性能。一般情况下陆地风电机组切入风速为3m/s，海上风电机组切入风速稍高一些。

切出风速　风电机组发电运行状态可适应的轮毂处最大风速。当风速达到切出风速时，机组将实施制动停机，保护风电机组不受损坏。陆地风电机组的切出风速一般设计为25m/s，海上风电机组的切出风速可设计到30m/s。

额定风速　风电机组达到额定功率时轮毂处的最低风速，主要由机组额定功率和风轮直径决定。在风电机组设计过程中，根据机组运行环境来确定其取值。

生存风速　风电机组结构可承受的最大风速，亦称极端风速。在风电机组设计时需要考虑极端风速的影响。一般需要关注的是一年一遇的极端风速和50年一遇的极端风速。

发展状况　风电机组的研制起始于19世纪80年代末、90年代初期（见*风电发展史*）。20世纪20～30年代，风力发电机组多采用水平轴和直流发电机技术，额定功率一般在几十千瓦，作为独立运行的自备电源应用于农户和牧场照明。垂直轴风力发电技术也获得较快发展，设计出了典型的萨沃纽斯型（S型）风轮及达里厄型（Φ型）风轮［见图2(a)、(b)］。

以并网发电为目的的水平轴风电机组于1940年出现在美国，当时材料强度不能满足要求，机组使用寿命很短。1957年，丹麦在丹麦南部的盖瑟（Gedser）建造了一台风轮直径25m、功率为200kW的水平轴失速型风电机组，采用3个端部装有制动片的定桨距叶片、齿轮箱和异步发电机，并实现并网发电，成为20世纪80～90年代主流风电机组的雏形。

到20世纪90年代中期，风电机组主流机型的额定功率达到200～500kW，到90年代后期，主流机型额定功率达到600～750kW，兆瓦级风电机组样机也开始在风电场试运行。

进入21世纪，变桨变速技术逐步被广泛应用到水平轴风电机组中。在保证可靠性的前提下，陆地风电场主流机型的额定功率范围达到1.5～2.5MW，近海风电场主流机型的额定功率大多在3～5MW之间。额定功率在5MW、6MW和7.5MW的风电机组也投入试运行。

中国于20世纪70年代后期，开发了一系列小型风力发电机组，功率大多为几百瓦，主要应用于无电地区供照明使用。20世纪80年代，中国陆续研制几种并网风电机组，额定功率分别是18、30、55kW和200kW。1982年5月，55kW风电机组在福建平潭岛并网试验运行，该机组成为当时中国自行设计制造的最大容量的风电机组。1991年12月，一台200kW变桨距下风向式试验风电机组在福建平潭岛并网发电。这是中国首次自行设计研制的百千瓦级风电机组。1991～1995年期间，中国还与丹麦合作生产了单机容量为120kW的风电机组，与德国合作生产了单机容量为250kW的风电机组，但未形成批量生产。1998年12月，5台定桨定速型600MW风电机组在新疆达坂城风电场并网运行，这是中国1996～2000年重点科技攻关项目“风能利用”课题的首批成果。直到21世纪初，在技术引进及二次开发的基础上，中国逐步掌握了以600kW和750kW为主的定桨型风电机组生产配套技术。

2006年10月，中国自主研制的变桨变速型1.5MW风电机组在沈阳下线，在此基础上发展成系列产品，投入大批量生产，并逐渐替代了定桨定速机型机组，成为市场上的主流机型。2007年4月，通过国际合作联合研制的5台1.5MW直驱永磁型风电机组安装在新疆托里风电场，之后，在中国市场上直驱机型的市场份额逐渐增多，至2012年，直驱机型的市场份额占当年新增装机容量的26%，累计装机容量的19%。

2009年，中国自主研发的3MW风电机组在海上风电场装机（见东海大桥风电场）。2010年以后，中国陆续开发了3.6、5MW及6MW等风电机组，并陆续投入运行。

经过数十年的技术发展，国内外市场主流的风电机组大多是水平轴、上风向、三叶片型，采用变桨变速技术，带有齿轮箱、无齿轮箱和半直驱型传动结构（见传动系统）均有采用。

fengli fadian jieru dianwang

风力发电接入电网 (grid integration of wind power)

按照并网技术要求把风力发电设备直接或通过电力电子接口连接至电网，并将其所发电力输送到电网的技术。风力发电具有与火力发电、水力发电等出力稳定的发电方式显著不同的特点：①发电出力的波动性，风力发电的输出功率具有明显的波动性，在系统中达到一定规模后，会对系统调峰带来较大影响。②发电技术的差异性，风力发电普遍采用基于电力电子的异步发电技术，该发电技术与同步发电技术相比，在稳态运行及暂态过程中具有不同的特性，给电力系统带来更多稳定性方面的影响。

风力发电接入电网时，需要通过研究做好风力发电与电网的协调规划，制定技术要求，通过必要的测试程序，确保风力发电具有符合技术要求的并网特性，并采取技术措施确保高风电穿透率下电力系统运行可靠性，提高电力系统接纳风力发电的能力。

基本内容 在接入电网研究、接入电网技术要求、试验检测、汇集传输及功率预测等方面均具有了相对成熟的技术。

风力发电接入电网研究　世界范围内针对风力发电接入电网开展了大量研究，主要侧重以下几个方面：①风力发电接入电网的运行与稳定性分析；②计及网架、电源约束的风力发电接纳能力分析；③风力发电接入电网的经济性分析。

美国能源部委托国家可再生能源实验室（National Renewable Energy Laboratory，NREL）开展了美国2030年风电提供20%电力需求的研究：基于风资源储量、风电设备制造能力分析了大规模开发风力发电的可行性；基于风力发电、传统电源、电网发展规划，结合风力发电并网对系统的影响，开展了电网的风电接纳能力研究；从电力市场角度开展了大规模风电并网后的市场机制与政策研究。此外，还研究了风力发电对环境、能源消费、区域经济等方面的影响。北美电力可靠性协会（North American Electric Reliability Corporation）开展了美国电网大规模风力发电并网后对电网可靠性影响的研究：研究了风力发电随机性和不可控性对系统的影响，从风力发电的无功功率及控制、有功功率及控制、系统惯量和频率响应、系统备用、电能质量等角度综合分析了各区域电网可接纳风力发电的能力。

中国也开展了相应的研究，通过建立电力系统发电、输电、用电模型，计及电源及网架约束条件，采用时序生产模拟计算方法对含风力发电的电力系统进行运行模拟和优化分析（见基于时序生产模拟的风电运行分析）。

接入电网技术要求　世界各国的风力发电接入电网技术标准和规程均对风力发电场提出了无功电压控制、有功功率控制及低电压穿越（见风电场低电压穿越）的技术要求。

（1）无功电压控制技术要求。关于风电场内无功补偿容量配置和电压控制目标的规定。风电场无功配置原则与电压控制要求是所有风电并网技术规定的基本内容，目的是保证风电场并网点的电压水平和系统电压稳定。对于风电场的无功容量配置，中国国家标准考虑到各风电场的无功容量配置需求与风电场容量规模及所接入电网的强度有密切关系，按风电场容量规模及风电场接入电压等级分别提出了要求，如表1所示。

表1　中国风电并网标准规定的风电场无功容量配置原则

并网方式	风电场无功容量配置原则
对于直接接入公共电网的风电场	其配置的容性无功容量能够补偿风电场满发时场内汇集线路、主变压器的感性无功及风电场送出线路的一半感性无功之和，其配置的感性无功容量能够补偿风电场自身的容性充电无功功率及风电场送出线路的一半充电无功功率
对于通过220kV（或330kV）风电汇集系统升压至500kV（或750kV）电压等级接入公共电网的风电场群中的风电场	其配置的容性无功容量能够补偿风电场满发时场内汇集线路、主变压器的感性无功及风电场送出线路的全部感性无功之和，其配置的感性无功容量能够补偿风电场自身的容性充电无功功率及风电场送出线路的全部充电无功功率

国际上，各国风电并网技术规定对风电场无功控制能力要求的指标各不相同，这取决于各国电网的网架结构、电源结构和负荷情况等。表2给出了丹麦、德国、美国等风电大国的风电场无功容量配置原则。

表2　国外风电并网标准规定的风电场无功容量配置原则

标　准	无功容量配置要求
丹麦 Energinet.DK公司标准	风电场应安装无功补偿装置以保证无功功率可控。风电场需具有通过风电场控制系统对全场的无功进行调节的能力
德国 E.ON公司标准	风电场根据系统需要配置相应的无功补偿装置；风电场功率因数应在超前0.950到滞后0.925之间可调
美国FERC标准	风电场具有控制并网点功率因数在超前0.95到滞后0.95之间的能力，同时根据系统要求配置相应的无功补偿装置

（2）有功功率控制技术要求。关于风电场内有功功率输出及其控制目标和策略的规定。基于确保系统频率恒定，防止输电线路过载，确保故障情况下系统稳定的考虑，各国风电并网技术规定都对风电场有功功率提出了几种控制要求，包括控制最大功率变化率和在电网特殊情况下限制风电场的输出功率，甚至切除风电场。部分风电并网技术规定还要求风电场应具有降低有功功率和参与系统一次调频的能力，并规定了降低功率的范围和响应时间，以及参与一次调频的调节系统技术参数。

（3）风电场低电压穿越技术要求。关于风电场内风电机组在电力系统事故或扰动引起并网点电压跌落时，在一定的电压跌落范围和时间间隔内，风电场能够保证不脱网连续运行的规定。其主要内容包括故障期间在规定的时间内保持不脱网运行的要求、故障期间动态无功电流注入的要求、故障切除后有功功率恢复的要求（见《风电场接入电力系统技术规定》）。由于恒速风电机组一般采用异步发电机技术，无法提供主动励磁，电网发生故障时机端电压难以建立，因此在电网故障时一般都是采取切除风电机组的方法来处理。随着风力发电接入电网比例的增加，为保证电力系统电力平衡及频率稳定性，在故障时切除风电场将不再是一个合适的策略，而是要求风电场能够在系统故障状态下保持不间断并网运行，通过提供无功电流注入来帮助系统快速恢复稳定，并保证风电场在故障清除后能够快速恢复有功功率输出。

接入电网检测　检验测定并网风电场在不同运行工况下表现出的并网特性，以评估其是否满足风电接入电网要求的技术。其内容包括对并网风电场/风电机组电能质量、有功功率/无功功率调节能力、低电压穿越能力和电网适应性的检测（见风电机组接入电网检测）。世界各国均对风力发电接入电网提出了基本的技术要求，接入电网检测是直接、有效的验证手段。中国国家标准《风电场接入电力系统技术规定》要求，风电场装机容量超过40MW或新增装机超过40MW时，必须提供接入系统测试报告，并将测试报告提供给电网调度部门。

风力发电汇集及传输　风电场内数量众多的容量小、电压等级低的风电机组发出的电力由场级汇集网络并联汇流，并通过变压器将升压为110kV或220kV电压等级的电力送至电网的技术。大多数的风力发电都是通过交流输电线路接入电网，随着发电规模越来越大，其送出系统的电压等级也越来越高，世界首个千万千瓦风电基地中国甘肃酒泉风电基地通过交流750kV线路将风电输送至西北电网主网。柔性直流输电技术作为一种新型直流输电技术，具有有功功率和无功功率独立控制、动态性能好、换流站占地小、施工周期短、环境友好等优点，克服了交流海底电缆长线路输电具有的过电压问题，更多地被应用于海上风电场的联网。

风电功率预测　根据风电场基础信息、运行数据、气象参数以及数值天气预报等数据，建立数学模型，对风电场未来某一确定时段内发出的有功功率进行预测。

发展状况　世界上大规模风力发电接入电网有两种典型模式：一种是分布式开发，接入低电压等级配电网中，电力就近消纳，典型代表有德国和丹麦（见分布式风力发电）；另一种是集中式开发，汇集后接入高电压等级输电网中，并通过远距离输电线路将电力传输至负荷中心，典型代表有中国与美国。

在风力发电发展初期，世界各国电网运营商一般将其看作负荷来管理，仅仅关心其对局部电网电能质量方面的影响，并要求其按恒定功率因数发电。随着风力发电装机规模的不断增大，人们发现风力发电对系统的影响程度与系统的风力发电穿透率密切相关。风力发电穿透率指风力发电装机容量占电力系统所有电源总装机容量的比例。对于具体的电力系统，其风力发电穿透率极限主要取决于系统的电源构成、电网结构、调度机制（或电力市场机制）、系统中的储能容量及需求侧灵活性等因素，另外，风力发电自身技术水平对穿透率极限也有影响。利用系统原有的调节能力及系统间的功率交换能力，电力系统一般能够接入20%左右的风力发电而不会引起太多问题。以丹麦为例，丹麦国家电网（Energinet. DK）与北欧电网及欧洲大陆电网紧密互联，通过完善的电力市场机制，其风力发电功率波动主要依靠北欧电网中挪威的水电进行平衡，保证了电网的经济运行。

世界各国风力发电及接入电网发展中暴露出来的问题，反映出风力发电固有的特性确实会对原有电力系统的运行带来较大影响，必须提出风力发电接入电网的技术要求，同时需要在系统中进一步应用新的输变电技术及风电功率预测技术、调度运行技术，以确保风力发电及电力系统运行的安全可靠性。为了提高电力系统的风力发电接纳能力，可以采用以下措施：①改善系统电源结构，包括新建灵活调节电源、发挥常规机组的调节能力；②加强电网建设，增加电网传输能力；③应用风力发电功率预测、优化调度、需求侧管理等技术。

fenglun

风轮

（rotor）　由叶片、轮毂等部件组成的将空气的流动动能（即风能）转换为旋转机械能的转动部件，是风力发电机组的关键部件之一。在气流作用下，风轮叶片产生空气动力，驱动风轮旋转，将风能转换为机械能。风轮功率特性是评价风轮性能的重要指标，直接影响风力发电机组的输出功率大小。风轮的输出功率与风速、风轮扫风面积和空气密度等因素有关。

结构　由一组叶片安装在轮毂上构成，轮毂外部加装有整流罩。

叶片　一般为三叶片，也有的是双叶片（见图1）。定桨恒速型风电机组的风轮使用螺栓将轮毂与叶片根部固定在

(a)　　(b)

图1　水平轴风轮

（a）三叶片；（b）双叶片

一起，安装后叶片桨距角固定不变。变桨变速型风电机组的风轮叶片叶根部与变桨轴承内圈法兰用螺栓进行刚性连接，轴承外圈法兰与轮毂用螺栓进行刚性连接，叶片相对于轮毂是可以转动的。变桨变速型风电机组风轮轮毂内部空间较大，在轮毂内部安装有变桨装置（见变桨系统）。

轮毂　将叶片或叶片组安装在传动主轴上的装置，担负着将叶片收集的风能传递给主轴，把风力转化为扭矩的任务。轮毂要承受叶片传递的各种载荷并将载荷传递给主轴，需要有足够的刚度和强度，满足承载能力。

轮毂的外形与叶片数量有关，还与变桨距或定桨距的要求有关。两叶片风轮轮毂外形呈圆柱体形状，两端各安装一个叶片。三叶片风轮轮毂多采用高强度球墨铸铁或铸钢铸造而成，外形一般为三通型或球壳型，见图 2。三通型轮毂一般用于定桨距风电机组，体积和内部空间小；球壳型轮毂一般用于变桨距风电机组，体积和内部空间大，可容纳变桨装置。

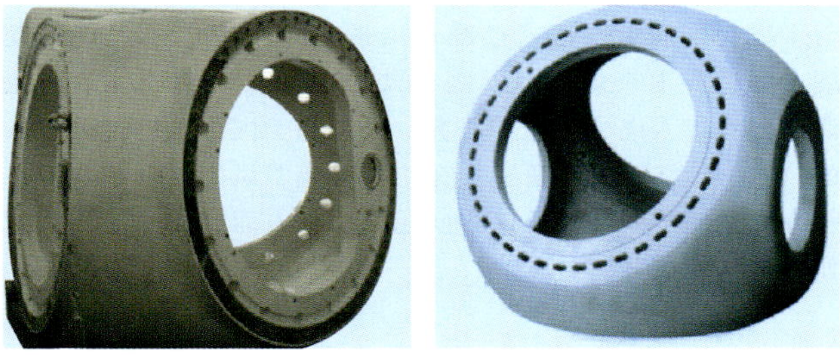

(a)　(b)

图 2　三叶片风轮轮毂形状

(a) 三通型轮毂；(b) 球壳型轮毂

整流罩　风轮轮毂外安装的壳体部件，见图 3。一般采用复合材料制成，外部为流线型，其功能是减小轮毂对气流的阻力，保护轮毂中的设备不受风沙雪雨等侵害，还可使视觉上更加美观。

图 3　风轮整流罩

风轮参数　包括风轮直径、风轮扫风面积、风轮仰角、风轮锥角、风轮偏角、风轮实度、桨距角和叶尖速比。

风轮直径　风轮叶尖旋转圆的直径。在平均风速较低的运行环境中，风轮直径一般需要设计得稍大一些。

风轮扫风面积　垂直于风矢量平面上的、风轮旋转时形成的投影面积，与风轮直径一样，是影响风电机组功率的重要参数。

风轮仰角　风轮旋转轴与水平面之间的夹角。适当的风轮仰角可使风轮叶尖与塔架之间保持合理的距离，防止运行中的叶片由于挥舞变形而与塔架碰撞。

风轮锥角　叶片展向与垂直于风轮旋转轴的平面之间的夹角。其作用是在风轮旋转运行状态下，减少离心力引起的叶片弯曲应力，同时，防止叶尖与塔架碰撞。

风轮偏角　风轮旋转轴线的水平投影与水平来风方向之间的夹角。风轮偏角较大时，偏航系统起动，调整风轮对风。

风轮实度　风轮叶片投影面积的总和与风轮扫风面积的比值，是影响风轮输出功率的参数之一。

桨距角　叶片几何弦线与风轮旋转平面之间的夹角。变桨系统通过改变叶片桨距角控制风轮输出功率。

叶尖速比　风轮旋转时叶片叶尖线速度与吹向风轮的风速之比，亦称尖速比，用 λ 表示。计算公式为

$$\lambda=\omega R/v \text{ 或 } \lambda=\frac{2\pi nR}{60v} \tag{1}$$

式中 R 为风轮半径；ω 为风轮旋转的角速度；v 为吹向风轮的风速，n 为风轮转速。通过调整风轮旋转时的叶尖速比，可以使风电机组获得最大风能利用系数。

风轮气动理论　根据贝茨极限，风轮将风能转换为机械能的最大效率，即风能利用系数为 0.593，它表示在理想情况下，风轮最多吸收 59.3% 的风能。根据叶素-动量理论，风轮的实际功率 P_r 计算公式为

$$P_r=\frac{1}{2}\rho v^3 SC_P \tag{2}$$

式中 C_P 为风能利用系数，表示风轮转换的风的动能与通过风轮扫风面积的全部风能的比值；ρ 为空气密度；S 为风轮扫风面积。

风轮功率特性　用风能利用系数随叶尖速比的变化曲线（C_P-λ 曲线）来表示，见图 4。风轮功率特性受叶片翼型、风轮实度、风轮偏角和桨距角的影响。在叶片翼型、风轮实度、风轮偏角一定的情况下，风能利用系数是叶尖速比和桨距角的函数。

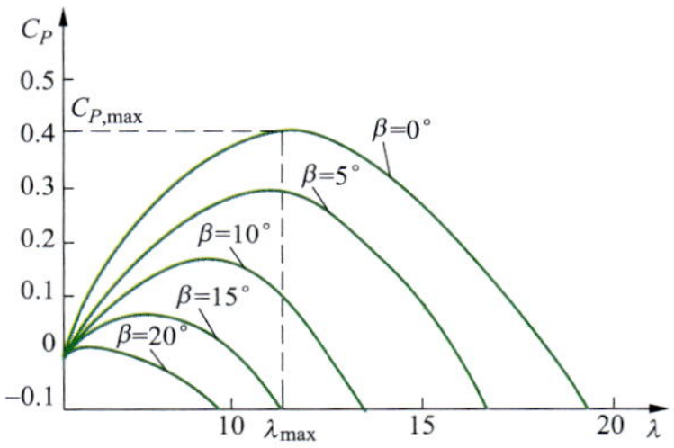

图 4　不同桨距角时 C_P-λ 曲线

β—桨距角；λ—叶尖速比；

C_P—风能利用系数

对于某固定桨距角，存在唯一的风能利用系数最大值，对应一个最佳叶尖速比；对于任意的叶尖速比，桨距角为 0°时的风能利用系数相对最大。桨距角增大时，风能利用系数明显减小。

通过以上规律得出风电机组变桨控制理论依据：在风速低于额定风速时，保持桨距角 0°不变，此时风能利用系数 C_P 是叶尖速比 λ 的函数；当风速变化时，只要调节风轮转速，获得最佳叶尖速比，就可维持风电机组在最大风能利用系数下运行；在风速高于额定风速时，通过增大桨距角来使风能利用系数降低，使风电机组输出功率稳定在额定功率左右。

参考书目

姚兴佳，宋俊．风力发电机组原理与应用．2 版．北京：机械工业出版社，2011.

fengneng

风能　(wind energy)

流动的空气所具有的能量。从广义太阳能的角度看，风能是由太阳能转化而来的。来自太阳的辐射能不断地传送到地球，地球表面不同纬度接受太阳的辐射能不同，造成高低纬度间的温度差异。地球表面的大陆和海洋对太阳辐射有不同的吸收率，在大陆和

海洋间产生温度差异。地球表面各处产生的温差导致不同区域的空气密度不同，从而产生大气压差，形成空气的流动。

按照空气动力学理论，流动的空气所具有的能量为

$$W=\frac{1}{2}mv^2=\frac{1}{2}\rho Av^3 \tag{1}$$

式中 W 为流动的空气所具有的能量，即风能；m 为空气的质量；v 为空气流动的速度，即风速；A 为与空气流动方向垂直的气流穿过的截面积；ρ 为空气的密度。

风能属于可再生能源，与存在于自然界中的煤、石油、天然气等其他一次能源不同，风能不会随着其本身的转化和人类的利用而日趋减少。据估算，全球可利用的风能资源远高于可利用的水能资源。风能又是一种过程性能源，与煤、石油、天然气等近代广为开发利用的能源不同，不能直接储存起来，只有转化成其他形式可以储存的能量才能储存。风能在 20 世纪 70 年代中叶以后，又重新受到重视，因此风能与太阳能、地热能、海洋能、生物质能等其他可再生能源，以及二次能源氢能一起，也被称为新能源。

人类利用风能已有几千年的历史。早期人类利用风能的形式主要是帆船和风车。在埃及发现的约公元前 4000 年的一个陶器上绘有一只帆船的图画，这是迄今为止人类最早使用帆船的记录。风车的应用大约始于公元 1 世纪。现有的公元 1～12 世纪的文献显示，风车发源地可能在近东和中亚地区。埃及、荷兰、丹麦等国都是世界上较早和普遍利用风能的国家。古埃及利用风磨碾磨粮食；18 世纪中叶荷兰建有 2000 座风车，主要用于碾谷和抽水。中国是世界上最早利用风能的国家之一。东汉刘熙在《释名》一书中写有“随风张幔曰帆，帆泛也。使舟疾泛泛然也”，表明中国在 1800 年前已开始利用风帆驾船。明代郑和下西洋，驾驶帆船遍游东亚、南亚，远达非洲。南宋刘一止（1078—1161）的《苕溪集》中有“老龙下饮骨节瘦，引水上沂声呷呀。初疑整踏动地轴，风轮共转相钩加”的诗句，说明那时中国已经使用风车提水了。1637 年，明代宋应星在《天工开物》一书中也有关于风车的记载：“扬郡以风帆数扇，俟风转车，风息则止。”在中国，风车主要用于提水，1959 年，中国江苏省用于提水的风车曾多达 20 余万台。

按照不同的需要，风能可以作为机械动力或最终被转换成如电能、热能等其他不同形式的能量，以实现泵水灌溉、发电、供热、风帆助航等功能，风能转换及利用情况，如图所示。图中的风力机就是一种利用风轮将较低能量密度的风能捕集并转换为旋转的机械动力的装置，其后可接发电机、机械泵、制热装置，达到风力发电、流体输送、供暖等目的。

由于煤、石油、天然气等化石燃料资源的储存量正在日趋减少，燃烧化石燃料对环境造成污染，以及二氧化碳等温室气体排放影响气候变化，风能在全球的能源供应中正在发挥越来越重要的作用。20 世纪 90 年代以来，风能利用的主要领域是风力发电。2010 年以后，欧盟和美国都在进行规划研究，建议在 2030 年电力消费中风力发电的比例分别达到 33% 和 20%。中国也在进行规划研究，建议到 2030 年时风电在电力消费中的比重从 2012 年的 2% 提高到

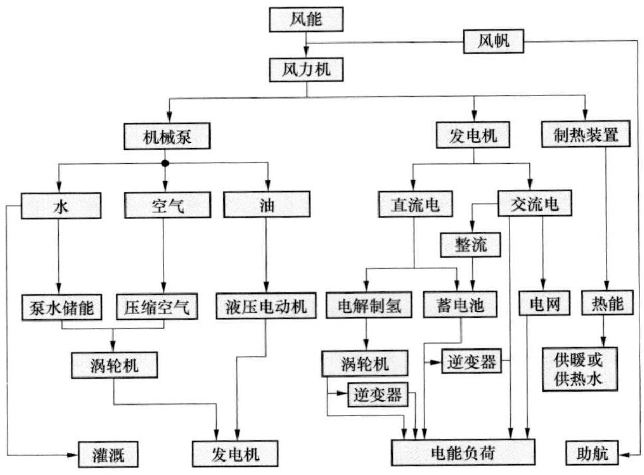

风能转换及利用

8%。风力发电具有波动性和一定的不确定性，现有的电力系统规划和运行模式已经难以适应风力发电的大规模发展。为适应未来像风力发电和太阳能光伏发电等波动性电源高比例接入电力系统的需要，欧盟和美国都在进行更深入的技术、经济和政策研究。在中国，随着风力发电在电力系统中比例的不断增加，这个问题引起各方面的重视，研究工作逐步深入展开。

fengneng shuzhi tianqi yubao

风能数值天气预报 （numerical weather prediction for wind power forecasting） 应用数值模拟技术为风电机组功率预测提供气象要素的预先的报告。它是在大气初始状态已知的条件下，通过数值求解描述大气运动的物理微分方程组，为风电功率预测提供所需的气象要素。

根据风电功率预测的需求，风能数值天气预报的时间尺度有临近预报、短时预报、短期预报。临近预报是指未来 15min～4h 的气象预报，也称为超短期预报；短时预报是指未来 0～24h 的气象预报；短期预报是指未来 1～3 天的气象预报。预报的气象要素包括风速、风向、温度、湿度、气压等，在台风、沙尘暴等风电场高影响天气来临之前将发布不同级别的预警信号。

通常采用中尺度数值天气预报模式进行预报（见风能资源评估）。它以全球大气环流模式格点资料和气象站观测资料作为预报初值，在预报时间尺度范围内，每隔 15min 或 1h 预报输出距地面 200m 高度以下任意高度的风向、风速、温度、气压等气象要素。全球大气环流模式由描述全球尺度大气平均运动的流体力学和热力学静力平衡闭合方程组构成，可预报全球范围内的气象要素，其定时输出的计算范围内每个网格点上的气象要素预报值，即为全球大气环流模式格点资料。

为了提高预报准确率，风电数值天气预报技术发展趋势是逐步引入近代发展的数值天气预报新技术，包括资料同化、动力降尺度、MOS 预报技术、集合预报技术等。

（1）资料同化。根据大气运动规律，利用所有可得到的气象信息，通过方差极小或最大似然概率估计，尽可能准确地估算出大气的真实状态。资料同化技术不仅为数值天气预报准备了初值，同时也保证了初值与预报模式的协调。资料

同化过程也是数值天气预报模式不断地吸收、消化观测资料，使模式状态越来越接近真实大气的过程。

（2）动力降尺度。以较粗分辨率的数值天气预报产品为背景场，运用中尺度数值天气预报模式或其他高分辨率数值模式，得到更高分辨率的气象要素预报的技术方法。在风电功率预报中，经常将动力降尺度技术运用到风电场中每台风电机组轮毂处的风速预报。

（3）MOS 预报技术。英文全称 model output statistic prediction，中文含义是基于数值模式输出的统计预报，它采用数值天气预报模式对历史上一个时段进行回算，然后将数值预报模式得到的各种变量与该时段内局地天气观测数据之间建立统计预报方程。应用时将数值预报模式输出的变量及局地气象观测资料代入统计预报方程，即可得到新的预报量。MOS 预报技术会自动考虑数值天气预报的偏差和局地气候特点，还可以引入数值天气预报不易得到的预报要素。

（4）集合预报技术。现场测量会存在不准确的问题，且资料分析与同化处理中会导入误差，所得到的模式初值场总含有不确定性。此外，模式中的许多物理过程也同样具有不确定性和随机性。因此，单一模式预报结果仅仅是实际大气可能出现情况的一个可能解。估算出初值中的误差分布范围，给出一个初值的集合，从这一初值的集合出发，相应得到一个预报值的集合，或根据模式中各物理过程中的随机性，得到由一群预报值组成的具有全新意义的预报集合，就是集合预报的概念。集合预报系统不管是考虑初值不确定性，还是考虑物理过程不确定性，或两者同时考虑，应具备 3 个条件：①从平均统计意义上看，集合预报中的每个成员的准确率应大致相同；②从统计平均的意义上看，一个具有 N 个成员的预报集合应该具有的$\frac{N-1}{N+1}\times 100\%$的可能性包含大气的实际情况；③集合预报中成员间的离散度应该反映真实大气的可预报型或预报的可信度。

fengneng ziyuan

风能资源 （wind energy resources） 大气沿地球表面流动而产生的动能资源。风能是空气流动所产生的动能，是清洁可再生能源，具有蕴量巨大、可以再生、分布广泛、没有污染等优点，同时它具有能量密度低、不稳定和分布不均匀等特点。风能资源的丰歉用风能资源等级来描述，风能资源开发潜力常用风能资源技术开发量来表示，见风能资源评估。

全球风能资源 2012 年，联合国政府间气候变化专门委员会（Intergovernmental Panel on Climate Change，IPCC）《可再生能源与减缓气候变化》特别报告指出，风能资源技术开发量的大小与风能资源评估技术、风能资源开发技术水平有关；全球风能资源储量能够满足人类对风力发电发展的需求，但风能资源的分布十分不均匀。全球风能资源技术开发量大致范围在 19 400TW·h/a（陆上）到 125 000TW·h/a（包括沿海及近海区域）之间，约相当于 2008 年全球发电量的 1～6 倍，其中近海风能资源技术开发量为 4000～37 000TW·h/a。

关于陆上风能资源，前苏联地区和欧洲非经济合作与发展组织成员国的风能资源技术开发量占全球的 26%，北美地区占 22%，非洲和中东占 19%，太平洋地区占 13%，拉丁美洲占 9%，亚洲其他国家共占 9%，欧洲的经济合作与发展组织国家（含爱沙尼亚、斯洛文尼亚）占 4%。欧洲陆上海拔高度 2000m 以下、距地面 80m 高度风能资源技术开发量约 45 000TW·h/a。欧洲陆上风能资源最丰富的国家依次为法国、瑞典、英国、芬兰、德国、波兰和西班牙。

近海风能资源约占全球风能资源总量的 13%。近海水深小于 50m 的范围内、距海面 120m 高度风能资源技术开发量约 30 000TW·h/a。欧洲近海风能资源最丰富的国家依次为英国、挪威、丹麦、瑞典、荷兰和芬兰。

在亚洲，印度陆上海拔不超过 1500m、年平均风功率密度大于 200W/m^2 的 80m 和 120m 高度风能资源技术开发量分别为 9.84 亿 kW 和 15.49 亿 kW，风能资源主要分布在印度南部和沿海地区。

中国风能资源 包括中国大陆、香港、澳门、台湾地区，以及中国领海区域内的风能资源。据 2012 年中国风能资源详查和评价结果，中国陆地（不包括青藏高原海拔超过 3500m 的区域）50m、70m 和 100m 高度上风能资源技术开发量分别为 20 亿 kW、26 亿 kW 和 34 亿 kW。内蒙古自治区的风能资源技术开发量最高，达到 15 亿 kW，其次是新疆维吾尔自治区和甘肃，风能资源技术开发量分别为 4 亿 kW 和 2.4 亿 kW。黑龙江、吉林、辽宁、河北北部，以及河北、山东、江苏和福建等地沿海区域风能资源丰富、资源量大、可开发区域范围广、成片面积较大，适宜规划建设大型风电基地（见风电基地规划）。中国具有较长的海岸线，近海水深 5～50m 区域风能资源技术开发量约 5.12 亿 kW。

自 20 世纪 70 年代末，中国开始对风能资源进行普查，当时中国气象局首次做出中国风能资源的计算和区划。80 年代末进行了第二次全国风能资源普查，评估了各省及全国的风能资源量，但不包括近海风能资源。2003～2005 年第三次全国风能资源普查，对原来的计算结果进行了修正和重新计算。2007～2012 年第四次全国风能资源评估，即中国风能资源详查和评价，得到中国陆地（不包括青藏高原海拔 3500m 以上的区域）风能资源立体图谱，以及距地面 10m 到 150m 高度、每 10m 间隔的风能资源技术开发量。采用了风能资源数值模拟方法，也得到中国近海水深 5～50m 范围内 100m 高度上风能资源技术开发量。

第二次、第三次、第四次全国风能资源调查的所依据资料、测量高度、水平分辨率、计算方法等有较大不同，详见表。

中国历次风能资源调查得到的陆地风能资源评估比较情况

比较内容	中国风能资源详查和评价	第三次全国普查	第二次全国普查
使用资料	400 个 70～100m 高度的测风塔，2500 多个气象站和水平分辨率 1km×1km 的风能资源数值模拟	2384 个气象站资料分析	900 多个气象站资料分析
离地面高度（m）	50，70，100	10	10

续表

比较内容	中国风能资源详查和评价	第三次全国普查	第二次全国普查
水平分辨率	1km×1km	平均大约60km×60km	平均大约100km×100km
假设风电机组布设间距	$10D\times5D$	$10D\times10D$	$10D\times10D$
风能资源技术开发量计算方法	在风功率密度大于$300W/m^2$的风能资源覆盖面积的基础上，通过GIS空间分析剔除不可开发风电的区域后，单位面积装机容量大于$1.5MW/km^2$的风能资源总量	在风功率密度大于$300W/m^2$的风能资源总储量	所有风能资源等级的风能资源总储量的1/10
全国陆地风能资源技术开发量（亿kW）	20，26，34	2.97	2.53

注：D指风轮直径。

fengneng ziyuan pinggu

风能资源评估 (wind energy resource assessment)

对某一区域内某时间段的风能资源特性和开发潜力进行评价。评估时间尺度为15～30年。按评估区域的大小，分为区域风能资源评估和风电场风能资源评估两类。

(1) 区域风能资源评估。为满足国家和地方政府制定风电发展规划的需求，对特定区域内风能资源的时空分布特性和开发潜力进行评估。在中国，评估范围大可到全国，小可到一个县，水平分辨率可以几百米到几千米。

评估过程是通过求解大气运动方程组模拟大气运动的状态，在首先获取风速初始数据的基础上，计算出风能资源评估参数，最后得出评估区域的风能资源储量。

(2) 风电场风能资源评估。为满足风电场选址和风电机组布置的需求，在区域风能资源评估结果基础上选定具有风能开发潜力的区域，从风能资源的角度论证建设风电场的可行性。评估范围几百平方千米，水平分辨率几十米到100m。(见风电场风能资源评估)

初始数据 风能资源评估基于风速、风向等风特性的初始参数计算，风速一般可通过两种方法获得，一种是获取测风塔（见测风系统）或气象观测站的实际观测数据进行统计计算，另一种是通过风能资源数值模拟（numerical simulation of wind energy resource）获得。风能资源数值模拟指通过求解大气动力和热力方程组，对评估区域内的长年风速时空分布进行数值模拟。在此基础上进行风能资源参数统计计算，分析得到风能资源开发潜力和特性等评估结果。风能资源数值模拟中的关键技术是天气型分类、中尺度数值模拟和小尺度数值模拟。

天气型分类 将15～30年中所有出现过天气条件进行分类，在每个天气型中随意抽取一定比例的天数作为典型日，使对所有典型日风速分布的模拟结果与模拟全部15～30年风速分布的结果一致，如中国气象局风能资源数值模拟评估系统（WERAS/CMA）中的“天气背景分类与典型日筛选系统”，以大气边界层动力学和热力学为理论基础，首先综合考虑了近地层风速的两个特点：①近地层风速分布是天气系统与局地地形作用的结果，风速分布的变化是由天气系统运动与变化引起的；②大气边界层存在着明显的日变化，日最大混合层厚度与天气系统的性质有关。然后依据不受局地地形摩擦影响高度上（850hPa或700hPa）的风向、风速和每日最大混合层高度，将评估范围内历史上出现过的所有天气条件进行分类，从各天气型中随机抽取5%的样本作为数值模拟的典型日，之后分别对每个典型日进行计算机模拟，并逐时输出。最后根据各类天气型出现的频率，统计分析得到风能资源的气候平均分布。

进行天气背景分类与典型日筛选时，利用模拟区域内各个气象站近20～30年地面气象站和探空站历史资料，以风速、风向、日最大混合层高度三个要素进行分类。其中将风速、风向分为8档，采用每日8:00探空观测和14:00的地面观测资料计算日最大混合层高度，并将其分为4档，最多可得到256类天气类型。经过在每个类型中抽取5%作为典型日和模拟结果逐小时输出后，每个网格点上都会得到1万以上个时次的风速，因此有足够的样本数进行风能参数的统计分析。

中尺度数值模拟 水平分辨率在1km到几十千米之间的计算机模拟，应用于区域风能资源评估。通常采用中尺度数值天气预报模式，如美国天气研究和预报模式（weather research and forecasting model，WRF），需要气象站观测资料和全球大气环流模式格点资料（见风能数值天气预报）作为模式运行的初始条件。

小尺度数值模拟 水平分辨率小于1km的数值模拟。应用于风电场风能资源评估和开发分散式风力发电（见风力发电）的风能资源评估。常用的小尺度数值模式有丹麦、挪威、法国、美国等开发的数值模拟软件，模式运行初始条件可以采用测风塔观测资料（见测风系统），也可以采用中尺度数值模拟结果。

风能资源评估参数 主要有风功率密度、风能资源等级、风能方向频率和有效小时数。

不同高度层的风功率密度不同。此外，影响风能资源评估的参数还有空气密度、风速垂直切变指数（见风切变）、湍流强度（见湍流模型）、风速威布尔分布（见风特性）。空气密度随海拔增加而递减，随空气中水蒸气压力增大而减小，其大小会影响风功率密度的大小，在同等风速条件下，空气密度越大，风功率密度和风能密度就越大。湍流强度表示瞬时风速偏离平均风速的程度，是评价气流稳定程度的重要指标。在风能资源评估中，一般采用国际电工委员会制定的标准（IEC 61400-1）计算湍流强度I15，即取$14.5m/s<v<15.5m/s$风速段的湍流强度。

风功率密度 与风向垂直的单位面积风所具有的功率，主要取决于风速的大小，空气密度对它也有一定的影响。风功率密度是评判一个区域风能资源等级的重要依据。设定时段内的平均风功率密度计算公式如下

$$P_{av}=\frac{1}{2n}\sum_{i=1}^{n}\rho\cdot v_i^3 \tag{1}$$

式中P_{av}为平均风功率密度，W/m^2；n为设定时段内的风速记录数；v_i为第i个记录风速，m/s；ρ为空气密度，kg/m^3。

风能资源等级　常用风功率密度的大小来表示，也称为风功率密度等级。中国国家标准 GB/T 18710—2002《风电场风能资源评估方法》规定的不同高度层的风能资源等级划分见表 1。

表 1　不同高度层的风能资源等级划分

风能资源等级	10m 高度		30m 高度		50m 高度	
	风功率密度（W/m²）	年平均风速参考值（m/s）	风功率密度（W/m²）	年平均风速参考值（m/s）	风功率密度（W/m²）	年平均风速参考值（m/s）
1	<100	4.4	<160	5.1	<200	5.6
2	100～150	5.1	160～240	5.9	200～300	6.4
3	150～200	5.6	240～320	6.5	300～400	7.0
4	200～250	6.0	320～400	7.0	400～500	7.5
5	250～300	6.4	400～480	7.4	500～600	8.0
6	300～400	7.0	480～640	8.2	600～800	8.8
7	400～1000	9.4	640～1600	11.0	800～2000	11.9

风能方向频率　一段时期内 16 个风向扇区中各方位风的风能占全方位总风能的百分比，用风能玫瑰图表示，如图所示。风能玫瑰图是用极坐标来表示不同方位风能相对大小的图解。

某方位风的风能方向频率 f_e 计算式为

$$f_e=\frac{\frac{1}{2}\rho\sum_{i=1}^{m}v_i^3}{\frac{1}{2}\rho\sum_{j=1}^{n}v_j^3}\qquad(2)$$

式中 v_i 为所选定方向的风速，m/s；i 为观测时段内所选定风向出现的小时数，$i=1$，…，m；v_j 为全方位风速，m/s；$j=1$，…，n；n 为 8760 或 8784，即一个完整观测年，平年为 8760，闰年为 8784。

有效小时数　风电机组切入风速至切出风速之间有效观测小时的总数。它是风电场场址选择的重要参数。风速一般取 3～25m/s。

风能资源储量　对某区域风能资源开发潜力的定量表示。在单位面积上装机容量的假定条件下，根据可利用的风能资源覆盖面积计算出的总装机容量。其与距地面（或海面、水面）的高度和选取区域的风能资源等级有关，分为风能资源理论储量和风能资源技术开发量。

风能资源理论储量　在给定区域内所有可利用风能资源储量的总和。用装机容量系数乘以可利用风能资源覆盖面积得出，因此需假定单位面积上的装机容量，即风电装机容量系数。美国国家可再生能源实验室（NREL）在进行美国大陆风能资源评估时，假设年平均风功率密度为 300W/m²，风力发电机组相对于盛行风向以纵向 10 倍风轮直径和横向 5 倍风轮直径的间距排布，计算出单位面积上的装机容量 P 为

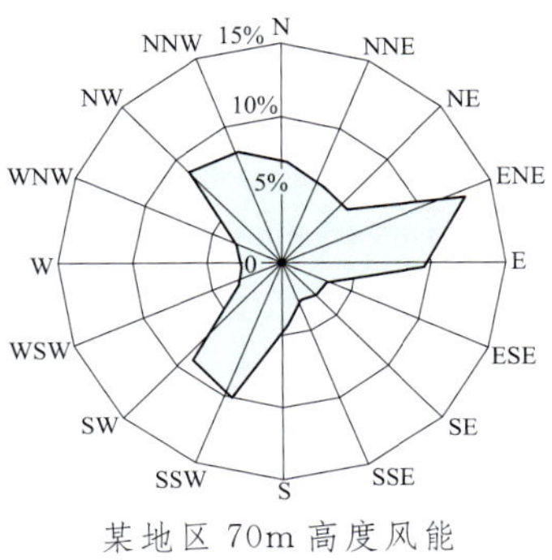

某地区 70m 高度风能密度频率分布示意
（风能密度频率 f 分别为 5%，10%，15%）

$$P=\frac{300\times\pi\left(\frac{1}{2}D\right)^2}{10D\times5D}\approx5\text{MW/km}^2$$

式中 D 为风轮直径。中国第四次全国风能资源评估（见风能资源）时，也采用了 5MW/km² 作为装机容量系数。风能资源覆盖面积采用地理信息系统（GIS）直接在风能资源分布图上测量得到。

风能资源技术开发量　在风能资源覆盖区域内，考虑自然地理和国家基本政策对风电开发的制约因素后，装机容量系数超过 1.5MW/km² 的技术可开发面积上的资源总量。其为风能技术可开发利用面积与装机容量系数的乘积，因此需要计算风能资源技术开发面积和确定装机容量系数。

（1）计算风能资源技术可开发面积。首先根据评估区域内地形、土地利用等各种地理信息数据，在数值模拟得到的风能资源分布图上，剔除包括水体、湿地、沼泽地，自然保护区、历史遗迹、国家公园、城市及城市周围 3km 的缓冲区，以及海拔达到 3500m 等不可开发风电项目的地区。此外，考虑到中国严格的耕地保护政策，将基本农田也作为不可开发风电项目的区域进行剔除，得到评估区域内风能可利用面积。然后根据风电开发限制条件，确定可开发风能资源分布。各种土地利用区域开发风电项目时的可开发系数为：草地 80%，森林 20%，灌木丛 65%，其他土地类型 100%。

评估区域内风能可利用面积乘以可开发系数即为风能资源技术可开发面积。

（2）确定风电装机容量系数。风电装机容量系数主要受地形、地貌影响，在平缓、简单地形上的数值远大于起伏、复杂地形上的数值，根据所选区域 GIS 坡度 α 和经验值，可以确定风电装机容量系数，见表 2。

表 2　不同地形对应的风电装机容量系数经验值

地形资料水平分辨率	GIS 坡度 α（%）	装机容量系数经验值（MW/km²）
100m×100m	0～3	5
	3～6	2.5
	6～30	1.5

fengqiebian

风切变　（wind shear）

平均风速在垂直于风向平面内沿空间的变化。在风电工程中，通常指风轮平面内水平平均风速沿垂直高度的变化，它是大气边界层流动受到地表摩擦应力作用的体现，如图 1 所示。由于风切变的存在，风速在风轮平面内沿高度按一定规律变化，风电机组轮毂以上的风速高于轮毂以下的风速，造成风轮所受的气动力分布不均，风电机组实际出力低于均匀来流条件下的设计值。

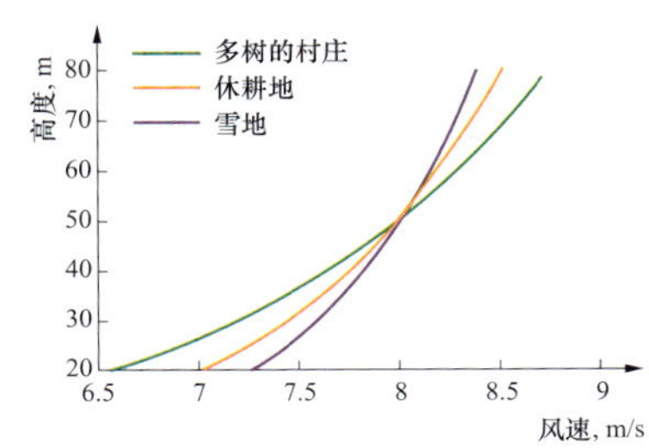

图 1　不同地面粗糙度条件下，水平风速沿高度变化的示意图
（50m 高度处的风速均为 8m/s）

同时，叶片每旋转一周，受到气动力周期性波动的影响，因此风切变也会加速叶片的疲劳和传动部件的磨损。

如图 2 所示，平均风速沿高度变化的分布曲线称为风切变幂律或风廓线。平坦地形、近中性大气稳定度条件下，平均风速沿高度的分布可用风切变幂律或对数风切变律表示。在风电机组气动设计时，一般是以轮毂高度的年平均风速为依据，并假定风速在风轮平面内均匀分布。

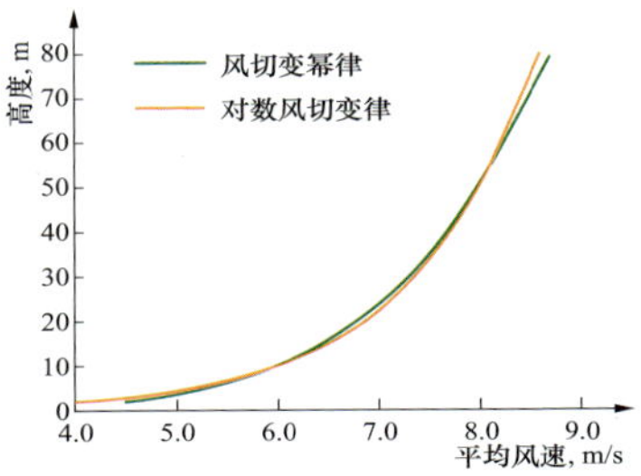

图 2　在 10m 和 50m 高度处的平均风速分别为 6m/s 和 8m/s 时，风切变幂律与对数风切变律的风廓线

风切变幂律　工程上表征风切变大小的指标，反映的是风速随高度变化的长期统计特性。假定年平均风速随高度按照幂指数规律变化，其数学表达式为

$$u(z)=u(z_r)\left(\frac{z}{z_r}\right)^{\alpha} \tag{1}$$

式中 z 是距地面的高度；z_r 是参考高度，多取为 10m；u (z) 是距地面高度为 z 处的平均风速，m/s；u (z_r) 是参考高度的平均风速，m/s；α 为风切变幂指数，表征风切变的大小，其值和地面粗糙度、大气稳定度等因素有关。

风切变幂指数 α 根据两个高度的年平均风速进行计算

$$\alpha=\frac{\ln\left(\frac{u_2}{u_1}\right)}{\ln\left(\frac{z_2}{z_1}\right)} \tag{2}$$

式中 u_2、u_1 分别是高度为 z_2、z_1 处的年平均风速，m/s。如果有多个高度测得的年平均风速，也可以采用曲线拟合的方法确定风切变幂指数 α。

风切变幂指数用于机组选型，塔架高度的选择和架空输电线路的设计。

对数风切变律　假定平均风速随高度按对数规律变化，其数学表达式为

$$u(z)=\frac{u^*}{\kappa}\ln\left(\frac{z}{z_0}\right) \tag{3}$$

式 (3) 基于普朗特边界层理论得出，适用于平坦地形和中性大气边界层。式中 u^* 称为地表摩擦速度；z_0 称为粗糙度长度，是按照对数风切变律将风速外推到 0 时的高度，取决于地表状况；κ 为冯·卡门常数，通常取为 0.4。如果已知两个高度的平均风速，可以采用式 (4)、式 (5) 计算地表摩擦速度 u^* 和粗糙度长度 z_0

$$u^*=\frac{\kappa(u_2-u_1)}{\ln\left(\frac{z_2}{z_1}\right)} \tag{4}$$

$$z_0=\frac{z_1}{\exp\left(\frac{\kappa u_1}{u^*}\right)} \tag{5}$$

式中 u_2、u_1 分别是高度为 z_2、z_1 处的年平均风速。如果只知道单一高度的平均风速，粗糙度长度 z_0 可以根据实际地表状况选取，再依据平均风速和高度计算地表摩擦速度 u^*，即

$$u^*=\frac{u_1\kappa}{\ln\left(\frac{z_1}{z_0}\right)} \tag{6}$$

常见地表状况的粗糙度长度见表。

常见地表状况的粗糙度长度

地表状况	粗糙度长度 z_0 (m)	地表状况	粗糙度长度 z_0 (m)
平静的海面	0.0002	稀树区域	0.1
雪　地	0.003	多树、保育区、少量建筑物地区	0.25
草　坪	0.008	森林、林地	0.5
长草牧场	0.01	城　郊	1.5
休耕地	0.03	带有高层建筑的市中心	3.0
农作物区域	0.05		

影响因素　风切变的大小主要与大气稳定度、地形等因素有关。

大气稳定度　浮力作用下，空气微团沿垂直方向运动的稳定性，即空中空气微团由于与周围空气存在密度、温度和流速等的强度差而产生的浮力，使其产生加速度而上升或下降的程度，也称为温度分层。其分为中性大气、稳定大气和不稳定大气三种情况。中性大气是地表与大气边界层没有换热的情况，此时如果一个空气团可逆绝热地上下移动，则其密度也始终保持与外界相同，可以稳定地停留在新的位置。如果地表温度偏低，地表对大气边界层进行冷却，则形成稳定大气。此时如果一个空气团可逆绝热地上下移动，会受到一个返回原位置的作用力，因此空气的上下掺混受到束缚。稳定大气中，平均风速沿高度的变化增大，风切变幂指数 α 增大。如果地表温度偏高，地表对大气边界层进行加热，则形成不稳定大气，此时如果一个空气团可逆绝热地上下移动，则会受到一个进一步促进其移动的作用力，因此空气的上下掺混得到增强，风切变幂指数 α 减小。

采用对数风切变律时，定义无量纲风切变 $\phi_m=\frac{\kappa z}{u^*}\times\frac{\partial u}{\partial z}$ 来表示大气稳定度的影响。中性大气时，$\phi_m=1$；对于稳定大气，$\phi_m>1$，风速沿高度变化的斜率增大；对于不稳定大气，$\phi_m<1$，风速沿高度变化的斜率减小。

地形　复杂地形条件的风切变受到地形的影响，不同地点的风切变不同。即使同一地点，在不同风向上看到的地形也不同，因此不同方向的风切变也不同。复杂地形风电场的风切变无法简单估算，要获得目标位置的风廓线，需要采用风电场流场数值计算软件进行计算，或在目标位置设置测风塔来获取。

参考书目

Stull R B. 边界层气象学导论. 杨长新，译. 北京：气象出版社，1991.

JACOBSON M Z. Fundamental of Atmospheric Modeling. New York: Combridge University Press, 2005.

feng texing

风特性　(wind characteristics)　描述大气边界层中近地层空气运动的性质。近地层是指距离地面约 100m 的高度层。反映风特性的参数包括风速、脉动风速、极端风速和风向等。这些指标的观测和计算是风力发电机组设计和风力发电投资开发中的重要参数。

风速 单位时间内空气移动的水平距离。它是描述风能资源的关键要素，决定着风力发电机组的输出功率。风速可以用平均风速、最大风速和极大风速表示。用风速频率来描述某地风速的分布状况，风速频率是指以 1m/s 为一个风速区间（如 5m/s 风速区间为 4.6～5.5m/s）统计测风序列中的每个风速区间内风速出现的频率，一般工程上用两参数威布尔分布（Weibull distribution）函数表示。

平均风速 某一点在给定时段（至少几分钟以上）内风速的平均值，如 10min 平均风速、小时平均风速、日平均风速、月平均风速和年平均风速等。

最大风速 在给定时段内，10min 的平均风速最大值。

极大风速 在给定时段内瞬时风速的最大值，瞬时风速是指 3s 的平均风速。

威布尔分布 用于描述风速频率的分布函数（如图 1 所示），能够表征风能资源统计特性，一般由控制分布宽度的形状参数和控制平均风速分布的尺度参数来表述，形状参数越大，表明平均风速变化的范围越小，风场比较均匀，有利于风电场工程开发。

威布尔分布是一个连续性的概率分布，它的数学表达式为

$$f(x)=\frac{k}{A}\left(\frac{x}{A}\right)^{k-1}\exp\left[-\left(\frac{x}{A}\right)^{k}\right] \tag{1}$$

$$k=\left(\frac{\sigma}{v}\right)^{-1.086} \tag{2}$$

$$A=\frac{v}{\Gamma(1+1/k)} \tag{3}$$

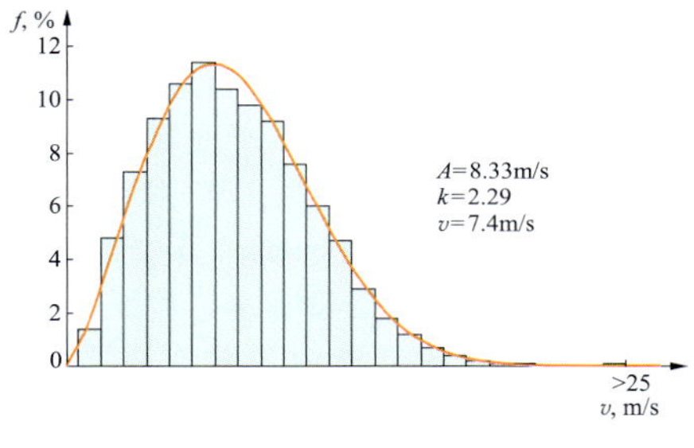

图 1 某区域平均风功率密度 362.6W/m² 条件下，风速频率威布尔分布示意

式中 $f(x)$ 为概率密度函数；A 是威布尔分布的尺度参数，表示风速的分布，取决于风速的时间特征和该分布与平均风速之间的关联；k 是威布尔分布的形状参数，表示分布的形状，通常在 1 和 3 之间变化，k 值越大，说明年平均风速变化范围越小，风速波动也越小；v 为平均风速，m/s；σ 为标准差（见湍流模型），m/s；$\Gamma(1+1/k)$ 为伽马函数，可查伽马函数表得到。中国大部分地区，风速的分布基本都符合威布尔分布，但一些地形复杂和受台风影响的地区，风速不符合威布尔分布。

脉动风速 在短时间内由于空气湍流运动产生的风速随时间的变化。其值等于瞬时风速与平均风速的偏差，可以写成 $v'=v-\bar{v}$，式中 v' 为脉动风速，v 为风速表测得的瞬时风速，$\bar{v}$ 为某一时段内平均风速。脉动风速是描述大气湍流运动特性的最重要的特征量，它会影响风力发电机组的疲劳载荷。

极端风速 多年一遇最大的 10min 平均风速和 3s 的极大风速。风电场风能资源评估中多用 50 年一遇最大的 10min 平均风速和 3s 的极大风速作为风电项目开发中机组选型和经济评估的一个关键性指标。极端风速也是风电机组设计时重要的参数之一，它是决定风电机组极限载荷的关键指标。

风向 风的来向。一般用风向玫瑰图来描述风向的变化特征。风向玫瑰图指用极坐标表示不同风向频率的图解，即将风向划分为 16 个扇区，每 22.5°为一个扇区，计算给定时段内 16 个扇区内风向出现的频率并以雷达图表示，因为最终的图形状似玫瑰，所以称为风向玫瑰图，如图 2 所示，图中风向相对频率 f 分别为 5%，10%，15%。

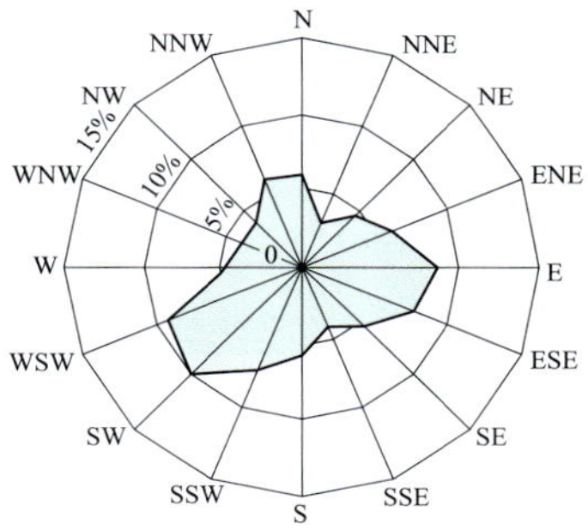

图 2 风向频率玫瑰图

风向及其变化范围影响风力发电机组在风电场中的排列方式。风力发电机组的排列方式在很大程度上决定了各台风力发电机组的出力，从而决定风电场的发电效率，因此，在风电场风能资源测量中需精确进行风向测量，确定主要盛行风向。

Gaise'ersi Dire Dianzhan

盖瑟尔斯地热电站 (Geysers Geothermal Power station) 世界上装机容量最大的地热电站，位于美国西部加利福尼亚州旧金山以北116km。电站开采盖瑟尔斯地热田的干蒸汽地热资源，过热蒸汽温度达300℃。1960年第一台机组发电，是当时世界上第三座地热电站，截至2012年，有26台机组运行，总装机容量1585MW，运行出力900MW，可以满足金门大桥至俄勒冈州海岸地区60%的电力需求。盖瑟尔斯地热电站由分散的22个电厂组成，其中一座电厂外景见图1。

图1 盖瑟尔斯地热田一座发电厂外景

资源状况 盖瑟尔斯地热田是美国西部沿着西北方向的圣安德列斯断层带上出露的几个喷汽孔和热泉区之一。它是以蒸汽为主的热储，面积200km^2。地热蒸汽储存于高度破碎的硬砂岩之中，热源为一个直径14km的岩浆侵入体，埋藏深度7km。地热蒸汽出自两个深度范围，浅带深度为300～600m，深带深度为1500～3000m。截至2012年底，盖瑟尔斯在100km^{2}范围内有地热井424口，回灌井43口。

电站运行状况 第1台11MW机组1960年开始发电，1987年达到生产高峰，总装机容量2043MW，在运容量1500MW。但由于过度开采，蒸汽产量开始下降。1997年，在盖瑟尔斯东南建成一条输水管线，将清湖、低湖和中镇的废水处理后以2.95万m^3/d流量，提升600m后，送至盖瑟尔斯地热田东南部加压回灌；2004年又建成圣路萨管线。这两处的回灌量相当于地热田85%的生产量，因此给盖瑟尔斯地热电站增加了155MW的发电出力。

地热发电系统 在20世纪70年代，55MW机组需由7口地热井提供450t/h蒸汽。每口地热井的蒸汽管路上都装有离心式轴向分离器，以便排出导致蒸汽管道和汽轮机叶片侵蚀的颗粒物质。80年代的110MW机组需要15口地热井供汽。在孔口压力为960kPa的条件下，一口地热井可产出34～159t/h蒸汽（平均91t/h），闭井压力约为3.4MPa，对应温度为240℃，比焓为280kJ/kg。最初的设计是采用低位射水型直接接触式凝汽器，但建造时改为壳体管型表面式凝汽器，以便于安装除硫化氢系统。机组有单缸单流（用于11～27MW机组）、单缸双流（用于53MW机组）和串联组合四流（用于110MW机组）三种类型。图2是盖瑟尔斯电站55MW机组单缸双流的系统图，其发电机功率因数为0.9，汽轮机排汽压力13.5kPa（相对值），所有蒸汽流包含1%的非凝气体。

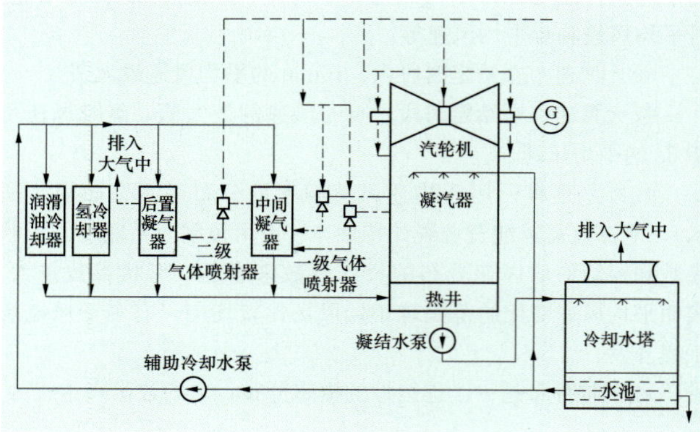

图2 盖瑟尔斯地热电站55MW机组系统图

ganreyan fadian

干热岩发电 (geothermal power generation by hot dry rock) 利用干热岩地热资源通过热交换产生热水和蒸汽，再驱动汽轮发电机组发电的地热能利用方式。它是采用人工方法在不含水的地下高热岩体中造出裂隙系统，通过压入冷水经循环产出蒸汽或热水进行地热发电的技术。干热岩地热资源生产系统也称增强型地热系统（enhanced geothermal system，EGS）。在地下3～10km深度的岩石温度很高，但没有水，需要钻一对地热井，再用人工压裂技术造成岩体内裂隙连通两井，形成地下热交换器，然后从一眼井灌入冷水，另一眼井就能喷出热水和蒸汽。

干热岩发电的地面设备与其他地热发电方式相同。相比于干蒸汽、湿蒸汽高温地热资源分布的局限性，干热岩资源相对分布广泛，但关键技术是创建地下热交换器，取出地下的高热能量。技术难点是：①需用大量的水高压注入钻井，使地下岩石微裂隙扩张和破裂，造出渗透性；②高温高压条件下的水与岩石发生化学反应，使产出的热流体含盐量增高，带来结垢、腐蚀问题。

由1972年，美国洛斯·阿拉莫斯国家实验室率先在新墨西哥州芬顿山开展干热岩试验，早期试验论证了干热岩提取地热能的可行性：①循环水水质良好；②水量损耗逐渐减小；③未检测到对周围环境的不良影响。后来那里进一步试验，循环出流量50m^3/h、温度200℃的地热流体，并建造了模拟商业发电的干热岩地热电站。英国、法国、德国、瑞士、瑞典、日本、澳大利亚也进行了类似试验。干热岩发电在世界上已有多处成功的试验。2012年，法国和德国联合研发，在法国靠近法德边界的苏尔兹兴建的2.2MW干热岩地热电站成功发电。德国朗道（Landau）干热岩地热电站用150℃热水、采用朗肯循环的3MW机组已经在一年内连续运行

8300h。2013年，澳大利亚在南澳库泊盆地，利用干热岩循环出190～210℃地热流体，并采用1MW双工质地热发电机组成功发电。

中国干热岩发电的研究属起步阶段，2006～2009年与澳大利亚合作完成了中国干热岩地热资源潜力研究。经资料分析、实地考察、计算机拟合，在福建、广东等初步选定了具有开发潜力的前景区，可供投入勘查手段进一步试验研究。

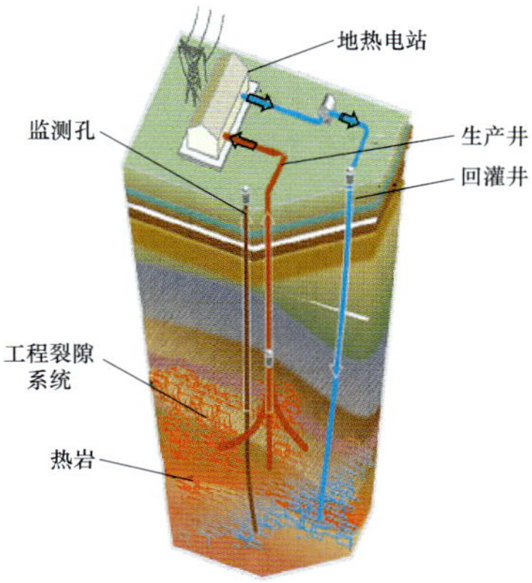

干热岩发电示意图

Gansu Jiuquan fengdian jidi guihua

甘肃酒泉风电基地规划

（wind power base planning in Jiuquan，Gansu） 在综合分析甘肃省酒泉地区风能资源的基础上，结合风电场工程建设条件和电网接纳风力发电的条件，对甘肃酒泉风电基地的建设目标、建设时序等进行统筹安排。甘肃酒泉风电基地位于甘肃省东至玉门、西至瓜州、南至祁连山、北至马鬃山的广大戈壁滩上，是中国第一个千万千瓦级风电基地。其工作内容见风电基地规划。

资源概况 甘肃省西部河西走廊西端的酒泉地区南部为祁连山脉，北部为北山山系，中部为平坦的戈壁荒滩，地势开阔，地形平坦，风能资源丰富，适合成片开发风力发电场。酒泉地区风能资源理论总储量为1.5亿kW，可开发量4000万kW以上，风能资源可开发利用面积近1万km^2。10m高度风功率密度250～310W/m^2，年平均风速5.7m/s以上，年有效风速小时数达6300h以上，年等效满负荷发电小时数约2300h，无破坏性风速，适宜建设大型风力发电场。

规划成果 甘肃酒泉风电基地规划总装机容量12710MW，装机主要分布在马鬃山、柳园、干河口、北大桥、桥湾、三十里井子、昌马和低窝铺。其中，2012年底已建成5610MW，其余容量在2015年底前建设完成。

甘肃酒泉风电基地一期工程于2009年8月开工建设，分20个风电项目（18×200MW+2×100MW），总装机容量3800MW，按照风电特许权项目进行建设和管理，于2010年11月建成发电。二期工程首批3000MW工程于2012年9月取得核准。

甘肃酒泉风电基地规划，是中国乃至世界第一个千万千瓦级风电规划设计，其规划特点包括：

（1）研究了超大型风电基地内风电场布置方案和大规模成片区域开发风电机组的尾流影响，包括风电机组之间的尾流影响和各风电场之间的尾流影响。（见尾流模型）

（2）结合电网发展规划，在中国首创以大容量、高电压等级将若干风电场打捆升压，集中建设配套升压站的设计，即每3个200MW容量风电场合建1座330kV升压站，各风电场以35kV集电线路送至330kV升压站，再汇集到

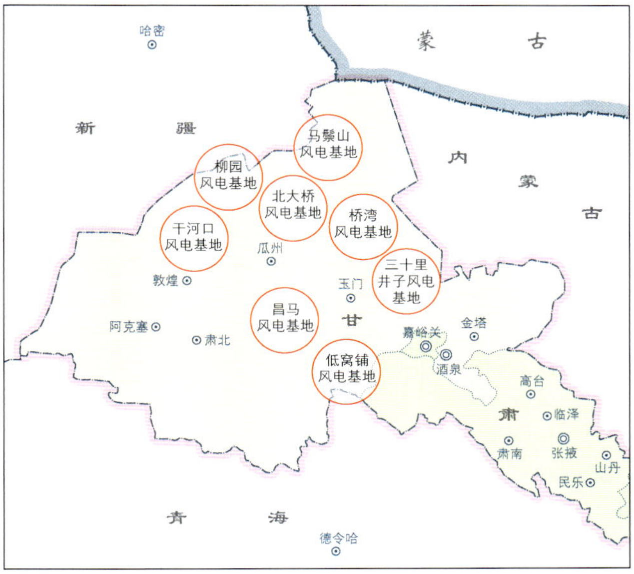

甘肃酒泉风电基地地理位置示意

750kV变电站，最终通过750kV电网外送。此送出方案简化了电网结构及输出电压等级，有利于风电场变电站的调度管理。

Ge'ermu Guangfu Dianzhan

格尔木光伏电站

（Ge'ermu Photovoltaic Power Station） 位于中国青海省格尔木市东出口、109国道以北荒漠沙地的并网光伏电站。格尔木属高原大陆性气候，年日照时数为2859～3358h。电站装机容量200MW，占地面积约5.64km^2，距离市区30km。2011年6月19日开始电站主体工程施工，于2011年9月30日具备发电条件。截止到2011年底，该电站是世界上一次性单体投资规模最大的光伏电站，也是总装机容量与占地面积都居于世界首位的大型光伏电站。

格尔木光伏电站

技术特点 电站由生产区和管理区组成。生产区包括光伏阵列、光伏逆变器室、箱式变电站及检修通道等。光伏阵列由192个子方阵组成，均采用多晶硅太阳能电池组件。采用分块发电、集中并网方案。电池组件选用235W、240W和280W 3种规格，采用36°倾角固定式安装方式，阵列最小行间距为4.77m。电站共有192座光伏逆变器室，每室布置2台500kW的逆变器、2台直流柜、1台数据采集柜。每座逆变器室外侧设置一台35kV箱式变压器，经升压后最终以一回330kV线路接入330kV格尔木变电站。

发电量及造价　电站设计运行寿命 25 年，年发电利用小时数为 1583.4h，运行期年平均上网电量 31 720.5 万 kW・h。2011 年电站每千瓦静态投资 15 994.86 元、动态投资 16 426.86 元。

guti yanghuawu ranliao dianchi

固体氧化物燃料电池　(solid oxide fuel cell, SOFC)

一种在高温下直接将储存在燃料和氧化剂中的化学能高效转换成电能的全固态化学电源，也是一种电解质为固体氧化物的燃料电池。一般使用钇的氧化物和锆的氧化物 YSZ [$(Y_2O_3)_x(ZrO_2)_{1-x}$, yttria stabilized zirconia] 作为固体氧化物燃料电池电解质。

工作原理　电池单体主要由固体电解质、阳极（或称作燃料极）、阴极（或称作空气极）和连接体（或称作双极板）组成。如图 1 所示，在电池的阳极一侧持续通入氢气 (H_2)、天然气（主要为甲烷 CH_4）、城市煤气等燃料气，具有催化作用的阳极表面吸附燃料气体，并通过阳极的多孔结构扩散到阳极与电解质的界面。在阴极一侧持续通入空气，具有多孔结构的阴极表面吸附氧。依靠阴极本身的催化作用，空气中的 O_2 得到电子变为 O^{2-}，O^{2-} 进入起电解质作用的固体氧离子导体，产生浓度梯度引起扩散，最终到达固体电解质与阳极的界面，与燃料气体发生反应，失去的电子通过外电路回到阴极，完成发电过程。

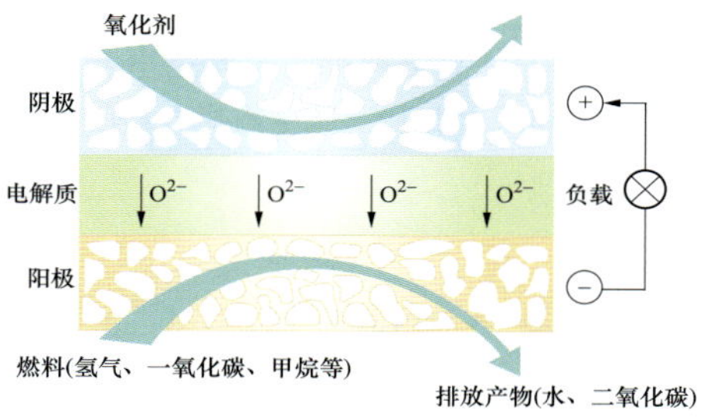

图 1　固体氧化物燃料电池原理示意图

特点　与磷酸燃料电池、熔融碳酸盐燃料电池相比，主要有：①较高的电流密度和功率密度；②阳极、阴极极化可忽略，能量损失集中在电解质内阻上；③不必使用贵金属作催化剂；④广泛采用陶瓷材料作电解质、阴极和阳极，具有全固态结构，没有电解质泄漏或散逸的问题，避免了中、低温燃料电池的酸碱电解质或熔盐电解质的腐蚀及封接问题；⑤在中、高温条件下运行（600～1000℃），加快了电池的电化学反应速度，还可以实现多种碳氢燃料气体的内部还原，简化了设备；⑥能提供高温余热，可实现热电联产，燃料利用率高，综合能量利用率高达 80%左右；⑦电解质组成材料陶瓷易脆，受热时容易产生破损，要求燃料极、电解质、空气极和双极板与密封材料等主要组成材料间的热膨胀系数一致。

分类　主要分为圆筒式和平板式两种结构。

圆筒式固体氧化物燃料电池　一个由燃料极/电解质/空气极构成的单电池管。它是将单元管挤压成型后，再把燃料极、固体电解质、空气极组成的发电膜和双极板按顺序，通过印刷法制膜烧结而成的。

圆筒式固体氧化物燃料电池有很强的吸收热膨胀的能力，燃料与空气之间不需要密封，即使在 1000℃ 的高温中工作，也能够稳定地运行。为了最大限度地降低电解质的电阻，需使用数百微米以下的薄膜固体电解质。在电流与电解质膜成平行方向的圆筒式固体氧化物燃料电池中，为了减小电阻，需要使用较厚的电极；反之，在电流与电解质膜成垂直方向的平板式固体氧化物燃料电池中，为了减少气体扩散电阻，电极越薄越好。

圆筒式单电池在常压下的电流-电压特性是电池电压随着电流的增加而下降。这意味着电流小的单电池发电效率高。为了提高电池性能，可以提高操作电压。加压环境下运转时，电池电压上升发电效率也随之提高。

平板式固体氧化物燃料电池　主要有错流型和并流型两种。错流型是将平板状燃料极、空气极、电解质板夹在波板状的三维板中，层压形成的。并流型是将燃料极、电解质、空气极三合一的膜夹在双极板中间层压形成的。日本从 1990 年开始开发并流型 (mono-block layer built, MOLB) 固体电解质燃料电池。MOLB 型单电池由参与化学反应的发电膜（燃料极/电解质/空气极的层压体）、串联发电膜的双极板和单电池端的气密材料构成。燃料极使用镍/YSZ 陶瓷三合体，电解质采用 YSZ，空气极用掺杂锶的锰酸镧 ($La_{1-x}Sr_xMnO_3$)，双极板使用掺杂锶的铬酸镧 ($La_{1-x}Sr_xCrO_3$)，密封材料选用陶瓷。其特点是：①选用高密度的陶瓷，取代 1000℃ 时易流态化的玻璃，可以提高产品的耐久性和可靠性；②电解质呈三维凸凹状，在提高热膨胀、机械强度和功率密度的同时，电解质还可以成为支撑单电池层的材料；③把电堆分成单元组一次烧成，利于将来的批量生产。

电池材料　固体氧化物燃料电池主要由氧化物组成，在电解质、电极、双极板所用材料上各具特点。

电解质材料　需要具备的特性包括：①高温氧化-还原气氛中稳定性好；②氧离子电导性高；③价格便宜，来源丰富；④容易加工且无害。

YSZ 被广泛应用于制造电解质材料。YSZ 作为耐热材料，曾大量用于核能发电，而且价格便宜。氧化锆 (ZrO_2) 是萤石型氧化物。高温条件下具有立方晶体结构，冷却到室温时变为正方晶体结构。如果只用氧化锆，温度变化时体积就会发生急剧变化。为了在高温到低温的范围内维持稳定的立方晶体结构，通常加入三氧化二钇 (Y_2O_3) 来改善电解质性能。在 YSZ 中，钇离子置换了氧化锆中的锆离子，使结构发生变化。由于锆离子被置换，破坏了电价平衡，要维持材料整体的电中性，每两个钇离子就会产生一个氧离子无规则地分布在晶体内部。离子电导性就是由于氧离子迁移而产生的。在 YSZ 中，按化学计量比，氧化物的离子电导性决定于钇的氧化物的量。

取代 YSZ 的固体氧化物燃料电池电解质材料正在研究中，一种配方是用氧化铈 (CeO_2) 取代氧化锆，掺入三氧化二钇形成新的氧化物。这种氧化物与 YSZ 相比，具有空气极/电解质界面的电压下降缓慢的特点。但存在着电子电导性和离子电导性均较高、在还原气体中容易脱氧和产生体积膨胀等缺点，且停留在实验室的研究阶段。除此之外，还发现了 $La_xSr_{1-x}Ca_yMg_zCo_{1-y-z}O_3$ 等钙钛矿型的复合氧化物在低于 1000℃ 下，离子电导性高于 YSZ 的特性，但是，这些复合氧化物含有较多的元素，化学组成复杂，尚无法用于制造电解质材料。

电极材料　无论是燃料极材料还是空气极材料，其特点：①电子电导性高；②高温氧化-还原气氛中稳定性好；③热膨胀特性好，与电解质（YSZ）相容性好；④价格便宜、来源丰富，无害且易于加工；⑤在电极制备时，可以制成透气性良好的多孔质结构。

燃料极材料通常使用镍粉、YSZ或者氧化锆粉末制成镍/YSZ合金或者镍/锆合金。金属镍在高温气体中（527℃）的热膨胀系数为 $10.3\times10^{-6}K^{-1}$，与YSZ的 $10\times10^{-6}K^{-1}$ 非常接近，但与单独使用镍粉制成的多孔质电极相比，合金可以有效地防止高温下镍粒子烧结成大颗粒的现象。

空气极材料有镧系钙钛矿型复合氧化物。钴酸镧（$LaCoO_3$）和掺杂锶的锰酸镧（$La_{1-x}Sr_xMnO_3$）常作为空气极材料使用。钴酸镧（$LaCoO_3$）有良好的电子电导性，1000℃时电导率为150S/cm，约是掺杂锶的锰酸镧（$La_{1-x}Sr_xMnO_3$）的3倍，热膨胀系数为 $23.7\times10^{-6}K^{-1}$，远远大于YSZ的系数。另外，掺杂锶的锰酸镧（$La_{1-x}Sr_xMnO_3$）的电子电导性虽然不如前者，但其热膨胀系数为 $10.5\times10^{-6}K^{-1}$，与YSZ基本一致。

双极板材料　双极板是用于串联电压低的固体氧化物燃料电池来增大端电压，或者用于并联燃料电池来增大电流的装置。由于它的一面处于氧化性气体中，另一面处于还原性气体中，因此要求具备较强的化学稳定性。另外，为了分隔燃料和空气，须有致密的结构和良好的导电性，并与两侧的电极热膨胀系数相近。固体电解质燃料电池双极板材料多使用铬酸镧（$LaCrO_3$），有时为了改善热膨胀性也使用掺杂锶的锰酸镧。

联合发电系统　主要有常压型和加压型两种。

常压型固体氧化物燃料电池联合发电系统　如图2所示，最大限度地利用固体氧化物燃料电池高温排气的特性，生产出具有附加值的高温蒸汽，综合热效率达到80%以上，工作环境非常安静，不需要加压容器，因此可以小型化。

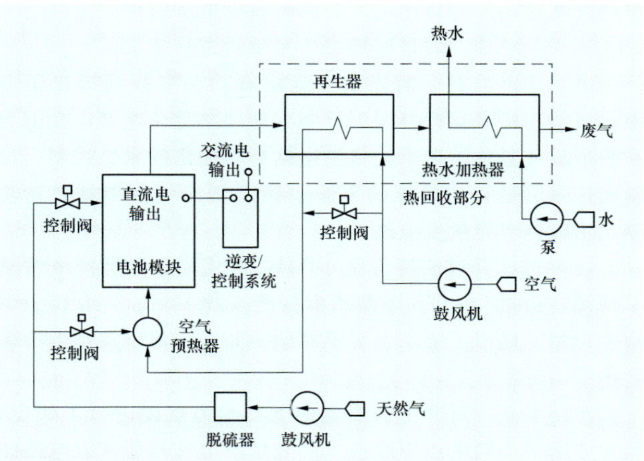

图2　常压型固体氧化物燃料电池联合发电系统

在常压型固体氧化物燃料电池联合发电系统中，空气先由鼓风机送往再生器，升到所规定的温度后，通过空气预热器加热空气供应给电池模块。天然气经脱硫器脱硫后由鼓风机供应给电池模块，通过固体氧化物燃料电池进行发电，排出的气体送往系统进行热回收。热回收系统一般由联合发电系统的水蒸气发生器、再生器、热水加热器等构成。固体氧化物燃料电池发电产生的直流电，在供给系统等负荷前，送往逆变器变换成交流电。为了控制温度，可以将一部分空气从再生器旁路供给电池模块。可以活动的部分只有风机与再生器中的旁路空气和天然气流量控制阀。起动停止时必须使用净化系统，起动时必须使用燃料系统。

加压型固体氧化物燃料电池-燃气轮机联合发电系统　如图3所示，通过向固体氧化物燃料电池供应天然气以及经加压后的空气，使燃料电池发电，燃料电池发电端效率达到60%～70%。

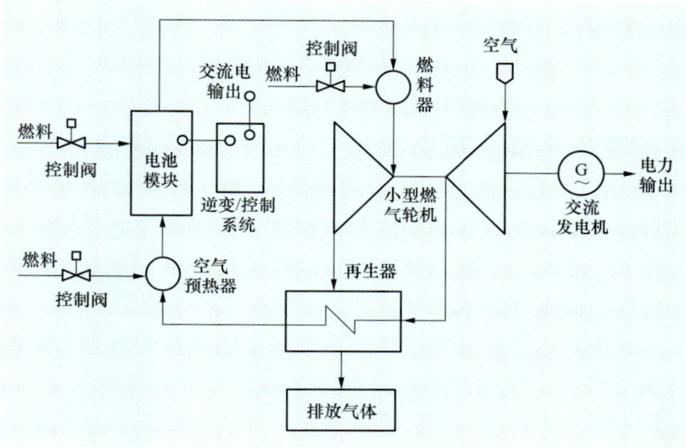

图3　加压型固体氧化物燃料电池-燃气轮机联合发电系统

如果使用单轴的燃气轮机，把固体氧化物燃料电池高温排气供应给燃气轮机的燃烧器，使燃气轮机高速旋转，驱动与燃气轮机相连的交流发电机进行发电，就可以有效利用加压后固体氧化物燃料电池排出的热量。系统功率增大的同时，整个系统的输电端效率也得到提高，可达55%～60%。

应用与研究状况　1997年美国西屋公司与东京煤气公司及大阪煤气公司共同合作完成了25kW级常压型圆筒式固体氧化物燃料电池模块，该模块连续运转了13000h。1997年末到2000年11月末，荷兰的西屋公司进行了100kW级常压型固体氧化物燃料电池模块系统的实证运转，时间持续了16000h以上，以109kW交流输出向电力系统供电，同时还向地区供暖系统提供相当于65kW的热水，其直流发电端效率为53%。由于包含了7～8kW的辅助电力和效率为92.5%的逆变器，交流输电端效率实为45%，比目标值47%略低。另外，运行过程中，系统最大输电端交流功率曾达到160kW，后来此电池模块系统移至德国的埃森，累计运转时间已超过20000h。

2000年4月，在美国加利福尼亚大学市区校内的国立燃料电池研究中心进行了世界上第一个220kW加压型固体氧化物燃料电池-燃气轮机混合系统的实证运转，利用固体氧化物燃料电池实现了166kW直流功率输出和小型燃气轮发电机22kW交流功率输出。2012年，在美国生产了燃料为丙烷的500W便携式固体氧化物燃料电池。

未来还将在以下方面有所突破：①为了有效利用固体氧化物燃料电池高温排热并实现燃料电池小型化，将在电池模块、配管等装置的绝热材料上开展研发工作。德国的公司已开发出尺寸为47mm×3mm、功率为1W的微管式电池。从输电端效率和成本等因素考虑，数百千瓦级常压型固体氧化物燃料电池联合发电系统或者加压型固体氧化物燃料电池-小型燃气轮机混合系统作为分布式发电设备将是一种发展方向。②低温化是实现固体氧化物燃料电池长寿命和低成本的重要课题。研发利用相对便宜的金属等材料，能够给燃料电池系统的低成本化留出较大的空间。西方发达国家已经开展实现固体氧化物燃料电池低温化（650～800℃）的基础研究，正在开发铈系、钪系（Sc_2O_3）/锆系、钆酸镧等电解质材料来取代YSZ。同时，也在研究电解质的薄膜化技术，研究铈系/钐系（Sm_2O_3）混合电导体制成高性能电极，研究支撑铂微粒子的高性能电极等。

guangfu fadian xitong fanggudao jishu

光伏发电系统防孤岛技术 （anti-islanding technology of photo voltaic power system） 防止光伏发电系统非计划性孤岛现象发生的检测与控制技术。光伏发电系统防孤岛技术主要有基于全局状态特征的防孤岛技术、基于本地信号特征的防孤岛技术两种。

光伏发电系统孤岛是指包含光伏发电系统和部分负荷的局部电网与主网断开后保持继续运行的一种特殊运行方式，可分为非计划性孤岛和计划性孤岛。非计划性孤岛是指非计划、不受控地发生孤岛现象；计划性孤岛是指按预先配置的控制策略，有计划地发生孤岛现象。孤岛现象导致一些本应不带电的线路依然带电运行，将威胁到线路维修人员的人身安全；影响系统中保护开关的动作，使电网中的保护装置受到冲击；导致系统频率和电压失控，影响系统的电能质量等。

基于全局状态特征的防孤岛技术　通过实时检测电网运行状态完成孤岛检测，远程控制并网光伏逆变器运行状态。实现方法主要包括断路器跳闸信号检测法和电力线路载波通信检测法。①断路器跳闸信号检测法。中央控制器检测并网光伏发电系统及与电网相关的断路器状态，当某个断路器动作后，根据断路器信息确定孤岛发生的范围，控制孤岛范围内的并网光伏逆变器与电网断开。②电力线路载波通信检测法。利用信号发生器向所有配电线路上的并网光伏逆变器连续发送信号，如果某逆变器配置的信号探测器未探测到信号，表明该光伏逆变器处于孤岛范围内运行，控制相应的逆变器与电网断开。

基于本地信号特征的防孤岛技术　并网光伏逆变器通过检测出口电压和电流信号是否超过预定的阈值来判断系统是否发生孤岛，控制光伏并网逆变器运行状态。实现方法主要包括被动式防孤岛法和主动式防孤岛法。被动式防孤岛法根据直接测量所得电压信号和电流信号的变化来判断孤岛的发生，控制相应的逆变器与电网断开。识别方法主要包括频率幅值变化法、频率幅值变化率法、相位跳变法、电压幅值变化法、输出功率变化法、谐波检测法等。主动式防孤岛法是向并网光伏逆变器注入扰动信号，通过测量其相应的变化量来判断孤岛的发生，控制孤岛范围内的逆变器与电网断开。识别方法主要包括阻抗测量法、自动相移法、主动式频移法、滑模频移法、Sandia频移法和Sandia压移法等。

各国防孤岛技术要求　不同国家对并网光伏发电系统防孤岛技术的要求没有统一规定：荷兰要求采用过/欠频保护实现防孤岛，德国和奥地利采用阻抗测量方案。各国防孤岛保护动作时间要求也有差别，美国选择1s作为允许动作时间，日本规定的动作时间为0.5～1s，德国要求动作时间为不超过5s。中国要求并网光伏发电系统配置独立的防孤岛保护装置，动作时间应不大于2s，防孤岛保护还应与电网侧线路保护相配合。

Guangfu Fadianzhan Jieru Dianli Xitong Jishu Guiding

《光伏发电站接入电力系统技术规定》（*Technical Requirements for Connecting Photovoltaic Power Station to Power System*） 规定了光伏发电站接入电力系统技术要求的中国国家标准。《光伏发电站接入电力系统技术规定》由中国国家标准化管理委员会发布，标准号GB/T 19964—2012，于2013年6月1日起实施。该标准适用于通过35kV及以上电压等级并网，以及通过10kV电压等级与公共电网连接的新建、改建和扩建光伏发电站。2005年颁布的GB/Z 19964—2005《光伏电站接入电力系统的技术规定》为光伏发电接入电力系统提出技术上的指导原则，在制定该标准时考虑到光伏发电尚处于发展初期，光伏发电在电力系统中所占的比例较小的实际情况，适当地降低了对光伏发电站的技术要求。2010年启动对GB/Z 19964—2005《光伏电站接入电力系统的技术规定》的修订工作，并于2012年12月31日发布GB/T 19964—2012《光伏发电站接入电力系统技术规定》。

标准主要内容　《光伏发电站接入电力系统技术规定》共13章，包括范围、规范性引用文件、术语和定义、有功功率、功率预测、无功容量、电压控制、低电压穿越、运行适应性、电能质量、仿真模型和参数、二次系统、并网检测等方面的内容。

范围和规范性引用文件　规定了《光伏发电站接入电力系统技术规定》的适用范围、列明该标准所引用的文件。

术语和定义　对该标准中所用术语进行定义。

有功功率控制　对光伏发电站有功功率控制提出了要求。包括在正常运行情况下控制有功功率变化速率，在电力系统事故或紧急情况下光伏发电站有功输出的紧急控制。控制光伏发电站有功输出的方式包括降低光伏发电站有功功率、切除整个光伏发电站。

功率预测　对装机容量10MW及以上的光伏发电站功率预测，包括0～72h短期功率预测以及15min～4h超短期功率预测，提出了要求，主要对预测曲线上报以及预测准确度进行了规定。

无功容量　对并网逆变器的无功出力范围进行了规定；充分考虑到不同电压等级接入的光伏发电站与所接入电网的强度有密切关系，对不同接入电压等级的光伏发电站无功容量配置分别提出了相应的要求。

电压控制　针对不同电压等级接入的光伏电站分别做出了规定；规定当公共电网电压处于正常范围内时，通过不同电压等级接入的光伏发电站应能够控制其并网点电压在相应标称电压的一定范围内，以保证光伏发电站并网点的电压水平和电网的电压质量。

低电压穿越　对光伏发电站的低电压穿越能力要求、有功功率恢复、动态无功支撑能力进行了规定。

运行适应性　规定在光伏发电站装机容量逐渐增加时光伏发电站在一定电压、电能质量和频率的范围内能够持续运行。电压、电能质量和频率的允许偏差范围是强制性要求。

电能质量　对光伏发电站电能质量的规定主要是指电压偏差、电压波动和闪变、谐波、电压不平衡度四个方面。

仿真模型和参数　针对光伏发电站模型和参数提出了要求。模型是仿真分析研究的基础，电力系统规划、设计及调度运行部门在研究光伏发电站接入电力系统及运行分析过程中，需要的光伏发电站相关仿真模型及参数包括：光伏发电单元（含光伏组件、逆变器、单元升压变压器等）、光伏发电站汇集线路、光伏发电站控制系统模型及参数，用于光伏发电站接入电力系统的规划设计及调度运行。光伏发电站应跟踪各元件模型和参数的变化情况，并随时将最新情况反馈给电网调度机构，以用于电网和光伏发电站的安全稳定运行分析。

二次系统　对光伏发电站的二次设备及系统进行了规定，主要包括光伏电站向电网调度机构提供的正常运行信号内容、光伏发电站继电保护及安全自动装置的配置和技术要求、光伏发电站调度自动化的配置和技术要求、光伏发电站通信的配置和技术要求。

并网检测　对光伏发电站的并网检测进行了规定，检测内容应包括但不仅限于以下内容：

（1）光伏发电站电能质量检测；

（2）光伏发电站有功/无功功率控制能力检测；

（3）光伏发电站低电压穿越能力验证；

（4）光伏发电站电压、频率适应能力验证。

作用意义　光伏发电的出力具有明显的波动性、间歇性和随机性，随着光伏发电站装机容量的不断提高，其对电力系统安全稳定运行的影响越来越明显，包括对无功电压、电能质量、暂态稳定性、继电保护等方面影响。《光伏发电站接入电力系统技术规定》为光伏发电站的规划、建设、运行等制定必要的并网规则，从技术上保证电网对光伏发电的接纳。

世界各国光伏发电并网标准　美国联邦能源管理委员会于2003年和2005年分别发布了FERC Order No. 2003《发电机并网的标准化协议和规程》、FERC Order No. 2006《小型发电机并网的标准化协议和规程》，其中FERC Order No. 2003针对大于20MW的发电系统，FERC Order No. 2006针对小于20MW的发电系统。美国联邦能源管理委员会的标准主要阐述接入电网的流程，没有具体技术和测试要求，具体技术要求由电网公司的相关标准制定，如加州电力公司的Rule 21标准。德国于2008年和2011年分别发布了BDEW《电源接入中压电网导则》和VDE《分布式电源接入低压电网导则》。

guangfu genzong zhuangzhi

光伏跟踪装置　(photovoltaic tracking system)

使光伏阵列跟踪太阳最大限度地获取太阳辐射能的机电装置。光伏跟踪装置驱动光伏阵列实时跟踪太阳运动，使太阳光随时垂直照射到光伏阵列，从而增加光伏阵列接收到的太阳辐射量，提高光伏发电系统的总体发电量。光伏跟踪装置通常由控制部分和转动调节部分组成。控制部分将太阳位置坐标参数直接或间接输出给转动调节部分，转动调节部分将信号经过调节处理或分解后用于驱动光伏阵列，使其表面趋向与太阳光线垂直。

根据跟踪轴数不同，光伏跟踪装置可分为单轴跟踪系统和双轴跟踪系统。

单轴跟踪系统　光伏阵列围绕一个旋转轴旋转，只能跟踪太阳运行的方位角或者高度角的变化，因此，一般情况下入射角只能减小而不能为零。按照旋转轴放置方式，可分为：①旋转轴倾斜布置，光伏阵列东西方向跟踪太阳，俗称斜单轴跟踪；②旋转轴南北水平布置，光伏阵列东西方向跟踪太阳，俗称平单轴跟踪，此种跟踪方式较为常用；③旋转轴东西水平布置，光伏阵列南北方向跟踪太阳，此种跟踪方式较为少见。单轴跟踪系统（见图1）一般由联轴器、支架、蜗杆、齿轮及电池板支架等部件构成，其优点是结构简单，但是由于入射光线不能始终与主光轴平行，因此收集太阳能的效果并不理想。

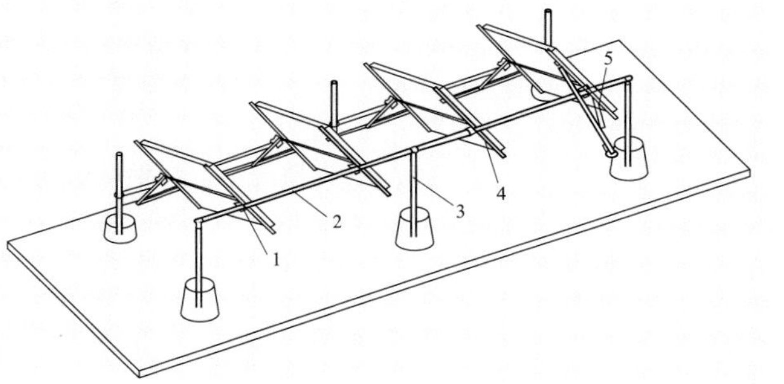

图1　单轴跟踪系统机械结构图

1—齿轮；2—蜗杆；3—支架；4—电池板件支架；5—联轴器

双轴跟踪系统　光伏阵列沿着两个旋转轴运动，能够同时跟踪太阳的方位角与高度角的变化，因此，理论上可完全跟踪太阳的运行轨迹，实现入射角为零。通常，跟踪控制可以采用连续跟踪和步进跟踪两种基本方式。连续跟踪需要跟踪角随时调节以跟随太阳运行轨迹；步进跟踪是每隔一段时间调整一次跟踪角使光伏阵列对准当前太阳所处的位置，而其余时间光伏阵列固定不动。双轴跟踪系统的结构与单轴系统类似，如图2所示，不同的是它包括两套驱动装置，用于调整光伏阵列

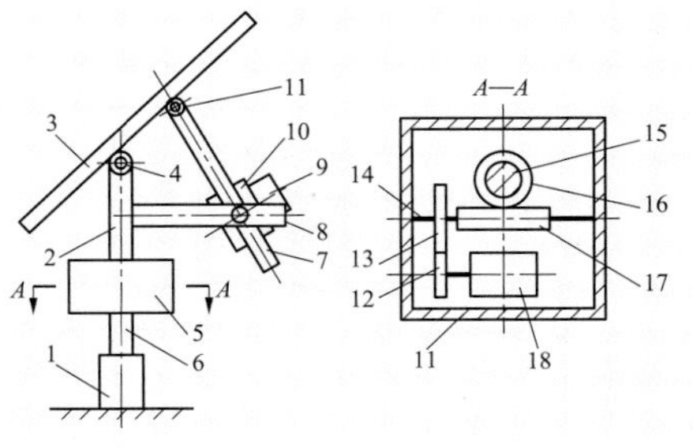

图2　双轴跟踪系统机械结构图

1—支座；2—支柱；3—电池板支架；4—销轴；5—减速箱体；6、15—主轴；7—丝杆；8—横支架；9、18—电动机；10—减速器；11—铰链；12、13—齿轮；14—连接轴；16—蜗轮；17—蜗杆

跟踪太阳的方位角和高度角。双轴跟踪系统的优点是定位控制精确度高。

guangfu nibianqi

光伏逆变器 (photovoltaic inverter) 把太阳能电池组件发出的直流电能转换成交流电能的一种电力电子装置。作为光伏发电系统中的关键部件，光伏逆变器有规则地控制功率半导体器件重复开关动作，实现直流输入变成交流输出。与其他逆变装置相比，光伏逆变器最大的特点就是具有最大功率点跟踪的功能。

按输出电压或电流波形，光伏逆变器可分为正弦波逆变器、方波逆变器和阶梯波逆变器。按输出相数，光伏逆变器可分为单相逆变器和三相逆变器。单相逆变器一般用于中小功率光伏系统，三相逆变器多用于大功率光伏系统。按直流电源，光伏逆变器可分为电压源型逆变器和电流源型逆变器。按是否与电网相连，光伏逆变器可分为并网光伏逆变器和离网光伏逆变器。

guangfu nibianqi fangguddao xiaoying ceshi xitong

光伏逆变器防孤岛效应测试系统 (anti-islanding test system for photovoltaic inverter) 用于模拟制造光伏逆变器形成孤岛效应的运行环境，检测光伏逆变器是否能够及时判断孤岛效应的发生并停止运行的系统。

孤岛效应发生机理 孤岛效应是指在电网供电中断时，光伏发电系统与本地负载连接处于独立运行状态，形成一个自给供电的孤岛（见光伏发电系统防孤岛技术）。一般情况下，本地负载需求的有功功率和无功功率由光伏发电系统和电网共同提供，在电网供电中断时，光伏发电系统与负载间功率不平衡会引起电压、频率波动，使逆变器因过/欠电压、过/欠频率保护而断开，不会形成孤岛。当外部电网断开时，如果本地负载需求的功率与光伏发电系统发出的功率相匹配，光伏逆变器的端电压和频率变化不大，逆变器常规保护不能检测出电网的变化，从而继续运行，形成孤岛效应。

测试原理 根据孤岛效应的发生机理，光伏逆变器防孤岛效应测试系统采用三相交流负载模拟本地负载，通过调整负载的有功功率和无功功率使光伏逆变器的输出功率与负载功率匹配，形成孤岛效应的运行环境，检测光伏逆变器是否能够及时判断孤岛效应的发生并停止运行。三相交流负载分为两种，一种是采用可调电阻、电容和电抗器组成的负载，另一种是采用电力电子器件模拟的电子负载。采用电阻、电容和电抗器负载的形式较常见，检测电路单线结构如图所示。

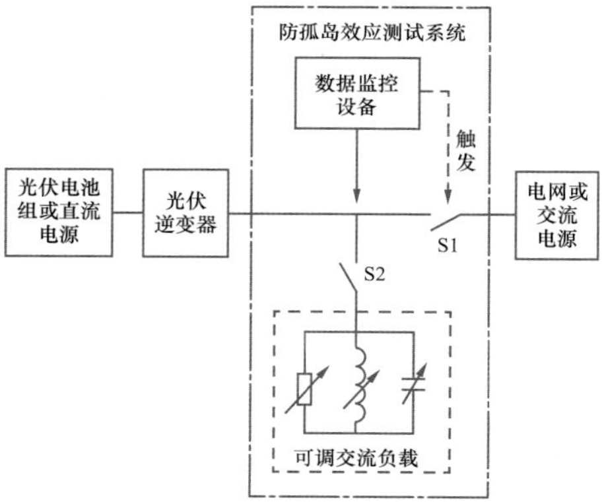

光伏逆变器防孤岛效应测试电路图

系统构成 光伏逆变器防孤岛效应测试系统包括一次设备和二次设备。一次设备包括可调电阻、电容和电感，电网侧开关 S1 以及测试系统主电路开关 S2，二次设备包括监控和数据采集系统。电阻、电容和电感负载准确匹配光伏逆变器的输出功率，模拟孤岛效应，且在额定电压下的电流总谐波畸变率通常不超过 2%。

测试流程 开展测试时，将测试系统通过主电路开关 S2 并联在光伏逆变器和电网侧开关之间，通过调节负载使其功率与光伏逆变器的输出功率匹配，模拟孤岛效应的发生。光伏逆变器防孤岛效应测试的具体流程以及测试过程中的数值指标在国内外相关标准中有明确规定，基本流程为：

（1）闭合开关 S1，断开开关 S2，启动光伏逆变器，测量光伏逆变器的有功功率和无功功率。

（2）闭合开关 S2，将测试系统负载与逆变器连接。调整测试系统的电阻、电感、电容值，使负载功率与逆变器的输出功率相匹配，流过开关 S1 的每一相电流的基波分量在逆变器额定电流的 1%以内。

（3）断开开关 S1，记录从 S1 断开直至光伏逆变器输出电流降低并维持在其额定电流的 1%以内所需的时间，即为孤岛效应运行时间。

发展概况 由于不同国家的技术要求以及对防孤岛效应响应时间的规定不同，逆变器的防孤岛技术不尽相同，且具体的测试方法有所不同。但一般均采用交流负载匹配逆变器的输出功率来模拟孤岛效应，对光伏逆变器的防孤岛效应保护能力进行检测。德国、西班牙等欧美国家均拥有光伏逆变器防孤岛测试系统，但由于国外分布式光伏发电系统容量较小，相应的防孤岛测试系统的容量也相对较小。中国已拥有兆瓦级光伏逆变器防孤岛效应测试系统和检测能力，测试标准也逐步建立。

guangfu nibianqi jieru dianwang jiance

光伏逆变器接入电网检测 (grid code compliance test of photovoltaic inverter) 测试光伏逆变器在不同运行工况下表现出的并网特性，其内容包括对光伏逆变器电能质量、电压/频率异常时的响应特性、低电压穿越能力、防孤岛效应和通用性能的检测。

电能质量测试 用于评估光伏逆变器输出的电能质量，测试内容包括闪变系数、闪变阶跃系数、谐波电流、间谐波电流以及高频分量、直流分量和功率因数。

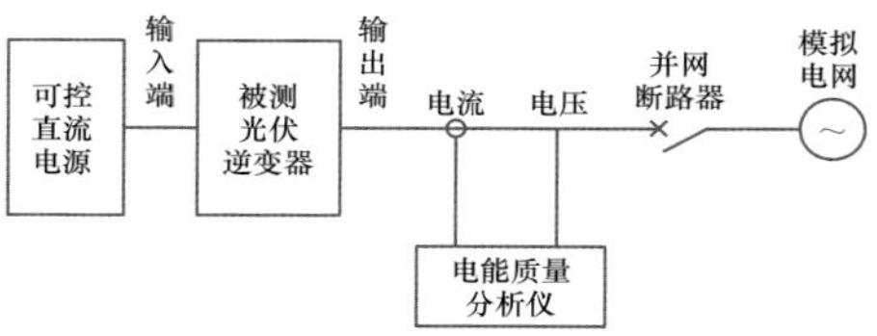

图 1 光伏逆变器电能质量测试检测电路

光伏逆变器电能质量测试检测电路如图 1 所示，被测光伏逆变器的输入端与可控直流电源相连，输出端经过并网断路器与电网相连。可控直流电源模拟光伏阵列（见光伏组件）的电压电流特性和时间响应特性，电网为实际电网或符合标准规定的模拟电网。所采集被测逆变器输出端的电压、电流经过电能质量分析仪计算出电能质量指标。

闪变系数、闪变阶跃系数的计算独立于电网特性，与常规电力系统电能质量测试得出的长时间闪变值不同。电网中的波动负荷会在光伏逆变器输出端引起电压波动，这样测出的电压波动将依赖于电网特性。因此，通过测量电流和电压，在模拟电网上仿真光伏逆变器输出端的电压波动，而模拟电网除了光伏逆变器之外没有其他电压波动源。

谐波电流、间谐波电流以及高频分量、直流分量和功率因数的计算与常规电力系统电能质量计算方法一致。谐波电流、间谐波电流以及高频分量是采用子群的方法分别测量直到电网基波频率 50 倍的各次谐波电流分量、频率直到 2000Hz 的间谐波分量以及频率在 2000～9000Hz 之间的高频分量。

电压/频率异常响应特性测试　用于评估电网发生异常时光伏逆变器的响应性能，验证被测设备是否符合相关标准中关于过/欠压、过/欠频跳闸限值和切除时间的要求。测试内容包括过压慢速跳闸检测、过压快速跳闸检测、欠压慢速跳闸检测、欠压快速跳闸检测、过频跳闸检测、欠频跳闸检测、重新并网检测。对应于各项检测内容，分别有跳闸限值检测和切除时间检测。

光伏逆变器电压/频率异常响应检测电路如图 2 所示，与电能质量检测电路类似。采用电压和频率可控的逆变器作为模拟电网，通过调节其电压和频率模拟电网发生异常时的各种电压和频率条件，在光伏逆变器额定运行的条件下，采用示波器、录波仪或功率分析仪测试记录光伏逆变器的电压和频率变化后的切除时间。

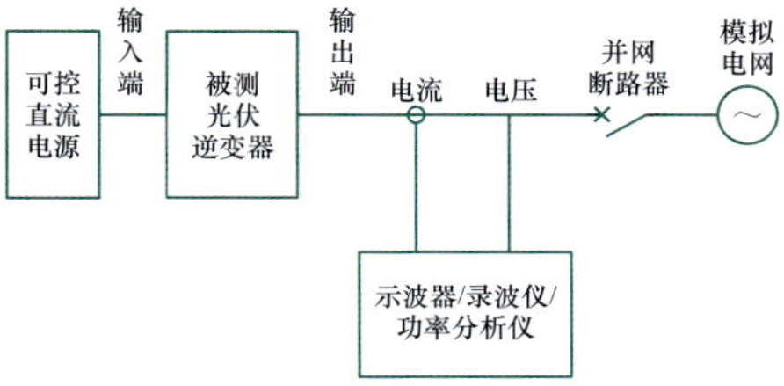

图 2　光伏逆变器电压/频率异常响应检测电路

低电压穿越能力测试　采用电压跌落发生装置模拟出电网故障产生的电压跌落，同时对光伏逆变器故障前后的运行工况进行检测，判断光伏逆变器是否满足低电压穿越能力要求。

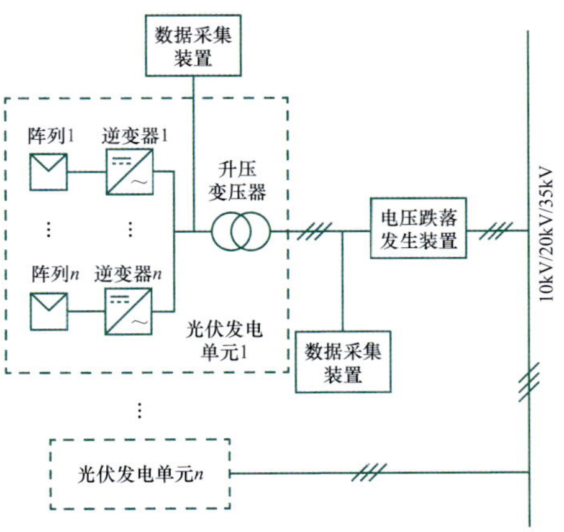

图 3　低电压穿越能力检测电路示意

光伏逆变器低电压穿越能力测试检测电路示意如图 3 所示，可用于测试单台逆变器或多台逆变器的低电压穿越能力。图 3 中电压跌落发生装置可模拟产生不同深度的电压跌落。实际测试时，设置电压发生对称和不对称故障时的电压幅值，逆变器在不同的运行功率下应保持并网运行不跳闸，检测并网点的三相电压、三相电流、有功功率和无功功率。

防孤岛效应测试　采用防孤岛效应测试系统模拟制造光伏逆变器形成孤岛效应的运行环境，以检测光伏逆变器是否能够及时判断孤岛效应的发生并停止运行。（见光伏逆变器防孤岛效应测试系统）

通用性能测试　测试项目包括防雷和接地、电磁兼容、耐压、抗干扰能力和安全标识。各测试项目应符合表中相应的标准要求。

光伏逆变器通用性能测试项目与执行标准

测试项目	执　行　标　准
防雷和接地测试	GB/T 21431《建筑物防雷装置检测技术规范》
电磁兼容测试	YD/T 1633《电磁兼容性现场测试方法》
耐压测试	DL/T 474.4《现场绝缘试验实施导则　第 4 部分：交流耐压试验》
抗干扰能力测试	GB/T 12326《电能质量　电压波动和闪变》 GB/T 14549《电能质量　公用电网谐波》 GB/T 15543《电能质量　三相电压不平衡》 GB/T 24337《电能质量　公用电网间谐波》
安全标识测试	GB 2894《安全标志及其使用导则》

发展状况　光伏市场居世界前列的是德国、日本、美国，国际上的光伏检测机构也主要分布在这些国家。德国南德意志集团（TUV SUD）和莱茵 TUV 集团（TUV Rheinland）、美国亚利桑那州光伏检测室（ASU-PTL）、德国奥芬巴赫的 VDE 检测认证研究所、美国安全检测实验室公司（UL）、总部设在英国伦敦的天祥集团（Intertek）等国际知名的光伏检测机构在光伏逆变器并网检测方面均开展了大量的研究检测工作。

美国、德国等国家对光伏发电等新能源发电的分布式并网均制定了严格的标准。IEEE 1547 标准对典型的分布式发电做了详细的技术规定，包括电压调节能力、有功功率和无功功率等。德国针对接入中压电网分布式电源的并网标准《发电厂接入中压电网并列运行导则》对故障期间无功电流对电网的支撑能力做了具体规定。

中国陆续发布一系列光伏逆变器和光伏发电站的测试标准，规定光伏逆变器的检测可在专门的检测场所或具备条件的光伏电站开展。已建立国家能源太阳能发电研发（实验）中心，开展光伏并网标准研究和检测能力建设。

guangfu zujian

光伏组件　（photovoltaic module）　具有封装及内部连接的、能单独提供直流电输出的、不可分割的最小太阳能电池组合装置，又称太阳能电池组件或太阳能电池板。多个单体太阳能电池互联封装成光伏组件，光伏组件是太阳能光伏发电系统中的核心部分，也是最重要的部分。单块光伏组件的功率较小，在实际应用中根据需求大小可串并联成为不同规格的光伏阵列。光伏阵列是由若干个光伏组件在机械和电气上按一定方式组装在一起并且有固定的支撑结构而构成的直流发电单元，又称光伏方阵。光伏阵列按是否自动跟踪太阳，光伏阵列包括固定式和自动跟踪式。跟踪式光伏阵列按光伏跟踪装置分为单轴跟踪式和双轴跟踪式。晶体硅太阳能电池组件包括单晶硅组件和多晶硅组件，见图1。

(a) (b)

图1 典型晶体硅太阳能电池组件
(a) 单晶硅组件；(b) 多晶硅组件

封装结构 包括太阳能电池、薄片层、玻璃、背板、黏合剂、密封胶及铝合金边框和接线盒。光伏组件封装结构剖面示意图见图2。太阳能电池片可直接黏附在背板上并密封在柔韧的密封胶中，或者密封在有这一层支撑的夹层中。薄片层对电池、玻璃和背板起黏附和保护作用，主要采用乙烯/醋酸乙烯酯（EVA）。玻璃作为顶层具有耐风雨性能优良、成本低以及自清洁能力的特性，大部分情况下使用透光率高的低铁钢化玻璃或回火玻璃。背板是提供刚性的结构层，该层可位于太阳能电池片的背面或组件正面。黏合剂和密封胶有硅树脂、聚乙烯醇缩丁醛（PVB）、乙烯/醋酸乙烯酯（EVA）等。硅树脂广泛用作黏合剂和密封材料，它具有良好的紫外稳定性、较低的光吸收特性和减少组件热应力所需要的合适弹性，但价格相对较高。聚乙烯醇缩丁醛和乙烯/醋酸乙烯酯也常被用作黏合剂和密封胶，铝合金边框保护和固定组件。

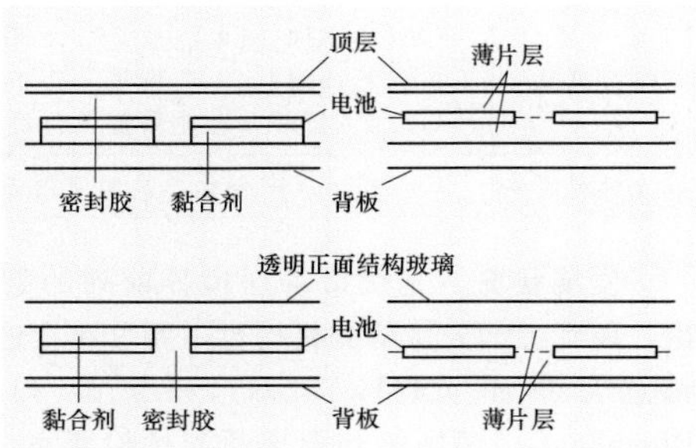

图2 光伏组件封装结构剖面示意图

封装工艺流程 包括太阳能电池片分选、单片焊接、串联焊接、叠层、层压、装框、焊接接线盒、电性能测试、外观检查。根据太阳能电池性能参数对电池片进行分类，将电池片与互联条（涂锡铜带）焊接，按照一定数量进行串联。将电池片串进行电路连接，同时将电池片串、玻璃、乙烯/醋酸乙烯酯胶膜、背板按一定层次敷设，准备层压。层压是将电池片串和玻璃、乙烯/醋酸乙烯酯胶膜、背板在一定的温度、压力和真空条件下黏结融合在一起。层压后对毛边进行切除，装设铝合金边框，焊接接线盒。最后测试组件的绝缘性能和发电功率，对外观进行检查清洗。

封装技术要求 主要包括：①电池组件保持平整、不弯曲、不崩边掉角、无外表面损伤；②电池组件有效工作区域的薄片层（乙烯/醋酸乙烯酯膜层）不能有超过一个电池面积10%以上的空隙；③电池组件的边缘和任何一部分电路之间不能形成连续的气泡或剥落；④电池组件有效工作区域的乙烯/醋酸乙烯酯膜层单个气泡尺寸不能超过5mm；⑤电池组件有效工作区域的乙烯/醋酸乙烯酯膜层气泡群尺寸不能超过10mm；⑥电池组件的乙烯/醋酸乙烯酯膜层交联度控制在85%左右；⑦经过层压工序后，电池组件的最大输出功率不出现减小现象。硅薄膜太阳能电池组件经过层压工序后，最大输出功率应大于等于层压前的最大输出功率。

guangxue juguangbi

光学聚光比 (flux concentration ratio) 聚集到吸热器采光口平面上的平均辐射功率密度与太阳法向直接辐射辐照度（见地表太阳辐射）之比，也称作通量聚光比。

光学聚光比是太阳能热发电工程的基本设计参数之一，是反映聚光器或定日镜场向吸热器投送太阳辐射功率密度的能力。提高光学聚光比是提高太阳能热发电光电转换效率的有效途径。对于同一吸热器而言，当吸热器运行工质的温度不变时，光学聚光比越高，吸热器吸收的热能越多，而吸热器的热损失基本不变，所以，吸热器的效率越高；如果保持吸热器效率不变，即吸热器吸收的热能和热损失同时增加，热损失增加说明吸热器运行工质的温度增加，根据卡诺循环热机转换效率也随之增加。

塔式太阳能热发电站的设计过程中，主要根据吸热器传热工质的运行温度、吸热器的输出功率、太阳法向直接辐射辐照度和吸热器采光口面积计算光学聚光比。槽式太阳能热发电系统是根据抛物面槽式集热器的几何聚光比和抛物面槽式聚光器的光学效率计算光学聚光比。

塔式太阳能热发电系统的光学聚光比一般为300～1000，抛物面槽式太阳能热发电系统的光学聚光比通常低于100，碟式太阳能热发电系统的光学聚光比区间为600～3000，线性菲涅耳式太阳能热发电系统的光学聚光比为100～200。

guanliushi shuilunji

贯流式水轮机 (tubular turbine; straflo turbine) 过流通道呈直线（或S形）布置的轴流式水轮机。贯流式水轮机的引水室及尾水管与水轮机一般为卧轴布置，使用水头范围一般为3～25m。

基本特点 具有水力效率高、比转速高、过流能力高、结构紧凑、适合作可逆式水泵水轮机使用等特点。

(1) 水力效率较高。贯流式水轮机的引水部件简单，采用了直收缩形引水管，泄水部件为扩散形尾水管，水流从水轮机进口到尾水管出口的流动方向基本为轴向或变化较小，减少了流道的水力损失。贯流式水轮机模型最高效率可达到90%以上，真机最高效率可达93%～95%。

(2) 具有较高的过流能力和较高的比转速，即具有单位流量大和单位转速高的特点。在水头和功率相同的条件下，贯流式水轮机的转轮直径要比轴流转桨式水轮机的转轮直径小10%。

(3) 贯流式水轮机结构紧凑，与同一规格的轴流转桨式水轮机相比，贯流式水轮机尺寸可布置在坝体内，省去了复杂的引水系统；机组的土建尺寸小，可减少电站的混凝土量和基础的开挖量。

(4) 适合作可逆式水泵水轮机使用。用作水泵工况时，贯流式水轮机尾水管可作为水泵的进水管，水泵出水又是电站进水的直线段，完全满足水力机械可逆运行的要求。所以在潮汐发电上可用于双向发电、双向抽水和双向泄水等多种运行工况。

分类 贯流式水轮机可分为半贯流式和全贯流式两大类。半贯流式又可分为轴伸式、竖井贯流式、灯泡贯流式三种。

轴伸贯流式机组 如图1所示，轴伸贯流式机组流道接近于上下游向的水平通道，机组的轴倾斜布置，发电机安装在流道之上的主厂房内，便于运行、维修。但是水轮机尾水管仍需转弯，引起能量损失，水轮机与发电机间的连接轴太长，加工制造困难。这种机组仅用于单机容量较小的情况。

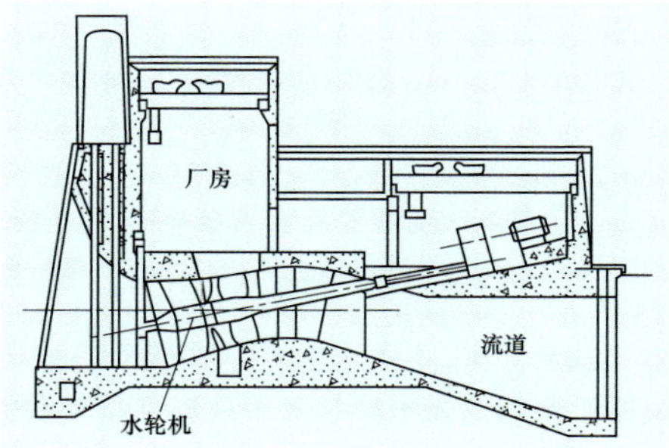

图1 轴伸贯流式机组布置图

竖井贯流式机组 如图2所示，水轮机转轮在水平流道中，机组的传动部分及发电机等布置在从流道中分隔出来的竖井中。竖井通常是钢筋混凝土结构，可以上下穿过整个流道，水流从其两侧通过，如图2（a）所示；竖井也可不穿过流道底部，水流从竖井两侧及底部通过，如图2（b）所示。由于发电机和增速装置布置在较为开敞的竖井中，通风防潮良好，运行维护方便，机组结构简单，造价低廉。其缺点是竖井增大了输水道的水头损失，机组效率较低，反向运行时水力条件更差，故常用于小型潮汐电站。

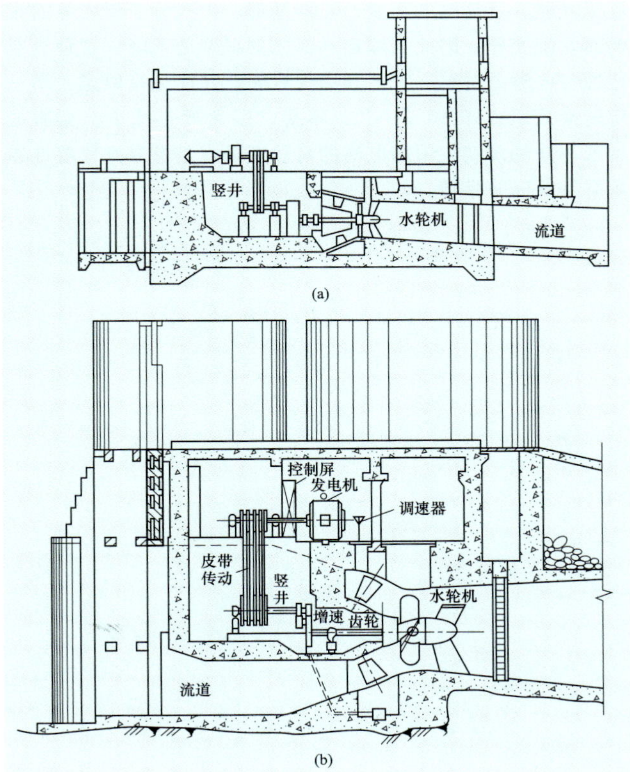

图2 竖井贯流式机组布置图

（a）竖井两侧过水；（b）竖井两侧及底部过水

灯泡贯流式机组 如图3所示，厂房下部平直的输水道中布置水轮机及灯泡体，灯泡体通常为金属壳体，其中布置发电机、增速器及轴承、飞轮等。厂房上部安装机组检修设备、机电控制与保护设备等。因进、出水流道均能满足轴对称水流运动的条件，水力效率较高，适应双向水流条件，灯泡贯流式机组最为常用。中国江厦潮汐电站、法国朗斯潮汐电站、俄罗斯的基斯洛湾潮汐电站等均采用这种机组。其缺点是发电机安装在水下灯泡体内，密封、通风散热条件较差，运行、维护有所不便。

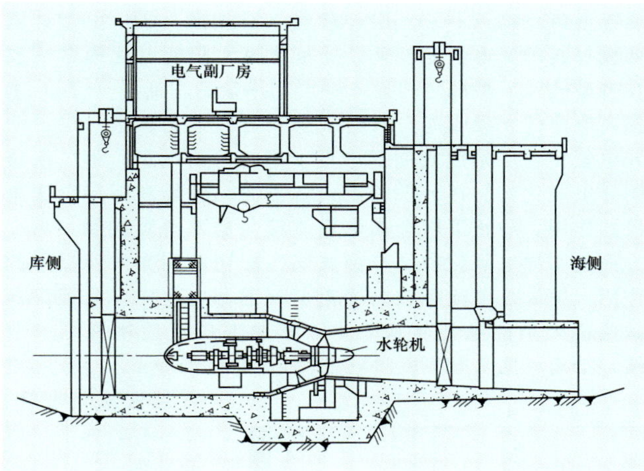

图3 灯泡贯流式机组布置图

全贯流式机组 如图4所示，机组卧式布置在流道中，与灯泡贯流式机组相似，但发电机的磁极安装在水轮机转轮的外缘上，定子安装在流道壁上，从而取消了灯泡体，结构紧凑，可缩短流道长度、减小厂房宽度。由于全贯流式机组只能单向运行，故这种机型只用于单向发电的潮汐电站。最大容量的全贯流式水轮机安装在加拿大安纳波利斯潮汐电站，叶片为定桨式，转轮直径7.6m，额定水头5.5m，水轮机额定输出功率17.8MW。

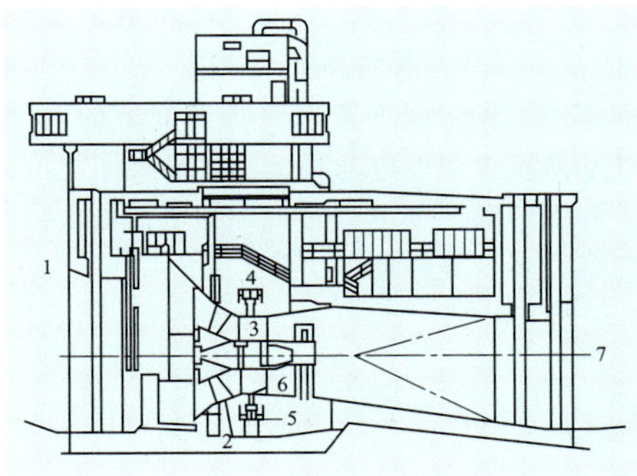

图4 全贯流式机组布置图

1—进水口；2—导叶；3—转轮；4—转子；5—发电机定子；6—转轮支架；7—出水口

guiji baomo taiyangneng dianchi

硅基薄膜太阳能电池 （silicon-based thin-film solar cell） 利用硅基薄膜为基体材料的太阳能电池。硅基薄膜是通过薄膜沉积工艺将硅沉积在廉价衬底上制备而成，厚度一般在百纳米到几微米量级。衬底可以是玻璃、陶瓷、不锈钢、塑料等。硅基薄膜材料按照结晶特性可以分为非晶硅薄膜、微晶硅薄膜和纳米硅薄膜；从材料角度可分为纯硅基薄膜及硅基薄膜合金（硅锗合金、硅碳合金等）。

硅基薄膜太阳能电池可广泛应用于各种光伏发电系统。以塑料为衬底的柔性硅基薄膜电池也适用于便携式电源。硅基薄膜太阳能电池有很多优点：①节省硅材料，硅基薄膜的带隙 E_g 为 1.5～2.0eV，是一种具有较高光学吸收系数的直接带隙材料，厚约 1μm 的非晶硅薄膜便可吸收阳光中的大部分可见光；②制备能耗小，工艺流程短；③容易制成级联式多结薄膜太阳能电池以提高转换效率；④易于形成大规模生产线。

基本结构　硅基薄膜太阳能电池从受光面往下依次是玻璃、透明导电氧化物（TCO）层、p层、i层、n层、透明导电氧化物（TCO）层、金属（铝或银）层。由于硅基薄膜材料的光电性能较差，硅基薄膜太阳能电池通常需要在 p 型硅和 n 型硅之间插入一层未掺杂的本征层（i层）来提高电池的光吸收能力和电子空穴分离能力。第一层透明导电氧化物层是迎光面导电层，是电池前电极；第二层透明导电氧化物层在 n 层之下，一方面起到隔离下层金属电极的作用，防止下层金属电极直接与硅基薄膜接触，另一方面透明导电氧化物层与金属层匹配还起到光学背反射的作用，使未被电池吸收的光重新反射回电池中。为提高硅基薄膜太阳能电池转换效率，产业上广泛使用叠层（双结）结构（见多叠层太阳能电池），即在沉积 p、i、n 层之后再依次沉积 p、i、n层，如图 1 所示。如再次沉积 p、i、n 层，则形成三结结构，三结结构硅基薄膜电池已经少量生产。

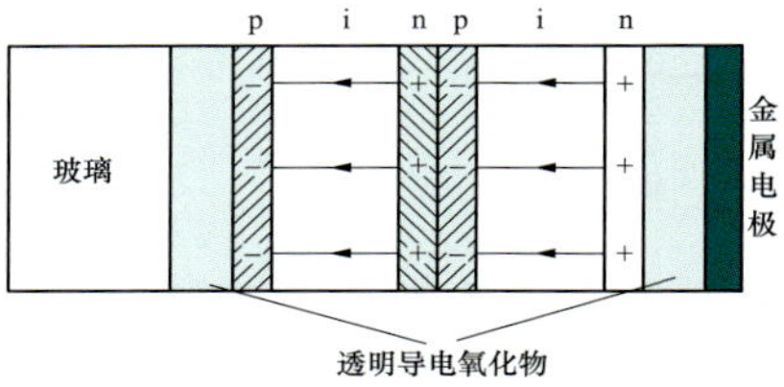

图 1　典型玻璃衬底上硅基薄膜双叠层电池结构示意图

技术特点　硅基薄膜太阳能电池在不同工作温度下及不同辐照度下的电流电压特性见图 2。硅基薄膜太阳能电池相比晶体硅太阳能电池在高的工作温度下和低的辐照度下具有更好的电池输出特性，因此更适宜在高温、多云等环境下工作。

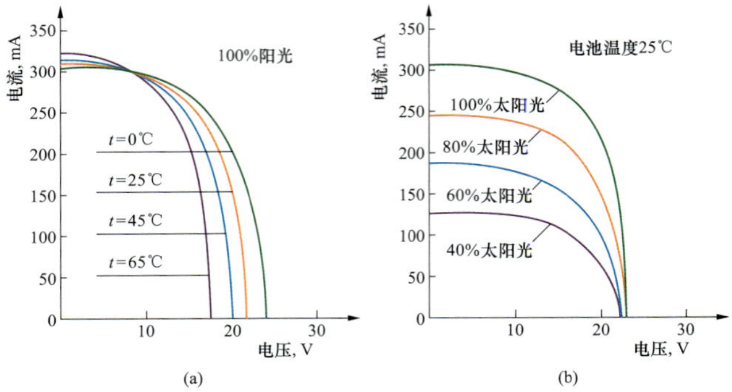

图 2　硅基薄膜太阳能电池的电流电压特性
(a) 不同温度；(b) 不同辐照度

截至 2011 年底，单结、双结及三结硅基薄膜太阳能电池实验室最高光电转换效率及其他技术参数见表。

单结、双结及三结硅基薄膜太阳能电池技术参数表

类型	最高光电转换效率（%）	开路电压（V）	短路电流密度（mA/cm²）	填充因子（%）
单结硅基薄膜电池	10.1±0.3	0.886	16.75	67.0
双结硅基薄膜电池	12.3±0.3	1.365	12.93	69.4
三结硅基薄膜电池	12.4±0.7	1.936	8.96	71.5

硅基薄膜太阳能电池中的硅氢键很容易在自然环境中受反复光照、反复温度交变、长期振动、大气分子侵入等的影响而发生变异，因此其输出功率随时间显著下降。这种衰减特性与电池的材料、工艺和结构有关，往往呈指数型，第一年转换效率衰降 10%～20%不等，以后逐年减少。克服或者减小硅基薄膜太阳能电池的自然衰降，是世界光伏器件领域亟待解决的难题。

HS1000 xing chaoliu fadian zhuangzhi

HS1000型潮流发电装置 （HS1000 tidal current generation device） 挪威安德里茨哈默菲斯特公司（Andritz Hydro Hammerfest 公司）研发的水平轴潮流发电装置。该机组由三脚架重力式座底支撑，水平流动的海水驱动水轮机的叶轮转动，叶轮转速经由变速箱增速后驱动发电机发电，叶片变桨控制实现双向潮流发电，发电装置沉没于水下，座底重力固定。HS1000 由 300kW 的原型机 HS300 发展而来，装机容量 1MW。

组成　包括水轮机、变速箱、发电机和支撑结构。水轮机为水平轴式，其叶轮的旋转轴与水流的方向平行。水轮机、变速箱和发电机固定于支撑结构上。支撑结构为座海底三脚架，依重力固定见图 1。

(a)　(b)　(c)

图 1　HS1000 型潮流发电装置

(a) 实物图；(b) 水下效果图；(c) 支撑结构

主要技术参数　HS300 水轮机叶片长 10m，具有自动对流功能，座底式载体质量 200t，额定功率 300kW；HS1000 水轮机叶片长 10.5m，具有自动对流功能，座底式载体质量 300t，额定功率 1MW，是 HS300 原型机的升级型。

发展与应用　挪威安德里茨哈默菲斯特公司（Andritz Hydro Hammerfest 公司）于 2003 年开发出额定功率 300kW 的水轮机样机 HS300（见图 2），是世界上第一种座海底安装的水平轴潮流发电装置，在挪威克瓦尔松（Kvalsundet）水道试验成功，经过 4 年运行测试后证明其关键技术是可靠的。2009 年夏安装了 HS300 改进型。2011 年，HS1000 在欧洲海洋能中心测试运行，见图 2。HS1000 型潮流发电装置为埃代岛（Eday）上居民与企业供电同时，也是一个研发平台。

图 2　HS300 潮流发电装置实物

hailiuneng

海流能 （ocean current energy） 大量的海水从一个海域长距离地流向另一个海域所产生的动能，是海洋能的一种表现形式。海流，亦称洋流，是具有相对稳定流速和流向的大规模海水运动。它一般是三维的，不但有水平方向的流动，还有垂直方向的流动。由于海洋的水平尺度远远大于其垂直尺度，因此水平方向的流动比垂直方向的流动强得多。

海流的分类　海流的类型及相应的成因和特征见表。

海流类型及相应的成因和特征表

分类依据	海流类型	成因及特征
按成因分	风海流	风吹过海面产生的切应力导致海水的水平流动。一般把由于大尺度和大范围内盛行风所引起的定常流称作漂流，而将某一短期天气过程或阵风形成的海流称为风海流
	密度流	各地海水的温度和盐度不同而引起海水密度的分布不均，从而导致的海水流动，又称梯度流或地转流
	补偿流	风海流或密度流产生的海流使出发海域的海水减少，需要由相邻海域的海水来补充，由此而产生的海水流动
按性质分	暖流	海流的水温比流经海域的水温高
	寒流	海流的水温比流经海域的水温低

海流能平均功率　海流有一定的宽度、长度、厚度和速度，海流能平均功率 P（kW）计算公式为

$$P=0.515Av^2$$

式中 A 为海流的横截面积，m^2；v 为海流的速度，m/s。全

球海流能理论功率约为 5×10^9 kW，可利用功率约为 1×10^7 kW。

海流的分布　全球海洋环流的总体态势是在南北半球海洋上都存在一个与副热带高压相对应的巨大的反气旋式大环流。如图所示，北半球为顺时针方向流动，南半球为逆时针方向流动，在它们之间为赤道逆流。世界著名的海流

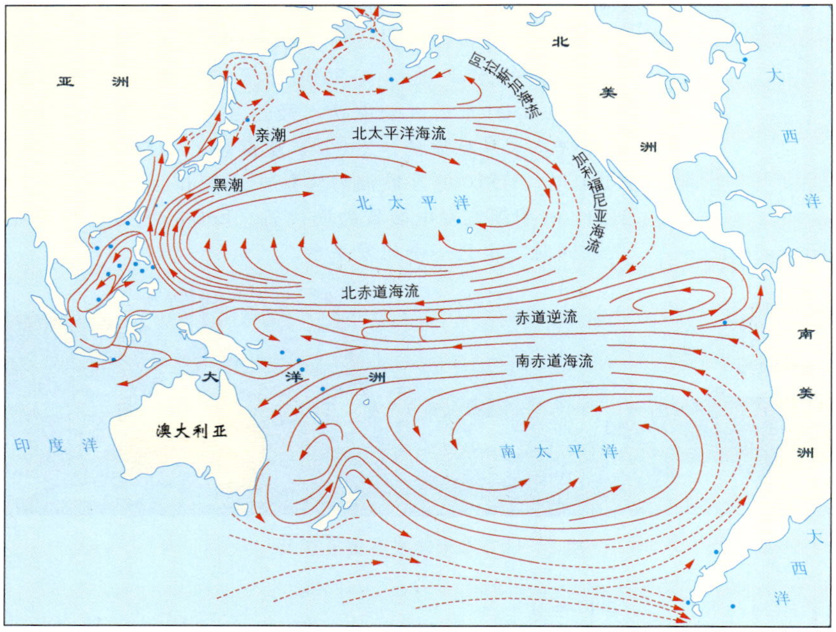

太平洋主要海流分布

有大西洋的墨西哥湾暖流、北大西洋海流，太平洋的黑潮暖流和赤道潜流等。墨西哥湾暖流和北大西洋海流是北大西洋里两支相连的最大海流，它们以每小时 1～2 海里的速度贯穿大西洋，从冰岛和大不列颠岛中间通过，最后进入北冰洋。太平洋的黑潮暖流宽度约为 100 海里，平均厚度约为 400m，平均日流速为 30～80 海里，流量相当于世界所有河流总流量的 20 倍。赤道潜流是一支深海潜流，总长度达 8000 海里，宽度在 120～250 海里之间，流速为每小时 2～3 海里。

海流的利用方式　传统的海流能利用方式是漂航，即“顺水推舟”。当代海流能利用的主要方式是发电。海流发电原理与潮流发电原理类似，发电装置主要有叶轮式、降落伞式和磁流式几种。叶轮式海流发电装置利用海流推动叶轮，进而带动发电机发电。叶轮可以是水平轴螺旋桨式的，也可以是垂直轴转轮式的。降落伞式海流发电装置由几十个串联在环形铰链绳上的“降落伞”组成。顺海流方向的“降落伞”靠海流的力量撑开，逆海流方向的“降落伞”靠海流的力量收拢，“降落伞”顺序张合，往复运动，带动铰链绳继而带动船上的绞盘转动，绞盘带动发电机发电。磁流式海流发电装置以海水作为工作介质，让含有大量离子的海水垂直通过强大磁场，获得电流。

Haineng chaoliu fadian zhuangzhi

“海能”潮流发电装置　(Haineng Tidal Current generation device)　中国哈尔滨工程大学联合四家企业研发的垂直轴潮流发电装置。“海能Ⅰ”潮流发电装置装机容量 300kW，见图 1，该装置是漂浮式，垂直轴水轮机组悬挂于双体船上直驱发电机，水平流动的海水驱动水轮机的叶轮产生机械能，机械能通过发电机转换成电能。

组成　包括漂浮载体、锚泊系统、水轮发电机组、电能变换与控制系统等五部分。水轮机由垂直轴直叶可变角机型和垂直轴十字叉固定角机型水轮机组成；电站载体为双体船结构，锚泊系统由 4 组连接链-浮桶-弹性索-悬链和躺链-大抓力锚系统构成。

工作原理　水轮机叶轮吸收潮流能直接驱动发电机发电，潮流流向改变时叶轮的旋向不变；采用交-直-交全功率变流器电能转化技术，两台发电机所发直流电经海底电缆上岸后由一台逆变器交流输出，实现稳频稳压供电；两台机组独立发电控制。

主要特点　双体船载体稳性及经济性好；自由变偏角水轮机机构简单可靠；弹性锚泊系统降低了系泊张力、提高了装置的安全性。

主要技术参数　“海能Ⅰ”潮流发电装置采用漂浮式双体船悬挂两个垂直轴叶轮的技术方案，装机容量 300kW，单机额定功率 150kW，叶轮直径 4m，叶片长 5.5m，叶片数为 4；设计额定流速 3.5m/s；叶片采用高强度轻质复合材料，整体成型；双体船载体总长 24m，总宽 13.9m，型深

图 1　“海能Ⅰ”2×150kW 潮流发电装置

3.0m，吃水 1.2m；锚泊系统总质量 74t，适应潮差 4m，抗风能力 13 级；立式永磁交流发电机 2 台，出厂检测效率 91%；系统输出三相 400V/50Hz。

发展应用　“海能Ⅰ”潮流发电装置 2012 年 8 月安装于岱山县龟山水道测试运行，经历了强台风“海葵”的考验，测得系统效率大于 33%。哈尔滨工程大学自 1982 年起研究潮流能利用技术，“海能Ⅰ”是在 2002 年完成的中国第一座漂浮式潮流发电装置 70kW“万向Ⅰ”潮流试验电站技术和海试经验的基础上研制的。

2010 年，哈尔滨工程大学开始研制“海能Ⅱ”潮流发电装置，该装置采用漂浮式 2 叶片水平轴变桨叶轮直驱发电机方案（见图 2），装机容量 200kW。“海能Ⅱ”是在“海能Ⅰ”（见中国海洋能发电技术）的基础上研建，该装置由 4

套锚系固定的“中”字形载体搭载2台100kW机组，可升降维护；叶轮直径12m，额定流速1.7m/s，2台永磁低速发电机独立运行。2013年6月投放于青岛市斋堂岛海域，发出的电力通过1km海底电缆上岸接入500kW多能互补独立电力系统的中央控制室。

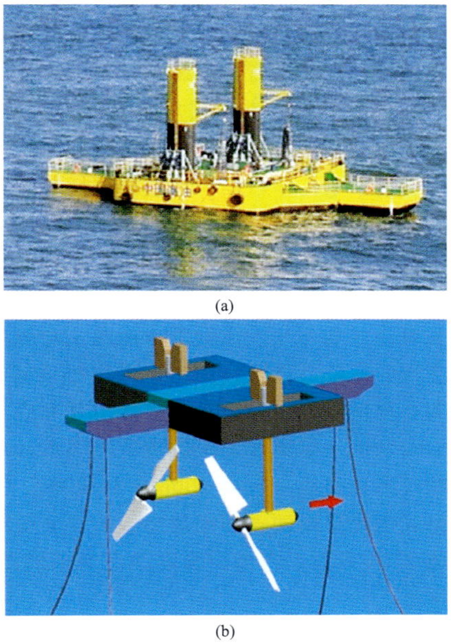

“海能Ⅲ”是“海能Ⅰ”的升级版，采用漂浮式载体搭载2台300kW机组。其垂直轴叶轮具有双层叶片（见图3），叶轮直径6m，叶轮通过传动比为15的齿轮箱驱动发电机独立运行，额定流速3.5m/s。2013年8月已完成装置海上安装，10月开始海上调试运行。

图2 “海能Ⅱ”2×100kW潮流发电装置
(a) 实物图；(b) 效果图

图3 “海能Ⅲ”2×300kW潮流发电装置
(a) 实物图；(b) 效果图

haishang fengdianchang gongcheng yanshou

海上风电场工程验收 (acceptance of offshore wind power plant project) 对海上风电场的各单位工程和整体工程进行全面检查、试验、测试并以书面形式确认工程质量合格的工作，是海上风电场建设的关键程序。工程验收的依据是国家有关安全生产、海洋、海事、民用航空、环境保护和节约能源方面的法律法规，国家和行业技术标准、批准的投资计划和工程设计，以及设备、施工、调试、监理等技术文件。

与海洋工程有关的验收包括：①海洋工程环境保护设施验收；②海上航行安全核查；③海区航标效能验收；④飞行障碍标志验收；⑤海上构筑物船舶系泊设施和防碰撞设施验收；⑥海上构筑物消防设施验收；⑦海上构筑物钢结构防腐蚀系统验收；⑧海底电缆检测与验收；⑨风电机组和海上变电站基础检测。除了与海洋工程有关的验收内容外，验收组织、验收程序和验收范围的内容见风电场工程验收。

海洋工程环境保护设施验收　海洋工程的专项验收。验收由原核准该工程环境影响报告书的海洋主管部门进行。验收内容包括：①海洋环境保护设施已按批准的环境影响报告书和设计文件的要求建成，并且防治污染能力适应主体工程的需要；②设施具备正常运转的条件；③污染物排放符合环境影响报告书和设计文件中提出的标准；④海洋环境监测项目、站位、机构设置及人员配备；⑤应急防污染设施及器材；⑥应急计划。

海上航行安全核查　海洋工程竣工后的专项工作。工程作业完成后，建设单位向海事部门提交《通航安全报告》，同时提交风电场水域的位置图、布置图、现状图，风电场工程建设的批准文件及论证与评估审查意见，实测通航尺度和水下地形测量技术报告，以及图纸、音像资料等，申请工程竣工通航安全核查。海事管理机构按照工作程序进行上报或组织专家对《通航安全报告》进行核查，出具核查意见。报告内容包括：风电场建设活动是否与已批准建设方案一致，如发生变更，阐述原因、理由和在初步设计阶段及施工期已解决的主要问题；建设活动对通航环境的影响及安全保障要求；明确通航安全影响论证中存在的问题，说明对问题的整改和具体落实情况；施工期间通航安全维护与管理情况；风电场运行期间通航安全保障措施、责任要求、安全生产管理制度、安全应急预案、风险分析，以及降低或缓解风险的措施。

海区航标效能验收　海洋工程的专项验收。验收由海事部门航标管理机关组织进行。验收内容包括：按照要求设置的航标已经建成；提交航标管理机关的行政许可文件，包括图纸资料的航标设计文件、航标技术履历资料、预验收资料、包括航标现场施工和竣工图片的施工总结报告、主要航标器材产品合格证书、质保书、航标维护方案等资料；对航标的位置坐标、灯质、涂色和结构进行技术测定。

飞行障碍标志验收　验收由建设单位组织进行。在航空部门规定的飞行区域内建设海上风电场的风电机组上，设置飞行障碍标志。验收内容主要包括颜色标志的位置、尺寸、格式和障碍灯的类型等。

海上构筑物船舶系泊及防碰撞设施验收　海上风电场单位工程验收内容之一。验收由建设单位组织进行。验收包括风电机组和海上变电站的检修船舶系泊桩、防撞桩以及防碰垫等。

海上构筑物消防设施验收 属于专项验收。验收由建设单位组织进行，并报海事部门和消防部门备案。验收内容主要包括探测与报警系统、消防系统、消防标志与设施和应急预案等。

海上构筑物钢结构防腐蚀系统验收 海上风电场重要的分部工程验收内容之一。验收由建设单位组织进行。验收分为陆上和海上两部分。陆上验收内容主要包括：①涂装前表面处理、涂料体系性能试验、涂层干膜厚度、涂层附着力；②热喷涂材料性能、热喷涂涂层厚度、热喷涂涂层结合强度；③阴极保护所有电连接点外观目视检查、电连接电阻检测、牺牲阳极性能检测、牺牲阳极的施工质量检查、电源设备通电检查、电缆敷设和固定方式检查、参比电极安装位置和固定方式。海上验收内容主要包括检查涂层完整性，检查水下施工的牺牲阳极焊接质量、测量参比电极电位等。

海底电缆检测与验收 检测内容主要包括导体直流电阻、直流耐压、绝缘电阻和泄漏电流等。验收海底电缆警示标志。铺设工程完成后，向海洋主管部门报送海底电缆路线图、位置表等资料，并抄送海事主管部门。

风电机组和海上变电站基础检测 检测内容主要包括基础沉降与变形、基础结构应力测量、基础海底冲刷等。

haishang fengdianchang jianshe

海上风电场建设 （construction of offshore wind power project） 在潮间带和近海海域有组织地进行风能资源开发、投资，兴建由多台风电机组和相关电气设备、电力传输系统构成的发电厂的活动。建设过程中有大量的海上工程作业，建设工作远比陆上风电场建设复杂，施工建设难度高、建设周期长、项目投资大。

海上风电场建设分为项目建设准备工作、项目工程实施、项目工程验收三个阶段。

项目建设准备工作 除了与陆上风电场项目相同的准备工作内容（见*风电场工程施工准备*）外，还包括与海上风能资源测量与评估、海洋水文观测、海底电缆路由调查与勘测、海洋工程环境影响评价、工程地质勘察、通航安全影响论证与评估，以及有关用海及海上施工的行政管理工作。其中风能资源测量与评估、海洋水文观测、海底电缆路由调查与勘测、海洋工程环境影响评价、初步工程地质勘察和通航安全影响论证属于海上风电场开发建设前期工作的内容。海上风电场建设准备阶段的工作需要完整、详细地收集前期的成果，并在前期工作基础上进一步开展测量、观测、勘察和评估工作。

海上风能资源测量与评估 在规划海域建设海上测风塔并安装测风仪器，进行风能资源测量，并对该海域风能资源特性和开发潜力进行评价。设立海上测风塔要满足航海、航空警示要求。在设立测风塔前，工作的承担单位需要向县级海洋主管部门提出测风塔的用海申请，并取得海域使用权证书；委托编制测风塔环评报告表，并报地方海洋主管部门审批；编制测风塔通航安全评估报告，取得工程管辖区海事主管部门的批复意见。

海上测风塔多为自立式测风塔，体积较大，维护难度高；塔身对测风仪器的测量干扰远高于陆上测风塔。这些特点要求对海上测风仪器的选择、标定、安装、设备冗余、数据传输等内容进行针对性设计。测风时间不少于一个自然完整年。获得数据后进行*风电场风能资源评估*，并结合热带气旋的历史资料进行台风影响评估。

海洋水文观测 在规划海域设置海洋观测仪器，对潮汐、盐度、海温、海浪、海流、海冰、水位等项目进行观察测量，采集传输数据，对数据进行分析和评价。与海上风能资源测量同期进行。

海底电缆路由调查与勘测 查明海底电缆管道路由区域的海底工程地质条件、海洋气象水文环境、腐蚀性环境参数和海洋规划与开发活动等方面的工程环境条件，为海底电缆工程的选址、设计、施工、维护提供基础资料和技术依据。调查与勘测在获得海洋主管部门批准后，沿海底电缆路由中心线两侧一定宽度的走廊带范围内进行。走廊带的宽度在登陆段和近岸段一般为500m，在浅海段一般为500～1000m。海底电缆路由调查和勘测完成后，电缆所有者要在计划铺设施工60天前，将最后确定的海底电缆路由报海洋主管机关审批。

海洋工程环境影响评价 对规划海域开展水质环境、沉积物环境、生态环境、地形地貌与冲淤环境、水文动力环境和环境事故进行评价。编制和报批海洋工程环境影响报告书。

海洋工程地质勘察 在规划海域开展海洋工程地质勘察，为海上风电场可行性研究、工程设计、施工建设，以及灾害地质因素的防治措施提供基础资料。工程地质勘察分两个阶段进行。在项目前期工作阶段进行初步勘察，在建设准备阶段进行详细勘察，并编制海洋工程地质勘察报告和勘察成果图。详细勘察内容包括水深、海底地形、海底面状况及海底障碍物，海底地层的结构特征、空间分布及其物理力学性质，以及灾害地质、地震因素和腐蚀性环境参数等。

通航安全影响论证与评估 在海上风电场项目立项审批前进行项目建设通航安全影响论证，编制并报批通航安全影响论证报告。在办理水上、水下施工作业许可证前，编制并报批通航安全评估报告。论证与评估的内容包括：①对海上风电场对通航安全造成的影响进行判断；②依据航运发展规划、港口发展规划、船舶交通现状，分析通航安全形势，预测船舶交通流变化和通航环境、通航秩序适应能力；③论证和评估海上风电场建设与运行期间带来的通航安全风险及其发生几率、通航安全保障能力、工程建设的可行性以及保障通航安全的可行性建议。

有关用海及海上施工的行政管理工作 开展海上风电场建设前期工作、工程建设以及项目验收过程中，项目业主和勘察、施工单位需到国土管理部门、海洋管理部门和海事管理部门办理海底电缆路由勘察及施工许可证、核准通航安全影响论证报告、核准海洋工程环境影响报告书、永久用地和临时用地征用文件、办理海域使用权证书、核准通航安全评估报告、办理水上、水下施工作业许可证、安全作业区域划定、大型设备拖带许可、航标设置与撤出审批、作业船舶进出港签证等行政许可手续。

项目工程实施 在海上规定区域建设风力发电场的活

动。施工活动包括施工准备、交通运输、海上构筑物基础工程施工、风电机组安装、变电站设备安装、风电场配套设施安装、海底电缆敷设、风电场设备调试、工程观测以及施工管理。（见海上风电场施工）

项目工程验收 对海上风电场的各单位工程和整体工程进行全面检查、试验、测试并以书面形式确认工程质量合格的工作，是海上风电场工程建设的关键程序。（见海上风电场工程验收）

haishang fengdianchang shigong

海上风电场施工 (offshore wind power plant construction)

施工准备 …… 121
办理施工许可 …… 121
建立差分定位系统 …… 121
建立陆上基地和码头 …… 121
搜集技术资料 …… 121
编制工程施工组织设计 …… 121
施工海域扫海测量和清理作业 …… 122
交通运输 …… 122
海上重力式基础运输 …… 122
海上管桩运输 …… 122
海上导管架运输 …… 122
塔架运输 …… 122
风电机组分部件运输 …… 122
风电机组整体运输 …… 122
海上变电站运输 …… 122
海上构筑物基础工程施工 …… 122
重力式基础施工 …… 122
单桩基础施工 …… 122
导管架基础施工 …… 123
桩及承台基础施工 …… 123
基础施工的后续工作 …… 123
海上风电机组安装 …… 123
风电机组分体安装 …… 123
风电机组整体安装 …… 124
海上变电站设备安装 …… 124
海上风电场配套设施安装 …… 124
海底电缆敷设 …… 124
海上风电场设备调试 …… 124
工程观测 …… 124
施工管理 …… 124

根据法律、法规和批准的项目规模、设计、计划，在海上规定区域建设风力发电场的活动。施工活动包括施工准备、交通运输、海上构筑物基础工程施工、风电机组安装、变电站设备安装、风电场配套设施安装、海底电缆敷设、风电场设备调试、工程观测以及施工管理。

施工准备 准备工作包括办理施工许可，建立差分定位系统，建立陆上基地和码头，搜集技术资料，编制工程施工组织设计（见风电场工程施工组织）、施工作业方案和作业计划、运输及施工作业船舶构成方案、施工作业人员方案、施工作业指挥机构方案，完成施工海域扫海测量和清理作业等。

办理施工许可 施工前向国土、海洋和海事管理部门报批行政许可文件。（见海上风电场建设）

建立差分定位系统 为保证海上勘测和工程定位的精度，在施工海域建立卫星实时差分定位系统。海上风电场远离海岸线，定位以接近施工海域的陆上国家测绘基准点为基准，延伸到施工海域附近。在施工海域附近设立基准参考站和数据链路传输设备，在施工海域建立卫星实时测量控制网。

建立陆上基地和码头 根据海上风电工程的位置和规模在陆上适当地点建立陆上基地，选择或建立工程专用码头。陆上基地为风电机组陆上安装、海上构件的加工制造、防腐工程作业、设备和材料仓储，以及人员工作和生活保障，提供场地、设备和条件。陆上需具备便利的交通、电力、水源供应条件并临近工程作业船舶停靠、作业的专用码头。根据海上作业船舶种类、吨位、吃水深度、数量等条件，租用或建立工程专用码头，为作业船舶停靠、装载、补给、维护、人员生活提供保障。

搜集技术资料 包括以下十类。

（1）工程海域气象资料：风向、风速、台风情况、大风日数、气温、降水量、降雨日数、雷电和雾的情况等。

（2）工程海域海洋水文资料：潮汐、潮流、波浪、泥沙、海冰、海水盐度、平均海平面以下水深等。

（3）工程地质资料：地形图、海图、陆地部分高程差、地表坡度，海底面形状、地基构成，以及物理力学性能、地震情况等。

（4）所涉及的海洋工程区、军事区域、渔业养殖区、自然保护区及鸟类、鱼类迁徙路径等资料。

（5）附近港口、航道及锚地设施情况，包括利用的可能性、规模、设计水深、吊装及运输设备情况等。

（6）陆地及海上交通运输条件、地方运输能力，物资、设备运输路线的状况。

（7）海底埋设物、空域限制资料等。

（8）风电机组技术资料：基础型式、结构和工程量，机组和大型部件图纸，机组和各分部件重量、尺寸、重心等，机组安装和调试手册，机组设备防腐方案、工艺及技术要求。

（9）海上变电站技术资料：变电站基础型式、结构和工程量，变电站和大型设备图纸，变电站和大型设备重量、尺寸、重心等，变电站安装、调试方案与工艺技术要求，变电站设备防腐方案、工艺及技术要求。

（10）海底电缆技术资料：海底电缆技术文件，海底电缆敷设设计文件，敷设路径的水深、海底地形和地质资料。

编制工程施工组织设计 编制目的、一般依据、工作内容以及工程不同阶段的编制单位见风电场工程施工组织。施工部署按照水下施工转化为水上施工、水上施工转化为陆上施工、高空作业转化为低空作业的原则编制，并根据施工海

域气象和海况条件对各工序衔接进行安排。施工作业区域布置方案包括陆上基地平面布置方案及总布置图、海上作业区控制点坐标、不同海上作业阶段工程区的划分、施工船舶泊位等。交通运输方案包括陆上运输方案、海上运输方案和港口作业方案。施工技术方案包括陆上构件预制方案、陆上构件拼装方案、风电机组基础施工方案、海上变电站基础施工方案、风电机组吊装方案、设备安装与调试方案、海底电缆敷设方案等。

施工海域扫海测量和清理作业　施工作业前对施工安全作业区进行扫海测量作业，查明影响航行和施工的障碍物情况；对沉桩作业施工区域和海底电缆敷设区域有碍作业的废弃水下管线、沉船、沉排、废弃养殖绳索和渔网，以及影响沉桩的抛石棱体等障碍物进行清理。对外提供工程施工专用海图，供施工船舶和过往船只使用，保障船舶航行安全。

交通运输　按运输条件分为陆上运输和海上运输；按运输设备种类包括重力式基础运输、管桩运输、导管架运输、塔架运输、风电机组分部件运输、风电机组整体运输和海上变电站运输。陆上运输的内容见风电机组运输。

海上风电机组运输要点包括：①根据所涉及的航道、港口的等级，主要的技术标准及附属设施的详细调研结果，制定合理的海上施工运输方案。②根据施工海域气象、水文、航道等资料，确定合适的航线和运输时段。③拟定应对突发恶劣天气状况及其他紧急情况的应急预案，选定运输过程中及海上驻留时躲避恶劣天气状况的规避路线及避风港口。④向地方行政部门和国家海事部门申请，建立海上施工安全作业区。⑤根据主拖船性能和海区情况，为主拖船配备引航、开道，放置潜水设备、紧急情况下助拖、航行中遇雾时鸣放雾号等不同类型的辅助船舶。⑥及时掌握短期气象预报资料，规避在大风大浪、暴雨情况下的运输。⑦遵守运输安全操作规程和各分隔航道的通航制度，制订特殊航线的安全措施；运输航线船只较多时采取避让措施。⑧采取防止货物在运输过程中发生移动、碰撞受损的固定措施。

风电机组的重力式基础运输、管桩运输、导管架基础运输、塔架运输、风电机组分部件运输、风电机组整体运输以及海上变电站运输各有不同的特点和要求。

海上重力式基础运输　一般采用半潜驳或甲板驳干运运输。大型重力式沉箱基础采用拖航浮游运输时，下水前复核各工况下沉箱的浮游稳定性，根据转运港口、水域实际情况选择合适的下水方式；拖运前验算其吃水、压载和浮游稳定性。

海上管桩运输　吊运管桩装船时，平缓地将管桩吊放到运输船舶的指定位置。水平放置时，管桩之间采用固定支架，以免运输过程中，在风、浪、海流作用下管桩发生滚动、碰撞；竖直放置时，采取管桩不会在风浪作用下发生倾倒，且与固定装置不发生碰撞而受损的固定措施。

海上导管架运输　导管架结构装船作业时，船体处于平衡、稳定状态；在起吊过程中防止损坏导管架或驳船；运输作业时，安装足够的系紧件保证导管架固定牢固。

塔架运输　海上运输时，可靠固定塔架，并在塔架明显部位标上重量及重心位置；各法兰面及螺栓孔采取保护措施，防止变形、碰伤和腐蚀。

风电机组分部件运输　采用支架在船舶上固定机舱，防止运输过程中受风浪作用而移动、碰撞受损。运输过程中采取苫盖措施，避免机舱内设备进水或受腐蚀介质侵蚀而受损。风轮海上运输，通常采用两只叶片与轮毂组装成兔耳形，另一支叶片随船运输的方式。运输时固定风轮和叶片，并对叶轮的薄弱部位采取保护措施。

风电机组整体运输　风电机组用船舶运至海上风电场机位的过程。运输船舶要取得船检部门的批准。如图1所示，运输时风电机组的塔架底部法兰与驳船甲板用螺栓连接固定，机组两侧采用高度适当的支撑架固定住风电机组塔架；机组叶片桨距角调整到 $-90°$ 位置并锁住叶片；偏航系统将机舱调整至背向船首方向并固定；利用机械制动系统固定住风轮；避免风电机组在运输过程中因转动、移位、倾斜、磕碰受损。

图1　海上风电机组整体运输

海上变电站运输　通常采用整体运输方式，当变电站尺寸及重量较大时，可分解为几部分组织运输。

海上构筑物基础工程施工　按基础类型，主要分为海上风力发电机组基础的重力式基础施工、单桩基础施工、导管架基础施工、桩及承台基础施工。海上变电站基础施工也采用单桩基础、导管架基础施工形式。海上施工过程中，在施工区域设立警示标志，并向行政主管部门申请发布航行通告。船只抛锚时考虑对周围通航、施工作业的影响，各锚缆布置设立明显标志。基础施工完成后，还要进行基础附近的海床防冲刷作业和基础过渡段安装等处理工作。

重力式基础施工　重力式基础是钢筋混凝土结构，在陆上基地完成整体预制。基础安装前进行海底调查作业，对海上基础位置进行定位，必要时设立相应的导标。基础安装包括基槽开挖、基床抛石加固处理、基槽夯实与整平、基础吊装、细砂与砾石充填以及过渡段安装等作业。由于重力式基础陆地预制工期长、场地要求高、海上安装困难、造价昂贵等因素，新建海上风电场大都已不采用这种基础形式。

单桩基础施工　单桩基础由大直径钢管桩和过渡段组成，在陆上基地完成本体预制，以及防腐涂层和阴极保护系统的安装。单桩基础施工过程具有代表性，在导管架基础施工和桩承台基础施工中都有沉桩过程。除了单桩基础沉桩时需要大直径桩的沉桩船外，桩的制作、质量控制、下桩、沉桩、测量等作业过程，以及安全要求与陆上风电机组单桩基础施工（见风电机组基础施工）相似。沉桩作业船舶满足施工作业对稳定性的要求。根据地质、桩身结构强度、桩的承载力和打桩锤的性能，并结合施工经验或试沉桩情况选择锤型，优先选择液压打桩锤。

单桩基础沉桩作业准备工作包括：①检验与校正定位测量仪器；②根据施工现场测量控制网，工程桩位平面布置图，基桩定位精度要求，地形、地质、水文、气象等作业区域环境条件，配置的定位仪器设备，作业人员技术水平和沉桩船舶技术性能，编写沉桩定位施工测量方案和沉桩施工顺序图，按沉桩顺序组织桩基础的运输及沉桩施工作业；③检查沉桩区泥面标高和水深是否符合沉桩要求；④根据桩的承载力、持力层变化情况、打桩锤的性能和桩身结构强度等因素确定锤击沉桩控制贯入度；⑤选择有代表性的区域进行试沉桩。

沉桩过程包括下桩、沉桩和测量控制等作业。下桩过程中要保持桩身竖直。锤击沉桩控制方式，根据地质情况、设计承载力、锤型和桩长综合考虑。沉桩作业开始前，调整并控制钢管桩桩顶平整度和桩身垂直度；在沉桩过程中桩锤、替打、送桩和桩要保持在同一轴线上，避免产生偏心锤击和蹩劲沉桩；控制桩顶平整度和桩身垂直度在规定范围内；沉桩过程连续进行，作业中发生异常情况时，立即停止锤击，查明原因并采取技术措施；沉桩要考虑作业对基床土体或邻近相关设施的影响，对邻近设施的位移和沉降等进行观察，有异常变化时，停止沉桩并采取处理措施。不得在已沉放的桩上系缆；在已沉放桩区两端设置警示标志。沉桩施工记录，归入风电机组基础施工档案。沉桩完成验收后进行过渡段安装与灌浆作业。

导管架基础施工　导管架基础由海底桩和导管架构成，包括三角、四角甚至五、六角（多角架）单柱导管架基础和桁架导管架基础（见海上风力发电机组基础）。施工作业包括陆上预制、运输、就位、沉桩、调平和灌浆。钢管桩和导管架在陆上基地完成预制以及防腐涂层和阴极保护系统的安装作业。根据尺寸和重量，导管架就位可以采取起重船吊放就位或下滑入水扶正就位的方式。安装前对导管架安装位置进行准确定位。导管架应放置在水平或接近水平的海床上。将钢管桩穿入导管架裙桩套管内后进行沉桩作业。插桩顺序以及每次打桩前插桩的数量，根据现场水平度测量结果而定。导管架施工的沉桩多数是液压锤水下沉桩作业，需要监控沉桩过程。沉桩作业内容和要求与单桩基础施工相同。

导管架调平作业贯穿于插桩和打桩整个作业中，在每次插桩作业之后、打桩作业之前进行一次导管架水平度测量，确定调平方案和打桩顺序。当部分桩打完之后，需要通过预升或上提导管架来调平，调平至规定的公差范围内。导管架一旦调平，在整个作业期间保持其水平度。导管架上钢裙桩套管与钢管桩之间可以采用灌浆或焊接方式牢固结合。对于潮间带或很浅的海域，海底桩的位置精度比较容易控制，多角架单柱导管架基础也可先打桩，再安装导管架，如图 2 所示。

桩及承台基础施工　通常低桩承台基础采用高强预应力混凝土管桩（PHC 桩），高桩承台基础（见图 3）采用钢管桩。施工作业内容包括构件预制、运输、沉桩、接桩、安装承台模具、承台浇筑等。管桩和承台模具全部在陆上基地预制完成。混凝土承台的封底混凝土、桩芯混凝土及承台结构混凝土全部采用水上浇筑，作业配备大型混凝土搅拌施工船舶。沉桩作业与单桩基础施工相同，混凝土施工作业见风电机组基础施工。

图 2　潮间带多角架单柱导管架基础安装

图 3　高桩承台基础

基础施工的后续工作　桩基础施工完成后，对基础附近的海床，采用抛石防冲刷保护措施。抛石石材的材质、强度、级配及抛石工艺按设计规定执行。抛石施工在平潮风浪较小时进行，并尽量采用小型船舶。作业时施工船舶不得磕碰、损伤风电机组基础。作业结束后，对基础冲刷状况进行一定时间的监测，以确认满足防冲刷要求。桩基础施工结束后，进行过渡段安装与灌浆作业；安装时根据设计要求对过渡段进行调整，确保正确的轴线对中、水平度和标高控制。过渡段安装完成后，安装爬梯、栏杆、接地装置、靠船构件及其他附件。并对现场安装的部件连接部位及涂层损坏部位进行防腐蚀处理。

海上风电机组安装　分为分体安装和整体安装两种作业方式。安装作业可以使用大型起重船、半潜式起重船，也可以使用非自航自升式平台、自航自升式平台等专用海上平台。进行吊装作业前，根据设备配置情况和吊装施工作业的难易程度确定风速、浪高、海流流速等安全限值。施工作业时，保持一定的安全水深。安装船舶驻位下锚后，船舶的稳定性和安全性满足风力发电机组设备安装作业的要求。

风电机组分体安装　与陆上风电机组安装一样，按

塔架、机舱、风轮、叶片依次安装，见图4。（见风电机组安装）

图4 海上风电机组分体安装

风电机组整体安装 风电机组在陆上基地完成安装和离网调试，运至海上机组基础附近完成吊装。吊装前检查基础连接段顶部法兰，确保其标高和水平度控制在规定的范围内；确定机组安装和起吊方向；在机组塔架底端和基础承台上安装缓冲装置，防止在吊装过程中对基础造成冲击。风电机组整体起吊后平缓移动（见图5），塔架底部法兰与基础法兰螺纹孔对准后轻放，并安装和紧固连接螺栓。安装完成后确认机组垂直度偏差在规定范围内。

海上变电站设备安装 海上变电站通常采用整体吊装方式。当变电站尺寸和重量超出船舶作业能力时，可以根据变电站的主要设备尺寸和重量逐次进行海上吊装作业。整体吊装的变电站在陆上基地完成主要设备安装、调试，以及防腐、防潮、防盐雾作业后，随变电站平台一起吊装。

图5 海上风电机组整体安装

分体吊装的变电站在变电站平台吊装完成后，设备分批吊进平台安装。分体吊装变电站主要的防腐、防潮、防盐雾作业和设备测试在陆上基地完成。控制、保护、通信设备及防雷、接地、照明、监测、内部电缆和站用电等辅助装置在平台吊装就位后进行安装。

海上风电场配套设施安装 主要包括靠船件、系缆桩、风电机组基础防撞设施、直升机平台和航标设施等配套设施安装。

海底电缆敷设 敷设作业前，检验施工船舶的容量、甲板的面积，稳定性，推扭架，电缆输送机，刹车装置，张力计量、长度测量、水深测量、导航与定位仪表、通信设备及附属设备是否符合要求；复核敷设路线、海深、地形等。

敷设作业时，按规定的路由敷设电缆；敷设余量按水深、海底坡度的变化而变动，顺着海底地形起伏敷设于海床上，不能存在悬空现象；布缆速度根据施工地点的地质、流速、流向等确定；采用定张力或定余量方式敷设，海底电缆受到的拉力控制在设计范围内，敷设过程中不能出现任何使电缆受到过大张力、弯折或发生扭结的现象。海底电缆埋设采用先敷后埋或边敷边埋的方式，使用犁式、水力喷射式或机械切削式填埋机进行；当海床是岩质地基时，采取抛石等保护措施。海底电缆登陆可采用登陆艇、吃水浅的平底船、浮球助浮等方式敷设。敷设作业完成后设置警示装置，并测试电缆的导体直流电阻值、直流耐压、绝缘电阻和泄漏电流值等数据。

海上风电场设备调试 海上风电场设备安装完成后，对风电机组、风电场成套电气设备及电气系统进行技术测试、调整和整定，以达到运行条件的工作。见风电场设备调试和风电机组调试。

工程观测 施工期和工程保修期间对风电机组、变电站及其基础进行例行检测，必要时进行特殊检测。在发现结构有严重损坏时，清除损伤部位附近的海生物和杂物，通过与相邻风电机组基础进行对比的方法或重复检测的方法进行检查。如仍不能对结构损伤及原因做出判断，则进行水下无损检测。

（1）例行检测内容包括：①超载迹象、设计缺陷、与基础结构设计不符的任何操作，以及水面以上全部构件的一般性检查；②基础结构防腐系统的有效性，按规定时限目测检查水上部分，以查明涂层的损耗和结构腐蚀情况；③塔架、风电机组构件变形或损坏情况；④基础连接部位、桩基、焊缝等关键部位的损坏情况；⑤当发现水面以上部分有损坏，而且通过目测检查手段不能确定其损坏程度时，进行无损检测。

（2）特殊检测包括：①构件是否存在严重腐蚀或由于意外原因、环境条件造成的超载；②构件疲劳损伤情况；③是否出现海流冲刷和海床局部不稳定情况；④设计或施工缺陷；⑤基础周围是否存在过厚的海生物或表面吸附物；⑥利用水下检测设备检测水下结构的阴极保护电位。

施工管理 针对海上风电场施工的特殊管理内容包括：①编制海上风力发电工程作业船舶安全基本要求；②编制海上风力发电工程船舶起重机吊装作业安全要求；③编制海上风力发电工程作业疏散预案；④针对极端气象水文条件，编制防风、防雾措施；⑤在施工作业区设置安全警示标志；⑥对海上风力发电工程作业人员进行海上求生、救生艇和救生筏操纵、海上急救和应急逃生等安全救生培训。（见风电场工程施工管理）

海上施工作业前，编制施工环境管理计划；海上施工作业时，须严格执行防止海洋污染的法律法规，并配备相应的污染物处理处置设施。工程船舶应遵守海上交通安全法律、法规，防止因碰撞、触礁、搁浅、火灾或者爆炸等引起的海难事故，以及由此造成的海洋环境污染、人员伤亡和设备损失。

haishang fengdianchang shubiandian xitong

海上风电场输变电系统 (offshore wind farm transmission system) 实现海上风电场的电力汇集、升压、输送的系统。由海上风电场集电系统、海上变电站和海上风电场输电系统组成。截至 2011 年底，除德国 Bard Ⅱ海上风电场采用柔性直流输电方式并网，其他已并网的海上风电场全部采用交流输电方式并网。

海上风电场集电系统 通过场内连接到每台风电机组的海底电缆，将风电机组发出的电能汇集到变电站汇流母线，主要包括电缆线路、开关设备、风电机组升压变压器等。海上风电场集电系统基本结构有放射结构、星形结构、单边环形、双边环形和复合环形。集电系统电压等级国外一般为 20～36kV，中国海上风电场集电系统电压等级为 35kV。

海底电缆线路一般采用交联聚乙烯（XLPE）绝缘，可设计为三芯电缆或单芯电缆。当采用交流输电方式时，海底电缆应用受限主要源于电缆本身的电容特性，电缆产生的无功电流占用了可用于传输有功功率的电流容量，交联聚乙烯电缆充电功率典型值的范围是 100～150kvar/km（33kV），1000kvar/km（132kV），6～8Mvar/km（400kV）。海底电缆铺设时，为了降低由于捕鱼工具、锚等对海底电缆造成破坏的风险，必须在海底埋设电缆。铺设海底电缆一般采用特殊工具船，通过犁、高压冲水、岩石切割机等在海底挖出沟槽，再埋设电缆。

海上变电站 设置在海上的变电站具有汇集电能，控制电能流向，改变和调整电压的功能。一个海上变电站一般包括风电场主升压变压器、开关设备、柴油备用发电机、无功补偿装置、起重机、救生艇及休息室等，对于通过直流输电系统送出的海上变电站，还包括直流换流器等设备。由于要汇集海上风电机组发出的电力并输送到陆上，变电站的支撑结构、变压器以及开关设备均比陆上变电站复杂，变电站所有设备工作环境条件受平台面积、绝缘距离、盐雾腐蚀等因素制约，投资和运行维护成本很高。对于离岸较近的风电场，尽量避免安装海上变电站。由于空间限制，海上变电站一般采用平板车式紧凑布局、模块化安装，对于面积狭小的海上变电站平台，其电气设备设计需充分考虑尺寸、冗余度及可靠性。

海上风电场输电系统 主要类型包括交流输电系统（HVAC）、基于晶闸管相控变换器的高压直流输电系统（LCC-HVDC）、基于电压源变流器的高压直流输电系统（VSC-HVDC）、LCC-HVDC 和 VSC-HVDC 的并联输电方式和多端直流输电方式等，其中 LCC-HVDC 又称为常规直流输电系统，VSC-HVDC 又称为柔性直流输电系统。

海上风电场输电方式主要受经济性及输电技术成熟度制约，表中详细比较了可用于海上风电场的三种输电方式的主要特点。

海上风电场输电方式比较

功能	HVAC	LCC-HVDC	VSC-HVDC
最大可传输容量	800MW(400kV) 380MW(220kV) 220MW(132kV)	采用海底电缆可达到600MW	已建立的最大达 350MW；已宣布可达 500MW；提出了 1080MW 的设计
传输容量是否受距离限制	是	否	否
电压水平	已建成 132kV，在发展 220kV 和 400kV	可达±500kV	可达到±150kV，提出了±300kV
工程建设情况	已有多个小型工程	无	德国、瑞典已建有实验工程
支持电网能力	有限，需要动态无功补偿装置	无，需要动态无功补偿装置	有
电缆模型	电阻、电容和电感	电阻	电阻
辅助设备	不需要	低风速时需要	低风速时需要
系统总损耗	取决于输电距离	2%～3%	4%～6%
海上变电站空间	最小	最大	中等
建造费用	变电站的费用较少、电缆费用较高	电站的费用较高、电缆费用较低	电站费用比 PCC 技术的高 30%～40%，电缆费用也比 PCC 技术的贵

海上风电场采用交流还是直流方式并网，取决于经济性比较。在输送功率相等和可靠性相当的可比条件下，直流输电和交流输电相比，换流站的投资比变电站的投资高，而直流输电线路的投资比交流输电线路的投资低。当输电距离增加到一定值时，采用直流输电的线路所节省的费用，刚好可以抵偿换流站所增加的费用，即交、直流输电的线路和两端设备的总费用相等，这个输电距离称之为交、直流输电的等价距离，如图所示。

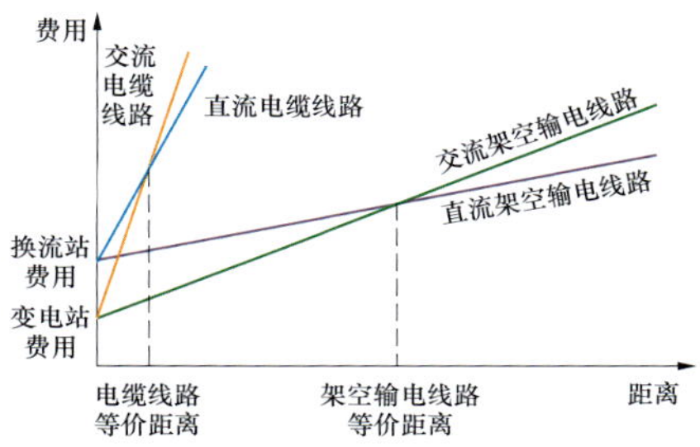

交、直流输电的等价距离

通常情况下，当输电距离大于等价距离时，采用直流输电比采用交流输电经济；反之，则采用交流输电比较经济。当采用电缆且接入距离小于 50～75km 时，交流输电接入方案在大多数的新能源发电站工程中被采用。随着电力电子技术的发展，换流装置价格的下降，等价距离还会缩短。

海上风电场交流输电系统 采用交流输电方式将电力传输至陆上电网的输电系统。交流输电系统的特点：①交流海底电缆阻抗较大，输电容量和输送距离有限；②线路造价高、损耗大，但线路两端不需要电力电子装置，变电站费用较低；③交流高压电缆输电存在大量充电无功，风电功率波动引起的电压波动较大，需要在两端变电站安装大容量动态无功补偿装置。

海上风电场常规直流输电系统　电流源型直流输电技术，在陆上电网已得到广泛应用，技术较为成熟，但应用于海上风电场，需要在线路两端建立换流站，并加装大容量动态无功补偿设备以补偿换流站需要的大量无功功率，而海上变电站平台受空间限制，因此一般不采用常规直流技术输电。

海上风电场柔性直流输电系统　VSC-HVDC 采用全控电力电子器件如可关断晶闸管（GTO）、绝缘栅双极型晶体管（IGBT）构成变流器，结合脉宽调制技术（PWM），实现有功功率和无功功率的独立控制，克服常规高压直流输电中需要吸收大量无功功率和换相失败等问题，特别适合海上风电传输。此外，海上风电场应用柔性直流输电，还可以提供动态无功支撑，提高电力系统稳定性。由于全控电力电子器件造价较高，导致柔性直流输电系统成本居高不下。柔性直流输电系统主要包含 VSC 换流站断路器、电网侧/换流站侧/直流侧滤波器、连接变压器、VSC 单元、VSC 直流电容、直流电抗器、直流电缆及辅助功率设备。

海上风电场多端直流输电系统　直流输电系统一般为点对点进行电力传输，对于大型海上风电场或海上风电场群，为降低输电成本，需要将多个风电场通过直流线路连接起来，共同向岸上电网输电，形成网对网的电力传输。国内外学者提出了多端直流输电系统技术，分为基于电压源的多端直流（MVSC-HVDC）和基于电流源的多端直流（MCSI-HVDC）。

海上风电场常规直流和柔性直流并联输电系统　常规直流和柔性直流两种高压直流输电技术各有优缺点。国内外学者提出通过断路器将两种直流输电系统在直流侧连接，既能够使海上风电输电系统具备柔性直流输电系统的优点，又降低了成本。

haishang fengli fadian jizu jichu

海上风力发电机组基础　(foundation of offshore wind turbine)　位于多年平均大潮高潮线以下位置的风力发电机组基础，通常包括支撑海上风力发电机组塔架的平台及底部支撑结构，按水深条件可以分为潮间带、潮下带、近海及深海基础。而国际电工委员会（IEC 61400-3）对海上风力发电机组基础的定义特指海床以下的支撑结构。海上风力发电机组基础主要有固定式和浮式两类。

固定式基础　将基础一端固定在海床另一端露出海面承载风力发电机组的基础类型，常见的有单桩式、多桩式和导管架式基础。也有使用重力式基础的，这种基础依靠扣除浮力后的自重，平衡其上部风电机组的倾覆力矩，适用于水深较浅，且海底地质条件较好的区域。

单桩基础　通过打桩机将一根钢管单桩打入海床一定深度并固定后形成的基础。对于地质较软的海床，单桩基础可以打入海底较深位置并加以固定。在海水较深的地方，需加长钢管的长度，由于对钢管的刚度要求很高，因此单桩基础适应的最大水深一般不超过 30m，且不适于海床有岩石的情况。

单桩基础上端通常设有过渡段，过渡段与桩之间通过灌浆连接。单桩基础上端通过过渡段的法兰与风电机组塔筒相连，下端固定于海底下的地基土中。这种基础结构简单，加工和施工方便，在欧洲的海上风电场中较为常见，见图 1。

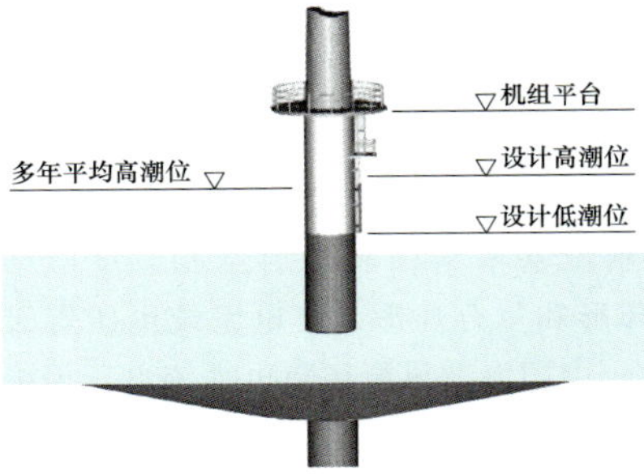

图 1　海上风电机组单桩基础

高桩承台基础　由一个混凝土承台和多根钢管桩组成的基础。在海床上打入多根钢桩，然后在桩上安装承台，承台上端连接过渡段，下端连接多根钢管桩。承台一般为现浇的钢筋混凝土结构，其底面通常位于平均低潮位以上。导管架和上部风电机组塔筒之间通过法兰连接，下部钢管桩则直接插入承台混凝土中。此类基础适用于地质松软的海床，但是海上施工工作量大，施工期长，成本较高，见图 2。

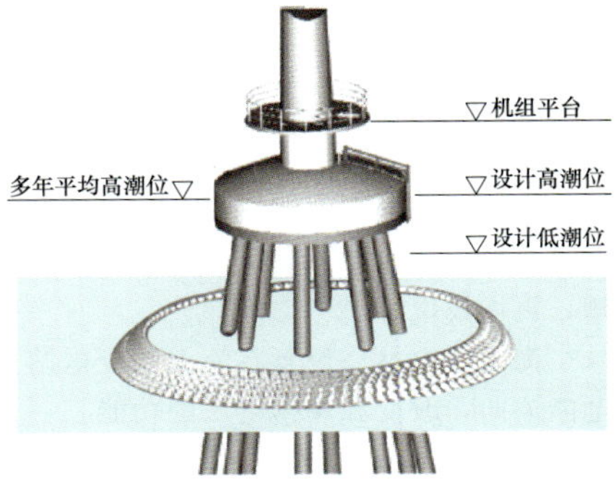

图 2　海上风电机组高桩承台基础

导管架基础　由一个导管架和多根钢管桩组成，通过导管架将上部风电机组荷载传递给下部钢管桩的海上风电机组基础。它是由若干竖向立柱式钢管桩和横向、斜向连接钢管（导管）焊接成的空间桁架结构。根据导管架下端连接的桩的数量，可以分为三脚架式、多管桩式等（见图 3）。导管架平台是由钢管桩通过导管架

(a)　(b)

图 3　海上风电机组导管架基础

(a) 三脚架式；(b) 多管桩式

固定于海底的支撑平台。导管架先在陆地预制好后，拖运到海上的机位，然后打桩，导管架与下部钢管桩之间通过灌浆连接，与上部风电机组塔筒之间通过法兰连接。由于这种基础形成了刚度较大的桁架式结构，因此较单桩基础，能适用于水深更深、单机容量更大的风电机组。

浮式基础 利用海水中漂浮平台相对固定海上风力发电机组的基础。浮式基础不固定在海床上而是直接漂浮在海水中，由数根与海床系留锚相连的缆索固定在一定的位置。此类基础适用于深海区域，但尚处于概念设计或试验阶段。图 4 是在挪威安装的一台浮式基础样机。

图 4 浮式基础样机

Haishe Bolang Fadian Zhuangzhi

“海蛇”波浪发电装置

(Pelamis wave generation device) 1998 年成立于爱丁堡的海蛇波浪发电公司(Pelamis Wave Power Co. Ltd.，前身为 Ocean Power Delivery Ltd.)发明的波浪发电装置，如图 1 所示。“海蛇”(Pelamis) 波浪发电装置经历了多年的理论、数值模拟和物理模型试验研究过程，2004 年世界上第一台改良筏式波浪发电装置——“海蛇”原型机（长 120m、直径 3.5m 的圆柱浮筒）海试在位于苏格兰的欧洲海洋能中心(EMEC) 取得成功。该装置已发展到第二代，为满足更大装机容量及更平稳的电力输出第二代装置无论在外形上还是在内部组件上都做了相应调整。

图 1 “海蛇”波浪发电装置

主要设备及参数 装置由四个铰接的圆柱浮筒组成，用重力锚与海底固定，顺波向线布置，见图 2。在波浪作用下，钢制圆柱体发生纵摇和横摇，见图 3，驱动铰接处的液压缸，产生液压能推动液压马达。为了保持较稳定的转速，采用了蓄能器平滑液压能。浮筒可根据海况和装机容量进行设计。第一代装置装机容量为 750kW，其装置长度达到 130m，圆柱体直径为 3.5m；第二代装置长度为 180m，圆柱体直径为 4m，通过试验证实装机容量可达兆瓦级。

发展状况 “海蛇”波浪发电装置运行于一系列项目，包括德国意昂集团（E. ON AG）的 E. ON 可再生能源发展项目、苏格兰可再生能源发展项目、苏格兰设得兰波浪发电

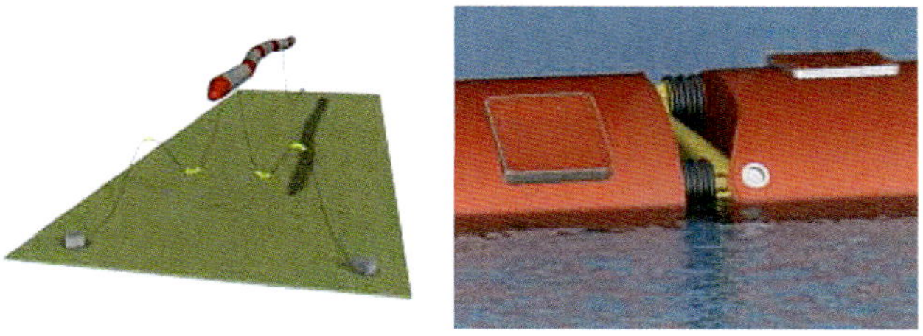

(a) (b)

图 2 “海蛇”波浪发电装置锚固和铰接示意

(a) 锚固示意图；(b) 铰接处示意图

厂、贝赖那波浪发电厂、Agucadoura 波浪发电厂。

E. ON 可再生能源发展项目 在英国苏格兰奥克尼西海岸的欧洲海洋能中心（EMEC）实施，为期 3 年，旨在监测“海蛇”第二代装置的工作性能，设备于 2010 年 10 月安装成功（见图 4），实现并网发电。

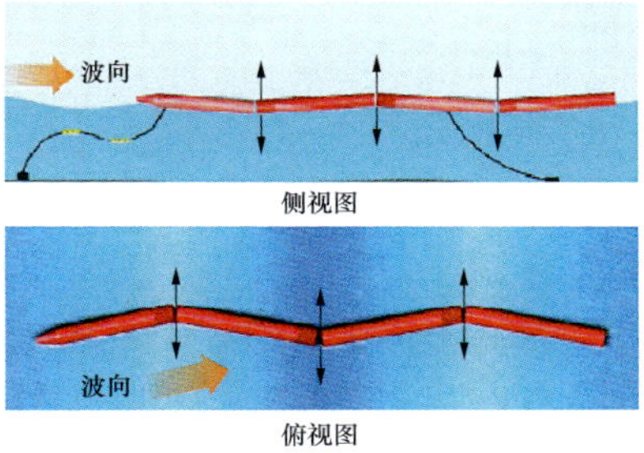

图 3 “海蛇”波浪发电装置波动效果图

图 4 E. ON 可再生能源发展项目中正在运行的“海蛇”波浪发电装置

苏格兰可再生能源发展项目 在欧洲海洋能中心实施，根据对波浪发电装置监测结果制定 50MW 级波浪发电厂项目计划，拟采用 66 台“海蛇”波浪发电装置。

设得兰波浪发电厂 由埃吉尔（Aegir）波能公司投资建立的 10MW 级波浪发电厂，厂址位于苏格兰海岸东北方向的设得兰（Shetland）群岛，见图 5。拟采用 13 台海蛇波浪发电装置。

图 5 设得兰波浪发电厂预选厂址

贝赖那（Bernera）波浪发电厂 位于英国苏格兰路易斯的西海岸外赫布里底群岛（见图 6），设计装机容量为

10MW，拟建14台“海蛇”波浪发电装置，计划2015～2016年建成。

图6　贝赖那波浪发电厂预选厂址

Agucadoura波浪发电厂　兴建于2008年，由葡萄牙电力公用事业部和英国海蛇波浪发电公司联合建造的波浪发电厂，安装了3台“海蛇”波浪发电装置，装机容量为21MW。

haiyangneng

海洋能　(ocean energy)　海洋水体所蕴藏的能量。在地球中海洋面积占总面积约71%，陆地只有29%，海洋蕴藏丰富的资源与能量，充分利用海洋的能量，是人类解决能源危机的一个很好的选择。海洋能作为自然能源是随时变化着的，但海洋是个庞大的蓄能库，将太阳能以及派生的风能等以热能、机械能等形式蓄在海水里。

全球海洋能的可再生量很大，但能量密度比常规能源低。海水温差小，海面与500～1000m深层水之间的较大温差仅为20℃左右；较大潮差仅7～10m；较大波高仅3m；潮流、海流较大流速仅4～7海里/h。即使这样，在可再生能源中，海洋能仍具有可观的能流密度。如波浪能每米迎波宽度的年平均波浪功率在最丰富的海域是100kW，较小的有3～6kW；最高流速为3m/s的舟山群岛潮流，一个潮流周期的平均潮流功率可达4.5kW/m^2。

全球海洋可再生能源理论功率为7.66×10^{10}kW，其中蕴藏在海岸线附近、技术上允许利用的海洋能有6.4×10^{9}kW，而中国约为4.4×10^{8}kW。

海洋能的利用还很昂贵，以法国朗斯潮汐电站为例，其单位千瓦装机投资合1500美元（1980年的价格），高出火力发电厂。但在严重缺乏能源的沿海地区（包括岛屿），把海洋能作为一种补充能源加以利用还是可取的。

分类　主要包括潮汐能、波浪能、温差能、盐差能和海流能，而不包括海上风能、太阳能及海洋生物质能。潮汐能包括潮差能和潮流能。

潮差能　太阳、月亮与地球之间的万有引力与地球自转的运动使得海洋水位形成高低变化所产生的势能。主要利用形式是潮差发电，发电原理与水力发电相似。与水力发电相比，潮差能的能量密度不高，相当于微水头发电的水平。

潮流能　潮汐导致的有规律的海水流动所产生的动能。潮流能的功率正比于流速平方与流量的乘积。相对波浪而言，潮流的运动要平稳且有规律得多。潮流随海水涨落有规律地改变流速的大小和方向。一般来说，最大流速在2m/s以上的水道，就有实际开发潮流能的价值。利用方式主要是潮流发电。

波浪能　在风和地球引力的作用下产生的，在海洋表面以势能和动能的形式周期转换的机械能。波浪的功率与波高的平方、波浪的运动周期以及迎波面的宽度成正比。波浪能是海洋能源中能量最不稳定的一种能源。波浪有季节性、周期性，而且相邻周期也是变化的。波浪是风浪和涌浪的总和，但涌浪源自辽阔海域持续时日的风能，不易骤起骤止和受局部气象条件的影响。波浪发电是波浪能利用的主要方式。此外，波浪能还可以用于抽水、供热、海水淡化以及制氢等。

温差能　海洋表层温海水与深层冷海水之间的温差所储存的热能。在太阳照射下，海洋表面的水温较高；随水深增加，温度逐渐下降。在水深800m下，海水温度为4℃左右。这样，水深大于800m的热带或亚热带海域终年存在20℃以上的垂直海水温差。这一温差昼夜波动小，较稳定，可被利用实现热力循环并发电。除海洋温差发电之外，海洋温差能利用装置还可以同时获得淡水和深层海水。

盐差能　海水与淡水之间或两种含盐浓度不同的海水之间的化学电位差能，主要存在于河海交界处。盐度差较稳定，只稍有季节性的变化。海水（盐度35‰）和河水之间的化学电位差可以形成约240m水位的渗透压。盐差能利用方式主要是盐度差发电。其基本方式是利用不同盐浓度的海水之间的渗透压，形成水的势能，再利用水轮机发电。

海流能　大量的海水从一个海域长距离地流向另一个海域所产生的动能，这种动能是在风、温差、盐差驱动下产生的。海流能平均功率与海流的横截面积的平方和流速3次方成正比。目前海流能利用的主要方式是发电。

海洋能的利用　海洋能利用的历史至少可以追溯到中世纪。早期人类对海洋能的利用主要是直接利用潮汐推磨、行舟。早在9世纪，中国山东蓬莱就已出现以潮汐为动力的潮汐推磨。11世纪在高尔、安达卢西亚和英国沿岸已有原始的潮汐水车在运转。波浪能和温差能的利用设想也早在19世纪末就已提出。到20世纪70年代，由于受石油危机的影响和人类逐步开始重视环境污染问题，西方工业国家加强了对海洋能开发利用的研究，开发方向通常是将海洋能转换为电能，即海洋能发电，也可以转换成其他形式的能量加以利用，如淡化海水、取暖、直接动力驱动等。潮汐能发电已经实用化。波浪发电装置正逐步商业化，2011年英国的“海蛇”波浪发电装置在葡萄牙北部开始商业运行，总装机2.25MW，为居民供电。潮流发电处于商业运行前的实海况示范阶段；海洋温差发电已进入工程试验阶段；盐度差发电仍在探索的初始阶段。

需解决的问题　包括：①资源分布及蕴藏量的勘查、估算和统计；②各种转换机理及转换方法的研究；③海洋能转换装置的建造、安装与维护技术；④与海洋能转换装置的结构、设置、系留有关的海洋工程技术；⑤对海洋环境影响的研究；⑥开发过程中海洋资源的综合利用。

展望　由于海洋能装置比较庞大，再加上处于海洋环境，工程技术上难度大，对防腐蚀、防生物附着都有特殊要求，对设备材料的要求也比较高，因此海洋能电站尚不能与常规能源电站相竞争。各国的发展趋势是：一方面，在有条件的地方建设岸式大型电站，用低成本的电力替代一部分常规能源；另一方面，着眼于解决岛屿用电和海洋开发的就地用电，以减少电力输送环节。截至2013年，海洋能的总装机容量大约为520MW。

haiyangneng fadian

海洋能发电 （ocean energy power generation） 将海洋中所蕴藏的能量转换为电能的技术。海洋中蕴藏的各种可再生能源。海洋能主要包括潮汐能（含潮差能和潮流能）、波浪能、温差能、盐差能和海流能。海洋能发电包括潮汐能发电、波浪发电、海洋温差发电、盐度差发电和海流发电。

潮汐能发电是利用海水涨落中的势能和动能发电的技术，包括潮差发电和潮流发电。

波浪发电是利用波浪的动能和势能生产电能的技术。

海洋温差发电是利用海洋表层海水和深层海水之间的温差所蕴藏热能进行发电的技术。

盐度差发电是利用河流入海口海水与淡水的化学电位差能发电的技术。

海流发电是将海流的动能转换为电能的技术。海流指海水因气象因素和热盐效应的作用沿一定途径的大规模流动，也称洋流。海流发电原理与潮流发电原理相同，但因两者成因不同，故资源分布、能流密度、地理环境均有所不同，发电技术也必定有所不同。海流能利用主要集中于海流能资源研究，发电技术还在概念模型研究阶段。

技术特点 海洋能资源的特性不同，海洋能发电技术难度各异。

海洋能的主要特征包括：①种类多、蕴藏量大，可以再生，没有污染，但能量密度较低；②资源分布广泛但不均匀；③潮汐能不稳定但变化有规律性，温差能、盐差能以及热盐效应导致的海流能较稳定，波浪能和气象导致的海流能既不稳定也无规律；④开发环境严酷，各利用技术应用程度各异。

海洋能能量密度低，海洋能发电利用装置比较庞大；由于不够稳定，造成能量转换效率低，需要一定的调节和蓄能措施。海洋能发电利用装置处于海洋环境，工程难度大，对设备材料的防腐、防生物附着要求高，运行维护难，故造价和运行成本较高。

发展简史 早期人类对海洋能的利用主要是直接利用潮汐推磨、行舟。20世纪初欧美一些国家开始潮差发电研究。到20世纪70年代，波浪能、潮流能、温差能开始了较为系统的研究；盐差能和海流能开始了理论探索。2007年，国际电工委员会/海洋能——波浪能潮流能和其他水流能转换设备技术委员会（IEC/TC114）成立，标志着海洋能转换设备国际标准开始制定。中国是首批13个成员国之一。截至2013年，只有潮差发电技术比较成熟，已经实用化。韩国于2011年建成的始华湖潮汐电站，装机容量254MW，是截至2013年底世界上规模最大的海洋能电站；波浪发电和潮流发电已经进入商业化运作；海洋温差发电和海洋盐度差发电已进入示范运行阶段。

中国海洋能开发利用起步较迟，20世纪50年代末期开始兴建小型潮差电站，70年代开始波浪能和潮流能利用的研究，80年代开始温差能和盐差能的实验室机理研究。1985年江厦潮汐电站建成，是中国最大的潮汐电站，装机容量3900kW。中国潮汐发电在2000年前达到10.65MW，但大部分潮汐电站由于淤塞而关闭，截至2012年底仅剩江厦潮汐电站和海山潮汐电站仍在运行。（见中国海洋能发电技术）

haiyangneng ziyuan

海洋能资源 （ocean energy resources） 由大气运动、太阳辐射以及主要来自月球的引力产生的，以海水为载体的能量资源。海洋能指海洋中可再生的动能、势能和热能，主要包括潮汐能（包括潮差能和潮流能）、波浪能、温差能、盐差能和海流能。

潮汐能是指从海水因引力场变化而产生的能量，包括潮差能和潮流能。波浪能是风扰动海面所产生的能量，包括动能和势能。温差能指海洋表层海水温度与深层海水温度之间存在的温差所蕴藏的热能。盐差能是指海水和淡水之间或两种含盐浓度不同海水之间的化学电位差能，主要存在于河海交界处。海流能是指海洋中因温度、盐度差或气象因素导致的海流的动能。

评价指标 评价海洋能资源储量的指标分为理论资源储量、技术可利用资源储量和实际可利用资源储量三个层次。

理论资源储量 在自然状态下，全球海洋中由风、太阳辐射以及引力变化在一年内对海洋做功所形成的能量总和。包括全部的潮汐、波浪、海流中的能量，全部河流入海的淡水与海水混合所释放的能量，以及海洋表层与深层海水间温差达20℃及以上的海域所具有的温差能。计算海洋能需确定计算海域。在计算波浪能、潮汐能、海流能时，指全球海域；在计算温差能时，仅考虑表面与海底温差不小于20℃的海域，将此海域分为5km×5km的格子，测量格子节点上各种海洋能的功率密度，沿时间积分得到一年的能量密度，再沿海域积分得到全球理论资源储量。在计算盐差能年理论储量时，只计算各淡水河年净流量的淡水与海水之间的理论势能量。

技术可利用资源储量 在2050年前各海洋能技术能够利用的海洋能储量，即海洋能技术可扩展的海域内，在技术可实施条件下所能获得的最大量。在现有的计算中，将能量密度大、资源富集区的海洋能资源量作为技术可利用资源。

实际可利用资源储量 考虑了海洋能利用装置各个环节的效率、自然环境许可、社会许可，以及经济效益、财务指标后可以利用的资源量。海洋能利用装置各个环节的效率包括系统的能量捕获率、转换效率、年利用率（装置发电小时数/全年小时数）。自然环境许可指对海洋生态环境未产生明显影响；社会许可指未对其他用户的设施及用海活动，如国防设施、军事活动、港口码头、交通运输、土地围垦、水产养殖及渔业捕捞、旅游景观和海底资源等产生明显影响。

资源储量与分布 据1981年杰拉尔德.L.威克和沃尔特.R.施密特编著的《海洋能开发》和国际能源署发布的2012年海洋能源系统执行协议（OES）《海洋能技术研究》估计，全世界各种海洋能资源的理论储量约为0.09EW·h/a（320EJ/a）。据2008年ECOFYS公司发表的《全球可再生能源资源储量》和2002年Robin Pelc和Rod M. Fujita发表的论文《海洋中的可再生能源》估计，全球海洋能技术可利用资源储量约为16 560TW·h/a（60EJ/a）。其中，温差能量大，为

8000TW·h/a（29EJ/a），波浪能为 5560TW·h/a（20EJ/a），潮汐能为 500～1000TW·h/a（1.8～3.6EJ/a），盐差能为 400TW·h/a（1.4EJ/a）。表1给出全球与中国各类海洋能物理表征的参考指标。

各种海洋能能量密度随时间变化一般具有规律性，特别是潮汐能，海洋学家已能做出很准确地预报。各种类型海洋能的富集海域、与能量影响因素的关系和变化规律归纳在表2中。

表1 全球与中国各类海洋能物理表征的参考指标

能种	指标要素	世界	中国	能种	指标要素	世界	中国
潮汐能	最大潮差	17m	东海沿岸 9m	海流能	最大流速	1～1.5m/s	东海黑潮流域 1.0m/s 以上
	最大平均潮差	8～10m	东海沿岸 4～5m				
	最大潮流流速	4～5m/s 以上	舟山海区 4m/s 以上	温差能	最大温差	24℃以上	南海深水区 24℃以上
波浪能	沿岸单站最大平均波高	2m 以上	东海沿岸 1.6m	盐差能	入海口淡水与海水之间的渗透压	2.4MPa	1.8MPa
	大洋单站最大波高	24m 以上	东海、南海 10m 以上				

表2 各类海洋能的特性

能种	世界富集海域	中国富集海域	与功率有关的关系	变化规律
潮汐能	北纬 45°～55°N 沿岸	东海沿岸（沿岸、浅海）	正比于潮差平方与港湾面积之积 正比于潮流流速平方与流量之积	潮差能的潮差和潮流能的流速、流向具有明显的半日或全日、半月周期变化
波浪能	南、北两半球大洋东侧中纬度 30°～60°	东海和南海北部（全海域）	正比于波高平方与波周期之积	具有瞬间的随机性和月以上时间尺度平均值的周期性变化
海流能	北半球太平洋、大西洋的西侧	东海的黑潮流域（外海、深海）	正比于流速的平方与流量之积	比较稳定
温差能	大洋赤道两侧的深水海域	南海（远海、深海）	与暖水量和温差成正比	相当稳定
盐差能	降雨量大的热带大江、大河的河口地区	长江及以南的大江、大河的河口地区（沿海、浅海）	与渗透压和入海淡水量成正比	盐差能的入海淡水量具有明显的年际和季节变化

全球各类海洋能资源储量见表3。表中理论功率峰值指所计算海域该海洋能的总功率的最大值；年利用小时数即发电设备全年发电量除以装机容量。

中国海域海洋能资源储量见表4。

表3 全球各类海洋能资源储量估计值（TW·h/a）

种类	理论资源储量	技术可利用资源储量	实际可利用资源储量
潮汐能	8000***	500～1000**（只能利用潮差或潮流最大地区）	78.9（电站装机容量 0.03TW*，年利用小时数 2630）
波浪能	29 500***	5560**（只利用波浪最大海域）	390（只利用近岸的，装机容量 0.3TW*，年利用小时数 1300）
温差能	444 000***	8000（约占理论资源储量的 20%）	1600（考虑到开发难度，取技术可利用资源储量的 20%）
海流能	4200（理论功率峰值 0.6TW*，年利用小时数 7000）	2100（总装机容量 0.3TW*，年利用小时数 7000）	210（流速降低量不大于 1%，估计总装机容量 0.03TW*，年利用小时数 7000）
盐差能	2000***	400（只利用 20%）	40（约占技术可利用资源储量的 10%）

* 取自杰拉尔德.L.威克，沃尔特.R.施密特.海洋能开发.广州能源研究所译.北京：联合国教科文组织，1981。

** 取自 Pelc & Fujita. Renewable energy from the ocean, Marine Policy 26, 2002. 471～479.

*** Ocean Energy Technology Study. OES 2012 Report.

表4 中国海域海洋能资源储量（TW·h/a）

种类	理论资源储量	技术可利用资源储量	实际可利用资源储量
潮差能	289（理论功率峰值 0.11TW，年利用小时数 2630）	14.5（只利用理论资源储量的 5%）	2.9（只利用理论资源储量的 1%）
波浪能	2186（由中国海面单波计算的总波功率 574TW，而风生成波需要 2300 倍波长计算得出）	112（中国沿海年平均功率 12.84GW）	2.2（按技术可利用储量的 2%计算）
温差能	2000	400（约占理论资源储量的 20%）	80（考虑到开发难度，取技术可利用储量的 20%）
盐差能	66.2（按江河入海年淡水量折算，中国为 1473.8km³/a，世界为 44 500km³/a）	13.24（约占理论资源储量的 20%）	1.32（取技术可利用资源储量的 10%）

haiyang wencha fadian

海洋温差发电 (ocean thermal energy conversion)

利用海洋不同水层的温差所蕴藏的热能进行发电的技术。海洋受到太阳辐射，表层海水温度较高，而深层海水温度较低，表层海水温度与深层海水温度之间由于温差所蕴藏的热能称为海洋温差能。海洋温差能十分稳定，可开发量巨大，利用途径广泛。海洋温差能发电采用热机组成的热力循环将海洋温差能转换为电能。

1881年，法国人雅克-阿尔塞纳·达松瓦尔（Jacques-Arsène d'Arsonval）提出海洋温差发电的设想。1930年，法国人G. 克劳德（Georges Claude）在古巴建成陆基开式发电装置（见法国海洋能发电技术）。1979年8月，一个名为“mini-OTEC”的漂浮式海洋温差电站在美国夏威夷建成，总发电功率52kW。这是世界上第一个有净功率（15kW）输出的海洋温差发电装置。（见mini-OTEC海洋温差能转换试验电站）

原理 利用能量转换系统吸收海洋中的热能产生蒸气，推动透平发电。根据所用工质及流程的不同，热力循环一般可分为开式循环、闭式循环和混合式循环。海洋温差发电热力循环多采用朗肯循环，其实际热效率较低，约为2.5%，朗肯循环温熵图见图1。图中2-4是工质从温海水吸热蒸发为蒸气的过程；4-5为蒸气膨胀做功过程；5-1为做过功的乏汽向冷海水放热，冷凝为液体；1-2为液体工质绝热压缩过程。

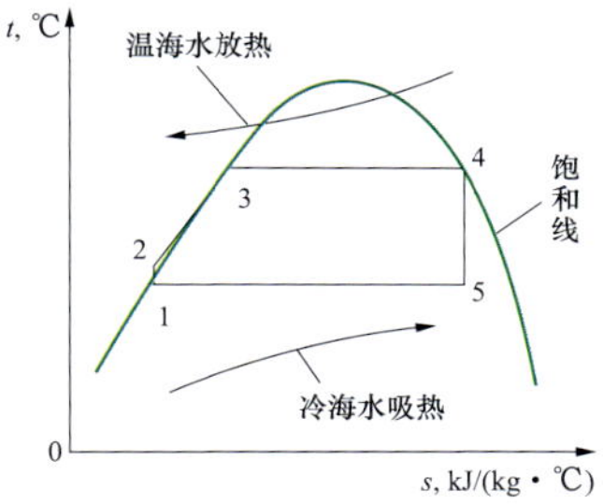

图1 朗肯循环温熵图

闭式循环 使用低沸点物质，如氨、氟利昂等作为工质，在一封闭回路中完成热力循环，又称中间介质法。海洋温差闭式循环方式目前有朗肯循环、卡林那循环、上原循环等。闭式循环的特点是系统处于正压下，工质蒸气密度大，体积流量小，通流部分尺寸不致过大。但其蒸发器和冷凝器须用表面式换热器，体积相对较大，消耗金属较多。（见闭式循环海洋热能转换系统）

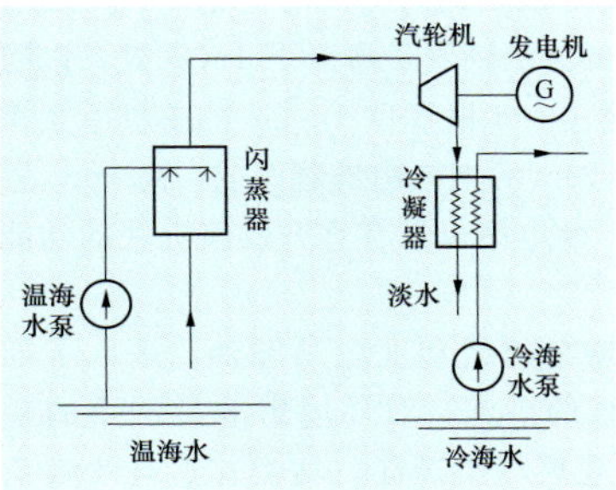

图2 开式循环海洋热能转换系统原理

开式循环 以海水为工质，凝结水不返回循环中（见图2），又称闪蒸法或扩容法。闪蒸器和冷凝器结构简单，维护方便；冷凝器可使用混合式换热器，若用表面式冷凝器，则可副产淡水。开式循环系统中闪蒸器和冷凝器之间的压差和焓降都非常小，所以需要将管道的压力损失降低，这就要求冷水管直径、透平的径向尺寸较大。（见开式循环海洋热能转换系统）

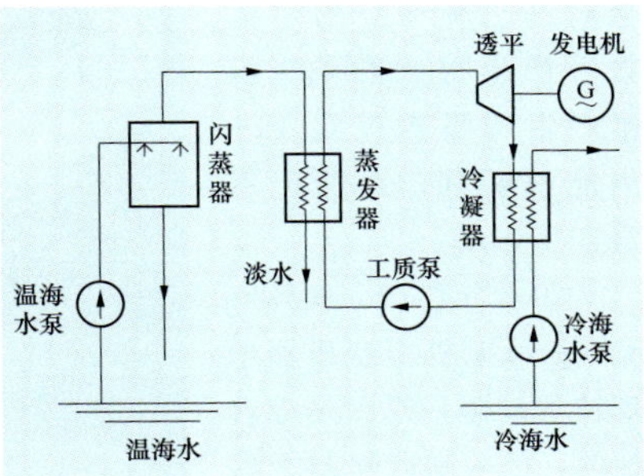

图3 混合式循环海洋热能转换系统原理

混合式循环 综合了开式循环和闭式循环系统的优点。混合式循环系统与闭式循环系统类似，差别仅在于蒸发器部分，流程图见图3。混合式循环避免了开式循环系统低效率、低容量的缺陷，仍可产出副产品淡水。

海洋温差发电还有可能采用其他热力循环，如雾滴（或泡沫）提升循环。1985年中国科学院广州能源研究所开始对温差利用中的一种雾滴提升循环方法进行研究。雾滴提升循环法的原理是利用表层和深层海水之间的温差所产生的焓降来提高海水的势能，然后再利用水轮发电机组将海水的势能转为电能。

海洋温差电站 海洋温差电站可分为陆基电站和漂浮电站。陆基海洋温差电站把发电装置设在岸上，把管道延伸到深海中。离岸5km内水深达千米、温差达18℃的海岸，可建立陆基电站。日本1981年在瑙鲁修建的一座功率为100kW的岸基海洋温差电站，采用一条外径0.7m、长950m的聚乙烯管深入到580m深处的海底抽取冷海水。漂浮海洋温差电站又分为浮体式、着底式和海上移动式等。1979年在夏威夷建成的“mini-OTEC”发电装置就安装在一艘海军驳船上，利用一根直径0.6m、长655m的聚乙烯冷水管垂直伸向海底吸取冷水。

海洋温差发电存在的主要技术难点是热交换器换热系数的逐渐降低和深海冷水取水管材质问题。海洋环境下热交换器的表面容易附着生物，致使表面换热系数降低从而对整个系统的经济性影响很大。冷水管必须直径足够大、长度足够长并要有足够的强度和良好的保温性。

海洋温差发电涉及许多耐压、绝热、防腐材料问题以及热能利用效率问题。海洋温差电站的经济性还不能与传统电站相竞争，但它是可再生能源发电中最有潜力的方式之一。

Hebei fengdian jidi guihua

河北风电基地规划

（wind power base planning in Hebei） 在综合分析中国河北省风能资源的基础上，结合风电场工程建设条件和电网接纳风电的条件，对河北省大型风电基地的建设目标、建设时序等进行统筹安排。工作内容见风电基地规划。按照规划，建设中的张家口基地是中国第一个百万千瓦级风电基地示范项目，其建设对于中国大型风电场的建设具有一定的指导意义，也为后续大型风电基地的开发建设奠定了基础。

资源概况 河北省风能资源丰富区主要分布在张家口、承德坝上地区和沿海的秦皇岛、唐山、沧州地区。张家口地区风能丰富区主要分布在坝上的康保县、沽源县、尚义县、张北县的低山丘陵区和高原台地区。这些地区年平均风速达5.4～8m/s，主风向为西北风，交通便利、风电场建设条件好，非常适宜建设大型风电场；崇礼县和蔚县部分山区也具有丰富的风能资源。承德地区年平均风速达5～7.96m/s，主风向为西北风，主要集中在围场县的北部和西部，丰宁县的北部和西北部，平泉县的西部。沿海地区风能资源主要分布在秦皇岛、唐山、沧州的沿海滩涂，年平均风速为5m/s左右。依据《河北省风电规划报告》，河北省陆上风能资源总储量为70.64GW，是中国风能资源较丰富的地区之一。

规划成果 根据河北省风能资源的分布特点，河北风电基地各规划风电场主要分布在张家口地区、承德地区以及沿海区域。各规划风电场分布局部相对较为集中，但区域分布相对分散。经对河北省风能资源、工程地质、交通运输、电网规划容量等条件的分析，河北风电基地共规划了63个风电场，将分期建设实施，到2020年，总装机容量将达到16.43GW。各规划风电场地理位置见图。

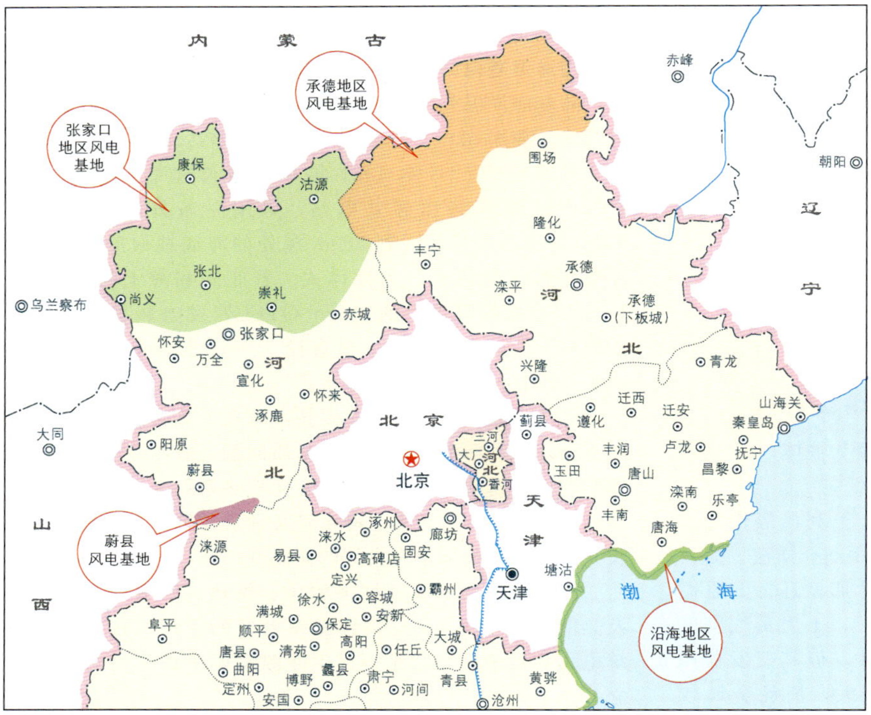

河北风电基地各规划风电场地理位置示意

Hesijiao Haishang Fengdianchang

荷斯礁海上风电场

(Horns Rev Offshore Wind Power Plant) 位于大西洋东北部的北海日德兰半岛(Jutland)海域，距维兹比约(Hvidbjerg)海岸19.5km，距赛津(Sædding)海岸36km，面积约20km²，见图1。它是世界上首座大型海上风电场。所处海域水深6.5～13.5m，海平面62m处平均风速9.7m/s，最高风速达53.8m/s，海浪最高达8m。项目始建于2001年，工程总费用2.68亿欧元，其中包括并网工程费用0.4亿欧元，2002年12月投产。2005年以来，该风电场的容量系数均高于40%。2012年全年发电量达6.76亿kW·h，容量系数48.23%。

图1　丹麦荷斯礁海上风电场

风电场中安装了80台单机容量为2MW的变桨变速型海上风电机组。机组轮毂高度70m，风轮直径80m。分3组布置，总装机容量160MW，年均发电量为6亿kW·h，充分满足丹麦15万个家庭的电力需求。机组间距560m，单机质量439～489t，轮毂高度70m，风轮直径80m。当风速大于等于9.7m/s时，风电机组输出功率在1.7MW以上；当风速达到13m/s时即可满负荷运行。每台风电机组有一个带有卷扬机的安装维护平台，全风电场有一个变电站配备直升机起落平台。此外，还有一座离岸平台，用于安装34/150kV变电站与相应的开关设备，所有机组输出电缆汇集于此，经升压后用一根电缆输送到陆地。

所有风电机组基础都为单桩式基础（见海上风力发电机组基础），单桩重180～230t，直径约4m，深入海床25m左右。每个基础除了为机组提供必要的支撑外，还被用作为作业平台、临时码头。为了避免基础底部受到海流冲刷，采用了橡胶和混凝土堆的保护方式。机组采取油漆和橡胶覆层的防腐措施，并涂覆发光标志以避免出现海上或空中的交通事故。

风电场采用36kV海底电缆连接场内各风电机组。所有集电线路呈南北向线性排列形式，并与位于海上风电场东北向的变电站相连。变电站通过150kV电缆将风电场发出的电力传输至陆上维兹比约海滨的变电站。海底电缆采用高压喷水冲击海床的方法铺设于海床下1m深处，以防鱼类和锚的触碰。变电站建在由3根直径1～2m的单桩所支撑的平台之上，平台由20m×28m的钢结构搭建而成，高7m，置于海平面上14m处。此外，变电站也具有直升机停机坪的功能（见图2）。

在环境影响方面，为避免机组和变电站漏油，采取了加高油箱和装设溢油收集系统的措施。对环境影响最严重的是沿日德兰半岛西海岸的大规模鸟类迁徙，鸟类在追赶浅滩鱼类时极有可能撞上机组叶片，这种情况易发生在燕鸥、北极贼鸥和塘鹅这三种鸟类中，但不会对这三种鸟类的总体数目产生很大影响。机组产生的噪声仅在1km内能够听到，对陆上不会产生影响。

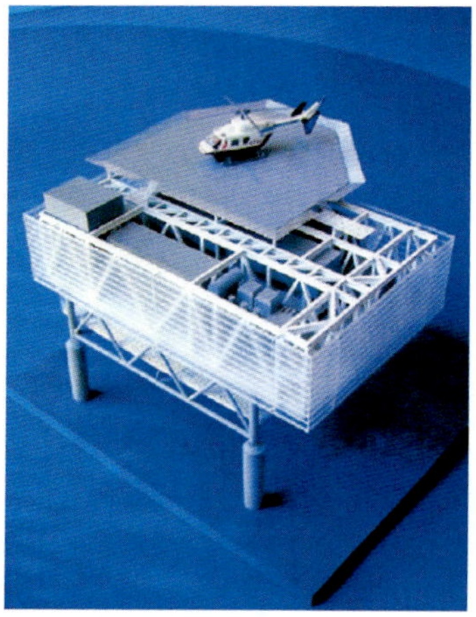

图2　荷斯礁风电场变电站模型

2003年冬天，20%～30%的风电机组变压器出现技术故障，原因是综合性的，包括制造问题、离岸的气候条件、空气中盐分的侵蚀等。运行的第一年内，当20%的风电机组受到影响时，更换了所有变压器和部分发电机。

Heilongjiang fengdian jidi guihua

黑龙江风电基地规划 （wind power base planning in Heilongjiang） 在综合分析黑龙江省风能资源的基础上，结合风电场工程建设条件和电网接纳风电的条件，对黑龙江省大型风电基地的建设目标、建设时序等进行统筹安排的工作。它是中国东北第一个大型风电基地规划。工作内容见风电基地规划。

资源概况 在季节变化上，黑龙江省春秋两季以及冬季风速较大，夏季风速最小。空间分布为东西部的三江平原、松嫩平原及松花江谷地风速较大，而北部的大小兴安岭、东南半山区及丘陵地带风速较小。黑龙江省风能资源主要分布在东部、西部两大风能资源密集区。

西部地区以大庆、杜蒙为中心，主要沿着嫩江中下游和松花江上中游的松嫩平原北部，包括安达、肇源、肇州、林甸、泰来、龙江、齐齐哈尔、富裕、讷河等市县。基本为平原风场，适宜建设大型风力发电场。西部地区各测风塔70m高度年平均风速分布5.78～7.39m/s，70m高度平均风功率密度分布194～417W/m²，其中碾子山区域、肇源县区域、红岗区域、肇东县区域、安达县区域、讷河县区域风能资源指标最好，其余区域次之。

东部地区以依兰、桦南为中心，主要沿着张广才岭、老爷岭和太平岭的基本走向，以及小兴安岭南、完达山、黑龙江与乌苏里江的交汇处，包括佳木斯、集贤、双鸭山、桦南、通河、林口、海林、勃利、七台河、牡丹江、宁安等市县。基本为山地风场。东部地区各测风塔70m高度年平均风速分布6.0～7.36m/s，70m高度平均风功率密度分布278～389W/m²，其中依兰县、勃利县和海林县区域风电场风能资源指标最好，通河县、林口县、桦南县和尚志市区域次之。

规划成果 如图所示，黑龙江省风电基地规划总装机容量为34180MW，规划场址主要分布在黑龙江省西部的大庆市、杜蒙县、林甸县、富裕县和东部的依兰县、桦南县、方正县。其中西部风电基地共规划了5个百万千瓦级风电基地、10个分散的小型区域风电场，规划总装机容量为22700MW；东部风电基地共规划了4个百万千瓦级风电基地、3个分散的小型区域风电场，规划总装机容量为11480MW。

截止到2012年底，黑龙江省风电基地并网容量为3204.6MW；已核准在建项目容量为1667.1M。

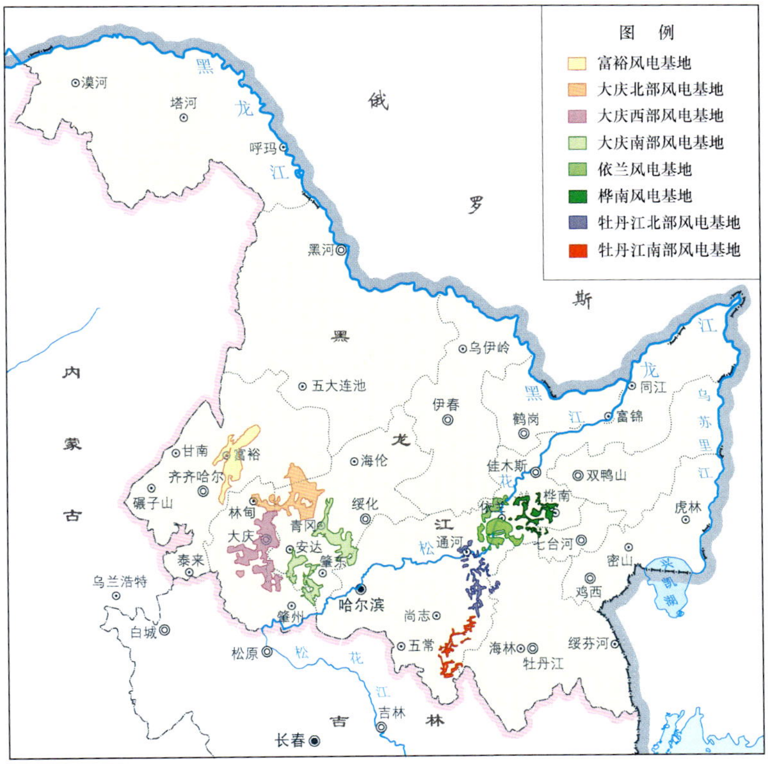

黑龙江省风电基地地理位置示意

huahewu bandaoti baomo taiyangneng dianchi

化合物半导体薄膜太阳能电池 （compound semiconductor thin film solar cell） 由化合物半导体薄膜材料构成吸收层的一种太阳能电池。吸收层是能够吸收光子的一层薄膜。化合物半导体薄膜太阳能电池主要包括碲化镉（CdTe）薄膜太阳能电池和铜铟镓硒（CIGS）薄膜太阳能电池。

碲化镉薄膜太阳能电池 由碲化镉材料构成吸收层的化合物半导体薄膜太阳能电池。基于半导体光伏效应，太阳光入射后产生的电子-空穴对被p-CdTe/n-CdS异质结的内电场分离，从而向外部流出电流。2011年美国可再生能源实验室取得的小面积（1.032cm²）碲化镉薄膜太阳能电池的转换效率为16.7%。

基本结构 图1是典型碲化镉薄膜太阳能电池结构示意。主要包括透明导电玻璃［主要是二氧化锡（SnO_2）和Cd_2SnO_4镀膜玻璃］、硫化镉（CdS）层、碲化镉层和金属电极层（或金属导电胶层）。硫化镉层和碲化镉层是电池中的核心层，其构成异质pn结。而透明导电玻璃和金属电极层一起构成电池功率输出的主要通道，其中透明导电层应具有高的电导率和高透过率。

制备方法 碲化镉薄膜太阳能电池可分为同质pn结（p-CdTe/n-CdTe）碲化镉薄膜太阳能电池和异质pn结（p-CdTe/n-CdS）碲化镉薄膜太阳能电池。其中，异质pn结（p-CdTe/n-CdS）碲化镉薄膜太阳能电池是主要技术。硫化镉和碲化镉薄膜的制备技术有气体输运法、真空蒸发法、溅射法、近空间升华法、元素汽相化合法、电化学沉积法等。近空间升华法是该电池产业化进程中的主要制备技术，它是指面向高温保存化合物原材料和邻近低温衬底的组合配置，在衬底上使化合物升华沉积的方法。

技术特点 碲化镉薄膜太阳能电池的主要特点：①碲化镉具有1.45eV的带隙，能与太阳辐射光谱很好地匹配；②碲化镉的能隙是直接带隙，具有较高的光吸收系数（大于5×10^5/cm）；③碲化镉强烈地趋向于生长成为高度符合化学计量比而又是p型的半导体薄膜，能和硫化镉形成异质 pn 结，硫化镉具有略宽的带隙 2.4eV，通常在沉积技术中生长成为 n 型材料；④结构简单，适用于低成本的产品开发；⑤碲化镉存在自补偿效应，制备高电导率浅同质结很困难，实用的电池都是异质结结构；⑥碲化镉具有很强的离子性，镉和碲的结合能很高，约 5.75eV，因而具有较强的化学稳定性和热稳定性。

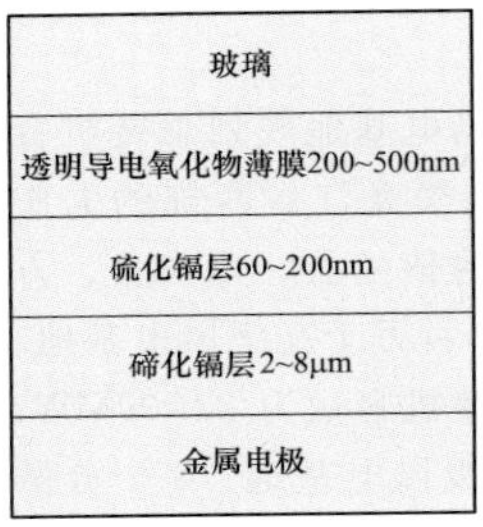

图 1　碲化镉薄膜太阳能电池结构示意

铜铟镓硒薄膜太阳能电池　由铜铟镓硒材料构成吸收层的化合物半导体薄膜太阳能电池。该电池最初以多晶 $CuInSe_2$ 半导体薄膜为吸收层，因此简称铜铟硒（CIS）太阳能电池。若用镓取代部分铟，形成 $Cu(In,Ga)Se_2$，即形成铜铟镓硒（CIGS）薄膜太阳能电池。基于半导体光伏效应，太阳光入射后产生的电子-空穴对被 p-CIGS/n-CdS 异质结的内电场分离，从而向外部流出电流。

基本结构　图 2 是铜铟镓硒薄膜太阳能电池的典型结构示意。除玻璃或其他柔性衬底外，还包括钼（Mo）背电极层、铜铟镓硒吸收层、硫化镉缓冲层（或其他无镉材料）、氧化锌（ZnO）窗口层、氟化镁（MgF_2）减反射层以及顶电极镍-铝（Ni-Al）层等七层薄膜。钼背电极层既要保证与衬底间有很好的附着力，又要保证与其上的铜铟镓硒层有良好的电学接触，还要有高的电导率和合适的结晶取向。p 型铜铟镓硒和 n 型硫化镉及高阻 n 型氧化锌形成异质 pn 结是铜铟镓硒薄膜太阳能电池的核心层。氧化锌窗口层包括本征层氧化锌和铝掺杂氧化锌两层。氧化锌在铜铟镓硒薄膜太阳能电池中既是太阳能电池 n 型区与 p 型区组成异质结成为内建电场的核心，又是电池的上表层，与电池的顶电极一起构成电池功率输出的主要通道。异质结 n 型区的本征层（i-ZnO 层）应有较长的少子寿命和合适的费米能级位置，而表面层铝掺杂氧化锌 Al-ZnO 应具有较高的电导率和透光率。通常本征层厚度为 50nm，而表面层厚度为300～500nm。顶电极通常采用镍-铝（Ni-Al）栅状电极，镍能很好地改善铝与铝掺杂 ZnO 层之间的欧姆接触，还能防止铝向氧化锌中扩散，提高电池稳定性，整个电池厚度约为 1000～2000nm，其中镍的厚度约为 50nm。减反射层通常为氟化镁（MgF_2）光学薄膜，其厚度约为 125nm。

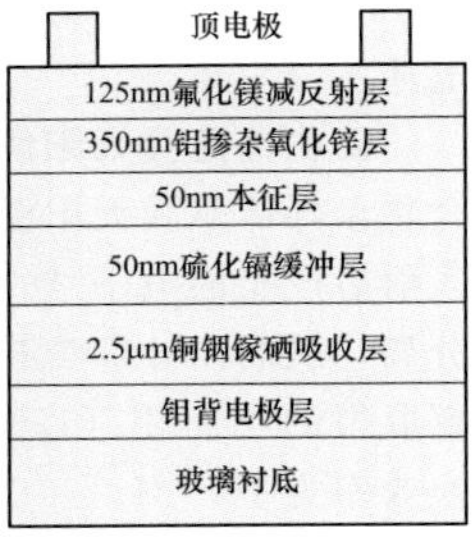

图 2　铜铟镓硒薄膜太阳能电池结构示意

制备方法　吸收层铜铟镓硒薄膜材料的制造方法较多，可分为真空沉积和非真空沉积两大类，而依据工艺程序可分为多元素直接合成法和先沉积金属预制层后在硒气氛中硒化的两步法。具体制造方法有多源共蒸发法、金属预制层后硒化法、电化学沉积法、激光诱导合成法、微粒沉积法。能够获得高效率太阳能电池的是多源共蒸发法和硒化法。

技术特点　铜铟镓硒系太阳能电池的研究，起源于 1974 年美国贝尔实验室。此类电池主要有如下特点：①光电转换效率高，2011 年小面积（0.50cm²）铜铟镓硒薄膜太阳能电池的转换效率可达 20.3%，而大面积铜铟镓硒薄膜电池组件（9703cm²）的最高转换效率为 15.7%；②吸收层禁带宽度可调，三元 CIS 薄膜的带隙为 1.04eV，通过适量镓（Ga）取代铟（In），成为 $CuIn_{1-x}Ga_xSe_2$ 多晶固溶体，其禁带宽度可在 1.04～1.67eV 范围内连续调整；③稳定性好，户外长期使用过程中其性能基本无衰退效应；④抗辐照能力强，用作空间电源有很强的竞争力，对于 1MeV 的电子辐照，在粒子流小于 $10^{16}cm^{-2}$ 时，电池参数无任何衰退；⑤弱光特性好，即在光辐照度较低的情况下仍具有较高的光电转换效率；⑥适合薄膜化。因此，无论是在地面规模化应用还是在空间微小卫星动力电源的应用上铜铟镓硒系太阳能电池均有广阔的市场前景。

Huai'an Shengwuzhi Fadianchang

淮安生物质发电厂　(Huai'an Biomass Power Plant)

以秸秆为主要燃料的发电厂，位于江苏省淮安市楚州经济开发区，厂址南距新长铁路 500m，西距京沪高速公路 650m，占地面积 130 亩。装机规模 2×15MW，年秸秆需求量 20 万 t，投资 3 亿元。2006 年 10 月动工，2007 年 11 月 9 日 1 号机组投入商业运行，年可发电量约 22 000 万 kW·h。

主要设备　2 台 75t/h 固定振动炉排中温中压锅炉；1 台 15MW 中温中压凝汽式汽轮发电机组，进汽温度 435℃，进汽压力 3.43MPa；1 台 15MW 中温中压抽气凝汽式汽轮发电机组，抽气量 50t/h，抽气压力 0.98MPa。每台锅炉的底部设一套水冷套筒式螺旋输渣机或滚筒式冷渣器配链斗式输送机。采用正压浓相气力集中系统，通过管道直接将布袋除尘器收集的飞灰输送到厂区灰库，灰库容量为 600m³，可储存 1 周的灰量。灰库底部设有两种卸料方式：一是由干式散装机装入罐式汽车，供干灰用户；二是设湿式搅拌机，干灰经加水调湿后装车外运。布袋除尘器的除尘效率达 99.99%。

秸秆收集　淮安市楚州区的 6 个乡镇建设了 6 个中心秸秆收购站，其他乡镇设了 22 个秸秆收购点。秸秆由经纪人从农户手中购买后，售至秸秆收购站，由收购站打包运输到电厂秸秆仓库。秸秆储仓 1 座，有效面积约 4000m²，体积大于 50 000m³。秸秆包装尺寸为 1700mm×1000mm×900mm，秸秆包密度约 250kg/m³。

Huailaji Dire Dianzhan

怀拉基地热电站　(Wairakei Geothermal Power Station)

世界上第一座采用地热湿蒸汽发电的电站，也是世界上第二座投产的地热发电站，如图 1 所示，图中左厂房为 B 厂，右厂房为 A 厂，右前天蓝色厂房为接入双工质机组的厂房。位于新西兰北岛陶波湖北 5km。该电站开采怀拉基地热田的高温湿蒸汽地热资源，产出蒸汽和热水温度 230～260℃，初采时井口压力达 1.38MPa。1958 年开始发电，1963 年装机容量达到 192.6MW，之后高压机组退役减容。经 1996 年扩建新机组，2005 年利用尾热接入采用地热双工质发电的机组后，总装机容量达到 232MW。

图 1　怀拉基地热电站全景

资源状况　怀拉基地热田位于陶波火山带，这是太平洋板块消减到新西兰北岛之下的产物，呈北北东走向，长 250km，宽 50km。该火山带的地壳厚度仅 15km，并以每年 18mm 的速度扩张，形成一个活动的裂谷和沉降带。自 160 万年前始，陶波火山带发生了地球上最强烈的流纹岩质火山活动，喷出了近 10 000～15 000km^3 的流纹岩及附属的英安岩、安山岩和玄武岩。沿着陶波火山带自东北至西南出现许多地热田，总放热量达到 4000MW，其中 70% 由地热流体带出。怀拉基地热田是其中之一。怀拉基地热田的地表为 125m 厚的流纹质浮岩，下伏为怀拉基组角砾岩，再下为胡卡瀑布层，为细粒黏土岩和火山灰层，它们构成了地热田的盖层，总厚度为 180～300m。热储层为浮石角砾岩，厚度为 300～750m。基底为怀拉基熔结凝灰岩。1949 年，对怀拉基地热田开始进行研究工作，1950 年开始进行浅钻，共钻出 150 个勘探孔，最后圈定地热田面积为 15km^2，并认为其由两部分组成，西北部的称为怀拉基，东南部的称为陶哈拉。在地热田上钻探了 61 眼生产井，有 26 眼是高压井，平均井深 610m，最深井为 1500m。开采出的地热流体是热水与蒸汽的混合物，通过旋风分离器和扩容器产出高压、中压和中低压蒸汽送往 2km 外的电站发电，分离的热水除少量供水产养殖外，大部分经二氧化硅结垢沉淀后排入怀卡托河。怀拉基地热田地热流体比较洁净，热水固溶物质量分数不超过 5×10^{-3}，蒸汽中不凝气体的质量分数小于 0.5%。电站采用了洗涤装置，保证进入汽轮机的蒸汽含盐量小于 1×10^{-5}，以避免汽轮机叶片应力腐蚀而破裂。

电站运行状况　1956 年在怀拉基开始建设地热电站。1958 年 11 月 15 日，怀拉基地热电站开始发电，装机容量共 57.8MW，包括 4 台背压式高压机组（2×11.2MW 和 2×6.5MW）及 2 台背压式中压机组。1959 年和 1960 年又安装了 4 台单机容量 11.2MW 的单级闪蒸、低压凝汽式机组，A 厂总装机容量 102.6MW。1961～1963 年，建成相邻的 B 厂，安装了 3 台单机容量 30MW 的双级闪蒸、中低压凝汽式机组。1963 年 12 月～1982 年 12 月，怀拉基地热电站总装机容量为 192.6MW（见图 2）。

到 1983 年，由于高压蒸汽量下降，高压机组退役，装机容量减少到 157.2MW，发电能力从 1967 年的最高峰约 1300GW·h/a，下降到 1100GW·h/a。1996 年扩建了单级闪蒸 55MW＋背压式 5MW 机组。2005 年又利用尾热，接入 2 台单机容量 8MW 的双工质机组，截至 2012 年底，总装机容量 233.2MW。由于 A 厂和 B 厂的 157.2MW 机组已运行超过 50 年，计划准备另建 225MW 新厂接替旧厂。

由于怀拉基地热田抽出的地热流体没有回灌（见地热回灌）。热储内部的压力在 1953～1957 年间急剧下降，压力的

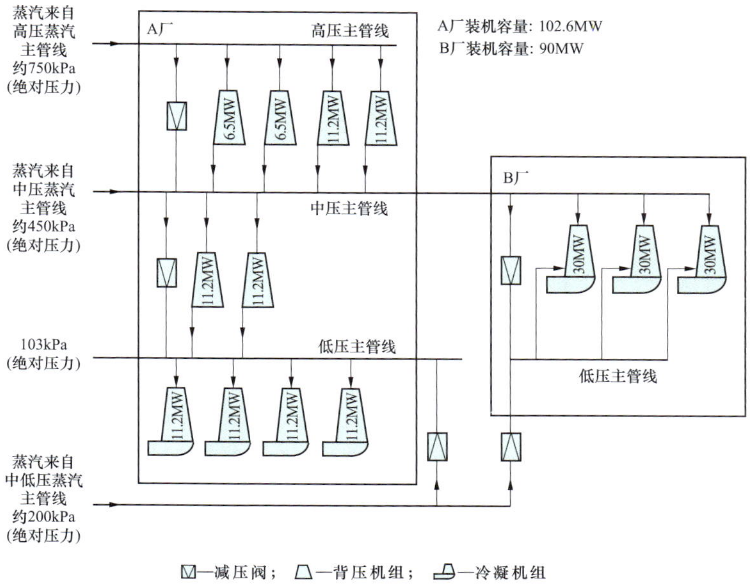

图 2　1982 年怀拉基地热电站系统简图

衰减导致地面出现重大沉降，投运后 20 年的最大沉降量达 7.6m。

地热发电系统　怀拉基地热电站可利用的总蒸汽量为 1400t/h。A 厂 1958 年运行的 4 台高压机组初进汽压力高达 1.38MPa，至 1963 年建成 B 厂时降为 1.24MPa，运行至 1980 年降为 0.75MPa。这 4 台高压机组的排汽进入 2 台中压机组（2×11.2MW），初时进汽压力达 0.55MPa，最后降至 0.45MPa。这 2 台中压机组排汽汇合来自中低压井分离的中低压蒸汽，再进入 4 台低压机组（4×11.2MW），初时进汽压力达 0.172MPa，后期降至 0.103MPa。B 厂 3 台中低压机组的进汽，分别来自 A 厂 4 台高压机组的排汽和来自中低压井分离的中低压蒸汽。

jicang

机舱 （nacell） 水平轴风力发电机组的塔架顶部的舱体结构，用于容纳风电机组传动设备、发电设备、电气设备等部件。机舱壳体包括机舱底座和机舱罩两部分。机舱底座与机舱罩一起构成机舱外形，为机舱内部部件提供适宜的使用环境条件，并使风力发电机组具有良好的外观形象。机舱与塔架之间通过偏航轴承（见偏航系统）连接。

机舱底座 如图所示，机舱内部所有机械和电气部件的承载平台，也是风力发电机组重要的传载结构，它将风轮、机舱罩和机舱内部部件的载荷通过塔架传递到地面基础。机舱底座的结构可靠性直接影响风力发电机组的安全运行。

机舱底座的结构形状与发电机组的类型和设计方案有关。直驱型风电机组没有齿轮箱，机舱底座一般较短。半直驱型风电机组中，风轮直接安装在齿轮箱的低速轴上，发电机连接在齿轮箱输出轴处的壳体上，齿轮箱外壳实际上代替了机舱底座。齿轮箱传动型风电机组的机舱底座分为前机舱底座和后机舱底座。前后机舱底座可以是一体的，也可以是分离式的，中间通过螺栓连接。机舱底座有铸造和焊接两类制造工艺。相比于铸造机舱底座，焊接机舱底座强度高、重量轻、生产周期短，但其刚度往往较低，众多的焊缝也可能成为疲劳强度薄弱部位。前机舱底座有铸造和焊接两种形式，而后机舱底座则通常为焊接结构。铸造机舱底座材料通常采用球墨铸铁 QT400 或 QT350，焊接机舱底座材料则通常采用 Q345 低合金高强度结构钢。

齿轮箱传动型风电机组的机舱底座

机舱底座与偏航轴承的内齿圈或外齿圈固定，通过偏航轴承与塔架相连接。底座上装有偏航电动机、偏航齿轮箱、偏航制动器等部件。为方便维修人员从塔架进入机舱，机舱底座底部留有较大的孔洞。

机舱罩 机舱外部的壳体，对传动链和机舱内其他设备起防护作用，是维修人员高空作业的安全屏障。机舱罩要求有合理的内部空间，有足够的强度和刚度，有较好的空气动力外形。为了方便更换机舱内的部件，机舱罩顶部要能方便打开。

材质 机舱罩一般由耐腐蚀、抗疲劳、保温、防噪、易成型的玻璃纤维复合材料制成。机舱罩由蒙皮（壳）、填充物和骨架组成，蒙皮内均带有中空式加强筋。机舱罩蒙皮外层有胶衣，起到密封、耐寒和抗紫外线的作用。

结构 一般分为下舱罩和上舱罩两部分，通过机舱内部凸起的数十个螺钉孔的凸缘，用不锈钢螺栓连接成整体。下舱罩内表面上有若干个与机舱底座支架互相固定的机舱连接板，使用减振螺栓将机舱罩固定在机舱底座上。

下舱罩底部有一个大圆孔罩在塔架外缘，与塔架外壁保留适当间隙，把机舱底座以及偏航系统包含在机舱内部。另外下舱罩下部还设有两个可遮盖的通风孔，以及用于吊车起吊重物用的孔洞。舱罩后部设有百叶窗式的通风孔。上舱罩顶部设有可遮盖的通风口以及两个起吊孔，通风口可用于人员进出机舱。在上舱罩的外部安装风速、风向仪等设备。

jihe juguangbi

几何聚光比 （geometric concentration ratio） 聚光器采光口面积与吸热器采光口面积之比，或定日镜场采光口面积与吸热器采光口面积之比。几何聚光比通常与光学聚光比共同使用。当光学聚光比确定后，几何聚光比越接近光学聚光比，聚光器或定日镜场的效率就越高。光学聚光比等于几何聚光比与聚光器效率的乘积，或几何聚光比与定日镜场效率的乘积。

聚光器效率是进入吸热器采光口的太阳辐射功率与入射至聚光器采光口上法向直射太阳辐射功率之比。定日镜场效率是进入吸热器采光口的太阳辐射功率与入射至定日镜场采光面积上总法向直射太阳辐射功率之比（见定日镜场）。因为定日镜场效率或聚光器效率无法达到 100%，所以光学聚光比总是小于几何聚光比。

Jilin fengdian jidi guihua

吉林风电基地规划 （wind power base planning in Jilin） 在综合分析吉林省风能资源的基础上，结合风电场工程建设条件和电网接纳风电的条件，对吉林大型风电基地的建设目标、建设时序等进行统筹安排。吉林省属于中国风能资源丰富的“三北地区”，风能资源开发潜力较大。根据吉林省风能资源分布和土地资源情况，吉林省风电基地规划选址在吉林省中西部地区，涉及四平、松原和白城等 3 个地级市的 12 个县（市、区），区域总面积约 5 万 km^2。工作内容见风电基地规划。

资源概况 根据吉林省气象局对规划区域的风能资源评估，规划区域 70m 高度风能资源总储量约为 1.71 亿 kW。其主要特点：风能资源条件良好，各规划风电场 70m 高度年平均风速在 6.0～7.5m/s 之间，年平均风功率密度在 250～425W/m^2 之间；风速频率变化范围小（见风特性），年有效风速小时数高；各规划风电场 50 年一遇最大风速均小于 37.5m/s，适合选择高效能风力发电机组；区域地质构造稳定，地形平坦开阔，交通便利，施工建设条件优良；区域多集中成片的盐碱地和退化草场，土地利用矛盾少、效率高，也有利于风电场成片规模化开发。

规划成果　吉林风电基地规划总面积为 1.29 万 km²，规划总装机容量为 27 290MW，主要由 11 个百万千瓦级风电基地组成，其中四平地区有双辽山水 1 个风电基地，松原地区有红让、长岭龙旺和水道 3 个风电基地，白城地区有通榆团结、通榆太平山、向龙、大安海陀、八宏、大安新平安和双兴 7 个基地，见图。吉林风电基地小部分发电量考虑在吉林电网消纳，大部分发电量将主要依靠吉林与蒙东特高压直流、吉林与辽宁超高压电网联络线，送至“三华”电网和东北电网进行消纳。

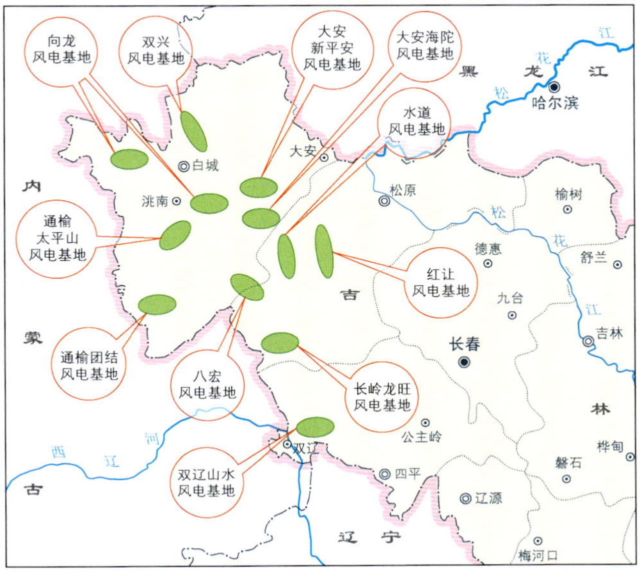

吉林风电基地地理位置示意

截至 2012 年底，吉林并网风电装机容量达 3299.2MW。

jirechang xiaolü

集热场效率　(collector field efficiency)　传热工质从集热场中获得的能量与入射在集热场采光口上的太阳法向直射辐射能量之比。集热场效率可由计算式 (1) 表达。

$$\eta=\int_{t_1}^{t_2}\frac{Q}{DNI(t)\cdot\sum_{i=1}^{n}[A_i\cdot\cos\theta_i(t)]}\mathrm{d}t \qquad (1)$$

式中 η 是集热场效率；t_1 是计算集热场效率的初始时刻，t_2 是计算集热场效率的终了时刻，t 是时间；Q 是 t_1 到 t_2 时间段内传热工质获得并输出的热能；DNI (t) 是 t 时刻太阳法向直接辐射辐照度（见地表太阳辐射）；A_i 是第 i 台聚光器采光口面积；$\theta_i(t)$是 t 时刻，第 i 台聚光器采光口平面法线与入射太阳光线的夹角 ($i=1$, 2, …, n)，n 是集热场中聚光器的数量。

集热场采光口通常等同于聚光场采光口，聚光场是由多台聚光器组成将太阳辐射聚集至吸热器的聚光系统。聚光场采光口是聚光器接收太阳光的接收平面，是聚光场中所有聚光器采光口的总和。

由于聚光器工作过程中，任意一台聚光器采光口平面法线与入射太阳光线的夹角都是不断随时间变化的，工程中经常采用式 (2) 作为集热场效率计算公式，即

$$\eta=\int_{t_1}^{t_2}\frac{Q}{DNI(t)\cdot A}\mathrm{d}t \qquad (2)$$

式中 A 是聚光场采光口面积，即聚光场中所有聚光器采光口面积的总和。

集热场效率一般用于相同技术类型的集热场之间的比较，它反映了集热场技术的先进程度和输出热功率能力。集热场采光口面积一定，集热场效率越高，单位时间内输出的热能就越多。

jiyu shixu shengchan moni de fengdian yunxing fenxi

基于时序生产模拟的风电运行分析　(wind power operation analysis based on time series production simulation)　在给定的负荷条件和风电发展规模下，对连续一段时间内风电并网运行情况及整个电力系统发电侧优化策略进行模拟分析，通过优化发电机组开机方式及其发电计划曲线，使整个电力系统能够最大限度地接纳波动的风电出力。

基于时序的生产模拟是将电力系统负荷、机组出力看作随时间变化的序列，在常规发电机组启停机、最小开机时间、爬坡率等约束条件下，利用电力系统负荷与电源出力之间的平衡关系来体现供需之间的时序变化特性，从而分析大规模风电并网后对电力系统运行的影响，进而实现对电力系统发电方式的优化，达到最大化消纳风电的目的。短时间尺度的时序生产模拟一般为几个到几十个小时不等，可以优化系统运行方式，为调度部门提供合理的发电计划，提高电力系统实时运行水平，接纳更多的风电；长时间尺度的时序生产模拟时间可以是数月或数年，分析不同的装机规模、电网架构等条件下风电消纳的情况，为风电开发及电网建设规划提供参考依据。

输入的数据包括以小时或者 15min 为时间间隔的风电、负荷时序数据，以约束条件形式出现的系统内各电源的特性和区域间互联线路的功率限制，各类电源的燃料费用、运行维护费用，以及气体排放等成本信息和网损；输出则为在系统运行成本最低目标下，包括风电在内的各类电源时序出力、满发运行小时数以及运行费用和气体排放等信息。

进行风电运行分析时，首先建立目标函数，然后根据约束条件，进行数学模型求解。

目标函数　目标函数为最低系统运行成本，如式 (1) 所示

$$\mathrm{Min}\left\{\sum_{t\in T}\sum_{i\in I}C_i^{\mathrm{Ope}}[P_{\mathrm{G},i}(t)]+\sum_{t\in T}\sum_{\substack{j,k\in R\\ j\neq k}}C_{j,k}^{\mathrm{Trans}}[P_{T,j,k}(t)]\right\} \qquad (1)$$

式中 T 表示模拟周期，t 表示模拟的时间尺度下对应的时刻；I 表示系统电源总数，i 表示各台电源；R 表示系统分区数；j, k 表示各个分区；$P_{\mathrm{G},i}(t)$表示第 i 台电源在 t 时刻的有功出力；$P_{T,j,k}(t)$表示区域间的有功功率传输；$C_i^{\mathrm{Ope}}[P_{\mathrm{G},i}(t)]$ 为系统内各个电源运行的费用，包括燃料消耗费用、运行维护费用、气体排放费用和机组启停费用等；$C_{j,k}^{\mathrm{Trans}}[P_{T,j,k}(t)]$ 为系统内各区域间电力传输网损产生的费用。

风力发电基本无有害气体排放，在各类电源中的运行费用最低，以系统运行成本为最低的目标函数，能够保证优先消纳风电。

约束条件　主要用来模拟电力系统运行中某些必须满足

的物理约束。

其中，系统内实时电力平衡构成的等式约束如式（2）所示

$$\sum_{i\in I}P_{G,i}(t)-\sum_{n\in N}P_{s,n}(t)=\sum_{m\in M}P_{L,m}(t) \qquad (2)$$

等式左边为系统内所有发电机组发出功率减去损耗，右边为系统内的负荷。式中，N 表示系统内输电通道数；n 表示各条输电通道；M 表示系统内负荷数，m 表示各个负荷。

针对每台发电机组的约束如下：

（1）发电机组都有各自的最大和最小出力限制：$P_{G,i}^{\min}\leqslant P_{G,i}(t)\leqslant P_{G,i}^{\max}$。

（2）发电机组前后两个时刻的功率变化限制：$\Delta P_{G,i}(t)\leqslant \Delta P_{G,i}^{\max}$。

（3）发电机组启动后最低运行时间和关停后最少关闭时间限制：$T_{G,i,\mathrm{on}}\geqslant T_{G,i,\mathrm{on}}^{\min}$ 且 $T_{G,i,\mathrm{off}}\geqslant T_{G,i,\mathrm{off}}^{\min}$。

不同的电源有不同的约束条件，其中火电机组分为凝汽式汽轮发电机组及供热的背压式和抽汽式汽轮发电机组等，供热机组在供热季节需要加入供热约束；水电机组分为水库式和径流式，来水量和水库的容量是限制水库式电厂出力的因素，径流式水电厂发电功率基本上由河流的流量来决定。风电和传统电源之间的区别在于风电的功率特性取决于其安装位置的资源特性；区域间传输线路的容量主要受线路的传输极限或者区域间传输协议限制。

模型求解　在考虑机组组合进行时序仿真分析时，由于其中部分决策变量是整数，模型需要采用混合整数规划方法求解。

发展状况　电力生产模拟分为随机生产模拟和时序生产模拟。随机生产模拟始于20世纪60年代末。国外研究工作者于20世纪末开始将其用于风电运行分析中。算法的核心是将时序负荷曲线转化为持续负荷曲线，丢失了有关负荷和风电出力的时间信息，无法计及负荷与风电出力的时序特性，不能体现与时序相关的约束，难以适用于中短期的风电运行情况分析。21世纪初，随着风电大规模并网，国内外研究机构开展了基于时序生产模拟的风电运行分析研究，利用反映风电波动性特点的时序数据，结合常规发电机组起停机约束、最小开机时间、机组爬坡率约束，开展分析。国外的研究机构基于各自国家和地区的电力系统特点开发了相应的研究工具，以丹麦技术大学和丹麦Ea公司的Balmorel模型、美国可再生能源实验室的ReEDS模型、美国GE公司的MAPS软件为代表；国内包括中国电力科学研究院、华中科技大学、国家发展和改革委员会能源研究所在内的研究所和高校在该方面也做了大量的工作，并与国外的研究机构展开合作，结合中国实际研发了相应的工具，对东北、西北、华北和内蒙古等地区大规模风电运行开展了研究分析。

jizhongxing guangfu dianzhan

集中型光伏电站　(public grid-connected concentrated photovoltaic power station)　安装于地面，与中、高压电网相连接，并按电网调度部门指令向公共电网送电的光伏电站。由光伏阵列、光伏逆变器、线路、开关、变压器、无功补偿设备等一次设备和继电保护、站内监控、调度自动化、通信等二次设备组成。一般采用集中式连片开发，适用于荒漠和戈壁地区。2011年12月31日，世界首个百万千瓦级光伏电站群——柴达木盆地光伏电站群100.3万kW光伏发电容量成功接入青海电网。

电站选址　根据电站所在地的太阳能资源条件、工程地质、电网、交通运输及施工安装等条件，分析站址在资源、技术方面的可行性和经济合理性，经综合比较确定光伏电站站址。收集站址的土地利用规划资料，明确相关土地的性质及利用情况，光伏电站站址应征求国土资源、环保、电力等职能部门及军事部门意见，并取得各部门书面意见。

太阳能资源条件指通过预选光伏电站现场或站址附近的太阳能辐射观测资料，对光伏电站站址的太阳能辐射特性和太阳能资源进行分析和评价（见太阳能资源评估）。根据收集的太阳能辐射观测资料，分析该地区太阳辐射年变化及季节变化规律、日照小时数年变化及季节变化规律，对当地的太阳辐射特征和太阳能资源做出分析和评价，并绘制连续30年的太阳辐射年际变化直方图、太阳辐射年变化直方图、太阳日照时数年际变化直方图、太阳日照时数年变化直方图等。

工程地质应查明预选站址地形、地貌、地层岩性、地质构造、岩体风化、不良地质作用、水文地质、岩土体的物理力学性质等，确定站址的地震峰值加速度及相应的地震基本烈度，对站址工程地质做出评价。

电站站址距离电网连接点不大于15km，同时考虑交通运输便利，便于运输安装等因素。

光伏发电系统设计　一般包括光伏组件选型、光伏逆变器选型、光伏阵列运行方式选择、光伏阵列最佳倾角计算、光伏阵列布置五部分。

（1）光伏组件选型。综合考虑光伏组件技术性能、运行可靠性和市场价格，结合电站自然环境、施工条件及设备运输条件等因素，通过技术经济比较，确定光伏组件的形式及主要技术参数。

（2）光伏逆变器选型。根据光伏逆变器的技术成熟程度、转换效率、运行可靠性和市场价格，结合光伏电站施工条件和设备运输条件，确定逆变器单台容量范围。

（3）光伏阵列运行方式选择。从技术成熟度、运行可靠性、设备价格、建成后运行维护费用、故障率以及发电效益等方面，对固定式、单轴跟踪式和双轴跟踪式等不同类型进行综合分析，选定光伏阵列的运行方式。（见光伏跟踪装置）

（4）光伏阵列最佳倾角计算。最佳倾角指光伏阵列全年或某一规定时段内接收到的太阳辐照量最大的倾斜角度。固定式光伏阵列最佳倾角是光伏发电系统全年发电量最大时的倾角。综合考虑站址当地的多年月平均辐照度、直射辐射辐照度、散射辐射辐照度、风速、雨水、积雪等气候条件，计算不同角度倾斜面上太阳辐照量，确定辐照量最大时的倾角，即最佳倾角。自动跟踪光伏阵列的倾角应根据跟踪系统运行方式及太阳辐射计算确定。

（5）光伏阵列布置。应根据站区地形、设备特点和施工条件等因素，合理安排。根据光伏组件和光伏逆变器类型，进行多方案比较，综合考虑技术及经济指标，进行光伏组件的串联、并联设计，确定光伏组件串的最优布置方式。根据光伏阵列运行方式，计算光伏阵列的行、列间距。大、中型地面光伏发电站的光伏阵列宜采用单元模块化的布置方式。

运行与维护　光伏电站连续或按负荷需要向电网供应可

靠的、相对廉价的、符合质量要求的电力和电量，并对人身安全不造成危害的过程。包括安全管理、运行管理、检修管理及相应的人员培训和制度保障。安全管理包括对人身、设备本身以及对人员的生产活动进行安全监督，制定并监督实施各项安全措施和反事故措施，经常进行安全教育并定期对设备进行安全性评估。运行管理包括对光伏阵列、逆变器及相关设备起动、运转、停用和备用过程的操作、监测、检查，以及异常和事故处理的步骤和方法以及人员执行过程的管理规定。检修管理通过定期的状态检修、故障检修和设备改造等方法消除和处理光伏电站在运转过程中产生的设备损毁、缺陷或故障，保持、恢复、提高设备的运行技术经济性能和可用率，保护和延长设备寿命以及为此制定检修管理方法和规章制度。

Jianada haiyangneng fadian jishu

加拿大海洋能发电技术 (marine power generation technology in Canada) 加拿大以其优越的地理位置，很早便开始积极开拓海洋能发电技术领域，具有代表性的是潮汐能发电和波浪发电。

潮汐能发电 1984 年，加拿大在芬迪湾新斯科省安娜波利斯河口建成潮差电站。安娜波利斯潮汐电站装机容量 20 万 kW，所装为全贯流式发电机组。此地最大潮差达 16m，平均潮差 6.4m。采用单库单向发电方式，正常潮汐周期 12h 25min 内约有 6h 发电时间，年发电量 500 万 kW·h。水轮机直径 7.6m，额定水头 5.5m，机组运行效率达 95%。加拿大蓝能公司（Blue Energy Limited）提出 Tidal Bri-dge 潮流发电装置的概念，进行了概念设计，如图 1 所示。该设计由多个垂直轴叶片叶轮沿水深方向串联、沿水平迎流方向并联，整体装置像一个栅栏建在两个海岛之间，装置上部可作为桥面通车。该设计具有大型化潜在优势，但还未实际应用。

图 1 Tidal Bridge 潮流发电装置效果图

波浪发电 加拿大芬纳瓦拉可再生能源（Finavera Renewables）公司研发出 AquaBuOY 波浪发电装置，设计装机容量 250kW，如图 2 所示。2007 年在俄勒冈（Oregon）州附近海域完成 1∶2 样机试验。

图 2 AquaBuOY 波浪发电装置

jianxing ranliao dianchi

碱性燃料电池 (alkaline fuel cell, AFC) 采用氢氧化钾等碱性水溶液作电解质的一类燃料电池。它的工作温度在 100℃以下，使用氢气作为燃料气，使用氧气或空气作为氧化剂。1932 年，英国发明家 F.T.培根（Francis Thomas Bacon）用比较廉价的镍网代替铂电极，发明了世界上第一个碱性燃料电池，其工作温度约为 250℃。作为航天器和潜水艇用高能量密度电源，其电能转换效率为所有燃料电池中最高的，最高可达 70%。

工作原理 氢气在电池阳极（燃料极）上与电解质 KOH 提供的 OH^- 发生氧化反应生成水并放出电子，氧气在电池阴极（空气极）上与水发生氧化反应得到电子并生成 OH^-，从而在外接闭合电路上得到电流。电极反应见式（1）～式（3）

$$\text{燃料极}\quad H_2+2OH^- \longrightarrow 2H_2O+2e \tag{1}$$

$$\text{空气极}\quad \frac{1}{2}O_2+H_2O+2e \longrightarrow 2OH^- \tag{2}$$

$$\text{总反应}\quad H_2+\frac{1}{2}O_2 \longrightarrow H_2O \tag{3}$$

式（2）的空气极上的反应不是一次性完成的，而是先进行反应式（4）

$$O_2+H_2O+2e \longrightarrow O_2H^- +OH^- \tag{4}$$

即先生成过氧化氢阴离子和氢氧根阴离子，在有分解过氧化氢阴离子的催化剂存在下，继续反应式（5）

$$O_2H^- \longrightarrow OH^- +\frac{1}{2}O_2 \tag{5}$$

式（2）反应的理论电压为 1.229V（25℃）。实际上，由于经历了式（4）、式（5）的反应步骤，在开路电压 1.1V 以下，空气极催化剂不同，实际电压也不一样，但在使用铂或者银等加速过氧化氢阴离子分解的贵金属催化剂时，开路电压就会接近理论电压。

分类 以电堆为基本单元的电池结构，根据电解液的保持方法不同，主要分为自由电解液型和担载型。电堆是由具有一定的电极面积、一定数量的单电池层压在一起，两端用端板固定组成的电池组。用于宇宙航天器的燃料电池的代表是 1972 年阿波罗宇宙飞船的自由电解液型 PC3A-2 电池和 1981 年宇宙飞船的担载型 PC17-C 电池，表中分别表示了它们的规格与性能。

宇宙用碱性燃料电池的结构和特性比较

碱性燃料电池类型			自由电解液型	担载型
用途			阿波罗飞船用（PC 3A-2）	轨道飞行器用（PC 17-C）
电池构成及面积	电极	空气极	浸渍锂的氧化镍双层电极	聚四氟乙烯结合金铂催化剂＋金网
		燃料极	镍双层电极	聚四氟乙烯结合铂钯催化剂＋银网
		面积（cm^2）	365	465
	电解质		85%氢氧化钾溶液	32%氢氧化钾水溶液浸渍于石棉
电堆构成			31 片单电池串联连接	并联两个 32 片单电池串联连接的电堆

续表

碱性燃料电池类型			自由电解液型	担载型
用途			阿波罗飞船用（PC 3A-2）	轨道飞行器用（PC 17-C）
质量（kg）			111.1	91.6
运转条件	气体压力（MPa）		0.294～0.392	0.142
	温度（℃）		250	82～110
	气体纯度（%）	氧气	99.995	99.989
		氢气	99.995	99.990
功率	最低至最高（kW）		0.6～1.4	2～12
	平均（kW）		0.9	7
电压（最低至最高，V）			27～31	27.5～32.5
平均输出时电流密度（mA/cm^2）			97	247
单电池 0.85V 电流密度（mA/cm^2）			150	470
寿命（h）			400	2000，保守时 5000
起动时间（h）			24	0.25
停止时间（h）			17	瞬时
单位功率质量（kg/kW）			122.5	13.2

自由电解液型碱性燃料电池　安装共用的电解液通道将电解液并排注入各个单电池内，电堆内部无冷却板和电解液贮槽的碱性燃料电池。当通道中流动的电解液流失时，会降低电堆功率，影响使用寿命。在不使电解液循环泵功率过大的条件下，可以改造电解液通路的形状和电解液分配方式。

其在电极构造、催化剂和板材上各有特点：

（1）电极是将电催化剂黏合在支撑材料上成膜状、定型后制成的。支撑材料是憎水性的氟树脂—聚四氟乙烯等（PTFE），过去曾使用的是铂金网或者镍的多孔质膜等。

（2）燃料极催化剂除了使用铂、钯之外，还有支撑铂的碳粉或雷尼镍。雷尼镍催化剂是一种从镍和铝合金中溶出、去除铝后，产生大量的、活性很强的微孔催化剂。因为其活性强，空气中容易着火，所以其进行氧化后与 PTFE 黏合在一起，使用时再用氢进行还原。

空气极催化剂在电池高功率输出时需要采用金、铂、银等，实际应用时一般采用碳粉支撑铂或者银。对于碳粉，可以使用表面积大、耐腐蚀性好的乙炔炭黑等物质。

（3）电极框一般采用聚砜和聚丙烯等合成树脂。电解液的隔板多使用多孔性合成树脂或者非纺织物、网等。双极板除了使用镍以外，也开发出了碳粉、聚砜和聚丙烯等混合成型品。

担载型碱性燃料电池　用石棉等多孔质体来浸渍、保持电解液的碱性燃料电池。为了在运转条件变动时可以调节电解液的增减量，在这种电堆上安装了贮槽和冷却板。反应气中微量的二氧化碳会引起电池性能降低，须控制二氧化碳体积分数在几十万分之一以下，同时严格选择电池组成材料。

工作特点　主要包括：①常温下起动，与磷酸燃料电池相比，氧气的还原反应更容易进行，容易获得高功率；②工作温度低，电解液的腐蚀性不强，便于选择材料；③催化剂可使用非铂系贵金属；④原料中的二氧化碳会使电解液变质，性能降低，反应为

$$2OH^- + CO_2 \longrightarrow CO_3^{2-} + H_2O$$

反应时电解液中生成碳酸离子，其浓度一旦达到 30% 以上时就会使电池性能急剧下降。这主要是因为碳酸离子妨碍氢氧根和水的扩散，使燃料极极化。

应用状况　美国国家航空航天局早在 20 世纪 60 年代就将碱性燃料电池运用在宇宙开发上，包括著名的阿波罗登月飞行计划。从 1968 年的阿波罗 7 号到 1972 年的阿波罗 17 号，搭载的都是碱性燃料电池电源。

在欧洲，德国从 20 世纪 60 年代开始研究碱性燃料电池，开发出了用于水中推进系统 6kW 的电源模块。把 8 个这种模块串联成 50kW 电池，再把 2 组 50kW 电池并联成 100kW 电池组成一个系统，用作潜水艇电源。自 1976 年始，比利时研究开发用碱性燃料电池作电动汽车电源和应急用电源，并在大篷货车上进行了搭载 14kW 电池的实车试验。自 1988 年始，荷兰的公司与阿姆斯特丹市合作开展了将碱性燃料电池与飞轮应用于公共汽车的研发工作。

2001 年，德国公司开发了搭载碱性燃料电池的样车。电池使用低成本的钴系催化剂，在室温条件下可以获得 50% 的效率，且功率密度高。

2012 年，英国公司开发出 1MW 级固定式碱性燃料电池电站，为化学制品的生产工艺提供电力。

jianzhu fujia guangfu fadian xitong

建筑附加光伏发电系统　（building-attached photovoltaic power generation system，BAPV）　附着于建筑物表面的并网光伏发电系统。其主要功能是发电，与建筑物功能不发生冲突，不破坏或削弱原有建筑物的功能。光伏组件安装在建筑物的屋顶、墙面或其他建筑外表面上，建筑物作为光伏组件的载体，起支撑作用。

不同于建筑集成光伏发电系统，建筑附加光伏发电系统光伏组件本身并不作为建筑围护结构，因此如拆除建筑上的光伏组件，并不会影响原有建筑的基本功能。一般建筑工程竣工后开始建筑附加光伏发电系统的施工。安装光伏组件时，应当尽量避免遮挡，尤其是对晶体硅太阳能电池，很小的遮挡会引起很大的功率损失。光伏组件还需要良好的通风条件，以利于光伏组件的冷却，因温度升高将减少组件的发电量。

上海世博园光伏发电系统属于典型的用户侧并网的建筑附加光伏发电系统，该工程总装机容量约 4.6MW，所发电能升压至 10kV 并入市电电网。

jianzhu jicheng guangfu fadian xitong

建筑集成光伏发电系统　（building-integrated photovoltaic power generation system，BIPV）　将光伏系统与建筑物集成一体的并网光伏发电系统。该系统单体规模较小，由建筑光伏构件组成，一般采用分散式安装，具有两个特点：①系统所发出的电能直接分配到用户的负载上，多余或不足的电能通过低压配电网来调节；②建筑光伏构件作为建筑物的组成部分不可拆除，否则建筑物不能正常使

用。建筑集成光伏发电系统是太阳能与建筑一体化的高级形式，建筑光伏构件既作为建材又能发电，可以部分降低光伏系统的成本，有利于光伏发电系统的建筑推广应用。

建筑光伏构件　既可作为建材又可用于发电的光伏组件，其功能和结构与光伏组件类似，但应同时满足建筑构件坚固耐用、保温隔热、防水防潮等基本要求。常用的建筑光伏构件是双玻光伏组件，由钢化玻璃、胶片与薄膜太阳能电池片或者晶体硅太阳能电池片等通过封装制作而成，如图 1 所示。

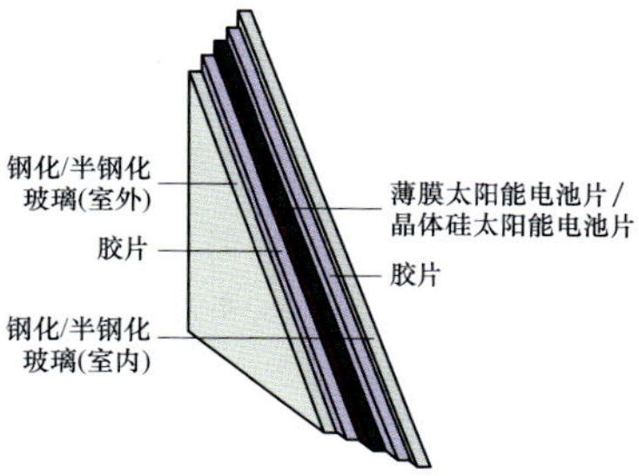

图 1　双玻建筑光伏构件结构示意

建筑光伏构件根据需要可以制作成不透明型和透明型。不透明型建筑光伏构件太阳辐射不能穿透构件材料本身，减少了太阳辐射的透射量。不透明型建筑光伏构件适用于建筑屋面、阳台围栏、幕墙等需要遮阳的区域。透明型建筑光伏构件可根据需要允许部分太阳辐射穿透材料本身，进入建筑物内部。透明型建筑光伏构件适用于门窗、幕墙等需要采光的区域。使用同一类型光伏电池时，透明型建筑光伏构件具有更高的单位面积转换效率。

建筑光伏构件的力学性能要符合建筑围护结构的结构性能要求，满足建筑的安全性与可靠性要求以及建筑对隔热、隔声和密闭的要求。应用于光伏屋顶、光伏窗体、光伏幕墙的建筑光伏构件所需满足建筑性能稍有不同，见表。

不同应用场合建筑光伏构件应满足的建筑性能

建筑性能	分类		
	光伏屋顶	光伏窗体	光伏幕墙
抗风压		√	√
水密	√	√	√
气密	√	√	√
热工	√	√	√
空气声隔声	√	√	√
平面内变形			√
抗震要求			√
耐撞击			√
采光	√	√	√
承重力	满足结构设计要求		√
结构	√		

注：表中“√”表示应满足此项要求。

系统设计　建筑集成光伏发电系统的设计由建筑设计单位和光伏系统集成商相互配合共同完成。设计时不仅要考虑建筑立面美观确定建筑光伏构件的安装位置，还要结合建筑功能及其对电力供应方式的需求，综合考虑环境、气候、太阳能资源、用能需求、施工条件等因素，进行系统性能评价和技术经济分析。

建筑师根据建筑类型和使用要求确定光伏系统的类型、安装位置、色调、构造要求，并向建筑电气工程师咨询对电力的使用要求；电气工程师进行光伏系统设计、布置管线、确定管线走向；结构工程师在建筑结构设计时，应考虑光伏系统的荷载，并设计预埋件，以便建筑光伏构件锚固、安装。光伏系统集成商需向建筑设计单位提供建筑光伏构件的规格、尺寸、荷载，预埋件的规格、尺寸、安装位置及安全要求。建筑集成光伏发电系统设计流程如图 2 所示。

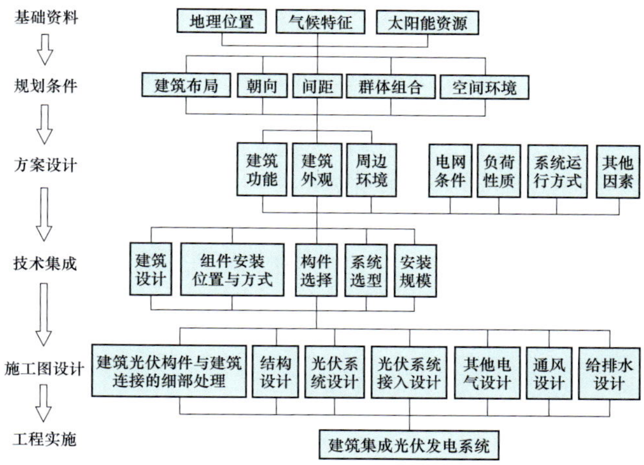

图 2　建筑集成光伏发电系统设计流程

发展状况　国外对建筑集成光伏发电系统的研究开始于 20 世纪 70 年代，由世界能源组织最早提出，经历了从示范到推广，从屋顶安装到与建筑集成应用，进而将光伏组件作为一种新型建筑材料的发展历程。德国、美国和日本等一些发达国家，在建筑集成光伏发电系统方面已经形成了相对成熟的设计经验和技术储备。

中国太阳能光伏发电技术自 21 世纪以来，发展迅速。2004 年 1 月，在北京大兴建成了国内第一座与建筑结合的并网光伏示范电站，总装机容量 50kW。2009 年国家出台一系列政策推动光伏发电大规模应用。建筑集成光伏发电系统应用示范工程各地均有兴建，威海市民文化中心光伏发电系统即为建筑集成光伏发电系统示范工程。

Jiangsu fengdian jidi guihua

江苏风电基地规划　（wind power base planning in Jiangsu）　在综合分析江苏沿海风能资源、岸线资源、海域资源的基础上，结合区域建设条件和电网接纳条件，对江苏沿海大型风电基地的建设目标、建设时序等进行统筹安排。工作内容见风电基地规划。

资源概况　江苏省沿海地区和近海海域风能资源丰富（见中国风能资源），开发建设陆上及海上风电场的资源条件较好。根据江苏省气象局《江苏省风能资源评价报告》，风能资源总储量为 3469 万 kW，主要分布在沿海滩涂和近海海域。沿海滩涂 70m 高度年平均风速在 6.8m/s 左右，潮间带和近海海域 80m 高度平均风速在 7.3～7.5m/s，风能资源开发价值较好。江苏省海岸线总长 954km，除北部滨海海域外，基本为淤积性海岸线，近海海域水深在 25m 以内，绝大部分在 15m 左右，建设近海风电场的条件较好，航运、军事等制约因素相对较少。

江苏省经济总量大，发展速度快，对电力需求量也大。江苏省煤炭、油气资源储量非常有限，基本无可开发的水力资源，火电装机容量占电网内总装机容量比例超过 90%，能源依靠省外供应为主。规划的风电基地靠近负荷中心，可就近接入电网，所发电量在省内消纳条件较好。

规划成果　江苏省风电基地规划了 36 个陆上风电场，

总装机容量 3780MW。海上风电场规划海域总面积为 3681km^2，规划装机容量为 12 550MW。根据区域风能资源分布、近海海域使用现状及海洋功能区划，考虑项目之间相互影响，划分成若干个 300MW 左右的单元。到 2020 年，将建成 10 000MW，其中陆上 3000MW，海上 7000MW。

按照江苏海上风电场规划布局，从北至南规划 3 个百万千瓦级风电基地，分别为连云港及盐城北部基地总容量 2570MW，盐城南部基地总容量 5400MW，南通基地总容量 4580MW，见下图。

截至 2012 年底，江苏并网风电装机容量为 1932.8MW。

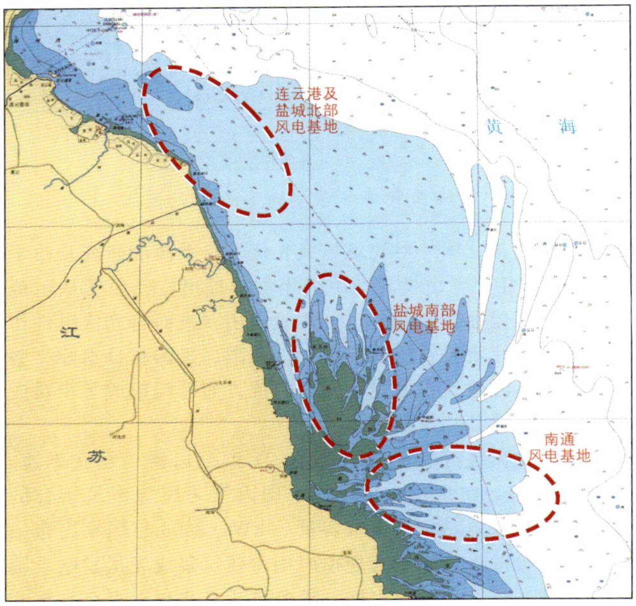

江苏风电基地地理位置示意

Jiangxia Chaoxi Dianzhan

江厦潮汐电站　(Jiangxia Tidal Power Station)

中国利用潮汐能发电的一个试验电站，见图 1，位于浙江省温岭市乐清湾北端的江厦港上，设计装机容量 3900kW。江厦潮汐电站共 6 台机组，前 5 台在 1980～1985 年间投入运行，装机容量为 3200kW；第 6 台机组于 2007 年投入运行，装机容量 700kW。电站年发电量 720 万 kW·h。

江厦港潮汐为半日潮，平均潮差 5.08m，最大潮差 8.39m，最小潮差 1.53m。发电最大工作水头 5.5m，最小水头 1.5m。电站采用单库双向发电方式。（见单库双向潮汐电站）

图 1　江厦潮汐电站

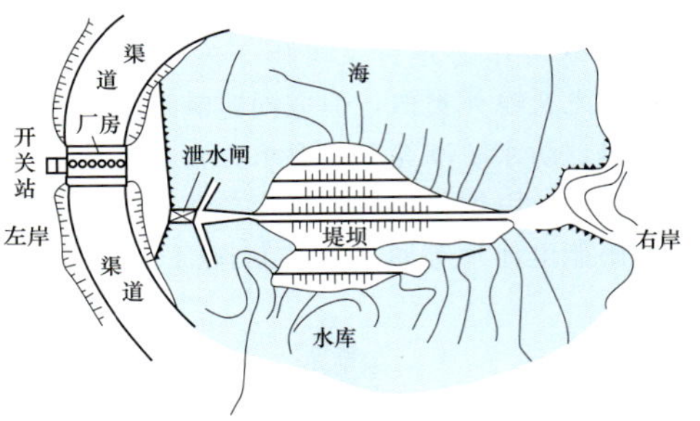

图 2　江厦潮汐电站枢纽简图

枢纽布置　电站枢组由堤坝、泄水闸、厂房和开关站等建筑物组成，见图 2。堤坝为黏土心墙堆石坝，长 670m，坝基为厚 46m 的海涂淤泥质软基。最大坝高 15.5m，坝顶宽 5.5m，深港部分最大坝基宽 180m。5 孔平底泄水闸，位于堤坝左端凝灰岩基上，每孔净宽 3m。发电厂房位于泄水闸左侧岩基上，全长 56.9m，宽 25m，高 25.2m。

主要设备及参数　电站安装 6 台双向灯泡贯流式机组。水轮机转轮直径 2.5m，采用“S”形叶型。1 号机组 500kW，2 号机组 600kW，用行星齿轮与发电机相连，水轮机转速为 118r/min，经过增速后发电机的转速为 500r/min，采用强迫轴向风冷。3～5 号机组的水轮机与发电机直接连接，每台机组容量为 700kW，转速为 125r/min，采用强迫轴向通风，热风由机壳外海水冷却。机组可以有正、反向发电和正、反向泄水 4 种运行工况。一日两潮，机组 4 次开机发电、4 次停机。机组流道采用了涂料和阴极保护，同时还采用电解海水液定期放入机组的流道，综合防污效果很好。6 号机组为新型双向卧轴灯泡贯流式机组，实现了双向发电、双向抽水，提高了机组效率。

运行效益　从 1980 年 5 月第一台机组发电起，运行正常。除发电外，还开展潮汐能的特点、海工建筑物技术、潮汐机组的研制、防污防腐技术及综合利用等科学试验。发电库容以外围垦的 4000 余亩库区，用于农业种植和海产养殖。

jingtigui taiyangneng dianchi

晶体硅太阳能电池　(crystalline silicon photovoltaic solar cell)

以结晶状硅为基体材料的太阳能电池。将高纯度多晶硅料熔融再结晶后切割得到制备晶体硅电池所需片状晶体硅材料，通常称为硅片。太阳能电池产业上生产所需硅片厚度在 180μm 左右，有 125mm×125mm 或 156mm×156mm 两种规格。太阳能电池所用晶体硅材料纯度需达到 6 个 9（即 99.9999%）以上，纯度越高，杂质越少，电池转换效率越高。晶体硅太阳能电池可应用于各类光伏系统中，包括大型地面光伏电站、屋顶光伏发电系统及太阳能路灯、庭院灯等，是应用范围最广泛的一种太阳能电池。

分类　根据晶体硅材料的结晶特性，分为单晶硅电池和多晶硅电池。

单晶硅电池是使用单晶硅片制备的电池，单晶硅指一个硅片仅包含单一晶粒。熔融的单质硅在凝固时，硅原子以金刚石晶格排列成许多晶核，这些晶核长成晶面取向相同的晶粒，这些晶粒平行结合起来便结晶成单晶硅。多晶硅电池是使用多晶硅片制备的电池，多晶硅指一个硅片包含多个晶粒。多晶硅可作控制单晶硅的原料。单晶硅电池和多晶硅电池外观见图1。多晶硅中单晶颗粒之间存在晶界，而晶界往往有许多非晶态硅原子和杂质原子。紧邻晶界的晶粒中，位错、缺陷、应力、应变也较多，使得多晶硅中由入射光激发而产生的光生载流子的寿命较短，因而多晶硅太阳能电池中的复合电流大，开路电压、短路电流、填充因子及效率均没有单晶硅电池高。多晶硅太阳能电池的光电特性和制作工艺与单晶硅电池基本相同。

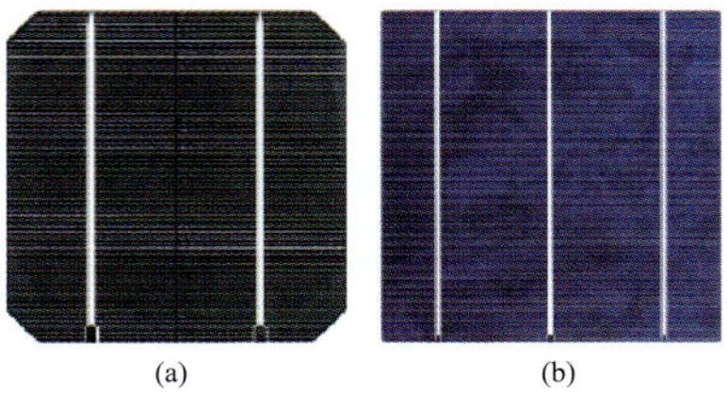

图1　典型晶体硅太阳能电池外观
(a) 单晶硅；(b) 多晶硅

根据晶体硅材料的掺杂特性，晶体硅太阳能电池可分为p型晶体硅电池和n型晶体硅电池。p型晶体硅电池采用硅中掺硼作基体材料，是空穴导电型太阳能电池。p型晶体硅电池产业化工艺成熟，是产业化生产中的主流产品，其中获得晶体硅电池高效记录的电池结构被命名为钝化发射极背部局域扩散（passivated emitter real local contact）电池，简称PERL电池。n型晶体硅电池采用硅中掺磷作基体材料，是电子导电型太阳能电池。采用n型晶体硅电池由于对金属杂质敏感性低，更易在生产中获得高的转换效率，是产业化高效电池的主要研发方向。截止到2011年，产业化中最高效的两种电池，即背接触指交叉（interdigitated back contact，IBC）电池（简称IBC电池）和异质结（hetero-junction with intrinsic thin-layer，HIT）电池（简称HIT电池），均采用n型硅片。

基本结构　晶体硅太阳能电池的典型结构包括p型区、pn结、n型区及正负电极。通常为提高电池转换效率，还有减反层、钝化层、背场或前场等。主要的晶体硅太阳能电池包括p型常规产业化电池、PERL电池、IBC电池和HIT电池。

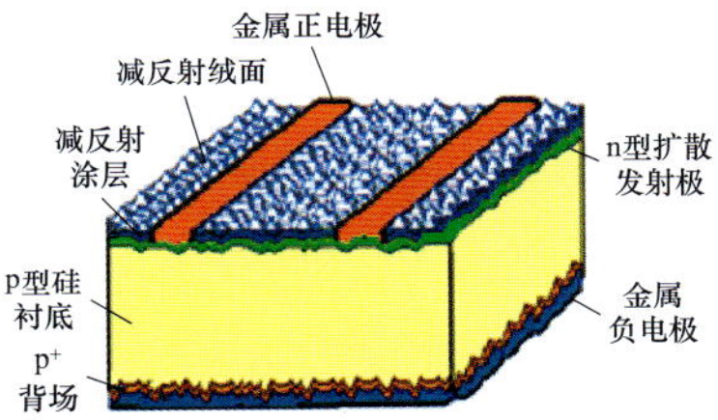

图2　p型常规产业化太阳能电池基本结构

p型常规产业化电池　其结构如图2所示。电池表面具有高低起伏的绒面结构来增强电池对入射光的吸收，正面（受光面）同时沉积减反射涂层，在起到减反作用的同时也对正表面起到了钝化作用。减反层之外是电池正电极，正电极所用金属多为银，通过丝网印刷技术实现。电池背面为重掺的p^+层充当背场。背场之外为背电极，常用材料为铝。

PERL电池　其结构如图3所示。上表面为梳指状金属银电极，下层为双层减反膜，另有薄二氧化硅（SiO_2）层充当钝化层。扩散形成pn结与n型区，且局部（正面金属接触位置）n型重扩（形成n^+层）、背面金属接触位置局部p型重扩（形成p^+层）、背面厚二氧化硅（SiO_2）层为钝化层，背电极为金属铝（Al）电极。PERL电池获得晶体硅电池中最高转换效率25%。

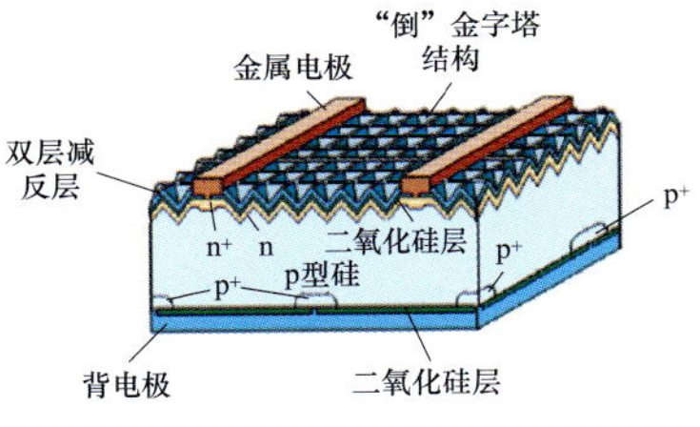

图3　PERL太阳能电池结构

IBC电池　其结构如图4所示，最大特点为pn结及正、负金属电极都在电池背面，前表面仅有减反射层和钝化层。具有的优势：由于将前电极放置于背面，减少了正面遮光，提高了电池效率；减少了组件制造成本，并且有更高的组件中电池排列密度；由于没有前电极，具有更好的视觉效果。

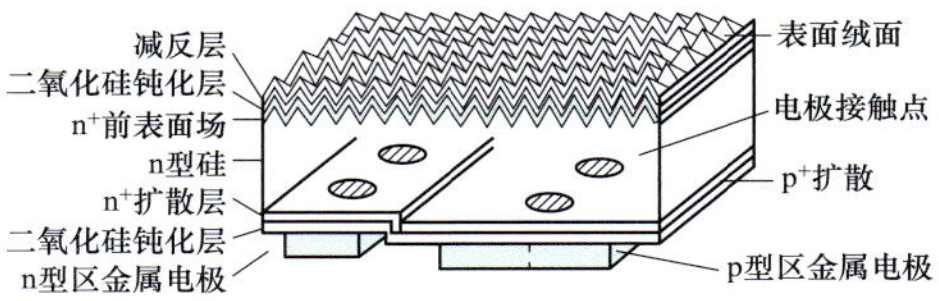

图4　IBC太阳能电池结构

HIT电池　其结构如图5所示。从正面开始，依次为金属正电极栅线、透明导电氧化物膜（TCO）、p型非晶硅层、本征非晶硅层、n型单晶硅片、本征非晶硅层、n型非晶硅层、透明导电氧化物膜、金属电极。HIT电池结构对称，特点为：整个工艺过程没有超过300℃的高温，节电环保，结合了非晶硅与晶体硅的优点。（见非晶硅薄膜/单晶硅异质结太阳能电池）

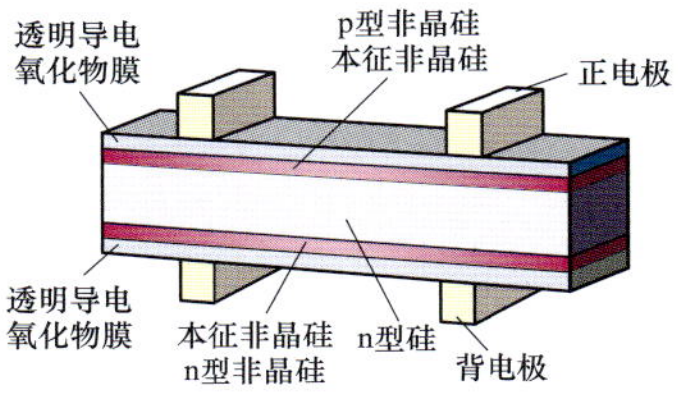

图5　HIT太阳能电池结构

技术特点　晶体硅太阳能电池的基本参数包括开路电压、短路电流密度、填充因子、光电转换效率等。

几类晶体硅太阳能电池实验室最高转换效率对应技术参数见表。

几类晶体硅太阳能电池实验室最高转换效率对应技术参数

电池类型	光电转换效率（%）	单体电池面积（cm^2）	开路电压（V）	短路电流密度（mA/cm^2）	填充因子（%）
p型单晶硅电池	25.0±0.5	4.0	0.706	42.70	82.8
p型多晶硅电池	20.4±0.5	1.002	0.664	38.00	80.9
背接触指交叉电池	24.2±0.7	155.100	0.721	40.50	82.9
异质结电池	23.7±0.6	100.700	0.745	39.38	80.9

常规晶体硅太阳能电池的温度特性及辐照度特性见图6。随着温度升高，电池的短路电流小幅增大，开路电压和峰值功率降低。随辐照度增大。电池的开路电压先快速上升后趋于饱和，但短路电流与辐照度成正比。

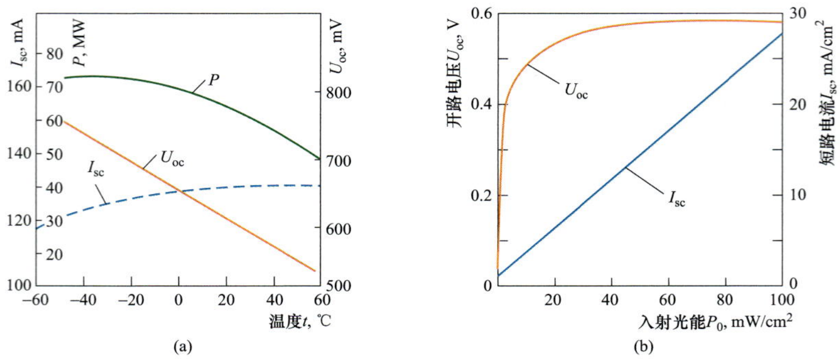

图 6　常规晶体硅太阳能电池的温度特性和辐照度特性

（a）温度特性；（b）辐照度特性

Kobold chaoliu fadian zhuangzhi

Kobold 潮流发电装置 (Kobold tidal current generation device) 由意大利阿基米德桥公司（Ponte di Archimede，简称 PdA）研发的垂直轴潮流发电装置。该装置安装在墨西拿海峡运行，距海岸 150m，当地平均潮流速度在 1.5～2m/s 之间，最高流速可达 3m/s。该装置是漂浮式，水轮发电机组支撑于系泊漂浮式平台上，水平流动的海水驱动水轮机的叶轮产生机械能，机械能通过发电机转换成电能。

组成 包括水轮机、齿轮箱、发电机、机舱、漂浮式平台和锚泊系统。

水轮机由叶片、叶片变角机构、轮辐、叶轮旋转主轴和传动轴系等组成。叶轮的旋转主轴与水流方向垂直安装，叶轮的叶片通过两层轮辐（或支臂）与主轴固连在一起；叶轮主轴通过轴承、轴承座悬挂固定于漂浮载体下方，再通过传动轴与齿轮箱和发电机连接。齿轮箱、发电机、电控系统以及其他电气设备安装在漂浮式平台甲板上的六角形机舱内。载体平台为圆筒形，由锚泊系统固定于海床。水轮机叶片外壳由碳纤维和环氧树脂制造，叶片内部是轻型泡沫结构，在叶片展长方向布置 3 根不锈钢管承载。水轮机叶片是可变角的，叶片与轮辐的连接处有一个变角机构允许叶片在一定范围内自由摆动。

锚泊系统由 4 组锚泊线组成，辐射状布置，每组锚泊线相隔 90°；锚泊线由上部尼龙绳（悬链）、海底锚链（躺链）和钢筋混凝土重块（锚块）组成，尼龙绳系于平台上。平台离岸 150m，海底深度 35m，如图 1 所示。

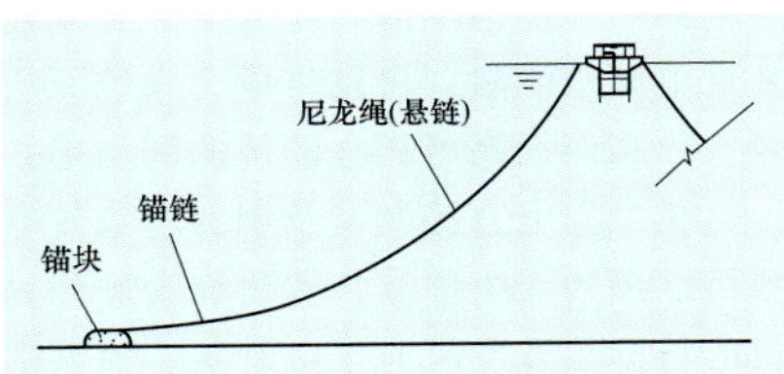

图 1 水轮机锚泊示意图

主要特点 垂直轴叶轮旋转方向不受海流方向影响；叶片可以被动变角，叶轮自启动性能好，叶片结构简单，容易加工；齿轮箱和发动机位于平台甲板上，便于检修，不需要水下动密封。Kobold 潮流发电装置的载体设计为圆形结构，载体直径相对于叶轮直径偏小，静水稳性不足。因此在实际运行中，水流作用在叶轮上的沿流向的巨大载荷使载体倾斜较为严重，导致叶轮的出力有所降低。

主要技术参数 Kobold 潮流发电装置装机容量 120kW，垂直轴叶轮直径 6m，叶片长 5m，叶片数量 3 只，弦长 0.4m；平台呈圆形，直径 10m。漂浮式平台的主要参数见表 1，水轮机主要参数见表 2。

表 1 漂浮式平台主要参数

项 目	数值	单位	项 目	数值	单位
直 径	10	m	锚块数量	4	个
吃 水	2.5	m	锚块质量	35	t
排水量	35	t	锚块材料	钢筋混凝土	

表 2 水轮机主要参数

项 目	数值	单位	项 目	数值	单位
叶轮直径	6	m	叶 片 数	3	个
叶 片 长	5	m	叶片材料	碳纤维	
叶片弦长	0.4	m			

发展应用 1995 年阿基米德桥公司联合那不勒斯大学航空工程系开始对 Kobold 水轮机进行研究，2002 年初建成了 120kW 的 Kobold 潮流发电装置，安装于意大利本土与西西里岛之间的墨西拿海峡，进行试验运行，发出的电力供载体平台上的水泵与电灯使用。2004 年，阿基米德桥公司对 Kobold 潮流电站进行二期工程建设，完成了两方面工作：一是在平台机舱顶部安装了 6kW 的太阳能光伏阵列，将太阳能光伏发电与潮流发电互补；二是敷设了海底电缆，将潮流发电装置发出的电力输送上岸并接入当地电网，如图 2 所示，这是世界上第一个接入电网运行的垂直轴潮流发电装置。自 2006 年起，阿基米德桥公司开始进行 Kobold 潮流发电技术的推广应用，在意大利政府和联合国工业发展组织的支持下，与菲律宾、马来西亚和中国进行国际合作和应用研究。

图 2 Kobold 潮流发电装置

kaishi xunhuan haiyang reneng zhuanhuan xitong

开式循环海洋热能转换系统 (open-cycle ocean thermal energy conversion system) 利用温海水作为工作介质实现海洋热能转换的系统。由于作为工作介质的海水与外界相通，因此称为开式循环，该海洋温差发电系统最早于 1926 年由法国科学家 G. 克劳德（Georges Claude）提出。

系统组成 由闪蒸器、冷凝器、汽轮机、发电机、温海水泵和冷海水泵等组成。系统原理见图 1。

工作原理 温海水在具有真空度的闪蒸器内蒸发变成气体，然后进入汽轮机膨胀做功，带动发电机发电；蒸汽通过汽轮机后在冷凝器内被冷海水泵抽上来的深层冷海水（系统冷源）冷却，凝结成液态水后排出。系统冷凝器若采用表面式换热器，如图 1（a）所示，汽轮机排出的乏汽通过冷凝器后即可形成淡水；系统冷凝器若采用混合式换热器，如图1（b）所示，汽轮机排出的乏汽通过冷海水喷淋变为液体，则系统不能产生淡水。

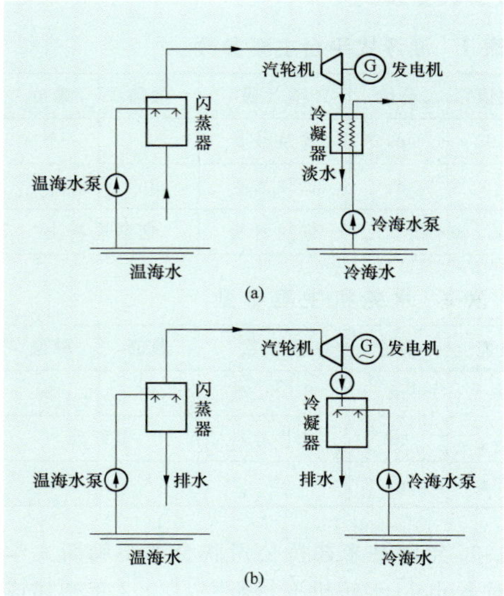

图1 开式循环海洋热能转换系统原理
（a）冷凝器为表面式换热器的系统；
（b）冷凝器为混合式换热器的系统

根据发电装置建设位置不同，开式循环海洋热能转换系统分为岸基式和漂浮式。岸基式海洋热能转换系统是发电装置安装在海岸的固定支撑结构上，见图2。岸基式海洋热能转换系统运行需要的冷海水需要铺设较长的冷海水管从海洋中抽取，这导致冷海水泵消耗的功率增大，减少了系统净功率的输出，同时增加了建设成本。岸基式海洋热能转换系统的优点是维护修理简单，基本不受气象条件如台风的影响。另外，如果系统海水在发电后用于其他目的（海水养殖、空调制冷等），那么系统的整体效益就会提高。漂浮式海洋热能转换系统是将发电装置安装在海洋平台或船等浮体上，见图3。漂浮式海洋热能转换系统平台可以利用现代造船技术制造，但是系统只有在海面平静的条件下才能正常工作，台风及其他不利的气候条件将对系统产生破坏并造成危险。

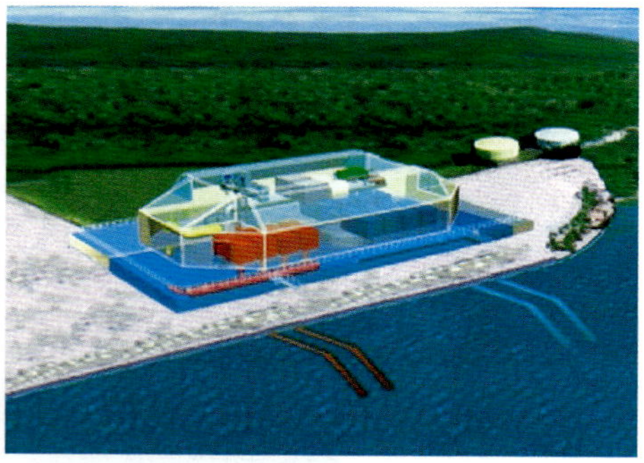

图2 岸基式海洋热能转换系统形象

图3 漂浮式海洋热能转换系统形象

开式循环的优点包括：①温海水直接作为工作介质，相比闭式循环蒸发过程没有海水与其他工质的热交换，因此可以减少由于热交换而产生的热量损失；②如果冷凝器采用表面式换热器，则可以产生淡水；③清洁无污染，作为工作介质的温海水对环境没有潜在威胁，不会因为工质的泄漏而对环境造成破坏；④因为没有换热面，因此受附着生物的影响比闭式循环热能发电系统小；⑤结构相对比较简单，容易操作。

开式循环的缺点包括：①由于海水中含有氧气、氮气、二氧化碳等溶解性气体，当温海水进入闪蒸器之类的真空部件后，大部分溶解气体被释放出来，为保持系统真空，必须连续不断地除去这些气体；②闪蒸器中产生的是低温低压的气体，为使汽轮机能在低压下运行，机组需要造得十分庞大；③需要泵送巨量的温海水和冷海水，耗能严重。

发展状况 开式循环海洋温差发电系统由法国科学家G. 克劳德（Georges Claude）于1926年提出，1930年在古巴坦萨斯海湾沿海建造了一座开式循环发电装置，额定输出功率22kW。1993年，美国在夏威夷建成了210kW的开式循环系统，净输出功率40～50kW，同时该系统还生产淡水，开启综合利用海洋温差能的研究和探索。（见*夏威夷开式循环海洋温差能试验电站*）

中国海洋温差能发电技术研究工作起步较晚。1989年，中国科学院广州能源研究所对开式循环过程进行了实验室研究，建造了容量分别为10W和60W的实验台。

kezaisheng nengyuan zhiqing

可再生能源制氢 （hydrogen production from renewable energy） 利用可再生能源获得氢气的过程。可再生能源指具有自我恢复原有特性，并可持续利用的一次能源，包括太阳能、风能、生物质能、海洋能、地热能、水能等。可再生能源开发潜力巨大，然而多数可再生能源的能量密度低，具有随时间、季节和气候发生变化的波动性和间歇性，其转化利用技术成本较高。氢能作为二次能源，具有能量密度高、可储存、可运输等优点，将可再生能源转化为氢能，是充分利用可再生能源的途径之一。按照可再生能源的能量转化路径，可再生能源制氢分为间接制氢和直接制氢。

间接制氢 利用可再生能源发电，再电解水制氢的过程。由于风能具有波动性和间歇性，风电场达到一定规模后，会对电力系统稳定性和调峰带来较大影响。当风力发电在电网中不能消纳时，作为一种大规模储能技术，利用风力发电电解水制氢，可以将电力系统无法消纳的多余电能制成氢气，从而提高可再生能源的利用率。

风力发电直接制氢及燃料电池发电系统技术研究与示范项目已经列入中国高技术研究发展计划（“863”计划），项目的目标是开发风力发电制氢、储氢耦合技术，优化电解制氢与离网/并网风电耦合控制与智能运行技术，建成风力发电制氢与燃料电池的集成系统，拓展风力发电与氢能的互补利用新途径，突破大规模风电并网瓶颈。项目中的风电耦合制氢储能系统研究总体方案示意如图所示。该方案采用大规模并网风电场的一个机组为研究对象，在并入风电场35kV局域电网之前，耦合制氢储能系统。风电机组所发电力的一部分经整流器供电解槽制氢。电解槽中生成的氢气经缓冲罐、氢气压缩机加压后，进入储氢罐，压缩氢气或被运至使用目的地，或作为燃料气驱动燃料电池发电，燃料电池所发电力经逆变器并入风电机组变压器0.69kV低压侧，整个系统通过机组控制系统自动控制。

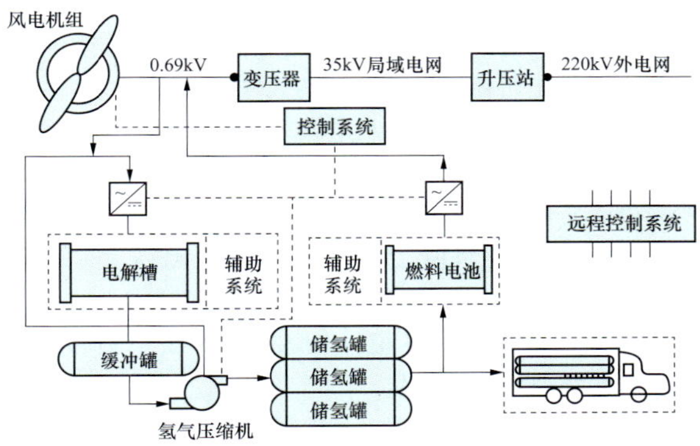

风电耦合制氢储能系统研究总体方案示意

电解水制氢是利用直流电，将电解液中的水分解成氢气和氧气的技术，它是可再生能源制氢的核心技术，也是工业制氢的主要方法之一。其反应式如下

$$2H_2O \xrightarrow{\text{电解}} 2H_2 + O_2\uparrow$$

电解水制氢的优点是生产的氢气不含 CO、SO_x 等杂质，设备简单。缺点是电耗大，生产 $1m^3$ 氢气约耗电 4.5kW·h。

直接制氢 利用太阳能和生物质能制得氢气的过程。太阳能制氢包括光热化学制氢、光电化学制氢、光催化制氢、人工光合作用制氢等技术。生物质制氢指利用光合细菌和藻类在固氮酶和氢酶等光合作用下产生氢气，主要分为生物法和热化学法。这些技术均处于研究实验阶段。

光热化学制氢 主要方法包括：①直接热分解水为氢气和氧气。水直接分解制氢需要在 2227℃ 以上的温度，太阳光经过聚焦可以达到这一温度。但是如此高的反应温度对材料、工程实施的挑战极大，难以实现工程应用。②设法利用较低的温度，分解水制得氢气和氧气。为了降低水分解温度，利用多个化学反应组成一个热化学循环，所用原料是水，产物是氢气和氧气，该循环的最高反应温度不超过 1000℃。已经研究出来多个热化学循环系统，主要包括氧化物体系、含硫体系、杂化体系和卤化物体系。热化学循环制氢尚处于实验室研究或示范阶段。

光电化学制氢 利用半导体材料制成的光阳极和阴极组成光电化学电池（见太阳能光发电）制得氢气的方法。光照导致半导体光阳极内发生离子化，形成电荷载体、电子和空穴；水分子在光阳极被空穴所氧化，需要电场来避免电荷载体的复合；氢离子通过电解质迁移到阴极，而电子通过外部电路传输到阴极；氢离子在阴极表面发生还原反应。在电解质的作用下，光阳极吸收太阳光后产生的电子通过外电路流向阴极，水中的质子接收电子产生氢气。这里，水既是原料也是电解质的组成部分。

光催化制氢 利用光催化剂分解水放氢的方法。当光能大于光催化剂的禁带宽度时，价带电子吸收光能激发到导带。自由电子存在的能带称为导带（能导电），被束缚的电子要成为自由电子，就必须获得足够能量从而跃迁到导带，这个能量的最小值就是禁带宽度。导带中产生光生电子，价带中产生光生空穴，光生电子-空穴对水发生氧化还原作用，即电子还原水生成氢气，空穴氧化水产生氧气。在可见光照射下，光催化分解水的效率已到达 6%～7%。

光催化制氢的催化剂材料包括半导体类光催化剂、均相的光催化剂、敏化材料的光催化剂和仿生类的光催化剂。其中，半导体光催化剂是最有前景的光催化剂。

人工光合作用制氢 用人工模拟植物的光合作用获得氢气的方法。光合作用是指绿色植物利用叶绿素或某些细菌利用其细胞本身，在可见光的照射下，将二氧化碳和水（细菌为硫化氢和水）转化为有机物，并释放出氧气（细菌释放氢气）的生化过程。

人工光合作用制氢的基本原理，就是模拟光合作用从水中释放出活泼的氢离子和高能电子，进而利用高能电子使活泼的氢离子生成氢气。美国科学家模拟光合作用制氢项目的工艺过程分为三个独立的模块。第一个模块是从可见光中得到自由电子，以便用来生成不断消耗掉的电子。第二个模块是一层遍布碳纳米管的隔膜，它的厚度仅为头发丝直径的百万分之一。这层隔膜起到导线的作用，让电子通过并到达第三个模块。在第三个模块中的催化剂作用下，水分解成氢离子和氧离子，获得来自第一模块的电子后，最终生成氧气和氢气。人造光合作用已经取得实验室进展，2011 年美国科学家研发的人造树叶，用有色金属镍钼锌化合物取代了贵金属铂催化剂，在叶片的另一面，钴薄膜会产生氧气，这片人造树叶被放入水中，在阳光下会迅速放出氢气。

生物法制氢 通过生物质厌氧发酵制得氢气的方法。生物质厌氧发酵指有机物质（如人畜家禽粪便、秸秆、杂草等）在一定的水分、温度和厌氧条件下，通过各类微生物的分解代谢，最终形成沼气的过程。沼气是可燃性混合气体，主要由甲烷、氢气、二氧化碳、硫化氢等组成。

生物质发酵制沼气是一个极其复杂的生物化学过程，包括各种不同类型微生物所完成的各种代谢过程。这些微生物及其所进行的代谢都不是在孤立的环境中单独进行的，而是在一个混杂的环境中相互影响。它们之间的互相作用包括有产氢细菌与产甲烷细菌之间的作用，产氢细菌之间的作用和产甲烷细菌之间的作用。生物质发酵制氢，需要培养产氢量高的细菌，抑制产甲烷细菌的繁殖，并及时提取、净化提纯氢气。

生物质发酵制氢仍处于示范阶段。中国曾利用生物质发酵制得的氢气起动了 5kW 氢质子交换膜燃料电池的运行，中国科学家研发的生物制氢技术使可燃气体中甲烷与氢气的体积比近似 80∶20，适合作内燃机汽车的燃料。

热化学制氢 包括生物质热解、等离子体热解、催化热解和超临界生物质气化制氢。热化学制氢仍处于实验室研究或小型示范阶段。

（1）生物质热解制氢。也称作生物质热分解，指在隔绝空气或只通入少量空气的条件下使生物质（植物）受热而发生分解制氢的过程。一般说来，在这样的条件下，生物质的热解产物有三种，即气体、热解油和炭。通常低温热解（<500℃）有利于焦炭的生产，中温热解（500～800℃）有利焦油产量的提高，只有高温热解（>800℃）的主要产物是氢气。

（2）等离子体热解制氢。利用等离子体提供的高温、高焓和高升温速率的反应环境使生物质发生裂解反应制氢。与传统热解相比，等离子体热解利于高温吸热反应发生，而且多种反应气氛（惰性、氧化或还原气体）使等离子体不仅提供热源，还能以不同反应介质参与反应。研究表明等离子体热解产物为固体残渣和气体，没有焦油存在。

(3) 催化热解制氢。在生物质热解过程加入催化剂制氢。催化剂可以通过有效的催化裂解手段降低或去除气体产物中的焦油成分，提高产品氢气浓度；催化剂还可降低热解和气化反应的活化能，降低反应温度，从而在较低温度下得到高浓度的富氢气体。研究较多的催化剂主要有以下几类：①天然矿石，如白云石、橄榄石、石灰石等；②镍基催化剂；③钙基催化剂；④碱金属类，如 K_2CO_3、Na_2CO_3、NaCl、KCl 等；⑤其他，如 $ZnCl_2$、Al_2O_3、铁基催化剂等。

(4) 超临界生物质气化制氢。它是一种高效制氢技术，利用水在临界点（374.3℃，22.1MPa）附近的性质，实现生物质的完全气化，并将水中的部分氢释放出来，产物中 H_2 的体积分数可达 50% 以上，并且不生成焦油、焦炭等污染物，不易造成二次污染，对含水量较高的湿生物质可直接气化，无需高能耗的干燥过程，能量转换效率较高。其主要反应过程包括蒸汽重整、水气变换及甲烷化等，反应温度通常在 600℃左右。实现生物质超临界水高效气化制氢的难点在于：①高浓度生物质高压多相连续输送；②高效制氢反应器的设计；③高效、低成本、长寿命催化剂的筛选和制备。

kongzhi xitong

控制系统 (control system) 通过实时采集和处理风电机组的各种运行信息，自动调整风电机组运行状态，使风电机组能够按照设计要求安全高效运行的系统。控制系统是风电机组的综合运行管理系统。风电机组遇到电网故障等特殊情况时，控制系统还能使风电机组自动停机，起到对机组及电网的安全保护作用，也可在人为操作指令下，通过控制系统命令风电机组起动、调整运行状态或停机。其基本控制目标是保证风电机组安全可靠运行，获取最大能量和提供高质量的电能。

基本构成 由硬件和软件组成，系统结构如图 1 所示。软件为工业控制软件。硬件主要包括传感器、主控制器、执行机构和人机界面等，通过信号传输设备组成控制网络。

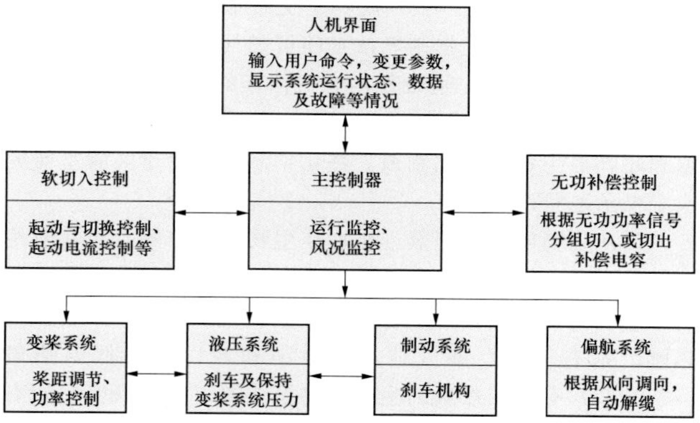

图 1 风电机组控制系统结构

传感器 主要包括风速仪、风向仪、转速传感器、电量采集传感器、桨距角位置传感器、各种限位开关、振动传感器、温度传感器、油位传感器、液压系统压力传感器及操作开关等。

主控制器 通常由计算机或微处理器和高可靠性的硬件设备组成，实时收集和分析各类信息，将指令发给执行机构，以实现风电机组运行过程中的各种控制功能。此外，主控制器还负责无功补偿控制和软切入控制等。

主控制器是控制系统的核心部件。一方面与各功能模块连接，接收信息，并通过计算分析发出指令；另一方面与远程控制单元通信，传递信息和指令。主控制器由机舱控制柜（塔上柜）和塔基控制柜（塔下柜）组成。塔上柜一般是远程运行参数输入/输出（I/O）柜，塔下柜是主控柜，处理模块（CPU 模块）位于塔下柜。为防干扰，塔上柜和塔下柜之间采用光纤通信线路连接。

执行机构 在主控制器的指令下运行，主要包括偏航系统、变桨系统、制动系统等。

人机界面 计算机与操作人员的交互窗口。包括塔基操作面板和远程监控操作面板。两个面板都可以对机组进行功能性操作，塔基操作面板具有优先级。人机界面的功能包括风力发电机组状态显示、故障监测、数据记录以及人为控制风电机组运行状态。

(1) 塔上柜的功能：①采集机舱内振动、油位、压差、磨损、发电机温度及接触器、中间继电器和传感器反馈等开关量信号；②采集并处理风轮转速，发电机转速，风速、风向、温度、振动等脉冲、模拟量信号到输入/输出模块；③接收变桨系统温度和顺桨反馈，必要时发送信号紧急顺桨和复位。

(2) 塔下柜的功能：①完成数据采集和输入/输出信号处理；②逻辑功能判定；③对执行机构发出指令；④接收塔上柜信号，通过与塔上柜的连接，实现系统安全停机、紧急停机、安全链复位等功能；⑤与风电场监控系统通信；⑥监控变流器、变桨系统、液压系统、偏航系统、润滑系统、齿轮箱及关键设备的温度及环境温度等，包括变流器和变桨系统的耦合控制，并与变流器通信，实现机组变速恒频运行、有功及无功功率调节、功率控制，高速轴紧急制动、偏航自动对风、自动解缆、发动机和主轴的自动润滑、主要部件的除湿加热和散热器的起停；⑦测量发电机定子侧和转子侧的电压和电流，测量值除用于监控过电压、低电压、过电流、低电流、三相不平衡外，也用于统计发电量，以及并网前后的相序检测。

主要功能 控制系统能够将风向、风速、风轮转速，发电机的电压、频率、电流，电网的电压、电流、频率，发电机和齿轮箱等部位的温度，机舱和塔架等的振动，电缆过缠绕等传感器的信号经过模/数转换输送给微机处理器，再由微机处理器根据设计程序发出各种控制指令，通过执行机构的动作，起到调整风力发电机组运行状态的作用。定桨恒速型风电机组控制功能主要是运行控制，变桨变速型风电机组控制系统还有监督控制功能，如图 2 所示。

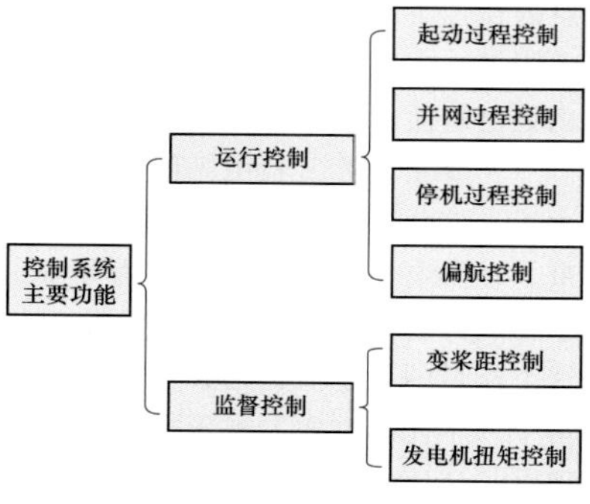

图 2 风电机组控制系统主要功能

运行控制　包括起动过程控制、并网过程控制、停机过程控制和偏航控制。

(1) 起动过程控制。处于待机状态的风电机组在正常起动前，控制系统对电网及风况进行检测，当连续时间内电网电压及频率正常，风速超过起动风速，且监测到风电机组各执行机构处于正常状态，此时控制系统主控制器发出起动命令。风轮叶片桨距角由顺桨位置向0°方向旋转至合适角度，风轮获得气动转矩开始旋转做功，机组起动。

(2) 并网过程控制。当机组起动后，检测到发电机转速接近并网转速时，控制系统发出并网指令，通过软并网装置并网，或给变流器发出并网指令，通过变流器并入电网。并网过程控制可以限制发电机在并网时的冲击电流，避免对电网造成过大的冲击，同时保障机组自身安全。

(3) 停机过程控制。停机分为正常停机和紧急停机。正常停机是在人为控制下或出现一般性设备故障需要停机时，风电机组将进行的保护性停机。此时先将风轮的叶片顺桨（定桨距机组释放叶尖扰流器），降低风轮输入功率，当风轮转速降低到设定值以下时，发电机脱网，最后采取机械制动（见制动系统）。当遇到电网故障等一些特殊故障时，机组将起动快速保护，叶片快速顺桨，迅速降低风轮输入功率，当发电机功率降低到设定值以下时，发电机脱网。紧急停机是在控制系统不能处理的情况下，触发风电机组安全链引起的停机。

(4) 偏航控制。风电机组在机舱顶部或风轮前部装有风向仪，当风轮主轴的方向与风向仪指向偏离且超过一定时间时，控制系统即认为风向已经改变，并发出调向指令，偏航系统开始工作直到偏差消除。由于风向瞬时波动频繁，通常设置一定的允许偏差，在一定偏差范围内，仍可认定为对风状态。

监督控制　采用变桨变速技术的风电机组在运行过程中，需通过控制系统进行变桨距控制和发电机扭矩控制。

(1) 变桨距控制。如图3所示，在风电机组运行中，变桨控制系统能够根据当前风速大小，通过相应的控制算法给出当前叶片最理想的桨距角数值β，通过桨距控制器把角度信号转变为相应的伺服系统控制信号，通过伺服控制系统驱动变桨距机构进行桨距角调整。同时，桨距角的变化通过角位移传感器反馈回来与给定值进行比较，构成闭环控制环节。桨距角控制器具有上、下限限幅功能，目的是限制执行机构的行程。

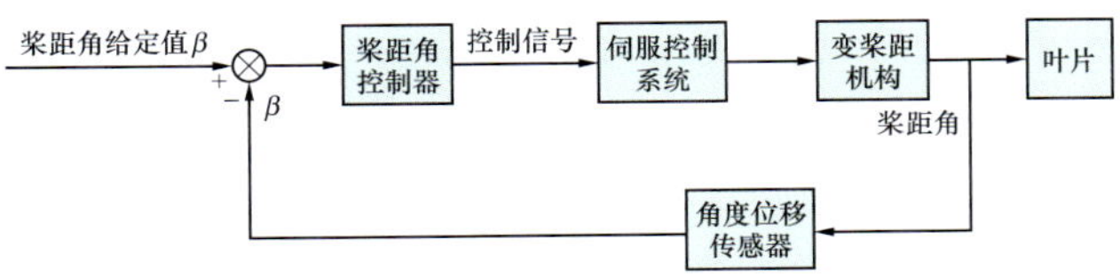

图3　变桨距控制执行系统原理

(2) 发电机扭矩控制。在额定风速以下时，通过变流器改变发电机励磁电流，调节发电机反力矩使转速跟随风速变化，以获得最佳叶尖速比；在高于额定风速时，通过桨叶调节来限制风轮转速，使风电机组保持在额定值附近发电，并使系统失速负荷最小化。

Kulun Fengdianchang

库伦风电场　(Kulun Wind Power Plant)　位于中国内蒙古自治区乌兰察布市察哈尔右翼中旗库伦苏木西南部，距离察右中旗科布尔镇约57km，见图1。有效占地面积约为108km²，海拔高程约为1430m。场区地势开阔平坦，植被稀疏。风电场地基土为粉土和砾砂，地基承载力特征值200kPa，建筑场地类别为Ⅱ类。该区最大冻土深度为2.50m，标准冻土深度为1.88m。场地地震动峰值加速度为0.05g，对应地震基本烈度为Ⅳ度。风电机组全部采用天然地基的扩展基础（见风电机组基础设计）。

图1　内蒙古库伦风电场

风电场区域属于温带大陆性季风气候。冬春季受蒙古冷高压影响，为冷空气南下的主要通道。乌兰察布高原地势自北向南逐渐升高，南下气流受地形抬升压缩的增速效应，风速增加，风能资源十分丰富。风电场内安装了三座70m高测风塔进行工程区域内风能资源测量。风电场70m高度处代表年年平均风速为7.6m/s，年平均风功率密度为514.1W/m²，年有效风速小时数为7291h（3～25m/s），且极少出现破坏性风速。代表年的风向及风能均集中在西南至西北方向（202.5°～315°，SW～NW）之间，这部分风能占总风能的91%。风电场风向稳定，风能分布集中，对风电机组的布置较为有利。

库伦风电场是内蒙古西部具有代表性的开阔地形大型风电场。风电场总装机容量403.5MW，分两期建成。一期总装机容量201MW，于2008年5月开工建设，2009年8月完工。一期安装134台单机容量1500kW的FL1500/77低温型双馈异步恒频变桨变速风电机组，安全等级为IECⅢ级（见风电机组选型），风电机组轮毂高度70m，风轮直径77m。风电机组价格为5793元/kW，总投资183 910万元，上网电价0.51元/（kW·h）。年平均上网电量49 653万kW·h，年等效可利用小时为2470h，风电机组可利用率达到96%以上。二期工程于2009年6月开工，2011年10月完工。二期安装128台双馈异步恒频变桨变速风电机组（见图2），总容量202.5MW，其中70台为单机容量1650kW的WTG1650/82型机组，58台为单机容量1500kW的FL1500/82型机组。机组安全等级为IECⅢ级。两种型号的风电机组轮毂高度均为70m，风轮直径82m。风电机组价格5603元/kW，总投资170 910万元。年平均上网电量47 973万kW·h，风电机组等效满负荷利用小时数为2383h，风电机组可利用率达到97%以上。

为减小风电机组之间的尾流影响，机组按行间距8倍风轮直径，列间距5倍叶轮直径布置。每台风电机组配套一台箱式变电站，一期工程以16回35kV集电线路汇集到升压站，二期工程以11回架空线路与直埋电缆相结合的集电线

图 2　内蒙古库伦风电场风电机组

路接入升压站。风电场升压站由一回 86km 长 220kV 输电线路接入内蒙古电网汗海 500kV 变电站。

风电场 220kV 变电站在风电场内东南侧。升压站布置在风电场的下风向，避免了升压站和输电线路对风电机组运行的影响。220kV 配电装置布置在变电站区的南侧，向南出线，采用屋外普通中型断路器单列布置。35kV 配电装置布置在站区的北侧，采用屋内开关柜单列布置。4 台 100MVA 主变压器布置在站区中部。主控制楼布置在站区的西侧。

在风电场建设过程中，采用了风电机组电缆通体直放、混凝土施工中裂缝的控制、提高机组基础环安装平整度等多项新工艺、新技术，提高了整体工程质量，减少了电能损耗，降低了工程投资。

库伦风电场建成后又相继进行了风电机组低电压穿越能力（见风电场低电压穿越）、风电场风电功率预测、风电机组有功功率控制（见风电场有功功率控制系统）、风电场无功补偿装置（见风电场无功电源）等技术改造，提高了风电场的安全性和可靠性。

作为风电供热项目的电源点，库伦风电场每年通过电网向察右中旗输送 2186 万 kW·h 的电能，为科布尔镇 12 万 m^2 居民住所供热，作为风电消纳的一个途径。

L

Laderuiluo Dire Dianzhan

拉德瑞罗地热电站 (Larderello Geothermal Power Station) 世界上第一座地热电站。位于意大利中部托斯卡纳区比萨东南55km。电站开采拉德瑞罗地热田的干蒸汽地热资源，过热蒸汽温度150～270℃、压力2MPa，深部热储最高350℃。1904年试验发电成功，1913年成为世界第一座商业化电站，2013年为建站100周年，经历了老机组退役和新机组安装。截至2012年底，有22台机组在运，总装机容量594.5MW，全部采用地热干蒸汽发电方式，是世界大型地热发电综合设施之一。

资源状况 拉德瑞罗的地质构造部位属于欧亚板块与非洲板块聚敛带附近的第勒尼安隆起的托斯卡纳岩浆省。热田盖层为外来复理石和新推覆基底的黏土。1978年之前开采的是500～1000m浅层储热层，为变质岩基底之上的托斯卡纳推覆体的碳酸盐岩层；1978年开始深部勘探至3000～4000m深度，在片麻岩和角闪岩中发现裂隙热储，地热蒸汽的压力达到7MPa，温度达300～350℃。根据地震勘探资料，在5～6km深度下方为酸性深熔岩浆体，呈透镜状或蘑菇状，温度820℃。拉德瑞罗地热田面积250km²。热流值高达167.5～628 mW/m²。热田运行生产井190口，回灌井23口。地热蒸汽含有5%的二氧化碳和0.5%的硫化氢。2012年产出的蒸汽温度为140～220℃，压力为200～700kPa，流量50～100t/h，少数几口井可以高达300t/h。

运行状况 1904年，在拉德瑞罗建立了世界第一座利用天然蒸汽的试验电站，点亮了5只灯泡。1913年一座250kW的地热电站开始运行，标志着连续利用地热流体发电的开端。1916年地热发电装机容量达12MW，到1940年猛增至128MW。1988年总装机容量为351.7MW。截至2012年底，电站装机容量占意大利地热电站总装机容量(843MW)的70.5%，发电量占托斯卡纳区总发电量的26%。

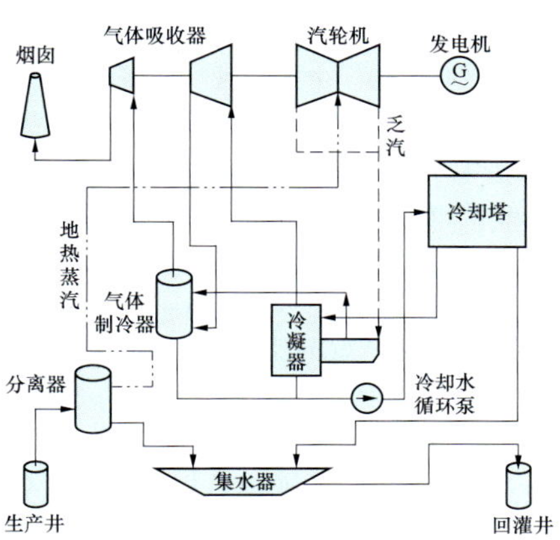

图1 拉德瑞罗地热电站的瓦尔·塞科洛分厂2×60MW地热发电工艺流程图

拉德瑞罗地热电站自投产以来，共退役淘汰40台机组，期间逐渐增添、更换新机组。20世纪70年代末期，电站将冷凝蒸汽和水回灌到热储层中，2005～2009年，为增加蒸汽生产量，在耗空的核心区又增加了4台机组共100MW装机容量。

图1是拉德瑞罗电站的瓦尔·塞科洛(Valle Cecolo)分厂2×60MW的工艺流程图。地热生产井喷出的干蒸汽经离心式轴向分离器驱除颗粒物质后直接送往汽轮发电机组，乏汽经冷凝(冷凝设备见图2)和除气后由回灌井灌回储热层。

图2 拉德瑞罗地热电站风扇式冷凝器(原为自然通风冷却塔，后拆除，改为风扇式冷凝器，以减少蒸汽损失)

laji fadian gongre guolu

垃圾发电供热锅炉 (refuse incineration boiler for power generation and heating) 主要以生活垃圾为主要燃料用于发电和供热的垃圾焚烧锅炉。垃圾发电供热锅炉主要有机械式炉排焚烧锅炉和流化床焚烧锅炉。单炉处理容量最大的是机械式炉排焚烧锅炉，应用较多、运行较为稳定，其最大特点是入炉垃圾不需分拣，适应中国高水分、低热值生活垃圾的现状。

机械式炉排焚烧锅炉本体通常由焚烧系统和余热回收系统组成。焚烧系统由炉排和燃烧室组成，采用专用于焚烧垃圾的挑推式往复炉排。余热回收系统由炉膛、水平烟道和尾部垂直烟道组成。水平烟道内布置两级过热器，尾部垂直烟道内布置省煤器和空气预热器。

炉排 采用挑推式往复炉排，炉排片的移动使垃圾在炉床上缓慢移动，并不断翻转、搅拌、松散，甚至开裂与破碎，逐渐干燥、着火燃烧，直至完全燃尽。一般将炉排设计成有一定的倾斜角，这样可以节约炉排移动的动力消耗。但垃圾有时会发生滑坡现象，造成垃圾燃烧不彻底。炉排的燃烧速率是炉排设计的重要参数，也是评价各种炉排的重要指标。对于确定的垃圾焚烧量，燃烧速率越高，所需的炉排面积越小。

燃烧室 使燃烧气体有一定的停留时间，完成各种成分的高温分解；有效利用烟气的热辐射加热干燥垃圾；组织合理的烟气流动工况，使各种气体成分良好混合并适当冷却烟气。

余热回收利用系统 利用布置在炉膛及烟道内的受热面吸收垃圾焚烧所释放的热能，产生一定压力和温度的蒸汽并用于发电。由炉膛、汽包、过热器、省煤器、空气预热器等组成。

污染物控制 为有效控制垃圾焚烧炉烟气排放造成二次污染，需要重点考虑控制二噁英等有毒物质排放的措施。一方面从燃烧机理角度采用合理的燃烧参数抑制二噁英等有毒物质生成；另一方面利用烟气净化系统中活性炭在尾部吸收处理。（见垃圾焚烧发电二次污染控制）

laji fenshao fadian

垃圾焚烧发电 （waste incineration power generation） 通过燃烧垃圾产生热能驱动蒸汽轮机发电的技术。垃圾焚烧发电是生物质发电的一种，在利用垃圾能量的同时实现垃圾无害化和高度减量化。

基本原理 垃圾经分类、预处理后由起重设备送入垃圾焚烧锅炉中燃烧，将垃圾的化学能转换成高温烟气的热能，高温烟气在余热锅炉中产生水蒸气，水蒸气在汽轮机中膨胀做功将热能转换为汽轮机转子的机械能，汽轮机转子带动发电机发电。

主要特点 主要有：①垃圾焚烧发电一般要求垃圾可燃成分低位限值为30%～40%，低位热值高于3350kJ/kg，需对垃圾进行分类处理。②垃圾发电供热锅炉蒸汽参数通常为中温中压（4MPa和400℃），提高蒸汽参数有助于提高余热利用效率，提高发电量，但也加剧了余热锅炉材料的腐蚀，缩短了设备的使用寿命，增加了折旧成本。③垃圾焚烧飞灰中含有大量二噁英，富集了垃圾中的大部分重金属元素（铅、镉、铬等）和易溶盐类，垃圾焚烧渗滤液具有COD高（可达70 000mg/L）、BOD_5/COD高、NH_3-N高、金属离子含量高、水质变化大、毒性大、难处理等特点，应做好二次污染控制。（见垃圾焚烧发电二次污染控制）

系统组成 垃圾焚烧发电系统主要包括垃圾储运系统、垃圾焚烧锅炉、汽轮机组、烟气处理系统。垃圾储运系统包括垃圾仓和垃圾起重机。垃圾仓对垃圾进行输送、中转、存放，一般达到7天的垃圾储存能力。垃圾起重机位于垃圾仓上方，承担垃圾的投料、搬运、取物、称量等工作。垃圾发电供热锅炉应用较多、比较成熟的主要有炉排焚烧锅炉、流化床锅炉等。生活垃圾炉排炉焚烧发电系统示意图见图。垃圾发电厂汽轮机组适合选用额定功率6～12MW、低压段抗水蚀能力强、变工况能力强的中压或次高压凝汽式汽轮机。烟气处理系统是去除烟气中的固体颗粒、硫氧化物、氮氧化物、氯化氢、二噁英等有害物质的设备组合，通常采用的处理技术和设备为半干式反应塔系统配活性炭喷射，并配布袋除尘器。

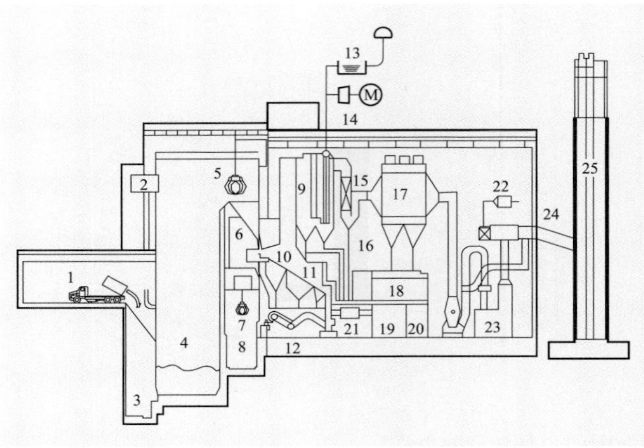

生活垃圾炉排炉焚烧发电系统示意图

1—垃圾倾卸区；2—吊车控制室；3—渗滤液储槽；4—垃圾仓；5—垃圾起重机；6—进料斗垃圾给料机；7—除渣吊车；8—炉渣储坑；9—余热锅炉；10—焚烧炉；11—炉排；12—炉渣输送带；13—温水池；14—汽轮发电机；15—省煤器；16—飞灰输送带；17—袋式除尘器；18—中央控制室；19—空气预热器；20—变电室；21—一次送风机；22—尾气加热器；23—洗涤塔；24—引风机；25—烟囱

焚烧技术 包括炉排燃烧技术和流化床燃烧技术。炉排燃烧技术对垃圾的预处理要求不高、垃圾热值适应范围广、运行及维护简便，在欧美等发达国家得到普遍利用，单台最大燃烧规模已达到1200t/d。流化床燃烧技术需要进行垃圾预处理而且飞灰产生量大、操作过程气流量大，一般需要掺煤才能焚烧，其收益受煤价波动影响大、运营成本较高，在中国应用较少。

发展概况 1874年英国建成世界第一座垃圾焚烧厂。1895年，德国汉堡建成世界第一个固体废弃物焚烧发电设备。20世纪60年代起，一些发达国家开始利用垃圾焚烧产生的热量进行发电。最早利用垃圾发电的是德国。20世纪80年代，德国已建立16座垃圾焚烧电站，所获得能源占全国能耗的4%～5%。据欧洲垃圾发电企业联盟（CEWEP）2006年统计，全世界生活垃圾焚烧厂共有约2100座，其中生活垃圾焚烧发电厂约1000座。美国自20世纪80年代起，陆续建设几百座垃圾发电厂。1998年，美国底特律垃圾发电厂建成，是当时世界最大的垃圾发电厂，日处理垃圾4000t，发电容量65MW。日本是垃圾焚烧厂数量最多的国家，2012年约有1370座，其中约10%用于发电。中国第一个垃圾焚烧发电厂——深圳市市政环卫综合处理厂于1988年在深圳投入运行，之后垃圾焚烧发电发展迅猛。截至2012年底，中国垃圾焚烧发电并网容量累计达到2427MW，占生物质发电并网容量的41.28%。

laji fenshao fadian erci wuran kongzhi

垃圾焚烧发电二次污染控制 （secondary pollution control for waste incineration power generation） 对垃圾焚烧发电会产生的二次污染进行处理的技术。垃圾处理过程中由于技术或管理水平不高、装置不严密等问题，致使处理过程中二次污染排放污染环境。垃圾焚烧发电二次污染物主要有焚烧产生的酸性气体等有害气体、二噁英等剧毒有机物、飞灰及灰渣中的重金属和废水中的污染物等。二次污染的控制主要是尾气处理、二噁英控制治理、垃圾渗滤液灰渣处置和废水污染控制。

尾气中的酸性气体包括氯化氢、氟化氢、氮氧化物、二氧化硫等。二噁英（Dioxin）又称二氧杂芑，是一种无色、无味、毒性严重的脂溶性物质。二噁英实际上是二噁英类（Dioxins）的简称，指结构和性质很相似的包含众多同类物或异构体的两类有机化合物，其主要成分为多氯二苯并二噁英（PCDDs）和多氯二苯并呋喃（PCDFs）。灰渣由底灰和飞灰共同组成。底灰是垃圾焚烧炉的炉排下和炉床尾端、余热锅炉等收集下来的排出物，主要是不可燃的无机物以及部分未燃尽的可燃有机物。飞灰是指由空气污染控制设备中所收集的细微粒，飞灰中可能含有各种较高浸出浓度的重金属元素，包括铅、铬、镉等，属于要控制的危险废物。废水主要有垃圾渗滤液和生产废水。垃圾渗滤液产生于垃圾储坑，含大量酸性或碱性有机污染物及垃圾中的重金属。生产废水包括洗车冲洗水、垃圾卸料平台地面清洗水、锅炉排污水和冷却烟气的废水等。

尾气处理 包括粉尘去除、酸性气体处理。

粉尘去除 通常采用布袋除尘器处理尾气中的粉尘。垃圾焚烧循环流化床锅炉配备布袋除尘器可脱除粒径小于1mm的细小粉尘。

酸性气体处理 主要通过酸碱中和反应进行，碱性吸收剂一般采用氢氧化钙。酸性气体净化方法有干式洗气法、湿式洗气法、半干式洗气法和循环半干洗气法。①干式洗气法。用压缩空气将石灰粉末或石灰浆直接喷入烟道或烟道中某段反应器内，使碱性粉末与酸性废气充分接触和反应，从而达到中和酸性气体并加以去除。此法投资省，操作维护运行费用低，耗水耗电少，但药剂消耗量大，去除效率低。②湿式洗气法。在烟道中建一个填料吸收塔，烟气在塔内与碱性溶液对流混合，不断地在填料中的空隙及表面接触及反应，使尾气中的酸性气体被吸收去除。其优点是去除率高，二氧化硫、氯化氢和氟化氢的去除率均在90%以上，并对高挥发性重金属物质（汞等）也有去除能力。但投资高，耗电、耗水量大，产生的废水需要进行处理。③半干式洗气法。介于干式与湿式洗气法之间，半干法洗气塔是一个喷雾干燥装置，利用雾化器喷嘴将熟石灰浆从塔顶或底部或切向喷入塔内，烟气与石灰浆同向或逆向流动充分接触，发生中和反应。由于液滴直径小、表面积大，石灰浆不仅与尾气液滴充分接触，而且水分在塔内还能完全蒸发，不产生废水。此法综合了干法与湿法的特点，较干法耗石灰粉少，较湿法耗水量低，减少了过多废水的产生，且脱硫率高，但制浆系统复杂，反应器（塔）内易黏结，喷嘴能耗高。④循环半干洗气法。在半干法基础上研发出能处理多种有毒废气的循环半干洗气技术，其基本原理是利用干反应剂（主要成分是氧化钙）或熟石灰粉（主要成分是氢氧化钙）吸收烟气中的二氧化硫、氯化氢、三氧化硫，利用高活性炭吸附烟气中微量二噁英及重金属物质。该方法取消了制浆系统，氧化钙的消化及循环增湿一体化设计，解决了氧化钙单独消化时出现的漏风和堵管问题，且氧化钙消化时产生的蒸汽进入反应器（塔），增加了反应环境的相对湿度，对反应有利。该工艺的反应可多次循环，使脱硫剂的利用率提高到95%以上。整个装置结构紧凑，占用空间小，运行稳定可靠，投资省，运行成本低，且无污水产生，终产物适于气力输送，二氧化硫吸收率高，氯化氢、氟化氢、三氧化硫等的吸收率更高。与布袋除尘器配合，对二噁英及重金属也具有很高的去除率。

二噁英控制治理 包括焚烧前和焚烧过程中的处理措施。焚烧前垃圾的预处理，如将塑料、废旧轮胎从垃圾中分拣出来并采用降解或热解方法处理，可减少垃圾中有机氯的含量，有利于减少二噁英类物质的生成。在焚烧过程中改变燃烧条件也可控制二噁英产生。①改善燃烧温度。二噁英在800℃以上的高温下可在0.21s内完全分解，维持炉内高温并延长气体在高温区的停留时间，同时加强炉内湍动，促进空气扩散、混合，可避免其产生。②垃圾与含硫量较高的煤掺烧。研究表明，煤燃烧产生的二氧化硫能抑制二噁英的形成。一方面二氧化硫和氯气、水反应生成氯化氢，减少氯化作用，进而抑制了二噁英的生成；另一方面二氧化硫与氧化铜反应生成催化活性小的硫酸铜，降低了铜的催化活性，减少催化形成二噁英的可能性。③垃圾焚烧时加入脱氯物质（含钙化合物、氨等），在烟气中喷入氨以控制二噁英前驱物的产生或喷入石灰粉以吸收氯化氢。在锅炉管束前喷入氨，氨与氯的结合能力比二噁英前驱物与氯的结合能力强，减少了前驱物与氯结合生成二噁英。飞灰中的铜等重金属是前驱物合成二噁英的催化剂，胺和氨使铜等重金属催化剂失去催化作用，可减少二噁英的生成。

灰渣处置 灰渣包括底灰和飞灰。通常底灰浸出液中金属浓度很低，可认为基本没有毒性，因此可将底灰直接送垃圾填埋场进行填埋处置或用作路基和建材（制砖）等，而不会危害环境或产生二次污染。飞灰的处置方法有固化稳定化法和酸或其他溶剂洗取法。固化稳定化法包括水泥固化、沥青固化、熔融固化、化学药剂固化等飞灰处理。经过固化稳定化处理后的产物，如满足浸出毒性标准或者资源化利用标准，可以进入卫生填埋场进行填埋处置或进行资源化利用。酸或其他溶剂洗提法是通过酸、碱、生物或生物制剂提取及高温提取等方法将飞灰中的重金属提取出来，提取后的重金属可以进行资源化利用。

废水污染控制 生产废水的处理方法有混凝沉淀、化学氧化吸附、膜分离、炉内喷雾燃烧等，处理后的水应优先考虑循环再利用。

laji fenshao fadian gongcheng sheji

垃圾焚烧发电工程设计 (waste incineration power generation system design) 建设垃圾焚烧发电厂必须进行的前期工作，包括可行性研究、初步设计和工程建设实施阶段的施工图设计。

设计程序 垃圾焚烧发电工程建设单位委托有资质的工程咨询机构进行厂址选择、编制初步可行性研究报告，经委托有资格的工程咨询机构会同政府有关职能部门审查批准后，项目所在地政府主管部门向省级发展和改革委员会上报项目，申请开展可行性研究工作。获准后，建设单位委托工程咨询机构编制可行性研究报告，阐明电厂厂址条件等主要原则及资金来源等要点，经政府有关职能部门组织评审，建设单位通过业主经项目所在地县级行政主管部门逐级上报项目核准申请报告，由省级发展和改革委员会核准。由于生活垃圾焚烧发电项目一般分布在城市附近，垃圾来源以及焚烧项目建设和运行都具有很强的环境影响敏感度，一般须在取得规划、选址、用地和环评批复后，方可办理备案或批复。垃圾焚烧发电工程设计由有资质的设计机构根据核准文件开展初步设计，确定工程项目的各项具体技术方案，并由所在省（区、市）规定和/或业主要求组织初步设计审查，通过后进行施工图设计。

垃圾焚烧发电工程设计程序与火电厂工程设计大体相近，分为可行性研究、初步设计、施工图设计等三个阶段。

可行性研究 一般分为初步可行性研究和可行性研究两个阶段。初步可行性研究在项目立项初期进行，主要对新建电厂的多个厂址条件或扩建电厂条件及其电力系统接入条件

进行论证。可行性研究阶段需详细论证电厂建设的必要性、可行性、合理性，全面落实建厂条件。（见生物质发电工程可行性研究）

初步设计　根据项目核准报告和经审批的可行性研究报告，编制包含各项技术原则的设计文件。设计内容包括：各工艺系统配置、厂区总布置及主厂房布置、建（构）筑物的结构、建筑等设计方案，以及环境保护、水土保持、消防、劳动安全、职业卫生、节约资源等部分的设计说明书及图纸；设备和主要材料清册；运行组织及施工组织大纲；工程概算和有关的技术经济指标。有的国家则是进行与初步设计深度近似的概念设计，主要任务是明确各工艺系统的技术要求、初步的布置方案和建筑结构设计准则，作为编制设备采购和发出承包详细设计的技术规范书的依据。

施工图设计　有的国家称为详细设计，该阶段需提供工程项目施工过程需要的全部图纸、计算书和设计说明书，还将编制辅助设备和主要材料技术规范书。中国的发电厂工程由设备制造厂向设计机构提供设备有关图纸和资料，由设计机构完成全厂的施工图设计。欧洲、美国、日本等国家和地区的工程咨询公司根据概念设计编制设备规范书和承包商招标文件，审查制造厂或承包商的详细设计文件和图纸，解决专业间的联系配合，负责承包商工作范围以外的设计工作。发电厂设备规范书编制和采购工作一般分两个阶段。垃圾发电供热锅炉、汽轮机、发电机等主要设备通常在初步设计前，根据可行性研究审查意见编制设备技术规范书，并进行设备招标。发电厂的主要辅助设备在施工图设计前期依据初步设计原则编制技术规范书。中国大多由设计机构编制设备规范书，由项目法人通过招议标方式采购。欧美国家大多由业主委托工程咨询公司编制设备规范书并招标、采购。

设计技术管理　为规范技术管理和设计原则，各国都制定有关的设计标准、规程、规范、导则和制度，各工程咨询公司还编有各种设计规定、手册、守则以及标准设计等标准化资料，并随着工作实践和发电技术的进步而不断改正、完善。

laji fenshao fadian huanjing yingxiang pingjia

垃圾焚烧发电环境影响评价　（environmental impact evaluation for waste incineration power generation）

针对垃圾焚烧发电项目建设与运行过程中对环境所产生影响的预测和评估。垃圾焚烧发电项目环境评价主要包括项目对所在地区水、大气、噪声、固体废弃物排放的评价。评价依据和评价程序同生物质燃烧发电环境影响评价；评价内容包括厂址选择，技术/装备要求，大气污染物排放，污染物控制，恶臭防治，垃圾收集、运输和储存中的污染控制，用水，环境风险，环境防护距离，污染物总量控制等。此外，还包括公众参与和环境影响监测及预测。

厂址选择　垃圾焚烧发电适用于进炉垃圾平均低位热值高于5000kJ/kg、卫生填埋场地缺乏和经济发达的地区。选址符合所在城市的总体规划、土地利用规划及环境卫生专项规划（或城市生活垃圾集中处置规划等）；符合GB 50337《城市环境卫生设施规划规范》、CJJ 90《生活垃圾焚烧处理工程技术规范》对选址的要求。除国家及地方法规、标准、政策禁止污染类项目选址的区域外，以下区域一般不得新建生活垃圾焚烧发电类项目：①城市建成区；②环境质量不能达到要求且无有效削减措施的区域；③可能造成敏感区环境保护目标不能达到相应标准要求的区域。

技术/装备要求　焚烧设备符合国家有关政策对固体废物焚烧设备的主要指标及技术要求。

（1）除采用流化床焚烧炉处理生活垃圾的发电项目掺烧常规燃料质量应控制在入炉燃料总量的20%以下外，采用其他焚烧炉的生活垃圾焚烧发电项目不得掺烧煤炭。必须配备垃圾与原煤给料记录装置。

（2）采用国外先进成熟技术和装备的要同步引进配套的环保技术，在满足中国排放标准前提下，其污染物排放限值应达到引进设备配套污染控制设施的设计、运行值要求。

（3）有工业热负荷及采暖热负荷的城市或地区，生活垃圾焚烧发电项目应优先选用供热机组，以提高环保效益和社会效益。

污染物控制　包括对酸性气体、废水、灰渣和恶臭污染物的控制。燃烧设备及烟气中的二氧化硫、氮氧化物、氯化氢等酸性气体及其他常规烟气污染物达到《生活垃圾焚烧污染控制标准》要求；二噁英排放浓度参照执行欧盟标准，即每立方米烟气中二噁英含量小于1×10^{-10}g；在大城市或对氮氧化物有特殊控制要求的地区建设生活垃圾焚烧发电项目加装必要的脱硝装置，其他地区此类项目须预留脱除氮氧化物空间；安装烟气自动连续监测装置；对炉内燃烧温度、一氧化碳、含氧量等实施监测，并与地方环保部门联网，对活性炭使用量实施计量。

酸碱废水、冷却水排污水及其他工业废水处理、处置措施应合理可行；垃圾渗滤液处理应优先考虑回喷，不能回喷的应保证排水达到国家和地方的相关排放标准要求，应设置足够容积的垃圾渗滤液事故收集池；产生的污泥或浓缩液应在厂内自行焚烧处理、不得外运处置。

焚烧炉渣与除尘设备收集的焚烧飞灰应分别收集、贮存、运输和处置。焚烧炉渣作为一般工业固体废物，应设置相应的磁选设备对其中的金属进行分离回收，然后进行综合利用，或按GB 18599《一般工业固体废物贮存、处置场污染控制标准》要求进行贮存、处置；焚烧飞灰属危险废物，按GB 18597《危险废物贮存污染控制标准》及GB 18598《危险废物填埋污染控制标准》进行贮存、处置；飞灰综合利用应确保二噁英完全破坏、重金属有效固定，在产品的生产过程和使用过程中不会造成二次污染。焚烧炉渣和飞灰的处置符合GB 16889《生活垃圾填埋污染控制标准》要求。

恶臭防治措施包括垃圾卸料、垃圾输送系统及垃圾贮存池等采用密闭设计，垃圾贮存池和垃圾输送系统采用负压运行方式，垃圾渗滤液处理构筑物须加盖密封处理。在非正常工况下，须采取有效的除臭措施。

垃圾的收集、运输和贮存　垃圾源头分类收集或分区收集；垃圾运输路线合理，运输车须密闭且有防止垃圾渗滤液的滴漏措施，采用符合国家有关政策规定的后装压缩式垃圾运输车；对垃圾贮存坑和事故收集池底部及四壁采取防止垃圾渗滤液渗漏的措施；采取有效防止恶臭污染物外逸的措施。危险废物不得进入生活垃圾焚烧发电厂进行处理。

用水　垃圾发电项目用水符合国家用水政策，鼓励用城市污水处理厂中水，缺水地区限制用地表水、严禁使用地下水。

环境风险　重点考虑二噁英和恶臭污染物的影响，事故及风险评价标准参照国家标准关于人体每日可允许摄入量执行。根据计算结果给出可能影响的范围，并制定环境风险防范措施及应急预案，杜绝环境污染事故的发生。

环境防护距离　根据正常工况下产生恶臭污染物（氨、硫化氢、甲硫醇、臭气等）无组织排放源强计算的结果并适当考虑环境风险评价结论，提出合理的环境防护距离，作为项目与周围居民区以及学校、医院等公共设施的控制间距，作为规划控制的依据。新改扩建垃圾焚烧发电项目环境防护距离不得小于300m。

污染物总量控制　工程新增的污染物排放量，须提出区域平衡方案，明确总量指标来源，实现“增产减污”。

公众参与　环境影响评价参与对象包括受影响的公众代表、专家、技术人员、基层政府组织及相关受益公众的代表。组织座谈会、交流会增加公众参与的透明度，使公众与相关人员进行沟通交流。建设单位提出对公众意见的采纳与否提出意见及改进措施。环境敏感、争议较大的项目，必要时召开听证会。

环境质量监测及预测　包括现状监测、影响预测、日常监测。

现状监测根据排放标准合理确定监测因子。在垃圾焚烧电厂试运行前，需在厂址全年主导风向下风向最近敏感点及污染物最大落地浓度点附近各设1个监测点进行大气中二噁英监测；在厂址区域主导风向的上、下风向各设1个土壤中二噁英监测点，下风向推荐选择在污染物浓度最大落地带附近的种植土壤。

影响预测是在中国尚未制定二噁英环境质量标准前，对二噁英环境质量影响的评价参照日本年均浓度标准（毒性当量 $0.6\times10^{-12}g/m^3$）评价。恶臭污染物环境影响预测采用长期气象条件逐次、逐日进行计算，按有关环境评价标准给出最大达标距离，具备条件的也可按照同类工艺与规模的垃圾电厂的臭气浓度调查、监测类比来确定。

日常监测是在垃圾焚烧电厂投运后至少每年进行一次对烟气排放及现状监测布点处大气及土壤中二噁英监测，以便及时了解掌握垃圾焚烧发电项目及其周围环境二噁英的情况。

laji fenshao fadian wuranwu kongzhi

垃圾焚烧发电污染物控制　(pollution control for the waste incineration power generation)　对垃圾焚烧发电全过程污染物的处理。垃圾焚烧发电污染物包括垃圾收集、处理过程中的污染物和垃圾焚烧后的二次污染物。污染物经处理达到排放标准后才可排放，垃圾焚烧发电污染物控制通常包括燃烧前控制、燃烧中控制和燃烧后控制。垃圾焚烧发电污染物排放应达到的标准包括GB 18485《生活垃圾焚烧污染控制标准》、GB/T 29152《垃圾焚烧尾气处理设备》、CJJ 90《生活垃圾焚烧处理工程技术规范》等。

主要污染物　垃圾在收集堆放时的主要污染物包括有害气体、垃圾渗滤液、生物性污染。垃圾裸露大气中将释放大量氨、硫化物等有害气体，严重污染大气，加速温室效应。垃圾渗滤液主要产生于垃圾储坑，是垃圾发酵腐烂后排出的水分产生的，含有大量酸性或碱性有机污染物，并携带垃圾中的重金属，具有成分复杂、污染物浓度高的特点，会造成地表水和地下水污染。生物性污染指垃圾中所含致病微生物等对人类或环境造成的不良影响。垃圾焚烧发电二次污染物主要有焚烧产生的酸性气体等有害气体、二噁英等剧毒有机物、飞灰及灰渣中的重金属和废水中的污染物等。

燃烧前控制　对垃圾进行分类收集，加强资源回收利用，分选除去垃圾中的含氯成分高的物质（聚氯乙烯塑料等）及金属。垃圾运送过程要密封，减少有害气体扩散。垃圾储仓要全密封，在垃圾卸料口安装电动卷帘门，加装气膜封闭，用风机抽吸储仓内的气体送入锅炉中助燃和脱臭；利用抓斗不断地对垃圾进行搅拌翻动，尽量避免垃圾的厌氧发酵，减少恶臭的发生。储仓中垃圾渗滤液必须收集到污水坑内，并用泵输送到炉膛内焚烧、裂解。

燃烧中控制　主要指采用清洁燃烧技术，通过调整燃烧条件以尽量脱除污染物、抑制二噁英等污染物的生成。控制燃烧温度以脱除二氧化硫；降低氮氧化物生成量、控制二噁英的生成。

燃烧后控制　主要包括尾气处理技术、灰渣处置和废水处理技术。（见垃圾焚烧发电二次污染控制）

laji fenshao wuzhi fenxi

垃圾焚烧物质分析　(analysis of waste incineration)

对垃圾作为发电燃料进行的成分分析。不同垃圾的组成不同，热值也不同。垃圾焚烧物质分析是垃圾焚烧发电项目设计的基础，主要有工业成分分析、元素分析、热值分析。

垃圾物理组成　垃圾由下列物质构成：①有机物，厨余垃圾、纸类、竹木、橡（胶）塑（料）、纺织物；②无机物，玻璃、金属、砖瓦渣土；③水；④其他。垃圾组成成分分析是确定回收程序的依据，是设计垃圾最佳配比的基础。

工业成分分析　通常指测定垃圾的水分、灰分、挥发分以及由计算求得的固定碳四个指标。

水分　垃圾中的水分分为外在水分、内在水分和结晶水。水分测定一般有干燥法和蒸馏法。干燥法用于一般水分的测定，将定量的样品置于105℃循环风的干燥箱内，经一定时间后取出样品测其减少的质量，即为水分的质量。但若样品在105℃时会挥发，则不宜采取此法。蒸馏法用于脂肪或植物性油中的水分测定，将样品置于密闭容器中加温蒸馏，然后以容积法或气体分析仪测定蒸气的水分质量。

灰分　垃圾中所有可燃物质完全燃烧后所剩下的固体（实际还包含有生物质中一些矿物质的化合物）。垃圾样品烘干后可将其置于坩埚内，以高温灰化炉灰化，灰化炉需有足够的助燃空气，以确保样品充分燃烧。但由于无法充分搅拌，灰化后的灰分中仍会含有若干可燃成分，此项数据相当于焚烧灰渣中残碳量。

挥发分　将垃圾样品置于无氧燃烧室加热，使挥发性物质蒸发，一定时间后测定其损失的质量即为挥发性物质的质量。通常可燃分不需要直接测定，由样品总量减去水分及灰分的质量得到。

固定碳　固定碳的含量可由样品质量减去水分、纯灰分及挥发性物质质量得到。

元素分析　垃圾所含元素包括碳（C）、氢（H）、氧

(O)、氮（N)、硫（S)、氯（Cl）等。垃圾元素分析可以推算发热量、垃圾燃烧所需氧气量、烟气产量、烟气成分等，是垃圾发电供热锅炉设计的基础。垃圾元素分析可采用经典法或仪器法测定。采用经典法测定垃圾元素成分值时，可按煤的元素分析方法进行，采用仪器法测定元素分析成分值时，应按各类仪器的使用要求确定样品量。采样量通常依据被分析的量、最大粒度和体积来确定各类垃圾样品的最低量。样品还需根据情况进行粉碎、干燥再储存，其水分含量、pH值、质量、体积等应按要求测定、记录。垃圾元素测定的样品粒度应小于0.2mm。

热值分析 热值是垃圾燃烧处理的重要指标，有高位热值和低位热值两种。垃圾高位热值是指垃圾在完全燃烧时释放出来的全部热量，即在燃烧生成物中的水蒸气凝结成水时的发热量，也称毛热。垃圾低位热值是指垃圾完全燃烧，其燃烧产物中的水蒸气以气态存在时的发热量，也称净热。设计焚烧工艺和设备时需要垃圾低位热值数据。热值的测定方法有仪器实测法和公式计算法。仪器实测法是利用仪器在实验室内完成测定工作；公式计算法是利用数学公式或者算法程序得出计算结果，也称估算法。利用公式计算法确定垃圾热值方便快捷，省时省力，成本低。

laji tianmaiqi fadian

垃圾填埋气发电 (landfill gas power generation)

利用垃圾填埋产生的气体燃烧发电的技术，是垃圾清洁化、资源化处理的利用方式之一。垃圾填埋气是垃圾经卫生填埋后，在厌氧、适宜的温度和湿度下，经过一系列的物理、化学变化和生物降解作用产生的可燃气体，包含甲烷、二氧化碳、氮气和氧气及微量元素。垃圾填埋气对环境的影响包括填埋气中的甲烷和二氧化碳均产生温室效应，填埋气聚集到一定浓度易发生爆炸，所含微量硫化氢、苯等有害气体严重污染大气和周边环境。

特点 垃圾填埋气发电因其短时可储存性、较强的调峰能力、适中的发电容量、更易被电网接纳，而成为国际上广泛应用的垃圾资源化利用技术之一。与垃圾焚烧发电相比，垃圾填埋气发电投资小，运行费用仅为垃圾焚烧发电的1/4左右。经过净化处理的垃圾填埋气能以稳定的温度进入发电机组，燃烧转化所产生的电力可传输到电力输出终端站，并入当地电网供用户使用。垃圾填埋气发电不存在垃圾焚烧发电的二次污染问题（见垃圾焚烧发电二次污染控制），但是填埋场占地大，渗滤液处理难、成本高，新的填埋场址选择越来越困难等问题影响了垃圾填埋气发电技术的推广。

系统 包括填埋气体收集系统、净化加压系统、燃气轮机发电机组。垃圾填埋气发电工作流程见图。填埋气被收集后经过气液分离器初步过滤除去大液滴和细粒，然后经涡轮增压器增压、冷却器冷却后送入凝聚过滤器进一步过滤，除去较小的液滴和细粒，再进入燃气轮机。火花塞高压点火燃烧，膨胀推动活塞做功，使发电机送出电能。整个过程采用可编程序控制器控制，利用计算机及网络技术进行实时控制。

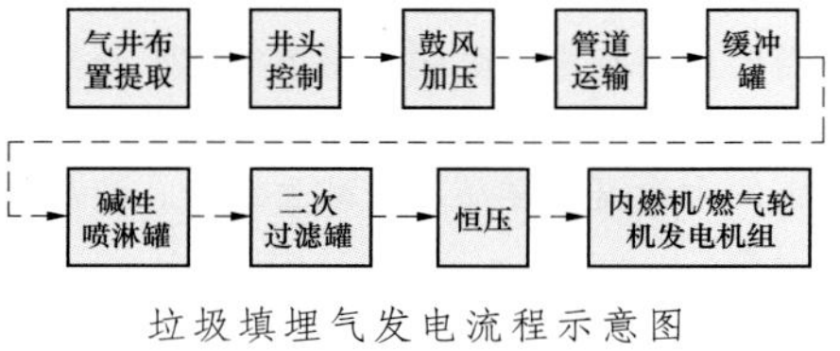

垃圾填埋气发电流程示意图

垃圾填埋气收集 填埋气体收集系统由收集井、集气柜、输气管道和抽气泵站等组成。垃圾填埋场内产生的气体借助压差流向特定的收集井，通过输气管道引至集气柜再集中输往抽气泵站。富集的垃圾填埋气经冷凝脱水后即可供直接燃烧，或经净化处理送入内燃机或燃气轮机发电机组。垃圾填埋气的导出和收集通常有竖向收集导出和水平收集导出两种方式。前者应用较广，其方法是在填埋场内均匀布置立式大口径钢管，在每个钢管外砌筑竖井，通过将各竖井用排气管水平连接实现垃圾填埋与气体回收同步进行。水平收集导出方式的集气管为水平布置，由于气体流动阻力大，只适合于小型填埋场。经竖井或水平管线收集的垃圾填埋气汇集到总干管进行输送。输气管道除设置有必要的控制阀、流量压力监测仪和取样孔外，还应考虑冷凝液的排放。井头的管道充分倾斜以提供排水能力，集气干管一般要有3%的坡降，更短的管道系统甚至要有6%～8%的坡降。为排出冷凝液，在干管底部可设置冷凝液排放阀。

垃圾填埋气储存 按压力大小分为低压、中压和高压储存三种。低压储存要求压力小于5kPa，有干、湿两种，这种储存技术最大的缺点是气柜容积大、占地面积大。中压储存压力保持在1～2MPa，气柜容积比低压要小，为1～$100m^3$，中小型填埋场多使用中压储存技术。高压储存的储气容器为30L或50L的钢瓶，压力为150、250、330、35MPa不等。该技术储气量大，体积小最受青睐，但缺点是硫化氢、二氧化硫对压缩设备有腐蚀作用，但净化过的垃圾填埋气则无此隐患。

垃圾填埋气净化加压 垃圾填埋气收集净化后脱除其中的二氧化碳、氮气等惰性气体和硫化氢、硅氧烷、卤代烃、挥发性有机化合物等有害的微量组分，可增加燃烧热值。再经涡轮增压器增压、冷却器冷却送入凝聚过滤器进一步过滤，除去较小的液滴和细粒，输送至燃气轮机。垃圾填埋气的净化步骤包括：脱除杂质颗粒与水脱除的预处理、深度冷冻脱氮、酸性气体和微量组分的脱除等。由于组分复杂多变，根据垃圾填埋气的最终用途，通常需要联合多种工艺对其进行净化处理。典型的联合工艺有物理分离—化学氧化洗涤—催化吸附、深度冷冻处理—溶剂吸收—膜分离、生物过滤—变压吸附—分子筛过滤等。

(1) 预处理。杂质颗粒和水的脱除是垃圾填埋气净化的第一步，常用的吸收溶剂有聚乙二醇、氯化钙溶液、甘醇类化合物；固体吸附剂有活性氧化铝、硅胶、分子筛等。

(2) 深度冷冻脱氮。将具有一定压力的垃圾填埋气经多次节流降温后部分或全部液化，再根据氮气与甲烷相对挥发温度不同，用精馏的方法脱除氮气。深度冷冻处理还可除去引起发动机严重腐蚀的杂质组分。深度冷冻处理技术是先将气体压缩至一台加压罐，通过等焓膨胀冷凝气体中的水蒸气；然后向气体中注入甲醇，使其深度制冷；最后从甲醇冷凝液所含分离脱除垃圾填埋气中的杂质组分。深度冷冻脱氮工艺具有处理量大，脱除效率高、技术成熟可靠等优点，将成为中国优先发展的填埋气体脱氮技术。

(3) 吸附分离。通过吸附剂、变压、膜分离技术等对气体组分进行选择性吸附。可净化垃圾填埋气的吸附剂有活性炭、硅胶、分子筛等。变压吸附利用吸附剂的平衡吸附量随组分分压升高而增加的特性，通过改变被吸附组分的分压进行加压吸附和减压吸附实现气体分离。变压吸附是新型高效的气体分离技术，被吸附组分分压的快速变化靠改变系统总压或使用吹扫气体实现。在垃圾填埋气的净化中，二氧化碳及杂质气体在加压下的吸附单元中被选择性吸附，与甲烷分离，随后于再生单元中减压后解吸排出，吸附剂得到再生。膜分离技术利用垃圾填埋气中各种气体组分对渗透膜选择透过速率的不同，将甲烷与其他杂质气体分离。膜分离技术具有分离效率高、能耗低、设备简单、工艺适应性强等特点。由于气体分离效率受膜材料、气体组成、压差、分离系数以及温度等多种因素的影响，且对原料气的清洁度有一定要求，膜组件价格昂贵，因此气体膜分离法一般不单独使用，常和溶剂吸收、变压吸附、深冷分离、渗透蒸发等工艺联合使用。

发展状况 垃圾填埋气发电是国际上通行的垃圾资源化利用方式。至 2006 年，美国有 61 个填埋场使用内燃机发电，24 个使用汽轮机发电，总发电功率达 34.4 万 kW；欧洲有 50 个填埋场使用内燃机发电。英国的垃圾沼气的开发利用仅次于美国，20 世纪末英国以垃圾为原料实现沼气发电 18MW。

中国早期的垃圾填埋气发电项目有杭州天子岭和广州大田山。杭州天子岭垃圾填埋气发电工程于 1998 年 8 月正式投产发电，是中国第一个垃圾填埋气发电项目，装机容量 2×970kW，年发电量 1.6×10^7kW·h。广州大田山垃圾填埋气发电工程于 1999 年 6 月建成并网发电，装机容量 1000kW。

Langsi Chaoxi Dianzhan

朗斯潮汐电站 (Rance Tidal Power Station)

位于法国大西洋滨海圣马洛市（St. Malo）附近朗斯河口的单库双向潮汐电站，见图 1，装机容量 240MW，多年平均年发电量 5.44 亿 kW·h。朗斯河河口的平均潮差为 8.45m，最大潮差达 13.5m，每天约有一半时间可发电。

图 1 法国朗斯潮汐电站全景

枢纽布置 电站采用单库双向发电方式，坝址河宽 750m，河床最深处在零潮位以下 13m，基岩为花岗岩。枢纽简图如图 2 所示，主要建筑物包括：船闸、电站厂房、挡水堆石坝、泄水闸。堤坝为混凝土心墙堆石坝，最大坝高 25m，坝顶宽 31m，作为公路通道。6 孔泄水闸长 115m，每孔净宽 15m，在水位为 5m 时泄流能力为 9600m^3/s。厂房长 332.5m，顶部为双向 7m 宽的公路。电站内装有 24 台单机容量为 10MW 的双向可逆式灯泡贯流式机组。

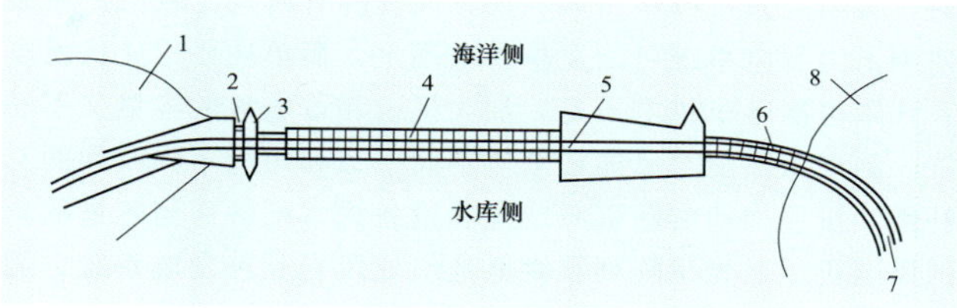

图 2 朗斯潮汐电站枢纽简图

1—左岸；2—船闸；3—连接坝段；4—电站厂房；5—挡水坝段；6—泄水闸；7—公路；8—右岸

主要设备参数 所安装双向可逆式灯泡贯流式机组的转轮直径为 5.35m，4 个叶片。为防海水腐蚀，12 台机组的叶片用不锈钢制成，另 12 台机组的叶片用铝质青铜材料制成，用特殊涂料涂覆，并加阴极保护。额定水头 5.65m，额定流量 275m^3/s，最小水头 3m，最大水头 11m，额定转速 93.75r/min。抽水动力 10 000kW，水头 1～6m 时可抽水 225～105m^3/s。机组有正反向发电、抽水和过流等 6 种运行工况。同步电动机容量 10MV·A，功率因数 1.0，飞逸转速 260r/min，电压 3.5kV，用变压器升压至 225kV。

工程施工和造价 朗斯潮汐电站工程于 1961 年 1 月开工，1966 年 8 月第 1 台机组发电，1967 年 12 月竣工，24 台机组全部投入运行。总造价 5.7 亿法郎。开挖土石方 40 万 m^3，填筑土石方 46 万 m^3，围堰钢板桩 1.3 万 t，浇注钢筋混凝土 35 万 m^3，金属结构 1.5 万 t。

Likeng Laji Fadianchang

李坑垃圾发电厂 (Likeng Waste-to-Energy Plant)

位于广州市白云区太和镇永兴村，东邻李坑垃圾填埋场，是中国第一家采用中温次高压技术的垃圾焚烧发电厂。一期工程装机容量 1×22MW，投资 7.255 2 亿元，2005 年 10 月建成投入运行，日处理垃圾能力 1040t，年发电约 1.3 亿kW·h；2013 年 6 月 30 日，广州李坑垃圾焚烧发电厂二期工程正式投入使用，日平均处理垃圾 2000t，全年处理垃圾 73 万 t，发电装机总容量 50MW。

一期采用两台 520t/d 垃圾焚烧炉，炉排为日本三菱马丁机械炉排，配套两台 47.46t/h 单锅筒横置式自然循环锅炉及一台 22MW 汽轮发电机组，垃圾焚烧炉与余热锅炉并排布置，锅炉热效率达到 83%。额定蒸汽压力 6.5MPa，温度 450℃，为中温次高压技术，发电效率比中温中压技术高 20%以上。配有两套烟气处理系统，包括半干式喷雾反应塔、活性炭喷射系统、布袋除尘系统、飞灰输送系统等。其半干法喷雾反应塔是垃圾焚烧炉烟气首先经过的净化装置，主要用于处理烟气中的重金属和酸性气体（氯化氢、氟化氢、硫氧化物）。为降低氮氧化物排放，配备有选择性非催化还原（selective non-catalytic reduction，SNCR）脱硝系统。二期采用处理能力为 750t/d 的焚烧炉 3 台。

liwang fengguang hubu fadian xitong

离网风光互补发电系统 （off-grid wind-photovoltaic hybrid power generation system） 利用当地风能和太阳能资源在时间分布上的差异，由风电机组和光伏阵列经过优化组成的、独立于电网的发电系统。中国大部分地区夏季太阳光照强，但风力较弱；冬季风力大而太阳光照较弱，太阳能只可以在白天利用，而夜晚有时风比较大。单独使用风力发电系统可能夏季供电不足，而单独使用光伏发电系统则可能冬季供电不足，加大机组和蓄电池的容量又不经济。利用太阳能与风能在全年不同季节和每天不同时间的互补性，按照当地实际资源状况和设备成本配备适当容量的离网风电机组、光伏阵列和蓄电池组成风光互补发电系统，通过智能控制器运行可以基本满足全年不同时间的用电需求，供电成本也低于单独的风力或光伏发电系统。20 世纪 80 年代，中国在内蒙古自治区推广使用离网风力发电系统，使牧区居民能够用电灯照明和收看电视，但是夏季的风比较小发生供电不足，而太阳光照比较强，风电系统增加光伏阵列后可以满足夏天用电的需求，取得了用户满意的效果。随着光伏阵列成本的下降，离网风光互补发电系统不但在生活用电方面迅速得到普及，而且扩展到一些工业用电领域，将成为今后相当长时期内离网独立供电的主要方式之一。

基本结构 由离网风电机组、光伏阵列（见光伏组件）、蓄电池、控制器、离网光伏逆变器、负载等组成，见图 1。风电机组和光伏阵列发出直流电，经控制器对蓄电池进行充放电管理，也可为直流负载直接供电或通过离网光伏逆变器为交流负载供电，或同时为交直流负载供电。

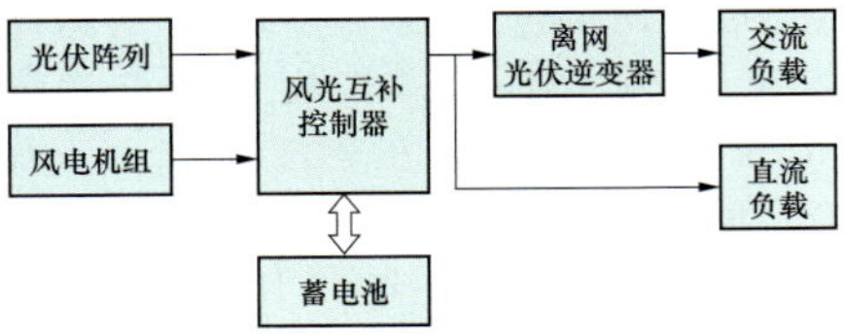

图 1 离网风光互补发电系统示意图

系统配置方案的选择 互补发电系统内有两种电源混合运行，在制定系统配置方案时先调查当地风能和太阳能资源状况，分析不同负载的用电要求，充分发挥两种能源的互补优势，提高系统的利用率，然后考虑不同电源的发电成本以及用户的经济承受能力，提出风电机组、光伏阵列和蓄电池各种不同容量组合的方案供选择。

对于通信基站等设施，不间断供电的可靠性是第一位的，即使设备成本高昂，系统各组成部分也要备有冗余容量。

由于风力发电的成本比较高，太阳能光伏发电更高一些，为日常生活供电的风光互补发电系统必须考虑当地居民的经济承受能力才可以推广和持续发展。因此这样的系统中负载应该分为保证供电、优先供电和可以中断供电等类型，在满足生活基本需求的情况下，减少用电经费。

风光互补发电系统的设计要经过资源评估、负载评估、设备性能和价格选择、方案比较、确定系统配置和部件参数，经费预算和经济分析等步骤。项目的实际情况非常复杂，为便于进行配置方案的比较，将各种条件简化，以为 20 户居民供电的离网社区为例，负荷对发电系统要求月平均的日消费电量为 75kW · h，每个月消费的电量相同。假设风电机组价格为 1500 元/kW，光伏阵列价格为 4100 元/kW，不同方案中系统的蓄电池、控制器和其他部件的配置是一样的，每个方案也都要求必须满足年平均 95%的负荷覆盖率，即月平均的日发电量不低于 71kW · h。根据当地风能和太阳能资源数据以及风电机组和光伏阵列发电性能分别测算出单位千瓦装机容量的各月平均日发电量，见表，用于计算每种配置方案的风电机组和光伏阵列的装机容量以及满足负荷电量要求的情况。

单位千瓦装机容量风电机组和光伏阵列的各月平均日发电量（kW · h）

装置	1 月	2 月	3 月	4 月	5 月	6 月
风电机组	5.4	5.4	6.0	6.3	6.0	5.4
光伏阵列	2.9	3.5	4.4	6.0	5.9	5.9
装置	**7 月**	**8 月**	**9 月**	**10 月**	**11 月**	**12 月**
风电机组	4.6	5.1	6.0	5.7	6.8	6.0
光伏阵列	6.5	5.9	4.8	4.1	3.3	2.6

从表中可以看出，风电机组在冬季 11 月到次年 2 月发电量大，而同时期光伏阵列发电量最小；在夏季 6 月到 8 月，风电机组发电量最小，光伏阵列发电量大，互补性十分明显。实际上，一年中每个月消费的电量不可能相同，应在调研风能、太阳能资源和实际负荷需求数据的基础上，并考虑设备和运行维护费用以及经济承受能力等因素，通过计算模拟选择出最佳配置方案。

应用 主要包括家庭户用系统、路灯系统、移动通信基站供电系统、海水淡化系统、监控及照明等其他应用。

（1）家庭户用风光互补发电系统为广大离网无电地区的人口提供最适宜的家用电力，促进边远贫困地区的可持续发展，已经在中国西部地区普遍应用（见图 2），并且扩展到其他地区。

图 2 牧区的家庭户用风光互补发电系统

（2）风光互补路灯照明系统（见图 3）的优势：一是建设成本已接近常规路灯，施工更方便，建设工期短，不受地理位置和电源条件限制；二是运行成本低于常规路灯，可靠性高；三是造型美观，美化城乡道路环境。

（3）移动通信基站风光互补供电系统在移动通信领域广泛应用。移动通信要求有广泛的网络覆盖，中国地域辽阔、地形复杂，许多移动通信基站的位置远离公用电网，风光互补发电系统成为重要电源，见图 4。

（4）风光互补海水淡化系统利用海岛丰富的风能和太阳能资源为海岛供电并提供淡水，可解决中国沿海有几千个岛

图 3 风光互补路灯照明系统

图 4 移动通信基站风光互补供电系统

屿大多数未与公用电网连接，缺少电力及淡水的问题。2010年在广东省南澳县建成南澎岛风光互补海水淡化示范项目（见图 5），发电部分由 10 台额定功率为 30kW 的风电机组和 3.24kW 的光伏阵列组成，总功率 33.24kW；负荷部分的海水淡化系统 11kW 和岛上连队生活用电 8kW，合计 19kW；配置 7200A·h/12V 的蓄电池组及系统的智能控制器。系统基本满足岛上淡水和生活用电需求。

图 5 南澎岛风光互补发电海水淡化示范项目

（5）风光互补发电系统作为独立电源，还扩展应用于摄像头监控、森林防火监控、航标照明、广告照明和喷泉景观等领域。

liwang fengguangyou hubu fadian xitong

离网风光油互补发电系统 （off-grid wind photovoltaic and diesel hybrid power generation system） 由离网风光互补发电系统、柴油发电机组、控制器和光伏逆变器等组成的联合发电系统。大多数风光油互补系统中的燃油发动机用柴油作燃料，一般也被称为风光柴互补发电系统。许多公共电网未通达的边远地区，一般都用柴油发电机组作为独立电源，燃料供应和发电成本都很高，有些村落只在傍晚需要照明的时间才保证供电。在风能和太阳能资源比较丰富的地区可以利用风能、太阳能的互补特性，增加风光互补发电系统，减少柴油发电机组运行时间，节约油料。按照风光油互补发电系统中连接电源和用电设备的母线结构，可以分为直流母线型和交流母线型两类。阿里光水油储互补发电系统采用基于交流母线和直流母线的混合结构。

直流母线型风光油互补发电系统 系统的结构见图 1。柴油发电机组作为后备电源补充可再生能源发电的不足。这种系统除了为日常生活供电，还能为一些小型的生产性负载供电，包括农牧机具修配用的小型电动工具、提供居民和牲畜饮用水的水泵等。

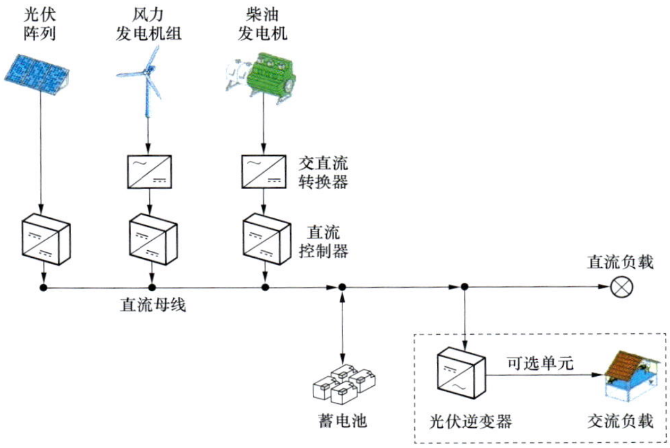

图 1 直流母线型风光油互补发电系统结构示意

根据当地风能和太阳能资源丰富程度及其季节变化和日变化状况，电力用户负荷的性质，包括不同时段必须保证供电的最小功率、有多少负荷可以不要求固定时间供电以及用户的经济承受能力等，以最小蓄电池容量和燃油消耗量为标准，优化选择风光油互补发电系统的配置方案。在风能和太阳能资源比较丰富的地区，村落风光油互补系统配置的案例见表。直流母线的电压采用 240V，系统平均一天发电 80～100kW·h。

村落风光油互补系统配置案例

设　备	数量	备注
10kW 风力发电机组	1	
10kW 光伏阵列	2	
20kV·A 光伏逆变器	1	正弦波
2V×500A·h 蓄电池组	120	120kW·h
20kW 柴油发电机组	1	

系统中的控制器按照运行策略优先消纳风力发电和太阳能光伏发电，对负荷的供电优先顺序进行管理，防止蓄电池过充或过放电，控制柴油发电机组的启停。当风力发电、太阳能光伏发电和蓄电池都满足不了负荷需求时，柴油发电机组启动，在为负载供电的同时为蓄电池充电。当风力发电和太阳能光伏发电大于负荷需求时或者蓄电池充满后，柴油机停止运行。

直流母线型风光油互补发电系统在设计时首先要分析负载的用电类型和具体需求，然后分析当地的风能和太阳能资源分布情况，随后进行系统设计和配置。在有两种或两种以上方案可以采用的场合，要对各种方案进行详细分析比较，选择性价比最佳的方案。

主要设计步骤：①当地的可再生能源资源分析，初步设计时需要风能和太阳能资源的月平均值。②当地的负载分析，调研负载类型、电压类型和等级、每种负载的功率和日平均使用小时数，获得系统的总负载和总耗能数据。③风力发电机组和光伏阵列的选择，对风力发电机组最基本的考虑是可靠性和发电量，参照当地风能和太阳能资源状况确定与系统负载匹配的风力发电机组功率以及光伏阵列功率及其串、并联配置。④蓄电池的选择，根据系统负载的用电需求和储能要求（连续无风和阴雨天数）设计蓄电池组的总容量以及串、并联配置。⑤逆变器的选择要根据系统中负载类型确定。⑥后备柴油发电机组的选择，根据系统的总负载和风力发电机组和光伏阵列容量确定柴油发电机组的功率。

交流母线型风光油互补发电系统　风电机组通过交流/直流/交流变流器、光伏阵列通过直流/交流逆变器连接到交流母线上，形成风光油互补发电系统，结构见图 2。在边远地区有些较大的社区，柴油发电机组作为电源，通过交流母线为用户连续供电。为了节约燃油和减少空气污染，利用当地丰富的风能和太阳能资源，引入风光互补发电系统。

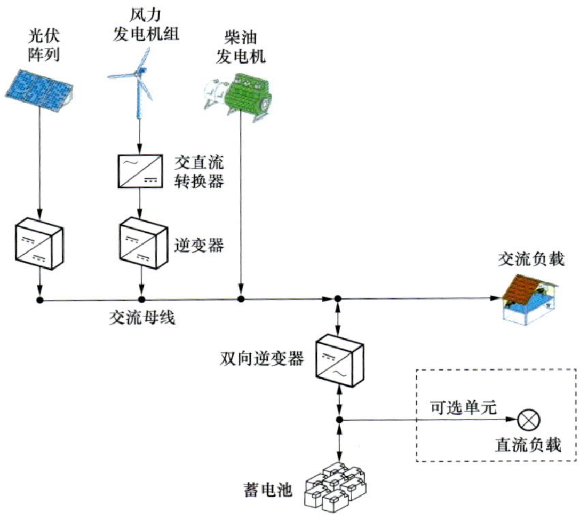

图 2　交流母线型风光油互补发电系统结构示意

交流母线型风光油互补发电系统控制的复杂程度，取决于可再生能源发电功率占系统功率的比例，称为渗透率。低或中等渗透率的系统控制较为简单，柴油发电机组全时运行，而在高渗透率的交流母线型风光油互补发电系统中，为了获取最大的节油效果，柴油发电机组的起停和系统协调运行，需要复杂的控制手段。随着智能微电网的概念受到重视，配以智能控制调度系统的风光油智能微电网示范工程陆续建设。

liwang fengli fadian xitong

离网风力发电系统　(off-grid wind power system)

由小型风电机组和蓄能装置组成的独立运行的发电系统。风驱动小型风电机组的风轮转动，并将转矩传递到发电机，带动发电机发出电能。同时，机组调向机构和系统中的控制逆变装置协助发电机将瞬息变化的风能转换为稳定的、可直接应用的电能。机组调速机构保证机组在高于额定风速时的安全稳定运行。在无风期间，系统配备的储能装置向用户负荷供电。离网风力发电系统适用于电网不通达的地区，以解决当地用户的电力需求。它也可与离网光伏发电系统共同配置组成离网风光互补发电系统，充分利用风能和太阳能资源在时空分布上的互补性，提高供电可靠性。

在中国，小型风电机组的起动风速一般在 3～4m/s 之间，额定风速通常在 8～11m/s 之间；在欧洲，小型风电机组的额定风速通常在 11～13m/s 之间。小型风电机组的最大工作风速（或切出风速）为 25m/s 左右，安全工作的风速范围是 3～9 级风（风速在 3～25m/s 之间）。凡是在年平均风速大于 4m/s，没有台风灾害，电网不通达或虽有电网但供电不足的牧区、边远农村地区和湖区，都比较适合安装离网风力发电系统。

系统组成　由小型风电机组和独立供电系统组成，如图 1 所示。

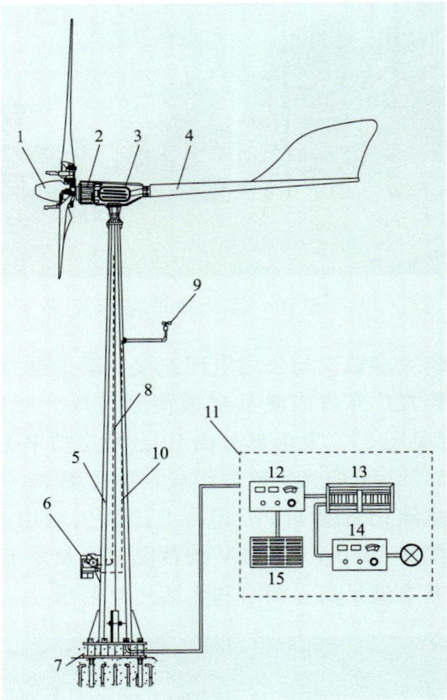

图 1　小型风电机组离网应用示意
1—风轮；2—发电机；3—机舱；4—尾舵；5—塔架；6—停车绞盘；7—基础；8—刹车钢丝绳；9—风速仪；10—风速仪数据线；11—独立供电系统；12—控制器；13—蓄电池；14—逆变器；15—卸载分流电阻箱

小型风力发电机组　简称小型风电机组。风轮扫风面积 200m² 以下的风力发电机组，由风轮、发电机、调向机构、调速机构、制动器、尾翼、塔架和基础组成。

（1）风轮。风电机组的动力部件，将风能转换为机械能的部件。其以旋转的方式通过风轮轴将转动力矩传递给发电机。小型风电机组的风轮结构多样化，一般由 3～5 个玻璃钢叶片和轮毂组成，也有采用两叶片的风轮。有些厂家为了降低生产成本，简化结构，采用等截面的叶片制作风轮。

（2）发电机。将机械能转换为电能的设备。小型风电机组普遍采用的是三相永磁同步交流发电机，并且采用内转子结构。这种发电机比同容量的电励磁发电机效率高、重量轻、体积小、制造工艺简便，运转时安全可靠；缺点是电压调节性能较差。

（3）调向机构。在风速等于或低于额定风速时，保持风轮处于正向迎风位置的机构。调向机构常见的有尾翼、舵轮、风轮下风向布置。其基本要求是在风向变动超过 ±15°范围时，自动跟踪风向变化使风轮保持迎风状态。

尾翼结构简单、制造工艺简便，是小型水平轴风电机组常用的一种调向机构。它是由尾翼杆和翼板组成。通过尾翼杆长度和翼板面积的配置，在风向偏离风轮轴线 ±15° 以上范围时，尾翼能响应风向变化、使风轮保持迎风状态。尾翼杆长度及翼板面积可由经验值选择。

（4）调速机构。通过减小风轮受风面积或调节风能利用系数的大小，改变获取风能的量，进而控制发电机的转速和输出功率的机构，也称限速机构。它可以保证风电机组在高风速情况下的安全运行。（见调速机构）

（5）制动器。在小型风电机组风轮轴或与风轮轴连接的轴上设置的内胀（或外抱）机械式制动器，是小型风力发电机组不可缺少的、重要的安全保护部件。通过杠杆、滑轮、钢丝绳与塔架根部的操作手柄相连接，以手动方式操纵制动器的制动与释放。有的机组则采用电动绞车、内胀式气动制动器或钳式电磁制动器，实现自动制动、停机。

（6）塔架。小型风电机组塔架的主要结构型式有钢管拉索式、塔形桁架式、独立锥管式。

钢管拉索式塔架具有简单、轻便、易于搬运安装，制造和安装成本较低等优点。风轮直径较小的风力发电机多采用这种塔架。

塔形桁架式塔架由角铁或钢管等型材组成，按等强度结构设计，顶部轮廓尺寸小，根部轮廓尺寸大，节省钢材，塔架造价比较低。在松软地质的地面上，采用这种塔架减小基础挖掘深度，节省用料，降低工程造价。风吹过桁架时风力流畅，不会形成塔影效应。

独立锥管式塔架外形美观，结构紧凑，便于做整体防蚀处理，投入运行后便于日常维护管理。在交通运输、安装环境条件适宜的情况下，采用锥管塔，适宜机械吊装，施工效率高，便于控制工程质量。

（7）基础。分为拉索塔基础、桁架塔基础和独立锥管塔基础，施工工艺见离网型风力发电机组安装。

独立供电系统　按照输出电流的性质，有直流供电系统和交流供电系统两种。在直流供电系统中，当风力充足时，发电机发出的交流电经控制器整流后成为直流电，可直接向直流负荷供电，多余电能向蓄电池组充电；风力不足或无风时，由蓄电池组中的直流电向负荷供电。在交流供电系统中，风力充足时，发电机发出的交流电经控制器整流后成为直流电，再经逆变器转换成交流电，向用电负荷供电，多余电能向蓄电池组充电。风力不足或无风时，蓄电池组中的直流电经逆变器转换成交流电向负荷供电。一般由控制逆变装置和储能装置组成。

（1）控制逆变装置。多数离网风力发电系统采用了控制、逆变一体化装置。功率容量几千瓦的小型风电机组常配置简易的控制器，它具有三相全桥整流、电压限制功能，配备卸载分流电阻箱对蓄电池进行充放保护，并配置容量 5kV·A 以下逆变器。比较完善的控制系统采用脉冲宽度调制（PWM）斩波整流技术，使电气控制系统具备了直流/交流（AC-DC/DC-AC）双向变换功能；采用 PWM 升压型（Boost型）整流时，能弥补永磁发电机在低风速、低转速时电压偏低的缺陷。采用交流供电的系统都配置了离网逆变器。

（2）储能装置。利用蓄电池蓄能。蓄电池较多采用铅酸蓄电池，电池组配套时，根据离网风力发电系统安装要求，以串、并联方式组合成所需要的端电压和总容量。蓄电池不允许过充电和过放电。1kW 以上的小型风电机组多采用单体电动势为 2V 的蓄电池，单体容量在几百至一千安时。1kW 以下的小型风电机组多采用单体电动势为 12V 的蓄电池，单体容量一般为几十到两百安时。

见《配电与用电卷》铅酸蓄电池。

运行模式　按照功率容量，有单户家用型、多户联机型和社区供电型等模式。

单户家用型　风电机组容量一般为 1kW 左右，一般采用一台小型风电机组（也有采用两台小型风电机组的）。适用于日均耗电 3～4kW·h 的单户家庭，电能供日常生活之用。

多户联机型　由多台小型风力发电机组联机运行，系统总容量通常在 10kW 左右，适用于日均耗电 40kW·h 左右的多户家庭或公共设施。小型风力发电机组轻便，易于搬运和安装。使用中个别机组因故障停机时，其他机组仍可以正常运行，保持系统持续供电。

社区供电型　可采用一台较大功率的风电机组，也可以采用多台较小功率的机组联机运行。较小规模社区日均耗电 60～110kW·h，宜采用功率容量 20～30kW 的风电机组；较大规模社区日均耗电 180～350kW·h，用电负荷较多且有生产性负荷不能随意中断供电，宜采用功率容量50～100kW 的风电机组。

维护与检修　包括日常维护与检查工作、定期维护与检修工作。

日常维护与检查　主要包括：①检查各紧固件、连接件的牢固度和钢丝绳的张紧度；调速机构运行的灵敏度；各线路的连接情况；制动器的运行状态；配套电器的运行状态。②检查蓄电池（控制器、逆变器）接线柱与电缆线连接的牢固度，发现松动立即紧固，及时清理蓄电池接线柱锈蚀或蓄电池表面脏污。对蓄电池不允许过充电和过放电。每 2V 单体电动势，放电时不得低于 1.7V，充电时不得高于 2.4V；充放电过程，按电池容量的 1/10～1/20 数值控制电流量。

定期维护与检修　重点是叶片、发电机、调速机构、制动器、塔架及支撑结构、控制器、逆变器、蓄电池和接地装置。风电机组投入运行一个月后，进行首次全面检查和维护，包括所有螺栓的连接紧固和各润滑点的润滑。

定期维护和检修分为间隔半年和间隔一年安排。间隔半年维护主要是检查风电机组的运行状况和各个润滑点加注润滑脂；间隔一年还需检查关键零、部件处紧固螺栓的扭紧力矩。

应用状况　20 世纪 80 年代初到 2012 年底，中国大陆已经累计安装了约 55 万多台小型风电机组，累计装机容量约 35 万 kW。在电网不能通达的偏远地区和电力供应不足的农牧区、渔区，陆续为约 50 万户农牧民、渔民家庭提供了电力。约 200 万农牧民、渔民利用风能实现了家庭电气化，提高了人们的生活质量。

（1）在牧区、边远农村地区和湖区的应用。在中国北部和西部的边远农村、草原牧区，风能资源丰富，小型风电机组的离网型风力发电系统应用比较普遍，见图 2 和图 3。

如图 4 所示，在一些风力资源充足的大型湖泊上，有些渔民的船上采用小型风电机组供电。一般每只船上安装 1～2 台振动小和噪声小的 200～500W 风电机组，用于解决照

图 2　小型风电机组在牧区的应用

图 3　小型风电机组在边远农村的应用

图 4　小型风电机组在湖区的应用

明、看电视、小冰箱制冷、电热毯加热、手机及手提探照灯充电等用电需求。在船上安装时，可以利用船舱支柱固定塔架或采用三角支撑架固定机组。

（2）小型风电机组在通信基站的应用。无电地区通信基站普遍设在偏远山村、沙漠、海岛等地区，这些地区普遍具有地势高、风能资源好的特点，一般采用单台（5kW、10kW）或多台小型风电机组（1kW、2kW、3kW）并联的方式向移动通信基站供电，见图 5。

（3）在边防部队的应用。20 世纪 90 年代，在浙江、山东、辽宁、内蒙古等风能资源丰富的省（自治区），开始使用离网风力发电系统为边远哨所供电，1～10kW 风电机组是边防部队需求的主流机型，见图 6。

图 5　小型风电机组在通信基站的应用

图 6　小型风电机组在边防部队的应用

liwang guangfu fadian xitong

离网光伏发电系统　（off-grid photovoltaic power system）　不与公共电网相连而孤立运行的光伏发电系统，又称独立光伏发电系统。一般需配置充放电控制器和蓄电池，具有规模灵活、建设周期短等特点。离网光伏发电系统也可与离网风力发电系统共同配置形成离网风光互补发电系统，充分利用风能和太阳能资源时空分布的互补性发电，提高供电可靠性。离网光伏发电系统通常用于解决远离公共电网的偏远地区农牧民基本生活用电和特殊工业用电问题，包括微波通信、移动基站、石油管道阴极保护、卫星地面站、航标灯、高原气象站等。

基本结构　一般由光伏阵列（见光伏组件）、蓄电池、充放电控制器、离网光伏逆变器、负载等组成，见图。由光伏阵列发出直流电，经充放电控制器对蓄电池进行充放电管理，可为直流负载直接供电或通过离网光伏逆变器为交流负载供电，

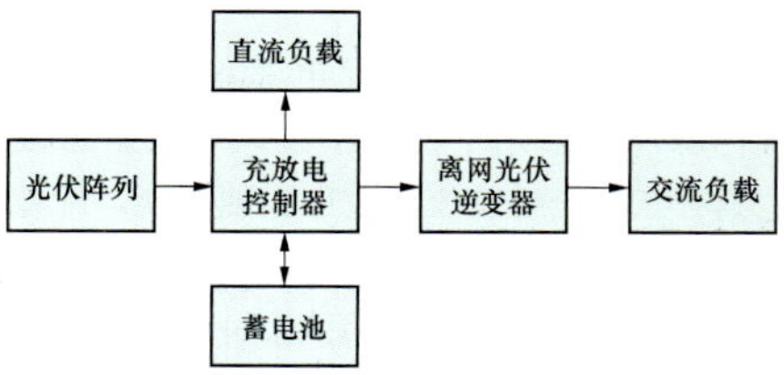

离网光伏发电系统组成

或同时为交、直流负载供电。充放电控制器控制多路光伏阵列对蓄电池充电以及蓄电池通过其为负载供电的自动控制设备。一般具备如下功能：防止蓄电池过度充电/放电、防止夜间蓄电池向光伏组件反向放电、过载保护、短路保护、电池防反等。蓄电池存储光伏阵列发出的直流电能并可随时向

负载供电。离网光伏发电系统对其的基本要求是：①自放电率低；②使用寿命长；③深放电能力强；④充电效率高；⑤少维护或免维护；⑥工作温度范围宽；⑦成本低。

分类 离网光伏发电系统通常应用于远离公共电网的偏远地区和一些特殊处所提供电能。根据使用用途的不同，可分为集中式独立光伏电站、户用光伏电源、光伏提水系统、光伏路灯等。

集中式独立光伏电站 一般由光伏阵列、蓄电池、充放电控制器、光伏逆变器、输配电线路、交直流配电设备等构成。对于用户居住地点比较集中、负荷较大，尤其有小规模的生产性负载的地区，适合采用集中式独立光伏电站。集中式独立光伏电站送电距离一般小于1km，直接使用低压三相交流380V（或单相交流220V）电压向用户送电。阿里雄巴乡独立光伏电站即为集中式独立光伏电站。

户用光伏电源 居住地点分散的用户采用光伏发电方式解决生活用电问题。主要将太阳能电池发出的电为蓄电池充电，再由蓄电池向各类负载供电。

光伏提水系统 利用光伏组件产生的电力驱动水泵进行抽水的系统。主要应用在沙漠绿化、荒漠治理、农业灌溉、海水淡化、草原畜牧等方面。

光伏路灯 采用太阳能电池供电，利用蓄电池储存电能，以高亮发光二极管（LED）为光源的路灯。白天太阳能电池向蓄电池供电，晚上蓄电池给灯源供电使用。光伏路灯系统由LED光源（含驱动）、太阳能电池板、蓄电池、路灯控制器、灯杆及辅助线材等组成。灯具安全节能无污染、无须人工操作、无须布线，不产生维护费用，应用广泛。

liwang guangfu nibianqi

离网光伏逆变器 (off-grid photovoltaic inverter)

将离网光伏发电系统中蓄电池中的直流电能转化变成交流电的装置，又称独立逆变器。其主电路拓扑结构与并网光伏逆变器基本相同，离网光伏逆变器与蓄电池连接，直接向负载供电，而不与电网相连，如图所示。功率等级一般在百瓦级和千瓦级之间，输出波形多为方波和阶梯波。其优点为设计简单、维修使用方便、价格便宜，便于在无电地区推广；缺点是输出信号中含有高次谐波，对带变压器的负载产生附加损耗。随着电力电子技术的发展，输出为正弦波的离网光伏逆变器逐渐增多。

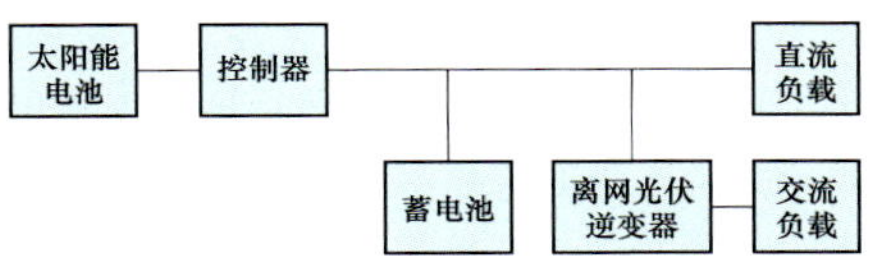

离网光伏逆变器安装位置图

liwangxing fengli fadian jizu anzhuang

离网型风力发电机组安装 (off-grid wind turbine installation)

独立运行的小型风电机组（见离网风力发电系统），按照一定的程序和方法固定在用户附近的技术。安装程序包括机位选择、基础施工、机组安装、调整和试运行。

机位选择 尽可能选择风向、风速稳定，年平均风速较高、有效风速持续时间长，地形平坦、周围没有高大障碍物、临近用电户的开阔地。安装时要避开紊流区。风吹过地表障碍物处时会产生很强的紊流。紊流会降低风电机组的功率输出，同时导致机组振动，缩短使用寿命，严重时引发事故和损坏。

如实在无法避开地表障碍物，假设障碍物高度为H（见图1），则障碍物上风向紊流区长度为$2H$，障碍物下风向紊流区长度为（10～20）H，紊流区的高度为$2H$，小型风力发电机组安装高度为$3H$以上，如图2所示。

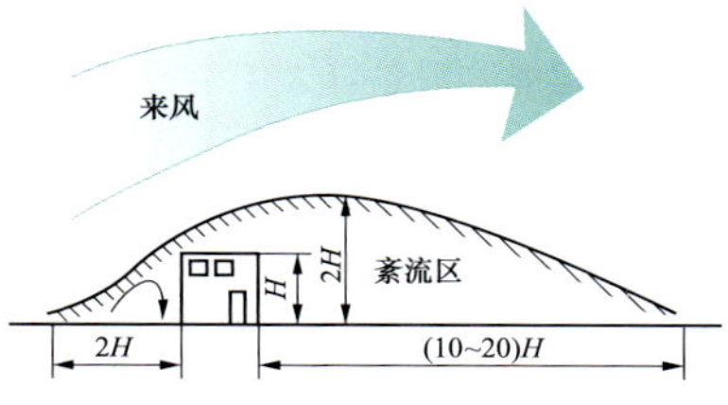

图1 紊流区示意图

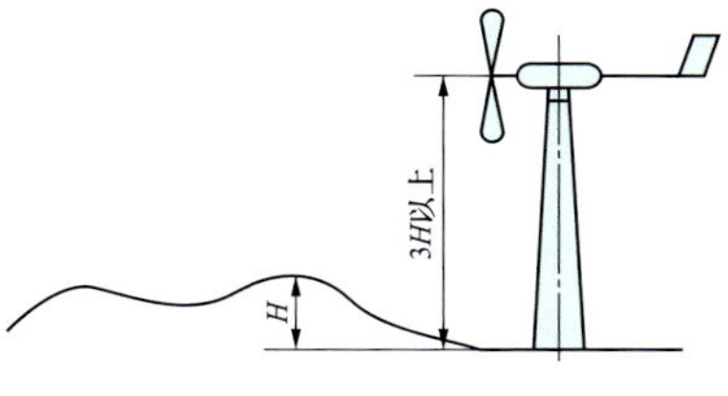

图2 小型风力发电机组安装高度示意图

当多台风力发电机组（单机额定功率5kW以上时）集中在同一场地安装时，一般在盛行风向上，机组前后相隔3～9倍风轮直径的距离，左、右相邻保持3～5倍风轮直径的距离。多排布置时，呈梅花形排列既能减少机组间尾流的影响，又可少占场地，机组间距短，也能减少电缆长度。

基础施工 分为拉索塔基础、桁架塔基础和独立锥管塔基础进行施工。

拉索塔架基础 由中心混凝土底座和四个方向十字对称分布的混凝土地锚组成。在承受最大垂直载荷时，中心混凝土底座的压强小于下方土壤的耐压强；四个方向混凝土地锚的重力大于1.2倍的拉索最大牵引力。混凝土地锚的分布安排在拉索与水平面的夹角小于60°的位置。

桁架塔基础 由四块单独的混凝土棱锥台组成。其特点是基础分四处，增加间距可减小每处的载荷，降低工程施工成本。在暴风风向与基础台对角线一致时，基础重力形成的力矩应大于1.2倍最大倾倒力矩。

独立锥管塔基础 由钢筋混凝土结构、地脚螺栓构成，为体积较大的钢筋混凝土整体结构，基础较深，结构比较复杂，施工成本较高。基础压强小于基础土壤的耐压强，且具备抗拒1.2倍最大倾倒力矩的能力，以满足风电机组稳固的要求。

机组安装 安装前做好充分的准备，按照一定的工作程序进行安装。

安装前准备 工作内容包括：①蓄电池初充电；②按装箱清单清点机组部件及其附件和随机技术文件；③制订安装作业计划；④备齐各工序使用的安装设备、工具、器材等，明确各岗位人员职责。

安装程序 首先确认风速适合安装施工，清理安装现场及运输通道，将风电设备及安装用设备、工具、器材运达现场，然后完成塔架、风轮、发电机等部件的组装工作。视竖立风力发电机组质量、尺寸、塔架类型以及施工现场条件确定竖立方式，主要采用人力牵拉、卷扬机提升、折叠塔杆组装和整体吊装等竖立方式。安装完毕后全面检验各处紧固件是否达到规定的旋紧力矩、连接件是否牢固可靠。检验和调整塔杆的垂直度，垂直度不大于0.3%的塔架高度；对于水平轴、靠风力迎风的下风向风力发电机组，垂直度控制在不大于 0.2%的塔架高度。最后装配电气接线、接地系统。

(1) 人力牵拉竖立。对于主体质量不足 500kg、塔架高 15m 以下的风力发电机组，采用拉索塔和桁架塔时可采用撑杆、钢丝绳和滑轮以人工牵拉的方式将机组整体竖立。

(2) 卷扬机提升竖立。采用撑杆、钢丝绳和电动卷扬机（或人工绞盘）提升的方式，见图 3。适用于拉索塔和桁架塔，使用卷扬机可以竖立质量 500kg～10t、塔架高度 12～25m 的风力发电机组。竖立时需注意：①撑杆的高度应不低于塔杆高度的 2/3；②装机之前必须先试装一次塔杆，调整各处钢丝绳长度，使塔杆垂直于地面，验证连接螺栓扭紧力矩及安全性能，然后放倒塔杆，置于支撑架上，将风力发电机、风轮、尾翼等安装在塔架上部；③竖立过程需及时调整绳索的松紧程度，保证撑杆、塔杆始终保持在同一个垂直于水平面的作业平面内。

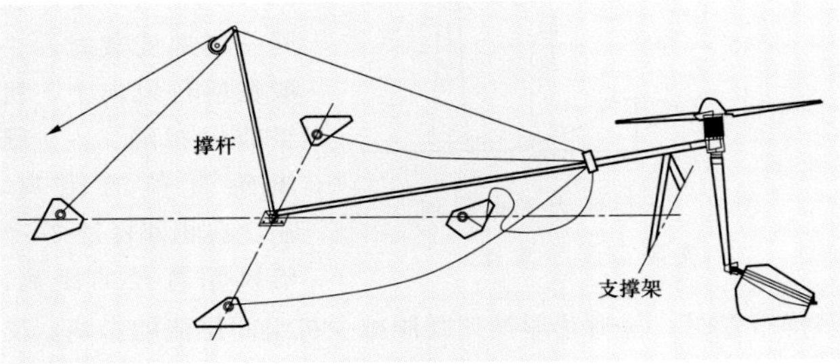

图 3　电动卷扬机（或人工绞盘）提升竖立示意图

(3) 折叠塔杆竖立。借助支杆将机组塔架（主杆）竖立的过程。支杆高度约为主杆高度的 2/5，垂直固定在基础上，在支杆顶端与主杆铰接。主杆以铰接点为支点构成杠杆，如图 4 所示，安装风力发电机组主体时，主杆顶端降下，安装完毕后牵引主杆根部将主杆翘起竖立，并固定。对于主体重量不足 500kg、塔架高度 12m 以下的风力发电机组，采用折叠式塔杆安装，只需 2～3 人即可施工。

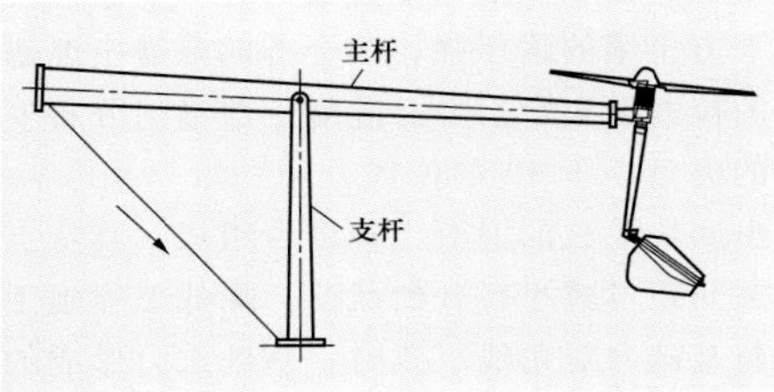

图 4　折叠塔杆竖立示意图

(4) 整体吊装竖立。适于在安装场地开阔、运输道路畅通的场所操作。采用整机吊装施工效率高，施工安全。整机起吊前，检查并确保各处螺栓的扭紧力矩符合说明书要求；各关键部件连接可靠、功能有效；电气接线正确、牢固。吊装时，注意避免叶片与地面或塔架碰撞。紧固螺母时以对角线、交叉顺序，分 2～3 次按规定力矩旋紧螺母。

调整和试运行　检查调整项目包括：①检查并保证各处紧固件达到说明书规定的拧紧力矩；②转动风轮，检查风力发电机及制动器，消除卡滞和摩擦现象；③检查发电机输出线与碳刷引出线，保证接线牢固、碳刷与集电环接触良好；④检查并保证蓄电池组接线头连接牢固、接触良好；检查并保证控制器、逆变器接线头连接牢固、接触良好；⑤检查制动装置，保证其动作灵活且能自如复位。

试运行时需保证：①在风速 3m/s 时，风轮随风向的变化转动迎风，当风速在 3～4m/s 时，风轮开始转动；②机组运行平稳，无异常振动和响声；③在工作风速范围内，发电机三相功率输出均衡；④检验机组的额定功率，在额定风速及超额定风速时功率输出达到额定指标；⑤机组满负荷运行突然脱开载荷后，机组调速机构可靠运行；⑥制动器等安全保护装置运行可靠。

参考书目

姚兴佳，宋俊．风力发电机组原理与应用．北京：机械工业出版社，2011.

lianhe xunhuan dire fadian

联合循环地热发电　(combined geothermal power generation)　将单级闪蒸地热发电（见地热湿蒸汽发电）与地热双工质发电联合的发电方式。闪蒸器产生的蒸汽直接用于发电，产生的饱和水用于加热低沸点有机工质发电。

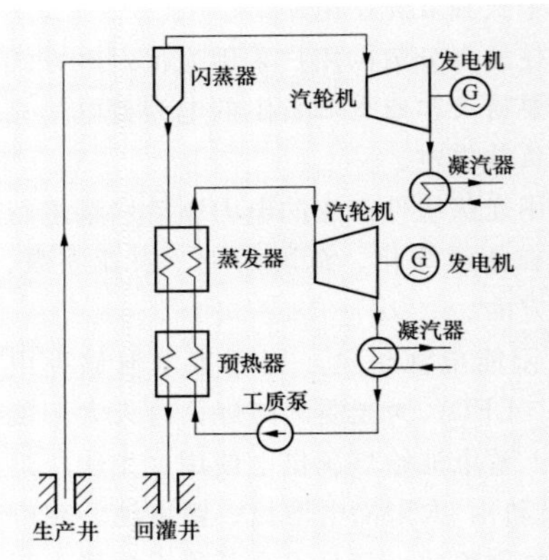

联合循环地热发电流程图

当地热水温度大于 100℃，压力超出 0.1MPa 时，可以考虑采用联合循环地热发电。这种发电方式的流程如图所示。来自生产井的热水首先进入闪蒸器，闪蒸器内维持着比地热水饱和压力还要低的压力，使得地热水降压闪蒸，并将产生的低压蒸汽送往汽轮机膨胀做功，闪蒸后的水进入蒸发器加热低沸点工质，使之变为低沸点工质蒸汽，驱动汽轮发电机组做功发电。汽轮机排出的乏汽经凝汽器冷凝成液体，用工质泵再打回蒸发器重新加热形成循环。为充分利用地热水余热，从蒸发器排出的地热水经过预热器先预热来自凝汽器的低沸点工质液体后排入回灌井。

联合循环地热发电系统的特点是在同样的资源条件下，它的总发电量比单级闪蒸或双工质循环的单独发电量都要大，地热资源利用率高，但是该系统要用两台机组，电站的投资大，采用时要做经济评估。截至 2012 年底，这种发电方式仅在新西兰、菲律宾少数几个国家应用。联合循环地热发电站都是在原有闪蒸电站基础上增加双工质机组，如菲律宾莱特岛唐古纳地热电站、新西兰怀拉基地热电站和莫凯地热电站。其中新西兰怀拉基联合循环地热电站的装机容量为 173.2MW，其中闪蒸地热发电方式装机容量 157.2MW，双工质地热发电方式装机容量 16MW。1999 年，新西兰莫凯地热电站一期装机容量中有 55MW 采用联合循环发电方式，其中闪蒸地热发电方式装机容量 30MW，双工质地热发电方式装机容量 25MW。中国已对此开展研究，且开发了联合循环地热发电系统热力循环参数优化软件。

linsuan ranl ao dianchi

磷酸燃料电池　(phosphoric acid fuel cell, PAFC)　一种以磷酸为电解质的燃料电池，由其组成的燃料电池发电系统是应用最多的分布式燃料电池发电系统。截至 2012

年底，全世界有 200 多座 200kW 磷酸燃料电池电站在运行。

工作原理　当氢气，或天然气、液化石油气、甲醇等以富氢气体为主要成分的燃料气经重整改质后，通过电池燃料极时，在电极催化作用下，氢放出电子成为氢离子。氢离子通过磷酸溶液迁移到空气极，电子则通过外部电路移动到空气极。空气极的氧化剂气体与氢离子和电子反应生成水蒸气。这样的电化学反应使得在外部电路中产生电输出功率。以氢为燃料气的磷酸燃料电池内的电化学反应如下

燃料极　$H_2 \longrightarrow 2H^+ + 2e$

空气极　$\frac{1}{2}O_2 + 2H^+ + 2e \longrightarrow H_2O$

总反应　$\frac{1}{2}O_2 + 2H_2 \longrightarrow H_2O$

特点　主要有：①电解质为酸性，不存在像碱性燃料电池那样的由二氧化碳造成的电解质变质，因此可以使用天然气等富氢气体重整改质后得到的、含有二氧化碳的以氢为主要成分的燃料气。②工作温度在 200℃左右，可以使用像氟树脂（PTFE）那样的耐热性有机材料。③其排出的热量可以用于制冷、供热，以及热水供应，具有较高的综合效率。④由于使用铂等贵金属催化剂，因此须控制燃料中的一氧化碳浓度，防止铂催化剂中毒。

组成及其材料　磷酸燃料电池组的单电池以饱和浸渍约 100%浓度的磷酸溶液的电解质层为中心，两边由燃料极和空气极的电极组成。电极由气体透过性良好的，多孔催化剂层及支撑它的电极基材构成，如图 1 所示。燃料极电极外侧供给氢和空气极电极供给氧的带沟多孔体与不透气的隔板形成一个“三明治”形结构。该多孔体起到磷酸电解液储存器的功能，可即时补充损失掉的电解液。每片单电池的电池电压为0.6～0.7V，通过使用具有良好的电子传导性、热传导性和耐蚀性的致密碳材料双极板，把数百片单电池串联组成一个电堆（电池组），并在数片单电池间加入冷却板，以达到获得较高电堆输出功率的目的。

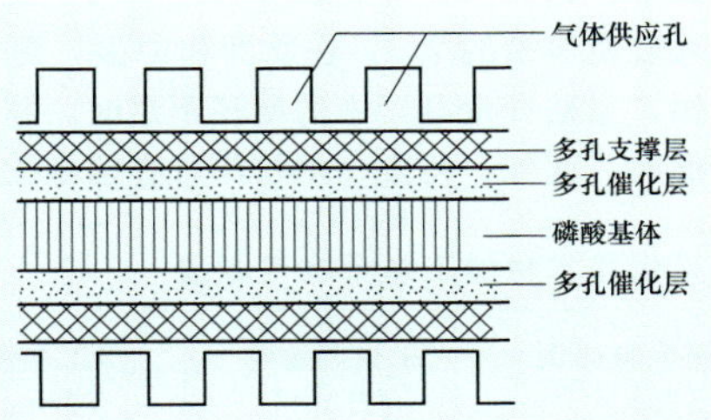

图 1　磷酸燃料电池单电池基本构成

如图 2 所示，电堆的最上端与最下端有输出功率端引线。其整体构造由上下两端的集电板、防止与外部导通的绝缘板以及加固材料组成，电堆整体由保温材料所覆盖。

磷酸燃料电池构成材料如表所示。

磷酸燃料电池构成材料

结构材料		要求规格	代表性材料
催化层	催化剂	具有高活化、长期稳定性	碳载铂
	疏水剂	对磷酸维持疏水	氟树脂
电极基材		具有透气性、电子传导性、机械强度要求、热传导性和长久耐腐蚀性	碳纤维
多孔体		有必要的保持磷酸空隙体积，具有电子传导性、热传导性、机械强度、长久耐腐蚀性	碳纤维等
双极板		具有致密性、电子传导性、机械强度要求、热传导性和长久耐腐蚀性	石墨板
磷酸		高纯度	105%多聚磷酸
基体材料		具有耐酸性、酸的保持性	SiC

应用状况　磷酸燃料电池已成为一种最实用的燃料电池。磷酸作为电解液，200℃时仍可以稳定工作而不蒸发，并可承受燃料气中含有一定量的一氧化碳所引起的催化剂中毒。截至 2012 年，全球已经有 16 个磷酸燃料电池电堆达到了累计运转时间 4 万 h 的要求，在 2001 年 3 月，已经出现运转 5.5 万 h 的磷酸燃料电池。

日本是磷酸燃料电池技术领域研发和应用领先的国家。日本研究人员发现：使用寿命急剧下降的原因多为电解质磷酸不足和燃料气氢气不足；造成电池性能缓慢下降的原因是催化剂活性降低，以及催化剂层湿润导致的扩散障碍。据此，改进了磷酸燃料电池的制造工艺。在日本，磷酸燃料电池已用于写字楼、工厂、单身宿舍、医院以及区域发电—供热系统，系统发电效率达到 35%，热回收率达到 38%～45%，综合效率均超过 70%。

日本还充分利用磷酸燃料电池具有稳定的直流输出这一特点，将其作为不间断电源（UPS）的兼容机，向重要负荷或专用负荷供电，见图 3。

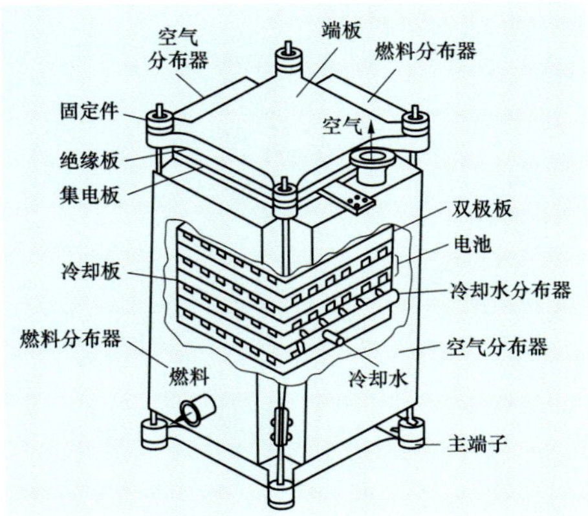

图 2　磷酸燃料电池电堆

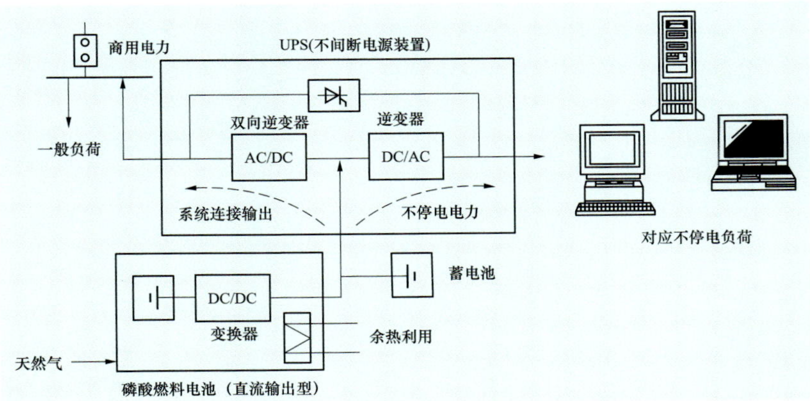

图 3　磷酸燃料电池作为 UPS 的供电系统

Linye feiqiwu

林业废弃物 (forest residue) 森林采伐和木材加工剩余物，以及薪炭林、用材林、防护林、灌木林、疏林、四旁树（田旁、路旁、村旁、河旁的树木）的收集或育林剪枝的总称。包括零散木材、枝叶、木粉、树皮、梢头和截头等薪柴。

资源评估 统计地域范围内的林业废弃物资源量可用下式估算

林业废弃物资源量＝森林采伐量×采伐剩余物比例＋原木产量×加工剩余物比例＋各林种林木种植面积×产柴率×取柴系数＋四旁树株数×产柴率×取柴系数

式中采伐剩余物比例和加工剩余物比例视具体情况而定，约为40%；产柴率为单位林地面积（或单个植株）的产柴量，kg/hm^2（或kg/株），不同林种的产柴率各有不同；取柴系数为可取柴量占产柴量的比例。中国不同地区和不同林地的取柴系数和产柴率见表1。

表1 中国不同地区的不同林种、林地的取柴系数和产柴率

林种或林地	南方地区		平原地区		北方地区	
	取柴系数	产柴率(kg/hm^2)	取柴系数	产柴率(kg/hm^2)	取柴系数	产柴率(kg/hm^2)
薪炭林	1.0	7500	1.0	7500	1.0	3750
用材林	0.5	750	0.7	750	0.2	600
防护林	0.2	375	0.5	375	0.2	375
灌木林	0.5	750	0.7	750	0.3	750
疏林地	0.5	1200	0.7	1200	0.3	1200
四旁树	1.0	2kg/株	1.0	2kg/株	1.0	2kg/株

资源量及分布 可从森林资源量及分布反映出来。2010年全球森林资源总量达6000亿t，相当于每公顷蓄积149t，主要分布在南美洲（35%）、欧洲（14%）、非洲西部和中部（13%）、北美洲（13%），南亚和东南亚约9%，非洲东部和南部约6%，非洲北部、东亚、西亚和中亚、中美洲、加勒比地区的构成比例均小于3%。从每公顷蓄积来看，非洲西部和中部（$248.7t/hm^2$）、南美洲（$247.4t/hm^2$）、南亚和东南亚（$176.4t/hm^2$）、加勒比地区（$157.5t/hm^2$）比较高，超过世界平均水平。在1990～2010年间，全球范围内的每公顷蓄积并没有显著变化。

根据2004～2008年中国第七次全国森林资源清查结果：全国林地面积30 378.19万hm^2，若按产柴率$750kg/hm^2$、取柴系数0.5、木材平均密度$0.5g/cm^3$计，可测算出林地产柴量约7250万t。排在前十位的省份依次为云南、四川、西藏、广西、江西、湖南、广东、内蒙古、福建和黑龙江，处于前四位省份的林地产柴量合计可占全国的39%。

2006～2010年，中国年均森林采伐限额为2.48亿m^3，采伐和加工剩余物产量见表2。若按木材平均密度$0.5g/cm^3$计算，年均森林采伐和加工剩余物为8056万t。

利用方式 林业废弃物的回收利用已比较普遍，利用方式包括：①废弃的木材作为生产人造板、纸板的原料，以节约工业原木消耗；②作为燃料，通过生物质锅炉燃烧供热和发电。在美国，林业废弃物主要用于发电，约占其生物质发电装机容量的2/3；在欧洲和中国，则主要用于供热。在中国，当秸秆发电厂中的秸秆不足时，林业废弃物也用作补充燃料。此外，树皮、木粉等可直接液化得到燃料油。

表2 2006～2010年中国年均森林采伐和木材加工剩余物资源量

类别	采伐量(万m^3)	出材量(万m^3)	出材率(%)	加工剩余物比例(%)	采伐剩余物(万m^3)	加工剩余物(万m^3)	剩余物合计(万m^3)
商品材	15 770	9983	63.3	40	5787	3993	9780
非商品材	9046	4523	50.0	40	4523	1809	6332
总计	24 816	14 506	—	—	10 310	5802	16 112

Mini-OTEC Haiyang Wenchaneng Zhuanhuan Shiyan Dianzhan

mini-OTEC 海洋温差能转换试验电站 （mini-OTEC Plant） 1979 年美国在夏威夷沿海建立并成功运行的 50kW 海洋温差能转换试验电站（见图），净输出功率可达 15kW，是历史上第一次通过海洋温差能得到具有实用价值的电能。mini-OTEC 海洋温差能转换试验电站是由夏威夷州、Dillingham 公司、Lockheed Missile 及 Space 公司联合建设的项目，由美国海军为其提供驳船。

mini-OTEC 试验电站的设计目的是利用表层温海水和深层冷海水之间温差蕴藏的热能发电输出净功率，设计指标为系统总功率 50～55kW，输出净功率 10～12kW。该装置锚泊在夏威夷附近海面，采用闭式循环，工质是氨。

电站由试验平台、循环发电系统、冷水管等组成。电站属于漂浮式温差电站，利用一艘 268t 的海军驳船作为安装海洋温差发电装置的试验平台。由控制台、蒸发器、透平、发电机、冷凝器、工质罐及工质泵构成闭式循环发电系统，系统利用深层海水与表面温度约为 21～23℃ 的温海水之间所蕴藏的热能发电。冷水管长 670m、直径为 0.6m，材质为聚乙烯。板式换热器材质为钛合金。

该电站自 1979 年 8 月开始连续运行，总功率为 52kW，大部分用于水泵及其他辅助设备，输出净功率为 12～15kW。运行期间最长运行周期为 10 天，电站于 1979 年 12 月关闭。

mini-OTEC 海洋温差能转换试验电站实景

Meiguo haiyangneng fadian jishu

美国海洋能发电技术 （marine power generation technology in the United States of America） 美国的海洋能发电技术领域包括了潮汐能发电、波浪发电及海洋温差发电。

潮汐能发电 1935 年美国提出了第一个潮汐电站方案，在此基础上建成了克渥吉潮汐电站。

最早是 1973 年，美国科学家提出利用巨型水轮发电机组——科里奥利系统开发佛罗里达潮流能方案。1976 年，美国科学家根据降落伞原理，设计低速海流换能器，并在佛罗里达海流中进行试验，取得了一定进展。1985 年春，美国 OEK 公司设计制造了一台 29kW 的三叶片水轮机，在纽约市东河吊桥上进行了潮流发电试验。2006 年，美国佛罗里达大西洋大学设计了 C _ Plane 水轮机。美国 Verdant Power 公司研发出 Free Flow 潮流发电装置，设计装机容量 35.9kW，如图 1 所示。2007～2009 年在纽约东河安装 36 台全尺寸试验样机。

图 1 Free Flow 潮流发电装置实景

美国佐罗夫螺旋涡轮机公司（Gorlov Helical Turbine，GHT）研发的 GHT 垂直轴螺旋型水轮机叶轮见图 2，2002 年进行了 1.5kW 模型试验。美国海洋可再生能源公司（Ocean Renewable Power Company，ORPC）OCGen 60kW 的 GHT 垂直轴螺旋型水轮机已进行了实型试验。GHT 垂直轴螺旋型叶轮水轮机用于 2009 年在韩国鸣梁海峡建成的 1MW 潮流发电装置。（见 Uldolmok 潮流发电装置）

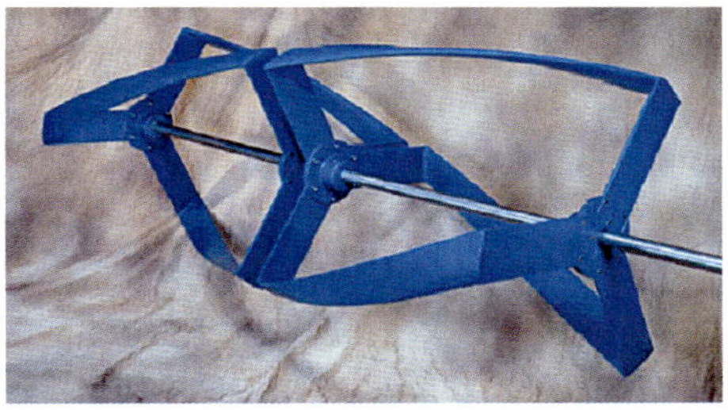

图 2 GHT 垂直轴螺旋型水轮机叶轮

波浪发电 美国海洋动力技术公司（Ocean Power Technology，OPT）研发出发电浮子（Power- Buoy，PB）波浪发电装置。原型样机 PB40 装机容量为 40kW，于 2005 年在新泽西沿岸海域成功进行了实海况测试，见图 3；PB150 装机容量 150kW，于 2011 年 4 月在苏格兰进行了实海况试验，见图 4，最大平均发电功率为 150kW。

温差发电 1979 年美国在夏威夷沿海建立了一座 mini-OTEC 海洋温差能转换试验电站，净输出功率 15kW，这是历史上第一次通过海洋温差能得到具有实用价值的电能，但是 mini-OTEC 试验电站的成功并没有让美国政府对开发海

图 3 PB40 波浪发电装置

图 4 PB150 波浪发电装置

洋能源的投入增加。1993 年，在夏威夷建成了 210kW 的开式循环海洋热能转换系统，净输出功率 40～50kW，同时该系统还生产出了淡水，开始了综合利用海洋温差能的研究和探索（见夏威夷开式循环海洋温差能试验电站）。

Minhe Muye Zhaoqi Fadianchang

民和牧业沼气发电厂 （Minhe Muye Biogas Power Station） 位于山东省蓬莱市民和生态园，该厂利用养殖场的粪便和污水进行中温厌氧发酵产生沼气的发电。该电厂装机容量 3MW，2008 年 10 月竣工并投入试运行，2009 年 2 月 14 日正式发电并网。总投资 6300 万元，年处理鸡粪约 18 万 t，污水 12 万 t，年产沼气 1095 万 m^3，年可发电 2190 万 kW・h，同时年产固态有机肥 13 262t、液态有机肥 23.7 万 t。该项目是中国农业领域第一个清洁发展机制（Clean Development Mechanism，CDM）项目。清洁发展机制是 2005 年 2 月 16 日正式生效的《京都议定书》中引入的发达国家与发展中国家合作减排温室气体的灵活机制。清洁发展机制项目核心内容是允许缔约方（发达国家）与发展中国家进行项目级的温室气体减排量抵消额的转让与获得，在发展中国家实施温室气体减排项目。

主要设备 采用完全混合厌氧消化器，主要单元为 8 座 3200m^3 的厌氧发酵罐（每罐安装 1 台功率为 11kW 的搅拌机）和 3 台（套）装机容量 1064kW 的发电机组，配套工程包括 4000m^3 的格栅集水池、2 座 2000m^3 匀浆调节池、2000m^3 的沼液贮存罐、50 000m^3 沼液贮存池、2150m^3 的贮气柜。

技术特点 ①水解和机械除砂结合的工艺，将发酵原料中 90%的砂在预处理阶段去除。②高浓度（10%）厌氧消化器，减少系统沼液的产生量和运输量。③罐顶中心搅拌工艺和装置，保证物料在发酵罐中与菌种充分混合。④发电机组的余热大部分用于冬季厌氧发酵罐的增温，维持发酵罐中温发酵温度，剩余部分送入鸡舍供热。⑤增温盘管对发酵罐进行罐外增温，避免增温管与料液的直接接触，减少结垢的发生，提高换热效率。增温管每 5 根为一组，交叉排布，分段增温，保证增温的均匀。

投资效益 2008 年 3 月 21 日，该项目与世界银行正式签订清洁发展机制减排量购买协议；2009 年 4 月 27 日该清洁发展机制项目在联合国正式注册成功，可与世界银行进行温室气体减排量交易。满负荷运行状态每年可转让温室气体减排量 6 万多 t（二氧化碳当量）。民和牧业沼气发电工程投资效益估算见表。

民和牧业沼气发电工程投资效益估算

项　目	数　据	项　目	数　据
年运行时间（h）	8000	自用电支出（万元/年）	288
年发电量（万 kW・h）	2400	其他支出（万元/年）	300
电价［元/（kW・h）］	0.6（含绿色电力补贴 0.25）	年收益（万元/年）	1446
售电收入（万元/年）	1440	投资回收期（年）	4.36
CDM 收入（万元/年）	594		

注：项目设计寿命为 20 年，工程投资效益估算（含 CDM 收入和电价补贴）。

Nawala Jiegan Zhiran Fadianchang

纳瓦拉秸秆直燃发电厂 （Straw-fired Biomass Power Plant，Navarra） 西班牙纳瓦拉（Navarra）区建造的以麦秆为主要燃料的 27.5MW 秸秆直接燃烧发电厂。该厂总投资 5100 万欧元，设计麦秆年消耗量为 16 万 t，麦秆到厂价格 36 欧元/t，年原料费用 576 万欧元。2002 年 6 月建成并网发电，在一年的试运行过程中，共燃用相当于含水量 11%的 99124t 麦秆，输出电量 1.1894 亿 kW·h。2003 年秋季进入商业运行，当年满负荷年发电量 2 亿 kW·h，年电能销售大约 1300 万欧元，用户购买电价为 65 欧元/（MW·h）。运行和维护费用约 12 欧元/（MW·h），包括备件费、分期付款、财政费用和不可预见费用等。含资助费用的回收周期约 15 年。电厂建设期间为 200 人提供了 18 个月的现场工作机会，电厂运行创造了 24 个就业岗位。

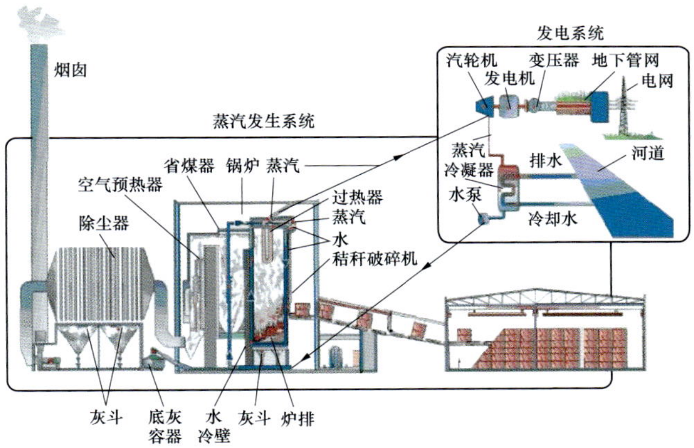

纳瓦拉秸秆直接燃烧发电系统图

主要设备 锅炉采用炉内悬挂屏式高温过热器，过热器采用特殊材料和特殊的结构设计，以解决燃用麦秆带来的结渣和腐蚀问题，炉排为丹麦 FLS 公司改进设计的液压振动炉排。麦秆通过四个机械给料装置送入锅炉，炉排每 5min 振动几秒钟，燃料随炉排振动经干燥段、挥发分析出段、燃烧段和燃尽段，最后灰烬进入除灰系统。锅炉运行时，炉排的振动与停止间隔可以调节，以适应麦秆的燃烧特性。炉排由开孔钢板构成，燃烧所需的空气通过炉排上开孔供给。从炉排漏下去的灰和布袋除尘器收集的灰运输到灰仓，均可作为肥料使用。锅炉蒸汽参数为 540℃，10MPa。

汽轮机与发电机采用 Alstom-ABB 提供的抽汽-凝汽式汽轮机和 30MW 交流发电机，净功率输出为 25MW。输出电压为 10kV，通过变压器输送到 66kV 的电网上，独立的辅助变压器用于满足电厂自用电，自用电容量为 2.5MW。

Nan'ao Dongbandao Fengdianchang

南澳东半岛风电场 （East Nan'ao Island Wind Power Plant） 位于中国广东省汕头市以东南海海面上的南澳岛，距汕头市区 35km。风电场中心坐标为东经 117°06′，北纬 23°27′，是中国第一个以 110kV 电压等级送出的复杂地形风电场。

南澳岛主岛面积 106.85km²，风电场区域面积约 36km²。南澳岛山体基岩均为中生代燕山期花岗岩，具有较好的工程地质条件。风电场场址在东半岛，场址区域内最大海拔高差超过 300m。岛上风能资源丰富。冬春季节，冷空气南下穿过台湾海峡，受海峡两侧收缩形成的“狭管效应”影响而压缩加速，至海峡喇叭口处，遇南澳岛迎风地形突起作用，气流再次压缩加速，风速进一步增大。岛上距地面 60m 高度层年平均风速为 5.5～9.9m/s，年有效风速（3～25m/s）小时数约 7500h，最佳测量位置年平均有效风能功率密度达 1365W/m²。每年 9 月至次年 4 月主导风向为东北风，5～8 月为西南风。风电场区域内峰峦起伏，沟谷纵横，受复杂地形影响，百米之内风速、风向各不相同，湍流强度、风切变指数、入流角等参数在不同机位差异很大。南澳岛处于西太平洋热带气旋行动路线上，每年 7～9 月是热带气旋影响高峰期。南澳东半岛风电场在运行过程中，多次经受台风袭击，其中受损最严重是 2006 年遭遇台风“珍珠”袭击，导致 6 台 NM750-44 风电机组玻璃钢机舱罩损毁。

风电场分三期建设。一期工程于 1998 年 10 月开始筹备，1999 年 4 月开工，2000 年 7 月建成投产，共安装 18 台单机容量为 750kW、水平轴上风向定桨距三叶片两转速型 NM750-44 型风电机组，总装机容量 13.5MW。NM750-44 型的风轮直径 44m，轮毂高度 45m。一期机组价格 5273 元/kW，工程总投资为 1.224 亿元人民币，结算电价 0.699 元/（kW·h）［其中上网电价 0.689 元/（kW·h），送出工程补贴 0.01 元/（kW·h）］。根据实际测量，一期风电场 2011 年的年平均风速为 7.52m/s，主导风向为东北风。当年总发电量 3479 万 kW·h，等效利用小时数 2577h，风电场可用率 99.35%。二期工程于 2006 年 6 月开工，2007 年 11 月建成投产，安装 53 台单机容量为 850kW、水平轴上风向三叶片变桨变速型 V52-850 型风电机组，总装机容量为 45.05MW。V52-850 型的风轮直径 52m，轮毂高度采用 55m 和 65m 两种。二期机组价格 7817 元/kW，工程总投资为 4.3 亿元人民币，结算电价与一期相同。根据实际测量，二期风电场 2011 年的年平均风速 7.27m/s，主导风向为东北风。当年总发电量 12828 万 kW·h，等效小时数 2848h，风电场可用率 99.32%。三期工程于 2009 年 11 月开工，2010 年 9 月建成投产，安装了 20 台单机容量 750kW、水平轴上风向三叶片定桨定速 WD49-750 型风电机组，总装机容量为 15MW。WD49-750 型的风轮直径 49m，轮毂高度 50m。三期机组价格 4462 元/kW，工程总投资为 1.2 亿元人民币，结算电价 0.62 元/（kW·h）［其中上网电价 0.61 元/（kW·h），送出工程补贴 0.01 元/（kW·h）］。根据实际测量，风电场 2011 年的年平均风速 7.34m/s，主导风向为东北风，总发电量 3789 万 kW·h，等效小时数 2526h，风电场可用率 99.28%。

南澳东半岛风电场和光伏电站

风电场的 91 台风电机组采用一台机组配套一台箱式变电站的方式，通过集电线路和两座 110kV 升压变电站接入电网。风电机组布置在海拔 125～530m 的山脊上。其中二期工程 53 台单机容量为 850kW 的机组通过三回 35kV 集电线路接入青澳升压变电站，升压至 110kV 后经一回 110kV 线路送出。青澳升压变电站位于二期风电场的中心位置，站内建筑物采用框架结构，风电场控制中心设在站内，对全部 91 台风电机组集中监控。一期与三期工程的 38 台 750kW 机组通过三回 10kV 集电线路接入牛头岭升压变电站，升压至 110kV 后经一回 110kV 线路送出，牛头岭升压变电站位于风电场的南侧，站内建筑物采用框架结构。

在南澳东半岛风电场开发建设过程中，采用了多点移动加密测风、同型号机组不同轮毂高度布机、扇区控制运行等多项技术，并开展了风光互补商业性开发探索。这些技术的采用和探索在中国均属首次。

（1）多点移动加密测风。针对南澳岛风电场区域风况复杂的情况，在风电场 $36km^2$ 范围内的山地设立了 6 座固定测风塔和 4 座移动测风塔。移动测风塔每两个月移动一次。在一年的测风周期内共计测量了 30 个位置的风资源数据。在进行风能资源评估时，将移动测风的数据与固定测风塔的数据进行相关性分析，获得风电场区域的风速与风能空间分布情况，为风电场微观选址提供依据。

（2）同型号机组不同轮毂高度布机。由于地形的影响，不同风电机组位置的风切变幂指数有较大差异。在二期工程中，同一机型的风电机组分别采用了 55m 和 65m 两种轮毂高度，在保证发电效率的前提下，降低了风电场投资。

（3）扇区控制运行。又称为限扇区运行。它是指根据风电机组在不同风向扇区的湍流情况，对部分风电机组在湍流强度超限扇区采取的暂停运行的控制策略。由于复杂地形影响限制了风电机组间的布置空间，造成部分风电机组受到其他风电机组尾流的影响，在部分空间方向上湍流强度超过安全限值。扇区控制运行保证了风电机组的发电效率，又降低了尾流对风电机组疲劳载荷的影响。

（4）风光互补商业化发电技术探索。在一期风电场区域内，利用现有场地、道路和输变电设施建设了一个 100kW 光伏并网示范电站。光伏电站通过风电场集电线路接入电网，构成高压并网的风光互补发电系统。

Neimenggu dongbu fengdian jidi guihua

内蒙古东部风电基地规划 （wind power base planning in the East of Inner Mongolia） 在综合分析内蒙古东部地区风能资源的基础上，结合风电场工程建设条件和电网接纳风电的条件，对内蒙古东部地区大型风电基地的建设目标、建设时序等进行统筹安排。内蒙古东部风电基地规划涵盖区域包括赤峰市、通辽市、兴安盟、呼伦贝尔市及满洲里市，涉及地理范围为东经 115°31′～126°04′，北纬 41°17′～53°20′，总面积约 46.24 万 km^2。内蒙古自治区级区域性的风电基地规划以当时电网管理架构为线索，分东部西部两个地区实施编制。工作内容见风电基地规划。

资源概况　根据对内蒙古东部地区风电基地范围内的有关气象站及风电场现场测风塔资料计算分析，内蒙古东部风电基地除少数规划风电场年平均风功率密度等级为 2 级外，大部分风电场年平均风功率密度等级达到 3 级及以上，部分风电场达到 6 级或 7 级（见风能资源评估），具备良好的风电开发价值。

规划成果　内蒙古东部风电基地规划贯彻了“统一规划、分步实施、综合平衡、讲求效益、合理开发、保护资源”的原则。蒙东地区 2020 年前共规划开发 56 个风电场，其中 24 个位于赤峰市，16 个位于通辽市，11 个位于兴安盟，4 个位于呼伦贝尔市，1 个位于满洲里市，总装机规模为 20 810MW。

至 2020 年，内蒙古东部地区将形成 10 个集中的百万千瓦级的大型风电基地，分别为赤峰风电基地、罕山风电基地、达里湖风电基地、开鲁风电基地、珠日河风电基地、代力吉风电基地、扎鲁特北风电基地、额尔格图风电基地、桃合木风电基地和呼伦贝尔风电基地，各风电基地地理位置见图。

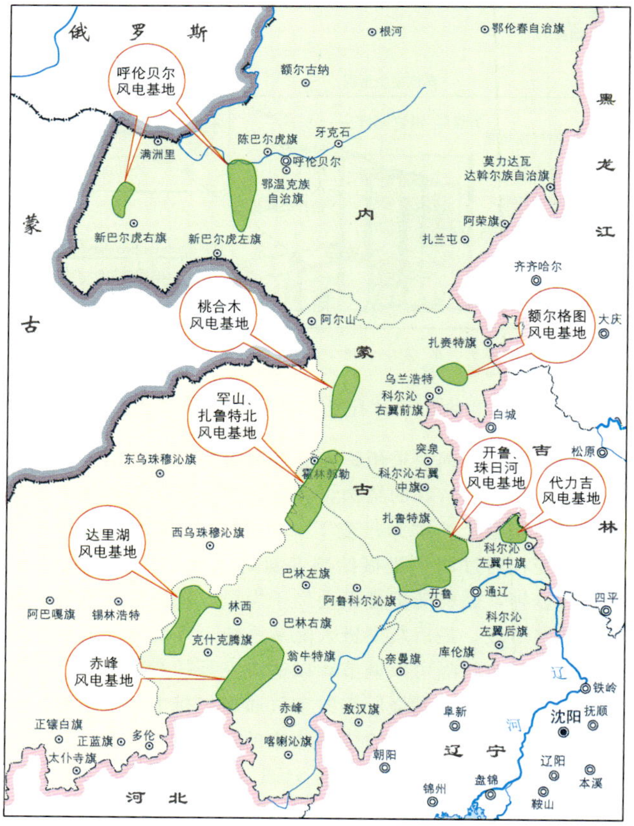

内蒙古东部风电基地地理位置示意

该规划分析并推荐的接入电力系统初步方案，为“大部分电力接入东北电网，小部分接入内蒙古地区电网，就地消纳，另有少量接入华北电网”。

截至 2012 年底，内蒙古东部地区并网装机容量已达 7032.6MW。

Neimenggu xibu fengdian jidi guihua

内蒙古西部风电基地规划 (wind power base planning in the West of Inner Mongolia) 在综合分析内蒙古西部地区风能资源的基础上，结合风电场工程建设条件和电网接纳风电的条件，对内蒙古西部地区大型风电基地的建设目标、建设时序等进行统筹安排。内蒙古西部地区包括锡林郭勒盟、乌兰察布市、呼和浩特市、包头市、巴彦淖尔市、鄂尔多斯市、乌海市和阿拉善盟，地理坐标范围东经 97°10′～117°06′，北纬 37°24′～44°52′，总面积约 72.5 万 km²。内蒙古自治区级区域性的风电基地规划以电网管理架构为线索，分东部、西部两个地区实施编制。工作内容见风电基地规划。

资源概况　内蒙古风能资源丰富，风能资源技术可开发量约占中国的 50%，居中国首位；内蒙古西部地区风能资源的技术可开发量约占内蒙古风能资源技术可开发量的 70%。该地区风速较高而集中、无破坏性风速，风向较为稳定、分布较为集中，风功率密度较大，湍流强度小，风速和风功率密度年变化春季较大、夏季较小，风速和风功率密度日变化较小，风功率密度等级（见风能资源评估）基本上在 3 级以上，部分达到 5 级或 6 级，风能资源好，具有较高的开发价值。地形地貌以内蒙古高原为主，地势平坦开阔，工程地质条件好，交通运输方便，无制约工程建设因素，可开发范围大，工程建设条件优越，是中国具备超大规模风电开发条件的重要地区之一，适宜建设大型风电基地。

规划成果　内蒙古西部地区风电规划总规模为 38.30GW，其中重点规划了 14 个百万千瓦级大型风电基地，见表。大型风电基地主要分布在乌兰察布市（5 个）、锡林郭勒盟（5 个）、包头市（2 个）、巴彦淖尔市（1 个）和呼和浩特市（1 个）。各规划风电基地地理位置见图。

内蒙古西部地区的风电消纳按照“先内蒙古西部电网，再华北、西北电网，再全国电网消纳”的原则考虑，规划考虑近期开发的风电以就近消纳为主，所开发的风电电力主要接入内蒙古西部电网，中、远期开发的风电以外送为主，主要考虑外送华北电网。

截至 2012 年底，内蒙古西部地区并网装机容量已达 9670.6MW。

内蒙古西部地区大型风电基地规划容量简况

序号	大型风电基地名称	开发规模（MW）		风电基地所在盟、市	拟接入电网
		2015 年	2020 年		
1	吉庆	4000	6400	乌兰察布市	华北电网
2	大板梁	1500	3000		华北电网
3	红格尔		1500		内蒙古西部电网
4	乌兰		1500		华北电网
5	朱日和	900	1500		华北电网
6	镶黄旗	900	3000	锡林郭勒盟	华北电网
7	太白	900	1500		华北电网
8	多蓝	900	1400		华北电网
9	灰腾梁	900	1500		华北电网
10	锡林浩特		1200		华北电网
11	达茂联合旗	2000	2000	包头市	内蒙古西部电网
12	固阳		1500		内蒙古西部电网
13	乌拉特中旗	2500	2500	巴彦淖尔市	内蒙古西部电网
14	武川		1500	呼和浩特市	华北电网

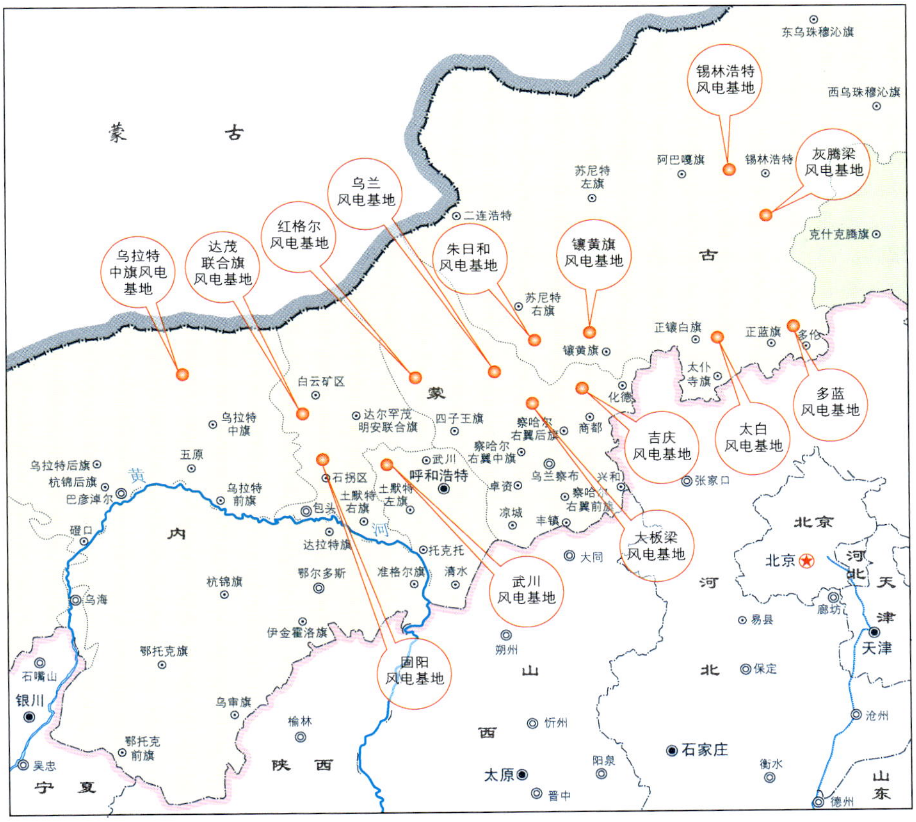

内蒙古西部地区风电基地地理位置示意

nengyuan zhiwu

能源植物 (energy plants) 经专门种植，用来提供能源原料的草本和木本植物。能源植物含碳氢化合物较高。狭义的能源植物是指生物质能富集型植物，广义的能源植物泛指所有的陆地和海洋植物，包括产油、纤维、淀粉和糖类的各种植物，速生薪炭林，供厌氧发酵用的藻类等植物。能源植物主要以乔木为主，其次是灌木和草本植物。能源植物是未来替代石油的主要*生物质能资源*，按化学成分可分为富含烃类、富含糖和淀粉类、富含油脂类、木质纤维素类，以及含油微藻类等植物。

富含烃类植物 其合成的分子结构类似于石油烃类，如烷烃、环烷烃等，代表性植物包括续随子、绿玉树、西谷椰子、西蒙得木、巴西橡胶树等。其特点是生产成本低，利用率高，如巴西橡胶树分泌的乳汁与石油成分相似，化学特性与柴油相仿，纯净的胶液不需任何加工提炼就可以直接作为燃料油使用，如果经过简单加工，还可以提炼出汽油。

富含糖和淀粉类植物 加工后得到的最终能源产品可以作为燃料乙醇的植物。糖料植物转化为乙醇的化学过程简单，生产成本较低，主要作物有甘蔗、甜高粱和甜菜等。利用甘蔗生产乙醇最为成功的国家是巴西。淀粉类植物也主要用于生产燃料乙醇，主要包括小麦、玉米等禾谷类作物和木薯、马铃薯等薯类作物。在中国，木薯被认为是适宜生产燃料乙醇的非粮食作物。

富含油脂类植物 可以通过脂化过程形成生物柴油的植物。发达国家或地区用于规模生产生物柴油的原料有大豆（美国）、油菜籽（欧盟、加拿大）、棕榈油（东南亚）、亚麻油和橄榄油（西班牙）、棉籽油（希腊）等。中国能用于规模化生物柴油原料基地的乔灌木种主要有麻风树、油茶、油桐、光皮树、黄连木、文冠果等。麻风树种子含油率40%～60%，主要分布于云南、四川、广西、广东、海南等；文冠果种子含油率45% ～ 50%，分布于陕西、山西、河北、内蒙古、宁夏、甘肃、河南等地；黄连木种子含油率高达42.5%，主要分布于长江中下游及华北、西南各地。

木质纤维素类植物 富含纤维素、半纤维素和木质素的植物。可生产成为固体颗粒燃料，用于燃烧发电供热、生成沼气等，包括薪炭林、耐平茬灌木林、速生草本植物，如杨树、柳树、芒属植物、柳枝稷等。杨树、柳树为速生型树种，能量输出高，在北欧国家适应性强，栽培面积大。芒属植物是多年生高大草本植物，其生长旺盛、生态适应幅度广，水分含量低，可直接燃烧产生能量，也可作为生物乙醇燃料，在欧洲和北美地区已作为能源植物大规模种植。柳枝稷为多年生草本植物，在美国得到大力开发。中国也发展了一些适合作薪炭的树种，如紫穗槐、沙枣、旱柳、泡桐等。

含油微藻类植物 藻类是最原始的生物之一，按大小通常分为大藻（海带、紫菜、裙带菜等）和微藻，用于制备生物燃料的主要是微藻，微藻呈单细胞或丝状体，直径小于1mm，能够把光合作用的产物转化成油滴在细胞内贮藏起来。通过萃取、热裂解等方法，将微藻中的油提取出来，再通过转酯化后可转变为生物柴油。与其他产油植物相比，微藻种类多，生长不需要特别养分，只要是水域都能生存，且生长速率高。早在20世纪70年代，美国就高度重视利用微藻生产生物柴油，由于成本与石油相比没有竞争力，没有得到发展，2006～2008年，石油价格一度大幅上扬，大大刺激了微藻生物柴油产业化技术的开发，但很多关键技术有待突破，如微藻的大规模培养与脱水采收技术等。

nonglin shengwuzhi chundian lianchan

农林生物质醇电联产 (biomass combined power and cellulosic ethanol generation，CPE) 以农林生物质为原料实现*农林生物质直燃发电*和生物乙醇等生物化工产品联产的技术。生物质醇电联产技术的重点是纤维素乙醇项目与生物质直燃发电项目的耦合生产，本质上是通过纤维素乙醇系统和生物质发电系统将农林生物质资源的物质转化和能量转化结合，生物质醇电联产是生物质能规模化利用的重要方向和生物质资源梯级利用的模式。

原理 农林生物质主要由纤维素、半纤维素和木质素组成，热量有很大部分蕴含于木质素中（见*生物质生化转化特性*）。醇电联产系统中的纤维素乙醇系统将农林生物质中的纤维素、半纤维素转化为车用燃料乙醇，木质素等残渣用于能源、材料等综合增值利用，纤维素乙醇污水处理产生沼气可供民用及用于燃烧发电等。生物质直燃发电生产的电力、供热蒸汽等支持纤维素乙醇生产，纤维素乙醇生产剩余的高热值木质素等废渣用来发电、供热或者用于增值生化材料，生物质燃烧后灰渣肥料还田，完成“醇、电、肥、热、气、材料”联产。生物质醇电联产系统原理如图1所示。

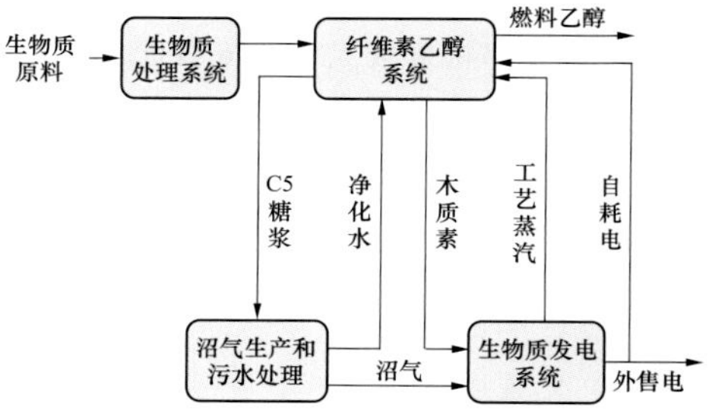

图1 生物质醇电联产原理图

醇电联产系统 包括生物质处理系统、纤维素乙醇系统和生物质发电系统。生物质处理系统包括上料、前处理、预处理等部分。纤维素乙醇系统包括水解、发酵、蒸馏脱水等部分。生物质发电系统由生物质燃料分离干燥装置、沼气产生和废水处理装置、生物质锅炉、汽轮发电机及变配电系统组成。

醇电联产生产流程 生物质原料经处理、水解、发酵、蒸馏产生乙醇及其他多元醇。醇类化学品产生剩余物木质素经分离、干燥燃烧发电或作为生化原料，分离液产生沼气燃烧发电或车用、民用等。生物质醇电联产生产流程见图2。

农林剩余物如玉米秸秆、小麦秸秆和棉花秸秆等或者能源植物通过专用上料系统进入前处理系统。一部分经前处理系统除杂、粉碎等后进入醇类转化单元的预处理系统，在预处理系统通过物理或者化学方法打开植物的外壁保护结构，为纤维素、半纤维素等的水解创造条件。其他不适合醇类生化转化的原料经上料系统进入发电单元的生物质锅炉燃烧发电。

经预处理的物料进入到水解、发酵系统，在水解、发酵系统内高分子聚合物转化成了葡萄糖等单糖和其他可发酵糖，葡萄糖等单糖和其他可发酵糖在酵母的作用下转化成乙醇或者用于生产其他多元醇。物料进入到蒸馏脱水单元，乙醇被提纯到99.5%以上，然后进入到成品罐区通过变性成

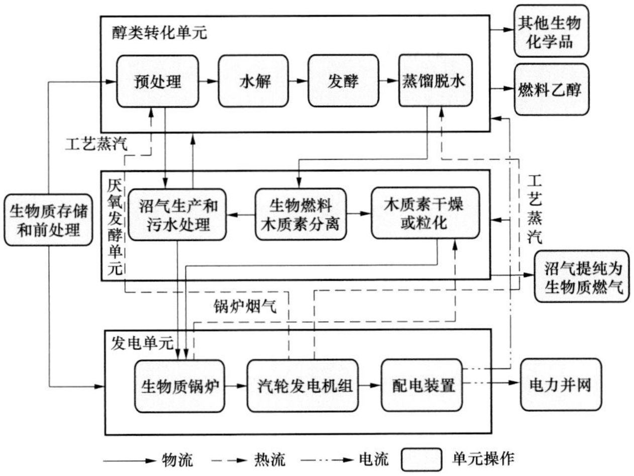

图 2　生物质醇电联产生产流程图

为燃料乙醇。

醇类化学品生产所产生的木质素剩余物等经过分离干燥后形成固体生物燃料或作为生化原料，直接进入到生物质锅炉燃烧发电或增值生产多种生物化学品或者继续加工生产其他生物化学品。分离后的液体（主要是五碳糖等）可以继续通过转化单元转化为乙醇或者其他生化产品，也可以直接进入到厌氧发酵单元生产沼气，沼气经提纯、压缩后直接进入到锅炉燃烧发电，同时可作为生物燃气终端产品进入市场应用。

生物质锅炉利用一部分不适合醇类生化转化的原料、醇类化学品生产后的木质素剩余物、有机可燃黑液、生物质醇类生产废水产出的沼气等生物燃料燃烧产生高温高压蒸汽，蒸汽进入汽轮发电机系统发电，电力并入电网或者分布式发电系统或自用。从生物质发电单元的汽轮发电机系统内抽取部分蒸汽输送至纤维素乙醇等生化生产系统中作为热源生产液体燃料和生物化学品；多余蒸汽或烟气热量可以回收进入到干燥系统作为热源生产木质素固体生物燃料产品。

nonglin shengwuzhi hunhe ranshao fadian

农林生物质混合燃烧发电　(co-fire power generation of agriculture and forestry biomass)　生物质与化石燃料混合燃烧发电的技术。农村生物质混合燃烧发电可解决生物质燃料的可持续供应问题，有直接混合燃烧和间接混合燃烧两种。

直接混合燃烧　生物质原料直接与煤进行固相混合燃烧。直接混合燃烧通常要在燃煤锅炉设备基础上增加生物质预处理/燃烧设备。由于秸秆烟气腐蚀和飞灰结焦问题，为保证最佳燃烧状态和锅炉性能，生物燃料掺烧一般不超过30%。直接混合燃烧按流程主要有三种方式，见图1。①生物质与煤混合送入磨煤机，由磨煤机粉碎后一起送入煤粉燃烧器燃烧。该方法简单，成本低，但对生物质原料种类和混合比例有一定限制，如纤维质树皮会引起磨煤机研磨问题；25～50mm长的秸秆即使在5%的质量混合比例下也会在煤仓内产生“搭桥”现象，导致堵塞，但将其用于不需要磨煤机的旋流燃烧炉时，生物质质量混合比例可达到20%。②生物质经过单独处理后，与煤分别送入锅炉内混合燃烧，质量混合比例5%～20%，需要安装独立的生物质输送管道。③生物质经过单独处理后，送入专门的燃烧器燃烧，即不与煤共用燃烧器，需要对锅炉燃烧设备进行较大改动。

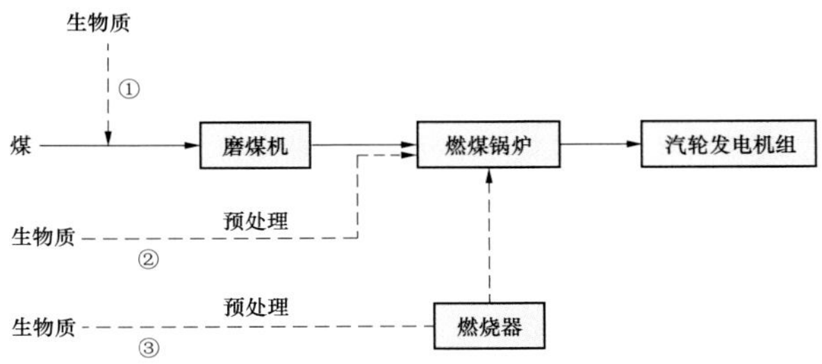

图 1　生物质与煤直接混合燃烧流程

生物质直接混合燃烧发电的应用比较成熟，但除了生物质燃烧发电的常见问题外，还存在一些潜在问题：①多数燃煤电厂以粉煤为燃料，粉煤燃烧迅速，而生物质燃烧时间较长，会影响炉内燃烧的稳定性；②生物质燃烧生成的碱性物质使燃煤电厂中的脱硝催化剂失活；③生物质灰含量比煤低，与煤混合燃烧可降低烟气含尘量，但混合灰中含有大量微小的悬浮微粒，会降低除尘设备的除尘效率，增加灰尘排放量；④生物质灰和煤灰混合，影响生物质灰的循环利用。

间接混合燃烧　生物质首先在生物质气化炉中转化成燃气，再与煤混合燃烧（见图2）。需要在燃煤锅炉设备基础上增加独立的生物质气化系统，并根据生物质燃气在锅炉内的燃烧段位置增加生物质燃气燃烧器或局部改造原有的煤粉燃烧器。从生物质气化炉出来的高温燃气净化后直接进入锅炉燃烧，燃气显热和焦油的能量得到充分利用，生物质灰和煤灰可分别处理。间接混合燃烧也适合以油、天然气为燃料的火电厂。

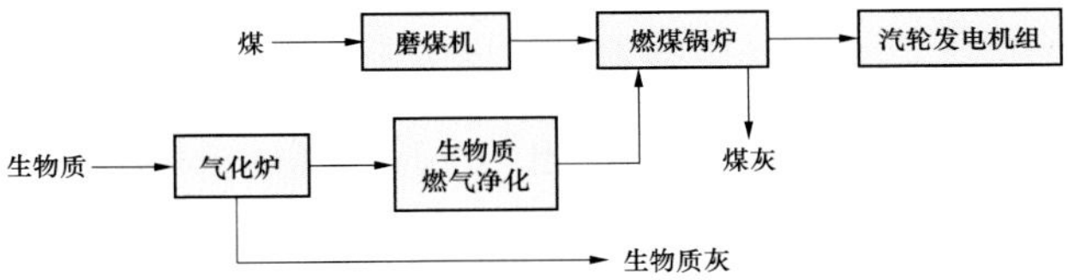

图 2　生物质与煤间接混合燃烧流程

应用于生物质混合燃烧发电的燃煤锅炉主要有炉排锅炉、煤粉锅炉和流化床锅炉三种类型。炉排锅炉燃料适应性较好，但总体效率较低。煤粉锅炉在燃煤电厂中占据主导地位，是欧美生物质直接混合燃烧发电的主要炉型，对燃料的颗粒尺寸和含水率要求较为严格，一般粒径要求小于2mm，含水率不能超过15%，因此生物质预处理系统较复杂，初始投资较大。流化床锅炉的燃料适应性很好，能够同时燃烧几种不同特性的燃料和含水率较高的生物质燃料，且燃料的选择以及混燃的比例灵活。

存在问题　主要是沉积和腐蚀。生物质燃烧过程中形成的沉积通常可以分为结渣和积灰两种类型，其原理基本一致。由于生物质中的碱金属（主要是钾）含量较高，使生物质灰熔点低，在800～850℃下灰分已经开始变形，甚至熔融为流体，熔融的灰渣会在炉排或炉内辐射受热面上与其他的灰分或没有完全燃烧的燃料黏结在一起，结成渣块。积灰主要发生在尾部受热面上。生物质中易挥发物质（主要是碱金属盐）在高温下挥发进入烟气，与飞灰一起沉积在烟道的对流受热面上，形成积灰，并发生复杂的物理和化学变化。

生物质燃烧过程中的腐蚀主要有两种：一种是灰渣中的碱金属硫酸盐与三氧化硫共同作用产生腐蚀。另一种是生物质中的氯含量较高时，生成气态的氯化氢和氯气可穿透金属表面的氧化层保护膜，并与内部金属直接发生反应形成金属氯化物。这两种腐蚀的速度都会随温度的升高而加快。

发展状况　生物质与煤炭的混合燃烧在北美和欧洲地区使用相当普遍。在美国，有300多家发电厂采用生物质与煤炭混燃技术，装机容量达6000MW。美国的大部分生物质发电以森林废弃物为原料，其经济优势是废木料价格远低于化石燃料价格。纽约格林尼治发电厂采用木屑-煤直接混合燃烧发电方式，位于纽约德累斯顿（Dresden）的塞内卡（Seneca）湖西岸，发电机组容量108MW，最大混燃比例30%（质量分数），每天运行16h，满负荷时的日处理量相当于120t（干）锯木屑。当混燃比例为设计值20%（质量分数）时，年二氧化碳减排量为65 000t。芬兰Oy Alholmens Kraft生物质燃料发电厂，所用燃料由45%的泥煤、10%的森林残余物、35%的树皮及木材加工废料以及10%的重油或煤组成。策尔特韦格木屑-煤混合燃烧发电厂是位于奥地利施蒂里亚（Styria）市郊的策尔特韦格（Zeltweg），发电装机容量137MW，1997年12月改造为生物质间接混合燃烧发电，混燃比例按燃料热功率计为3%。

十里泉发电厂是中国第一个秸秆-煤粉混合燃烧发电项目。该项目发电机组容量140MW，煤粉、秸秆屑混燃，热容量比例为18.5%。2005年12月16日投产运行，机组每年可燃用10.5万t秸秆，相当于替代7.56万t原煤，年可利用秸秆价值3000多万元。在中国，由于化石燃料混合燃烧计量、监管等障碍，仅有十里泉发电厂一个规模化的生物质混合燃烧示范项目。

nonglin shengwuzhi zhiran chunran fadian

农林生物质直燃纯燃发电　(direct-fire power generation of agriculture and forestry biomass)　燃料全部为农林生物质的燃烧发电技术，是*农林生物质直燃发电技术*的一种。农林生物质燃料通过上料系统在生物质锅炉直接进行燃烧，将生物质能转化为热能并通过汽轮机做功产生机械能，带动发电机发出电能。

系统组成　主要由汽轮发电机、生物质直燃锅炉、给料系统、上料系统、除尘装置、除渣装置等组成。生物质直燃发电与燃煤发电十分相似，两者都是燃料在锅炉内燃烧产生蒸汽、汽轮机将蒸汽的热能转化为机械能、发电机再将机械能转化为电能的过程。生物质燃料具有高氯、高碱、挥发分高、灰熔点低等特点，燃烧时易腐蚀锅炉，并产生结渣、结焦等，因此，对生物质直燃锅炉的设计有特殊的技术要求（见*生物质发电燃料分析*）。常用生物质直燃锅炉有*生物质水冷振动炉排锅炉*、*生物质循环流化床锅炉*。

主要特点　农林生物质直燃纯燃发电系统单机容量一般为10～30MW，大型生物质直燃电厂热电联产可以将能源利用效率提高到90%以上，规模大、效率高、环保效益突出。农林生物质燃料能量密度低，灰熔点低，易结焦，含有氯、钾、钠、硫等矿物元素，具有一定的燃烧腐蚀性。生物质发电系统中生物质燃料的储藏给料系统、除灰渣系统、燃烧系统以及锅炉炉体整体设计，锅炉配风，锅炉水冷壁与过热器材抗腐蚀性等方面都要满足生物质燃料的特殊要求，因此生物质燃料的上料系统和锅炉燃烧系统都与燃煤的上料和锅炉燃烧显著不同，其他在汽轮机和发电机上以及电力并网等方面没有区别。中国引进丹麦技术生物质直燃水冷振动炉排高温高压锅炉并实现了国产化，该炉型在实际运行中具有技术成熟、燃料适应性强、效率高、运行稳定等特点，机组年平均利用小时数可以达7000h以上，较好地解决了生物质燃烧容易腐蚀、结焦和机组效率低的问题。

发展状况　丹麦BWE公司率先研发秸秆生物质燃烧发电技术，并于1988年建成了世界上第一座秸秆生物质燃烧发电厂。此后，BWE公司在西欧设计并建造了大量的生物发电厂，其中当时最大的发电厂是英国的Elyan发电厂，装机容量为38MW。自1992年世界环境与发展大会后，欧美国家开始大力发展生物质能利用技术，将其作为21世纪发展可再生能源的战略重点和具备发展潜力的战略性产业。截至2006年，已有130多家秸秆发电厂遍及丹麦，总装机容量达7000MW。芬兰和瑞典也是生物质能发电发展和应用较为广泛的国家之一，其中芬兰生物质所发的电量占全国总电量的11%。据美国能源信息署（EI）的统计数据，2008年美国有350多座生物质发电站，生物质发电的总装机容量已超过1万MW，单机容量10～25MW，占美国可再生能源发电装机的40%以上。德国拥有140多个区域热电联产的生物质电厂，同时有近80个此类电厂在规划设计或建设阶段，2012年上半年德国各种可再生清洁能源发电量达679亿kW·h，占总发电量25%，其中生物质发电占同期总发电量的2.5%。

生物质发电在中国起步相对较晚，最初建设的生物质发电项目规模小、效率低、可持续应用差。2004年开始，随着国内规模化生物质发电技术研发及产业化实践，最重要的是通过国外技术的引进消化吸收和再创新，中国生物质直燃发电产业得到较快发展。中国第一个国家级生物质直燃发电示范项目——*单县生物发电厂*，装机容量25MW，于2006年12月建成并网运行。该电厂以棉花秸秆和其他农林废弃物为燃料，生物质燃料年消耗20万t，年发电2亿kW·h，与同等规模燃煤火电厂相比，每年减少二氧化硫排放量达600多t，年可节省标准煤近15万t。临沂生物质发电项目2012年全年共计发电2.37亿kW·h，上网电量2.14亿kW·h，机组发电运行8413.3h，等效利用小时为7912.66小时。吴桥生物质发电项目2012年全年共计发电2.43亿kW·h，上网电量2.19亿kW·h，机组发电运行8404.64h，等效利用小时为8103.48h。

nonglin shengwuzhi zhiran fadian

农林生物质直燃发电　(biomass direct-fire power generation)　以农林生物质为燃料通过生物质锅炉直接燃烧，将生物质所蕴含的化学能转化为热能、机械能和电能的技术。根据燃料组成和燃烧技术的不同，可分为*农林生物质直燃纯燃发电*和*农林生物质混合燃烧发电*。生物质直燃发电是农林剩余物消耗量最大、最直接、最容易规模化和工业化应用的一种生物质能源利用方式。此外，还有*农林生物质直燃热电联产*和*农林生物质醇电联产*。

系统组成　主要由专用生物质燃料送料输料系统、燃烧系统、发电系统、除尘系统等组成。专用送料输料系统由输料带、密封输料仓闸门、定量给料单元、破碎机、防火门、给料器组成。生物质直燃锅炉分为生物质水冷振动炉排锅炉、生物质循环流化床锅炉，其中炉排层燃技术较为成熟。生物质锅炉燃烧设备与常规燃煤锅炉有较大的区别，它是由给料机，炉膛，水冷振动炉排，一、二次风管，抛料机等设备组成。为了防止炉膛正压时出现回火现象，一般在给料机出口处安装有防火门，而且在全部给料系统内设有多处密封门、消防安全挡板和消防水喷淋设施。发电系统由汽轮机和发电机组组成。农林生物质灰与燃煤电厂的粉煤灰的性质不同，根据国内外的实践经验，农林生物质直燃发电厂采用布袋除尘器。农林生物质直燃发电系统结构见图。

工作原理　专用生物质送料器将生物质燃料送入锅炉燃烧室，燃烧后产生的热量通过换热器转换，产生高温高压蒸汽，并以蒸汽驱动汽轮机、发电机组发电，生物质燃烧后的烟气经过除尘等净化装置处理后达标排放，灰渣可以直接作为肥料，也可作为生产复合肥料的原料。

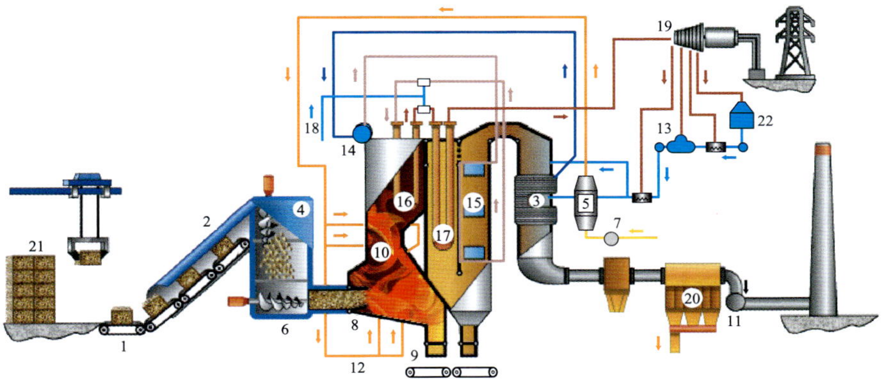

农林生物质直燃发电系统结构图

1—链条输送机；2—密封门；3—省煤器；4—破碎机；5—空气预热器；6—给料器；7—送风机；8—振动炉排；9—捞渣机；10—燃烧室；11—引风机；12—热风；13—除氧器；14—汽包；15——级过热器；16—二级过热器；17—三级过热器；18—减温水；19—汽轮机；20—袋式除尘器；21—料包；22—凝汽器

发展状况　欧美等国的生物质直燃发电技术成熟。丹麦率先研发秸秆燃烧发电技术，于1988年在鲁兹克宾(Rudkobing)建成世界上第一座秸秆燃烧发电厂——鲁兹克宾生物质发电厂，装机容量2.3MW。源自丹麦的秸秆燃烧发电技术是这一领域世界最高水平保持者。到2006年，丹麦已建成了130家秸秆发电厂，还有一部分燃烧木屑或垃圾的发电厂也能兼烧秸秆，秸秆燃烧发电遍及丹麦。秸秆发电等可再生能源发电占了丹麦全国能源消费量的24%以上，石油年消费量比1973年下降了50%。

丹麦的秸秆燃烧发电技术已走向世界，被联合国列为重点推广项目。瑞典、芬兰、西班牙等多个欧洲国家建成了秸秆发电厂，其中位于英国坎贝斯的生物质发电厂是截至2006年世界上最大的秸秆发电厂，装机容量38MW，总投资约5亿丹麦克朗。西班牙纳瓦拉（Navarra）区建造了以麦秆为主要燃料的27.5MW蒸汽发电厂，2002年6月建成并网运行。在一年的试运行过程中，共燃用相当于含水量11%的99124t麦秆，输出电量1.1894亿kW·h。（见纳瓦拉秸秆直燃发电厂）

中国生物质直燃发电厂常见的单机装机容量主要为30MW、25MW，也有一些12MW的项目，对应的锅炉蒸发量约在130t/h和75t/h等级。淮安生物质发电厂是以稻秆和麦秆等软质秸秆作为主要燃料的生物质直接燃烧发电厂，装机规模2×15MW，年秸秆需求量20万t，年可发电量约22000万kW·h。单县生物发电厂是第一个国家级生物质发电示范项目，该项目引进丹麦秸秆发电技术，于2006年12月1日并网发电。截至2012年底，中国生物质直燃并网发电容量达3246MW，约占生物质发电累计并网容量的55.22%。

nonglin shengwuzhi zhiran redian lianchan

农林生物质直燃热电联产　[direct-fired agriculture and forestry biomass for congeneration of heat and power (CHP)]　以农林剩余物为燃料燃烧发电的同时将发电系统余热用于供热的技术。利用该技术的系统是既产电又产热的综合能源利用系统，系统形式和组成取决于生物质燃料类型和末端用户的需求。农林生物质直燃热电联产系统包括生物质燃料进料系统、生物质锅炉、蒸汽轮机、燃气轮机、发电系统。

主要特点　生物质热电联产系统总体效率较高，发电和供热综合能源利用效率可达60%～80%或者更高，欧洲曾有生物质电厂热电联产综合能源利用效率达到90%以上。生物质热电联产具有系统运行稳定、温室气体排放量低等显著优点。在中国，生物质热电联产单机装机容量有12、24、30MW等。在同样装机规模下，生物质热电联产项目需要的生物质原料量，比纯发电项目增加1/4或者更多。

发展状况　芬兰在生物质热电联产方面的发展居世界领先地位。2007年，热电联产发电量已占到芬兰国内总发电量的29%。为了促进可再生能源的发展，芬兰政府长期资助此方面的研发工作。在芬兰，2001年建成的炉排锅炉与蒸汽轮机组合的以树皮、木片和锯末为燃料的Karstula电厂，年发电量为5GW·h，年供热量为45GW·h；原Kymijarvi电厂经改造后成为气化技术结合燃气轮机的生物质热电联产厂，气化技术使当地的廉价燃料得以利用；以木材废弃物为燃料的Kuhmo电厂采用了循环流化床技术，额定发电容量为418MW，额定供热容量为1219MW；2002年建成的以泥炭、木片为燃料的Kokkola电厂采用沸腾流化床技术，额定发电容量为20MW，额定供热容量为50MW；在芬兰皮耶塔尔萨里，2002年投产的Alholmens Kraft发电厂是截至2012年底世界上规模最大的生物质热电联产厂，燃料以废木材、泥炭为主，煤炭和油为辅，常在启动时使用，其总发电容量为240MW，蒸汽产量为100MW。瑞典能源主要依靠核能与水能，所以热电联产发电在2001年仅占7%。在瑞典，与集中供热热网相连的生物质热电联产厂约有15个，其中3个生物质热电联产厂由于经济原因已停止运行。仍在运行的生物质热电联产厂有：FalunEnergi生物质热电联产厂，采用沸腾流化床锅炉，以树皮、木材废弃物和木片为燃料，额定发电容量为8MW，额定供热容量为22MW；Kristianstad生物质热电厂，采用循环流化床锅炉，以木材为燃料，额定发电容量为1315MW，额定供热容量为35MW。2008年，丹麦热电联产发电量占到其年发电量的80%，在供电供热方面占着重要的份额。

中国生物质热电联产技术始于关停的小火电改造为生物质热电联产项目。2006年《中华人民共和国可再生能源法》实施后，该类项目发电上网得到国家补贴支持，热电联产项目的发展得到鼓励。

nongye feiqiwu

农业废弃物 (agricultural residue) 农作物在收获籽实后的剩余物和农业加工过程中产生的废弃物的总称。包括农业生产过程中粮食作物、油料作物、棉花、麻类和糖料作物收获后残留的茎、叶等秸秆，以及农产品加工过程中的稻壳、甘蔗渣等废弃物。秸秆指农作物脱粒后剩下的茎叶，是农业废弃物的主要组成部分。

秸秆资源评估 包括秸秆理论资源量和秸秆资源可获得量两个层面的指标。

统计区域内秸秆理论资源量一般根据农作物产量和农作物的草谷比估算得出，即秸秆理论资源量＝农作物产量×草谷比。草谷比即秸秆量与农作物产量之比，是通过田间试验和观测得到的经验常数，表1示出常见农作物的经验草谷比。在不同地区，即使是同类秸秆实测得到的草谷比也会有差异。

表1 常见农作物的经验草谷比

农作物种类	草谷比	农作物种类	草谷比	农作物种类	草谷比
稻谷	1.0	花生	2.0	麻类	1.0
小麦	1.0	油料	2.0	糖类	0.1
玉米	2.0	高粱	1.0	其他	1.0
豆类	1.5	棉花	3.0		
薯类	1.0	杂粮	1.0		

秸秆资源可获得量为秸秆理论资源量与可获得系数之积，可获得系数受种植习惯、收获方式、秸秆使用习惯、农村经济发展状况、交通运输状况等多种因素影响。

秸秆资源量及分布 基于草谷比估算的全球秸秆资源总产量2000年约为43.9亿t，其中，中国、美国、印度和巴西的秸秆产量较高，分别约占全球总量的17.3%、15.9%、10.5%、7.3%，其余国家的比例均小于3%。

中国农作物秸秆数量大、种类多、分布广，具有明显的区域性特点。1980年中国秸秆资源总量不到4.5亿t，2004年后年总产量稳定在8亿t以上。2009年农业部对全国农作物秸秆资源调查与评价的结果显示：中国农作物秸秆理论资源量为8.20亿t，可获得资源量约为6.87亿t，占理论资源量的83.8%。不同区域秸秆理论资源量分布如表2所示，不同类农作物秸秆分布如表3所示。以省份划分，河南省的秸秆资源最为丰富，为8438万t，其次为山东省、黑龙江省和河北省，分别为8182万t、6920万t和6176万t。

表2 2009年中国农作物秸秆资源量区域分布

地区	理论资源量(亿t)	地区	理论资源量(亿t)
华北	2.33	内蒙古和新疆	0.59
长江中下游地区	1.93	华南	0.55
东北	1.41	黄土高原	0.44
西南	0.90	青藏高原	0.05

表3 2009年中国各类农作物秸秆分布情况

秸秆种类	理论资源量(亿t)	主要分布地区
稻草	2.05	湖南、江苏、湖北、四川、安徽和黑龙江
麦秸	1.50	河南、山东、河北、江苏和安徽
玉米秸	2.65	黑龙江、吉林、河北、山东、河南、内蒙古和辽宁
棉秆	0.26	新疆、山东、河北和河南
油料作物秸秆	0.37	湖北、四川、山东、安徽、湖南和江苏
豆类秸秆	0.27	黑龙江、内蒙古
薯类秸秆	0.22	四川、重庆、甘肃、山东和云南

利用情况 农作物秸秆的利用方式包括用作肥料、饲料、生活燃料、食用菌基料以及造纸的工业原料，表4是2009年中国农作物秸秆利用情况。随着秸秆的能源化利用方式的转变，作为农村地区居民传统的炊事和采暖燃料利用方式越来越少，秸秆发电生物质、成型燃料、气化和液化等新型能源化利用得到了发展。

表4 2009年中国农作物秸秆利用情况

用途	肥料	饲料	燃料	食用菌基料	工业原料	未利用
用量(亿t)	1.02	2.11	1.29	0.15	0.16	2.15
占可获得资源量的比例(%)	14.8	30.7	18.7	2.1	2.4	31.3

Open Centre chaoliu fadian zhuangzhi

Open Centre 潮流发电装置 （Open Centre tidal current generation device） 爱尔兰OpenHydro公司研发的水平轴潮流发电装置。该装置采用桩柱式，发电机组通过支臂固定于桩柱上，水平流动的海水驱动空环形水轮机的叶轮转动进而直接驱动导流罩型发电机发电。

组成 包括水轮机、导流罩、发电机、提升装置和桩支撑结构。水轮机为中空环形固定叶片叶栅式，其叶轮的旋转轴线与水流的方向平行。叶片呈S形，固定于内外两个圆环之间构成中空环形叶轮，叶轮外圆环即是发电机的转子，发电机的定子嵌于导流罩，转子和定子通过环形轴承连接，从而将水轮机和发电机集成固定于导流罩中成为一体。导流罩外部通过托架固定于两根支撑桩结构上，发电机组和支撑托架由提升装置提升和下降。支撑结构由导管桩柱与桩基础组成。

主要特点 包括：①叶轮是整个机组中唯一旋转的部分，叶片布置在两个环形空间中，可以消除因为叶尖的暴露或者高速旋转对水轮机的危险。叶片采用的是叶栅结构，由于高密实度的设计，其启动流速较低，运行转速低，S形叶片适应双向来流发电。②叶轮中心没有转轴，叶片通过两个圆环固定，形成直驱发电机的转子，空心环的设计可以提高能量利用率，同时为海洋生物通过水轮机提供通道。③导流罩具有结构简单、流场清洁的特点，海洋生物不易卷入其中，同时进口处的扩张型结构可以提高水轮机盘面处的流速。④发电机定子与导流罩集成一体，采用的是直驱发电机，因此无需变速机构，但是需要特殊的大直径轴承和密封技术。

主要技术参数 装机容量250kW，叶片数量12片，叶轮直径6m，叶片采用定桨式，适应双向潮流。

发展应用 早在2006年爱尔兰OpenHydro公司就在欧洲海洋能中心（European Marine Energy Center，EMEC）安装了叶轮直径为6m的250kW水轮机进行测试，Open Centre 250kW潮流发电装置，该装置是世界首座空环形潮流发电装置，见图1。OpenHydro公司成为世界上第一个在EMEC测试潮流发电机组的公司。此后，该公司加大水轮机叶轮直径至10m，2009年11月为加拿大新斯科舍电力公司（Nova Scotia Power Inc.）开发建造了一台座底式的1MW Open Centre示范样机，见图2，放于芬迪海洋研究中心试验场（Fundy Ocean Research Centre for Energy，FORCE）。在2008年底开始参与法国电力集团潘波勒-布雷阿（Paimpol-Bréhat）示范潮流发电场项目，计划在布列塔尼（Brittany）海域安装4台装置，2011年10月已安装了第1台叶轮直径16m、质量850t、水深35m的装置，进行3个月的测试。

图1 250kW Open Centre 潮流发电装置

图2 1MW Open Centre 潮流发电装置

Oumei qingneng liyong jishu luxiantu

欧美氢能利用技术路线图 （the use of hydrogen technology roadmap of Europe and the United States）

欧盟和美国按照既定的氢能开发、利用方针，有时间性和阶段性实施的计划。欧盟和美国从可持续发展和安全战略的高度，制定了长期的氢能发展战略。一个好的战略需要有一个好的路线图来保障，使政策和战略落到实处。

欧盟于2002年10月成立了由时任欧盟委员会副主席帕拉西奥领导的氢能和燃料电池高级专家组，并在2003年6月发表了《未来氢能和燃料电池展望总结报告》；欧盟委员会主席普罗迪2003年宣布将在未来5年内投入20亿欧元进行氢能研究，并将有关研究列入第六个研究框架计划。美国能源部2001年1月公布了《向氢经济过渡的2030年远景展望报告》；2002年11月出台了《国家氢能源发展蓝图报告》；2003年1月布什总统在国情咨文中正式宣布启动《国家氢燃料研究计划》。

欧盟氢能利用技术路线图 欧盟在由化石能源向氢能和可再生能源转型过程中，重点引入了可再生能源概念，利用风能、太阳能和生物质等可再生能源制氢，强调利用可再生资源对减少温室气体和污染的作用。欧盟氢能利用技术路线图从时间上划分为三个阶段：短期，从2000年到2011年；中期，从2011年到2020年；中远期，从2021年到2050年。三阶段开发氢能的目标和侧重点各有所不同，但基本上也体现了欧盟发展氢能政策的连续性和一贯性。

（1）第一阶段：提高使用可再生能源的比例，并通过电解等方法制取氢；提高化石能源技术的功效和化石液化燃料的质量；开始氢能和燃料电池的初级市场应用，通过示范项目使公众逐步接受氢能概念；建设氢能管道系统，实施用于固定和移动应用的氢燃料加注IC工程；支持氢能基础设施的早期开发，解决关键技术瓶颈，如氢的制取、储存、安全；完善燃料电池的性能和价格。这一阶段将开发小于500kW的固定式高温燃料电池系统（MCFC/SOFC）；开发小于300kW的固定式低温燃料电池系统（PEMC）。

（2）第二阶段：继续增加生物质液化燃料的使用；继续使用通过化石原料（包括煤）转化为氢和燃料电池用燃料，以有利于逐步实现氢经济和减少二氧化碳，这样产生的氢适合于常规的燃烧系统、氢气涡轮发电机和燃料电池系统，减少温室气体和污染物排放；完善可再生能源制氢系统，继续研究和开发其他无碳能源，如太阳能和先进的核能；系列化生产燃料电池汽车和其他运输工具，并使具有价格竞争力的氢能汽车进入家庭；建造分布式燃料电池电力供应站，使固体电解质燃料电池系统（SOFC）达到小于1万kW级水平。欧盟要求到2020年，新的氢燃料家用车比例要达到5%，其他氢燃料交通工具比例达到2%。所有车的平均二氧化碳排放量减少2.8g/km，二氧化碳年排放量减少1500万t。

（3）第三阶段：将使氢能满足不断增长的能源需求，通过大量使用可再生能源和先进核能生产氢能；扩大氢能的分配网络，保持环境的良性循环；将30%的加油站改建成加氢站，氢燃料汽车成为家庭用车的首选；逐渐改变以电力生产和电网分配为中心的能源供应模式，取而代之的是以燃料电池和智能网络分配为特征的分布式供能模式。欧盟要求到2040年，新的氢燃料家用车比例要达到35%，其他氢燃料交通工具比例达到32%。所有汽车的平均二氧化碳排放量减少44.8g/km，二氧化碳年排放量减少2.4亿t。

美国氢能利用技术路线图　美国在《向氢经济过渡的2030年远景展望报告》中阐述："氢能是美国清洁能源的必然选择。"美国的氢能发展路线图从时间上分为4个阶段，即2000～2040年，每10年一个阶段，每个阶段发展的侧重点不同，但相互关联。美国氢能路线图时间的设定基本与世界三大石油公司预测的世界石油短缺年限一致。

（1）第一阶段：技术、政策和市场开发阶段。重点是：降低燃料电池制造成本；开发固定储氢装置，主要是金属氢材料，也包括开发碳结构（如纳米管）和玻璃微球状结构的储氢装置；天然气继续作为制氢的主要原料；开发氢内燃机和继续完善氢燃料电池；进一步发展固定式质子交换膜燃料电池；汽车制造商开始批量生产氢燃料汽车；在建筑物中增加燃料电池组合供热、供能的试验；继续开发便携式氢燃料电池装置。第一阶段还包括出台与氢能有关的能源和环境政策，包括减少能源进口，控制温室气体排放，控制大气污染；在全球制定和完成安全使用氢能的标准；在美国完成电和天然气的市场结构重组，扩大分布式能源系统的应用；政府加强责任、许可和制定法律、法规，构筑氢能商业化发展框架。

（2）第二阶段：向市场过渡阶段。在此阶段适用于氢经济的许多重要技术进一步被挖掘，最重要的突破是通过发展大批量的固定和移动装置，降低燃料电池成本；氢能供应的初始阶段已经就位，尤其是氢能廉价的生产和储存；天然气依旧是制氢的主要途径，煤的气化、核能及可再生能源利用技术使用比重增加；重量轻、成本低的储氢装置开始商业化；能源生产基地和燃料供应站将包含分布式氢能生产系统，有些还包括如太阳能和风能等可再生能源，有一些还将使用光生物和光化学技术；将进一步开发和广泛使用氢内燃机。联邦和州政府在推动氢能技术向市场过渡方面将扮演重要角色。许多政府或公共部门将成为氢能的"第一用户"，如公共汽车，城市管理部门、消防、公安将使用分布式能源装置，以确保连续供应，氢能系统以其对环境的优势将被重点采用。氢能系统的军事应用也将出现，如车辆、舰艇和飞机。建筑物将大量使用氢燃料电池供热和供能。

（3）第三阶段：市场和基础设施扩张阶段。这一阶段先进技术已极大地减少制氢成本，公交车辆和政府车辆将普遍使用氢燃料电池。氢能的开发已从局部向全面推广，建立国家氢能基础设施，开始大规模生产压力储氢容器。尽管氢已能通过多种途径生产，但煤和生物质还是作为主要的原料。国家政策将支持氢能市场化扩展，国家和地方标准开始实施，使氢技术的效率变得更高。

（4）第四阶段：走进氢经济时代。这一阶段氢能将最终取代化石能源成为市场上最广泛使用的终端能源。经济性和对环境友好特性意味着氢将大量和廉价地来自于可再生能源制氢，利用生物系统的氢"农场"，如藻类作物就可以制造氢，从煤和生物质气化工厂也能大量地制造氢，生产中碳的回收减少了大气污染，被回收的碳还可以作为原料，制造其他材料。国家支持氢燃料和电力生产基础设施到位，美国公司花费数十年开发的氢技术开始向全球出口和提供服务。美国公民将享受到清洁能源系统给经济和环境带来的诸多好处。随着技术、市场和政策的完善，个人氢能交通车辆的市场自然形成。氢能车辆无论白天、黑夜都能提供动力和热能，能源的生产和运输部门的界限变得越来越模糊，氢经济将真正成为现实。

paowumian caoshi juguangqi

抛物面槽式聚光器 (parabolic trough concentrator, PTC) 用具有抛物线截面的槽形反射器来汇聚太阳辐射的线聚焦设备。它将太阳辐射汇聚于其焦线处，与位于焦线处的抛物面槽式吸热管配合使用，组成抛物面槽式集热器，应用于抛物面槽式热发电系统。

图 1 抛物面槽式聚光器
(中国科学院电工研究所 提供)

结构组成 由反射镜、基座、支架、传动系统、动力机、控制系统组成，见图 2。

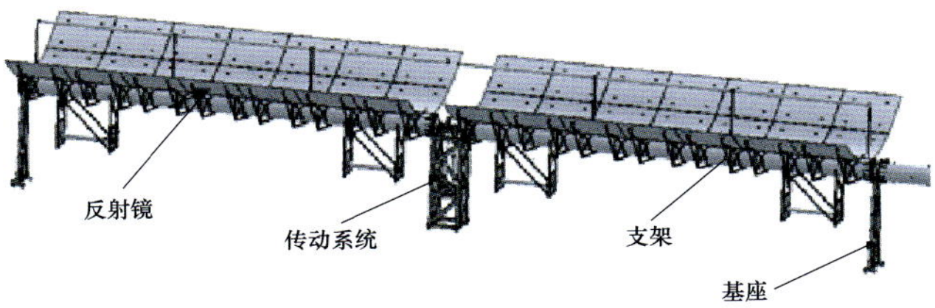

图 2 抛物面槽式聚光器结构示意

反射镜 多面曲面反射镜拼接形成抛物柱面反射面，是抛物面槽式聚光器的主要部分。包括单层结构反射镜和复合结构反射镜两种。单层结构反射镜通常是由单层抛物柱面超白玻璃镀银制成的反射镜。复合结构反射镜由背板、黏合材料和反射材料组成。背板形成抛物柱面面形，可以是钢板、铝板、浮法玻璃和玻璃钢等材料；反射材料可以是超薄玻璃镜、金属薄膜、复合材料薄膜等；黏合材料可以是聚乙烯醇缩丁醛（PVB）、中性有机硅胶等。

基座 支撑整个槽式聚光器的结构，一般为用钢材焊接而成的桁架结构，也可以是单个的矩形钢管。

支架 主要用来支撑反射镜，支架可以分为扭矩盒子、扭矩管和空间桁架三种结构。一般为金属材料，通常是钢材或者铝材。

传动系统 实现聚光器转动的系统，通常为液压传动，也可以采用机械传动。

动力机 为聚光器转动提供动力的设备，一般采用交流电动机或者伺服电机等。

控制系统 控制动力机和传动系统驱动支架和反射面转动实现对太阳跟踪的系统。一般采用可编程逻辑控制器(programmable logic controller，PLC) 作为基本控制元件，与电机、角度传感器或者太阳传感器组成闭环控制系统。

工作原理 曲面反射镜拼接成面形为抛物柱面的反射面，支架结构支撑并保证抛物柱面面形的稳定，控制系统通过传动系统驱动支架和反射面跟踪太阳。抛物柱面绕旋转轴线做旋转运动，使得旋转轴线、抛物柱面的焦线和太阳三者始终位于一个平面上，以保证将太阳光持续汇聚到焦线上。抛物面槽式聚光器工作原理见图 3。旋转轴线为抛物面槽式聚光器两端支撑轴的中心线，焦线即抛物柱面焦点连线，焦线处安装抛物面槽式吸热管，管内充满传热工质。抛物面槽式聚光器通常采用一维跟踪，旋转轴可以沿着南北或东西方向水平布置。为了减小余弦损失，可以沿着旋转轴向增加聚光器的长度。当旋转轴为南北向时，采用倾斜布置也可以减小余弦损失。余弦损失是由于太阳光入射方向与镜面采光口法线方向不平行引起的接收能量减少。

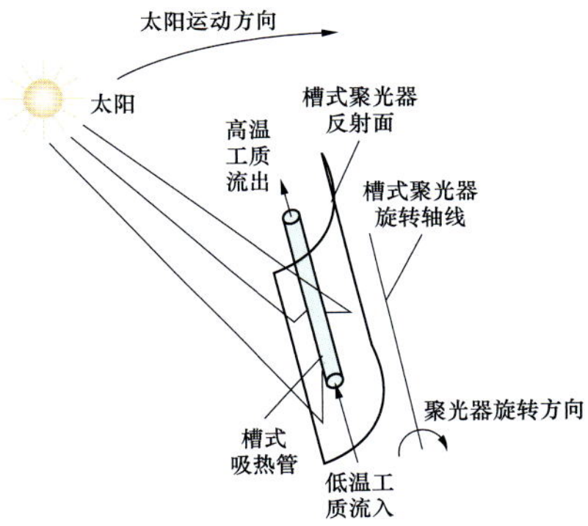

图 3 抛物面槽式聚光器工作原理

主要技术指标 包括开口尺寸、聚光器长度、镜面反射比、跟踪精度、反射面面形精度、反射镜面形精度、整体结构刚度、极限风速。聚光器满足至少 25 年的工作寿命。提高结构刚度、镜面反射比、跟踪精度、反射镜面形精度和反射面面形精度都有利于将更多的太阳光反射到抛物面槽式吸热管表面。

开口尺寸 由曲面反射镜组成抛物柱面的准线两个端点间的距离。

聚光器长度 由曲面反射镜组成抛物柱面的母线的长度。

镜面反射比 镜面反射的太阳辐射通量与入射的太阳辐射通量之比。

跟踪精度 反映通过旋转轴线和焦线组成的平面与旋转轴线和太阳组成的平面的一致程度。其计算方法如下：以旋转轴线作为相交线，通过旋转轴线和焦线组成的平面与以旋转轴线和太阳组成的平面之间的夹角。用多次测量值的均方根（*RMS*）表达，单位为毫弧度（mrad）。

反射面面形精度　反映由反射镜拼接而成的抛物柱面表面轮廓与理论抛物柱面表面轮廓的一致程度。面形精度低通常由安装误差、支架变形和反射镜面形误差导致。

反射镜面形精度　反映聚光器反射镜实际表面轮廓与理论表面轮廓的一致程度。

整体结构刚度　抛物面槽式聚光器整体结构在外力作用下，抵抗变形的能力。

极限风速　抛物面槽式聚光器在归位姿态下，不会被风载荷所破坏的最大风速。

发展状况　世界上第一台抛物面槽式聚光器1870年在美国建成。20世纪70年代，石油危机加速了抛物面槽式聚光器的研发，相继开发出多种型号的抛物面槽式聚光器，这一阶段的聚光器开口尺寸一般小于3m。20世纪80年代，抛物面槽式聚光器进入商业化阶段。美国Luz公司1984～1991年间陆续建立装机总容量为354MW的SEGS槽式电站，至2010年已经商业化运营20多年。SEGS电站主要应用的槽式聚光器有LS-2型，开口尺寸5m，长度50m，采用机械传动；LS-3型聚光器开口尺寸5.76m，长度100m，采用液压传动。20世纪90年代中国设计并制造了中国第一台槽式聚光器。2005年在北京通州设计制造了开口尺寸为2.5m的槽式聚光器，与吸热管和热工系统组成了完整的槽式集热系统。2009年后，开口尺寸为5.76m的槽式聚光器在中国开始大量出现。

paowumian caoshi taiyangneng refadian xitong

抛物面槽式太阳能热发电系统　(parabolic trough solar power generation system)　利用抛物面槽式聚光器和位于抛物面焦线处的吸热管吸收太阳辐射能的发电系统。多个串并联排列的抛物面槽式聚光器汇聚太阳光至位于抛物面焦线处的吸热管加热管内传热工质，传热工质传送热能至蒸汽发生器产生过热蒸汽，驱动汽轮机组发电。

系统组成　一般由抛物面槽式聚光器、吸热管、储热单元、蒸汽发生器和汽轮发电机组等单元组成。抛物面槽式聚光器、抛物面槽式吸热管和跟踪装置构成集热器，集热器通过跟踪装置跟踪太阳，使得直射太阳光聚集到吸热管表面。吸热管固定在抛物面槽式聚光器的焦线处，焦线是抛物面槽式聚光器焦点的连线。吸热管内装有传热工质，传热工质有导热油、熔融盐、水/蒸汽等，目前广泛采用的是导热油。蓄热系统（见太阳能热发电蓄热系统）由蓄热材料和蓄热装备组成，在太阳辐照度高时储存热量、辐照度低时释放热量。发电系统包括蒸汽轮机、发电机及相关设备。

工作原理　抛物面槽式太阳能热发电原理如图所示，抛物面槽式集热器将收集到的太阳辐射能转换为热能加热吸热管内的传热工质，传热工质通过蒸汽发生器产生高温高压的过热蒸汽，放热后的传热工质返回抛物面槽式聚光集热器再进行加热，形成封闭的传热工质循环回路。过热蒸汽送至汽轮机发电机组做功发电，汽轮机出口低温低压蒸汽经过凝汽器冷凝后，返回到蒸汽发生器。当太阳辐照度较高时，可以将部分热量通过换热器存储在高温蓄热罐中，当太阳辐照强度较弱时，提取高温蓄热罐中的热量用于发电，以平衡太阳辐射能波动对电力输出稳定性的影响。

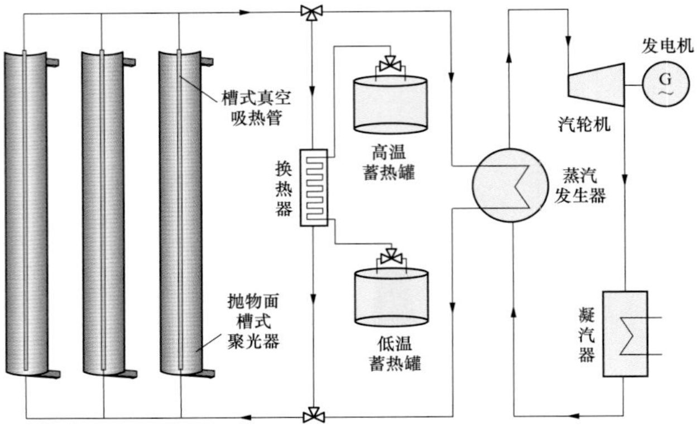

抛物面槽式太阳能热发电系统原理图

发展　1984年全球第一座商业化太阳能热发电站SEGS Ⅰ在美国加利福尼亚州莫哈维沙漠投入运行，标志着以导热油为传热工质的抛物面槽式太阳能热发电技术的商业化进程的开始。2003年，意大利新能源与环境委员会（ENEA）开始对熔融盐作为传热工质的抛物面槽式太阳能热发电系统进行连续性实验测试研究。2008年11月26日，西班牙安达索1号太阳能热发电站投入并网运行，这是欧洲第一座槽式太阳能热发电站，也是全球第一座采用熔融盐作为储热工质的商业化电站。2010年底，5MW阿基米德熔融盐抛物面槽式太阳能热发电站在意大利西西里岛建成，并于2011年10月投入商业化运行，集热器出口熔融盐温度560℃，汽轮机入口蒸汽参数10MPa/545℃。2011年12月，泰国建成全球首座以水/蒸汽为传热工质的5MW商业化抛物面槽式太阳能热发电站，汽轮机入口蒸汽参数3MPa/330℃。截至2011年底，以导热油为传热工质的抛物面槽式太阳能热发电站装机容量占全球投入运行太阳能热发电站总装机容量的83.1%。

2011年8月，中国吐鲁番180kW槽式太阳能热发电项目实现并网试运。

paowumian caoshi xireguan

抛物面槽式吸热管　(parabolic trough tube receiver)　位于抛物面槽式聚光器焦线处的管式吸热器，通常为玻璃、金属真空吸热管。抛物面槽式吸热管与抛物面槽式聚光器共同组成抛物面槽式集热器。吸热管位于聚光器的焦线位置，管内流动的传热工质吸收聚光器反射并汇聚来的太阳辐射，传递热能。抛物面槽式吸热管主要应用在太阳能光热发电领域和中、高温热利用领域。

结构组成　抛物面槽式吸热管通常包括两端开口、涂有选择性吸收涂层的金属吸热管，同轴环绕布置的透光玻璃罩管，玻璃与金属封接件，波纹管，玻璃罩管与金属吸热管之间的真空环形空间和位于真空环形空间中的吸气剂等。抛物面槽式吸热管结构示意见图。

工作原理　太阳辐射通过透明的玻璃罩管投射到金属吸热管表面，被吸收后转化为热能。金属吸热管外表面沉积选择性吸收涂层，该涂层具有太阳光谱范围内高吸收比、工作温度下

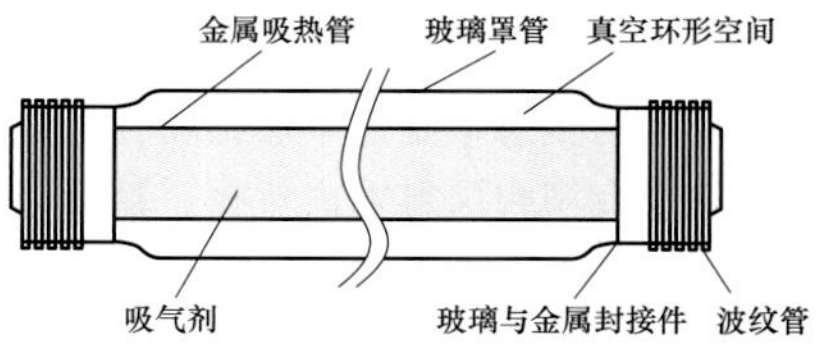

抛物面槽式吸热管结构示意图

低发射比的特点。吸热管的光热转换效率高，发射比低，辐射热损小。为了增加玻璃罩管的透过率，在玻璃罩管表面涂有减反射膜。玻璃罩管和金属吸热管之间为真空环形空间，可减少金属吸热管和玻璃罩管之间的对流和传导热损失，同时还可以防止选择性吸收涂层被氧化。由于金属吸热管与玻璃罩管之间膨胀系数不同、工作温度也不同，一般采用波纹管来补偿金属吸热管和玻璃罩管之间的轴向热膨胀差。为了长期保持集热管的真空度，在玻璃罩管与金属吸热管之间放置吸气剂。吸气剂是用来吸收在真空环形空间中出现的少量氢气的材料。金属吸热管内传热工质可以是导热油、水和熔融盐。

关键技术 选择性吸收涂层制备技术、玻璃与金属封接技术及真空获得与维持技术是抛物面槽式吸热管的三项关键技术。

选择性吸收涂层制备技术 选择性吸收涂层要求在工作温度下具有高吸收比、低反射比和长期稳定性。提高选择性吸收涂层的工作温度、减小高温反射比是其技术发展方向。涂层普遍采用金属红外反射层、金属陶瓷吸收层和介质减反层的多层干涉吸收薄膜结构，其中膜层的金属材料一般采用钼、钨、镍、铂、铜、铝、金等，涂层金属材料的热稳定性决定了选择性吸收涂层的最高温度。涂层的制备工艺一般包括电化学沉积法、化学气相沉积法、物理气相沉积法和真空镀膜法等。

玻璃与金属封接技术 主要有两种封接方式：一种为玻璃与金属的膨胀系数相匹配封接，该种封接方式具有应力小、便于加工和操作的特点；另一种为玻璃与金属膨胀系数非匹配封接，该封接方式要求金属必须做薄壁处理，通过金属薄壁自身的柔韧性缓解封接热应力。封接技术是保证吸热管工作可靠性的关键，玻璃与金属的封接工艺有热压封接和玻璃热熔封接两种。

真空获得与维持技术 主要涉及材料的高温真空排气技术和吸气剂的合理选用。高温真空排气要求在一定的温度和时间下，尽可能将金属吸热管、玻璃罩管及它们之间环形空间的气体排放出来。真空度的维持主要依靠吸气剂，一般采用非蒸散吸气剂。

主要技术要求 工作温度范围一般为 200～600℃，工作温度下吸收比大于 0.94，发射比小于 0.15，玻璃罩管透射比大于 0.95，真空漏率小于1×10^{-10} Pa·m^3/s，真空气压小于 0.05Pa，工作寿命大于 25 年。

pianhang xitong

偏航系统 (yaw system) 水平轴风电机组中，根据控制系统指令在风向变化时驱动机舱和风轮绕塔架中心线水平旋转的系统。其功能是在风电机组运行中，保证风轮扫风面始终处于迎风状态，使风轮保持最大功率输出。

偏航系统是大型水平轴风电机组重要组成部分，由电动机提供动力，属于主动偏航。小型水平轴风电机组一般依靠尾翼被动调整风轮方向，属于被动偏航（见调速机构）。风轮下风向布置的风力发电机组在理论上也可以借助风力被动调整风轮方向，但取决于风力是否能克服偏航阻力矩。

工作原理 风力发电机组安装的风向识别装置（风向仪）与控制系统保持通信。当风向与风轮旋转轴偏离一个角度时，控制系统开始计时，当偏离时间达到一定数值时，控制系统判定风向改变，发出释放偏航制动器的指令。控制系统收到反馈信号后发出逆时针或顺时针转向指令，控制偏航电动机将风轮旋转轴调整到与风向一致的方位。完成偏航动作后，偏航制动器再次制动，保证风电机组安全运行。

基本构成 包括偏航驱动装置、偏航轴承、偏航制动器、偏航传感器、扭缆保护装置等。

偏航驱动装置 用于提供偏航的动力。由偏航电动机、减速器、偏航小齿轮组成。通常每台风电机组有 4～6 套驱动装置，驱动装置在旋转圆周上均匀配置，保持驱动力平衡。驱动电机一般安装在机舱底座（主机架）上，通过减速器驱动输出轴上的偏航小齿轮，小齿轮与固定在塔筒上的大齿圈啮合驱动机舱实现偏航。

偏航轴承 用于承载风电机组塔架以上的全部重量，并使偏航动作减小摩擦，转动灵活。偏航轴承有滑动轴承和滚动轴承两种。滑动轴承的优点是生产简单，摩擦力大，可以省去偏航阻尼器和偏航制动装置，缺点是需要的偏航驱动功率较大。滚动轴承制造过程复杂，摩擦力小，偏航驱动功率较小，须配备偏航制动装置。

偏航制动装置 用于在偏航过程中提供必要的阻尼力矩，在偏航结束后锁定机舱位置。偏航制动装置由制动盘和多个（通常 6～10 个）制动器组成。制动盘为环形金属圆盘，具有足够的强度和韧性，固定在塔架与偏航轴承之间，制动器一般采用液压驱动的钳式制动器，均匀布置在制动盘的四周。

偏航传感器 用于感知和记录偏航位移。位移一般以当地北向为基准。传感器的位移记录随时反馈至控制系统，由控制系统做出判断后发出偏航指令。

偏航传感器有两种类型。一种是机械式偏航传感器，有一套齿轮计数系统，通过齿轮位移判断偏航位置。另一种是电子传感装置，通过脉冲检测，识别并计量机舱在每个方向上转过的净齿数来判断偏航位置。

扭缆保护装置 是安全链触发开关之一，由控制开关和触点机构构成。控制开关一般安装在塔架内壁的支架上，触点机构一般安装在悬垂的电缆上。当悬垂的电缆扭绞到一定程度后，触点机构被提升或被松开而触发控制开关，安全链被触发引起紧急停机。

qingneng

氢能 (hydrogen energy) 通过氢气和氧气反应所产生的能量，氢能是氢的化学能。

氢位于元素周期表之首，它的原子序数为 1，在常温常压下为气态，在超低温、高压下又可成为液态或固态，能适应储运及各种应用环境的不同要求。氢在地球上主要以化合物的形态储存于水中，是宇宙中分布最广泛的物质，构成了宇宙质量的 75%，因此氢能被称为人类的终极能源。由于氢气必须从水、化石燃料等含氢的物质中提取制得，因此，氢能属于二次能源。

二次能源是联系一次能源和能源用户的中间纽带。二次能源又可分为过程性能源和含能体能源。过程性能源应用最广的是电能；含能体能源应用最广的是柴油、汽油。作为二次能源的电能，可从各种一次能源中生产出来，煤炭、石油、天然气、太阳能、风能、水力、潮汐能、地热能、核燃料等均可直接生产电能。而作为二次能源的汽油和柴油等则不然，生产它们几乎完全依靠化石燃料。随着化石燃料耗量的增加，其储量日益减少，终有一天这些资源将要枯竭，这就迫切需要寻找一种不依赖化石燃料的、储量丰富的新的含能体能源。氢能正是一种在常规能源危机时人们期待的新的二次能源。

氢如同汽油和天然气一样，易燃性强，空气环境下含量达到 4%～96%均可燃烧。氢的燃烧效率非常高，只要在汽油中加入 4% 的氢气，就可使内燃机节油 40%，因此可作为燃料使用。氢氧结合的燃烧产物是最干净的物质——水。水是氢的大“仓库”，如把海水中的氢全部提取出来，将是地球上所有化石燃料热量的 9000 倍。氢能被誉为零排放燃料，其燃烧生成的水可进行收集或直接以水汽形式排入大气，燃烧生成的水与制氢所消耗的水量相等，对于水资源实现了有效保护。

特点　氢能具有重量轻、导热性好、发热量高、燃烧性好、无毒、利用形式多等特点。

(1) 重量轻。所有元素中，氢重量最轻。在标准状态下，它的密度为 0.0899g/L；在 −252.7℃时，可成为液体，若将压力增大到数百个大气压，液氢就可变为固体氢。

(2) 导热性好。所有气体中，氢气的导热性最好，比大多数气体的导热系数高出 10 倍，因此在能源工业中氢是极好的传热载体。

(3) 发热量高。除核燃料外，氢的发热量是所有化石燃料、化工燃料和生物燃料中最高的，为 142.351MJ/kg。每千克氢燃烧后的热量，约为汽油的 3 倍，酒精的 3.9 倍，焦炭的 4.5 倍。燃烧的产物是水，是世界上最洁净的资源。

(4) 燃烧性好。氢燃烧性能好，点燃快，与空气混合时有广泛的可燃范围，而且燃点高，燃烧速度快。

(5) 无毒。氢本身无毒，与其他燃料相比，氢燃烧时最清洁，除生成水和少量氨气外不会产生诸如一氧化碳、二氧化碳、碳氢化合物、铅化物和粉尘颗粒等对环境有害的污染物质，少量的氨气经过适当处理也不会污染环境，而且燃烧生成的水还可继续制氢，循环使用。

(6) 氢能利用形式多，既可以通过燃烧产生热能，在热力发动机中产生机械功，又可以作为能源材料用于燃料电池发电，或转换成固态氢用作结构材料。用氢代替煤和石油，不需对现有的技术装备做重大的改造，在内燃机上稍加改装即可使用。

工业制氢　工业上生产氢的方式很多，常见的有水电解制氢、煤炭气化制氢、重油及天然气水蒸气催化转化制氢等。高效率制氢的基本途径是利用太阳能。利用太阳能分解水制氢的方法主要有光热化学制氢、光催化制氢、人工光合作用制氢等（见可再生能源制氢）。

液氢已广泛用作航天动力的燃料，但氢能的大规模的商业应用还有待解决经济和安全两大关键技术问题。

(1) 制氢技术的经济性问题。因为氢是一种二次能源，它的制取不但需要消耗大量的能量，而且制氢效率很低，因此寻求大规模的廉价的制氢技术是各国科学家共同关心的问题。

(2) 制氢技术的安全性问题。由于氢本身易气化、着火、爆炸，因此如何妥善解决储氢和运输问题也就成为了开发氢能的关键。

qingneng fadian

氢能发电 (hydrogen electric generation) 用氢作为燃料发电。氢能是 21 世纪人类最理想的能源之一。制氢的原料是水，其燃烧的产物也是水，因此氢的原料用之不竭，也无环境污染问题。氢的单位质量热值高，密度小，管道运输经济。它的转化性也好，可以从化工副产品，以及太阳能、风能、生物质能等可再生能源转化而得（见可再生能源制氢）。用氢能发电，有噪声小、效率高、起动快等优点。常见的氢能发电方法有利用燃料电池发电、氢直接产生蒸汽发电和氢直接作为燃料发电。

燃料电池 (fuel cell)　将存在于燃料与氧化剂中的化学能通过电化学反应转化成电能的化学电源。这种发电方式，没有机械传动部件，没有振动，基本没有污染，排放物中只有极少量的氧化氮，而且以纯氢为燃料的发电效率最高。燃料电池的发电效率在各种发电方法中也是最高的（见图）。它与其他化学电池如一次电池（干电池）、二

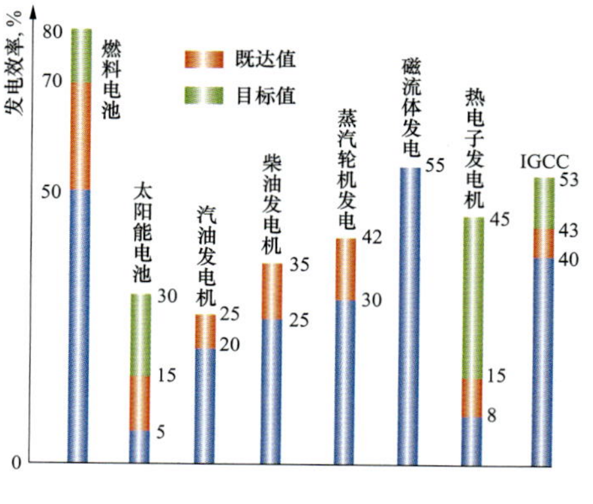

各种发电方式的发电效率比较

次电池（各种可充电电池）不同，只要连续向其供给活性物质——燃料或氧化剂，即氢和氧（空气），就能连续发电，发电效率可达 65%～70%。

燃料电池可作为便携式电源、备用电源、流动电站和分布式热电联供电站。氢燃料电池也可以用作电动汽车的动力源。截至 2012 年底，全世界燃料电池销售数量已达 8 万台，发电容量达 170MW。进一步降低燃料电池的成本，是科学界和产业界的共同目标。

氢直接产生蒸汽发电　在德国宇航中心试验室，正在发展一种直接燃烧氢并生成蒸汽的发电方法。这是一种紧凑、高效、无污染的产生蒸汽的新装置，它以按化学比例配合的氢与氧的直接燃烧（最高温度可达 2800℃），再加水稀释，以增加热质的流量，并可适当降低温度，使之适合汽轮机的要求。这种发电方法也是很有发展前途的。

氢直接作为燃料发电　在普通内燃机中以氢为燃料，可使内燃机直接带动发电机发电。这种发电装置的功率一般不超过几十千瓦级。这种发电方式没有转换为蒸汽的环节，不需要复杂的蒸汽锅炉系统，具有系统简单、维修方便、起动迅速、即开即停的特点，可用作应急电源、临时电源。其可分为全氢燃料内燃机发电，或在汽（柴）油中加 5%（质量分数）氢作为燃料开动内燃机发电。后一种方式，可节省汽（柴）油 25%～30%，总功率可提高 14%。在氢资源有保证且条件允许的情况下，用氢直接作为燃料也是一种很好的发电方法。

ranliao dianchi

燃料电池 (fuel cell) 连续地将燃料的化学能直接转变为电能的化学电源。燃料电池主要由正极（又称电池阴极，空气极）、负极（又称电池阳极，燃料极）和电解质组成。正、负电极多采用以贵金属作催化剂的气体扩散电极。负极活性物质，即燃料，有气态的（如氢、氨气、一氧化碳及碳氢化合物等）、有液态的（如肼、甲醇、高阶碳氢化合物和液态金属等）。正极活性物质，即氧化剂，常用氧、空气、过氧化氢等。电解质为酸或碱的水溶液、熔融盐或为固体氧化物及聚合物。按采用的电解质和工作温度的不同，可分为5种，见表。

燃料电池的分类

分类 / 项目	低温燃料电池（60～120℃）		中温燃料电池（160～220℃）	高温燃料电池（600～1000℃）	
	碱性燃料电池（AFC）	质子交换膜或聚合物电解质燃料电池（PEMFC）	磷酸燃料电池（PAFC）	熔融碳酸盐燃料电池（MCFC）	固体氧化物燃料电池（SOFC）
电解质	氢氧化钾溶液	质子可渗透膜	磷酸	锂和碳酸钾	固体电解质（锆石氧化物）
燃料	纯氢	氢、甲醇、天然气	天然气、氢气、甲醇	天然气、煤气、沼气	天然气、煤气、沼气
氧化剂	纯氧	大气中的氧气	大气中的氧气	大气中的氧气	大气中的氧气
转换效率	60%～80%	43%～58%	43%～58%	50%	50%～65%

燃料电池一般有转换效率高（理论转换效率为100%，实际可达80%）、污染小、电流密度高（已达4000mA/cm^2）、寿命长（已达40 000h）、噪声低等优点，可制成无声、可靠、不需维护的电源。

原理　与其他电池不同，燃料电池的正、负电极本身不包含活性物质，只是催化和集流的转换元件。电极接触电解质溶液的层面完全被电解液浸透，接触气体的层面则被气体所充满，在电极内部形成气体、液体、固体电极之间的三相界面，正是在这一界面附近进行着电化学反应。正、负极活性物质，即氧化剂和燃料，是由外部源源不断地输入到电池的正、负电极上，进行电催化反应，产生电能。

碱性氢-氧燃料电池的电化学式可表示为

$$\ominus H_2(Ni)|KOH\ 30\%|O_2(Ni)\oplus$$

其原理见图。电池放电时，负、正极反应为

负极　$2H_2+4OH^- \longrightarrow 4H_2O+4e$

正极　$O_2+4e+2H_2O \longrightarrow 4OH^-$

总反应　$2H_2+O_2 \longrightarrow 2H_2O$＋电能＋热能

为将燃料和氧化剂不断地输送给燃料电池，需要有燃料和氧化剂的供给系统。为将反应产生的水和热及时从电池中排出，需要有排水系统、排热系统及控制等辅助系统。

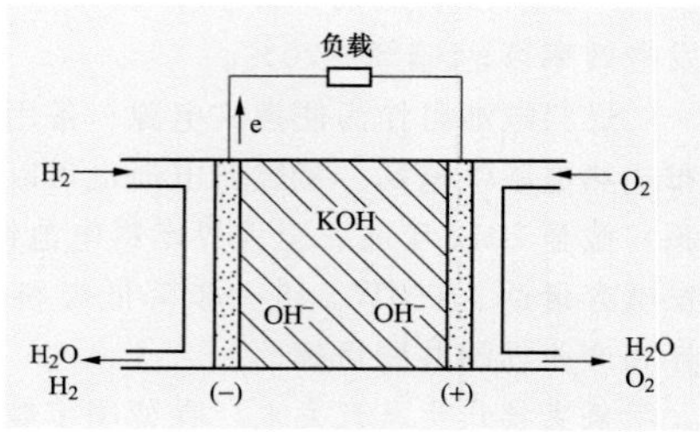

氢-氧燃料电池原理示意图

发展简史　1839年，英国人W.R.格罗夫（William Robert Grove，1811—1896）发表了在电池中氢的氧化反应产生能量的报告，3年后开发了由氢-氧电池组成的电池组。这种电池采用了价格昂贵的铂电极，没有得到推广。20世纪30年代，英国人F.T.培根（Francis Thomas Bacon）研究过中温氢-氧燃料电池。改进的培根电池于1965年成功地应用于美国阿波罗宇宙飞船上。中国自20世纪60年代末开始研究燃料电池，70年代组装了10kW、20kW以NH_3分解气为燃料的碱性氢-氧燃料电池组，80年代研制成功千瓦级水下用燃料电池，90年代开始研究质子交换膜燃料电池（PEMFC），熔融碳酸盐燃料电池（MCFC）和固体氧化物燃料电池（SOFC），并已组装成单体电池。燃料电池正朝着地面用燃料电池实用化和空间、深海用燃料电池的改进和提高方向发展。

用途　在军事领域，由于具有高效、寿命长及工作过程安静等优点，质子交换膜燃料电池用途广泛，从战场的移动手提装备到海陆运输均有应用；在电子产品电源领域，直接使用甲醇的燃料电池具有令人乐观的前景，已有试验性产品；由于使用大量稀贵金属，碱性氢-氧燃料电池成本高昂，主要用于航天等高端领域；在电动汽车领域，利用质子交换膜燃料电池提供动力的车辆已经实现商品化；在固定应用场合，磷酸型燃料电池用于为医院、学校和小型电站提供动力，美国、日本和德国有使用质子交换膜燃料电池为家庭提供能源的应用。

参考书目

肖钢．燃料电池技术．北京：电子工业出版社，2009.

ranliao minhua taiyangneng dianchi

染料敏化太阳能电池 (dye-sensitized solar cell，DSC) 借助染料光敏化剂作为吸收层材料将太阳辐射能转化为电能的一种新型太阳能电池，其光电转化过程类似于绿色植物光合作用。截至2011年，小面积（0.219cm^2）染料敏化太阳能电池的光电转换效率为11.2%，而小组件（17.11cm^2）染料敏化太阳能电池的光电转换效率为 9.9%。

工作原理 染料分子吸收太阳光后从基态跃迁到激发态，激发态染料的电子迅速注入如多孔二氧化钛薄膜的纳米半导体导带中，随后扩散至导电基底，经外回路转移至反电极（对电极），处于氧化态的染料被还原态的电解质还原再生，氧化态的电解质在对电极接受电子被还原，从而完成了电子输运的循环过程。

基本结构 主要由纳米多孔半导体薄膜、染料光敏化剂、氧化还原电解质层、对电极和导电基底材料（透明导电电极）等组成，如图所示。纳米多孔半导体薄膜通常为金属氧化物，如二氧化钛、二氧化锡、氧化锌等，聚集在有透明导电膜的玻璃板上作为负极，其作用主要是吸附染料光敏化剂，并将激发态染料注入的电子传输到导电基底。染料光敏化剂吸附在纳米多孔半导体膜面上，其作用是吸收太阳光，主要材料有光敏性能良好的多吡啶钌配合物。正负极间填充的是含有氧化还原电对的电解质，染料敏化太阳能电池的电解质可分为液态电解质、固体电解质和准固态电解质三大类，其中液态电解质制造的电池性能优于固态电解和准固态电解质。对电极又称光阴极或反电极，通常是带有透明导电膜的玻璃上镀上铂或碳等材料，其作用是收集从光阳极经外电路传输过来的电子并将电子传输给电解质。导电基底材料分为光阳极和光阴极（或称反电极），光阳极和光阴极基底中至少要有一种是透明的，其作用是收集和传输从光阳极传输过来的电子，并通过外回路传输到光阴极并将电子提供给电解质中。

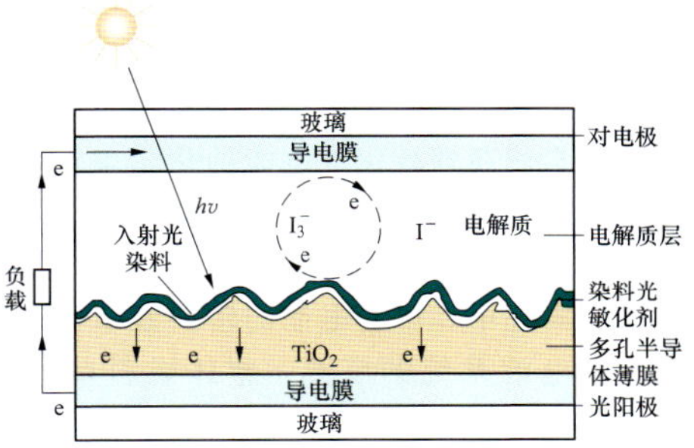

染料敏化太阳能电池结构图

技术特点 染料敏化太阳能电池的光吸收靠吸附在纳米半导体表面的染料完成，半导体仅起到电荷分离和传输载体的作用，其载流子不是由半导体产生而是由染料产生。该电池的主要优势是原材料丰富、成本低、工艺技术相对简单，所有原材料和生产工艺都是无毒、无污染的，部分材料可以得到回收再利用。

rechuceng

热储层

（thermal reservoir） 地热流体相对富集，具有一定的渗透性，并含载热流体的岩层或岩体破碎带，又称地热储或热储。它能通过地热流体的对流、富集来储存地热能。热储层分为孔隙热储和裂隙热储两种。砂层、砂卵砾石层、胶结较差的砂岩、砾岩等属于孔隙热储；火成岩、变质岩、碳酸盐岩和致密砂岩、砾岩属于裂隙热储。

retou

热头

（thermal head） 接收汇聚的太阳辐射并将其转化为热能的部件，也称吸热器（receiver），用在碟式太阳能热发电系统中。热头内的传热工质将热量传递至斯特林机或者布雷顿机。

分类 主要包括管式热头、热管式热头、盐池式热头等。

管式热头 采用多根金属管作为吸热面的热头，见图。太阳光将金属管加热，斯特林机/布雷顿机循环工质氢气、氦气从金属管内吸收热量，并传递给斯特林机/布雷顿机。这种方式的缺点是由于入射能流密度分布不均匀，容易导致热头局部烧蚀，另外，传热工质出口温度也不稳定。

管式热头

热管式热头 使用多根高温热管作为吸热面的热头。热管内的工质会在毛细力的作用下在热管的蒸发端和冷凝端之间循环。热管的蒸发端向聚光器，传热工质在此吸收太阳能转化为热能；冷凝端连接斯特林机/布雷顿机，放热给斯特林机/布雷顿机的工质。热管多采用熔融盐作为传热工质。热管式热头不易发生烧蚀。

盐池式热头 采用单个盐池作为吸热面，盐池内存有高汽化温度的熔融盐。热头在向聚光器的一端将熔融盐加热汽化，从而将太阳能通过熔融盐的汽化潜热转化为热能。汽化的熔融盐在热头的冷凝端冷凝将潜热释放给斯特林机/布雷顿机内的气体工质，将工质加热膨胀。盐池式吸热器具有热头温度均匀的优点，而且有一定的潜热储热能力。

发展状况 热头必须与斯特林机或者布雷顿机一起使用，通常商业斯特林机或者布雷顿机都带有热头，因此，热头与斯特林和布雷顿机同时起源。截至 2013 年底大部分太阳能碟式热发电示范系统采用的是管式热头。热管式热头需要对高温热管的吸液芯进行研发，技术还不成熟。盐池式热头也在试验示范阶段。由于太阳能碟式热发电系统没有储热的功能，既适用太阳能作为热源也可以使用燃气作为热源的新型混合热头正在研究和试验中。

Riben haiyangneng fadian jishu

日本海洋能发电技术

（marine power generation technology in Japan） 日本海域的海洋能资源不是很丰富，但日本于 20 世纪 70 年代初就开始了海洋能发电技术的研究，在波浪能、潮流能和温差能发电技术开发和装置研制方面均开展了大量研究工作，成果卓著。

波浪发电 日本海洋科学技术中心（JAMSTEC）牵头建造的“海明”号波浪发电船（见图 1）由 13 个振荡水柱气室组成，1978～1979 年完成了第一期海上试验，对三种不同形式的波浪发电机组进行了对比试验。之后，为提高发电效率，减小了机组体积和质量并改进了海底输电和锚泊系统，于

图 1 日本“海明”号波浪发电船

1985～1986 年进行了第二期海上试验。根据海上运行结果评价波浪发电的经济性，结果表明系统发电效率低于 6.5%。为了克服"海明"号的缺陷，日本海洋科学技术中心于 1987 年开始研制"巨鲸"号（Mighty Whale）波浪发电装置（见图 2）。该装置为漂浮式、振荡水柱式发电装置，长 50m、宽 30m、型深 12m，装置为前开口结构，具有 3 个气室，采用 8 叶片威尔士（Wells）空气透平叶轮，总装机容量 120kW。1997 年，在日本南势镇（Nansei）下水，安装于离岸 1.5km、水深 40m 的海域，1998 年 9 月开始进行持续两年的实海况试验。试验表明，装置各部分工作正常，最大发电效率为 12%。

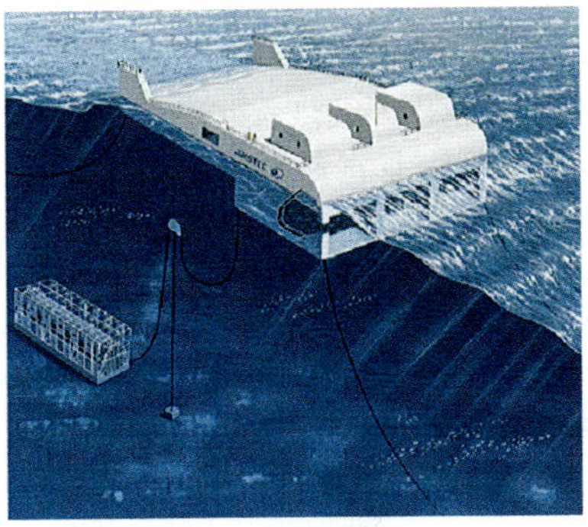

图 2 "巨鲸"号波浪发电装置效果图

日本海洋科学技术中心联合三井造船公司和富士电力于 1983 年在日本西北海岸鹤冈市的三濑建成 40kW 岸式波浪电站并进行发电试验。电站采用振荡水柱式方案，建在凹形的岩岸上，气室宽 8.1m、深 5m，卧式发电机组两端各装一直径为 1.34m 的对称透平。该电站年平均输出功率 11.3kW，总发电效率约 11%。

日本室兰工业大学于 1983 年在北海道室兰附近的内浦湾建造了一座装机容量为 5kW 的摆式波浪试验电站。摆板适合波浪大推力和低频特性，两台单向液力泵驱动发电机并吸取全周期的波浪能。试验电站的摆宽 2m，最大摆角 ±30°。波高 1.5m、周期 4s 时的正常输出约 5kW，总效率约 40%。

潮流发电　日本九州大学和日本大学自 1980 年代开始垂直轴潮流能水轮机研究，并开展了小型装置海上试验。2012 年 3 月，日本九州工业大学研制的垂直轴潮流装置安装在北九州市 Kanmon 海峡开展实海况发电试验（见图 3），装置高 4.5m、宽 3m，安装水深 1.5～3.6m，最大流速 1.3m。此外，日本 IHI 公司和东京大学也在联合开展水中浮游式潮流发电系统技术的研究工作。

图 3 日本九州工业大学研制的垂直轴潮流发电装置

海洋温差发电　1981 年，日本电力公司（TEPCO）在瑙鲁共和国建造了一座岸基式、闭式循环温差能电站并投入运行，电站装机 120kW，净输出功率为 30kW。1982 年，日本在鹿儿岛县的德之岛建成了 50kW 的温差试验电站，试验运行至 1994 年 8 月为止（见德之岛海洋温差试验电站）。1985 年，日本佐贺大学建成闭式循环 75kW 实验设施，并得到 35kW 净输出功率。1994 年日本佐贺大学建成应用新型闭式循环——上原（Uehara）循环进行海洋温差发电的试验设施，装机容量 9kW，同时进行了海水淡化方面的研究。（见闭式循环海洋热能转换系统）

1997 年，日本佐贺大学与印度国家海洋技术研究所签订协议，共同研究印度洋的海洋温差发电技术，开发商业规模海洋温差发电系统。1999 年，世界上第一套 1MW 海洋温差发电实验装置在印度东南部海上成功运转。2003 年佐贺大学海洋能源研究中心新建了实验附属设施，使用 30kW 温差发电设施进行实验。

rongrong tansuanyan ranliao dianchi

熔融碳酸盐燃料电池　（molten carbonate fuel cell，MCFC）　一种在中高温下直接将储存在燃料和氧化剂中的化学能高效转化成电能的化学电源，也是一种电解质是熔融碳酸盐混合物的中高温（约 650℃）燃料电池。该熔融碳酸盐混合物悬浮在多孔的 β-氧化铝固体电解质的化学惰性陶瓷中。燃料电池的转换效率接近 60%，如果回收和使用电池系统的废热，整体燃料电池的利用效率可高达 85%。

熔融碳酸盐燃料电池工作温度高，与碱性燃料电池、磷酸燃料电池和质子交换膜燃料电池不同的是，它利用自热反应重整技术，将天然气等富氢燃料气转化成氢，大大降低了设备投资，节约了成本。

熔融碳酸盐燃料电池基本组成与磷酸燃料电池相同，由燃料极、空气极、电解质隔膜和双极板组装构成。隔膜可以浸渍电解质，并随着气体的引入使碳酸根离子迁移，同时还具有防止燃料气和氧气混合的功能。端板外部与隔膜直接接触，熔融碳酸盐电解质存在于隔膜中间并构成电路。

电池发电系统需数百伏电压，通常把多片单电池串联层压起来获得高的输出电压，多片单电池并联来获得高的输出电流。这种多片单电池的串联或并联的组合，也称作电堆。

工作原理　在阳极（燃料极），当燃料为氢气时，其与电解质中的碳酸根离子（CO_3^{2-}）反应生成水、二氧化碳和电子。生成的电子通过外部电路送往阴极（空气极）。空气极的氧气、二氧化碳和电子发生反应，生成碳酸根离子。碳酸根离子在电解质中向燃料极扩散。空气极需要供应氧气的同时也需要供应二氧化碳，这一点与其他的燃料电池有所不同。

燃料极：$H_2+CO_3^{2-} \longrightarrow H_2O+CO_2+2e$

空气极：$\frac{1}{2}O_2+CO_2+2e \longrightarrow CO_3^{2-}$

总反应：$H_2+\frac{1}{2}O_2 \longrightarrow H_2O$

特点　主要包括：①工作温度较高，电极反应快，不需要铂等昂贵的贵金属催化剂；②系统排出的气体温度很高，利用价值大，既可以直接驱动燃气轮机构成高效的发电系统，也可以利用回收的热进行余热发电；③除氢气作为燃料气使用以外，还可使用一氧化碳、天然气、沼气等；④可利用燃料电池内部产生的热量和蒸汽进行燃料重整，实现系统简化，降低电池冷却所需动力。

电池材料　主要为电解质隔膜、燃料极、空气极和双极板所用材料，其典型的结构材料见表。

熔融碳酸盐燃料电池典型的结构材料

电解质隔膜	γ-$LiAlO_2$＋摩尔分数 60％ Li_2CO_3－摩尔分数 40％ Na_2CO_3，厚度 0.5～1mm，碳酸盐体积分数 55％
空气极	NiO，厚度 0.4mm，气孔率 60％，平均孔径 7μm
燃料极	Ni-Cr，Ni-Al，厚度 0.8mm，气孔率 70％，平均孔径 5μm
双极板	SUS 316/Ni，SUS310/Ni，厚度 1.5mm

(1) 电解质隔膜。由隔膜和电解质构成，一般采用分散电解质（通常是锂、钾、钠的碳酸盐）到溶剂中，加入添加剂（γ-$LiAlO_2$等）进行搅拌、流延、成型、干燥、烧结的方法制备。电解质隔膜需要具备充足的润湿性和使反应顺利进行的活性。它是碳酸盐电解质的载体，为 CO_3^{2-} 离子运动提供通道，浸满熔盐后能够隔断气体，并在电池工作时保证电解质不流失，且保证燃料极与空气极的分离。隔膜中的毛细管起着保持碳酸盐电解质作用，浸入隔膜孔内的电解质起着离子传导作用。

为保持高温下的机械强度和稳定性，也有用 α-$LiAlO_2$ 或混合的氧化铝纤维（Al_2O_3）及氧化铝粗粒子做电解质隔膜的，但 $LiAlO_2$的吸湿性很高，需要控制湿度和温度。

(2) 燃料极。具有电化学催化活性，能够在高温工作条件下稳定存在。它不仅需要对燃料气体和电极反应生成的水蒸气及二氧化碳具有耐腐蚀性，而且对燃料气体气雾下的熔融碳酸盐也要有耐腐蚀性。使用的材料为镍微粒烧结的多孔质隔膜，在其中添加铬和铝等物质，以提高燃料极高温环境中的抗蠕变力。

(3) 空气极。要求具有电子传导率高、结构强度高、在酸性熔融碳酸盐电解质中具有低的溶解度的特性。电极材料采用金属氧化物，通常由锂-镍氧化物组成。将镍粒子氧化成多孔质体氧化镍。虽然氧化镍没有导电性，但由于熔融碳酸盐中的锂离子的理化作用而赋予了导电性。

(4) 双极板。熔融碳酸盐燃料电池中具有分离各种气体功能的板材。其材料是镍-不锈钢的复合钢。流道是由复合钢冲压成型，或采用平板钢与复合钢通过延压成波板而成，即使在 600～700℃的高温下，对在燃料气体、氧化剂气体环境中的熔融碳酸盐也有耐腐蚀性、高导电性和机械强度高的特点。双极板要确保单电池间的电流联结，并向各个电极供应燃料气和氧化剂气体。

应用　熔融碳酸盐燃料电池工作时会产生大量的热量，利用这些热量可产生高压蒸汽用于工业和商业。由于工作温度较高，作为燃料的天然气能够发生内重整，不需要额外增加燃料处理器，因此大多数熔融碳酸盐燃料电池应用于大型电厂中。图为熔融碳酸盐燃料电池与燃气轮机联合发电系统，熔融碳酸盐燃料电池电堆、重整器、燃料气预热等组合成发电模块，空气经过燃气轮机被加热进入到空气极，并采用锅炉回收余热。

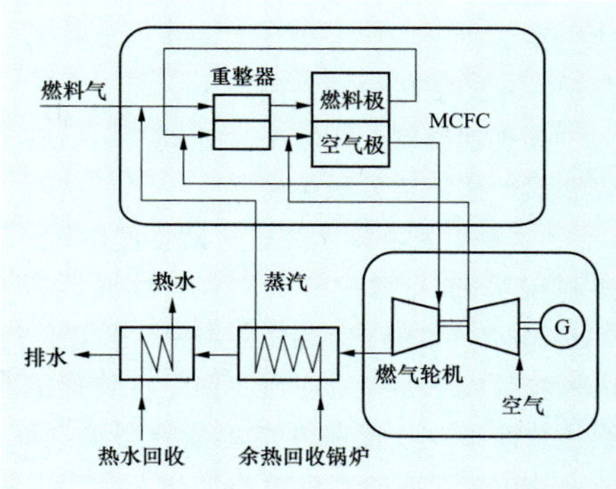

熔融碳酸盐燃料电池与燃气轮机联合发电系统

工作温度高的熔融碳酸盐燃料电池需要大量时间达到运行条件来满足电力需求，这些特点使熔融碳酸盐燃料电池更适用于恒功率发电系统。利用发电产生的余热与蒸汽涡轮机联合发电效率高达 65％。美国燃料电池制造商开发和销售的 300kW～2.8MW 系列熔融碳酸盐燃料电池，实现了 47％的电气效率，如采用热电联产技术，还可以获得更高的系统效率。

2005 年，欧盟资助称之为 MC WAP 的项目，把熔融碳酸盐燃料电池作为船舶的备用电源。熔融碳酸盐燃料电池发电系统由燃料处理器模块和燃料电池模块组成。使用富氢气体，并与微型燃气轮机、空气压缩机联合使用，系统功率约 250kW，减少了船用柴油的用量，从而减少了温室气体的排放。此外，熔融碳酸盐燃料电池的移动部件较少，能够降低整体的船舶振动，为乘客提供更舒适的旅程。

2006 年，德国企业在汉诺威工业博览会上展出的熔融碳酸盐燃料电池质量为 2t，可以燃用包括沼气在内的燃气，能够产生 240kW 的电力。如果采用天然气为燃料，排气所含二氧化碳将减少 50％，且该装置可用于热电联产。

熔融碳酸盐燃料电池的主要缺点是耐久性不够高。电池在高温下运行和使用的腐蚀性电解液，加速了组件故障和腐蚀，减少了电池寿命。科学家正在开发耐腐蚀材料、组件，并优化燃料电池设计，在不降低性能的情况下，增加电池的寿命。

简史　20 世纪 30 年代，瑞士科学家埃米尔·鲍尔和普里斯研究了高温固体氧化物电解质和适用于熔融碳酸盐的高温设备，20 世纪 50 年代末，实际演示了熔融碳酸盐燃料电池样机。20 世纪后期，荷兰科学家 Broers 和 Ketelaar 用熔融碳酸盐作为电解质并进行了大量研究，1960 年，他们报道了第一个熔融碳酸盐燃料电池的原型样机。20 世纪 60 年代中期，美国陆军移动设备研究与发展中心研究出 100～1000W 的熔融碳酸盐燃料电池。20 世纪 90 年代初日本的公司曾宣布：1kW 熔融碳酸盐燃料电池可连续工作 1 万 h。

rouxing bolang fadian zhuangzhi

柔性波浪发电装置　(flexible wave generation device)　波浪能俘获系统由柔性材料制成，波浪作用在柔性体上，导致柔性体内部的液体或气体运动，驱动能量转换系统发电的装置。

组成 由柔性体波浪能俘获系统和能量转换系统组成。波浪流动使柔性体发生体积变化，导致柔性体内的气体或水流动，驱动能量转换系统发电。

代表性装置 主要有“水蟒”（Anaconda）波浪发电装置和柔性袋波浪发电装置。

“水蟒”波浪发电装置 该装置是英国科学家弗朗西斯·法利和罗德·雷尼于2008年共同发明的，并为它取名“Anaconda（水蟒）”，如图1所示。装置长约182m、宽约6m，由橡胶制成。工作原理为：首先将装置锚系在海床上，使橡胶管顺浪布置，管道内充适量的海水，每当有波浪经过时，波前处橡胶管内的水受波浪作用，会产生一个膨胀波。该膨胀波的速度取决于橡胶管材料的周向弹性刚度以及管的周长。当膨胀波的速度与波速一致时，膨胀波会被增强，波浪能被膨胀波所吸收；反之，膨胀波的速度与波速不一致时，膨胀波在波前时增大波后时减小。随着波浪的运动，膨胀波抵达尾部，冲击水轮发电机组发电，并通过海底电缆传输上岸。

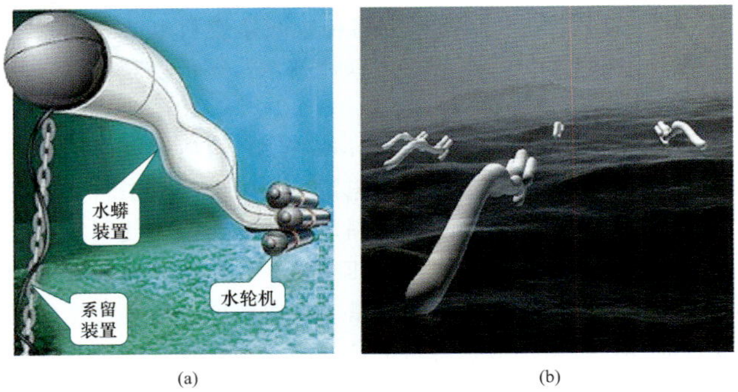

图1 “水蟒”波浪发电装置

（a）结构图；（b）示意图

柔性袋波浪发电装置 由英国兰卡斯特大学提出。该装置由顺浪布置的长梁，沿长梁布置的两条气管、两条压载水箱组成，见图2。长梁上装若干个柔性袋，每一个柔性袋有两个带有单向阀的出口：通往高压气管的单向阀阻止高压气管中的气体回到柔性袋；通往低压气管的单向阀阻止柔性袋的气体回到低压气管。高压气管和低压气管分别通往空气叶轮的正反两面。在工作时，处于波峰的柔性袋受波浪力作用，压力变大；当柔性袋压力大于高压气管内的压力时，单向阀打开，该柔性袋内的空气流入高压气管。进入高压气管的空气，驱动空气叶轮做功后，进入低压气管。当低压气管的压力大于处于波谷的柔性袋的压力时，单向阀打开，低压气管内的空气流入该柔性袋，见图2（b）。只要有波浪，高压气管和低压气管就会形成压差，空气叶轮就会被驱动旋转，带动发电机发电。

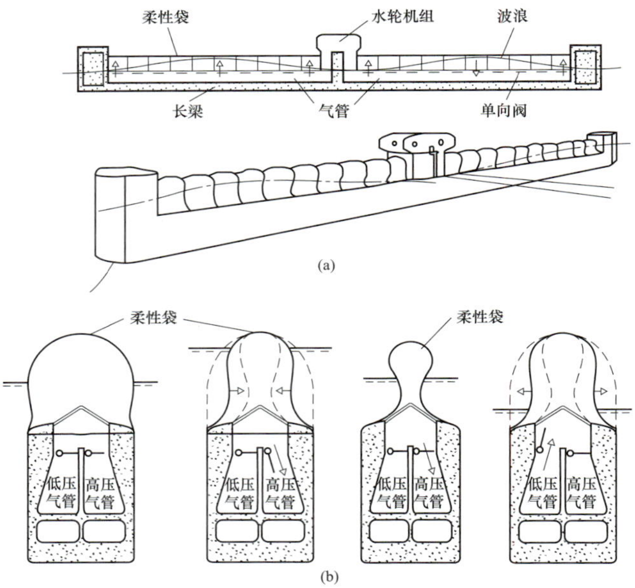

图2 柔性袋波浪发电装置

（a）主视图和三维图；（b）横截面图

Rudong Chaojiandai Fengdianchang

如东潮间带风电场 （Rudong Intertidal Wind Power Plant） 位于江苏省南通市如东环港外滩离岸3～8km的潮间带区域，总装机容量182MW，投资规模约30.9亿元人民币，是中国建成的第一个潮间带风电场，见图。该风电场包括如东32MW（潮间带）试验风电场项目和如东150MW（潮间带）示范风电场项目。其中，如东32MW（潮间带）试验风电场于2009年6月15日开工建设，2010年9月28日全部投产发电；如东150MW潮间带示范风电场于2011年6月21日开工建设，2012年11月23日正式投产发电。如东潮间带风电场全部建成投产后，年上网电量约4.55亿kW·h，电价0.785元/(kW·h)。

江苏如东潮间带风电场

潮间带是在潮汐大潮期的绝对高潮和绝对低潮间露出的海岸。潮间带处于陆地与海洋交接处，涨潮时滩涂被海水淹没，退潮时露出水面，每天两次潮涨潮落，地质、气候和水文条件特殊。在世界上没有成功经验可以借鉴，在工程建设过程中遇到了潮位影响、基础施工、大件运输、设备移位等困难。

江苏如东32MW（潮间带）试验风电场和150MW潮间带示范风电场均位于江淮流域下游，黄海、东海之滨，属温带和亚热带湿润气候区，又位于东亚季风区和热带气旋影响区域，在热带气旋发生的同时，常伴随暴雨、大潮等灾害性天气的发生。场区夏季盛行偏南风，冬季偏北风，年风向分布较分散，主导风向为东南风，主要风能方向分布与风向分布基本一致。

风电场88.5m高度年平均风速为7.25m/s，风功率密度为385W/m^2，70m高度年平均风速为7.11m/s，风功率密度为363W/m^2。白天的风速、风功率密度较大，夜间的风速、风功率密度较小。场区70m高度湍流强度在0.0802～0.0838之间，属于中等偏弱水平；平均风速为15m/s时，湍流强度在0.0660～0.0698之间，低于IEC c类（见风电机组选型）。场区轮毂高度处50年一遇最大风速为31.5m/s，属于IEC Ⅲ类。

两个风电场设计水位为－3.06～3.02m，极端高水位5.13m，极端低水位－4.12m。潮流属规则的半日潮流海区，水域潮流为往复流，最大流速1.89m/s。风电场所在区域滩面高程约为－3m，50年一遇设计波浪中东北向到东北东向波浪最大，极端高程为4.58m，平均高程为2.38m。

风电场位于建筑抗震不利地段。场区20m深范围内土层属中等液化土层，在设计时做了专门的液化抗震设计。场区海水对混凝土结构具有中等腐蚀性，对混凝土结构中钢筋在干湿交替的情况下具有强腐蚀性，在长期浸水情况下具有弱腐蚀性，所以在设计时也相应采取了防腐蚀措施。

如东32MW（潮间带）试验风电场共安装了16台海上风电机组，单机容量分别为6台1.5MW风电机组、6台2.0MW风电机组、2台2.5MW风电机组和2台3.0MW风电机组；如东150MW（潮间带）示范风电场选用了17台3MW风电机组和21台2.38MW风电机组，以及20台2.5MW风电机组。

在建设如东150MW海上（潮间带）示范风电场一期100MW工程时，大规模应用单桩沉桩技术。单管桩基础（见海上风电机组基础）的垂直度控制已由一期工程的平均0.2%以内达到二期工程的平均0.1%以内，单桩沉桩技术（见海上风电场施工）达到世界先进水平。为降低施工成本，采取无过渡段单桩工艺，仅因取消过渡段节省灌浆料一项，每台机组节约成本40多万元。

根据潮间带每天潮水涨落、水位不断变化、有效施工时间零碎的特点，研制了专门用于潮间带风电场施工用浅吃水可坐滩平底驳船，从而填补了世界潮间带风电开发的技术空白；采用了S-800大型液压冲击锤，并定制了敷缆船、起锚艇、吊装船、运输船等二十多艘专用船只，使得海上风电场施工造价降低约25%。

S

SeaGenS chaoliu fadian zhuangzhi

SeaGenS 潮流发电装置 （SeaGenS tidal current generation device） 由英国海流涡轮机公司（Marine Current Turbine Ltd.，简称 MCT 公司）研发的水平轴潮流发电装置。该装置采用桩柱式，水轮发电机组通过支臂固定于桩柱上，水平流动的海水驱动水轮机的叶轮产生机械能，机械能通过发电机转换成电能。

组成 包括水轮机、齿轮箱、发电机、提升装置、水平支臂和桩支撑结构。水轮机由叶片、轮毂、叶片变桨机构和叶轮旋转轴组成，其叶轮的旋转轴与水流的方向平行。水轮机、齿轮箱和发电机安装在水平支臂上，支臂由桩支撑结构支撑，提升装置提升支臂和发电机组。桩支撑结构由桩及桩基础组成。

工作原理及特点 海水驱动水轮机的叶轮转动，叶轮转动经齿轮箱增速后驱动发电机发电。叶轮启动、停车和换向采用变桨距控制，发电机组可提升至海面以上检修维护。

主要技术参数 SeaGenS 潮流发电装置采用钢质三腿单桩柱和水平支臂支撑 2 台 600kW 机组的技术方案，2 叶片叶轮直径 16m，设计额定流速 2.4m/s，叶片变桨距控制，可以旋转 180°，适应双向潮流，适应水深 38m。

发展与应用 英国 MCT 公司是最早从事潮流能研究的机构之一，其技术源自于英国可再生能源公司（IT Power）1994 年在苏格兰科兰海峡（Corran Narrows）水道试验成功的 2 叶片 15kW 水平轴潮流水轮发电机组。该水轮机的铸铝转子直径 3.5m，与齿轮箱和发电机悬挂于锚定的 5m 浮筒上，如图 1 所示。

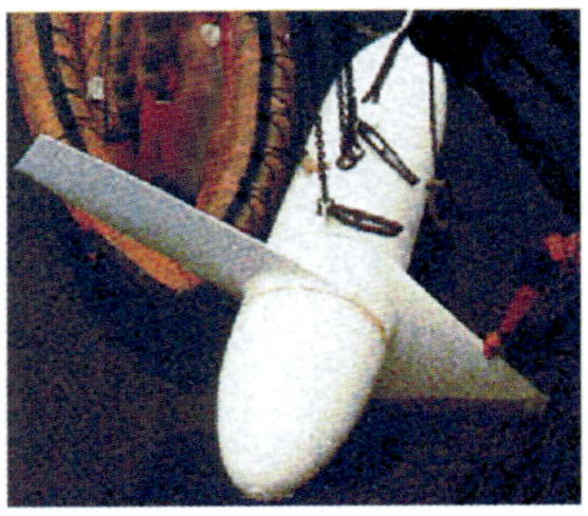

图 1 英国 IT Power 公司 15kW 水平轴潮流水轮发电机组转子

2003 年，MCT 公司的第一台 300kW 水平轴潮流发电装置 SeaFlow 在英国的布里斯托尔（Bristol）海峡测试成功，该装置叶轮直径 11m，2 只叶片固定在轮毂上，不能变桨距，钢质单桩支撑一个可提升和下降的金属框架，框架中安装水轮发电机组，如图 2 所示。由于叶片不能变桨控制，SeaFlow 只能在单向潮流情况下运行发电。

2008 年，SeaFlow 升级版 1.2MW 的 SeaGenS 潮流发电装置在北爱尔兰斯特兰福德湖（Strang-ford Lough）成功并网运行，成为世界上第一台兆瓦级潮流发电装置，如图 3 所示。SeaGenS 潮流发电装置在两个方面进行了技术改进：一是采用一个水平支臂支撑 2 台 600kW 机组的技术方案，叶轮位于立柱两侧以减小立柱的干扰，提高效率；二是采用变桨控制技术，叶片可以旋转 180°，以适应双向潮流。

图 2 300kW SeaFlow 潮流发电装置

截止到 2012 年 5 月，SeaGenS 潮流发电装置经历了 4 年的运行与测试，系统运行状况良好。累计发电量超过 870 万 kW·h。SeaGenS 潮流发电装置被认为是第一座商业化潮流发电装置，每年能够为斯特兰福德湖地区提供 600 万 kW·h 的电量。（见英国海洋能发电技术）

图 3 1.2MW SeaGenS 潮流发电装置水下运行状态

MCT 公司正在开发 2MW 的 SeaGenS MK2 潮流发电装置，它的技术方案与 1.2MW 的 SeaGenS 潮流发电装置相同，叶轮直径扩大至 20m（额定流速 2.5m/s），由于发电机组的质量和负荷加大，其单桩的基础结构形式由三腿支撑改为四腿支撑，主要用于商业化推广。

MCT 公司正在研发适应深水的 3MW SeaGen U 潮流发电装置，如图 4 所示。采用的技术方案是在同一个矩形框架

图 4 3MW SeaGen U 潮流发电装置概念图

结构上安装3台1MW机组，矩形结构由一个坐底基础结构支撑，同时通过一个V形桁架结构铰支于桩基础，与海底固定。矩形结构下方带有三个浮力桶，通过调节浮力使叶轮和发电机升出水面，以便进行保养与维修。计划在加拿大芬迪湾测试。

SES dieshi Sitelin taiyangneng refadian xitong

SES碟式斯特林太阳能热发电系统 (SES dish stirling solar thermal power generation system) 美国斯特林能源系统公司 (Stirling Energy Systems Inc.，SES) 于1996年从 McDonnell Doulgas 公司获得碟式聚光器的知识产权，从瑞典克昆 (Kockums) 公司获得生产斯特林机的授权，然后致力于碟式聚光太阳能热发电技术的商业化。SES公司从2000年开始建立和测试完整的碟式斯特林太阳能热发电系统，25kW单套SES系统测试得到了29.4%的峰值发电效率。

SES碟式斯特林太阳能热发电系统外观

SES碟式斯特林太阳能热发电系统采用平衡配重设计，聚光器的质量与焦点位置斯特林机的质量相平衡。聚光器采用半开式结构，方便维护。聚光器镜面采用了模块化设计，方便现场的安装。

碟式聚光器采用近似旋转抛物面结构，单元反光镜数量82片，反射镜总面积91m²，采光口面积87.7m²，镜面反射率91%，焦距7.45m，光线溢出损失3%，热头表面最大热流密度7500kW/m²，采用开环跟踪控制。电力转换单元参数：热头采光口直径20cm，斯特林机为瑞典克昆公司开发的4缸自由活塞式斯特林机，排气量380mL，转速1800r/min，传热工质为氢气，可变压力输出控制，3相/480V异步发电机。系统额定功率25kW，年平均净效率24.6%，年发电量48 129 kW·h。

Shandong haishang fengdian jidi guihua

山东海上风电基地规划 (wind power base planning of offshore in Shandong) 在综合分析山东沿海风能资源、岸线资源、海域资源的基础上，结合风电场工程建设条件和电网接纳风电的条件，对山东沿海大型风电基地的建设目标、建设时序等进行统筹安排。工作内容见风电基地规划。

资源概况 山东省沿海地区和近海海域风能资源丰富，开发建设海上风电场的资源条件较好。根据山东省气象局对近海风能资源的评估，70m高度风能资源总储量约为2440GW，主要分布在其北部的渤海湾和黄海北部海域。基地规划的潮间带风电场90m高度年平均风速在6.5～7.0m/s之间，近海风电场年平均风速在6.5～7.5m/s之间；风频分布好，年有效风速小时数高；且山东沿海受台风影响少，适合选择高效能风力发电机组；山东沿海港口众多，各规划风电场水陆交通均十分便利；区域地质构造稳定，大部分海上风电场离岸较近（60km以内）、水深较浅（40m以内）、施工建设条件优良。

山东省是中国经济发展相对较快的省份，也是能源消费大省，对电力需求量大。山东省电网网架结构较强，风电本地化接入条件良好；海上风电场分布相对成片集中，不仅海域利用矛盾少，开发建设效率高，而且规划的风电基地靠近负荷中心，可就近接入电网，有利于近海风电场的成片规模化开发和电力消纳。

规划成果 山东省海上风电基地规划海域总面积为3511km²，总装机容量为12.75GW，其中潮间带风电场装机容量700MW，近海海上风电装机容量12.05GW。风电场场址主要分布于山东渤海湾和黄海北部海域，共规划了40个风电场，分6个海上百万千瓦级风电基地，其中渤海湾内分布有鲁北、渤中和莱州湾3个百万千瓦级风电基地，黄海海域也分布有长岛、半岛北基地和半岛南3个百万千瓦级风电基地。根据各规划风电场的前期工作情况和开发建设条件，以百万风电基地建设为主导，分期有序地开发建设。到2015年底，规划全省海上风电装机容量为1000MW；到2020年底，规划全省海上风电装机容量为6000MW；其余项目到2030年底前建成。

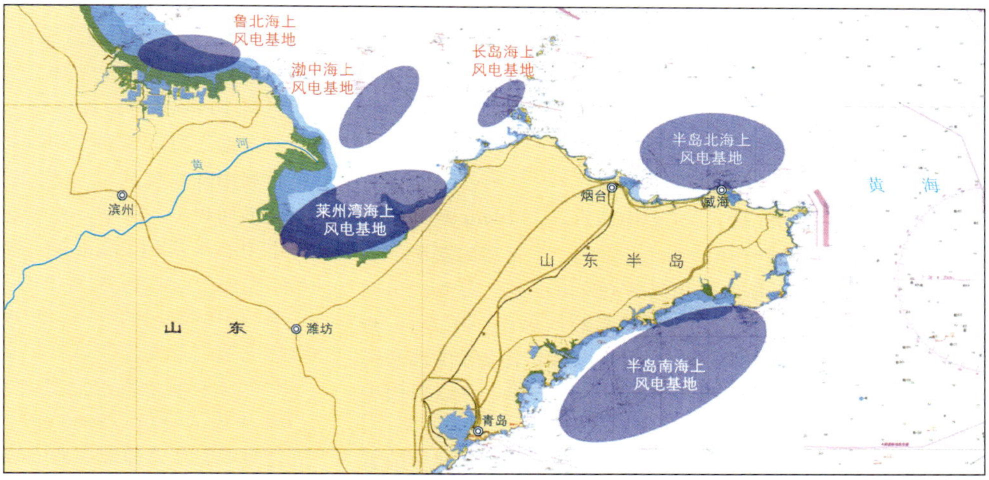

山东海上风电基地地理位置示意

截至2012年底，山东海上风电并网装机容量为3934.2MW。

Shanxian Shengwu Fadianchang

单县生物发电厂 (Shanxian Biomass Power Generation Plant) 位于山东单县经济开发区以燃烧棉花秸

秆为主，同时掺烧桑条、果枝及其他秸秆等的生物质发电厂。发电厂总占地约 11 万 m^2，装机容量 25MW，于 2006 年 12 月 1 日正式并网发电，上网电价为 0.796 元/（kW·h），是第一个投产的国家级生物质发电示范项目。

主要设备　包括 1 台单级抽凝式汽轮发电机组（25MW），1 台 130t/h 高温高压生物质水冷振动炉排锅炉。2007 年该项目全年共运行 8200h，折合等效利用小时数约 7600h，发电量 2.29 亿 kW·h，耗用农林剩余物约 30 万 t。

单县生物发电厂

高温高压生物质水冷振动炉排锅炉设计参数如下：额定蒸发量 130t/h，额定蒸汽温度 540℃，额定蒸汽压力 9.2MPa，额定给水温度 220℃，排烟温度 124℃，冷空气入口温度 35℃，空气预热器出口风温 190℃，锅炉热效率 92%。锅炉对生物质原料有广泛的适应性，可同时燃烧不同品种、高含水率（含水率大于等于 20%，部分生物质燃料含水量可以放宽到 60%）的生物质原料。

该厂每年为当地农民带来约 8000 万元的收入，为当地提供就业岗位约 1000 个，净减少二氧化碳排放 10 万 t 以上，减少二氧化硫排放 1500t，年产草木灰肥料 1 万 t 以上。同时带动了村镇农林剩余物燃料的收集、储存、加工及运输产业，刺激了农业机械行业的产品升级提高。

shanzheng dire fadian xitong

闪蒸地热发电系统　（geothermal power systems using steam flashed from hot brine）　利用闪蒸所产生的蒸汽进入汽轮机工作的地热湿蒸汽发电系统。湿蒸汽田和热水田所提供的地热蒸汽或热水的参数（温度、压力），相对于火力发电厂的参数来说是很低的。为了最大限度地利用地热能量，尤其是湿蒸汽田和热水田的地热能，可以采用多级闪蒸系统发电。

闪蒸地热发电系统比较简单，运行和维护较方便。随着闪蒸级数增加，单位质量工质输出功也增加，即地热水中的能量越得到充分利用。当级数无限多时，理论上可以得到最大的输出功，增益达到了极限。但是，级数增加也将使设备投资增加，系统变得复杂，所以实际采用的闪蒸级数一般不超过三级。地热流体温度高可以级数多些，热水温度较低时就不宜采用二级以上的闪蒸器。

当闪蒸级数确定后，选择各级最佳的闪蒸压力。所谓最佳闪蒸压力，是指能使热水的热能转换成最大的机械能时的压力，也就是能够用最少水量生产 1kW·h 电能的压力。选择最佳闪蒸压力一般可遵循下列步骤：

（1）根据汽轮机的绝对电效率、排汽压力绘制出汽轮机入口饱和蒸汽压力、排汽压力与单位汽耗 d_s[kg/(kW·h)] 的关系曲线。

（2）给定一系列不同的扩容器入口水温，然后计算各种闪蒸压力下每发 1kW·h 电的热水耗量 d_w[kg/(kW·h)]，见式（1）

$$d_w=\frac{d_s}{x(1-\beta)(1-\delta)} \tag{1}$$

式中 d_s 为单位汽耗，根据步骤（1）绘制的曲线查得 β 为电站设备传动装置的单位电耗对发电量的比值，%；δ 为电站设备的单位汽耗对汽轮机进汽量的比值，%；x 为闪蒸汽化率，%。由此可得一簇单位水耗、入口水温、闪蒸压力间的关系曲线。

（3）连接每一根曲线上的最小 d_w 点，可得最佳闪蒸压力与扩容器入口水温的关系曲线。

（4）利用最佳压力水温曲线，根据实际的扩容器入口水温，可查得第一级最佳闪蒸压力。而第一级最佳闪蒸压力下对应的饱和水温就是第二级扩容器入口水温，因此又可利用最佳压力水温曲线查得第二级闪蒸压力的最佳值，余类推。

上述计算步骤，只是从取得最大输出功考虑的，实际设计时还须进行设备投资方面的经济核算，最后确定各级实际采用的最佳闪蒸压力。

见地热湿蒸汽发电。

Shanghai Laogang Laji Tianmaiqi Fadian Xiangmu

上海老港垃圾填埋气发电项目　（Shanghai Old Port Landfill Gas Power Generation Project）　上海老港垃圾综合处理场四期卫生填埋场的发电项目。该填埋气发电项目装机总容量为 15MW。2007 年 1 月破土建设，是截至 2013 年底亚洲地区最大的垃圾填埋气发电厂。该项目采用燃气内燃机发电机组。发电机输出电压 10kV，发电所用燃料 100%来自垃圾填埋气。

根据上海市政府 2009 年 11 月批复的《老港固体废弃物综合利用基地规划》，老港基地面积 15.3km^2，基地建设控制范围面积 14.2km^2，总规划范围为 29.5km^2。基地位于上海市中心东南约 60km 的东海之滨，北邻上海浦东国际机场，南毗上海国际航运中心和临港新城。承担上海市区约 70%的生活垃圾的起吊、短距离运输和约 2000t/d 的城市市政污泥填埋处置任务。

上海老港垃圾综合处理场一、二、三期建于 1985 年，1989 年投入运营。2009 年 4 月起已停止了生活垃圾填埋，进行封场和生态修复工程。四期填埋场位于基地中部，占地约 3.36km^2，2005 年 12 月 12 日正式投入运营。其工程设计处理规模为 4900t/d，填埋垃圾总量 2000 万 t。老港填埋场四期设计库容达 8000 万 t，可使用约 50 年，是国内规模最大的滩涂型填埋场。

上海老港垃圾填埋气发电项目采用分阶段安装机组。2007 年 7 月安装好的 2 台 1250kW DUETZ 燃气内燃机发电机组以孤网模式发电，供老港生活垃圾填埋场使用。到 2008 年底，已减少了填埋场区约 618 万 m^3 可燃易爆填埋气对大气的排放，同时利用填埋气发电 715.1 万 kW·h，取得了良好的社会效益和环境效益。

上海老港垃圾填埋气发电项目已于 2012 年 10 月 10 日正式并网运行。该项目实现 2 台 1250kW DUETZ 燃气内燃机发电机组，2 台 1356kW DUETZ 燃气内燃机发电机组，4 台 1398kW GE 奥地利颜巴赫燃气内燃机发电机组并网发电，装机容量已达 10.8MW。相关的辅机设施包括主厂房、高低压配电间、2 套 5100m^3/h 的预处置设施、110kV 变电站等。2013 年新增 3 台 1398kW GE 颜巴赫机组，总容量达 15MW。达到设计规模后，该发电项目每年可减少填埋场区 8100 余万 m^3 的可燃易爆填埋气体直接向大气中排放，同时向上海电网输送约 1.1 亿 kW·h 的绿色电力，解决约 10 万户居民的日常用电，年电费收入约为 7000 万元。与相同发电量的火电相比，每年节约标准煤约 3.78 万 t。

Shanghai Shiboyuan Guangfu Fadian Xitong

上海世博园光伏发电系统 (Building-attached Photovoltaic Power System of Shanghai World Expo Garden) 分别集中在上海世博园中国馆、世博中心、主题馆及南市电厂建筑上的建筑附加光伏发电系统，总装机容量约 4.6MW。世博中心光伏并网发电系统总装机容量 1.004MW，所发电能升压至 10kV 并入园区市电电网。主题馆屋面光伏系统属于典型的用户侧并网的建筑附加光伏发电系统。

世博中心光伏并网发电系统在世博中心七层屋顶（见图 1）及设备间屋顶应用与屋面相结合的光伏组件，在设备间南立面应用光伏遮阳组件（见图 2）。与屋顶相结合的光伏组件 5344 块，占地面积 7567m^2（包括维修通道等），装机容量 961.92kW；光伏遮阳组件 1110 块，占地面积 881m^2，装机容量 42.18kW。该光伏发电系统总装机容量 1.004MW。主题馆屋顶面积达 60 000m^2，光伏组件通过钢龙骨支撑安装在主题馆的屋面上，安装面积约 30 000m^2。采用普通型多晶硅太阳能电池组件和双面玻璃封装透光型多晶硅太阳能电池组件两种，普通型多晶硅太阳能电池组件峰值功率为 2597kW，双面玻璃封装透光型多晶硅太阳能电池组件峰值功率为 228kW。配置了 1 台 500kV·A 三相逆变器、1 台 250kV·A 三相逆变器、20 台 100kV·A 三相逆变器、2 台 6kV·A 单相逆变器和 5 台 5kV·A 单相逆变器。

图 1 中国上海世博中心光伏屋顶

图 2 中国上海世博中心光伏遮阳组件

世博中心兆瓦级光伏并网发电系统于 2010 年 4 月 20 日正式并网发电，世博会运行期间安全稳定运行，该光伏系统 25 年年均发电量 89.3 万 kW·h，年均节约标准煤 349.9t，年均二氧化碳减排 729t。主题馆光伏发电系统 2009 年 5 月完成全部施工。

shenhuajia taiyangneng dianchi

砷化镓太阳能电池 (GaAs solar cell) 以砷化镓为基体材料的太阳能电池，是一种Ⅲ-Ⅴ族化合物半导体电池。1954 年，韦克尔首次发现了砷化镓有光伏效应，并在玻璃上沉积硫化镉薄膜，制成了第一块薄膜太阳能电池。1970 年，诺贝尔物理奖获得者 Z.I. 阿尔费罗夫（Zhores Ivanovich Alferov）和他的团队在苏联做出第一个砷化镓太阳能电池。1980 年，砷化镓太阳能电池效率达到 22.5%。

技术特点 包括：①光电转换效率高。砷化镓具有直接带隙能带结构，其禁带宽度 $E_g=1.42eV$（300K），相对来说较硅禁带宽，使得它的光谱响应性和空间太阳光谱匹配能力较硅好。②耐高温。砷化镓太阳能电池的耐温性要好于晶体硅太阳能电池，有实验数据表明砷化镓太阳能电池在 250℃的条件下仍可以正常工作，但是硅太阳能电池在 200℃就已经无法正常运行。③具有较强的抗辐射性能。辐照实验结果表明，经过 1MeV 高能电子辐照，即使其剂量达到 $1\times10^{15}cm^{-2}$之后，砷化镓太阳能电池转换效率仍能保持原值的 75%以上，而高效空间硅太阳能电池在受同样辐照的条件下，其转换效率只能保持其原值的 66%。相比于其他类型太阳能电池，砷化镓电池在地面应用中具有的不利因素包括：一是需要采用聚光形式方能得到合理的成本；二是由于镓比较稀缺，而砷有毒，其发展受到影响。

制备方法 制造砷化镓太阳能电池的主要技术有液相外延技术和金属有机化学气相沉积技术以及分子束外延技术，其中金属有机化学气相沉积技术占主导地位。金属有机化学气相沉积技术是在基板上成长半导体薄膜的一种方法，半导体薄膜成长过程中所采用的反应源为金属有机物或金属化合物，非晶形薄膜的成长属沉积类。

shenghuo laji

生活垃圾 (municipal solid waste) 日常生活中或者为日常生活提供服务的活动中产生的各类固体废物。包括城镇居民生活垃圾，商业、服务业垃圾和少量建筑业垃圾等固体废物。垃圾是宝贵的资源，加强垃圾分类收集和回收利用是有效处理和利用垃圾资源的首要措施。垃圾组分不同，处理利用方式也不同。垃圾无害化处理的主要方式是卫生填埋、堆肥和焚烧。

组分特点　生活垃圾是复杂的混合物，其物理组成分类见表1。

表1　生活垃圾的物理组成分类

序号	类别	说　明
1	厨余类	各种动物、植物类食品（包括各种水果）的残余物
2	纸　类	各种废弃的纸张及纸制品
3	橡塑类	各种废弃的塑料、橡胶、皮革制品
4	纺织类	各种废弃的布类（包括化纤布）、棉花等纺织品
5	木竹类	各种废弃的木竹制品及花木
6	灰土类	炉灰、灰砂、尘土等
7	砖瓦陶瓷类	各种废弃的砖、瓦、瓷、石块、水泥块等块状制品
8	玻璃类	各种废弃的玻璃、玻璃制品
9	金属类	各种废弃的金属、金属制品（不包括各种纽扣电池）
10	其　他	各种废弃的电池、油漆、杀虫剂等
11	混合类	粒径小于10mm的、按本表序号1～10分类比较困难的混合物

生活垃圾各组分复杂多样，但总体而言，由于垃圾中可燃组分越来越多，发热量逐渐提高，因此垃圾焚烧发电正逐渐成为垃圾处理的一种主要方式。表2所示为某一生活垃圾各组分含量所占的比例，其热值约为5000kJ/kg。

表2　某一生活垃圾组分分析结果

垃圾组分	厨余	塑料橡胶	纤维	纸类	木竹	不可燃物	全样
质量比例（%）	56.82	13.10	3.86	10.61	7.27	8.34	100.00
干重比例（%）	20.31	7.58	1.98	5.13	3.90	8.26	47.16

垃圾分类　分为可回收利用物和不可回收废弃物。可回收利用物是指通过收集并经回收工厂技术处理后成为洁净可再利用的资源。这些垃圾也称为可回收资源垃圾，如废弃的报刊、图书、打印纸等纸类经技术处理后可重新化为纸浆成为造纸原料，玻璃类回收熔化后可制成新的玻璃制品，厨余类垃圾经生物技术处理，可以生产有机肥料。不可回收废弃物则经过消毒处理后进行填埋或焚烧。实际工作中，须从抛弃源头对垃圾进行细致分类，并分类运输才能达到垃圾资源回收再利用的目的。

资源量　根据中国城市生活垃圾清运量的统计数据，每年产生的垃圾呈逐年上升趋势。2000年中国城市生活垃圾清运量为1.18亿t；2006年达到1.5亿t，增长28.81%，年均复合增长率3.68%，此后趋于稳定。2009年为1.57亿t，全国人均日垃圾产生量约为733g。约50%的生活垃圾可作为垃圾焚烧发电的燃料或垃圾填埋气发电的原料，可替代1200万t标准煤。

处理利用状况　美国生活垃圾中，有机物和纸类物质占到50%以上（2003年纸类至少占35%），处理方法中填埋约占56%，回收30%，焚烧14%。日本由于国土狭小，生活垃圾经分拣处理后以焚烧为主，焚烧比例占垃圾处理总量的70%以上；新加坡、瑞士等人口密度较高的国家都采用以焚烧为主的处理方式，焚烧比例已接近或超过填埋法。按生活垃圾清运量统计分析，2009年中国生活垃圾的填埋、堆肥和焚烧处理的比例分别占56.6%、1.9%（包括综合处理数据）和12.9%。

shengwuzhi fadian

生物质发电　（biomass power generation）　将生物质的化学能变换成电能的技术。发电方式包括农林生物质直燃发电、生物质气化发电、垃圾焚烧发电、沼气发电、垃圾填埋气发电和生物质燃料电池发电。除生物质燃料电池发电是将生物质中的化学能直接转化为电能外，其他生物质发电方式是将生物质中的化学能依次转化为热能、机械能，最后转化为电能。

生物质发电系统　包括生物质能转换装置、动力机械与发电机以及附属装置，生物质发电系统工艺流程如图所示。

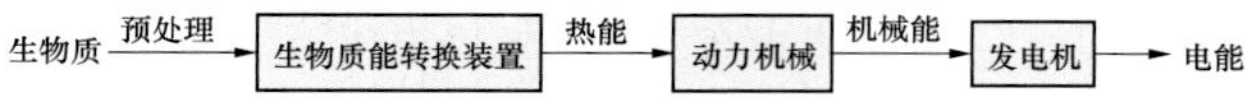

生物质发电系统工艺流程图

（1）生物质能转换装置。实现生物质能向热能转换的装置，不同生物质发电方式的发电系统能量转换装置不同。农林生物质直燃发电中的能量转换装置是生物质锅炉，生物质燃烧产生热能。沼气发电、垃圾填埋气发电、生物质气化发电中的转换装置包括沼气池或发酵罐、生物质气化炉，将生物质转化为沼气、可燃气，再燃烧产生热能。

（2）动力机械与发电机。动力机械是与生物质能转换装置相配套的动力设备。秸秆、垃圾焚烧等直燃发电采用蒸汽轮机，沼气发电和生物质气化发电采用内燃机或燃气轮机。发电机用来将机械能转化为电能。

（3）附属装置。包括生物质预处理和输配装置、燃气和尾气净化装置等。

发展概况　20世纪70年代石油危机爆发后，各国开始研究新能源发电技术，一些国家如丹麦开始大力推行生物质发电，新建热电联产项目都以生物质为燃料，还将许多燃煤热电厂改建为生物质热电联产项目。2002年8月26日，可持续发展世界峰会在南非约翰内斯堡召开，会议通过了《约翰内斯堡可持续发展承诺》和《可持续发展世界首脑会议执行计划》。其中包括增加使用可再生能源，提高能源效率，更多地获得先进的能源技术等倡议，此后，生物质发电技术在全球发展迅速。到2005年底，全球生物质发电装机容量约5000万kW，主要集中在北欧和美国。之后，欧洲国家、美国、中国、印度和其他一些发展中国家的生物质用于发电的比例显著提高。2012年底，全球生物质发电装机容量达到6500万kW。

美国的生物质发电规模处于世界领先地位，2011年底，其总装机容量约1370万kW，以林业废弃物、农业废弃物和造纸黑液为燃料进行的热电联产为主，年发电量超过600亿kW·h。欧盟2011年生物质发电装机容量达2620万kW，发电量超过900亿kW·h，沼气发电装机容量约占生物质发电总装机容量的30%。德国的生物质发电装机容量

2010年达到490万kW，年发电量287亿kW·h，此前10年间年平均增长速率超过22%，其中沼气年发电量128亿kW·h，装机容量230万kW。芬兰是利用林业废弃物、造纸废弃物等生物质发电最成功的国家之一，可制造具有世界先进水平的燃烧生物质的循环流化床锅炉，该炉型可燃烧生物质燃料的最高含水率可达60%，热效率达88%。2006年，芬兰生物质发电量占该国发电量的11%。瑞典于1993年率先建成世界首座生物质整体气化联合循环发电厂——韦纳穆生物质整体气化联合循环发电厂，该发电厂发电装机容量6MW，供热容量9MW，整体发电效率32%（自用电除外）。英国2012年生物质发电比例占可再生能源发电的37%，生物质发电量从2011年的130亿kW·h增长到2012年的152亿kW·h，增长率17%。巴西的生物质发电几乎全部来自热电联产，2011年底装机容量890万kW，主要以糖厂的甘蔗渣为燃料，该类机组装机占总容量的82%。印度2010年新增生物质发电装机容量约为30万kW，总装机容量达到300万kW。

中国早期的生物质发电项目主要是自主研制的蔗渣锅炉燃烧发电，以及利用木屑、稻壳的气化发电和一些小型的沼气发电。垃圾发电引进国外先进技术和设备在经济发达城市首先推广应用。自中国第一个垃圾焚烧发电厂——深圳市市政环卫综合处理厂于1988年在深圳投入运行后，中国已基本具备制造垃圾焚烧发电设备的能力。到2005年底，中国生物质发电装机容量为200万kW，其中蔗渣发电装机容量170万kW，垃圾焚烧发电装机容量20万kW，其余为稻壳等农林废弃物气化发电和沼气发电等。2006年《中华人民共和国可再生能源法》实施后，中国生物质发电产业迅速发展，主要是引进、消化和吸收欧洲秸秆直接燃烧发电技术，同时自主研发生物质气化发电、沼气发电等技术。截至2012年底，中国生物质发电累计核准容量达8781MW，其中并网容量5879MW，在建容量2902MW。

shengwuzhi fadian gongcheng kexingxing yanjiu

生物质发电工程可行性研究 （feasibility study of biomass power generation） 以电力系统发展规划为依据，根据生物质燃料资源情况、生物质发电工程的初拟技术方案、环境影响、财务效益和社会效果进行分析判断项目是否可行。生物质发电项目在确定项目的名称、规模、建设的必要性等要素，报政府有关管理部门同意立项后，开展生物质发电工程可行性研究。

生物质发电工程可行性研究主要包括生物质资源调查和原料可持续供应分析、厂址选择、关键设备选型、环境保护、经济技术分析等内容，委托具有咨询资质的单位完成可行性研究报告的编纂工作。可行性研究报告完成后，送交政府管理部门（如国家或者地方发展改革委员会等部门），政府管理部门一般要请专家或有资质的单位对可研报告进行审查论证，通过后即可获准项目审批。

可行性研究报告主要内容 可行性研究报告按照土建总图专业、机务专业、燃料输送灰渣处理专业、水工专业、化水专业、电气热控专业、技经专业分别汇总。

土建总图专业提供厂址地理位置图，厂区地形图，风象、洪水位、气象资料，水文地质资料，工程地质、地震烈度资料。

机务专业提供现状锅炉调查表，房产普查表，批复的热力规划。

燃料输送灰渣处理专业提供生物燃料全分析报告，燃料运输或供应协议，灰渣综合利用方案。

水工专业提供有关水文和气象资料。水源为井水时应有水源地位置、单井出水量资料；水源为河水应有常年水位、洪水位、枯水位数据，水源距厂址距离和当地水文志；排水方向，标高。

化水专业提供水质全分析报告。

电气专业提供本地区电力系统地理接线图，地区电力部门对并网方案的批复和本地区电力发展规划。

技经专业提供项目所在地建筑材料预算价格，征地费，燃料成本、水价、售电价、售汽价、人均工资，资金来源与利率，资金筹措证明，贷款经济担保书。

可行性研究报告支撑文件 可行性研究报告和项目申请报批所需资料需项目投资业主协助收集或直接提供，主要包括：上级主管部门对项目建议书的批复文件或者复函（路条、同意开展前期工作的许可）；当地规划局对厂址、灰场、水源设施、供热项目的热力管线走向占地等的同意文件；当地土地管理部门对热电厂占地同意文件；当地电力部门对接入系统的书面意见。当地水利部门对电厂用水同意文件及水量证明；当地环保部门同意建厂的文件。物价部门、电力部门对电厂售电价的文件；有关生物质发电原料资源支撑资料文件；公司合同，项目法人，法人代表简历，公司董事会，监事会成员。以上条件都是为完成可行性研究报告必须收集到的资料。

电力文件只要求地区电力部门出具意向性文件等可行性研究报告批复后再签并网文件；而环保部门的文件则要求正式文件，这个文件需要环评报告作为支撑性文件，环评报告一般与可行性研究报告同时开始，需要委托有环评资质的单位完成。

shengwuzhi fadian ranliao fenxi

生物质发电燃料分析 （fuel analysis of biomass power generation） 对生物质发电燃料的成分分析。生物质发电燃料分析包括生物质燃料工业成分分析和元素分析，还有热值、灰分、熔点等的分析。通过生物质发电燃料分析，确定生物质组成及含量，计算生物质燃烧热值、排放等，以作为发电设备设计和运行管理的依据。生活垃圾的组成（见垃圾焚烧物质分析）与农业废弃物、林业废弃物的组成不同，农林生物质燃料以农作物秸秆为主，农作物秸秆及煤、天然气的主要成分、热值和灰熔点见表。

农作物秸秆及煤、天然气的主要成分、热值和灰熔点

分析项目	单位	黄秸秆	灰秸秆	木片	煤	天然气
含水量	%	10～20	10～20	40	12	0
挥发分	%	>70	>70	>70	25	100
灰分	%	4	3	0.6～1.5	12	0
碳	%	42	43	50	59	75
氢	%	5	5.2	6	3.5	24

续表

分析项目	单位	黄秸秆	灰秸秆	木片	煤	天然气
氧	%	37	38	43	7.3	0.9
氯化物	%	0.75	0.2	0.02	0.08	—
氮	%	0.35	0.41	0.3	1	0.9
硫	%	0.16	0.13	0.05	0.8	0
高位热值	MJ/kg	18.2	18.7	19.4	32	48
低位热值	MJ/kg	14.4	15	10.4	25	48
灰熔点	℃	800～1000	950～1100	1000～1400	1100～1400	

生物质燃料工业成分分析 通常指测定生物质的水分、挥发分、灰分以及由计算求得的固定碳四个指标。水分、挥发分、灰分和固定碳质量的总和即生物质试样的总质量。

水分 根据其在生物质中的存在形态分为外在水分、内在水分和结晶水。外在水分，是附着在生物质表面及大毛细孔中的水分，也称为物理水分。将生物质放置于空气中，外在水分会自然蒸发，直至与空气的相对湿度达到平衡。失去外在水分的生物质，称为风干生物质。生物质中外在水分的多少与环境有关，与生物质的品质无关。内在水分，将风干生物质在102～105℃下加热所失去的水分，也称为吸附水分。它存在于生物质的内部表面或小毛细管中。结晶水是生物质中矿物质所含的水分，这部分水分非常少。工业分析所得到水分不包括结晶水，只包括外在水分和内在水分，两者综合称为生物质全水分，用含水量衡量。内在水分的多少与生物质的品质有关。生物质中的水分越高，在热加工时耗能也越大，导致有效能越低。内在水分高对燃烧和生物质气化都不利。

挥发分 在隔绝空气的条件下，将生物质试样在900℃下加热一定时间，将所得到气体中的水分除去，所剩下的部分。挥发分是生物质中有机物受热分解析出的部分气态物质，它以占生物质试样质量的百分比表示。挥发分的主要组分是碳氢化合物、碳氧化物、氢气和焦油蒸气。挥发分反映了生物物质的许多特性，包括生物质热值的高低、焦油产率等。

灰分 生物质中所有可燃物质完全燃烧后所剩下的固体（实际上还包含有生物质中一些矿物质的化合物）。生物质的灰熔点是影响燃烧和生物质气化的重要指标。

固定碳 生物质加热后所留下来的固体焦炭中含有生物质样的全部灰分，除去灰分后，所剩下的部分。

生物质燃料元素分析 测定生物质有机物中的元素含量，即碳、氢、氧、氮、硫等元素质量的百分含量。生物质中的碳和氢元素都是可燃成分，1kg碳完全燃烧可以释放出33858kJ的热量；1kg氢完全燃烧可以释放出125400kJ的热量。生物质中的氮元素也是可燃成分，与氧化合可以生成二氧化氮或氧化氮、二氧化氮排入大气，在光的作用下产生对人体的有害物质。因此，在燃烧工程中应采取各种措施加以控制。通常认为，操作温度不超过800℃时，生成二氧化氮的能力会显著下降，或采取一些设备，如低二氧化氮燃烧器，抑制其生成。生物质中的硫元素也是可燃成分，与氧化合可以生成二氧化硫。1kg硫完全燃烧可以释放出9033kJ的热量。二氧化硫排放于大气中可以形成酸雨，故在燃烧过程中，应抑制其生成或加以脱除。在生物质进行热加工制气过程中，硫元素可以生成硫化氢。硫化氢也是有害物质，也应设置净化系统进行脱除。生物质元素分析可以作为发电设备工艺设计的依据。

生物质热值 单位质量的生物质完全燃烧所产生的热量，也称为生物质发热量。它的单位是MJ/kg。生物质发热量的大小，取决于生物质中可燃成分的多少。由于生物质中的各组分不是以混合物的形式存在，它们之间存在着极为复杂的化合关系。生物质的发热量并不等于其各可燃组分发热量的算术总和，发热量不能用理论方法准确计算，只能用仪器进行测定，或借助一些经验公式来推算其近似值。

生物质的发热量不仅是生物质品质的重要指标，也是热力设备计算的基础。生物质发热量有高位发热量（high heat value，HHV）和低位发热量（low heat value，LHV）之分。生物质高位发热量是指每千克生物质完全燃烧后所产生的热量，也称生物质高位热值，它包括了生物质燃烧时生物质中水分所生成的水蒸气全部凝结成水所放出的热量，即水蒸气的凝结潜热。实际上，在燃烧设备中，生物质燃烧后的排烟还具有一定的温度，生物质中水分所生成的水蒸气并不能凝结出来，此部分汽化潜热并不能包括在生物质的发热量中，它已被烟气带走。生物质的高位发热量中扣除了这部分水蒸气的汽化潜热之后，所得到的生物质的发热量称为生物质低位发热量，也称生物质低位热值。

生物质灰熔点 在高温燃烧状态下，生物质灰分将变成熔融状态的温度范围。生物质燃料燃烧中产生的灰分达到一定温度以后发生变形、软化和熔融，灰熔点与原料中灰分组成有关。

生物质灰熔点通常用角锥法测定变形温度、软化温度、流动温度三个特征温度。将灰分粉末制成的角锥在保持半还原性气氛的加热容器中加热。变形温度是角锥尖端开始变圆或弯曲时的温度，软化温度是角锥尖端弯曲到和底盘接触或呈半球形时的温度，流动温度是角锥熔融到底盘上开始熔溢或平铺在底盘上的显著熔融时的温度。

生物质燃料灰分容易与燃料和杂质中的钙、氯、硫、磷、钾、钠等形成含有不同组分、不同形态的灰（固态、气体或者液体），容易在燃烧设备表面形成沉积物，即积灰或结渣。

shengwuzhi jiachun ranliao dianchi fadian

生物质甲醇燃料电池发电 (biomass-derived methanol fuel cell power generation) 以生物质制取的甲醇为燃料的直接甲醇燃料电池发电。直接甲醇燃料电池直接使用甲醇水溶液或蒸汽甲醇为燃料，以质子交换膜燃料电池为基础，在通入甲醇和空气的情况下产生电力，其反应的主要副产物为水和二氧化碳。质子交换膜燃料电池以纯氢气为燃料，而甲醇易于制造、储存及处理，利用生物质气化得到的合成气（含氢气、一氧化碳）催化合成甲醇，可作为直接甲醇燃料电池的燃料。

发电原理 电池由核心部件质子交换膜、加速阳极端甲醇氧化与阴极端氧气还原反应的催化层、有效分散甲醇水溶液与空气或氧气的气体扩散层、聚四氟乙烯的绝缘垫片、均匀分散甲醇水溶液至气体扩散层的流道、集电板等六部分组成。甲醇是碳原子数量最少的醇类，电化学活性高，阳极上的甲醇经催化转换，离解成氢离子、电子和二氧化碳，电子经由外电路而发电。阳极反应式：

$$CH_3OH + H_2O \longrightarrow CO_2 + 6H^+ + 6e$$

阳离子经由阳离子交换膜在阴极结合成水，阴极反应式：

$$6H^+ + \frac{3}{2}O_2 + 6e \longrightarrow 3H_2O$$

总反应式：

$$CH_3OH + \frac{3}{2}O_2 \longrightarrow CO_2 + 2H_2O$$

直接甲醇燃料电池采用的质子交换膜主要为全氟磺酸膜，阳极电催化剂采用Pt-Ru/C或Pt-Ru，阴极催化剂采用纯铂黑或Pt/C。

分类　直接甲醇燃料电池依据氧气供给方式分成主动式和被动式两类。主动式直接甲醇燃料电池通过动力供给阴极需要的氧气，可以最大地发挥电池的性能，但要外部电力辅助，不便随身携带。被动式直接甲醇燃料电池将阴极端直接与空气接触，由自然对流来获取氧气，系统体积较小。直接甲醇燃料电池除轻、薄、短、小外，还具有供电及待机时间长、启动时间短、携带方便、能量密度高与无污染等优势，可以取代现有的锂离子、镍镉与镍氢电池等二次电池。

存在的问题　①采用甲醇水溶液作燃料时，由阳极至阴极水的电迁移与浓度差扩散导致阴极侧的水量远大于电化学反应生成水量，使电池不能长时间稳定运行。②污染物的消除。阳极产物二氧化碳的排放可能携带部分甲醇，此外，由于渗透到阴极的甲醇不能完全氧化，随阴极未反应的空气可能排除微量甲醇。

研究应用　中国科学院长春应用化学研究所开展的直接甲醇燃料电池研究实现了纯甲醇的进料，尾气也得到有效处理，甲醇含量仅 3.55×10^{-4} mol/L。电堆最大功率375W，运行2050h后性能衰减13.27%，能量转换效率43.85%。80℃工作时，单电池最大功率密度205mW/cm^2。

生物质甲醇燃料电池工作在100℃以下，运行温度和压力低，能提供比二次电池高10倍以上的电量，无需重整装置，可以作为便携式电子设备或者电动车的移动电源，也可作为军事上的单兵携带电源以及家庭、办公用、医疗、突发事故抢险场所的备用电源等。

shengwuzhineng

生物质能　(biomass energy)　绿色植物通过叶绿素发生光合作用将太阳能转化为化学能而储存在有机质内部的能量。植物类型的有机质（如薪柴、秸秆）是光合作用的直接产物，其所含能量来源于太阳能；动物类型的有机质（如屠宰废水中的有机质）由植物转化形成，其所含能量最初也源于太阳能；人畜粪便不论消化的是植物还是动物，其所含能量也来自太阳能。因此，生物质能属于太阳能中的一种能源形式。只要太阳存在，光合作用就会不断进行，有机质就会不断产生，生物质能就不会枯竭。

相比化石能源，生物质能对环境的污染小。生物质是自然界碳循环的一个环节，光合作用将大气中的碳转化成有机质，而有机质在死亡或被氧化后又以二氧化碳的形式回归大气，因此生物质能是具有“碳中性”的能源；同时，在生物质能利用过程中，二氧化硫、氮氧化物的排放也很少。

应用方式　生物质能曾是世界上使用最广泛的能源，一直是人类赖以生存的重要能源。人类自从学会使用火，就开始利用生物质能，如燃烧薪柴和秸秆做饭、取暖，传统柴炉的热效率很低，一般仅有15%左右。18世纪以来，随着煤炭、石油、天然气等化石能源的广泛开发和使用，以及电力的普及，燃烧薪柴、秸秆的量逐年减少，但仍有部分能源工业不发达的地区以燃用生物质为主。

技术较为成熟、实现规模化开发利用的生物质能利用方式主要包括生物质发电，生产生物质液体燃料、沼气和生物质成型燃料等。

地位　生物质能是世界上仅次于煤炭、石油和天然气的第四大一次能源，在能源系统中占有重要地位，约占世界一次能源消耗的12%，有可能成为未来可持续发展能源系统的主要能源之一。

开发状况　为应对国际能源供需矛盾、全球气候变化等挑战，越来越多的国家将发展生物质能作为替代化石能源、保障能源安全的重要战略措施。20世纪90年代以来，生物质能的开发利用在许多国家得到高度重视，制定了相应的生物质能研究开发计划，如美国兴办能源植物农场、巴西用甘蔗生产燃料乙醇等，利用生物质能的比重逐步增加。美国国会2000年通过生物质能研究和开发法案，到2020年生物质能占交通运输燃料来源的10%，占电力和热能供应的5%，生物质能现在已经成为美国最大的可再生能源供应来源。2006年，欧盟在《欧洲安全、竞争、可持续发展能源战略》绿皮书中指出，到2020年生物质燃料将代替20%的化石燃料。2012年底，中国规划2015年生物质能利用量（不含直接燃烧薪柴等传统利用方式）可超过5000万t标准煤，相应年减排二氧化碳9500万t、二氧化硫65万t，同时可改善约1000万户农村居民的生活用能条件。

存在的问题　在中国，生物质能资源分散、加工转换技术难度大、市场化发展环境尚未建立，生物质能发展还存在以下主要问题：①资源种类、数量、可利用量、潜在资源量及分布等方面需要准确的资源调查评价。②专业化原料收集、运输、储存及供应体系有待建立，以满足生物质能规模化利用的需要。③生物质能利用技术和装备处于起步阶段，仍需掌握和提高关键技术水平。④生物质能项目的专业化市场化建设管理经验不足，标准不健全，检测认证体系建设滞后，缺乏市场监管和技术监督，产业化程度较低。

shengwuzhineng ziyuan

生物质能资源　(biomass energy resources)　可能源化利用的生物质资源。生物质是直接或间接地来源于光合作用而形成的有机质。生物质能则是指直接或间接地通过绿色植物的光合作用把太阳能转化为蕴藏在生物质内部的化学能，是一种以生物质为载体的能量。生物质能资源依据来源的不同，通常指农业废弃物、林业废弃物、畜禽粪便和生活垃圾，这些属于现有的、废弃型的生物质能资源。此外，还有专门种植用于能源转化利用的能源植物，主要用于生产液体燃料。

特点　主要体现在可再生性、丰富性、用途多样性、清洁性和分散性上。

(1) 可再生性。只要太阳辐射存在，绿色植物的光合作用就不会停止，生物质能资源就永远不会枯竭。

(2) 丰富性。全世界每年经光合作用产生的生物质约1700亿t，其能量约相当于世界年耗能总量的10倍。

(3) 用途多样性。生物质能资源可转化为固态、液态和气态燃料，以及化工原料或产品，也是唯一一种可再生的碳资源。

(4) 清洁性。生物质燃料燃烧所释放出的CO_2大体上相当于其生长时通过光合作用所吸收的CO_2，利用生物质能资源时CO_2的排放可被认为是零；生物质含硫率一般低于0.5%，与煤、石油、天然气等化石燃料相比，燃烧时SO_2的排放很低。

(5) 分散性。生物质能资源种类多样，分布广泛，原料组分复杂，能量密度低，不利于收集、运输、储存和利用。

全球生物质能资源潜力　关于生物质能资源现状和开发潜力的分析还不完善。2004年，荷兰乌德勒支大学对2050年全球生物质能资源做过一次比较全面和系统的预测研究，研究对象包括农业废弃物、林业废弃物、畜禽粪便和生活垃圾等有机废弃物及能源植物，考虑不同土地利用类型和生产模式、水分供应情况（雨养/灌溉）、技术水平、饲料转换效率等多种生产条件，以及人口增长率、人均粮食消费量等社会发展基本要素，从低产出到高产出设计了4种情景，得出2050年全球生物质能资源潜力为273～1471EJ/a，且主要来自能源植物（215～1272EJ/a），农业废弃物资源潜力为58～72EJ/a。全球生物质能资源潜力的地区分布情况如表1所示。

表1　全球生物质能资源潜力

地　区	生物质能资源潜力 (EJ/a)	备　注
次撒哈拉非洲	31～317	潜力最大，有大面积的宜耕土地，而且现有的生产效率很低
加勒比海地区及拉丁美洲	47～221	
南亚	22～38	可利用的土地有限
近东和北非	2～39	
东亚	15～188	潜力较大
北美洲	20～174	有大量的牧场，如能工业化利用将带来很大的生物质能资源潜力
大洋洲	38～102	
西欧	5～30	没有多余的待开发土地，潜力来自土地利用模式的优化和生产管理水平的提高
东欧	3～26	
独联体和波罗的海地区	45～199	潜力较大

数据来源：André Faaij, Edward Smeets, Iris Lewandowski. A quickscan of global bioenergy potentials to 2050 [R]. Netherlands Organisation for Energy and the Environment. March 2004: P67.

中国生物质能资源潜力　根据2005年的技术和生产力水平，基于对有机废弃物、边际性土地及相应的能源植物产出的估算，中国生物质能资源的年总产出潜力应为7.96亿t标准煤，其中有机废弃物3.71亿t标准煤，边际性土地能源植物产出4.25亿t标准煤，如表2所示。生物质能资源总量短时期内变化不大，但考虑到科技进步和生产力水平的提高，到2030年，中国生物质能资源的年产出总潜力估计可达到10.67亿t标准煤，其中有机废弃物5.27亿t标准煤，边际性土地能源植物产出5.38亿t标准煤。

表2　中国生物质能资源

有机废弃物种类	产能（亿 t/a）		
	可用实物量	折算成标准煤	比例（%）
农业秸秆	3.90	1.96	52.8
畜禽粪便	7.15	0.75	20.2
林业剩余物	0.70	0.40	10.8
采集育林薪柴	0.38	0.22	5.9
工业废弃物	0.62	0.35	9.4
城市生活垃圾	0.16	0.03	0.8
合计	12.91	3.71	99.9
边际性土地类型	面积（万 hm^2）	产能或产出潜力	
		能源植物折算成标准煤（亿 t/a）	比例（%）
宜农后备地	734	—	—
现有边际性农地	2000	1.13	26.6
宜林后备地	5704	1.75	41.2
现有薪炭林地	303	0.13	3.0
现有油料林地	343	0.06	1.4
现有灌木林地	4530	1.18	27.8
合计	13614	4.25	100

shengwuzhi qihua fadian

生物质气化发电　(biomass gasification power generation)　利用生物质气化得到的燃气燃烧发电的方式。生物质气化是生物质在高温缺氧条件下热解气化产生以一氧化碳、氢气、甲烷等为主要可燃成分的燃气的过程。生物质燃气经除尘、除焦等净化工序后通过燃气内燃机或燃气轮机燃烧发电。生物质气化发电的单机规模小，从几千瓦到10MW均可，可根据终端用户需要灵活配置，非常适用于分布式发电系统。生物质气化发电有以下特点：①原料适应性强，可以使用木屑、谷壳、秸秆等不同的生物质原料，适应农业废弃物等资源分布广泛、种类繁多、分散利用的特点。②技术具有很好的灵活性，可以根据规模大小选用合适的发电设备，可采用燃气内燃机或燃气轮机，甚至结合余热锅炉和蒸汽发电设备。③负荷可调性高，内燃发电机组可以单台或多台并联运行，在20%负荷下也能运行，适用于生物质原料供应不稳定且分散的地区。生物质气化发电可分为生物质气化燃气发电和生物质整体气化联合循环发电。生物质气化燃气发电系统发电效率约

20%，生物质整体气化联合循环发电系统发电效率可提高至35%～40%。

生物质气化燃气发电　利用生物质气化所产生的燃气驱动内燃机或燃气轮机发电的方式。生物质气化燃气发电系统由生物质气化炉、燃气净化系统和发电机组组成。生物质原料经预处理进入生物质气化炉中产生燃气，生物质燃气经过除尘、除焦等净化工序后进入燃气内燃机或燃气轮机进行发电。生物质气化燃气发电工艺流程见图。

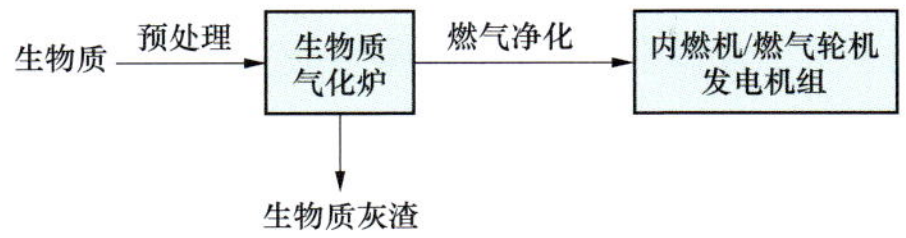

生物质气化燃气发电工艺流程图

（1）原料预处理。生物质原料在气化之前，需通过机械粉碎、自然风干或高温烟气烘干等处理达到气化炉对原料尺寸和水分的要求。不同的气化炉型适应的生物质原料粒度差异较大（见生物质气化炉）。原料的水分越低，对气化反应越有利，通常要求生物质原料的水分低于20%。固定床气化炉的原料水分适应性较好，可处理30%甚至更高水分的生物质原料。

（2）生物质气化。生物质气化在生物质气化炉中发生，包括干燥、热解、氧化和还原四个过程。当生物质被加热到100℃时，其中的水分开始蒸发以水蒸气析出；温度达到250℃左右，生物质的有机大分子开始受热裂解成一氧化碳、氢气、甲烷、二氧化碳等小分子气体和焦炭，析出挥发分；热解生成的焦炭在氧气不足的条件下氧化燃烧释放出热量，维持气化过程所需的温度，通常控制在600～900℃；水蒸气、二氧化碳与焦炭之间发生吸热还原反应，转化为一氧化碳、氢气等气体。（见生物质热解燃烧特性）

（3）燃气净化系统。生物质燃气中含灰尘、焦油、碱金属、硫化物等，要经过净化使其中的焦油和灰分达到50mg/m³以下（标准状态），以减少对燃气发电设备的磨损、腐蚀和污染等问题。燃气净化设备主要选用旋风分离器、袋式除尘器、喷淋塔、文氏管洗涤器、静电除尘除焦装置和裂解除焦装置等。（见生物质燃气净化）

（4）发电机组需适应生物质燃气热值较低、杂质较高的特点，基本可分成燃气内燃机发电机组和燃气轮机发电机组。生物质燃气内燃机在国外多采用低热值燃气与柴油共烧的双燃料机组，大型的兆瓦级机组和单燃料机组主要由天然气机组改造而成。中国应用于生物质燃气的内燃机主要由柴油发电机改造而成，采用低压缩比、低转速、燃气和空气进入气缸前充分预混等措施。比较成熟的机组单机功率达到500kW，发电效率近30%，额定转速500r/min，压缩比9∶1。生物质气化发电规模不大，所需的燃气轮机也较小，小型燃气轮机的效率较低，单位造价高。生物质燃气轮机一般由航空燃气轮机改造而来，对燃气品质的要求比内燃机更高，焦油含量要求低于10mg/m³（标准状态），对固体颗粒、金属、硫化物、氯化物含量均有要求。LM2500型燃气轮机对燃气品质的要求见表。

生物质整体气化联合循环发电　生物质气化与燃气-蒸汽联合循环相结合的发电方式，其发电系统包括生物质气化系统、燃气轮机或燃气内燃机发电系统和蒸汽轮机发电系统。（见生物质整体气化联合循环发电）

LM2500型燃气轮机对燃气品质的要求及典型生物质燃气品质

项　目		燃气轮机对燃气品质要求的最大值（$\times10^{-9}$）	生物质燃气品质的最大计算值（$\times10^{-9}$）
固体颗粒粒径 d（μm）	$d<10$	600	3000
	$10<d<13$	6	30
	$d>13$	0.6	3
铅		20	100
钒		10	50
钠+钾+锂		4	20
钙		40	200
硫化物		12	60
氯化物		500	2500

shengwuzhi qihualu

生物质气化炉

（biomass gasifier）　用于生物质气化反应产生生物质燃气的装置。生物质气化炉由炉膛、进料口、进气口、燃气出口、排灰装置等组成，与燃烧锅炉的区别主要是生物质气化炉通过控制空气量来维持炉内缺氧条件下使生物质发生不完全燃烧的气化反应，产生以一氧化碳、氢气、甲烷等为主要成分的燃气。

根据生物质在炉内的流动状态不同，生物质气化炉主要炉型有固定床气化炉、流化床气化炉和气流床气化炉。

固定床气化炉　由容纳反应物料的炉膛、承托反应料层的炉栅、生物质入口、气化介质入口、燃气出口组成。生物质在炉内随气化反应的进行依靠重力缓慢地由上往下移动，气化反应在一个相对静止的床层中进行，因此生物质在炉内经历的干燥、热解、氧化、还原过程有比较明显的分层（见图）。固定床气化炉可处理粒径为10cm左右的块状生物质原料。常用炉型可分为上吸式气化炉和下吸式气化炉。

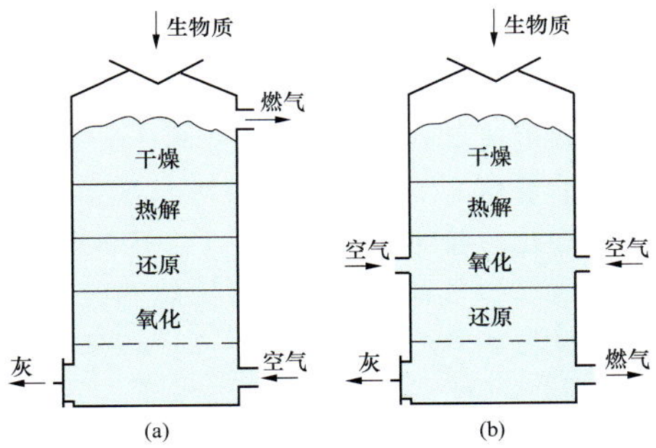

固定床气化炉示意图

（a）上吸式；（b）下吸式

（1）上吸式气化炉。此类炉中气体流动方向与生物质移动方向相反。生物质原料由上部加入，依靠重力逐渐移动到底部，灰渣由底部排出；空气由炉体底部加入，生物质热解气化产生的燃气向上流动，对生物质原料进行干燥，燃气温度降低，然后从炉体上部排出。燃气焦油含量较高，但经生物质料层过滤后含尘量少。当温度达到250℃左右开始发生热解反应，大量挥发分析出，600℃左右完成热解反应，产生的炭层与氧化层燃烧产物发生还原吸热反应，转变为可燃气体。未反应完的炭层与炉底进入的空气发生氧化燃烧放热反应。

（2）下吸式气化炉。此类炉中气体流动方向与生物质移动方向相同。生物质原料由上部加入，依靠重力逐渐移动到底部，灰渣由底部排出；空气由炉中部的氧化层加入，燃气由炉底部排出。在气化炉的最上层，原料首先被干燥。当温度达到 250℃左右开始发生热解反应，大量挥发分析出，600℃左右完成热解反应，此时空气的加入引起炭层燃烧，挥发分在参与燃烧的过程中进一步降解。燃烧产物与下方未燃尽的炭层发生还原吸热反应，转变为可燃气体。下吸式气化炉的热解产物通过炽热的氧化层（1000℃左右）时得到充分地裂解，因此其焦油含量比上吸式气化炉热解产物要低，这是下吸式气化炉的最大优点。

流化床气化炉　生物质原料颗粒在从炉底高速吹入的气化介质作用下呈沸腾流化状态，物料充分混合，传热传质效果好，炉内温度分布比较均匀。气化温度可控制在 850℃左右，温度过高可导致炉内结渣，影响物料的正常流化。流化床气化炉对生物质原料的粒度大小要求较严，通常可处理原料粒径小于 10mm。常用炉型有鼓泡流化床气化炉和循环流化床气化炉，原理与传统的煤气化燃烧方面的应用相同。

气流床气化炉　一般以氧气作为气化介质将生物质粉料夹带入气化炉，该炉型也称携带床气化炉。气化温度高达 1100～1300℃，生成的燃气中几乎没有焦油，甲烷含量很低，生物质灰渣以液态形式排出气化炉，燃气净化简单。对生物质原料的粒度大小要求严格，生物质原料被破碎成微细颗粒，通常颗粒粒径要在 100μm 以下。入炉的生物质粉料越细，比表面积越大，气化反应越充分，反应时间越短，约在 1～3s，碳转化率也越高，甚至可接近 100%。

shengwuzhi qihua ranliao dianchi fadian

生物质气化燃料电池发电　（biomass gasification fuel cell power generation）　利用高温燃料电池技术将生物质气化得到的燃气的化学能直接转化成电能的技术。高温燃料电池主要有熔融碳酸盐燃料电池和固体氧化物燃料电池，前者的工作温度（650～700℃）接近生物质气化和燃气高温净化的温度，是生物质气化燃料电池发电系统的首选。富含氢气和一氧化碳的生物质燃气的化学能直接转化为电能，发电效率一般在 35%以上，具有高效和超低污染排放的优点。

系统组成　主要由生物质气化系统、净化系统、重整系统、燃料电池本体系统和余热回收等部分组成。生物质气化燃料电池一体化发电系统流程如图所示，生物质原料经预处理后气化产生可燃气，气化系统优先选择水蒸气/氧气作为气化介质。可燃气经净化、重整系统调整组分后进入燃料电池本体系统发电，尾气余热通过蒸汽发生器回收。常压运行的生物质气化燃料电池多采用余热锅炉产生蒸汽，高压运行的生物质气化燃料电池可直接以燃气轮机回收余热产生动力对外做功。高压气化能使系统结构更加紧凑，并能提高燃气压力以减少电极上的能量损失，提高电池的性能。

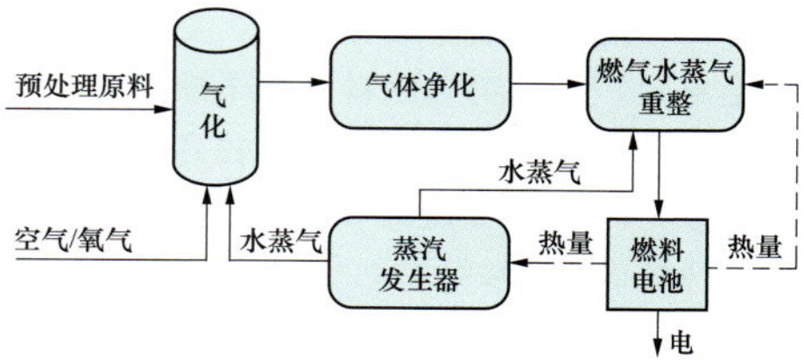

生物质气化燃料电池一体化发电系统流程图

分类　按不同气化技术，主要有加压气化类生物质气化燃料电池发电和常温气化类生物质气化燃料电池发电两类。①加压气化类生物质气化燃料电池发电以水蒸气/氧气为气化介质，采用加压的流化床气化炉气化，生物质燃气经过高温净化和重整后，进入具有内重整功能的高温燃料电池反应，排出的高温高压气体进入燃气轮机发电。发电效率高，但高压气化和高温净化加大了系统操作的难度，发电成本较高。②常温气化类生物质气化燃料电池发电以水蒸气/空气作为气化介质，采用常压的流化床气化炉气化，生物质燃气经过低温净化和重整后由压缩机送入燃料电池发电，其间经换热器提高温度；未利用燃气和余热通过余热锅炉联合蒸汽轮机发电。常压气化、低温净化技术相对比较成熟，系统操作简单，水洗不仅能除焦油，还能除去燃气中严重危害电池寿命的硫和氨等毒性元素。但由于低温凝结使原料气中水蒸气含量降低，增加了重整系统的负担；低温除焦使生物质原料中碳的转换率降低，同时热损失大，总效率相对较低。

shengwuzhi ranliao dianchi fadian

生物质燃料电池发电　（biomass fuel cell power generation）　间接或直接以生物质为燃料，利用燃料电池进行发电的技术。将生物质转化为氢气、甲醇、甲烷等用于燃料电池发电，属于间接以生物质为燃料。包括：①生物质气化燃料电池发电，如秸秆等固体类生物质通过气化产生富含氢气和一氧化碳的燃气作为燃料电池的原料气；②生物质甲醇燃料电池发电，用生物质制取甲醇作为直接甲醇燃料电池的燃料。有机废水处理中的微生物燃料电池发电，是用微生物以生物电化学的方式将有机物中的化学能直接转化为电能，属于直接以生物质为燃料的发电方式。这些生物质燃料电池发电技术新，应用前景好，但都处于应用研究阶段。

shengwuzhi ranliao shouji yu chuyun

生物质燃料收集与储运　（biomass fuel collection, storage and transportation）　生物质燃料的收集、加工、运输与存储的工艺过程。它是生物质发电中生物质预处理工作的重要环节。其中农林生物质原料具有资源分散、密度小、运输困难、存储不便等特点，其收集与储运包括燃料收集、加工、存储。可燃垃圾的收集与储运一般由专业的环卫部门承担。不同生物质能转化利用方式的生物质燃料收集储运路线也不同。

农林生物质收集与储运　包括农林生物质收集、加工处理和农林生物质燃料存储。

农林生物质收集　主要包含田间、临时存储站（或者乡间）、应用工厂三个作业中心。田间作业主要有收获、打包、田间搬运和田间暂时存放的操作；临时存储站作业是为减少生物质的易变特性，包括打包压缩、晾晒或烘干、压块或制粒以及存储大量的生物质原料；工厂的作业包含接收秸秆、分类、存放、清理杂物和碾碎。

农林生物质加工处理　将不可直接使用的生物质燃料处理成电厂可以使用的燃料的活动。稻壳、锯木屑等生物质燃料可供电厂直接使用，不需要加工处理；大部分燃料需要加工处理。生物质燃料湿度太大，不利于加工，因此要在加工前进行晾晒，晾晒时间的长短因生物质结构性质不同而异。棉秆、玉米秸秆和水稻秸秆均由粉碎机打碎成10～15cm的碎块，以方便入炉燃烧发电。生物质燃料成型技术可将生物质燃料加工成块状、片状或颗粒状的成型燃料。

生物质燃料成型技术是以农业废弃物、林业废弃物为主原料，经切片—粉碎—除杂—精粉—筛选—混合—软化—调质—挤压—烘干—冷却—质检—包装等工艺，最后制成成型环保燃料。成型生物质燃料具有密度大、形状规则，便于储存运输，热值高，含水量低，吸湿性强，燃烧充分，燃烧效率高等特点。

农林生物质燃料存储　农作物秸秆收购具有很强的季节性要求，主要在夏秋两季。农林生物质直燃发电燃料供应与需求之间存在着巨大的矛盾。首先，燃料的收获、收集存在季节性，燃料需求要求持续供应。其次，燃料收集希望单位面积存在量越多越好，然而中国农林生物质种植分散，单位面积收集量相当有限。最后，农林生物质物料密度较小，运输成本相对较高。燃料分散收集、集中制备后集中运输便显得非常必要。在较短的时限内有效收集、控制一定数量的生物质资源，可保障生物质直燃电厂燃料的生产需求。生物质燃料的存储点需要进行防雨、防潮、防火和防雷设施建设。

可燃垃圾收集与清运　可燃垃圾指可以燃烧的植物类垃圾，不适于回收的纸类、废塑料橡胶、旧织物用品、竹木类垃圾。垃圾通过分类收集（见生活垃圾），密闭运输后送垃圾发电厂焚烧。

shengwuzhi ranqi jinghua

生物质燃气净化　(biomass fuel gas cleaning)

对生物质燃气进行净化的技术。生物质气化炉产生的燃气中通常含有灰尘、焦油以及碱金属、硫化物等杂质，在进入发电设备之前必须进行净化，主要去除灰尘和焦油，同时去除其他杂质。

主要设备　生物质燃气净化通常选用旋风分离器、袋式除尘器、喷淋塔、文氏管洗涤器、静电除尘除焦装置。

旋风分离器　利用离心力分离原理使灰粒从燃气气流中分离的装置，可去除粒径大于10μm的飞灰颗粒，除尘效率约85%，一般用作初级除尘。

袋式除尘器　一种干式过滤除尘装置，利用纤维织物的过滤作用可去除粒径0.1μm以上的灰粒，除尘效率达到99%。但过滤速度不高，设备庞大，也不易排料清灰，一般用于末级除尘。

喷淋塔　利用水将燃气中的灰粒黏附洗除，同时将高温燃气降温，使焦油凝结并洗除的装置。生物质气化发电系统中常用各种改型的组合式喷淋塔，以增强除尘冷却效果，如在喷淋塔中使用填料、设置冷却管，增加液膜和气体的接触。

文氏管洗涤器　利用文丘里管的缩径使燃气流速迅速增大，管内压力降低，管外的水被吸入管内雾化成液滴，吸附灰粒和焦油。可脱除粒径小于1μm的灰粒。

静电除尘除焦装置　燃气在高压静电场下电离，使其中的焦油雾滴带上电荷与不带电荷的灰粒结合，然后在重力作用下将油滴灰粒从燃气中脱除；或者使其向电荷相反的电极运动，沉降在电极上。装置除尘、除焦油效率高，可达到98%以上，但要求燃气中的焦油含量低于5g/m^3（标准状态）。

净化工艺　生物质燃气的净化通常有过滤吸附、裂解净化等物理化学方法。生物质燃气过滤是技术成熟应用最多的方法，可分为湿法过滤和干法过滤。

湿法过滤　利用液体（一般用水）将燃气中的灰分和焦油捕集下来。水从过滤器的上端向下流动，燃气从下端向上流动，当燃气穿过液层、液膜时，其中的灰尘和焦油黏附在液体上与气体分离开来。湿法过滤的关键在于气液的充分接触。

干法过滤　气化炉出口的高温燃气经旋风分离器除去其中的大颗粒灰尘和未反应完的焦炭，再利用高温过滤材料将燃气中的细灰尘吸附过滤脱除，最后用吸附剂吸附焦油。可采用多级旋风分离器提高除灰效果。除灰后的燃气再经吸附剂除去其中的焦油。高温陶瓷、金属毡等高温过滤材料尚未得到普遍应用。

裂解净化　焦油裂解净化方法包括高温热裂解和催化裂解。高温热裂解的温度在1000℃以上，温度越高效果越好。催化裂解采用白云石、木炭或镍基催化剂等可把焦油裂解的温度有效降低到750～900℃。焦油大分子有机组分裂解成氢气、一氧化碳等小分子气体，即将焦油转化为可燃气，有效降低焦油含量。

shengwuzhi ranshao fadian huanjing yingxiang pingjia

生物质燃烧发电环境影响评价　(environmental impact evaluation for biomass direct-fired power generation)

针对生物质发电项目建设与运行过程中对环境所产生影响的预测与评估。生物质发电项目包括农林生物质直燃发电和生物质气化发电、垃圾焚烧发电和垃圾填埋气发电及沼气发电等项目。生物质发电项目环境评价主要包括生物质发电项目对所在地区水、大气、噪声、固体废弃物排放的评价，垃圾焚烧发电项目还应进行环境影响监测。（见垃圾焚烧发电环境影响评价）

评价依据　2006年6月，中国国家环保总局与国家发展和改革委员会共同印发《关于加强生物质发电项目环境影响评价管理工作的通知》（环发〔2006〕82号），对生物质发电项目的环境影响评价要求、环评文件编写和审查的技术要点做出详细的规定。2008年中国环境保护部、国家发展和改革委员会、国家能源局《关于进一步加强生物质发电项目环境影响评价管理工作的通知》（环发〔2008〕82号），对生物质发电项目的环境影响评价做了扩展和调整。

评价程序　由有环评资质的单位对生物质发电项目实施后对所在区域周边环境可能产生的影响做评定，形成生物质发电项目环境影响报告书（表）。生物质发电项目环境影响报告书（表）报项目所在省级环境保护行政主管部门审批。省级环境保护行政主管部门在审批完成后三个月内，将审批文件报国务院环境保护行政主管部门备案。

评价内容　主要包括厂址选择，技术/装备要求，气体、固体、液体污染物排放，生物质原料收集、运输和贮存中的污染控制，用水以及环境风险等。

厂址选择　主要要求包括：①符合当地农林生物质直燃发电和气化发电类项目发展规划，充分考虑当地生物质资源分布情况和合理运输半径。②符合当地城市发展规划和环境保护规划，符合国家土地政策；城市建成区、环境质量不能达到要求且无有效削减措施的或者可能造成敏感区环境保护目标不能达到相应标准要求的区域，不得新建农林生物质直接燃烧和气化发电项目。

技术/装备要求　生物质锅炉以农林生物质为燃料，不违规掺烧煤、矸石或其他矿物燃料。采用国外成熟技术和装备，同步引进配套的环保技术和污染控制设施。在满足中国国家排放标准前提下，污染物排放限值达到引进设备配套污染控制设施的设计运行值要求。秸秆直燃发电项目避免重复建设，尽量选择高参数机组，原则上项目建设规模不小于12MW。生物质与化石燃料混合燃烧发电项目暂无相关环境评价的具体规定。

污染物控制　包括气体、液体、固体等排放物的污染治理，主要有烟气治理、灰渣排放、恶臭防护以及垃圾渗滤液处理。采取的烟气治理措施，能确保烟尘等污染物达到国家排放标准；采用有利于减少氮氧化物产生的低氮燃烧技术，并预留脱氮装置空间；配备贮灰渣装置或设施，配套灰渣综合利用设施，做到灰渣全部综合利用。

大气污染物排放包括烟气污染物排放和无组织排放监测。烟气污染物排放即污染物通过排放筒随烟气排放。无组织排放即大气污染物不经排气筒的无规则排放，一般排气筒高度小于15m也认为是无组织排放。无组织排放按照源高分类属于面源，对附近环境影响较大。规模不同的生物质燃烧锅炉执行不同大气污染物排放标准。根据生物质发电项目所在区域的环境空气功能区划，其产生的恶臭污染物浓度的厂界排放限值按照GB 14554《恶臭污染物排放标准》相应级别的指标执行。恶臭防护距离根据恶臭污染物无组织排放源合理确定。恶臭污染物指一切刺激嗅觉器官引起人们不愉快及损害生活环境的气体物质，通常包括氨、硫化氢、甲硫醇、臭气等。

原料收集、运输和贮存中的污染控制　农林生物质来源可靠稳定，配套合理的秸秆收集、运输、贮存、调度和管理体系；原料场须采取可行的二次污染防治措施。

用水　农林生物质直燃发电和气化发电项目用水符合国家关于火电厂建设用水政策。鼓励用城市污水处理厂中水，北方缺水地区限制取用地表水、严禁使用地下水。

环境风险　根据项目特点及环境特点，制定环境风险防范措施及防范应急预案，杜绝环境污染事故的发生。

环境影响　生物质发电项目的环境影响分为建设期环境影响和运营期环境影响。

建设期环境影响　主要包括对大气的影响、水的影响、噪声和固体废弃物等。建设期对大气的影响包括扬尘污染和各种施工机械和运输车辆排放的尾气污染。对水的影响来源主要为建筑工地排水、设备清洗排水和施工队伍的生活污水。建设期噪声主要来自于施工机械和运输车辆，主要设备有打桩机、推土机、挖土机、搅拌机等，其噪声水平见表。建设期间将产生大量的建筑垃圾和生活垃圾，如果不采取措施进行严格管理，将使施工现场环境恶化，并对周围环境产生不良影响。

主要施工机械噪声水平

序号	施工机械	噪声水平（dB）
1	推土机	100
2	挖土机	100
3	搅拌机	90～100
4	打桩机	105
5	装载机	95
6	汽　车	85

运营期环境影响　包括对大气、水、噪声的影响和固体废弃物影响。生物质发电的大气污染物排放通常比同等规模燃煤电厂少，燃烧过程产生烟尘、二氧化硫、氮氧化物比较少，但原料堆存产生恶臭污染物、非甲烷总烃等。

生物质电厂运营期对水的影响主要是用水量较大和循环利用后废水排放问题，排水存在热污染和高盐分含量的问题。生物质电厂废水主要包括生活污水、含油废水、化学酸碱废水、循环水排污水。

运营期噪声污染源主要分布在主厂房、风机室等部位。噪声较大的设备主要有引风机、送风机、发电机、汽轮机、励磁机、变压器和给水泵等。

生物质含灰量少，电厂并不会产生大量灰渣、烟道灰，废水或固体废物产生量很小。

shengwuzhi rejie ranshao texing

生物质热解燃烧特性　（biomass pyrolysis combustion characteristics）　生物质的可燃组分受热分解和燃烧过程中表现出的性质。热解是生物质受热发生化学键断裂，分解生成气体、焦油和焦炭产物的反应，是生物质燃烧、气化等的第一步反应过程。生物质燃料着火温度、燃尽条件等特性影响燃烧设备设计与运行管理。

生物质热解特性　当生物质温度升至100℃以上时，水分最先蒸发逸出。温度继续升高，有机物开始分解，生成气态产物挥发分和固体产物焦炭，部分气态产物在常温下凝结成液态，即焦油。生物质热解的挥发分含量一般在70%～85%，远高于煤的挥发分。生物质的热解主要受温度与加热速率影响。

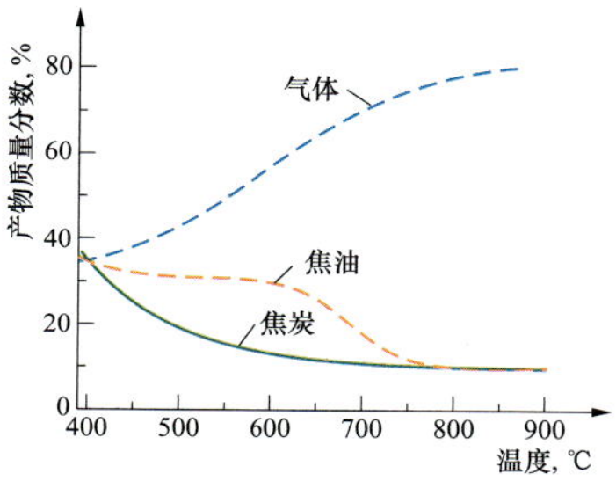

不同温度下的橡胶木热解产物含量变化图

温度对生物质热解产物含量的影响示例见图，随着温度升高，气体含量增加，焦油及焦炭含量降低。400℃左右生成二氧化碳、一氧化碳、水、氢气、甲烷、焦油及焦炭等，温度继续升至700℃以上并有足够的停留时间时，出现二次反应，即焦油裂解为氢、轻烃及炭等产物。因此，提高反应温度有利于热解过程的进行。

根据对生物质加热速率的不同，生物质热解有慢速热解、快速热解和闪速热解之分。慢速热解的加热速率慢，通常小于10℃/s，反应时间较长，可达到数分钟甚至几天时间。如木材的干馏是典型的慢速热解，目标产物是木炭。快速热解的加热速率较快，每秒可达到数十至数百摄氏度，反应时间短，通常小于5s，热解目标产物是气体。闪速热解是在超高的加热速率（高达10 000℃/s）和超短的产物停留时间（小于0.5s）下热解，热解产物淬冷以最大限度地增加液态产物产率，仅有少量的气体和焦炭生成。

生物质燃烧特性　生物质水分含量大，有机氢含量多，碳含量比化石燃料少，所以燃烧热值低，一般只有标准煤的一半。燃烧的初期，首先是挥发分析出着火燃烧，然后是焦炭燃烧。由于生物质挥发分多，需要大量的空气满足挥发分的燃烧，否则容易产生炭黑而增加完全燃烧的难度。生物质燃料的这些特点决定了其燃烧经历燃料干燥、挥发分析出、挥发分燃烧、焦炭燃烧和燃尽阶段。燃烧的各阶段并不完全依次完成，部分反应阶段是同时进行的。各阶段所经历的时间长短与快慢由生物质的组成成分（见生物质发电燃料分析）、物理化学特性和燃烧方式等因素决定。

（1）燃料干燥。生物质在开始加热后，温度不断升高，当温度达到100℃时，生物质表面的外在水分和生物质空隙内的内在水分开始受热蒸发，生物质被干燥。由于生物质中的水分含量普遍比较高，因此干燥需要消耗的热量多，需要的干燥时间也延长，推迟了挥发分析出和着火燃烧。

（2）挥发分析出。生物质继续加热，温度持续升高，达到一定温度时，挥发分开始析出，析出过程的动力学表达式为：

$$\frac{d\alpha}{dt}=k_0 e^{-\frac{E_a}{RT}}\ (1-\alpha)^n$$

式中$\frac{d\alpha}{dt}$为热解速率；k_0 为反应速率常数；α 为燃烧过程中质量的变化率；n 为反应级数；E_a 为化学反应活化能，kJ/mol；R 为通用气体常数，kJ/（mol·K）；T 为热力学温度，K。反应级数与生物质的组成成分和物理化学特性、热解时的加热速率和温度等密切相关，一般认为，生物质燃烧时的热解是一级反应，即 $n=1$。生物质挥发分析出在初始阶段非常快，但随着时间延长，析出越来越慢。

（3）挥发分燃烧。温度升高达到一定温度后，生物质析出的挥发分开始着火，此时温度称为生物质着火温度。由于挥发分的组成成分复杂，其燃烧反应也很复杂，常见可燃气体与空气在常压下的着火温度见表。挥发分中的可燃气体着火燃烧后，释放出热量，温度进一步升高，加快挥发分的析出并燃烧，释放出大量的热量，一般挥发分燃烧释放出生物质70%以上的热量。

常见可燃气体与空气在常压下的着火温度

气体	分子式	着火温度（℃）
氢气	H_2	530～590
一氧化碳	CO	610～658
甲烷	CH_4	645～790
乙烷	C_2H_6	530～594
丙烷	C_3H_8	510～588
丁烷	C_4H_{10}	441～569
乙烯	C_2H_4	540～550
丙烯	C_3H_6	455
丁烯	C_4H_8	445～500
乙炔	C_2H_2	335～500
硫化氢	H_2S	290～487
苯	C_6H_6	580～740

（4）焦炭燃烧和燃尽。挥发分的燃烧提高了焦炭表面的气流温度，气流通过对流、辐射和热传导加热焦炭，达到焦炭的着火温度时焦炭开始燃烧。由于挥发分的析出和燃烧，气体中的氧气浓度降低，扩散到焦炭表面的能力降低，限制了焦炭的燃烧。焦炭燃烧的后段称为燃尽阶段。灰分不断产生把未燃尽的炭粒包裹，妨碍氧气的扩散，从而影响炭粒的进一步燃烧，而且灰分与炭粒升温需要消耗一定的热量。由于生物质中的固定碳含量较低，因此焦炭燃尽的时间将大幅度缩短，最终燃尽生成灰。

shengwuzhi shenghua zhuanhua texing

生物质生化转化特性

（biomass biochemical conversion characteristics）　通过生物、化学与机械工程等技术手段将生物质转化为目标产物的过程中生物质表现出的性质。以农林生物质为主要原料，综合运用生物学特别是遗传工程、细胞工程、酶工程等以及化学技术与工程等手段，将生物质转化为目标产物的技术称为生物质生化转化技术。生物质生化转化相对于燃烧、碳化、热解等而言，具有操作条件温和、产品纯度高、清洁、高效等优点。同时，生物质生化转化还可以通过筛选不同的酶或微生物而将生物质转化为生物质燃料或生物质化学品以及其他多种中间产物，包括氢气、甲烷、乙醇、丙酮、丁醇、1，4-丁二醇、木糖醇以及有机酸类如乳酸等，从而为多种可再生材料、燃料和化学品的转化提供平台物质。生物质生化转化产品可以涵盖多个碳链结构，而且满足低碳、环保要求，符合可持续发展趋势。*农林生物质醇电联产*是生物质发电和生物乙醇等生物质化学品生产的结合，是生物质资源规模化利用的重要方向。

生物质原料生化组成　农林生物质利用自然界中的阳光、水、土、空气等，通过光合作用将碳、氢、氧等元素组成一系列的有机物质，主要是纤维素、半纤维素、木质素三种高分子聚合物，此外，还有少量的果胶质、树脂、单宁、色素、生物碱、蛋白质、灰分等物质。不同种类生物质原料因组成成分及含量不同而存在的物理、化学性质差异，复杂化学结构和应对自然环境变化的生物机制以及微生物等对其结构多糖的降解，共同形成了生物质原料生化转化特点。

纤维素（cellulose）　一种不溶于水的均一聚糖，由β-D-吡喃葡萄糖（β-D-Glcp）单元通过1，4糖苷键连接成无分支的长链，纤维素大分子中的D-葡萄糖基之间按照纤维二糖连接的方式连接，是植物细胞壁的主要成分。组成每一个纤维大分子的葡萄糖基数目称为纤维素聚合度，不同原料的纤维素聚合度大小是有差异的，一般在几百至几万之间。纤维素的化学结构式是1，4-β-D呋喃式失水聚葡萄糖，化学结构的实验分子式为$(C_6H_{10}O_5)_n$，n 为聚合度。在自然界中，它的性质和功能是通过纤维素大分子的聚集状态以及微细纤维结构决定的，一部分排列整齐、有规则、分子链取向好，形成了结晶区，另一部分排列不整齐、较松弛称为无定形区。由于结晶区和无定形区的存在和各自所占的比例不同，纤维素大分子聚集方式的不同，纤维素在不同生物质中的含量不同，酸解、酶解难易程度不同，物理性质和热值也不同。

半纤维素（hemicellulose）　农林生物质的细胞壁中除去纤维素及果胶以外全部碳水化合物聚合物（少量的淀粉除外）的统称。与纤维素不同，半纤维素通常是由2种或2种以上单糖基组成的不均一聚糖，大多带有短侧链。构成半纤维素线性聚糖主链的单糖主要是木糖、葡萄糖和甘露糖。构成半纤维素的短侧链糖基有木糖、葡萄糖、半乳糖、阿拉伯糖、岩藻糖、鼠李糖和葡萄糖醛酸、半乳糖醛酸等。常见的半纤维素主要有木聚糖、阿拉伯木聚糖、葡葡甘露聚糖、木糖葡萄聚糖等。各种纤维原料的半纤维素含量、组成结构均不相同，同一种原料的半纤维素也会有多种结构。

木质素（lignin） 仅次于纤维素的一种大分子有机物质。木质素作为细胞间固结物质填充在细胞壁的微纤丝之间，也存在于细胞间，把相邻的细胞黏结在一起，起到加固木质化植物组织、增强强度、减少侵害的作用。一般认为木质素是由苯基丙烷结构单元通过碳-碳键和醚键连接而成的具有三度空间结构的高分子聚合物，其基本结构单元有愈疮木基丙烷、紫丁香基丙烷和对羟苯基丙烷三种。

生物质生化转化 生物质经一定的物理、化学、生物预处理后，由生物或生物催化剂（酶或微生物细胞）将其转化为单糖或可其他被生物转化的糖，再由生物或生物催化剂将其转变为相应产品。生物质生化转化指糖类由生物质原料中释放并发酵，转变为目标产品的过程。

转化环节 生物质生化转化一般包括生物质预处理单元、生物质水解单元、生物质生物转化单元、生物质后处理单元四个环节。生物质水解和生物质生物转化两个步骤可以分步进行，也可以同时进行。分步进行即物料在水解装置中水解，水解之后进入发酵装置发酵，称为分步水解发酵技术（separate hydrolysis and fermentation，SHF），这种方法的优点是每个处理环节的操作都能在各自最有利的工艺条件下进行。同时进行即在同一个装置中同时完成水解和发酵，称为同步糖化发酵技术（simultaneous saccharification and fermentation，SSF）。这种方法的优点在于降低了水解产物对催化剂和菌种的抑制，简化了工艺，缩短了生产周期，降低了固定资产投资，但是，需要协调水解和发酵的最佳工艺条件，使之同时满足水解和发酵的需要。此外，还有将纤维素酶的生产、物料的水解、发酵等转化过程由一种微生物或微生物群来实现的统合生物工艺（consolidated bioprocessing，CBP），这种工艺能降低木质纤维素乙醇的生产成本。

（1）生物质预处理单元。生物质原料具有生物质抗降解屏障，首先要进行相应的预处理，初步打开其天然结构，提高生物质的动量传递、热量传递、质量传递和生物化学反应的速度和效率。

（2）生物质水解单元。又称为糖化单元。生物质原料的抗降解屏障被初步打开后，通过水解将纤维素、半纤维素等高分子聚合物或多糖等物质转化为单糖或可被生物转化的糖的过程。

（3）生物质生物转化单元。在经过水解单元后，单糖或可被生物转化的糖，通过微生物（如酵母等）发酵转化为特定产品的过程。

（4）生物质后处理单元。将经过生物转化单元得到的特定产品分离、提纯形成最终成品的过程。

转化产品 从用途来看，生物质通过生化转化得到的产品主要包括生物质化学品、生物质材料、生物质燃料三大类。生物质化学品有乙酸、乙烯、糠醛、丙烯酸、1，3-丁二醇、1，4-丁二醇、琥珀酸等；生物质材料，有聚乳酸（PLA）、聚对苯二甲酸丙二醇酯（PTT）、尼龙工程塑料、木质素添加剂等；生物质燃料有燃料乙醇、沼气、生物柴油等。

shengwuzhi shuileng zhendong lupai guolu

生物质水冷振动炉排锅炉 （water-cooled vibrating grate biomass boiler） 采用水冷振动炉排燃烧方式的生物质锅炉。生物质水冷振动炉排锅炉为高温高压自然循环、单汽包、单炉膛、平衡通风、室内布置、固态排渣、全钢构架、底部支撑结构型锅炉。它对生物质原料有广泛的适应性，可同时燃烧不同品种、高含水率（含水率大于等于20%，部分生物质燃料含水量可以放宽到60%）的生物质原料。生物质在炉内燃烧后产生蒸汽，用于发电和供热，是农林生物质直燃发电的重要设备，系统见图。

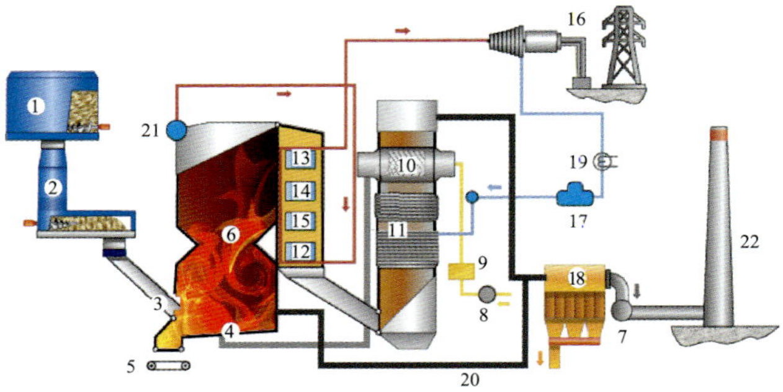

采用生物质水冷振动炉排锅炉的生产系统图

1—料仓；2—落料管；3—拨料器；4—振动炉排；5—捞渣机；6—燃烧室；7—引风机；8—送风机；9—暖风器；10—空气预热器；11—烟冷器；12—省煤器；13—三级过热器；14—二级过热器；15—一级过热器；16—汽轮机和发电机；17—除氧器；18—袋式除尘器；19—凝汽器；20—飞灰再燃烧；21—汽包；22—烟囱

基本结构 锅炉采用“M”型布置，炉膛和过热器通道采用全密封的膜式壁结构，保证了锅炉的密封性能。过热蒸汽采用四级加热、三级喷水减温方式，过热蒸汽温度有很大的调节裕度，保证了锅炉蒸汽参数。尾部竖井内布置有两级省煤器、一级高压烟气冷却器和两级低压烟气冷却器。空气预热器布置在烟道以外，采用水冷加热的方式，有效地避免了尾部烟道的低温腐蚀。锅炉采用轻柴油点火起动、振动炉排的燃烧方式。在炉膛右侧墙装有起动燃烧器。锅炉室内布置，构架全部为金属结构。

①汽水系统。锅炉汽水系统采用自然循环，炉膛外集中下降管结构。锅炉正常运行时，不但要保证蒸发受热面水循环可靠，而且还必须保证给水及省煤器不发生水击，过热蒸汽不偏流。②给料系统。锅炉给料系统分为两条配料线、给料线，每条配料线向3台给料机供料。该系统的设备包括2个炉前筒仓、2台筒仓底部取料机、2台输料机、6台带有缓冲料箱的给料机和6台播料机组成，6台给料机与6台播料机并行连接，没有交叉。③灰渣系统。锅炉设置有捞渣机，布置在锅炉灰渣的出口，捞渣机一般都是湿式刮板捞渣机，也有采用干式捞渣的系统。

主要参数 锅炉设计参数如下：额定蒸发量130t/h，额定蒸汽温度540℃，额定蒸汽压力9.2MPa，额定给水温度220℃，排烟温度124℃，冷空气入口温度35℃，空气预热器出口风温190℃，锅炉热效率92%。

发展状况 自1988年世界上首个以生物质秸秆为原料的电厂在丹麦投运以来，高温高压水冷振动炉排锅炉得到较快发展。丹麦生物质水冷振动炉排锅炉技术后被中国企业收购，主要发展在中国。截至 2012 年底，中国单机装机容量大于或等于 12MW 的水冷振动炉排锅炉已有约 50 台，其中最大容量为 30MW。

shengwuzhi xunhuan liuhuachuang guolu

生物质循环流化床锅炉 （circulating fluidized bed boiler with biomass） 应用全部或者部分生物质燃料，以生物质循环流化床方式燃烧的专用生物质锅炉。它是农林生物质直燃发电系统中的主要设备。生物质循环流化床锅炉具有燃料适应性广、燃烧稳定、污染物排放程度低以及“CO_2 零排放”的优势。

从 20 世纪 80 年代开始，生物质循环流化床锅炉的装机容量从最初的几十兆瓦，发展到上百兆瓦。生物质燃料来源从开始局限于单一品种的生物质，发展到成分复杂的城市固体废弃物。中国的生物质循环流化床燃烧技术起步较晚，发展较慢，生物质循环流化床锅炉装机容量也较小。

基本设置 生物质循环流化床锅炉系统见图，主要包括炉膛（流化床）、旋风分离器、返料阀、尾部烟道受热面和辅助设备。

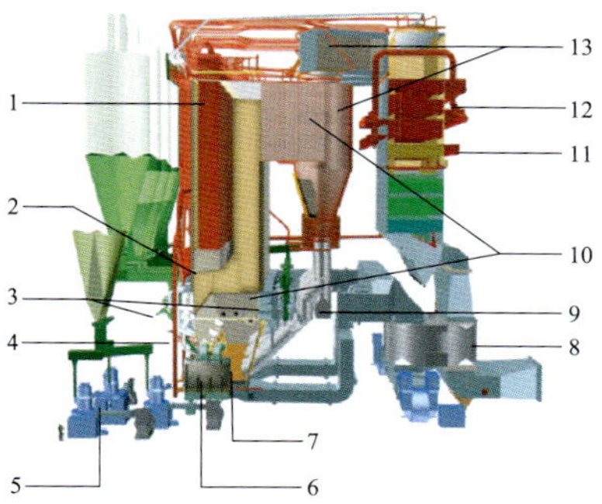

生物质循环流化床锅炉简图

1—过热器；2—二次风喷嘴；3—前后墙的给料喷嘴；4—点火器；5—石灰石输送系统；6—冷渣器；7—布风板；8—空气预热器；9—返料阀；10—耐火砖；11—尾部烟道；12—再热器；13—旋风分离器

炉膛 通过返料阀返送至炉膛底部的颗粒与新补充入炉膛底部的燃料在布风板附近混合，布风板给入的一次风以一定的流化风速将颗粒流化。二次风在炉膛不同高度喷入实现分级燃烧。分级燃烧的最大优点在于通过控制炉内底部的还原气氛，抑制氮氧化物（NO_x）的生成，实现氮氧化物的低浓度排放。一定粒径范围内的石灰石颗粒通过炉膛底部的给料喷嘴喷入炉膛，与燃料和灰颗粒混合，捕捉燃烧产生的二氧化硫，并生成石膏，实现炉内脱硫。为了使炉内脱硫效果最佳，燃烧温度控制在 850℃ 至 950℃ 范围内，较低的燃烧温度下燃料的碳转化率较低。未燃尽的燃料颗粒，通过气体携带出炉膛，再经过分离器气固分离，分离出来的固体物料经返料阀返送至炉膛底部再燃，实现物料循环，从而保证较高的燃尽率。

旋风分离器 实现气固分离。烟气中绝大部分颗粒被旋风分离器分离出来，并送入返料阀，而携带细小颗粒的烟气通过分离器气体出口进入尾部烟道。

返料阀 底部吹入一定量的流化风，保证连接料腿一侧的气固流动为负压差移动，而连接返料斜管一侧的气固流动状态为最小流态化。返料阀入口和出口的压差推动颗粒返送至炉膛底部。

尾部烟道受热面 包括空气预热器和蒸汽再热器。尾部烟道受热面降低了烟气的排烟温度，节约了能源，提高了整个系统的热效率。

辅助设备 主要包括风机、石灰石制备和输送系统、燃料制备和输送系统、排渣系统。

主要技术性能 生物质循环流化床锅炉比较适合燃烧木质类、粒度较小的生物质燃料。循环流化床有很高的热容量，给生物质燃料提供了充分的预热及干燥热源，水分达 50%左右的燃料可以实现稳定地着火燃烧。2×75t/h 燃烧生物质循环流化床锅炉，配置 2×12MW 汽轮发电机组，可抽蒸汽总流量为 120t/h，供汽压力为 0.981～2.8MPa、供汽温度为 180～313℃。

国际上已经运行有百兆瓦级超高压生物质循环流化床锅炉系统主要技术参数为额定蒸发量 889.2t/h，额定蒸汽温度 568℃，额定蒸汽压力 13.5MPa，额定给水温度 243℃。

shengwuzhi zhengti qihua lianhe xunhuan fadian

生物质整体气化联合循环发电 （biomass integrated gasification combined cycle，BIGCC） 生物质气化与高效的燃气－蒸汽联合循环相结合的发电方式。生物质气化产生的燃气经过净化后得到洁净的气体燃料，送入燃气轮机或燃气内燃机燃烧驱动发电机发电，再利用燃烧后排放的尾气余热生产蒸汽驱动汽轮发电机组发电。生物质整体气化联合循环发电系统由生物质气化系统、燃气轮机发电系统、蒸汽轮机发电系统组成，其系统流程与整体煤气化联合循环发电系统基本相同，见图。

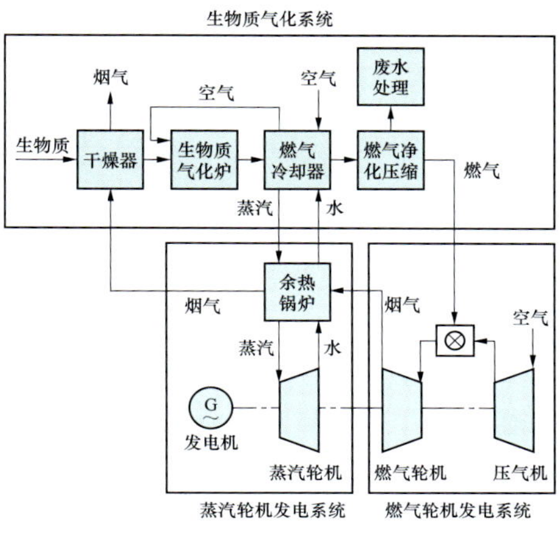

生物质整体气化联合循环发电系统流程图

生物质燃气在内燃机或燃气轮机中燃烧后排放的尾气温度达到 450～600℃，生物质气化炉出口的燃气温度可达 600℃以上，用余热锅炉回收燃气发电的余热和生物质燃气的显热发电，实现能量的梯级利用，提高生物质气化发电系统效率，可达 35%～40%。燃气轮机比较适合 10MW 以上的生物质整体气化联合循环发电系统，发电效率可达 35%以上；内燃机比较适合 5～10MW 的系统，但发电效率较低，为 30%左右。

国际上生物质整体气化联合循环发电示范项目发电装机容量在 10MW 左右，第一个生物质整体气化联合循环发电厂是瑞典韦纳移生物质整体气化联合循环发电厂，1996 年开始运行，发电装机容量 6MW。生物质高压气化、燃气高温净化和适用于生物质低热值燃气的燃气轮机等技术尚不成熟，还处于示范阶段。

Shihuahu Chaoxi Dianzhan

始华湖潮汐电站 (Sihwa Lake Tidal Power Station)

位于韩国西海岸仁川湾的单库单向潮汐电站。装机容量254MW，年发电量5.53亿kW·h，是截至2013年底世界上建成的最大潮汐电站。

枢纽布置 始华湖潮汐电站枢纽示意简图如图1所示，建筑物包括左岸堤坝、生态公园、电站、连接坝段、泄水闸和右岸堤坝组成。堤坝总长11.2km，形成了一座面积为56.5km^2、库容3.3亿m^{3}的始华湖，坝顶部建有连接两岸的高速公路，见图2。堤坝工程于1994年完工，原本是为了解决始华河口的生态问题，为发展清洁能源，后增建设潮汐电站，并发展旅游。

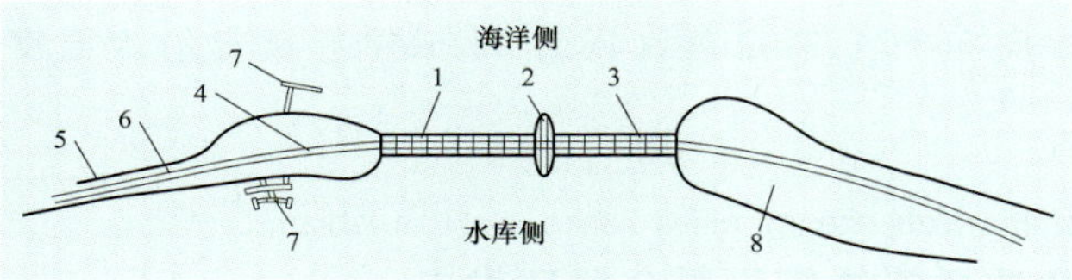

图1 始华湖潮汐电站枢纽示意简图

1—电站厂房；2—连接坝段；3—泄水闸；4—公路；5—左岸堤坝；6—生态公园；7—码头；8—右岸堤坝

图2 始华湖潮汐电站外景（王传崑 提供）

主要设备参数 厂房剖面见图3，厂房最大高度34.9m，宽61.1m，装有10台单机容量为25.4MW的单向灯泡机组，厂房内景如图4所示。机组在涨潮位时发电，落潮位时泄水。闸坝段宽44.3m，高24m。8孔泄水闸，最大泄水流量1098m^3/s。泄水闸的运行可以促进湖水与海水的交换，改善始华湖的水质。

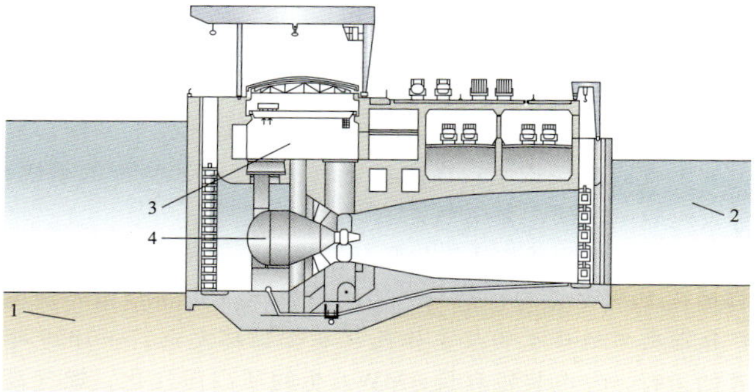

图3 始华湖潮汐电站厂房剖面图

1—海水；2—水库；3—发电厂房；4—贯流式灯泡机组

图4 始华湖潮汐电站厂房内景（王传崑 提供）

单向灯泡贯流式机组3个叶片，额定水头5.82m，最大水头7.8m，额定流量482.1m^3/s，转轮直径为7.5m，额定转速64.3r/min。为防海水腐蚀，阴极保护系统的设计考虑了海水含氧量、盐度、表面碱性度、温度和流速等因素。叶片及转轮材料用高含量钼铬不锈钢制造，电站进口、导叶和尾水道均采用碳钢。在阴极保护不到的部位采用包括不锈钢材料、表面堆焊耐海水腐蚀的电极、密封法兰焊接处及牺牲阳极等措施防止海水腐蚀。

工程施工和造价 始华湖潮汐电站工程于2004年开工，2009年首台机组发电，2011年完工。施工采用钢板桩围堰，总造价3.55亿美元（不含原堤坝部分），单位造价为每千瓦1398美元。

shuangku lianxu fadian chaoxi dianzhan

双库连续发电潮汐电站 (tidal power station with two basins) 建两个互相毗连的水库，单向水轮发电机组安装在两水库之间连续发电的潮汐电站。是潮汐坝法发电方式之一。

选择适当水库库容和电站装机，双库连续发电潮汐电站是可以连续发电的，这是该开发方式的最大优点。但这种电站投资大、工作水头低，潮汐能利用率最低。

枢纽布置 双库连续发电潮汐电站枢纽布置见图(a)，由1、2、3、4号拦水坝、分隔坝、发电厂房和水闸组成。分隔坝将水库分为上水库和下水库，发电厂房位于上水库与下水库之间，利用上、下水库间的水位落差工作。（见潮汐坝法）

工作周期 从图(b)可见，在a点，上水库水位与外海潮水位相同，落潮已开始，关闭4号坝上水闸，水轮机利用上库水发电，尾水流到下水库。此时下水库亦与外海隔断，所以随尾水流入，下水库水位上升。到b点，外海潮水位下降至与下水库水位相同，此时，打开3号坝上水闸，使下水库与外海沟通，于是尽管尾水不断进入下水库，但下水库水位仍然随潮水位下降。至c点，潮水位已达低潮位后开始涨潮，关闭3号坝的水闸，下水库水位随尾水进入而升高；到d点，潮水位涨至与上水库水位相同，打开4号坝的水闸，之后上水库水位随潮水位上升，仍在发电。这个过程一直持续到a点，如此循环。

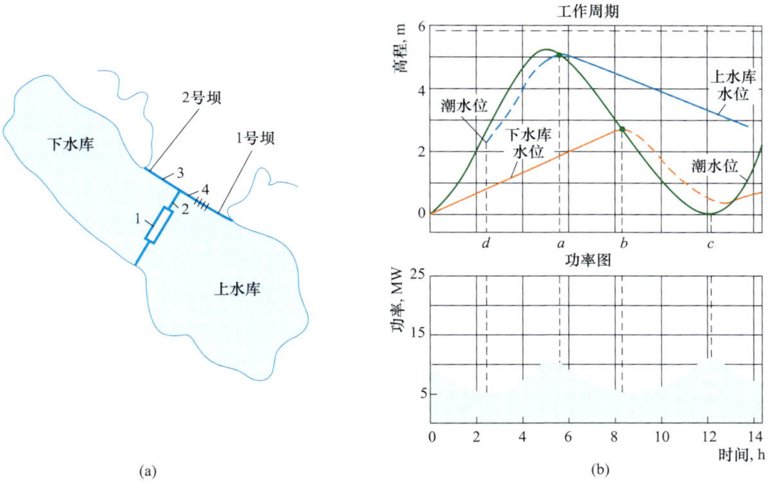

双库连续发电潮汐电站枢纽布置及工作周期图
(a) 枢纽布置；(b) 工作周期
1—潮汐电站；2—分隔坝；3，4—3 号、4 号拦水坝及水闸

shuangkui yibu fadianji

双馈异步发电机 (doubly-fed asynchronous generator) 定子绕组直接与电网相连，转子绕组通过变流器与电网相连的绕线型异步发电机。异步发电机是利用定子与转子间气隙旋转磁场与转子绕组中感应电流相互作用运行的一种交流发电机。发电机转子的旋转方向与旋转磁场的旋转方向相同。在不使用附加设备的情况下，异步发电机转子转速高于旋转磁场的同步转速。这种发电机又被称为感应发电机。异步发电机的转子绕组有鼠笼型和绕线型两种形式。鼠笼型由嵌在转子铁心中的导体条构成，导体条的端部采用导体环短路；绕线型的转子绕组类似于定子绕组，并与定子绕组有相同的极数。

早期风电机组中采用鼠笼型异步发电机，结构比较简单，转速基本上是固定的，即只能是由电网频率决定的同步转速，致使风轮不能随风速变化以较高转换效率的转速运行。随着电力电子技术和控制技术的发展，为满足提高风电机组发电效率且达到并网技术条件的需求，双馈异步发电机逐步取代鼠笼型异步发电机。与鼠笼型异步发电机相比较，双馈异步发电机具有发电效率高、可以在一定范围内进行转子转速控制和输出电能的功率因数控制、输出稳定等特点。

双馈异步发电机应用在变速恒频风电机组中时，一般采用变桨风轮＋增速齿轮箱＋双馈异步发电机＋背靠背的双向变流器的结构。发电机的运转状态由变流器及其控制器管理。与双馈异步发电机相匹配的变流器的容量取决于发电机变速运行时最大转差率。通常发电机的最大转差率为 30%。变流器功率为发电机额定功率的 1/3 左右。转子绕组电源的频率、电压、幅值和相位按运行要求由变流器自动调节，风电机组可以在不同的转速下实现恒频发电并满足并网技术要求。双馈异步发电机工作时转速较高，需要加装增速齿轮箱。以上特点允许风电机组可以在比较宽的转速范围内实现变速恒频运行，有利于适应较大的风速变化，提高发电效率。

工作原理　双馈异步发电机的定子绕组直接与电网连接，在定子与转子的气隙中产生一个旋转磁场，这个磁场的转速称为同步转速。发电机转子绕组通过变流器馈入三相对称电流，产生转子旋转励磁磁场，转子的机械转动与转子旋转磁场相叠加，转子机械转速和转子旋转磁场转速之和等于同步转速。转子励磁磁场在定子绕组中感应出同步频率的电势，向电网输出电能。为了获得最大的风能捕获效率，风电机组会根据风速调整风轮转速。当发电机转子机械转速变化时，通过调整转子励磁电流的频率，使转子机械转速和励磁磁场转速之和稳定在同步转速，以保证定子绕组感应电势频率的稳定。发电机转子的机械转速小于同步转速时，转子绕组通过变流器从电网馈入励磁电流，产生与转子转向相同的旋转磁场，定子绕组向电网输出电能；当发电机的机械转速与同步转速相同时，变流器提供直流励磁，发电机处于同步发电状态；当发电机转子机械转速超过同步转速时，转子绕组中产生与转子转向相反的旋转磁场，在定子绕组向电网输出电能的同时转子绕组通过变流器向电网输出电能，实现双馈功能。通过改变转子励磁电流的相位，可以改变发电机输出电能的功率角，实现发电机有功功率和无功功率的解耦控制。

结构组成　由定子、转子、碳刷滑环系统、机座、接线盒、散热器以及定子绕组温度传感器等构成，如下图所示。发电机极数一般为 4 极或 6 极，额定功率高于 2.5MW 的发电机一般采用 6 极。发电机的定子和转子分别由铁芯和绕组构成。定子或转子铁芯采用斜槽结构。碳刷滑环系统安装在发电机转子轴上，作为转子绕组与发电机外部进行电气连接的机构。碳刷滑环系统中装有监测电刷磨损程度的传感器。发电机转子与变流器相连，变流器工作时会产生交变尖峰电压，并且变流器谐波产生的附加损耗转化为热能会加速绝缘老化，因此在中、低压的双馈异步发电机中采用高压绝缘技术。发电机转子与变流器相连，会在发电机转子轴上产生有害的轴电流，增大轴承损坏的危险。双馈异步发电机在轴承系统上采用绝缘轴承或轴承绝缘端盖。发电机冷却系统根据对转子和定子的冷却方式组合分为空空冷、空液冷和机座液冷。风电机组中双馈异步发电机的输出电压一般为 690V，需要通过变压器等设备与电网连接。

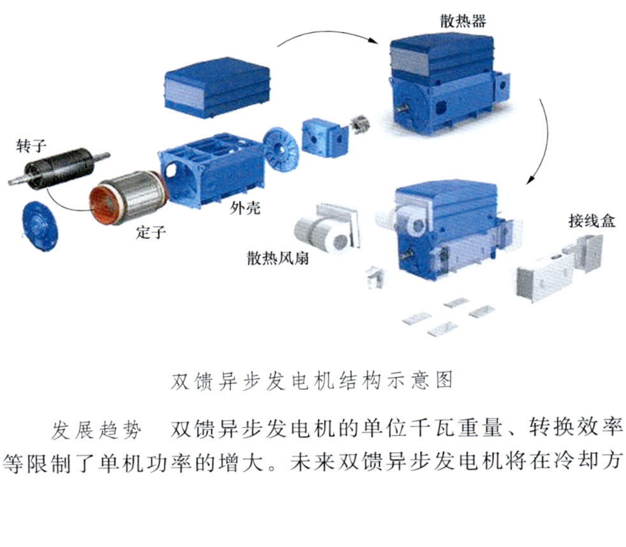

双馈异步发电机结构示意图

发展趋势　双馈异步发电机的单位千瓦重量、转换效率等限制了单机功率的增大。未来双馈异步发电机将在冷却方

法、绝缘结构、转差率、机械系统结构与强度、升高输出电压等方面进行优化，逐步开发出更大单机容量、更适应电力系统要求的发电机。

Sitelinji

斯特林机 (Stirling engine) 用斯特林循环做功的发动机。1816 年，苏格兰科学家 R. 斯特林（Robert Stirling，1790—1878）发明了第一台外燃、封闭循环的回热式热气机，后也被称为斯特林发动机。斯特林机和蒸汽轮机一样都属于外燃机。如图 1 所示，斯特林机主要由吸热器（热头）、气缸（热气缸、冷气缸）、活塞、回热器、冷却器等部件组成，见图 1。斯特林机主要应用在潜艇、太阳能热发电、热电联供系统、制冷系统等领域。在太阳能碟式热发电系统中斯特林机主要用来将热能转化为机械能。

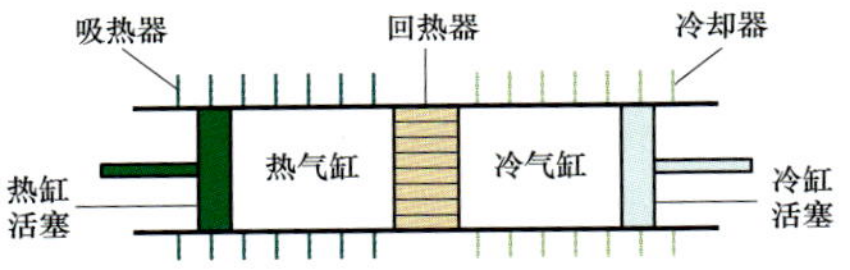

图 1 斯特林机原理模型

工作原理 利用斯特林循环实现热能向机械能的转化。斯特林循环包括低温绝热压缩、定容升压、高温绝热膨胀和定容降压 4 个热力过程，斯特林机工作过程中的气缸系统运动行程如图 2 所示。系统开始运行时，冷缸活塞处于外止点，热缸活塞处于内止点，紧靠回热器，如图 2（a）所示，气体工质均在冷气缸中，并处于低温状态。斯特林机开始工作时，热缸活塞在内止点不动，冷缸活塞由外止点向内止点移动，工作腔内工质被压缩，因压缩而产生的热量通过缸壁冷却器传给环境，从而使工质温度保持不变，此为绝热压缩过程；冷缸活塞运行至图 2（b）所示状态时，热缸活塞开始由内止点向外止点和冷缸活塞一起同步移动，并保持容积不变，工质通过回热器时吸热，温度升高，此一过程一直进行到冷缸活塞处于内止点，图 2（c）所示位置，此为定容升压过程；冷缸活塞移动到内止点不动，热缸内工质从外部热源吸热，热缸活塞继续向外止点方向移动，对外做功，保持缸内温度不变，但是工质压力因膨胀作用而下降，这个过程中热缸活塞移动至外止点，如图 2（d）所示位置，此为绝热膨胀过程，冷缸活塞和热缸活塞向冷缸活塞外止点方向同步移动，工作腔容积保持不变，工质通过回热器时会将部分高温热能传给回热器，并在冷气缸内通过冷却器进一步散热，此为等容放热过程，一直进行到热缸活塞移动至内止点、冷缸活塞移动至外止点，即恢复为图 2（a）所示位置，从而完成一个斯特林循环。由于膨胀过程的温度比压缩过程的温度高，因此该循环过程产生的膨胀功比压缩过程消耗的功大。斯特林机在工作过程中周而复始地进行上述四个循环，实现热功转换。斯特林循环的热效率在理论上等同于卡诺循环。由上述循环可知，提高膨胀过程的压力和温度，可以增加斯特林发动机的输出，而降低压缩过程的温度可以减小压缩过程耗。为了避免不必要的热量消耗，回热器安装在热气缸和冷气缸之间，当气体由热气缸进入冷气缸时，部分热量存储于回热器内，而当气体由冷气缸进入热气缸时，重新吸收回热器内的热量。斯特林发动机通过气体在冷热环境转换时的热胀冷缩做功，发动机内的工作气体处于封闭状态，本身不参与任何形式的能量转换，因此可以用惰性气体来作为工质。

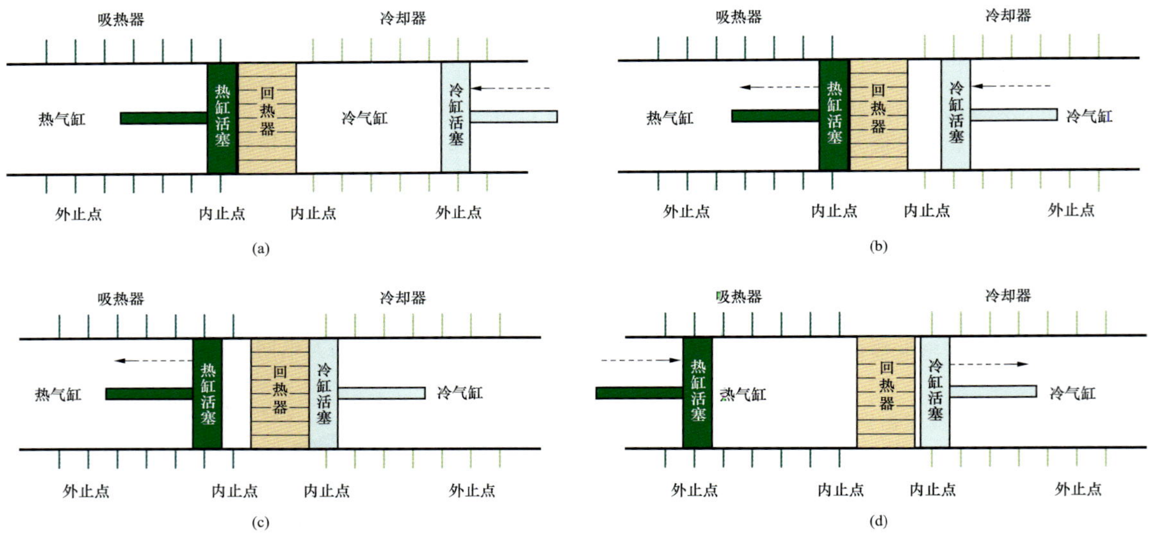

图 2 斯特林机工作循环运动过程示意图

分类 按照输出功的方式不同，分为自由活塞式斯特林机和双缸旋转式斯特林机。

自由活塞式斯特林机如图 3 所示，又称 β 型斯特林机。置换活塞和动力活塞通过曲柄连接在飞轮曲柄销上，通过置换活塞的上下运动把气体来回输送到置换活塞前后的冷气缸和热气缸中。当置换活塞下降时气体经过回热器—管道从热气缸进入冷气缸，当置换活塞向上运动时气体沿着同样路径返回热气缸。置换活塞周期性的上下运动使气体在冷、热气缸之间流动实现周期性的加热和冷却。动力活塞与置换活塞与不同速度周期性配合运动，通过两个活塞之间空间大小的变化实现气体的冷态压缩和热态膨胀，产生扭矩然后做功输出。

双缸旋转式斯特林机如图 4 所示，又称 α 型斯特林机。热气缸和冷气缸中的活塞通过曲柄连杆连接到飞轮的同一个曲柄销上，热缸活塞在热气缸中往复运动，冷缸活塞在冷气缸中往复运动，并通过气体在冷气缸和热气缸之间的周期性加热—冷却和膨胀—压缩，产生扭矩然后做功输出。

发展状况 自由活塞式斯特林发动机的发明是斯特林发动机发展史上的一个重要进展。自由活塞式斯特林发动机最早由美国人W.比尔（W. Beale）在20世纪50年代提出，并于1974年成立了Sunpower公司，开展自由活塞式斯特林机的商品化研究。1986年美国Infinia公司开始自由活塞式斯特林机的研发，截至2009年12月，已开发出110套3kW自由活塞式斯特林发动机太阳能热发电装置。20世纪90年代美国斯特林热力发动机公司（Stirling Thermal Motors, Inc.）和瑞典克昆（kockums）公司开发了4缸自由活塞式斯特林机，德国solo公司开发了“V”形双缸旋转式斯特林机用于碟式太阳能热发电系统。中国正在进行碟式太阳能热发电用热声斯特林机的研究。

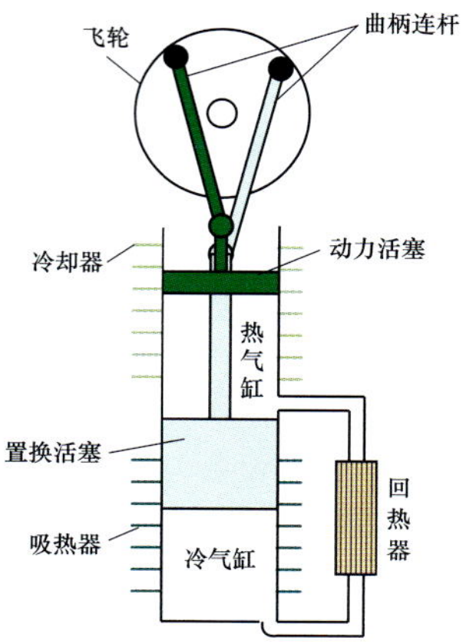

图3 自由活塞式斯特林机结构原理图

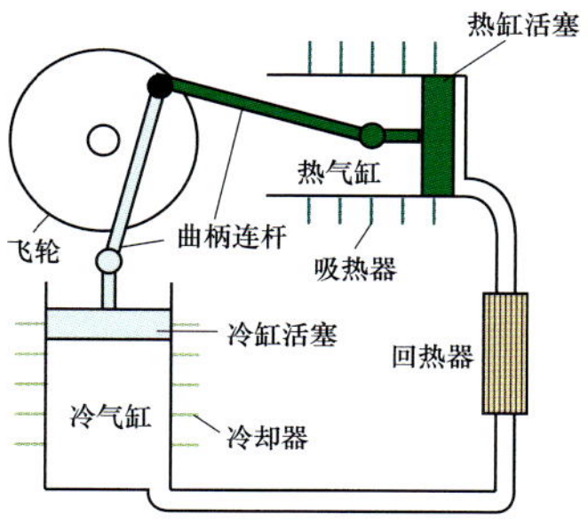

图4 双缸旋转式斯特林发动机结构原理图

tajia

塔架 (tower) 安装于风电机组基础之上、用于支撑机舱部分的塔状结构，是风力发电机组的主要承载部件。其功能一是承受机舱和风轮的重量和各种动载荷，并将这些载荷传递到基础；二是将风轮和机舱支撑到距离地面一定高度，以获取较平稳的风能。按使用的材料，塔架可分为钢制塔架、钢筋混凝土塔架和钢-混凝土混合塔架，如图1所示。

图1 风电机组塔架

(a)，(b) 陆地及海上钢制锥筒型；(c) 钢制拉索型；(d) 钢制桁架型；(e) 钢筋混凝土型；(f) 钢-混凝土混合塔架

钢制塔架 主要包括钢制锥筒型塔架、钢制桁架型塔架和钢制拉索型塔架。钢制塔架的常用材料为低合金高强度结构钢Q345C、Q345D、Q345E，在低温地区的塔架一般采用Q345E，常温地区采用Q345D，常年温度不低于10℃的地区采用Q345C。塔架表面通常采用喷砂除锈、热喷锌和喷漆处理，起到防腐作用。

钢制锥筒型塔架 大型水平轴风力发电机组常用的塔架类型，一般由三段或以上塔筒安装组成，塔筒直径由下往上逐渐减小，配有塔门、塔梯、塔内平台、电缆卷筒支架、门外梯、照明设备、安全与消防设备等。锥筒型塔架一般采用强度和塑性较好的多段钢板，在卷板机上滚圆并焊接成截锥形筒体，两端与法兰焊接构成截锥形塔筒，分段运送到现场后使用吊车现场安装（见风电机组运输）。采用截锥形塔筒可以直接把机舱底盘用螺栓、垫片固定在塔顶，爬梯或塔筒升降机、安全设施及电缆等都包容在塔筒内部，并且可利用塔筒底部空间安置各种控制及监测设备。其优点是美观大方，维护人员上下塔架安全可靠；缺点是迎风阻力较大，且随着尺寸的增大，运输难度增加。

为便于维护人员上下塔架，爬梯上可安装助爬器，或配塔内升降机。

(1) 助爬器。塔架内部垂直拉伸助力爬行的装置，如图2所示，通过支架固定在爬梯上下两端使用。爬梯底部的电动机通过驱动绳轮，带动环绕在上下两个滑轮上的环形牵引绳连续运行。使用者可通过锁绳器将穿在身上的安全带与之相连，无论使用者向上或向下运动，速度快或慢，助爬器可自动保持一个均衡的提升力，既可减轻使用者体力消耗，又可保障工作安全。

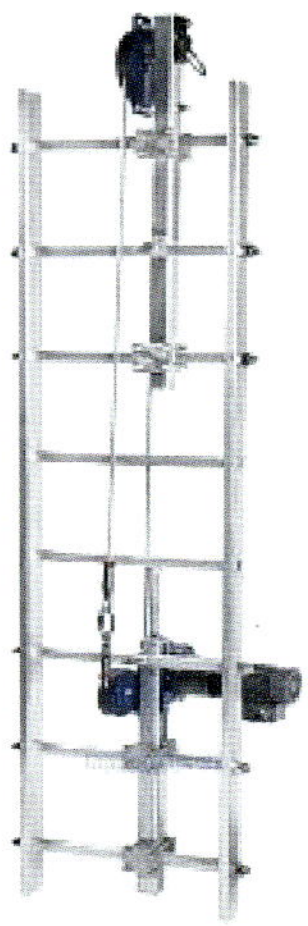

图2 助爬器

(2) 塔内升降机。安装于塔架内部的一种升降机，如图3所示。通过塔内升降机可以在塔筒内快速且安全的运送维护人员和物料，提高工作效率和改善工人工作条件。一般额定功率在2MW以上的风电机组，由于塔架直径和高度会有所增加，可以在塔筒内部配备升降机，但其不能替代爬梯。

钢制桁架型塔架 采用钢管或角钢焊接成截锥形桁塔支撑在地基上，桁塔的横截面多为正方形或正多边形。可在工厂焊接完成或把材料运输到现场焊接施工。其优点是设计简单，运输方便，制造费用较低。对于下风向式风电机组，其风轮塔影效应较小。塔影效应指风电场内一部分气流首先通过风电机组塔架后再吹向其后的机组风轮，因塔架干扰了吹向叶片的气流所产生的负面影响，即塔架的存在干扰了塔架周围的空气流场，造成塔影效应。塔影效应会导致风电机

图3 塔筒升降机

组输出功率发生波动。采用这种塔架的缺点是现场施工周期长，运行中须对连接部位定期检验，外观形象较差，维护人员上下机舱不安全。

钢制拉索型塔架　由单管或桁架与拉索组成。钢制单管或由角铁焊接的桁架在中心地基上起支撑作用，用数根钢索牵拉与地基固定，保持整个风力发电机组对地基的垂直度和塔架的稳定性。钢制单管或桁架可制作成可以折叠或拼接的数段，方便运输和安装。这种塔架设计简单，制造成本低，适用于小型风力发电机组（见离网风力发电系统）。

钢筋混凝土塔架　横截面一般为圆形或正多边形，塔架结构为锥筒形或由不同直径的圆筒形连接构成。制作过程多为现场浇注，或在工厂做成预制件后运到现场安装。其优点是造价较低，刚度大，可以有效避免塔架共振；缺点是现场施工周期长，难以满足大批量机组安装的需要。

钢-混凝土混合塔架　对于大型风电机组，有一种下段采用预应力混凝土结构，上段采用钢制结构的混合塔架方案，这种形式的塔架还在推广阶段，应用范围不广，但是对于一些复杂地形条件，钢制塔架下段直径大、运输有困难的地方，有应用前景。其突出问题是施工和养护时间长，由于材料分段，结构也不同，设计上比较复杂。

tashi taiyangneng refadian xitong

塔式太阳能热发电系统

（solar power tower system）　通过多台跟踪太阳运动的定日镜将太阳辐射能反射至放置于支撑塔上的吸热器中，把太阳辐射能转换为传热工质的热能，通过热力循环再转换成电能的发电系统。塔式太阳能热发电系统主要由定日镜场、支撑塔、吸热器、储热器、换热器和发电机组等组成。按照传热工质的种类，塔式太阳能热发电系统主要有水/蒸汽、熔融盐和空气等形式。

水/蒸汽塔式太阳能热发电系统　系统以水/蒸汽作为传热工质，水经过吸热器直接产生高温高压蒸汽，推动汽轮发电机组发电，系统原理如图1所示。水/蒸汽塔式太阳能热发电系统的传热工质和做功工质一致，年均发电效率可以达到15%以上。水/蒸汽具有热导率高、无毒、无腐蚀性等优点。蒸汽在高温运行时有高压问题，在实际使用时蒸汽温度受到限制，抑制了塔式太阳能热发电系统运行参数和系统效率的提高。

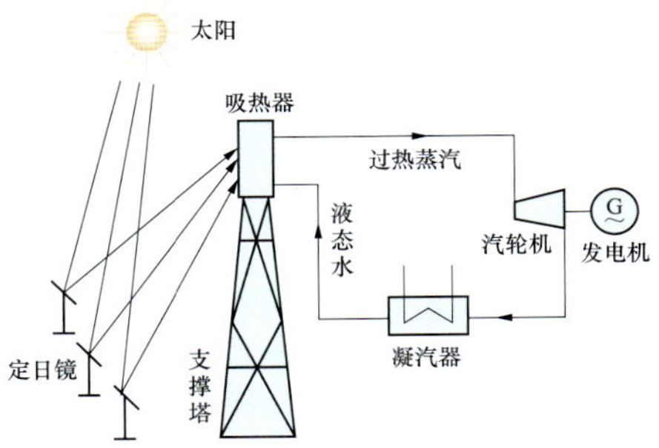

图1　水/蒸汽塔式太阳能热发电系统原理

熔融盐塔式太阳能热发电系统　系统以熔融盐作为传热工质，熔融盐在吸热器内吸热后，通过熔融盐/蒸汽发生器产生蒸汽，并推动汽轮机发电机组发电，系统原理如图2所示。加热后的熔融盐先存入高温储存罐，然后送入蒸汽发生器加热水产生高温高压蒸汽，驱动汽轮发电机组发电。汽轮机乏汽经凝汽器冷凝后返回蒸汽发生器循环使用。在蒸汽发生器中放出热量的熔融盐送至低温储存罐，再送回吸热器加热。常用的熔融盐为硝酸钠加硝酸钾的混合盐，沸点较高，可达620℃，可以实现热能在电站中的常压高温传输，实现系统高参数运行；传热工质和蓄热工质一致，减小换热㶲损失。熔融盐塔式太阳能热发电系统年均发电效率可达20%。

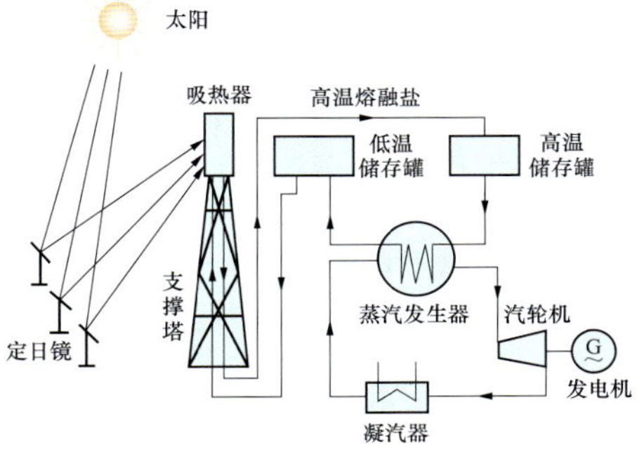

图2　熔融盐塔式太阳能热发电系统原理

熔融盐是熔融状态的无机盐，常见的熔融盐有碳酸盐、氯化盐、氟化盐和硝酸盐，其中硝酸盐在太阳能热发电中应用较为广泛。熔融盐具有吸热量大、便于储存的优点，被加热融化后，其黏度与水相近，输送方便。熔融盐也具有明显的缺点：腐蚀性较强，温度高于500℃时熔融盐对不锈钢的腐蚀性明显增强，要求材料有较强的抗腐蚀性；大多数熔融盐凝固点较高，在200℃以下就会凝结成固体状，需要解决好管道冻堵问题。

空气塔式太阳能热发电系统　以空气作为传热工质，空气经过吸热器加热后形成高温热空气，进入燃气轮发电机组发电的太阳能热发电系统，系统原理如图3所示。空气作为传热工质，易于获得，工作过程无相变，工作温度可达1600℃，由于空气的热容较小，空气吸热器的工作温度可高于1000℃，大大提高燃气轮机进口空气温度，减少燃气用量，年均发电效率可达30%。空气作为传热介质的缺点：传热性能较差，需要通过增加换热面积强化换热。

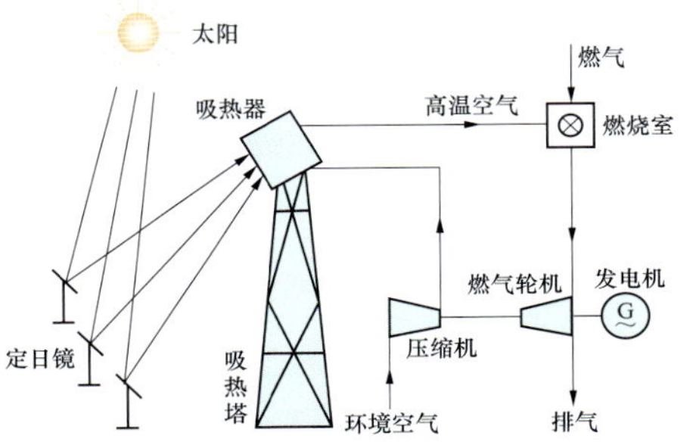

图3　空气塔式太阳能热发电系统原理

发展状况　1950年苏联设计并建设了全球首座塔式太阳能热发电实验装置，进行基础性研究和探索。1982年美国建成的太阳能Ⅰ号（Solar One）水/蒸汽塔式太阳能热发电示范系统，装机容量10MW，采用导热油/鹅卵石为储热工质。1995年，美国将太阳能Ⅰ号（Solar One）改造为太阳能Ⅱ号（Solar Two）示范系统，采用熔融盐吸热器替代了太阳能Ⅰ号的水/蒸汽吸热器，吸热器出口熔融盐设计温度565℃，采用60%的硝酸钠和40%的硝酸钾配比的熔融盐作为储热工质，工作温度在290～560℃，储热系统设计容量105MW·h，实现了日落后可连续发电3h。2007年，西班牙塞维利亚建成全球首座商业化塔式太阳能热发电站PS10，系统装机容量11MW，吸热器出口饱和温度250℃，配备20MWh饱和水蓄热系统。2008年，全球第一座采用空气为传热介质并采用燃气轮机的塔式太阳能热发电站——Julich塔式实验电站在德国宇航中心（DLR）建成。2011年，西班牙PS20水/蒸汽塔式太阳能热发电站建成发电，电站设计容量20MW，吸热器出口饱和蒸汽温度250～300℃。2011年，西班牙Gemasolar电站，设计容量19.9MW，采用熔融盐储热技术，实现日落后15h连续发电，电站24h连续运行，是世界首座采用熔融盐储热的商业化太阳能电站。2009年德国宇航中心（DLR）建成了1.5MW空气太阳能塔式热发电试验系统，配置以蜂窝陶瓷为吸热体的容积式空气吸热器，空气出口温度达到了780℃。

20世纪80年代，中国天津大学设计制造了塔式太阳能示范装置。2005年河海大学在南京江宁建成中国首座塔式太阳能热发电实验示范系统，装机容量70kW。系统采用空气作为传热工质的吸热器，燃气轮机组发电。中国科学院电工所作为牵头单位，在北京延庆设计并建造了1MW塔式太阳能热发电站——八达岭太阳能热发电实验电站。采用水/蒸汽工质吸热器，产生400℃过热蒸汽，2012年8月正式发电，是中国自主设计建造的首座兆瓦级塔式太阳能热发电站。青海省德令哈市50MW商业化塔式太阳能热发电站，一期工程10MW，采用水/蒸汽工质吸热器产生饱和蒸汽，天然气过热，于2012年9月13日产汽，2013年7月并网发电。

taiyang fushe

太阳辐射

（solar radiation）　太阳向宇宙空间发射的电磁波和粒子流。太阳发射的电磁波由不同波长连续光谱组成，包括无线电波（含微波）、红外线（远红外线、中间红外线、近红外线）、可见光、紫外线、X射线、γ射线等几个波谱范围，如图所示。电磁波辐射主要集中在可见光部分（波长0.4～0.76μm），波长大于可见光的红外线（>0.76μm）和小于可见光的紫外线（<0.4μm）的部分较少。

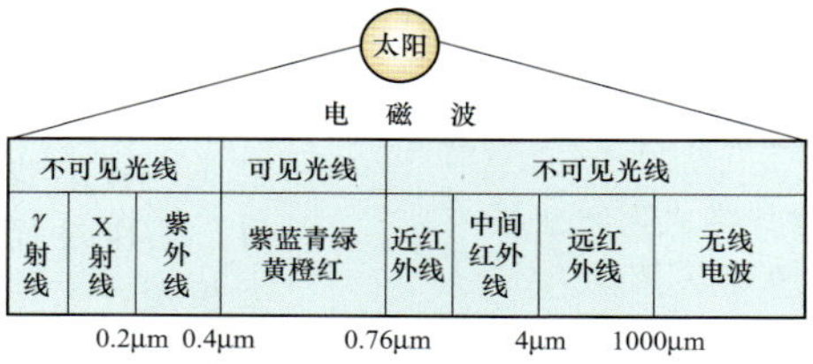

太阳光谱示意图

在全部辐射能中，波长在0.15～4μm之间的能量占99%以上，且主要分布在可见光区和红外区；可见光区、红外区、紫外区的能量分别约占太阳辐射总能量的50%、43%、7%。太阳发射的粒子流由带正电荷的质子和大致等量的带负电荷的电子，以及其他粒子所组成。粒子流辐射平时比较弱，能量也不稳定。根据太阳辐射向地球传输的过程，其分为地外太阳辐射和地表太阳辐射。地外太阳辐射指地球大气层外即大气上界的太阳辐射；地表太阳辐射指经过大气层到达地球表面的太阳辐射。

太阳活动影响太阳辐射。太阳活动指太阳大气中局部区域各种不同活动现象的总称，主要标志是太阳黑子和耀斑。太阳黑子实际上是太阳表面的一种炽热气体的巨大漩涡，因为其温度比太阳光球层表面温度低1000～2000℃（光球层表面温度6000℃），所以看上去像暗色斑点。太阳黑子是太阳活动的基本标志，其数量关联到太阳辐射的强度。当太阳黑子增加时，太阳表面的活动越活跃。耀斑是太阳活动最激烈的显示，对地球的气候、电离层、磁场和在高纬度夜空极光的出现有影响。太阳发射的粒子流在太阳活动极大期时最为强烈，对人类和地球高层大气有一定的影响，但是一般情况下，不等它辐射到地球表面上，便在日地遥远的路途中逐渐消失了。

taiyangneng

太阳能

（solar energy）　太阳向宇宙空间发射的电磁辐射能。

太阳能的起源及其传播　太阳是离地球最近的一颗恒星，日地平均距离为1.496×10^{8}km。太阳直径为1.392×10^{6}km，是地球直径的109倍；太阳绕轴转动的周期约为25天；太阳质量为1.989×10^{30}kg，是地球质量的33×10^{4}倍。太阳的密度却只有1.4×10^{3}，大约是地球密度的1/4。在太阳的组成成分中，氢约占81%，氦约占17%，其他元素总共只占2%。

太阳中心部分的温度高达1.5×10^{7}K，压力高达3.4×10^{14} Pa。在这样的高温高压下，原子失去全部或绝大部分核外电子而形成等离子体，并发生剧烈的热核反应，其总的反应就是由4个氢核聚变成1个氦核。每次聚变反应的质量亏损为4.7×10^{-29}kg，每次聚变反应放出4.22×10^{-12} J的能量。由于每秒钟约有4.22×10^{9}kg氢核聚变为氦核，故太阳释放的总功率高达3.83×10^{20}MW。

太阳能主要以电磁辐射的形式向四周发射，到达地球约需8min。太阳辐射能中仅有1/（2.2×10^{8}）即1.73×10^{11} MW能到达地球大气上界（见地外太阳辐射），其中约有51%被大气层和地球表面反射回宇宙空间，49%即8.47×10^{16}MW到达地球表面。（见地表太阳辐射）

太阳辐射的波长范围很宽，从10^{-4} μm至10μm。但是，其中的X射线及其他波长更短的辐射在电离层内即被氮、氧和其他气体分子强烈地吸收；大部分紫外线被臭氧层所吸收；波长大于3μm的红外线和远红外线绝大部分都被水蒸气所吸收。因此，在到达地球表面的太阳辐射中，98%的能量分布在0.3～3.0μm的波长范围内。此外，太阳辐射的光谱分布大体上与温度为5770K的黑体辐射相当，故可将该温度看做是太阳表面的有效温度。

太阳能的转换及其特点　太阳能是已知的最原始的能源，地球上几乎所有其他能源都直接或间接地来自太阳能（核能和地热能除外）。它是大气圈、水圈和陆圈上层中所发生的各种物理过程和各种生命活动的基本动力。

太阳辐射能被物体吸收后，主要发生光-热、光-电、光-化学和光-生物质等几种转换方式。

太阳能除数量巨大外，还能长期供给，根据天体物理学的理论计算，估计尚可维持数十亿年之久。（见太阳能资源）太阳光普照大地，因此太阳能不需开采和运输，是清洁、无污染的能源。但是，它的能流密度较低，只有$1kW/m^{2}$左右；而且由于受到昼夜、季节、地理纬度和海拔高度的限制，以及阴雨云雾雪等随机因素的影响，使它具有间断性和不稳定性。这些缺憾给太阳能的利用带来一定的困难。

太阳能的收集 大体上可以根据太阳能的转换方式进行分类。主要包括太阳能的光-热转换、光-电转换、光-化学转换和光-生物质转换。

光-热转换 主要利用太阳能集热器来实现。太阳能集热器是将太阳的辐射能转换为热能的设备。根据用途不同，集热器可以用于炊事的太阳灶、用于产生热水的太阳能热水器、用于干燥物品的太阳能干燥器、用于熔炼金属的太阳能熔炉，以及太阳房、太阳能热发电，等等。按照使用条件和需求的不同，主要可以分为平板型集热器、真空管集热器和聚焦型集热器三类。

(1) 平板型集热器。太阳能低温热利用系统中的关键部件。它实质上是一种热交换器，可将太阳能转换为工质（液体或气体）的热能。它的特点是结构简单，可以固定安装而不需跟踪太阳，并且直射辐射和漫射辐射都能收集，成本也比较低。不过，它的工作温度一般多在100℃以下。

如图1所示，平板型集热器由五个基本部件组成：①吸热体，可吸收入射的太阳辐射能并转换成热能传递给工质；②盖层，允许太阳辐射透过，但阻碍吸热体的长波热辐射透过，以减少吸热体的热损失；③保温层，可减少吸热体不直接接收太阳辐射部分的热损失；④工质及流动通道，使工质能与吸热体直接发生热接触；⑤支架及框架，可将集热器的各个部分连接成一个整体并支承其重量。

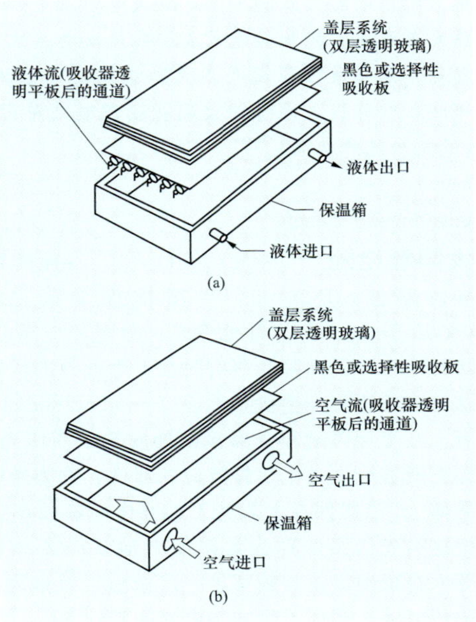

图1 典型的平板型集热器

(a) 加热液体；(b) 加热气体

(2) 真空管集热器。太阳能中、低温热利用系统中的主要部件。它的基本单元结构如图2所示。图2中A是一块白色漫反射平板，B是若干支真空集热管，C是由聚氨酯保温的连集管，D是连集管上的流体输入与输出端。图3是全玻璃真空集热管示意图，它像一个拉长的暖水瓶，由两根同心圆玻璃管组成，内、外管间抽成真空，可以防止对流热损；内管的外表面通过磁控溅射沉积有吸收率高（≥0.92）、发射率低（≤0.08）的选择性吸收涂层，一方面提高吸收率，另一方面又降低辐射热损。图4是玻璃—金属真空集热管示意图，其中，图4(a)玻璃外管的直径较大，吸热体是具有选择性吸收表面的平板翅片及与它紧贴的U型铜管，两铜管与玻璃进行真空熔封，引出集热管外，作为传热流体的进、出口；图4(b)中金属平板的吸热体与嵌在其中间的热管进行热接触，通过金属间钎焊以及玻璃-金属熔封，使热管的冷凝端引出集热管外；图4(c)中的吸热体为一中心金属圆管，其两端与外玻璃管分别熔封，熔封的金属与中心圆管之间焊接有弹性的波纹管（见抛物面槽式吸热管）。这种集热管可以耐受200～500℃的高温，用于太阳能热发电。

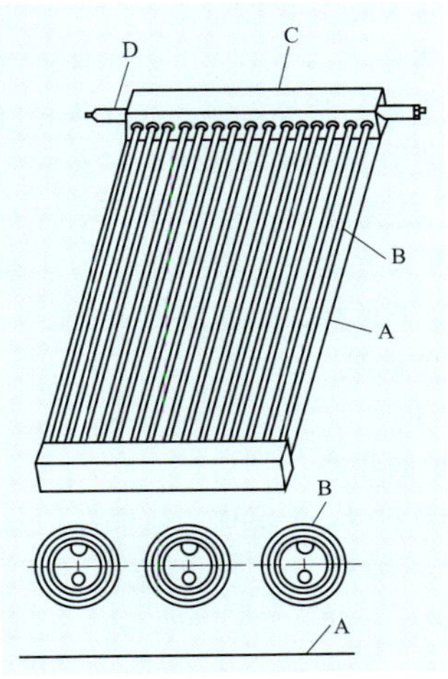

图2 真空管集热器单元

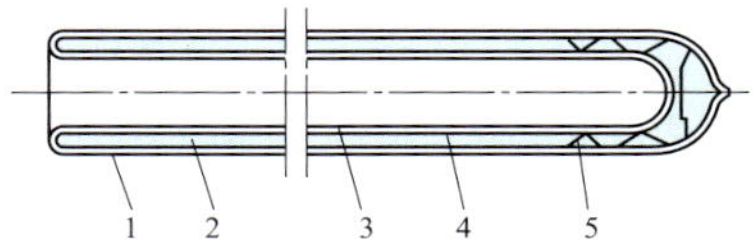

图3 全玻璃真空集热管

1—外玻管；2—真空；3—内玻管；4—选择性吸收涂层；5—带吸气剂的卡子

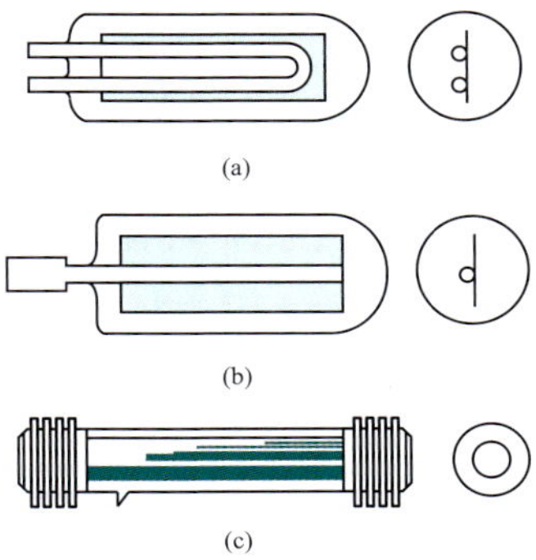

图4 玻璃-金属真空集热管

(3) 聚焦型集热器。太阳能中、高温热利用系统中的主要部件。多为反射式，采用玻璃或金属反射镜面，可以制成线聚焦和面聚焦两种形式。（见抛物面槽式聚光器和碟式聚光器）

光-电转换 主要通过太阳能电池来实现。太阳能电池是一种可以把光能直接转换为电能的半导体器件。

光-化学转换 主要通过可逆的化学反应来实现太阳能转换成化学能的过程。大体可以分为下列两种方式：

$$A+B \rightleftharpoons AB+Q$$

$$C+D+Q' \rightleftharpoons CD$$

这些可逆的化学反应，可以在一个方向上由于吸热作用而储存热量，而在相反的方向上则由于放热作用而供应热量。不过，由于进行上述吸热或放热可逆化学反应所需要的温度一般都在200℃以上，因此也可以用于太阳能热发电（见塔式太阳能热发电系统）。从长远来看，利用太阳能制氢作为无污染的稳定能源，前景看好。（见可再生能源制氢）

光-生物质转换 主要通过植物的光合作用来实现太阳能转换成生物质能的过程。迄今为止，一切植物的生长都有赖于这个过程，光合作用也一直是地球上最重要的太阳能的转换和利用过程，它不仅效率较高，并且毫无污染，是自然界的能量转换循环过程中不可缺少的一环。充分地利用光合作用，大面积种植能源植物和快速生长林，可以解决部分地区的能源和建筑用材的短缺问题，而大量培植蛋白质含量极高的藻类，还可以在不远的将来为改善人类的食品供应和营养结构提供广阔的发展前途。

太阳能的储存 由于太阳能的间断性和不稳定性，并且经常与能源需求不能很好地匹配，其储存便成为推广利用太阳能所必须解决的重要课题，也是比较薄弱的一个环节。

原则上讲，可将太阳能以机械能、热能、电能、化学能和生物质能等各种形式储存起来。但是，真正有实用价值的是热能储存、电能储存、转化为氢能三种方式。

热能储存　可以分为显热储存和潜热储存两类，其共同要求是单位容积储存的热能多、单位热能的储存费用低以及能够长期可靠运行等。

（1）显热储存。应用最多的储热介质是水和卵石，二者都具有来源丰富、价格便宜和性能稳定的优点。水的容积储热密度比卵石大，但有漏损和腐蚀等问题，并且不能用作中、高温热储存。此外，还可以利用土壤进行大容量（10^7～10^8kW·h）、中温（250～500 ℃）和长期（跨季度）储热；也可以利用地下含水层进行“夏灌冬用”和“冬灌夏用”来储热和储冷。显热储存的主要缺点是所需储热介质的体积和质量很大，并且储热温度的变化幅度较大，因此往往需要配置一套温度和热流量的调节和控制系统。

（2）潜热储存。具有实用价值的只有固-液相变潜热。在低温条件下采用的储热介质主要是部分无机盐水合物（例如 $Na_2SO_4 \cdot 10H_2O$，$CaCl_2 \cdot 6H_2O$ 和 $Na_2S_2O_3 \cdot 5H_2O$ 等）以及部分有机物（例如石蜡，分子式为 C_nH_{2n+2}）。在中、高温条件下则采用金属熔盐（例如 $NaNO_3 \cdot NaOH$ 及 $NaCl \cdot NaNO_3 \cdot Na_2SO_4$ 等）。潜热储存的主要优点是，容积储热密度比显热储存高出数倍，并且相变时温度基本上保持恒定，故不需要控温系统。它的主要缺点是，易于产生过冷现象、反复循环过程中的晶液分离以及热导率低，因而对所用热交换器的要求较高。

电能储存　将太阳能电池接收太阳辐射后所产生的电能储存在蓄电池中。主要使用的多为铅酸蓄电池和镉镍蓄电池。前者的储存效率可以超过 70%，价格也比较便宜，但是寿命不够长；后二者无论是机械的或化学的耐用性能都较好，寿命也较长，重量远比前者轻，但是储存效率只有 60%左右，价格昂贵。

太阳能的应用　人类除了直接利用太阳能生产粮食、蔬菜、水果等食物外，还开展了热利用，以及太阳能光发电和太阳能热发电。

太阳能热利用　根据所需温度的不同，分为低温、中温和高温三类。

（1）太阳能低温热利用。主要利用平板型集热器的“温室效应”。最简单的装置就是塑料大棚和玻璃温室，除能四季供应蔬菜和花卉外，还可用来建造太阳能游泳池，进行混凝土养护，以及用于粮食、果品、药材、木材、皮革和各种土特产品的干燥。应用最为广泛的是热水器，在温带地区，每年可以供应半年以上的家庭和工业用热水。建造采暖太阳房，是节省大量化石能源和改善人们生活条件的重要措施之一。

（2）太阳能中温热利用。可以制成制冷装置，用于空调、冷藏和制冰，但是系统结构比较复杂和初始投资较高，只有少数发达国家进行研究并少量试用。开水器、消毒器和太阳灶则是发展中国家采用得较多的。其中太阳灶分为箱式和聚焦式两种，前者结构十分简单，不需跟踪，即使在晴间多云天气仍可使用，只是温度仅在 150～200℃范围内，不能对食物进行炒、炸、煎等烹调操作；后者采用抛物面反射镜，一般采光面积只需 2～3m^2，焦面温度即达 400～500℃，可以进行各种烹调操作，主要缺点是必须跟踪太阳，遇到多云天气很难使用。

（3）太阳能高温热利用。可以制成焊接机，旋转抛物面反射镜的有效采光面积只需 5m^2 左右，焦斑中心处的最高温度即可达 1500～2000℃，用来烧穿钢板，进行切割和焊接，质量优良。还可以制成高温炉，由于最高温度可达 3000 ℃以上，一般物质都已完全汽化，故可用来熔炼和提纯各种熔点极高的金属和非金属。

太阳能光发电　不通过热过程直接将太阳的光能变换成电能的太阳能利用方式。主要分为太阳能光伏发电、光感应发电、光化学发电和光生物发电。太阳能光伏发电是太阳能光发电的主流，截至 2010 年底，全世界已累计装机容量约 40GW。（见太阳能光发电）

太阳能热发电　通过收集太阳辐射能将其转化为热能，再用动力机械转换为机械能驱动发电机发电的技术。根据收集太阳辐射能方式的不同，其发电系统主要分为塔式太阳能热发电系统、抛物面槽式太阳能热发电系统、碟式太阳能热发电系统和线性菲涅耳式太阳能热发电系统等。截至 2011 年底，全球投入运行的太阳能热发电站总容量约 1770MW。（见太阳能热发电）

taiyangneng dianchi

太阳能电池

（solar cell）　一种具有光伏效应的半导体器件。1839 年，法国物理学家 A.E. 贝克勒尔（A. E. Becqurel）意外地发现：用两片金属浸入溶液构成的伏打电池，受到阳光照射时会产生额外的伏打电动势。他把这种现象称为光生伏打效应（photovoltaic effect）。1883 年，有人在半导体硒和金属接触处发现了固体光伏效应。以后，即把能够产生光生伏打效应的器件，称为光伏器件。因为半导体 pn 结器件在太阳光下的光电转换效率最高，所以通常把这类光伏器件称为太阳能电池。1954 年恰宾（Charbin）等人在美国贝尔实验室第一次做出了效率为 6%的实用硅太阳能电池，开创了太阳能电池的新纪元。

物理基础　依能带理论，半导体中电子的运动状态，按能量可分为导带和价带，其间的能量间隙称为禁带。处在导带中的电子，能够在整块半导体中自由运动，传导电流。而处在价带中的电子，则只能局限于绕原子核运动，不能传导电流。半导体受到光能、热能或其他外来能量激发时，价带中的电子会跃迁入导带，在价带留下一个空穴。空穴带正电荷，也可在整块半导体中自由运动，传导电流。能够传导电能的电子和空穴称为载流子。在纯净的半导体中电子和空穴都是成对存在，成对出现的。受光激发产生电子、空穴对（也称光生载流子）的过程，称为光激发。根据量子力学原理，只有那些能量 $h\gamma$ 大于或等于材料禁带宽度 E_g 的光子，才能激发出光生载流子。即必须满足

$$h\gamma \geqslant E_g$$

式中 h 为普朗克常数；γ 为光子的频率。

对于确定的半导体，禁带宽度 E_g 是定值。故能够产生光生载流子的极限波长 λ_0 由下式确定

$$\lambda_0 = 1/v_0 = 1.24/E_g$$

式中 v_0 为极限频率，单位为 μm。极限波长 λ_0 也称为红限，即波长小于 λ_0 的光都不能在这种半导体中产生光激发。

结构　典型的太阳能电池结构是一片厚为 0.2～0.3mm、面积为 5cm×5cm～15cm×15cm 或更大的硅薄片。上部是掺有五价元素磷原子，并依靠大量电子导电的 n 型硅，即 n^+-Si。下部是掺有三价元素硼原子，且依靠空穴导电的 p 型硅，即 p-Si。界面处即为 pn 结，结深 0.1～0.3μm，n^+-Si 上面布有很细的金属栅线，背电极紧贴 p-Si。为了减少反射，整个电池表面覆盖着一层透明的减反射膜。n^+-p 型硅太阳能电池的基本结构如图 1 所示。

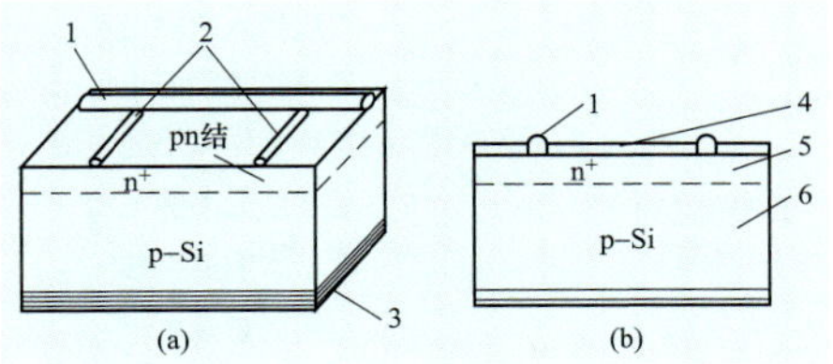

图 1　n^+-p 太阳能电池的基本结构
(a) 部分立体图；(b) 相应的断面图
1—金属电极主栅；2—金属上电极细栅；3—金属底电极；4—减反射膜；5—顶区层（也称扩散层）；6—体区层（也称基区层）

工作原理　太阳能电池的 pn 结处存在着一个由 n^+ 区指向 p 区的内建电场。当阳光照射到太阳能电池表面时，小部分被反射，大部分穿过减反射膜进入硅电池，其中能量大于禁带宽度的光子被硅吸收后激发出光生载流子。其吸收规律可用朗伯定律来描述，即

$$I_x(\lambda)=I_0(\lambda)\exp[-\alpha(\lambda)x]$$

式中 $I_x(\lambda)$为离硅表面 x 处波长为 λ 的光谱辐照度；$I_0(\lambda)$为入射到硅表面 $x=0$ 处波长为 λ 的光谱辐照度；x 为离硅表面的距离；$\alpha(\lambda)$为该硅片对波长的吸收系数。每一个被硅原子吸收的、能量大于 E_g 的光子都可以产生一对光生载流子。在 n^+ 区产生光生空穴向 pn 结扩散，进入 pn^+ 结区后，即被内建电场推向 p 区。在 p 区产生的光生电子先向 pn^+ 结区扩散，后被内建电场推向 n^+ 区。而在 pn^+ 结区产生的电子空穴，则立即被内建电场分别推向 n^+ 区和 p 区。于是，在被照明的太阳能电池中 n^+ 区积累了大量的光生电子，而 p 区积累了大量的空穴，在 pn^+ 结的两侧间出现了光生电动势。若在上、下电极间接上负载，则会有光生电流 I_L 流过负载 R_L 并在 R_L 上建立起光生电压 U_L，太阳的光能就这样直接变成了可供使用的电能。

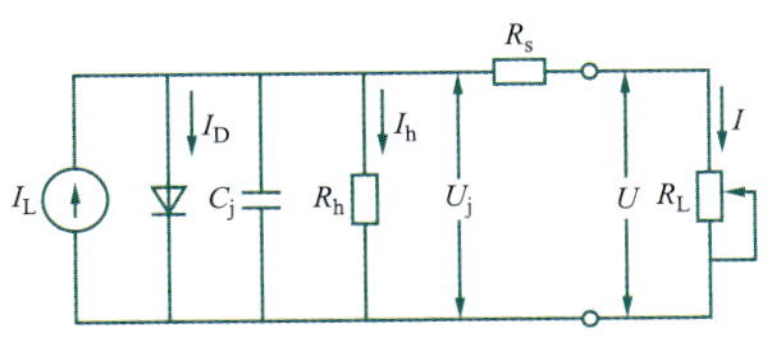

图 2　pn^+ 结太阳能电池等效电路

等效电路　太阳能电池的电气特性可以用图 2 的等效电路图来描述。

图 2 中，I_L 为光生电流；U_j 为光生结电压；I_D 为暗电流即 pn^+ 结二极管正偏压电流；I_h 为漏电流或称旁路电流；R_h 为等效漏电阻或并联电阻；R_s 为等效串联电阻；C_j 为 pn 结电容；I 为输出光电流；U 为输出光电压；R_L 为等效负载电阻。

在恒定光源照射下，可把太阳能电池看成由一个稳定的电流源与一个正偏压的二极管并联，满足

$$I=I_L-I_D-I_h$$

根据肖克莱（Shockly）二极管理论，二极管正偏电流 I_D 可表示为

$$I_D=I_0[\exp(qU/AKT)-1]$$

式中 I_0 为二极管反向饱和电流，与半导体材料的能带结构及掺杂情况有关；q 为电子电量；U 为正偏电压；K 为玻尔兹曼常量；T 为热力学温度；A 为二极管品质因子，在优质的 pn^+ 结太阳能电池中，A 接近 1，而在一般的 pn^+ 结太阳能电池中，A 在 1～10 之间。

当太阳能电池短路时，$R_L=0$，$U=0$，$I_D=0$。此时的光电流称为短路电流 I_{sc}，满足

$$I=I_{sc}=I_L-I_h$$

当太阳能电池开路时，$R_L=\infty$，$I=0$，此时的光生电压称为开路电压 U_{oc}，满足

$$I_D=I_L-I_h$$

$$U_{oc}=(AKT/q)\ln[(I_L-I_h)/I_0+1]$$

显然，开路电压 U_{oc}随光电流增加而增加，随反向饱和电流减少而增大。

当负载电阻 R_L 从 0→∞变化时，可以得到图 3 所示的太阳能电池光照负载特性曲线。图中，M 为最佳工作点；I_m 为最佳工作电流；U_m 为最佳工作电压；P_m 为最佳功率输出。

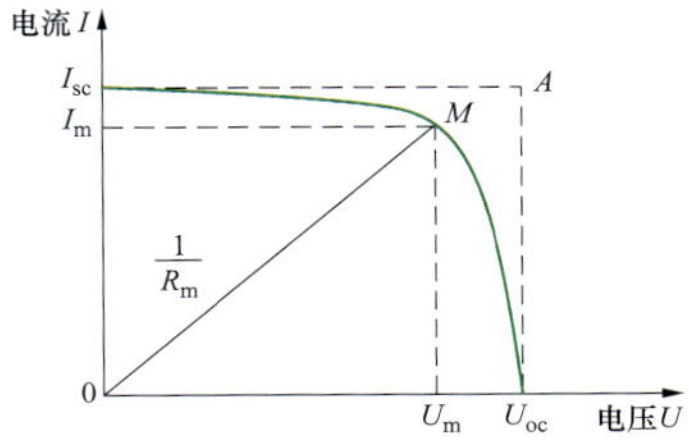

图 3　太阳能电池的负载特性曲线

光电转换效率　太阳能电池受阳光照射时，最大输出电功率与入射光功率之比，表达式为

$$\eta=P_m/A_tP_{in}=I_mU_m/A_tP_{in}$$
$$=(F\cdot F)I_{sc}U_{oc}/A_tP_{in}$$
$$F\cdot F=I_mU_m/I_{sc}U_{oc}$$

式中 A_t 为太阳能电池受光面表面积；P_m 为输出电功率；$F\cdot F$ 为填充因子；P_{in}为单位面积入射光功率。

太阳能电池的效率是表征太阳能电池内在特性的重要标志，它与光谱辐照度、温度以及电池的厚度、微电子参数等有着复杂的函数关系，其理论极限效率又与材料的禁带宽度、吸收系数、结构等有关。理论分析表明，同一种半导体材料制成的 pn^+ 结太阳能电池，理论效率不超过 30%，而采用多种不同禁带宽度的材料制成多个 pn^+ 结叠层的太阳能电池，其理论效率可高达 60% 以上。通常考虑太阳光在太阳能电池上的能量损失的类别可用图 4 表示。

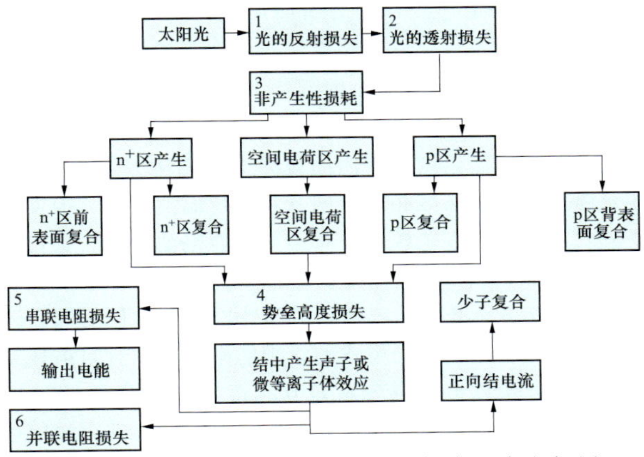

图 4　n^+-p 硅太阳能电池能量损失分类方框图

基本特性　包括：①温度特性；②光照负载特性；③暗特性；④光谱响应；⑤光特性；⑥衰降特性；⑦抗高能粒子辐射特性（对空间电池）；⑧热辐射特性等。对于地面用的太阳能电池组件，还要考虑它的耐自然环境性能，如组件的强度、耐振动特性、耐盐雾潮湿特性以及温度交变特性等。

太阳能电池的测试　从应用和研究角度来考虑，太阳能电池的特性参数测试必须在规定的标准阳光下进行。无论是在地面或是空间，阳光条件都在不停地变化，因此，必须规定一种标准阳光条件，才能使测量结果既能彼此比较又能根据标准阳光条件下测试的数据估算出实际应用时太阳能电池的性能参数。实际使用中用人造模拟阳光设备即太阳模拟器来创造一个近似乎标准的阳光条件。国内外都详细规定了地面和空间用的太阳能电池标准测试条件，其要点包括：

(1) 模拟光源的光谱符合大气质量为 AM0（空间电池）或 AM1.5（地面电池）的太阳光谱。

(2) 光谱辐照度等于 140mW/cm^2（空间电池）或 100mW/cm^2（地面电池）。

(3) 模拟光源的光谱辐照度需用标准太阳能电池校正。

(4) 标准太阳能电池必须和被测电池有相同的材料、工艺和结构，有相同的光谱响应曲线，并且被用科学方法严格地经过标准化方法标定过。

(5) 测试温度 $t=25$℃。

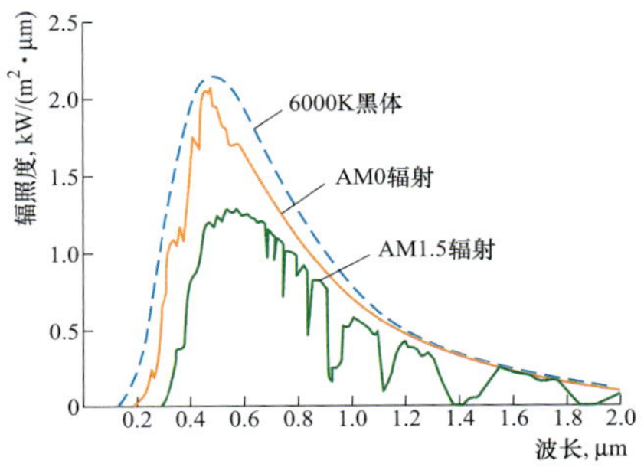

图 5　标准太阳光谱

图 5 为根据大量测量数据用计算机拟合出来的国际公认的标准太阳光谱。图中示出 AM0 和 AM1.5 辐射的光谱分布，同时还示出假定太阳是 6000 K 的黑体时所预期的太阳辐射的光谱分布。

在自然光或非标准条件下测量的数据，可根据以下公式换算成标准条件：

$$I_2=I_1+I_{sc}(I_{sc}/I_{mr}-1)+\alpha(t_2-t_1)$$

$$U_2=U_1-R_s(I_2-I_1)-KI_2(t_2-t_1)+\beta(t_2-t_1)$$

式中 I_1、U_1 为待校正的特性曲线坐标点；I_2、U_2 为校正后的特性曲线对应坐标点；I_{sc}为所测电池的短路电流；I_{mr}为标准电池在实测条件下的短路电流；t_1 为测试温度；t_2 为标准测试温度；R_s 为所测电池内部串联电阻；K 为曲线校正因子，一般可取 $K\approx1.2\times10^{-3}\,\Omega/℃$；$\alpha$ 为所测电池在标准辐照度下及在所需温度范围内的短路电流温度系数；β 为和上述短路电流温度系数相对应的开路电压温度系数。但使用以上公式，各单位必须统一，对于太阳能电池组件，也可参照使用。

分类　迄今为止，人已经研究了 100 多种不同材料、不同结构、不同用途和不同型式的太阳能电池，而且目前还在蓬勃发展中，所以分类尚未规范化。最常见的分类见图 6。同一种太阳能电池，按不同的分类法有不同的称呼。如以非晶硅薄膜为基体的 α-Si-CuInSe 太阳能电池，既可称为非晶

太阳能电池分类
- 按基体材料分类
  - 晶体硅太阳能电池
    - 单晶硅太阳能电池
    - 多晶硅太阳能电池
  - 硅基薄膜太阳能电池
  - 化合物太阳能电池
    - 砷化镓太阳能电池
    - 碲化镉太阳能电池
    - 铜铟镓镉太阳能电池
    - ……
  - 染料敏化太阳能电池
  - 有机太阳能电池
  - ……
- 按电池结构分类
  - 同质结太阳能电池
  - 异质结太阳能电池
  - 肖特基结太阳能电池
  - 复合结太阳能电池
  - 液结太阳能电池
- 按用途分类
  - 空间太阳能电池
  - 地面太阳能电池
  - 光伏传感器
- 按工作方式分类
  - 平板太阳能电池
  - 聚光太阳能电池
- 其他
  - 薄膜太阳能电池
  - 片状太阳能电池
  - ……

图 6　太阳能电池分类

硅薄膜太阳能电池，也可称为 α-Si-CuInSe 异质结太阳能电池。另外，按太阳能电池的光谱响应范围来分，还有紫光电池、蓝光电池、红光电池等。

按基体材料分为晶体硅太阳能电池、硅基薄膜太阳能电池、化合物太阳能电池、染料敏化太阳能电池和有机太阳能电池。化合物太阳能电池包括化合物半导体薄膜太阳能电池和砷化镓太阳能电池。

按 pn 结数量分为单结太阳能电池和多结太阳能电池。单结太阳能电池只有一层 pn 结，多数太阳能电池属于单结太阳能电池。多结太阳能电池有多层 pn 结，多叠层太阳能电池属于多结太阳能电池。

按结构分为同质结太阳能电池、异质结太阳能电池、肖特基结太阳能电池、复合结太阳能电池、液结太阳能电池。

(1) 同质结太阳能电池：由同一种半导体材料构成一个或多个 pn 结的太阳能电池，如 pn 结硅太阳能电池、pn 结砷化镓太阳能电池等。

(2) 异质结太阳能电池：由两种不同半导体材料在相接界面上构成 pn 结的太阳能电池，常见的有薄膜硅/晶体硅异质结太阳能电池、砷化镓/砷化铝镓异质结太阳能电池等。非晶硅薄膜/单晶硅异质结太阳能电池是利用晶体硅和非晶硅制成的混合型异质结太阳能电池。

(3) 肖特基结太阳能电池：由金属和半导体接触形成肖特基势垒的电池，简称 MS 电池。现在已发展成金属-氧化物-半导体（MOS）、金属-绝缘体-半导体（MIS）太阳能电池等。

(4) 复合结太阳能电池：由两个或多个结构成的太阳能电池。如由一个 MIS 电池和一个 np 结硅电池叠合而形成高效 MISNP 复合结硅太阳能电池，其效率已达 22%。复合结太阳能电池往往做成级联型，把宽禁带材料放在顶区，吸收阳光中的高能光子；紧接着用窄禁带材料吸收低能光子，使整个电池的光谱响应拓宽。已研究过砷化镓、砷化铝镓/磷化镓/磷化铟太阳能电池及砷化铝镓-砷化镓、硅太阳能电池等，后者的效率已达 31%。

（5）液结太阳能电池：利用半导体-液体结制成的电池。（见太阳能光发电）

按工作方式分为平板太阳能电池、聚光太阳能电池。

（1）平板太阳能电池：即非聚光电池，指在1倍聚光比（常用几何聚光比）下工作的太阳能电池。

（2）聚光太阳能电池：在大于1倍聚光比下工作的太阳能电池。1～10倍聚光比者为低倍聚光，10～100倍聚光比者为中倍聚光，大于100倍聚光比者为高倍聚光。聚光电池需要考虑高温散热和大电流输出等特殊设计，容易组合成光电、光热综合利用的复合系统。与聚光电池相配的聚光器和跟踪器，往往会增加系统的复杂性。但是，用廉价的聚光材料来代替昂贵的半导体材料搜集太阳能，可以降低太阳能光伏发电系统的成本。

按用途分为空间太阳能电池和地面太阳能电池。

（1）空间太阳能电池：主要用于人造卫星和空间飞行器上的太阳能电池。空间电池要求有较高的能量密度比，较强的耐高低温冲击、抗高能粒子辐射能力，制造工艺比较精细，因而价格也比较高。

（2）地面太阳能电池：用于地面太阳能光发电系统的太阳能电池。要求耐风霜雨雪的侵袭，有较高的功率价格比，要求具有大规模生产的工艺可行性和材料来源。

发展状况　1839年，法国物理学家A. E.贝克勒尔（A. E. Becureql）首次发现了光生伏打效应，揭开了太阳能电池发展的新篇章。1873年英国科学家W. B.史密斯（W. B. Smith）发现了对光敏感的硒材料。1877年，亚当斯等在硒片上发现固体光伏效应，并制成了第一个硒光电池。1883年，美国的C.弗里兹（Charles Fritts）制备了第一个光伏器件。1932年，奥杜博特和斯托拉制成第一块硫化镉太阳能电池。1941年，奥尔在硅上发现光伏效应，1946年奥尔申请硅太阳能电池专利。1954年恰宾和皮尔松在美国贝尔实验室，首次制成了实用的单晶硅太阳电池，效率为6%。1954年，美国的W.帕特森（Wright Patterson）空军基地发表了Cu_2S/CdS薄膜异质结太阳能电池的测试结果，效率达到了6%。1958年3月17日太阳能电池首次在空间应用，装备于美国的先锋1号人造卫星，功率为0.1W，面积约$100cm^2$。运行了8年。1959年，第一个多晶硅太阳能电池问世，效率达5%。1970年诺贝尔物理奖获得者Z. I.阿尔费罗夫（Zhores Ivanovich Alferov）和他的团队在苏联做出第一个砷化镓（GaAs）太阳能电池。1973年，美国德拉瓦大学建成世界上第一个光伏与光热混合的户用屋顶系统“太阳一号”，实现并网运行。同年，砷化镓太阳能电池效率达到15%。1976年，卡尔松等制成了第一个非晶硅薄膜太阳能电池。1980年，单晶硅太阳能电池效率达20%；砷化镓太阳能电池效率达到22.5%；多晶硅太阳能电池效率达到14.5%；硫化镉太阳能电池效率达到9.15%。1998年，单晶硅太阳能电池效率达24.7%；全球多单晶硅太阳能电池产量第一次超过单晶硅太阳能电池。2000年，全球太阳能电池产量达278MW。日本三洋公司的非晶硅/单晶硅/非晶硅双异质结太阳能电池效率超过21%。铜铟镓硒系太阳能电池的研究，起源于1974年美国贝尔实验室。

早期的太阳能电池主要应用于人造卫星上。1957年10月美国首次将太阳能电池应用于“先锋1号卫星”。其后几十年，各国都把光伏发电作为空间飞行器的主要能量来源。在太空翱翔的数万个飞行器中，90%以上采用太阳能电池作为电源。1973年世界石油危机后，光伏发电技术逐渐从空间应用大规模地向地面转移。1978年，美国建成100kW太阳能地面光伏电站，太阳能发电由空间应用转为地面应用。

1958年，中国开始进行太阳能光伏发电的研究。1971年，中国首次将太阳能电池成功应用于“东方红二号”人造卫星。1973年，中国开始将太阳能电池应用于地面，在天津港用于航标灯。2002年，中国太阳能电池产量约为20MW，2003年底累计安装了55MW。自2002年以来，中国太阳能电池产量均以100%以上的年增长率快速发展，2011年产量15GW，占到世界总产量的48%，连续五年产量世界第一，商业化晶体硅太阳能电池光电转换效率已接近19%，硅基薄膜太阳能电池商业化最高效率达到8%以上。

taiyangneng duanqi yubao

太阳能短期预报　（short-term forecast for solar energy）　对未来1～3天内太阳辐射（总辐射、直接辐射和散射辐射）的变化进行事先估计和预告的过程。现代短期数值天气预报的思路大框架是：首先分析和判断近期大气环流背景及主导系统，其次分析、判断影响本地的天气系统及其影响部位的主要特征，而后考察其中可能存在的中小尺度系统的前兆，然后再分析局部地区的天气实况和气象条件（见风能数值天气预报）。尽管数值模式对辐射预报的效果还不是很好，但对于未来24～72h的辐射预报，采用数值天气预报数据和统计订正相结合的方法，预报效果会有明显提高。

太阳辐射量与云、气溶胶、太阳高度角等因素密切相关。精确的太阳能资源预报是基于辐射传输理论，通过地面气象观测、高空大气探测、卫星遥感、数值模拟等手段获得大气透明度、水汽含量、气溶胶、云量、云状、温度、湿度等相关要素的信息，根据这些参数建立太阳辐射预报模型，得出太阳总辐射、直接辐射、散射辐射、气温、气压、湿度、风速等预报结果。借助数值模式，太阳能短期预报可以每隔15min或1h输出一次预报结果，空间分辨率可以达到数百米。

早期的太阳能资源预报主要采用简单的统计预测模型，由于太阳辐照度波动较大，该类模型的预测误差较大，且预测结果不稳定。改进的方法有自回归滑动平均模型法（autoregressive and moving average model，ARMA model）、卡尔曼滤波算法或时间序列法与卡尔曼滤波算法相结合的算法。自回归滑动平均模型是由自回归模型与滑动平均模型综合而成的模型，它可在最小方差意义下对平稳时间序列进行逼近预报和控制。卡尔曼滤波以发明者匈牙利裔美国数学家鲁道夫·卡尔曼（1930—）命名，是一种递归的估计，即只要获知上一时刻状态的估计值以及当前状态的观测值就可以计算出当前状态的估计值，因此不需要记录观测或者估计的历史信息；它能够从一系列的不完全及包含噪声的测量中估计动态系统的状态。

另外，还有如人工神经网络方法等智能方法，其预测的时间尺度较短。对于 0～5h 的预测，因为太阳辐照度变化主要由大气条件的持续性决定，不采用数值天气预报数据也可达到一定的预测效果。

taiyangneng guangfadian

太阳能光发电　(solar electric direct conversion)　不通过热过程直接将太阳的辐射能变换成电能的太阳能利用方式，主要分为光伏发电、光感应发电、光化学发电和光生物发电。

光伏发电　利用太阳能电池（也称光伏电池）将照射到太阳能电池上的光直接变换成电能输出。光伏发电是太阳能光发电的主流。（见太阳能光伏发电）

光感应发电　利用某些有机高分子团吸收太阳的光能后变成光极化偶极子的特性，分别将积聚在感应偶极子两端的正负电荷引出，即得到光电流。因为要寻找合适的光感应高分子材料，使它们有序地排列，并要在高分子团上安装极为精细的电极，而使光感应发电具有较高的难度。这项技术正在进行原理性试验。

光化学发电　利用光电化学电池实现太阳辐射能到电能的转换。

光电化学电池是利用半导体-液体结制成的电池。光电化学电池起源于 1839 年法国科学家 A. E. 贝克勒尔（A. E. Becquerel）发现在电解质溶液中半导体产生的光电现象。半导体在电解质溶液中表面形成界面势垒（即液体结），分离光生的电子空穴对，在电池的两个电极（即半导体电极和金属对电极）上进行电化学反应，产生电或通过电极、溶液的化学变化生成化学产物。光电化学电池具有液相组分，因此又可制成直接储能的光电化学蓄电池，成为一种既能转换太阳辐射能又能进行能量储存的多途径转换太阳能的光电化学器件。半导体在电解液中界面液体结容易形成，光电化学电池可以广泛应用多晶、薄膜型半导体材料，因而具有制作工艺简便、价格低廉等特点。

光电化学电池一般分为电化学光伏电池、光电解电池和光催化电池三类。

（1）电化学光伏电池。电解液中只含一种氧化还原物质，电池反应为阳、阴极上进行的氧化还原可逆反应。电化学光伏电池接受光照后向外界负载提供电能，电解液不发生化学变化，其自由能变化等于零。

（2）光电解电池。电解液中存在两种氧化还原离子，光照后发生化学变化，其净反应的自由能变化为正，光能有效地转换为化学能。

（3）光催化电池。光照后电解液发生化学变化，其净反应的自由能变化为负，光能提供进行化学反应所需的活化能。

光生物发电　利用像叶绿素这样的生物细胞在光的作用下产生生物电的现象，又称为叶绿素电池。细胞的生命现象和发电过程非常复杂，叶绿素细胞的衰亡又直接影响电能输出，光生物电池仅有原理性试验。

taiyangneng guangfu fadian

太阳能光伏发电　(solar photovoltaic power generation; solar PV power generation)　将太阳光辐射能量直接转化为电能的一种发电形式，也称光伏发电。利用太阳能电池有效吸收太阳辐射，并使之转换成电能的直接发电的系统称为光伏发电系统或光伏电站，具有结构简单、发电过程清洁、便于安装等优点。

光伏电站

光伏发电系统　由光伏阵列和平衡部件组成。光伏阵列是按照应用领域的电压及电流需求，由若干太阳能电池组件（见光伏组件）经串、并联排列而成，可以满足负载所要求的输出功率。平衡部件包括控制器、蓄电池组、逆变器、交流配电系统、数据采集与监控系统等。控制器是通过检测蓄电池的电压和荷电状态来控制蓄电池充、放电，以防止蓄电池的过充电和过放电。蓄电池是放电后可用充电的方法使其活性物质恢复到初始状态，从而获得再放电能力，即反应是可逆的化学电源，又称二次电池。蓄电池是光伏系统的储能装置，它将光伏阵列从太阳辐射能转换来的直流电转换为化学能贮存起来，以供需要时应用。逆变器是一种由半导体器件组成的电力调整装置（见光伏逆变器），用于将光伏阵列输出的直流电转换为交流电。交流配电系统是用来接受和分配交流电能的电力设备，主要包括控制电器、保护电器、测量电器以及母线和载流导体等。数据采集及监控系统主要是分时采集并存储逆变器及光伏系统运行状态的各种电气参数和环境参数，以实现光伏发电系统的远程操作控制。

应用　光伏发电系统可以应用于远离公共电网的无电地区和一些特殊处所（见离网光伏发电系统），为边远偏僻农村、牧区、海岛地区的人们提供基本生活用电，为通信中继站、气象台站、边防哨所等特殊处所提供电源。光伏发电系统可以安装在荒漠戈壁地区，与公共电网连接，将电能转换成符合市电电网要求的交流电，然后输送到公用电网，参与电力调度（见并网光伏发电系统）。光伏发电系统还可以依靠城镇、村落，安装在用电负荷附近，实现电能就地消纳，多余电能输送到公共电网。光伏发电系统可以安装在城市建筑上（见建筑集成光伏发电系统和建筑附加光伏发电系统），有效降低建筑物的电网供电需求，减少输配电损失，无需额外占地和架设输电线路。光伏发电系统还可以和风力发电系统等其他分布式电源系统组成多能互补系统（见离网风光互补发电系统），应用于海岛和偏远无电地区，实现系统自我控制和管理，既可实现独立运行，也可并网运行，增强供电的稳定性和可靠性。此外，光伏发电技术还应用于生活用品和景观装饰上，包括太阳能路灯、太阳能钟表、太阳能玩具等。除地面应用，空间太阳能电站也是人类开发利用太阳能的一种设想。

风光互补发电系统（呼唤 摄）

特点 太阳能光伏发电具有清洁、应用范围广、可靠性高、发电系统易扩容、发电具间歇性波动性等特点。

（1）清洁，无噪声。光伏发电利用清洁的太阳能资源，发电过程不向外界排放废物，发电系统无机械运动部件。

（2）应用范围广。光伏发电系统安装形式多样，既可地面安装也可与建筑结合，既可独立运行也可并网运行，应用范围较广。

（3）可靠性高。即使在地震、冻雪等极端恶劣环境下，只要有太阳光照就可以发电，供电可靠性高，商业化运行的光伏电站设计寿命一般为25年。

（4）发电系统结构简单，可采用模块化结构设计，易于扩容。

（5）发电间歇性和波动性强。光伏发电易受天气和环境影响，波动性强，研究利用一些新技术，如储能技术、多能互补发电技术等，可以缓解其波动性和间歇性。

发展简史 1839年，法国物理学家A.E.贝克勒尔（A.E.Becqurel）首次发现了光生伏打效应，翻开了光伏发电的历史篇章。早期光伏发电主要应用于空间领域的人造卫星上，作为空间飞行器的主要能量来源。在太空翱翔的数万个飞行器中，90%以上采用太阳能电池作为电源。美国和苏联的登月舱、火星登陆车以及著名的哈勃望远镜，也都配备了太阳能电池。

1973年世界石油危机后，光伏发电技术逐渐从空间应用大规模地向地面转移，开始针对无电地区进行研究示范，主要形式有户用光伏系统、户用风光互补系统、独立光伏电站和风光互补电站等，安装应用于边远无电地区。1978年，美国国家航空和太空管理局（National Aeronautics and Space Administration，NASA）在亚利桑那州巴巴哥印第安人保留区安装了3.5kW光伏发电系统，为水泵和15户居民提供电力，这是世界上第一个乡村光伏发电系统。1984年，美国萨克拉门托市公用公司的太阳能电池电站第一期工程（1MW）建成，该电站是世界首座由公用电业公司建造和运行的商业性太阳能光伏电站。20世纪90年代以后，光伏发电技术逐渐向并网型光伏系统方向发展。2000年以后，并网光伏发电系统逐渐成为光伏发电技术应用的主要形式。2001年美国提出的智能电网概念对光伏发电系统供电可靠性、灵活性提出更高要求，这成为光伏发电领域研究的新方向。

21世纪以来，中国光伏发电技术不断进步，光伏产业规模逐步扩大，已形成一个包括多晶硅原材料、硅锭/硅片、太阳能电池/组件和光伏系统应用、专用设备制造等比较完善的光伏产业链。2005年，中国第一座与高压输电网并网的光伏电站——西藏羊八井100kW并网光伏电站建成，自主研制的150kW并网光伏逆变器投入应用。2006年，中国第一座自动跟踪太阳型光伏示范电站——西藏羊八井10kW多种跟踪式并网光伏电站建成。自主研制的3.3kW水平单轴跟踪系统、3.3kW倾斜单轴跟踪系统和3.3kW双轴跟踪系统投入应用。2009年7月，中国财政部、科技部、国家能源局联合出台了《金太阳示范工程财政补助资金管理暂行办法》，采用财政补贴、技术支持和市场拉动方式推动太阳能光伏发电发展。截至2012年底，中国太阳能电池产量连续6年位居世界第一，其中晶体硅太阳能电池产量约占总产量98.5%，商业化单晶硅电池效率达到18.5%～19%，商业化多晶硅电池效率达到17.5%，1MW及以下系列光伏并网逆变器实现产业化，大部分太阳能电池及组件制造设备实现国产化。2012年中国生产太阳能电池21GW，国内应用占35%，中国光伏发电累计装机约8GW，其中分布式光伏发电容量3.8GW，大型并网光伏电站容量4.2GW。

taiyangneng refadian

太阳能热发电 （solar thermal power） 通过收集太阳辐射能将其转化为热能，再用动力机械转换为机械能驱动发电机发电的技术。实现这种能量转换技术的系统称为太阳能热发电系统（或太阳能热发电站），根据收集太阳辐射能方式的不同，主要分为塔式太阳能热发电系统、抛物面槽式太阳能热发电系统、碟式太阳能热发电系统和线性菲涅耳式太阳能热发电系统等。

系统构成 包括集热场、蓄热系统、发电系统。集热场是收集太阳辐射能并将其转化为热能的系统，由聚光场和吸热器构成，也可由集热器构成。聚光场由多台聚光器组成，将太阳辐射汇聚至吸热器。在塔式太阳能热发电系统中，集热场主要包括定日镜场和吸热器。在抛物面槽式太阳能热发电系统中，集热场主要是抛物面槽式集热器。抛物面槽式集热器由抛物面槽式聚光器和抛物面槽式吸热管组成。碟式太阳能热发电系统集热场由碟式聚光器和热头组成。在线性菲涅耳式太阳能热发电系统中，集热场主要包括线性菲涅耳聚光集热器。蓄热系统（见太阳能热发电蓄热系统）在太阳辐射强时存储热量，太阳辐射不足时释放所储热量，平抑发电间歇性，增加发电时间。发电系统将收集到的热能通过能量转换装置转换为电能，包括热机和发电机组。

特点 ①太阳能热发电站带有蓄热系统，发电功率相对平稳可控。蓄热系统可以将多余的热量储存起来，在云层遮日或夜间时及时向动力发电设备进行热量补充，因此可以保证发电功率平稳和可控输出，减少对电网的冲击。②易与常规火力发电系统联合运行。太阳能热发电站采用汽轮机组、燃气轮机组等常规热功转换设备进行热功转换驱动发电机发电，易于与燃煤、燃油及燃气等发电系统进行联合循环运行，节约对化石燃料的消耗。③全寿命周期二氧化碳排放极低。以2009年的技术为基准，太阳能热发电站的全寿命周期二氧化碳排放约17g/(kW·h)，远远低于燃煤电站[776g/(kW·h)]以及天然气联合循环电站[396g/(kW·h)]。

发展状况　1950年苏联设计并建设了全球首座塔式太阳能热发电实验装置，进行基础性研究和探索。1973年石油危机爆发后，欧美国家开始对太阳能热发电进行广泛性的探索和研究。1976年欧洲共同体委员会启动了太阳能热发电可行性研究，并于1981年在意大利西西里岛建成全球第一座兆瓦级太阳能热发电实验示范电站Eurelios电站，该塔式太阳能热电站额定容量1000kW。1984年，全球第一座商业化槽式太阳能热发电站——SEGSⅠ太阳能发电站（solar electric generating station），在美国加利福尼亚州莫哈维（Mojave）沙漠投入运行，电站容量14MW。至1991年，美国共有9座太阳能热发电站相继投入商业化运行，总容量354MW。随着石油危机的缓解以及对太阳能热发电激励政策的变化，1992～2006年，全球没有再建设商业化运营的太阳能热发电站，直至2007年西班牙和美国各有一座商业化电站并网运行。太阳能热发电市场开始进入复苏和快速发展时期。截至2012年底，全球投入运行的太阳能热发电站总容量约2550MW。2013年3月，沙姆斯（Shams）Ⅰ太阳能热发电站在阿联酋麦迪纳特扎耶德（Madinat Zayed）正式并网发电，装机容量100MW。10月，Solana槽式太阳能热发电站在美国亚利桑那州正式实现投运，装机容量280MW，系统配装两个140MW汽轮发电机组，刷新了阿联酋沙姆斯（Shams）电站的单机容量记录。

在2010年国际能源署（IEA）发布的《太阳能热发电技术路线图》中预测，2030年，全球太阳能热发电累计装机容量将达到3.37亿kW，平均年发电小时达到3400h，年发电量1.14万亿kW·h，占全球电力生产的3.8%。2050年，全球太阳能热发电累计装机容量将达到10.89亿kW，平均年发电小时达到3400h，年发电量4.77万亿kW·h，占全球电力生产的11.3%。

20世纪80年代中国天津大学制造了最早的塔式太阳能装置，2006年河海大学在南京建立了70kW塔式太阳能热发电试验系统，中国科学院电工所牵头在北京八达岭镇建设了中国首座1MW塔式太阳能热发电站——八达岭太阳能热发电实验电站，2012年8月成功发电。截至2012年底，中国筹划建设的太阳能热发电站装机总量约3500MW。

taiyangneng refadian xure xitong

太阳能热发电蓄热系统　(thermal energy storage system of solar thermal power)　太阳能热发电站中用于存储热量和释放热量的系统。太阳能热发电蓄热系统所存储的热量在太阳辐照度低时释放，能够有效平抑太阳辐射能的间歇性变化，同时增加太阳能热发电系统的发电时间，提高发电设备的使用率，增加整个系统的有效发电量。

蓄热方式分类　有显热蓄热、潜热蓄热和化学反应蓄热三种主要蓄热方式。

显热蓄热　利用物质温度升高或降低来存储或释放热量，蓄热材料在储存和释放热能时，材料自身只发生温度的变化而不发生其他任何变化。显热蓄热材料在释放能量时的温度发生连续变化，不能维持在一定的温度下释放所有能量，无法达到控制温度的目的，并且该类材料储能密度低，从而使相应的装置体积庞大。但这种蓄热方式简单、成本低，是较为成熟的蓄热方式，已有大规模工程应用。

潜热蓄热　利用物质相变过程中吸收或放出的相变潜热来实现热量的存储和释放，具有较高的蓄热密度和较小温差内发生充热与放热过程等优点。固液相变式蓄热具有实际应用价值。与显热蓄热方式相比，潜热蓄热的储能密度较大，储存相同的热量潜热储热设备所需的容积比显热储热设备小得多。

化学反应蓄热　利用可逆化学反应过程中的吸收或放出的化学反应热来实现热量的存储和释放。正反应时吸热，热量被存储起来；逆反应放热，热量被释放出来。化学反应蓄热的储能密度比潜热蓄热的储能密度还高，但由于技术复杂并且使用不便等原因，距离实际应用还较远。

蓄热系统分类　根据系统运行特点分为主动型和被动型两种。

主动型蓄热系统　蓄热介质在太阳能吸热器或蒸汽发生器等换热设备中通过强迫流动过程进行热交换的蓄热系统。所用的蓄热介质通常为水/蒸汽、导热油、熔融盐、固体粒子等流体。根据蓄热介质是否直接作为传热工质从太阳能集热场中获取热量，主动型蓄热系统又分为主动型直接蓄热系统和主动型间接蓄热系统。

（1）主动型直接蓄热系统。其蓄热介质是太阳能集热场中的传热工质，直接从太阳能集热场中获得热量用于存储。主动型直接蓄热系统通常有双罐直接蓄热系统和单罐直接蓄热系统。

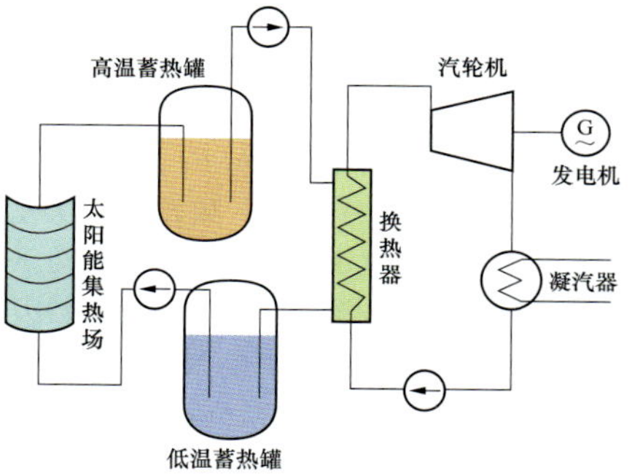

图1　双罐直接蓄热系统工作原理

主动型双罐直接蓄热系统内不同温度的蓄热介质分开存储，分别存储于低温蓄热罐和高温蓄热罐，其工作原理如图1所示。储热时，从低温蓄热罐中的低温传热工质经太阳能集热场加热为高温传热工质输送至高温蓄热罐中存储；放热时，从高温蓄热罐中流出的高温蓄热介质与蒸汽发生器内的水或蒸汽进行热交换后变为低温蓄热介质存储至低温蓄热罐中，蒸汽发生器内产生的蒸汽输送至汽轮机发电。该蓄热系统的主要优点是冷、热蓄热介质分开存储，便于控制。双罐直接蓄热系统应用较多，美国的SEGSⅠ电站采用矿物油为太阳能集热场内传热工质和蓄热介质，经太阳能集热场加热的矿物油与未被加热的矿物油分开存储，冷油储罐内和热油储罐的设计温度分别为240℃和307℃，蓄热容量为120MW·h，可供额定功率14MW的汽轮机满负荷工作3h。美国的太阳能Ⅱ号（Solar Two）塔式太阳能热发电站采用熔融盐作为传热工质和蓄热介质，经太阳能集热场加热的熔融盐与未被加热的熔融盐分开存储，熔融盐的低温和高温储罐的设计温度分别为 290℃和 565℃，蓄热容量为 105MW·h，可供额定功率 10MW 的汽轮机满负荷工作 3h。西班牙 GEMASOLAR 塔式太阳能热发电站采用熔融盐为传热工质和蓄热介质，经太阳能集热场加热的熔融盐与未被加热的熔融盐分开存储，熔融盐的低温和高温储罐的设计温度分别为 290℃和 565℃，蓄热系统可供额定功率 19.9MW 的汽轮机满负荷工作 15h。

主动型单罐直接蓄热系统的蓄热介质存储于一个蓄热罐中，蓄热介质在罐中呈自然的温度分层，温度梯度较大的蓄热介质层称为斜温层或温跃层，热流体存储于斜温层的上部，冷流体存储于斜温层的下部，通常填充石英岩和砂子等固体蓄热材料以形成较为稳定的斜温层。截至 2012 年底尚无此类系统商业化太阳能热发电站应用案例。

采用蒸汽蓄热器进行蓄热是另一种主动型直接蓄热系统，其工作原理是在压力容器内储存水，将蒸汽通入水中，使容器内水的温度和压力升高，形成具有一定压力的饱和水；而当容器内压力下降时，饱和水成为过热水并立即沸腾而蒸发产生蒸汽。西班牙 PS10 和 PS20 太阳能热发电站均采用蒸汽蓄热器进行蓄热，水/蒸汽既是传热工质也是蓄热介质。

(2) 主动型间接蓄热系统。其蓄热介质与太阳能集热场内的传热工质不同，传热工质从太阳能集热场获得的热量经换热设备传递给蓄热介质进行存储。根据蓄热介质的存储方式，主动型间接蓄热系统又分为双罐间接蓄热系统和单罐间接蓄热系统。双罐间接蓄热系统内不同温度的蓄热介质分开存储，分别存储于低温蓄热罐和高温蓄热罐内；单罐间接蓄热系统的蓄热介质存储于同一蓄热罐内。双罐间接蓄热系统工作原理如图 2 所示。充热时，经太阳能集热场加热的导热油在导热油/熔融盐换热器内将熔融盐加热，高温熔融盐存储于高温熔融盐储罐内，被冷却的导热油流回太阳能集热场继续加热。放热时，高温熔融盐流入熔融盐/蒸汽发生器内加热蒸汽获得的过热蒸汽流入蒸汽轮机带动发电机发电，被冷却的熔融盐流回低温熔融盐储罐内存储。西班牙的安达索 1 号太阳能热发电站采用双罐间接蓄热系统，蓄热介质是熔融盐，传热工质为导热油，低温和高温蓄热罐中熔融盐的温度分别为 291℃和 384℃，蓄热容量为 1010MW·h，可供额定功率 50MW 的汽轮机满负荷工作 7.5h。

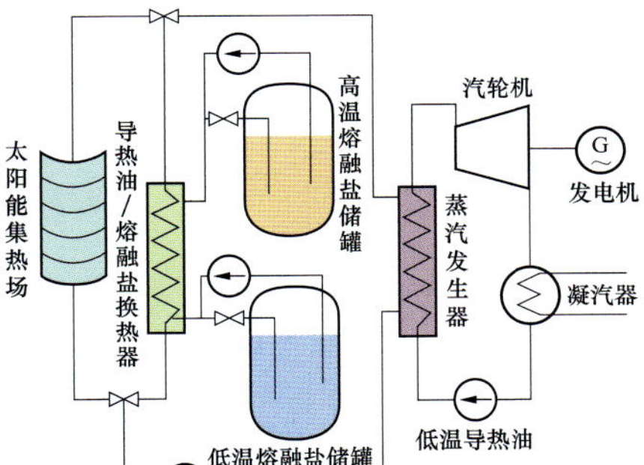

图 2　双罐间接蓄热系统工作原理

被动型蓄热系统　蓄热介质通常为固体，包括混凝土、固体盐、铸铁和陶瓷等，也可为液体或者相变材料等，通过太阳能热发电系统中的传热工质进行充热和放热，蓄热介质通常保持不动或进行无外力作用下的低速流动。以固体蓄热介质为例，其工作原理如图 3 所示，充热时，从太阳能集热场获得的高温导热油流入固体蓄热装置，将导热油流存储于固体蓄热装置中的蓄热介质中；放热时，温度较低的导热油流入固体蓄热装置被加热为高温导热油，高温导热油流入导热油/蒸汽发生器获得高温高压蒸汽推动蒸汽轮机发电。

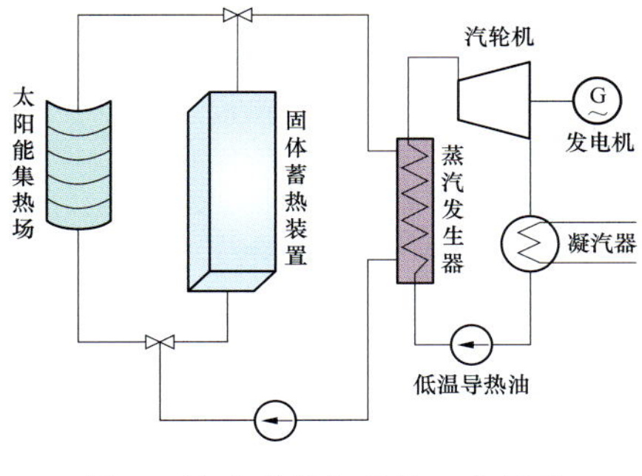

图 3　被动型蓄热系统工作原理

taiyangneng refadianzhan shejidian

太阳能热发电站设计点　(design point of solar thermal power plant)　太阳能热发电站设计中用于确定达到电站额定发电功率所需环境参数的时间点。该时间点的太阳法向直接辐射辐照度（见地表太阳辐射）和气象条件等环境参数影响集热场效率，进而影响发电设备设计参数。太阳能热发电站在设计点时输出的额定电功率被称为太阳能热发电站设计点功率，表示太阳能热发电站的装机容量大小，反映电站的发电能力。

为确定太阳能热发电站所采用发电设备在额定负荷时的发电效率，在设计阶段需首先根据集热场提供的额定热负荷确定汽轮机的额定功率和蒸汽入口参数。集热场可提供的热量因太阳位置、太阳法向直接辐射辐照度、环境风速、环境温度、空气能见度等环境参数在变化而随时间变化，选择合适的时刻并以该时刻所对应的环境参数作为集热场的设计输入条件是太阳能热发电站得以开展设计的基础。

设计中通常取春分日、秋分日或夏至日等典型日太阳时 12：00 作为设计点，其对应的太阳法向直射辐射度、环境风速、环境温度、空气能见度等环境参数为电站所在地区此前十年间的平均值。

taiyangneng refadianzhan xuanzhi

太阳能热发电站选址　(site selection for solar thermal power plant)　根据资源、环境等因素确定太阳能热发电站站址。通过分析太阳直射辐射资源、地形、水资源、气候条件、电网覆盖、交通及地区社会经济发展，结合国家和当地太阳能利用规划、土地规划、热力和电力系统规划及地区建设规划进行综合评估，并使用地理信息系统对以上各影响因素进行定量与定性分析，科学选择太阳能热发电站站址。选址首先根据一般性条件进行筛选，再对初选站址所采集空间数据进行分析，形成方案进行综合性评价，实地勘验站址条件，对站址进行经济性分析，做出可行性结论。

选址一般性条件　包括太阳法向直接辐射辐照度（见地表太阳辐射）、地形条件、水资源条件、气候条件等。根据国际工程经验，太阳能热发电站选址技术标准要求太阳法向直接辐射辐照度应不小于 1800kW·h/(m^2·a)。地形最好选择平坦广阔的土地，土壤承载能力 2kg/cm^2，以减小集热场光学损失和地面平整成本。抛物面槽式太阳能热发电站和线性菲涅尔太阳能热发电站要求地面坡度在3%以下；塔式太阳能热发电站与碟式太阳能热发电站对地面坡度要求较为宽松，塔式可以适合7%以下的地面坡度；碟式由于单机规模较小，因此对坡度的要求更低。国际工程经验表明，碟式太阳能热发电站耗水0.0757m^3/（MW·h），塔式太阳能热发电站耗水约为2.27m^3/（MW·h），抛物面槽式太阳能热发电站耗水约为3.02m^3/（MW·h）。年运行风速为0～14m/s，最大容许风速31m/s。一般电站站址距离水源应不大于10km，距离电网连接点不大于15km。同时还应考虑交通运输便利、与经济社会发展协调、符合环境保护要求等因素。

选址流程　运用地理信息系统技术对太阳能热发电站主要影响因素的多种空间数据进行综合分析，根据约束条件和目标函数建立模型，对空间分析进行优化选址。选址方法分如下五个步骤：①采集获取空间数据，包括年太阳直接辐射辐照度、地形条件（主要是坡度）、水资源、气候条件、道路交通、电网布局等空间信息；②将数据重新分类到相同的尺度，使之形成可比分类体系；③根据目标函数建立模型，对参与运算的数据集赋权重进行计算分析，确定适宜位置；④实地勘测验证站址条件，使用便携式全球定位系统（global positioning system，GPS）接收仪标定现场位置；⑤对站址所在区域的电力及热力市场需求进行初步分析，结合初步确定的规划容量、机组参数、发电设备年利用小时等参数，对方案技术经济条件进行综合评价，形成站址可行性结论。

taiyangneng ziyuan

太阳能资源　（solar energy resources）

以电磁波的形式投射到地球，可转化成热能、电能、化学能等可供人类利用的太阳辐射能。太阳辐射在到达地球表面的过程中，由于云、气溶胶、水汽以及各种大气成分（氮气、氧气、二氧化碳、臭氧等）的影响而被削弱，其中约49%到达地表，即为人类所能利用的太阳能资源。

通常以总辐射、直接辐射和散射辐射（见地表太阳辐射）的辐照度和辐照量来表征太阳能资源。辐照度和辐照量两者之间是功率与能量的关系。辐照度是指在单位时间内投射到物体单位面积上接收到的辐射能，单位是W/m^2，辐照量是指在给定时间段内辐照度的积分总量，又称曝辐量，单位是J/m^2。总辐射辐照度、直接辐射辐照度和散射辐射辐照度均可以通过专用仪器测量得到，而相应的辐照量则是通过对辐照度的时间积分计算得到。

特点　太阳能资源具有可再生属性，它可以在自然界不断生成并有规律地得到补充。其特点：①总量巨大，地外太阳辐射功率为1.73×10^{11}MW，约为2010年全世界消耗功率的1万倍左右；②取之不尽、用之不竭，根据太阳产生核能的速率估算，其产生的能量足够维持上百亿年，超过地球的寿命；③清洁无污染；④资源不受地域限制，无论是陆地还是海洋，高山还是岛屿，处处皆有；⑤能量分散，能量密度较低；⑥能量不稳定，受昼夜、季节、地理纬度和海拔高度等自然条件的限制，以及云、气溶胶、大气成分等气象因素的影响，太阳能资源既是间断的又是不稳定的，存在着年际变化、年变化和日变化，这些变化既有规律性又有随机性。

全球太阳能资源　到达地球表面的太阳辐射总功率约为8.47×10^{10}MW，平均辐照度约为166W/m^2，其空间分布主要与纬度有关。地球赤道及其以北、以南30°的广大地区，包括非洲、大洋洲、南美洲等在内的陆地上平均辐照度都在250W/m^2左右，其中非洲北部撒哈拉沙漠地区的太阳能资源最为丰富，超过300W/m^2；北纬、南纬30°～45°的中纬度温带地区，包括美国大部、南欧、亚洲中北部等在内的陆地上太阳能资源相对丰富，平均辐照度一般在200W/m^2左右；北纬、南纬45°以上的高纬度地区，包括北欧、俄罗斯和加拿大等在内的陆地上平均辐照度通常在150W/m^2以下。

中国太阳能资源　到达中国陆地表面的太阳辐射总功率约为1.68×10^9MW，约占全球的2%，平均辐照度约为175W/m^2，高于全球平均水平，空间分布（见图）不仅与纬度有关，还受气候和地形的影响，具体的等级划分及相应的地域分布见表。

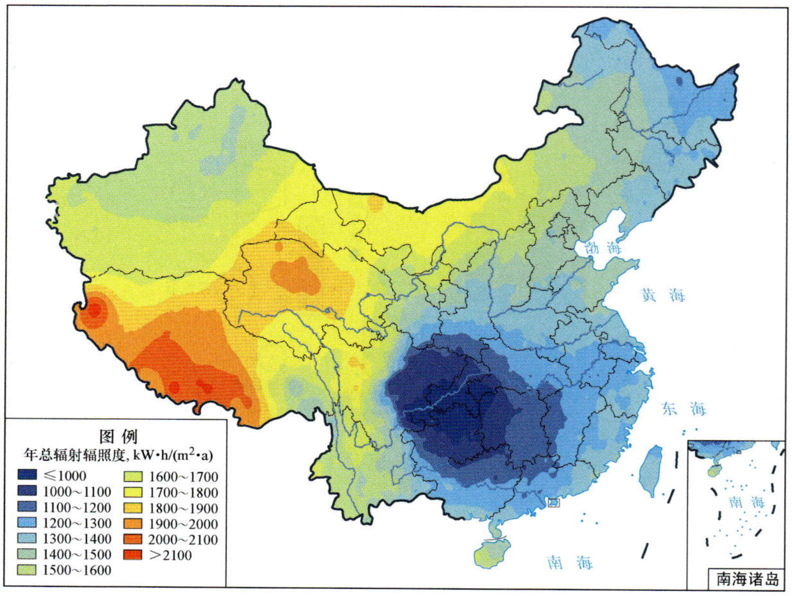

中国太阳能资源分布

中国太阳能资源总量等级划分及分布区域

名称	年总辐射辐照量（kWh/m^2）	年平均总辐射辐照度（W/m^2）	占国土面积（%）	主要分布地区
最丰富带	≥1750	约≥200	约22.8	内蒙古额济纳旗以西、甘肃酒泉以西、青海100°E以西大部分地区、西藏94°E以西大部分地区、新疆东部边缘地区、四川甘孜部分地区
很丰富带	1400～1750	160～200	约44.0	新疆大部、内蒙古额济纳旗以东大部、黑龙江西部、吉林西部、辽宁西部、河北大部、北京、天津、山东东部、山西大部、陕西北部、宁夏、甘肃酒泉以东大部、青海东部边缘、西藏94°E以东、四川中西部、云南大部、海南

续表

名称	年总辐射辐照量（kWh/m^2）	年平均总辐射辐照度（W/m^2）	占国土面积（%）	主要分布地区
较丰富带	1050～1400	120～160	约 29.8	内蒙古 50°N 以北、黑龙江大部、吉林中东部、辽宁中东部、山东中西部、山西南部、陕西中南部、甘肃东部边缘、四川中部、云南东部边缘、贵州南部、湖南大部、湖北大部、广西、广东、福建、江西、浙江、安徽、江苏、河南、台湾、香港、澳门
一般带	＜1050	约＜120	约 3.3	四川东部、重庆大部、贵州中北部、湖北 110°E 以西、湖南西北部

taiyangneng ziyuan celiang

太阳能资源测量 （solar energy resource measurement） 利用仪器设备对于太阳总辐射、直接辐射和散射辐射的辐照度进行测量的过程。测量流程包括测量仪表采集初始数据、传输至测量系统，经数据完整性检验后，计算太阳能资源评估所需指标，是太阳能资源评估的基础性工作。

太阳能资源测量系统从功能上，分为数据采集、数据传输和数据处理三部分。整个测量系统采用太阳能供电方式，电池效能和容量要求在连续 15 天无日照的情况下，保证所有观测仪器设备和太阳能资源测量系统的正常运行。

数据采集 传感器和数据采集器负责各辐射要素的采集、处理、存储和管理。传感器包括总辐射表、直接辐射表、散射辐射表等（见地表太阳辐射）。辐射要素的采样频率一般为 1 次/min。传感器通常设置在离地面 1.5m 的高度，其中总辐射表安置在四周空旷、仪器感应面上终年无任何障碍物的投影，并尽量避开雾霾、烟尘等大气污染严重的地方。

数据传输 通信传输通道负责观测数据的传输。

数据处理 使用软件完成对所采集数据的整理、计算。首先做数据完整性检验（见测风系统），观测数据完整率必须大于 90%才有效。之后，将采集到的 1 次/min 的辐射要素直接做 10min 平均，然后再计算所需时段的平均值，用于太阳能资源评估。

taiyangneng ziyuan pinggu

太阳能资源评估 （solar energy resource assessment） 对某一区域内太阳能资源的数量、特性和开发潜力做出定量或定性的评价。首先获取初始的太阳辐射观测数据，计算太阳能资源评估参数和资源储量，进而进行等级划分和评价。太阳能资源评估是科学开发利用太阳能资源的重要基础。

太阳辐射观测站稀少，太阳辐射观测仪器较昂贵且维护难度大，有限的太阳辐射观测数据难以满足实际需要，往往需要通过与太阳辐射相关的其他气象、环境要素观测值进行计算得到太阳辐射。太阳能资源评估所用的太阳辐射初始数据大多都是由计算获得的。

复杂地形上的太阳能资源评估主要考虑地形对太阳辐射的影响分析。计算包括：

（1）将水平面辐射值及所需其他气象要素内插到每一个网格。

（2）从用一组有序数值阵列形式表示地面高程的实体地面模型——数字高程模型（digital elevation model，DEM）中提取每个网格点的地形信息，包括坡度、坡向、纬度和海拔。

（3）根据地形信息计算每一个网格每天的日照时段及相应的日出、日没时角。确定日照时段的原则是太阳既要在地平线之上，其光线又不被坡地自身及周围地形所遮蔽。为达到计算目的，可将一天中的可照时数离散化，即划分成一系列微分单元进行考虑。可照时数指在没有天气气象影响的条件下，日出到日没太阳的可能光照时数，可以根据测量地的纬度和季节进行计算。

类型 按照评估结果的应用目的，可以分为区域太阳能资源评估和工程太阳能资源评估。

区域太阳能资源评估 为满足国家和地方政府制定太阳能发展规划的需要，对某区域内的太阳能资源时空分布特征和太阳能资源等级进行评估。评估范围一般为全国或者省域，水平分辨率一般为几十千米至几百千米。评估的时间尺度一般为 10 年至 30 年，或者更长。主要针对水平面上总辐射、直接辐射和散射辐射的辐照量进行评估。

工程太阳能资源评估 为满足太阳能电站选址和工程设计的需要，在宏观太阳能资源评估基础上，对选定某区域太阳能资源的数量和开发潜力进行评估。评估范围一般为水平分辨率为几百米到 10 千米。评估时间尺度一般为 10 年至 30 年，或者更长。评估参数需要根据不同太阳能利用工程的特点确定。以太阳能光伏发电工程为例，除水平面总辐射、直接辐射和散射辐射的辐照量外，至少还包括倾斜面总辐射辐照量、最佳倾角、发电量等参数。

太阳辐射计算方法 到达地表的太阳辐射一般可通过气候学计算方法和卫星反演方法两种方法计算。对于这两种方法，需要根据实际情况进行选择，或者配合使用。

（1）气候学计算方法。根据日照时数或云量等常规气象资料进行太阳辐射计算。其特点：①物理意义明确，计算简单，易于推广；②在地势平坦、观测站较多的地区，计算结果较准确，基本可以满足太阳能资源评估的要求；③是迄今最成熟、应用最广泛的方法。

该方法在确定经验系数时依赖于实测太阳辐射观测值，在太阳辐射站点稀疏而地形又比较复杂的地区，或者多云或大气状况时空变化较大的地区，计算误差较大。此外，气候学方法只能对太阳辐射进行月及以上时间尺度的计算，不能进行日或小时的计算，限制了其应用。

（2）卫星反演方法。根据卫星探测的云、气溶胶、水汽、臭氧等与太阳辐射传输密切相关的要素值进行太阳辐射数学几何变换的方法。其特点包括：①充分利用了卫星探测资料在时空上的连续性，计算结果可以有效弥补地面辐射观测站空间分布的不足；②物理过程精细，充分考虑了云、气溶胶、水汽、臭氧、空气中的分子等因素对太阳辐射传输过程的影响，物理依据充分，具备可持续发展的能力。

该方法的计算结果依赖于卫星探测资料的时空分辨率、准确性，以及辐射传输模式和参数化方案的性能，这些方面还不够完善，计算精度还需提高。随着卫星探测技术的进步，该方法成为国际主流发展方向。

评估参数 主要包括水平面总辐射辐照量、水平面直接辐射辐照量、水平面散射辐射辐照量、倾斜面太阳总辐射辐照量、法向直接辐射辐照度、最佳倾角、峰值日照时数、发电量、等效满负荷小时数等。辐照量指在给定时间段内辐照度的积分总量，单位为 J/m^2；辐照度指在单位时间内物体单位面积上接收到的辐射能，单位为 W/m^2。

总辐射 从水平面 2π 立体角范围内接收到的直接辐射和散射辐射之和，是表征太阳能资源的最常用物理量之一。在中国，有部分气象站进行总辐射的观测。

直接辐射 从日面及其周围一小立体角内发出的辐射。也可理解为太阳辐射没有被大气散射改变投射方向的平行光线。在中国，有极少数气象站进行直接辐射的观测。

散射辐射 太阳辐射被空气中的分子、云和空气中的各种微粒分散成无方向性的、但不改变其单色组成的辐射。在中国，仅有部分气象站进行散射辐射的观测。

水平面总辐射辐照量 从水平面 2π 立体角范围内接收到的太阳直接辐射和散射辐射的辐照量之和。在中国，有部分气象站进行总辐射的观测。

水平面直接辐射辐照量 水平面上接收到的、从日面及其周围一小立体角内发出的太阳辐射辐照量。在中国，有极少数气象站进行直接辐射的观测。

水平面散射辐射辐照量 水平面上接收到的被空气分子、云和空气中的各种微粒分散成无方向性的、但不改变其单色组成的太阳辐射辐照量。在中国，仅有部分气象站进行散射辐射的观测。

倾斜面太阳总辐射辐照量 将水平面上的总辐射转换到倾斜面上的总辐射，需要结合测量地区的气象资料，经过复杂的数学计算才能得到。它由如式（1）所示的三个部分组成：

$$H_t = H_{bt} + H_{dt} + H_{rt} \tag{1}$$

式中 H_t 为倾斜面太阳总辐射辐照量，H_{bt} 为倾斜面直接辐射辐照量，H_{dt} 为倾斜面散射辐射辐照量，H_{rt} 为倾斜面所对地面反射到倾斜面的辐射辐照量。

法向直接辐射辐照度 始终与太阳射束垂直的平面上接收到的辐射的辐照度，是太阳能热发电系统设计的重要参数。（见地表太阳辐射）

最佳倾角 固定放置的光伏组件或其他平面装置，全年或某一规定时段内接收到的太阳辐照量最大的倾斜角度。

峰值日照时数 折算成标准辐照度（$1kW/m^2$）下的日照时间。任意时间段内的峰值日照时数在数值上就等于相同时间段内以 kWh/m^2 为单位的辐照量。

发电量 太阳能发电站全部装机所发的电量。对太阳能光伏电站而言，采用式（2）计算：

$$发电量=峰值日照时数\times装机容量\times系统综合效率 \tag{2}$$

等效满负荷发电小时数 太阳能电站的总发电量折算到全站装机容量满负荷运行时的发电小时数。

太阳能资源等级划分标准 采用总量等级、稳定度和直射比三个指标对太阳能资源进行分级。

总量等级 以太阳总辐射年辐照量度量，划分为四个等级：最丰富（A）、很丰富（B）、丰富（C）、一般（D）。划分标准见表 1。

表1 总 量 等 级

等级名称	分级阈值 [$kW\cdot h/(m^2\cdot a)$]	分级阈值 [$MJ/(m^2\cdot a)$]	等级符号
最丰富	$G\geqslant 1750$	$G\geqslant 6295$	A
很丰富	$1400\leqslant G<1750$	$5035\leqslant G<6295$	B
丰　富	$1050\leqslant G<1400$	$3775\leqslant G<5035$	C
一　般	$G<1050$	$G<3775$	D

注：G 表示总辐射年辐照量。

稳定度等级 太阳总辐射稳定度 R_w 用来反映太阳能资源年内变化的稳定程度，为全年中总辐射月辐照量（月平均日辐照量）的最小值与最大值的比值，采用多年平均值（一般取 30 年平均）计算。划分标准见表 2。

表2 稳 定 度 等 级

等级名称	分级阈值	等级符号
很稳定	$R_w\geqslant 0.47$	A
稳　定	$0.36\leqslant R_w<0.47$	B
一　般	$0.28\leqslant R_w<0.36$	C
欠稳定	$R_w<0.28$	D

直射比等级 直射比为直接辐射辐照量在总辐射辐照量中所占的比例。直射比划分为四个等级：很高（A）、高（B）、中（C）、低（D）。划分标准见表 3。

表3 直 射 比 等 级

等级名称	分级阈值	等级符号	等级说明
很高	$R_D\geqslant 0.6$	A	直接辐射主导
高	$0.5\leqslant R_D<0.6$	B	直接辐射较多
中	$0.35\leqslant R_D<0.5$	C	散射辐射较多
低	$R_D<0.35$	D	散射辐射主导

注：R_D 表示年直射比。

tiaosu jigou

调速机构 (speed regulation mechanism) 调节水平轴风力发电机组风轮的转速，使发电机运行在额定转速和额定功率附近的装置。其功能是保证水平轴风力发电机组在自然风速高于额定风速时能够稳定运行，限制风轮转速及输出功率，使之不超过允许值。这种系统主要适用于中小型风力发电机组。

常见的调节方式主要有风轮偏转调速和叶片变桨距调速。

风轮偏转调速 风轮水平偏转或上仰转动，是一种使风轮偏离风向的调节方式。当风速高于额定风速时，调节风轮偏离风向一定的角度，此时风速在风轮轴向的分风速仍然等于额定风速，以使风轮的转速和输出功率保持在额定状态。

风轮偏侧的机构主要有风轮偏置和尾舵重力矩限速机

构、风轮偏置和翻转舵板限速机构，以及风轮上仰偏离风向限速机构。风轮偏离风向时的复位及偏转力矩的平衡，借助弹簧弹力，风轮、风力发电机等机件的重力，尾舵重力矩和舵板翻转力等。

风轮偏置和尾舵重力矩限速机构　在风轮直径10m以内的小型风力发电机组上，较多采用风轮偏置和在尾舵铰接处设置向后、向侧倾斜的铰接销结构，利用尾舵重力矩的反作用力矩对机组主体施加转矩的方法平衡风轮偏转力矩或使风轮复位。风轮的气动偏转力矩随不同风速和风轮偏置的不同角度而变化；尾舵的复位力矩与尾舵的重力矩和尾舵铰链销倾斜角的设置有关，并随风轮偏置的角度而变化。该机构的技术要求包括：

(1) 在额定风速下，风轮正对风向，风轮偏置后的气动偏转力矩与尾舵重力矩的复位力矩平衡，以保证风力发电机组输出额定功率，如图1所示。

图1　风轮偏置、尾舵重力矩限速机构风电机组正常工作状态

(2) 在风速超过额定风速到切出风速的工作风速范围内，首先风轮偏离风向后的角度使风轮轴向的分风速维持在额定风速值，此后风轮在各不同的偏侧角度下，使尾舵复位力矩与风轮的气动偏转力矩同步变化，两者最后达到平衡，即在调速过程中，风轮处于任一偏角位置，均能随风速的变化而灵敏偏转，无卡滞现象，如图2所示。

图2　风轮偏置、尾舵重力矩限速机构风电机组限速工作状态

(3) 风电机组运行过程中不允许出现有害的剧烈振荡。

风轮偏置和翻转舵板限速机构　将风轮连同回转体横向偏置安装在塔杆顶部的立轴轴承上，尾杆刚性固定在回转体上，在尾杆的末端装配可以调节倾斜角的舵轴，轴上安装能够灵活翻转的舵板。通过改变舵轴的倾斜角，变更舵板风压中心的布局，以及调整舵轴上下的舵板质量配置，可以调节尾舵的迎风调向力矩。图3为舵轴倾斜角不同时迎风调向力矩的变化趋势。在额定风速下，风轮的偏转力矩和尾舵的迎风调向力矩相平衡，保持风轮正对风。当超过额定风速时，由风轮盘面压力产生的偏转力矩大于尾舵的迎风力矩，风轮绕塔杆顶部的立轴轴承转动而偏离风向，达到限制风轮转速和保持额定输出功率的作用；当风速小于或等于额定值时，尾舵的迎风力矩克服风轮的偏转力矩，使风轮恢复到正对风位置，发电机进入正常工况，如图4所示。该机构的优点是风电机组在调向、调速时转动缓和平稳，机构铰接关节处载荷小，转动部位磨损轻。

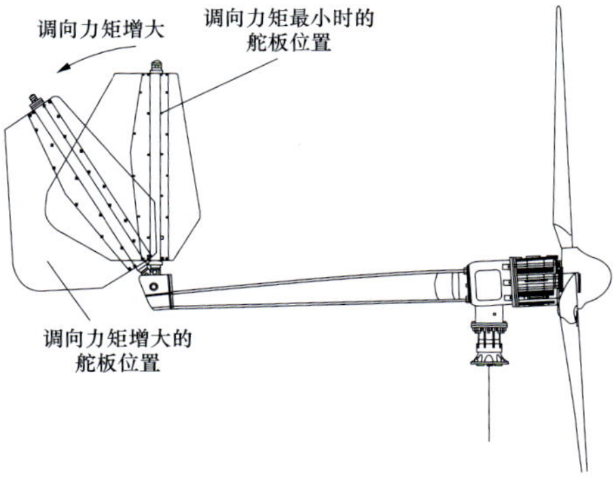

图3　舵轴倾斜角不同时迎风调向力矩变化趋势

图4　采用风轮偏置和翻转舵板限速机构的风电机组

风轮上仰偏离风向限速机构　风轮铰接在回转支架上，其轴线高于横向铰链轴一段距离，构成在上方的偏心距。在额定风速下工作时，风轮连同发电机在重力（或弹簧力）的作用下使风轮正对风向；当超过额定风速时，由风轮盘面压力产生的偏转力矩大于原有的重力（或弹簧力），迫使风轮绕横向铰链轴向上仰起而偏离风向，即进入限速状态，达到自我保护的作用（见图5）；当风速低于额定风速时，风轮在重力（或弹簧力）的作用下，恢复到正对风的位置。图6为采用风轮上仰偏离风向限速机构的风力发电机组的正常工作状态。

图5　风轮上仰偏离风向风电机组的限速状态

图6　风轮上仰偏离风向风电机组的正常工作状态

叶片变桨距调速　叶片或叶片的一部分绕自身的轴线偏转，改变桨距角。改变叶片桨距角称作变桨距。根据风轮功率特性（见风轮）：在最佳桨距角时叶片有较高的升阻比（见叶片），风轮有较高的气动效率；反之，风轮的气动效率则降低。当风速大于风电机组的额定风速时，改变叶片桨距，使风轮气动效率降低，保持风轮在额定转速下运行。调节方式主要有机械离心式变桨距、弹（柔）性变桨距、风压变桨距等调速方式。

机械离心式变桨距调速　叶片轴及轴承装配在轮毂中，叶片可以绕自身的轴转动。在叶片的特定位置固定一个离心杆，当风轮旋转时，离心杆的离心力将产生绕叶片旋向转动的力矩，此力矩随离心力的变化而同步改变。在机构中把叶片的转动通过曲柄连杆同步机构与调速弹簧联动在一起，并设置调速弹簧的预压力，借助联动机构将叶片设定在最佳桨距角位置。达到额定风速附近，风轮以额定转速旋转，离心杆的离心力产生的旋向转动力矩与调速弹簧预压力形成的力矩相平衡，叶片处在最佳桨距角位置，发电机输出额定功率。在超过额定风速时，风轮转速提升，离心杆的离心力产生的力矩超过调速弹簧的预压力，使弹簧再压缩，同时联动叶片改变其桨距角，风轮效率下降，把风电机组限制在额定转速和额定功率附近。一种机械离心式变桨机构的具体结构见图 7。

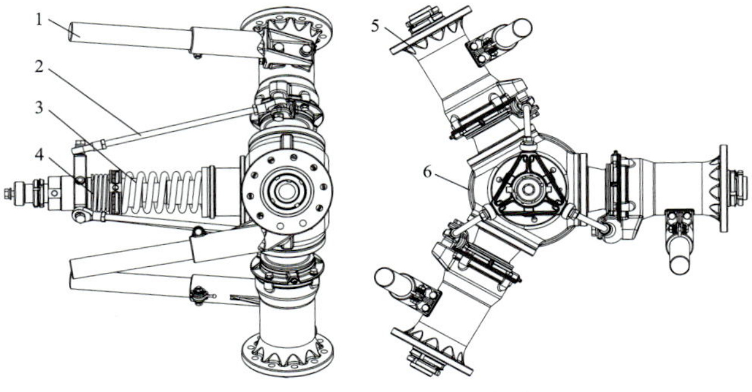

图 7　机械离心式变桨机构

1—离心杆；2—同步拉杆；3—调速弹簧；4—起动弹簧；5—叶片法兰；6—轮毂

弹性变桨距调速　风轮带有离心重锤的叶片，叶根与轮毂用螺栓连接，叶片根部采用弹性材料制造，由叶根的扭转弹性变形实现风轮变桨距（见图 8），也称作柔性变桨距调速。当风速大于额定风速，风轮转速超过限定值时，重锤产生的绕叶根转动的变桨力矩大于弹性桨柄的扭转弹力，叶片扭转，偏离最佳桨距角状态，气动效率下降，限制了风轮转速，稳定了发电机的功率输出。

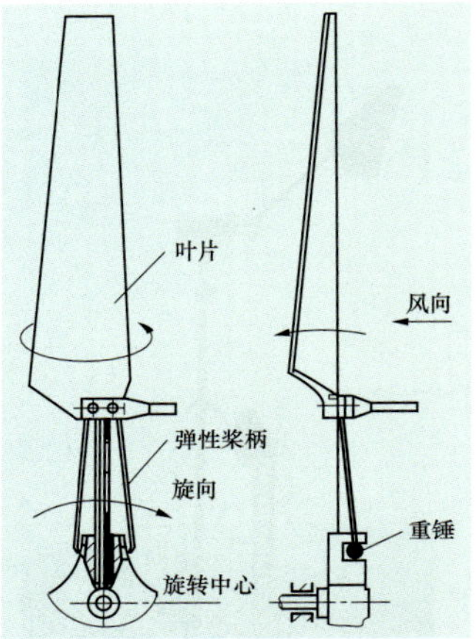

图 8　弹性变桨距机构原理图

风压变桨距调速　采用这种变桨方式的机构要求叶片的气动压力中心与叶片机械转轴偏移一个距离，在叶片上产生气动压力时，借助这个距离形成一个绕叶片轴转动的变桨力矩（见图 9）。在多个叶片组成的风轮中需采用曲柄连杆机构和同步机构与调速弹簧联动。在额定工况下，风轮在最佳桨距角位置，把调速弹簧调整到与叶片风压合力相平衡的状态。当风速超过额定风速时，风压增大，叶片在风压作用下克服弹簧的预压力，转动叶片偏离风轮最佳桨距，限制了风轮转速继续上升，稳定了发电机的功率输出。

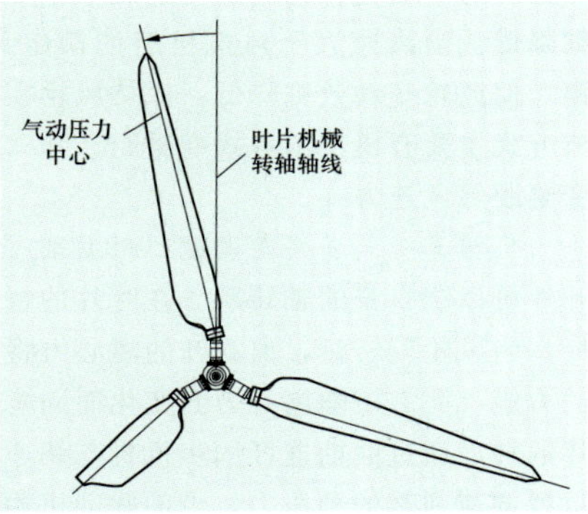

图 9　风压变桨距机构

参考书目

姚兴佳，宋俊．风力发电机组原理与应用．北京：机械工业出版社，2011.

tuanliu moxing

湍流模型　（turbulence models）　空气流动时湍流脉动的频率谱分布数学模型。湍流（turbulence）是流体的一种流动状态，指当流体流速增加到很大时，流线不再清楚可辨，流场中有许多小漩涡的状态。大气边界层内的空气流动通常处于旺盛的湍流状态，湍流脉动会对空气中的物体，包括风电机组的叶片等，产生附加影响，影响的效果主要取决于湍流脉动的能量（幅度）和频率分布。实际湍流脉动的能量和频率分布具有一定的随机性，但在较长时间内，则体现出确定的统计学特性。湍流模型即是描述湍流统计学特性的频率谱分布数学模型，也是描述湍流脉动统计学特性的功率谱密度函数。

湍流脉动　风速的随机脉动，表现为流经同一空间点的风速随着时间波动（如图 1 所示），或某一时刻在一定空间范围内风速分布的波动。通常可将瞬时风速人为地分为平均风速和湍流脉动风速两部分。

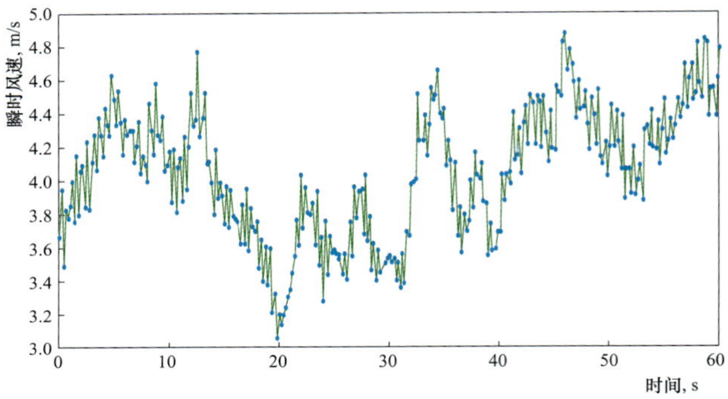

图 1　测风仪测量的瞬时风速

（采样频率 5Hz，数据测量时长 60s）

数据来源：Bolund 岛测风项目。

$$u=\overline{u}+u' \tag{1}$$

$$v=v' \tag{2}$$

$$w=w' \tag{3}$$

式中 u、$\overline{u}$、u'分别为流动方向（纵向）的瞬时风速、平均风速和脉动风速，v'、w'分别为横向和竖向的脉动风速，这两个方向的平均风速为零。通常主要关注纵向湍流脉动的计算，横向和竖向的湍流脉动比纵向略弱。湍流脉动的频率谱分布可以通过测风数据的时频转换实现，如图 2 所示。通常大气边界层内湍流脉动的能量频率谱主要在 0.003～0.5Hz 之间（对应的周期为 5.56min～2s），更高频率的湍流脉动则逐渐耗散为热量。频率低于 0.001 67Hz（周期大于 10min）的成分则视为平均风速的变化。

湍流脉动的幅值和幅度分别用标准差和湍流强度表示。

标准差　湍流脉动瞬时风速（纵向）的均方差。工程上，测风仪获取的测风数据是离散时间序列，湍流脉动的幅值大小通常用 10min 内测量数据的标准差表示。对于纵向，标准差为

$$\sigma_u=\sqrt{\frac{1}{N}\sum_{i=1}^{N}(u_i-\overline{u})^2}=\sqrt{\frac{1}{N}\sum_{i=1}^{N}u_i'^2} \tag{4}$$

式中 N 为数据测量的点数，下标 i 表示单次测量的数据。横向和竖向的标准差与式(4)类似。

纵向湍流脉动在该时间段内的平均能量为 $\frac{1}{2}\sigma_u^2$，单位是 m^2/s^2 或 J/kg，即单位质量空气具有的纵向湍流脉动动能。

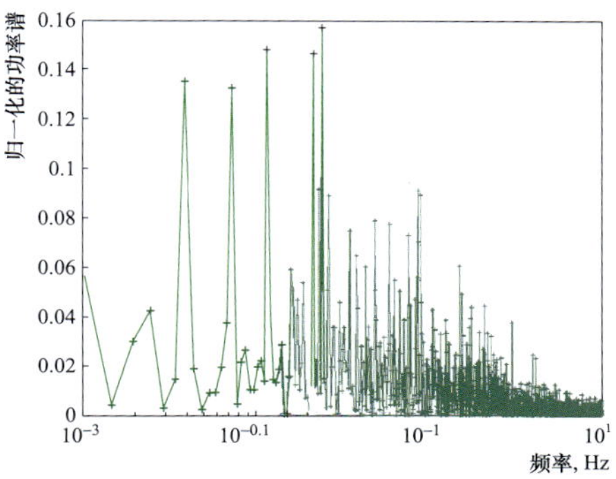

图 2 实测风速湍流脉动的功率谱分布

数据来源：Bolund 测风实验，测风仪高度 15m，数据采样频率 5Hz。

湍流强度 标准差与平均速度的比值，它反映了脉动风速的相对强度，是描述大气湍流运动的重要特征量。英文名称 turbulence intensity，简称 TI。纵向湍流强度 I_u 计算见式(5)

$$I_u=\frac{\sigma_u}{\overline{u}} \tag{5}$$

通常标准差 σ_u 随高度变化较小，平均速度 $\overline{u}$ 随高度而增加（见风切变），因此湍流强度随高度增加而减小。横向湍流强度 I_v 和竖向的湍流强度 I_w 小于纵向的湍流强度，一般在风工程中，三者的关系表示见式(6)

$$I_u : I_v : I_w = 100 : 88 : 55 \tag{6}$$

功率谱密度 (power spectral density，PSD) 湍流能量沿频率的分布函数，包括三个方向的谱密度表达式。纵向谱密度函数 $S_u(n)$ 沿频率 n 的积分等于纵向湍流动能的 2 倍，即风速的方差

$$\sigma_u^2=\int_0^\infty S_u(n)\mathrm{d}n \tag{7}$$

横向与竖向的谱密度函数与式(7)类似。

湍流模型通常以无量纲谱密度函数的形式给出，半经验的数学表达式很多，比较典型的纵向湍流功率谱密度函数是冯·卡门(von Karman)湍流模型和卡曼(J. C. Kaimal)湍流模型。冯·卡门湍流模型的表达式为

$$\frac{nS_u(n)}{\sigma_u^2}=\frac{4nL_{1u}/\overline{u}}{[1+70.8(nL_{1u}/\overline{u})^2]^{5/6}} \tag{8}$$

卡曼湍流模型的表达式为

$$\frac{nS_u(n)}{\sigma_u^2}=\frac{4nL_{2u}/\overline{u}}{(1+6nL_{2u}/\overline{u})^{5/3}} \tag{9}$$

式中 L_{1u} 和 L_{2u} 分别为模型的长度尺度，分别与地表粗糙度长度 z_0 和距地面的高度 z 有关。地表粗糙度长度 z_0 为 0.03、距地面 50m 高度时，两个模型给出的功率谱密度如图 3 所示。冯·卡门湍流模型与风洞内的湍流吻合较好，同时与 150m 高度以上的大气边界层湍流吻合较好，而卡曼湍流模型与低空的湍流吻合较好。冯·卡门湍流模型在理论研究中较常采用，在工程应用中，有多个修正形式的表达式。

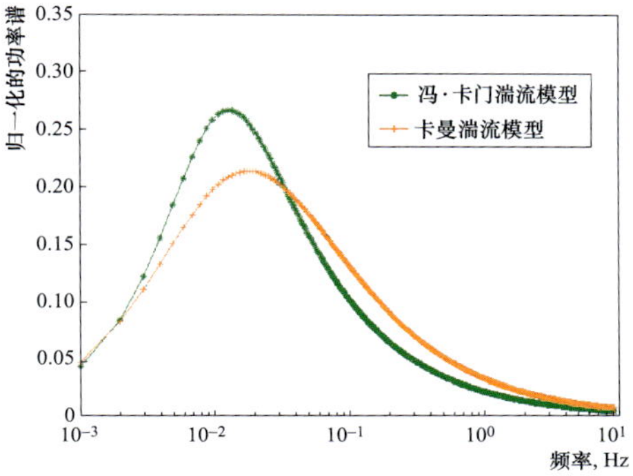

图 3 冯·卡门湍流模型与卡曼湍流模型

纵向湍流，距地面高度 50m，平均风速 11.1m/s，方差 0.16

参考书目

Tony Burton, et al. Wind Energy Handbook. John Wiley & Sons, Inc., 2001.

Uldolmok chaoliu fadian zhuangzhi

Uldolmok 潮流发电装置 （Uldolmok tidal current generation device） 位于韩国全罗南道珍岛郡鸣梁海峡的垂直轴潮流发电装置。Uldolmok 装置是桩柱式，发电机组通过导管架固定在桩腿上，水平流动的海水驱动水轮机叶轮产生机械能，机械能通过发电机转换成电能。

组成 包括水轮机、增速器、发电机和导管架基础结构。水轮机的叶轮旋转轴与水流方向垂直，叶片呈螺旋形。水轮机通过导管架基础结构固定在海底，水流带动螺旋式垂直轴叶轮转动，经由增速器驱动发电机发电。

主要特点 叶轮轴与水流方向垂直，不受来流方向的影响，适应任意方向来流；螺旋形叶片使机组运行平稳。

主要技术参数 2 台 500kW 垂直轴水轮发电机组装机容量为 1MW。水轮机的叶轮直径 3m，高度 3.6m。两台机组之间距离 4m。起动流速 1.5m/s，额定流速 4.8m/s。

发展与应用 Uldolmok 技术源自于美国佐罗夫螺旋涡轮机公司（Gorlov Helical Turbine，GHT）研发的 GHT 垂直轴螺旋型水轮机，由美国 A. M. 佐罗夫（A. M. Gorlov）教授设计。GHT 装置采用有扭曲角的螺旋状叶片，螺旋水轮机具有起动力矩大、运转平稳的特点，但有轴向力。2002 年 6 月进行了 1.5kW 模型试验，直径 1m，叶片弦长 140mm，叶片扭曲角 67°，叶轮高 2.5m，额定工作流速 1.5m/s。美国海洋可再生能源发电公司（Ocean Renewable Power Company，ORPC）将 60kW OCGen 螺旋水轮机横轴布置，两个叶片螺距角相反的叶轮同轴以抵消轴向力，已进行了实型试验，如图 1 所示。（见美国海洋能发电技术）

图 1 60kW OCGen 螺旋水轮机横轴布置

韩国鸣梁海峡潮流试验电站（Uldolmok Tidal Current Power Testing Station）位于韩国南端的全罗南道珍岛郡鸣梁海峡大桥附近。该电站是韩国首座潮流能试验电站，于 2005 年开工建设，2009 年 5 月建成投入运行。安装的 Uldolmok 潮流发电装置装机容量 1000kW（500kW×2）。整个电站除了控制室和主变压器位于海岸边外，其他机电设备均布置在海峡中的厂房里。厂房长 36m，宽 16m，高 48m，总质量达 1000t，厂房由一条长 144m 的栈桥与海岸相连，如图 2 所示。

电站设计寿命 20 年，设计运行时间每天为 18h。该电站除了向珍岛居民提供电力外，主要是作为韩国潮流能研究开发机构的实海况潮流发电装置试验平台。

图 2 韩国鸣梁海峡潮流试验电站

Weihai Shimin Wenhua Zhongxin Guangfu Fadian Xitong

威海市民文化中心光伏发电系统 (Building-intergrated Photovoltaic Power System of Weihai Citizen Culture Center) 安装于威海市民文化中心屋面的建筑集成光伏发电系统。威海地区全年太阳总辐照量大于 5040MJ/m^2，年日照时数为 2757h。威海市民文化中心光伏发电系统建筑光伏构件总安装面积 6030m^2，总装机功率 275kW，是当时世界最大的非晶硅光伏屋顶工程。所发电能并入到市民文化中心的内部配电线路，为文化中心的日常运行供电。

该系统选用非晶硅薄膜太阳能电池、铝合金边框、钢化玻璃、胶片黏结而成的建筑光伏构件。基本尺寸为 1050mm×2100mm，共安装 2518 片。采用双层 6mm 钢化玻璃的建筑光伏构件在满足发电需求的同时也满足建筑围护结构对其的承载力、安全性、密封性和保温性等方面要求。

系统分为 42 个阵列，每个阵列的发电功率均为 6.5kW 左右。系统选用支路型单相并网光伏逆变器，共 42 台，每台额定功率 6kW。整个发电系统包括南北坡两组，每组 21 台逆变器，分别使用 1 台交流配电柜接入建筑物内部配电系统。该项目于 2009 年 10 月 1 日投入运行。

威海市民文化中心光伏屋顶

weiliu moxing

尾流模型 (wake models) 描述风轮下游区域风速分布的数学模型。风轮下游的流场称为尾流。由于风轮提取了空气流动的部分能量，尾流区域速度和压力下降、湍流强度增大，这种现象称为风轮的尾流效应。随着流动的继续，尾流与周围未受风轮影响的空气相互掺混，流速也逐渐趋近于周围空气的流速。

风轮的尾流流场较为复杂，很难精确描述，因此尾流模型是描述尾流区速度分布的简化模型，其计算依据通常为风轮上游来流风速、风轮直径和风轮的轴向推力系数，而不考虑叶片外形及变桨控制等细节。尾流模型用于计算下游风电机组的来流条件。上游风电机组的尾流影响下游风电机组的出力和结构疲劳，处于完全尾流区的风电机组，其发电量损失可高达 30%～40%。风电机组行列排布的实际风电场，尾流发电量损失一般在 5%～8%。在风电场可用面积一定的条件下，提高发电量需要风电机组台数增加、排列间距减小，而减小尾流损失则需要增大风电机组之间的排列间距和减少风电机组的台数，要实现单位投资的发电量最大化，需要进行综合优化。处于尾流区的风电机组，选型时还需要考虑尾流中湍流强度的增大效应。

尾流结构 可以分为近场和远场两个区域。近场尾流指风轮下游 3*D* 以内的区域（*D* 为风轮直径），是风轮气动特性研究的内容。近场尾流的主要特点是：尾流区内湍流强度显著增高；随着向下游流动，压力从叶轮后的低压逐渐恢复到环境压力，而速度则进一步降低。远场尾流指（3～5）*D* 之后的区域，其中压力基本保持为环境压力。由于和周围空气的相互掺混，远场尾流的影响区域逐渐扩大，速度沿流动方向逐渐上升，湍流强度因为湍流的扩散作用和耗散作用而逐渐下降。在风电工程中，尾流效应通常指远场尾流，特别是当多台风电机组行列排布的时候，主风向方向机组的间距通常在（5～10）*D* 之间，下游风轮处于上游风轮的尾流之中，如图 1 所示。

图 1 丹麦荷斯礁海上风电场内风轮的尾流
（拍摄于 2008 年 2 月 12 日 13:00，
拍摄者 Christian Steiness）

常用模型 通常所说的尾流模型是指计算风轮远场尾流速度分布的数学模型，是风电场设计软件中的计算工具之一。假定风轮与风向垂直，尾流区域的边界是以风轮转轴为轴线、始于风轮圆盘周线向下游延展的渐扩桶面。按照复杂程度，可将尾流模型分为一维、二维和三维三个类别。它们的特点主要包括：①一维尾流模型假定尾流截面上风速分布均匀，风速只沿轴线变化。该模型基于一维动量理论和质量守恒得出，模型简单、计算速度快，在风电场设计软件中广泛应用。②二维尾流模型假定尾流区内风速沿轴向和径向变化，尾流截面内周向风速分布均匀。该模型通常根据轴对称物体尾流的薄剪切层理论得出。③三维尾流模型则是在二维尾流模型的基础上，进一步考虑风切变效应得到的计算模型，计算过程复杂，工程上较少采用。

一维尾流模型　风速只与空间点距风轮平面的轴向距离有关的尾流模型。主要有 Jensen 模型和改进的 Jensen 模型。

（1）Jensen 模型。一种广泛使用的一维尾流模型。该模型假设：①尾流初始直径为风轮直径；②尾流半径按线性增大，尾流横截面上的速度是均匀的；③风轮的轴向气流诱导因子（见叶素-动量理论）$a=1/3$。尾流区的风速为

$$u=u_0\left[1-\frac{2}{3}\left(\frac{1}{1+2\alpha x/D}\right)^2\right] \tag{1}$$

式中 x 是风轮后一点距风轮的轴向距离；u_0 是未受影响的来流风速；D 是风轮直径；常数 α 是尾流扩张系数，实际计算中可取 $\alpha=0.07\sim0.1$。式中表达式 $1+2\alpha x/D$ 是 x 处尾流截面直径（$D+2\alpha x$）与风轮直径 D 的比值。风轮后 6 倍风轮直径处风速的测量值和计算值对比参见图 2。

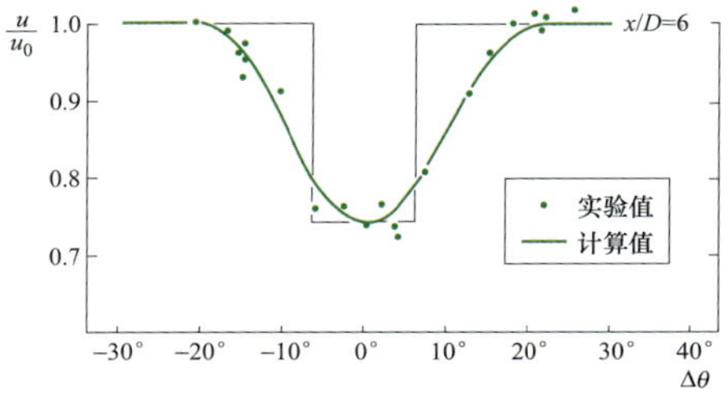

图 2　Jensen 模型与实验值的对比
（$\Delta\theta$ 表示测点对风轮轴线的偏角）

（2）改进的 Jensen 模型。改进主要包括两个方面：一是取消轴向诱导因子 $a=1/3$ 的假设，采用风轮实际的轴向诱导因子计算；二是尾流半径的线性变化考虑湍流的影响，采用尾流下降系数 k 代替尾流扩张系数 α，改进后的风速为

$$u=u_0\left[1-2a\left(\frac{1}{1+2kx/D}\right)^2\right] \tag{2}$$

式中尾流下降系数 k 可根据风电场实测结果确定。如没有实测资料，则根据来流风的特性确定：当来流为自然风时，$k=0.04$；否则，若来流是上游风轮的尾流，$k=0.08$。

风轮的推力系数是生产商提供的性能参数，由理想风轮的一维动量理论可知，轴向诱导因子与风轮轴向推力系数 C_a 的关系为

$$2a=1-\sqrt{1-C_a} \tag{3}$$

计算中可直接用式（3）替代模型中的 $2a$。

二维尾流模型　根据轴对称物体尾流理论建立的一种远场尾流模型。风速是空间点距风轮平面的轴向距离 x、距尾流轴线的垂直距离 y 的函数。无量纲尾流半径 r' 是风轮轴向推力系数 C_a、轴向相对距离 $x'=x/D$ 的函数

$$r'=\frac{r}{D}=\beta_1(C_a\cdot x')^{\frac{1}{3}} \tag{4}$$

式中 r 为尾流半径；D 为风轮直径；x' 为风轮后一点距风轮的轴向距离；β_1 为由实验数据确定的模型参数。

尾流轴线上的无量纲速度损失 $\Delta u'_c$ 表示为

$$\Delta u'_c=\frac{u_0-u}{u_0}=\beta_2\frac{C_a^{\frac{1}{3}}}{(x')^{\frac{2}{3}}} \tag{5}$$

式中 β_2 是由实验数据确定的模型参数。

与轴线垂直的剖面上的无量纲速度损失 $\Delta u'_d$ 表示为

$$\Delta u'_d=\Delta u'_c(1.0-\eta^{\frac{2}{3}})^2 \tag{6}$$

$$\eta=(y/D)/r' \tag{7}$$

式中 y 为横向某点距风轮旋转轴的距离。

尾流区的速度分布与风轮轴向推力系数 C_a 和空间位置有关，也与来流湍流强度有关，体现在模型参数 β_1、β_2 中。

研究现状　随着 20 世纪 70 年代风力发电的兴起，根据风电场微观选址优化的需要，对风轮尾流流场的研究逐步开展起来。尾流流场研究的基础是实验测量和理论分析。实验测量包括风洞实验和现场测量两种。1970～2012 年，涉及风轮尾流流场测量的实验研究已有数十个，积累了大量的实验数据。研究者提出的尾流模型很多，在风电场设计工程中使用的已有十余个。实际的风轮尾流流场是在大气边界层流动条件下由风轮扰动形成的复杂流场，其精确计算十分困难，尾流模型的研究也在持续发展之中。

参考书目

贺德馨，等．风工程与工业空气动力学．北京：国防工业出版社，2006.

Weinamu Shengwuzhi Zhengti Qihua Lianhe Xunhuan Fadianchang

韦纳穆生物质整体气化联合循环发电厂　（Biomass Integrated Gasification Combined Cycle Power Plant, Varnamo）　位于瑞典的韦纳穆（Varnamo），是世界第一个生物质整体气化联合循环发电厂，见图。始建于 1991 年 9 月，1993 年 3 月建成，发电规模为 6MW（其中燃气轮机发电装机容量 4.2MW，蒸汽轮机发电装机容量 1.8MW），同时供热功率达 9MW。2000 年停止运行，气化系统累计运行时间 8500h，全系统共运行 3600h。2003 年被改造成气化实验中心，以垃圾衍生燃料等废弃物气化、生产富氢燃气和合成液体燃料为主要研究内容。

韦纳穆生物质整体气化联合循环发电厂实景

主要技术参数　电厂可使用含水量为 5%～20% 的木屑、树皮、秸秆和垃圾衍生燃料为原料，采用瑞典叙德文斯加电力公司（Sydkraft AB）与美国福斯特惠勒公司（Foster Wheeler）联合开发的高压循环流化床气化技术进行空气气化，主要技术参数见表。

韦纳穆生物质整体气化联合循环发电厂主要技术参数

参　数	数　值
气化炉热容量	18MW
气化压力/温度	1.8MPa/950℃

续表

参　数	数　值
燃气成分（体积比例）	CO　16%～19% H_2　9.5%～12% CH_4　5.8%～7.5% CO_2　14.4%～17.5% N_2　48%～52%
燃气低位热值	5～6.3MJ/m³（标准状态下）
余热锅炉蒸汽压力/温度	4MPa/455℃
燃气轮机/蒸汽轮机装机容量	4.2MW/1.8MW
电厂净发电效率	32%
电厂净效率	83%

从燃气轮机压缩机抽出约10%的空气，经再次增压后从气化炉底部通入。气化炉可用氧化镁或白云石为床料，产生的燃气冷却到350～400℃后进入高温过滤装置进行净化，然后进入燃气轮机燃烧发电。高温过滤装置包括金属过滤和陶瓷过滤。以树皮为燃料时，气化炉出口的燃气含苯5000～6300mg/m³（标准状态下）、轻质焦油1500～2200mg/m³（标准状态下）；以松木屑为燃料时含苯7000～9000mg/m³（标准状态下）、轻质焦油2500～3700mg/m³（标准状态下）。碱金属质量分数含量低于0.1×10^{-6}。燃气轮机的燃料喷嘴和燃烧室经过了专门改造以适应低热值气体，氮氧化物排放量质量分数为50×10^{-6}～250×10^{-6}。

weishengwu ranliao dianchi fadian

微生物燃料电池发电　(microbial fuel cell power generation)　利用微生物以生物电化学的方式将生物质中的化学能直接转化为电能的燃料电池发电技术。微生物燃料电池发电有可能在环境污染控制领域发挥的作用包括：①处理废水。可将厌氧发酵技术和微生物燃料电池进行耦合，厌氧发酵段将复杂的有机物降解为简单的有机物，同时产生生物质能源，后继的微生物燃料电池能够以简单有机物为燃料生产电能。②生物传感器。微生物燃料电池的厌氧菌落可更替的特性使其可在线监测有机物含量。③生物修复。利用环境中微生物氧化有机物产生电能，既可以去除有机废物，又可以获得能量。

原理　微生物燃料电池由阳极产电微生物、阳极、阴极、分离膜、电池结构和阴极电子受体组成，其中产电微生物是核心。生物质在阳极被微生物氧化产生质子和电子，质子透过质子交换膜到达阴极，电子通过外电路负载到达阴极，阴极的电子和质子在阴极催化剂的作用下与氧化物（如氧气、铁氰化钾）反应，生成水或亚铁氰化钾，完成电池内部电荷的传递，同时外电路负载获得电流。整个电极反应过程达到物质平衡与电荷平衡。以葡萄糖为例，电极氧化还原反应方程式如下所示：

阳极反应

$$C_6H_{12}O_6+6H_2O \longrightarrow 6CO_2+24H^++24e$$

阴极反应

$$24H^++24e+6O_2 \longrightarrow 12H_2O$$

总的氧化还原反应

$$C_6H_{12}O_6+6O_2 \longrightarrow 6CO_2+6H_2O+\text{电能}$$

葡萄糖在微生物的催化作用下发电的工作原理见图。MEDred（reduced mediator）和MEDox（oxidated mediator）分别为还原型介体和氧化型介体。NAD为烟酰酸腺嘌呤二核苷酸，简称辅酶Ⅰ，是非常重要的氧化还原酶。NADH是它的还原形式。

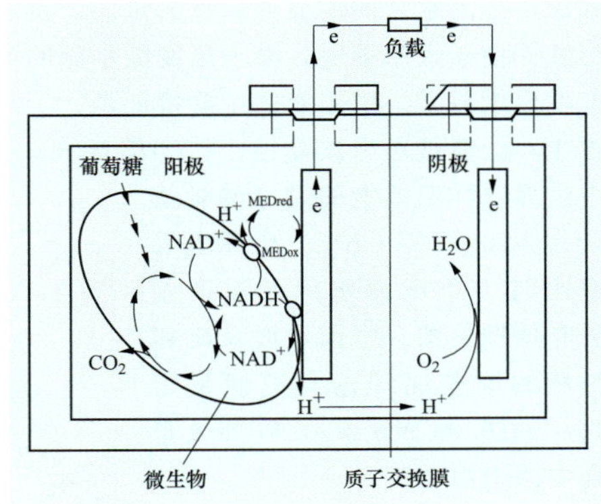

微生物燃料电池发电原理示意图

根据电子转移方式，可分为直接微生物燃料电池和间接微生物燃料电池。直接微生物燃料电池中，燃料直接在电极上被氧化，电子直接同燃料转移到阳极。间接微生物燃料电池中，燃料不在电极上氧化，而是在电解液中或其他处所反应，利用介体将电子传递到阳极。介体必须具有的特性：①能进入微生物细胞发生氧化反应；②在被还原之前能快速离开生物质细胞；③在阳极表面有良好的电化学活性；④稳定性高；⑤可溶于阳极电解液中；⑥对微生物没有毒性，且不会被微生物代谢掉。

特点　主要包括：①将微生物底物直接转化为电能，能量转换效率高；②在常温环境条件下能够有效运作；③所产生的废气主要组分是二氧化碳，不需要进行废气处理；④不需要输入较大能量，单室微生物燃料电池仅需通风就可以被动地补充阴极气体；⑤在缺乏电力基础设施的地区具有较大的应用潜力，同时扩大了能源燃料的多样性。

性能评价参数　包括电池的内阻、体积功率密度、库仑效率、能源转换效率和开路电压等。微生物燃料电池输出功率大小依赖于生物转化和电化学反应两个方面。①影响底物转化速率的因素包括细菌细胞的总量、反应器中混合和质量传递的现象、细菌的动力学特性（细菌的种属特异性最大生长速率，细菌对于底物的亲和常数）、生物量的有机负荷速率（每天每克生物量中的底物克数）、质子转运中的质子跨膜效率以及电池的总电势。②电极的超极化，一般而言，微生物燃料电池的开放电路电势的值为750～798mV。影响超极化的参数包括电极表面、电极的电化学性质、电极电势、电极动力学以及电子传递和电流的机制。

研究应用　1911年，英国植物学家M.C.波特（M.C.Potter）用铂电极放进大肠杆菌培养液中，制造出了世界上第一个微生物燃料电池。1964年，美国科学家设计出一种用于太空飞船的细菌电池，其电极的活性物质为微生物，燃料是宇航员的尿液，但细菌电池输出功率低。20世纪80年代后，由于电子传递中间体的广泛应用，微生物燃料电池的输出功率有了较大提高，使其作为小功率电源而使用的可行性增大。2002年后，出现了无须使用电子传递中间体的直接产电微生物，微生物燃料电池才得以迅速发展。但微生物燃料电池还存在对燃料的利用效率低、电子传递速率低、副反应多、内阻大、输出功率低等问题。

wenchaneng

温差能 (ocean thermal energy) 海洋表层温海水和深层冷海水之间的温差储存的热能，是海洋能的一种重要形式。由于太阳辐射，海水温度随水深的增加而降低，由此产生温度差异。温差能的主要特征是：①清洁无污染，可以再生；②能量输出波动性小；③储量大，但是能源密度低。全世界海洋温差能的理论储量估计为44 000TW・h/a。全球表层海水与1000m海水深处温度差分布情况见图。中国近海及毗邻海域的温差能理论资源储量为15.3～16.0TW・h/a，90%分布在中国南海。

海洋温差能的主要利用方式是海洋温差发电。海洋温差发电(ocean thermal energy conversion，OTEC)的基本原理是利用海洋表层温海水加热某些低沸点工质使之汽化，或通过降压使海水汽化以驱动汽轮机发电。同时利用从深层提取的冷海水将做功后的乏汽冷凝，使之重新变为液体，形成系统循环。温差能其他利用包括：①生产淡水。海洋温差能发电系统采用开式循环时，透平出口乏汽在冷凝器中被冷凝后就能产生淡水，可以解决海上淡水需求。②空调制冷。被海洋温差发电系统利用后的冷海水温度仍然较低，可以用作空调制冷冷源。③水产养殖。深层冷海水纯净、有营养，有利于生物生长，并对人类健康危害小。

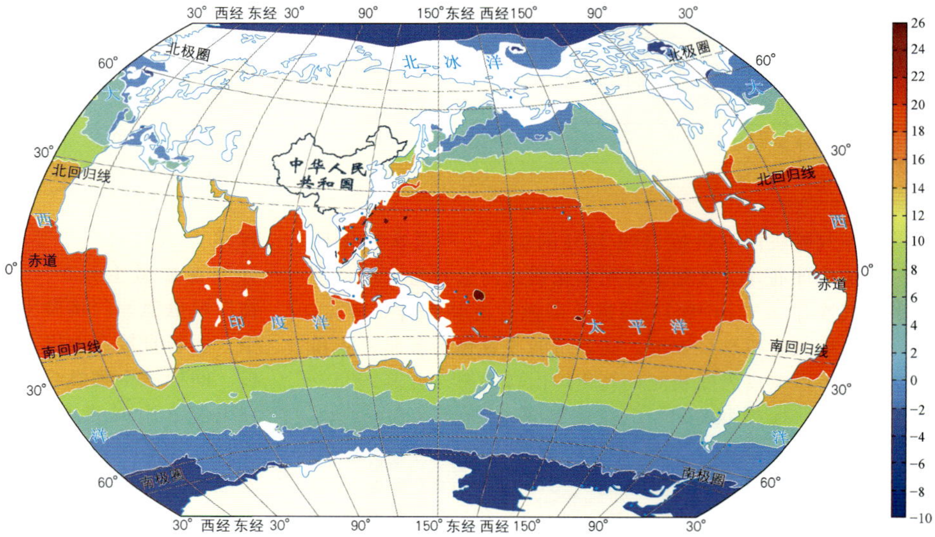

全球表层海水与1000m海水深处温度差分布情况

xireqi

吸热器 (receiver) 将太阳辐射能转化为热能的核心装置。作为太阳能集热场的一部分，用于最终接收经透射或反射汇聚的太阳辐射，转换为热能并传递给传热工质。根据聚光方式的不同，抛物面槽式、线性菲涅耳式、塔式、碟式太阳能热发电方式采用不同技术特征的吸热器。

抛物面槽式太阳能热发电系统的吸热器（见抛物面槽式吸热管）一般为双端开口的真空管，主要包括玻璃透光罩管、金属吸热管、真空夹层和热应力缓冲段等部分。

线性菲涅耳式太阳能热发电系统的吸热器通常为带有选择性吸收涂层的钢管，也可以直接采用抛物面槽式吸热管作为吸热器。

碟式斯特林太阳能热发电系统的吸热器即为斯特林发动机的热头。

塔式太阳能热发电系统的吸热器由吸热体、透明盖层和保温结构等组成。吸热体是吸热器中将汇聚的太阳辐射能转换为热能的核心部件，具有较高的辐射吸收比和较低的热辐射发射比。透明盖层具备密封和透光功能，可减少吸热体与环境空气间的自然对流损失；其较高的透射比可以实现所汇聚的太阳辐射能最大可能地被吸热体吸收。塔式太阳能热发电系统的吸热器通常置于支撑塔顶部。

按照吸热器吸热体的布置方式分为腔式和外置式两种。

腔式吸热器吸热体安置在对外隔热的腔体结构内，见图1。腔体的采光口面积（即吸热器采光口面积）小于吸热体的表面积，可有效降低吸热体的热损失。

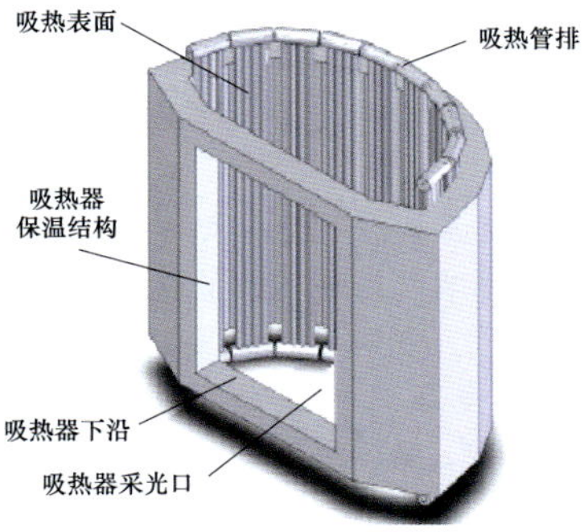

图1 腔式吸热器

用于接收扇形、梯形或矩形的定日镜场汇聚的太阳辐射能。

外置式吸热器由并列的金属管排形成条形吸热板，拼接呈近似圆柱形，见图2。管内存储传热工质，底部和顶部布置的传热工质集箱向吸热板提供冷传热工质并收集被加热的传热工质。通常用于接收环形定日镜场汇聚的太阳辐射能。

按照吸热器内的传热工质不同，塔式太阳能热发电系统吸热器可以分为导热油吸热器、水/蒸汽吸热器、熔融盐吸热器、空气吸热器、液态金属吸热器、固体颗粒吸热器等。

按照吸热器内的太阳辐射能吸收过程特性，塔式太阳能热发电系统用吸热器分为容积式吸热器和管式吸热器。容积式吸热器的吸热体通常为蜂窝陶瓷、泡沫陶瓷、金属网和泡沫金属等多孔材料，太阳辐射在吸热体内传递和被吸收，多与传热工质为气体的系统结合使用。管式吸热器由多根吸热管组成，太阳辐射能在吸热管表面被吸收，被加热的吸热管内壁与吸热管内流过的传热工质通过对流传热过程进行热交换，传热工质多为液体。

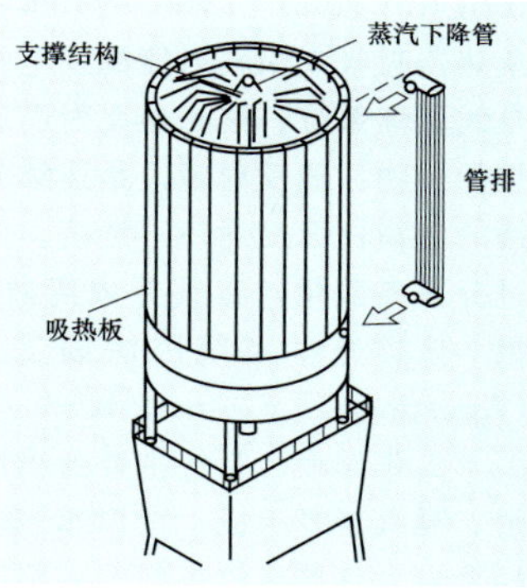

图2 外置式吸热器

Xiaweiyi Kaishi Xunhuan Haiyang Wenchaneng Shiyan Dianzhan

夏威夷开式循环海洋温差能试验电站 (Open-cycle Ocean Thermal Energy Conversion Experimental Plant in Hawii) 1993年建于夏威夷的岸基开式循环海洋温差能发电站，如图所示。

夏威夷开式循环海洋温差能试验电站

系统组成包括闪蒸器、冷凝器、汽轮机、发电机、温海水泵和冷海水泵、真空压缩机等。（见开式循环海洋热能转换系统）

系统参数：26℃的表层温海水作为发电循环系统热源，6℃深层冷海水作为系统冷源，汽轮机输出功率设计为210kW。冷凝器采用表面式换热器，系统有淡水产出。试验电站系统最高总功率输出为255kW，相应净功率为103kW，淡水产量为0.4L/s，成功运行了6年（1993～1998）。

该电站探明了能量输出与系统控制参数之间的关系，系统控制参数包括冷海水流量、温海水流量、真空压缩机入口压力、温海水温度及冷海水温度。试验电站运行结果表明：①其他参数不变时，系统总输出功率随着冷海水温度降低而增大；②当系统输出功率大于200kW时，温海水温度每增加1℃系统输出功率则增加34kW，系统输出功率小于200kW时系统输出功率随着温海水温度变化不明显；③真空压缩机入口压力每降低5Pa系统输出功率就增加1kW。这些试验结果对海洋温差能转换电站的设计有很大的借鉴作用。

xianxing Feinie'ershi taiyangneng refadian xitong

线性菲涅耳式太阳能热发电系统 (linear Fresnel reflector solar power system) 利用线性菲涅耳聚光集热器吸收太阳辐射能的发电系统。线性菲涅耳聚光集热器是线聚焦系统。聚光器反射面通常使用单轴的抛物柱面，理想的抛物柱面反射镜应是连续光滑的反射镜面，而大口径连续的抛物柱面反射镜不经济。因此，可将连续的反射镜能通过分段离散化，将其分成离散的小镜面达到近似的聚光效果，该类光学系统因法国工程师奥古斯丁-让·菲涅耳(Agustin-Jean Fresnel，1788—1827) 发明而得名。

工作原理 系统主要由线性菲涅耳聚光集热器、发电机组、凝汽器等组成，常以水/蒸汽作为传热工质。线性菲涅耳聚光集热器将收集到的太阳辐射能转化为热能并产生高温高压蒸汽，送至汽轮机发电机组做功发电，做功后的乏汽从汽轮机排出经过凝汽器冷凝后，返回线性菲涅耳聚光集热器，形成闭合的水/蒸汽回路，见图1。

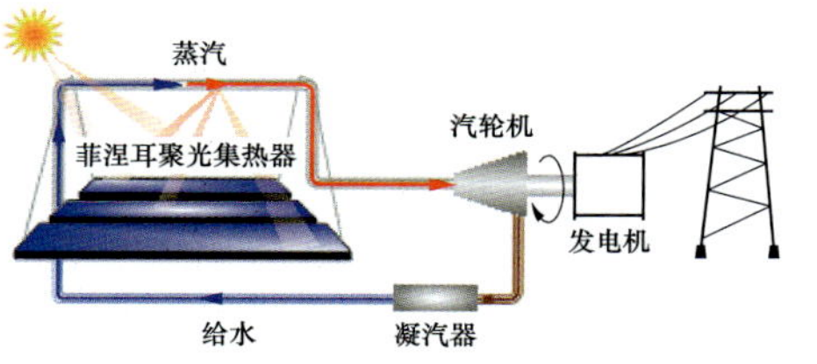

图1 线性菲涅耳式太阳能热发电系统原理图

线性菲涅耳聚光集热器主要由主聚光器、二次聚光器、吸热管、跟踪控制装置等部分组成。主聚光器由条形反射镜排组成，条形反射镜采用可弹性弯曲平面反射镜或高精度曲面反射镜。二次聚光器一般由复合抛物面聚光器（CPC）构成。复合抛物面聚光器(CPC) 是一种非成像低聚焦比的聚光器，它根据边缘光线原理设计而成，能够将给定接收角范围内的光线收集汇聚。其主体部分由两块抛物柱面反射镜构成。主聚光器将太阳光聚集至二次聚光器，由二次聚光器将太阳光进一步聚集到吸热管上。吸热管可以直接采用表面镀有太阳光谱选择性吸收涂层的钢管，管内装有传热工质。传热工质一般采用水。跟踪控制装置依据安装在同一水平面内条形反射镜排的倾角对主聚光器进行调整，使投射在反射镜表面的直射太阳光经反射后直接或通过位于吸热管上部的二次聚光器聚集到固定在条形反射镜排上部的吸热管表面，以加热管内传热工质。二次聚光器及吸热管不随条形反射镜排运动，如图2所示。线性菲涅耳聚光集热器的聚光比一般在150以下，工作温度在250～400℃之间。

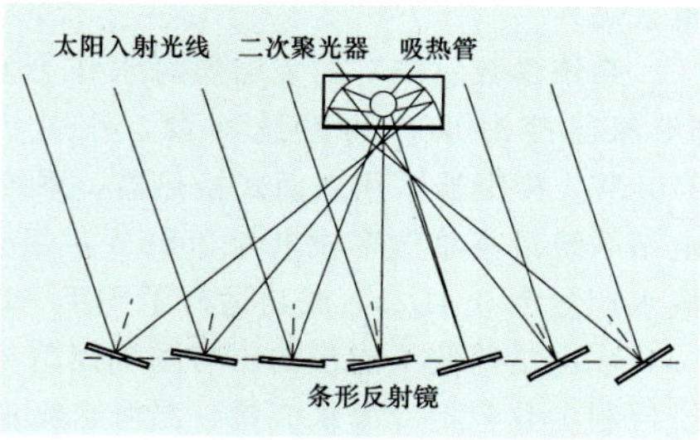

图2 线性菲涅耳聚光集热器结构示意

主聚光器采用可弹性弯曲平面反射镜代替高精度曲面反射镜，降低了反射镜成本。每个反射镜排的跟踪旋转角度相同，可以采用同一传动装置进行联动调节，传动系统较为简单。单个反射镜宽度较小，可以贴近地面安装，风载荷大幅减小，对支撑结构和基础的强度要求也大为降低；反射镜可密排布置，土地使用率高；线性菲涅耳聚光集热器的吸热管在工作过程中固定不动，回路更安全。菲涅耳聚光集热器各反射镜排布紧密，反射镜之间的遮挡较为严重，同时又受到余弦效应的影响，系统在早晨和傍晚的光学效率较低，造成聚光器年均光学效率较低；暴露在空气中的吸热器热损失较大；由于增大了反射镜面积和反射镜与吸热管之间的间距，造成菲涅耳聚光集热器的光斑增大，因此采用二次聚光器进行二次聚光。

发展状况 1961年，意大利热那亚大学建成了首个线性菲涅耳聚光集热试验示范系统。2004年，在澳大利亚的新南威尔士 Liddell 燃煤电站建立了1MW汽轮机组的紧凑式线性菲涅耳系统原型机，实现了稳定产生温度为285℃、压力为6.9MPa的蒸汽的验证。2008年10月，AREVA太阳能公司在加利福尼亚州的贝克斯菲尔德完成了美国第一个商业化的线性菲涅耳式太阳能热发电系统，该系统能驱动5MW汽轮发电机组发电。2009年3月西班牙南部建成了一座1.4MW商业化线性菲涅耳式太阳能热发电站PE1，产生的蒸汽温度为270℃、压力为5.5MPa。该电站成功的商业化运行后又设计了30MW线性菲涅耳式太阳能热发电站PE2，并于2010年4月在西班牙的穆尔西亚（Murcia）开工建设，2012年8月并网发电。PE2包含了302 000m^2 反射镜，系统工作温度270℃，工作压力5.5MPa，年发电量为490亿 kW·h。2012年10月30日，中国首个超400℃的线性菲涅耳式太阳能热发电科技示范项目在海南省三亚市南山电厂投产，并与电厂的联合循环发电系统组成了中国第一个太阳能光热与天然气发电的混合式发电系统。

Xinjiang Hami fengdian jidi guihua

新疆哈密风电基地规划 (wind power base planning in Hami，Xinjiang) 在综合分析新疆维吾尔自治区哈密地区风能资源的基础上，结合风电场工程建设条件和电网接纳风力发电的条件，对新疆哈密大型风电基地的建设目标、建设时序等进行统筹安排。新疆哈密风电基地与甘肃酒泉风电基地相邻，它的开发对中国大型陆地风电场的规模化开发建设具有一定指导意义。其工作内容见风电基地规划。

资源概况 受季风气候和“三山夹两盆”的地形地貌特征影响，新疆形成了较多风能资源丰富的戈壁荒滩与峡谷风口。依据2010年底通过评审的《新疆风能资源评价报告》，全疆风能资源总储量为872GW，技术可开发量120GW。疆内风能资源分布复杂、不均匀，主要特点是北疆大，南疆小，北疆东部、西部和南疆东部大，准噶尔盆地和塔里木盆地腹部小。风功率密度大的区域多集中在风口、峡谷、河谷，且呈孤岛分布。新疆哈密地区位于新疆东部，天山山脉东端，总面积13.9万 km^2，场址特点表现为地广人稀，地貌均为戈壁荒漠。风功率密度大于或等于150W/m^2 的总面积为45 664km^2，风能资源技术可开发量达到64.988GW。

哈密风电基地50m高度年平均风速为6.1～7.8m/s，风功率密度为399～683W/m^2，风速较高，盛行风向稳定，风功率密度大，湍流强度小，风能资源丰富，具备建设大型风电场条件。

规划成果　哈密风电基地包括哈密东南部、三塘湖、淖毛湖风区（见图），规划总装机容量10 800MW。

新疆哈密风电基地地理位置示意

2012年哈密东南部风区首期2000MW风电项目已开工建设，2013年10月陆续开始并网发电；二期8000MW风电项目与5000MW火电项目打捆后，通过±800kV特高压直流线路送往郑州。

规划特色包括：

（1）2010年新疆电网与西北电网主网实现联网运行，为哈密地区风电开发带来契机。对于哈密东南部首期2000MW风电项目，考虑与甘肃酒泉风电基地一同实现规模化外送（见甘肃酒泉风电基地规划），且该项目为中国首个在陆地上大规模全部安装单机容量为2.5MW以上的国产化风电机组的项目，为中国大功率风电机组的设备制造奠定了基础。

（2）结合新疆哈密风电基地的深入研究，对陆地上大型风电基地内风电场总体布置方案，风力发电与太阳能光伏发电互补进行了研究，对大型风电基地多能源开发建设具有一定的指导意义。

xinnengyuan fadian

新能源发电　（new energy power generation）　见正文前专文。

xinnengyuan hubu fadian xitong

新能源互补发电系统　（new energy hybrid power system）　利用各种新能源之间或新能源与其他能源之间的互补性所组成的发电系统。该系统根据各种能源波动变化特性进行互补，系统内部各个电源之间相互协调控制，使其具有较为稳定的输出。新能源互补发电系统既可作为独立供电系统，也可通过10kV及以上电压等级与公共电网连接，并统一接受上级电力系统调度指令，还可形成分布式发电系统。（见分布式风力发电）

由于部分新能源资源丰富，但受气候和地势等自然条件影响，具有间歇性和随机性，如风能和太阳能，其作为独立供电系统很难提供连续稳定的能量输出；部分新能源如波浪能、潮流能等海洋能，自身是廉价或无偿的，但受技术及工艺的限制，将其转换成电能的成本仍较高。为此，针对当地资源与电网特性，结合各种能源的特点，因地制宜地建设新能源互补发电系统，可在资源、经济、技术、能量和时空特点上进行多能互补，发挥各自优势，弥补各自不足，提高供电可靠性，降低造价和运维成本。新能源互补发电系统还可同时配合储能或调峰系统对电能进行存储和释放，改善整个系统的功率输出特性，缓解新能源的间歇性和波动性与电力系统需要实时平衡之间的矛盾，降低对电网的不利影响，使不稳定的能源变成稳定的具有较高品质的电力产品，提高电网对新能源的接纳程度。

新能源互补发电系统具有因地制宜利用新能源、充分发挥新能源优势互补的特点，其绿色环保、无污染，满足可持续发展需求，在提高供电可靠性、安全性和能效的基础上，将成为传统发电形式的有效补充，是未来能源应用不可忽视的重要方式。

类型　按所包含的能源类型可以分为多种新能源直接互补发电系统、多种新能源与储能系统互补发电系统、新能源与传统能源互补发电系统。

多种新能源直接互补发电系统　充分利用各种新能源发电的特点和互补性联合发电，如风光互补发电系统。风能和太阳能具有间歇性和随机性特点，但风力发电和太阳能光伏发电在能源的采集上互相补充又各具特色，在冬季和夜间风大、夏季和日间太阳辐射强的地区，可利用太阳能光伏发电供电可靠、运行维护成本低，但造价较高，风力发电发电量高、造价和运行维护成本低，但可靠性较低的特点，提高发电系统的经济性和运行的可靠性。

多种新能源与储能系统互补发电系统　将新能源发电与储能系统结合，以保持发电功率的平稳输出，如风光储互补发电系统。利用风力发电和太阳能光伏发电的互补性及储能元件平抑功率波动的特性，可使互补发电系统的总输出有功功率保持相对平稳，减少功率波动，提高电能质量。并网型联合发电系统可以降低对电网的冲击，甚至可以起到响应计划出力和削峰填谷的作用。

新能源与传统能源互补发电系统　新能源也可与传统能源如火电机组组成互补发电系统。新能源在系统中可以作为主要能源，也可以在某些时候只起到辅助能源的作用，如风力发电机组与柴油发电机组联合发电、太阳能为小型热电站锅炉预热给水、沼气与柴油并用进行内燃机发电等。

运行模式　新能源互补发电系统按其运行方式可以分为独立混合发电系统、并网发电系统及微电网混合发电系统。

独立混合发电系统　多种新能源互补发电或与传统发电形式互补发电，独立于大电网，单独为负荷供电，如离网风光互补发电系统、离网风光油互补发电系统、光水油储互补发电系统等。独立混合发电系统常用于偏远地区的农牧民家庭供电或道路远程监控、通信基站等。阿里光水油储互补发电系统是集太阳能光伏发电、水力发电、储能和柴油机组为一体的综合发电系统，为西藏阿里地区供电。东福山岛风光油储微电网示范工程为亚洲最大的海岛微电网系统。

并网发电系统　多种新能源互补发电或与传统发电形式互补发电，可通过10kV及以上电压等级与公共电网连接，并统一接受电力系统调度指令。张北风光储输示范工程是典型风光互补并网发电系统。

微电网混合发电系统　由多种新能源互补发电或新能源与传统能源发电互补发电的分布式电源、储能装置、能量转换装置、负荷、监控和保护装置等汇集而成，多种发电方式并存且互相补充的小型发配电系统，也称微网。它是一个能够实现自我控制和管理的自治系统。微电网混合发电系统既可并入公共电网也可孤立运行，孤立运行时可独立支撑电网电压，并可在微电网系统内部进行电力调度。它通过一个公共连接点（point of common connection，PCC）与配电网连接。正常情况下，微电网与配电网并联运行，减少馈线损耗，对当地电压起支撑作用；当配电网发生故障时，微电网与配电网无缝解列而成孤岛运行，保证重要用户电力供应不间断。2011年12月，青海玉树州2MW水光互补微电网发电示范项目并网发电，该项目是中国首个兆瓦级水光互补微电网发电项目，也是中国海拔最高的水光互补发电系统。

利用模式　新能源互补发电系统按组合类型和功能可以分为季节性互补、梯级利用、多种能量输出等多种模式。

季节性互补　根据各种新能源自身能量的波动变化进行互补，使整个系统得到较为稳定的输出，以提高能源装置的利用率。在较高纬度地区，冬季太阳辐射弱而风力强则以利用风力为主；夏季太阳辐射强而风力弱则以利用太阳能为主；雨季到来时还可以充分利用小水电。中国北方地区小水电的全年利用率很低，枯水期长，可以利用风能和太阳能作为动力进行抽水蓄能，以提高小水库的作用。

梯级利用　能源合理利用的一种方式。从技术上和经济合理性上看，有些新能源并不一定需要直接用于发电，它可以作为另一种能源发电的前一级转换，即进行梯级利用或称接力开发。沿海的潮汐能和风力等都很不稳定，可以先利用水泵和风力带动发电机抽水到海岸附近的高位小水库中蓄能，再加上雨水，进行小型水力发电。风能和太阳能还可为沼气池提供搅拌动力和保温热量，以稳定地进行中温发酵，提高产气率。

多种能量输出　根据各种能量的性质和特点以有效的能量输出形式，并按不同的能级分别加以利用，组成联合系统来提高系统的总效率。如多种新能源联合发电、供热、制冷系统。

设计原则和要求　主要包括：①新能源发电在互补发电系统中占的比例较高，通过合理设计容量配比，实现提高互补发电系统的新能源利用率，减少新能源的弃用损失。②新能源互补发电系统应不明显恶化电力系统运行的稳定性，维持电网频率、电压的正常水平，并符合DL 755《电力系统安全稳定导则》的规定。新能源系统应有足够的且分配合理的有功、无功备用容量，并有必要的调节手段。③新能源互补发电系统应具有合理的经济性，主要考虑投资成本和发电成本。

Y

yanchaneng

盐差能 (salinity gradient energy) 海水和淡水之间或两种含盐浓度不同的海水之间的化学电位差能。它也是一种海洋能的表现形式。全球海水大致的盐度分布见图。地球上的水分为两大类：淡水和咸水。全世界水的总储量为 1.4×10^9 km³。其中 97.2% 为分布在大洋和浅海中的咸水。在陆地水中，2.15% 为位于两极的冰盖和高山的冰川中的储水，余下的 0.65% 才是可供人类直接利用的淡水。海洋的咸水中含有各种矿物和大量的食盐，1km³ 的海水即含有 3600 万 t 食盐。盐差能主要存在于河海交接处。同时，内陆的盐湖和地下盐矿也可以利用盐差能。盐差能是海洋能中能量密度最大的一种可再生能源。通常，海水和河水之间的化学电位差相当于 240m 水位差的能量密度。这种位差可以利用半渗透膜在海水和淡水交界处实现，利用这一水位差就可以直接由水轮发电机发电。据统计，世界各河口区的盐差能达 30TW，可能利用的有 2.6TW。中国的盐差能估计为 1.1×10^8 kW，主要集中在各大江河的出海处，同时，中国青海省等地还有不少内陆盐湖可以利用。

盐差能的主要利用方式是盐度差发电，其工作原理是利用不同海水间的化学电位差，转化为势能，利用势能冲击水轮机来发电。

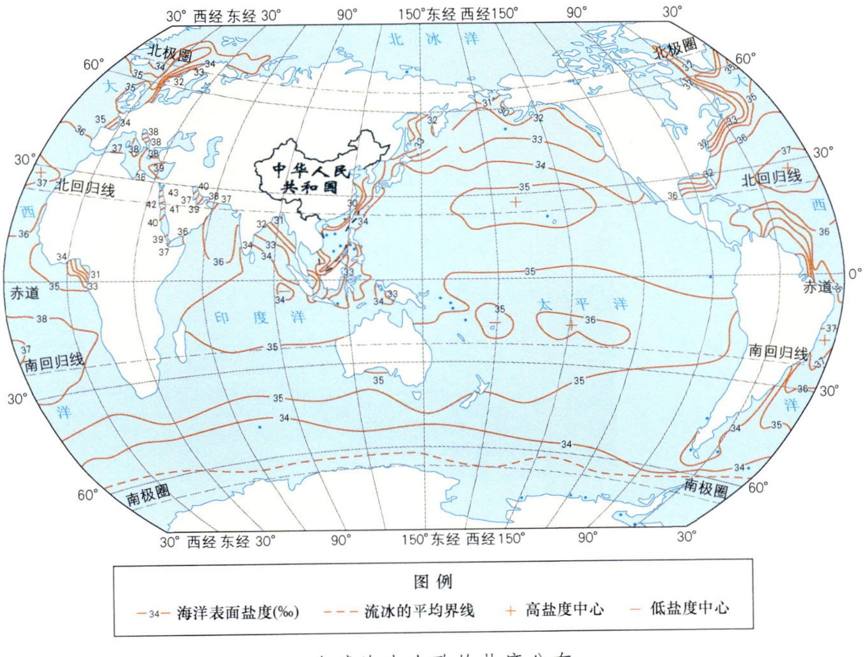

全球海水大致的盐度分布

世界上首个盐度差发电站已于 2009 年在挪威奥斯陆附近的托夫特（Tofte）地区建成并投入使用。美国、以色列在盐差能的研究方面居于领先地位，中国、瑞典和日本等也开展了一些研究。但总体上，对盐差能的研究还处于实验水平，距离示范应用还有较长的距离。

yanducha fadian

盐度差发电 (salinity gradient energy generation) 将海水和淡水之间或两种含盐浓度不同海水之间的化学电位差转换为电能的技术。海洋盐差能主要存在于河海交界处，淡水丰富地区的盐湖和地下盐矿也可以利用盐差能。在江河入海口建拦水坝、压水塔，并在淡水与海水的界面上安置半透膜，提升海水水位，可推动水轮发电机组发电。

盐差能资源丰富且稳定。据估计，世界各河流区域的盐差能理论储量约 2000TW·h/a，中国的盐差能理论储量约为 66.2TW·h/a，主要集中在各大江河的出海处。

方法 主要有渗透压法、渗析电池法和蒸汽压差法等，原理是利用不同浓度的溶液之间的化学电位差发电。其中渗透压式方案最受重视，开展的研究也最多。

（1）渗透压法。利用不同浓度溶液之间的渗透压差发电，该方法必须用半透膜才能实现。渗透压是用半透膜把两种不同浓度的溶液隔开时发生渗透现象，到达平衡时半透膜两侧溶液产生的位能差。据测定，盐度为 3.5% 的海水和淡水之间产生的化学电位差能可产生约 2.4MPa 的平衡渗透压，但这是流量为零时的压力。一旦出现淡水通过半透膜向海水侧渗透，海水侧的盐度会下降，平衡渗透压也会下降。按照世界能源理事会海洋能机构（OES）2012 年度报告，全球盐差能理论储量为 2000TW·h/a。按照全球江河入海量 44 500km³ 计算，从河流流入海洋中的每立方米淡水可以发电 0.045kW·h。

（2）渗析电池法。利用不同浓度溶液之间的电位差发电，又称浓淡电池法。渗析是一种以浓度差为推动力的膜分离技术。这种方法必须使用两种不同的膜，即阴离子交换膜与阳离子交换膜才能实现。该法是利用膜对海水中阴、阳离子的选择透过性，在两电极板上形成电势差进行发电的。

（3）蒸汽压差法。利用不同浓度溶液之间饱和蒸汽压力的不同来发电。在同样的温度下，淡水比海水蒸发快，淡水一边的饱和蒸汽压比海水一边高很多，故水蒸气会很快从淡水上方流向海水上方，装上涡轮发电机，就可以利用两种不同盐度的海水发电。

发展状况 世界上最早提出利用浓度差发电的是以色列科学家洛布（Loeb），时间是 1973 年。美国、瑞典、日本等国相继开展了这方面的研究。中国于 1985 年 7 月 14 日在西安冶金建筑学院采用半渗透膜研制成首台干涸盐湖浓度差实验室发电装置并发电。海洋盐差能的关键技术是膜技术，开展研究的主要国家是德国、挪威和荷兰。半透膜渗透功率由原来不足 0.1W/m² 提升至接近 3W/m²。2009 年挪威利用该技术在奥斯陆附近托夫特（Tofte）地区建成了世界上首座渗透压发电实型电站，装机容量 4kW。但总体上，海洋盐差能研究还处于实验室试验水平，离示范应用还有较长的路程。

Yangbajing Dire Dianzhan

羊八井地热电站 （Yangbajain Geothermal Power Station） 位于中国西藏自治区拉萨市西北 90km，其海拔 4300m，是世界上海拔最高的地热电站见图 1。它开采羊八井地热田 125～160℃中高温湿蒸汽，进行地热湿蒸汽发电，1977 年开始发电运行，1991～2008 年维持总装机容量 24.18MW，年生产电力 1.4 亿 kW·h，地热利用系数达 0.69，略低于 0.72 的世界平均水平，其电力输入西藏藏中电网，曾是拉萨市冬季供电主力，并为青藏高原环境保护做出重要贡献。2009～2010 年，在地热田北部利用深部热储，增设了 2MW 全流发电机组运行。

图 1　羊八井地热电站

地热资源状况　羊八井地热田面积 35.64km²，处在呈东北至西南向延伸的谷露—康马水热活动带中部，宜于发电的高温热水区 5.6km²，开采的浅层热储，埋藏在深度120～300m 的第四纪沉积物砂砾层中，其上覆的黏性土层和局部水热蚀变沉积（硅华）构成盖层。羊八井地热电站发电利用的浅层热储湿蒸汽井口平均工作压力 0.3MPa，温度 150℃，单井流量 95t/h，探明储量可供发电装机容量 34MW。在浅层热储下伏的花岗岩裂隙带中是深部基岩热储，已钻探成功的 ZK4001 深层井，井深 1459m，压力 1.5MPa，温度 200℃，流量 302t/h，其中蒸汽流量 37t/h。勘探表明，在羊八井地热田的 800～2000m 深处蕴藏有 275℃的高温热储，保守评估具有 30MW 的发电潜力。

电站运行状况　1977 年 10 月 1 日投入运行 1MW 地热试验电站，1985 年扩展为热田南部的一分厂，又安装了 3 台 3MW 国产汽轮发电机组，装机容量共 10MW。热田北部的二分厂第 1 台 3.18MW 日本进口汽轮发电机组 1986 年投入运行，至 1991 年，有 4 台 3MW 国产汽轮发电机组陆续安装，后 1MW 试验机组于 1986 年退役。2009～2010 年，安装了两台 1MW 螺杆膨胀机进行地热全流发电。20 世纪 80 年代承担拉萨市平时供电的 50%和冬季供电的 60%。截至 2012 年底，电站总装机容量为 26.18MW，累计发电 28.2 亿 kW·h。

地热发电系统　羊八井地热电站采用双级闪蒸、凝汽式汽轮发电机组系统，热力系统主要由地热生产井、汽水分离器、Ⅰ级和Ⅱ级闪蒸器、凝汽式汽轮机、混合式凝汽器、射水抽气器、回灌池及泵组等设备组成，见图 2。地热井的湿蒸汽（汽水混合物）引入至井口汽水分离器，分离后的地热蒸汽和地热水分别经热网汽、水母管输送至厂房一级闪蒸器，闪蒸蒸发的一次蒸汽进入汽轮机组推动叶片做功；Ⅰ级闪蒸器的排水进入Ⅱ级闪蒸器，闪蒸蒸发的二次蒸汽进入汽轮机组与一次蒸汽排汽混合后推动叶片做功，Ⅱ级闪蒸器的排水通过回灌系统加压回灌至热储。机组单机额定功率 3MW，额定转速 3000r/min，主蒸汽压力 0.42MPa，主蒸汽温度 145℃，一次进汽压力 0.17MPa、温度 118℃、流量 22.5t/h，二次进汽压力 0.05MPa、温度 102℃、流量 22.5t/h，排汽压力 0.008MPa，回灌温度 50℃、压力 1.3MPa，每吨地热水可发电 7kW·h，热电转换效率 9%。

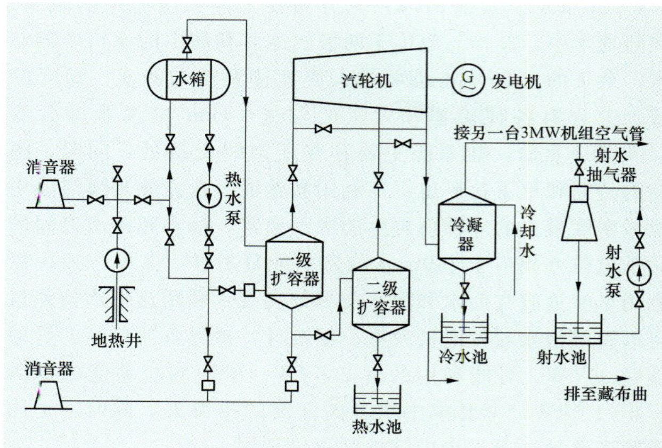

图 2　羊八井地热电站热力系统简图

Yangbajing Guangfu Dianzhan

羊八井光伏电站 （Yangbajain Photovoltaic Power Station） 位于中国西藏自治区拉萨市当雄县羊八井镇南侧的并网光伏电站，见图。电站场区中心位于东经 90.52°，北纬 30.10°，海拔 4260m，距离拉萨市区 90 多 km（国道 109 公路），总装机容量 10MW，总占地面积 310.17 亩。截至 2012 年底，该电站是世界上海拔最高的并网光伏电站。电站于 2010 年 5 月开工建设，2010 年 12 月并网发电。

羊八井光伏电站

电站以 2MW 为一个并网发电单元，共 5 个，均采用多晶硅光伏组件。光伏阵列采用固定式和单轴跟踪方式，其中：固定系统装机容量 9.6MW，单轴跟踪系统（见光伏跟踪装置）装机容量 0.4MW。系统接入羊八井 110kV 变电站

35kV 侧，最终并入藏中电网。

电站设计寿命 25 年，其初始系统效率为 80%，电站在寿命期内预计发电量累计达 43 250 万kW·h电能，年均发电量 1730 万kW·h，平均每天发电 4.74 万kW·h。电站自 2011 年 1 月并网运行至 2011 年 12 月 31 日，年总发电量 1868 万 kW·h，平均每天发电 5.12 万kW·h，以此测算，每年可以节约标准煤约 7475t，减排 18 631.5t 二氧化碳、560.63t 二氧化硫、280.31t 氮氧化物、5083.01t 碳粉尘，环境效益明显。

yepian

叶片 (blade)　组成风力发电机组风轮的空气动力部件，它在风力作用下产生动力，带动风轮旋转产生机械能，也称作桨叶。风轮叶片的基本外观如图 1 所示。

图 1　风轮叶片外观

叶片性能关系到风电机组的载荷水平和对风能的转换效率，叶片设计主要包括气动设计和结构设计，设计中还要考虑防雷、防水（冰）、除水（冰）、防风沙、防紫外线侵蚀，以及叶片重量、成本、材料和成型工艺等因素。

结构　叶片主体是中空的壳体结构，叶根部呈圆形，装有金属连接结构用于与变桨轴承或轮毂连接，沿叶片展向在叶片主体及叶尖处安装有叶片防雷装置，定桨型风轮叶片在叶尖还安装有扰流器。

叶片主体　采用树脂复合材料加工成型。把胶衣树脂均匀涂在准备好的模具表面，然后铺设复合材料，加装预埋件或局部加强件等，最后固化成型、合模。成型工艺主要有手工湿法成型、预浸布成型和真空辅助注胶成型工艺，其中真空辅助注胶成型工艺是常用的工艺方法。

叶根连接结构　叶片根部安装的与变桨轴承或轮毂连接用的金属连接件。连接件一般有两种方式与叶根固定：一种是预埋螺栓套方式，在叶片成型过程中，直接将经过特殊表面处理的连接件预埋在叶根内部；另一种是叶片成型后，用专用钻床等设备在叶根部位钻孔，将连接件装入。小型风力发电机组叶根连接结构也称作叶柄。

叶片防雷装置　叶片在高空运行，为避免遭受雷击，在设计中增加了防雷装置，在叶片展向位置上布置有若干个接闪器，通过叶片内部敷设的电缆，将接闪器与轮毂连接。遇到闪电时，电流通过接闪器、接地线导入大地。（见防雷系统）

叶尖扰流器　又称作叶尖刹车。定桨恒速型风电机组的风轮叶片安装有叶尖扰流器。风轮旋转过程中，当叶尖扰流器被释放后，可增加空气作用在叶片上的阻力，起到空气动力制动作用。（见制动系统）

叶片翼型　风轮叶片横截面的轮廓。用垂直于叶片长度方向的平面去截叶片得到的截面形状，也称作叶片剖面。叶片翼型用中弧线、前缘、后缘和几何弦等几何概念进行表述，如图 2 所示。叶片翼型关系到叶片的气动性能，对叶片翼型的开发是叶片研发的核心技术之一。

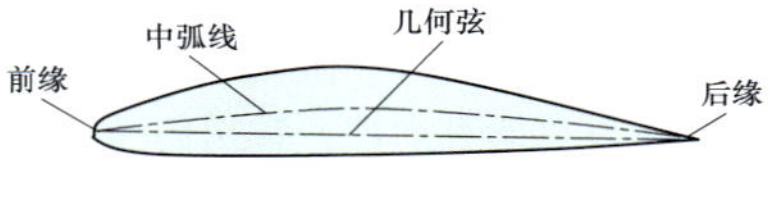

图 2　叶片翼型的几何概念

中弧线　翼型表面内切圆圆心光滑连接起来的曲线，见图 2 中虚线。在前部，最小内切圆与翼型周线的切点是中弧线的起点，在后部，最小内切圆与翼型周线的切点是中弧线的终点。

前缘和后缘　叶片翼型中弧线的最前点称为前缘，最后点称为后缘。

几何弦　连接前缘与后缘之间的直线，见图 2 中的实线。

叶片气动特性　叶片与气流存在如图 3（a）所示的相对运动。由于叶片周围存在扰流，其表面的空气压力是不均匀的。叶片将受到一个合力 F，如图 3（b）所示，F 在垂直气流方向的分量称为升力 F_l，平行气流方向的分量称为阻力 F_d。气流方向与叶片翼型几何弦之间的夹角 α 称为叶片几何攻角，简称攻角。

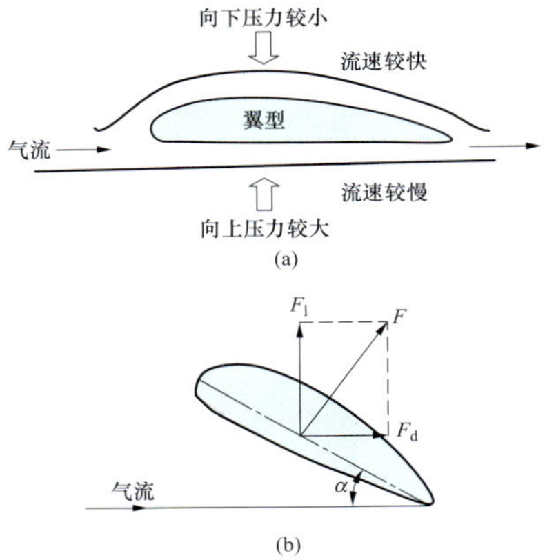

图 3　作用在叶片翼型上的空气动力

叶片翼型受到的升力和阻力都与攻角有关。在某一攻角时，升力与阻力之比，称为升阻比，又称气动效率，升阻比越高，气动效率越大。当攻角增加到某一角度时，升力突然下降，阻力突然上升，这一现象称为失速。

定桨恒速型风电机组利用叶片失速特性来控制风轮功率输出，即在设计叶片时，使其在遇到超过风电机组额定风速时产生失速，从而将输出功率保持在额定值附近。这项技术优点是控制简单，缺点是风能利用系数低，一般只在中小型风力发电机组上应用，在兆瓦级以上的风电机组中已不再采用。

叶片材料　包括基体材料、增强材料以及夹芯材料和胶黏剂等。叶片主要使用复合材料（纤维增强塑料）制成。复合材料具有可设计性强、易成型好、耐腐蚀性强、维护少和易修补等优点。

基体材料　制作叶片的主要材料，最常用的是环氧树脂和不饱和聚酯树脂。环氧树脂与不饱和聚酯树脂相比，强度高，材料疲劳特性好，且收缩变形小，但要加温固化，价格较高。不饱和聚酯材料较便宜，但固化时收缩变形较大。

增强材料　用于增加叶片的强度和韧性。常用的是玻璃纤维和碳纤维。碳纤维与玻璃纤维相比，其弹性模量和拉伸强度高，密度低，疲劳敏感性低，制作的叶片重量轻，但是成本高，一般多用于较长的叶片中。

夹芯材料　用于叶片内部填充，减轻叶片重量。要求能与所选用的基体树脂和胶黏剂匹配，并具有防老化、防海洋环境腐蚀和工业环境影响的能力及低吸水性。常用的夹芯材料有轻木或闭孔结构的硬质泡沫塑料等。

胶黏剂　用于纤维增强材料间或与其他材料间的黏接，为具有良好抗潮湿和抗老化能力的无溶剂型胶黏剂。

yesu-dongliang lilun

叶素-动量理论　(the blade element-momentum theory, BEM)　基于叶素分析法和动量定理计算所得的力和力矩分别对应相等原理，推导得出气流作用在风轮上的力和力矩的理论。叶素-动量理论可为风力发电机组风轮的设计和性能分析提供理论依据。需要指出的是，当轴向气流诱导因子 $a>0.5$ 时（见贝茨极限），风轮叶片部分进入涡环状态，叶素-动量理论不再适用，通常需要根据经验对叶素-动量理论进行修正。

动量分析　运用动量定理，求出气流作用在风轮上的力和力矩。

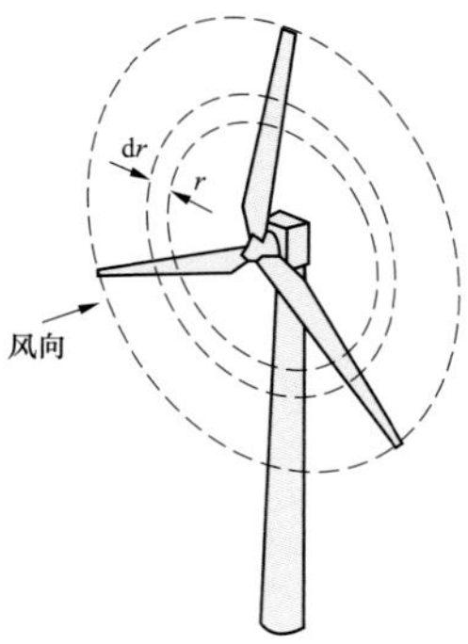

图 1　风轮平面 dr 圆环示意图

如图 1 所示，气流通过风轮，运用动量定理，单位时间内作用在风轮平面 dr 圆环上的轴向推力 dF_a 表示为

$$dF_a = dm(v_1 - v_2) \quad (1)$$

式中 $dm = 2\rho v\pi r dr$，为单位时间流过风轮平面 dr 圆环上的空气质量，kg；ρ 为空气密度，kg/m^3；v_1 为风轮前远方的气流速度，m/s；v_2 为风轮后远方的气流速度，m/s。

扭矩 dM 表示为

$$dM = dm v_t r = 2\pi\rho v\omega r^3 dr \quad (2)$$

式中 $v_t = \omega r$ 为风轮叶片 r 处气流的切向诱导速度，m/s；v 为风轮处的气流速度，m/s；r 为 dr 圆环到风轮中心的半径，m；ω 为风轮叶素 r 处气流的切向诱导角速度，rad/s。

风轮前远方的气流速度 v_1、风轮后远方的气流速度 v_2 和风轮处的气流速度 v 的关系为

$$v = v_1(1-a) \quad (3)$$

$$v_2 = v_1(1-2a) \quad (4)$$

式中 a 为轴向诱导因子。

切向诱导因子 b 为

$$b = \frac{\omega}{2\omega_r} \quad (5)$$

式中 ω_r 为风轮转动角速度，rad/s。

作用在风轮上的轴向推力 dF_a 和扭矩 dM 可以表示为

$$dF_a = 4\pi\rho v_1^2 a(1-a) r dr \quad (6)$$

$$dM = 4\pi\rho\omega v_1 b(1-a) r^3 dr \quad (7)$$

叶素分析法　将作用在每个叶素上的力和力矩沿展向积分，求出气流作用在风轮上的力和力矩。风轮叶片沿展向可以分成许多叶片微段，每个叶片微段称为叶素。叶素分析法假设每个叶素上气流流动之间相互无干扰。

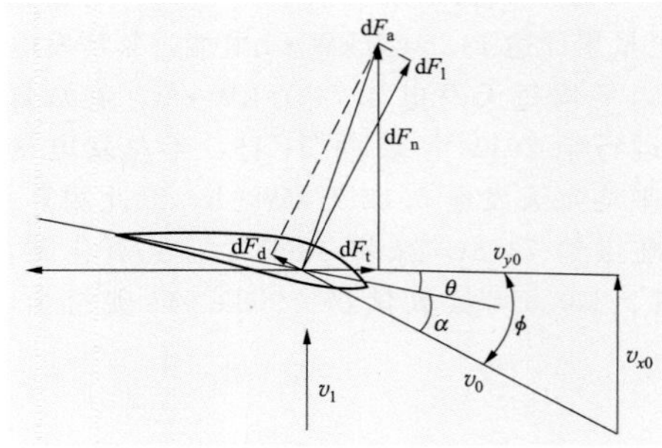

图 2　气流速度三角形和空气动力分量

dF_l—叶素上的升力；dF_d—叶素上的阻力

对于每个叶素，速度三角形和空气动力分量如图 2 所示，其合成气流速度 v_0 可以分解为垂直于风轮旋转平面的分量 v_{x0} 和平行于风轮旋转平面的分量 v_{y0}。由动量分析可知，在叶素处的轴向气流速度 v_{x0}、切向气流速度 v_{y0} 和合成气流速度 v_0 分别为

$$v_{x0} = v_1(1-a) \quad (8)$$

$$v_{y0} = \omega r(1+b) \quad (9)$$

$$v_0 = \sqrt{v_{x0}^2 + v_{y0}^2} = \sqrt{(1-a)^2 v_1^2 + (1+b)^2(\omega r)^2} \quad (10)$$

根据图 2、式 (8) 和式 (9) 可推导出叶素处的入流角 ϕ (°) 和攻角 α：

$$\phi = \arctan\frac{v_{x0}}{v_{y0}} = \arctan\frac{(1-a)v_1}{(1+b)\omega r} \quad (11)$$

$$\alpha = \phi - \theta \quad (12)$$

式中攻角 α，即翼型上合成气流方向与翼型几何弦的夹角，也称迎角，(°)；θ 为叶片安装角，即叶根确定位置处翼型几何弦与叶片旋转平面所夹的角度，(°)。

求出入流角 ϕ 后，根据翼型空气动力特性曲线，可直接读取叶素的升力系数 C_l 和阻力系数 C_d，从而可以求得法向力系数 C_n 和切向力系数 C_t。

$$C_n = C_l\cos\phi + C_d\sin\phi \quad (13)$$

$$C_t = C_l\sin\phi - C_d\cos\phi \quad (14)$$

式中 C_n 为垂直于旋转平面的法向力系数；C_t 为平行于旋转平面的切向力系数。

定义法向力 dF_n 和切向力 dF_t 为

$$dF_n = \frac{1}{2}\rho c v_0^2 C_n dr \quad (15)$$

$$dF_t = \frac{1}{2}\rho c v_0^2 C_t dr \quad (16)$$

式中 c 为叶素剖面弦长，m。

作用在风轮平面 dr 圆环上的轴向推力 dF_a 和扭矩 dM 分别为

$$dF_a = B dF_n = \frac{1}{2}B\rho c v_0^2 C_n dr \quad (17)$$

$$dM = Br dF_t = \frac{1}{2}B\rho c v_0^2 C_t r dr \quad (18)$$

式中 B 是风轮叶片数。

结论　计算风轮上的力和力矩时，需要求得风轮旋转平面上的轴向诱导因子 a 和切向诱导因子 b。单独的动量理论和叶素理论都无法计算诱导因子 a 和 b。根据动量理论和叶素理论计算所得的力和力矩分别对应相等原理，可以得到

$$\frac{a}{1-a} = \frac{\sigma C_n}{4\sin^2\phi} \quad (19)$$

$$\frac{b}{1+b} = \frac{\sigma C_t}{4\sin\phi\cos\phi} \quad (20)$$

式中 $\sigma=\frac{Bc}{2\pi r}$。

根据式（19）和式（20），通过迭代方法可求出轴向诱导因子 a 和切向诱导因子 b；然后将轴向诱导因子 a 和切向诱导因子 b 分别代入式（6）和式（7），从而求得气流作用在风轮上的力和力矩。

参考书目

Burton T，等．风能技术．武鑫，等译．北京：科学出版社，2007.

贺德馨，等．风工程与工业空气动力学．北京：国防工业出版社，2006.

Yingguo haiyangneng fadian jishu

英国海洋能发电技术（marine power generation technology in United Kingdom） 英国是研发海洋能应用技术最早的国家，也是研发规模最大的国家之一。英国海洋能发电技术主要集中在潮流发电和波浪发电。

潮流发电 英国海流涡轮机公司（Marine Current Turbines Ltd.，简称 MCT 公司），在英国商贸部 DTI 的资助下分三个阶段开发潮流发电装置。第一阶段——SeaFlow 潮流发电装置：投资 350 万英镑，在林茅斯（Lynmouth）离岸 3km 的布里斯托尔（Bristol）水道研建一座 300kW 的 SeaFlow 潮流发电装置，于 2003 年 5 月首次运行，该装置不并网，发出的电由电热器消耗，如图 1 所示。第二阶段——SeaGenS 潮流发电装置：投资 600 万英镑，在北爱尔兰的斯特兰福德湖（Strangford Lough）研建一座 1MW 的 SeaGenS 潮流发电装置，于 2008 年建成并实现并网发电，如图 2 所示。第三阶段：计划建设一座由 12 个单元组成的 10MW 潮流发电场，以实现批量生产，并为设得兰岛（Shetland）供电。（见 SenGenS 潮流发电装置）

图 1 SeaFlow 潮流发电装置运行效果图

图 2 SeaGenS 潮流发电装置运行效果图

2008 年，英国 SMD Hydrovision 公司在英国商贸部（DTI）的资助下，投资 450 万英镑，研发出 TidEL 潮流发电装置，设计装机容量 1MW，如图 3 所示。已完成为期 7 周的 1：10 模型试验，该实验在坎布里亚（Cumbria）郡的 NREC（New and Renewable Energy Centre）进行。已进入下一阶段——全尺寸样机为期 12 个月的实海况测试，该测试将在奥克尼（Orkney）郡的欧洲海洋能源中心（European Marine Energy Center，EMEC）进行，追加投资 120 万英镑。

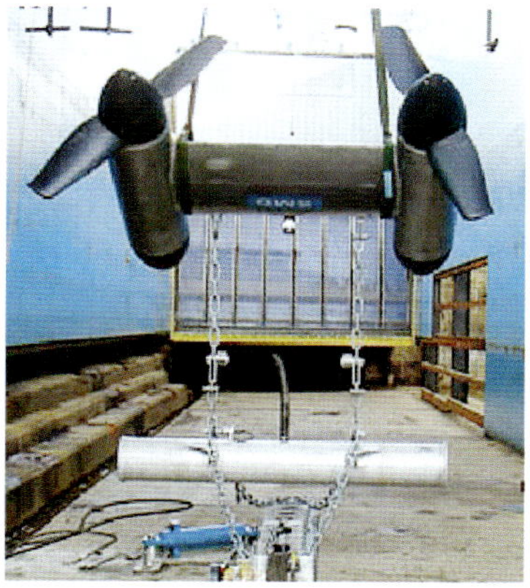

图 3 TidEL 潮流发电装置

英国 Ocean Flow Energy 公司研发出 Evopod 潮流发电装置，如图 4 所示。2008 年在北爱尔兰波塔费里（Portaferry）的斯特兰福德海峡（Strangford Narrows）进行 1：10 模型试验，于 2009 年完成。至 2013 年，正在进行 1：4 模型试验。

英国 Lunar Energy 公司研发出 RTT 潮流发电装置（Rotech Tidal Turbine），设计装机容量 1MW，如图 5 所示。该装置于 2007 年在 EMEC 完成了 1MW 机型测试。

图 4 Evopod 潮流发电装置（1：10 模型）

图 5 RTT 潮流发电装置

英国 Neptune Renewable Energy 公司研发出 Neptune Proteus 潮流发电装置，如图 6 所示。至 2013 年，已完成 1：10、1：40、1：100 模型试验。

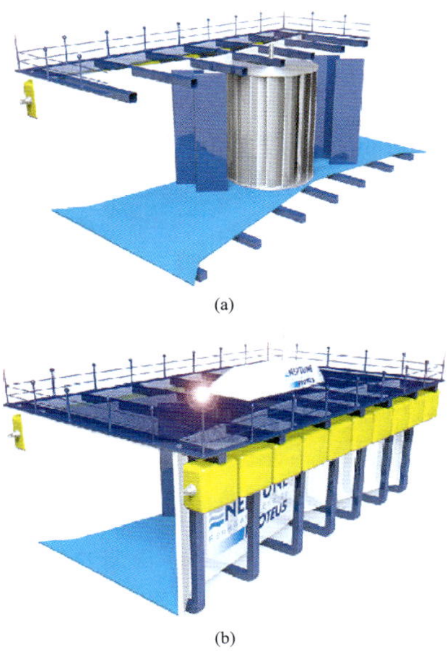

图 6 Neptune Proteus 潮流发电装置
（a）内部效果图；（b）外观图

英国 Engineering Business 公司在英国商贸部的资助下，投资 256 万英镑，研发出 Stingray 潮流发电装置（见图 7），设计装机容量 150kW。2002 年安装于设得兰（Shetland）群岛的耶尔（Yell）水道，进行为期 4 周的测试。

英国正在斯旺

西海湾建造世界上第一个人工建造的潮汐潟湖，额定装机容量 24 万 kW。（见潮差发电）

图 7　Stingray 潮流发电装置

波浪发电　英国 Wavegen 公司研发出 OSPREY 2000（Ocean Swell Powered Renewable Energy）波浪发电装置，设计装机容量 2MW，如图 8 所示。1995 年在苏格兰敦雷（Dounreay）建造 OSPREY Ⅰ，安装时遭到损坏，于 1998 年宣布新建 OSPREY 2000，设计寿命为 60 年。

图 8　OSPREY2000 波浪发电装置

英国 Voith Hydro Wavegen 公司研发出 LIMPET500 波浪发电装置（Land-Installed-Marine-Powered Energy Transformer），设计装机容量 500kW。2000 年在苏格兰的伊斯雷（Islay）岛建成，站址选择在已有岸线的陡峭岸壁处，如图 9 所示。该装置已进入商业化运营阶段，是世界上第一座商业化电站。

图 9　LIMPET500 波浪发电装置厂址

苏格兰绿色能源有限公司于 2005 年开始研制“牡蛎”（Oyster，振荡浮子式）波浪发电装置（见振荡浮子式波浪发电装置），于 2008 年研制出第一台全尺度样机 Oyster Ⅰ，并于 2009 年夏天在英国苏格兰北部奥克尼群岛的欧洲海洋能中心（EMEC）进行安装，见图 10，2009 年 11 月 20 日海试发电。2011 年 3 月 Oyster Ⅰ 被拆除；2010 年 10 月开始建造装机容量为 800kW 的第 2 代“牡蛎”波浪发电装置（Oyster Ⅱ），2011 年 7 月完成装置本体建造（见图 11），同年 8 月完成海上安装，2012 年 6 月并网发电。

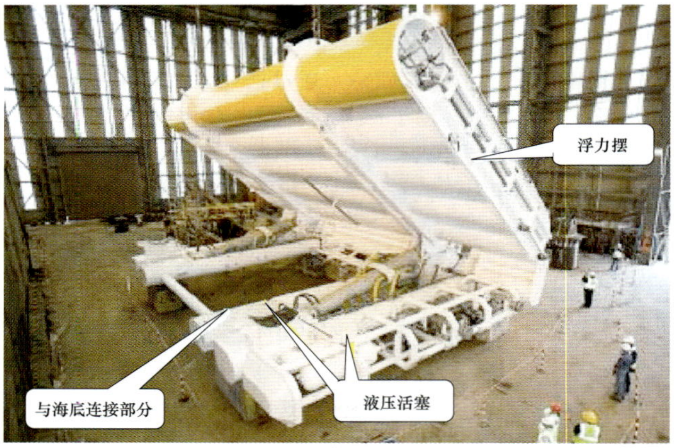

图 10　Oyster Ⅰ 波浪发电装置

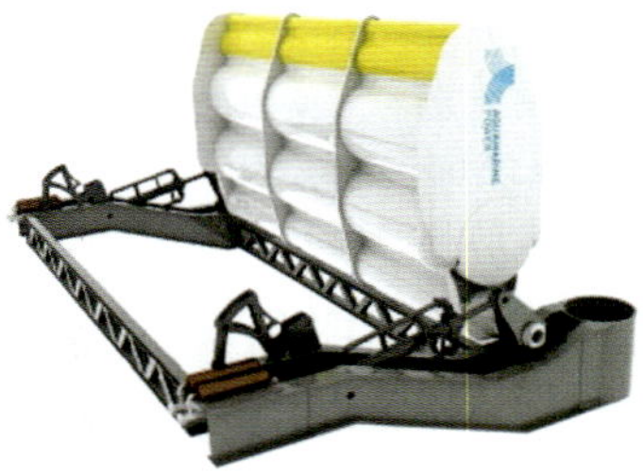

图 11　Oyster Ⅱ 波浪发电装置

英国“海蛇”波浪发电公司研发的波浪发电装置有“海蛇”波浪发电装置。

yongci tongbu fadianji

永磁同步发电机　(permanent magnet synchronous generator)　以永磁材料作为转子磁极的同步发电机。同步发电机指稳定运行时转子的转速与定子电枢绕组的旋转磁场转速同步的发电机。同步发电机的定子铁芯上嵌放有电枢绕组。根据同步发电机转子磁极励磁的方式，可分为电励磁同步发电机和永磁同步发电机。电励磁同步发电机在转子磁极上套有励磁绕组，通入直流电流产生磁场；永磁同步发电机的磁极使用永磁材料做成，不需要励磁绕组。同步发电机转子根据转子磁极的结构分为隐极式转子和凸极式转子。隐极式转子从外形看没有突出的磁极，一般磁极对数为 2 极或 4 极；凸极式转子则有明显突出的磁极而且磁极对数比较多。由于转子结构强度的原因，隐极式同步电机用于高速旋转的汽轮发电机，凸极式转子通常用于低速的水轮发电机和风轮直接驱动的发电机。发电机的转子在动力机驱动下转动，定子绕组切割磁力线，感应出相同转向和频率的三相对称电势，实现机械能向电能的转化。

采用永磁同步发电机的风电机组可以在较宽的转速范围内运行，适应较大的风速变化，从而提高了风能捕获效率。

工作原理　永磁同步发电机应用在变速恒频风力发电机组中时，一般采用变桨风轮＋永磁同步发电机＋交-直-交变流器或变桨风轮＋齿轮箱＋永磁同步发电机＋交-直-交变流器的结构。发电机转子旋转时，定子绕组切割转子磁极的磁力线产生电压和频率都在变化的交流电，经变流器整流逆变后变成恒压恒频的电能送入电网。与永磁同步发电机相匹配的变流器称为全功率变流器，其容量等于或略高于发电机的额定容量。发电机的运行状态由电机侧变流器及其控制器管理，实现发电机有功、无功的解耦控制和转速调节；电网侧变流器用于实现输出并网，输出有功、无功的解耦控制和变流器直流侧电压控制。发电机定子绕组与变流器连接，变流器工作时会产生交变尖峰电压，变流器谐波产生的附加损耗转化为热能会加速绝缘老化，因此在中低压的永磁同步发电机中采用高压电机和变频电机绝缘技术。发电机与变流器相连，会在发电机转子轴上产生有害的轴电流，增大轴承损坏的危险。采用永磁同步发电机的风电机组的变流器的输出电压一般为 690V，需要通过变压器等设备与电网连接。

结构组成　永磁同步发电机由定子、转子、机座、接线盒、散热器和定子绕组温度传感器等构成。按转子和定子的位置关系划分，分为内转子型和外转子型两种，如图 1 所示。内转子型永磁同步发电机的定子包围在转子的外部，转子安装在发电机主轴上，与风轮直接连接或与齿轮箱的高速轴相连接，在定子内转动；外转子型永磁同步发电机的转子包围在定子外部，转子的永磁磁极安装在转子体的内表面，定子安装在固定支撑轴上，外转子与风轮直接相连，在风轮的驱动下转子绕定子旋转。永磁同步发电机在轴承系统上采用绝缘轴承或轴承绝缘端盖。发电机冷却系统根据冷却介质分为空冷系统和液冷系统。

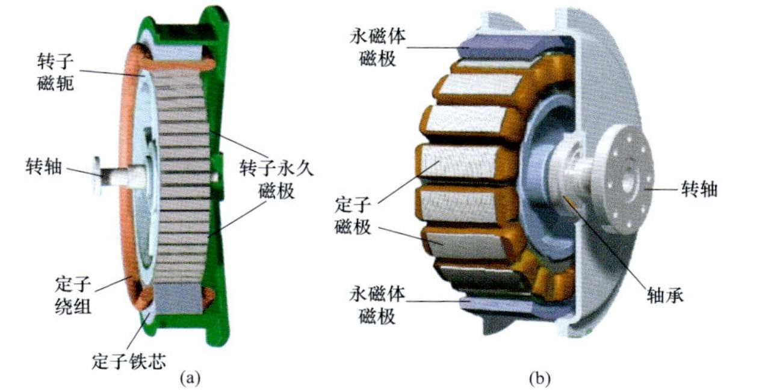

永磁同步发电机结构示意图
(a) 内转子型；(b) 外转子型

youji taiyangneng dianchi

有机太阳能电池 (organic solar cell，OPV)　由可感应光的有机聚合物构成的太阳能电池。具有光吸收系数高、成本低、质量轻、制作工艺简单、可制备成柔性器件等优点，但也有效率和稳定性低、寿命较短等缺点。截至 2011 年，小面积（1.031cm^2）有机太阳能电池的光电转换效率达 8.3%。相对于无机太阳能电池，有机太阳能电池的主要缺点是能量转换效率较低、稳定性差和强度低。

基本结构　有机太阳能电池研究的主流是基于共轭聚合物的本体异质结聚合物太阳能电池，其器件结构通常由电子给体为共轭聚合物和电子受体为 PCBM 的共混膜作为光敏活性层夹在透光电极（即正极）和铝等金属电极（即负极）之间所组成。PCBM 是一个富勒烯衍生物，英文名称是 [6，6] -phenyl-C61-butyric acid methyl ester。由于它较好的溶解性和很高的电子迁移率，与常见的聚合物给体材料形成良好的相分离，已成为有机太阳能电池的电子受体的标准物。也可以用具有高电子亲和能的共轭聚合物或无机半导体纳米晶作为电子受体。透光电极通常为 ITO，即 Sn 掺杂 In_2O_3，In_2O_3：Sn，其上需要旋涂一层透明导电聚合物（PEDOT：PSS）修饰层，厚度为 30～60nm，光敏活性层的厚度一般为 100～200nm。透明聚合物 PEDOT：PSS 是一种高分子聚合物的水溶液，电导率很高，由 PEDOT 和 PSS 两种物质构成，PEDOT 是 EDOT（3，4-乙撑二氧噻吩单体）的聚合物，PSS 是聚苯乙烯磺酸盐。正极具有高的功函数，而负极使用功函数较低的金属电极。

工作原理　如图所示，功函数是指把一个电子从固体内部刚刚移到此物体表面所需的最少的能量。工作过程：①当光透过正极（即 ITO 电极）照射到活性层上时，活性层中的共轭聚合物电子给体吸收光子产生电子-空穴对。②电子-空穴对向电子给体/电子受体界面扩散，电子-空穴对迁移到聚合物电子给体/电子受体界面处。③电子-空穴对在电子给体/电子受体界面上的电荷分离。界面处电子-空穴对中的电子转移给电子受体中的最低未占分子轨道（lowest unoccupied molecular orbital，LUMO）能级，空穴保留在聚合物给体的最高占有分子轨道（highest occupied molecular orbital，HOMO）能级上，从而实现光生电荷分离。④光生电子和空穴分别向负极和正极传输。在电池内部势场的作用下，被分离的空穴沿着共轭聚合物电子给体形成的通道传输到正极，而电子则沿着电子受体形成的通道传输到负极。⑤在活性层/电极界面上电子和空穴分别被负极和正极收集。空穴和电子分别被相应的正极和负极收集以后形成光电流和光电压，即产生光生伏打效应。

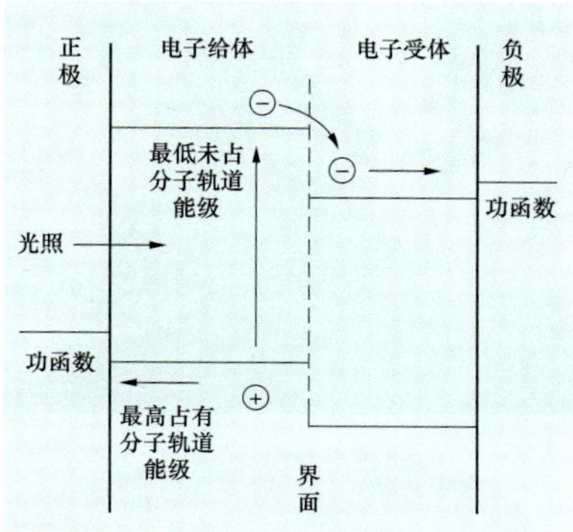

有机太阳能电池工作原理示意图

yuelangshi bolang fadian zhuangzhi

越浪式波浪发电装置 (overtopping wave generation device)　利用波浪的动能使水体冲入上位水池，水体再从上位水池底部出口流出，驱动水轮发电机发电的装置，原理类似于水力发电。该类装置将较不稳定的波浪能转换为上位水池内水体的势能，再转换为较为稳定的水流动能，水轮机组的转换率较高；装置活动部件较少，整体稳定性较高，可靠性好；适应各种极端海况的能力较强。

组成　由上位水池、水轮机、发电机和辅助设备组成。上位水池可人为构造也可根据海岸地形进行设计。水轮机将水的势能转换成机械能，驱动发电机输出电能。

工作原理　通过聚波坡道将波浪能转换为水的势能，完成能量的一次转换；水体沿出流管道返回大海时，通过低水头水轮机将水的势能转换为转轴的轴功完成能量的二次转换；最后发电机将转轴轴功转换为电能，实现能量的三次转换。

装置类型　有岸式越浪波浪发电装置和漂浮式越浪波浪

发电装置。

岸式越浪波浪发电装置建于岸上，世界第一个依岸边地形而建的越浪波浪发电装置是挪威波能公司（Norwave A. S.）于1986年建造的TAPCHAN波浪发电装置，装机容量为350kW。该越浪波浪发电装置具有收缩波道（tapered channel），故名TAPCHAN，其收缩波道开口宽约60m，长约300m，呈喇叭形逐渐变窄的楔形导槽，见图1。该装置波浪能转换效率较高，可靠性比较好，成功地运行了多年，但装置受到岸线地形、潮差及海岸保护等因素的制约，难以推广。

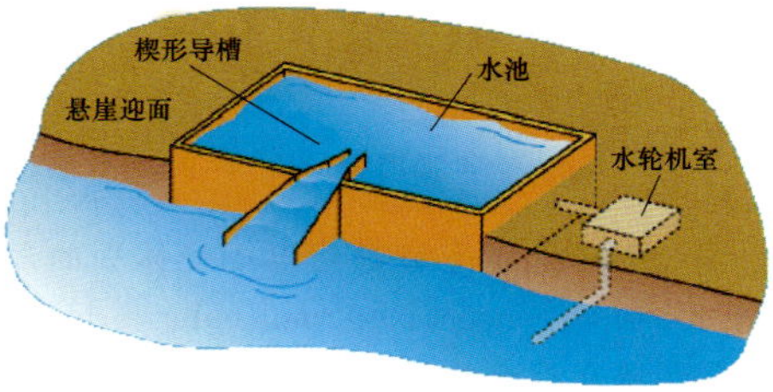

图1 TAPCHAN波浪发电装置

锥形槽式波浪发电装置可以安装于岸边或坝上，是岸式越浪波浪发电装置的一种。锥形槽式波浪发电装置由不同高度的水槽以及多级水轮发电机组成。不同高度的入射波利用越浪效应将海水存储于不同高度的腔室内，见图2，腔室内的海水流出驱动多级水轮发电机发电（见图2）。多腔室设计使得此种装置可适应多种海面波况，保证装置的工作时间。多级水轮机（数量根据腔室的个数决定）是该装置最具特色的部分，它的起动力矩非常小，即使装置只有一个腔室供水也能使装置高效地运作。该装置的优点是活动构件少，只有多级水轮机和回流控制阀门，易于安装和维护。

(a)

(b)

图2 锥形槽式波浪发电装置

漂浮式越浪波浪发电装置是一个具有坡道的漂浮式蓄水池，特有的锚固系统可使坡道正对波浪能最强的方向，从而提高波浪能转换效率。该装置的工作原理为波浪越过坡道后进入蓄水池，海水返回海中时驱动低水头水轮发电机组产生电能。其优点是不受潮差影响，可适应各种极端海况，其范例是波龙（Wave Dragon）发电装置。

由丹麦波龙公司开发的波龙发电装置主要由坡道、主体结构、水轮发电机组三个部分组成，如图3所示。坡道两旁安装了曲线形的反射壁，聚集入射波，增加波高和波浪能的获取率；主体结构由坡道和钢结构的水池组成；水池中部由6个阀控低水头轴流式水轮发电机组将波浪能转换成电能。该种装置可在海上进行排列，组成波浪发电场，对不同的极端海况也具有较好的适应能力。

(a)

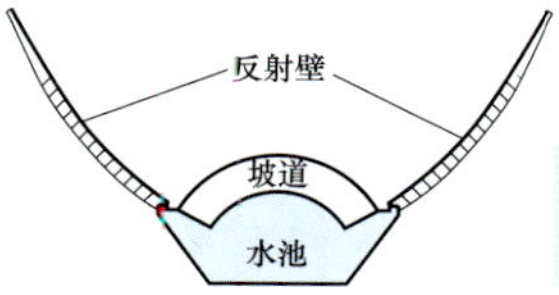

(b)

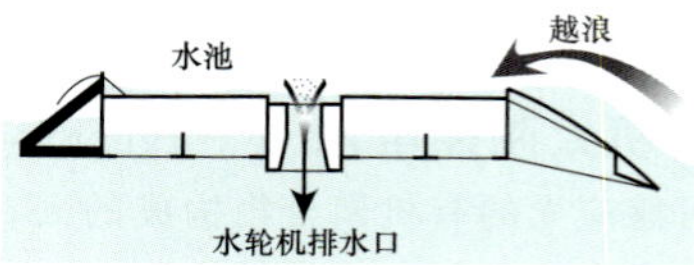

(c)

图3 波龙发电装置实物及结构、原理图

(a) 实物图；(b) 结构简图；(c) 原理图

Z

Zhangbei Fengguangchushu Shifan Gongcheng

张北风光储输示范工程 (Zhangbei Wind Power, Photovoltaic Energy, Energy Storage, Transmission pilot project) 位于河北省张家口市张北县西部的大河乡的风光储互补发电工程。截至 2013 年底，该工程是世界上规模最大的集风力发电、光伏发电、储能及智能调度为一体的新能源友好并网综合示范项目。

张北风光储输示范工程场址距张北县城 20km，距北京 230km。工程总体规划建设风力发电装机容量 500MW，光伏发电装机容量 100MW，储能系统容量 70MW。其中，一期工程占地 171.29ha^2，总投资 32.26 亿元，建设风电装机容量 98.5MW、光伏发电装机容量 40MW、储能装置容量 20MW，并配套建设 220kV 智能变电站一座。一期工程于 2009 年 4 月 29 日启动，2011 年 12 月 25 日实现竣工投产（见图 1）。扩建工程于 2013 年 6 月开始动工，规划建设风力发电装机容量 400MW，光伏发电装机容量 60MW，储能系统容量 50MW。

图 1 张北风光储输示范工程一期全景

资源与环境 张北县位于蒙古高原南缘燕山—阴山东西向断块隆起的汉诺坝玄武岩覆盖区，在地貌上属山区丘陵，地形起伏不大。工程一期场址区域的海拔在 1500～1890m 之间，该地区位于东亚大陆性季风气候中温带亚干旱区，四季特征明显，属风能资源较丰富区。风电场 80m 高度全年有效风速小时数为 8108h（风速介于 3.0～25m/s 之间），年平均风速为 8.43m/s，平均风电功率密度为 595.5W/m^2，风能风向集中在 WSW（西西南）～NNW（北西北）。张北地区平均年日照小时为 2815h，代表年总辐射辐照量为 1663kW·h/m^2，属太阳能资源很丰富地区。

风光储联合发电系统概况 根据 GB/T 19963—2011《风电场接入电力系统技术规定》、GB/T 19964—2012《光伏电站接入电力系统技术规定》中最大功率变化限值的要求并兼顾经济性，工程一期选用5∶2∶1 的风光储容量配置比例，联合出力输送至义缘 220kV 变电站。张北风光储输示范工程一期总体构架图见图 2。

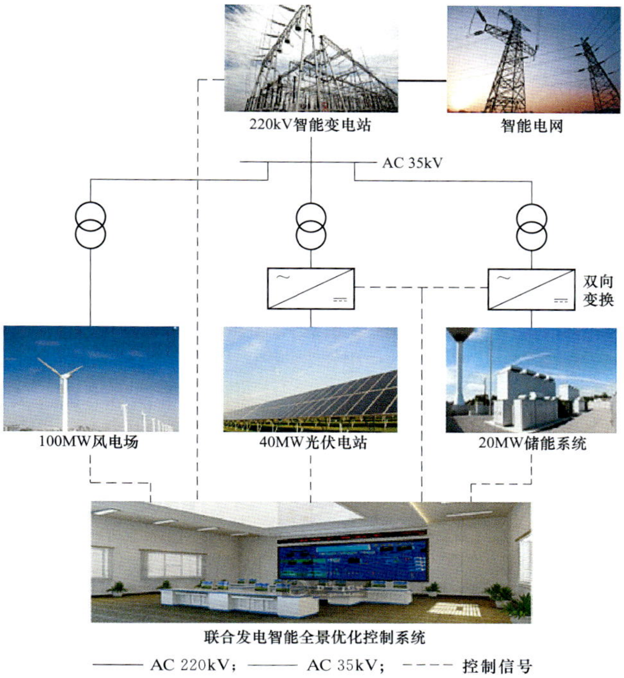

图 2 张北风光储输示范工程一期总体构架

风力发电 工程一期风电场分为小东梁风电场和孟家梁风电场。其中小东梁风电场（见图 3）安装 24 台单机容量为 2MW 的双馈变速恒频型风电机组，年等效发电小时数为 2456h；孟家梁风电场（见图 4）安装 15 台单机容量 2.5MW 永磁直驱型风电机组、2 台单机容量 3.0MW 永磁直驱型风电机组、2 台单机容量 1MW 垂直轴风电机组和 1 台单机容量 5.0MW 永磁直驱型风电机组，孟家梁风电场年等效发电小时为 2371h。风电场含风电补助的合计上网电价为 0.54 元/（kW·h）。

图 3 小东梁风电场

图 4　孟家梁风电场

光伏发电　工程一期光伏电站分为东区和西区两部分（见图 5）。东区总容量 12.05MW，光伏组件包含多晶硅太阳能电池 9MW，单晶硅太阳能电池、非晶薄膜硅太阳能电池、背接触式太阳能电池组件各 1MW，另有高倍聚光太阳能电池 50kW。光伏组件分别采用固定式、斜单轴、平单轴和双轴跟踪等安装方式。逆变器室设置有 24 台 500kW 逆变器。西区总容量 28MW，全部光伏组件为多晶硅太阳能电池，均采用固定式安装方式。逆变器室设置有 36 台 500kW 逆变器和 16 台 630kW 逆变器。光伏电站年等效发电小时数为 1400h，上网电价为 0.4243 元/（kW・h）。

图 5　光伏发电区与主站

储能系统　工程一期储能电站总容量为 20MW，总储存电量 95MW・h，分别安装磷酸铁锂储能装置 14MW/63MW・h、全钒液流储能装置 2MW/8MW・h 和钠硫储能装置 4MW/24MW・h。其中，磷酸铁锂储能装置集成了不同厂家、多种放电倍率、不同容量、不同单体电气连接的总计 27.5 万节磷酸铁锂电池，首次实现大容量多类型电池规模化集成、实时监控管理及近百套变流器的精确出力控制。

智能变电　工程一期 220kV 智能变电站设有 2 台 220kV/150MV・A 主变压器，变比为 220kV/35kV，220kV 侧双母线接线，1 回出线；35kV 侧单母线 4 分段接线，共 14 回出线。为满足系统 220kV 侧并网口电能质量要求，在每台主变 35kV 侧各配置有一组静止无功发生装置（static var generator，SVG），每组 SVG 调节范围为 −15Mvar～+27Mvar，其中 1 号 SVG 采用 35kV 直挂式，2 号 SVG 采用 10kV 升压式。

控制中心　控制中心装有风光储联合监控系统，对整个工程的风电场、光伏电站、储能电站和变电站进行联合控制，采用集中决策、分布执行的控制理念实现不同组合、不同时间尺度下的多控制目标协调联合运行。整个联合监控系统在架构上可分为联合调度层、场站监控层和设备层三层。

（1）联合调度层是连接上级调度中心与风光储联合发电系统之间的桥梁，一方面建立开放一致的风光储联合发电系统电网模型，为上级调度提供运行分析支持；另一方面，作为整个系统的控制中枢进行智能分析与决策，实现对风电、光伏发电和储能的协调控制。

（2）场站监控层实现对各子系统的单独监控，实时上传各设备的运行信息，同时接收联合控制层下发的控制指令，分解后下发至设备层的风电机组、光伏逆变器和储能控制单元。

（3）设备层主要安装于场内的各类风电、光伏发电、储能等相关设备，并执行接受上层控制指令，相互配合，实现预定的控制目标。

风光储联合发电系统功能　工程利用风光储联合监控系统统筹调配风电、光伏发电、储能装置等设备的输出功率，以合理的风光储组合实现风光储联合发电系统平滑输出、跟踪调度计划、削峰填谷和调频四项功能。

平滑输出　电站借鉴了无源低通滤波策略并加以改进，通过储能系统的充放电保证风光储联合发电系统的总出力平滑稳定，功率变化率小于国家标准规定的限值，接近常规电源水平（见图 6）。

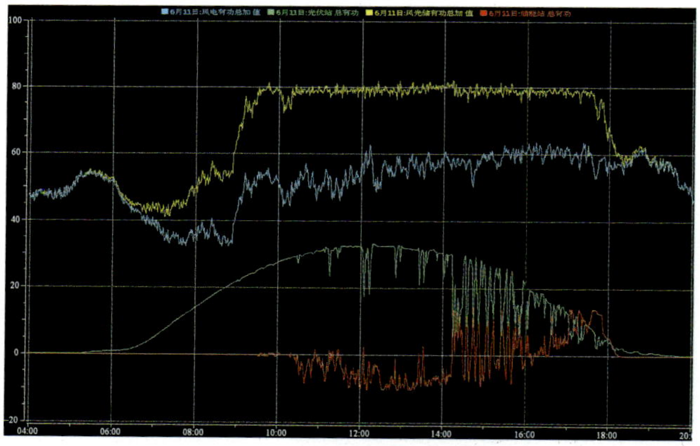

图 6　平滑输出示意

蓝色—风力发电；绿色—光伏发电；红色—储能；

黄色—风光储联合出力

跟踪调度计划　风光储联合监控系统根据当天电网调度机构下发的发电计划曲线自动调整出力，实时监测储能系统充电或放电容量充分发挥风电、光伏发电最大出力（见图 7），当风电、光伏发电出力满足发电计划时将剩余电量充进储能系统，风电、光伏发电出力不满足发电计划时储能系统释放储存电量。

削峰填谷　风光储联合监控系统根据风光资源和负荷需求情况使储能系统持续工作在充电或放电状态下：在夜间或特殊时段负荷较小，而风电、光伏发电出力较大时，储能系统工作在充电状态下；在白天用电负荷高峰，储能系统将所吸收的电能放出，实现峰谷转移（见图 8）。

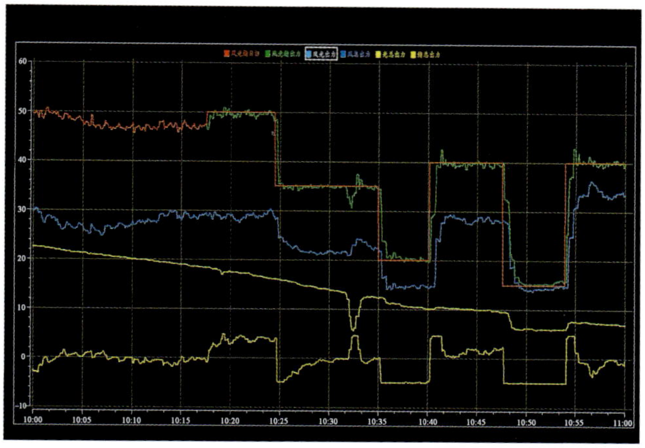

图 7　跟踪调度计划示意

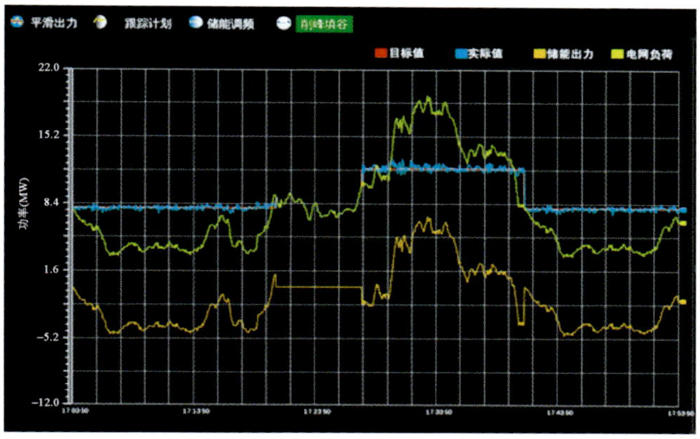

图 8　削峰填谷示意

储能调频　上级调度通过与风光储联合监控系统的信息交互，实时掌握储能系统当前状态，基于对当前储能系统状态的判断，下发自动发电控制指令，储能系统以秒级快速响应系统的功率需求，达到参与系统调频的目的（见图 9）。

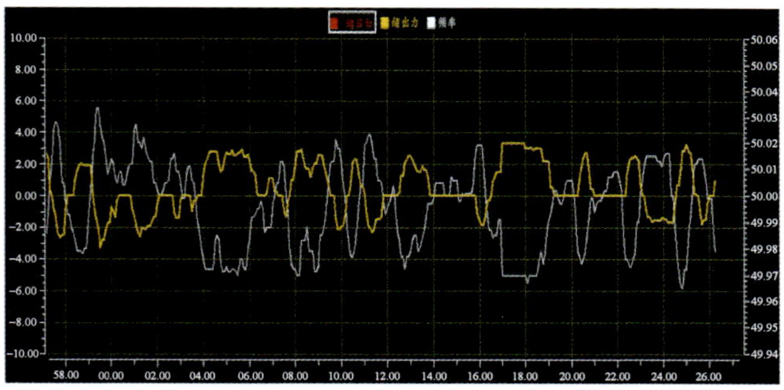

图 9　储能参与系统调频示意

技术创新　主要包括：①实现了风光储联合发电互补机制及系统集成，提出了适用于中国西北、华北、东北地区的联合发电系统优化配置方法。②实现了风光储联合发电全景监测与综合控制，研制出装机规模百兆瓦级的风光储联合发电监控系统。③基于模块化集成对多类型储能装置进行集约化控制，实现了大容量、快响应、准调节的储能输出目标。④可以准确预测日前短期和实时超短期风光发电功率曲线，准确率达到短期 90%、超短期 92%的水平。在国内首次实现单风机/小机群功率预报，准确率超过 80%。

运行情况　工程一期自投产以来总体运行平稳。2012 年累计发电 2.48 亿 kW·h，其中风电 1.92 亿kW·h，光伏发电 0.56 亿 kW·h。

zhaoqichi

沼气池　(biogas digester)　提供厌氧和其他适宜条件（温度、湿度和酸碱度）以生产沼气的反应器，又称厌氧消化器。沼气厌氧发酵在沼气池中发生，产生以甲烷和二氧化碳为主体的混合气体（沼气）、消化液（沼液）和消化污泥（沼渣）。沼气池是沼气工程的主体，用于沼气发电的一般为大中型沼气工程。

沼气厌氧发酵　在一定的温度、湿度、酸碱度和厌氧条件下，微生物分解有机物产生沼气的过程，又称沼气厌氧消化。

沼气厌氧发酵的基本条件包括适宜的温度、酸碱度、发酵液浓度、发酵原料碳氮比例、足够的菌种及厌氧环境。

沼气厌氧发酵包括液化、产酸和产甲烷三个阶段。液化是生物质中的纤维素、半纤维素、果胶、淀粉、脂类、蛋白质等非水溶性含碳有机物，经细菌水解发酵生成水溶性糖、醇、酸等分子量较小的化合物，以及氢气和二氧化碳；产酸是各种水溶性产物经微生物降解形成甲烷底物，主要是乙酸、氢气和二氧化碳；产甲烷是产甲烷菌转化甲烷底物生成甲烷和二氧化碳。

根据生物质的浓度，沼气厌氧发酵工艺分为湿式发酵和干式发酵。湿式发酵指发酵液中总固体物质含量在 10%以下的发酵方法。干式发酵指发酵液中总固体物质含量在 20%～30%范围内的发酵方法。湿式发酵工艺应用较多。

沼气池分类　常见沼气池包括塞流式反应器、升流式固体反应器、升流式厌氧污泥床、污泥床滤器。干式发酵工艺应用还较少，干式发酵沼气池包括车库型反应器和组合型发酵器，即车库型干法发酵装置、气袋型干法发酵装置、干湿联合型发酵装置和渗出液储存箱型干法发酵装置。

（1）塞流式反应器（plug flow reactor，PFR）是长方形的非完全混合式反应器，也称推流式反应器。高浓度悬浮固体发酵原料从一端进入，从另一端排出。优点是不需要搅拌，池形结构简单，能耗低；适用于固体悬浮物浓度高的废水的处理，尤其适用于牛粪的厌氧消化，用于农场有较好的经济效益；运行方便，故障少，稳定性高。缺点是固体物容易沉淀于池底，影响反应器的有效容积，使固体滞留期和水力滞留期降低，效率较低；需要固体和微生物的回流作为接种物；因该反应器面积/体积比较大，反应器内难以保持一致的温度；易产生厚的结壳。

（2）升流式固体反应器（upflow solids reactor，USR）是适用于原料固体悬浮物浓度高的反应器。原料从底部进入沼气池内，与沼气池里的活性污泥接触快速消化。未消化的生物质固体颗粒和沼气发酵微生物自然沉降滞留于沼气池内，上清液从沼气池上部溢出，这样可以得到比水力滞留期高得多的固体滞留期和微生物滞留期，从而提高固体有机物的分解率和沼气池的效率。

（3）升流式厌氧污泥床（upflow anaerobic sludge bed，UASB）是一种高效处理污水的厌氧生物反应器。反应器内无填料，污水从反应器下部进入，上部有悬浮的颗粒污泥层，最上部有关键性的气、液、固三相分离器。由荷兰学者卡茨·莱廷格（Gatze Lettinga）等人于 1978 年研究成功，适用于处理可溶性废水，要求悬浮固体含量低。该工艺将污泥的沉降与回流置于一个装置内，降低了造价。优点为除三相分离器外，沼气池结构简单，没有搅拌装置及供微生物附着的填料；固体滞留期和微生物滞留期长，负荷率很高；颗粒污泥的形成使微生物天然固定化，改善了微生物的环境条件，增加了工艺的稳定性；出水的悬浮固体含量低。缺点是需要安装三相分离器；进水中只能含有低浓度的悬浮固体；需要有效的布水器使进料能均匀分布于消化器的底部；当污水冲击力或进料中悬浮固体含量升高以及遇到过量有毒物质时，会引起污泥流失，管理水平要求较高。升流式厌氧污泥床是近年来在沼气发酵工程中应用最多的工艺，多用于工业废水和生活污水的厌氧消化。经过固液分离后的畜禽粪便污水也可以采用该工艺进行厌氧消化处理。

（4）污泥床滤器（upflow blanket filter，UBF）是将升流式厌氧污泥床和厌氧滤器结合为一体的沼气池。下部为污泥床，上部设置纤维填料。由于附着于纤维填料上的生物膜补充了污泥床上部微生物的不足，效率较高，厌氧滤器中的纤维填料使工程造价上升。

（5）车库型干法发酵装置采用钢筋混凝土建造，其特征是整个发酵室像一个车库，顶部有喷淋装置，底部有排水系统，以铲车进出料，用气压门密封发酵室，年处理规模为 2000～50 000t。

（6）气袋型干法发酵装置由德国 BUDISSA 公司对美国地窖式干法发酵池改进而成，采用密封塑料袋取代地窖，设备成本大大降低。

（7）干湿联合型发酵装置先对有机垃圾进行浸透、高压通风和喷淋等预处理；再对经过预处理的物料进行干法发酵，对喷淋和浸泡液进行湿法发酵处理。该装置已用于德国垃圾处理。

（8）渗出液储存箱型干法发酵装置建有密封的发酵室，喷淋设备和喷淋液储存箱，储存箱内设有加热器，以便增温和保温，该装置已在瑞士广泛应用。

zhaoqi fadian

沼气发电　（biogas power generation）　以沼气作为燃料产生动力驱动发电机发电的方式。沼气是热值较高的可燃气体，其主要成分是甲烷，*沼气池*产生的沼气净化后，输至沼气发动机驱动发电机组发电。按发电规模的划分，通常 50kW 以下的为小型沼气发电系统，50～500kW 的为中型沼气发电系统，500kW 以上的为大型沼气发电系统。

沼气　由 60%～65% 的甲烷、30%～35% 的二氧化碳和少量一氧化碳、氢、硫化氢和碳氢化合物等组成的混合气体。

沼气的燃烧特性　与沼气的成分和燃烧条件有关。①因沼气中含有 30%～35% 二氧化碳等惰性气体，其辛烷值可达到 125～130，故沼气是抗爆性高的气体，所以沼气发动机可选择较高的压缩比。②沼气具有较高的热值，一般为 20 934～25 121J/m^3（标准状态），相当于 0.45～0.55kg 柴油。当沼气的甲烷含量达 50% 时，即可进行正常燃烧。1m^3 沼气可发电 1.2～1.8kW·h（标准状态）。③在密闭条件下沼气与空气的混合比在 5%～15% 之间时，遇火引燃即迅速燃烧、膨胀。利用这一特性可使发动机获得理想的工作范围。④沼气具有临界温度低（－25.7～－48.42℃）而临界压力高（5.29×10^2～58.2×10^2 MPa）的特点，因此沼气是低速（0.268～0.428 8m/s）燃烧、液化困难的气体，所以必须把点火期提前。⑤沼气中含有硫化氢，对金属管道和设备有腐蚀作用，因此作为发动机燃料必须经疏水、脱硫净化处理，使发动机排烟浓度降低、灰尘杂质减少。

沼气气源要求　对沼气气源及气质的要求包括：①沼气池所产生沼气一般经稳压装置稳压后输给沼气发动机，沼气必须连续稳定在一定压力（1470～2940Pa）；②沼气需经疏水、脱硫净化处理，去除杂质、水分，使硫化氢含量降至 500mg/m^3 以下（标准状态下）。当沼气中甲烷含量低于 50% 时，还需要考虑脱除二氧化碳的提纯处理。（见*沼气净化*）

工艺流程　沼气池产生的沼气经气水分离、脱除硫化氢（甲烷含量低于 50% 时还需脱除二氧化碳）等净化提纯后，由储气柜供给沼气发动机，进而驱动与沼气发动机相连的发电机而产生电力。而沼气发动机排出的废气和冷却水中的热量，则通过废热回收装置进行回收后作为沼气池料液加温热源或其他用途。沼气发电系统的工艺流程见图。

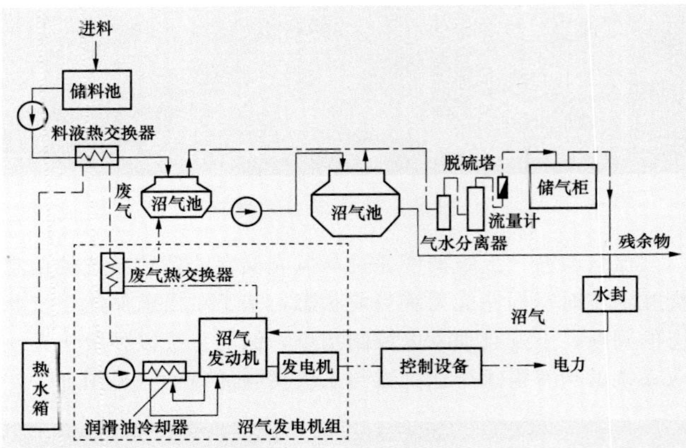

沼气发电系统工艺流程图

系统组成　主要由沼气池、净化提纯装置、沼气发电机组、废热回收装置等构成。

沼气池是提供厌氧和其他适宜条件（温度、湿度和酸碱度）以生产沼气的反应器。

净化提纯装置是脱除沼气中的硫化氢、水和二氧化碳等杂质的装置，以便达到净化沼气和提高沼气中甲烷纯度的目的，包括气水分离器、脱硫塔等。（见*沼气净化*）

沼气发电机组包括沼气发动机和发电机。以沼气为燃料的发动机为往复式内燃发动机，有纯沼气发动机和沼气-柴（汽）油混烧发动机两种。

纯沼气发动机用电点火方式点燃沼气和空气的混合气体，通过活塞的往复运动得到机械能。这种发动机改装比较困难，但不需要辅助燃料油及其供应系统，控制简单，维修方便，价格低廉，输出功率随沼气量的减少而降低。沼气发动机的工作过程与柴油机相同。

沼气-柴（汽）油混烧发动机利用压缩点火方式，由燃气的压缩热点燃喷射的液体燃料油，燃烧热使混合气体点火爆发，通过活塞的往复运动得到机械能。这种发动机改装容易，既可以燃用沼气-柴（汽）油，也可以在没有沼气供应时完全燃用柴（汽）油。由于它需保留原机的燃料供给装置，因而在控制和结构上较复杂一些。

对沼气发电机组的一般要求包括起动方便，运行平稳，噪声较低（最好低于85dB），使用寿命较长，成本较低。基本的具体技术要求包括：①机组在常温（不低于5℃）下采用机组的起动装置起动，三次起动应至少有两次成功；②机组的电压和频率的各项指标应不大于表1中的规定；③沼气的甲烷含量大于60%时，沼气发动机应能满足对机组额定功率的要求，并符合表2中的规定。

表1 沼气发电机组的电压、频率调整要求

稳态电压调整率（%）	电压稳定时间（s）	频率调整率（%）				频率稳定时间（s）	波动率（%）		
		稳态		瞬时			电压	频率	
		沼气发动机						沼气发动机	
		柴油机改装	汽油机改装	柴油机改装	汽油机改装			柴油机改装	汽油机改装
5	3	5	6	7	—	6	±1	±1	±1.5

表2 沼气发动机耗气率、节油率及热效率

燃料消耗	纯沼气耗气率（m^3/kW）	0.8
	沼气-柴（汽）油混烧节油率（%）	80
热效率（%）		30

废热回收装置是将沼气发动机排出的废气和冷却水中的热量回收利用的装置。包括料液热交换器、废气热交换器等。沼气发动机一般采用水冷却，30%～35%的热量有效做功，其余65%～70%的热量随排出的废气、冷却水、机油带走；采用废热回收装置加以回收利用，可使机组总能量利用率达到65%～85%。废热回收通常采用热水热交换器、废气锅炉、废气吸收式冷热水器等装置产生蒸汽、热水和冷热风，用于沼气池料液升温或采暖空调。中国沼气发动机废热回收率为35%～45%，总能量利用率为55%～75%。

发展概况 沼气是由意大利物理学家A. 沃尔塔于1776年在沼泽地发现的。世界上第一个沼气发生器（又称自动净化器）是由法国L. 穆拉于1860年将简易沉淀池改进而成的。1925年德国、1926年美国分别建造了备有加热设施及集气装置的消化池，这是现代大中型沼气发生装置的原型。沼气发电始于20世纪70年代初期，普遍使用往复式沼气发电机组进行沼气发电。德国是世界上沼气利用较成功的国家之一，主要用于发电上网。2003年德国已有2000多个大型沼气工程运行，并网装机容量为250MW；2005年底，沼气工程增至2700处，沼气全部用来发电，装机容量达到650MW；到2009年底，装机容量达到1893MW，当年发电装机容量增加516MW。2009年德国沼气产量超过90亿m^3，占欧洲的一半，沼气发电量也占欧洲总量的49.9%。据德国沼气协会估计，到2020年，德国沼气发电装机容量将达到9500MW。英国在2006年之前是欧洲生产和利用沼气最多的国家，2009年沼气产量34.478亿m^3，其中垃圾填埋沼气29.488亿m^3；2008年4月至2009年3月一年间，垃圾填埋沼气发电占其可再生能源发电的24.7%。欧洲用于沼气发电的内燃机，较大的单机容量在0.4～2MW，沼气的发电率约1.68～2.3kW·h/m^3。美国的沼气发电主要源自垃圾填埋场，占沼气产生总量的34%。20世纪末美国已有60多个填埋场使用内燃机发电，加上沼气燃烧产生蒸汽驱动汽轮机发电，1999年总装机容量达到340MW。英国的垃圾沼气的开发利用仅次于美国，同时期以垃圾为原料实现沼气发电装机容量18MW。

中国沼气发电研究始于20世纪80年代初，已研制出0.5～600kW不同容量的沼气发电机组，基本形成系列产品。2001～2005年期间研制出600kW大功率沼气发电机组的成套技术与装备，沼气热值大于等于21MJ/m^3时气耗率为0.6～0.8m^3/（kW·h），性价比有较大的优势。中国的垃圾填埋场蕴藏丰富的沼气资源，2004年自主开发的首个垃圾填埋沼气发电厂——无锡桃花山填埋气体发电厂并网发电，每小时发电消耗沼气1300m^3，年发电量可达1530万kW·h，收购电价0.527元/（kW·h）。中国大部分省市都已先后建立起各地的垃圾填埋沼气发电厂。2009年4月19日，中国当时最大的沼气发电厂德清源沼气电厂并网发电，安装2×1MW沼气发电机组。该电厂除每年向电网提供1400万kW·h的绿色电力外，还产生相当于4500t标准煤的余热用于供暖，同时减少了8万t以上的温室气体排放。该沼气发电项目被联合国列为“全球大型沼气发电技术示范工程”。截至2012年底，中国沼气发电累计并网容量达206MW。

zhaoqi jinghua

沼气净化

（biogas cleaning） 脱除沼气中的硫化氢、水和二氧化碳等杂质的过程，即脱硫、脱水、脱碳。沼气发电所需沼气经净化达到气源要求后供给沼气发动机发电。

沼气脱硫 采用物理化学方法或生物方法脱除沼气中硫化氢气体的过程，可分为干式脱硫、湿式脱硫和生物脱硫三大类。湿式脱硫运行管理较复杂。在大型的脱硫工程中，一般先用湿法进行粗脱硫，之后再用干法进行精脱硫。

干式脱硫 在脱硫塔内装填吸收材料脱除硫化氢，一般用于低含硫气体的处理，该方法脱硫效率较低，维护管理简单，占地小，但需定期更换吸收材料。典型干式脱硫法包括活性炭脱硫法、氧化铁脱硫法、氧化锌脱硫法和分子筛脱硫法。

（1）活性炭脱硫法是利用活性炭吸附性强的特点进行脱硫。活性炭是一种多孔性含碳物质，它内部空隙发达，比表面积大、吸附性强、储氧能力较强，能脱硫、脱苯、脱臭、脱色。活性炭脱硫是催化反应，硫化氢与氧气反应生成硫再被吸附在活性炭上。硫化氢浓度低时可直接用活性炭脱硫，浓度高时可与生物脱硫工艺结合使用。

（2）氧化铁脱硫法是以活性氧化铁水合物为吸收材料，通过氧化反应产生硫再脱去的方法。氧化铁属于常温脱硫剂，原料丰富价廉，反应速度慢，被广泛应用于脱硫工艺中。

（3）氧化锌脱硫法是以氧化锌为吸收剂与硫化氢反应脱硫的方法，由于单位质量氧化锌脱硫剂低温下有效吸收硫的质量较低，主要用于高温下（如400℃）脱硫，高温下可脱除有机硫，原料价格较贵。

（4）分子筛脱硫法是利用分子筛的吸附和筛分功能对硫化物进行脱除的工艺。分子筛是具有网状结构的天然或人工合成的化学物质，当作为层析介质时可按分子大小对混合物进行分级分离。沼气净化用分子筛指结晶态的硅酸盐或铝酸盐，由硅氧四面体或铝氧四面体通过氧桥键相连形成分子尺寸大小（通常为0.3～2.0nm）的孔道和空腔体系，从而具有筛分分子的特性。分子筛能去除二硫化碳、硫醇等硫化物，吸附剂可再生，一次性投资大，成本高。

湿式脱硫 利用特定的可再生溶剂与气体逆流接触脱除沼气中的硫化氢，可分为物理化学吸收法、直接氧化法。物理化学吸收法是通过碱性溶液与硫化氢反应形成硫化物实现脱硫的方法。直接氧化法是使硫化氢在溶液中发生氧化反应生成单质硫再脱除的方法，根据可再生溶剂不同可分为碳酸钠吸收法和醇胺吸收法。碳酸钠吸收法的脱硫流程简单，药剂便宜，但再生困难，蒸汽及动力消耗较大。醇胺原料价格便宜，稳定性好，易回收，但易产生气泡、腐蚀，在有机硫存在下会降解，蒸汽压力高，溶液损失大。

生物脱硫 利用微生物的代谢作用将硫化物转化成硫酸盐或有价值的单质硫，包括生物洗涤法和生物过滤法。生物洗涤脱硫法用微生物、营养物和水组成的微生物吸收液处理硫化氢，典型设备有喷淋塔、鼓泡塔和穿孔板塔等。生物过滤脱硫法用含有微生物的固体颗粒吸收硫化氢，包括土壤法、堆肥滤法、生物滤池法和生物滴滤塔等。生物脱硫不需要氧化剂和催化剂，能耗低，无臭味，但条件要求苛刻，过程不宜控制。此技术在中国还没有形成一定规模的工业应用。

沼气脱水 分离沼气中水蒸气的过程，有冷凝法、吸附干燥法和吸收法。冷凝法即通过冷却器冷却气体而除去冷凝水；吸附干燥法是指通过硅胶、氧化铝或氧化镁等干燥剂来吸收水分；吸收法是指通过吸水性溶液如乙二醇和三乙二醇等吸收水分。

沼气脱碳 除去沼气中大部分二氧化碳，提高甲烷纯度的过程，可分为吸收脱碳法、吸附脱碳法和膜分离脱碳法。

吸收脱碳法 一种技术最成熟的脱碳方法，分为物理吸收法和化学吸收法。物理吸收脱碳法采用二氧化碳溶解度大和选择性好的有机溶剂，加压溶解二氧化碳，然后降压进行二氧化碳的释放和溶剂的再生。常用吸收剂有丙烯酸酯、甲醇、乙醇和聚乙二醇等，二氧化碳浓度较高时使用，脱除率较低。化学吸收脱碳法主要采用碱性溶液对二氧化碳进行溶解分离，然后通过脱析分解分离出二氧化碳同时使溶剂再生。典型化学吸收溶剂为碳酸钾水溶剂、乙醇胺类水溶剂和氨水溶液，此方法二氧化碳脱除效果好，但成本较高。

吸附脱碳法 通过吸附剂在一定条件下对二氧化碳进行选择性地吸附，然后通过恢复条件将二氧化碳解析分离，可分为变温吸附和变压吸附，需要大量吸附体，效率较低且成本高。

膜分离脱碳法 在一定条件下通过膜对气体的渗透选择把二氧化碳和其他气体分离，有聚合体膜、无机膜、混合膜和其他滤膜，是最受关注的气体分离技术。

zhendang fuzishi bolang fadian zhuangzhi

振荡浮子式波浪发电装置 （oscillating bodies wave generation device） 通过振荡浮子实现波浪能到机械能的转换，再通过液压式、机械式能量转换系统实现机械能向电能转换的装置。振荡浮子式波浪发电装置是波浪发电装置数量最大的一类，世界上大部分波浪发电装置属于此类。振荡浮子形式灵活，形状各异，构成了不同的设计，最著名的波浪发电装置有鸭式、筏式、浮力摆式、浮子式等，还可以结合波浪水文条件进行点阵化设计排布，结构形式多样。

组成 由波浪能俘获系统、能量转换系统和输电系统组成。波浪能俘获系统形式各有不同，多为漂浮体结构，其功能是随波浪运动俘获波浪能，将其转换成机械能。能量转换系统可以是液压式的，也可以是机械式的，将机械能转换成电能。输电系统向电网或蓄电池输出电能。（见波浪发电）

工作原理 波浪能俘获系统与能量转换系统相连。波浪推动能量俘获系统运动，所俘获动能驱动能量转换系统做功，进而转换出电能。液压式能量转换系统中液压缸的缸体和杆被铰接安装在两个相对运动的浮子上，当两个浮子相对往复运动时，液压缸就会吸进低压油，排出高压油。不稳定的高压油经过蓄能器平滑变成较稳定的高压油，驱动液压马达以及发电机。

分类 分为滑动式振荡浮子波浪发电装置和铰接式振荡浮子波浪发电装置两类。

滑动式振荡浮子波浪发电装置在波浪作用下，浮子沿着滑杆（视为另一浮子）滑动，俘获波浪能，驱动液压式或机械式能量转换系统发电。典型装置是美国的动力浮子（Power Buoy）波浪装置（见美国海洋能发电技术）。

铰接式振荡浮子波浪发电装置是在波浪作用下，使相邻浮子相互铰接转动，俘获波浪能，典型装置有英国的牡蛎（Oyster）波浪发电装置（见英国海洋能发电技术）、“海蛇”波浪发电装置、鸭式（Duck）、筏式（Raft）以及中国的鹰式波浪发电装置（见中国海洋能发电技术）等。

筏式波浪发电装置是由筏形浮体及液压式能量转换系统实现波浪能收集的发电装置，属于振荡浮子式装置。该装置于1975年由英国工程师C.科克勒尔（Christopher Cockerell）提出。该装置由两个或一组筏形浮体和液压式能量转换系统组成。筏形浮体可以是矩形、圆柱体形或其他形状。液压式能量转换系统含液压缸、蓄能器、液压马达以及发电机。筏形浮体相互铰接，其间安装液压缸。筏形浮体在波浪作用下产生相对转动，驱动液压缸将波浪能转换为液压能，液压能经蓄能器平滑后，驱动液压马达和发电机产生电能。

麦克白波泵（McCabe Wave Pump，MWP）是由爱尔兰的皮特·麦克白发明的一种筏式波浪发电装置，如图所示。该装置的主体为三个铰接在一起的钢质矩形浮桥，中间的浮桥底部安装有阻尼板用以保持装置的整体稳定，两端的浮桥在波浪作用下做俯仰运动，带动铰接处的液压系统实现能量的转换。总长40m的原型机于1996年在爱尔兰的克莱尔郡进行海试。

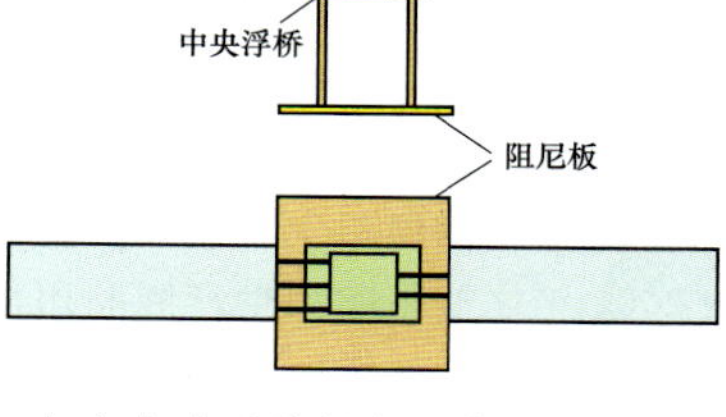

麦克白波泵的侧视及俯视示意图

zhendang shuizhushi bolang fadian zhuangzhi

振荡水柱式波浪发电装置 （oscillating water column wave energy converter） 由气室实现能量收集，由气动式能量转换系统实现能量转换的波浪发电装置。世界上研制成功的第一个波浪发电装置是1910年安装在法国海岸边的装机容量为1kW的私人波浪发电装置，它就是振荡水柱式的。该种装置的波浪能转换系统结构简单，没有任何水下活动部件，而且将空气作为能量载体，传递方便，通过气室将低速运动的波浪能量转换成高速运动的气流，造价低，可靠性好。

组成 由气室和气动式能量转换系统等组成。气室结构分为单气室和多气室两种，以空气作为能量载体。

工作原理 通过气室将波浪能转换为空气流的动能，单向整流或双向气轮机将气流的动能转换为机械能，最后发电机将机械能转换为电能。

气室的前壁伸入海水中，气室的底部与海水相连，气室内的海面上部为空气。当波峰到达气室前壁时，气室内的水位在波浪作用下上升，室内的容积变小、气压增大。当气压大于外界大气压时，空气便会流出气室，波浪能转换为气流的动能，如图（a）所示。当波峰变为波谷时，气室内海面水位下降，空气压力降低。当室内空气压力小于外界大气压时，空气便流入气室，如图（b）所示。波峰波谷的相互转换变为气室内水柱的上下振荡，由此带动空气的往复运动，实现波浪能转换为气流的动能。

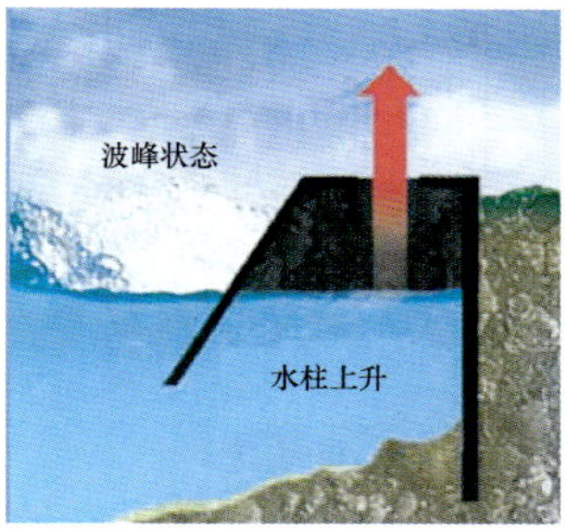

(a)

(b)

振荡水柱波浪发电装置能量转换示意图

（a）波峰状态；（b）波谷状态

分类 根据运行地点、设计工艺及施工条件的差别，振荡水柱式发电装置可分为离岸式（offshore devices）、近岸式（nearshore devices）和岸式（shoreline devices）。离岸式波浪发电装置的运行地点位于深海区域，代表性装置有“巨鲸号”（Mighty Wale）和Sperbuoy等波浪发电装置、复合振荡水柱装置等。近岸式波浪发电装置的运行地点位于近海区域，代表性装置有“鱼鹰”（Osprey）波浪发电装置。岸式波浪发电装置的运行地点位于岸边，代表性装置有葡萄牙皮考岛的500kW波能电站、英国苏格兰伊斯雷岛的“帽贝”（LIMPET）500kW岸式波浪发电装置、中国汕尾100kW岸式波浪发电装置。（见中国海洋能发电装置）

zhidong xitong

制动系统 （braking system） 由动力源、控制系统和执行机构组成的，使风电机组从运行状态转变到停机状态的装置和部件的组合。实施制动有两种情况：一种是在控制系统的指令下实施的正常制动；另一种是在突发故障时，由安全链触发引起的紧急制动。根据制动原理，制动系统分为空气动力制动和机械制动两类。在风电机组的制动过程中，两种制动形式是互相配合的，其工作流程示意图如图1所示。

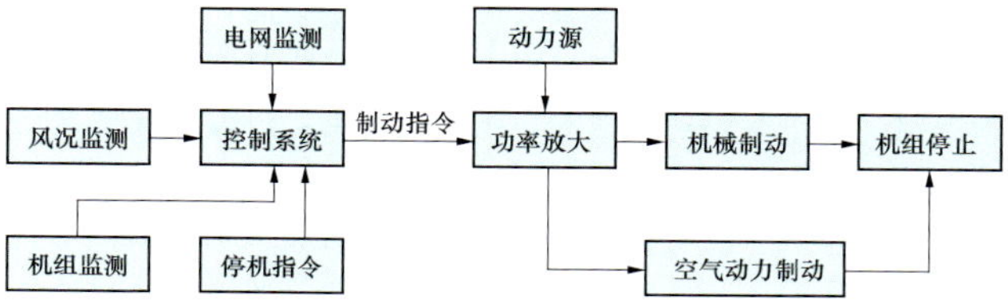

图1 制动系统工作流程示意图

空气动力制动 通过增加作用在风轮叶片上的气动阻力，使风轮转速降低的制动方式。空气动力制动不能使风电机组完全停止转动，需要配备机械制动系统辅助制动。定桨恒速型风电机组与变桨变速型机组的制动方式有所不同。

定桨恒速型风电机组空气动力制动 通过释放叶尖扰流器增加气动阻力达到制动目的。定桨恒速型风电机组在叶片叶尖处安装有扰流器（见叶片），叶尖扰流器的释放和复位分别受内部弹簧拉力和液压系统提供的动力完成，如图2所示。当风电机组正常运行时，在液压系统的作用下，叶尖扰流器与叶片主体合为一体，组成完整的叶片。当需要制动时，液压系统按制动指令释放液压，叶尖扰流器在内部弹簧的拉力下沿轴心旋转形成阻尼板，在气动阻力作用下，使风轮转速很快降低。叶尖扰流器同时也是一种失效保护装置，当液压系统出现故障引起油路失去压力时，在弹簧拉力和风轮旋转离心力的作用下，导致叶尖扰流器也将释放，实施气动制动，保护机组安全停机。

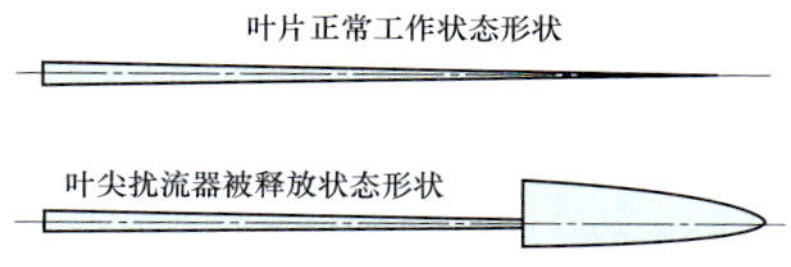

图2 叶尖扰流器工作示意图

变桨变速型风电机组空气动力制动 通过变桨系统将叶片顺桨，即桨距角调节至90°左右。风轮受到的与旋转方向相反的阻力快速增加，其转速下降，达到气动制动的效果。对于变桨变速型风电机组，在制动时由液压系统或伺服电动机驱动叶片执行顺桨动作，使叶片平面旋转至与风向平行时停止。

机械制动 利用物体之间的相互摩擦力实现使风轮旋转速度降低直至静止的制动方式。机械制动装置一般安装在齿轮箱输出轴（即高速轴）上，由液压系统、制动盘和制动器组成，在控制系统指令下实施制动，见图3。

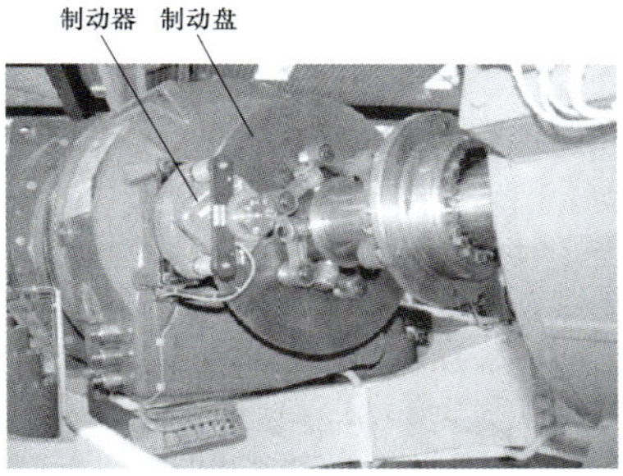

图3 风电机组机械制动装置

常用的机械制动器为钳式液压制动器，由制动钳、摩擦片及液压缸构成。制动过程中，液压缸中的活塞驱动制动钳及摩擦片收紧，对制动盘与摩擦片施加压力，使摩擦片与制动盘之间的摩擦系数增加，起到制动作用。

zhizi jiaohuanmo ranliao dianchi

质子交换膜燃料电池 (polymer electrolyte fuel cell，PEMFC) 用聚合物离子交换膜作为电解质的一类燃料电池的总称，又称为固体高分子燃料电池或聚合物电解质燃料电池。按照电池阳极使用燃料的不同，可分为氢质子交换膜燃料电池、甲醇燃料电池、甲酸燃料电池、乙醇燃料电池、二甲醚燃料电池等。按膜的种类，可分为酸性质子交换膜燃料电池和碱性膜燃料电池。

质子交换膜燃料电池的输出电压特性易受到电池的工作压力、工作温度、反应气体条件（纯氢、改质气体、一氧化碳浓度、空气、纯氧）、燃料利用率和空气利用率等的影响。随着电池工作压力的升高，氧气分压也升高，浓度极化现象减少，电池的输出电压增加，但电池输出电压并不一定随着温度的上升而成比例地上升。电池的输出电压特性与空气极的催化剂活性、燃料极的一氧化碳中毒情况和固体高分子膜的增湿状态等有关。

天然气、丙烷、甲醇及汽油等重整改质后的氢气含有一定量的一氧化碳，会使催化剂中毒，是电池电压下降的重要原因之一。一般情况下，氢气中的一氧化碳体积分数控制在 1×10^{-5} 以下。

特点 由于使用了高分子材料聚合物离子交换膜作为电解质，质子交换膜燃料电池与其他类型燃料电池相比，具有如下优点：①不存在液体电解质泄漏问题；②易于控制两极间的压差及加压操作；③可在常温下起动，起动时间短；④可使用塑料等廉价材料来制备电解质；⑤阻力低，可获得高输出功率的功率密度，可实现小型化和轻量化；⑥可使用含二氧化碳的燃料。缺点是：①需要使用铂等贵金属作催化剂，增加了制造成本；②电池使用寿命为 1 万 h，还未达到目标寿命 4 万 h。

工作原理 燃料（以 H_2 为例）在阳极（燃料极）发生氧化反应，释放电子并生成质子，质子通过电解质膜到达阴极（空气极），与氧气在阴极发生还原反应生成水，电子在外电路由阳极传到阴极形成电流，如图 1 所示。

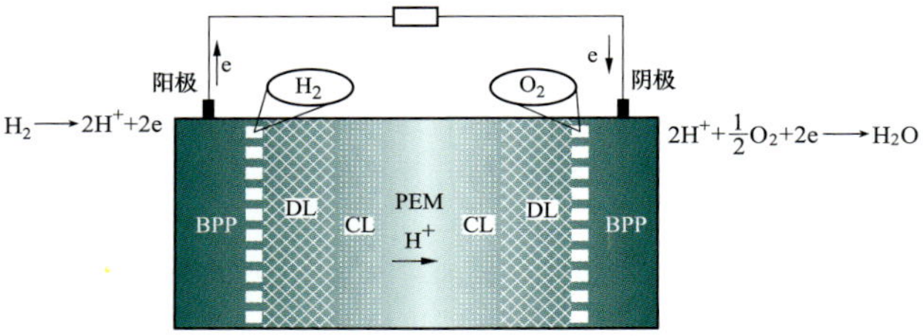

图 1 质子交换膜燃料电池单电池结构及工作原理示意图

BPP—双极板；DL—扩散层；PEM—质子交换膜；CL—催化剂层

电池组成 单电池主要由双极板、膜电极构成。单电池的输出电压为 0.65～0.75V。为了得到较高的输出电压，须将电池串联起来组成电堆，在电堆两端得到所需功率。

双极板 具有分离空气与燃料气体，并提供气体通道、迅速排出生成水的功能。如果有水滞留在气体通道上，就会影响反应气体的平均输送能力。双极板的材料具有耐腐蚀性、导电性好、接触阻力小、重量轻和价格低廉等特点。

膜电极 一般为五层结构，包括离子交换膜，阴极、阳极扩散支撑层以及阴极、阳极催化剂层。催化剂多采用纳米级碳载铂贵金属合金，实验表明，燃料极使用铂/钌催化剂，空气极使用铂金属为主体的催化剂，在抗一氧化碳中毒方面有着优良的特性。扩散层一般采用具有一定强度的多孔导电支撑体，如碳纸、金属网等。

离子交换膜是一种全氟磺酸基聚合物，由疏水性的主链与亲水性的磺酸基侧链构成，构造式如下：

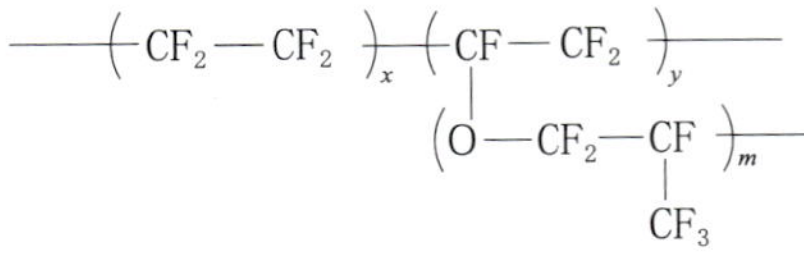

在把燃料极生成的氢离子输送至空气极的同时，离子交换膜还起到防止氢气与氧气直接接触的屏障作用，以及防止燃料极和空气极直接接触从而造成短路的作用，是一种电的绝缘体。它由直径约 4nm 的球状簇，通过直径为 1nm 的圆柱状形通道相互联结而成。一旦球状簇里注入水，球状簇及该通路的圆柱状形内径就会膨胀湿润，便于氢离子在水中移动。

电堆 一个电堆可以输出从数十至数百伏的电压。当燃料电池发电时，产生的水沿着反应气体的通路从上而下流动，为了使其易于从电堆下部排出，电极面垂直放置。为了保持膜的湿润程度，在每个单电池上设置一个冷却板以控制温度，见图 2。

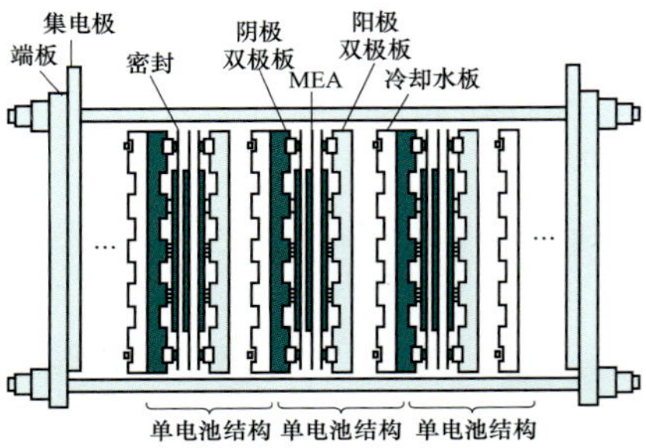

图 2 质子交换膜燃料电池电堆结构示意

MEA—固体高分子膜两侧涂有催化剂而热压成的三合一膜电极

由一个或多个电堆通过串、并联，并辅以水、热管理系统，电控系统等辅助单元构成一个完整的发电系统。

应用 20 世纪 60 年代，美国首先将质子交换膜燃料电池用于双子星座航天飞机，电池采用了聚苯乙烯磺酸膜，但在电池工作过程中发现该膜会降解。70 年代，美国的制造商用全氟磺酸膜代替聚乙烯磺酸膜，不仅使燃料电池的寿命超过 5.7 万 h，而且也使电池性能得到了明显改善。随后加拿大在电极制备技术上取得突破性进展，即在电极催化层中加入全氟磺酸树脂，将阴极、阳极与膜热压在一起，组成三合一膜电极（membrane electrode assembly，MEA），此种工艺减少了膜电极接触电阻，并在电极内建立起质子通道，实现了电极的立体化，扩展了电极反应的三相界面，大大提高了催化剂铂的利用率。

20 世纪 90 年代后，由于石油危机及人们环保意识的提高，世界各国投入巨资研发质子交换膜燃料电池，开发出系列的汽车动力电源、船舶动力电源、分布式电站、家用热电联供系统、便携式电源等。

Zhongguo fengneng ziyuan

中国风能资源 (wind energy resources in China) 包括中国大陆、香港、澳门、台湾地区，以及中国领海区域内的风能资源。风能资源储量评估指标包括风能资源理论储量、风能资源技术开发量和技术可开发面积（见风能资源评估）。2012年，中国风能资源详查和评价公布了中国分省（陆上）以及中国近海区域50、70、100m高度年平均风功率密度达到300W/m^{2}的风能资源技术开发量和风能资源技术可开发面积。数据表明中国各省（直辖市、自治区）陆地风能资源分布虽然十分不均匀，但每个省（直辖市、自治区）都有可开发利用的风能资源。中国近海风能资源都在3级以上，满足风能资源开发条件。

中国风能资源主要分布在“三北”地区，即西北、华北和东北。“三北”地区、东部沿海和滩涂地区被称作北部风能资源的丰富带和沿海丰富带。风能资源区划按照某一区域的年平均风功率密度进行。中国以年平均风功率密度大于等于150W/m^2、150～100W/m^2、100～50W/m^2、小于等于50W/m^{2}的标准划分为风能资源丰富区、较丰富区、可利用区和一般区。

（1）中国风能资源丰富区。包括北部风能资源丰富带和沿海丰富带。北部风能资源丰富带年平均风功率密度在150W/m^{2}以上的区域面积大，有效发电利用小时数可达5000～6000h，地势较平坦，终年处于高空西风带控制之下，是冷空气侵入中国的必经之地，是中国最大的成片风能资源丰富带。沿海丰富带包括中国东部、东南沿海及近海岛屿。东南沿海由于受台湾海峡的影响，每当冷空气南下，狭管效应使得这一区域风速增大，相对内陆来说风能资源丰富。150W/m^{2}年平均风功率密度等值线距离海岸线较近。地形的狭管效应指当气流由开阔地带流入地形构成的峡谷时造成的气流加速流过，使风速增大的现象。

（2）中国风能资源较丰富区。这一区域是风能资源丰富区的外延，“三北”地区向南扩展，风功率密度由北向南缓慢地递减，过渡带宽度在200km左右。

青藏高原北部也存在一个风能较丰富区，这里海拔相对较高，空气密度相对较小，但风速较大。

（3）中国风能资源可利用区。该区域自东北长白山开始向西，经过华北、西北到我国最西端。东部由沿海风能较丰富区向西到长江、黄河中下游广大地区。内陆只有在大的湖泊和特殊地形的影响下，风能资源才较为丰富，如鄱阳湖湖区，湖南衡山，湖北九宫山、利川，安徽的黄山，云南太华山等。

（4）中国风能资源一般区。主要分散在三个地区：一是以四川盆地为中心，包括陕南、湘西、鄂西以及南岭山地和滇南地区；二是雅鲁藏布江河谷；三是塔里木盆地。这三个地区的共同特点是四周为高山环抱，冷暖空气很难侵入，风能开发利用价值不大。

中国陆上风能资源　2012年中国风能资源详查和评价项目计算了中国陆上50、70、100m高度年平均风功率密度达到200、250、300、400W/m^{2}等级的风能资源技术可开发量和技术可开发面积，重新评估了中国陆上风能资源储量（见表1）。以年平均风功率密度达到300W/m^{2}为标准计算，中国陆上风能资源储量巨大，70m高度技术可开发量达到25.67亿kW，技术可开发面积达70.51万km^2，陆上70m高度年平均风功率密度分布如图1所示。

表1　不同高度不同风功率密度条件下的中国陆上风能资源储量

距地面高度（m）	风功率密度≥400W/m^2		风功率密度≥300W/m^2	
	技术可开发量（MW）	技术可开发面积（km^2）	技术可开发量（MW）	技术可开发面积（km^2）
50	75300	205750	202393	555871
70	82867	224190	256709	704951
100	147463	401853	336778	948161
距地面高度（m）	风功率密度≥250W/m^2		风功率密度≥200W/m^2	
	技术可开发量（MW）	技术可开发面积（km^2）	技术可开发量（MW）	技术可开发面积（km^2）
50	251896	684417	289144	793236
70	311529	838454	361055	976986
100	378228	1039235	412861	1123036

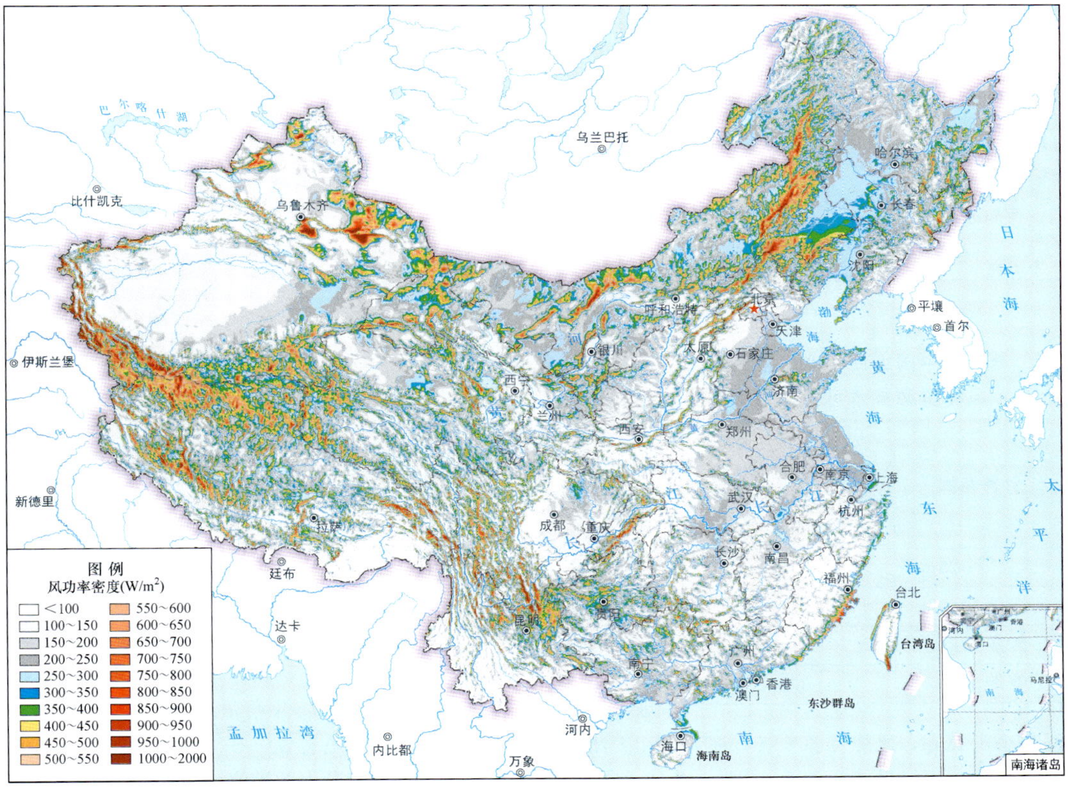

图1　中国陆上70m高度年平均风功率密度分布

中国近海风能资源　中国离岸 50km 范围内的海上风能资源。中国海岸线长，近海范围较广，可开发利用的风能资源较丰富。2012 年，中国风能资源详查和评价项目采用数值模拟方法（见风能资源评估），得到了水平分辨率 1km×1km 的中国近海 70m 高度风功率密度分布图（见图 2），计算了年风功率密度达到 300W/m² 的 5～50m 等水深线内的近海海域以及离岸 20km、离岸 50km 近海范围内的 100m 高度风能资源技术可开发量（见表 2）。计算时假设单位面积上的装机容量为 5MW/km²，同时根据 2002 年国家海洋局发布的《全国海洋功能区划》，避开港口航运、渔业开发、旅游及工程规划海区，以及专门划分的 60 个用于开发波浪、潮流等海洋能的利用区，假设 20% 的海域面积可以用于风能开发。

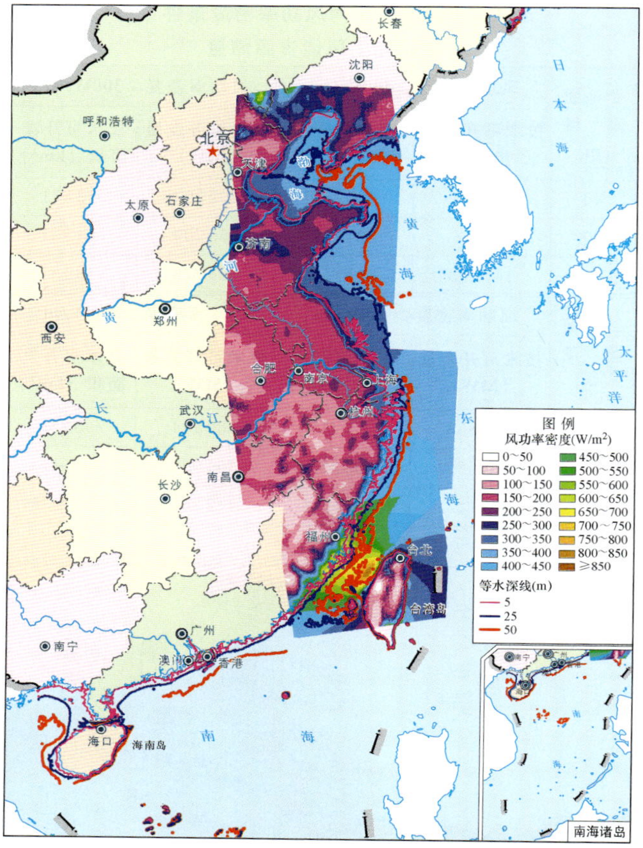

图 2　中国近海 70m 高度年平均风功率密度分布

表 2　中国近海 100m 高度风能资源技术可开发量

计算范围	风能资源技术可开发量（亿 kW，年平均风功率密度≥300W/m²）
水深 5～25m	1.88
水深 5～50m	5.12
离岸 20km	1.40
离岸 50km	3.76

台湾海峡风能资源最丰富，其次是广东东部、浙江近海和渤海湾中北部。在距海面 100m 高度上，辽宁省东部近海的黄海海域的水深 5～50m 范围内，风能资源等级（见风能资源评估）为 4～5 级；整个辽东湾海域的水深都小于 50m，风能资源 6 级；河北省和天津市近海水深基本都小于 25m，风能资源 5～6 级；山东半岛北部和南部近海的 5～50m 水深范围内，风能资源 4～5 级（见山东风电基地规划）；江苏省和上海市近海海域的 5～50m 水深范围内风能资源 4～5 级，江苏省近海小于 50m 水深的海域面积大，且福建省和浙江省受台风影响小，因此具有较大的近海风能资源开发潜力（见江苏风电基地规划）；浙江杭州湾海域的水深都不超过 25m，风能资源 4～5 级；浙江温岭以北近海 5～50m 水深的海域内，风能资源 5～6 级，温岭以南近海 5～50m 水深的海域内，风能资源 5～6 级；福建近海水深小于 50m 的海域面积很小，在此范围内风能资源等级大于 7 级；广东省汕尾市以东近海 5～50m 水深的海域内，风能资源 4～7 级，汕尾市以西到吴川市近海 5～50m 水深的海域内，风能资源 4～6 级，雷州半岛东西两侧和琼州海峡近海风能资源相对较少，近海 5～50m 水深的海域内，风能资源 3～5 级；广西近海 5～50m 水深的海域内风能资源 3～5 级；海南省东方市和文昌东部近海海域的风能资源相对较好，风能资源等级为 4～5 级，近海风能资源相对最少的区域在三亚市东南部海域，风能资源等级为 2～3 级。

Zhongguo haiyangneng fadian jishu

中国海洋能发电技术　（marine power generation technology in China）　中国对海洋能利用技术的研究较早，发电利用所涉及的领域包括了潮汐能及波浪能。

潮差发电　中国自 1958 年开始研究开发利用潮汐能，于 20 世纪 60 年代开始建设潮汐电站。1959 年中国第一个潮汐电站沙山潮汐电站在浙江温岭市江厦站坝下建成发电，装机容量 16kW，1964 年扩展到 40km，采用竖直旋桨式机组，单库单向发电。至 1985 年先后建成沙山、岳浦、白沙口、江厦等约 40 座，均属小型潮汐电站。至 2013 年底大部分已经关闭，还在运行的仅有江厦和海山两座潮汐电站，位于浙江省境内。江厦潮汐电站装机容量 3900kW，平均潮差 5.08m。海山潮汐电站装机容量 250kW，平均潮差 4.91m。

潮流发电　自 2002 年，中国许多高校和研究机构参与到潮流发电技术的研究中。哈尔滨工程大学、中国海洋大学、浙江大学以及东北师范大学都有实验样机问世。

哈尔滨工程大学从 1982 年开始研究潮流能利用理论与技术，研制了“万向Ⅰ”和“万向Ⅱ”潮流发电装置。“万向Ⅰ”设计装机容量 70kW，如图 1 所示。2002 年建于浙江省岱山县龟山水道，是中国首座漂浮式潮流电站。

图 1　“万向Ⅰ”潮流发电装置

“万向Ⅱ”潮流发电装置设计装机容量 40kW，2005 年建于浙江省岱山县高亭镇与对港山之间的水道，是中国首座座海底式垂直轴潮流电站（见图 2）。

2012 年哈尔滨工程大学建成了 300kW 漂浮式垂直轴潮流发电装置——“海能Ⅰ”潮流发电装置，该装置是至此时中国最大的潮流发电装置。该装置由两台 150kW 机组组成，对 150kW 垂直轴潮流发电装置开展示范运行，为浙江省岱

山县居民供电。（见“海能”潮流发电装置）

哈尔滨工程大学研发的10kW“海明Ⅰ”座海底式水平轴潮流能发电装置，2011年9月安装于浙江岱山县小门头水道，为岸上“海上生明月”灯塔供电。至2003年底已运行27个月，这是中国第一个长期运行的水平轴潮流能装置。装置采用了二叶片固定桨转轮直驱发电机和双向自适应换向技术，分别进行了水轮机无导流罩和加装导流罩的运行试验，结果表明：无导流罩（见图3）时上岸系统效率35%，加装导流罩（见潮差发电）可提高效率1倍。通过技术改进，于2013年8月，研建了“海能Ⅱ”潮流能装置，容量200kW，采用可变桨水平轴双转子漂浮式结构。（见“海能”潮流发电装置）

图2 “万向Ⅱ”潮流发电装置

图3 无导流罩的“海明Ⅰ”潮流发电装置

中国海洋大学于2006年开始研究潮流发电技术。研发出柔性叶片潮流发电装置，设计装机容量5kW，如图4所示。2008年于山东省胶南市斋堂水道完成测试。2013年，100kW潮流发电装置进行调试。

图4 柔性叶片潮流发电装置

浙江大学于2005年开始研究水平轴叶轮潮流发电装置。5kW和25kW潮流发电装置，分别于2006年和2009年在浙江省岱山县完成测试，如图5和图6所示。

东北师范大学研制的1kW潮流发电装置样机于2006年完成测试，如图7所示。20kW样机于2013年完成，如图8所示。

图5 5kW水平轴潮流发电装置

图6 25kW水平轴潮流发电装置

图7 1kW潮流发电装置

(a)

(b)

图8 20kW潮流发电装置

(a) 下水前；(b) 水下运行

波浪发电　中国波浪发电研究始于20世纪70年代，第一台1kW波浪发电浮标于1975年在浙江嵊山岛进行海试并成功发电，但由于当时测试手段不足，未获取确切数据。1984年中国科学院广州能源研究所研制出用于导航灯标的6W小型波浪发电装置，随后又开发出系列产品，2013年已有800多台小型波浪发电装置在沿海航标和大型灯船上推广应用。

中国科学院广州能源研究所分别在1989年和1995年在广东省珠海市大万山岛建成3kW和20kW岸式振荡水柱波浪发电装置，采用了变速恒频的发电机，为并网发电打下基础。2002年又在广东汕尾遮浪镇建成当时最大的波浪电站——100kW岸式振荡水柱波浪电站（见图9），运行4年，研究并网发电技术和独立稳定发电技术。

2006年中国科学院广州能源研究所在汕尾100kW岸式振荡水柱式波浪电站旁边研建了50kW岸式振荡浮子波浪发电装置，用来研发高效、高稳定的、负载可调的液压式能量转换系统，并比较振荡水柱式和振荡浮子式波浪发电装置的优劣，为后续波浪能开发打下基础。实海况试验证明，振荡浮子式波浪发电装置的总效率和电力输出稳定性远高于振荡水柱式波浪发电装置。该装置是中国转换效率最高、发电最稳定的波浪发电装置。

图 9 广东汕尾 100kW 波浪电站

2007 年中国科学院广州能源研究所开始研发漂浮式振荡浮子波浪能装置，经过 5 台鸭式、2 台直线电机式波浪发电装置（见图 10）的研制，逐步解决了漂浮式波浪发电装置浮态不稳、效率低、可靠性低的问题，在 2012 年底研发出“鹰式一号”波浪发电装置（见图 11），装机容量 10kW，截至 2013 年 12 月，海上无故障运行时间超过 4000h，为中国持续运行时间最长的漂浮式波浪发电装置，具有较高的效率、可靠性和可维护性。2013 年 9 月开始建造“鹰式二号”，计划 2014 年 2 月下水，装机容量将达到 150kW（见图 12）。

图 10 20kW 直线电机式波浪发电装置“哪吒二号”

图 11 10kW “鹰式一号” 波浪发电装置

中国国家海洋技术研究中心从 1990 年开始研究波浪发电技术，分别于 1995 年和 2010 年在山东省即墨市大管岛研建了 8kW 和 30kW 的岸基重力摆式波浪发电装置（见图 13），为岛上居民供电。2013 年建成 100kW 浮力摆式波浪发电装置，并进行了实海况试验。

从 2010 年开始，山东大学、中国海洋大学、中山大学和中国科学院电工研究所研制了浮子式波浪发电装置，华南理工大学研制了漂浮式浮力摆波浪发电装置，见表，计划于 2014 年下水，开展实海况试验。

图 12 150kW “鹰式二号” 波浪发电装置

图 13 30kW 岸基重力摆式波浪发电装置

浮子式波浪发电装置一览表

研制单位	装置类型	装机容量 (kW)
山东大学	漂浮浮子＋液压式能量转换系统	120
中国海洋大学	离岸坐底 4 浮子＋液压式能量转换系统	300
中山大学	离岸坐底 4 浮子＋机械式能量转换系统	30
中国科学院电工研究所	漂浮浮子＋磁流体能量转换系统	10
华南理工大学	漂浮式浮力摆＋液压式能量转换系统	10

zuida gonglüdian genzong

最大功率点跟踪 (maximum power point tracking)

并网光伏逆变器随光伏组件工作点变化而追踪其最大输出功率。光伏组件是一种非线性电源，其输出特性受光照强度、环境温度和负载情况的影响。在上述条件一定的情况下，光伏组件可以以不同的输出电压工作，但只有达到某一输出电压值时，其输出功率才能达到最大值，即输出功率-电压曲线图中的最高点，称为最大功率点。由于最大功率点随着光照强度与温度的变化而变化，因此要提高光伏发电系统的整体效率，关键在于使光伏组件工作点始终保持在最大功率点附近，这一过程即为最大功率点跟踪。

控制算法 最大功率点跟踪控制的实现方式包括固定电压法、扰动观测法、电导增量法等。

固定电压法 将光伏阵列的输出电压恒定控制在使光伏阵列近似工作在最大功率点的状态。又称恒定电压控制法、定电压跟踪法。根据光伏阵列的输出功率-电压特性曲线（见图），在一定的电池温度下，太阳辐照度变化时最大功率点几乎都分布在一条垂直线的两侧，即最大功率基本对应的固定电压值。因此，固定电压法是一种简化的最大功率点跟踪控制方法，实际上是一种稳压控制。该方法的优点是跟踪器的制造及控制简单方便、易实现、造价低、可靠性高，系统工作电压具有良好的稳定性，比一般光伏系统可多获得 20% 的电能。但由于忽略了温度对光伏阵列输出电压的影响，因此并不是实质上的最大功率点跟踪，在四季温度或者日温变化比较大的地区，该方法并不能完全地跟踪最大功率点，控制精度差。为克服以上缺点，可以采用手工调节的方式改进。该控制方法在光伏系统中仍被较多地使用，特别是在光伏水泵系统中，但将逐渐被其他数字化控制方法所替代。

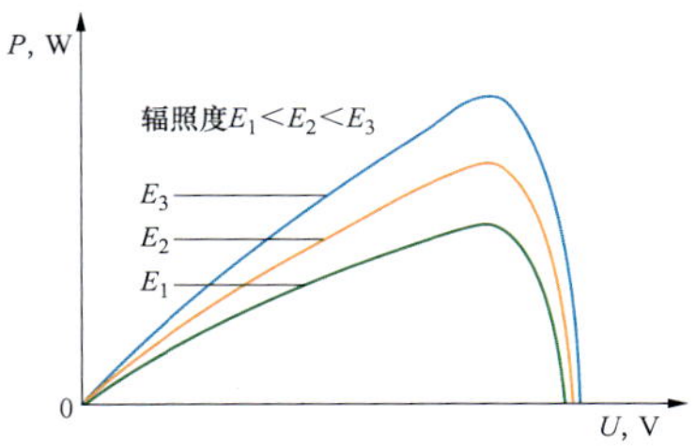

光伏阵列输出功率-电压曲线图

扰动观测法 对光伏阵列的输出电压施加周期性的扰动，并检测输出功率值相对于前一周期的变化情况，如果功率增加了，则下一周期继续对电压施加相同方向的扰动，否则改变扰动的方向，也俗称为登山法。扰动观测法是研究最多、最常用的方法之一，该方法具有控制思想简单、被测参数少、易实现等优点。与固定电压法相比，它是一种真正的最大功率点跟踪。但其最大的缺点是在最大功率点处会有振荡现象，导致部分功率损失。因此，扰动步长的选择很重要，较小的步长能减少最大功率点处的振荡，同时也会降低跟踪速度，无法适应迅速变化的环境，可能使光伏阵列长时间工作于低功率输出区。在非常低的太阳辐照度下，如日出和日落的时候，功率曲线变得非常平滑，这使得找到最大功率峰值变得非常困难。此外，当外部环境发生较快变化时，会发生程序在运行中的“误判”现象。

电导增量法 通过比较光伏阵列的瞬时电导和电导变化量来实现最大功率点跟踪，又称导纳增量法，是对扰动观测法的改进。由图可知，光伏阵列的输出功率-电压特性曲线是个单峰值曲线，在最大功率点处 $dP/dU=0$。若 $dP/dU>0$，工作点处于最大功率点左侧；若 $dP/dU<0$，工作点处于最大功率点右侧。在最大功率点时，有

$$\frac{dP}{dU}=\frac{d(UI)}{dU}=I+U\frac{dI}{dU}=0,\ \frac{dI}{dU}=-\frac{I}{U}$$

利用光伏阵列输出电导的变化量 dI/dU 与输出电导的负值 $-dI/dU$ 相比较，当两者相等时，说明光伏阵列工作在最大功率点。电导增量法的优点是控制效果好，当外界环境变化时能平稳地追踪光伏阵列输出电压的变化，控制稳定度高，与阵列的功率特性曲线及其参数无关。缺点是控制算法较复杂，对控制系统要求较高，且检测精度和速度在一定程度上会影响跟踪的精度和速度。同时，需要注意的是增量步长和阈值的选择，步长较大时跟踪速度快，但误差比较大，并且会在最大功率点附近振荡，而较小的步长又会降低光伏发电系统的反应速度。

大 事 年 表

1839 年

- 法国物理学家 A.E. 贝克勒尔（A.E. Becqurel）首次发现了光生伏打效应，翻开了太阳能光伏发电的历史篇章。
- 英国人 W.R. 格罗夫（William Robert Grove）发表了在电池中氢的氧化反应产生能量的报告，其后又把燃料电池设计草图于 1842 年刊登，当时的设计类似现今的磷酸燃料电池。

1877 年

- 亚当斯等在硒片上发现固体光伏效应，并制成了第一个硒光电池。

1881 年

- 法国人雅克-阿尔塞纳·达松伐耳（Jacques-Arsène d'Arsonval）提出海洋温差发电的设想。

1883 年

- 美国人 C. 弗里兹（Charles Fritts）制备了第一个光伏器件。

1888 年

- 美国人 C.F. 布鲁什（Charles Francis Brush）在美国俄亥俄州克利夫兰建造了世界上第一台用于发电的风车，输出功率 12kW。

1891 年

- 丹麦发明家保罗·拉科尔（Poul la Cour）在日德兰半岛阿斯库夫建造了用于发电制氢的试验风车，在 1900 年又建造了第二台试验风车，促进了丹麦早期风电产业的发展。

1895 年

- 德国汉堡建成世界第一个固体废弃物焚烧发电设备。

1904 年

- 意大利在拉德瑞罗（Larderello）地热田利用干蒸汽地热发电试验成功。1913 年 11 月，世界首座地热电站拉德瑞罗地热电站投入商业化运行，装机容量 250kW。截至 2013 年底，电站运行 100 周年，总装机容量达 594.5MW。

1910 年

- 法国人波契克斯·普莱西克建造了一套 1kW 的振荡水柱式波浪发电装置，该装置是世界上研制成功的第一个波浪发电装置。

1911 年

- 英国植物学家 M.C. 波特（Potter）利用酵母和大肠杆菌进行试验，发现利用微生物可以产生电流，微生物燃料电池的研究由此开始。

1912 年

- 德国在石勒苏益格-荷尔斯太因州的布苏姆建成世界第一座潮汐电站。

1926 年

- 德国物理学家 A. 贝茨（Albert Betz）发表研究结论，证明一个理想风轮将风能转化为机械能的效率最大约为 59.3%。

1930 年

- 法国人 G. 克劳德（Georges Claude）在古巴马坦萨斯海湾建成世界首座陆基开式海洋温差发电装置，装机容量 22kW。

1932 年

- 奥杜博特和斯托拉制成第一块“硫化镉”太阳能电池。

1941 年

- 奥尔在硅上发现光伏效应，1946 年奥尔申请硅太阳能电池专利。
- 美国人 P.C. 普特那姆（Palmer Cosslett Putnam）设计了单机容量 1.25MW 并网风电机组，安装在美国佛蒙特州，它是 20 世纪 70 年代以前单机容量最大的风电机组。

1950 年

- 苏联设计并建设了全球首座塔式太阳能热发电实验装置，进行基础性研究和探索。

1954 年

- 恰宾和皮尔松在美国贝尔实验室，首次制成了实用的单晶硅太阳能电池，效率为 6%。
- 韦克尔首次发现了砷化镓有光伏效应，并在玻璃上沉积硫化镉薄膜，制成了第一块薄膜太阳能电池。
- 美国人 W. 帕特森（Wright Patterson）空军基地发表了 Cu_2S/CdS 薄膜异质结太阳能电池的测试结果，效率达到了 6%。

1957 年

- 丹麦人 J. 居尔（Johannes Juul）设计的采用齿轮箱和异步发电机的 200kW 定桨距失速型风电机组，成为 20 世纪 80～90 年代国际市场上主流风电机组的雏形。

1958 年

- 3月 17 日，太阳能电池首次在空间应用，装备于美国的先锋 1 号人造卫星，功率为 0.1W，面积约 $100cm^2$，运行了 8 年。
- 11月，新西兰建成了世界首座利用湿蒸汽发电的怀拉基地热电站，装机容量 57.8MW。截至 2012 年底，总装机容量达到 232MW。

1959 年

- 第一个多晶硅太阳能电池问世，效率达 5%。
- 中国第一个潮汐电站沙山潮汐电站在浙江温岭市建成发电，装机容量 16kW；1964 年扩展到装机容量 40kW，采用单库单向发电方式。

- 英国人 F. T. 培根研制出具有实用性的碱性燃料电池并获得专利。该专利转让给美国普拉特-惠特尼飞机公司(UTC)，并改进成阿波罗登月飞船电源。

1960 年
- 美国在加利福尼亚州建成盖瑟尔斯地热电站，利用 300℃干蒸汽发电，装机容量 11MW。1987 年总装机达 2043MW，成为世界上装机容量最大的地热电站。截至 2012 年底，总装机容量 1585MW。

1961 年
- 意大利热那亚大学建成了首个线性菲涅耳聚光集热试验示范系统。

1965 年
- 日本人益田善雄发明了导航灯浮标用振荡水柱式波浪发电装置，成为首次商品化的波浪发电装置。

1967 年
- 12月，法国朗斯潮汐电站建成，该电站为单库双向潮汐电站，装机容量 240MW，是 20 世纪世界上最大的潮汐电站。

1968 年
- 苏联建成其第一座潮汐电站——基斯洛湾潮汐电站，装机 400kW。

1970 年
- 12月，中国在广东省丰顺县建成邓屋地热试验电站，利用 91℃地热水发电，当年装机容量 86kW，是世界上最低温度的闪蒸地热发电系统。1978 年该电站改为地热双工质发电，容量 200kW，1982 年又改为地热湿蒸汽发电，容量 300kW。
- 诺贝尔物理奖获得者若尔斯·伊万诺维奇·阿尔费罗夫（Zhores Ivanovich Alferov）和他的团队在苏联做出第一个砷化镓太阳能电池。

1971 年
- 9月，在江西省宜春县建成温汤地热试验电站，利用 67℃地热水和氯乙烷进行地热双工质发电，装机容量 50kW，是世界上最低温度的闪蒸地热发电系统。
- 中国首次将太阳能电池成功应用于“东方红二号”人造卫星。

1973 年
- 美国德拉瓦大学建成世界上第一个光伏与光热混合的户用屋顶系统“太阳一号”，实现并网运行。
- 同年砷化镓太阳能电池效率达到 15%。
- 中国开始将太阳能电池应用于地面，在天津港用于航标灯。
- 以色列科学家洛布（Loeb）首次提出利用浓度差发电。

1975 年
- 美国依托航空和航天工业的技术力量，开始研制大型风电机组，时间持续至 1986 年，因技术路线不符合当时市场需求，未能发展成商业化机型。

1976 年
- 卡尔松等制成了第一个非晶硅薄膜太阳能电池。

1977 年
- 10月，在西藏自治区当雄县建成羊八井地热电站，利用 125～160℃湿蒸汽发电，装机容量 1MW。截至 2012 年底，总装机容量达 27.18MW，是中国装机容量最大的地热电站。

1978 年
- 3月，丹麦 Tvind 学校团队研制的 2MW “Tvind 风电机组”在丹麦投入并网运行，它采用玻璃钢叶片、液压变桨距、齿轮箱增速驱动同步发电机技术，是 1980 年以前世界上单机容量最大的机组。
- 6月，美国国会制定的《公共电力管理政策法（PURPA）》施行，为风电上网提供了法律基础。在此基础上，美国联邦政府和加利福尼亚州政府在 1981～1985 年期间对风电投资实行抵税等优惠政策，吸引了大批投资者，形成了风电发展史上首个装机热潮。
- 美国国家航空和太空管理局（National Aeronautics and Space Administration，NASA）在亚利桑那州巴巴哥印第安人保留区安装了 3.5kW 光伏系统，为水泵和 15 户居民提供电力，这是世界上第一个乡村光伏系统。
- 美国建成 100kW 太阳地面光伏电站，太阳能发电由空间应用转为地面应用。
- 日本、美国、英国、加拿大、爱尔兰五国合作在日本海由良海域对“海明号”振荡水柱式波浪发电船进行了波浪发电史上最大规模的原型实海况试验，试验先后进行二期，持续至 1986 年。因发电成本高，未获商业应用。

1979 年
- 8月，美国在夏威夷沿海搭建了 mini-OTEC 海洋温差能转换试验电站，容量 50kW，采用单工质闭式循环净输出功率 15kW，第一次通过海洋温差能得到具有实用价值的电能。

1980 年
- 单晶硅太阳能电池效率达 20%；砷化镓太阳能电池效率达到 22.5%；多晶硅太阳能电池效率达到 14.5%；硫化镉太阳能电池效率达到 9.15%。

1981 年
- 中国气象局首次发布全国风能资源分布图。
- 日本在瑙鲁修建的一座功率为 100kW 的岸基海洋温差电站，采用一条外径 0.7m、长 950m 的聚乙烯管深入到 580m 深处的海底抽取冷海水。
- 由欧洲共同体出资兴建的世界首座兆瓦级太阳能热发电站 Eurelios 电站在意大利西西里岛建成，该电站采用塔式太阳能热发电技术，装机容量

1000kW。

1982 年 • 4月，美国建成太阳能Ⅰ号（Solar One）水/蒸汽塔式太阳能热发电示范系统，装机容量10MW，采用导热油/鹅卵石为储热介质，是最具代表性的塔式太阳能热发电示范电站。1995年，在太阳能Ⅰ号的基础上改建太阳能Ⅱ号（Solar Two），采用熔融盐作为储热工质。1996年开始发电，实现日落后可连续发电3h。

• 5月，55kW风电机组在福建平潭岛并网试验运行，成为当时中国自行设计制造的单机容量最大的风电机组。

• 日本在鹿儿岛县建成德之岛海洋温差能试验电站。该电站是为验证卡林那（Kalina）循环用于海洋温差发电而设计。系统设计输出功率为50kW，运行中净输出功率达32kW。

1984 年 • 中国开始批量生产单机容量100kW小型风电机组，首先在电网未通达的边远牧区应用。

• 美国萨克拉门托市公用公司的太阳能电池电站第一期工程（1MW）建成，该电站是世界首座由公用电业公司建造和运行的商业性太阳能光伏电站。

• 全球第一座商业化太阳能热发电站SEGS Ⅰ在美国加利福尼亚州莫哈维沙漠投入运行，装机容量14MW，标志着以导热油为传热工质的抛物面槽式太阳能热发电技术商业化进程的开始。

1985 年 • 7月14日，中国在西安冶金建筑学院采用半渗透膜研制成首台干涸盐湖浓度差实验室发电装置并发电。

• 中国江厦潮汐电站投运，电站设计装机容量3900kW。装有6台双向灯泡贯流式水轮机，前5台在1980～1985年间投入运行，装机容量为3200kW；第6台机组于2007年投入运行，装机容量700kW。电站年发电量720万kW·h，是中国最大的潮汐电站。

• 挪威在卑尔根市附近的奥依加登岛上建造的世界首座500kW振荡水柱波浪能电站开始运行。

1986 年 • 5月，3台从丹麦进口的55kW风电机组在山东荣成马兰湾并网运行，马兰风电场成为中国最早的风电场。

• 中国内蒙古自治区政府开始实施鼓励小型风电机组在本地区应用的补贴政策。该政策执行至1998年，它促进了小型风电机组在内蒙古自治区的推广和普及，为解决无电地区农牧民家庭用电发挥了重要作用。

• 中国成立与IEC TC57对口的全国电力系统管理及其信息交换标准化技术委员会SAC/TC82。

• 挪威建造了世界上第一座越浪式波浪发电装置TAPCHAN，装机容量为350kW。因该波浪发电装置具有收缩波道（tapered channel），故名TAPCHAN，其收缩波道开口宽约60m，长约300m，呈喇叭形逐渐变窄的楔形导槽。

1987 年 • 国际电工委员会风电机组技术委员会（IEC/TC88）成立，旨在提出风电机组及其所有子系统相关的国际标准。

• 中国太阳光伏能源系统标准化技术委员会（TC90，简称光标委）成立，负责制定大部分光伏产品的国家和行业标准。

1988 年 • 11月，中国第一个垃圾焚烧发电厂——深圳市市政环卫综合处理厂一期工程投入运行，装机容量500kW。二期工程于1996年7月投产，新增装机3000kW。

• 丹麦BWE公司率先研发秸秆生物质燃烧发电技术，在鲁兹克宾（Rudkobing）建成世界上第一座秸秆燃烧发电厂，装机容量2.3MW。

1989 年 • 10月，中国新疆达坂城风电一场建成投产，安装了13台丹麦生产的150kW风电机组，成为当时亚洲最大的风电场。1995年8月，达坂城风电场总装机容量超过1万kW，电力工业部在新疆达坂城召开风电建设管理工作座谈会，推广中国首个万千瓦级风电场建设经验。

• 中国第一台千瓦级波浪发电装置发电，该装置位于珠海市大万山岛，装机容量3kW。

1990 年 • 12月，世界风电累计装机达到1.98GW。

1991 年 • 12月，一台200kW变桨距、下风向式试验性风电机组在福建平潭岛并网发电。这是中国首次自行设计研制的百千瓦级风电机组。

• 丹麦在洛兰岛的西北海域建成世界上第一个海上风电场，安装了11台单机容量450kW风电机组。

1993 年 • 3月，世界首座生物质整体气化联合循环发电厂——韦纳穆生物质整体气联合循环发电厂建成。该电厂发电规模为6MW，其中燃气轮机发电4.2MW，蒸汽轮机发电1.8MW，同时供热9MW。

1994 年 • 英国在苏格兰科兰海峡（Corran

Narrows）水道进行2叶片15kW水平轴潮流水轮发电机组试验。该机组是世界上早期在进行海上试验的水平轴机组。铸铝转轮直径3.5m，与齿轮箱和发电机悬挂于锚定的5m浮筒上。

1995年
- 5月，中国电力工业部在北京举办了1995年北京国际风能会议，首次公布了中国大规模发展风电的目标。
- 8月，达坂城风电二场总装机容量超过1万kW，中国电力工业部召开风电建设管理工作座谈会，推广中国首家万千瓦级风电场建设经验。

1996年
- 11月7日，欧洲7家风电机组性能测试机构共同发起成立风电检测组织（Measuring Network of Wind Energy Institutes，MEASNET）。

1997年
- 10月，美国建成世界最大的地热回灌工程——东南盖瑟尔斯输水管线，长46.7km，提升高度600m，输送处理后城镇废水2.95万m^3/d。

1998年
- 9月，日本巨鲸号（Mighty Whale）漂浮式振荡水柱波浪能发电装置进行海试，总装机容量110kW，为当时装机容量最大的漂浮式波浪能装置，最大总发电效率为12%。
- 10月，中国第一座垃圾填埋气发电厂杭州天子岭垃圾填埋气发电厂一期工程建成发电，总装机容量2×970kW。
- 12月，中国产5台定桨定速型600kW风电机组，在新疆达坂城风电场并网运行。直到21世纪初，中国逐步掌握了以600kW和750kW为主的定桨定速型风电机组研制和生产配套技术，并投入大批量生产。
- 单晶硅太阳能电池效率达24.7%；全球多单晶硅太阳能电池产量第一次超过单晶硅太阳能电池。

1999年
- 新西兰在北岛的莫凯地热电站一期工程投产，采用联合循环地热发电方式，总装机容量55MW，其中湿蒸汽地热发电装机容量30MW，双工质地热发电装机容量25MW。

2000年
- 11月，英国在苏格兰伊斯雷（Islay）岛建成500kW岸式振荡水柱波浪发电站LIMPET。该电站是世界上第一座商业运行的波浪电站。
- 12月，世界风电累计装机容量达到18GW，占世界电力总装机容量的0.53%。发电量达到373亿kW·h，占世界电力总发电量的0.25%。商业化风电机组最大单机容量2.5MW。中国风电场累计装机容量达到345MW，占中国电力总装机容量的0.11%。商业化风电机组最大单机容量750kW。
- 全球太阳能电池产量达278MW。日本三洋公司的非晶硅/单晶硅/非晶硅双异质结太阳能电池效率超过21%。
- 美国SES公司从2000年开始建立和测试完整的碟式斯特林太阳能热发电系统，单套SES系统测试得到了29.4%的峰值发电效率。
- 世界有21个国家建设了地热发电站，总装机容量7974MW。

2002年
- 4月，中国在浙江省岱山县龟山水道建成中国第一座漂浮式潮流能电站“万向Ⅰ”潮流能实验电站。该电站双转子垂直轴装置，装机容量70kW，进行了两年的海上离网运行试验。
- 中国太阳能电池产量约为20MW，2003年底累计安装了55MW。
- 在意大利西西里岛墨西拿海峡建成了120kW Kobold潮流发电装置，发出的电力供圆形支撑平台上的水泵与电灯消耗。2004年在平台机舱顶部安装6kW光伏阵列，通过海底电缆输电上岸接入当地电网，这是世界上第一个接入电网运行的垂直轴潮流发电装置。
- 中国在广东省汕尾市遮浪镇建成当时中国最大的岸式振荡水柱波浪发电装置，装机容量100kW。该装置开展了1年并网运行和2年离网独立运行试验。

2003年
- 9月，中国完成第一期风电特许权项目招标工作。从2003年起，中国国家发展和改革委员会采用风电特许权项目招标方式，要求风电设备国产化率达到70%，以规模化发展促进了风电设备国产化，降低风电成本。
- 挪威建成世界上第一个座海底安装的水平轴潮流发电装置HS300潮流发电装置。该装置额定功率300kW，安装于挪威克瓦尔松（Kvalsundet）水道试验成功，为海岛居民供电。2011年，发展为HS1000型潮流发电装置。

2004年
- 1月，中国第一座与建筑结合的并网光伏示范电站在北京大兴区建成，该电站采用建筑集成光伏发电技术，装机容量50kW。
- 8月，深圳国际园林花卉博览园内1MW太阳能光伏电站建成发电，它是中国首座兆瓦级并网光伏电站，年发电能力约为100万kW·h。
- 英国经历了多年的研究，2004年试制了世界上第一台改良筏式波浪发电装置——“海蛇”波浪发电装置，装机容量 750kW，在欧洲海洋能中心试验场海试取得成功。装置总长 120m，由 4 节直径 3.5m 的圆柱浮筒铰接而成。

- 中国首个自主开发建设的垃圾填埋沼气发电厂——无锡桃花山填埋气体发电厂并网发电，装机容量 2×970kW，每小时发电消耗沼气 1300m³，年发电量可达 1530 万 kW·h。

2005 年

- 10月，中国首个采用中温次高压技术的垃圾焚烧发电厂广州李坑垃圾焚烧发电厂一期投运。一期工程装机容量 1×22MW，日处理垃圾能力 1040t，年发电约 1.3 亿 kW·h；2013 年 6 月 30 日，广州李坑垃圾焚烧发电厂二期工程正式投入使用，日平均处理垃圾 2000t，全年处理垃圾 73 万 t，发电装机总容量 50MW。
- 12月 16 日，中国首个秸秆煤粉混合燃烧发电项目在山东十里泉发电厂投产。该项目发电机组容量 140MW，秸秆燃烧输入功率占锅炉热容量的 18.5%（热容量比）。
- 中国建成第一座与高压输电网并网的光伏电站——西藏羊八井 100kW 并网光伏电站，自主研制的 150kW 并网光伏逆变器投入应用。
- 河海大学在南京江宁建成中国首座塔式太阳能热发电实验示范系统，装机 70kW。

2006 年

- 1月 1 日，《中华人民共和国可再生能源法》施行。《中华人民共和国可再生能源法（修正案）》根据 2009 年 12 月 26 日第十一届全国人民代表大会常务委员会第十二次会议《关于修改〈中华人民共和国可再生能源法〉的决定》修正并颁布实施。
- 10月，中国自主研制的 1.5MW 变桨变速型风电机组在沈阳下线。
- 12月 1 日，单县生物发电厂 1×25MW 机组正式并网发电，该项目为中国第一个国家级生物质直燃发电示范项目。
- 中国建成第一座自动跟踪太阳型光伏示范电站——西藏羊八井 10kW 多种跟踪式并网光伏电站。中国自主研制的 3.3kW 水平单轴跟踪系统、3.3kW 倾斜单轴跟踪系统和 3.3kW 双轴跟踪系统投入应用。
- 爱尔兰研制的世界首座空环形潮流发电装置——OpenCentre 潮流发电装置在欧洲海洋能中心（EMEC）进行测试，额定功率为 250kW，转轮直径 6m。2009 年 11 月扩建为转轮直径 10m 的 1MW 样机。
- 中国在广东汕尾建成 50kW 岸式振荡浮子式波浪发电装置。该装置为中国转换效率最高、发电最稳定的波浪发电装置。

2007 年

- 4月，中国通过国际合作联合研制的 5 台 1.5MW 直驱永磁型风电机组安装在新疆托里风电场。此后，在中国风电市场上，直驱式的市场份额逐渐增多，截至 2012 年底，累计装机容量占 19%。
- 7月，上海老港垃圾填埋气发电项目安装 2 台 1250kW 燃气内燃机发电机组以孤网模式发电，供老港生活垃圾填埋场使用。后陆续安装 2×1356kW、4×1398kW 燃气内燃机组，该项目于 2012 年 10 月 10 日正式并网运行。2013 年，新增 3×1398kW 机组，装机总容量达 15MW，发电所用燃料 100% 来自填埋气，是截至 2013 年底亚洲地区最大的填埋气发电厂。
- 11月，中国第一台海上风电机组，安装在辽宁渤海湾绥中 36-1 油田进行试验，单机容量为 1.5MW。
- 西班牙塞维利亚建成全球首座商业化塔式太阳能热发电站 PS10，系统装机 11MW，吸热器出口饱和温度 250℃，系统配备 20MWh 饱和水蓄热系统。
- 国际电工委员会/海洋能——波浪能、潮流能和其他水流能转换设备技术委员会（IEC/TC 114）成立，标志着海洋能转换设备国际标准开始制定。中国是首批 13 个成员国之一。

2008 年

- 9月，中国首套具有完全自主知识产权的风电功率预测系统在吉林省电力公司调度通信中心正式投入运行。
- 10月，中国在浙江义乌国际商贸城屋顶建成了当时国内最大的并网光伏电站，总容量 1.295MW，总体达到国际先进水平。
- 11月，中国甘肃酒泉千万千瓦级风电基地规划报告（审定本）编制完成。至 2011 年底，甘肃酒泉、新疆哈密、内蒙古西部、内蒙古东部、河北、吉林、山东、江苏、黑龙江等 9 个千万千瓦级大型风电基地规划报告陆续编制完成。
- 11月 26 日，西班牙安达索 1 号太阳能热发电站投入并网运行。该电站是欧洲第一座槽式太阳能热发电站，也是全球第一座采用熔融盐作为储热质的商业化电站。

- 全球第一座采用空气为传热介质，并采用燃气轮机的1.5MW Julich塔式太阳能热发电实验电站在德国宇航中心建成。
- 英国的SeaGenS潮流能发电站成功并网发电。该电站安装于北爱尔兰斯特兰福德湖，装机容量1.2MW，双转子水平轴叶轮直径16m。所装SeaGenS潮流发电装置是世界上第一台兆瓦级潮流发电装置。

2009年

- 2月14日，山东省民和牧业沼气发电厂并网发电。该项目发电装机容量3MW，利用养殖场的粪便和污水进行中温厌氧发酵产生沼气发电，年可发电2190万kW·h，是中国农业领域第一个清洁发展机制（clean development mechanism，CDM）项目。
- 4月19日，中国首个大型鸡粪沼气发电项目——北京德青源沼气发电厂并网发电。该项目安装2×1MW沼气发电机组，该沼气发电项目被联合国列为“全球大型沼气发电技术示范工程”。
- 4月30日，中国国家级实验示范基地、亚洲最大的太阳能光伏试验示范电站——华能石林并网光伏电站一期10MW工程并网发电。电站建设规模为100MW，分四期建设，总投资约50亿元。
- 7月，中国财政部、科技部、国家能源局联合出台了《金太阳示范工程财政补助资金管理暂行办法》，采用财政补贴、技术支持和市场拉动方式，推动太阳能光伏发电发展。
- 8月，国家发展和改革委员会发布《关于完善风力发电上网电价政策的通知》，开始实行按风能资源分区域的风电标杆上网电价，鼓励投资风电项目。
- 10月1日，威海市民文化中心光伏发电系统投入运行，该系统建筑光伏构件总安装面积6030m²，总装机容量275kW，是当时世界最大的非晶硅光伏屋顶工程。
- 12月31日，中国气象局在全国风能资源数值模拟结果的基础上，发布了距地面50m、70m和110m高度的风能资源储量评估值。
- 挪威在奥斯陆附近托夫特（Tofte）地区利用该技术建成了世界上首座盐度差发电实型电站，装机容量4kW。

2010年

- 6月，中国第一个近海风电场上海东海大桥风电场建成，安装了34台国产3MW机组，总装机容量102MW。
- 9月，世界上第一个潮间带风电场如东潮间带风电场在江苏如东建成，安装了16台风电机组，总装机容量32MW。
- 12月，中国西藏自治区拉萨市当雄县羊八井镇南侧的光伏电站并网发电，装机容量10MW。截止到2012年底，羊八井光伏电站是世界上海拔最高的并网光伏电站。

2011年

- 7月，世界首座采用熔融盐作为传热储热工质的商业化塔式太阳能电站——Gemasolar发电站在西班牙塞维利亚建成并完成试运行。该电站设计容量19.9MW，储热时长15小时，基本可以实现全天候发电。
- 9月，10kW“海明Ⅰ”座海底式水平轴式潮流发电装置，安装于浙江岱山县小门头水道，为岸上灯塔供电，至2013年底，已运行27个月，是中国第一个长期运行的水平轴潮流发电装置。
- 9月30日，格尔木光伏电站建成发电，装机容量200MW，占地面积约5.64km²。该电站是截至2012年底，世界上一次性单体投资规模最大的光伏电站，也是总装机容量与占地面积都居于世界首位的大型光伏电站。
- 12月，泰国建成全球首座以水/蒸汽为传热工质的商业化抛物面槽式太阳能热发电站。该电站装机容量5MW，汽轮机入口蒸汽参数3MPa/330℃。
- 12月31日，国家金太阳示范工程项目——青海省玉树州巴塘2MW水光互补微网发电示范项目并网发电。该项目包括2MW平单轴跟踪的太阳能光伏发电系统、12.8MW水电和15.2MWh储能系统，是中国首个兆瓦级水光互补微网发电项目。
- 12月31日，世界首个百万千瓦级光伏电站群——柴达木盆地光伏电站群100.3万kW光伏发电容量成功接入青海电网。
- 截至2011年，中国太阳能电池累计产量15GW，约占世界总产量的48%，连续五年产量世界第一；国内光伏电站装机总容量约3.3GW。
- 韩国于西海岸仁川湾建成始华湖潮汐电站，装机容量254MW，年发电量5.53亿kW·h，是截至2013年底世界上规模最大的潮汐电站。

2012年

- 6月1日，中国第一部关于风电场并网的国家标准GB/T 19963—2011《风电场接入电力系统技术规定》正式实施。
- 8月9日，中国首座兆瓦级塔式太阳能热发电站——八达岭太阳能热发电实验电站在北京延庆八达岭镇建成发电。

- 8月，世界上最大的线性菲涅耳式太阳热发电项目——30MW PE2 太阳能热发电站在西班牙的穆尔西亚省（Murcia）并网发电。该电站包含了 302 000m^2 反射镜，系统工作温度 270℃，工作压力 5.5MPa。
- 8月，“海能Ⅰ”潮流发电装置安装于浙江省岱山县龟山水道进行独立运行发电，装机容量 300kW，是当时中国装机容量最大的潮流发电装置。
- 10月 30 日，中国首个超 400℃的线性菲涅耳式太阳能热发电科技示范项目在海南省三亚市华能南山电厂投产，并与华能南山电厂的联合循环发电系统组成了中国第一个太阳能光热与天然气发电的混合式发电系统。
- 12月，世界风电累计装机容量达到 286GW，占世界电力总装机容量的 5.4%。发电量达到 5868 亿 kW·h，占世界电力总发电量的 2.6%，商业化风电机组最大单机容量 7.58MW。中国并网风电累计装机达到 61.42GW，占中国电力总装机容量的 5.4%，发电量达到 1030 亿 kW·h，占中国电力总发电量的 2.07%，成为火电和水电之后中国的第三大电源，商业化最大单机容量 6MW。
- 12月，中国 10kW“鹰式一号”液压式波浪发电装置投运。截至 2013 年 12 月，海上连续无故障运行时间已超过 4000h，为中国持续运行时间最长的漂浮式波浪发电装置。
- 中国生物质发电累计并网容量 5879MW。
- 法国苏尔兹地热电站 2.2MW 机组成功发电，它成为世界首例兆瓦级干热岩电站。
- 世界上有 24 个国家进行地热发电，总装机容量达 11 189.7MW。中国地热发电总装机容量达 27.78MW。

2013 年

- 3月，沙姆斯（Shams）Ⅰ太阳能热发电站在阿联酋麦迪纳特扎耶德（Madinat Zayed）正式并网发电，装机容量 100MW。
- 6月 1 日，中国第一部光伏发电站并网的国家标准 GB/T 19964—2012《光伏发电站接入电力系统技术规定》正式实施。
- 7月，青海中控德令哈 50MW 塔式太阳能热发电站一期 10MW 项目顺利并网发电，电站采用燃气补燃。
- 7月，国际电工委员会/大容量可再生能源接入电网分技术委员会（IEC/SC 8A）正式成立，负责大容量可再生能源发电并网技术领域的国际标准化工作，秘书处设在中国。
- 10月，Solana 槽式太阳能热发电站在美国亚利桑那州正式实现投运，装机容量 280MW，系统配装两个 140MW 汽轮发电机组，刷新了阿联酋沙姆斯（Shams）电站的单机容量纪录。

条目标题汉字笔画索引

说　明

一、本索引供读者按条目标题的汉字笔画查检条目。

二、条目标题按第一字的笔画由少到多的顺序排列，笔画数相同的字按起笔笔形一（横）、丨（竖）、丿（撇）、丶（点）、乛（折，包括㇆乚く等）的顺序排列。第一字相同的，依次按后面各字的笔画数和起笔笔形顺序排列。

三、以罗马数字、阿拉伯数字、拉丁字母、斯拉夫字母和希腊字母开头的条目标题依次排在汉字开头的条目标题的后面。

四、参见条（虚条）的页码采取虚实条兼注的方式，即参见条页码在括号外，被参见条页码在括号内。

二画

［丿］

八达岭太阳能热发电实验电站…… 4
几何聚光比………………………… 136

三画

［一］

干热岩发电………………………… 106

［丨］

上海世博园光伏发电系统……… 193
上海老港垃圾填埋气发电项目
……………………………………… 192
山东海上风电基地规划………… 191

四画

［一］

开式循环海洋热能转换系统…… 145
韦纳穆生物质整体气化联合循环
　发电厂………………………… 230
太阳能……………………………… 212
太阳能电池………………………… 214
太阳能光发电……………………… 218
太阳能光伏发电…………………… 218
太阳能热发电……………………… 219
太阳能热发电站设计点………… 221
太阳能热发电站选址…………… 221
太阳能热发电蓄热系统………… 220
太阳能资源………………………… 222
太阳能资源评估…………………… 223
太阳能资源测量…………………… 223
太阳能短期预报…………………… 217
太阳辐射…………………………… 212
甘肃酒泉风电基地规划………… 107

［丨］

日本海洋能发电技术…………… 185
中国风能资源……………………… 252
中国海洋能发电技术…………… 254
贝茨极限…………………………… 4
内蒙古东部风电基地规划……… 170
内蒙古西部风电基地规划……… 171

［丿］

化合物半导体薄膜太阳能电池
……………………………………… 133
分布式风力发电 ………………… 40
风力发电 ………………………… 93
风力发电工程咨询 ……………… 95
风力发电场 ……………………… 94
风力发电机组 …………………… 95
风力发电接入电网 ……………… 97
风切变……………………………… 103
风电功率预测技术 ……………… 71
风电功率预测系统 ……………… 72
风电出力同时率 ………………… 69
风电发展史 ……………………… 69
风电场厂用电系统 ……………… 43
风电场工程可行性研究 ………… 52
风电场工程规划 ………………… 51
风电场工程招标设计 …………… 56
风电场工程建设 ………………… 51
风电场工程施工图设计 ………… 55
风电场工程施工组织 …………… 53
风电场工程施工准备 …………… 53
风电场工程施工管理 …………… 52
风电场工程预可行性研究 ……… 56
风电场工程验收 ………………… 55
风电场土建工程 ………………… 64
风电场无功电压控制系统 ……… 65
风电场无功电源 ………………… 66
风电场风电功率预测 …………… 49
风电场风能资源评估 …………… 49
风电场风能资源测量 …………… 49
风电场可靠性 …………………… 61
风电场电气二次系统 …………… 45
风电场电气主系统 ……………… 47
风电场电气设计 ………………… 46
风电场有功功率控制系统 ……… 66
风电场安全管理 ………………… 41
风电场设备调试 ………………… 63
风电场运行指标 ………………… 68
风电场运行维护 ………………… 68
风电场低电压穿越 ……………… 43
风电场变电设备维护 …………… 42
风电场施工组织设计 …………… 63
风电场监控 ……………………… 57
风电场监控系统维护 …………… 58
风电场高影响天气 ……………… 50
风电场流场数值计算 …………… 61
《风电场接入电力系统技术规定》
……………………………………… 58

风电场接入电网计算分析 …… 60
风电场集电线路维护 …… 57
风电场微观选址 …… 65
风电场群集控系统 …… 62
风电机组电气仿真模型验证 …… 77
风电机组并网起动 …… 76
风电机组安装 …… 74
风电机组运行 …… 89
风电机组运输 …… 88
风电机组低电压穿越测试系统 …… 76
风电机组试验 …… 84
风电机组选型 …… 87
风电机组调试 …… 85
风电机组基础设计 …… 78
风电机组基础施工 …… 79
风电机组检修 …… 81
风电机组接入电网检测 …… 82
风电机组控制策略 …… 83
风电机组维护 …… 87
风电项目后评价 …… 92
风电特许权项目 …… 91
风电容量可信度 …… 90
风电基地规划 …… 73
风轮 …… 98
风特性 …… 104
风能 …… 99
风能资源 …… 101
风能资源评估 …… 102
风能数值天气预报 …… 100

［乛］

双库连续发电潮汐电站 …… 206
双馈异步发电机 …… 207

五画

［一］

可再生能源制氢 …… 146
东海大桥风电场 …… 36
东福山岛风光油储微电网示范工程 …… 34

［丨］

叶片 …… 239
叶素-动量理论 …… 240
电气系统 …… 31

［丿］

生物质气化发电 …… 198
生物质气化炉 …… 199
生物质气化燃料电池发电 …… 200
生物质水冷振动炉排锅炉 …… 204
生物质甲醇燃料电池发电 …… 196
生物质生化转化特性 …… 203
生物质发电 …… 194
生物质发电工程可行性研究 …… 195
生物质发电燃料分析 …… 195
生物质热解燃烧特性 …… 202
生物质能 …… 197
生物质能资源 …… 197
生物质循环流化床锅炉 …… 205
生物质整体气化联合循环发电 …… 205
生物质燃气净化 …… 201
生物质燃料电池发电 …… 200
生物质燃料收集与储运 …… 200
生物质燃烧发电环境影响评价 …… 201
生活垃圾 …… 193

［丶］

闪蒸地热发电系统 …… 192
永磁同步发电机 …… 242

［乛］

民和牧业沼气发电厂 …… 168
加拿大海洋能发电技术 …… 139

六画

［一］

动态潮汐能发电 …… 36
吉林风电基地规划 …… 136
地外太阳辐射 …… 30
地表太阳辐射 …… 21
地热干蒸汽发电 …… 24
地热井 …… 25
地热双工质发电 …… 28
地热田 …… 28
地热发电 …… 22
地热发电环境影响 …… 23
地热回灌 …… 24
地热全流发电 …… 26
地热防垢 …… 23
地热防腐 …… 23
地热资源 …… 29
地热资源类型 …… 30
地热资源勘查 …… 29
地热流体 …… 25
地热能 …… 26
地热能利用方式 …… 26
地热能利用率 …… 26
地热湿蒸汽发电 …… 27
地温 …… 30
机舱 …… 136
有机太阳能电池 …… 243

［丨］

光伏发电系统防孤岛技术 …… 110
《光伏发电站接入电力系统技术规定》 …… 110
光伏组件 …… 113
光伏逆变器 …… 112
光伏逆变器防孤岛效应测试系统 …… 112
光伏逆变器接入电网检测 …… 112
光伏跟踪装置 …… 111
光学聚光比 …… 114
吸热器 …… 233

［丿］

传动系统 …… 19
多叠层太阳能电池 …… 37

［丶］

闭式循环海洋热能转换系统 …… 5
羊八井地热电站 …… 238
羊八井光伏电站 …… 238
并网光伏发电系统 …… 8
并网光伏逆变器 …… 8
江苏风电基地规划 …… 141
江厦潮汐电站 …… 142
安达索 1 号太阳能热发电站 …… 2
安全链 …… 2
农业废弃物 …… 176
农林生物质直燃发电 …… 174
农林生物质直燃纯燃发电 …… 174
农林生物质直燃热电联产 …… 175
农林生物质混合燃烧发电 …… 173
农林生物质醇电联产 …… 172

［乛］

防雷系统 …… 39
如东潮间带风电场 …… 188

七画

［一］

李坑垃圾发电厂 …… 157
抛物面槽式太阳能热发电系统 …… 180
抛物面槽式吸热管 …… 180
抛物面槽式聚光器 …… 179

［丶］

库伦风电场 …… 149
怀拉基地热电站 …… 134

［乛］

尾流模型 …… 229

［乛］

张北风光储输示范工程…………245
阿里光水油储互补发电系统………1
阿里雄巴乡独立光伏电站…………1
纳瓦拉秸秆直燃发电厂…………169

八画

[一]

垃圾发电供热锅炉……………151
垃圾焚烧发电……………152
垃圾焚烧发电二次污染控制……152
垃圾焚烧发电工程设计…………153
垃圾焚烧发电污染物控制………155
垃圾焚烧发电环境影响评价……154
垃圾焚烧物质分析……………155
垃圾填埋气发电……………156
英国海洋能发电技术…………241
林业废弃物……………166
欧美氢能利用技术路线图………177
拉德瑞罗地热电站……………151

[丨]

非晶硅薄膜/单晶硅异质结太阳能电池……………39
齿轮箱……………16
固体氧化物燃料电池……………108

[丿]

制动系统……………251
质子交换膜燃料电池…………252

[丶]

变速风电机组惯量响应控制………7
变桨系统……………6
变流器……………7
单县生物发电厂……………191
单库双向潮汐电站……………20
单库单向潮汐电站……………20
法向直接辐射辐照度………39（21）
法国海洋能发电技术…………39
河北风电基地规划……………131
沼气发电……………248
沼气池……………247
沼气净化……………249
波浪发电……………9
波浪能……………11
定日镜……………33
定日镜场……………34

[乛]

建筑附加光伏发电系统…………140
建筑集成光伏发电系统…………140
始华湖潮汐电站……………206
线性菲涅耳式太阳能热发电系统……………234
贯流式水轮机……………114

九画

[一]

南澳东半岛风电场……………169
威海市民文化中心光伏发电系统……………229

[丿]

氢能……………182
氢能发电……………182

[丶]

美国海洋能发电技术…………167
测风系统……………13
测风塔维护……………12
染料敏化太阳能电池…………184

[乛]

柔性波浪发电装置……………187

十画

[一]

盐度差发电……………237
盐差能……………237
荷斯礁海上风电场……………132
格尔木光伏电站……………107
夏威夷开式循环海洋温差能试验电站……………233
砷化镓太阳能电池……………193
振荡水柱式波浪发电装置………251
振荡浮子式波浪发电装置………250
热头……………185
热储层……………185

[丶]

离网风力发电系统……………160
离网风光互补发电系统…………158
离网风光油互补发电系统………159
离网光伏发电系统……………162
离网光伏逆变器……………163
离网型风力发电机组安装………163
畜禽粪便……………17
海上风力发电机组基础…………126
海上风电场工程验收…………119
海上风电场建设……………120
海上风电场施工……………121
海上风电场输变电系统…………125
海洋能……………128
海洋能发电……………129
海洋能资源……………129
海洋温差发电……………130
海流能……………117
“海能”潮流发电装置…………118
“海蛇”波浪发电装置…………127
朗斯潮汐电站……………157
调速机构……………224

[乛]

能源植物……………172

十一画

[一]

基于时序生产模拟的风电运行分析……………137
硅基薄膜太阳能电池…………115
控制系统……………148

[丿]

偏航系统……………181

[丶]

盖瑟尔斯地热电站……………106
淮安生物质发电厂……………134

十二画

[一]

塔式太阳能热发电系统…………211
塔架……………210
越浪式波浪发电装置…………243
斯特林机……………208
联合循环地热发电……………164

[丨]

最大功率点跟踪……………256
晶体硅太阳能电池……………142
黑龙江风电基地规划…………133

[丿]

策尔特韦格木屑-煤混合燃烧发电厂……………12
集中型光伏电站……………138
集热场效率……………137
储氢……………17

[丶]

温差能……………232
湍流模型……………226

十三画

[丿]

微生物燃料电池发电…………231

［、］

新能源互补发电系统…………… 235
新能源发电……………………… 235
新疆哈密风电基地规划………… 234

十四画

［一］

碟式太阳能热发电系统 ………… 32
碟式聚光器 ……………………… 31
碱性燃料电池…………………… 139

［、］

熔融碳酸盐燃料电池…………… 186

十五画

［丿］

德之岛海洋温差能试验电站 …… 21

［、］

潮汐坝法 ………………………… 15
潮汐能 …………………………… 15
潮汐能发电 ……………………… 16
潮差发电 ………………………… 13
潮差发电环境影响 ……………… 13
潮流发电 ………………………… 14
澳大利亚海洋能发电技术………… 3

十六画

［丿］

燃料电池………………………… 184

十七画

［一］

磷酸燃料电池…………………… 164

HS1000 型潮流发电装置 ……… 117
Kobold 潮流发电装置 ………… 145
mini-OTEC 海洋温差能转换试验电站……………………………… 167
Open Centre 潮流发电装置 …… 177
SeaGenS 潮流发电装置………… 190
SES 碟式斯特林太阳能热发电系统…………………………… 191
Uldolmok 潮流发电装置 ……… 228

条目标题外文索引
(INDEX OF ARTICLES)

A

acceptance of offshore wind power plant project …… 119
acceptance of wind power plant project …… 55
agricultural residue …… 176
alkaline fuel cell, AFC …… 139
analysis of waste incineration …… 155
Andasol 1 Parabolic Trough Power Plant …… 2
anti-islanding technology of photo voltaic power system …… 110
anti-islanding test system for photovoltaic inverter …… 112
auxiliary power system of wind power plant …… 43

B

Badaling Solar Thermal Pilot Plant …… 4
Betz's limit …… 4
biogas cleaning …… 249
biogas digester …… 247
biogas power generation …… 248
biomass biochemical conversion characteristics …… 203
biomass combined power and cellulosic ethanol generation, CPE …… 172
biomass direct-fire power generation …… 174
biomass energy …… 197
biomass energy resources …… 197
biomass fuel cell power generation …… 200
biomass fuel collection, storage and transportation …… 200
biomass fuel gas cleaning …… 201
biomass gasification fuel cell power generation …… 200
biomass gasification power generation …… 198
biomass gasifier …… 199
biomass integrated gasification combined cycle, BIGCC …… 205
Biomass Integrated Gasification Combined Cycle Power Plant, Varnamo …… 230
biomass power generation …… 194
biomass pyrolysis combustion characteristics …… 202
Biomass-coal Co-fired Power Station, Zeltweg …… 12
biomass-derived methanol fuel cell power generation …… 196
blade …… 239
braking system …… 251
building-attached photovoltaic power generation system, BAPV …… 140
Building-attached Photovoltaic Power System of Shanghai World Expo Garden …… 193
building-integrated photovoltaic power generation system, BIPV …… 140
Building-intergrated Photovoltaic Power System of Weihai Citizen Culture Center …… 229

C

calculation and analysis of wind power plant grid integration …… 60
central control system of wind farm cluster …… 62
circulating fluidized bed boiler with biomass …… 205
civil engineering projects of wind power plant …… 64
closed-cycle ocean thermal energy conversion system …… 5
co-fire power generation of agriculture and forestry biomass …… 173
collection power lines maintenance of wind power plant …… 57
collector field efficiency …… 137
combined geothermal power generation …… 164
commissioning of wind power plant equipment …… 63
commissioning of wind turbine …… 85
compound semi-conductor thin film solar cell …… 133
construction management of wind power project …… 52
construction of offshore wind power project …… 120
construction of wind power project …… 51
construction of wind turbine foundation …… 79
construction organization of wind power project …… 53

construction organization planning design of wind power plant …… 63
consultant of wind power projects …… 95
control strategy in wind turbine generator system …… 83
control system …… 148
converter …… 7
crystalline silicon photovoltaic solar cell …… 142

D

design point of solar thermal power plant …… 221
detailed design of wind power plant …… 55
direct normal radiation …… 39
direct-fired agriculture and forestry biomass for congeneration of heat and power (CHP) …… 175
direct-fired power generation of agriculture and forestry biomass …… 174
dish concentrator …… 31
distributed wind power generation …… 40
Dongfushan Island Wind-Photovoltaic-diesel-storage micro power grid Project …… 34
Donghai Bridge Offshore Wind Farm …… 36
doubly-fed asynchronous generator …… 207
drive train …… 19
dye-sensitized solar cell, DSC …… 184
dynamic tidal power, DTP …… 36

E

East Nan'ao Island Wind Power Plant …… 169
electric primary system of wind power plant …… 47
electrical design of wind power projects …… 46
electrical secondary system of wind power plant …… 45
electrical simulation model validation of wind turbine …… 77
electrical system …… 31
energy plants …… 172
environmental impact evaluation for biomass direct-fired power generation …… 201
environmental impact evaluation for waste incineration power generation …… 154
environmental impact of geothermal power generation …… 23
environmental impact of tidal power …… 13
extraterrestrial solar radiation …… 30

F

feasibility study of biomass power generation …… 195
feasibility study of wind power projects …… 52
flexible wave generation device …… 187
flux concentration ratio …… 114
forest residue …… 166
foundation design for wind turbine …… 78
foundation of offshore wind turbine …… 126
fuel analysis of biomass power generation …… 195
fuel cell …… 184

G

GaAs solar cell …… 193
gearbox …… 16
Ge'ermu Photovoltaic Power Station …… 107
geometric concentration ratio …… 136
geothermal anti-corrosion …… 23
geothermal anti-scaling …… 23
geothermal energy …… 26
geothermal energy utilization rate …… 26
geothermal field …… 28
geothermal fluid …… 25
geothermal power generation …… 22
geothermal power generation by hot dry rock …… 106
geothermal power generation using binary cycle …… 28
geothermal power generation using dry steam …… 24
geothermal power generation using total flow cycle …… 26
geothermal power generation using wet steam …… 27
geothermal power systems using steam flashed from hot brine …… 192
geothermal reinjection …… 24
geothermal resources exploration …… 29
geothermal resources type …… 30
geothermal resources …… 29
geothermal well …… 25
Geysers Geothermal Power Station …… 106
grid code compliance test of photovoltaic inverter …… 112
grid code compliance test of wind turbine …… 82
grid integration of wind power …… 97
grid-connected photovoltaic inverter …… 8
grid-connected photovoltaic power system …… 8
ground temperature …… 30

H

Haineng Tidal Current generation device ········ 118
heliostat ······················ 33
heliostat field ················· 34
hetero-junction with intrinsic thin-layer solar cell ······ 39
high-impact weather system to wind farm ················· 50
history of wind power development ·············· 69
Horns Rev Offshore Wind Power Plant ············· 132
HS1000 tidal current generation device ········ 117
Huai'an Biomass Power Plant ···························· 134
hydrogen electric generation ···························· 182
hydrogen energy ··········· 182
hydrogen production from renewable energy ········ 146
hydrogen storage ··········· 17

I

inertia response control of variable speed wind turbine ···························· 7

J

Jiangxia Tidal Power Station ···························· 142

K

Kobold tidal current generation device ···················· 145
Kulun Wind Power Plant ···························· 149

L

landfill gas power generation ···························· 156
Larderello Geothermal Power Station ···················· 151
lighting protection system, LPS ························ 39
Likeng Waste-to-Energy Plant ···························· 157
linear Fresnel reflector solar power system ··········· 234
livestock manure ··········· 17
low voltage ride through of wind power plant, LVRT ························ 43
low voltage ride through test system for wind turbine ································ 76

M

marine power generation technology in Australia ································ 3
marine power generation technology in Canada ···························· 139
marine power generation technology in China ··· 254
marine power generation technology in France ······ 39
marine power generation technology in Japan ······ 185
marine power generation technology in the United States of America ······ 167
marine power generation technology in United Kingdom ················· 241
maximum power point tracking ···························· 256
meteorological station tower maintenance ·············· 12
microbial fuel cell power generation ················· 231
micro-siting of wind farm ································ 65
Minhe Muye Biogas Power Station ···················· 168
mini-OTEC Plant ········ 167
molten carbonate fuel cell, MCFC ···················· 186
multi-junction tandem solar cell ···························· 37
municipal solid waste ······ 193

N

nacell ························ 136
new energy hybrid power system ···················· 235
new energy power generation ···························· 235
numerical weather prediction for wind power forecasting ························· 100

O

ocean current energy ······ 117
ocean energy ················· 128
ocean energy power generation ···························· 129
ocean energy resources ··· 129
ocean thermal energy ······ 232
ocean thermal energy conversion ················· 130
Ocean Thermal Energy Conversion Experimental Plant in Tokunoshima Island ························· 21
offshore wind farm transmission system ··· 125
offshore wind power plant construction ·············· 121
off-grid photovoltaic inverter ···························· 163
off-grid photovoltaic power system ···················· 162
off-grid wind photovoltaic and diesel hybrid power generation system ······ 159
off-grid wind power system ···························· 160
off-grid wind turbine installation ·············· 163
off-grid wind-photovoltaic hybrid power generation system ···················· 158
one-way tidal power station with single basin ········ 20
Open Centre tidal current generation device ········ 177
Open-cycle Ocean Thermal

Energy Conversion Experimental Plant in Hawii ······ 233
open-cycle ocean thermal energy conversion system ······ 145
operation and maintenance of wind power plant ······ 68
operation of wind turbine ······ 89
organic solar cell, OPV ······ 243
oscillating bodies wave generation device ······ 250
oscillating water column wave energy converter ······ 251
overtopping wave generation device ······ 243

P

parabolic trough concentrator, PTC ······ 179
parabolic trough solar power generation system ······ 180
parabolic trough tube receiver ······ 180
Pelamis wave generation device ······ 127
permanent magnet synchronous generator ······ 242
phosphoric acid fuel cell, PAFC ······ 164
photovoltaic inverter ······ 112
photovoltaic module ······ 113
photovoltaic tracking system ······ 111
Photovoltaic/hydro/diesel/storage Hybrid Power Generation System in Ali ······ 1
pitch system ······ 6
planning of large scale wind power base ······ 73
planning study of wind power projects ······ 51
pollution control for the waste incineration power generation ······ 155
polymer electrolyte fuel cell, PEMFC ······ 252
post construction evaluation of wind farm projects ······ 92
prefeasibility study of wind power projects ······ 56
preparation for wind power project construction ······ 53
public grid-connected concentrated photovoltaic power station ······ 138

R

Rance Tidal Power Station ······ 157
reactive power source of wind farm ······ 66
receiver ······ 233
refuse incineration boiler for power generation and heating ······ 151
rotor ······ 98
Rudong Intertidal Wind Power Plant ······ 188

S

safety chains ······ 2
salinity gradient energy ······ 237
salinity gradient energy generation ······ 237
SeaGenS tidal current generation device ······ 190
secondary pollution control for waste incineration power generation ······ 152
SES dish stirling solar thermal power generation system ······ 191
Shanghai Old Port Landfill Gas Power Generation Project ······ 192
Shanxian Biomass Power Generation Plant ······ 191
short-term forecast for solar energy ······ 217
Sihwa Lake Tidal Power Station ······ 206
silicon-based thin-film solar cell ······ 115
site selection for solar thermal power plant ······ 221
solar cell ······ 214
solar dish thermal power system ······ 32
solar electric direct conversion ······ 218
solar energy ······ 212
solar energy resources ······ 222
solar energy resource assessment ······ 223
solar energy resource measurement ······ 223
solar photovoltaic power generation ······ 218
solar power tower system ······ 211
solar PV power generation ······ 218
solar radiation ······ 212
solar thermal power ······ 219
solid oxide fuel cell, SOFC ······ 108
speed regulation mechanism ······ 224
Stand-alone Photovoltaic Power Station of Xiongba Town in Ali ······ 1
Stirling engine ······ 208
straflo turbine ······ 114
Straw-fired Biomass Power Plant, Navarra ······ 169
substation equipment maintenance in wind power plant ······ 42
supervisory control of wind power plant ······ 57
surface solar radiation ······ 21

T

Technical Requirements for Connecting Photovoltaic Power Station to Power System ······ 110

Technical Rule for Connecting Wind Farm to Power System …… 58
tender design of wind power projects …… 56
the blade element-momentum theory, BEM …… 240
the use of hydrogen technology roadmap of Europe and the United States …… 177
thermal energy storage system of solar thermal power …… 220
thermal head …… 185
thermal reservoir …… 185
tidal barrage …… 15
tidal current power generation …… 14
tidal energy …… 15
tidal power generation …… 16
tidal power station with two basins …… 206
tidal range generation …… 13
tower …… 210
tubular turbine …… 114
turbulence models …… 226
two-way tidal power station with single basin …… 20

U

Uldolmok tidal current generation device …… 228
utilization of the geothermal energy …… 26

W

Wairakei Geothermal Power Station …… 134
wake models …… 229
waste incineration power generation …… 152
waste incineration power generation system design …… 153
water-cooled vibrating grate biomass boiler …… 204
wave energy …… 11
wave power generation …… 9
wind characteristics …… 104
wind energy …… 99
wind energy resources …… 101
wind energy resource assessment …… 102
wind energy resources in China …… 252
wind farm …… 94
wind farm active power control system …… 66
wind farm automatic voltage control system …… 65
wind farm flow field numer-ical simulation …… 61
wind measurement system …… 13
wind power base planning in Hami, Xinjiang …… 234
wind power base planning in Hebei …… 131
wind power base planning in Heilongjiang …… 133
wind power base planning in Jiangsu …… 141
wind power base planning in Jilin …… 136
wind power base planning in Jiuquan, Gansu …… 107
wind power base planning in the East of Inner Mongolia …… 170
wind power base planning in the West of Inner Mongolia …… 171
wind power base planning of offshore in Shandong …… 191
wind power capacity credit …… 90
wind power concession projects …… 91
wind power forecasting of wind power plant …… 49
wind power forecasting system …… 72
wind power forecasting technique …… 71
wind power generation …… 93
wind power operation analysis based on time series production simulation …… 137
wind power output simultaneity factor …… 69
wind power plant …… 94
wind power plant control system maintenance …… 58
wind power plant performance indicator …… 68
wind power plant reliability …… 61
wind power plant safety management …… 41
wind resource assessment of wind farm …… 49
wind resource measurement of wind power plant …… 49
wind shear …… 103
wind turbine …… 95
wind turbine generator recommendation …… 87
wind turbine generator system, WTGS …… 95
wind turbine installation …… 74
wind turbine maintenance …… 87
wind turbine repairing …… 81
wind turbine starting …… 76
wind turbine test …… 84
wind turbine transportation …… 88

Y

Yangbajain Geothermal Power Station …… 238
Yangbajain Photovoltaic Power Station …… 238
yaw system …… 181

Z

Zhangbei Wind Power, Photovoltaic Energy, Energy Storage, Transmission pilot project …… 245

内 容 索 引

说　明

一、本索引是全卷条目和条目内容（含插图）的主题分析索引。索引主题按汉语拼音字母的顺序并辅以汉字笔画、起笔笔形顺序排列。同音时，按汉字笔画由少到多的顺序排列，笔画数相同的字按起笔笔形一（横）、丨（竖）、丿（撇）、丶（点）、乛（折，包括亅乚く等）的顺序排列。第一字相同的，按第二字，余类推。以罗马数字、阿拉伯数字、拉丁字母、斯拉夫字母和希腊字母开头的主题，依次排在汉字索引主题的后面。

二、设有条目的主题用黑体字，未设条目的主题用仿宋体字。

三、索引主题之后的阿拉伯数字是主题内容所在的页码，数字之后的小写拉丁字母表示索引内容所在的版面区域。本书正文的版面区域划分如右图。

a	d
b	e
c	f

A

阿里光水油储互补发电系统 …… 1a
阿里雄巴乡独立光伏电站 ……… 1e
阿里雄巴乡独立光伏电站配置结构图 ……………………… 2a
安达索1号太阳能热发电站 …… 2b
安纳波利斯潮汐电站 …… 16c，115f
安全链 ……………………… 2c
安全链触发条件 ……………… 2e
岸基式海洋热能转换系统 …… 146a
岸式波浪发电装置 …………… 251c
岸式越浪波浪发电装置 ……… 244a
奥古斯丁-让·菲涅耳（Agustin-Jean Fresnel，1788—1827） ……………………… 234a
澳大利亚海洋能发电技术 ……… 3a

B

八达岭太阳能热发电实验电站 … 4a
摆动式潮流发电 ……………… 14b
摆动式潮流发电装置 ………… 14e
板式扩展基础 ………………… 78e
半干式洗气法 ………………… 153b
半纤维素 ……………………… 203f
半直驱型传动结构 …………… 19f
保罗·拉库尔（Poul la Cour，1846—1908） ………………… 70c
贝茨，A.（Albert Betz，1885—1968） ………………………… 4e
贝茨极限 …………………… 4e
贝克勒尔，A. E.（A. E. Becqurel） ……………… 214e，218b，219b
贝赖那波浪发电厂 …………… 127f
背表面电场 …………………… 40b
背接触指交叉电池 …… 143b，143f
背压式发电 …………………… 24c
被动式防孤岛法 ……………… 110c
被动式直接甲醇燃料电池 …… 197b
被动型蓄热系统 ……………… 221c
被动型蓄热系统工作原理 …… 221d
鼻嗅法 ………………………… 42f
闭式循环海洋热能转换系统 …… 5c
闭式循环热能转换系统原理 …… 5c
壁面函数 ……………………… 62b
变电设备状态检修 …………… 43a
变桨变速型风电机组空气动力制动 ………………………… 251e
变桨距 ………………………… 225f
变桨距风电机组 ……………… 83e
变桨距控制 …………………… 149b
变桨系统 …………………… 6c
变桨系统测试 ………………… 84f
变桨系统故障 ………………… 3a
变桨系统检修 ………………… 82e
变桨系统调试 ………………… 86a
变桨系统维护 ………………… 87d
变流器 ……………………… 7a
变流器调试 …………………… 86c
变速风电机组惯量响应控制 …… 7f
变形温度 ……………………… 196e
变压吸附 ……………………… 157a
标准差 ………………………… 226f
标准太阳光谱 ………………… 216b
并网光伏电站 ………………… 8d
并网光伏发电系统 …………… 8d
并网光伏逆变器 ……………… 8f
并网光伏逆变器工作原理 ……… 8f
波浪 …………………………… 128d
波浪发电 …………………… 9f
波浪能 …… 11b，128d，129d，130b
波龙发电装置 ………………… 244e
补偿流 ………………………… 117f
不透明型建筑光伏构件 ……… 141a
不稳定大气 …………………… 104e
布雷顿循环 …………………… 32f
布鲁什，C. F.（Charles Francis Brush，1849—1929） ……… 70e
布苏姆潮汐电站 ……………… 16a
步进跟踪 ……………………… 111f

C

财务内部收益率 …… 94f
采光口 …… 33f
草谷比 …… 176b
测风设备检修 …… 82c
测风塔 …… 12d
测风塔维护 …… 12d
测风系统 …… 13b
测风装置试验 …… 85a
策尔特韦格木屑-煤混合燃烧发电厂 …… 12a
层压 …… 114c
层状热储 …… 29f
产柴率 …… 166a
常规直流输电系统 …… 125c
常温层 …… 26a
常压型固体氧化物燃料电池联合发电系统 …… 109b
场内通信 …… 46a
场损率 …… 69c
超短期风电功率预测 …… 49b，72a
超短期预报 …… 100e
超临界生物质气化制氢 …… 148a
超速保护试验 …… 84d
潮 …… 15f
潮差 …… 15f，16b
潮差发电 …… 13d
潮差发电环境影响 …… 13f
潮差能 …… 15f，128c
潮间带 …… 188f
潮流 …… 16b
潮流发电 …… 14b
潮流能 …… 16a，128c
潮流能发电站 …… 14b
潮汐 …… 15e，16b
潮汐坝法 …… 15c
潮汐电站 …… 13d
潮汐能 …… 15e，129d，130a
潮汐能发电 …… 16b
潮汐潟湖 …… 13e
潮汐潟湖发电运行周期 …… 13f
潮汐潟湖法 …… 13d
潮汐潟湖示意图 …… 13e
潮汐周期 …… 16b
车库型干法发酵装置 …… 248b
承台施工 …… 81b
齿轮传动机构 …… 17b
齿轮箱 …… 16e
齿轮箱传动型结构 …… 19b
齿轮箱辅助系统 …… 82b
齿轮箱维护 …… 87c
齿轮箱系统调试 …… 85f
储量 …… 29d
储氢 …… 17d
储氢材料 …… 18a
储氢容器 …… 17f
传动系统 …… 19b
串联制动电阻 …… 44f
垂直轴风电机组 …… 96b
垂直轴式水轮机 …… 14d
纯沼气发动机 …… 248f
磁流式海流发电装置 …… 118c
粗糙度长度 …… 104c
催化热解制氢 …… 148a

D

达坂城风电场 …… 71c，97a
大地热流 …… 26b
大地热流密度 …… 26b
大气上界 …… 30e
大气透明度 …… 22b
大气稳定度 …… 104d
大气污染物排放 …… 202b
大西洋中脊地热带 …… 29c
大藻 …… 172c
代表年订正 …… 49f
带状热储 …… 29f
袋式除尘器 …… 201c
担载型碱性燃料电池 …… 140c
单层结构反射镜 …… 179c
单点支撑 …… 19d
单方程模型 …… 62b
单罐间接蓄热系统 …… 221b
单级闪蒸地热湿蒸汽发电流程图 …… 27c
单结硅基薄膜电池 …… 116e
单结太阳能电池 …… 216e
单晶硅 …… 142f
单晶硅电池 …… 142f
单晶硅组件 …… 114a
单库单向潮汐电站 …… 20a
单库单向潮汐电站枢纽布置和工作周期 …… 20c
单库双向潮汐电站 …… 20e
单库双向潮汐电站枢纽布置及工作周期 …… 21b
单台风电机组可利用率 …… 69a
单位工程进度计划 …… 52e
单位千瓦投资 …… 94f
单位容量运行维护成本 …… 69b
单向落潮发电 …… 20d
单向脉冲宽度调制交-直-交变流器 …… 7d
单向涨潮发电 …… 20b
单轴跟踪系统 …… 111d
单轴跟踪系统机械结构图 …… 111e
单桩基础 …… 122f，126d
单桩基础施工 …… 122f
导带 …… 147c
导管架基础 …… 123b，126e
导管架基础施工 …… 123b
导纳增量法 …… 257d
德清源沼气电厂 …… 249e
德之岛海洋温差能试验电站 …… 21c
灯泡贯流式机组 …… 115d
灯泡贯流式机组布置图 …… 115e
登山法 …… 257b
等离子体热解制氢 …… 147f
等效满负荷发电小时数 …… 224c
等效容量 …… 90f
等压加热燃气轮机循环 …… 32f
低倍聚光 …… 217a
低电压穿越 …… 90b
低电压穿越能力测试 …… 113b
低电压穿越能力检测 …… 83a
低电压穿越能力检测电路示意 …… 113c
低温 …… 50e
低温地热资源 …… 29a
低温燃料电池 …… 184b
低温热解 …… 147f
低温型风电机组 …… 16f
低温液态储氢 …… 18a
低桩承台基础 …… 123c
地表太阳辐射 …… 21d
地表温度 …… 30f
地核 …… 26b
地基处理 …… 79d
地幔 …… 26b
地面沉降 …… 23d
地面太阳能电池 …… 217b
地面温度 …… 30f
地面温度测量 …… 31a
地壳 …… 26a
地球化学研究 …… 30b
地球物理勘查 …… 29f
地热 …… 26a
地热储 …… 185c
地热发电 …… 22d
地热发电环境影响 …… 23c
地热发电利用系数 …… 22d
地热防腐 …… 23e
地热防垢 …… 23f
地热干蒸汽发电 …… 24b
地热回灌 …… 24e

地热井…… 25b
地热勘探钻井…… 30b
地热流体…… 25e
地热能…… 26a
地热能利用方式…… 26c
地热能利用率…… 26d
地热区…… 26b
地热全流发电…… 26e
地热全流发电流程图…… 26f
地热湿蒸汽发电…… 27b
地热双工质发电…… 28a
地热田…… 28e
地热田规模分级…… 28f
地热系统…… 29f
地热异常区…… 26b
地热增温率…… 26a
地热资源…… 29a
地热资源勘查…… 29e
地热资源类型…… 30c
地热资源评价…… 30c
地外太阳辐射…… 30e
地温…… 30f
地温梯度…… 26a
地形数据…… 61f
地形数据处理…… 61e
地压型地热资源…… 30d
地源热泵技术…… 31c
地质调查…… 29f
地中海-喜马拉雅地热带…… 29c
地中温度…… 31a
地中温度测量…… 31a
地转流…… 117f
碲化镉薄膜太阳能电池…… 133e
典型定日镜场分布示意图…… 34e
典型多叠层太阳能电池性能…… 38a
电池阳极…… 184a
电池阴极…… 184a
电导增量法…… 257d
电动变桨系统…… 6f
电堆…… 139e，186f，252c，252e
电化学光伏电池…… 218c
电解质隔膜…… 187b
电力线路载波通信检测法…… 110b
电励磁同步发电机…… 242e
电量指标…… 68f
电能量计费系统…… 45d
电能质量检测…… 82f
电气设备防雷…… 39e
电气设备选型…… 46e
电气系统…… 31d
电气主接线设计…… 46d
电网适应性检测…… 83b
电压跌落容许误差…… 77c
电压/频率异常响应特性测试…… 113a
碟式布雷顿太阳能热发电系统…… 32f
碟式聚光器…… 31f
碟式聚光器工作原理…… 31f
碟式斯特林太阳能热发电系统…… 32e
碟式太阳能热发电系统…… 32d
定电压跟踪法…… 257a
定桨恒速型风电机组…… 239f
定桨恒速型风电机组空气动力制动…… 251d
定桨距风电机组…… 83d
定日镜…… 33a
定日镜场…… 34b
定日镜场采光口面积…… 34d
定日镜场土地利用率…… 34d
定日镜场效率…… 34c，136e
定日镜单向布置…… 34d
定日镜反射面积…… 33f
定日镜跟踪太阳…… 33d
定日镜跟踪太阳原理示意图…… 33e
定日镜周向布置…… 34d
定向数值计算…… 62b
东非大裂谷地热带…… 29c
东福山岛 18m 高度风能玫瑰图…… 35b
东福山岛 18m 高度年平均风速和风功率分布…… 35b
东福山岛风光油储微电网结构示意图…… 35f
东福山岛风光油储微电网示范工程…… 34f
东海大桥风电场…… 36a
东海大桥风电场总体布置…… 36d
东南盖瑟尔斯输水管线项目…… 24f
动力降尺度…… 101a
动量分析…… 240a
动态潮汐能发电…… 36e
动态潮汐能发电堤坝…… 36f
动态无功补偿装置…… 44f
独立光伏发电系统…… 162e
独立混合发电系统…… 235f
独立逆变器…… 163b
独立锥管塔基础…… 163e
度电运行维护成本…… 69b
短期风电功率预测…… 49b，72a
短期预报…… 100e
短时预报…… 100e
断路器跳闸信号检测法…… 110b
对电极…… 185b
对数风切变律…… 104b
钝化发射极背部局域扩散电池…… 143b
多点移动加密测风…… 170b
多叠层太阳能电池…… 37d
多碟式聚光器…… 32b
多级闪蒸地热湿蒸汽发电流程图…… 27f
多结太阳能电池…… 216e
多晶硅…… 142f
多晶硅电池…… 142f
多晶硅组件…… 114a
多元化合物叠层太阳能电池…… 37f
多种新能源与储能系统互补发电系统…… 235e
多种新能源直接互补发电系统…… 235e

E

额定风速…… 96d
额定功率…… 96c
额定容量…… 96c
恶臭污染物…… 202b
耳听法…… 42f
二次电池…… 218e
二次聚光器…… 234b
二次能源…… 182b
二噁英…… 152f
二噁英控制治理…… 153c
二级进度计划…… 52e
二维尾流模型…… 230a

F

发电机检修…… 82c
发电机控制策略…… 83f
发电机扭矩控制…… 149c
发电机维护…… 87d
筏式波浪发电装置…… 250e
法国海洋能发电技术…… 39a
法国朗斯潮汐电站全景…… 157c
法向直接辐射…… 21e
法向直接辐射辐照度…… 39c，22b
反电极…… 185b
反射镜…… 33b，179c
反射镜面形精度…… 34a，180a
反射面…… 33c
反射面面形精度…… 34a，180a
范德瓦耳斯，J.（Johannes van der Waals，1837—1923）…… 18e
范德瓦耳斯力（van der Waals force）…… 18e

防雷接地工程 …… 81c

防雷系统 …… 39c

非计划性孤岛 …… 110b

非晶硅薄膜/单晶硅异质结太阳能电池 …… 39f

非聚光电池 …… 217a

废热回收装置 …… 249b

分布式并网光伏发电系统 …… 8e

分布式风力发电 …… 40d

分布式风力发电系统 …… 40f

分步水解发酵技术 …… 204b

分散式风力发电 …… 93b

分扇区相关法 …… 50a

分子筛 …… 250a

分子筛脱硫法 …… 250a

粪便产生量 …… 17c

风 …… 93b

风场 …… 94c

风电 …… 93a

《风电并网规程》 …… 60a

风电场 …… 94c，95a

风电场 AVC 系统 …… 65e

风电场安全管理 …… 41e

风电场变电设备维护 …… 42d

风电场厂用电系统 …… 43b

风电场道路施工方案 …… 54e

风电场低电压穿越 …… 43f，59c

风电场低电压穿越技术要求 …… 98a

风电场低电压穿越要求 …… 44a，59c

风电场电能质量 …… 59d

风电场电气二次系统 …… 45a

风电场电气设备调试 …… 63d

风电场电气设备可利用率 …… 69b

风电场电气设计 …… 46c

风电场电气系统起动验收 …… 55f

风电场电气主系统 …… 47a

风电场电压控制 …… 59b

风电场调度自动化系统 …… 45c

风电场发电量 …… 68f

风电场风电功率预测 …… 49a

风电场风电功率预测系统调试 …… 63e

风电场风能资源测量 …… 49c

风电场风能资源评估 …… 49e，102b

风电场高影响天气 …… 50c

风电场工程规划 …… 51b

风电场工程建设 …… 51d

风电场工程可行性研究 …… 52a

风电场工程设计 …… 51e

风电场工程施工管理 …… 52c

风电场工程施工图设计 …… 55b

风电场工程施工准备 …… 53c

风电场工程施工组织 …… 53e

风电场工程验收 …… 55c

风电场工程预可行性研究 …… 56c

风电场工程招标 …… 51e

风电场工程招标设计 …… 56f

风电场功率预测 …… 59a

风电场集电线路维护 …… 57b

风电场监控 …… 57d

风电场监控系统 …… 46f

风电场监控系统调试 …… 86f

风电场监控系统维护 …… 58c

《风电场接入电力系统技术规定》 …… 58e

风电场接入电网计算分析 …… 60a

风电场接入系统测试 …… 59f

风电场聚合模型 …… 60f

风电场可靠性 …… 61b

风电场流场数值计算 …… 61d

风电场流场数值计算流程 …… 61f

风电场年利用小时数 …… 61c，68f

风电场群集控系统 …… 62d

风电场群集控系统结构示意图 …… 62e

风电场群无功电压控制 …… 63a

风电场群无功功率集中控制过程 …… 62f

风电场群有功功率集中控制过程 …… 62f

风电场群有功控制与频率调节 …… 62f

风电场上网电量 …… 68f

风电场设备安装 …… 51f

风电场设备调试 …… 63c

风电场设备运输计划 …… 54c

风电场升压变电站站用电系统示意图 …… 43d

风电场施工进度计划 …… 52e

风电场施工组织设计 …… 63f，53f

风电场施工组织总设计 …… 54a

风电场通信系统 …… 45f

风电场土建工程 …… 64e，51f

风电场微观选址 …… 65b

风电场无功补偿容量确定原则 …… 66e

风电场无功补偿设备 …… 66d

风电场无功电压控制系统 …… 65e

风电场无功电压控制系统功能拓扑图 …… 65f

风电场无功电源 …… 66b

风电场无功容量 …… 59b

风电场详细模型 …… 60e

风电场选址 …… 91f

风电场用网电量 …… 68f

风电场有功功率 …… 59a

风电场有功功率控制系统 …… 66f，45d

风电场有功功率控制系统功能模块 …… 67f

风电场运行维护 …… 68a

风电场运行指标 …… 68e

风电场主控楼 …… 64f

风电场自动发电控制系统 …… 66f

风电场自动发电控制系统调试 …… 86f

风电出力同时率 …… 69d

风电发展史 …… 69e

风电功率预测 …… 98c

风电功率预测技术 …… 71f

风电功率预测系统 …… 72d

风电功率预测系统软件 …… 72e

风电功率预测系统硬件 …… 72f

风电机组 …… 95e

风电机组安全链系统 …… 2c

风电机组安装 …… 74a

风电机组安装方案 …… 54e

风电机组安装和调试计划 …… 54d

风电机组并网起动 …… 76a

风电机组并网试验 …… 86d

风电机组并网调试 …… 85e

风电机组等级 …… 88a

风电机组低电压穿越测试系统 …… 76f

风电机组低电压穿越能力 …… 47e

风电机组典型功率曲线 …… 89f

风电机组电动变桨执行机构 …… 7a

风电机组电气仿真模型 …… 77e

风电机组电气仿真模型验证 …… 77e

风电机组防雷接地 …… 65b

风电机组防雷系统构成 …… 39c

风电机组惯量特性 …… 8a

风电机组基础 …… 64e，78d

风电机组基础设计 …… 78d

风电机组基础施工 …… 79e

风电机组基础施工方案 …… 54e

风电机组监控系统 …… 57f

风电机组检修 …… 81e

风电机组接入电网检测 …… 82e

风电机组空转调试 …… 86d

风电机组控制策略 …… 83d

风电机组控制系统结构 …… 148c

风电机组控制系统主要功能 …… 148f

风电机组离网调试 …… 85d

风电机组平均故障间隔时间 …… 61c

风电机组平均可利用率 …… 61c，69a

风电机组起动试运行验收 …… 55f
风电机组设备运输 …… 88e
风电机组试验 …… 84c
风电机组塔架 …… 210c
风电机组调试 …… 85b
风电机组维护 …… 87a
风电机组位置优化 …… 65d
风电机组无功与电压控制系统
　调试 …… 86f
风电机组选型 …… 87f
风电机组液压变桨执行机构 …… 6f
风电机组运输 …… 88d
风电机组运行 …… 89d
风电机组整体安装 …… 124b
风电机组整体运输 …… 122d
风电机组自起动 …… 76c
风电机组自用电系统 …… 43e
风电基地规划 …… 73e
风电耦合制氢储能系统研究总体
　方案示意 …… 147a
风电容量可信度 …… 90d
风电特许权项目 …… 91d
风电项目后评价 …… 92b
风电装机容量系数 …… 103c
风干生物质 …… 196b
风功率密度 …… 102f
风功率密度等级 …… 103a
风光柴互补发电系统 …… 159c
风海流 …… 117f
风廓线 …… 104a
风力发电 …… 93a
风力发电场 …… 94c
风力发电穿透率 …… 98d
风力发电工程咨询 …… 95c
风力发电汇集及传输 …… 98b
风力发电机组 …… 95e
风力发电接入电网 …… 97b
风力发电接入电网研究 …… 97c
风力机 …… 100c
风轮 …… 98e，160e
风轮安装 …… 75c
风轮参数 …… 99b
风轮吊装 …… 75e
风轮功率特性 …… 99e
风轮控制策略 …… 83d
风轮偏角 …… 99c
风轮偏置和翻转舵板限速机构
　…… 225b
风轮偏置和尾舵重力矩限速
　机构 …… 225a
风轮偏转调速 …… 224f
风轮气动理论 …… 99d
风轮扫风面积 …… 99c
风轮上仰偏离风向限速机构 …… 225d
风轮实度 …… 99d
风轮仰角 …… 99c
风轮直径 …… 96c，99c
风轮主轴 …… 19b
风轮转速超速 …… 2e
风轮锥角 …… 99c
风轮组装 …… 75c
风轮作业安全管理要求 …… 42b
风能 …… 99f
风能方向频率 …… 103b
风能利用系数 …… 5b，99d
风能玫瑰图 …… 103b
风能数值天气预报 …… 100e
风能转换及利用 …… 100d
风能资源 …… 101b
风能资源储量 …… 103b
风能资源储量评估指标 …… 253a
风能资源等级 …… 103a
风能资源等级划分 …… 103a
风能资源分布特征 …… 50b
风能资源技术开发量 …… 103d
风能资源技术可开发面积 …… 103e
风能资源理论储量 …… 103c
风能资源评估 …… 102b
风能资源评估参数 …… 102e
风能资源评估代表年 …… 49f
风能资源数值模拟 …… 102c
风切变 …… 103f
风切变幂律 …… 104a
风切变幂指数 …… 104b
风速 …… 105a
风速频率 …… 105a
风特性 …… 104f
风向 …… 105e
风向玫瑰图 …… 105e
风向频率玫瑰图 …… 105e
风压变桨距机构 …… 226c
风压变桨距调速 …… 226c
峰值日照时数 …… 224c
冯・卡门湍流模型 …… 227d
浮式基础 …… 127a
辐照度 …… 222c，224a
辐照量 …… 222c，224a
负荷同时率 …… 69e
复合结构反射镜 …… 179c
复合结太阳能电池 …… 216f
富含糖和淀粉类植物 …… 172a
富含烃类植物 …… 172a
富含油脂类植物 …… 172b
覆冰 …… 50e

G

改进的 Jensen 模型 …… 230b
盖层 …… 29f
盖瑟尔斯地热电站 …… 106a
干度 …… 25e
干法过滤 …… 201d
干热岩发电 …… 106e
干热岩发电示意图 …… 107a
干热岩型地热资源 …… 30d
干湿联合型发酵装置 …… 248b
干式发酵 …… 247e
干式脱硫 …… 249f
干式洗气法 …… 153a
干燥法 …… 155e
甘肃酒泉风电基地地理位置
　示意 …… 107d
甘肃酒泉风电基地规划 …… 107b
感应发电机 …… 207b
钢筋混凝土塔架 …… 211a
钢制桁架型塔架 …… 210f
钢制拉索型塔架 …… 211a
钢制塔架 …… 210d
钢制锥筒型塔架 …… 210d
高倍聚光 …… 217a
高空作业安全管理要求 …… 41e
高强度螺栓紧固 …… 75a
高温地热田 …… 28f
高温地热资源 …… 29a
高温燃料电池 …… 184e
高温热解 …… 147f
高压气态储氢 …… 17d
高桩承台基础 …… 123c，126d
格尔木光伏电站 …… 107e
格罗夫，W. R.（William Robert
　Grove，1811—1896） …… 184d
跟踪精度 …… 34a，179f
工程太阳能资源评估 …… 223e
工程质量管理 …… 53a
功函数 …… 243d
功率变化率限制 …… 67c
功率谱密度 …… 227b
功率系数 …… 93b
功率抑制控制 …… 67c
攻角 …… 239e，240e
孤岛效应 …… 112b
固定床气化炉 …… 199e
固定电压法 …… 257a
固定式波浪发电装置 …… 10c
固定碳 …… 196c
固体电解质燃料电池 …… 108d
固体高分子燃料电池 …… 252a

固体氧化物燃料电池 …………… 108a
固体氧化物燃料电池原理
示意图 ………………………… 108b
故障录波器………………………… 45b
故障诊断…………………………… 43b
管式热头 ………………………… 185d
管式吸热器 ……………………… 233d
贯流式水轮机 ………………… 114e
灌注桩施工………………………… 81b
光催化电池 ……………………… 218c
光催化制氢 ……………………… 147c
光电化学电池 …………………… 218b
光电化学制氢 …………………… 147c
光电解电池 ……………………… 218c
光-电转换………………………… 213e
光电转换效率 …………………… 215e
光伏窗体 ………………………… 141b
光伏电站 ………………………… 218d
光伏发电 ………………………… 218d
光伏发电系统 …………………… 218d
光伏发电系统防孤岛技术 …… 110a
光伏发电系统孤岛 ……………… 110b
光伏发电系统设计 ……………… 138e
《光伏发电站接入电力系统技术
规定》 ………………………… 110d
光伏方阵 ………………………… 113f
光伏跟踪装置 ………………… 111c
光伏路灯 ………………………… 163b
光伏幕墙 ………………………… 141b
光伏逆变器 …………………… 112a
光伏逆变器电能质量测试检测
电路 …………………………… 112f
光伏逆变器电压/频率异常响应
检测电路 ……………………… 113b
光伏逆变器防孤岛效应测试
电路图 ………………………… 112c
光伏逆变器防孤岛效应测试
系统 …………………………… 112b
光伏逆变器接入电网检测 …… 112e
光伏逆变器通用性能测试项目
…………………………………… 113d
光伏器件 ………………………… 214e
光伏提水系统 …………………… 163b
光伏屋顶 ………………………… 141b
光伏阵列 ………………………… 113f
光伏组件 ……………………… 113f
光感应发电 ……………………… 218a
光合作用 ………………………… 147d
光化学发电 ……………………… 218b
光-化学转换 …………………… 213e
光激发 …………………………… 214f
光热化学制氢 …………………… 147b
光-热转换 ……………………… 213a
光生伏打效应 …………………… 214e
光生物发电 ……………………… 218c
光-生物质转换 ………………… 213f
光生载流子 ……………………… 214f
光学聚光比 …………… 114d，136e
光阳极 …………………………… 185b
光阴极 …………………………… 185b
广东汕尾100kW波浪电站 …… 256a
硅基薄膜材料 …………………… 115f
硅基薄膜叠层太阳能电池 ……… 37f
硅基薄膜太阳能电池 ………… 115f
硅片 ……………………………… 142f
国外风电并网标准规定的风电场
无功容量配置原则 ……………… 97f
过程性能源 ……………………… 182b

H

海底电缆敷设 …………………… 124d
海底电缆路由调查与勘测 …… 120d
海底防冲处理……………………… 79e
海流 ……………………… 117e，129b
海流发电 ………………………… 129b
海流能 ………… 117e，128e，130b
海流能平均功率 ………………… 117f
“海能”潮流发电装置………… 118c
“海能Ⅰ”潮流发电装置……… 118e
“海能Ⅱ”潮流发电装置……… 118f
“海能Ⅲ”潮流发电装置……… 119c
海上变电站 ……………………… 125b
海上变电站设备安装 …………… 124b
海上测风塔 ……………………… 120c
海上导管架运输 ………………… 122c
海上风电场常规直流输电系统
…………………………………… 126a
海上风电场多端直流输电系统
…………………………………… 126b
海上风电场工程验收 ………… 119c
海上风电场集电系统 …………… 125a
海上风电场建设 ……………… 120b
海上风电场交流输电系统 …… 125f
海上风电场柔性直流输电系统
…………………………………… 126a
海上风电场设备调试 …………… 124e
海上风电场施工 ……………… 121a
海上风电场输变电系统 ……… 125a
海上风电场输电系统 …………… 125c
海上风电机组安装 ……………… 123f
海上风电机组分体安装 ………… 124a
海上风电机组运输 ……………… 122b
海上风力发电机组基础 ……… 126c
海上风能资源测量与评估 …… 120c
海上构筑物基础工程施工 …… 122e
海上管桩运输 …………………… 122c
海上重力式基础运输 …………… 122c
“海蛇”波浪发电装置………… 127b
海洋工程地质勘察 ……………… 120e
海洋工程环境影响评价 ………… 120e
海洋能 ………………………… 128b
海洋能发电 …………………… 129a
海洋能资源 …………………… 129d
海洋水文观测 …………………… 120d
海洋温差电站 …………………… 131d
海洋温差发电 ………………… 130f
含能体能源 ……………………… 182b
含油微藻类植物 ………………… 172c
寒流 ……………………………… 117f
杭州天子岭垃圾填埋气发电
工程 …………………………… 157b
河北风电基地各规划风电场
地理位置示意 ………………… 132b
河北风电基地规划 …………… 131e
荷斯礁海上风电场 …………… 132b
黑龙江风电基地规划 ………… 133a
黑龙江省风电基地地理位置
示意 …………………………… 133c
恒定电压控制法 ………………… 257a
恒速感应型风电机组低电压穿越
实现方案………………………… 44a
恒速感应型风电机组经晶闸管
软并网原理图…………………… 76d
恒速感应型风电机组起动……… 76b
桁架塔基础 ……………………… 163e
横流式水轮机……………………… 14d
红限 ……………………………… 214f
后缘 ……………………………… 239d
户用光伏电源 …………………… 163a
滑动式振荡浮子波浪发电装置
…………………………………… 250e
化合物半导体薄膜太阳能
电池 …………………………… 133d
化学反应蓄热 …………………… 220d
化学防垢…………………………… 24b
化学氢化物………………………… 18d
化学吸收脱碳法 ………………… 250c
怀拉基地热电站 ……………… 134f
怀拉基地热电站全景 …………… 135a
淮安生物质发电厂 …………… 134d
环境防护距离 …………………… 155a
环太平洋地热带…………………… 29c
环形镜场…………………………… 34d
灰分 ……………………… 155f，196c
挥发分 …………………………… 196b
回灌井 ……………………………… 24f

混合式循环海洋热能转换系统
原理 …………………………… 131c
混合型叠层薄膜太阳能电池 …… 37f
混凝土工程 ……………………… 80c
活性炭 …………………………… 249f
活性炭脱硫法 …………………… 249f

J

机舱 …………………………… 136a
机舱安装 ………………………… 75b
机舱底座 ………………………… 136b
机舱吊装 ………………………… 75b
机舱防雷 ………………………… 39d
机舱罩 …………………………… 136c
机舱组装 ………………………… 75b
机械除垢 ………………………… 24a
机械堆叠法 ……………………… 37e
机械离心式变桨机构 ………… 226a
机械离心式变桨距调速 ……… 225f
机械式能量转换系统 …………… 10b
机械制动 ………………………… 251f
机械制动试验 …………………… 85b
积冰 ……………………………… 50e
基础变形计算 …………………… 79c
基础环安装 ……………………… 80b
基础结构强度计算 ……………… 79c
基础耐久性计算 ………………… 79c
基础稳定性计算 ………………… 79c
基础型式选择 …………………… 78f
基斯洛潮汐试验电站 …………… 16b
基于本地信号特征的防孤岛技术
…………………………………… 110c
基于全局状态特征的防孤岛技术
…………………………………… 110b
基于时序生产模拟的风电运行
分析 …………………………… 137d
吉林风电基地地理位置示意 … 137b
吉林风电基地规划 …………… 136f
极大风速 ………………………… 105a
极端风速 ………………………… 105d
极限风速 ………………………… 180a
急停按钮触发 …………………… 2f
集电系统 ………………………… 47b
集电系统故障快速切除 ………… 47f
集电线路 ………………………… 47c
集电线路设计 …………………… 46d
集合预报 ………………………… 101b
集合预报系统 …………………… 101b
集热场 …………………………… 219e
集热场效率 …………………… 137b
集中式独立光伏电站 ………… 163a
集中型光伏电站 ……………… 138c
集中型光伏电站系统 …………… 8f
集中型逆变器 …………………… 9a
几何攻角 ………………………… 239e
几何聚光比 …………………… 136e
几何弦 …………………………… 239d
计划性孤岛 ……………………… 110b
计算流体力学 …………………… 61d
计算域 …………………………… 62a
技术可利用资源储量 ………… 129e
技术与施工管理准备 …………… 53d
加导流罩的“海明Ⅰ”潮流发电
装置 …………………………… 15c
加拿大海洋能发电技术 ……… 139a
加压型固体氧化物燃料电池-
燃气轮机联合系统 ………… 109d
间接混合燃烧 …………………… 173e
间接制氢 ………………………… 146e
碱性氢-氧燃料电池 …………… 184c
碱性燃料电池 ………………… 139d
建筑附加光伏发电系统 ……… 140e
建筑光伏构件 …………………… 141a
建筑集成光伏发电系统 ……… 140f
建筑集成光伏发电系统设计
流程 …………………………… 141d
江苏风电基地地理位置示意 … 142b
江苏风电基地规划 …………… 141e
江厦潮汐电站 ………………… 142b
桨距角 …………………………… 99d
桨距调节 ………………………… 6d
桨叶 ……………………………… 239a
降落伞式海流发电装置 ……… 118c
交流母线型风光油互补发电
系统 …………………………… 160a
焦斑 ……………………………… 32a
焦线 ……………………… 179e，180c
铰接式振荡浮子波浪发电装置
…………………………………… 250e
接入电网检测 …………………… 98b
秸秆 ……………………………… 176b
秸秆理论资源量 ………………… 176b
秸秆资源可获得量 …………… 176c
秸秆资源评估 …………………… 176b
结构动力模态分析 ……………… 79d
结晶水 …………………………… 196b
金属氢化物 ……………………… 18a
金属氢化物高压复合储氢 ……… 18f
金属有机框架物 ………………… 18f
紧急停机 ………………………… 149b
紧急停机按钮试验 ……………… 84e
紧急有功功率支撑能力 ………… 63a
近岸式波浪发电装置 ………… 251c
近场尾流 ………………………… 229d
近地层 …………………………… 104f
近期水平年 ……………………… 51b
禁带 ……………………………… 214f
禁带宽度 ………………………… 147c
晶体硅太阳能电池 …………… 142f
净热 ……………………………… 156a
静电除尘除焦装置 …………… 201c
静止同步补偿器（STATCOM）
…………………………………… 66e
镜面反射比 ……………… 33f，179f
就地复位 ………………………… 90d
矩形镜场 ………………………… 34d
“巨鲸”号波浪发电装置 ……… 186a
飓风 ……………………………… 50c
聚光场 …………………… 137c，219f
聚光场采光口 …………………… 137c
聚光场采光口面积 …………… 137d
聚光器长度 ……………………… 179f
聚光器效率 ……………………… 136e
聚光太阳能电池 ………………… 217a
聚合物电解质燃料电池 ……… 252a
聚焦型集热器 …………………… 213e
卷扬机提升竖立 ………………… 164a
绝对功率限制 …………………… 67a

K

卡尔曼滤波 ……………………… 217f
卡林那，A.（Alexander Kalina）
…………………………… 5e，28a
卡林那循环 ……………… 5e，28a
卡林那循环地热发电 …………… 28c
卡林那循环地热发电流程图 …… 28c
卡林那循环热能转换系统原理 … 5f
卡曼湍流模型 …………………… 227d
开口尺寸 ………………………… 179f
开式循环海洋热能转换系统 … 145f
开式循环海洋热能转换系统
原理 ……………… 131b，146a
“看门狗”定时器中断 …………… 2f
“看门狗”试验 …………………… 84e
抗震设防烈度 …………………… 94e
可变荷载 ………………………… 79a
可持续发展世界峰会 ………… 194f
可回收利用物 …………………… 194c
可回收资源垃圾 ………………… 194c
可及资源基数 …………………… 29c
可开采量 ………………………… 29d
可燃垃圾 ………………………… 201b
可再生能源 ……………………… 146e
可再生能源发电利用系数 ……… 29b
可再生能源制氢 ……………… 146e
可照时数 ………………………… 223d

克劳德，G. (Georges Claude) …… 131a
克渥吉潮汐电站 …… 167d
空间太阳能电池 …… 217a
空气动力制动 …… 251d
空气极 …… 184a
空气塔式太阳能热发电系统 …… 211e
空气塔式太阳能热发电系统原理 …… 211f
空载测试 …… 77c
孔隙热储 …… 185c
控制系统 …… **148b**，46b
控制系统电源失电 …… 3a
库伦风电场 …… **149c**
快速热解 …… 202f
扩容法 …… 131b
扩展基础 …… 78e
扩展基础主体施工 …… 79f

L

垃圾仓 …… 152b
垃圾低位热值 …… 156a
垃圾发电供热锅炉 …… **151e**
垃圾分类 …… 194c
垃圾焚烧发电 …… **152a**
垃圾焚烧发电二次污染控制 …… **152f**
垃圾焚烧发电二次污染物 …… 155d
垃圾焚烧发电工程设计 …… **153e**
垃圾焚烧发电环境影响评价 …… **154c**
垃圾焚烧发电污染物控制 …… **155c**
垃圾焚烧发电系统 …… 152b
垃圾焚烧物质分析 …… **155e**
垃圾高位热值 …… 156a
垃圾渗滤液 …… 155c
垃圾填埋气 …… 156b
垃圾填埋气储存 …… 156e
垃圾填埋气发电 …… **156b**
垃圾填埋气净化加压 …… 156e
垃圾填埋气收集 …… 156d
垃圾无害化处理 …… 193f
拉德瑞罗地热电站 …… **151a**
拉索塔架基础 …… 163e
拉线式测风塔 …… 12d
朗道干热岩地热电站 …… 106f
朗肯，W. J. M. …… 28a
朗肯循环 …… 28a
朗肯循环地热发电 …… 28a
朗肯循环地热发电流程图 …… 28b
朗斯潮汐电站 …… **157b**
雷暴 …… 50f
雷尼镍 …… 140b
冷凝法 …… 250b
离岸式波浪发电装置 …… 251c
离网风光互补发电系统 …… **158a**
离网风光油互补发电系统 …… **159c**
离网风力发电系统 …… **160c**
离网光伏发电系统 …… **162e**
离网光伏逆变器 …… **163b**
离网型风力发电机组安装 …… **163c**
李坑垃圾发电厂 …… **157e**
里程碑节点计划 …… 52e
理论功率峰值 …… 130b
理论资源储量 …… 129e
理想气体状态方程 …… 17e
连续跟踪 …… 111f
联合循环地热发电 …… **164d**
联合循环地热发电流程图 …… 164e
联轴器 …… 19d
梁板式基础 …… 78e
两点支撑 …… 19d
裂解净化 …… 201d
裂隙热储 …… 185c
林业废弃物 …… **166a**
林业废弃物资源量 …… 166a
临近预报 …… 100e
磷酸燃料电池 …… **164f**，140c
磷酸燃料电池电堆 …… 165c
流动温度 …… 196e
流化床气化炉 …… 200a
陆基海洋温差电站 …… 131d
轮毂 …… 99a
轮毂高度 …… 96d
轮毂中心高度 …… 96d
螺杆膨胀机 …… 26f
螺栓维护 …… 87b

M

马兰风电场 …… 71b，95b
麦克白波泵 …… 250f
脉动风速 …… 105d
慢速热解 …… 202f
毛热 …… 156a
美国海洋能发电技术 …… **167c**
美国氢能利用技术路线图 …… 178b
孟家梁风电场 …… 246a
密度流 …… 117f
民和牧业沼气发电厂 …… **168b**
鸣梁海峡潮流试验电站 …… 228d
膜电极 …… 252c
膜分离技术 …… 157a
膜分离脱碳法 …… 250c
莫凯地热电站 …… 164f
木质素 …… 204a
木质纤维素类植物 …… 172b
目标点 …… 33e
目测法 …… 42f

N

纳瓦拉秸秆直燃发电厂 …… **169a**
南澳东半岛风电场 …… **169d**
南澳东半岛风电场和光伏电站 …… 170a
南澎岛风光互补海水淡化示范项目 …… 159b
内蒙古东部风电基地地理位置示意 …… 170f
内蒙古东部风电基地规划 …… **170d**
内蒙古库伦风电场风电机组 …… 150a
内蒙古西部地区大型风电基地规划容量 …… 171d
内蒙古西部地区风电基地地理位置示意 …… 171f
内蒙古西部风电基地规划 …… **171a**
内热 …… 26a
内在水分 …… 196b
内置主轴 …… 19e
内转子型永磁同步发电机 …… 243a
能源植物 …… **172a**
年等效满负荷利用小时数 …… 94f
年利用小时数 …… 130b
凝汽式发电 …… 24c
扭缆保护开关触发 …… 2f
扭缆保护装置 …… 181f
扭缆开关试验 …… 84e
农林生物质醇电联产 …… **172d**
农林生物质混合燃烧发电 …… **173c**
农林生物质加工处理 …… 200f
农林生物质燃料存储 …… 201a
农林生物质收集 …… 200f
农林生物质直燃纯燃发电 …… **174b**
农林生物质直燃发电 …… **174f**
农林生物质直燃热电联产 …… **175d**
农业废弃物 …… **176a**
浓淡电池法 …… 237e
暖流 …… 117f

O

欧美氢能利用技术路线图 …… **177e**
欧盟氢能利用技术路线图 …… 177e
偶然荷载 …… 79a

P

抛物面槽式集热器 …… 180f
抛物面槽式聚光器 …… **179a**
抛物面槽式聚光器工作原理 …… 179e
抛物面槽式聚光器结构示意 …… 179c

抛物面槽式太阳能热发电系统 ·········· 180b
抛物面槽式太阳能热发电系统原理图 ·········· 180d
抛物面槽式吸热管 ·········· 180e
抛物面槽式吸热管结构示意图 ·········· 180f
配位氢化物 ·········· 18c
喷淋塔 ·········· 201c
疲劳分析 ·········· 79c
偏差量控制 ·········· 67a
偏航传感器 ·········· 181e
偏航控制 ·········· 149b
偏航驱动装置 ·········· 181d
偏航系统 ·········· 181c
偏航系统调试 ·········· 86c
偏航系统维修 ·········· 82c
偏航制动装置 ·········· 181e
偏航轴承 ·········· 181e
漂浮海洋温差电站 ·········· 131d
漂浮式波浪发电装置 ·········· 10c
漂浮式潮流发电装置 ·········· 14c
漂浮式海洋热能转换系统 ·········· 146c
漂浮式越浪波浪发电装置 ·········· 244d
漂流 ·········· 117f
平板式固体氧化物燃料电池 ·········· 108d
平板太阳能电池 ·········· 217a
平板型集热器 ·········· 213a
平单轴跟踪 ·········· 111d
平动型机械传动机构 ·········· 10c
平衡部件 ·········· 218e
平衡控制 ·········· 67b
平滑效应 ·········· 69d
平均风速 ·········· 105a
平均无故障时间 ·········· 61c
普通异步发电机控制策略 ·········· 83f
曝辐量 ·········· 222c

Q

气袋型干法发酵装置 ·········· 248b
气动式能量转换系统 ·········· 10b
气动效率 ·········· 239e
气候学计算方法 ·········· 223f
气流床气化炉 ·········· 200b
气象灾害预警信号 ·········· 50c
前缘 ·········· 239d
潜热储存 ·········· 214a
潜热蓄热 ·········· 220d
浅层地温能 ·········· 31a
腔式吸热器 ·········· 233c
撬棒电路 ·········· 44c
切出风速 ·········· 96d
切入风速 ·········· 96d
氢 ·········· 182b
氢能 ·········· 182a
氢能发电 ·········· 182e
倾斜面太阳总辐射辐照量 ·········· 224b
清洁发展机制 ·········· 168b
区域风能资源评估 ·········· 102b
区域太阳能资源评估 ·········· 223e
曲管地温表 ·········· 31a
取柴系数 ·········· 166a
全功率变流器 ·········· 7d，243a
全功率变流型风电机组低电压穿越实现方案 ·········· 44d
全功率变流型风电机组起动 ·········· 76e
全贯流式机组 ·········· 115e
全贯流式机组布置图 ·········· 115f
全球表层海水与1000m海水深处温度差分布情况 ·········· 232d
全球大气环流模式 ·········· 100f
全球大气环流模式格点资料 ·········· 100f
全球地热资源 ·········· 29d
全球风能资源 ·········· 101c
全球海水大致的盐度分布 ·········· 237c
全球平均波功率密度分布图 ·········· 11f
全球生物质能资源潜力 ·········· 198b
全球太阳能资源 ·········· 222d
全扇区相关法 ·········· 50a

R

燃料电池 ·········· 184a
燃料极 ·········· 184a
染料敏化太阳能电池 ·········· 184f
染料敏化太阳能电池结构图 ·········· 185b
扰动观测法 ·········· 257b
热储 ·········· 29f，185c
热储层 ·········· 185c
热管式热头 ·········· 185d
热化学制氢 ·········· 147f
热解 ·········· 202e
热流 ·········· 26b
热头 ·········· 185c
热污染 ·········· 23d
人工光合作用制氢 ·········· 147d
人力牵拉竖立 ·········· 164a
日本“海明”号波浪发电船 ·········· 185f
日本海洋能发电技术 ·········· 185f
容积式吸热器 ·········· 233d
容量系数 ·········· 68f，91a
熔融碳酸盐燃料电池 ·········· 186e
熔融碳酸盐燃料电池与燃气轮机联合发电系统 ·········· 187d
熔融盐 ·········· 211d
熔融盐塔式太阳能热发电系统 ·········· 211c
熔融盐塔式太阳能热发电系统原理 ·········· 211d
柔性变桨距调速 ·········· 226b
柔性波浪发电装置 ·········· 187f
柔性袋波浪发电装置 ·········· 188b
柔性直流输电系统 ·········· 125c
如东潮间带风电场 ·········· 188d
软化温度 ·········· 196e
软囊式波浪能俘获系统 ·········· 10a

S

塞流式反应器 ·········· 247e
三点支撑 ·········· 19e
三结硅基薄膜电池 ·········· 116e
“三同时”原则 ·········· 53a
三维尾流模型 ·········· 230a
散射辐射 ·········· 22b，224b
沙尘暴 ·········· 51a
山东海上风电基地地理位置示意 ·········· 191f
山东海上风电基地规划 ·········· 191c
闪速热解 ·········· 202f
闪蒸地热发电系统 ·········· 192c
闪蒸法 ·········· 131b
单县生物发电厂 ·········· 191f，175d
扇区控制运行 ·········· 90c，170c
扇形镜场 ·········· 34d
上风向式风电机组 ·········· 95f
上海老港垃圾填埋气发电项目 ·········· 192e
上海世博园光伏发电系统 ·········· 193a
上吸式气化炉 ·········· 199f
上原循环 ·········· 6a
上原循环热能转换系统原理 ·········· 6b
设备运行指标 ·········· 69a
设得兰波浪发电厂 ·········· 127f
设计点功率 ·········· 221e
社会许可 ·········· 129f
砷化镓太阳能电池 ·········· 193e
深度冷冻处理技术 ·········· 156f
深度冷冻脱氮 ·········· 156f
深圳市市政环卫综合处理厂 ·········· 152e，195b
渗出液储存箱型干法发酵装置 ·········· 248b
渗透率 ·········· 160c
渗透压 ·········· 237e
渗透压法 ·········· 237e
渗析 ·········· 237e
渗析电池法 ·········· 237e

升流式固体反应器 …………… 247f
升流式厌氧污泥床 …………… 247f
升压变电站……………………… 47c
升压变电站运行监控系统……… 58b
升压变电站站用电系统………… 43c
升压变电站综合自动化系统…… 58b
升压站用电率…………………… 69c
升阻比 ………………………… 239e
生产井…………………………… 25b
生存风速………………………… 96e
生活垃圾 ……………………… 193f
生物柴油 ……………………… 172c
生物法制氢 …………………… 147e
生物过滤脱硫法 ……………… 250b
生物脱硫 ……………………… 250b
生物洗涤脱硫法 ……………… 250b
生物性污染 …………………… 155d
生物质 ………………………… 197f
生物质醇电联产生产流程图 … 173a
生物质醇电联产原理图 ……… 172e
生物质低位发热量 …………… 196e
生物质低位热值 ……………… 196e
生物质发电 …………………… 194d
生物质发电工程可行性研究 … 195b
生物质发电燃料分析 ………… 195e
生物质发电系统 ……………… 194d
生物质发热量 ………………… 196d
生物质高位发热量 …………… 196d
生物质高位热值 ……………… 196d
生物质灰熔点 ………………… 196e
生物质甲醇燃料电池发电 …… 196f
生物质能 ……………………… 197c
生物质能转换装置 …………… 194e
生物质能资源 ………………… 197f
生物质气化 …………………… 198f
生物质气化发电 ……………… 198f
生物质气化炉 ………………… 199e
生物质气化燃料电池发电 …… 200b
生物质气化燃气发电 ………… 199a
生物质全水分 ………………… 196b
生物质燃料成型技术 ………… 201a
生物质燃料电池发电 ………… 200e
生物质燃料工业成分分析 …… 196a
生物质燃料收集与储运 ……… 200e
生物质燃料元素分析 ………… 196c
生物质燃气净化 ……………… 201b
生物质燃气轮机 ……………… 199c
生物质燃气内燃机 …………… 199c
生物质燃烧发电环境影响评价
……………………………… 201e
生物质热分解 ………………… 147f
生物质热解燃烧特性 ………… 202e
生物质热解制氢 ……………… 147f
生物质热值 …………………… 196d
生物质生化转化 ……………… 204a
生物质生化转化技术 ………… 203d
生物质生化转化特性 ………… 203d
生物质水冷振动炉排锅炉 …… 204d
生物质循环流化床锅炉 ……… 205a
生物质厌氧发酵 ……………… 147e
生物质着火温度 ……………… 203b
生物质整体气化联合循环发电
……………………………… 205e
生物质整体气化联合循环发电
系统 ………………………… 205e
生物质制氢 …………………… 147b
失电保护试验…………………… 84d
失速 …………………………… 239f
失速型风电机组………………… 83e
施工进度控制…………………… 52e
湿法过滤 ……………………… 201d
湿式发酵 ……………………… 247e
湿式脱硫 ……………………… 250a
湿式洗气法 …………………… 153b
十里泉发电厂 ………………… 174b
实际可利用资源储量 ………… 129f
矢量控制技术…………………… 84b
始华湖潮汐电站 ……………… 206a
始华湖潮汐电站厂房内景 …… 206d
始华湖潮汐电站外景 ………… 206b
世界地热电站…………………… 22f
世界地热有用资源……………… 29d
世界各国风电功率预测系统…… 73b
世界最大潮差…………………… 15f
手动变桨测试…………………… 86b
手动并网试验…………………… 86d
鼠笼型异步发电机 …………… 207b
竖井贯流式机组 ……………… 115b
竖井贯流式机组布置图 ……… 115c
数据完整性检验………………… 13c
数字高程模型 ………………… 223c
双玻建筑光伏构件结构 ……… 141a
双缸旋转式斯特林机 ………… 208f
双罐间接蓄热系统 …………… 221b
双罐间接蓄热系统工作原理 … 221c
双罐直接蓄热系统 …………… 220e
双罐直接蓄热系统工作原理 … 220f
双极板 ………………… 109b，187c
双结硅基薄膜电池 …………… 116e
双库连续发电潮汐电站 ……… 206e
双馈感应型风电机组低电压穿越
实现方案……………………… 44b
双馈感应型风电机组起动……… 76d
双馈感应型风电机组转子撬棒
电路示意图…………………… 44c
双馈异步发电机 ……………… 207b
双馈异步发电机控制策略……… 84a
双向脉冲宽度调制交-直-交变流器
……………………………………… 7b
双循环法………………………… 28a
双轴跟踪系统 ………………… 111e
双轴跟踪系统机械结构图 …… 111f
水分 …………………………… 155e
水轮机式潮流发电……………… 14b
“水蟒”波浪发电装置………… 188a
水平面散射辐射辐照量 ……… 224b
水平面直接辐射………………… 21e
水平面直接辐射辐照度………… 22b
水平面直接辐射辐照量 ……… 224b
水平面总辐射辐照量 ………… 224b
水平轴风电机组………………… 95e
水平轴风电机组常见分类方式
………………………………… 96a
水平轴式水轮机………………… 14d
水热型地热资源………………… 30d
水源热泵技术…………………… 31b
水/蒸汽塔式太阳能热发电系统
……………………………… 211b
水/蒸汽塔式太阳能热发电系统
原理 ………………………… 211c
顺桨 ……………………………… 6d
瞬时风速 ……………………… 105a
斯特林，R.（Robert Stirling，
1790—1878） ……………… 208a
斯特林发动机 ………………… 208a
斯特林机 ……………………… 208a
斯特林机工作循环运动过程
示意图 ……………………… 208b
斯特林循环 …………………… 208b
“四通一平” ……………………… 53d
饲养期…………………………… 17c
松川地热电站…………………… 24d
送出线损率……………………… 69c
苏格兰可再生能源发展项目 … 127e

T

塔架 ………………… **210a**，161a
塔架安装………………………… 74e
塔架吊装………………………… 74f
塔架维护………………………… 87e
塔架振动固有频率与阻尼测量
………………………………… 86c
塔内升降机 …………………… 210e
塔式太阳能热发电系统 ……… 211b
塔筒运输………………………… 89b
塔影效应 ……………………… 210f

台风 …… 50c
台风预警信号 …… 50d
太平洋主要海流分布 …… 118b
太阳常数 …… 30e
太阳赤纬 …… 22a
太阳辐射 …… 212b
太阳辐射计算方法 …… 223e
太阳高度角 …… 21f
太阳黑子 …… 212c
太阳活动 …… 212c
太阳能 …… 212d
太阳能低温热利用 …… 214c
太阳能电池 …… 214e
太阳能电池板 …… 113f
太阳能电池标准测试条件 …… 216a
太阳能电池分类 …… 216d
太阳能电池组件 …… 113f
太阳能短期预报 …… 217e
太阳能高温热利用 …… 214d
太阳能光发电 …… 218a
太阳能光伏发电 …… 218c
太阳能热发电 …… 219e
太阳能热发电系统 …… 219e
太阳能热发电蓄热系统 …… 220c
太阳能热发电站 …… 219e
太阳能热发电站设计点 …… 221d
太阳能热发电站选址 …… 221f
太阳能热利用 …… 214c
太阳能制氢 …… 147b
太阳能中温热利用 …… 214c
太阳能资源 …… 222b
太阳能资源测量 …… 223a
太阳能资源评估 …… 223c
太阳时角 …… 22a
太阳总辐射稳定度 …… 224d
太阴日 …… 15f
太阴月 …… 15f
弹性变桨距机构原理图 …… 226b
弹性变桨距调速 …… 226b
糖化单元 …… 204c
桃花山填埋气体发电厂 …… 249d
特许经营期 …… 91d
特许权招投标 …… 91f
梯度流 …… 117f
梯级利用 …… 236d
梯形镜场 …… 34d
天气型分类 …… 102c
调峰能力 …… 63a
调频能力 …… 63a
调速机构 …… 224f
调向机构 …… 160f
通航安全影响论证与评估 …… 120e
通量聚光比 …… 114d
同步发电机 …… 242e
同步发电机控制策略 …… 84b
同步糖化发酵技术 …… 204b
同步相量测量装置 …… 45f
同步转速 …… 207d
同质结太阳能电池 …… 216e
铜铟镓硒薄膜太阳能电池 …… 134a
铜铟硒（CIS）太阳能电池 …… 134a
统合生物工艺 …… 204b
透明型建筑光伏构件 …… 141b
湍流 …… 226d
湍流脉动 …… 226e
湍流模型 …… 226d
湍流强度 …… 227a
湍流输运 …… 62b
湍流输运模型 …… 62b
推流式反应器 …… 247e

W

外热 …… 26a
外在水分 …… 196a
外置式吸热器 …… 233c
外转子型永磁同步发电机 …… 243a
“万向Ⅰ”潮流发电装置 …… 254f
万向Ⅰ潮流能实验电站 …… 16d
“万向Ⅰ”潮流试验电站 …… 118f
“万向Ⅱ”潮流发电装置 …… 255a
网格划分 …… 61f
威布尔分布 …… 105a
威海市民文化中心光伏发电系统 …… 229a
微电网混合发电系统 …… 236a
微生物燃料电池发电 …… 231b
微网 …… 236a
微藻 …… 172c
韦纳穆生物质整体气化联合循环发电厂 …… 230e，195a
维护成本指标 …… 69b
卫星反演方法 …… 223f
尾流 …… 229c
尾流模型 …… 229c
尾流下降系数 …… 230b
尾流效应 …… 229c
尾翼 …… 160f
温差能 …… 232a，128d，130b
温度分层 …… 104e
温跃层 …… 221a
文氏管洗涤器 …… 201c
紊流区示意图 …… 163d
稳定大气 …… 104e
污泥床滤器 …… 248a
无功电压控制技术要求 …… 97d
无功功率控制 …… 90b
无量纲风切变 …… 104e
无组织排放 …… 202b
物理化学吸收法 …… 250a
物理水分 …… 196b
物理吸收脱碳法 …… 250b
物资准备 …… 53d
雾凇 …… 50e

X

吸附干燥法 …… 250b
吸附水分 …… 196b
吸附脱碳法 …… 250c
吸气剂 …… 181a
吸热器 …… 233a，185c
吸热体 …… 233b
吸收法 …… 250b
吸收脱碳法 …… 250b
汐 …… 15f
系留系统 …… 10c
系统冷源 …… 5d
系统热源 …… 5d
狭管效应 …… 253b
下风向式风电机组 …… 95f
下吸式气化炉 …… 200a
夏威夷开式循环海洋温差能试验电站 …… 233e
纤维素 …… 203e
纤维素聚合度 …… 203e
显热储存 …… 214a
显热蓄热 …… 220c
现场测风 …… 49d
现场准备 …… 53d
限功率调试 …… 86e
限扇区控制运行 …… 90c
限扇区运行 …… 170c
限速机构 …… 161a
线性菲涅耳聚光集热器 …… 234b
线性菲涅耳聚光集热器结构示意 …… 234c
线性菲涅耳式太阳能热发电系统 …… 234a
箱式变电站基础 …… 64e
项目财务经济效益评价 …… 92f
项目技术水平评价 …… 92e
项目经营管理评价 …… 92f
肖特基结太阳能电池 …… 216f
小尺度数值模拟 …… 102e
小东梁风电场 …… 245f
小型风电机组 …… 95e，160e
斜单轴跟踪 …… 111d

斜温层 …… 221a
携带床气化炉 …… 200b
新疆哈密风电基地地理位置示意 …… 235a
新疆哈密风电基地规划 …… 234e
新能源 …… 100b
新能源发电 …… 235c
新能源互补发电系统 …… 235c
新能源与传统能源互补发电系统 …… 235f
休眠期 …… 19a
畜禽粪便 …… 17b
畜禽粪便排泄系数 …… 17c
畜禽饲养量 …… 17c
蓄电池 …… 218e
旋风分离器 …… 201b
选择性吸收涂层制备技术 …… 181a
循环半干洗气法 …… 153b

Y

雅克-阿尔塞纳·达松瓦尔(Jacques-Arsène d'Arsonval) …… 131a
岩浆型地热资源 …… 30d
岩石锚杆基础 …… 78f
盐差能 …… 237a，128e，130b
盐池式热头 …… 185e
盐度差发电 …… 237d
厌氧消化器 …… 247d
羊八井地热电站 …… 238a
羊八井光伏电站 …… 238f
洋流 …… 129b
氧化铁脱硫法 …… 249f
氧化锌脱硫法 …… 249f
耀斑 …… 212d
叶柄 …… 239c
叶根连接结构 …… 239c
叶尖扰流器 …… 239c，251d
叶尖刹车 …… 239c
叶尖速比 …… 99d
叶绿素电池 …… 218c
叶轮式海流发电装置 …… 118c
叶片 …… 239a
叶片安装角 …… 240e
叶片变桨距调速 …… 225f
叶片材料 …… 239f
叶片独立变桨 …… 6e
叶片防雷 …… 39d
叶片检修 …… 81f
叶片剖面 …… 239d
叶片气动特性 …… 239e
叶片失速 …… 83d
叶片同步变桨 …… 6e
叶片维护 …… 87c
叶片翼型 …… 239d
叶片运输 …… 88f
叶素 …… 240c
叶素-动量理论 …… 240a
叶素分析法 …… 240c
液动式能量转换系统 …… 10b
液结太阳能电池 …… 217a
液态有机氢化物 …… 18d
液体结 …… 218b
液压变桨系统 …… 6e
液压式能量转换系统 …… 10b
液压系统 …… 84f
液压系统维护 …… 87d
液压制动系统调试 …… 86b
液压自举式拖车运输叶片示意图 …… 89b
一级进度计划 …… 52e
一体化制备法 …… 37e
一维尾流模型 …… 229f，230a
异步发电机 …… 207b
异质结 …… 39f
异质结电池 …… 143b，143f
异质结太阳能电池 …… 39f，216f
英国 LIMPET 波浪电站 …… 11d
英国海洋能发电技术 …… 241a
迎角 …… 240e
永磁同步发电机 …… 242e
永久荷载 …… 79a
涌浪 …… 128d
用户电能计量方式 …… 40f
有功功率控制 …… 90b
有功功率控制技术要求 …… 98a
有功功率/无功功率调节能力检测 …… 82f
有机太阳能电池 …… 243c
有效利用资源量 …… 26e
有效小时数 …… 103b
有效载荷能力 …… 90f，91b
有用资源 …… 29d
余弦损失 …… 32a，179e
宇宙用碱性燃料电池 …… 139f
雨淞 …… 50e
预防性试验 …… 42f
圆筒式固体氧化物燃料电池 … 108c
远场尾流 …… 229e
远动系统 …… 45c
远方复位 …… 90d
远景水平年 …… 51b
远期水平年 …… 51b
越浪式波浪发电装置 …… 243f
越浪式波浪能俘获系统 …… 10a

Z

载流子 …… 214f
造价管理 …… 53b
增强型地热系统 …… 106e
增速箱 …… 16e
斩波电路 …… 44c
张北风光储输示范工程 …… 245a
张北风光储输示范工程一期全景 …… 245c
张北风光储输示范工程一期总体构架 …… 245e
沼气 …… 147e，247d，248c
沼气-柴（汽）油混烧发动机 …… 248f
沼气池 …… 247d，248f
沼气发电 …… 248c
沼气发电机组 …… 248f
沼气发电系统工艺流程图 …… 248e
沼气发生器 …… 249c
沼气净化 …… 249e
沼气气源要求 …… 248d
沼气脱硫 …… 249e
沼气脱水 …… 250b
沼气脱碳 …… 250b
沼气厌氧发酵 …… 247d
沼气厌氧消化 …… 247d
沼液 …… 17c，247d
沼渣 …… 247d
折叠塔杆竖立 …… 164b
真空管集热器 …… 213c
振荡浮子式波浪发电装置 …… 250c
振荡浮子式波浪能俘获系统 …… 10a
振荡水柱波浪发电装置能量转换示意图 …… 251b
振荡水柱式波浪发电装置 …… 251a
振荡水柱式波浪能俘获系统 …… 9f
振动试验 …… 84d
振动限位开关触发 …… 2f
蒸馏法 …… 155f
蒸汽压差法 …… 237f
整流罩 …… 99b
整体吊装竖立 …… 164c
整体结构刚度 …… 34a，180a
整体式碟式聚光器 …… 32a
正常停机 …… 149a
支路型逆变器 …… 9a
直接辐射 …… 21e，224a
直接混合燃烧 …… 173c
直接微生物燃料电池 …… 231d
直接氧化法 …… 250a

直接制氢 …… 147b
直流母线型风光油互补发电系统 …… 159d
直驱型传动结构 …… 19e
直射比 …… 224e
直射比等级 …… 224e
制动器 …… 161a
制动系统 …… 251c
制动系统检修 …… 82e
质子交换膜燃料电池 …… 252a
中倍聚光 …… 217a
中尺度数值模拟 …… 102e
中、低温地热田 …… 28f
中国9大风电基地规划开发规模汇总表 …… 73f
中国15kW海洋温差发电试验装置 …… 6c
中国地热电站 …… 23a
中国地热资源储量 …… 29d
中国风电并网标准规定的风电场无功容量配置原则 …… 97e
中国风能资源 …… 252f，101d
中国风能资源丰富区 …… 253a
中国风能资源较丰富区 …… 253a
中国风能资源可利用区 …… 253c
中国风能资源一般区 …… 253c
中国海洋能发电技术 …… 254e
中国海域海洋能资源储量 …… 130e
中国近海70m高度年平均风功率密度分布 …… 254b
中国近海100m高度风能资源技术可开发量 …… 254c
中国近海风能资源 …… 254a
中国陆上70m高度年平均风功率密度分布 …… 253f
中国陆上风能资源 …… 253d
中国上海世博中心光伏屋顶 …… 193b
中国太阳能资源 …… 222e
中国太阳能资源分布 …… 222f
中国太阳能资源总量等级划分及分布区域 …… 222f
中国“鹰式一号”波浪发电装置 …… 11b
中国最大潮差 …… 15f
中弧线 …… 239d
中间介质法 …… 28a，131b
中温地热资源 …… 29a
中温燃料电池 …… 184b
中温热解 …… 147f
中性大气 …… 104e
重力式基础 …… 122f，126c
重力式基础施工 …… 122f
轴流式水轮机 …… 14d
轴伸贯流式机组 …… 115a
轴伸贯流式机组布置图 …… 115a
轴向诱导因子 …… 4f
主动式防孤岛法 …… 110c
主动式直接甲醇燃料电池 …… 197a
主动型单罐直接蓄热系统 …… 221a
主动型间接蓄热系统 …… 221b
主动型双罐直接蓄热系统 …… 220e
主动型蓄热系统 …… 220e
主动型直接蓄热系统 …… 220e
主聚光器 …… 234b
主轴承 …… 19c
助爬器 …… 210e
转动型机械传动机构 …… 10b
桩基础 …… 78e
桩基施工 …… 80f
桩基式潮流发电装置 …… 14c
桩及承台基础施工 …… 123c
状态监测 …… 43b
锥形槽式波浪发电装置 …… 244b
资料同化 …… 100f
自动变桨测试 …… 86b
自动并网试验 …… 86e
自动净化器 …… 249c
自动偏航试验 …… 85a
自回归滑动平均模型 …… 217f
自立式测风塔 …… 12d
自然环境许可 …… 129f
自用电系统 …… 31d
自由电解液型碱性燃料电池 …… 140b
自由活塞式斯特林机 …… 208c
纵向湍流强度 …… 227b
总辐射 …… 21e，22d，224a
总辐射年总辐照量 …… 22d
总进度计划 …… 52e
总量等级 …… 224d
综合场用电率 …… 69c
组件型逆变器 …… 9a
组织准备 …… 53c
钻探 …… 30b
最大风速 …… 105a
最大功率点 …… 256f
最大功率点跟踪 …… 256f
最佳倾角 …… 138f，224c
最佳闪蒸压力 …… 192c
最佳叶尖速比 …… 99e
作业进度计划 …… 52f
座底式潮流发电装置 …… 14c

1MW Open Centre 潮流发电装置 …… 177d
3MW SeaGen U 潮流发电装置概念图 …… 191f
250kW Open Centre 潮流发电装置 …… 177c
300kW SeaFlow 潮流发电装置 …… 190d
30kW 岸基重力摆式波浪发电装置 …… 256e
“863”计划 …… 146f
2012年世界地热发电装机容量 …… 23a

Agucadoura 波浪发电厂 …… 128b
Alholmens Kraft 发电厂 …… 175f
AquaBuOY 波浪发电装置 …… 139c
ARMA model …… 217f
CBP …… 204b
CDM …… 168b
CETO 波浪发电装置 …… 3b
CFD …… 61d
DEM …… 223c
DHI …… 21f
DNI …… 21f
EC …… 90f
EGS …… 106e
ELCC …… 90f
Energetech 振荡水柱式波浪发电装置 …… 3d
E. ON 可再生能源发展项目 …… 127d
Eurelios 电站 …… 220a
Evopod 潮流发电装置 …… 241d
HHV …… 196d
HIT 电池 …… 143d
HIT 结构 …… 39f
HS1000 型潮流发电装置 …… 117a
IBC 电池 …… 143b
Jensen 模型 …… 230a
Kobold 潮流发电装置 …… 145a
LHV …… 196d
LIMPET500 波浪发电装置 …… 242b
MEA …… 252f
mini-OTEC 海洋温差能转换试验电站 …… 167a
MOLB …… 108d
MOS 预报技术 …… 101a
MS 电池 …… 216f
MWP …… 250f
Neptune Proteus 潮流发电装置 …… 241e
n 型晶体硅电池 …… 143b
Open Centre 潮流发电装置 …… 177a

OSPREY 2000 波浪发电装置 ………………………… 242a
Oy Alholmens Kraft 生物质燃料发电厂 ………………… 174a
PB40 波浪发电装置 …………… 168a
PB150 波浪发电装置 …………… 168a
PERL 电池 ……………………… 143b
PFR ……………………………… 247e
PWM ……………………………… 7b
p 型常规产业化电池 …………… 143c
p 型单晶硅电池 ………………… 143f
p 型多晶硅电池 ………………… 143f
p 型晶体硅电池 ………………… 143a
RTT 潮流发电装置（Rotech Tidal Turbine） ……………… 241e
SeaGenS 潮流发电装置 ………… 190a
SEGS Ⅰ ………………………… 180c
SES 碟式斯特林太阳能热发电系统 ………………………… 191a
SHF ……………………………… 204b
SSF ……………………………… 204b
Stingray 潮流发电装置 ………… 241f
SWT ……………………………… 95e
TAPCHAN 波浪发电装置 …… 244a
Tidal Bridge 潮流发电装置 …… 139b
TidEL 潮流发电装置 ………… 241c
UASB …………………………… 247f
UBF ……………………………… 248a
Uldolmok 潮流发电装置 ……… 228a
UPS ……………………………… 31e
USR ……………………………… 247f
YSZ ……………………………… 108a

α 型斯特林机 …………………… 208f
β 型斯特林机 …………………… 208c

插 图 索 引

阿里光水油储互补发电系统方案架构 …… 1
阿里雄巴乡独立光伏电站配置结构图 …… 2
岸基式海洋热能转换系统形象 …… 146
八达岭太阳能热发电实验电站 …… 4
八达岭太阳能热发电实验电站系统流程图 …… 4
半直驱型传动结构 …… 19
贝茨极限计算简图 …… 5
贝赖那波浪发电厂预选厂址 …… 128
被动型蓄热系统工作原理 …… 221
闭式循环热能转换系统原理 …… 5
变桨距风电机组功率-转速控制 …… 83
变桨距控制执行系统原理 …… 149
变速风电机组惯量控制框图 …… 8
标准太阳光谱 …… 216
并网光伏逆变器工作原理 …… 8
波龙发电装置实物及结构、原理图 …… 244
玻璃-金属真空集热管 …… 213
不同地面粗糙度条件下，水平风速沿高度变化的示意图 …… 103
不同桨距角时 C_P-λ 曲线 …… 99
不同温度下的橡胶木热解产物含量变化图 …… 202
采用风轮偏置和翻转舵板限速机构的风电机组 …… 225
采用生物质水冷振动炉排锅炉的生产系统图 …… 204
测风塔上设备布置示意图 …… 12
测风仪测量的瞬时风速 …… 226
策尔特韦格木屑-煤混合燃烧发电厂循环流化床气化炉系统图 …… 12
常规晶体硅太阳能电池的温度特性和辐照度特性 …… 144
常压型固体氧化物燃料电池联合发电系统 …… 109
潮间带多角架单柱导管架基础安装 …… 123
潮汐潟湖发电运行周期 …… 13
潮汐潟湖示意图 …… 13
齿轮箱传动型风电机组的机舱底座 …… 136
齿轮箱传动型结构 …… 19
储能参与系统调频示意 …… 247
垂直轴风电机组外形图 …… 96
丹麦荷斯礁海上风电场 …… 132
丹麦荷斯礁海上风电场内风轮的尾流 …… 229
单级闪蒸地热湿蒸汽发电流程图 …… 27
单库单向潮汐电站枢纽布置和工作周期 …… 20
单库双向潮汐电站枢纽布置及工作周期 …… 21
单县生物发电厂 …… 192
单向脉冲宽度调制变流器与永磁同步发电机配合应用 …… 7
单轴跟踪系统机械结构图 …… 111
弹性变桨距机构原理图 …… 226
灯泡贯流式机组布置图 …… 115
低电压穿越能力检测电路示意 …… 113
地热干蒸汽发电流程图 …… 24
地热全流发电流程图 …… 26
碲化镉薄膜太阳能电池结构示意 …… 134
典型玻璃衬底上硅基薄膜双叠层电池结构示意图 …… 116
典型的平板型集热器 …… 213
典型定日镜场分布示意图 …… 34
典型晶体硅太阳能电池外观 …… 143
典型晶体硅太阳能电池组件 …… 114
电动卷扬机（或人工绞盘）提升竖立示意图 …… 164
吊桩 …… 81
碟式聚光器工作原理 …… 31
定日镜跟踪太阳原理示意图 …… 33
定日镜实物 …… 33
东福山岛 18m 高度风能玫瑰图 …… 35
东福山岛 18m 高度年平均风速和风功率分布 …… 35
东福山岛风光油储微电网结构示意图 …… 35
东福山岛风力发电机组与光伏阵列 …… 35
东福山电站 …… 35
东海大桥风电场 …… 36
东海大桥风电场总体布置 …… 36
动态潮汐能发电堤坝沉箱和双向水轮发电机组示意图 …… 37
动态潮汐能发电堤坝示意图 …… 36
多碟式聚光器 …… 32
多级闪蒸地热湿蒸汽发电流程图 …… 27
舵轴倾斜角不同时迎风调向力矩变化趋势 …… 225
法国朗斯潮汐电站全景 …… 157
法向直接辐射、水平面直接辐射示意图 …… 21
分布式并网光伏发电系统 …… 8

分布式风力发电系统 …… 40
风电场低电压穿越要求 …… 59
风电场电力生产示意图 …… 94
风电场集电系统接线 …… 47
风电场流场数值计算流程 …… 61
风电场群集控系统结构示意图 …… 62
风电场容量可信度示意图 …… 91
风电场升压变电站站用电系统示意图 …… 43
风电场升压变电站主接线示意图 …… 48
风电场无功电压控制系统功能拓扑图 …… 65
风电功率预测系统软件结构 …… 72
风电功率预测系统硬件结构示意 …… 73
风电机组安全链系统 …… 2
风电机组安装作业场地平面布置示意图 …… 54
风电机组齿轮箱结构 …… 17
风电机组低电压穿越测试系统一次设备单相构成框图 …… 77
风电机组典型功率曲线 …… 89
风电机组电动变桨执行机构 …… 7
风电机组电气仿真模型结构 …… 77
风电机组电气接线 …… 47
风电机组防雷系统构成 …… 39
风电机组机械制动装置 …… 251
风电机组基础钢筋工程 …… 80
风电机组监控系统结构图 …… 58
风电机组控制系统结构 …… 148
风电机组控制系统主要功能 …… 148
风电机组塔架 …… 210
风电机组液压变桨执行机构 …… 6
风电耦合制氢储能系统研究总体方案示意 …… 147
风光互补发电系统 …… 219
风光互补路灯照明系统 …… 159
风轮偏置、尾舵重力矩限速机构（风电机组限速工作状态） …… 225
风轮偏置、尾舵重力矩限速机构（风电机组正常工作状态） …… 225
风轮平面 d*r* 圆环示意图 …… 240
风轮起吊 …… 75
风轮上仰偏离风向风电机组的限速状态 …… 225
风轮上仰偏离风向风电机组的正常工作状态 …… 225
风轮叶片外观 …… 239
风轮整流罩 …… 99
风能转换及利用 …… 100
风向频率玫瑰图 …… 105
风压变桨距机构 …… 226
冯·卡门湍流模型与卡曼湍流模型 …… 227
浮式基础样机 …… 127
盖瑟尔斯地热电站 55MW 机组系统图 …… 106
盖瑟尔斯地热田一座发电厂外景 …… 106
干热岩发电示意图 …… 107
甘肃低窝铺风电场监控室 …… 57
甘肃酒泉风电基地地理位置示意 …… 107
高温湿蒸汽地热井井口装置示意图 …… 25
高桩承台基础 …… 123
格尔木光伏电站 …… 107
各种发电方式的发电效率比较 …… 182
跟踪调度计划示意 …… 247
固定床气化炉示意图 …… 199
固体氧化物燃料电池原理示意图 …… 108
管式热头 …… 185
光伏电站 …… 218
光伏发电区与主站 …… 246
光伏逆变器电能质量测试检测电路 …… 112
光伏逆变器电压/频率异常响应检测电路 …… 113
光伏逆变器防孤岛效应测试电路图 …… 112
光伏阵列输出功率-电压曲线图 …… 257
光伏组件封装结构剖面示意图 …… 114
广东汕尾 100kW 波浪电站 …… 256
硅基薄膜太阳能电池的电流电压特性 …… 116
贵州韭菜坪风电场容量系数分布图 …… 62
“海能Ⅱ”2×100kW 潮流发电装置 …… 119
“海能Ⅰ”2×150kW 潮流发电装置 …… 118
“海能Ⅲ”2×300kW 潮流发电装置 …… 119
海上风电机组单桩式基础 …… 126
海上风电机组导管架式基础 …… 126
海上风电机组分体安装 …… 124
海上风电机组高桩承台式基础 …… 126
海上风电机组整体安装 …… 124
海上风电机组整体运输 …… 122
“海蛇”波浪发电装置 …… 127
“海蛇”波浪发电装置波动效果图 …… 127
“海蛇”波浪发电装置锚固和铰接示意 …… 127
韩国鸣梁海峡潮流试验电站 …… 228
河北风电基地各规划风电场地理位置示意 …… 132
河北围场聚风风电场 …… 95
荷斯礁风电场变电站模型 …… 132
黑龙江省风电基地地理位置示意 …… 133
恒速感应型风电机组经晶闸管软并网原理图 …… 76
怀拉基地热电站全景 …… 135
混合式循环海洋热能转换系统原理 …… 131
混凝土浇筑 …… 80
机械离心式变桨机构 …… 226
吉林风电基地地理位置示意 …… 137

集中型光伏电站系统 …………………………… 8
加导流罩的"海明Ⅰ"潮流发电装置 ………… 15
加压型固体氧化物燃料电池-燃气轮机联合发电系统 …………………………………… 109
建筑集成光伏发电系统设计流程 ………… 141
江苏风电基地地理位置示意 ……………… 142
江苏如东潮间带风电场 …………………… 188
江厦潮汐电站 ……………………………… 142
江厦潮汐电站枢纽简图 …………………… 142
交流母线型风光油互补发电系统结构示意 …… 160
交、直流输电的等价距离 ………………… 125
"巨鲸"号波浪发电装置效果图 ………… 186
卡林那循环地热发电流程图 ……………… 28
卡林那循环热能转换系统原理 …………… 5
开式循环海洋热能转换系统原理 ………… 131
开式循环海洋热能转换系统原理 ………… 146
空气塔式太阳能热发电系统原理 ………… 211
垃圾填埋气发电流程示意图 ……………… 156
拉德瑞罗地热电站的瓦尔·塞科洛分厂2×60MW地热发电工艺流程图 …………………… 151
拉德瑞罗地热电站风扇式冷凝器 ………… 151
拉线式测风塔 ……………………………… 12
朗肯循环地热发电流程图 ………………… 28
朗肯循环温熵图 …………………………… 131
朗斯潮汐电站枢纽简图 …………………… 157
离网风光互补发电系统示意图 …………… 158
离网光伏发电系统组成 …………………… 162
离网光伏逆变器安装位置图 ……………… 163
联合循环地热发电流程图 ………………… 164
辽宁朝阳丘陵地区风电场计算域的网格示意图 …………………………………… 62
磷酸燃料电池单电池基本构成 …………… 165
磷酸燃料电池电堆 ………………………… 165
磷酸燃料电池作为UPS的供电系统 ……… 165
螺杆膨胀机 ………………………………… 27
麦克白波泵的侧视及俯视示意图 ………… 250
孟家梁风电场 ……………………………… 246
某区域平均风功率密度362.6W/m^{2}条件下，风速频率威布尔分布示意 ……………… 105
牧区的家庭户用风光互补发电系统 ……… 158
纳瓦拉秸秆直接燃烧发电系统图 ………… 169
南澳东半岛风电场和光伏电站 …………… 170
南澎岛风光互补发电海水淡化示范项目 …… 159
内蒙古东部风电基地地理位置示意 ……… 170
内蒙古哈日塘风电场无功补偿设备 ……… 66
内蒙古库伦风电场 ………………………… 149
内蒙古库伦风电场风电机组 ……………… 150
内蒙古赛马素风电场升压变电站 ………… 94
内蒙古西部地区风电基地地理位置示意 …… 171
农林生物质直燃发电系统结构图 ………… 175
抛物面槽式聚光器 ………………………… 179
抛物面槽式聚光器工作原理 ……………… 179
抛物面槽式聚光器结构示意 ……………… 179
抛物面槽式太阳能热发电系统原理图 …… 180
抛物面槽式吸热管结构示意图 …………… 180
漂浮式海洋热能转换系统形象 …………… 146
平滑输出示意 ……………………………… 246
气流速度三角形和空气动力分量 ………… 240
腔式吸热器 ………………………………… 233
氢-氧燃料电池原理示意图 ……………… 184
全玻璃真空集热管 ………………………… 213
全功率变流型风电机组直流环节斩波电路 …… 44
全贯流式机组布置图 ……………………… 115
全球表层海水与1000m海水深处温度差分布情况 ……………………………………… 232
全球海水大致的盐度分布 ………………… 237
全球平均波功率密度分布图 ……………… 11
染料敏化太阳能电池结构图 ……………… 185
日本"海明"号波浪发电船 ……………… 185
日本九州工业大学研制的垂直轴潮流发电装置 ……………………………………… 186
熔融碳酸盐燃料电池与燃气轮机联合发电系统 ……………………………………… 187
熔融盐塔式太阳能热发电系统原理 ……… 211
柔性袋波浪发电装置 ……………………… 188
柔性叶片潮流发电装置 …………………… 255
三叶片风轮轮毂形状 ……………………… 99
散射辐射示意图 …………………………… 22
山东海上风电基地地理位置示意 ………… 191
上原循环热能转换系统原理 ……………… 6
设得兰波浪发电厂预选厂址 ……………… 127
生活垃圾炉排炉焚烧发电系统示意图 …… 152
生物质醇电联产生产流程图 ……………… 173
生物质醇电联产原理图 …………………… 172
生物质发电系统工艺流程图 ……………… 194
生物质气化燃料电池一体化发电系统流程图 ……………………………………… 200
生物质气化燃气发电工艺流程图 ………… 199
生物质循环流化床锅炉简图 ……………… 205
生物质与煤间接混合燃烧流程 …………… 173
生物质与煤直接混合燃烧流程 …………… 173
生物质整体气化联合循环发电系统流程图 …… 205
实测风速湍流脉动的功率谱分布 ………… 227
始华湖潮汐电站厂房内景 ………………… 206

始华湖潮汐电站厂房剖面图 …………………… 206
始华湖潮汐电站枢纽示意简图 ………………… 206
始华湖潮汐电站外景 ………………………… 206
竖井贯流式机组布置图 ……………………… 115
双玻建筑光伏构件结构示意 ………………… 141
双缸旋转式斯特林发动机结构原理图 ………… 209
双罐间接蓄热系统工作原理 ………………… 221
双罐直接蓄热系统工作原理 ………………… 220
双库连续发电潮汐电站枢纽布置及工作周期图 ……………………………………………… 207
双馈感应型风电机组转子撬棒电路示意图 …… 44
双馈异步发电机结构示意图 ………………… 207
双向脉冲宽度调制变流器与双馈异步发电机配合应用 ……………………………………… 7
双轴跟踪系统机械结构图 …………………… 111
水轮机锚泊示意图 …………………………… 145
"水蟒"波浪发电装置 ……………………… 188
水平轴风轮 …………………………………… 98
水平轴上风向风电机组 ……………………… 95
水/蒸汽塔式太阳能热发电系统原理 ………… 211
斯特林机工作循环运动过程示意图 …………… 208
斯特林机原理模型 …………………………… 208
塔架吊装 ……………………………………… 74
塔筒升降机 …………………………………… 210
塔筒运输 ……………………………………… 89
台风预警信号 ………………………………… 50
太平洋主要海流分布 ………………………… 118
太阳高度角与太阳天顶角的关系 …………… 22
太阳光谱示意图 ……………………………… 212
太阳能电池的负载特性曲线 ………………… 215
太阳能电池分类 ……………………………… 216
铜铟镓硒薄膜太阳能电池结构示意 ………… 134
外置式吸热器 ………………………………… 233
"万向Ⅰ"潮流发电装置 …………………… 254
"万向Ⅱ"潮流发电装置 …………………… 255
威海市民文化中心光伏屋顶 ………………… 229
微生物燃料电池发电原理示意图 …………… 231
韦纳穆生物质整体气化联合循环发电厂实景 ……………………………………………… 230
紊流区示意图 ………………………………… 163
无导流罩的"海明Ⅰ"潮流发电装置 ……… 255
夏威夷开式循环海洋温差能试验电站 ……… 233
先逆变升压整流再逆变输出拓扑结构 ……… 9
先逆变再升压隔离输出拓扑结构 …………… 9
先升压再逆变拓扑结构 ……………………… 9
先直接逆变输出再升压并网拓扑结构 ……… 9
线性菲涅耳聚光集热器结构示意 …………… 234
线性菲涅耳式太阳能热发电系统原理图 ……… 234
削峰填谷示意 ………………………………… 247
小东梁风电场 ………………………………… 245
小型风电机组离网应用示意 ………………… 160
小型风电机组在边防部队的应用 …………… 162
小型风电机组在边远农村的应用 …………… 162
小型风电机组在湖区的应用 ………………… 162
小型风电机组在牧区的应用 ………………… 162
小型风电机组在通信基站的应用 …………… 162
小型风力发电机组安装高度示意图 ………… 163
新疆达坂城风力发电场 ……………………… 71
新疆哈密风电基地地理位置示意 …………… 235
羊八井地热电站 ……………………………… 238
羊八井地热电站热力系统简图 ……………… 238
羊八井光伏电站 ……………………………… 238
叶尖扰流器工作示意图 ……………………… 251
叶片翼型的几何概念 ………………………… 239
叶片运输 ……………………………………… 89
液压自举式拖车运输叶片示意图 …………… 89
移动通信基站风光互补供电系统 …………… 159
英国 1.2MW SeaGenS 潮流发电装置 ……… 14
英国 IT Power 公司 15kW 水平轴潮流水轮发电机组转子 …………………………………… 190
永磁同步发电机结构示意图 ………………… 243
有机太阳能电池工作原理示意图 …………… 243
在 10m 和 50m 高度处的平均风速分别为 6m/s 和 8m/s 时，风切变幂律与对数风切变律的风廓线 ……………………………………… 104
张北风光储输示范工程一期全景 …………… 245
张北风光储输示范工程一期总体构架 ……… 245
沼气发电系统工艺流程图 …………………… 248
折叠塔杆竖立示意图 ………………………… 164
真空管集热器单元 …………………………… 213
振荡水柱波浪发电装置能量转换示意图 …… 251
整体式碟式聚光器 …………………………… 32
直流母线型风光油互补发电系统结构示意 …… 159
直驱型传动结构 ……………………………… 19
制动系统工作流程示意图 …………………… 251
质子交换膜燃料电池单电池结构及工作原理示意图 ………………………………………… 252
质子交换膜燃料电池电堆结构示意 ………… 252
中国 100kW 鸭式波浪发电装置 …………… 11
中国 15kW 海洋温差发电试验装置 ………… 6
中国近海 70m 高度年平均风功率密度分布 …… 254
中国陆上 70m 高度年平均风功率密度分布 …… 253
中国上海世博中心光伏屋顶 ………………… 193
中国上海世博中心光伏遮阳组件 …………… 193

中国太阳能资源分布 …………………………… 222
中国“鹰式一号”波浪发电装置 ………………… 11
轴伸贯流式机组布置图 ………………………… 115
助爬器 …………………………………………… 210
锥形槽式波浪发电装置 ………………………… 244
自立式测风塔 …………………………………… 12
自由活塞式斯特林机结构原理图 ……………… 209
作用在叶片翼型上的空气动力 ………………… 239

1982 年怀拉基地热电站系统简图 ……………… 135
1kW 潮流发电装置 ……………………………… 255
5kW 水平轴潮流发电装置 ……………………… 255
10kW“鹰式一号”波浪发电装置 ……………… 256
20kW 潮流发电装置 …………………………… 255
20kW 直线电机式波浪发电装置“哪吒二号” …………………………………………………… 256
25kW 水平轴潮流发电装置 …………………… 255
30kW 岸基重力摆式波浪发电装置 …………… 256
60kW OCGen 螺旋水轮机横轴布置 …………… 228
150kW“鹰式二号”波浪发电装置 …………… 256
250kW Open Centre 潮流发电装置 …………… 177
300kW SeaFlow 潮流发电装置 ………………… 190
1MW Open Centre 潮流发电装置 ……………… 177
1.2MW SeaGenS 潮流发电装置水下运行状态 …………………………………………………… 190
3MW SeaGen U 潮流发电装置概念图 ………… 190

AquaBuOY 波浪发电装置 ……………………… 139
CETO 波浪发电装置图 ………………………… 3
Energetech 波浪发电装置图 …………………… 3
E.ON 可再生能源发展项目中正在运行的“海蛇”波浪发电装置 ……………………… 127
Evopod 潮流发电装置 ………………………… 241
Free Flow 潮流发电装置实景 ………………… 167
GHT 垂直轴螺旋型水轮机叶轮 ……………… 167
HIT 太阳能电池典型结构图 ………………… 40
HIT 太阳能电池结构 ………………………… 143
HS300 潮流发电装置实物 …………………… 117
HS1000 型潮流发电装置 ……………………… 117
IBC 太阳能电池结构 ………………………… 143
Jensen 模型与实验值的对比 ………………… 230
Kobold 潮流发电装置 ………………………… 145
LIMPET500 波浪发电装置厂址 ……………… 242
mini-OTEC 海洋温差能转换试验电站实景 …… 167
Neptune Proteus 潮流发电装置 ……………… 241
n^+-p 硅太阳能电池能量损失分类方框图 ……… 215
n^+-p 太阳能电池的基本结构 ……………… 215
OSPREY2000 波浪发电装置 ………………… 242
Oyster Ⅰ波浪发电装置 ……………………… 242
Oyster Ⅱ波浪发电装置 ……………………… 242
PB40 波浪发电装置 …………………………… 168
PB150 波浪发电装置 ………………………… 168
PERL 太阳能电池结构 ……………………… 143
pn^+ 结太阳能电池等效电路 ………………… 215
p 型常规产业化太阳能电池基本结构 ………… 143
RTT 潮流发电装置 …………………………… 241
SeaFlow 潮流发电装置运行效果图 …………… 241
SeaGenS 潮流发电装置运行效果图 …………… 241
SES 碟式斯特林太阳能热发电系统外观 ……… 191
Stingray 潮流发电装置 ……………………… 242
TAPCHAN 波浪发电装置 …………………… 244
Tidal Bridge 潮流发电装置效果图 …………… 139
TidEL 潮流发电装置 ………………………… 241

新能源发电卷编撰人员名单

（按姓氏笔画排列）

马伟斌　马哲　马晓茜　王月明　王文胜　王文静　王伟胜　王传崑
王仲颖　王志　王志峰　王承煦　王春光　王勃　王炳忠　王效
王跃峰　王斯永　王斯成　王辉　王霁雪　牛国平　毛志明　毛宗强
邓英　孔晓英　石文辉　申彦波　叶杭冶　叶寅　田德　史宏达
付正宁　付向东　付国安　白凤武　冯双磊　吉超盈　朱瑞兆　朱蓉
乔志勇　仲继寿　任东明　庄会永　刘小松　刘少宇　刘永前　刘伟
刘伟民　刘华财　刘志璋　刘玮　刘莉敏　刘德伟　刘蕾　江晖
汤海雁　祁和生　许洪华　许霞　阴秀丽　孙兵　孙科　孙海峰
孙鹏　严浩　杜凤丽　李光辉　李庆　李莉　李健英　李海玲
李海滨　李琰　李鑫　杨建设　杨科　杨洪源　杨校生　杨振斌
吴必军　吴创之　吴金城　何郁　何国庆　何晓凤　沈宗岩　沈德昌
迟永宁　张文忠　张世惠　张占奎　张冬平　张立芳　张永山　张吉
张亚群　张宇　张运秋　张秋生　张剑寒　张亮　张晓东　张雁茹
张斌　张瑞君　陈立新　陈国海　陈昌坤　陈新亮　邵文昌　范炜
林毅峰　易跃春　周晓光　周娥娜　周新亮　周肇秋　郑克棪　赵东
赵生校　赵颖　赵福盛　赵黛青　荆丰梅　查浩　柳艳香　钟廷英
侯洪强　俞红鹰　施鹏飞　姜楠　姚小芹　贺敬　贺德馨　骆超
秦海岩　袁振宏　都志杰　原郭丰　钱钢粮　特木其乐　徐大平　徐学根
殷轶男　郭军　海深　黄志文　黄艳琴　黄素逸　黄越辉　曹睿
盛其虎　常蕊　康顺　康智俊　阎常峰　彭雯　董习斌　董德兰
蒋利军　蒋勇　程德东　游亚戈　谢宏文　谢晓峰　鲍卫和　蔡丰波
廖志杰　黎发贵　潘小平　潘勋章　薛桁　魏林君

新能源发电卷
主要编辑出版人员名单

责任编辑 何　郁　李文娟

索引编辑 何　郁　李文娟

设计负责 王建华　李东梅　李卫东　杨志国

封面设计 王红柳

正文设计 张　娟　肖光艺

责任描图 陈丽梅　马素芳　郑书娟

责任校对 罗凤贤　郝军燕

责任印制 邹树群